高等院校电子信息类卓越工程师培养系列教材

电 路 分 析

刘 岚　叶庆云
胡 钋　张小梅　编著

科学出版社

北京

内 容 简 介

本书按照教育部颁布的"电路分析基础课程教学基本要求",以电路理论的经典内容为核心,以提高学生的电路理论水平和分析问题解决问题的能力为出发点,以培养"厚基础、宽口径、会应用、能发展"的卓越人才为目的而编写。

全书共分 18 章,内容包括电路的基本概念与电路定律、电阻电路的等效变换、电阻电路的一般分析方法、电路定理、含有运算放大器的电阻电路、简单非线性电阻电路分析、储能元件、动态电路的时域分析、正弦量与相量、正弦稳态电路分析、含有磁耦合元件的正弦稳态电路分析、三相电路分析、非正弦周期信号激励下的稳态电路分析、正弦交流电路的频率特性、电路的复频域分析、二端口网络分析、线性均匀传输线的正弦稳态分析、线性时不变无损耗均匀传输线的暂态分析。每章之后均附有思考题和习题,书末附有大部分习题答案。

本书可作为大学本科电子信息类专业教材,可有针对性地运用于卓越工程师培养计划,还可供研究生及科研人员参考使用。

图书在版编目(CIP)数据

电路分析/刘岚等编著.—北京:科学出版社,2012
 (高等院校电子信息类卓越工程师培养系列教材)
 ISBN 978-7-03-035555-3

Ⅰ.①电… Ⅱ.①刘… Ⅲ.①电路分析-高等学校-教材 Ⅳ.①TM133

中国版本图书馆 CIP 数据核字(2012)第 214641 号

丛书策划:匡　敏　潘斯斯
责任编辑:潘斯斯　张丽花/责任校对:钟　洋　刘小梅
责任印制:徐晓晨/封面设计:迷底书装

科　学　出　版　社出版
北京东黄城根北街16号
邮政编码:100717
http://www.sciencep.com

北京凌奇印刷有限责任公司 印刷
科学出版社发行　各地新华书店经销

*

2012 年 9 月第　一　版　开本:787×1092 1/16
2021 年 7 月第八次印刷　印张:31 3/4
字数:752 000
定价:89.00 元
(如有印装质量问题,我社负责调换)

前　　言

　　电路分析基础是电子信息类等专业一门重要的专业基础课程,它为学生从事电子信息技术领域的学习、工作和研究奠定基础。

　　近年来,国家开始启动"卓越工程师培养计划",为配合该计划的实施,我们编写了这本教材,希望它能为卓越工程师的培养作出贡献。

　　长期以来,许多高校的电子信息类专业基本上都遵循一个课程教学的习惯顺序:从高等数学开始,接着是电路分析基础、模拟电子技术基础、数字电子技术基础、信号与系统等。这样的顺序虽然符合一定的教学规律,但却带来一个问题,即一些应用技术类课程,如单片机、嵌入式系统等课程的开课时间会由于基础课程的习惯排序而被推后,甚至到大学三年级才能开课。显然,这样的培养方案很难满足卓越工程师的培养要求。为解决这个问题,有的学校开始尝试将电类基础课程的开课时间往前提,在大学一年级的第一学期就开设电路分析基础课程。毋庸置疑,机械地把电类课程往前提有违教学规律。其次,有的专业在制定卓越工程师培养方案时为强化工程应用技术的培养,不得不减少基础理论教学学时。

　　本书充分考虑上述问题,并且为解决上述问题而编写。对教材的使用及课程体系的安排有如下建议。

　　(1) 本书的内容划分为三个部分。第1~6章为第一部分,建议学时为48学时;第7~15章为第二部分,建议学时为64学时;第16~18章为第三部分,建议学时为24~32学时。

　　(2) 第一部分的内容可以安排在大学一年级的第一学期讲述,这部分内容不需要高等数学知识,只要具备高中的基础知识即可进行教学。这部分内容纳入"简单非线性电阻电路分析",目的是为电子信息类专业的学生在下一步学习电子技术和高频电路等课程时打下一定的理论基础。

　　(3) 第二部分内容安排在大学一年级的第二学期讲述,这时所需的高等数学基础知识已经具备。由于有第一部分内容作为基础,这一学期可以开设数字电子技术课程。

　　(4) 第三部分内容安排在大学二年级以后讲述。这部分内容的重点是分布参数电路的分析,从工程应用的角度看,电子信息类专业的学生尤其是在卓越工程师的培养中,加强分布参数电路的学习是有益的。对于这部分内容,教材使用者可以根据教学的具体情况取舍,如果考虑到课程开设的习惯,对这部分内容可以开设一门单立的选修课,如"分布参数电路分析基础"。

　　有一年级二学期的数字电子技术课程作为基础,二年级一学期可以开设单片机原理及应用课程。当然,模拟电子技术课程也在这学期开设。

　　(5) 大学二年级的第二学期可以开设高频电子电路、信号与系统、嵌入式微处理器与操作系统等课程。

　　由以上课程体系的描述可知,本书的推行可配合一系列课程的教学内容和教材的改变。比如,电路分析基础开课后接着开设数字电子技术课程,数字电子技术课程中的A/D与D/A部分内容可移到后续的模拟电子技术课程中;单片机原理及应用课程须先讲一些微机原理的基础知识;原来的以8086为主线的微机原理课程须改造。相应一系列教材的编写正在策划和实施。

这是实施卓越工程师培养的一种构思,在这个方案中,专业基础理论的教学不仅没有减弱,而是得到强化。通过对课程顺序及教学内容的调整和重组,学生在校的前两年就可完成电类技术基础课程的学习及单片机、嵌入式系统等应用技术课程的学习,综合技术能力的培养大大提前。进入大学三年级,学生就可以在专业方向和更高层次的专业应用技术方面充分发展,进入卓越工程师的培养天地。

本书内容的深广度符合现阶段我国普通高等学校电子信息类专业的教学要求,其内容的编排立足于能够开展卓越工程师培养的教学需求。书中注重电路的基本概念和基本分析方法的描述,在学生已有的理论基础上由浅入深展开分析。为培养学生正确的思维方法和分析问题的能力,本书在每章之后皆配有适量的思考题和习题,认真完成,有益于帮助学生掌握所学内容,同时,对于提高学生运用理论解决实际问题的能力也有积极的促进作用。

本书的第1~5章、7~8章由叶庆云编写,第9~13章由刘岚编写,第6、17~18章由胡钋编写,第14~16章由张小梅编写。本书的编写借鉴国内外优秀教材的成功之处,以及编者在教学和研究方面所积累的知识和经验。

本书承华中科技大学杨晓非教授和武汉理工大学刘泉教授审阅,他们提出了不少宝贵意见和有益的建议,在此一并表示诚挚的感谢。

限于编者的水平和经验,书中难免有不妥之处,敬请广大读者批评指正。

编　者

2012年4月

目　录

前言
第1章　电路的基本概念与电路定律 ··· 1
　1.1　实际电路与电路模型 ·· 1
　　1.1.1　实际电路的组成与功能 ··· 1
　　1.1.2　电路模型 ··· 2
　　1.1.3　集中参数电路 ·· 3
　1.2　电路变量及其参考方向 ··· 4
　　1.2.1　电流及其参考方向 ··· 4
　　1.2.2　电压及其参考方向 ··· 5
　　1.2.3　关联参考方向 ·· 6
　　1.2.4　功率及其正负值的物理意义 ·· 7
　1.3　电阻元件 ·· 8
　　1.3.1　电阻元件的定义 ·· 9
　　1.3.2　开路与短路 ··· 10
　　1.3.3　电阻元件的功率与能量 ·· 10
　1.4　电压源和电流源 ··· 10
　　1.4.1　电压源 ··· 10
　　1.4.2　电流源 ··· 12
　1.5　受控源 ··· 13
　1.6　基尔霍夫定律 ·· 15
　　1.6.1　基尔霍夫电流定律(KCL) ··· 17
　　1.6.2　基尔霍夫电压定律(KVL) ··· 18
　1.7　综合示例 ··· 20
　思考题 ··· 22
　习题 ··· 23
第2章　电阻电路的等效变换 ··· 27
　2.1　电路等效的一般概念 ··· 27
　　2.1.1　单口网络的伏安关系 ·· 27
　　2.1.2　等效、等效电路与等效变换 ··· 28
　2.2　电阻的串联、并联和混联等效 ·· 29
　　2.2.1　电阻的串联等效 ··· 29
　　2.2.2　电阻的并联等效 ··· 30
　　2.2.3　电阻的混联等效 ··· 31
　2.3　电阻的 Y 形联接与 △ 形联接的等效变换 ····································· 33
　　2.3.1　Y形、△形联接方式 ··· 33

2.3.2　Y形、△形等效变换 ·· 34
　2.4　利用对称电路的特点求等效电阻 ·· 38
　　　2.4.1　"传递对称"单口网络 ·· 38
　　　2.4.2　"平衡对称"单口网络 ·· 39
　2.5　无源单口网络 N_0 的输入电阻 ·· 40
　2.6　电压源、电流源的串联、并联和转移 ·· 42
　　　2.6.1　电压源的串联 ·· 42
　　　2.6.2　电压源的并联与转移 ·· 42
　　　2.6.3　电流源的并联 ·· 43
　　　2.6.4　电流源的串联与转移 ·· 44
　2.7　含源支路的等效变换 ·· 45
　　　2.7.1　实际电源的两种电路模型 ·· 45
　　　2.7.2　含独立源支路的等效变换 ·· 46
　　　2.7.3　含受控源支路的等效变换 ·· 46
　2.8　含外虚内实元件单口网络的等效变换 ·· 48
　2.9　综合示例 ·· 51
　思考题 ·· 52
　习题 ·· 53

第3章　电阻电路的一般分析方法 ·· 57
　3.1　电路的图 ·· 57
　3.2　KCL 和 KVL 方程的独立性 ·· 58
　　　3.2.1　KCL 方程的独立性 ·· 58
　　　3.2.2　KVL 方程的独立性 ·· 59
　3.3　支路法 ·· 62
　　　3.3.1　$2b$ 法 ·· 62
　　　3.3.2　b 法 ·· 65
　3.4　网孔分析法和回路分析法 ·· 69
　　　3.4.1　网孔分析法 ·· 69
　　　3.4.2　回路分析法 ·· 72
　3.5　节点分析法 ·· 78
　思考题 ·· 85
　习题 ·· 85

第4章　电路定理 ·· 89
　4.1　叠加定理 ·· 89
　4.2　替代定理 ·· 95
　4.3　戴维南定理和诺顿定理 ·· 97
　4.4　最大功率传输定理 ·· 103
　4.5　特勒根定理 ·· 107
　　　4.5.1　特勒根定理Ⅰ ·· 107
　　　4.5.2　特勒根定理Ⅱ ·· 108
　4.6　互易定理 ·· 110

  4.7 对偶原理 ··· 113
  思考题 ··· 116
  习题 ··· 116

第5章 含有运算放大器的电阻电路 ·· 120
  5.1 运算放大器 ··· 120
  5.2 理想运算放大器 ·· 121
  5.3 含有理想运算放大器的电阻电路分析 ······························ 122
  思考题 ··· 127
  习题 ··· 127

第6章 简单非线性电阻电路分析 ··· 130
  6.1 非线性元件与非线性电路的基本概念 ······························ 130
  6.2 非线性电阻 ··· 130
    6.2.1 非线性电阻的分类 ·· 131
    6.2.2 静态电阻和动态电阻的概念 ································ 133
  6.3 非线性电阻电路方程的建立 ··· 134
    6.3.1 节点法 ·· 134
    6.3.2 回路法 ·· 135
  6.4 非线性电阻电路的基本分析法 ······································ 136
    6.4.1 图解法 ·· 136
    6.4.2 分段线性化解析法 ·· 140
    6.4.3 小信号分析法 ·· 143
  思考题 ··· 146
  习题 ··· 146

第7章 储能元件 ·· 151
  7.1 电容元件 ·· 151
    7.1.1 电容器与电容元件 ·· 151
    7.1.2 电容元件的伏安关系 ··· 152
    7.1.3 电容元件的功率与能量 ····································· 153
  7.2 电感元件 ·· 155
    7.2.1 电感线圈与电感元件 ··· 155
    7.2.2 电感元件的伏安关系 ··· 156
    7.2.3 电感元件的功率与能量 ····································· 158
  7.3 电容、电感的串、并联等效 ··· 159
    7.3.1 电容的串、并联等效 ··· 159
    7.3.2 电感的串、并联等效 ··· 162
  思考题 ··· 165
  习题 ··· 165

第8章 动态电路的时域分析 ··· 168
  8.1 动态电路的方程及其初始条件 ······································ 168
    8.1.1 过渡过程与换路 ··· 168
    8.1.2 动态电路的方程及其解 ····································· 170

8.1.3 换路定则与电路初始条件的求解 172
8.2 一阶电路的零输入响应 175
8.3 一阶电路的零状态响应 182
8.4 一阶电路的全响应 188
8.5 一阶电路的阶跃响应 196
　　8.5.1 阶跃函数 196
　　8.5.2 阶跃响应 198
8.6 一阶电路的冲激响应 202
　　8.6.1 冲激函数 202
　　8.6.2 冲激响应 205
　　8.6.3 冲激响应与阶跃响应之间的关系 208
8.7 正弦激励下一阶电路的全响应 210
思考题 212
习题 213

第9章 正弦量与相量 218

9.1 正弦交流电的基本概念 218
　　9.1.1 正弦交流电 218
　　9.1.2 正弦量的瞬时表达式 218
　　9.1.3 正弦量的三要素 219
　　9.1.4 同频率正弦量的相位差及超前与滞后的概念 219
　　9.1.5 正弦量的有效值 220
　　9.1.6 正弦量的叠加问题 221
9.2 正弦量的相量表示 222
　　9.2.1 复数的表示与运算 222
　　9.2.2 复数与相量 223
　　9.2.3 相量的基本运算 225
　　9.2.4 相量法 226
9.3 电路元件与定律的相量模型 227
　　9.3.1 基尔霍夫定律的相量形式 227
　　9.3.2 线性时不变电阻元件的相量形式 228
　　9.3.3 线性时不变电容元件的相量形式 228
　　9.3.4 线性时不变电感元件的相量形式 229
思考题 230
习题 230

第10章 正弦稳态电路分析 232

10.1 运用相量法分析正弦稳态电路 232
　　10.1.1 复阻抗与复导纳 232
　　10.1.2 RLC 串联电路的分析 233
　　10.1.3 RLC 并联电路的分析 235
　　10.1.4 复阻抗与复导纳的串联、并联及混联电路的分析 236
　　10.1.5 正弦稳态电路的相量分析法 238

  10.2 正弦稳态电路的功率 ··· 243
    10.2.1 瞬时功率 ··· 243
    10.2.2 平均(有功)功率 ·· 244
    10.2.3 无功功率 ··· 244
    10.2.4 视在功率 ··· 245
    10.2.5 功率三角形 ·· 246
    10.2.6 复功率 ··· 246
    10.2.7 功率的可叠加性与守恒性 ·· 247
    10.2.8 功率因数 ··· 249
    10.2.9 正弦稳态电路中的最大功率传输 ·· 251
  思考题 ··· 253
  习题 ··· 253

第11章 含有磁耦合元件的正弦稳态电路分析 ··· 258
  11.1 磁耦合 ·· 258
    11.1.1 磁耦合线圈 ·· 258
    11.1.2 磁耦合系数 ·· 259
    11.1.3 "同名端"的概念 ··· 260
  11.2 含耦合电感电路的分析 ··· 261
    11.2.1 两耦合电感线圈的串联 ··· 261
    11.2.2 两耦合电感线圈的并联 ··· 262
    11.2.3 两耦合电感线圈的受控源等效去耦 ······································ 263
    11.2.4 两耦合电感线圈的T形等效去耦 ··· 264
    11.2.5 含有耦合电感线圈的电路分析 ·· 265
  11.3 空心变压器 ·· 268
    11.3.1 空心变压器的一次侧等效电路 ·· 268
    11.3.2 空心变压器的二次侧等效电路 ·· 269
  11.4 理想变压器 ·· 270
    11.4.1 理想变压器的定义 ··· 270
    11.4.2 理想变压器的特性 ··· 272
    11.4.3 理想变压器的阻抗变换性质 ·· 273
  思考题 ··· 275
  习题 ··· 275

第12章 三相电路分析 ··· 279
  12.1 三相电路的基本概念 ··· 279
    12.1.1 对称三相电源 ·· 279
    12.1.2 三相负载 ··· 282
    12.1.3 三相电路 ··· 282
  12.2 对称三相电路的分析与计算 ··· 286
    12.2.1 对称三相四线制(Y_0/Y_0)系统的分析 ··································· 286
    12.2.2 复杂对称三相电路的分析 ·· 287
  12.3 不对称三相电路概述 ··· 289

12.4　三相电路的功率及其测量 ······ 290
　　　　12.4.1　对称三相电路的功率 ······ 290
　　　　12.4.2　三相电路的功率测量 ······ 293
　　思考题 ······ 295
　　习题 ······ 296

第13章　非正弦周期信号激励下的稳态电路分析 ······ 299
　　13.1　非正弦周期信号的简谐分量分解 ······ 299
　　　　13.1.1　周期信号的分解 ······ 299
　　　　13.1.2　周期信号的频谱 ······ 301
　　13.2　非正弦周期信号的有效值、平均值和平均功率 ······ 304
　　　　13.2.1　非正弦周期信号的有效值 ······ 304
　　　　13.2.2　非正弦周期信号的平均值 ······ 305
　　　　13.2.3　非正弦周期信号的平均功率 ······ 306
　　13.3　非正弦周期信号激励下的稳态电路分析 ······ 307
　　思考题 ······ 311
　　习题 ······ 311

第14章　正弦交流电路的频率特性 ······ 313
　　14.1　网络函数 ······ 313
　　　　14.1.1　网络函数的定义 ······ 313
　　　　14.1.2　网络函数的分类 ······ 314
　　　　14.1.3　网络函数的频率特性表示方法 ······ 315
　　14.2　谐振电路的频率特性 ······ 316
　　　　14.2.1　RLC串联谐振电路的频率特性 ······ 317
　　　　14.2.2　RLC并联谐振电路的频率特性 ······ 322
　　14.3　基本滤波器电路及其频率特性 ······ 324
　　　　14.3.1　低通滤波器 ······ 324
　　　　14.3.2　高通滤波器 ······ 325
　　　　14.3.3　带通滤波器 ······ 326
　　　　14.3.4　其他形式的滤波器简介 ······ 329
　　思考题 ······ 330
　　习题 ······ 330

第15章　电路的复频域分析 ······ 333
　　15.1　拉普拉斯变换 ······ 333
　　　　15.1.1　傅里叶变换简介 ······ 333
　　　　15.1.2　拉普拉斯变换 ······ 334
　　　　15.1.3　拉普拉斯变换的基本性质 ······ 335
　　　　15.1.4　常用函数的拉普拉斯变换 ······ 338
　　15.2　拉普拉斯反变换 ······ 338
　　　　15.2.1　拉普拉斯反变换的基本方法 ······ 338
　　　　15.2.2　部分分式分解法 ······ 339
　　15.3　运用拉普拉斯变换分析线性电路 ······ 343

        15.3.1 KCL 和 KVL 的运算形式 ·········· 343
        15.3.2 电路元件的 s 域模型 ·········· 344
        15.3.3 运用拉普拉斯变换法求解线性电路——运算法 ·········· 345
    15.4 复频域中的网络函数 ·········· 349
        15.4.1 复频域网络函数的定义和性质 ·········· 349
        15.4.2 复频率平面上网络函数的零极点 ·········· 351
        15.4.3 极点与网络的特性 ·········· 351
    15.5 $H(\mathrm{j}\omega)$ 与 $H(s)$ 的关系 ·········· 354
    15.6 零点、极点与频率特性 ·········· 355
    思考题 ·········· 356
    习题 ·········· 356

第 16 章 二端口网络分析 ·········· 361
    16.1 二端口网络及其分类 ·········· 361
        16.1.1 二端口网络的定义 ·········· 361
        16.1.2 二端口网络的分类 ·········· 361
    16.2 二端口网络的端口特性方程及其参数 ·········· 362
        16.2.1 开路阻抗参数——Z 参数 ·········· 362
        16.2.2 短路导纳参数——Y 参数 ·········· 364
        16.2.3 传输参数——T 参数 ·········· 365
        16.2.4 混合参数——H 参数 ·········· 367
        16.2.5 四种参数之间的互换 ·········· 369
    16.3 二端口网络的特性阻抗 ·········· 369
        16.3.1 输入端阻抗与输出端阻抗 ·········· 369
        16.3.2 二端口网络的输入端特性阻抗 Z_{C1} 与输出端特性阻抗 Z_{C2} ·········· 370
        16.3.3 对称二端口网络的特性阻抗 Z_C ·········· 370
        16.3.4 二端口网络特性阻抗的重要性质 ·········· 371
    16.4 二端口网络的等效电路 ·········· 372
        16.4.1 用 Z 参数表征的二端口等效电路 ·········· 373
        16.4.2 用 Y 参数表征的二端口等效电路 ·········· 373
        16.4.3 用 T 参数表征的二端口等效电路 ·········· 374
        16.4.4 用 H 参数表征的二端口等效电路 ·········· 375
    16.5 二端口网络的联接 ·········· 376
        16.5.1 二端口网络的级联 ·········· 376
        16.5.2 二端口网络的并联 ·········· 378
        16.5.3 二端口网络的串联 ·········· 379
    16.6 二端口网络的网络函数 ·········· 380
        16.6.1 无端接二端口网络的转移函数 ·········· 380
        16.6.2 有端接二端口网络的转移函数 ·········· 381
    思考题 ·········· 385
    习题 ·········· 385

第 17 章 线性均匀传输线的正弦稳态分析 ·········· 392

17.1 分布参数电路与均匀传输线的基本概念 ···················· 392
17.2 均匀传输线的偏微分方程 ···································· 393
17.3 正弦稳态下均匀传输线相量方程的通解 ···················· 395
17.4 正弦稳态下均匀传输线相量方程的特解 ···················· 397
17.5 正弦稳态下均匀传输线上的行波 ···························· 400
  17.5.1 均匀传输线上电压和电流的时域表达式 ················ 400
  17.5.2 均匀传输线上的正向行波和反向行波 ·················· 401
17.6 均匀传输线的传播常数与特性阻抗 ·························· 406
  17.6.1 传播常数 ·· 407
  17.6.2 特性阻抗 ·· 409
17.7 终端连接不同类型负载的均匀传输线 ······················· 411
  17.7.1 终端接特性阻抗的传输线 ································ 412
  17.7.2 终端开路时的工作状态 ·································· 415
  17.7.3 终端短路时的工作状态 ·································· 418
  17.7.4 终端接任意负载阻抗 ····································· 420
17.8 无损耗均匀传输线 ·· 421
  17.8.1 无损耗线的传播常数和特性阻抗 ······················· 421
  17.8.2 正弦稳态下无损线方程的定解 ·························· 422
  17.8.3 无损耗线终端接有不同类型负载时的工作状态 ········· 423
17.9 均匀传输线的集中参数等效电路 ···························· 440
  17.9.1 均匀传输线的单个二端口等效电路 ···················· 441
  17.9.2 均匀传输线的链形二端口等效电路 ···················· 443
思考题 ·· 444
习题 ·· 445

第18章 线性时不变无损耗均匀传输线的暂态分析 ············ 447

18.1 均匀传输线暂态过程的基本概念 ···························· 447
18.2 无损耗线均匀传输线偏微分方程的通解 ···················· 447
18.3 零状态无损耗线在理想阶跃电压源激励下波的产生与正向传播 ········ 451
  18.3.1 阶跃直流电压源激励下波的产生与正向传播 ············ 451
  18.3.2 任意函数形式阶跃理想电压源激励下波的产生与正向传播 ·· 453
18.4 无损耗线边界上波的反射 ···································· 455
  18.4.1 一般边界条件下无损耗线方程的复频域解 ············· 456
  18.4.2 三种特殊边界条件下无损耗线上波的反射 ············· 457
  18.4.3 无损线终端接有集中参数负载时波的反射 ············· 467
18.5 求解无损线暂态过程中波的反射和透射的柏德生法则 ········ 475
思考题 ·· 479
习题 ·· 479

参考文献 ·· 482
部分习题答案 ·· 483

第1章 电路的基本概念与电路定律

本章从建立电路模型、认识电路变量等最基本的问题出发,给出电路中电压、电流参考方向的概念,介绍电阻、独立电源和受控源等基本电路元件,阐述电路所遵循的基本定律,为电路分析奠定基础。

1.1 实际电路与电路模型

"模型"是现代自然科学、社会科学分析研究问题时普遍使用的重要概念,如没有宽窄厚薄的"直线"是数学学科研究中的一种模型;没有空间尺寸却有一定质量的"质点"是物理学科研究中的一种模型。人们在分析研究某一客观事物时,几乎都要采用模型化的方法,将客观事物科学抽象成反映客观事物最主要物理本质的理想化的物理模型,使问题合理简化,然后再建立与物理模型相对应的数学模型,并以此模型作为对象进行定性或(和)定量分析,根据分析结果,得出合乎客观事物实际情况的科学结论。在采用模型化的方法中,人们用对其模型的分析代替对客观事物的分析。因此,一切科学理论都建立在模型基础之上,没有模型就很难进行科学分析。分析研究电路问题也是如此,首先建立电路模型,然后再用数学的方法对电路模型进行定量分析和计算。

1.1.1 实际电路的组成与功能

人们对"实际电路"的概念并不陌生,在广泛用电的今天,实际电路随处可见。例如,一节干电池、一个灯泡、一个开关、再加上三根导线,按照如图1-1所示的方式连接,就组成一个最简单的实际照明电路。

由此可以对实际电路作出一般定义:若干个电气设备或电子器件按照一定的方式相互连接所形成的电流的通路就是实际电路。

实际电路的形式多种多样,如由电阻、电感、电容及晶体管等元器件构成的分立元件电路,或将数以千计的元件集成在几个平方毫米内的集成电路,以及电力系统、现代通信网络、数据信息计算机网络等大型电路。

图1-1 简单照明电路

实际电路的功能基本上可以分成两类。一类是用来实现电能的转换、传输和分配。例如,发电厂的发电机把热能或水能转换成电能,通过变压器、输电线等输送分配给用电单位,其用电设备又把电能转换成机械能、光能或热能等,这样就构成了一个庞大而极为复杂的电力系统电路。其中,供给电能的设备称为电源,而用电设备则称为负载。电路的另一类功能是用来传输、储存、处理各种电信号,如数字语音信号、数字图像信号和控制信号等。目前,人们可以很方便地设计制造出各种不同的电路,以完成某种预期的功能,如整流,即把两个方向的交流电信号变成单一方向的交流电信号;放大,即把微弱电信号放大为强电信号;滤波,即抑制电信号中不需要的频率成分或干扰;变换,即把一种电信号波形变换为所需要的另一种电信号波形;

采样，即把连续电信号变成离散电信号；记忆，即存储原电信号，需要时再将其取出。图 1-2 是描述上述这些电路功能的示意图，左边波形为电路的输入信号，也称为电路的激励；右边波形则为电路的输出信号，也称为电路的响应。

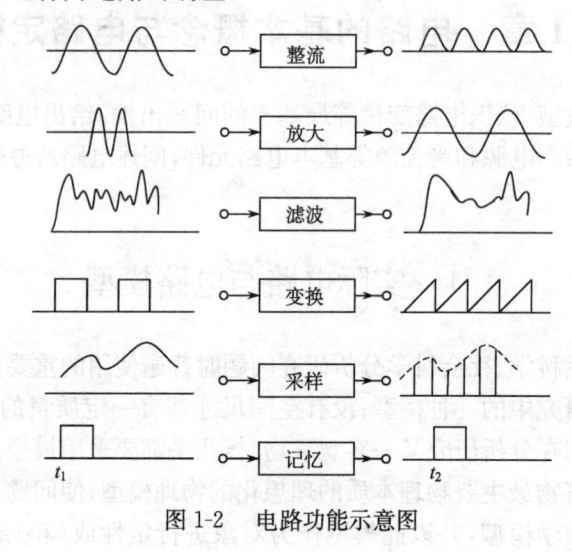

图 1-2 电路功能示意图

1.1.2 电路模型

构成实际电路的电气设备和电子器件统称为实际电路器件，常用的实际电路器件有：发电机、电池、信号发生器、电阻器、电容器、电感器、变压器、晶体管等。人们制造某种器件的目的是利用它的某种物理性质。例如，制造一个电阻器，是利用它的电阻，即对电流呈阻力的性质；制造连接导体是利用它的优良导电性质，使电流顺畅流过。但是事实上，在制造器件时很难制造出只表现某一特定性质的理想电路器件。任何一个实际电路器件在通电后，其物理表现相当复杂，往往会同时出现若干种电磁现象。例如，当通过电池的电流增大时，电池的端电压会降低，且电池会发热；电阻器通电后会发热，同时还有磁场产生；电流流过电感线圈时产生磁场，电感线圈会发热，匝间还有电场出现；当电容器极板间的电压变化时，电容器中除了变化的电场，还有变化的磁场，同时还有热损耗。因此，直接分析由实际电路器件构成的实际电路相当困难。解决这一难题最好的方法是采用模型化的方法，即在一定的条件下对实际电路器件进行理想化处理，忽略次要性质，用一个足以表征其主要电磁性质的模型来表示，这种模型称为理想电路元件，可以用图形符号描绘。

实际电路器件虽然种类繁多，但在电磁现象上却有许多共同的地方。只要具有相同的主要电磁性质，则在一定条件下可用同一个模型表示。例如，电阻器、照明器具、电炉等的主要特性是消耗电能，可用一个具有两个端钮的理想电阻元件反映其消耗电能的特性，其模型的图形符号如图 1-3(a)所示，R 是反映能量损耗性质的电路参数；各种实际电容器主要用于储存电能，可用一个具有两个端钮的理想电容元件反映其储存电能的特性，其模型的图形符号如图 1-3(b)所示，C 是反映电场储能性质的电路参数；各种实际电感器主要用于储存磁能，可用一个具有两个端钮的理想电感元件反映其储存磁能的特性，其模型的图形符号如图 1-3(c)所示，L 是反映磁场储能性质的电路参数。这些图形符号抽掉了各类实际电器件的外形和尺寸的差异性，用相应的电路参数表现各类的共性（主要的电磁性质）。

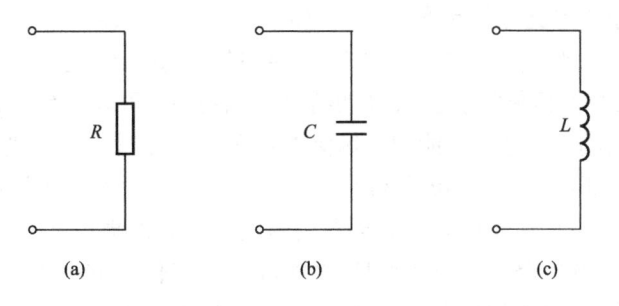

图 1-3　理想电阻、电容、电感元件图形符号

根据上述定义的理想电阻元件、理想电容元件和理想电感元件，对于任何一个实际电阻器、电容器和电感器，则可根据不同的应用条件，用足以反映其主要电磁性质的一些理想电路元件或其组合表示，从而构成实际电路器件的模型。例如，一个实际的电感器在一个骨架上用金属导线绕制而成，如图 1-4(a)所示。如果应用在低频电路中，它主要表现为储存磁能的性质，而消耗的电能与储存的电能都很小，可以忽略不计，所以，在低频应用条件下实际的电感器的模型如图 1-4(b)所示。如果应用在高频电路中，绕制电感线圈的导线所消耗的电能须考虑，但它储存的电能仍可忽略，在这种情况下，实际电感器的模型如图 1-4(c)所示。如果这个实际电感器应用在更高频率的电路中，它储存的电能也须考虑，这时其模型须在图 1-4(c)基础上增加并联的理想电容元件，如图 1-4(d)所示。

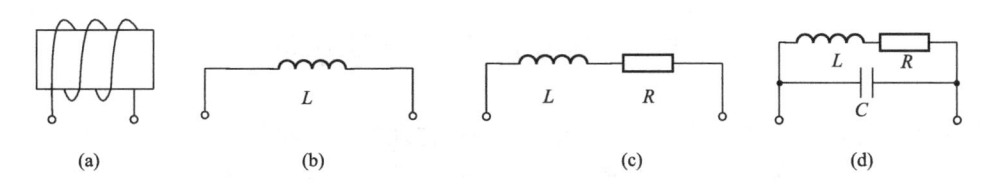

图 1-4　实际电感器在不同应用条件下的电路模型

将实际电路中各个实际电路器件用其模型的图形符号表示，且连接导线用理想导线(线段)表示，这样画出的图称为实际电路的电路模型图，简称电路图，电路图并不反映实际电路的大小尺寸。图 1-5 是简单照明电路的电路图，其中：干电池的模型是理想电压源 U_S，灯泡的模型是理想电阻元件 R，连接导线的模型是理想导线。电路理论分析研究的对象是电路模型而不是实际电路。

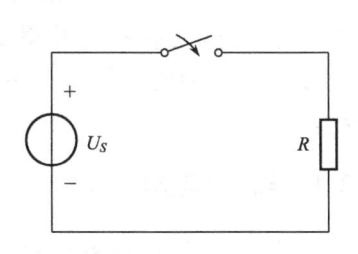

图 1-5　模型化的简单照明电路的电路图

1.1.3　集中参数电路

实际电路中使用的实际电路器件一般都和电能的消耗现象和电磁能的储存现象有关。电能的消耗发生在实际电路器件所有的导体通路中，电磁能则储存在实际电路器件的电场、磁场中。这些现象一般同时存在，且又交织在一起发生在整个器件之中。因此，实际电路中的能量损耗和电场储能、磁场储能具有连续分布的特征，故反映这些能量过程的三种电路参数 R、C、L 也连续分布。于是，在实际电路的任何部分，既有电阻，又有电容、电感，这给分析研究电路带来很大的困难。幸好科学研究表明，若实际电路器件及实际电路满足集中化条件，即它们的

各向几何尺寸 d 远小于电路工作频率 f 所对应的电磁波的波长 λ，即

$$d \ll \lambda \quad \lambda = c/f \quad c = 3 \times 10^8 \text{m/s}(光速)$$

这时，电路参数的连续分布特性对电路性质的影响并不明显，可以将具有分布特性的电路参数集中起来，即认为能量损耗、电场储能和磁场储能这三种电磁过程是分别集中在电阻元件、电容元件和电感元件内部进行。这样的元件称为集中参数元件，每一种集中参数元件只表示一种电磁特性，并且其电磁特性还可以用数学方法精确定义。由集中参数元件构成的电路称为集中参数电路，集中参数电路的突出特点是：将实际电路器件中的电场和磁场在空间分隔开，电场只与电容元件关联，磁场只与电感元件关联，两种场之间不存在相互作用，因而没有任何电磁能量辐射；电流同时传送到电路的各处，即没有时间延迟；整个电路可以看成电磁空间的一个点，电路中的电压及电流仅是时间 t 的函数，而与空间坐标无关。具备这些特点的电路有利于分析。

例如，我国工业用电的频率为 50Hz，其波长为 6000km。对于低频电子电路而言，其尺寸与这一波长相比都可以忽略不计。因此，可以采用"集中参数"概念，将它们作为集中参数电路来处理。对于远距离的通信线路和电力输电线，则不满足集中化条件，必须考虑电场、磁场沿电路分布的现象，这时就不能用集中参数，而用分布参数表征电路。

本书第 1~16 章所分析研究的对象是集中参数电路。集中化条件是电路分析的重要条件，本书在这一部分所讨论的电路基本定律及以基本定律为基础的各种分析计算方法都以集中化条件为前提。本书第 17~18 章研究分布参数电路。

1.2 电路变量及其参考方向

任何的物理过程及物理现象都必须用一些基本物理量描述和度量。在分析研究电路时，同样须用到一些基本物理量，这些物理量与电路中发生的电磁现象有密切的关系。电流 $i(t)$、电压 $u(t)$、电荷 $q(t)$、磁链 $\psi(t)$ 是分析研究电路时所用到的四个基本变量，以此为基础，用功率 $p(t)$ 和能量 $W(t)$ 这两个基本复合变量反映电路的能量消耗与传递情况。电路分析的任务是求解这些变量，这些变量中最常用到的是电流、电压和功率，物理学课程中对它们已作详细讨论，这里先作简要复习，然后引出电流、电压的参考方向的概念，再着重说明功率数值正负号的物理意义。

1.2.1 电流及其参考方向

带电粒子的定向移动形成电流，电流的大小或强弱取决于导体中电荷量的变化。通常，把单位时间内通过导体横截面的电荷量定义为电流，即

$$i(t) = \frac{\mathrm{d}q}{\mathrm{d}t} \tag{1-1}$$

式(1-1)中，若电荷量的单位为 C(库仑)，时间的单位为 s(秒)，则电流的单位为 A(安培)，因此 1 安=1 库/秒。电力系统有时取 kA(千安)为电流的单位，而电子电路常用 mA(毫安)、μA(微安)作为电流单位，它们之间的换算关系是

$$\left.\begin{array}{l} 1\text{kA} = 10^3 \text{A} \\ 1\text{mA} = 10^{-3} \text{A} \\ 1\mu\text{A} = 10^{-6} \text{A} \end{array}\right\} \tag{1-2}$$

电流不但有大小,而且有方向,通常规定正电荷运动的方向为电流的实际方向(真实方向),可用一个单方向箭头表示。

如果电流的大小和方向都不随时间变化,则这种电流为恒定电流,简称直流电流(简写作 dc 或 DC),可用符号 I 表示。如果电流的大小和方向都随时间变化,则称为交变电流,简称交流电流(简写作 ac 或 AC),可用符号 $i(t)$ 表示。

在一些类似于如图 1-5 所示的简单电路中,电流的实际方向显而易见,它是从电源正极流出,流向电源负极。但是,一些较为复杂的电路,如图 1-6 所示,电阻 R 上电流的实际方向难以确定。此外,如果电路中电流的实际方向不断地随时间变化,那就更不可能用一个固定的单方向箭头表示电流的真实方向。为解决这样的问题,需引入"电流的参考方向"这一概念。电流的参考方向是人为任意假定的,在电路图中可用单方向箭头标出。图 1-6 一个较为复杂的电路图依据假定的电流方向可建立描述电路的数学方程(电路方程),求解出的电流是代数量。若求解出的电流为正值,说明实际方向与所标的参考方向一致;若求解出的电流为负值,说明实际方向与所标的参考方向相反。注意:电流的参考方向一经指定,在计算过程中不能再改变。

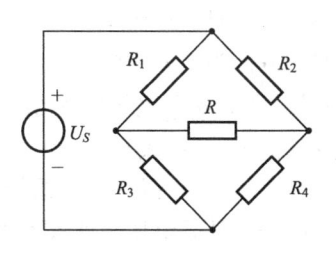

例 1-1 电路元件如图 1-7(a)所示,设每秒有 10C 的正电荷由 a 端移到 b 端。

(1) 若电流的参考方向如图 1-7(b)所示,试求 i_1。

(2) 若电流的参考方向如图 1-7(c)所示,试求 i_2。

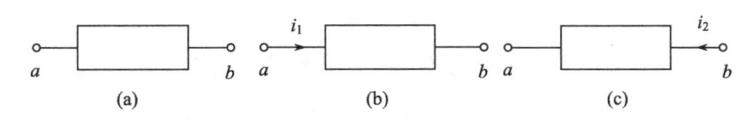

图 1-7 例 1-1 图

解 (1) 图(b)的参考方向与正电荷运动的方向相同,故电流应取正值,即 $i_1=10\text{A}$。

(2) 图(c)的参考方向与正电荷运动的方向相反,故电流应取负值,即 $i_2=-10\text{A}$。

显然,在这两种参考方向下,两个电流之间的关系为 $i_1=-i_2$。

1.2.2 电压及其参考方向

电路中的电荷具有电位(势)能。电荷只有在电场力的作用下才能作有规则的定向移动,从而形成电流。电场力对电荷做功的大小用电压来衡量,电路中 a、b 两点之间的电位(势)之差即是 a、b 两点间的电压,在数值上等于单位正电荷由 a 点转移到 b 点时所获得或失去的能量,即

$$u(t)=\frac{\mathrm{d}W}{\mathrm{d}q} \tag{1-3}$$

式(1-3)中,$\mathrm{d}q$ 为由 a 点移动到 b 点的正电荷的电量,单位为 C(库仑);$\mathrm{d}W$ 为电荷 $\mathrm{d}q$ 移动过程中所获得或失去的能量,单位为 J(焦耳);$u(t)$ 是 a、b 两点间的电压,单位为 V(伏特)。因此,1 伏=1 焦/库。常用的电压单位还有 kV(千伏)、mV(毫伏)及 μV(微伏),它们之间的换算关系为

$$\left.\begin{array}{l}1\text{kV}=10^3\text{V}\\1\text{mV}=10^{-3}\text{V}\\1\mu\text{V}=10^{-6}\text{V}\end{array}\right\} \tag{1-4}$$

电压除了大小之外，还有极性，也就是电压的方向，通常把电位降低的方向作为电压的实际方向。如图 1-8(a)所示，如果单位正电荷由 a 移动到 b，获得 1J 的能量，则 a、b 间电压的大小为 1V，且表现为电位升高（电压升），即 a 点为低电位（负极），b 点为高电位（正极），电压的实际方向为从 b 指向 a，$u_{ba}=1$V；再如图 1-8(b)所示，如果单位正电荷由 a 移动到 b，失去 1J 能量，则 a、b 间电压的大小仍为 1V，但表现为电位降低（电压降），即 a 点为高电位（正极），b 点为低电位（负极），电压的实际方向为从 a 指向 b，$u_{ab}=1$V。电压的实际方向既可以用正负极性表示，也可以用由正极指向负极的箭头表示，当然还可以用电压双下标记法表示。双下标字母表示计算电压时所涉及的两点，其前后次序则表示计算电压降时所遵循的方向。

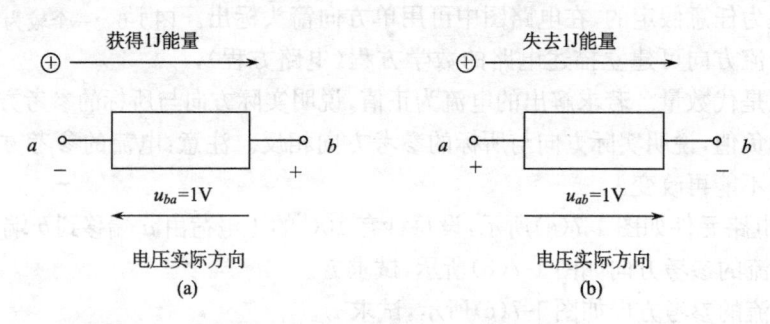

图 1-8 电压实际方向示意图

如果电压的大小和极性都不随时间变化，则这种电压称为恒定电压或直流电压，可用符号 U 表示。如果电压的大小和极性都随时间变化，则这种电压称为交变电压或交流电压，可用符号 $u(t)$ 表示。

在电路分析中，如同电流需假定参考方向一样，电压也需假定参考方向（或参考极性）。电压的参考方向是人为任意假定的，在电路图中用正负极标出或用从正极指向负极的箭头标出。依据假定的电压方向即可建立描述电路的数学方程（电路方程），求解出的电压是代数量。若求解出的电压为正值，说明实际方向与所标的参考方向一致；若求解出的电压为负值，说明实际方向与所标的参考方向相反。注意：电压的参考方向一经指定，在计算过程中不能再改变。

1.2.3 关联参考方向

综上所述，在分析电路时，对电路中的电流、电压假定参考方向是非常必要的。如不设置电流、电压的参考方向，电路基本定律就不便于应用，电路问题的分析计算也无从进行。

既要为电路中的电流假定参考方向，同时也要为电路中的电压假定参考方向，对于电路中的同一个元件，这两个方向可以彼此独立无关地任意假定。这时，电路出现两种可能的方向关系：一种称为关联参考方向，即电流与电压参考方向一致，如图 1-9(a)所示；另一种称为非关联参考方向，即电流与电压参考方向相反，如图 1-9(b)所示。为便于分析，常采用关联（一致）参考方向，这样，在电路图上标出的一个单方向箭头既代表电流的参考方向，同时也代表电压的参考方向。

(a) 关联参考方向　　　　　　(b) 非关联参考方向

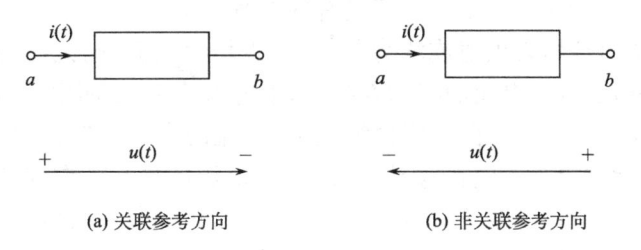

图 1-9　两种可能的参考方向关系

1.2.4　功率及其正负值的物理意义

电功率(简称功率)是衡量电路中能量转换速率的一个物理量,电路在单位时间内所消耗(或产生)的能量定义为瞬时功率,即

$$p(t) = \frac{dW}{dt} \tag{1-5}$$

式(1-5)中,dW 为 dt 时间内变化的能量,在国际单位制中,功率单位是 W(瓦特),1W=1J/s。常用的功率单位还有 kW(千瓦)、mW(毫瓦)及 μW(微瓦),它们之间的换算关系为

$$\left.\begin{array}{l} 1\text{kW} = 10^3 \text{W} \\ 1\text{mW} = 10^{-3} \text{W} \\ 1\mu\text{W} = 10^{-6} \text{W} \end{array}\right\} \tag{1-6}$$

在电路分析中,更受关注的是功率与电流、电压之间的关系。下面以图 1-10(a)为例建立功率与电流、电压的关系。其中矩形框代表任意一段电路,可以是电阻元件、电源,或若干电路元件的组合,电压 $u(t)$ 和电流 $i(t)$ 假定为关联参考方向。

由 $u(t) = \frac{dW}{dq}$,得 $dW = u(t)dq$;再由 $i(t) = \frac{dq}{dt}$,得 $dt = \frac{dq}{i(t)}$。

根据功率定义式(1-5),得

$$p(t) = \frac{dW}{dt} = u(t)i(t) \tag{1-7}$$

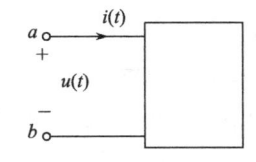

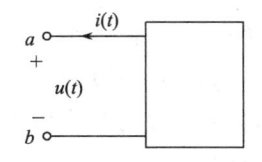

$p(t)=u(t)i(t) \begin{cases} p(t)>0, \text{电路吸收功率} \\ p(t)<0, \text{电路发出功率} \end{cases}$　　　$p(t)=u(t)i(t) \begin{cases} p(t)>0, \text{电路发出功率} \\ p(t)<0, \text{电路吸收功率} \end{cases}$

(a) 关联参考方向　　　　　　(b) 非关联参考方向

图 1-10　功率正负值的物理意义

式(1-7)说明,一段电路的瞬时功率等于这段电路的电压与电流的乘积。由于电压、电流是在假定的参考方向下计算出来的,都是代数量,可正可负,因而功率值也可正可负。那么功率值的正负有什么物理意义呢?又怎么与这段电路发出功率或吸收功率联系起来呢?

下面仍以图 1-10(a)为例说明功率正负值具有的物理意义。设 $u(t)$、$i(t)$ 为关联参考方向，若 $p(t)>0$，则 $u(t)$、$i(t)$ 均为正值或均为负值，如果均为正值，则说明图 1-10(a)假定的电压、电流参考方向就是电压、电流的实际方向；如果均为负值，表明电压、电流实际方向与图 1-10(a)假定的参考方向相反。在这两种情况下，电流的实际方向都与电压的实际方向相同。由于电流的实际方向是正电荷移动的方向，而电压的实际方向代表电位降，正电荷在通过这段电路时，电位降低。电位降低表示失去能量，正电荷失去的能量被这段电路吸收（或消耗），电路在单位时间内吸收的能量就是所吸收的功率。于是，在 $u(t)$、$i(t)$ 为关联参考方向时，$p(t)>0$ 表明这段电路吸收功率。反之，若 $p(t)<0$，则 $u(t)$、$i(t)$ 正负值交错，其中一个实际方向与参考方向相反；其结果是电流的实际方向与电压的实际方向相反；正电荷在通过这段电路时，电位升高而获得能量，正电荷获得的能量来源于这段电路释放（发出）的能量，电路在单位时间内发出的能量就是所发出的功率。由此可以断定：在 $u(t)$、$i(t)$ 为关联参考方向时，$p(t)<0$ 表明这段电路发出功率。当 $u(t)$、$i(t)$ 假定为非关联参考方向时，如图 1-10(b)所示，仍可用式(1-7)计算功率，只是功率值正负具有的物理意义与前面正好相反，即 $p(t)>0$ 表明这段电路发出功率，$p(t)<0$ 表明这段电路吸收功率。

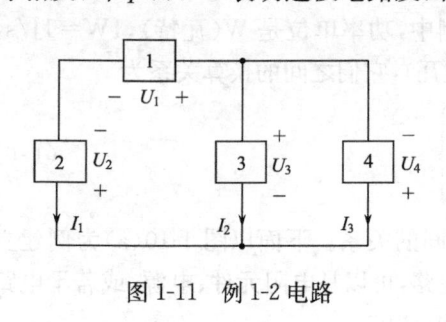

例 1-2 如图 1-11 所示，电压与电流的参考方向已经假定，并知 $U_1=3V$，$U_2=1V$，$U_3=2V$，$U_4=-2V$，$I_1=2A$，$I_2=-3A$，$I_3=1A$。试计算每个元件的功率，并说明这些元件是吸收功率还是发出功率。

图 1-11 例 1-2 电路

解 $p_1=U_1\times I_1=3\times 2=6W>0$，由于 U_1 与 I_1 取关联参考方向，故元件 1 吸收功率 6W。

$p_2=U_2\times I_1=1\times 2=2W>0$，由于 U_2 与 I_1 取非关联参考方向，故元件 2 发出功率 2W。

$p_3=U_3\times I_2=2\times(-3)=-6W<0$，由于 U_3 与 I_2 取关联参考方向，故元件 3 发出功率 6W。

$p_4=U_4\times I_3=(-2)\times 1=-2W<0$，由于 U_4 与 I_3 取非关联参考方向，故元件 4 吸收功率 2W。

因此，电路吸收的总功率：$\sum p_{吸收}=p_1+|p_4|=8W$；

电路发出的总功率：$\sum p_{发出}=p_2+|p_3|=8W$。所以，$\sum p_{吸收}=\sum p_{发出}$。

电路发出的总功率与吸收的总功率正好相等，这称为功率平衡，可由能量守恒原理理解，对于一个完整的电路，电路吸收的总功率必然等于发出的总功率。在电路分析中，常用功率平衡检验计算结果是否正确。

在图 1-10(a)所示的 $u(t)$、$i(t)$ 为关联参考方向下，该段电路从 t_0 到 t 时刻内所吸收的能量为

$$W[t_0,t]=\int_{t_0}^{t}p(t')dt'=\int_{t_0}^{t}u(t')i(t')dt' \tag{1-8}$$

在国际单位制中，能量的单位为焦耳，简称焦(J)。

1.3 电阻元件

电阻元件是由实际电阻器经科学抽象得出的一种模型。电阻元件按其电压、电流关系的

直线性和非直线性分为线性电阻元件和非线性电阻元件；按其特性是否随时间变化又分为时变电阻元件和时不变电阻元件。本书第 6 章介绍非线性电阻元件，若无特别说明，书中涉及的是最常用的线性时不变电阻元件（简称电阻元件）。

1.3.1 电阻元件的定义

线性时不变电阻元件是一种二端的集中参数元件，元件的图形符号如图 1-12(a)所示。当元件上的电压、电流取关联参考方向时，在任何时刻其两端的电压与其电流服从欧姆定律，即

$$u(t) = Ri(t) \tag{1-9}$$

或

$$i(t) = Gu(t) \tag{1-10}$$

在上述两式中，R 为线性时不变电阻元件的电阻参数，G 为线性时不变电阻元件的电导参数，二者均为与电压、电流无关的正实常数，并且

$$G = \frac{1}{R} \tag{1-11}$$

在国际单位制中，电阻的单位是 Ω（欧姆，简称欧），电导的单位是 S（西门子，简称西）。电阻和电导是反映同一电阻元件性能而互为倒数的两个电路参数，如果电阻反映一个电阻元件对电流的阻力，那么电导可以作为衡量电阻元件导电能力强弱的一个参数。

如果元件上的电压、电流取非关联参考方向，如图 1-12(b)所示，则

$$u(t) = -Ri(t) \tag{1-12}$$

或

$$i(t) = -Gu(t) \tag{1-13}$$

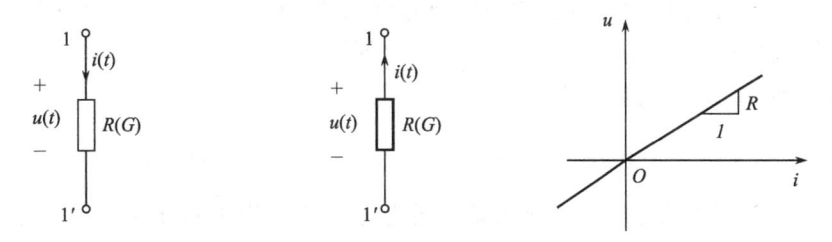

欧姆定律所表示的关系也称为电阻元件的伏安特性（性能方程），可以在 u-i 平面（或 i-u 平面）上画成曲线，称为电阻元件的伏安特性曲线。显然，线性时不变电阻元件的伏安特性曲线是一条不随时间变化，经过坐标原点的直线，如图 1-12(c)所示。电阻值可由直线的斜率确定。

(a) 电压、电流取关联参考方向　　(b) 电压、电流取非关联参考方向　　(c) 伏安特性曲线

图 1-12 线性时不变电阻元件图形符号及其伏安特性曲线

由电阻元件的伏安特性曲线可知，电阻元件具有两个重要特性：其一，任一瞬时电阻上的电压值（或电流值）完全取决于同一瞬时的电流值（或电压值），而与过去的电流（或电压）值无关，因此电阻是一种无记忆的元件；其二，电阻元件的伏安特性曲线关于原点对称，这说明电阻元件对于不同方向的电流或不同极性的电压有相同的物理特性，即电阻元件是一种双向元件。因此，在使用线性时不变电阻元件时，它的两个端子可不予区别。

1.3.2 开路与短路

在对线性时不变电阻元件的伏安特性曲线认识的基础上,可以将线性时不变电阻元件的两种极端情况与开路和短路这两个概念联系起来。

一个二端电阻元件不论其两端电压多大,如果其电流恒等于零,则此电阻元件称为开路。开路的伏安特性曲线在 $u\text{-}i$ 平面上与电压轴重合,它相当于 $R=\infty$ 或 $G=0$,如图 1-13(a)所示。类似地,一个二端电阻元件不论其电流多大,若其两端电压恒等于零,则此电阻元件称为短路。短路的伏安特性曲线在 $u\text{-}i$ 平面上与电流轴重合,它相当于 $R=0$ 或 $G=\infty$,如图 1-13(b)所示。如果电路中的一对端子 1-1′ 之间呈断开状态,如图 1-13(c)所示,这相当于 1-1′ 之间接有 $R=\infty$ 的电阻,此时称 1-1′ 开路。如果电路中的一对端子 1-1′ 之间用理想导线($R=0$)连接,称这对端子 1-1′ 短路,如图 1-13(d)所示。

(a) 开路的伏安特性曲线　　(b) 短路的伏安特性曲线　　(c) 开路表示　　(d) 短路表示

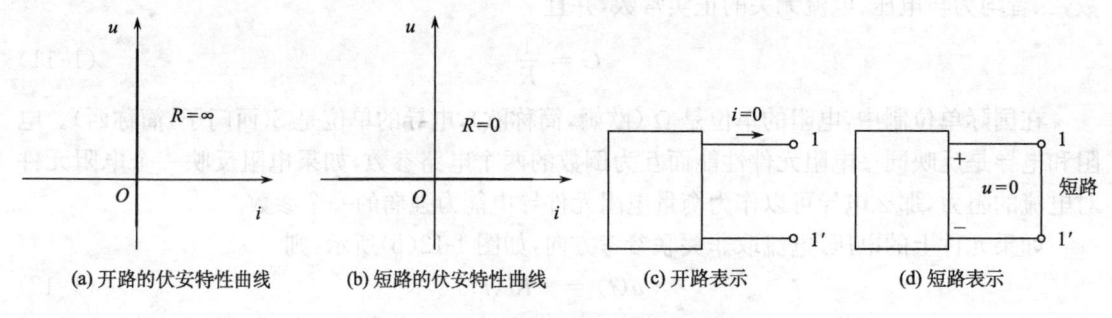

图 1-13　开路和短路的伏安特性曲线及表示

1.3.3 电阻元件的功率与能量

当电压、电流取关联参考方向时,线性时不变电阻元件在任一瞬时吸收的功率为

$$p_R(t) = u(t)i(t) = Ri^2(t) = Gu^2(t) \tag{1-14}$$

式(1-14)表明,电阻元件吸收的功率与通过元件的电流的平方或元件端电压的平方成正比,且恒有 $p_R(t) > 0$,因此电阻元件是一种无源元件。

电阻元件在 $[t_0, t]$ 内吸收的电能为

$$W_R[t_0, t] = \int_{t_0}^{t} p_R(t')\mathrm{d}t' = \int_{t_0}^{t} u(t')i(t')\mathrm{d}t' \tag{1-15}$$

电阻元件一般把吸收的电能转换成热能或其他能量,所以电阻元件也称为耗能元件。

1.4　电压源和电流源

任何一种实际电路必须有电源提供能量才能工作。实际电路有各种各样的电源,如干电池、蓄电池、光电池、发电机及电子电路中的信号源等。电压源和电流源是从实际电源经科学抽象得出的模型。

1.4.1 电压源

电压源是一种二端的集中参数元件,接到任意外部电路后,该元件两端电压始终保持给定

的时间函数,与通过它的电流大小无关。

电压源的图形符号如图 1-14(a)所示(电压源接一个外部电路),其中,$u_S(t)$ 为电压源的电压,是给定的时间函数,且方向也给定。$u(t)$、$i(t)$ 分别为元件电压、元件电流,其参考方向可以任意假定。在如图 1-14(a)所示元件电压 $u(t)$ 的参考方向下,电压源的性能方程表示为

$$u(t) = u_S(t) \tag{1-16}$$

而 $u(t)$ 的大小与元件电流 $i(t)$ 无关。若 $u_S(t)$ 是不随时间变化的恒定值,即为直流电压源,用 U_S 表示。如图 1-14(b)所示的长短线是电池的图形符号,用以表示直流电压源,其中长细线表示电源的正极,短粗线表示电源的负极。

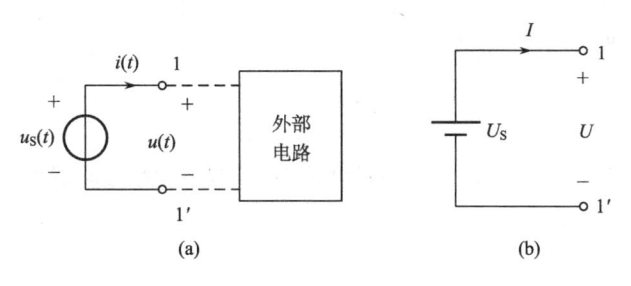

图 1-14 电压源图形符号

电压源的伏安特性可以在 u-i 平面上画成曲线。当电压源是直流电压源时,其大小和方向都不随时间而变,特性曲线是一条与电流 i 轴平行的直线,如图 1-15(a)所示;当电压源是交流电压源时,其大小和方向按照一定的规律随时间而变,特性曲线是一族与电流 i 轴平行的直线,如图 1-15(b)所示。特性曲线表明电压源的电压与其电流大小无关。

若 $u_S(t)=0$,则此电压源的特性曲线与电流轴重合,如图 1-15(c)所示,正好是短路的特性曲线。因此,电压源电压为零相当于短路。这个概念应用在电路分析中将电压源"置零"这种状况,将电压源"置零"这个术语的含义是令这个电压源不起作用,使其端电压为零,即作短路处理。

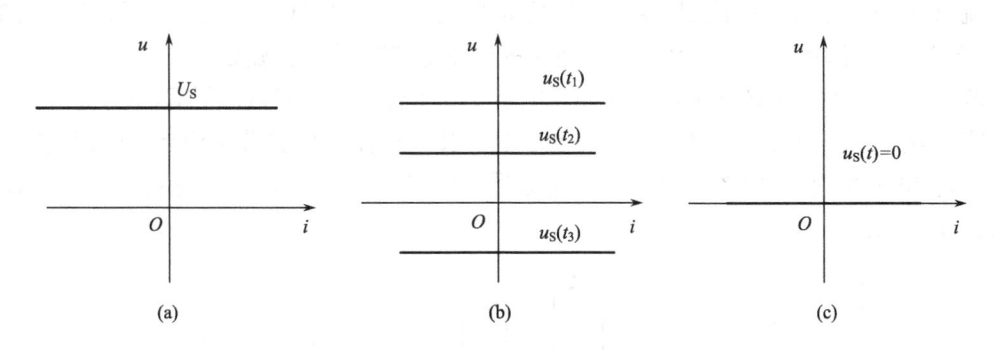

图 1-15 电压源特性曲线

电压源的特点是电压源的元件电压 $u(t)$ 的数值是由其自身独立决定的已知量,与所接的外部电路情况无关;而流经电压源的元件电流 $i(t)$ 是由电压源及外部电路共同决定的待求变量,也就是电压源的元件电流随外部电路变化,可以等于任意值。例如,外部电路为开路的情况,这时元件电压仍为 $u_S(t)$,而元件电流却为零。根据外部电路的不同情况,电流可以从不同的方向流过电压源,故电压源既可以向外部电路提供能量(作为电源),也可以从外部电路获得

能量(作为负载)。理论认为,电压源可以提供无穷大能量,也可以获得无穷大的能量。

真正理想的电压源实际上不存在,但是,对于新的干电池或发电机等许多实际电源,在一定电流范围内可近似地看成是一个电压源,或者用电压源与电阻元件串联作为实际电压源的模型。电压源可用电子电路实现,如晶体管稳压电源等。

1.4.2 电流源

电流源是一种二端的集中参数元件,接到任意外部电路后,该元件输出的电流始终保持给定的时间函数,与其两端电压大小无关。

电流源的图形符号如图 1-16(a)所示(电流源接一个外部电路),其中,$i_S(t)$ 为电流源的电流,是给定的时间函数,且方向也给定。$u(t)$、$i(t)$ 分别为元件电压、元件电流,其参考方向可以任意假定。在如图 1-16(a)所示元件电流 $i(t)$ 的参考方向下,电流源的性能方程可表示为

$$i(t) = i_S(t) \tag{1-17}$$

而 $i(t)$ 的大小与元件电压 $u(t)$ 无关。若 $i_S(t)$ 是不随时间变化的恒定值,即为直流电流源,用 I_S 表示,如图 1-16(b)所示。

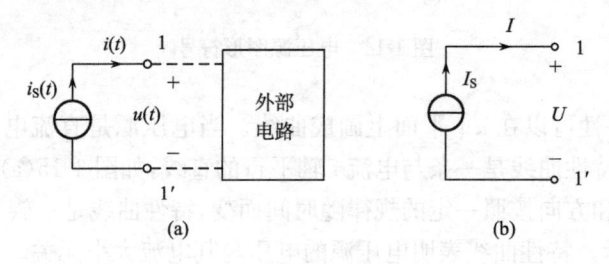

图 1-16 电流源图形符号

电流源的伏安特性可以在 u-i 平面上画成曲线。当电流源是直流电流源时,其大小和方向都不随时间而变,特性曲线是一条与电压 u 轴平行的直线,如图 1-17(a)所示;当电流源是交流电流源时,其大小和方向按照一定的规律随时间而变,特性曲线是一族与电压 u 轴平行的直线,如图 1-17(b)所示。特性曲线表明电流源的电流与端电压大小无关。

若 $i_S(t)=0$,则此电流源的特性曲线与电压 u 轴重合,如图 1-17(c)所示,正好是开路的特性曲线。因此,电流源电流为零相当于开路。这个概念应用在电路分析中将电流源"置零"这种状况,将电流源"置零"这个术语的含义是令这个电流源不起作用,使其输出电流为零,即作开路处理。

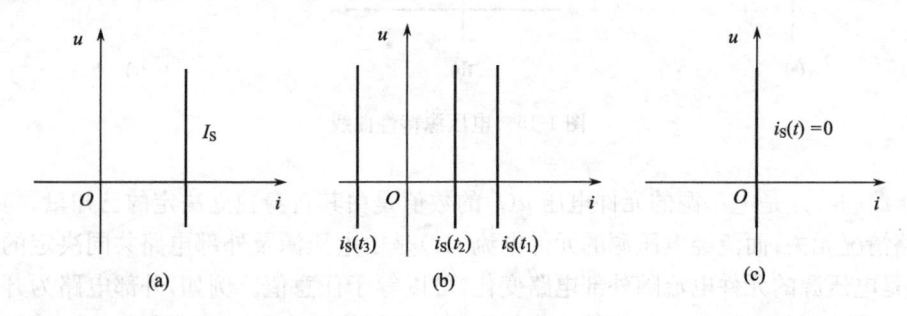

图 1-17 电流源特性曲线

电流源的特点是电流源的元件电流 $i(t)$ 数值是由其自身独立决定的已知量,与所接的外部电路情况无关,而电流源的元件电压 $u(t)$ 是由电流源及外部电路共同决定的待求变量,也就是电流源的元件电压随外部电路变化,可以等于任意值。例如,外部电路为短路的情况,这时元件电流仍为 $i_S(t)$,而元件电压却为零。如同电压源一样,电流源既可以向外部电路提供能量,也可以从外部电路获得能量,这根据电流源两端电压的真实极性而定,并且它提供或获得的能量,理论上也可以是无穷大。

真正理想的电流源实际上不存在,但是,光电池等实际电源在一定的电压范围内可近似地看成是一个电流源,或者用电流源与电阻元件并联作为实际电流源的模型。电流源也可用电子电路实现。

例 1-3 电压源与电流源串联所组成的电路如图 1-18 所示,试分析两个电源的功率情况。

解 设二个元件的电压、电流取关联参考方向,则 $i=i_S=3A$,$p_{u_S}=u_S\times i=4\times 3=12W$。

由于 u_S 与 i 取关联参考方向,且 $p_{u_S}>0$,故电压源吸收 12W,电压源是电路中的负载。

$u=-u_S=-4V$,$p_{i_S}=u\times i_S=(-4)\times 3=-12W$。

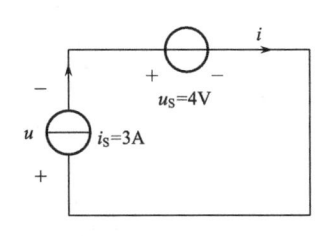

图 1-18 例 1-3 电路

由于 u 与取 i_S 关联参考方向,且 $p_{i_S}<0$,故电流源发出 12W,电流源是电路中真正的电源。因为 $p_{吸收}=p_{发出}$,所以功率平衡。

1.5 受 控 源

前面介绍了电压源和电流源,它们的电压(或电流)或为定值或为给定的时间函数,与所接的外电路无关,即与电路中其他支路的电压或电流无关,自身独立,因而常把电压源和电流源称为独立电源。电子电路还有另一类电源,这些电源的电压或电流不是给定的时间函数,而是依赖电路中其他支路的电压或电流,或者受电路中某一支路的电压或电流的控制,自身不独立,这类电源称为受控源,或称为非独立电源。受控源这类元件是对晶体管等电子器件中一些物理现象采用模型化的方法经科学抽象得出的模型,为了区别于独立电源,用菱形符号表示受控源,图 1-19(a)~图 1-19(c)分别表示受控电压源、受控电流源及控制电压(或控制电流)。

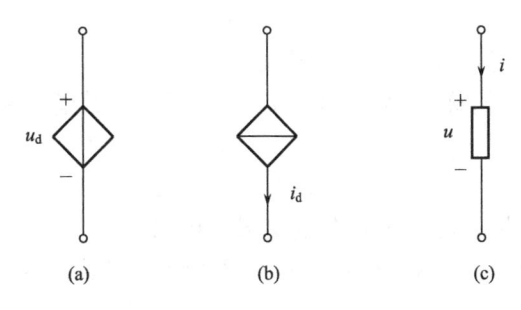

图 1-19 受控源的图形符号

受控源由电路中的两条支路构成,其中一条支路称为控制支路,也称为输入端口,如图 1-19(c)所示,u、i 称为控制量;另一条支路为受控支路,也称为输出端口,如图 1-19(a)~

图 1-19(b)所示，u_d、i_d 称为受控量，是依赖控制量的电压源或电流源。因此，可以把受控源看成是一种二端口元件，它将输入端口的电压（或电流）变成输出端口的电压（或电流）。根据控制量和受控量的不同组合，受控源有四种基本形式。

为简化受控源的图形符号，可以对控制支路作这样的处理：凡控制量是电压的受控源，控制支路用开路表示；凡控制量是电流的受控源，控制支路则用短路表示，即用开路电压或短路电流作为控制量。图 1-20 表示四种基本形式受控源的图形符号。

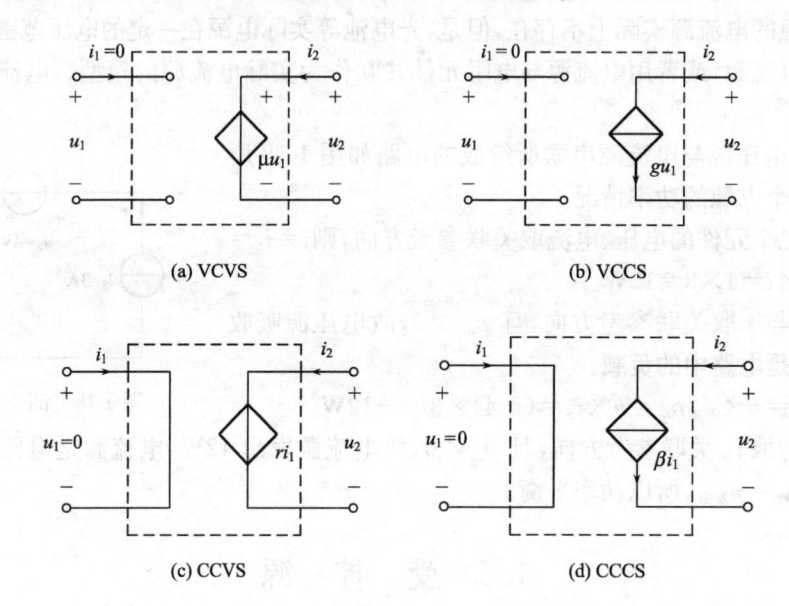

(a) VCVS (b) VCCS

(c) CCVS (d) CCCS

图 1-20 四种受控源的图形符号

(1) 电压控制电压源，简称 VCVS，如图 1-20(a)所示。其输入控制量是电压 u_1，输出电压是 u_2，并且

$$u_2 = \mu u_1 \tag{1-18}$$

式(1-18)中的控制系数 μ 是无量纲常数，称为转移电压比或电压放大系数。

(2) 电压控制电流源，简称 VCCS，如图 1-20(b)所示。其输入控制量是 u_1，输出电流是 i_2，并且

$$i_2 = g u_1 \tag{1-19}$$

式(1-19)中的控制系数 g 是电导量纲常数，称为转移电导。

(3) 电流控制电压源，简称 CCVS，如图 1-20(c)所示。其输入控制量是 i_1，输出电压是 u_2，并且

$$u_2 = r i_1 \tag{1-20}$$

式(1-20)中的控制系数 r 是电阻量纲常数，称为转移电阻。

(4) 电流控制电流源，简称 CCCS，如图 1-20(d)所示。其输入控制量是 i_1，输出电流是 i_2，并且

$$i_2 = \beta i_1 \tag{1-21}$$

式(1-21)中的控制系数 β 是无量纲常数，称为转移电流比或电流放大系数。

由于 μ、g、r、β 均为常量，则受控量与控制量成正比，所以这四种受控源是线性非时变受控源。受控源并不一定画成如图 1-20 所示的二端口元件的形式，一般只要在电路图中画出受控

源的图形符号及标明控制量的位置、种类及参考方向即可。例如，如图 1-21(a)所示的含受控源的电路可以画成图 1-21(b)的形式。

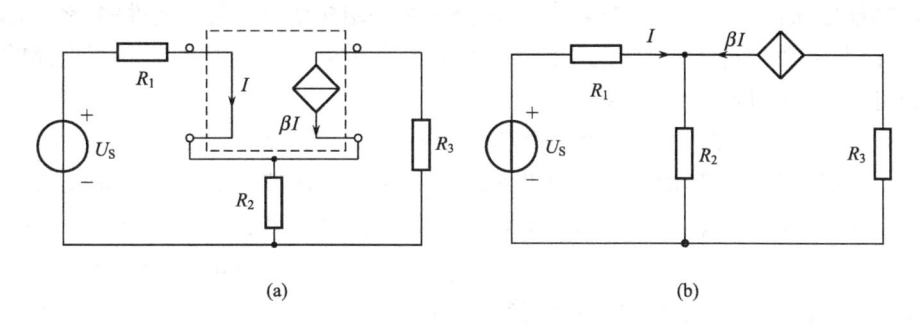

图 1-21 电路中受控源的习惯表示

受控源与独立电源在电路中的作用完全不同。独立电源是电路的输入(激励)，它代表外界对电路的作用；受控源常用来模拟电子器件中所发生的物理现象，仅表示电路中某处的电压或电流受另一处电压或电流控制的关系，这种控制关系从信号能量传递的角度来讲是一种电耦合关系。如果电路中无独立电源激励，则各处都没有电压和电流，于是控制量为零，受控源的电压或电流也为零。

例 1-4 如图 1-22 所示为一个含有 VCVS 的电路，试分析电路的功率情况。

解 $u_1 = R_1 \times i_S = 5 \times 2 = 10\text{V}$；
$u_2 = 0.5u_1 = 0.5 \times 10 = 5\text{V}$；
$i = \dfrac{u_2}{R_2} = \dfrac{5}{2} = 2.5\text{A}$。
$p_{i_S} = u_1 \times i_S = 10 \times 2 = 20\text{W}$。

对 i_S 而言，由于 u_1 与 i_S 取非关联参考方向，且 $p_{i_S} > 0$，故 i_S 发出 20W。

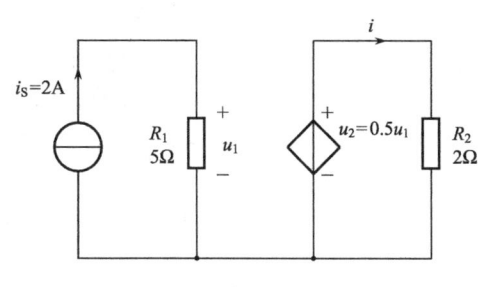

图 1-22 例 1-4 电路

$$p_{R1} = u_1 \times i_S = 10 \times 2 = 20\text{W}$$

对 R_1 而言，由于 u_1 与 i_S 取关联参考方向，且 $p_{R1} > 0$，故 R_1 吸收 20W。

$$p_{\text{VCVS}} = u_2 \times i = 5 \times 2.5 = 12.5\text{W}$$

对 VCVS 而言，由于 u_2 与 i 取非关联参考方向，且 $p_{\text{VCVS}} > 0$，故 VCVS 发出 12.5W。

$$p_{R_2} = u_2 \times i = 5 \times 2.5 = 12.5\text{W}$$

对 R_2 而言，由于 u_2 与 i 取关联参考方向，且 $p_{R_2} > 0$，故 R_2 吸收 12.5W。

整个电路功率平衡。另外，受控源虽然也能向电路发出功率，但它的这种作用依赖同一电路中的独立电流源 i_S。如果电路中 $i_S = 0$，即独立电流源不起作用，则受控源因控制量 u_1 为零而没有功率输出。

1.6 基尔霍夫定律

集中参数电路是由许多集中参数元件按一定方式相互连接所构成的电流通路，元件数目较多、规模较大的电路常称为网络。实际上，在电路分析中，"电路"与"网络"这两个名词并无明确的区别，一般可以混用，今后常用 N 表示电路。

整个电路表现如何，即电路具有什么特性，既要看每个元件各具有什么特性，又要看这些元件是怎样连接而构成一个完整的电路，即电路的拓扑结构如何。关于元件的特性，之前已作了详细的介绍，下面首先介绍几个与电路拓扑结构有关的名词或术语，然后描述电路的拓扑结构对电路电压、电流的影响。

(1) 支路：在集中参数电路中，每一个二端元件构成一条支路，用编号 1, 2, ⋯, b(b 是支路总数)表示。根据这个定义，图 1-23 所示电路具有 7 条支路，这种支路也称简单支路。

(2) 节点：在集中参数电路中，两条及两条以上支路的联接点称为节点。用编号 ①, ②, ⋯, ⓝ (n 是节点总数)表示。图 1-23 所示电路具有 5 个节点，其中节点 ① 称为简单节点。

为了减少电路中的支路数和节点数，常将电压源或受控电压源与电阻的串联作为一条支路，也将电流源或受控电流源与电阻的并联作为一条支路，这类支路称为复合支路。按照这种规定，图 1-23 所示电路只有 5 条支路，4 个节点。

(3) 回路：在集中参数电路中，从某一节点(始节点)出发，沿着一些节点、支路不重复地绕行一周，又回到原来出发节点(终节点)的闭合路径称为回路。注意：沿回路某个方向(既可以顺时针方向，也可以逆时针方向)绕行时，除始节点、终节点外，回路中的每一节点及每一条支路都只能经过一次。回路用编号 $l_1, l_2, \cdots, l_l$ 表示，图 1-23 所示电路有 6 个回路，带箭头的弧线表示回路绕行的方向。

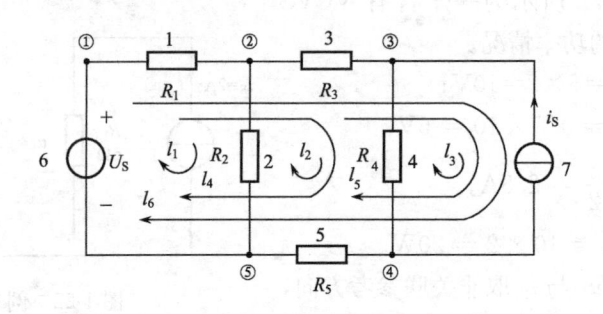

图 1-23 说明支路、节点、回路用图

根据"支路"、"节点"和"回路"的概念，电路中每条支路都联接在两个节点上，称之为支路与节点关联；每条支路又可能出现在一个回路或多个回路中，称之为支路与回路关联。流过支路的电流称为支路电流，支路端点间的电压称为支路电压，电路图必须标明各支路电流、电压的参考方向，且不同支路上的电流、电压用下标加以区别。对于简单支路而言，支路电流、支路电压是元件电流、元件电压。如果将电路中支路电流和支路电压作为电路变量对待，则这些变量受到两类约束。一类是元件的特性造成的约束。例如，线性非时变电阻元件的电压与电流必须服从欧姆定律 $u=Ri$ 的约束；另一类是支路的相互联接方式(电路的拓扑结构)对支路电流之间或支路电压之间带来的约束，因为电路中支路的相互联接必然使这些支路的电流之间及这些支路的电压之间存在一定的联系或者说一定的约束。具体反映在：与一个节点相联的各支路电流必须受到基尔霍夫电流定律(KCL)的约束；共同形成一个回路的各支路电压必须受到基尔霍夫电压定律(KVL)的约束。一切集中参数电路中的支路电流、支路电压无不为这两类约束所支配。

1.6.1 基尔霍夫电流定律(KCL)

基尔霍夫电流定律(Kirchhoff's Current Law)简称为 KCL,该定律表述为:在集中参数电路中,在任一时刻流出(或流入)节点的各支路电流的代数和恒等于零。定律的数学表达式为

$$\sum i = 0 \tag{1-22}$$

式(1-22)称为 KCL 方程,也称为节点电流方程。

在列写 KCL 方程时,应先标明所有支路电流的参考方向:已知支路电流的参考方向常已给定,未知支路电流的参考方向则可任意假定;再根据各支路电流的参考方向是流出或是流入节点以决定方程中各支路电流的代数符号,即可以设流出节点的支路电流为"+"项,流入为"-"项,也可以反过来以流入节点的支路电流为"+"项,流出为"-"项。本书规定:流出节点的支路电流为"+"项,流入为"-"项,以此明确代数和的含义。至于各个支路电流 i,它在假定的参考方向下计算得到,是一个代数量,本身还有一个数值上的符号问题,它的正负取决于实际方向与参考方向是否一致。这样,在列写 KCL 方程时常须考虑两套符号:一般是先根据支路电流的参考方向相对于节点的流出、流入决定方程中各项前正负号并列出方程,然后在具体计算时,再将各个支路电流 i 的具体数值代入。

例如,在如图 1-24 所示的电路中,根据基尔霍夫电流定律,可对节点①、②、③、④、⑤列出 KCL 方程。

节点① :$i_1 - i_6 = 0$;
节点② :$-i_1 + i_2 + i_3 = 0$;
节点③ :$-i_3 + i_4 - i_S = 0$;
节点④ :$-i_4 + i_5 + i_S = 0$;
节点⑤ :$-i_2 - i_5 + i_6 = 0$。

经适当的移项处理后写成如下形式。

节点① :$i_1 = i_6$;
节点② :$i_2 + i_3 = i_1$;
节点③ :$i_4 = i_3 + i_S$;
节点④ :$i_5 + i_S = i_4$;
节点⑤ :$i_6 = i_2 + i_5$。

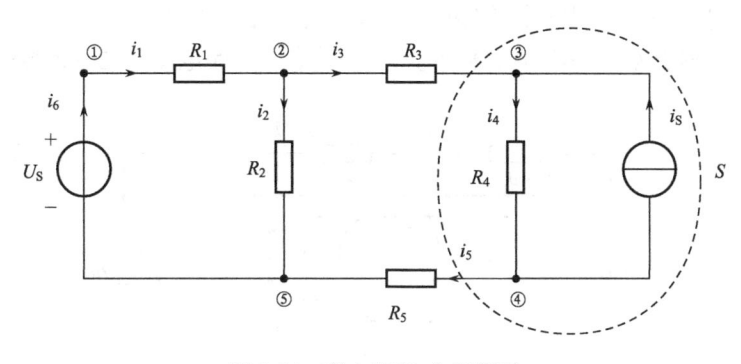

图 1-24 列出 KCL 方程用图

观察上述方程可知，每个方程等式的左边各项是流出节点的电流，而右边各项是流入节点的电流。由此可见，基尔霍夫电流定律可以换一种表述形式，即对于集中参数电路中的任何一个节点而言，在任一时刻流出此节点的电流之和等于流入此节点的电流之和，数学式表达为

$$\sum i_{出} = \sum i_{入} \tag{1-23}$$

由这种表达形式更容易理解 KCL 的物理背景。因为流入任一节点的电流等于流出该节点的电流，实际上是在任何一个无限小的单位时间内，流入任一节点的电荷量与流出该节点的电荷量必然相等，即说明任一节点电荷守恒，电路中的电流连续流动。因此，KCL 的实质是电流连续性原理在集中参数电路中的表现形式。

KCL 还可以推广运用到电路中的任一假想的闭合面 S，如图 1-24 中的虚线所示，这种假想的闭合面包围支路和节点，又称为广义节点。对这个广义节点列出 KCL 方程为

$$-i_3 + i_5 = 0 \quad 或 \quad i_3 = i_5$$

KCL 方程的具体形式仅依赖支路与节点的联接关系和支路电流的参考方向，列写 KCL 方程只需知道这些信息：一个节点上联接几条支路？这几条支路电流的参考方向如何？至于各支路是什么元件不必知道。这就是说，KCL 与元件的性质无关，仅与支路的相互联接方式有关。因此，KCL 反映电路的拓扑结构对各支路电流的约束。

1.6.2 基尔霍夫电压定律(KVL)

基尔霍夫电压定律(Kirchhoff's Voltage Law)简称为 KVL，该定律表述为：在集中参数电路中，在任一时刻沿任一回路方向，回路中各支路电压降的代数和恒等于零。定律的数学表达式为

$$\sum u = 0 \tag{1-24}$$

式(1-24)称为 KVL 方程，也称为回路电压方程。

在列写 KVL 方程时，应先标明所有支路电压的参考方向。已知支路电压的参考方向常已给定，未知支路电压的参考方向则可任意假定；任选一个回路绕行的方向（简称回路方向），可以设顺时针方向，也可以设逆时针方向，并在电路图中用带箭头的弧线标明。凡支路电压的参考方向与回路方向一致（顺绕）者，在 KVL 方程中为"＋"项，反之（逆绕）者为"－"项，这样的规定明确代数和的含义。至于各个支路电压 u，它在假定的参考方向下计算得到，是一个代数量，本身还有一个数值上的符号问题，它的正负取决于实际方向与参考方向是否一致。这样，在列写 KVL 方程时常考虑两套符号：一般是先根据支路电压的参考方向相对于回路方向的顺绕、逆绕决定方程中各项前正负号并列出方程，然后在具体计算时，再将各个支路电压 u 的具体数值代入。

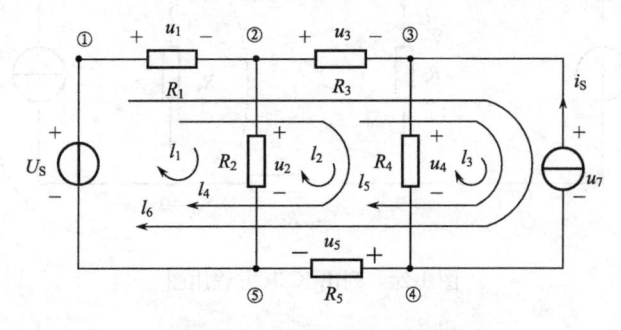

图 1-25 列出 KVL 方程用图

例如，在如图 1-25 所示的电路中，根据基尔霍夫电压定律，可对回路 l_1、l_2、l_3、l_4、l_5、l_6、列出 KVL 方程如下：

$$回路\ l_1: u_1 + u_2 - U_S = 0;$$
$$回路\ l_2: u_3 + u_4 + u_5 - u_2 = 0;$$
$$回路\ l_3: u_7 - u_4 = 0;$$
$$回路\ l_4: u_1 + u_3 + u_4 + u_5 - U_S = 0;$$
$$回路\ l_5: u_3 + u_7 + u_5 - u_2 = 0;$$
$$回路\ l_6: u_1 + u_3 + u_7 + u_5 - U_S = 0。$$

经适当的移项处理后写成如下形式：

$$回路\ l_1: u_1 + u_2 = U_S;$$
$$回路\ l_2: u_3 + u_4 + u_5 = u_2;$$
$$回路\ l_3: u_7 = u_4;$$
$$回路\ l_4: u_1 + u_3 + u_4 + u_5 = U_S;$$
$$回路\ l_5: u_3 + u_7 + u_5 = u_2;$$
$$回路\ l_6: u_1 + u_3 + u_7 + u_5 = U_S。$$

观察上述方程可知，每个方程等式的左边各项是沿回路的电压降，而右边项是沿回路的电压升。由此可见，基尔霍夫电压定律可以换一种表述形式，即对于集中参数电路中的任何一个回路而言，在任一时刻沿任一回路方向，电压降之和等于电压升之和，数学式表达为

$$\sum u_降 = \sum u_升 \qquad (1\text{-}25)$$

由这种表达形式更容易理解 KVL 的物理背景，因为沿任一回路绕行一周，电压降之和等于电压升之和，实际上是单位正电荷绕行回路一周失去的能量等于获得的能量，即回路能量守恒。因此，KVL 的实质是能量守恒原理在集中参数电路中的表现形式。这也反映出电路中任意两点间的电压具有单值性，与计算路径无关。例如，在图 1-25 中，节点①、⑤之间的电压 u_{15} 可从以下四条路径计算，即

$$u_{15} = U_S$$
$$u_{15} = u_1 + u_2$$
$$u_{15} = u_1 + u_3 + u_4 + u_5$$
$$u_{15} = u_1 + u_3 + u_7 + u_5$$

今后在求解电路中两点间的电压时，可以在该两点间选择任意一条路径，计算出该路径上电压降的代数和（沿路径电压降为正项，电压升为负项）即可。

KVL 不仅适用于电路中的具体回路，也适用于电路中的任何假想回路。例如，在图 1-26 中，假设在节点②、④之间接一条虚拟支路 x，于是出现假想回路 l_B，虚拟支路电压为 u_x，当选择假想回路 l_B 的方向为顺时针方向时，可列出 KVL 方程，即

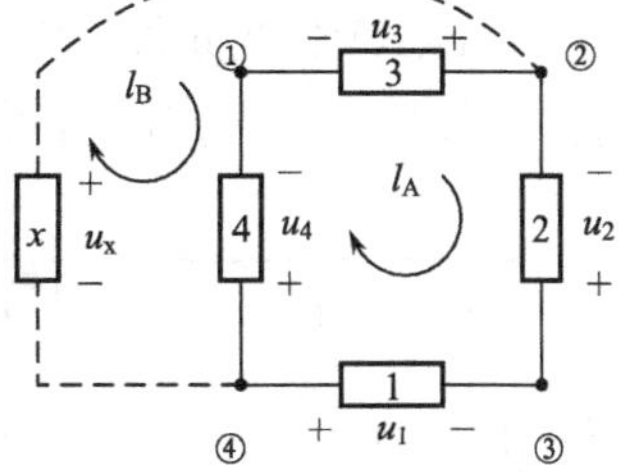

$$-u_x + u_3 - u_4 = 0$$

图 1-26 假想回路图

由此可求出 u_x。当然，也可以直接根据电路中两点间电压的单值性计算 u_x，即

$$u_x = u_{24} = u_3 - u_4$$

或

$$u_x = u_{24} = -u_2 - u_1$$

KVL 方程的具体形式仅依赖回路所关联的支路、回路中各支路电压的参考方向及回路方向。列出 KVL 方程时只须知道这些信息：一个回路由几条支路联接而成？构成回路的各支路电压的参考方向如何？回路方向如何？至于各支路是什么元件不必知道。这表明，KVL 与元件的性质无关，仅与支路的相互联接方式有关，因此 KVL 反映电路的拓扑结构对各支路电压的约束。

本书主要研究电路分析问题，电路分析的典型问题是：给定电路的结构、元件的特性及各独立电源的电压或电流，求出电路中所有的（或某些指定的）支路电压、支路电流，进而求出支路功率，并分析电路的功率情况。

前面几节介绍电路元件的电压、电流关系（伏安特性或性能方程），这是电路的各个组成部分所表现出的特性，称为电路的个体规律，它反映元件的性质对电路变量的约束；同时，还介绍 KCL、KVL 这两个电路定律，这是将电路作为一个整体对待，电路变量应服从的规律称为电路的整体规律，它反映电路拓扑结构对电路变量的约束。电路的个体规律和电路的整体规律构成电路的基本规律，它们是分析一切集中参数电路的基本依据。根据电路的基本规律可以列写电路方程，并解出所需的未知电路变量。

电路图是分析电路问题的信息载体，是进行电路分析的对象。在求解电路时，首先明确题意，明确哪些是已知条件，哪些是待求量；然后确定解题的途径：应根据什么概念、定律求什么变量，先求哪一个变量后求哪一个变量。这样，求解条理清晰，解答过程简捷明了。在运用电路的基本规律列写电路方程之前，还应在电路图上标明各支路电压及各支路电流变量的参考方向、节点编号、回路编号及回路方向，为列写正确的电路方程做好充分的准备。下面通过综合示例，进一步描述如何运用电路的基本规律分析计算一些简单的电路问题。

1.7 综合示例

例 1-5 试求如图 1-27 所示电路中的电压 U。

解 图 1-27 有两个节点，节点编号为①、②。选择三个回路，回路编号为 l_1、l_2、l_3。首先假定 2Ω 电阻上电流 I_2 的参考方向及三个回路方向（均为顺时针方向）并在电路图上标明，然后应用 KCL、KVL 及元件性能方程列写有关的电路方程。

将 KCL 应用于节点①可得 $I_1 + I_2 - 2I_1 - I_S = 0$，即 $-I_1 + I_2 = I_S$。

将 KVL 应用于回路 l_1、l_2、l_3，可得并联的四个元件电压均为 U。

再由电阻元件性能方程可得 $U = 6I_1$，$U = 2I_2$。

最后联立求解得 $-\dfrac{U}{6} + \dfrac{U}{2} = I_S$，$U = 3I_S = 3 \times 4 = 12\text{V}$。$U > 0$ 表示实际方向与参考方向相同。

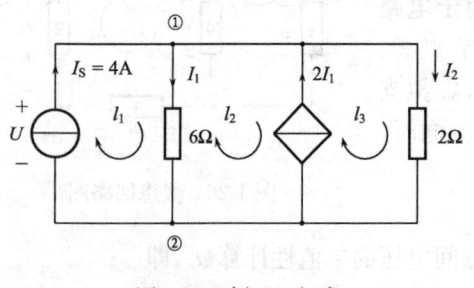

图 1-27 例 1-5 电路

例 1-6 试求如图 1-28 所示电路中的电流 I。

解 图 1-28 有一个回路 l 及四个简单节点,节点编号为①、②、③、④。首先假定 6Ω 电阻上电压 U_2 的参考方向及回路 l 的回路方向(顺时针方向)并在电路图上标明,然后应用 KCL、KVL 及元件性能方程列写有关的电路方程。

将 KCL 应用于节点①、②、③、④,可得串联的四个元件电流均为 I。

将 KVL 应用于回路 l 可得 $-u_1+3u_1+u_2-U_S=0$,即 $2u_1+u_2=U_S$。

再由电阻元件性能方程可得 $u_1=-2I$(非关联参考方向),$u_2=6I$。

最后联立求解得 $2\times(-2I)+6I=U_S$,$I=\dfrac{U_S}{2}=\dfrac{6}{2}=3$A。

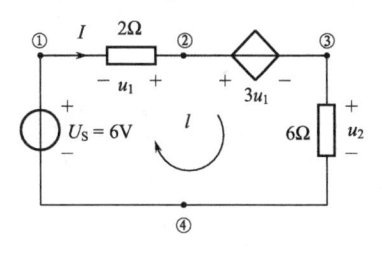

图 1-28 例 1-6 电路

$I>0$ 表示实际方向与参考方向相同。

例 1-7 如图 1-29 所示电路,已知 $U_S=7$V,$i_1=1$A,$R_1=R_2=2\Omega$,求 u_3 和 i_2。

解 首先假定 R_1、R_2 上电压 u_1、u_2 的参考方向及两个回路 l_1、l_2 的回路方向并在电路图上标明。

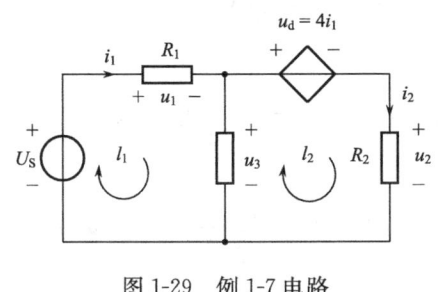

求解途径:

$(1): i_1 \to \left.\begin{array}{l} u_1 \\ u_d \end{array}\right\}$;$(2): \left.\begin{array}{ll} \text{KVL} & l_1 \to u_3 \\ \text{KVL} & l_2 \to u_2 \end{array}\right\}$;$(3): u_2 \to i_2$

图 1-29 例 1-7 电路

(1) 求解第一步:$u_1=R_1 i_1=2\times 1=2$V;$u_d=4i_1=4\times 1=4$V。

(2) 求解第二步:将 KVL 应用于回路 l_1 可得 $u_1+u_3-U_S=0$,即 $u_3=U_S-u_1=7-2=5$V;将 KVL 应用于回路 l_2,可得 $u_d+u_2-u_3=0$,即 $u_2=u_3-u_d=5-4=1$V。

(3) 求解第三步:根据电阻元件性能方程可得 $i_2=\dfrac{u_2}{R_2}=\dfrac{1}{2}$A。

例 1-8 如图 1-30 所示电路,已知 $R_1=0.5$kΩ,$R_2=1$kΩ,$R_3=2$kΩ,$U_S=10$V,电流控制电流源的电流 $i_d=50i_1$,求电阻 R_3 两端的电压 u_3。

解 首先确定流过 R_3 的电流为 i_d,而且 i_d 的参考方向与 u_3 的参考方向为非关联参考方向,根据电阻元件的性能方程可得

$$u_3=-R_3 i_d=-2\times 10^3 \times 50 i_1=-10^5 i_1$$

式中,i_1 是一个关键变量。为求 i_1,对节点①应用 KCL,可得

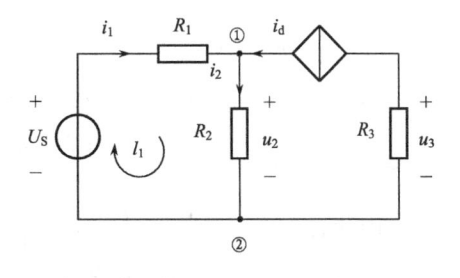

图 1-30 例 1-8 电路

$$-i_1+i_2-i_d=0,\text{即 } i_2=i_1+i_d=i_1+50i_1=51i_1$$

再对回路 l_1 应用 KVL(同时将元件性能方程代入),可得

$$R_1 i_1+R_2 i_2-U_S=0 \text{ 即 } R_1 i_1+R_2\times 51 i_1=U_S$$

$$i_1=\dfrac{U_S}{R_1+51R_2}=\dfrac{10}{500+51\times 1000}=0.194\text{mA}$$

· 21 ·

最后得 R_3 两端的电压为 u_3，即
$$u_3 = -10^5 i_1 = -19.4\text{V}$$

例 1-9 如图 1-31 所示电路，试求每个元件发出或吸收的功率。

解 根据电阻元件性能方程，可得流过 5Ω 电阻的电流为
$$i_d = \frac{10}{5} = 2\text{A}$$

这个电流正好是 CCCS 的电流，由此可知
$$i_d = 0.9 i_1 = 2\text{A}, \text{ 即 } i_1 = \frac{2}{0.9} = \frac{20}{9}\text{A}$$

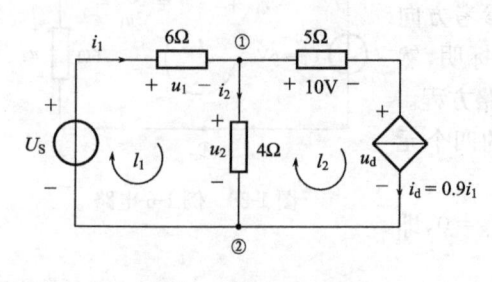

图 1-31 例 1-9 电路

对节点①应用 KCL，可得
$$-i_1 + i_2 + i_d = 0, \text{ 即 } i_2 = i_1 - i_d = \frac{20}{9} - 2 = \frac{2}{9}\text{A}$$

再由电阻元件性能方程可得
$$u_1 = 6 \times i_1 = 6 \times \frac{20}{9} = \frac{120}{9}\text{V}, \quad u_2 = 4 \times i_2 = 4 \times \frac{2}{9} = \frac{8}{9}\text{V}$$

对回路 l_1、l_2 分别应用 KVL，可得
$$\left.\begin{array}{l} u_1 + u_2 - U_S = 0 \\ 10 + u_d - u_2 = 0 \end{array}\right\}, \text{ 即 } \begin{cases} U_S = u_1 + u_2 = \frac{120}{9} + \frac{8}{9} = \frac{128}{9}\text{V} \\ u_d = -10 + u_2 = -10 + \frac{8}{9} = -\frac{82}{9}\text{V} \end{cases}$$

最后求得每个元件的功率为
$$p_{U_S} = U_S \times i_1 = \frac{128}{9} \times \frac{20}{9} = \frac{2560}{81}\text{W} > 0, \text{非关联参考方向，发出} \frac{2560}{81}\text{W}。$$
$$p_{6\Omega} = u_1 \times i_1 = \frac{120}{9} \times \frac{20}{9} = \frac{2400}{81}\text{W} > 0, \text{关联参考方向，吸收} \frac{2400}{81}\text{W}。$$
$$p_{4\Omega} = u_2 \times i_2 = \frac{8}{9} \times \frac{2}{9} = \frac{16}{81}\text{W} > 0, \text{关联参考方向，吸收} \frac{16}{81}\text{W}。$$
$$p_{5\Omega} = 10 \times i_d = 10 \times 2 = 20\text{W} > 0, \text{关联参考方向，吸收 20W}。$$
$$p_{\text{CCCS}} = u_d \times i_d = -\frac{82}{9} \times 2 = -\frac{164}{9}\text{W} < 0, \text{关联参考方向，发出} \frac{164}{9}\text{W}。$$

因此，$p_{\text{发出}} = \frac{2560}{81} + \frac{164}{9} = \frac{4036}{81}\text{W}, p_{\text{吸收}} = \frac{2400}{81} + \frac{16}{81} + 20 = \frac{4036}{81}\text{W}$，

所以，$p_{\text{发出}} = p_{\text{吸收}}$（功率平衡）。

思 考 题

1-1 理想电路元件与实际电路器件之间的联系和差别是什么？

1-2 电流、电压的实际方向怎样规定？有了实际方向这个概念，为什么还要引入电流、电压的参考方向的概念？参考方向的意义是什么？对于任何一个具体电路，是否可以任意指定电流、电压的参考方向？

1-3 功率的定义是什么？功率与电流、电压之间有什么关系？元件在什么情况下吸收功率？在什么情况下发出功率？它与电流、电压的参考方向有何关系？

1-4 电压源和电流源各有什么特点？

1-5 如令电压源的电压为零可作何种处理？如令电流源的电流为零可作何种处理？

1-6 受控源能否作为电路的激励？如果电路无独立的电源，电路还会有电流、电压响应吗？

1-7 应用基尔霍夫电流定律列写某节点电流方程时，与该节点相连各支路上的元件性质对方程有何影响？

1-8 应用基尔霍夫电压定律列写某回路电压方程时，构成该回路各支路上的元件性质对方程有何影响？

1-9 基尔霍夫电流定律是描述电路中与节点相连的各支路电流间相互关系的定律，应用此定律可写出节点电流方程。对于一个具有 n 个节点的电路，可写出多少个独立的节点电流方程？

1-10 基尔霍夫电压定律是描述电路中与回路相关的各支路电压间相互关系的定律，应用此定律可写出回路电压方程。对于一个具有 n 个节点、b 条支路的电路，可写出多少个独立的回路电压方程？

习　题

1-1 2C 的电荷由 a 点移到 b 点，能量改变为 20J，若(1)电荷为正且失去能量；(2)电荷为正且获得能量。求 u_{ab}。

1-2 在题 1-2 图中，试问对于 N_A 与 N_B，u、i 的参考方向是否关联？此时下列各组乘积 $u \times i$ 对 N_A 与 N_B 分别是吸收功率，或是发出功率？并说明功率从 N_A 流向 N_B 还是 N_B 流向 N_A。

(a) $i=15\text{A}, u=20\text{V}$；
(b) $i=-5\text{A}, u=100\text{V}$；
(c) $i=4\text{A}, u=-50\text{V}$；
(d) $i=-16\text{A}, u=-25\text{V}$。

1-3 如题 1-3 图所示，电路由 5 个元件组成，其中，$u_1=9\text{V}, u_2=5\text{V}, u_3=-4\text{V}, u_4=6\text{V}, u_5=10\text{V}, i_1=1\text{A}, i_2=2\text{A}, i_3=-1\text{A}$。试求：

(1) 各元件的功率；
(2) 全电路吸收功率及发出功率各为多少？说明什么规律？

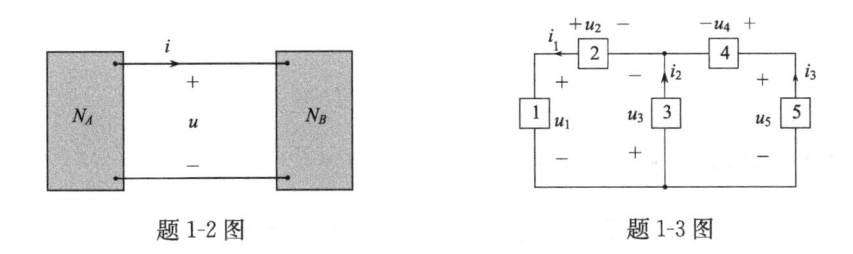

题 1-2 图　　题 1-3 图

1-4 在假定的电压、电流参考方向下，写出如题 1-4 图所示各元件的性能方程。

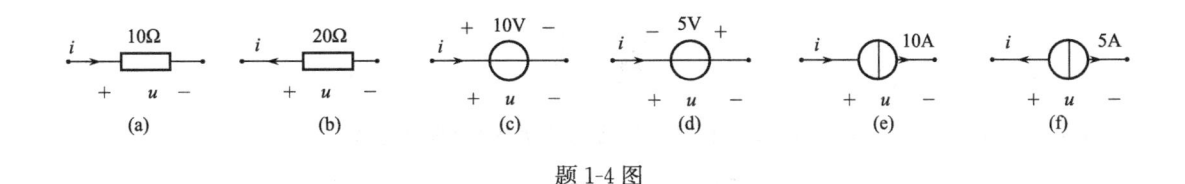

(a)　(b)　(c)　(d)　(e)　(f)

题 1-4 图

1-5 求如题 1-5 图所示各电源的功率，并指明它们是吸收功率还是发出功率。

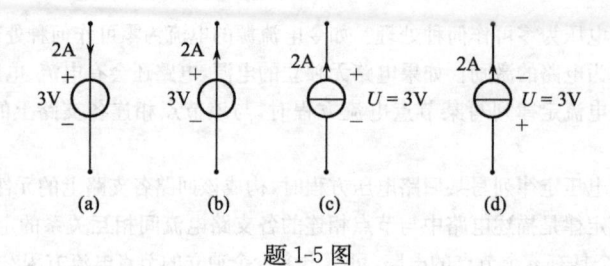

题 1-5 图

1-6 在题 1-6 图中,一个 3A 的电流源分别与三种不同的外电路相接,求三种情况下 3A 电流源的功率,并指明是吸收功率还是发出功率。

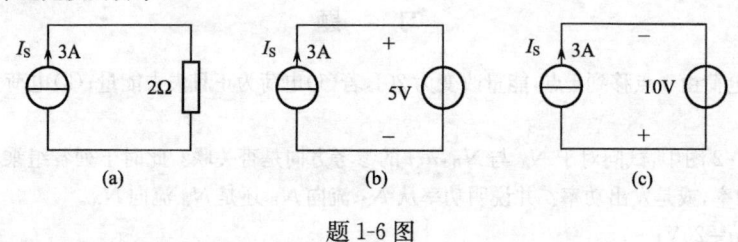

题 1-6 图

1-7 试求如题 1-7 图所示电路中电压源及电流源的功率,并指明它们是吸收功率还是发出功率。

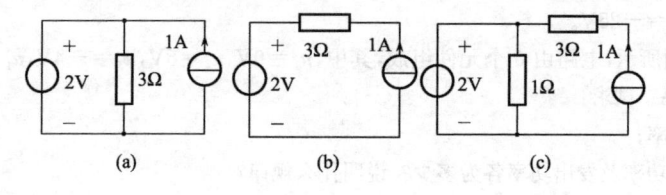

题 1-7 图

1-8 试求：
(1) 题 1-8(a)图中受控电压源的端电压和它的功率；
(2) 题 1-8(b)图中受控电流源的电流和它的功率。

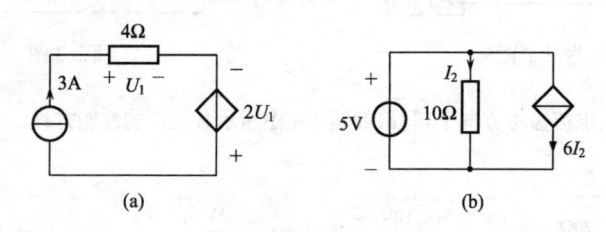

题 1-8 图

1-9 试求题 1-9 图中各电源的功率,并说明它们是吸收功率还是发出功率。

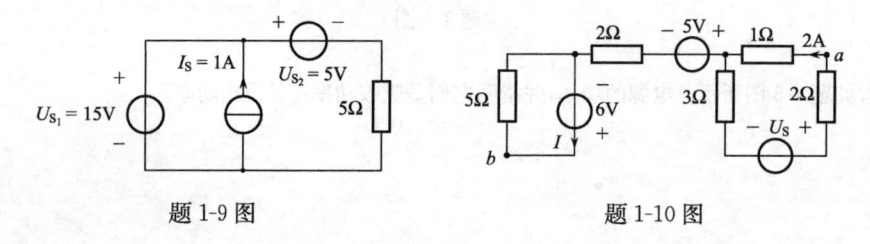

题 1-9 图   题 1-10 图

1-10 试求题 1-10 图中的电流 I、电压源电压 U_S 及电压 U_{ab}。

1-11 题 1-11 图表示某电路中的部分电路,已知的各电流及电阻元件值已标示在图中,试求 I、U_S、R。

1-12 试求题 1-12 图中的电流 i。

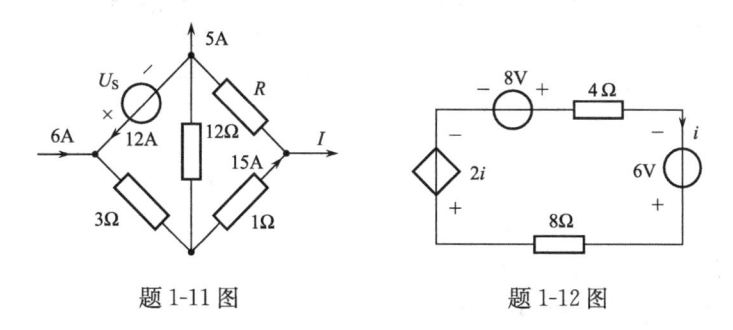

题 1-11 图　　　　题 1-12 图

1-13 试求题 1-13 图中的电流 I_{ab}、I_{cd} 及 I。

1-14 试求题 1-14 图中的 U_{AB}、I_1 及 I_2。

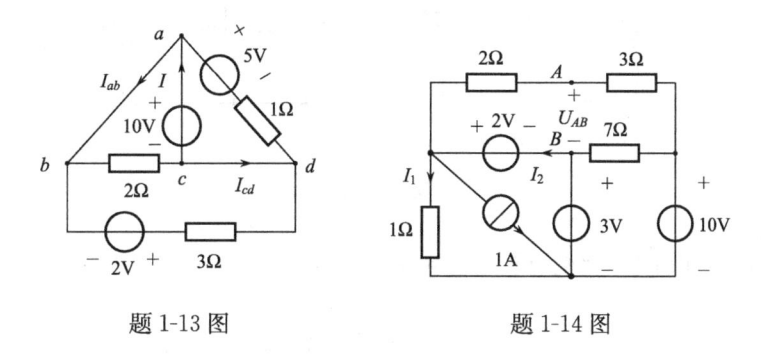

题 1-13 图　　　　题 1-14 图

1-15 试求题 1-15 图中各支路电压及电流。

1-16 试求题 1-16 图中的电流 I。

1-17 试求题 1-17 图中受控电流源的功率。

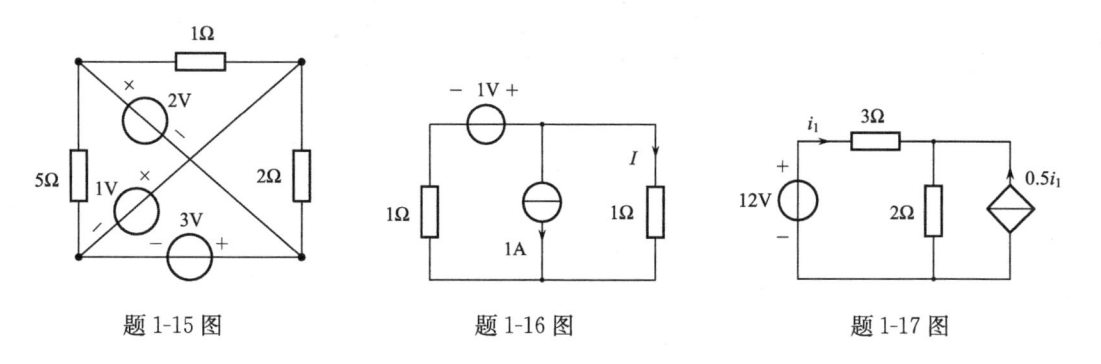

题 1-15 图　　　　题 1-16 图　　　　题 1-17 图

1-18 试求:

(1) 题 1-18 图(a)中的电流 I_2;

(2) 题 1-18 图(b)中的电压 u_{ab}。

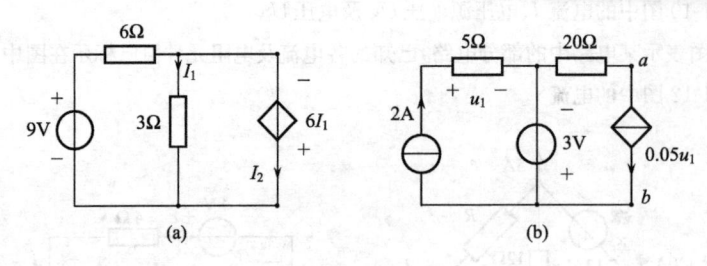

题 1-18 图

1-19 电路如题 1-19 图所示。
(1) 在题 1-19 图(a)中,已知 $u_S=12V$,求电压 u_{ab};
(2) 在题 1-19 图(b)中,已知 $R=3\Omega$,求电压 u_{ab}。

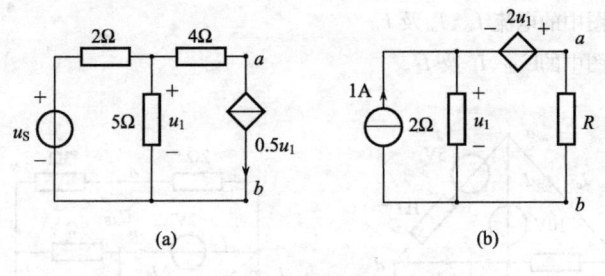

题 1-19 图

1-20 试求题 1-20 图中各元件的功率,并验算功率是否平衡。

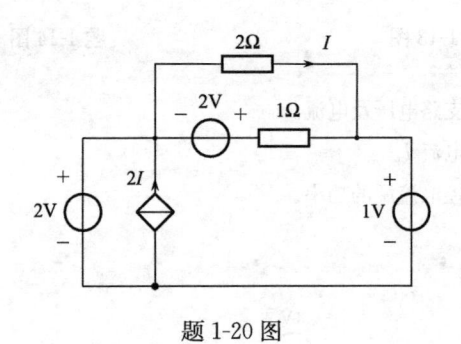

题 1-20 图

第2章 电阻电路的等效变换

"等效"在电路分析中是一个十分重要的概念,电路的等效变换法已成为电路分析中常用的简捷的方法。本章首先阐述电路等效的一般概念,然后具体研究一些由简单电阻电路构成的单口网络的等效变换,从中总结出一些规律,进而推出电路的等效变换法。对电路进行等效变换的优越之处在于可将一个复杂的电路经一次或多次等效变换为一个十分简单的电路,只需列写少量的电路方程,便可轻松求解电路问题。

2.1 电路等效的一般概念

由线性非时变电阻元件、线性受控源和独立电源组成的电路称为线性非时变电阻电路,简称电阻电路。电路中电压源的电压或电流源的电流可以是直流,也可以随时间按某种规律变化。当电路中的独立电源都是直流电源时,这类电路简称为直流电阻电路。

在对复杂电路进行分析时,如果我们只对其中某一支路的电压、电流或其中某些支路的电压、电流感兴趣,则可以用分解方法把原来的复杂电路分解成由两个通过两根导线相连的子电路 N_A 和 N_B 所组成的电路,如图 2-1 所示。N_A 中的电压、电流不必细究,而 N_B 中则有我们感兴趣并且要求解的电压和电流。

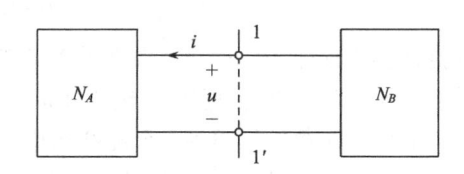

图 2-1 复杂电路分解成两个子电路示意图

像 N_A、N_B 这种由元件相连接组成且对外只有两个端子的子电路称为二端网络或单口网络(一端口网络)。1、1′是两个端子,1-1′构成一个端口,u 称为端口电压,i 称为端口电流。如果单口网络内部含有独立电源、电阻、受控源,则称之为含源单口网络,用 N_S 表示;如果单口网络内部仅含有电阻、受控源,没有独立电源,则称之为无源单口网络,用 N_0 表示。

2.1.1 单口网络的伏安关系

当单口网络的内部情况(电路结构、元件参数)完全明确时,可根据 KCL、KVL 及元件性能方程列出相关的电路方程,并求出其端口电压 u 与端口电流 i 之间的关系;当单口网络内部情况不明(黑箱)时,则可以用实验方法测得 u 与 i 之间的关系,端口 u 与 i 之间的关系称为单口网络的伏安关系,用 $u=f(i)$ 或 $i=g(u)$ 表示。单口网络的伏安关系由网络内部的电路结构、元件参数决定,与外接的电路无关,它反映出单口网络本身性质对外接电路的作用或影响,因此,又将单口网络的伏安关系称为单口网络的外特性方程,这个外特性方程可以在连接任何外电路情况下求出。图 2-2 为单口网络连接外电路的示意图,一般可以假定一种最简单的外电路情况,求出单口网络的外特性方程。

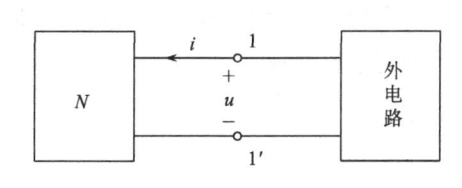

图 2-2 单口网络连接外电路示意图

2.1.2 等效、等效电路与等效变换

如图 2-3 所示,两个单口网络 N_1 和 N_2 内部的电路结构、元件参数可以完全不同,N_1 是一个复杂的单口网络,N_2 是一个简单的单口网络。如果 N_1、N_2 的外特性方程完全相同,则说明这两个单口网络对外电路的作用或影响完全相同,这时称 N_1 与 N_2 相互等效,互称等效电路。这样,在计算外电路的电压、电流时,可将相互等效的两个单口网络 N_1 与 N_2 进行置换。置换前后与它们相连接的外电路的电压、电流和功率保持不变,这种置换称为等效变换,通常用简单的单口网络 N_2 置换复杂的单口网络 N_1,这会对外电路的计算带来方便。因此,常将电路的等效变换称为电路的等效化简。

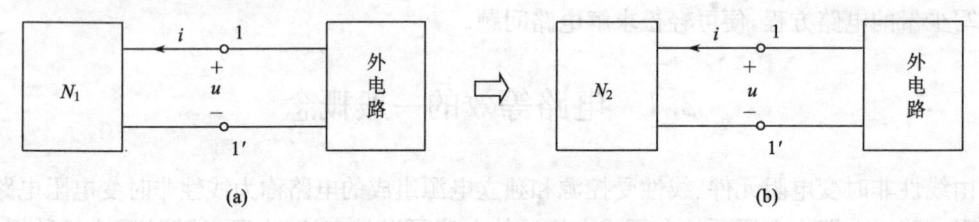

(a)　　　　　　　　　　(b)

图 2-3　单口网络的等效电路

一旦由图 2-3(b)计算出外电路的电压、电流,N_2 就失去意义。如果还要求 N_1 内的电压、电流,就必须返回图 2-3(a),根据已求得的端口电压 u 和端口电流 i 进行求解。等效电路仅适用于对外电路的求解,而等效电路内部的电压、电流没必要求解。

下面的问题是怎样将一个复杂的单口网络化简成与之等效的简单的单口网络,即须研究等效电路如何构成。根据"等效"的概念,只要求出复杂的单口网络的外特性方程并整理成最简单的形式,然后凭借已有的经验,构造一个与此外特性方程相吻合的简单的单口网络,即可得到等效电路。下面举例说明如何构造等效电路。

例 2-1　构造如图 2-4(a)所示含源单口网络的最简单的等效电路。

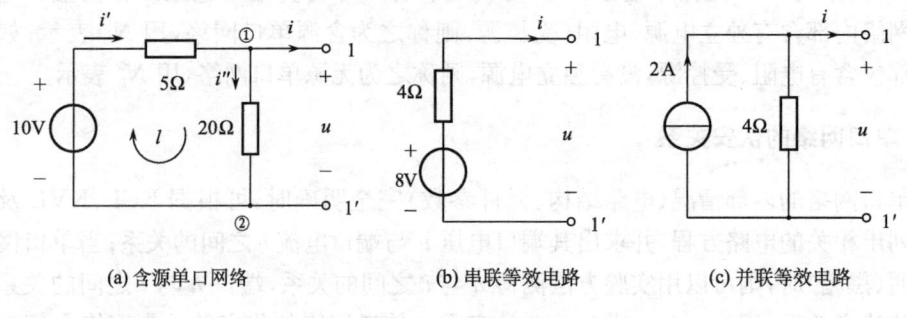

(a) 含源单口网络　　　(b) 串联等效电路　　　(c) 并联等效电路

图 2-4　例 2-1 图

解　首先假定图 2-4(a)中 5Ω 及 20Ω 元件上电流 i'、i'' 的参考方向和回路 l 的回路方向。
(1) 应用 KCL、KVL 和元件性能方程对图 2-4(a)列写电路方程。

KCL①:$i'=i''+i$;

KVLl:$u=-5i'+10$;

电阻元件性能方程:$i''=\dfrac{u}{20}$。

(2) 联立求解得外特性方程，$u=8-4i$ 或 $i=2-\frac{1}{4}u$。

(3) 构造等效电路。

由 $u=8-4i$，根据 KVL，可以构造一个 8V 电压源与 4Ω 电阻相串联的支路，见图 2-4(b)。

由 $i=2-\frac{1}{4}u$，根据 KCL，可以构造一个 2A 电流源与 4Ω 电阻相并联的支路，见图 2-4(c)。

上面利用求出复杂单口网络的外特性方程的方法构造等效电路的过程自然是最根本的途径，因为它直接由"等效"的概念得出。但是，如果单口网络很复杂，求外特性方程可能会变得很困难，构造等效电路也很困难。在这种情况下，必须寻找更好的方法。可以先用上述的方法分析研究一些简单、典型单口网络的等效电路，从中总结出一些规律，然后再将这些规律综合运用到复杂单口网络的等效电路的构造中。具体的方法是将复杂单口网络分解成许多简单的单口网络的组合，对于每个简单的单口网络，根据规律用其等效电路置换，这样由各个局部等效再合成整体等效，最终可以方便快捷地得到复杂单口网络的等效电路。

以下几节的主要内容是分析研究一些简单、典型单口网络的等效电路，并将其规律归纳成结论和公式。

2.2 电阻的串联、并联和混联等效

2.2.1 电阻的串联等效

如图 2-5(a)所示的电路为 n 个电阻 $R_1, R_2, \cdots, R_n$ 相串联组成的无源单口网络。设各电阻上电压、电流取关联参考方向，电阻串联时，由 KCL 可知每个电阻中的电流均为同一电流 i，再由 KVL 及电阻元件的性能方程可得端口的外特性方程为

$$u = u_1 + u_2 + \cdots + u_k + \cdots + u_n$$
$$= R_1 i + R_2 i + \cdots + R_k i + \cdots + R_n i$$
$$= (R_1 + R_2 + \cdots + R_k + \cdots + R_n)i = R_{eq} i$$

其中

$$R_{eq} \stackrel{\text{def}}{=} \frac{u}{i} = R_1 + R_2 + \cdots + R_k + \cdots + R_n = \sum_{k=1}^{n} R_k \tag{2-1}$$

电阻 R_{eq} 称为 n 个电阻相串联的等效电阻，其值等于相串联的 n 个电阻之和。用 R_{eq} 构造一个如图 2-5(b)所示的单口网络，即为如图 2-5(a)所示电路的等效电路。在求解外电路时，可用图 2-5(b)置换图 2-5(a)，也就是将图 2-5(a)等效变换为图 2-5(b)。

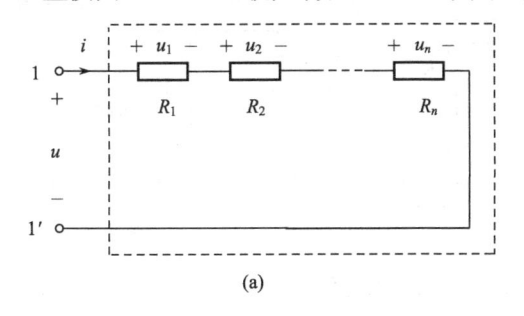

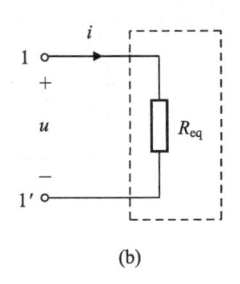

图 2-5 电阻串联及等效电路

显然,等效电阻R_{eq}必大于任一个串联的电阻,而且等效电阻吸收的功率等于n个串联电阻吸收的功率之和。

电阻串联有分压关系。若知串联电阻端口电压,求得串联各电阻上的电压称为分压。第k个串联电阻上的电压为

$$u_k = R_k i = \frac{R_k}{R_{eq}} u \quad (k=1,2,\cdots,n) \tag{2-2}$$

式(2-2)称为分压公式,式中,$\frac{R_k}{R_{eq}}$称为分压系数。串联的每个电阻,其电压与自身的电阻值成正比,即电阻值大者分得的电压大。

2.2.2 电阻的并联等效

在研究电阻的并联等效时,为使其公式简单,常将电阻的并联用电导的并联来表示,如图2-6(a)所示的电路为n个电导$G_1,G_2,\cdots,G_n$相并联组成的无源单口网络。设各电导上电压、电流取关联参考方向,电导并联时,由KVL可知每个电导的电压均为同一电压u,再由KCL及电导元件的性能方程得端口的外特性方程为

$$\begin{aligned}
i &= i_1 + i_2 + \cdots + i_k + \cdots + i_n \\
&= G_1 u + G_2 u + \cdots + G_k u + \cdots + G_n u \\
&= (G_1 + G_2 + \cdots + G_k + \cdots + G_n) u = G_{eq} u
\end{aligned}$$

其中

$$G_{eq} \stackrel{\text{def}}{=} \frac{i}{u} = G_1 + G_2 + \cdots + G_k + \cdots + G_n = \sum_{k=1}^{n} G_k \tag{2-3}$$

电导G_{eq}称为n个电导相并联的等效电导,其值等于相并联的n个电导之和。n个电阻相并联的等效电阻则为

$$R_{eq} = \frac{1}{G_{eq}} = \frac{1}{\sum\limits_{k=1}^{n} G_k} = \frac{1}{\sum\limits_{k=1}^{n} \frac{1}{R_k}}$$

即

$$\frac{1}{R_{eq}} = \sum_{k=1}^{n} \frac{1}{R_k} \tag{2-4}$$

显然,等效电阻R_{eq}小于任一个并联的电阻。用G_{eq}(或R_{eq})构造一个如图2-6(b)所示的单口网络,即为如图2-6(a)所示电路的等效电路。

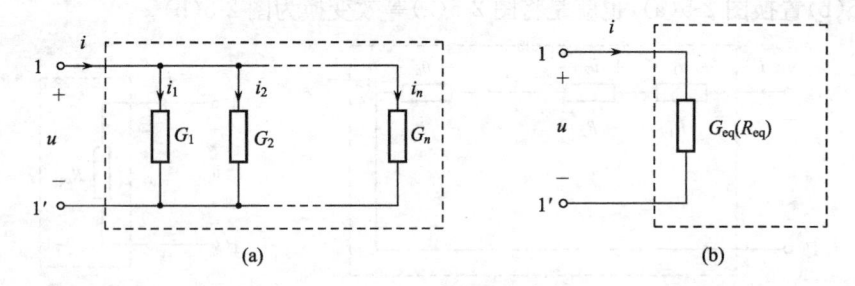

图2-6 电阻并联及等效电路

电导并联有分流关系。若知并联电导端口总电流,求得并联各电导上的电流称为分流。第 k 个并联电导上的电流为

$$i_k = G_k u = \frac{G_k}{G_{eq}} i \qquad (k=1,2,\cdots,n) \tag{2-5}$$

式(2-5)称为分流公式,式中,$\frac{G_k}{G_{eq}}$ 称为分流系数。并联的每个电导上的电流与其自身的电导值成正比,即电导值大者分得的电流大。

电路分析中常遇到的两个电阻相并联的情况如图 2-7(a)所示,等效电导及等效电阻分别为

$$G_{eq} = G_1 + G_2$$

$$R_{eq} = \frac{1}{\frac{1}{R_1} + \frac{1}{R_2}} = \frac{R_1 \times R_2}{R_1 + R_2}$$

再由分流公式得两并联电阻的电流分别为

$$i_1 = \frac{G_1}{G_1+G_2} i = \frac{\frac{1}{R_1}}{\frac{1}{R_1}+\frac{1}{R_2}} i = \frac{R_2}{R_1+R_2} i$$

$$i_2 = \frac{G_2}{G_1+G_2} i = \frac{\frac{1}{R_2}}{\frac{1}{R_1}+\frac{1}{R_2}} i = \frac{R_1}{R_1+R_2} i$$

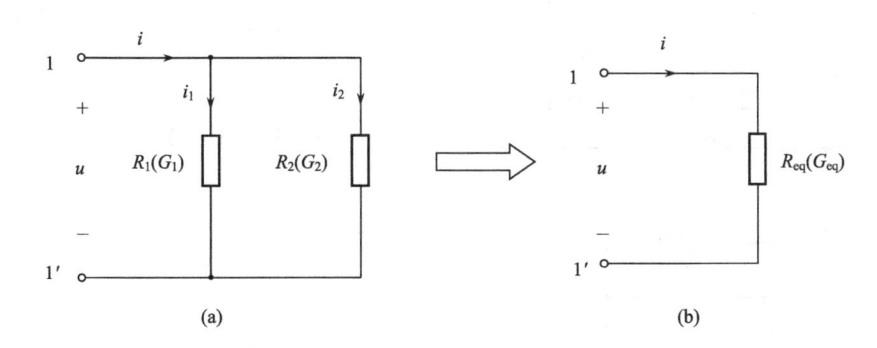

图 2-7 两电阻并联及等效电路

用 R_{eq}(或 G_{eq})构造一个如图 2-7(b)所示的单口网络即为如图 2-7(a)所示电路的等效电路。

2.2.3 电阻的混联等效

既有电阻串联又有电阻并联的电路称为混联电阻电路,如图 2-8(a)所示的电路为一个简单混联电阻电路的例子。

(a)

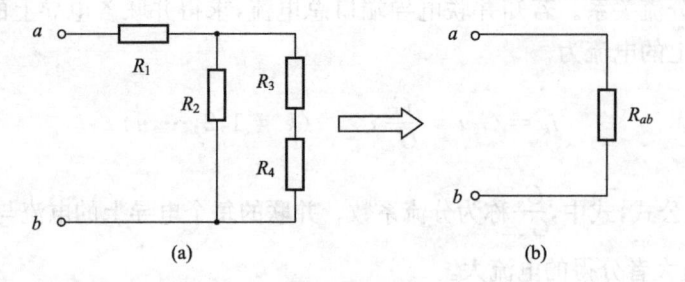

(b)

图 2-8 混联电阻电路及等效电路

混联电阻电路等效电阻的计算可充分运用电阻的串、并联等效化简规则逐步完成。具体的方法是先从端口判断出电阻的串、并联关系，即在假定端口施加电源激励的情况下，凡电流相同的电阻为串联关系，凡电压相同的电阻为并联关系。然后按电阻串、并联等效化简规则对各部分的串、并联电阻逐一进行等效化简，最后得到整个电路的等效电阻。在图 2-8(a)电路中，电阻 R_3、R_4 串联后与电阻 R_2 并联，最后再与电阻 R_1 串联。这个混联电阻电路的等效电阻为

$$R_{eq} = R_{ab} = R_1 + \frac{R_2 \times (R_3 + R_4)}{R_2 + (R_3 + R_4)}$$

R_{ab} 表示以 a、b 两端子构成端口的单口网络的等效电阻。对于同一电路，求不同端口的等效电阻时，电阻之间的串、并联关系有所不同，因而等效电阻也不同。

例 2-2 如图 2-9(a)所示，求等效电阻 R_{ab}、R_{ac}、R_{bc}。

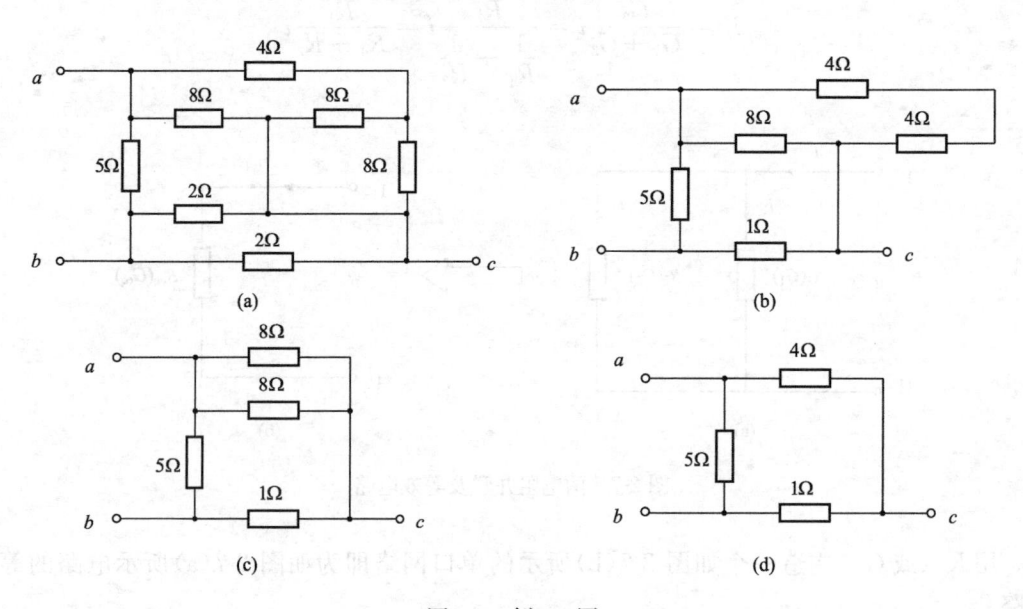

图 2-9 例 2-2 图

解 将如图 2-9(a)所示的电路逐步进行电阻串、并联等效化简，依次得到图 2-9(b)～图 2-9(d)，最后由图 2-9(d)求出各等效电阻，分别为

$$R_{ab} = \frac{5 \times (4+1)}{5 + (4+1)} = 2.5\Omega$$

$$R_{ac} = \frac{4 \times (5+1)}{4+(5+1)} = 2.4\Omega$$

$$R_{bc} = \frac{1 \times (5+4)}{1+(5+4)} = 0.9\Omega$$

电阻的联接除了串联、并联之外,还有一种特殊的桥形联接,图 2-10(a)表示一个电桥电路,R_1、R_2、R_3、R_4 为四个桥臂电阻。

当 $R_1 : R_2 = R_3 : R_4$,即 $R_1 R_4 = R_2 R_3$ 时,电桥达到平衡状态。这时若在端口 AB 施加电源激励,则电桥电路中 C、D 两点是等电位点,即 CD 支路上的电压 $U_{CD}=0$,且 CD 支路上的电流也为零。根据两点间电压为零则两点间可作短路处理,以及根据支路电流为零则该支路可作开路处理,在求端口 AB 的等效电阻 R_{AB} 时,可将 CD 支路作短路或开路处理,如图 2-10(b)～图 2-10(c)所示,再运用电阻串、并联等效化简规则求其等效电阻。

由图 2-10(b)得等效电阻为

$$R_{AB} = \frac{R_1 \times R_3}{R_1 + R_3} + \frac{R_2 \times R_4}{R_2 + R_4}$$

由图 2-10(c)得等效电阻为

$$R_{AB} = \frac{(R_1+R_2) \times (R_3+R_4)}{(R_1+R_2)+(R_3+R_4)}$$

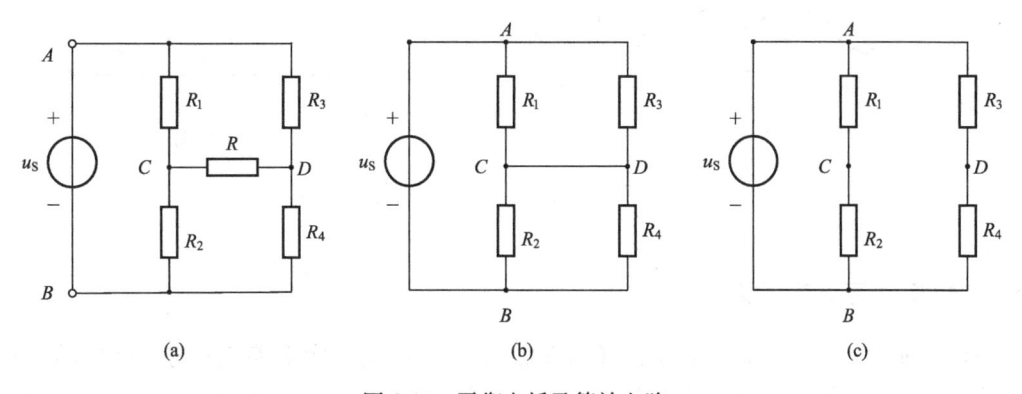

图 2-10 平衡电桥及等效电路

但当电桥不满足平衡条件时,就无法直接运用电阻串、并联等效化简法求端口 AB 的等效电阻,这时必须寻求其他方法。

在如图 2-10(a)所示的电桥电路中,电阻 R_1、R_2 及 R_3、R_4 之间的联接方式称为星形(或 Y 形)联接,电阻 R_1、R_3 及 R_2、R_4 之间的联接方式称为三角形(或 △ 形)联接,这两种联接方式在一定的条件下可以进行等效变换,进而为求端口 AB 的等效电阻创造条件。

2.3 电阻的 Y 形联接与 △ 形联接的等效变换

2.3.1 Y 形、△ 形联接方式

将三个电阻(R_1、R_2、R_3)的一端联接在一个节点(中节点)上,而它们的另一端分别接到三个不同的端子上,就构成如图 2-11(a)所示的 Y 形联接的电阻电路。将三个电阻(R_{12}、

R_{23}、R_{31})分别接在每两个端子之间,使三个电阻构成一个回路,就构成如图 2-11(b)所示的 △形联接的电阻电路。这两种联接都通过三个端子 1、2、3 与外电路相联,当这两种电阻电路中的电阻之间满足一定关系,使得它们对端子 1、2、3 上及端子 1、2、3 以外的特性完全相同,即如果在它们的对应端子之间具有相同的电压 u_{12}、u_{23}、u_{31},则流入对应端子的电流 i_1、i_2 和 i_3 也应分别对应相等。在这种条件下,它们相互等效,互为等效电路。对于外电路而言,Y 形联接的电阻电路与 △ 形联接的电阻电路可以进行等效变换,而不影响外电路任何部分的电压、电流。这种等效变换可以用来简化电路,为进一步计算提供方便。只需注意:Y 形联接等效变换为 △ 形联接时,与外电路相联的三个端子 1、2、3 保持不变,而中节点消失。同理,△ 形联接等效变换为 Y 形联接时,与外电路相联的三个端子 1、2、3 保持不变,却出现一个新的中节点。

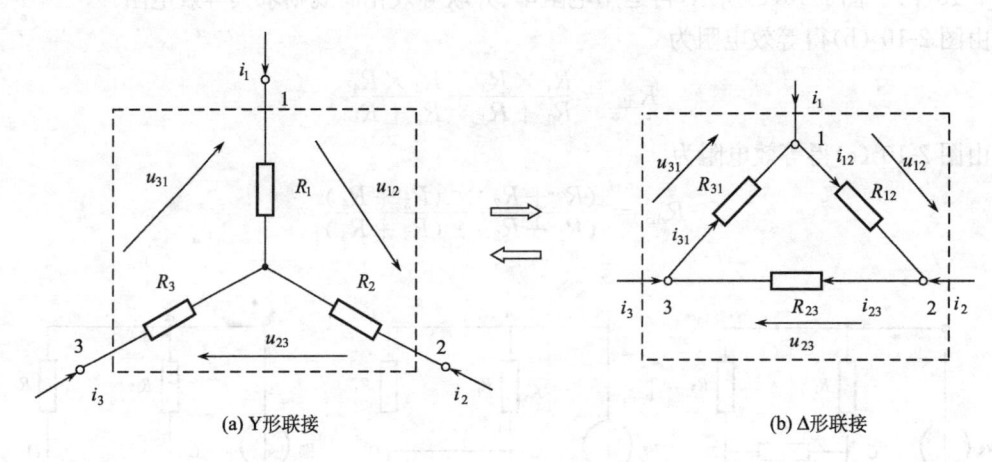

图 2-11 Y 形联接与 △ 形联接的等效变换

2.3.2 Y 形、△ 形等效变换

下面从前述等效变换条件着手推导出 Y 形、△ 形联接的电阻电路相互等效变换的电阻换算公式。推导的思路是根据 KCL、KVL 及电阻元件性能方程。列写图 2-11(a)及图 2-11(b)的有关电路方程,然后由等效变换条件进行方程平衡,对比方程中变量前的系数即可得到电阻换算公式。

对于图 2-11(a)和图 2-11(b),由 KCL、KVL 可知

$$i_3 = -(i_1 + i_2) \tag{2-6}$$

$$u_{12} = -(u_{23} + u_{31}) \tag{2-7}$$

显然,图 2-11(a)和图 2-11(b)电路中的三个电流变量和三个电压变量中各只有两个相互独立,可选 i_1、i_2 和 u_{23}、u_{31} 作为独立的电路变量列写电路方程。

由图 2-11(a)所示的 Y 形联接的电阻电路,根据 KVL 及电阻元件性能方程,得

$$u_{23} = R_2 i_2 - R_3 i_3$$
$$u_{31} = R_3 i_3 - R_1 i_1$$

将式(2-6)代入以上两式,消去 i_3 得 Y 形联接电阻电路的外特性方程为

$$\left. \begin{array}{l} u_{23} = R_3 i_1 + (R_2 + R_3) i_2 \\ u_{31} = -(R_1 + R_3) i_1 - R_3 i_2 \end{array} \right\} \tag{2-8}$$

联立求解式(2-8),得 Y 形联接电阻电路的外特性方程另一种形式为

$$\left.\begin{aligned}i_1 &= -\frac{R_3}{R_1R_2+R_2R_3+R_3R_1}u_{23} - \frac{R_2+R_3}{R_1R_2+R_2R_3+R_3R_1}u_{31} \\ i_2 &= \frac{R_1+R_3}{R_1R_2+R_2R_3+R_3R_1}u_{23} + \frac{R_3}{R_1R_2+R_2R_3+R_3R_1}u_{31}\end{aligned}\right\} \quad (2\text{-}9)$$

由图 2-11(b) 所示的 △ 形联接的电阻电路,根据 KCL 及电阻元件性能方程,得

$$i_1 = i_{12} - i_{31} = \frac{u_{12}}{R_{12}} - \frac{u_{31}}{R_{31}}$$

$$i_2 = i_{23} - i_{12} = \frac{u_{23}}{R_{23}} - \frac{u_{12}}{R_{12}}$$

将式(2-7)代入以上两式,消去 u_{12} 得 △ 形联接电阻电路的外特性方程为

$$\left.\begin{aligned}i_1 &= -\frac{1}{R_{12}}u_{23} - \frac{R_{12}+R_{31}}{R_{12}R_{31}}u_{31} \\ i_2 &= \frac{R_{12}+R_{23}}{R_{12}R_{23}}u_{23} + \frac{1}{R_{12}}u_{31}\end{aligned}\right\} \quad (2\text{-}10)$$

联立求解式(2-10),得 △ 形联接电阻电路的外特性方程另一种形式为

$$\left.\begin{aligned}u_{23} &= \frac{R_{31}R_{23}}{R_{12}+R_{23}+R_{31}}i_1 + \frac{R_{23}(R_{12}+R_{31})}{R_{12}+R_{23}+R_{31}}i_2 \\ u_{31} &= -\frac{R_{31}(R_{12}+R_{23})}{R_{12}+R_{23}+R_{31}}i_1 - \frac{R_{31}R_{23}}{R_{12}+R_{23}+R_{31}}i_2\end{aligned}\right\} \quad (2\text{-}11)$$

令式(2-8)与式(2-11)分别相等,并比较等式两端,再令 i_1、i_2 前的系数对应相等,即

$$\left.\begin{aligned}R_3 &= \frac{R_{31}R_{23}}{R_{12}+R_{23}+R_{31}} \\ R_1+R_3 &= \frac{R_{31}(R_{12}+R_{23})}{R_{12}+R_{23}+R_{31}} \\ R_2+R_3 &= \frac{R_{23}(R_{12}+R_{31})}{R_{12}+R_{23}+R_{31}}\end{aligned}\right\} \quad (2\text{-}12)$$

根据式(2-12)容易解得由 △ 形联接电阻电路等效变换为 Y 形联接电阻电路的电阻换算公式为

$$\left.\begin{aligned}R_1 &= \frac{R_{31}R_{12}}{R_{12}+R_{23}+R_{31}} \\ R_2 &= \frac{R_{12}R_{23}}{R_{12}+R_{23}+R_{31}} \\ R_3 &= \frac{R_{23}R_{31}}{R_{12}+R_{23}+R_{31}}\end{aligned}\right\} \quad (2\text{-}13)$$

同理,令式(2-9)与式(2-10)分别相等,并比较等式两端,再令 u_{23}、u_{31} 前的系数对应相等,即

$$\left.\begin{aligned}\frac{1}{R_{12}} &= \frac{R_3}{R_1R_2+R_2R_3+R_3R_1} \\ \frac{R_{12}+R_{23}}{R_{12}R_{23}} &= \frac{R_1+R_3}{R_1R_2+R_2R_3+R_3R_1} \\ \frac{R_{12}+R_{31}}{R_{12}R_{31}} &= \frac{R_2+R_3}{R_1R_2+R_2R_3+R_3R_1}\end{aligned}\right\} \quad (2\text{-}14)$$

根据式(2-14)可解得由 Y 形联接电阻电路等效变换为 △ 形联接电阻电路的电阻换算公式为

$$\left.\begin{aligned}R_{12} &= R_1+R_2+\frac{R_1R_2}{R_3} \\ R_{23} &= R_2+R_3+\frac{R_2R_3}{R_1} \\ R_{31} &= R_3+R_1+\frac{R_3R_1}{R_2}\end{aligned}\right\} \quad (2\text{-}15)$$

特殊情况：若 Y 形联接中三个电阻相等，即 $R_1=R_2=R_3=R_Y$，称为对称 Y 形联接；若 △ 形联接中三个电阻相等，即 $R_{12}=R_{23}=R_{31}=R_\Delta$，称为对称 △ 形联接。这时，它们之间等效变换的电阻换算公式为

$$\left.\begin{aligned}R_Y &= \frac{1}{3}R_\Delta \\ R_\Delta &= 3R_Y\end{aligned}\right\} \quad (2\text{-}16)$$

例 2-3 试求如图 2-12(a)所示电路的等效电阻 R_{ab}。

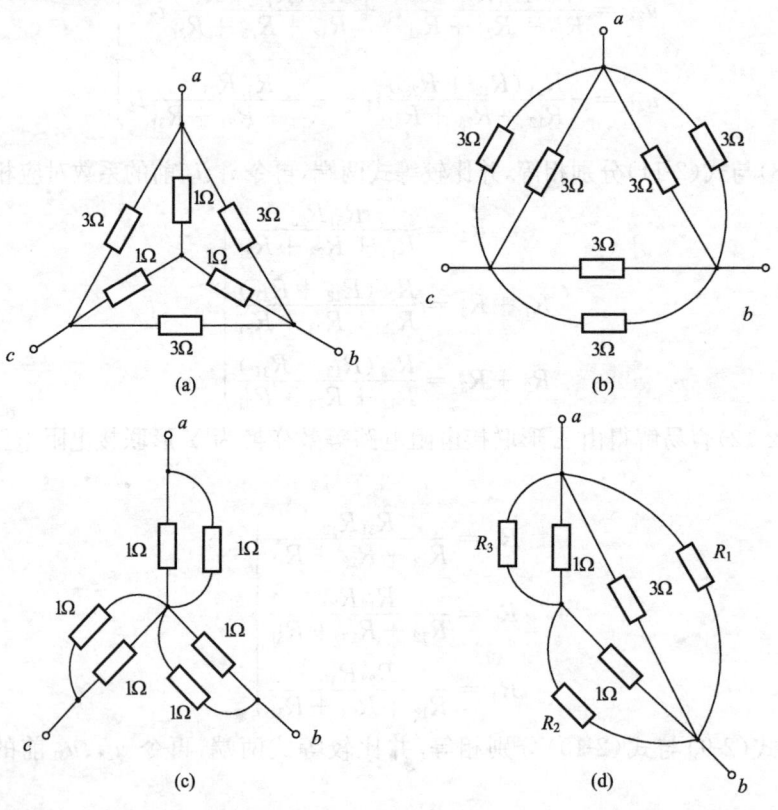

图 2-12　例 2-3 图

解 (1) 方法1：将图2-12(a)中三个1Ω组成的Y形电路等效变换为三个3Ω组成的△形电路，如图2-12(b)所示，再利用电阻串、并联等效化简规则，求得等效电阻为

$$R_{ab} = \frac{3}{3} = 1\Omega$$

(2) 方法2：将图2-12(a)中三个3Ω组成的△形电路等效变换为三个1Ω组成的Y形电路，如图2-12(c)所示，其中与端子c相联的两个1Ω电阻不起作用，可去掉。再利用电阻串、并联等效化简规则，求得等效电阻为

$$R_{ab} = \frac{1}{2} + \frac{1}{2} = 1\Omega$$

(3) 方法3：将图2-12(a)中以端子c为中节点的三个电阻的Y形联接等效变换为△形联接，如图2-12(d)所示，根据Y形联接电阻电路等效变换为△形联接电阻电路的电阻换算公式，得

$$R_1 = 3 + 3 + \frac{3 \times 3}{1} = 15\Omega$$
$$R_2 = 1 + 3 + \frac{1 \times 3}{3} = 5\Omega$$
$$R_3 = 1 + 3 + \frac{1 \times 3}{3} = 5\Omega$$

再利用电阻串、并联等效化简规则，求得等效电阻为

$$R_{ab} = \left(2 \times \frac{5 \times 1}{5 + 1}\right) /\!/ \frac{3 \times 15}{3 + 15} = \frac{5}{3} /\!/ \frac{5}{2} = \frac{\frac{5}{3} \times \frac{5}{2}}{\frac{5}{3} + \frac{5}{2}} = 1\Omega$$

三种方法相比较可知，前两种方法较为简单，后一种方法略为复杂，计算量也大。另外注意到如果将与端子a(或b)相联的三个电阻的Y形联接等效变换为△形联接，作为中节点的端子a(或b)将消失，而无法求R_{ab}，因此这两种等效变换不能进行，这是Y形联接等效变换为△形联接时必须注意的问题。

例2-4 试求如图2-13(a)所示电路的等效电阻R_{ab}。

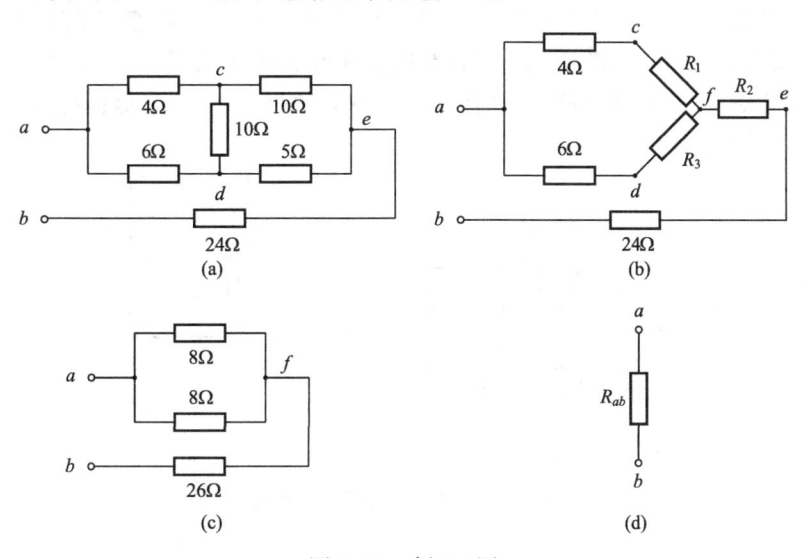

图2-13 例2-4图

解 图 2-13(a)是一个含有电桥的电阻电路,根据电阻值可以判断电桥处于不平衡状态,无法直接运用电阻串、并联等效化简求等效电阻。而只能依靠 Y-Δ 等效变换解决问题。电路中有三种 Y 形联接、两种 Δ 形联接,可以选用以 c、d、e 端子间的 Δ 形联接等效变换为 Y 形联接,如图 2-13(b)所示,这时增加一个新的节点 f。根据 Δ 形联接电阻电路等效变换为 Y 形联接电阻电路的电阻换算公式,得

$$R_1 = \frac{10 \times 10}{10 + 10 + 5} = 4\Omega$$

$$R_2 = \frac{10 \times 5}{10 + 10 + 5} = 2\Omega$$

$$R_3 = \frac{10 \times 5}{10 + 10 + 5} = 2\Omega$$

再根据电阻串、并联等效化简规则,图 2-13(b)等效为图 2-13(c)及图 2-13(d),最后求得等效电阻为

$$R_{ab} = \frac{8}{2} + 26 = 30\Omega$$

2.4 利用对称电路的特点求等效电阻

对于有些无源仅含电阻的单口网络,由于电路结构及元件参数的特殊性,相对于端口具有某种对称性,若在端口施加电源激励,则在电路内部将有一些节点是等电位点,或者有些支路电流为零。等电位点之间的电压为零,可作短路处理;支路电流为零,可作开路处理。经过这些处理,再运用电阻串、并联等效化简及 Y-Δ 等效变换的方法,可很容易地求出等效电阻。

无源单口网络相对于端口的对称性有两种形式,即"传递对称"与"平衡对称",具体情况可以从端口进行观察判断。

2.4.1 "传递对称"单口网络

对某一无源单口网络,如果用通过端口 A-B 的平面直劈,可以把它劈成左、右两半完全相同的部分,如图 2-14(a)所示,或劈成上下两半完全相同的部分,如图2-14(b)所示,则这样的无源单口网络称为对端口"传递对称",即"传递对称"单口网络。这个直劈面称为传递对称面或称中分面,用 oo' 表示。

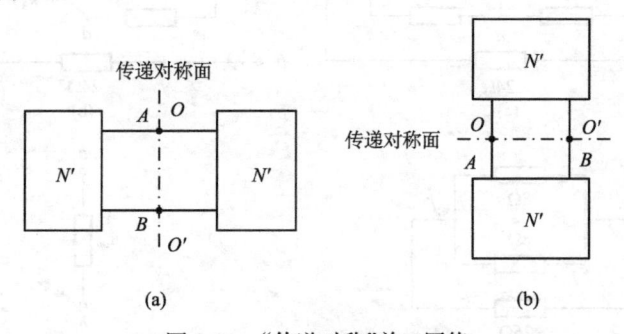

图 2-14 "传递对称"单口网络

在"传递对称"单口网络中,与传递对称面对称的点称为传递对称点。每一对传递对称点

分别为等电位点。这样，在求端口的等效电阻时，可分别将各对传递对称点短接，再运用电阻串、并联等效化简及 Y-Δ 等效变换的方法求出等效电阻。

2.4.2 "平衡对称"单口网络

对某一无源单口网络，如果用垂直于端口 $A-B$ 的平面横切，可以将它切成上下完全相同的两部分，且上下两部分之间没有交叉连接的支路，如图 2-15(a)所示，或切成左右完全相同的两部分，且左右两部分之间没有交叉连接的支路，如图 2-15(b)所示，则这样的无源单口网络称为对端口"平衡对称"，即"平衡对称"单口网络。这个横切面称为平衡对称面，用 $O-O'$ 表示。

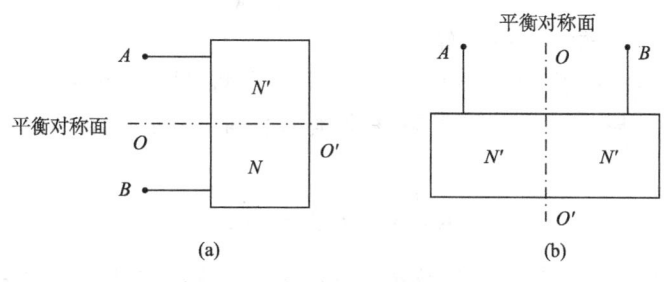

图 2-15 "平衡对称"单口网络

在"平衡对称"单口网络中，平衡对称面把单口网络分成上下（或左右）两个完全相同的部分，且两部分之间只有对接支路穿过平衡对称面，则对接支路落在平衡对称面上的点是等电位点。在求端口的等效电阻时，可以将这些等电位点短接，再运用电阻串、并联等效化简及 Y-Δ 等效变换的方法求出等效电阻。

例 2-5 求如图 2-16(a)所示电路的等效电阻 R_{ab}。

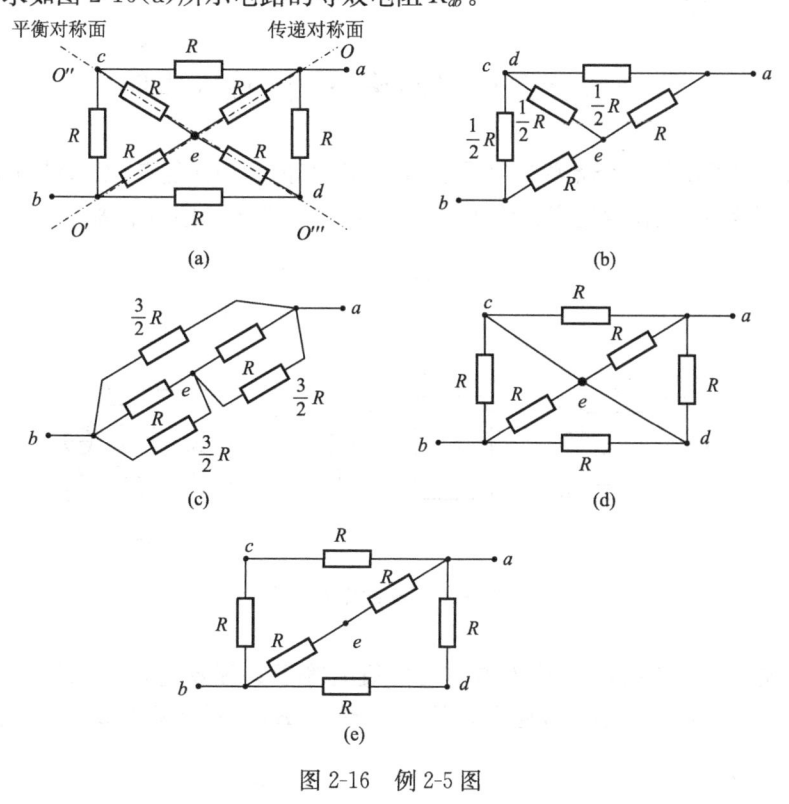

图 2-16 例 2-5 图

解 (1) 方法一：利用传递对称性求解。

在图 2-16(a)中，通过端口 a-b 的平面 O-O' 为传递对称面，被传递对称面劈到的电阻 R 可看成两个 $2R$ 的并联。c、d 是一对传递对称点为等电位点，可将 c、d 两点短接，利用电阻并联等效化简得到图 2-16(b)，再利用 Y-△ 等效变换将三个 $\frac{1}{2}R$ 的 Y 形联接等效变换为三个 $\frac{3}{2}R$ 的 △ 形联接，得到图 2-16(c)，最后求得

$$R_{ab} = \frac{\frac{6}{5}R \times \frac{3}{2}R}{\frac{6}{5}R + \frac{3}{2}R} = \frac{2}{3}R$$

(2) 方法二：利用平衡对称性求解。

在图 2-16(a)中，垂直于端口 a-b 的平面 O''-O''' 为平衡对称面，被平衡对称面切到的电阻 R 可看成两个 $2R$ 的并联。c、d、e 三点落在平衡对称面上，是等电位点，将它们短接得到图 2-16(d)，可求得

$$R_{ab} = 2 \times \frac{R}{3} = \frac{2}{3}R$$

正由于 c、d、e 三点是等电位点，c、d 间及 d、e 间 R 电阻上无电流，则又可断开得到图 2-16(e)，可求得

$$R_{ab} = \frac{2R}{3} = \frac{2}{3}R$$

由前面研究可知，如果一个无源单口网络 N_0 内部仅含电阻，则运用电阻串并联等效化简、Y-△ 等效变换及对称性等方法，可以求得它的等效电阻 R_{eq}。如果一个无源单口网络 N_0 内部除电阻以外还有受控源，上述求等效电阻的方法就不一定行得通，这时应借助用求输入电阻的方法获得等效电阻。

2.5 无源单口网络 N_0 的输入电阻

如图 2-17(a)所示为一个无源单口网络 N_0，不论其内部如何复杂，都有端口电压 u 与端口电流 i 成正比的关系，其比值定义为无源单口网络 N_0 的输入电阻 R_{in}，即

$$R_{in} \stackrel{\text{def}}{=} \frac{u}{i} \tag{2-17}$$

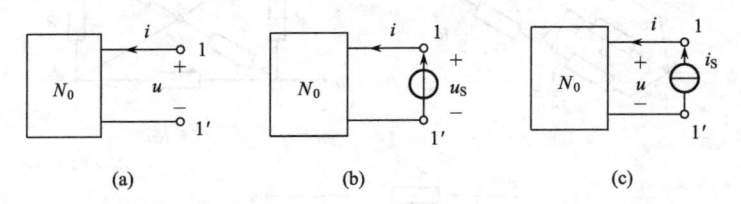

图 2-17 N_0 的输入电阻

显然，无源单口网络 N_0 的输入电阻在数值上等于其等效电阻，即 $R_{in}=R_{eq}$，二者都是反映 N_0 端口电压、电流的关系，但两者的含义不同，R_{in} 表示从端口看进去的电阻，而 R_{eq}

的意义在于用 R_{eq} 构造的电路就是 N_0 的等效电路,更着重于 R_{eq} 对外电路的作用。求端口输入电阻的一般方法称为外施电源法,即在端口施加电压源 u_S,然后求出端口电流 i,如图 2-17(b)所示;或在端口施加电流源 i_S,然后求出端口电压 u,如图 2-17(c)所示。根据式(2-17),得

$$R_{in} = \frac{u_S}{i} = \frac{u}{i_S} \tag{2-18}$$

如果 N_0 是封装的黑箱电路,就可以用这个方法测得其输入电阻。当 N_0 是明确的电路图时,可以对图 2-17(a)用求外特性方程的方法,得到其输入电阻。

例 2-6 含受控源的无源单口网络如图 2-18(a)所示,试求其输入电阻 R_{in}。

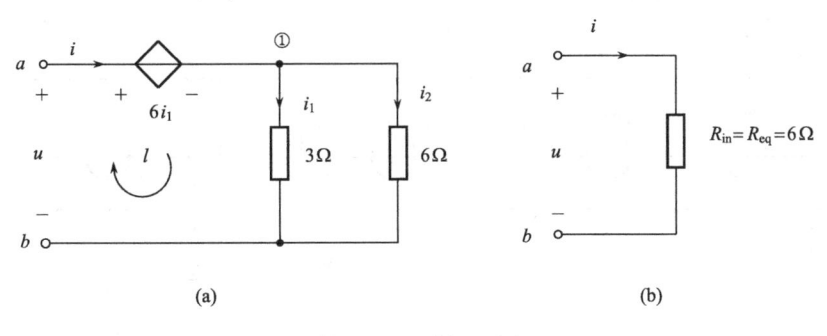

图 2-18 例 2-6 图

解 首先简要分析,由分流规则知 $i_2 = \frac{1}{2} i_1$,而且 3Ω 与 6Ω 两个电阻不能进行电阻并联等效化简,否则控制变量 i_1 消失,使 CCVS 无意义。由此可知,对含受控源电路进行分析时,控制支路一般始终保留不动。

下面再对单口网络列写电路方程,求其外特性方程。

将 KCL 应用到节点①得

$$i = i_1 + i_2 = \frac{3}{2} i_1$$

将 KVL 应用到回路 l 得

$$u = 6i_1 + 3i_1 = 9i_1$$

联立求解得单口网络的外特性方程为

$$u = 6i$$

最后根据输入电阻的定义,得

$$R_{in} = \frac{u}{i} = 6\Omega = R_{eq}$$

由此可见,一个含受控源及电阻的无源单口网络与一个只含电阻的无源单口网络一样,也可以等效为一个电阻,这是一般规律。

2.6 电压源、电流源的串联、并联和转移

2.6.1 电压源的串联

如图 2-19(a)所示为 n 个电压源串联组成的含源单口网络,对任意外电路,可等效化简为如图 2-19(b)所示的单个电压源电路,等效条件为它们具有相同的外特性方程,即由元件性能方程及 KVL 可得

$$u = u_S = u_{S_1} + u_{S_2} + \cdots + u_{S_n} = \sum_{k=1}^{n} u_{S_k} \tag{2-19}$$

u_S 称为等效电压源,当 u_{S_k} 的参考方向与 u 的参考方向一致时,式(2-19)的 u_{S_k} 前面取"+"号,不一致时取"-"号。

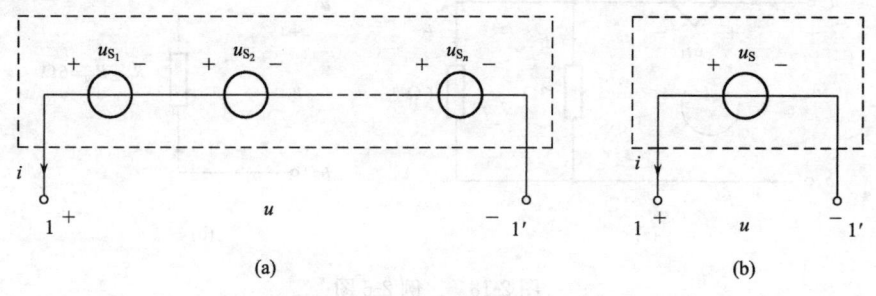

图 2-19 电压源的串联及等效电路

2.6.2 电压源的并联与转移

当且仅当 n 个电压源的电压大小相等,且给定方向也一致时方可并联,否则违反 KVL。

如图 2-20(a)所示,n 个符合并联条件的电压源并联,对任意外电路,可等效化简为如图 2-20(b)所示的单个电压源电路,等效条件为它们具有相同的外特性方程,即由元件性能方程及 KVL 可得

$$u = u_S = u_{S_1} = u_{S_2} = \cdots = u_{S_k} = \cdots = u_{S_n} \tag{2-20}$$

u_S 称为等效电压源,尽管数值上为其中任一电压源的电压 u_{S_k},但其电流是端口电流 i,而不是电压为 u_{S_k} 的电压源的电流 i_k。

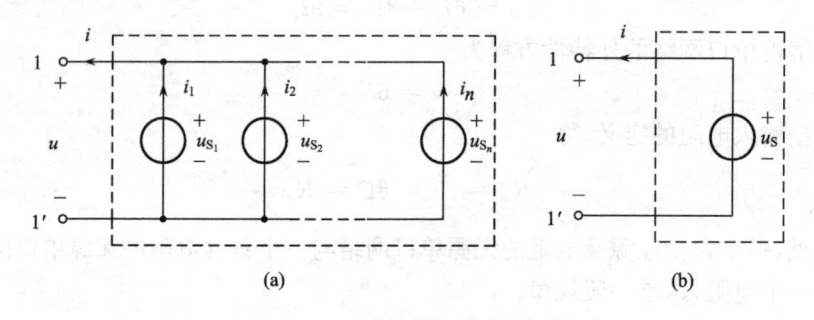

图 2-20 电压源的并联及等效电路

运用逆向思维,单个电压源 u_S 也能等效为 n 个完全相同的电压源的并联形式,称为电压源分裂,常运用于电压源转移中,给进一步计算带来方便。

如图 2-21(a)所示,节点①与②之间连接单个电压源 u_S,可将单个电压源等效(分裂)为两个完全相同的电压源的并联形式,同时将节点①分裂为两个等电位点,如图2-21(b)所示。由于电压源的电流可取任意值,故可按 i_1、i_2 分配给这两个电压源得到图 2-21(c),这说明可将单个电压源 u_S 转移到与节点①相连的所有支路中并与各支路中的电阻串联,而此时节点①不再作为独立节点。同理,还可将单个电压源 u_S 转移到与节点②相连的所有支路中并与各支路中的电阻串联,如图 2-21(d)所示,节点②也不再作为独立节点。由于每一步变换都没有破坏电压源的特性及节点的 KCL 约束和回路的 KVL 约束,因而保证电压源转移前后的等效性。只是注意:转移后的各个电压源应与原有的单个电压源具有相同的极性,因为保证相关回路的 KVL 方程不变。

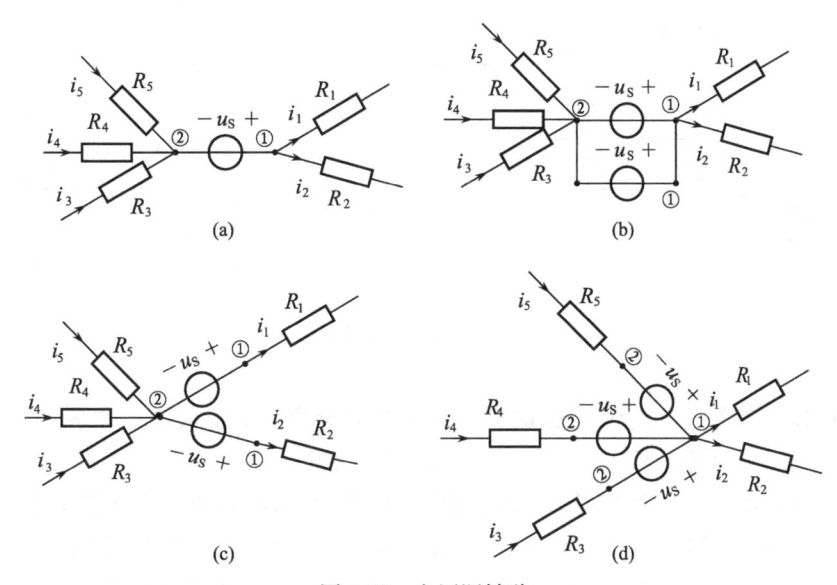

图 2-21 电压源转移

2.6.3 电流源的并联

如图 2-22(a)所示为 n 个电流源并联组成的含源单口网络,对任意外电路,可等效化简为如图 2-22(b)所示的单个电流源电路,等效条件为它们具有相同的外特性方程,即由元件性能方程及 KCL 可得

$$i = i_S = i_{S_1} + i_{S_2} + \cdots + i_{S_n} = \sum_{k=1}^{n} i_{S_k} \qquad (2-21)$$

i_S 称为等效电流源,当 i_{S_k} 的参考方向与 i 的参考方向一致时,式(2-21)的 i_{S_k} 前面取"+"号,不一致时取"−"号。

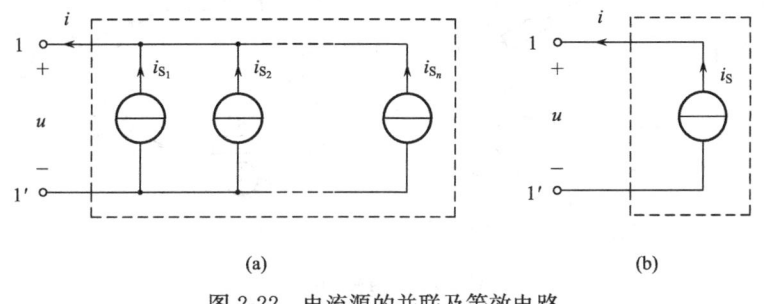

图 2-22 电流源的并联及等效电路

2.6.4 电流源的串联与转移

当且仅当 n 个电流源的电流大小相等,且给定方向也一致时方可串联,否则违反 KCL。

如图 2-23(a)所示,n 个符合串联条件的电流源串联,对任意外电路,可等效化简为如图 2-23(b)所示的单个电流源电路,等效条件为它们具有相同的外特性方程,即由元件性能方程及 KCL 可得

$$i = i_S = i_{S_1} = i_{S_2} = \cdots = i_{S_k} = \cdots = i_{S_n} \tag{2-22}$$

i_S 称为等效电流源,尽管数值上为其中任一电流源的电流 i_{S_k},但其电压是端口电压 u,而不是电流为 i_{S_k} 的电流源的电压 u_k。

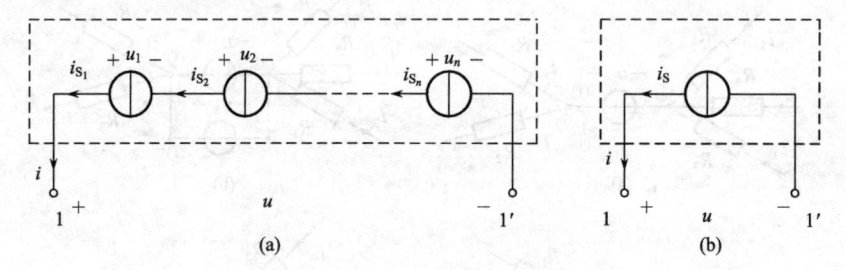

图 2-23 电流源的串联及等效电路

运用逆向思维,单个电流源 i_S 也能等效为 n 个完全相同的电流源的串联形式,称为电流源分裂,常运用于电流源转移中,给进一步计算带来方便。

如图 2-24(a)所示,节点①与②之间连接单个电流源 i_S,可将单个电流源等效(分裂)为两个完全相同的电流源的串联形式,如图 2-24(b)所示。由于电流源本身对其电压无限制,可取任意值,因此可将两个电流源之间的节点电位选为节点③的电位,从而使两电流源分别与电阻 R_1 及 R_2 并联得到图 2-24(c),这说明可将单个电流源 i_S 转移跨接到与其共处同一回路 l_1 其他每条支路的两端。同理,还可将单个电流源 i_S 转移跨接到与其共处同一回路 l_2 其他每条支

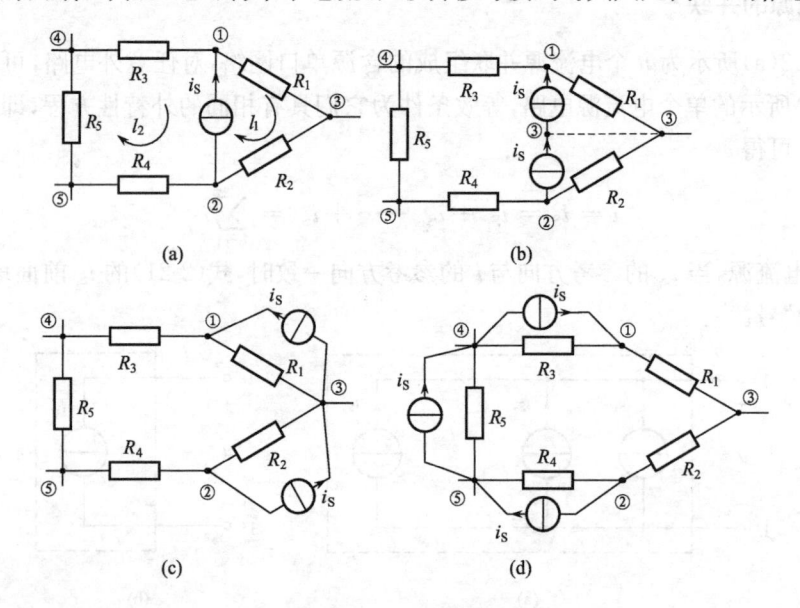

图 2-24 电流源转移

路的两端,如图 2-24(d)所示。由于每一步变换都没有破坏电流源的特性及节点的 KCL 约束和回路的 KVL 约束,因而保证电流源转移前后的等效性。只是注意:若原有的单个电流源的方向相对于某个回路为顺(逆)时针方向,则转移后的各个电流源的方向应为逆(顺)时针方向,因为保证相关节点的 KCL 方程不变。

2.7 含源支路的等效变换

2.7.1 实际电源的两种电路模型

理想电源实际上并不存在。在实际电源接入外电路(负载 R_L)后,其端口电压、电流关系(或称外特性)通常与负载 R_L 的变化有关,原因是实际电源有内阻。

如图 2-25(a)所示为一个实际电源的外特性测量电路,测得的外特性曲线如图 2-25(b)所示,它不同于理想电压源的外特性,也不同于理想电流源的外特性。由此外特性曲线易知,实际电源在向任何外电路供电时,因存在内阻而出现电源端电压或端电流减小的情况。实际电源的端电压在 $i=0$ 时最大,即开路电压 u_{oc},之后随着端电流的增大而变小,可看成是内阻的分压作用所致;实际电源的端电流在 $u=0$ 时最大,即短路电流 i_{sc},之后随着端电压的增大而变小,可看成是内阻的分流作用所致。

(a) 实际电源的外特性测量电路   (b) 外特性曲线

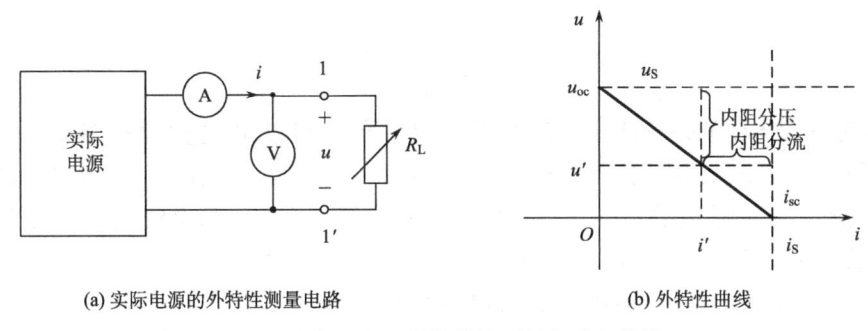

图 2-25 实际电源的外特性测量电路和曲线

根据对实际电源外特性曲线的分析,可以构造两种形式的电路模型:一是从电压角度出发,将开路电压 u_{oc} 当作理想电压源 u_S,内阻的分压作用用一个与 u_S 串联的电阻 R 表示,这就是电压源 u_S 串联内阻 R 的形式,如图 2-26(a)所示。这时实际电源的端电压 $u=u'$ 而不是 u_S,并且 $u' \leqslant u_S$。二是从电流角度出发,将短路电流 i_{sc} 当作理想电流源 i_S,内阻的分流作用用一个与 i_S 并联的电阻 R 表示,这就是电流源并联内阻 R 的形式,如图 2-26(b)所示。这时实际电源的端电流 $i=i'$ 而不是 i_S,并且 $i' \leqslant i_S$。

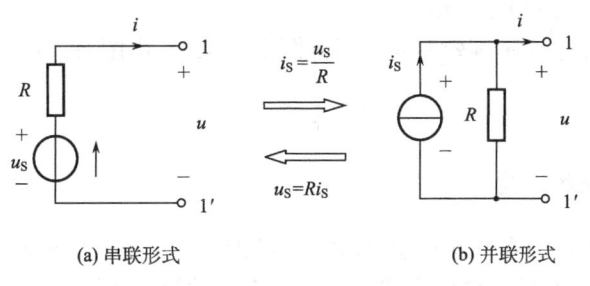

(a) 串联形式   (b) 并联形式

图 2-26 实际电源的两种电路模型

这两种形式的电路模型常作为复合支路对待,因其含有独立电源,故又称为含独立源支路,简称含源支路。这两种含源支路各自本身无法再进行等效化简,但它们相互间满足一定的条件,使得双方的外特性方程完全相同时,相互之间可以进行等效变换,这就是下面要研究的含源支路等效变换问题。

2.7.2 含独立源支路的等效变换

由图 2-26(a)得串联含源支路的外特性方程为

$$u = u_S - Ri \tag{2-23}$$

或

$$i = \frac{u_S}{R} - \frac{u}{R} \tag{2-24}$$

由图 2-26(b)得并联含源支路的外特性方程

$$i = i_S - \frac{u}{R} \tag{2-25}$$

或

$$u = Ri_S - Ri \tag{2-26}$$

根据"等效"概念,比较式(2-23)与式(2-26),或比较式(2-24)与式(2-25),显然,如果满足

$$\left. \begin{array}{c} u_S = Ri_S \\ i_S = \dfrac{u_S}{R} \end{array} \right\} \tag{2-27}$$

那么,这两种含源支路的外特性方程完全相同,相互等效,可以相互进行等效变换。

在这种等效变换过程中,除满足式(2-27)的条件外,还要注意电压源电压极性与电流源电流方向的关系。电压源 u_S 由"一"极性端到"+"极性端的指向应与电流源 i_S 的方向一致,电流源 i_S 的方向应与电压源 u_S 由"一"极性端到"+"极性端的指向一致。

这两种含源支路相互进行等效变换,其根据是它们双方的外特性方程完全相同,即它们双方对外电路的作用一致,但它们的内部情况却不同,如在图 2-26 中,当端口 1-1′开路时,两电路对外的输出电流均为零且不发出功率,但此时串联支路中电压源发出的功率为零,而并联支路中电流源发出的功率为 Ri_S^2。同理,当端口 1-1′短路时,两电路对外的输出电压均为零且不发出功率,但此时串联支路中电压源发出的功率为 $\dfrac{u_S^2}{R}$,而并联支路中电流源发出的功率为零。由此可知,等效电路只是用来计算其端口以外电路的电压、电流及功率,而等效电路内部的电压、电流及功率并不能表示原未经等效变换电路部分的情况,一般对等效电路内部的电压、电流及功率不必细究。

例 2-7 试求图 2-27(a)中的电流 i。

解 图 2-27(a)经过 4 步等效变换化简为图 2-27(e)。由图 2-27(e)可求得电流为

$$i = \frac{1}{3+2} = 0.2\text{A}$$

2.7.3 含受控源支路的等效变换

受控电压源和电阻的串联组合如图 2-28(a)所示,受控电流源和电阻的并联组合如图 2-28(b)所示,这两种支路可以仿照上述含独立源支路的等效变换方法进行等效变换。

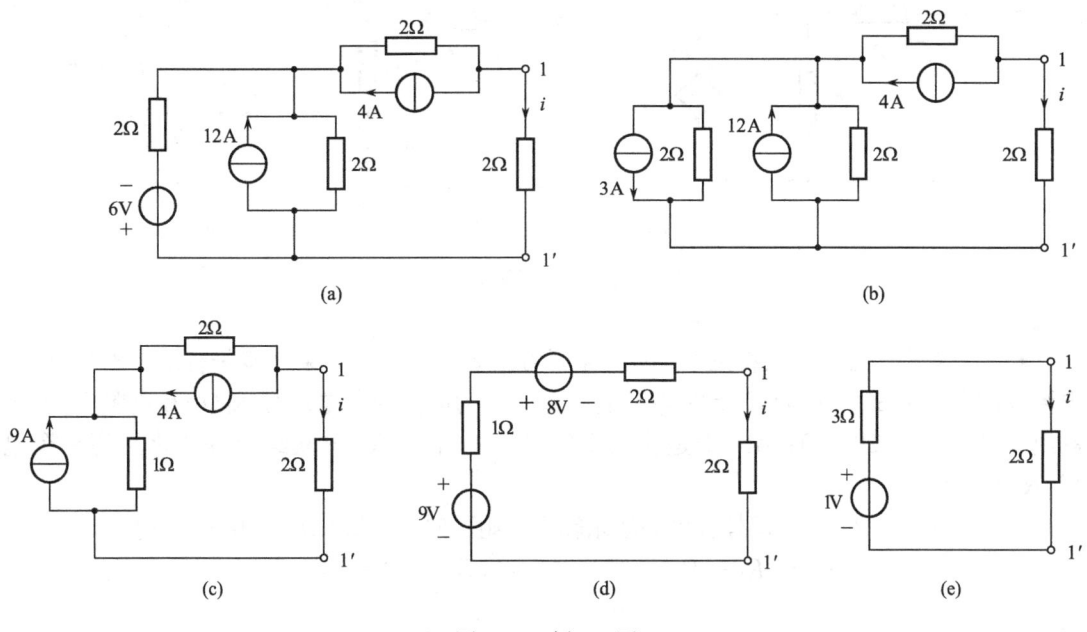

图 2-27 例 2-7 图

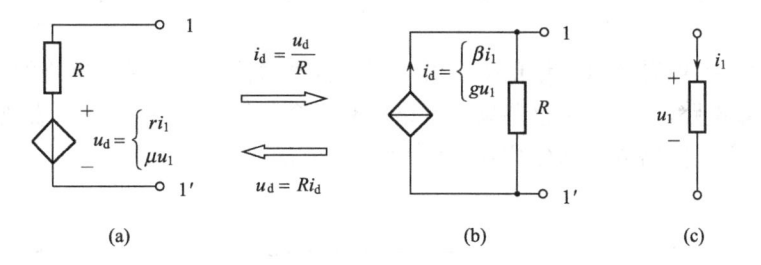

图 2-28 两种含受控源支路及控制支路

它们相互等效变换的条件为

$$\left.\begin{array}{l}\beta i_1 = \dfrac{r i_1}{R} \\ g u_1 = \dfrac{\mu u_1}{R}\end{array}\right\} \quad (2\text{-}28)$$

或

$$\left.\begin{array}{l}r i_1 = R\beta i_1 \\ \mu u_1 = R g u_1\end{array}\right\} \quad (2\text{-}29)$$

在这种等效变换中,值得注意的是:如图 2-28(c)所示的控制支路在电路中始终保留不动,以免控制量 u_1 或 i_1 消失,使受控源无意义。

例 2-8 试求如图 2-29(a)所示电路的输入电阻 R_{in}。

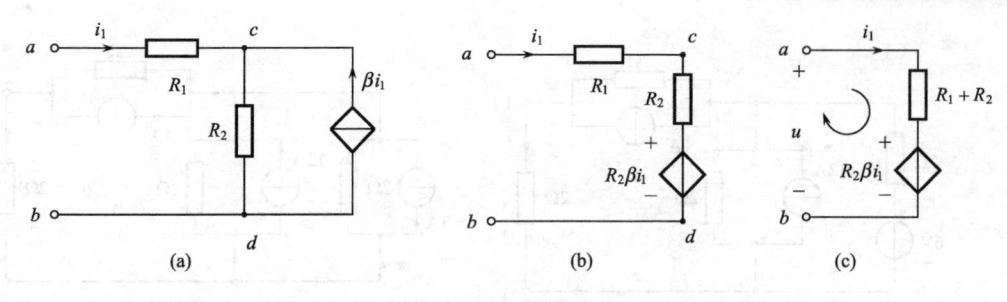

图 2-29 例 2-8 图

解 首先利用等效变换将图 2-29(a) 化简为图 2-29(c),其中第一步是将图 2-29(a)中的电流控制电流源 βi_1 和电阻 R_2 的并联组合等效变换为电流控制电压源 $R_2\beta i_1$ 和电阻 R_2 的串联组合,得到图 2-29 (b);第二步是将图 2-29(b)中 R_1 与 R_2 串联组合等效化简为一个电阻 (R_1+R_2)。

最后再对图 2-29(c)运用外施电源法求输入电阻。对图 2-29(c),应用 KVL 得
$$u = (R_1+R_2)i_1 + R_2\beta i_1 = [R_1+(1+\beta)R_2]i_1$$
$$R_{in} = \frac{u}{i_1} = R_1+(1+\beta)R_2$$

2.8 含外虚内实元件单口网络的等效变换

在电路分析中,四种单口网络值得注意。下面分别讨论这四种单口网络的外特性方程,并以此构造其等效电路,从中发现这些单口网络内有一个元件具有双重特点,表现为对外电路不起作用,而只对单口网络内部起作用,称之为外虚内实的元件。

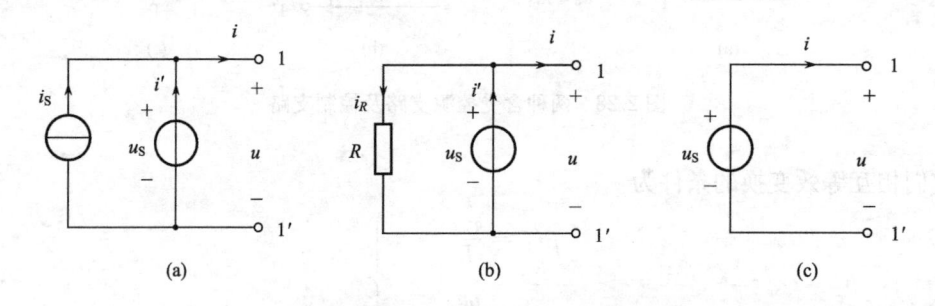

图 2-30 电压源与 i_S(或 R)并联及等效电路

如图 2-30(a)～图 2-30(b)所示,这两种单口网络的外特性方程都可写为
$$u = u_S \quad (\text{对任意的电流 } i) \tag{2-30}$$

由式(2-30)构造的等效电路如图 2-30(c)所示。在等效电路中,u_S 的电流并非原并联电路中的电流 i' 而是端口电流 i。从对外等效来看,图 2-30(a)～图 2-30(b)中与电压源并联的电流源 i_S(或电阻 R)是多余的,形同虚设,这是因为电流源 i_S(或电阻 R)的存在与否并不影响端口电压 u 的大小,端口电压 u 总是等于电压源的电压 u_S。电流源 i_S(或电阻 R)的存在价值在于会影响电压源的电流 i',因为在图 2-30(a)中 $i'=i-i_S$,而在图 2-30(b)中 $i'=i+\dfrac{u_S}{R}$。由此可见,对

这两种单口网络内部而言,电流源 i_S(或电阻 R)又是一个有实际作用的元件。综合这两方面情况,将与电压源 u_S 并联的电流源 i_S(或电阻 R)称为外虚内实的元件。在分析电路时,若要求单口网络外部的电压或电流,可将电流源 i_S(或电阻 R)作为外虚元件断开去除;但求电压源的电流 i' 时,则要将电流源 i_S(或电阻 R)作为内实元件保留不动。

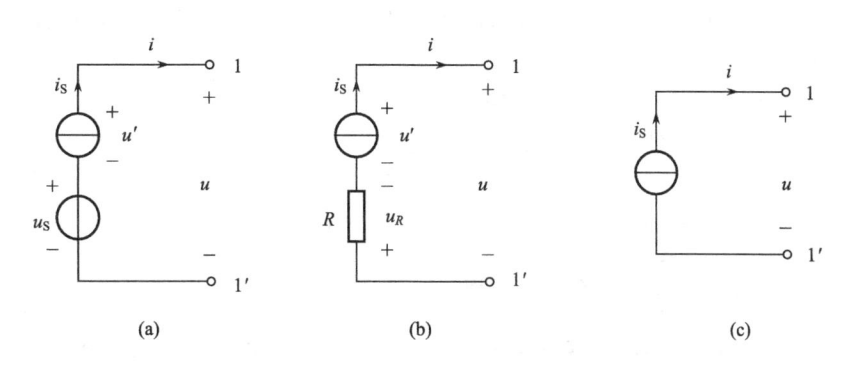

图 2-31 电流源与 u_S(或 R)串联及等效电路

如图 2-31(a)～图 2-31(b)所示,这两种单口网络的外特性方程都可写为
$$i = i_S \text{(对任意的电压 } u\text{)} \tag{2-31}$$
由式(2-31)构造的等效电路如图 2-31(c)所示。在等效电路中,i_S 的端电压并非串联电路中的电压 u' 而是端口电压 u。从对外等效来看,图 2-31(a)～图 2-31(b)中与电流源 i_S 串联的电压源 u_S(或电阻 R)是多余的,形同虚设,这是因为电压源 u_S(或电阻 R)的存在与否并不影响端口电流 i 的大小,端口电流 i 总是等于电流源的电流 i_S。电压源 u_S(或电阻 R)的存在价值在于会影响电流源的端电压 u',因为在图 2-31(a)中 $u' = u - u_S$,而在图 2-31(b)中 $u' = u + Ri_S$。由此可见,对这两种单口网络内部而言,电压源 u_S(或电阻 R)是一个有实际作用的元件。综合这两方面情况,将与电流源 i_S 串联的电压源 u_S(或电阻 R)称为外虚内实的元件。在分析电路时,若要求单口网络外部的电压或电流,可将电压源 u_S(或电阻 R)作为外虚元件短路去除;但求电流源的端电压 u' 时,则要将电压源 u_S(或电阻 R)作为内实元件保留不动。

例 2-9 求如图 2-32(a)所示电路中每个元件发出或吸收的功率,已知 $U_S = 6V$, $I_S = 1A$, $R_1 = 3\Omega$, $R_2 = 1\Omega$, $R_3 = 2\Omega$。

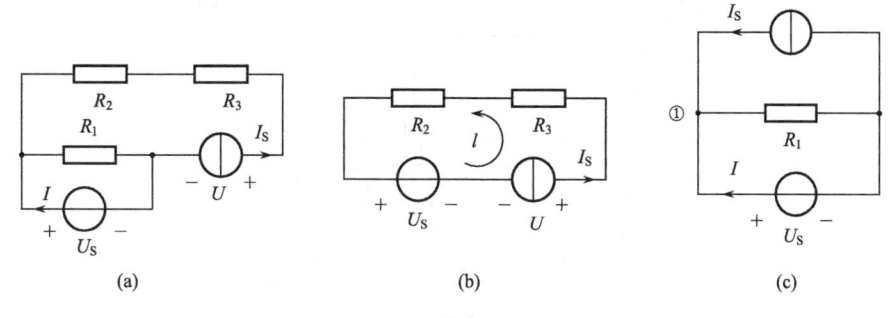

图 2-32 例 2-9 图

解 (1) 在计算 U 时，R_1 是外虚元件，可断开去除；R_2 及 R_3 是内实元件，保留不动，等效电路如图 2-32(b) 所示。

由图 2-32(b)，对回路 l 应用 KVL 得

$$U = (R_2 + R_3)I_S + U_S = (1+2) \times 1 + 6 = 9V$$

$$p_{I_S} = U \times I_S = 9 \times 1 = 9W \quad \text{发出 } 9W$$

(2) 在计算 I 时，R_2、R_3 是外虚元件，可短路去除；R_1 是内实元件，保留不动，等效电路如图 2-32(c) 所示。

由图 2-32(c)，对节点①应用 KCL 得

$$I = \frac{U_S}{R_1} - I_S = \frac{6}{3} - 1 = 1A$$

$$p_{U_S} = U_S \times I = 6 \times 1 = 6W \quad \text{发出 } 6W$$

$$p_{R_1} = \frac{U_S^2}{R_1} = \frac{6^2}{3} = 12W \quad \text{吸收 } 12W$$

$$p_{R_2+R_3} = (R_2 + R_3)I_S^2 = (1+2) \times 1^2 = 3W \quad \text{吸收 } 3W$$

$$p_{发出} = 9 + 6 = 15W$$

$$p_{吸收} = 12 + 3 = 15W$$

$p_{吸收} = p_{发出}$，功率平衡。

通过前面一系列的分析研究可总结出一些规律和结论，从而可运用电阻电路的等效变换（其中包括电阻、电源、含源支路、含外虚内实元件的等效变换等）将一个复杂的单口网络变成最简单的等效电路，进而方便、快捷地求解与单口网络相联的外电路的电压、电流及功率。这种分析电路的方法称为电路的等效变换法。

电路的等效变换法应用于电路分析中的具体操作流程为：首先用分解方法将电路分解为两个单口网络的组合如图 2-33(a) 所示，N_1 是一个复杂的单口网络，其中电压、电流不需要求解。N_2 看成是 N_1 的外电路，其中电压、电流需要求解。然后运用电阻电路的等效变换对 N_1 进行等效化简，得到其对应的等效电路 N_1'，如图 2-33(b) 所示。N_1' 的形式大致是如图 2-33(c) 所示的五种形式，这时再由图 2-33(b) 求 N_2 内的电压、电流及功率会十分方便和快捷。当然，

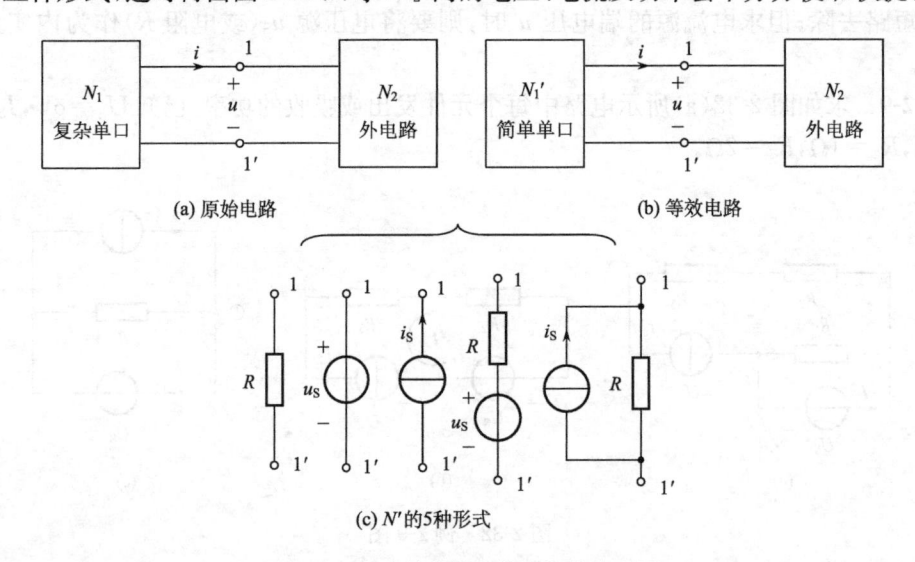

图 2-33 电路的等效变换法操作流程图

这种做法也有代价，即在对 N_1 进行等效化简过程中，要画一系列的等效化简电路图，每画一步图，电路问题的复杂度就降低一点，直到最后一步降到最低点。这时整个电路有可能变成一个单回路或两个节点的简单电路，只需列写一个 KVL 方程或 KCL 方程便可求解电路，从而避免对原电路直接列写电路方程组和解方程组的繁琐求解过程。

2.9 综合示例

例 2-10 如图 2-34(a)所示，求 $R=8\Omega$ 电阻消耗的功率。

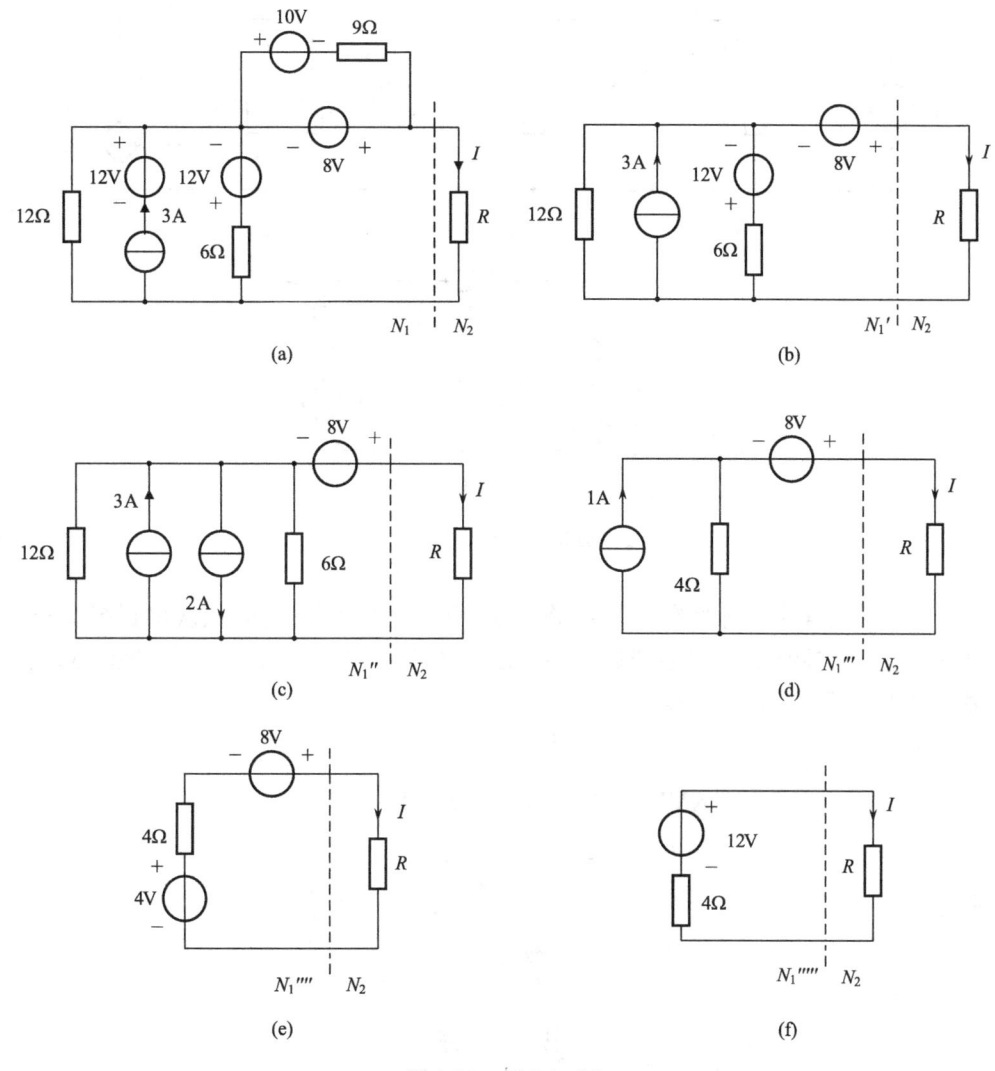

图 2-34 例 2-10 图

解 首先将图 2-34(a)的电路分解成两个单口网络，虚线以左为 N_1，虚线以右为 N_2，N_2 为所求支路构成的单口网络，保留不动。对 N_1 逐步等效化简，依次得到图 2-34（b）～图 2-34(f)。注意，在第一步等效变换中，电路中与 3A 电流源串联的 12V 电压源是外虚元件，可短路去除；同时，与 8V 电压源并联的 10V 电压源和 9Ω 电阻相串联的含源支路属于外虚支路,可断开去除。

最后由图 2-34(f)得

$$I = \frac{12}{4+R} = \frac{12}{4+8} = 1\text{A}$$
$$p_R = RI^2 = 8 \times 1^2 = 8\text{W}$$

例 2-11 利用含源支路的等效变换,求图 2-35(a)中电路的电压比 $\frac{u_o}{u_S}$,已知 $R_1=R_2=2\Omega$, $R_3=R_4=1\Omega$。

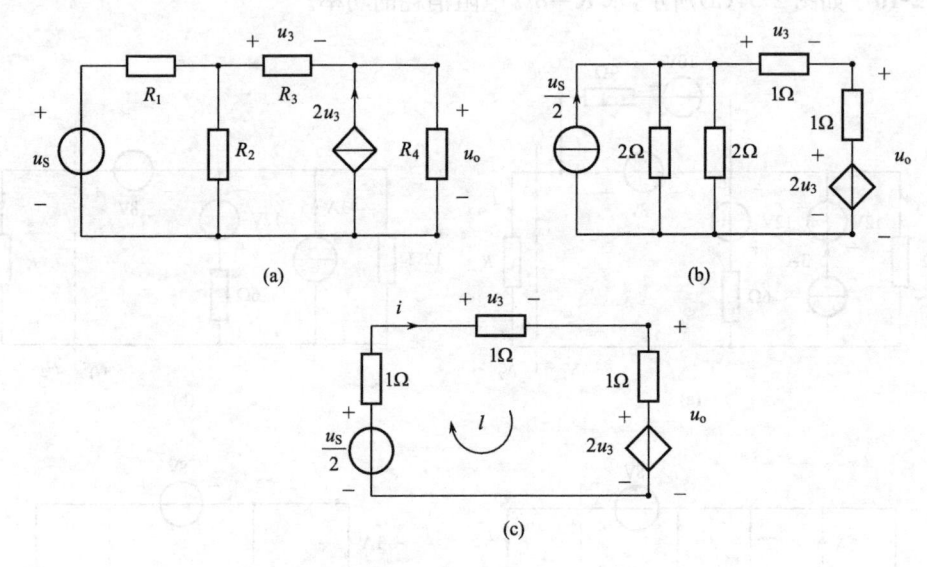

图 2-35 例 2-11 图

解 首先利用含源支路的等效变换,将图 2-35(a)逐步等效化简,依次得到图 2-35(b)和图 2-35(c)。注意,控制量 u_3 所在支路始终保留不动,以免控制量消失,使受控源无意义。

最后由图 2-35(c)列写电路方程为

$$\left.\begin{array}{r} u_3 = 1 \times i \\ \text{KVL} \quad l: (1+1+1)i + 2u_3 = \dfrac{u_S}{2} \\ u_o = 1 \times i + 2u_3 \end{array}\right\}$$

联立求解得

$$\frac{u_o}{u_S} = \frac{3}{10}$$

思 考 题

2-1 什么是单口网络?什么是含源单口网络?什么是无源单口网络?

2-2 单口网络的外特性方程表示什么意义?单口网络的外特性方程与外电路有关系吗?

2-3 如何求出单口网络的外特性方程?

2-4 等效、等效电路、等效变换的概念如何定义?

2-5 两个单口网络 N_1 和 N_2 的伏安特性处处重合,这时两个单口网络 N_1 和 N_2 是否等效?

2-6 两个含源单口网络 N_1 和 N_2 各接 100Ω 负载时,流经负载的电流及负载两端电压均相等,两个网络

N_1 和 N_2 是否等效？

2-7 一个含有受控源及电阻的单口网络总可以等效化简为一个什么元件？

2-8 当无源单口网络内含有受控源时，必须用外施电源法求输入电阻，这时电路中受控源的控制支路应如何考虑？

2-9 含源支路有哪两种？两种含源支路等效变换的条件是什么？

2-10 利用等效变换计算出外电路的电流、电压后，如何计算被变换的这一部分电路的电流、电压？

习　题

2-1 试求题 2-1 图中各电路 ab 端的等效电阻 R_{ab}。

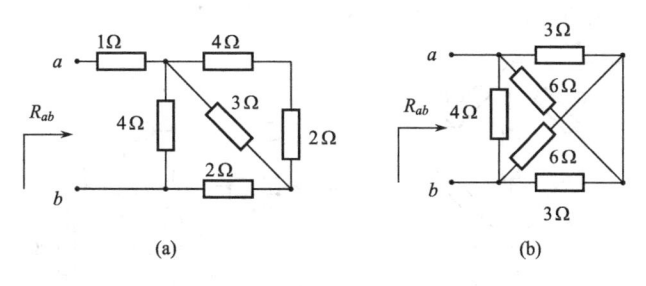

题 2-1 图

2-2 试求题 2-2 图中各电路 a、b 两点间的等效电阻 R_{ab}。

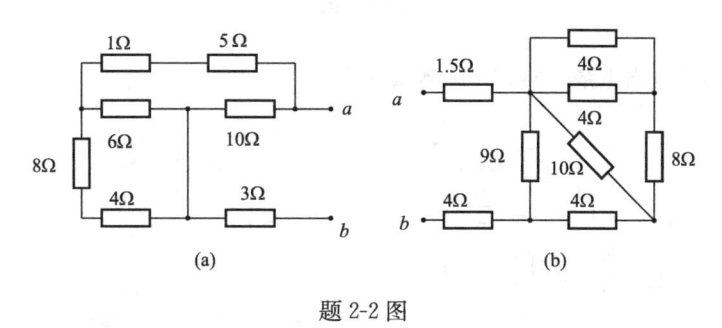

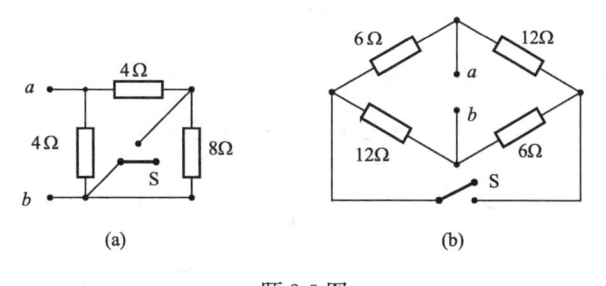

题 2-2 图

2-3 试计算题 2-3 图中各电路在开关 S 打开和闭合两种状态时的等效电阻 R_{ab}。

题 2-3 图

2-4 试求题 2-4 图(a)中电路的电流 I 及题 2-4 图(b)中电路的电压 U。

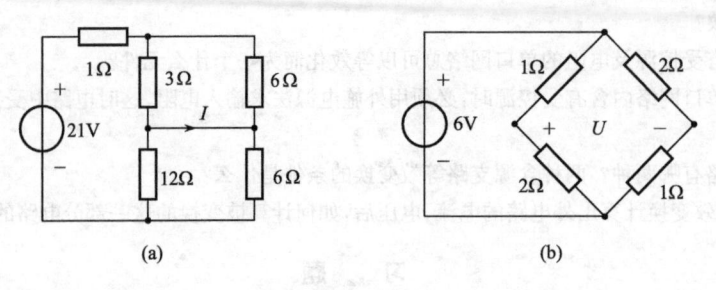

(a)   (b)

题 2-4 图

2-5 试求题 2-5 图中各电路 ab 端的等效电阻 R_{ab}，其中，$R_1=R_2=1\Omega$。

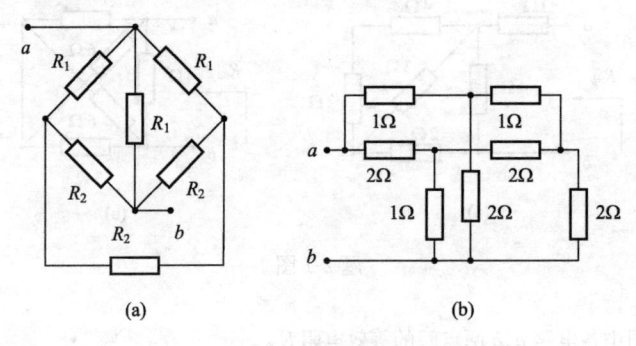

(a)   (b)

题 2-5 图

2-6 计算题 2-6 图中各电路 a、b 两点间的等效电阻。

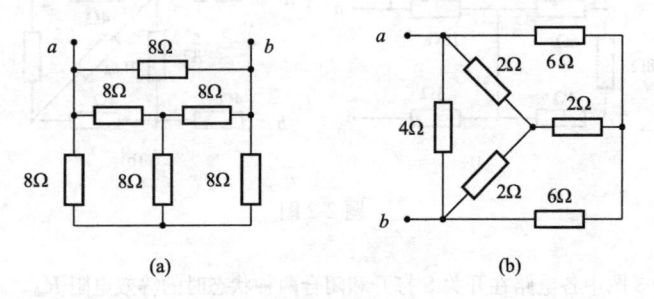

(a)   (b)

题 2-6 图

2-7 如题 2-7 图所示，应用 Y-Δ 等效变换求电路 ab 端的等效电阻 R_{ab}、对角线电压 U 及总电压 U_{ab}。

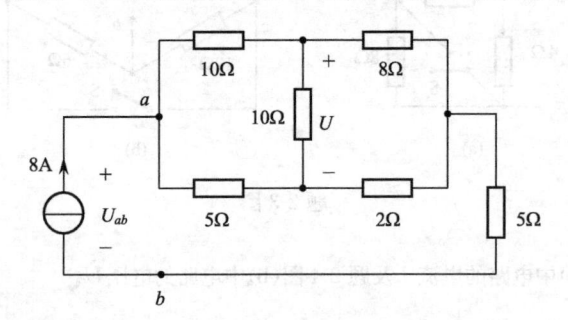

题 2-7 图

2-8 试求题 2-8 图中各电路的输入电阻 R_{in}。

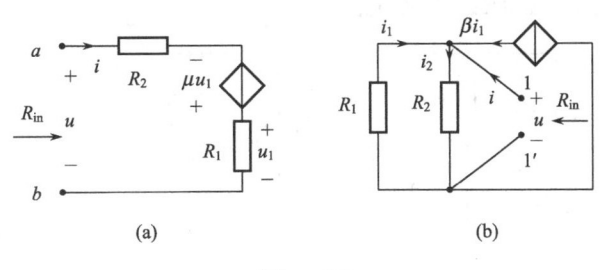

题 2-8 图

2-9 将题 2-9 图中各电路化为最简形式的等效电路。

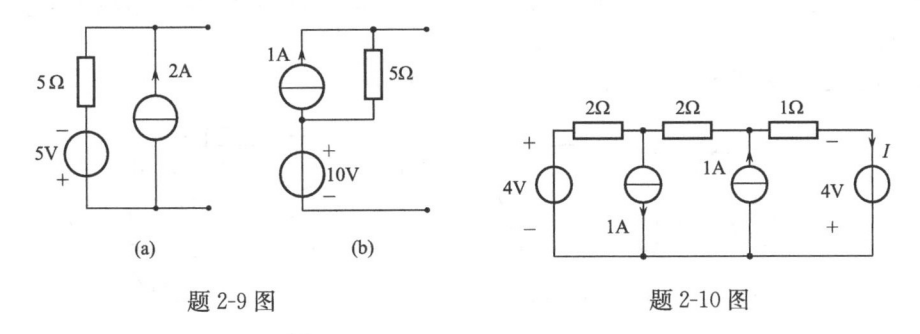

题 2-9 图

题 2-10 图

2-10 利用含源支路等效变换，求题 2-10 图电路中的电流 I。

2-11 试求题 2-11 图电路中的电流 i，已知 $R_1=2\Omega, R_2=4\Omega, R_3=R_4=1\Omega$。

2-12 题 2-12 图电路中全部电阻均为 1Ω，试求电路中的电流 i。

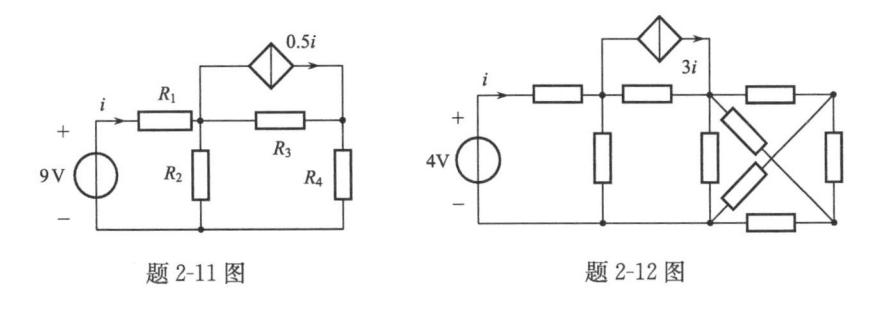

题 2-11 图

题 2-12 图

2-13 利用含源支路等效变换，求题 2-13 图电路中电压 u_o。已知 $R_1=R_2=2\Omega, R_3=R_4=1\Omega, i_S=10A$。

2-14 题 2-14 图电路中 $R_1=R_3=R_4, R_2=2R_1$，CCVS 的电压为 $u_d=4R_1 i_1$，利用含源支路等效变换求电路的电压比 $\dfrac{u_o}{u_S}$。

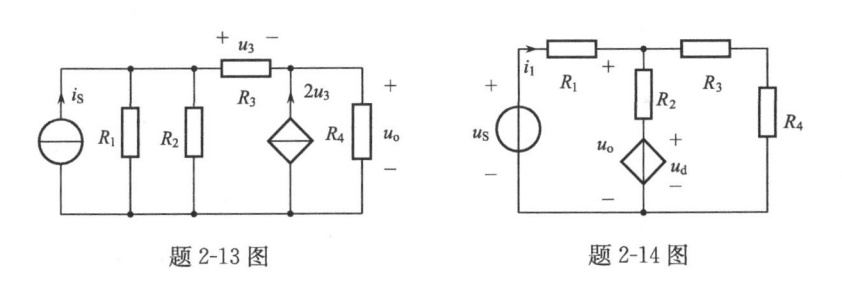

题 2-13 图

题 2-14 图

2-15 将题 2-15 图中各电路化为最简形式的等效电路。

2-16 求题 2-16 图中各电路的最简等效电路。

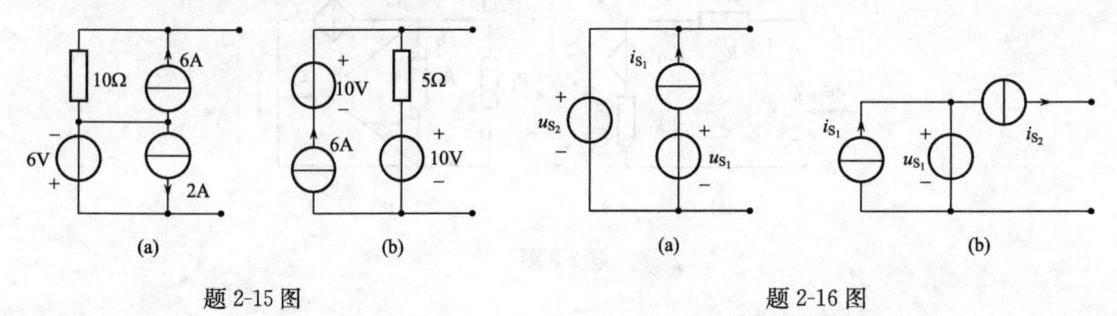

题 2-15 图

题 2-16 图

2-17 如题 2-17 图所示电路中,已知 $U_S=8V, R_1=4\Omega, R_2=3\Omega, I_S=3\ A$。试求电源输出的功率和电阻吸收的功率。

2-18 试求题 2-18 图电路中的电压 U。

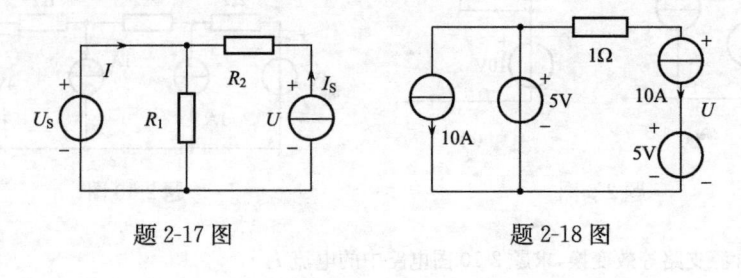

题 2-17 图

题 2-18 图

第3章 电阻电路的一般分析方法

第1章详细介绍电路的基本规律,它包括电路的个体规律——元件性能和电路的整体规律——KCL、KVL,并运用基本规律解决一些简单电路的分析问题。第2章详细讨论电路的等效变换法,运用这种方法可以方便、快捷地求解电路中某一部分的电压、电流和功率。但是,电路的等效变换法在求解电路过程中改变了电路的结构。如果要求在不改变电路结构的情况下,对电路作一般性的分析,或者由于电路结构复杂、规模太大,不便于运用电路的等效变换法进行求解。那么,希望有一种能够对一般电路都适用的分析方法,即电路的一般分析方法。

本章以线性电阻电路为对象,展开对电路的一般分析方法的研究,研究成果可以推广应用到任何集中参数的线性电路分析中,包括正弦稳态电路的相量分析及线性动态电路的复频域分析。

电路一般分析方法的思路是:首先选择一组合适的电路变量,根据电路基本规律列写出该组变量的独立方程组(电路方程),然后从方程中求解出电路变量。对于线性电阻电路,电路方程是一组线性代数方程,可以用克莱姆法则或高斯消去法进行求解。

电路一般分析方法的主要工作是列写电路方程并求解方程,故又将电路的一般分析方法称为电路的方程法。根据所选择的变量不同,可形成不同的分析方法,如有支路法、支路电流法、支路电压法、网孔分析法、回路分析法、节点分析法及割集分析法等。

所有的这些分析方法都有一个基本宗旨,就是力图减少求解电路所需的电路方程数目,即通过选择合适的电路变量,根据电路的基本规律,建立一组数目最少的独立电路方程。要达到这个目的,首先解决 KCL 方程和 KVL 方程的独立性问题。为此,本章要介绍一些有关图论的初步知识,利用图论的研究方法讨论电路的拓扑性质,从而得到独立节点、独立的 KCL 方程、独立回路、独立的 KVL 方程。

图论在电路分析中的应用称为网络图论,网络图论为电路分析建立严密的数学基础并提供系统化的表达方式,更为利用计算机辅助分析、设计大规模电路问题奠定基础。

3.1 电 路 的 图

由第1章已知,KCL 和 KVL 与支路的元件性质无关,这两个定律反映电路结构对电路中支路电流、支路电压的约束,是一种拓扑约束。因此,在对电路列写 KCL、KVL 方程时,没有必要画出电路元件的具体内容,可暂时不考虑元件的性质,将电路中的一条支路(简单支路或复合支路)用一条线段(直线或曲线)表示,在图论中,称其为一条拓扑支路,简称支路。电路中两条及两条以上支路的联接点以黑点表示,称为拓扑节点,简称节点。于是,可以使用线段和黑点画出与电路相对应且足以表示拓扑结构的支路与节点相互联接的线图,称为电路的拓扑图,简称电路的图,以符号 G 表示。因此,可将图论引入电路分析中,为利用图论的相关理论讨论 KCL、KVL 方程的独立性创造条件。

根据图论理论,一个图 G 是具有给定联接关系的支路与节点的集合,其中每条支路的两端必须联接到相应的节点上;移去某条支路并不把与它相联的节点移去;移去某节点则把与该节点相联的所有支路同时移去。所以,图 G 中没有不与节点相联的支路,但可以有孤立的节点,此节点表示一个与外界不发生联系的"事物"。图论中的支路和节点的概念与电路图中"支路"和"节点"的概念有差别,在电路图中,支路是实体,节点是由两条及两条以上支路相互联接而形成的联接点,没有支路也就不存在节点,但这个差别不影响用图论理论研究电路问题。

图 3-1(a)是一个具有 6 个电阻元件和 2 个独立电源的电路,如果按照简单支路处理,则该电路具有 8 条支路和 5 个节点,图 3-1(b)是按照简单支路处理后该电路的拓扑图。如果按照复合支路处理,则该电路具有 6 条支路和 4 个节点,相应的电路拓扑图如图 3-1(c)所示。由此可见,用不同的元件结构定义电路的一条支路时,该电路的拓扑图及它的支路数和节点数随之不同。

在分析电路时,通常指定每条支路的电压、电流参考方向,且二者一般取一致(关联)参考方向。将这种方向赋予电路的图中每条支路就得到所谓的有向图,图 3-1(c)是有向图,而图 3-1(b)则是无向图。有向图中每条支路的方向代表该支路电压、电流的参考方向,根据有向图可以简单明了地列写 KCL、KVL 方程,这也是将图论引入电路分析中的意义所在。

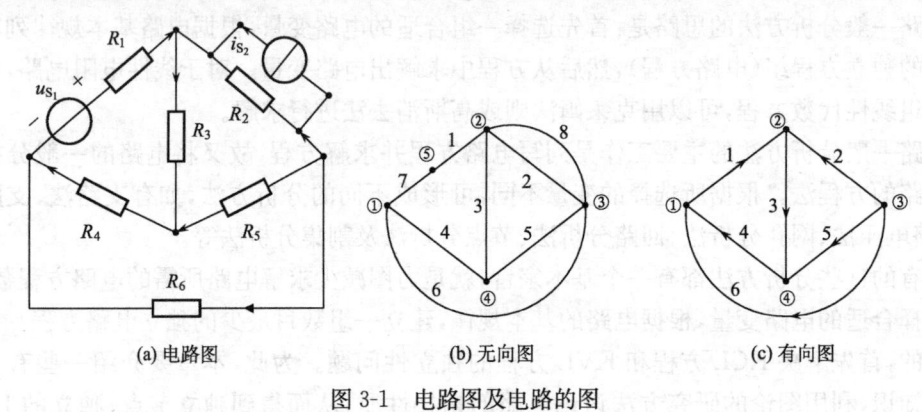

(a) 电路图   (b) 无向图   (c) 有向图

图 3-1 电路图及电路的图

3.2 KCL 和 KVL 方程的独立性

3.2.1 KCL 方程的独立性

图 3-2 是一个电路的有向图,对图中节点①、②、③、④可列出 4 个 KCL 方程为

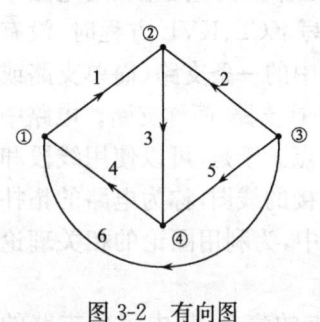

$$\left.\begin{array}{l}节点①: i_1 - i_4 - i_6 = 0 \\ 节点②: -i_1 - i_2 + i_3 = 0 \\ 节点③: i_2 + i_5 + i_6 = 0 \\ 节点④: -i_3 + i_4 - i_5 = 0\end{array}\right\} \quad (3-1)$$

图 3-2 有向图

在上述方程组中,每一支路电流都只出现两次,一次为正,一次为负。这是必然的规律,因为在有向图中每一条支路均联接在两个节点之间,这说明每一个支路电流只能出现在相关的两个节点的 KCL 方程中,绝不可能出现在其他节点的 KCL 方程中,而且每一个支路电流对一个节点为流出(设为 $+i_j$)时,对另一个节点

则必定为流入(设为$-i_j$)。所有 4 个节点的 KCL 方程之和为

$$\sum_{k=1}^{4}\left(\sum i\right)_k = \sum_{j=1}^{6}[(+i_j)+(-i_j)] \equiv 0 \tag{3-2}$$

这一结果表明,这四个方程非独立(线性相关)。

但是,如果从这 4 个方程中去掉任意一个方程,则余下的 3 个方程一定相互独立。因为去掉一个节点的 KCL 方程后,这个去掉的节点的 KCL 方程中支路电流在余下的方程中只可能出现一次,这时若把余下 3 个节点的 KCL 方程相加,就会出现支路电流不可能完全抵消,且相加的结果不可能恒为零的情况,因而这 3 个节点的 KCL 方程相互独立。独立方程所对应的节点称为独立节点,而去掉那个节点的 KCL 方程非独立,故对应的节点称为非独立节点。当然,独立节点、非独立节点可以任意选择。

一般来说,对于一个具有 n 个节点的电路,可以任选其中 $(n-1)$ 个节点作为独立节点,对应地可列出 $(n-1)$ 个独立的 KCL 方程,而余下的那个非独立节点正好可以作为电路的参考节点或称为电路的"地"(零电位点)。

3.2.2 KVL 方程的独立性

根据"回路"的概念,可判断出图 3-2 共有 7 个回路,如图 3-3 所示。对于回路 l_1、l_2、l_3,可列出 KVL 方程为

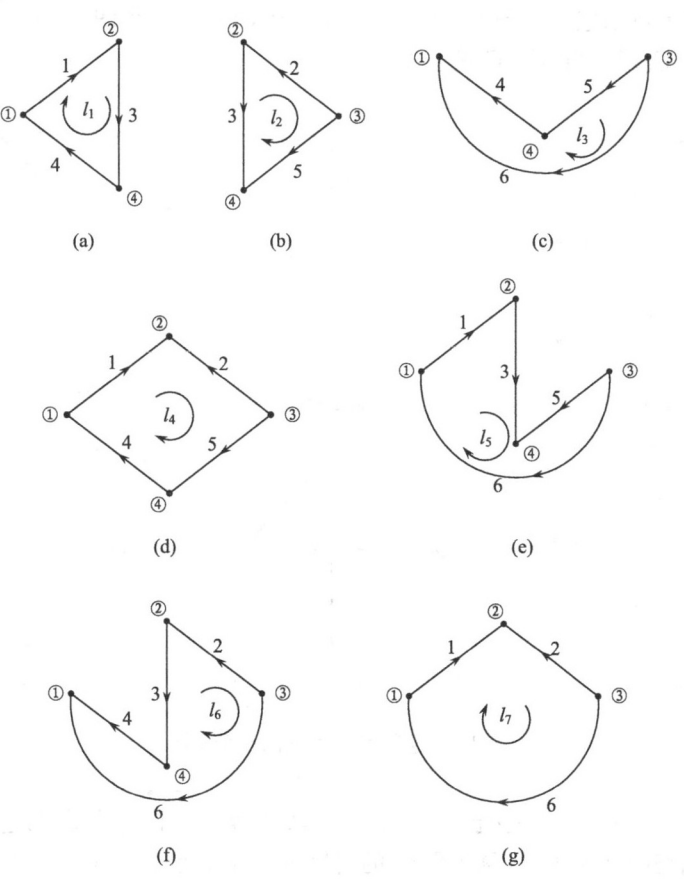

图 3-3 图 3-2 有向图的 7 个回路

$$\left.\begin{array}{l}\text{回路 } l_1: u_1 + u_3 + u_4 = 0\\ \text{回路 } l_2: -u_2 - u_3 + u_5 = 0\\ \text{回路 } l_3: -u_4 - u_5 + u_6 = 0\end{array}\right\} \tag{3-3}$$

同样,还可以列出回路 l_4、l_5、l_6、l_7 的 KVL 方程。观察式(3-3)所列方程组可发现,每个方程中均有一个支路电压在另外两个方程中未出现过。这 3 个方程相加的结果不可能恒为零,因而这 3 个 KVL 方程互相独立,所对应的回路称为独立回路。

独立回路的特征是:至少包含一条其他回路所没有的新支路。例如,回路 l_1 中的支路 1、回路 l_2 中的支路 2、回路 l_3 中的支路 6 都是相对于其他两个回路所没有的新支路,回路 l_1、l_2、l_3 构成一组独立回路。

一个电路的 KVL 独立方程数等于它的独立回路数。一般来说,一个电路的回路数很多,而独立回路数却远少于总的回路数。若电路图有 b 条支路和 n 个节点,则独立回路数为 $l = b - n + 1$ 个。确定电路的一组独立回路并不容易,必须寻求有效可靠的方法。

借助图论中"树"的概念,可以方便、快捷地确定一个图 G 的一组独立回路,从而得到一组独立的 KVL 方程。

当图 G 的任意两个节点之间至少存在一条路径时,则图 G 称为连通图。例如,图 3-4(a) 是连通图。从图 G 中去掉某些支路和某些节点所形成的图 G_1 称为图 G 的子图。显然,子图 G_1 所有的支路和节点都包含在图 G 中。由子图的定义可知,一个图 G 可以有多个子图,如图 3-4 中 G_1、G_2、G_3、G_4、G_5 均为图 G 的子图。

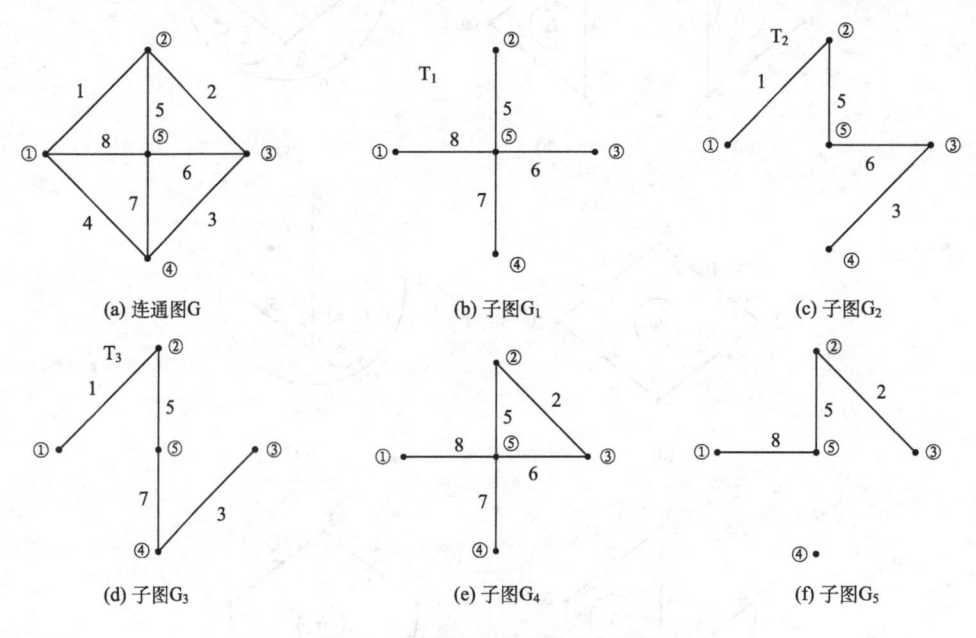

图 3-4 连通图 G 和它的 5 个子图

"树"是图论中常用到的重要概念,它的定义可叙述为:对于连通图 G,包含图 G 中所有的节点,但不包含回路的连通子图,称为图 G 的树用符号 T 表示。一个连通图可以有多种树,如图 3-4(b)~图 3-4(d) 符合树的定义,是图 3-4(a) 连通图 G 的三种树。图 3-4(e) 包含回路,它只是子图而非树,图 3-4(f) 是非连通的子图,也不是树。

对于连通图 G,当选定一种树后,树中的支路称为"树支",连通图 G 中除树支之外的支路称为"连支"。不同的树有不同的树支,相应地也有不同的连支。如图 3-4(b)所示的树 T_1,它的树支支路为{5,6,7,8},相应的连支支路为{1,2,3,4};如图 3-4(c)所示的树 T_2,它的树支支路为{1,3,5,6},相应的连支支路为{2,4,7,8}。观察发现,支路 8 在 T_1 中是树支,而在 T_2 中却是连支。

对于一个具有 n 个节点和 b 条支路的连通图 G,其任何一种树的树支数(用符号 t 表示)一定为

$$t = n - 1 \tag{3-4}$$

这是因为,若把连通图 G 的 n 个节点连接成一种树,第一条支路连接 2 个节点,此后每增加 1 条新支路就连接上一个新节点,直到把 n 个节点连接成树,所需的支路数恰好是 $(n-1)$ 条。如图 3-5 所示,①,②,…,ⓝ,为节点序号;1,2,…,(n-1)为支路序号。

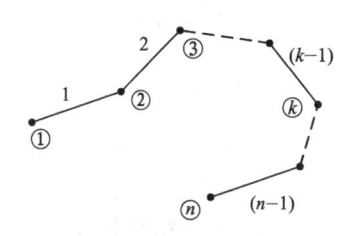

显然,对应于任一种树的连支数(用符号 $\bar{t}$ 表示)必为

$$\bar{t} = b - t = b - n + 1 \tag{3-5}$$

图 3-5 树支数与节点数关系用图

以上发现:$(n-1)$ 条树支是连接连通图 G 中全部节点形成一种树所需的最少的支路集合:少一条,子图不连通;多一条,子图出现回路,这都不符合树的定义。因此,对于连通图 G 的任意一种树,每加入(连接)一条连支,就会有一个回路出现,并且此回路除了所加入的一条连支外其他均为相应的树支,这种回路称为单连支回路或基本回路。对于图 3-6(a),选取支路{1,5,6,3}为树支,在图 3-6(b)中以粗实线表示;相应的连支为{2,4,7,8},在图 3-6(b)中以细实线表示,对应于这种树的基本回路分别是 l_1、l_2、l_3、l_4。

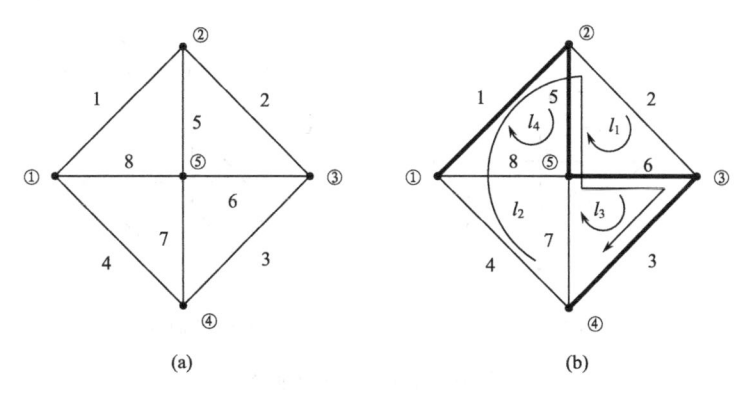

图 3-6 基本回路

以上每一个基本回路除相应的树支外仅含一条连支,并且每条连支都只出现在各自的基本回路中,而不会出现在其他基本回路中,这样每条连支都是其他基本回路所没有的新支路,因而基本回路是一种独立回路。由于连支数 $\bar{t}=b-n+1=l$ 恰好是一个图 G 的独立回路数,则由图 G 一种树的全部连支所确定的基本回路就构成图 G 的一组独立回路。选择不同的树,可以得到不同的基本回路组。

根据一种树所对应基本回路所列出的 KVL 方程是一组独立方程。以如图 3-7 所示电路的有向图为例,选取支路{2,3,6}为树支,在图 3-7 中以粗实线表示;相应的连支为{1,4,5},在图 3-7 中以细实线表示。对应于这种树的基本回路分别是 l_1、l_2、l_3,选择回路的绕行方向与所在回路的单连支方向相同,按各支路电压的参考方向,可以列出 KVL 方程为

$$\left.\begin{aligned}&\text{回路 } l_1: u_1 - u_2 + u_6 = 0\\&\text{回路 } l_2: u_2 + u_3 + u_4 - u_6 = 0\\&\text{回路 } l_3: -u_2 - u_3 + u_5 = 0\end{aligned}\right\} \quad (3\text{-}6)$$

这是一组独立的 KVL 方程。

在对电路问题的分析中遇到的大多数电路都属于平面电路(即画在平面上的电路中,除了节点外,再没有任何支路互相交叉),如图 3-8(a)是一个平面图,而图 3-8(b)则是一个非平面图。对于平面图,可以引入"网孔"的概念。

平面图的一个网孔是它的一个自然"孔",网孔所限定的区域内不再有支路。网孔用符号 m_k 表示,下标 k 是序号。

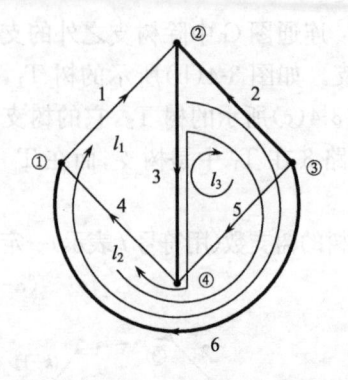

图 3-7 基本回路的 KVL 方程图

图 3-8(a)的平面图共有 4 个网孔,分别为 m_1、m_2、m_3、m_4。平面图的网孔数为 $m=b-n+1=l$ 恰好等于独立回路数,所以,平面图的全部网孔是一组独立回路,按网孔所列写的 KVL 方程都相互独立。因此,在分析平面电路时可以省去选树和确定连支及基本回路这一过程,直接按网孔列写出数量足够又相互独立的 KVL 方程即可。以图 3-8(a)为例,选择网孔的绕行方向一律为顺时针方向,按各支路电压的参考方向,可以列出 KVL 方程为

$$\left.\begin{aligned}&\text{网孔 } m_1: \ u_1 + u_5 - u_8 = 0\\&\text{网孔 } m_2: \ u_2 - u_5 + u_6 = 0\\&\text{网孔 } m_3: \ u_4 - u_7 + u_8 = 0\\&\text{网孔 } m_4: \ u_3 - u_6 + u_7 = 0\end{aligned}\right\} \quad (3\text{-}7)$$

这是一组独立的 KVL 方程。

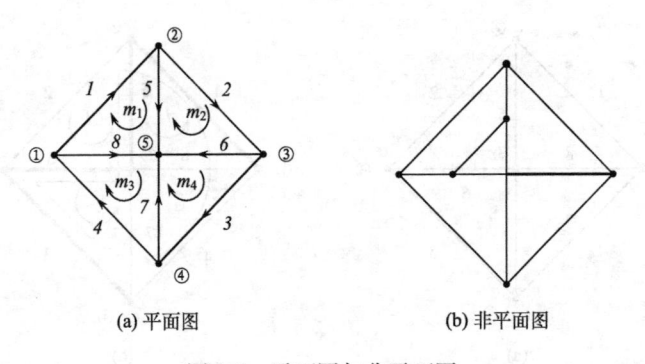

(a) 平面图   (b) 非平面图

图 3-8 平面图与非平面图

3.3 支 路 法

以支路电压和(或)支路电流为电路变量列写电路方程并进行求解的方法称为支路法。

3.3.1 2b 法

对于一个具有 b 条支路、n 个节点的电路,当选择支路电压和支路电流作为电路变量列写电路方程时,共有 $2b$ 个未知变量。由 3.2 节讨论的内容可知,根据 KCL 可以列写出 $(n-1)$ 个独立的节点电流方程,根据 KVL 可列写出 $(b-n+1)$ 个独立的回路电压方程,再

根据元件的性能关系，又可列写出 b 个支路电压、支路电流关系方程（支路特性方程），因 b 条支路各异，所以列写出的 b 个支路特性方程相互独立。这样，一共可以列写出 $2b$ 个以支路电压和支路电流为电路变量的数量足够且又相互独立的电路方程，联立求解这组方程可以得到 b 个支路电压和 b 个支路电流。这种求解电路的方法称为 $2b$ 法，下面举例说明用 $2b$ 法求解电路的具体过程。

如图 3-9(a)所示，设各支路电压与支路电流为关联参考方向，图 3-9(b)为图 3-9(a)的有向图，其中有 6 条支路（4 条简单支路、2 条复合支路）、4 个节点。选节点①、②、③为独立节点，可列写出 3 个独立的 KCL 方程为

$$\left.\begin{aligned} 节点①：&-i_1+i_2+i_6=0 \\ 节点②：&-i_2+i_3+i_4=0 \\ 节点③：&-i_4+i_5-i_6=0 \end{aligned}\right\} \tag{3-8}$$

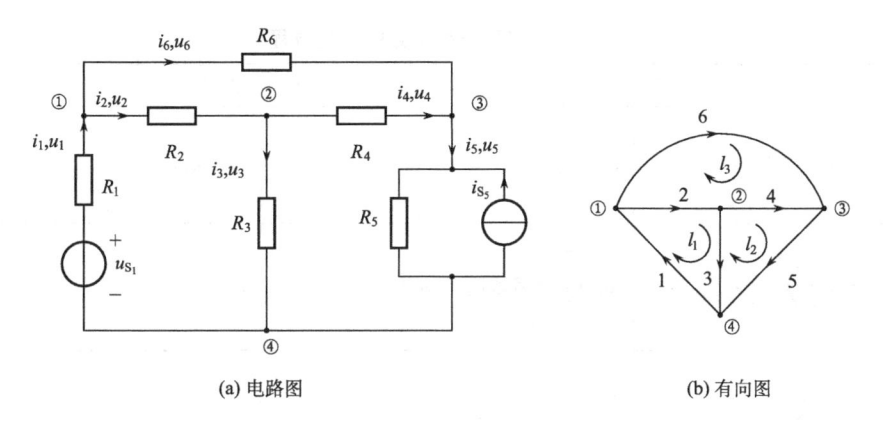

(a) 电路图　　　(b) 有向图

图 3-9　$2b$ 法示例

因本例电路为平面电路，可以省去选树，确定连支及基本回路过程。以平面图的网孔作为独立回路，且回路绕行方向一律为顺时针方向，分别标示在图 3-9(b)中，对回路 l_1、l_2、l_3 列写出 3 个独立的 KVL 方程为

$$\left.\begin{aligned} 回路\ l_1:&\ u_1+u_2+u_3=0 \\ 回路\ l_2:&-u_3+u_4+u_5=0 \\ 回路\ l_3:&-u_2-u_4+u_6=0 \end{aligned}\right\} \tag{3-9}$$

根据图 3-9(a)中各支路具体的结构与元件参数值，可列写出各支路特性方程为

$$\left.\begin{aligned} u_1&=R_1i_1-u_{S_1} \\ u_2&=R_2i_2 \\ u_3&=R_3i_3 \\ u_4&=R_4i_4 \\ u_5&=R_5(i_5+i_{S_5}) \\ u_6&=R_6i_6 \end{aligned}\right\} \begin{aligned} u_k&=f_k(i_k) \\ k&=1,2,\cdots,6 \end{aligned} \tag{3-10}$$

或者

$$\left.\begin{aligned} i_1 &= G_1(u_{S_1} + u_1) \\ i_2 &= G_2 u_2 \\ i_3 &= G_3 u_3 \\ i_4 &= G_4 u_4 \\ i_5 &= G_5 u_5 - i_{S_5} \\ i_6 &= G_6 u_6 \end{aligned}\right\} \quad \left\{\begin{aligned} i_k &= g_k(u_k) \\ k &= 1, 2, \cdots, 6 \end{aligned}\right. \qquad (3\text{-}11)$$

联立式(3-8)~(3-10)或式(3-8)~(3-9)、式(3-11)所表示的 12 个方程,可以求解出各支路电压和支路电流。

在上述求解过程中,列写 KCL、KVL 方程相对容易,而列写支路特性方程的难度大。针对这一问题,将线性电阻电路分析中可能遇到的支路类型汇集在表 3-1 中,其中对于各种类型支路给出两种形式的支路特性方程以供参考。

表 3-1　各种类型支路的特性方程

支路类型	支路特性方程	
$i_k \xrightarrow{R_k(G_k)}$ 　 u_k	$u_k = R_k i_k$	$i_k = G_k u_k$
i_k 　 u_{S_k} 　 u_k	$u_k = \pm u_{S_k}$ 式中的±号取决于 u_k 的参考方向与 u_{S_k} 的方向是否一致	$i_k = ?$
i_k 　 u_{d_k} 　 u_k	$u_k = \pm u_{d_k} = \begin{cases} r_{kj} i_j \\ \mu_{kj} u_j \end{cases}$ 式中的±号取决于 u_k 的参考方向与 u_{d_k} 的方向是否一致	$i_k = ?$
i_k 　 i_{S_k} 　 u_k	$u_k = ?$	$i_k = \pm i_{S_k}$ 式中的±号取决于 i_k 的参考方向与 i_{S_k} 的方向是否一致
i_k 　 i_{d_k} 　 u_k	$u_k = ?$	$i_k = \pm i_{d_k} = \begin{cases} \beta_{kj} i_j \\ g_{kj} u_j \end{cases}$ 式中的±号取决于 i_k 的参考方向与 i_{d_k} 的方向是否一致
$i_k \xrightarrow{R_k(G_k)} u_{S_k}$ 　 u_k	$u_k = R_k i_k + u_{S_k}$	$i_k = G_k(u_k - u_{S_k})$
$i_k \xrightarrow{R_k(G_k)} u_{d_k}$ 　 u_k	$u_k = R_k i_k + u_{d_k}$	$i_k = G_k(u_k - u_{d_k})$

续表

支路类型	支路特性方程	
(电阻 $R_k(G_k)$ 与电流源 i_{S_k} 并联)	$u_k=R_k(i_k+i_{S_k})$	$i_k=G_ku_k-i_{S_k}$
(电阻 $R_k(G_k)$ 与受控电流源 i_{d_k} 并联)	$u_k=R_k(i_k+i_{d_k})$	$i_k=G_ku_k-i_{d_k}$

$2b$ 法很重要,它是各种电路分析方法的基础,可称为电路分析方法之源。在电路分析中,$2b$ 法也是最通用的一种方法,它既不受电路结构的限制,又不受元件性质的限制,在建立方程和求解过程方面非常规范,而且解的结果也直观明了。这些优点使得 $2b$ 法在计算机辅助分析大规模电路时备受重视。不过,由上述示例可知,$2b$ 法的方程数较多,手工解算 $2b$ 个联立方程时有困难。为此,针对手工解算电路情况,须寻求减少联立方程数目的其他电路分析方法。

3.3.2 b 法

在 $2b$ 法中,不仅要列写出 $(n-1)$ 个独立的 KCL 方程和 $(b-n+1)$ 个独立的 KVL 方程,还要列写出 b 个支路特性方程 $u_k=f_k(i_k)$ 或 $i_k=g_k(u_k)$。

支路特性方程 $u_k=f_k(i_k)$ 或 $i_k=g_k(u_k)$ 表明:支路电压 u_k 与支路电流 i_k 可以相互表示,利用这一点,如果将 $u_k=f_k(i_k)$ 代入独立的 KVL 方程中消去支路电压这类变量,就能得到以支路电流表示的 KVL 方程,称为支路特性与 KVL 相结合的方程。连同支路电流表示的 KCL 方程,可得到以支路电流为电路变量的 b 个电路方程,联立求解这 b 个方程即可先得到 b 个支路电流,然后再利用支路特性方程 $u_k=f_k(i_k)$,又可求出 b 个支路电压,这样的方法称为支路电流法。

同理,如果将 $i_k=g_k(u_k)$ 代入独立的 KCL 方程中消去支路电流这类变量,就能得到以支路电压表示的 KCL 方程,称为支路特性与 KCL 相结合的方程。连同支路电压表示的 KVL 方程,可得到以支路电压为电路变量的 b 个电路方程,联立求解这 b 个方程即可先得到 b 个支路电压,然后再利用支路特性方程 $i_k=g_k(u_k)$,又可求出 b 个支路电流,这样的方法称为支路电压法。

支路电流法及支路电压法统称为 b 法,它们都在 $2b$ 法的基础上改进得到,这种改进使电路方程数目从 $2b$ 个减少至 b 个。显然,手工解算 b 个方程比解算 $2b$ 个方程容易,但 b 法将电路求解分成两步进行,可以说利弊参半。

下面仍以图 3-9(a)电路为例,说明用支路电流法和支路电压法分析电路的过程。仍选节点①、②、③为独立节点,列写 KCL 方程;仍选网孔作为独立回路,列写 KVL 方程。

用支路电流法列写出的全部电路方程为

$$\left.\begin{array}{l}节点 ①:-i_1+i_2+i_6=0\\ 节点 ②:-i_2+i_3+i_4=0\\ 节点 ③:-i_4+i_5-i_6=0\\ 回路\ l_1:R_1i_1+R_2i_2+R_3i_3=u_{S_1}\\ 回路\ l_2:-R_3i_3+R_4i_4+R_5i_5=-R_5i_{S_5}\\ 回路\ l_3:-R_2i_2-R_4i_4+R_6i_6=0\end{array}\right\} \quad (3-12)$$

式(3-12)中的支路特性与KVL相结合的方程可归纳为

$$\left. \begin{array}{l} \sum\limits_{l_j} R_k i_k = \sum\limits_{l_j} u_{S_k}(R_k i_{S_k}) \\ j = 1,2,3 \end{array} \right\} \quad (3\text{-}13)$$

式(3-13)中,$R_k i_k$ 是独立回路 l_j 中第 k 条支路电阻上的电压,且沿回路绕行方向,电压降为正,电压升为负;$u_{S_k}(R_k i_{S_k})$ 是独立回路 l_j 中第 k 条支路电压源电压(或经含源支路等效变换将电流源与电阻并联变换成电压源与电阻串联所得到等效电压源的电压),且沿回路绕行方向,电压升为正,电压降为负。因此,式(3-13)的物理意义为:对任一独立回路,沿回路绕行方向,电阻电压降的代数和等于电压源电压升的代数和。依据此规律,对电路中任一独立回路,可方便、快捷地列写出这种形式的回路电压平衡方程。

用支路电压法列出的全部电路方程为

$$\left. \begin{array}{l} \text{回路 } l_1: u_1 + u_2 + u_3 = 0 \\ \text{回路 } l_2: -u_3 + u_4 + u_5 = 0 \\ \text{回路 } l_3: -u_2 - u_4 + u_6 = 0 \\ \text{节点 ①}: -G_1 u_1 + G_2 u_2 + G_6 u_6 = G_1 u_{S_1} \\ \text{节点 ②}: -G_2 u_2 + G_3 u_3 + G_4 u_4 = 0 \\ \text{节点 ③}: -G_4 u_4 + G_5 u_5 - G_6 u_6 = i_{S_5} \end{array} \right\} \quad (3\text{-}14)$$

式(3-14)中的支路特性与KCL相结合的方程可归纳为

$$\left. \begin{array}{l} \sum\limits_{n_j} G_k u_k = \sum\limits_{n_j} i_{S_k}(G_k u_{S_k}) \\ j = 1,2,3 \end{array} \right\} \quad (3\text{-}15)$$

式(3-15)中,$G_k u_k$ 是与独立节点 n_j 相连的第 k 条支路中电阻上的电流,且流出为正,流入为负;$i_{S_k}(G_k u_{S_k})$ 是与独立节点 n_j 相连的第 k 条支路中电流源电流(或经含源支路等效变换将电压源与电阻串联变换成电流源与电阻并联所得到等效电流源的电流),且流入为正,流出为负。因此,式(3-15)的物理意义为:对任一独立节点,电阻流出节点电流的代数和等于电流源流入节点电流的代数和。依据此规律,对电路中任一独立节点可方便、快捷地列写出这种形式的节点电流平衡方程。

在支路电流法中,支路特性方程必须是 $u_k = f_k(i_k)$ 形式,才能够得到如式(3-13)所示以支路电流表示的KVL方程。如果电路中的第 k 条支路是单一电流源或单一受控电流源,如图3-10(a)~图3-10(b)所示,由于支路电压 u_k 无法以支路电流 i_k 表示,因而不能直接运用支路电流法列写电路方程,这时须在原支路电流法的基础上做一些相应的处理,从而产生改进的支路电流法。

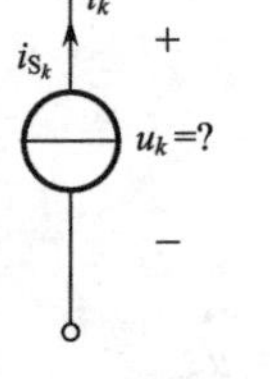

(a) 单一电流源支路 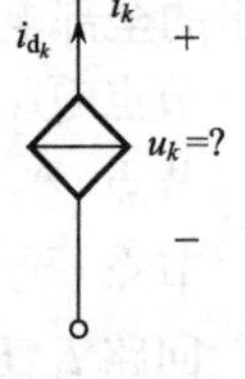　　　　　(b) 单一受控电流源支路

图 3-10　单一电流源支路及单一受控电流源支路

处理方法如下。

(1) 将 u_k 作为新增电路变量保留在相关独立回路的回路电压平衡方程的左边，且电压降为正，电压升为负。

(2) 将 $i_k = i_{S_k}$ 或 $i_k = i_{d_k}$ 作为增补方程代入到相关独立节点的 KCL 方程中。

在支路电压法中，支路特性方程必须是 $i_k = g_k(u_k)$ 形式，才能够得到如式(3-15)所示以支路电压表示的 KCL 方程。如果电路中的第 k 条支路是单一电压源或单一受控电压源，如图3-11(a)～图 3-11(b)所示，由于支路电流 i_k 无法以支路电压 u_k 表示，因而不能直接运用支路电压法列写电路方程，这时须在原支路电压法的基础上作一些相应的处理，从而产生改进的支路电压法。

(a) 单一电压源支路　　　　(b) 单一受控电压源支路

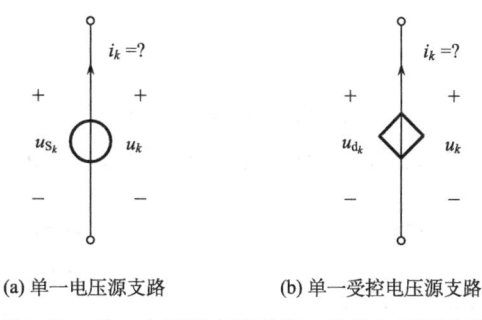

图 3-11　单一电压源支路及单一受控电压源支路

处理方法如下。

(1) 将 i_k 作为新增电路变量保留在相关独立节点的节点电流平衡方程的左边，且流出为正，流入为负。

(2) 将 $u_k = u_{S_k}$ 或 $u_k = u_{d_k}$ 作为增补方程代入到相关独立回路 KVL 方程中。

例 3-1　试用支路电流法求解图 3-12(a)所示电路中的电压 u_1。

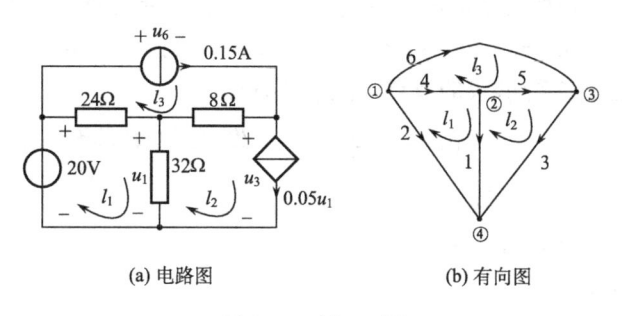

(a) 电路图　　　　(b) 有向图

图 3-12　例 3-1 图

解　电路中含有单一电流源支路及单一受控电流源支路，在运用支路电流法时要做一些相应的处理。处理方法是增设新的电路变量，再补方程。具体操作如下。

KCL 方程：①：$i_2 + i_4 + i_6 = 0$，②：$i_1 - i_4 + i_5 = 0$，③：$i_3 - i_5 - i_6 = 0$。

KVL 和支路特性相结合形成的回路电压平衡方程：

l_1：$32i_1 + 24i_4 = 20$，l_2：$-32i_1 + u_3 + 8i_5 = 0$，l_3：$-24i_4 - 8i_5 + u_6 = 0$。

增补方程：$i_6 = 0.15\text{A}$，$i_3 = 0.05u_1$。

控制量用支路电流表示：$u_1 = 32i_1$。

上述方程合并整理为

$$\left.\begin{array}{r}i_2+i_4=-0.15\\ i_1-i_4+i_5=0\\ 1.6i_1-i_5=0.15\\ 32i_1+24i_4=20\\ -32i_1+u_3+8i_5=0\\ -24i_4-8i_5+u_6=0\end{array}\right\}$$

进一步整理为

$$\left.\begin{array}{r}2.6i_1-i_4=0.15\\ 32i_1+24i_4=20\end{array}\right\}$$

最后联立求解得

$$i_1=0.25\text{A},u_1=32i_1=8\text{V}$$

例 3-2 试用支路电压法求解图 3-13(a)所示电路中的电压 u_x。

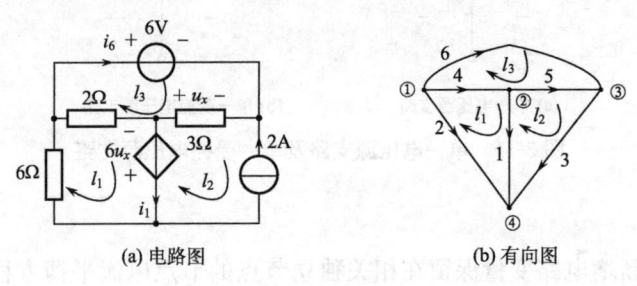

(a) 电路图　　(b) 有向图

图 3-13　例 3-2

解　电路中含有单一电压源支路及单一受控电压源支路,在运用支路电压法时要做一些相应的处理。处理方法是增设新的电路变量,再增补方程。具体操作如下。

KVL 方程：$l_1:u_1-u_2+u_4=0,l_2:-u_1+u_3+u_5=0,l_3:-u_4-u_5+u_6=0$

KCL 和支路特性相结合形成的节点电流平衡方程：

$$①\frac{u_2}{6}+\frac{u_4}{2}+i_6=0,②-\frac{u_4}{2}+i_1+\frac{u_5}{3}=0,③-\frac{u_5}{3}-i_6=2。$$

增补方程：$u_6=6\text{V},u_1=-6u_x$。

控制量用支路电压表示：$u_x=u_5$。

上述方程合并整理为

$$\left.\begin{array}{r}-u_2+u_4-6u_5=0\\ u_3+7u_5=0\\ -u_4-u_5=-6\\ \dfrac{u_2}{6}+\dfrac{u_4}{2}+i_6=0\\ i_1-\dfrac{u_4}{2}+\dfrac{u_5}{3}=0\\ -\dfrac{u_5}{3}-i_6=2\end{array}\right\}$$

进一步整理为

$$4u_4 - 8u_5 = 12 \brace -u_4 - u_5 = -6$$

最后联立求解得

$$u_5 = u_x = 1\text{V}$$

b 法需求解 b 个联立方程。如果电路比较复杂，支路数较多，则手工解算 b 个联立方程也会相当复杂。为了使求解电路的联立方程数目进一步减少，即使求解的未知量进一步减少，须寻求一些新的电流变量或电压变量，其个数比支路数少，而且必须既独立，又完备，根据这些变量可以建立数目较少的联立方程并易于求解。下面讨论的网孔分析法、回路分析法、节点分析法等方法正是基于这种想法。

3.4 网孔分析法和回路分析法

3.4.1 网孔分析法

对于一个具有 b 条支路、n 个节点的电路，b 个支路电流受 $(n-1)$ 个独立的 KCL 方程约束，这说明独立的支路电流只有 $(b-n+1)$ 个，而且给定 $(b-n+1)$ 个支路电流即能确定余下的 $(n-1)$ 个支路电流，这为寻找新的电流变量提供理论依据。

图 3-14(a)为平面电路图，图 3-14(b)是该电路的有向图，该电路有 3 条支路、2 个节点及 2 个网孔，网孔的绕行方向一律取顺时针方向。

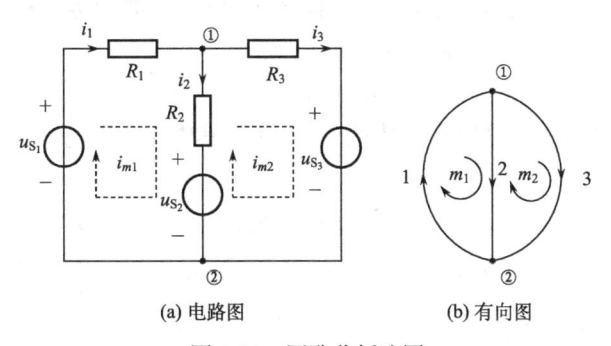

(a) 电路图   (b) 有向图

图 3-14 网孔分析法图

选节点①为独立节点，应用 KCL 有

$$-i_1 + i_2 + i_3 = 0$$

或

$$i_2 = i_1 - i_3$$

即 i_2 不独立，它是 i_1、i_3 的线性组合。i_2 可看成是由两部分电流所组成，一部分是 i_1，因与 i_2 的方向相同，故在方程中为正项；另一部分是 i_3，因与 i_2 的方向相反，故在方程中为负项。如果用 $(i_1 - i_3)$ 代替 i_2，则整个电路内看似只存在两个电流，一个是 i_1，沿着网孔 1 的边界流动，经过支路 2；另一个是 i_3，沿着网孔 2 的边界流动，也经过支路 2。这种假想的沿着网孔边界流动的电流称为网孔电流，如图 3-14(a)中用虚线标出的 i_{m1}、i_{m2}，网孔电流的方向一般取网孔的绕行方向。一个具有 b 条支路、n 个节点的平面电路，共有 $m = b - n + 1$ 个网孔，因而也有相同数目的网孔电流，用符号 i_{mk} 表示，下标 $k = 1, 2, \cdots, m$ 表示网孔电流的序号。显然，网孔电流的数目少于支路数，这就是待寻找的新的电流变量。

由图 3-14(a)可知,每一网孔电流沿网孔的边界流动,当它流经某节点时,从该节点流入,同时又从该节点流出,自动满足 KCL。例如,对于节点①,以网孔电流为变量列出的 KCL 方程为 $-i_{m1}+i_{m1}-i_{m2}+i_{m2}\equiv 0$,因而不能通过节点 KCL 方程将各网孔电流约束起来,就 KCL 而言,各网孔电流线性无关,因此网孔电流可作为电路的一组独立的电流变量。

由图 3-14(a)还可知,电路中所有的支路电流都可以用网孔电流的线性组合表示。这是因为电路中任何一条支路一定属于一个或两个网孔,如果某支路只属于某一网孔,那么这条支路上只有一个网孔电流流过,支路电流等于该网孔电流,如 $i_1=i_{m1}$,$i_3=i_{m2}$;如果某支路属于两个网孔所共有,则根据 KCL,该支路上的电流等于流经该支路的两个网孔电流的代数和,与支路电流方向相同的网孔电流取正号,反之取负号,如 $i_2=i_{m1}-i_{m2}$。因此,一旦求得网孔电流,所有支路电流可随之而定,进而可以求得所有支路电压及功率。因此,网孔电流是一组完备的电流变量。

那么,如何建立求解网孔电流所需的联立方程呢?首先对每一个网孔列写出 KVL 方程;然后再对每一条支路列写出支路特性方程 $u_k=f_k(i_k)$,并将其中的支路电流 i_k 用相应的网孔电流的线性组合表示;最后再将用网孔电流表示的支路电压 u_k 代入每一个网孔的 KVL 方程,就得到一组以网孔电流为变量的方程组,称为网孔电流方程。它们必然与待求的网孔电流变量数目相同而且独立,求解这组方程可得到各网孔电流,进而利用已求得的网孔电流求出各支路电流、电压及功率,这种求解电路的方法称为网孔分析法(简称网孔法)。

应用网孔法分析电路的关键是如何简捷又正确地列写出网孔电流方程,下面以图 3-14(a)的电路为示例,列写网孔电流方程并从中归纳总结出列写网孔电流方程的一般方法。

对于如图 3-14(b)所示的有向图,列写出各网孔的 KVL 方程为

$$\left.\begin{array}{l}网孔\ m_1:u_1+u_2=0\\ 网孔\ m_2:-u_2+u_3=0\end{array}\right\} \tag{3-16}$$

再对图 3-14(a)所示的电路列写出支路特性方程,并将其中的支路电流用相应的网孔电流的线性组合表示,得到

$$\left.\begin{array}{l}u_1=-u_{S_1}+R_1i_1=-u_{S_1}+R_1i_{m1}\\ u_2=u_{S_2}+R_2i_2=u_{S_2}+R_2(i_{m1}-i_{m2})\\ u_3=u_{S_3}+R_3i_{m3}=u_{S_3}+R_3i_{m2}\end{array}\right\} \tag{3-17}$$

最后将式(3-17)代入式(3-16),整理得

$$\left.\begin{array}{l}网孔\ m_1:(R_1+R_2)i_{m1}-R_2i_{m2}=u_{S_1}-u_{S_2}\\ 网孔\ m_2:-R_2i_{m1}+(R_2+R_3)i_{m2}=u_{S_2}-u_{S_3}\end{array}\right\} \tag{3-18}$$

式(3-18)是以网孔电流为变量的网孔电流方程。此方程的物理意义是:在各网孔电流共同作用下,沿一个网孔的电阻电压降的代数和等于沿该网孔的电压源电压升的代数和。因此,网孔电流方程的实质是网孔电压平衡方程。

观察式(3-18),可从中发现一些规律。(R_1+R_2) 恰好是网孔 m_1 内所有电阻之和,称之为网孔 m_1 的自阻,以符号 R_{11} 表示;(R_2+R_3) 恰好是网孔 m_2 内所有电阻之和,称之为网孔 m_2 的自阻,以符号 R_{22} 表示。由于网孔电流的参考方向与网孔的绕行方向一致,则网孔电流在自阻上产生的电压都是沿网孔的电压降,在网孔电流方程的左边总是正项,因而自阻 R_{11} 和 R_{22} 总是正值。$(-R_2)$ 是网孔 m_1 和网孔 m_2 公共支路上电阻的负值,称它为网孔 m_1 和网孔 m_2 的互阻,以符号 R_{12}(或 R_{21})表示,且 $R_{12}=R_{21}$。如果在公共支路电阻上的两网孔电流方向相同,表明,其中一网孔电流产生的电压沿另一网孔是电压降,那么这个电压在另一网孔电流方

程的左边为正项;如果在公共支路电阻上的两网孔电流方向相反,表明其中一网孔电流产生的电压沿另一网孔是电压升,那么这个电压在另一网孔电流方程的左边为负项。为使方程形式整齐,把这类电压前的"+"号或"-"号放在有关的互阻中。这样,当通过两个网孔公共支路电阻上的两个网孔电流方向相同时,互阻为正;反之为负。显然,如果两个网孔之间没有公共支路,或者公共支路上没有电阻(如公共支路是单一电压源),则互阻为零。$(u_{S_1}-u_{S_2})$是沿网孔m_1所有电压源电压升的代数和(电压升为正,电压降为负),用符号u_{S11}表示;$(u_{S_2}-u_{S_3})$是沿网孔m_2所有电压源电压升的代数和(电压升为正,电压降为负。),用符号u_{S22}表示,即

$$R_{11}=R_1+R_2, R_{22}=R_2+R_3$$

$$R_{12}=R_{21}=-R_2$$

$$u_{S11}=u_{S_1}-u_{S_2}, u_{S22}=u_{S_2}-u_{S_3}$$

据此,可以归纳总结出具有2个网孔电路的网孔电流方程的通式(一般式)为

$$\left.\begin{array}{l}R_{11}i_{m1}+R_{12}i_{m2}=u_{S11}\\R_{21}i_{m1}+R_{22}i_{m2}=u_{S22}\end{array}\right\} \quad (3-19)$$

如果平面电路具有$m=b-n+1$个网孔,并设各网孔电流分别为$i_{m1},i_{m2},\cdots,i_{mm}$,易知网孔电流方程的通式为

$$\left.\begin{array}{l}R_{11}i_{m1}+R_{12}i_{m2}+\cdots+R_{1m}i_{mm}=u_{S11}\\R_{21}i_{m1}+R_{22}i_{m2}+\cdots+R_{2m}i_{mm}=u_{S22}\\\vdots \quad \vdots \quad \vdots \quad \vdots\\R_{m1}i_{m1}+R_{m2}i_{m2}+\cdots+R_{mm}i_{mm}=u_{Smm}\end{array}\right\} \quad (3-20)$$

式(3-20)中具有相同下标的电阻R_{11}、R_{22}、$\cdots$、$R_{kk}(k=1,2,\cdots,m)$等是各网孔的自阻,且自阻为正;有不同下标的电阻$R_{12}=R_{21}$、$\cdots$、$R_{kj}=R_{jk}(k=j=1,2,\cdots,m)$等是两个网孔的互阻,且互阻可以为正,为负或为零。方程右边的u_{S11}、u_{S22}、$\cdots$、$u_{Skk}(k=1,2,\cdots,m)$等分别为各网孔中所有电压源电压升的代数和,求和时若各电压源电压升的方向与网孔电流的方向一致,该电压源的电压前取"+"号,反之取"-"号。

借助网孔电流方程的通式,只需在电路中标出网孔电流,观察电路,写出自阻、互阻及各网孔电压源电压升代数和并代入通式(3-20),即可迅速得到按网孔电流顺序排列相互独立的方程组,具体的电路各有不同,其区别只是各个自阻R_{kk}、互阻$R_{kj}(R_{jk})$及各网孔电压源电压升代数和u_{Skk}的具体内容不同。下面举例说明用网孔法分析电路的具体步骤。

例3-3 如图3-15(a)所示,已知:$u_{S_1}=21\text{V}, u_{S_2}=14\text{V}, u_{S_3}=6\text{V}, u_{S_4}=2\text{V}, u_{S_5}=2\text{V}, R_1=3\Omega, R_2=2\Omega, R_3=3\Omega, R_4=6\Omega, R_5=2\Omega, R_6=1\Omega$,求各支路电流。

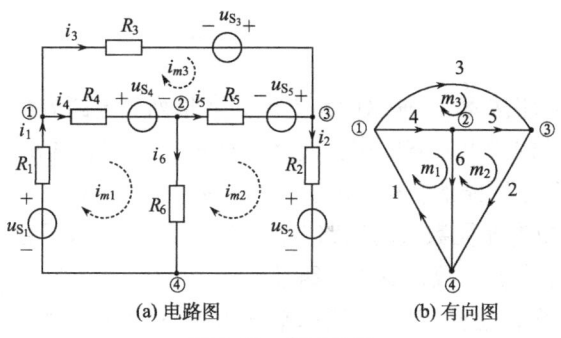

(a) 电路图　　(b) 有向图

图3-15 例3-3图

解 该平面电路有 6 条支路、4 个节点及 3 个网孔,假定网孔电流的方向一律为顺时针方向。

观察电路,写出各自阻、互阻及网孔电压源电压升代数和：

$$R_{11} = R_1 + R_4 + R_6 = 3 + 6 + 1 = 10\Omega$$
$$R_{22} = R_2 + R_5 + R_6 = 2 + 2 + 1 = 5\Omega$$
$$R_{33} = R_3 + R_4 + R_5 = 3 + 6 + 2 = 11\Omega$$
$$R_{12} = R_{21} = -R_6 = -1\Omega$$
$$R_{13} = R_{31} = -R_4 = -6\Omega$$
$$R_{23} = R_{32} = -R_5 = -2\Omega$$
$$u_{S11} = u_{S_1} - u_{S_4} = 21 - 2 = 19\text{V}$$
$$u_{S22} = -u_{S_2} + u_{S_5} = -14 + 2 = -12\text{V}$$
$$u_{S33} = u_{S_3} + u_{S_4} - u_{S_5} = 6 + 2 - 2 = 6\text{V}$$

将上述数据代入网孔电流方程的通式,可得该电路的网孔电流方程为

$$\left.\begin{array}{r}10i_{m1} - i_{m2} - 6i_{m3} = 19 \\ -i_{m1} + 5i_{m2} - 2i_{m3} = -12 \\ -6i_{m1} - 2i_{m2} + 11i_{m3} = 6\end{array}\right\}$$

解方程组,求得各网孔电流分别为

$$i_{m1} = 3\text{A}, i_{m2} = -1\text{A}, i_{m3} = 2\text{A}$$

最后,由网孔电流求出各支路电流：

$$i_1 = i_{m1} = 3\text{A}$$
$$i_2 = i_{m2} = -1\text{A}$$
$$i_3 = i_{m3} = 2\text{A}$$
$$i_4 = i_{m1} - i_{m3} = 1\text{A}$$
$$i_5 = i_{m2} - i_{m3} = -3\text{A}$$
$$i_6 = i_{m1} - i_{m2} = 4\text{A}$$

在求解中发现,对平面电路而言,两个网孔的公共支路至多一条,而且如果网孔电流的方向一律为顺时针方向,那么互阻全为负值,这是因为在两网孔的公共支路电阻上二个网孔电流的方向恰好相反。

网孔分析法仅适用于平面电路,有其局限性,有必要将网孔分析法引申到回路分析法,从而产生一种适用性强、应用更为广泛的分析方法。

3.4.2 回路分析法

回路分析法(简称回路法)是一种以回路电流为变量列写电路方程求解电路的方法。在网孔电流的基础上,很容易构造出回路电流。回路电流是一种假想的沿独立回路边界流动的电流,其参考方向一般取独立回路的绕行方向。一个具有 b 条支路、n 个节点的电路共有 $l = b - n + 1$ 个独立回路,因而也有相同数目的回路电流,用符号 i_{lk} 表示,下标 $k = 1, 2, \cdots, l$ 表示回路电流的序号。显然,回路电流的数目少于支路数。

独立回路的选择有多种途径,对于连通的平面电路,可选择全部网孔作为一组独立回路,也可选择一种树所确定的基本回路作为一组独立回路；对非平面电路,可按独立回路的特征找

到一组独立回路。因此,回路电流的适用范围更广,它可以是平面电路的网孔电流,或者是基本回路的回路电流,也可以是非平面电路的一组独立回路的回路电流。实际上回路电流包含网孔电流,网孔电流是回路电流的特殊情况,因而回路分析法包含网孔分析法且更具一般性,它不仅适用于分析平面电路,同时也适用于分析非平面电路。

下面以图 3-16(a)为例,说明回路电流的确定过程。图 3-16(b)为图 3-16(a)电路的有向图,如果选支路{4,5,6}为树支(在图中用粗实线表示),则支路{1,2,3}为连支(在图中用细实线表示),由这三条连支可确定三个基本回路,它们是一组独立回路。基本回路的绕行方向习惯上规定为单连支方向,如图 3-16(b)中所标出的 l_1、l_2、l_3,相应的回路电流是在图 3-16(a)中用虚线标出的 i_{l1}、i_{l2}、i_{l3}。这种回路电流的参考方向一般取基本回路的绕行方向,这样各连支电流是相应的基本回路的回路电流。

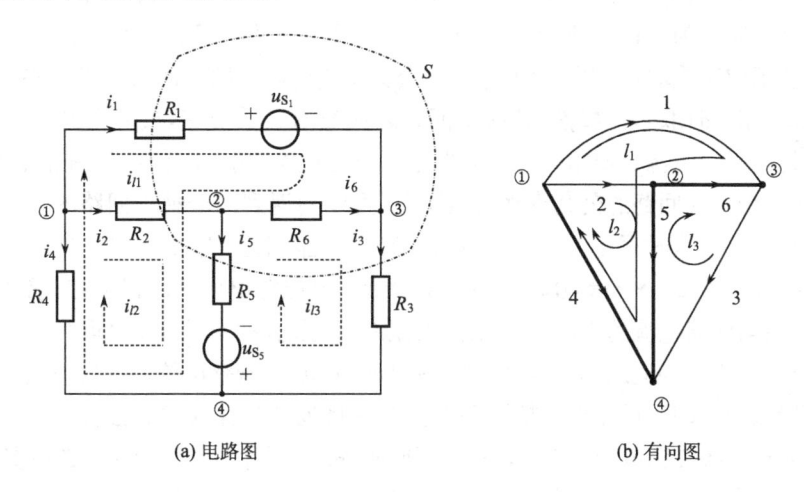

(a) 电路图

(b) 有向图

图 3-16 回路分析法图

由图 3-16(a)可知,每个回路电流沿回路的边界流动,对于流经的任何节点都有流入等于流出的关系,自动满足 KCL。各回路电流之间不受 KCL 的约束,这是因为由树的定义可知,对连通图中任何一个节点,与它相连的所有支路中一定有一条树支,不可能全是连支。这样,不可能由节点的 KCL 方程把各连支电流的关系联系起来。因此,就 KCL 而言,各回路电流线性无关、相互独立,回路电流是一组独立的电流变量。

由图 3-16(a)还可知,电路中所有的支路电流都可以用回路电流的线性组合表示。这是因为各连支电流是相应的回路电流,如

$$i_1 = i_{l1}, i_2 = i_{l2}, i_3 = i_{l3}$$

而树支电流则通过节点或广义节点的 KCL 方程可由回路电流求得。对节点①应用 KCL 得

$$i_4 = -i_1 - i_2 = -i_{l1} - i_{l2}$$

对广义节点 S 应用 KCL 得

$$i_5 = i_1 + i_2 - i_3 = i_{l1} + i_{l2} - i_{l3}$$

对节点③应用 KCL 得

$$i_6 = -i_1 + i_3 = -i_{l1} + i_{l3}$$

所以,一旦求得回路电流,所有支路电流可根据 KCL 随之而定,进而可以求得所有支路电压及支路功率。因此,回路电流是一组完备的电流变量。

那么，如何建立求解回路电流所需的联立方程呢？以回路电流为变量的电路方程的形式又是什么呢？由于网孔分析法是回路分析法的特殊情况，借鉴网孔分析法列方程的过程及以网孔电流为变量的网孔电流方程的通式，不难得到以回路电流为变量的回路电流方程的通式。

如果一个电路具有 $l=b-n+1$ 个独立回路，并设各回路电流分别为 $i_{l1},i_{l2},\cdots,i_{ll}$，则回路电流方程的通式为

$$\left.\begin{array}{c} R_{11}i_{l1}+R_{12}i_{l2}+\cdots+R_{1l}i_{ll}=u_{S11} \\ R_{21}i_{l1}+R_{22}i_{l2}+\cdots+R_{2l}i_{ll}=u_{S22} \\ \vdots \quad \vdots \quad \vdots \quad \vdots \\ R_{l1}i_{l1}+R_{l2}i_{l2}+\cdots+R_{ll}i_{ll}=u_{Sll} \end{array}\right\} \quad (3-21)$$

式(3-21)中，具有相同下标的电阻 R_{11}、R_{22}、$\cdots$、$R_{kk}(k=1,2,\cdots,l)$ 等是各回路的自阻，即各回路所有电阻之和，且自阻总为正；有不同下标的电阻 $R_{12}=R_{21}$、$\cdots$、$R_{kj}=R_{jk}(k\neq j=1,2,\cdots,l)$ 等是两个回路的互阻，互阻取正或取负，由两个回路之间公共支路电阻上两个回路电流的方向是否相同决定，相同时取正，相反时取负。显然，若两个回路之间没有公共支路，或者公共支路上没有电阻（如公共支路是单一电压源），则相应的互阻为零。应当注意，用回路分析法写互阻时，可能会遇到有些支路是多个独立回路的公共支路的情况，还可能会遇到两个独立回路的公共支路又是由多条支路组成的情况，这时写互阻应谨慎对待，既注意互阻取正或取负，又不缺项。方程右边的 u_{S11}、u_{S22}、$\cdots$、$u_{Skk}(k=1,2,\cdots,l)$ 等分别为各回路中所有电压源电压升的代数和，求和时若各电压源电压升的方向与回路电流的方向一致，该电压源的电压前取"+"号，反之取"-"号。

借助回路电流方程的通式，只需在电路中标出回路电流，观察电路，写出自阻、互阻及各回路电压源电压升代数和，即可迅速得到按回路电流顺序排列的相互独立的方程组。由此可解得各回路电流，进而求得各支路电流、电压及功率。下面举例说明用回路法分析电路的具体步骤。

例 3-4 电路如图 3-16(a)所示，其中 $R_1=R_2=R_3=1\Omega$，$R_4=R_5=R_6=2\Omega$，$u_{S_1}=4\text{V}$，$u_{S_5}=2\text{V}$。试选择一组独立回路，并列出回路电流方程。

解 电路的有向图如图 3-16(b)所示，粗实线支路为树支，细实线支路为连支，三个基本回路分别为 l_1、l_2、l_3，相应的回路电流 i_{l1}、i_{l2}、i_{l3} 在图 3-16(a)中用虚线标出。观察电路，写出各自阻、互阻及回路电压源电压升代数和如下：

$$R_{11}=R_1+R_6+R_5+R_4=7\Omega$$
$$R_{22}=R_2+R_5+R_4=5\Omega$$
$$R_{33}=R_3+R_5+R_6=5\Omega$$
$$R_{12}=R_{21}=R_4+R_5=4\Omega$$
$$R_{13}=R_{31}=-(R_5+R_6)=-4\Omega$$
$$R_{23}=R_{32}=-R_5=-2\Omega$$
$$u_{S11}=-u_{S_1}+u_{S_5}=-2\text{V}$$
$$u_{S22}=u_{S_5}=2\text{V}$$
$$u_{S33}=-u_{S_5}=-2\text{V}$$

将上述数据代入回路电流方程的通式，可得到该电路的一组回路电流方程为

$$\left.\begin{array}{c} 7i_{l1}+4i_{l2}-4i_{l3}=-2 \\ 4i_{l1}+5i_{l2}-2i_{l3}=2 \\ -4i_{l1}-2i_{l2}+5i_{l3}=-2 \end{array}\right\}$$

回路分析法(包含网孔分析法)在支路电流法的基础上演变发展而来,其优点是电路变量由 b 个支路电流减少到 $(b-n+1)$ 个回路电流,列写电路方程的数目少很多,求解更为容易。一旦求出回路电流,根据 KCL 就能确定各支路电流,再根据支路特性方程可确定支路电压,进而确定支路功率。以回路电流为电路变量的回路电流方程形式十分简单,各项物理意义极强,可以通过观察电路按规律写出回路电流方程。这是因为在推导回路电流方程时,要求电路中所有的支路特性方程必须写成 $u_k=f_k(i_k)$ 的形式。实际上,对如图 3-17 所示的 4 种支路类型,可以写出 $u_k=f_k(i_k)$ 形式的支路特性方程。其中,由图 3-17(d)表示的电流源和电阻的并联组合可经等效变换成为如图 3-17(c)表示的电压源和电阻的串联组合。当电路中仅含有这些类型的支路时,可以通过观察电路按规律写出回路电流方程。

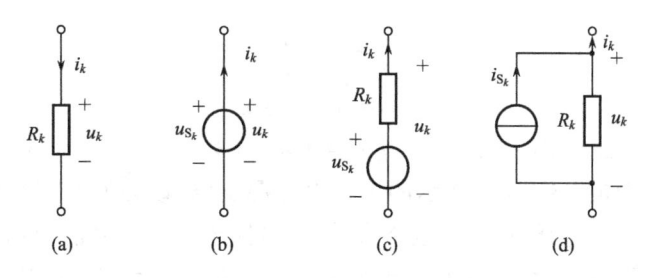

图 3-17 能够写出 $u_k=f_k(i_k)$ 的支路类型

对如图 3-18 所示的 3 种支路类型,却不能写出 $u_k=f_k(i_k)$ 这种形式的支路特性方程,因而也无法按规律写出回路电流方程,这就是回路分析法所付出的代价,它以限制支路类型为代价换取方程数目的减少。如果电路中出现这样一些支路,就须作一些相应的处理才能写出相应的回路电流方程,并且方程的形式与前相比稍有不同。

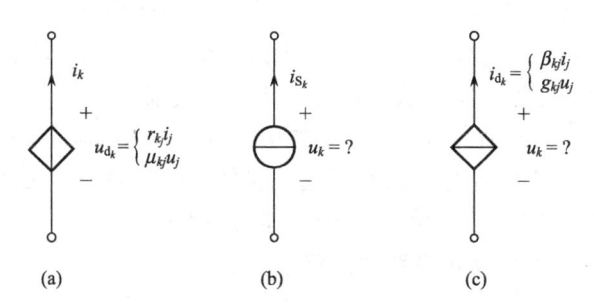

图 3-18 不能够写出 $u_k=f_k(i_k)$ 的支路类型

如果电路中出现如图 3-18(a)所示的受控电压源支路,在用回路分析法列写回路电流方程时,可对其作如下处理。

(1) 暂将 CCVS(或 VCVS)当作独立电压源 u_{S_k},按规律直接列写出初步的回路电流方程。
(2) 控制量 i_j(或 u_j)用相应的回路电流表示。
(3) 对初步的回路电流方程进行移项合并整理,得到最终的回路电流方程。
下面举例说明上述处理过程。

例 3-5 用回路分析法求图 3-19 中的电流 I_x 及电压 U_{ab}。

解 选网孔作为独立回路,回路电流 i_{l1}、i_{l2} 的参考方向一律为顺时针方向,如图 3-19 所示。

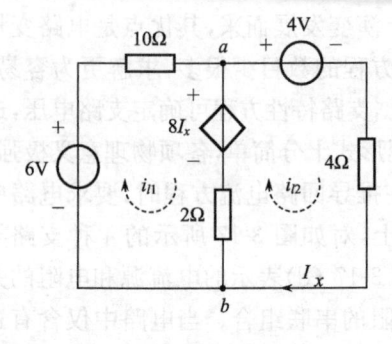

图 3-19 例 3-5 电路图

暂将 CCVS 当作独立电压源,按规律直接列写出初步的回路电流方程为

$$(10+2)i_{l1} - 2i_{l2} = 6 - 8I_x$$
$$-2i_{l1} + (2+4)i_{l2} = 8I_x - 4$$

控制量 I_x 用回路电流表示为

$$I_x = i_{l2}$$

最后移项合并整理,得最终的回路电流方程为

$$\left.\begin{array}{l} 12i_{l1} + 6i_{l2} = 6 \\ -2i_{l1} - 2i_{l2} = -4 \end{array}\right\}$$

解方程得

$$i_{l1} = -1\text{A}, i_{l2} = 3\text{A}$$
$$I_x = i_{l2} = 3\text{A}$$
$$U_{ab} = 8I_x + 2(i_{l1} - i_{l2}) = 8 \times 3 + 2 \times (-4) = 16\text{V}$$

如果电路中出现如图 3-18(b)所示的单一电流源支路,该如何处理？根据电流源特性可知其电流已知,但它的端电压 u_k 与外电路有关,在电路未求解出之前未知。回路电流方程实质上是以回路电流表示的回路电压平衡方程,当单一电流源支路出现在某一独立回路中时,该独立回路的回路电流方程中应该具有其端电压 u_k 信息,而这个电压 u_k 未知。如果选网孔作为独立回路,那么这个单一电流源支路有可能出现在一个独立回路中,当然也可能是两个独立回路的公共支路。针对这些情况,在对单一电流源支路所相关的独立回路写回路电流方程时,可将单一电流源的端电压 u_k 作为新增电路变量,放在方程的左边,且沿回路绕行方向的电压降为正项,电压升为负项。因为引入单一电流源的端电压 u_k 这个未知量,故必须增补一个方程,这个方程也不难找到,这就是单一电流源电流用相关的回路电流的线性组合表示的方程。这样,方程数与变量数相等,联立求解得到回路电流及单一电流源的端电压。如果以基本回路作为独立回路,可将单一电流源支路选为连支,这样单一电流源支路只可能出现在一个独立回路中,而且这个独立回路的回路电流就是已知的单一电流源的电流,这时不必再对这个独立回路写回路电流方程,从而回避 u_k 是未知的问题。这是一种简便的方法,既减少回路电流变量个数,也减少列写方程的个数。下面举例说明上述两种处理方法。

例 3-6 列写出如图 3-20 所示电路的回路电流方程。

解 (1) 处理方法一:选网孔作为独立回路,如图 3-20(b)所示,三个回路电流 i_{l1}、i_{l2}、i_{l3} 如图 3-20(a)所示,设 u_2 为新增电路变量。列写出回路电流方程为

$$l_1: R_1 i_{l1} + u_2 = -u_{S_1}$$
$$l_2: (R_3 + R_4)i_{l2} - R_4 i_{l3} - u_2 = 0$$
$$l_3: -R_4 i_{l2} + (R_4 + R_5)i_{l3} = -u_{S_5}$$

增补一个方程:$-i_{l1} + i_{l2} = i_{S_2}$。

(2) 处理方法二:选基本回路作为独立回路,如图 3-20(d)所示,其中粗实线{1,4}表示树支,细实线{2,3,5}表示连支,而且回路 l_1 方向取连支 2 的方向。三个回路电流 i_{l1}、i_{l2}、i_{l3} 如图 3-20(c)所示。列写出回路电流方程为

$$l_1: i_{l1} = i_{S_2}$$
$$l_2: -R_1 i_{l1} + (R_1 + R_3 + R_4)i_{l2} - R_4 i_{l3} = -u_{S_1}$$

$$l_3: -R_4 i_{l2} + (R_4+R_5)i_{l3} = -u_{S_5}$$

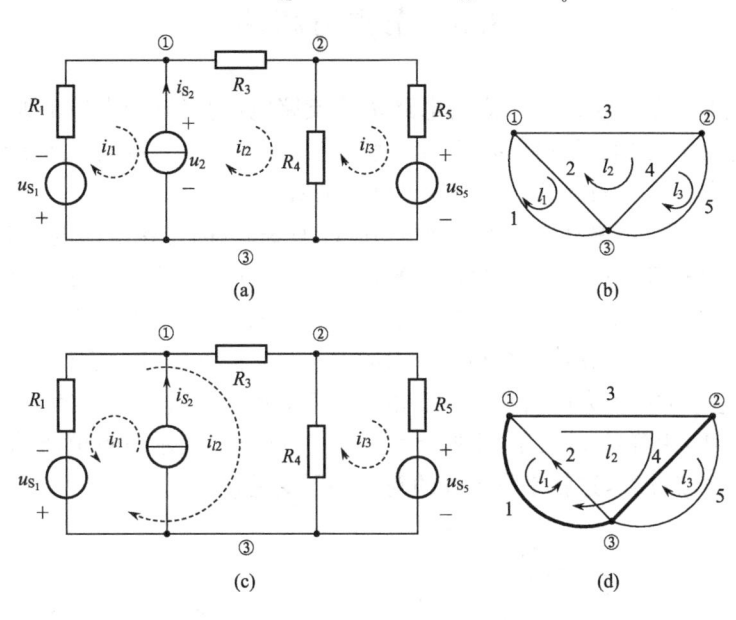

图 3-20 例 3-6 图

如果电路中出现如图 3-18(c)所示的单一受控电流源支路,又该如何处理? 这时可暂将受控电流源当作独立电流源,上述的两种处理方法都可用来列写初步的回路电流方程,同时将受控源的控制量 i_j(或 u_j)用相应的回路电流表示,最后经移项合并整理得到最终的回路电流方程。

例 3-7 电路如图 3-21(a)所示,试求电流 I_1。

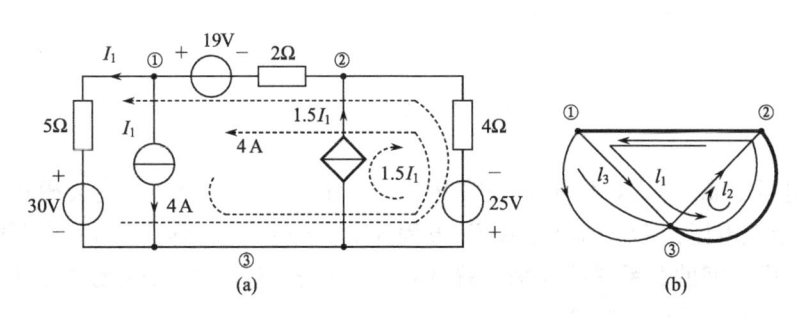

图 3-21 例 3-7 图

解 本电路有 5 条支路(其中 3 条复合支路,2 条简单支路)、3 个节点,故树支数为 2,连支数为 3。有意选控制量 I_1 所在支路、4A 电流源支路、$1.5I_1$ 受控电流源支路为连支如图 3-21(b)中细实线所示(粗实线表示树支,细实线表示连支),由此确定的三个基本回路 l_1、l_2、l_3 的绕行方向分别取相应连支方向。显然,三个回路电流分别为 4A,$1.5I_1$ 及 I_1 如图 3-21(a)所示,因此,实际上只有一个未知量 I_1。对 I_1 流经的回路 l_3 按规律写出回路电流方程为

$$(2+4) \times 4 - 4 \times 1.5 I_1 + (4+2+5)I_1 = -30-25+19$$

由方程解得

$$I_1 = -12\text{A}$$

3.5 节点分析法

对于一个具有 b 条支路、n 个节点的电路，b 个支路电压受 $(b-n+1)$ 个独立的 KVL 方程约束，这说明独立的支路电压只有 $(n-1)$ 个，而且给定 $(n-1)$ 个支路电压即能确定余下的 $(b-n+1)$ 个支路电压，这为寻找新的电压变量提供理论依据。

如图 3-22(a)所示，电路有 6 条支路、4 个节点，图 3-22(b)是该电路的有向图。每个节点都有一个相对于某一基准点而言的电位，分别用 u_{n1}、u_{n2}、u_{n3}、u_{n4} 表示。在 4 个节点中，如选节点①、②、③为独立节点，则节点④为非独立节点。如令 $u_{n4}=0$，那么节点④成为基准点或称为参考节点，用⓪表示。这时其他三个独立节点的电位是它们各自与参考节点之间的电压，称为节点电压，节点电压的参考方向由独立节点指向参考节点。显然，一个具有 n 个节点的电路有 $(n-1)$ 个节点电压，用符号 u_{nk} 表示，下标 $k=1,2,\cdots,(n-1)$ 表示节点电压的序号。显然，节点电压的数目少于支路数，这就是待寻找的新的电压变量。

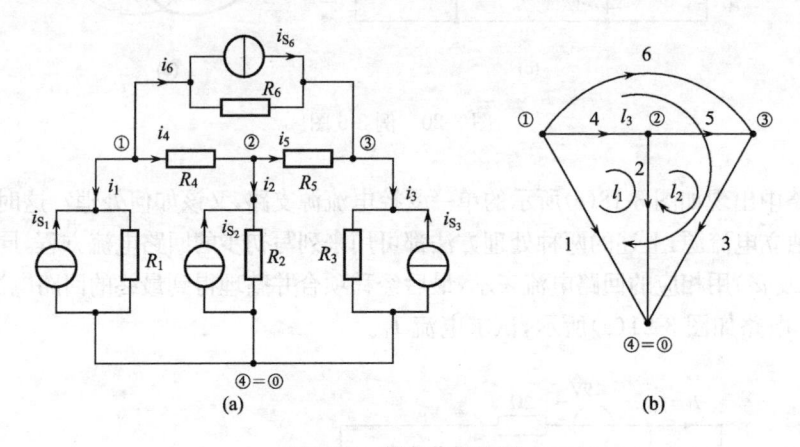

图 3-22 节点分析法图

各节点电压不能用 KVL 相联系，这是因为节点电压在同一个回路内会相互抵消。例如，对回路 l_1，以节点电压为变量列出的 KVL 方程为 $u_{n1}-u_{n2}+u_{n2}-u_{n1}\equiv 0$，所以不能通过 KVL 方程把各节点电压间的关系联系起来。就 KVL 而言，各节点电压线性无关，因此节点电压可作为电路的一组独立的电压变量。

电路中所有支路电压都可以用节点电压的线性组合表示。电路中的支路或接在独立节点与参考节点之间，或接在两独立节点之间。对前一种支路，其支路电压值就是相应的节点电压，如

$$u_1 = u_{n1}, u_2 = u_{n2}, u_3 = u_{n3}$$

而后一种支路，支路电压通过回路 KVL 方程由节点电压求得。比如，对回路 l_1 应用 KVL 得

$$u_4 = u_1 - u_2 = u_{n1} - u_{n2}$$

对回路 l_2 应用 KVL 得

$$u_5 = u_2 - u_3 = u_{n2} - u_{n3}$$

对回路 l_3 应用 KVL 得

$$u_6 = u_1 - u_3 = u_{n1} - u_{n3}$$

因此，一旦求得节点电压，所有支路电压可随之而定，进而可以求得所有支路电流及支路功率，

因此节点电压是一组完备的电压变量。

当然,参考节点选择得不同,电路中各节点的节点电压(电位值)会有所不同,各节点电位的高低是相对于参考节点而言。但是,电路中任意两节点间的电压值与参考节点的选择无关,不会因参考节点选择的不同而有改变。

那么,如何建立求解节点电压所需的联立方程?首先对每一个独立节点列写出 KCL 方程;然后对每一条支路列写出支路特性方程 $i_k=g_k(u_k)$,并将其中的支路电压 u_k 用相应的节点电压的线性组合表示;最后将用节点电压表示的支路电流 i_k 代入每一个独立节点的 KCL 方程,就得到一组以节点电压为变量的方程组,称为节点电压方程,它们必然与待求变量数目相同而且独立。求解这组方程可得到各节点电压,进而可求得各支路电压、电流及功率,这种求解电路的方法称为节点分析法(简称节点法)。

应用节点法分析电路的关键是如何简捷又正确地列写出节点电压方程。下面通过图 3-22(a),列写节点电压方程并从中归纳总结出列写节点电压方程的一般方法。

对图 3-22(b)所示的有向图列写出各独立节点的 KCL 方程为

$$\left. \begin{array}{l} 节点①: i_1 + i_4 + i_6 = 0 \\ 节点②: i_2 - i_4 + i_5 = 0 \\ 节点③: i_3 - i_5 - i_6 = 0 \end{array} \right\} \quad (3\text{-}22)$$

再对图 3-22(a)所示的电路列写出支路特性方程,并将其中的支路电压用相应的节点电压的线性组合表示,得到

$$\left. \begin{array}{l} i_1 = G_1 u_1 - i_{S_1} = G_1 u_{n1} - i_{S_1} \\ i_2 = G_2 u_2 - i_{S_2} = G_2 u_{n2} - i_{S_2} \\ i_3 = G_3 u_3 - i_{S_3} = G_3 u_{n3} - i_{S_3} \\ i_4 = G_4 u_4 = G_4 (u_{n1} - u_{n2}) \\ i_5 = G_5 u_5 = G_5 (u_{n2} - u_{n3}) \\ i_6 = G_6 u_6 + i_{S_6} = G_6 (u_{n1} - u_{n3}) + i_{S_6} \end{array} \right\} \quad (3\text{-}23)$$

最后将式(3-23)代入式(3-22),整理得

$$\left. \begin{array}{l} 节点①: (G_1 + G_4 + G_6) u_{n1} - G_4 u_{n2} - G_6 u_{n3} = i_{S_1} - i_{S_6} \\ 节点②: -G_4 u_{n1} + (G_2 + G_4 + G_5) u_{n2} - G_5 u_{n3} = i_{S_2} \\ 节点③: -G_6 u_{n1} - G_5 u_{n2} + (G_3 + G_5 + G_6) u_{n3} = i_{S_3} + i_{S_6} \end{array} \right\} \quad (3\text{-}24)$$

式(3-24)是以节点电压为变量的节点电压方程。此方程的物理意义是:在各节点电压共同作用下,由一个节点流出的电阻电流的代数和等于流入该节点的电流源电流的代数和。节点电压方程的实质是节点电流平衡方程。

观察式(3-24),从中可以发现一些规律。$(G_1+G_4+G_6)$ 恰好是与节点①相联的各支路电导之和,称为节点①的自导,以符号 G_{11} 表示;$(G_2+G_4+G_5)$ 恰好是与节点②相联的各支路电导之和,称为节点②的自导,以符号 G_{22} 表示;$(G_3+G_5+G_6)$ 恰好是与节点③相联的各支路电导之和,称为节点③的自导,以符号 G_{33} 表示。$(-G_4)$ 是节点①与节点②之间公共支路上电导的负值,称它为节点①与节点②的互导,以符号 G_{12}(或 G_{21})表示,且 $G_{12}=G_{21}$;$(-G_6)$ 是节点①与节点③之间公共支路上电导的负值,称它为节点①与节点③的互导,以符号 G_{13}(或 G_{31})表示,且 $G_{13}=G_{31}$;$(-G_5)$ 是节点②与节点③之间公共支路上电导的负值,称之为节点②与节点③的互导,以符号 G_{23}(或 G_{32})表示,且 $G_{23}=G_{32}$。因为各节点电压的

参考方向总是由独立节点指向参考节点,各节点电压在各节点相联各支路电导上产生的电流总是流出节点,这类电流在方程的左边为正项,因而自导总为正。各节点电压在公共支路电导上产生的电流总是流入另一节点,这类流入节点的电流在方程的左边为负项。为了使方程简单、整齐,将公共支路电导上电流的负号归入互导中,因而互导总为负。如果两节点之间无公共电导支路,则互导为零。$(i_{S_1}-i_{S_6})$是流入节点①的电流源电流的代数和,以符号i_{S11}表示,(i_{S_2})是流入节点②的电流源电流的代数和,以符号i_{S22}表示;$(i_{S_3}+i_{S_6})$是流入节点③的电流源电流的代数和,以符号i_{S33}表示,即

$$G_{11}=G_1+G_4+G_6, G_{22}=G_2+G_4+G_5, G_{33}=G_3+G_5+G_6$$
$$G_{12}=G_{21}=-G_4, G_{13}=G_{31}=-G_6, G_{23}=G_{32}=-G_5$$
$$i_{S11}=i_{S_1}-i_{S_6}, i_{S22}=i_{S_2}, i_{S33}=i_{S_3}+i_{S_6}$$

由以上分析,可以归纳总结出具有3个独立节点电路的节点电压方程的通式(一般式)为

$$\left.\begin{array}{l}G_{11}u_{n1}+G_{12}u_{n2}+G_{13}u_{n3}=i_{S11}\\ G_{21}u_{n1}+G_{22}u_{n2}+G_{33}u_{n3}=i_{S22}\\ G_{31}u_{n1}+G_{32}u_{n2}+G_{33}u_{n3}=i_{S33}\end{array}\right\} \tag{3-25}$$

如果电路有$(n-1)$独立节点,并设各节点电压分别为$u_{n1},u_{n2},\cdots,u_{n(n-1)}$,不难推出相应的节点电压方程通式为

$$\left.\begin{array}{l}G_{11}u_{n1}+G_{12}u_{n2}+\cdots+G_{1(n-1)}u_{n(n-1)}=i_{S11}\\ G_{21}u_{n1}+G_{22}u_{n2}+\cdots+G_{2(n-1)}u_{n(n-1)}=i_{S22}\\ \vdots \qquad \vdots \qquad \vdots \qquad \vdots\\ G_{(n-1)1}u_{n1}+G_{(n-1)2}u_{n2}+\cdots+G_{(n-1)(n-1)}u_{n(n-1)}=i_{S(n-1)(n-1)}\end{array}\right\} \tag{3-26}$$

式(3-26)中,具有相同下标的电导$G_{11},G_{22},\cdots,G_{kk}(k=1,2,\cdots,n-1)$等是各独立节点的自导,且自导总为正;有不同下标的电导$G_{12}=G_{21},\cdots,G_{kj}=G_{jk}(k=j=1,2,\cdots,n-1)$等是两个独立节点间的互导,且互导总为负或零。方程右边的$i_{S11},i_{S22},\cdots,i_{Skk}(k=1,2,\cdots,n-1)$等分别为流入各节点的电流源电流的代数和,求和时各电流源电流的参考方向若流入节点,则该电流源的电流前取"+",反之取"-"号。

借助节点电压方程的通式,只需在电路中选定参考节点,设出各节点电压,观察电路,写出自导、互导及流入各节点电流源电流的代数和并代入通式(3-26),即可迅速得到按节点电压顺序排列且相互独立的方程组。下面举例说明用节点分析法求解电路的具体步骤。

例 3-8 电路如图 3-23(a)所示,用节点分析法求各支路功率。

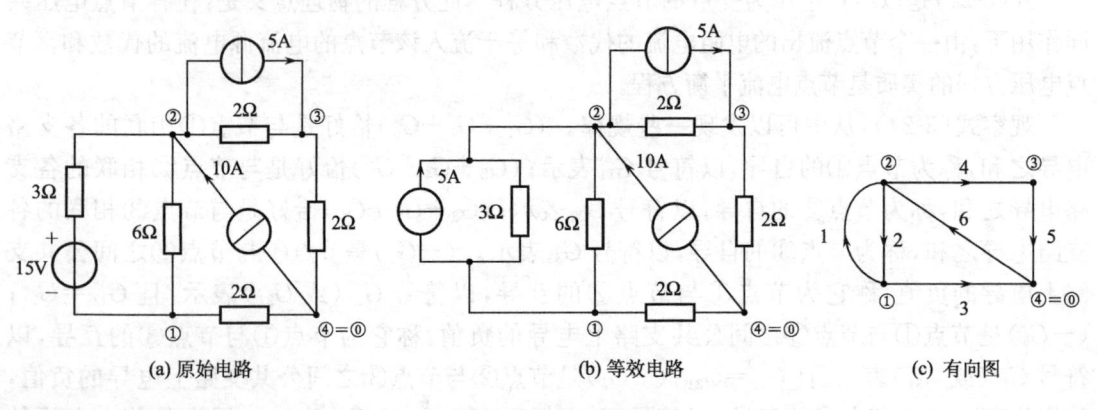

(a) 原始电路   (b) 等效电路   (c) 有向图

图 3-23 例 3-8 图

解 本电路有 6 条支路、4 个节点。其中,支路 1 为电压源和电阻的串联组合,在用节点分析法列写节点电压方程时,将其等效变换为电阻与电流源的并联组合,如图 3-23(b)所示,这样便于写自导、互导及流入节点电流源电流的代数和。图 3-23(c)为该电路的有向图,且假定各支路电压、电流取关联参考方向。

(1) 选节点④为参考节点,设独立节点①、②、③的节点电压分别为 u_{n1}、u_{n2}、u_{n3}。

(2) 观察电路,写出自导、互导和流入节点电流源电流的代数和,代入通式得到节点电压方程。

节点①:$\left(\dfrac{1}{3}+\dfrac{1}{6}+\dfrac{1}{2}\right)u_{n1}-\left(\dfrac{1}{3}+\dfrac{1}{6}\right)u_{n2}=-5$

节点②:$-\left(\dfrac{1}{3}+\dfrac{1}{6}\right)u_{n1}+\left(\dfrac{1}{3}+\dfrac{1}{6}+\dfrac{1}{2}\right)u_{n2}-\dfrac{1}{2}u_{n3}=5+10-5$

节点③:$-\dfrac{1}{2}u_{n2}+\left(\dfrac{1}{2}+\dfrac{1}{2}\right)u_{n3}=5$

整理上述方程得

$$\left.\begin{array}{l} u_{n1}-0.5u_{n2}=-5 \\ -0.5u_{n1}+u_{n2}-0.5u_{n3}=10 \\ -0.5u_{n2}+u_{n3}=5 \end{array}\right\}$$

(3) 解方程,求得各节点电压为

$$u_{n1}=5\text{V},u_{n2}=20\text{V},u_{n3}=15\text{V}$$

(4) 根据 KVL 确定各支路电压为

$$u_1=u_{n1}-u_{n2}=5-20=-15\text{V}$$
$$u_2=u_{n2}-u_{n1}=20-5=15\text{V}$$
$$u_3=u_{n1}=5\text{V}$$
$$u_4=u_{n2}-u_{n3}=20-15=5\text{V}$$
$$u_5=u_{n3}=15\text{V}$$
$$u_6=-u_{n2}=-20\text{V}$$

(5) 根据支路特性求出各支路电流为

$$i_1=\dfrac{u_1}{3}+5=\dfrac{-15}{3}+5=0$$
$$i_2=\dfrac{u_2}{6}=\dfrac{15}{6}=2.5\text{A}$$
$$i_3=\dfrac{u_3}{2}=\dfrac{5}{2}=2.5\text{A}$$
$$i_4=\dfrac{u_4}{2}+5=\dfrac{5}{2}+5=7.5\text{A}$$
$$i_5=\dfrac{u_5}{2}=\dfrac{15}{2}=7.5\text{A}$$
$$i_6=10\text{A}$$

(6) 根据计算功率的公式,得

$$p_1=u_1\times i_1=(-15)\times 0=0$$
$$p_2=u_2\times i_2=15\times 2.5=37.5\text{W}$$
$$p_3=u_3\times i_3=5\times 2.5=12.5\text{W}$$

$$p_4 = u_4 \times i_4 = 5 \times 7.5 = 37.5 \text{W}$$
$$p_5 = u_5 \times i_5 = 15 \times 7.5 = 112.5 \text{W}$$
$$p_6 = u_6 \times i_6 = (-20) \times 10 = -200 \text{W}$$
$$p_{吸收} = p_1 + p_2 + p_3 + p_4 + p_5 = 200 \text{W}$$
$$p_{发出} = -p_6 = 200 \text{W}$$
$$p_{吸收} = p_{发出} \quad (整个电路功率平衡)$$

节点分析法在支路电压法的基础上演变发展而来，其优点是电路变量由 b 个支路电压减少到$(n-1)$个节点电压，列写电路方程的数目少很多，求解更为容易。一旦求出节点电压，根据 KVL 就能确定各支路电压，再根据支路特性方程确定支路电流，进而确定支路功率。以节点电压为电路变量的节点电压方程的形式十分简单，各项物理意义极强，可以通过观察电路按规律写出节点电压方程。这是因为在推导节点电压方程时，要求电路中所有的支路特性方程必须写成 $i_k = g_k(u_k)$ 形式。实际上，对如图 3-24 所示的 4 种支路类型，可以写出这种形式的支路特性方程。其中，图 3-24(d)表示的电压源和电阻的串联组合可经等效变换成为图 3-24(c)表示的电流源和电阻的并联组合。若电路中仅含有这些类型的支路，可以通过观察电路按规律写出节点电压方程。

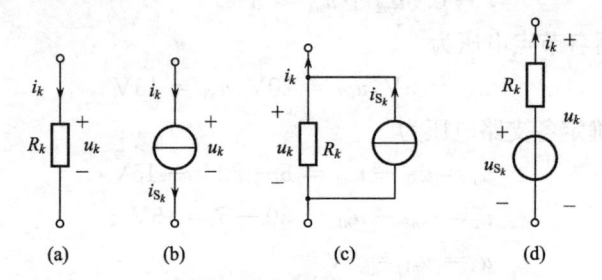

图 3-24 能够写出 $i_k = g_k(u_k)$ 的支路类型

对如图 3-25 所示的 3 种支路类型，却不能写出 $i_k = g_k(u_k)$ 这种形式的支路特性方程，因而也就无法按规律写出节点电压方程。这就是节点分析法所付出的代价，它以限制支路类型为代价换取方程数目的减少。如果电路中出现这些支路，须作一些相应的处理，才能写出相应的节点电压方程，并且方程形式与前相比稍有不同。

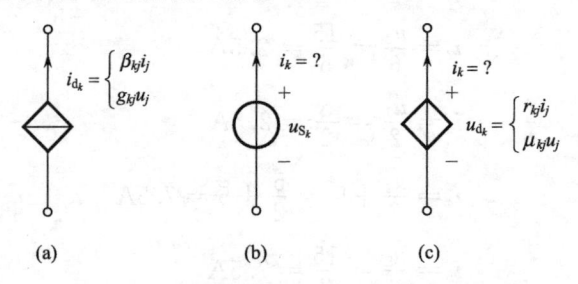

图 3-25 不能够写出 $i_k = g_k(u_k)$ 的支路类型

如果电路中出现如图 3-25(a)所示的受控电流源支路，在用节点分析法列写节点电压方程时，可对其作如下处理。

(1) 暂将 CCCS(或 VCCS)当作独立电流源 i_{S_k}，按规律直接列写出初步的节点电压方程。

(2) 将控制量 i_j(或 u_j)用相应的节点电压表示。

(3) 对初步的节点电压方程进行移项合并整理,得到最终的节点电压方程。

下面举例说明上述处理过程。

例 3-9 列写出如图 3-26(a)所示电路的节点电压方程。

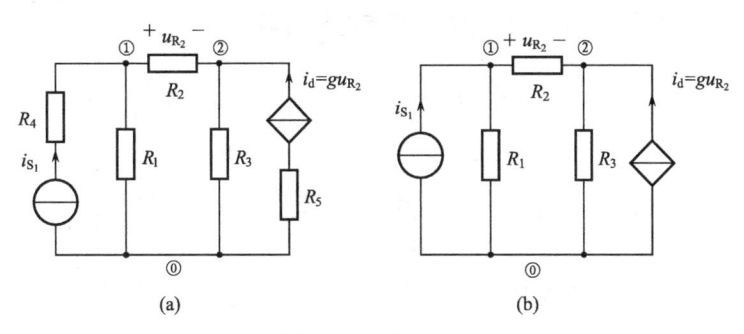

图 3-26 例 3-9 图

解 本电路有 5 条支路、3 个节点。可选择 3 个节点中的某一个作为参考节点。尽管从理论上讲参考节点可任意选择,但实际上常将较多支路相联的节点选为参考节点,如图 3-26(a)所示。设独立节点①、②的节点电压分别为 u_{n1}、u_{n2}。

在列写节点电压方程之前,须对电路进行适当的等效化简,即与电流源 i_{S_1} 串联的电阻 R_4 及与受控电流源 i_d 串联的电阻 R_5 都属于外虚内实元件,它们对其端口以外的电路变量如 u_{n1}、u_{n2} 都是多余的外虚元件,可以短接去除,因此图 3-26(a)可等效化简为图 3-26(b)。

暂将图 3-26(b)中出现的单一受控电流源 i_d 当作独立电流源,按规律直接列写出初步的节点电压方程为

节点①:$\left(\dfrac{1}{R_1}+\dfrac{1}{R_2}\right)u_{n1}-\dfrac{1}{R_2}u_{n2}=i_{S_1}$

节点②:$-\dfrac{1}{R_2}u_{n1}+\left(\dfrac{1}{R_2}+\dfrac{1}{R_3}\right)u_{n2}=gu_{R_2}$

控制量用节点电压表示为

$$u_{R_2} = u_{n1} - u_{n2}$$

最后移项合并整理得最终的节点电压方程为

节点①:$\left(\dfrac{1}{R_1}+\dfrac{1}{R_2}\right)u_{n1}-\dfrac{1}{R_2}u_{n2}=i_{S_1}$

节点②:$-\left(\dfrac{1}{R_2}+g\right)u_{n1}+\left(\dfrac{1}{R_2}+\dfrac{1}{R_3}+g\right)u_{n2}=0$

如果电路中出现如图 3-25(b)所示的单一电压源支路,该如何处理? 根据电压源特性可知其端电压已知,但它的电流 i_k 与外电路有关,在电路未求解出之前未知。节点电压方程的实质是以节点电压表示的节点电流平衡方程。如果单一电压源支路联接在两个独立节点之间,这两个独立节点的节点电压方程中应该有其电流 i_k 信息,而这个电流 i_k 未知。针对这种情况,在对单一电压源支路所相关的节点列写节点电压方程时,可将单一电压源的电流 i_k 作为新增电路变量放在方程的左边,且电流的参考方向流出节点为正项,反之为负项。因为引入单一电压源的电流 i_k 这个未知量,必须增补一个方程,这个方程容易求得,即单一电压源电压用相关的两节点电压之差表示的方程。这样方程数与变量数相等,联立求解得到节点电压及单一电压源的电流。如果有意选择单一电压源的负极性端作为参考节点,这样单一电压源就接在独立节点与参考节点之

间,该独立节点的节点电压就是已知的电压源电压,这时不必再对这个节点列写节点电压方程,从而回避 i_k 是未知的问题。这是一个简便的方法,但由于参考节点只有一个,故这种方法只能解决一个单一电压源支路问题。下面举例说明上述两种处理方法。

例 3-10 列写出如图 3-27 所示电路的节点电压方程。

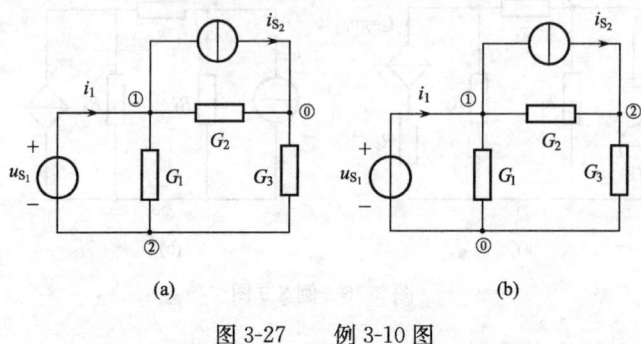

图 3-27　例 3-10 图

解 （1）处理方法一:选如图 3-27(a)所示的参考节点时,必须考虑单一电压源 u_{S_1} 的电流 i_1 是未知的问题,设 i_1 为新增电路变量,列写出的节点电压方程为

节点①:$(G_1+G_2)u_{n1}-G_1 u_{n2}-i_1=-i_{S_2}$。

节点②:$-G_1 u_{n1}+(G_1+G_3)u_{n2}+i_1=0$。

增补一个方程为 $u_{n1}-u_{n2}=u_{S_1}$。

（2）处理方法二:选如图 3-27(b)所示的参考节点时,不必考虑单一电压源 u_{S_1} 的电流 i_1 是未知的问题,列写出的节点电压方程为

节点①:$u_{n1}=u_{S_1}$。

节点②:$-G_2 u_{n1}+(G_2+G_3)u_{n2}=i_{S_2}$。

显然,后一种处理方法要优于前一种处理方法,既减少节点电压变量的个数,也减少列写方程的个数。另外,注意到与单一电压源 u_{S_1} 并联的电导 G_1 是一个外虚内实的元件,在处理方法一中,因要求 i_1 这个未知量,G_1 作为内实元件存在于方程中;在处理方法二中,G_1 对节点电压 u_{n1}、u_{n2} 而言是多余的外虚元件,可以开路去除,因而方程中不出现 G_1。

如果电路中出现如图 3-25(c)所示的单一受控电压源支路,又该如何处理? 这时可暂将受控电压源当作独立电压源,上述的两种处理方法都可用来列写初步的节点电压方程;同时将受控源的控制量 i_j（或 u_j）用相应的节点电压表示,最后经移项合并整理得到最终的节点电压方程。

例 3-11 用节点分析法求解如图 3-28 所示电路中的电压 U。

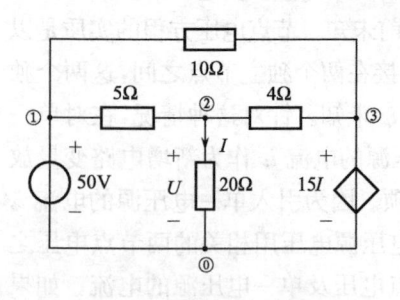

图 3-28　例 3-11 电路

解 如选电路中所示的参考节点,列出的节点电压方程为

节点①:$U_{n1}=50\text{V}$

节点②:$-\frac{1}{5}U_{n1}+\left(\frac{1}{5}+\frac{1}{20}+\frac{1}{4}\right)U_{n2}-\frac{1}{4}U_{n3}=0$

节点③:$U_{n3}=15I$

控制量用节点电压表示为

$$I=\frac{U_{n2}}{20}$$

联立上述方程组,求解得节点电压

$$U_{n2} = 32\text{V}, U_{n3} = 24\text{V}$$

再根据支路电压与节点电压关系得

$$U = U_{n2} = 32\text{V}$$

回路分析法和节点分析法相对于 b 法而言都能减少联立电路方程的个数,这是它们共同的优点。从列写电路方程个数的多少来看,当电路的独立回路数少于独立节点数时,用回路分析法比较方便;当电路的独立节点数比独立回路数少时,用节点分析法比较方便。其次,如果以求解电路中的电流为目的,可选择回路分析法,列写出回路电流方程,从中解出回路电流,再根据 KCL 可确定支路电流;如果以求解电路中的电压为目的,可选择节点分析法,列写出节点电压方程,从中解出节点电压,再根据 KVL 可确定支路电压。因此,在进入求解过程之前,应当考虑各种可供使用的分析方法,在这些分析方法中选择更为有效的方法。

思 考 题

3-1 如何由电路图得到电路的有向图?

3-2 什么是独立节点?如何确定独立节点?

3-3 什么是独立回路?如何确定独立回路?

3-4 "网孔电流"的概念如何引出?为什么说网孔电流是一组独立完备的电流变量?

3-5 列写网孔电流方程的依据是什么?网孔电流方程的实质又是什么?

3-6 "回路电流"的概念是如何引出?为什么说回路电流是一组独立完备的电流变量?

3-7 回路电流方程中各项的物理含义是什么?为什么说自阻总为正,而互阻可能为正,也可能为负或零?

3-8 "节点电压"的概念如何引出?为什么说节点电压是一组独立完备的电压变量?

3-9 列写节点电压方程的依据是什么?节点电压方程的实质又是什么?

3-10 节点电压方程中各项的物理含义是什么?为什么说自导总为正,而互导总为负或零?

3-11 电路中出现受控电压源时,应该做何种处理以列写相应的回路电流方程?

3-12 电路中出现单一电流源支路或单一受控电流源支路时,应该做何种处理以列写相应的回路电流方程?

3-13 电路中出现受控电流源时,应该做何种处理以列写相应的节点电压方程?

3-14 电路中出现单一电压源支路或单一受控电压源支路时,应该做何种处理以列写相应的节点电压方程?

习 题

3-1 在以下两种情况下,画出如题 3-1 图所示电路的图,并说明其节点数和支路数各为多少?KCL、KVL 独立方程数各为多少?

(1) 每个元件作为一条支路处理;

(2) 电压源(独立或受控)和电阻的串联组合,电流源和电阻的并联组合作为一条支路处理。

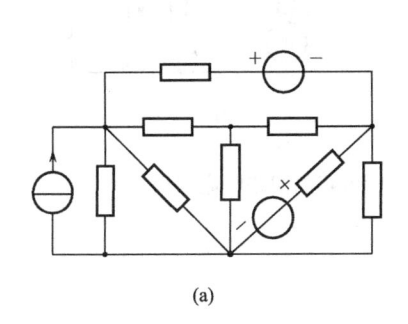

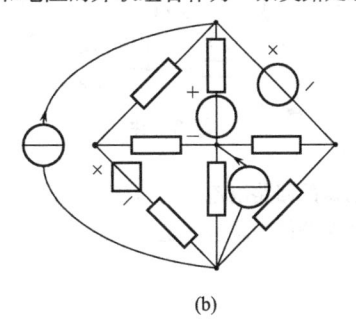

题 3-1 图

3-2 试画出如题 3-2 图所示四点全图的全部树。

3-3 对于如题 3-3 图所示的有向图,在以下两种情况下列出独立的 KVL 方程。
(1) 任选一树并确定其基本回路组作为独立回路;
(2) 选网孔作为独立回路。

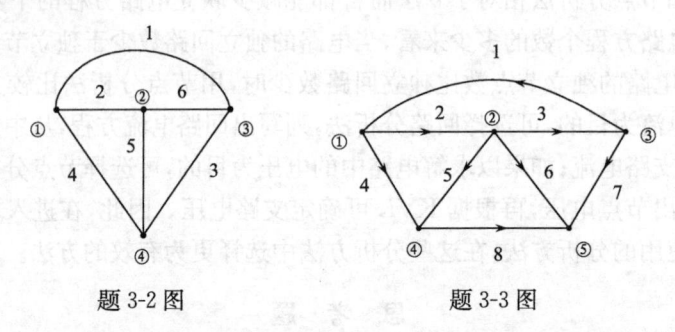

题 3-2 图   题 3-3 图

3-4 在如题 3-4 图所示的电路中,$R_1=R_2=10\Omega$,$R_3=4\Omega$,$R_4=R_5=8\Omega$,$R_6=2\Omega$,$u_{S_3}=10V$,$i_{S_6}=10A$,试列出支路法、支路电流法及支路电压法所需的方程。

3-5 电路如题 3-5 图所示,试用支路电流法求支路电流 I_1、I_2、I_3。

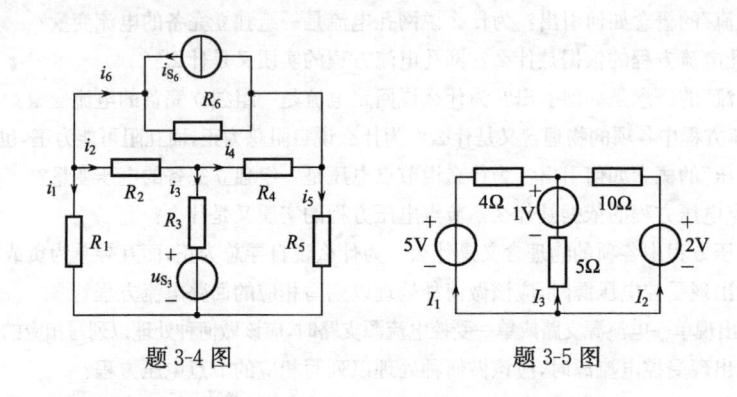

题 3-4 图   题 3-5 图

3-6 电路如题 3-6 图所示,试用网孔分析法求电流 I_3 及两个电压源的功率。

3-7 试用回路分析法求解如题 3-7 图所示电路中的电流 I。

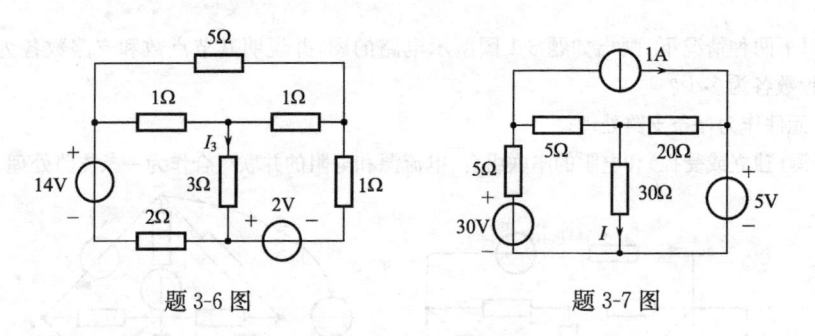

题 3-6 图   题 3-7 图

3-8 试按给定的回路电流方向,写出如题 3-8 图所示电路的回路电流方程。

3-9 试用回路分析法求解如题 3-9 图所示电路中的电流 I_1。

题 3-8 图 题 3-9 图

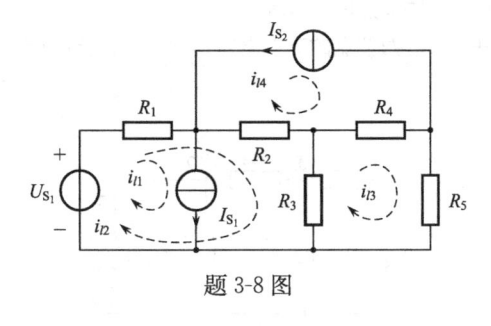

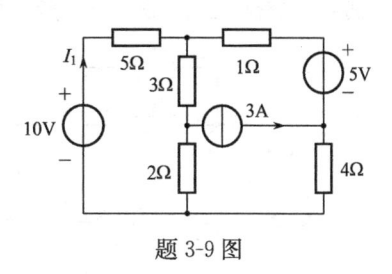

3-10 电路如题 3-10 图所示，试用回路分析法求电流 I_A，并求受控电流源的功率。

3-11 试按给定的回路电流方向，写出如题 3-11 图所示电路的回路电流方程。

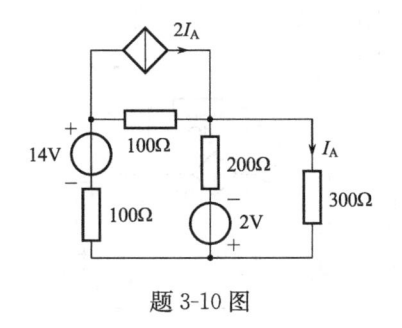

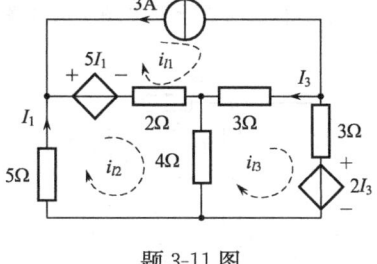

题 3-10 图 题 3-11 图

3-12 试用回路分析法求解：
(1) 如题 3-12 图(a)所示电路中的电压 U_1。
(2) 如题 3-12 图(b)所示电路中的电流 I_X。

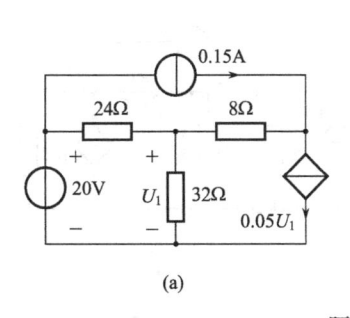

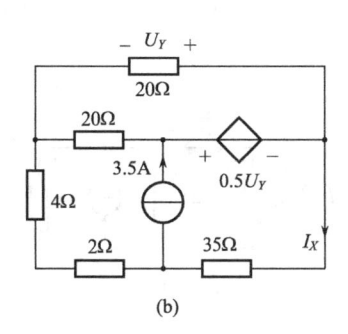

题 3-12 图

3-13 电路如题 3-13 图所示，(1)用网孔分析法求 i 和 u；(2)用回路分析法求 i 和 u。

3-14 试用节点分析法求如题 3-14 图所示电路中的电压 U_{12}。

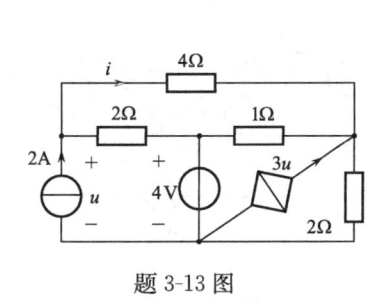

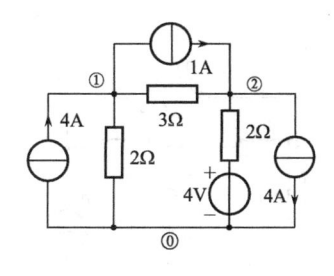

题 3-13 图 题 3-14 图

3-15 按给定的节点序号，写出如题 3-15 图所示电路的节点电压方程。

3-16 试用节点分析法求如题 3-16 图所示电路中①、②两节点的节点电压，进而求出两电源的功率。

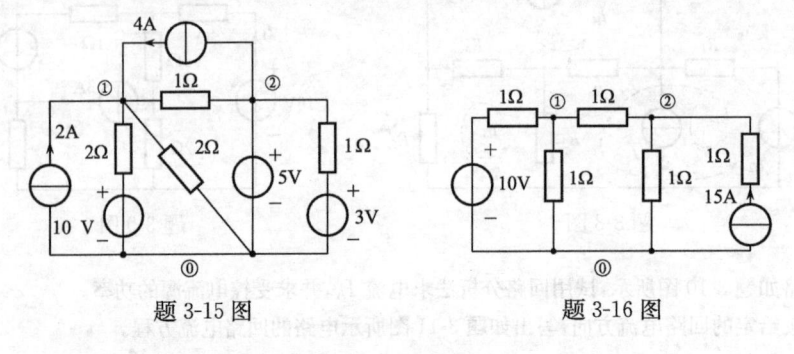

题 3-15 图　　　　　题 3-16 图

3-17 试用节点分析法求如题 3-17 图所示电路中的电流 I_S 及 I_0。

3-18 试用节点分析法求如题 3-18 图所示电路中的电流 i。

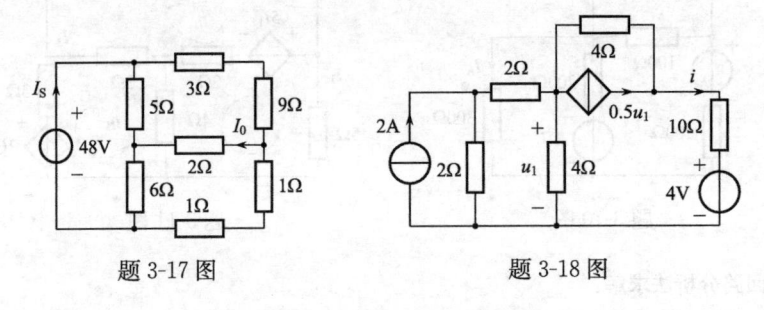

题 3-17 图　　　　　题 3-18 图

3-19 试用节点分析法求如题 3-19 图所示电路中的电压 U_1 及电流 I_2。

3-20 按给定的节点序号，写出如题 3-20 图所示电路的节点电压方程。

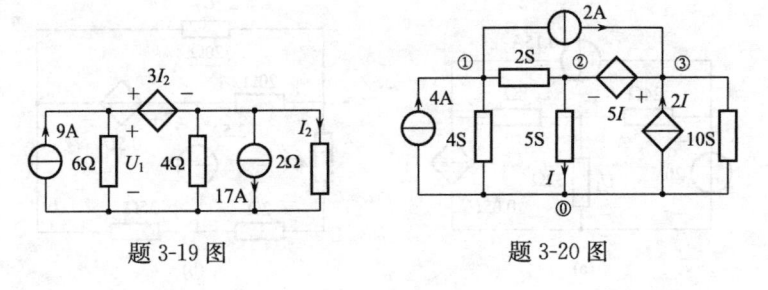

题 3-19 图　　　　　题 3-20 图

3-21 试求如题 3-21 图所示电路中的电压 u_x。

3-22 如题 3-22 图所示，试求电压 u_x、电流 i_x。

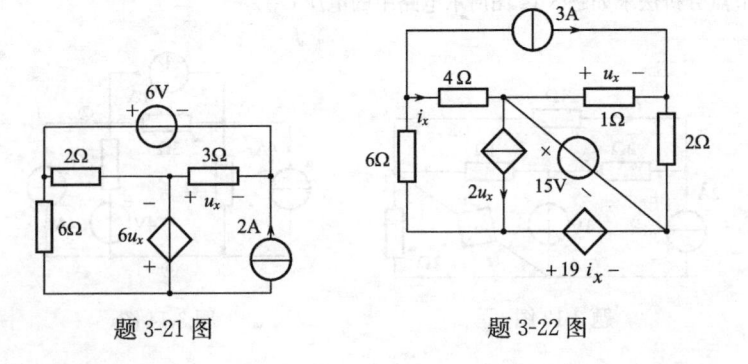

题 3-21 图　　　　　题 3-22 图

第4章 电路定理

本章以线性电阻电路为对象进行深入分析和研究,进而得出一些具有普遍适用或在一定范围内适用的结论,这些结论称为电路定理。电路定理是电路基本性质的体现,学习电路定理不仅可以加深对电路内在规律的认识,而且还能把这些定理直接应用于求解电路或对一些结论进行证明。在求解电路问题时,常把电路的等效变换、电路的一般分析法及应用电路定理求解这三种类型的方法综合起来,灵活地运用,使电路问题得到最优、最简捷的求解,达到事半功倍的效果。

本章研究的内容有:叠加定理、替代定理、戴维南定理和诺顿定理、最大功率传输定理、特勒根定理、互易定理、对偶原理。

4.1 叠 加 定 理

由线性元件及独立电源组成的电路称为线性电路。线性电路中的独立电源(u_S,i_S)是电路的输入,对电路起激励的作用,而线性电路中任一处的电压、电流(u_k,i_k,u_{nk},i_{lk})则是由激励引起的响应(也称为电路的输出)。在线性电路中,响应与激励之间存在线性关系,这个结论可通过图 4-1 予以说明。

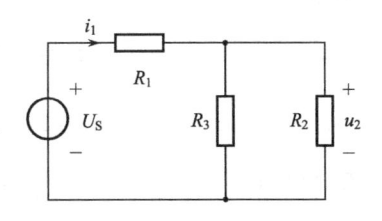

图 4-1 单激励线性电阻电路

图 4-1 为一单输入(激励)的线性电阻电路,若以 R_1 的电流 i_1 及 R_2 的电压 u_2 为输出(响应),则可求得

$$\left. \begin{aligned} i_1 &= \frac{U_S}{R_1 + \dfrac{R_2 \times R_3}{R_2 + R_3}} = \frac{R_2 + R_3}{R_1 R_2 + R_1 R_3 + R_2 R_3} U_S \\ u_2 &= \frac{R_3}{R_2 + R_3} i_1 \times R_2 = \frac{R_2 R_3}{R_1 R_2 + R_1 R_3 + R_2 R_3} U_S \end{aligned} \right\} \tag{4-1}$$

若令

$$\left. \begin{aligned} \alpha &= \frac{R_2 + R_3}{R_1 R_2 + R_1 R_3 + R_2 R_3} \\ \beta &= \frac{R_2 R_3}{R_1 R_2 + R_1 R_3 + R_2 R_3} \end{aligned} \right\} \tag{4-2}$$

由于 R_1、R_2、R_3 为常数,则 α、β 是由电路结构、电阻元件参数及激励和响应的种类、位置决定的常数。于是式(4-1)可表示为

$$\left. \begin{aligned} i_1 &= \alpha U_S \\ u_2 &= \beta U_S \end{aligned} \right\} \tag{4-3}$$

显然,若 U_S 增大 K 倍,则 i_1、u_2 也随之增大 K 倍,即在单激励线性电路中响应与激励成正比。这样的性质在数学中称为齐次性,在电路理论中则称为"比例性",它是线性电路中响应与激励之间存在线性关系中的"线性"在单激励线性电路中的表现形式。比例性是线性电路的一个基

本性质,利用这个性质可以简化电路的计算。

下面再以图 4-2(a)的双输入(激励)电路为例讨论在多输入(激励)线性电路中,响应与激励的关系如何表示。

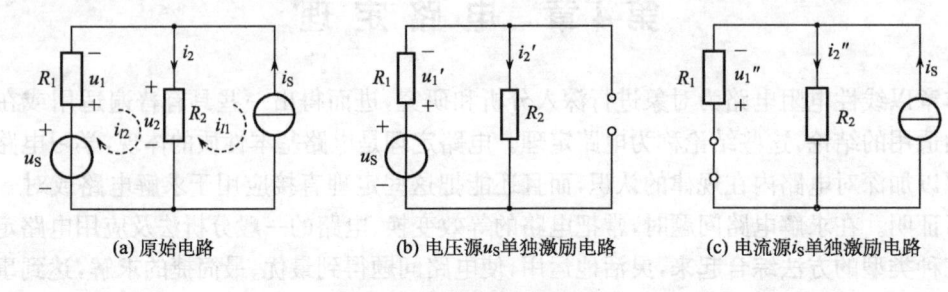

(a) 原始电路　　　　(b) 电压源u_S单独激励电路　　　　(c) 电流源i_S单独激励电路

图 4-2　双激励线性电阻电路

如图 4-2(a)所示的电路采用回路分析法求解电压响应 u_1 及电流响应 i_2,设回路电流 i_{l1} 和 i_{l2} 如图 4-2(a)所示,列写出回路电流方程为

$$\left.\begin{aligned} l_1 &: i_{l1} = -i_S \\ l_2 &: -R_2 i_{l1} + (R_1+R_2)i_{l2} = u_S \end{aligned}\right\} \tag{4-4}$$

求解得

$$\left.\begin{aligned} u_1 &= R_1 i_{l2} = \frac{R_1}{R_1+R_2}u_S - \frac{R_1 R_2}{R_1+R_2}i_S \\ i_2 &= -i_{l1} + i_{l2} = \frac{1}{R_1+R_2}u_S + \frac{R_1}{R_1+R_2}i_S \end{aligned}\right\} \tag{4-5}$$

式(4-5)是响应 u_1 及 i_2 与两个激励 u_S、i_S 之间的关系式。若令

$$\left.\begin{aligned} \alpha_1 &= \frac{R_1}{R_1+R_2} \\ \alpha_2 &= -\frac{R_1 R_2}{R_1+R_2} \\ \alpha_3 &= \frac{1}{R_1+R_2} \\ \alpha_4 &= \frac{R_1}{R_1+R_2} \end{aligned}\right\} \tag{4-6}$$

由于 R_1、R_2 为常数,则 α_1、α_2、α_3、α_4 是由电路结构、电阻元件参数及激励和响应的种类、位置决定的常数。于是式(4-5)可表示为

$$\left.\begin{aligned} u_1 &= \alpha_1 u_S + \alpha_2 i_S \\ i_2 &= \alpha_3 u_S + \alpha_4 i_S \end{aligned}\right\} \tag{4-7}$$

由式(4-7)可知,每一个响应都由两项组成,而每一项又只与某一个激励成比例。若令

$$\left.\begin{aligned} u_1' &= \alpha_1 u_S \\ u_1'' &= \alpha_2 i_S \\ i_2' &= \alpha_3 u_S \\ i_2'' &= \alpha_4 i_S \end{aligned}\right\} \tag{4-8}$$

式(4-8)中,u_1' 及 i_2' 正比于 u_S,可看作如图 4-2(a)所示电路在 $i_S=0$(电流源视为开路),仅由 u_S 单独作用时产生的响应,如图 4-2(b)所示;u_1'' 及 i_2'' 正比于 i_S,可看作如图 4-2(a)所示电路在

$u_S=0$(电压源视为短路),仅由 i_S 单独作用时产生的响应,如图 4-2(c)所示。于是,式(4-7)又可写为

$$\left.\begin{array}{l}u_1 = u_1' + u_1'' \\ i_2 = i_2' + i_2''\end{array}\right\} \tag{4-9}$$

式(4-9)表明:由两个激励共同作用于线性电路所产生的响应等于每一个激励单独作用时产生的响应之和。这样的性质在数学中称为"可加性",在电路理论中则称为"叠加性",它是线性电路中响应与激励之间存在线性关系中的"线性"在多激励线性电路中的表现形式,叠加性也是线性电路的一个基本性质,利用这个性质可以更进一步简化电路的计算。

线性电路的叠加性以叠加定理的形式表达,内容为:在任何由线性电阻、线性受控源及独立电源组成的电路中,每一元件的电流或电压可以看成是每一个独立电源单独作用于电路时在该元件上所产生的电流或电压的代数和。

可以通过任一具有 b 条支路、n 个节点的电路论述叠加定理的正确性。设电路各节点电压分别为 $u_{n1},u_{n2},\cdots,u_{n(n-1)}$,则该电路的节点电压方程为

$$\left.\begin{array}{l}G_{11}u_{n1}+G_{12}u_{n2}+\cdots+G_{1(n-1)}u_{n(n-1)}=i_{S11} \\ G_{21}u_{n1}+G_{22}u_{n2}+\cdots+G_{2(n-1)}u_{n(n-1)}=i_{S22} \\ \quad\vdots\qquad\quad\vdots\qquad\qquad\qquad\vdots\qquad\qquad\vdots \\ G_{(n-1)1}u_{n1}+G_{(n-1)2}u_{n2}+\cdots+G_{(n-1)(n-1)}u_{n(n-1)}=i_{S(n-1)(n-1)}\end{array}\right\} \tag{4-10}$$

根据克莱姆法则,任一节点电压可表示为

$$\left.\begin{array}{l}u_{nj}=\dfrac{\Delta_{1j}}{\Delta}i_{S11}+\dfrac{\Delta_{2j}}{\Delta}i_{S22}+\cdots+\dfrac{\Delta_{ij}}{\Delta}i_{Sii}+\cdots+\dfrac{\Delta_{(n-1)j}}{\Delta}i_{S(n-1)(n-1)} \\ j=1,2,\cdots,(n-1)\end{array}\right\} \tag{4-11}$$

式(4-11)中,Δ 为方程组的系数行列式,它仅取决于电路的结构和电阻元件的参数;Δ_{ij} 为 Δ 中第 i 行第 j 列元素对应的代数余子式,$i=1,2,\cdots,(n-1)$,$j=1,2,\cdots,(n-1)$;$\dfrac{\Delta_{ij}}{\Delta}$ 是具有电阻量纲的常数。i_{Sii} 是流入节点 n_i 的电流源电流(包括等效电流源电流)的代数和,可表示为

$$\left.\begin{array}{l}i_{Sii}=\sum\limits_{n_i}i_{S_k}(G_k u_{S_k}) \\ i=1,2,\cdots,(n-1)\end{array}\right\} \tag{4-12}$$

即 i_{Sii} 是与节点 n_i 相关联支路的独立电源的线性组合,将式(4-12)代入式(4-11),就得到节点电压可表示为电路中所有激励源的线性组合。当电路中有 g 个电压源和 h 个电流源时,任一节点电压都可以写为

$$\left.\begin{array}{l}u_{nj}=k_{j1}u_{S_1}+k_{j2}u_{S_2}+\cdots+k_{jg}u_{S_g}+r_{j1}i_{S_1}+r_{j2}i_{S_2}+\cdots+r_{jh}i_{S_h} \\ =\sum\limits_{m=1}^{g}k_{jm}u_{S_m}+\sum\limits_{m=1}^{h}r_{jm}i_{S_m}\quad j=1,2,\cdots,(n-1)\end{array}\right\} \tag{4-13}$$

其中,每一项又只与某一激励成比例,可看成是该激励源单独作用于电路时产生的节点电压响应,故式(4-13)又可写为

$$\left.\begin{array}{l}u_{nj}=u_{nj}'+u_{nj}''+\cdots+u_{nj}^{(g)}+u_{nj}^{(g+1)}+\cdots+u_{nj}^{(g+h)} \\ j=1,2,\cdots,(n-1)\end{array}\right\} \tag{4-14}$$

上式表明,每一节点电压都可以看作是电路中各个激励源分别单独作用时所产生的节点电压的代数和。由于支路电压通过 KVL 这一线性约束与节点电压联系,因而支路电压也具

有以上规律；又因为每一支路电流与支路电压线性相关，所以电路中的电压或电流响应都可表示为所有激励源的线性组合，或是电路中各激励源分别单独作用时所产生的电压或电流响应的代数和。由此可见，对于任意线性电路而言，叠加定理总成立。

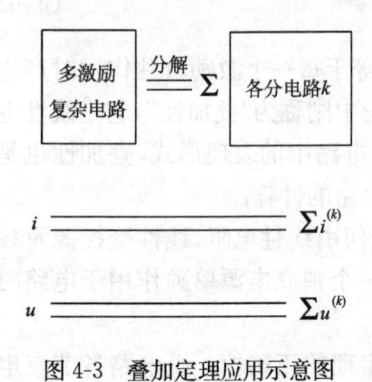

叠加定理是分析线性电路的基础，可用它简化电路的计算。如图 4-3 所示，在分析计算多激励的复杂电路时可先将这个复杂电路分解为多个分电路，其中每一个分电路对应于一个电源或一组电源单独起作用，分别计算各分电路中的电流响应 $i^{(k)}$ 或电压响应 $u^{(k)}$，最后对各分电路中的电流响应 $i^{(k)}$ 或电压响应 $u^{(k)}$ 求代数和，从而得到原复杂电路中电流响应 i 或电压响应 u。由于各分电路中不起作用的电压源置零短路，不起作用的电流源置零开路，则分电路的结构可能变得很简单，求解也容易得多，这样可通过对多个简单电路的计算代替原本复杂电路的计算。

图 4-3 叠加定理应用示意图

应用叠加定理求解电路，其实和科学研究中经常使用的分解与合成的方法一致，如对于高等数学中的泰勒级数和傅里叶级数等，其过程都是先分解后合成。"分解"是为了确定事物中每个单元的特点和作用，"合成"是为了表示每个单元共同作用后的总体特性。因此，将电路分解为各个分电路，从各个分电路的响应中可确定各个电源单独作用时产生的响应情况，最后通过对各个分电路的响应求和进行合成，又可以得到所有电源共同作用时产生的响应情况。

在应用叠加定理时，应注意以下 5 点。

(1) 叠加定理仅适用于线性电路，不适用于非线性电路。

(2) 当令某一激励源单独作用时，其他激励源都不起作用，应置零，即不起作用的独立电压源置零用短路替代，不起作用的独立电流源置零用开路替代。

(3) 电路中的受控源不能单独作用。因为受控源的电压或电流不是电路的激励，所以受控源与电阻元件一样保留在各分电路中，并且注意各分电路中控制量的变化情况。

(4) 对各激励源单独作用产生的电流响应或电压响应，叠加时要注意按参考方向求其代数和。

(5) 在计算元件的功率时，应先用叠加定理计算出该元件上的总电压和总电流，然后再用 $p=ui$ 计算出元件的功率。

下面以图 4-2 为例说明功率的计算。设流过 R_2 的电流为 i_2，其两端电压为 u_2，根据叠加定理可分别表示为

$$i_2 = i_2' + i_2''$$
$$u_2 = u_2' + u_2''$$

R_2 上的功率应为

$$\begin{aligned} p_{R_2} &= u_2 i_2 = (u_2' + u_2'')(i_2' + i_2'') \\ &= u_2' i_2' + u_2'' i_2'' + u_2' i_2'' + u_2'' i_2' \\ &\neq u_2' i_2' + u_2'' i_2'' \end{aligned}$$

由此可见，原电路 R_2 上的功率不等于按各分电路计算所得的功率的叠加。如果直接用叠加定理计算，则结果失去"交叉乘积"项，即由一个电源所产生的电压与由另一个电源所产生的电流相互作用所产生的功率项。

例 4-1 如图 4-4(a)所示,试用叠加定理求电压 U。

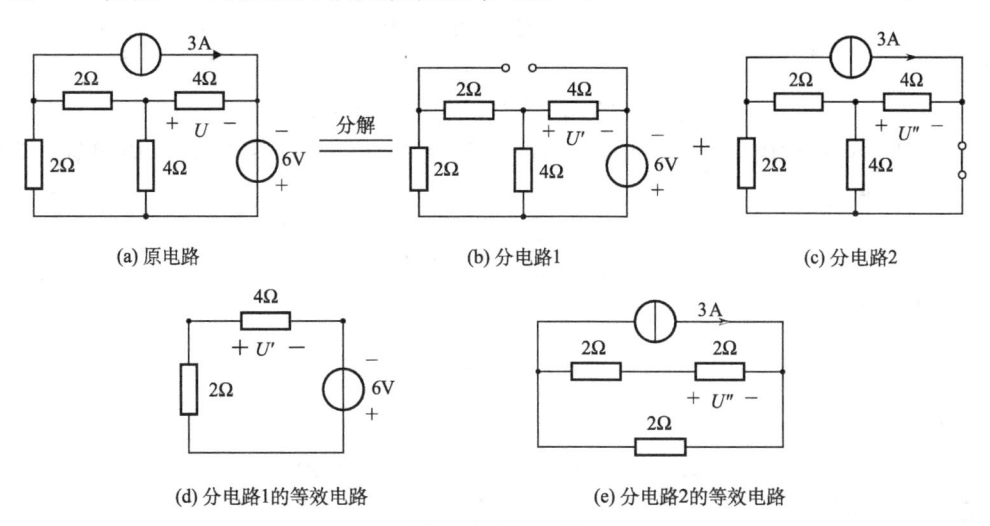

(a) 原电路　　(b) 分电路1　　(c) 分电路2

(d) 分电路1的等效电路　　(e) 分电路2的等效电路

图 4-4　例 4-1 图

解 当 6V 电压源单独作用于电路,如图 4-4 (b)所示,经等效化简为图 4-4 (d),求得

$$U' = \frac{4}{2+4} \times 6 = 4\text{V}$$

当 3A 电流源单独作用于电路,如图 4-4 (c)所示,经等效化简为图 4-4 (e),求得

$$U'' = -2 \times \frac{2}{(2+2)+2} \times 3 = -2\text{V}$$

根据叠加定理,可得

$$U = U' + U'' = 4 - 2 = 2\text{V}$$

例 4-2 如图 4-5(a)所示,求电流 i、电压 u 和 2Ω 电阻消耗的功率 $p_{2\Omega}$。

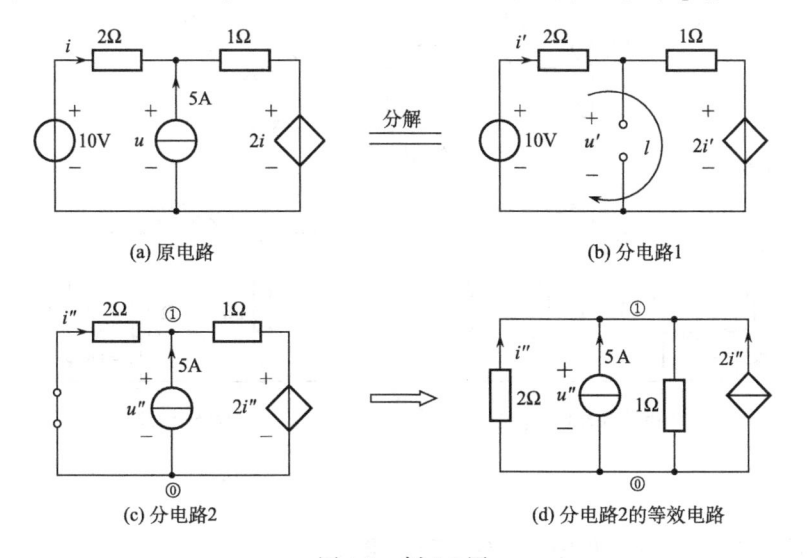

(a) 原电路　　(b) 分电路1

(c) 分电路2　　(d) 分电路2的等效电路

图 4-5　例 4-2 图

解 应用叠加定理求解 i 及 u。图 4-5 (a)分解为二个分电路之和,如图 4-5(b)和图 4-5(c)所示。

10V 电压源单独作用于电路,如图 4-5 (b)所示,对回路 l 列写出 KVL 方程为
$$(2+1)i' + 2i' = 10$$
解得
$$i' = 2\text{A}, u' = 1 \times i' + 2i' = 6\text{V}$$

5A 电流源单独作用于电路,如图 4-5 (c)所示,经等效变换为图 4-5(d),应用节点分析法列写出节点电压方程为
$$\left(\frac{1}{2} + \frac{1}{1}\right)u_{n1} = 5 + 2i''$$

控制量用节点电压表示为
$$i'' = -\frac{u_{n1}}{2}$$

联立求解得
$$u_{n1} = 2\text{V}, i'' = -1\text{A}, u'' = u_{n1} = 2\text{V}$$

根据叠加定理,可得
$$i = i' + i'' = 2 - 1 = 1\text{A}$$
$$u = u' + u'' = 6 + 2 = 8\text{V}$$

2Ω 电阻消耗的功率为
$$p_{2\Omega} = 2i^2 = 2\text{W}$$

求解过程既应用叠加定理,又运用含源支路等效变换及节点分析法,使电路问题的求解过程更加简捷。

例 4-3 如图 4-6(a)所示,试用叠加定理求电流 i。

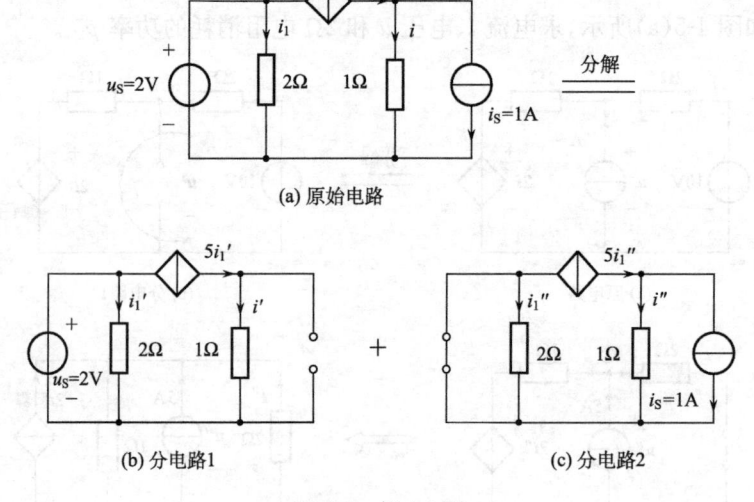

图 4-6 例 4-3 图

解 u_S 单独作用于电路,如图 4-6 (b)所示,求得
$$i_1' = \frac{u_S}{2} = \frac{2}{2} = 1\text{A}$$
$$i' = 5i_1' = 5 \times 1 = 5\text{A}$$

i_S 单独作用于电路,如图 4-6（c）所示,求得
$$i_1'' = 0, \quad 5i_1'' = 0$$
$$i'' = -i_S = -1\text{A}$$

根据叠加定理,可得
$$i = i' + i'' = 5 - 1 = 4\text{A}$$

例 4-4 如图 4-7 所示,其中,N_0 为线性电阻网络。已知当 $u_S = 4\text{V}$,$i_S = 1\text{A}$ 时,$u = 0\text{V}$；当 $u_S = 2\text{V}$,$i_S = 0\text{A}$ 时,$u = 1\text{V}$。试求当 $u_S = 10\text{V}$,$i_S = 1.5\text{A}$ 时,u 为多少?

解 本电路只有两个独立电源,根据叠加定理,响应是各激励源的线性组合,应有
$$u = \alpha_1 u_S + \alpha_2 i_S$$

代入已知条件,得
$$\left. \begin{array}{l} 4 \times \alpha_1 + 1 \times \alpha_2 = 0 \\ 2 \times \alpha_1 + 0 \times \alpha_2 = 1 \end{array} \right\}$$

解得
$$\alpha_1 = \frac{1}{2}, \quad \alpha_2 = -2$$

最后得
$$u = \alpha_1 u_S + \alpha_2 i_S = \frac{1}{2} \times 10 + (-2) \times 1.5 = 2\text{V}$$

图 4-7　例 4-4 电路

4.2 替代定理

替代定理是集中参数电路理论中很重要的一个定理。从理论上讲,对具有唯一解的任何电路(线性或非线性),替代定理都成立,不过在线性电路的分析中,替代定理应用得更加普遍。

替代定理叙述如下:给定任意一个具有唯一解的线性电阻电路,若其中第 k 条支路的电压 u_k 和电流 i_k 已知,那么这条支路就可以用大小和方向与 u_k 相同的电压源替代,或用大小和方向与 i_k 相同的电流源替代,而对整个电路的各个电压、电流不发生影响,即替代后电路中全部电压和电流均将保持原值。

图 4-8 为替代定理示意图,其中第 k 条支路可以认为是一个广义支路,它可以是无源支路,也可以是含源支路(如电压源和电阻的串联支路,或电流源和电阻的并联支路),还可以是无源单口网络、含源单口网络,甚至还可以是非线性元件支路或动态元件支路。如果第 k 条支路是单口网络,其内部受控源的控制量应不在 N 内;同理,N 内受控源的控制量也应不在该单口网络内,即作为 k 支路的单口网络与电路的其他部分 N 不应有电耦合关系。

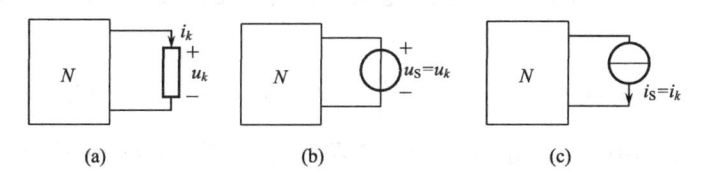

图 4-8　替代定理示意图

如果某支路的电压 u 和电流 i（设为关联参考方向）均已知，则该支路也可用电阻值 $R=\dfrac{u}{i}$ 的电阻替代。

替代定理的一般证明较繁，可以用如图 4-9 所示的特性曲线给出直观说明。如果第 k 条支路用 $u_S=u_k$ 电压替代，其特性曲线为一条平行于 i 轴的直线；如果第 k 条支路用 $i_S=i_k$ 电流源替代，其特性曲线为一条平行于 u 轴的直线。在 $u-i$ 平面上，两种替代元件的特性曲线都经过 (i_k,u_k) 这一点，而 k 支路的特性曲线也必将通过这一点，因此，对特性曲线上这一特定的点 (i_k,u_k)，替代有效且正确，它保证第 k 条支路端口伏安特性在这一特定的点 (i_k,u_k) 上保持不变，从而保证 N 内的电压、电流不变。

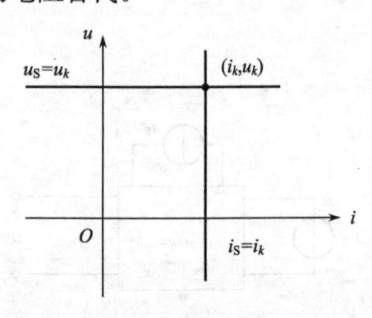

图 4-9 替代定理正确的直观说明图

替代定理的正确性还可以用以下简单的事实说明。对给定的具有唯一解的线性电阻电路，可以列写出回路电流方程或节点电压方程，而第 k 条支路的电压或电流必然会以回路电流形式（或以节点电压形式）出现在电路方程中，现将第 k 条支路的已知电压或电流用电压源或电流源替代后，相当于将电路方程中某未知量用其解替代，这样肯定不会使方程中其他未知量的解在数值上发生变化。

图 4-10 为替代定理应用的实例。对图 4-10(a)所示电路，应用节点分析法计算支路电压 u_3 和支路电流 i_1、i_2、i_3，列写出节点电压方程为

$$\left(\frac{1}{1}+\frac{1}{2}\right)u_{n1}=8-\frac{4}{2}$$

解得

$$u_3=u_{n1}=4\text{V}$$

$$i_1=8\text{A},\quad i_2=\frac{u_3}{1}=\frac{4}{1}=4\text{A},\quad i_3=i_1-i_2=4\text{A}$$

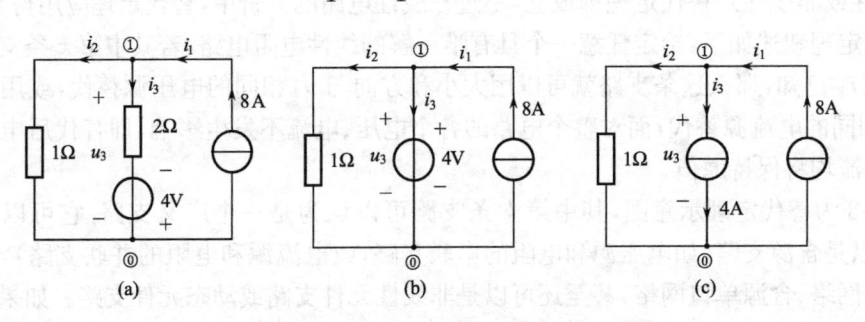

图 4-10 替代定理应用示例

(1) 将 4V 与 2Ω 串联支路用 4V 独立电压源替代，如图 4-10(b)所示，由该图可求得

$$u_3=4\text{V}$$

$$i_1=8\text{A},\quad i_2=\frac{u_3}{1}=\frac{4}{1}=4\text{A},\quad i_3=i_1-i_2=4\text{A}$$

(2) 将 4V 与 2Ω 串联支路用 4A 独立电流源替代，如图 4-10(c)所示，由该图可求得

$$i_1=8\text{A},\quad i_3=4\text{A},\quad i_2=i_1-i_3=4\text{A}$$

$$u_3=1\times i_2=4\text{V}$$

因此,在两种替代后的电路中,所计算出的支路电压 u_3 和支路电流 i_1、i_2、i_3 与替代前的原电路完全相同。

例 4-5 如图 4-11(a)所示,已知 $i=10$A,试求电压 u。

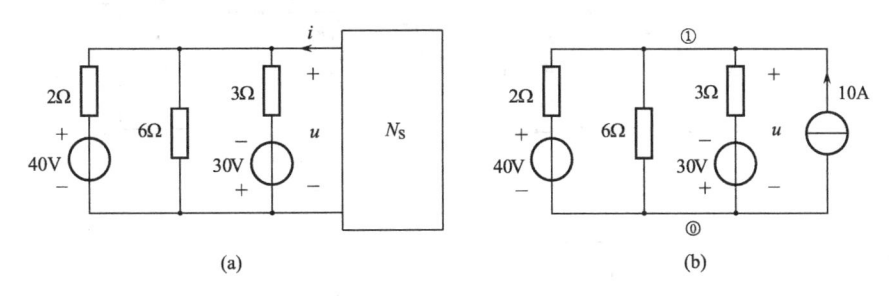

图 4-11 例 4-5 图

解 根据替代定理,可将含源单口网络 N_S 用 10A 电流源替代,如图 4-11(b)所示,注意电流源的参考方向应与 i 给定方向相同。设定参考节点,列写出节点电压方程为

$$\left(\frac{1}{2}+\frac{1}{6}+\frac{1}{3}\right)u_{n1}=\frac{40}{2}-\frac{30}{3}+10$$

解得

$$u=u_{n1}=20\text{V}$$

替代定理的用途很多,在推论其他线性电路定理时可能会用到,也可用它对电路进行化简,从而使电路易于分析或计算。在非线性电路分析中,若确定非线性元件上的电压、电流响应,代之以电压源或电流源,则电路中其他的电压、电流响应的分析计算便可按线性电路处理。同理,在动态电路分析中,若确定动态元件上的电压、电流响应,代之以电压源或电流源,则电路中其他的电压、电流响应的分析计算便可按线性电阻电路处理。

值得注意的是,虽然"替代"与第 2 章的"等效变换"都可简化电路分析,但它们是两个不同的概念。"替代"是在给定被替代部分以外电路的情况下,用独立电源替代已知端口电压或电流的单口网络,如果被替代部分以外的电路发生变化,相应被替代的单口网络的端口电压或电流也随之发生变化,这样,对于不同的外电路,替代单口网络的独立电源值是不同的。因此,替代的电压源或电流源依赖外电路,它们只对特定已知的外电路有效。"等效变换"是指两个具有相同外特性的单口网络之间的相互置换,与变换以外的电路无关。等效电路对任意外电路都有效,而不是对某一特定的外电路有效。因此,等效电路独立于外电路。

4.3 戴维南定理和诺顿定理

第 2 章描述了电阻电路的等效变换问题,通过求出单口网络的外特性方程,由等效的定义构造其等效电路,并形成这样一个共识:对于任何一个含电阻和受控源的无源单口网络 N_0,其等效电路为一个电阻支路。那么对一个既含独立电源又含电阻和受控源的含源单口网络 N_S,它的最简等效电路是什么形式呢?用什么方法可以既方便又快捷地求出最简等效电路呢?下面介绍的戴维南定理和诺顿定理回答了这些问题。

戴维南定理是法国电报工程师 Thevenin 于 1883 年提出,内容为:任何一个含源单口网络 N_S,对外电路而言,可以用一个电压源和电阻串联的支路作为等效电路。其电压源电压等于

含源单口网络 N_S 的开路电压 u_{oc}，其串联电阻等于将含源单口网络 N_S 内全部独立电源置零时所得的无源单口网络 N_0 的等效电阻 R_{eq}。戴维南定理可用图 4-12 表示。

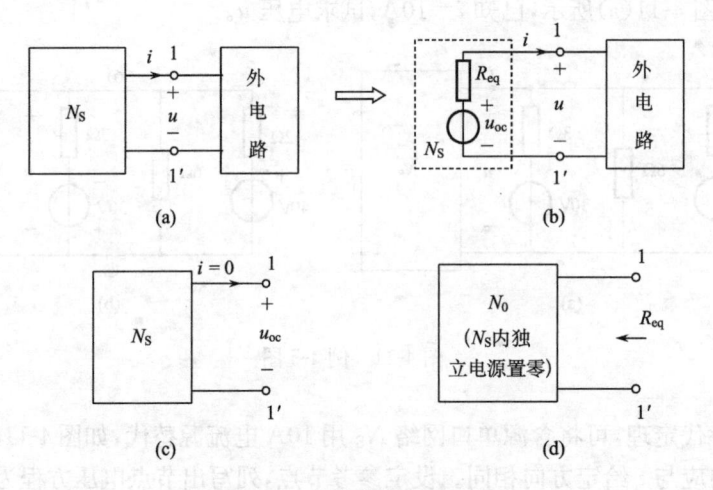

图 4-12 戴维南定理示意图

图 4-12(b)中的电压源 u_{oc} 与电阻 R_{eq} 串联支路称为戴维南等效电路。

诺顿定理是在戴维南定理发表 50 年后由美国贝尔实验室工程师 Norton 提出，内容为：任何一个含源单口网络 N_S，对外电路而言，可以用一个电流源和电阻并联的支路作为等效电路。其电流源电流等于含源单口网络 N_S 的短路电流 i_{sc}，其并联电阻等于将含源单口网络 N_S 内全部独立电源置零时所得无源单口网络 N_0 的等效电阻 R_{eq}。诺顿定理可用图 4-13 表示。

图 4-13(b)中的电流源 i_{sc} 与电阻 R_{eq} 并联支路称为诺顿等效电路。

戴维南定理和诺顿定理都可用替代定理和叠加定理证明。

对于图 4-12(b)的戴维南等效电路而言，其端口 1-1′ 的外特性方程为

$$u = u_{oc} - R_{eq}i \tag{4-15}$$

因此，根据"等效"的概念，只需证明含源单口网络 N_S 端口 1-1′ 的外特性方程与式(4-15)完全相同，即可证明戴维南定理成立。

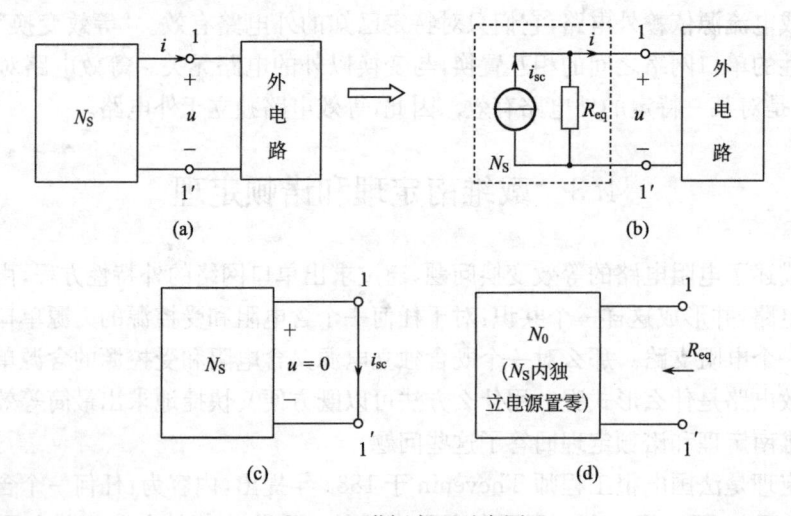

图 4-13 诺顿定理示意图

对于图 4-12(a)，根据替代定理可将外电路用电流源 i 替代，得图 4-14(a)。根据叠加定理，电压 u 可以看成仅由 N_S 内所有独立电源作用（电流源 i 置零用开路代替，如图 4-14(b)所示）产生的电压 u' 与电流源 i 单独作用（N_S 内所有独立电源置零，N_S 变为 N_0，如图 4-14(c)所示）产生的电压 u'' 之和，即

$$u = u' + u'' \tag{4-16}$$

由图 4-14(b)可知，u' 就是 N_S 的开路电压 u_{oc}，即

$$u' = u_{oc} \tag{4-17}$$

由图 4-14(c)可知，单口网络 N_0 可等效为一个电阻 R_{eq}，$i'' = i_S = i$ 且 u'' 与 i 对 N_0 而言取非关联参考方向，因此，根据欧姆定律，有

$$u'' = -R_{eq} i \tag{4-18}$$

将 u'、u'' 代入式(4-16)中，得含源单口网络 N_S 端口 1-1' 的外特性方程为

$$u = u_{oc} - R_{eq} i \tag{4-19}$$

式(4-19)与式(4-15)完全相同，戴维南定理得证。

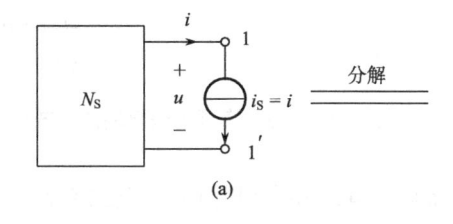

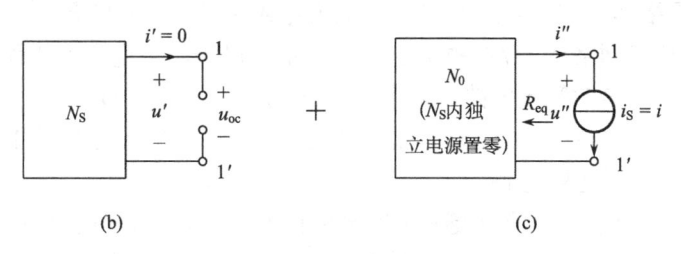

图 4-14 戴维南定理的证明图示

诺顿定理的证明过程与戴维南定理的证明过程相似，这里不再叙述。

一般而言，含源单口网络 N_S 的戴维南等效电路和诺顿等效电路都存在。根据含源支路的等效变换，戴维南等效电路与诺顿等效电路之间又可以进行等效互换，如图 4-15 所示。

开路电压 u_{oc}、短路电流 i_{sc} 和等效电阻 R_{eq} 三者之间的关系为

$$i_{sc} = \frac{u_{oc}}{R_{eq}} \tag{4-20}$$

或

$$u_{oc} = R_{eq} i_{sc} \tag{4-21}$$

从而有

$$R_{eq} = \frac{u_{oc}}{i_{sc}} \tag{4-22}$$

式(4-22)给出了求 R_{eq} 的另一种方法，这种方法简称为开路短路法。

如果含源单口网络 N_S 内部仅有独立电源和电阻，而没有受控源时，则戴维南等效电路或诺顿等效电路可由第 2 章所述的方法逐步等效化简得到。

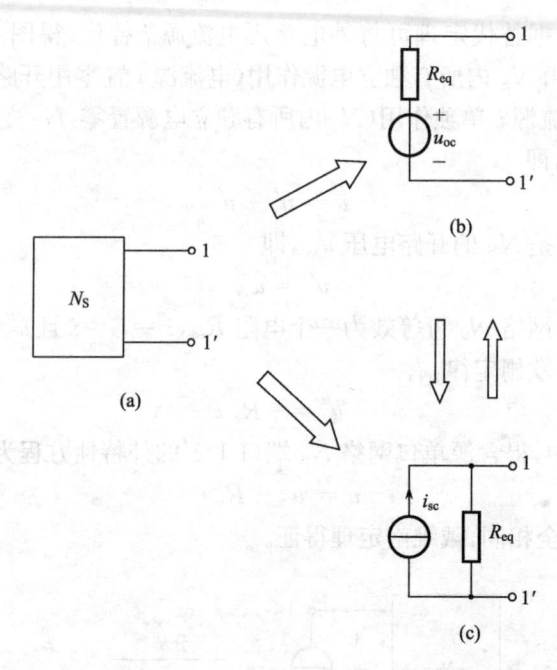

图 4-15 戴维南等效电路与诺顿等效电路的等效变换

当含源单口网络 N_S 内部除独立电源和电阻外还含有受控源时，N_S 内部的独立电源置零后所得无源单口网络 N_0 的等效电阻 R_{eq} 有可能为零或无限大。如果 $R_{eq}=0$ 而开路电压 u_{oc} 为有限值，此时含源单口网络 N_S 存在戴维南等效电路且仅为单一电压源支路，但因 G_{eq} 与 i_{sc} 均趋于无限大，故不存在诺顿等效电路。如果求得 R_{eq} 为无限大（或 $G_{eq}=0$）而短路电流 i_{sc} 为有限值，此时含源单口网络 N_S 存在诺顿等效电路且仅为单一电流源支路，但因 R_{eq} 与 u_{oc} 均趋于无限大，故不存在戴维南等效电路。

应用戴维南定理和诺顿定理的关键是求出含源单口网络 N_S 的开路电压 u_{oc}（或短路电流 i_{sc}）和等效电阻 R_{eq}。计算 u_{oc} 或 i_{sc} 有很多方法，而求解 R_{eq} 的方法则比较灵活，下面归纳求 R_{eq} 的方法。

(1) 等效变换法。若含源单口网络 N_S 中无受控源，N_S 内所有独立电源置零时所得到的 N_0 是一个纯电阻电路，大多数情况下利用电阻的串并联关系逐步等效化简，可非常方便地求出 R_{eq}。若遇电阻的 Y、△ 联接，可先进行 Y-△ 等效互换，再利用电阻的串并联关系求出 R_{eq}。

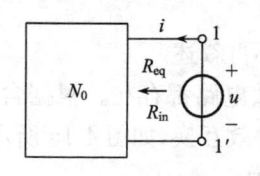

图 4-16 外施电源法求 R_{eq} 图示

(2) 外施电源法。若含源单口网络 N_S 中含受控源，N_S 内所有独立电源置零时所得到的 N_0 含有受控源，这时只能用求输入电阻的方法（外施电源法）求其等效电阻，如图 4-16 所示。在 u 与 i 对 N_0 取关联参考方向的条件下，N_0 的输入电阻 R_{in} 为

$$R_{in} = \frac{u}{i} = R_{eq}$$

(3) 开路短路法。求出 N_S 的开路电压 u_{oc} 和短路电流 i_{sc}（注意 u_{oc} 和 i_{sc} 的参考方向），根据式(4-22)，有

$$R_{eq} = \frac{u_{oc}}{i_{sc}}$$

应用戴维南定理和诺顿定理时还应注意以下问题。

(1) 待等效的含源单口网络 N_S 必须为线性电路,因为在证明戴维南定理和诺顿定理时用到了叠加定理。外电路则没有限制,它甚至可以是非线性电路。

(2) 在将整个电路分解为含源单口网络 N_S 与外电路这两部分组合时,要注意这两部分内受控源的控制量可以是公共端口上的电压或电流,但不能是相互内部的电压或电流。

在电路分析中,有时只需要分析求解电路中某一支路的电压、电流或功率。这时,应用戴维南定理(或诺顿定理)很有效。具体操作方法为:将电路中除这条支路以外的其余部分看成是一个含源单口网络 N_S,求出其戴维南等效电路(或诺顿等效电路),最后由等效电路可方便快捷地得出待求支路的电压、电流和功率。下面举例进一步说明戴维南定理和诺顿定理的应用。

例 4-6 如图 4-17(a)所示,试用诺顿定理求电流 i。

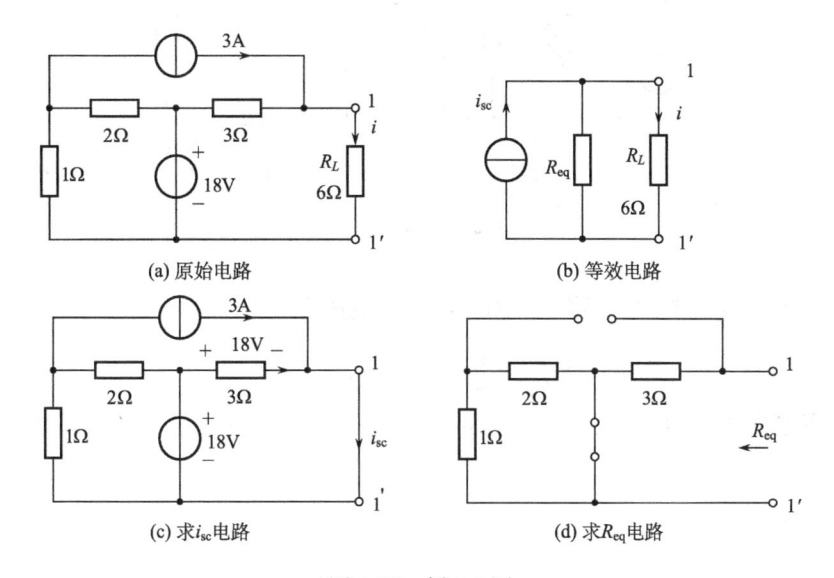

图 4-17 例 4-6 图

解 根据诺顿定理,如图 4-17(a)所示的电路除 R_L 之外,其余部分构成的含源单口网络 N_S 可以等效化简为诺顿等效电路,如图 4-17(b)所示。

为求得 i_{sc},应将该含源单口网络 N_S 的 1-1′短路,如图 4-17(c)所示,显然,有

$$i_{sc} = 3 + \frac{18}{3} = 9\text{A}$$

为求得 R_{eq},应将该含源单口网络 N_S 内部的独立电压源置零,用短路替代;独立电流源置零,用开路替代,得到无源单口网络 N_0,如图 4-17(d)所示。显然,有

$$R_{eq} = 3\Omega$$

最后由图 4-17(b)可求得电流

$$i = \frac{R_{eq}}{R_{eq} + R_L} i_{sc} = \frac{3}{3+6} \times 9 = 3\text{A}$$

例 4-7 如图 4-18(a)所示,试用戴维南定理求 U_o。

解 根据戴维南定理,如图 4-18(a)所示的电路 1-1′左边部分所构成的含源单口网络 N_S 可以化简为戴维南等效电路,如图 4-18(b)所示。

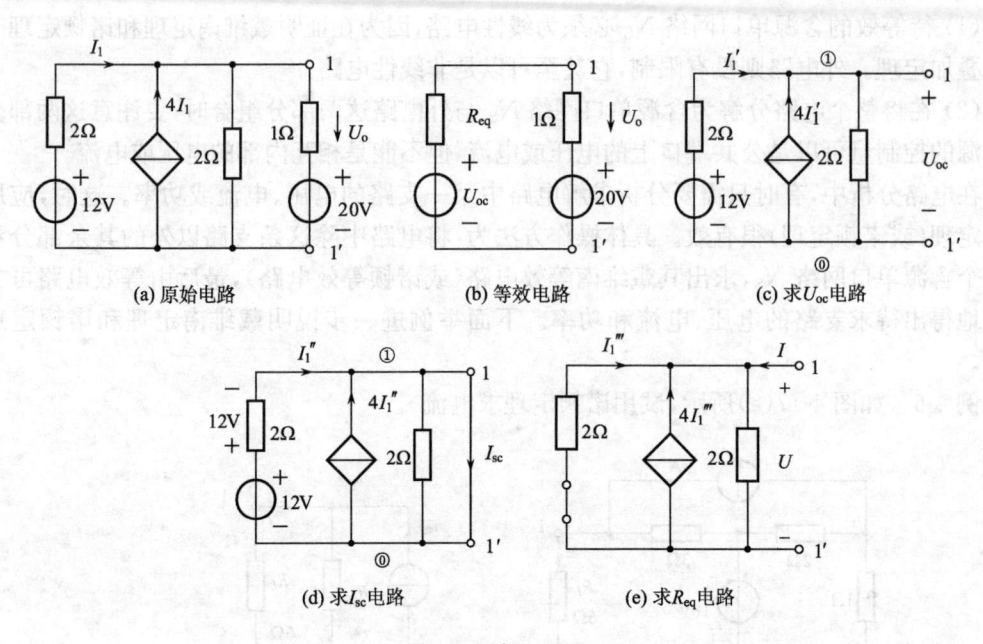

图 4-18 例 4-7 图

如图 4-18(c)所示，求 U_{oc} 电路。可列写出节点电压方程为

$$\left(\frac{1}{2}+\frac{1}{2}\right)U_{n1} = \frac{12}{2}+4I_1'$$

控制量用节点电压表示为

$$I_1' = \frac{12-U_{n1}}{2}$$

联立求解得

$$U_{oc} = U_{n1} = 10\text{V}$$

如图 4-18(d)所示，求 i_{sc} 电路。显然有

$$I_1'' = \frac{12}{2} = 6\text{A}$$

$$I_{sc} = I_1'' + 4I_1'' = 5I_1'' = 30\text{A}$$

根据开路短路法，求得等效电阻 R_{eq} 为

$$R_{eq} = \frac{U_{oc}}{I_{sc}} = \frac{10}{30} = \frac{1}{3}\Omega$$

等效电阻 R_{eq} 还可以由图 4-18(e)用外施电源法求出。对图 4-18(e)列写出电路方程，有

$$\left. \begin{aligned} I &= -I_1''' - 4I_1''' + \frac{U}{2} \\ I_1''' &= -\frac{U}{2} \end{aligned} \right\}$$

联立求解得

$$R_{eq} = \frac{U}{I} = \frac{1}{3}\Omega$$

最后由图 4-18(b)可求得电压

$$U_\mathrm{o} = \frac{U_\mathrm{oc} - 20}{R_\mathrm{eq} + 1} \times 1 = \frac{10 - 20}{\frac{1}{3} + 1} \times 1 = -\frac{30}{4} \mathrm{V}$$

4.4 最大功率传输定理

实际的电子电路常要求负载电阻 R_L 从给定的线性含源单口网络 N_S 获得的最大功率,这就是最大功率传输问题。

图 4-19(a)给定的一线性含源单口网络 N_S,接在它两端的负载电阻 R_L 不同,从含源单口网络 N_S 传输给负载电阻 R_L 的功率也不同。在什么条件下,负载电阻 R_L 能得到的功率为最大呢?为了分析方便,应用戴维南定理和诺顿定理对含源单口网络 N_S 进行等效化简,如图 4-19(b)~图 4-19(c)所示。由于含源单口网络 N_S 内部的电路结构和元件参数已定,所以戴维南等效电路(或诺顿等效电路)中的 u_oc(或 i_sc)和 R_eq 为定值。负载电阻 R_L 所吸收的功率 p_L 只随电阻 R_L 的变化而变化。

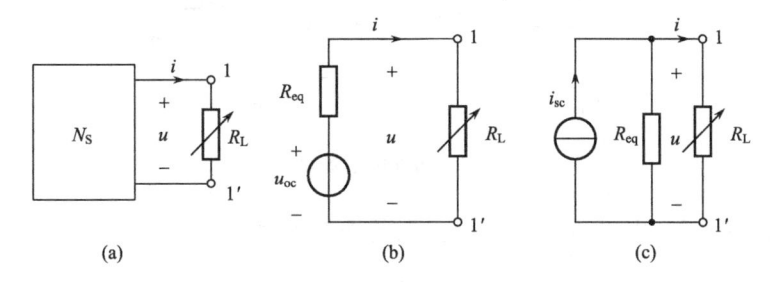

图 4-19 最大功率传输图示

由图 4-19(b)可写出 R_L 为任意值时的功率 p_L,即

$$p_\mathrm{L} = R_\mathrm{L} i^2 = R_\mathrm{L} \left(\frac{u_\mathrm{oc}}{R_\mathrm{eq} + R_\mathrm{L}} \right)^2 = f(R_\mathrm{L}) \tag{4-23}$$

要使 p_L 为最大,应使 $\dfrac{\mathrm{d}p_\mathrm{L}}{\mathrm{d}R_\mathrm{L}} = 0$,即

$$\begin{aligned}\frac{\mathrm{d}p_\mathrm{L}}{\mathrm{d}R_\mathrm{L}} &= u_\mathrm{oc}^2 \left[\frac{(R_\mathrm{eq} + R_\mathrm{L})^2 - 2(R_\mathrm{eq} + R_\mathrm{L})R_\mathrm{L}}{(R_\mathrm{eq} + R_\mathrm{L})^4} \right] \\ &= u_\mathrm{oc}^2 \frac{(R_\mathrm{eq} - R_\mathrm{L})}{(R_\mathrm{eq} + R_\mathrm{L})^3} = 0 \end{aligned} \tag{4-24}$$

由此可得

$$R_\mathrm{L} = R_\mathrm{eq} \tag{4-25}$$

又由于

$$\left. \frac{\mathrm{d}^2 p_\mathrm{L}}{\mathrm{d}R_\mathrm{L}^2} \right|_{R_\mathrm{L} = R_\mathrm{eq}} = -\frac{u_\mathrm{oc}^2}{8 R_\mathrm{eq}^3} < 0 \tag{4-26}$$

所以,式(4-25)即为使 p_L 为最大的条件。因此,由线性含源单口网络 N_S 传输给可变负载电阻 R_L 的功率为最大的条件是:负载电阻 R_L 与戴维南(或诺顿)等效电阻 R_eq 相等。此即最大功率传输定理。满足 $R_\mathrm{L} = R_\mathrm{eq}$ 时,称为最大功率匹配,此时负载电阻 R_L 所获得的最大功率为

$$p_{\text{Lmax}} = \frac{u_{\text{oc}}^2}{4R_{\text{eq}}} \tag{4-27}$$

如用诺顿等效电路,因 $u_{\text{oc}} = R_{\text{eq}} i_{\text{sc}}$,则

$$p_{\text{Lmax}} = \frac{i_{\text{sc}}^2}{4} R_{\text{eq}} \tag{4-28}$$

在分析计算从给定电源向负载传输功率时,还有一个传输效率问题。通信系统和测量系统往往强调传输功率的大小问题,即如何从给定的信号源(产生通信信号或测量信号的"源")获得尽可能大的信号功率。对于交、直流电力传输网络,传输的电功率巨大,使得由传输引起的损耗、传输效率成为首要考虑的问题。下面分别从含源单口网络 N_S 内部独立电源及戴维南等效电路中等效电压源两种角度定义在负载电阻获得最大功率时的传输效率。

由图 4-20(a)可知,含源单口网络 N_S 内部独立电源发出的功率表示为

$$p_S = p_R + p_{\text{Lmax}} \tag{4-29}$$

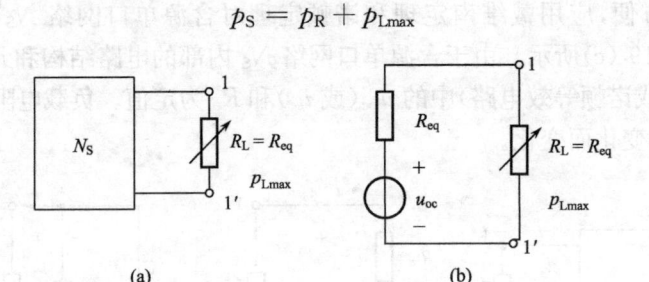

图 4-20 两种传输效率图示

式(4-29)中,p_R 表示 N_S 内部消耗的功率,这时传输效率为

$$\eta_S = \frac{p_{\text{Lmax}}}{p_S} \times 100\% \tag{4-30}$$

由图 4-20(b)可知,由含源单口网络 N_S 的戴维南等效电路中等效电压源 u_{oc} 发出的功率表示为

$$p_{u_{\text{oc}}} = p_{R_{\text{eq}}} + p_{\text{Lmax}} = 2p_{\text{Lmax}} \tag{4-31}$$

这时传输效率为

$$\eta_{u_{\text{oc}}} = \frac{p_{\text{Lmax}}}{p_{u_{\text{oc}}}} \times 100\% = 50\% \tag{4-32}$$

由于含源单口网络 N_S 和它的戴维南等效电路就其内部功率而言不等效,即 $p_R \neq p_{R_{\text{eq}}}$,则 $\eta_S \neq \eta_{u_{\text{oc}}}$。

例 4-8 电路如图 4-21(a)所示。

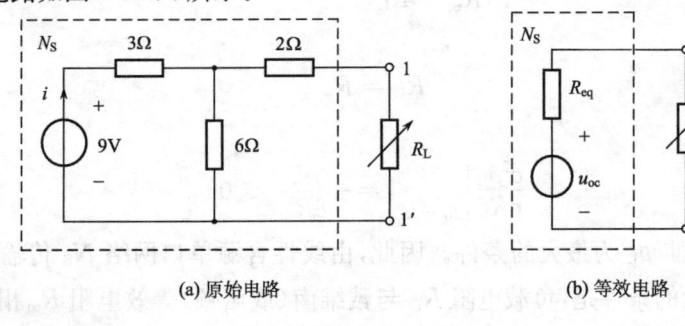

图 4-21 例 4-8 图

(1) 求 R_L 获得最大功率时的电阻值。

(2) 当 R_L 获得最大功率时,求 9V 电压源传输给负载 R_L 的功率传输效率 η_S 为多少?

解 (1) 求 N_S 的戴维南等效电路。由图 4-21(a)容易得

$$u_{oc} = \frac{6}{6+3} \times 9 = 6\text{V}$$

$$R_{eq} = \frac{3 \times 6}{3+6} + 2 = 4\Omega$$

根据最大功率传输定理,当 $R_L = R_{eq} = 4\Omega$ 时, R_L 可获得最大功率,其最大功率为

$$p_{L\max} = \frac{u_{oc}^2}{4R_{eq}} = \frac{6^2}{4 \times 4} = \frac{9}{4}\text{W}$$

这时,等效电压源 u_{oc} 传输给负载 R_L 的功率传输效率为

$$\eta_{u_{oc}} = \frac{p_{L\max}}{p_{u_{oc}}} \times 100\% = 50\%$$

(2) 当 $R_L = R_{eq} = 4\Omega$ 时,由图 4-21(a)容易求出 9V 电压源上的电流,即

$$i = \frac{9}{3 + \dfrac{6 \times (2+4)}{6+(2+4)}} = \frac{3}{2}\text{A}$$

所以,9V 电压源发出的功率为

$$p_S = 9 \times i = 9 \times \frac{3}{2} = \frac{27}{2}\text{W}$$

这时,9V 电压源传输给负载 R_L 的功率传输效率为

$$\eta_S = \frac{p_{L\max}}{p_S} \times 100\% = \frac{\dfrac{9}{4}}{\dfrac{27}{2}} \times 100\% = 16.6\%$$

例 4-9 电路如图 4-22(a)所示,设负载 R_L 可变,问 R_L 为多大时,它可获得最大功率? 此时最大功率 $p_{L\max}$ 为多少?

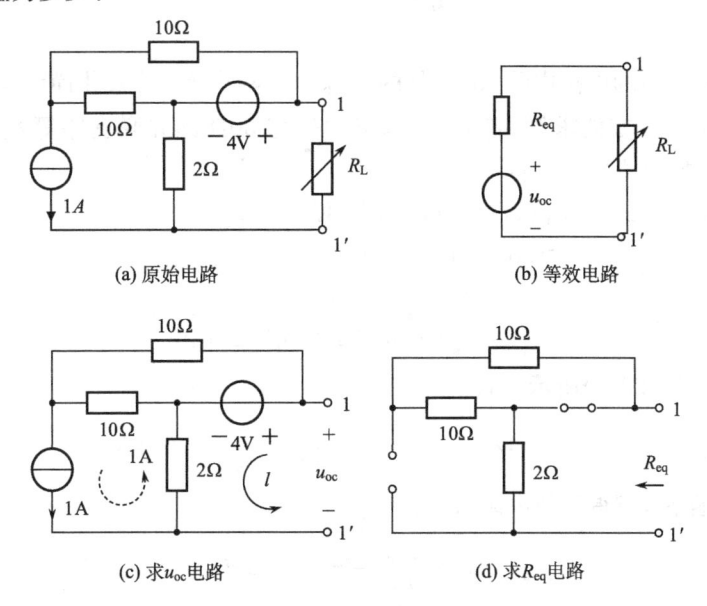

(a) 原始电路　　(b) 等效电路

(c) 求 u_{oc} 电路　　(d) 求 R_{eq} 电路

图 4-22　例 4-9 图

解 将图 4-22(a)的电路中除 R_L 以外的含源单口网络 N_S 等效化简为戴维南等效电路，如图 4-22(b)所示。由图 4-22(c)易得
$$u_{oc} = 4 - 2 \times 1 = 2\text{V}$$
由图 4-22(d)易得
$$R_{eq} = 2\Omega$$
根据最大功率传输定理，当 $R_L = R_{eq} = 2\Omega$ 时，R_L 可获得最大功率，其最大功率为
$$p_{Lmax} = \frac{u_{oc}^2}{4R_{eq}} = \frac{2^2}{4 \times 2} = \frac{1}{2}\text{W}$$

例 4-10 在图 4-23(a)中，问 R_L 为何值时，可获得最大功率，并求此最大功率。

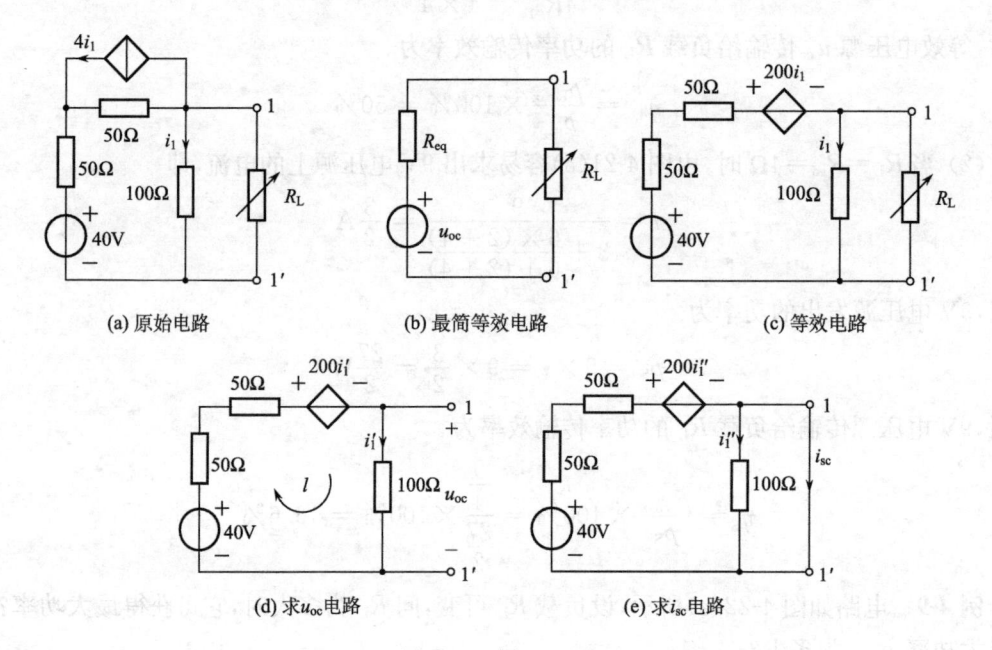

(a) 原始电路　　(b) 最简等效电路　　(c) 等效电路

(d) 求 u_{oc} 电路　　(e) 求 i_{sc} 电路

图 4-23　例 4-10 图

解 将图 4-23(a)的电路中除 R_L 以外的含源单口网络 N_S 等效化简为戴维南等效电路，如图 4-23(b)所示。为方便求解，首先将 N_S 内 $4i_1$ 与 50Ω 的并联支路等效变换为 $200i_1$ 与 50Ω 的串联支路，如图 4-23(c)所示。

求 u_{oc} 电路如图 4-23(d)所示，对回路 l 应用 KVL，有
$$(50 + 50 + 100)i_1' = 40 - 200i_1'$$
解得
$$i_1' = 0.1\text{A}, u_{oc} = 100i_1' = 10\text{V}$$

求 i_{sc} 电路如图 4-23(e)所示，易得
$$i_1'' = 0, 200i_1'' = 0, i_{sc} = \frac{40}{50+50} = 0.4\text{A}$$

利用开路短路法，求得等效电阻 R_{eq} 为
$$R_{eq} = \frac{u_{oc}}{i_{sc}} = \frac{10}{0.4} = 25\Omega$$

根据最大功率传输定理,当 $R_L=R_{eq}=25\Omega$ 时,R_L 可获得最大功率,其最大功率为

$$p_{Lmax} = \frac{u_{oc}^2}{4R_{eq}} = \frac{10^2}{4\times 25} = 1\text{W}$$

或

$$p_{Lmax} = \frac{i_{sc}^2}{4}R_{eq} = \frac{0.4^2}{4}\times 25 = 1\text{W}$$

4.5 特勒根定理

特勒根定理是在基尔霍夫定律的基础上发展起来的一种重要的网络定理,在电路理论、电路的灵敏度分析和计算机辅助设计中有广泛的应用。特勒根定理有两种形式,下面分别描述。

4.5.1 特勒根定理Ⅰ

特勒根定理Ⅰ的内容为:对于任意一个具有 b 条支路、n 个节点的集中参数电路 N,设各支路电压、电流分别为 u_k、$i_k(k=1,2,\cdots,b)$,且各支路电压与电流均取关联参考方向,则对任何时间 t,有

$$\sum_{k=1}^{b} u_k i_k = 0 \tag{4-33}$$

即

$$\sum_{k=1}^{b} p_k = 0 \tag{4-34}$$

特勒根定理Ⅰ表明:电路中各支路吸收功率的代数和恒为零。显然,该定理是电路功率守恒的具体体现,故又称为功率守恒定理。

下面用如图 4-24(a)所示的一个一般电路验证特勒根定理Ⅰ。

(a) 电路 N (b) 电路 N 的有向图 G

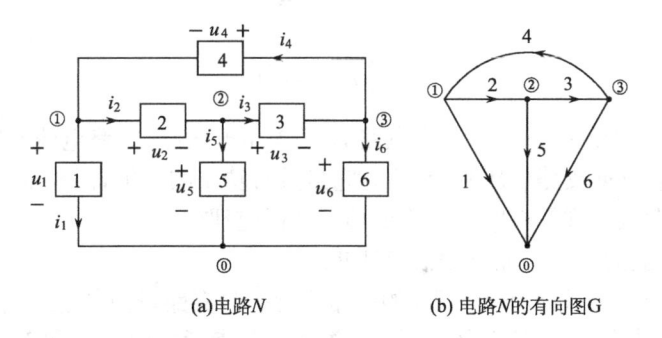

图 4-24 特勒根定理Ⅰ验证图

由图 4-24(b),对独立节点①、②、③列写出 KCL 方程,有

$$\left.\begin{array}{r}i_1+i_2-i_4=0\\-i_2+i_3+i_5=0\\-i_3+i_4+i_6=0\end{array}\right\} \tag{4-35}$$

应用KVL将各支路电压用相应的节点电压表示为

$$\left.\begin{aligned} u_1 &= u_{n1} \\ u_2 &= u_{n1} - u_{n2} \\ u_3 &= u_{n2} - u_{n3} \\ u_4 &= u_{n3} - u_{n1} \\ u_5 &= u_{n2} \\ u_6 &= u_{n3} \end{aligned}\right\} \tag{4-36}$$

将式(4-36)代入式(4-33),有

$$\begin{aligned} \sum_{k=1}^{6} u_k i_k &= u_{n1} i_1 + (u_{n1} - u_{n2}) i_2 + (u_{n2} - u_{n3}) i_3 + (u_{n3} - u_{n1}) i_4 + u_{n2} i_5 + u_{n3} i_6 \\ &= u_{n1}(i_1 + i_2 - i_4) + u_{n2}(-i_2 + i_3 + i_5) + u_{n3}(-i_3 + i_4 + i_6) \end{aligned}$$

再将式(4-35)代入上式,可得

$$\sum_{k=1}^{6} u_k i_k = 0$$

从而验证式(4-33)。上述论证过程可推广到任意具有 b 条支路、n 个节点的电路。

在对特勒根定理Ⅰ验证过程中,只对电路 N 的有向图应用基尔霍夫定律,并不涉及各支路元件本身的性质,因此,该定理普遍适用于任何集中参数电路。

4.5.2 特勒根定理Ⅱ

特勒根定理Ⅱ的内容为:对于任意两个具有 b 条支路、n 个节点的集中参数电路 N 和 $\hat{N}$,它们各自的支路组成不同,但二者的拓扑结构完全相同。设 N 和 $\hat{N}$ 中各支路电压、电流分别为 u_k、i_k 和 $\hat{u}_k$、$\hat{i}_k$($k=1,2,\cdots,b$),且各支路电压与电流均取关联参考方向,则对任何时间 t,有

$$\sum_{k=1}^{b} u_k \hat{i}_k = 0 \tag{4-37}$$

$$\sum_{k=1}^{b} \hat{u}_k i_k = 0 \tag{4-38}$$

以上两个求和式中的每一项是一个电路 N 的支路电压(或支路电流)和另一个电路 $\hat{N}$ 相对应支路的支路电流(或支路电压)的乘积。它虽具有功率的量纲,但并未形成真实的功率,称之为似功率,故特勒根定理Ⅱ有时也称为似功率守恒定理。

下面用两个一般的电路验证特勒根定理Ⅱ。

图 4-25(a)～图 4-25(b)是两个不同的电路 N 和 $\hat{N}$,支路可由任意元件构成,两个电路具有完全相同的拓扑结构,设定各支路电压与电流取关联参考方向。N 和 $\hat{N}$ 的有向图分别为 G 和 $\hat{G}$,如图 4-25(c)～图 4-25(d)所示,显然 G 与 $\hat{G}$ 完全相同。

由图 4-25(c),应用KVL将各支路电压用相应的节点电压表示为

$$\left.\begin{aligned} u_1 &= u_{n1} \\ u_2 &= u_{n1} - u_{n2} \\ u_3 &= u_{n2} - u_{n3} \\ u_4 &= u_{n3} - u_{n1} \\ u_5 &= u_{n2} \\ u_6 &= u_{n3} \end{aligned}\right\} \tag{4-39}$$

由图 4-25(d),对独立节点①,②,③列写出 KCL 方程,有

$$\left.\begin{array}{r}\hat{i}_1+\hat{i}_2-\hat{i}_4=0\\-\hat{i}_2+\hat{i}_3+\hat{i}_5=0\\-\hat{i}_3+\hat{i}_4+\hat{i}_6=0\end{array}\right\} \quad (4\text{-}40)$$

(a) 电路 N

(b) 电路 $\hat{N}$

(c) 电路 N 的有向图 G

(d) 电路 $\hat{N}$ 的有向图 $\hat{G}$

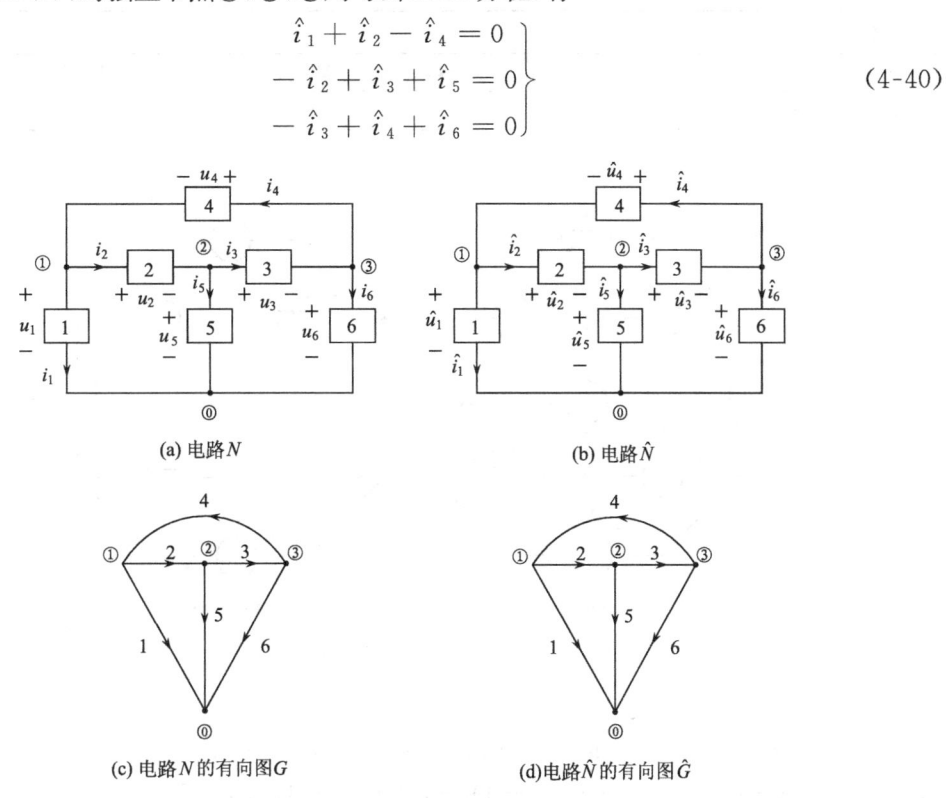

图 4-25 特勒根定理Ⅱ验证图

将式(4-39)代入式(4-37),有

$$\sum_{k=1}^{6} u_k \hat{i}_k = u_{n1}\hat{i}_1 + (u_{n1}-u_{n2})\hat{i}_2 + (u_{n2}-u_{n3})\hat{i}_3 + (u_{n3}-u_{n1})\hat{i}_4 + u_{n2}\hat{i}_5 + u_{n3}\hat{i}_6$$
$$= u_{n1}(\hat{i}_1+\hat{i}_2-\hat{i}_4) + u_{n2}(-\hat{i}_2+\hat{i}_3+\hat{i}_5) + u_{n3}(-\hat{i}_3+\hat{i}_4+\hat{i}_6)$$

再将式(4-40)代入上式,可得

$$\sum_{k=1}^{6} u_k \hat{i}_k = 0$$

从而验证式(4-37),同理也可验证式(4-38)。

显然,特勒根定理Ⅰ是特勒根定理Ⅱ在 N 和 $\hat{N}$ 为同一电路的特例。特勒根定理Ⅱ比特勒根定理Ⅰ更令人关注,这是因为特勒根定理Ⅱ将原本看上去没有直接联系的两个电路的电压、电流联系在一起,即只要它们的拓扑结构完全相同,且相应支路的电压、电流参考方向相同,则一个电路的支路电压与另一个电路的支路电流就可以用似功率守恒的数学式联系起来,这种联系导致网络理论研究上的某些突破。

例 4-11 图 4-26(a)～图 4-26(b)是两个不同的电路 N 和 $\hat{N}$,它们各支路的组成不同,但具有完全相同的拓扑结构,各支路电压、电流取关联参考方向,试验证特勒根定理Ⅱ中的式(4-37)。

解 将电路 N 的各支路电压 $u_k(k=1,2,\cdots,9)$ 值和电路 $\hat{N}$ 的各支路电流 $\hat{i}_k(k=1,2,\cdots,9)$ 值列为表 4-1,支路排序由上而下、从左到右。

表 4-1 N 的支路电压值和 $\hat{N}$ 的支路电流值

支路	1	2	3	4	5	6	7	8	9
N	−2V	6V	4V	−4V	3V	−9V	5V	−2V	7V
$\hat{N}$	−5A	−4A	3A	1A	−1A	−2A	3A	−2A	−4A

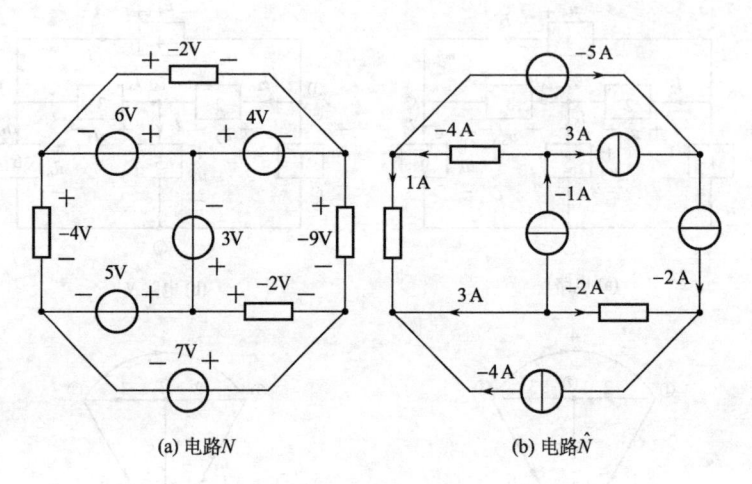

图 4-26 例 4-11 图

(a) 电路 N (b) 电路 $\hat{N}$

$$\sum_{k=1}^{9} u_k \hat{i}_k \begin{cases} = u_1\hat{i}_1 + u_2\hat{i}_2 + u_3\hat{i}_3 + u_4\hat{i}_4 + u_5\hat{i}_5 + u_6\hat{i}_6 + u_7\hat{i}_7 + u_8\hat{i}_8 + u_9\hat{i}_9 \\ = (-2)\times(-5) + 6\times(-4) + 4\times 3 + (-4)\times 1 + 3\times(-1) + (-9)\times(-2) \\ \quad + 5\times 3 + (-2)\times(-2) + 7\times(-4) \\ = 0 \end{cases}$$

4.6 互易定理

互易定理的内容可概述如下：对于一个仅由线性电阻组成无源（既无独立电源，又无受控源）的具有两个端口的网络 N_R，在单一激励情况下，当激励端口与响应端口相互易换位置而网络 N_R 内部的电路结构和元件参数不变时，同一数值的激励所产生的响应在数值上不改变。互易定理具有以下三种形式。

第一种形式：如图 4-27 所示，N_R 是只含线性电阻的具有两个端口的网络。当电压源 u_S 接在 N_R 的 1-1′ 端口时，在 N_R 的 2-2′ 端口的响应为短路电流 i_2；若将电压源 u_S 移到 N_R 的 2-2′ 端口，而在 N_R 的 1-1′ 端口的响应为短路电流 $\hat{i}_1$，如图 4-27(b) 所示，按照互易定理则有 $\hat{i}_1 = i_2$。

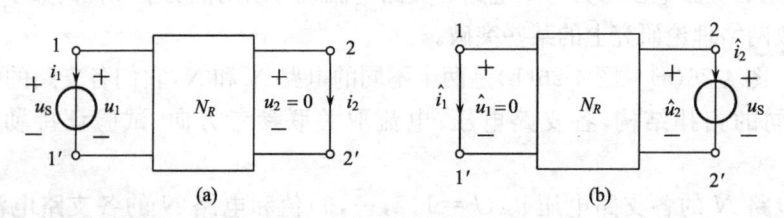

图 4-27 互易定理第一种形式

第二种形式: 如图 4-28 所示，N_R 是只含线性电阻的具有两个端口的网络。图 4-28(a)中 1-1′端口接入电流源 i_S（注意：电流源电流 i_S 的方向与 i_1 的参考方向相反），2-2′端口开路，其开路电压 u_2 为响应；图 4-28(b)中 2-2′端口接入电流源 i_S（注意：电流源电流 i_S 的方向与 $\hat{i}_2$ 的参考方向相反），1-1′端口开路，其开路电压 $\hat{u}_1$ 为响应，按照互易定理则有 $\hat{u}_1 = u_2$。

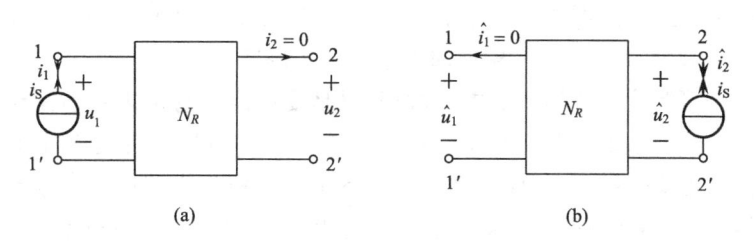

图 4-28 互易定理第二种形式

第三种形式: 如图 4-29 所示，N_R 是只含线性电阻的具有两个端口的网络。图 4-29(a)中 1-1′端口接入电流源 i_S（注意：电流源电流 i_S 的方向与 i_1 的参考方向相反），2-2′端口短路，其短路电流 i_2 为响应；图 4-29(b)中 2-2′端口接入电压源 u_S，1-1′端口开路，其开路电压 $\hat{u}_1$ 为响应；若数值上有 $u_S = i_S$，按照互易定理则在数值上有 $\hat{u}_1 = i_2$。

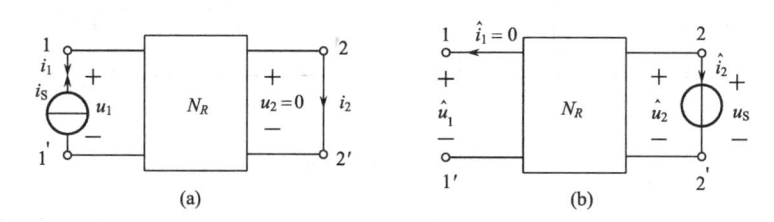

图 4-29 互易定理第三种形式

以上互易定理的三种形式可用特勒根定理Ⅱ证明。

设图 4-27(a)～图 4-27(b)分别有 b 条支路，1-1′端口和 2-2′端口分别为支路 1 和支路 2，其余 $(b-2)$ 条支路在 N_R 内部。将互易前的电路看作电路 N，而将互易后的电路看作 $\hat{N}$，显然 N 与 $\hat{N}$ 具有完全相同的拓扑结构，设各支路电压与电流均取关联参考方向，根据特勒根定理Ⅱ有

$$u_1\hat{i}_1 + u_2\hat{i}_2 + \sum_{k=3}^{b} u_k\hat{i}_k = 0$$

$$\hat{u}_1 i_1 + \hat{u}_2 i_2 + \sum_{k=3}^{b} \hat{u}_k i_k = 0$$

由于 N_R 内部的 $(b-2)$ 条支路均为线性电阻，故有 $u_k = R_k i_k$，$\hat{u}_k = R_k \hat{i}_k (k=3,4,\cdots,b)$。将它们分别代入以上两式，有

$$u_1\hat{i}_1 + u_2\hat{i}_2 + \sum_{k=3}^{b} R_k i_k \hat{i}_k = 0$$

$$\hat{u}_1 i_1 + \hat{u}_2 i_2 + \sum_{k=3}^{b} R_k \hat{i}_k i_k = 0$$

以上两式中，第三项相同，所以两式相减并移项整理，得

$$u_1\hat{i}_1 + u_2\hat{i}_2 = \hat{u}_1 i_1 + \hat{u}_2 i_2 \tag{4-41}$$

对于图 4-27(a)，有 $u_1=u_S$，$u_2=0$；对于图 4-27(b)，有 $\hat{u}_1=0$，$\hat{u}_2=u_S$；代入式(4-41)得 $\hat{i}_1=i_2$。互易定理第一种形式得证。

同理，对于图 4-28(a)，有 $i_1=-i_S$，$i_2=0$；对于图 4-28(b)，有 $\hat{i}_1=0$，$\hat{i}_2=-i_S$；代入式(4-41)，得 $\hat{u}_1=u_2$。互易定理第二种形式得证。

同理，对于图 4-29(a)，有 $i_1=-i_S$，$u_2=0$；对于图 4-29(b)，有 $\hat{i}_1=0$，$\hat{u}_2=u_S$；代入式(4-41)，若 $i_S=u_S$，则 $\hat{u}_1=i_2$。互易定理第三种形式得证。

应用互易定理可简化电路问题的求解过程，只是要注意互易定理只适用于一个独立电源激励的无受控源的线性电阻电路。在激励端口与响应端口相互易换位置时，网络 N_R 内部的电路结构和元件参数应保持不变，而且网络 N_R 外部 1-1′和 2-2′端口上激励与响应的参考方向由互易定理给定，不得擅自改动。对于多个独立电源激励无受控源的线性电阻电路，可先应用叠加定理进行分解，再在单个电源激励的分电路中应用互易定理。

例 4-12 电路如图 4-30(a)所示，求电流 I。

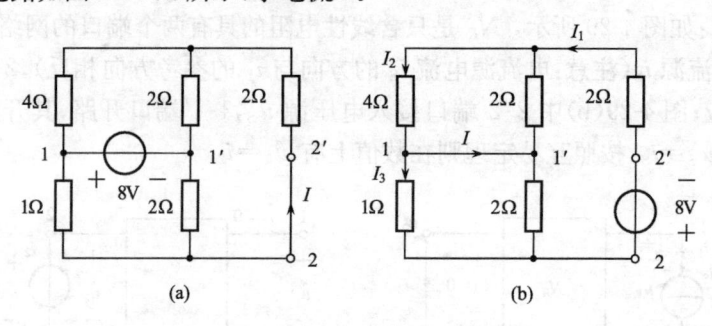

图 4-30 例 4-12 图

解 本题可选用互易定理第一种形式进行求解。将 1-1′端口的 8V 电压源移到 2-2′端口，而将 2-2′端口上的短路电流 I 移到 1-1′端口，如图 4-30(b)所示。

对于图 4-30(b)，容易得

$$I_1 = -\frac{8}{2+\dfrac{4\times 2}{4+2}+\dfrac{1\times 2}{1+2}} = -2\text{A}$$

再经分流得

$$I_2 = \frac{2}{4+2}I_1 = -\frac{2}{3}\text{A}$$

$$I_3 = \frac{2}{1+2}I_1 = -\frac{4}{3}\text{A}$$

最后由 KCL 得

$$I = I_2 - I_3 = \frac{2}{3}\text{A}$$

例 4-13 如图 4-31(a)所示，网络 N_R 有一对输入端 1-1′和一对输出端 2-2′。当输入端电压为 9V 时，输入电流为 4.5A，而输出端的短路电流为 1A。如把电压源移到输出端，同时在输入端跨接 2Ω 电阻，如图 4-31(b)所示，求 2Ω 电阻上电压 U_o。

解 图 4-31(b)电路中除 2Ω 电阻以外的部分可看成是一个含源单口网络 N_S，应用戴维南定理或诺顿定理将其等效化简为戴维南等效电路或诺顿等效电路，如图 4-31(c)~图 4-31(d)所示。这样求 U_o 落实到求 u_{oc}（或 i_{sc}）和 R_{eq}，而求解 u_{oc}（或 i_{sc}）和 R_{eq} 的信息由图 4-31(a)提供。

图 4-31 例 4-13 图

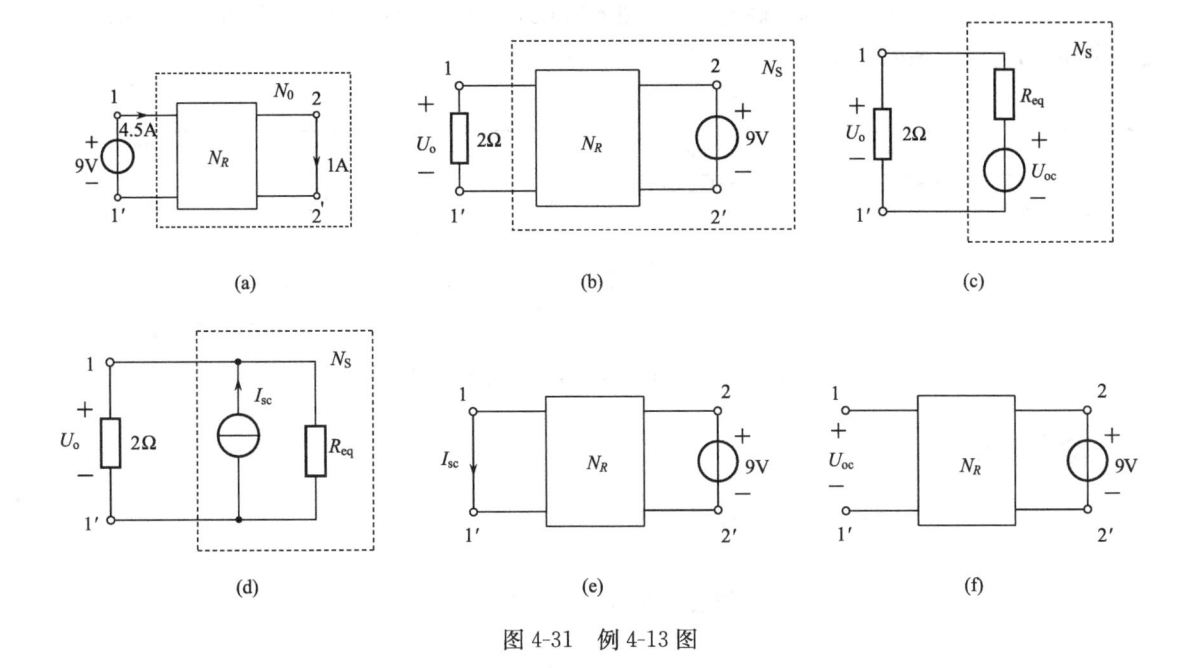

图 4-31(a)电路中除 9V 电压源以外的部分可看成是一个无源单口网络 N_0，这个 N_0 恰好是图 4-31(b)中 N_S 内部 9V 独立电压源置零时所得的无源单口网络。根据外施电源法，N_0 的等效电阻为

$$R_{eq} = \frac{U}{I} = \frac{9}{4.5} = 2\Omega$$

根据互易定理的第一种形式，对照图 4-31(a)，容易求出图 4-31(e)中的短路电流为

$$I_{sc} = 1\text{A}$$

根据互易定理的第三种形式及线性电路的齐次性，对照图 4-31(a)，容易求出图 4-31(f)中的开路电压为

$$U_{oc} = 2 \times 1 = 2\text{V}$$

最后由图 4-31(c)得

$$U_o = \frac{2}{2+R_{eq}} \times U_{oc} = \frac{2}{2+2} \times 2 = 1\text{V}$$

或由图 4-31(d)得

$$U_o = \frac{R_{eq}}{2+R_{eq}} \times I_{sc} \times 2 = \frac{2}{2+2} \times 1 \times 2 = 1\text{V}$$

4.7 对偶原理

自然界中许多物理现象都以一种对偶形式出现，电路也不例外。回顾前面讨论过的内容，可知电路变量、电路元件、电路结构、电路定律和电路定理及电路分析方法、电路方程都存在相类似的一一对应关系，这种关系称为电路的对偶关系。例如，电阻 R 的电压和电流关系为 $u=Ri$，电导 G 的电流和电压关系为 $i=Gu$。在这两种关系中，如果把电压 u 与电流 i 互换，电阻 R 与电导 G 互换，则两个关系式可以相互转换，形成对偶关系式，这些互换元素就称为对偶元素。

图 4-32(a)为 n 个电阻的串联电路 N，图 4-32(b)为 n 个电导的并联电路 $\overline{N}$。根据第 2 章的分析，可得到一系列公式。

(a) n 个电阻的串联电路 N

(b) n 个电导的并联电路 $\overline{N}$

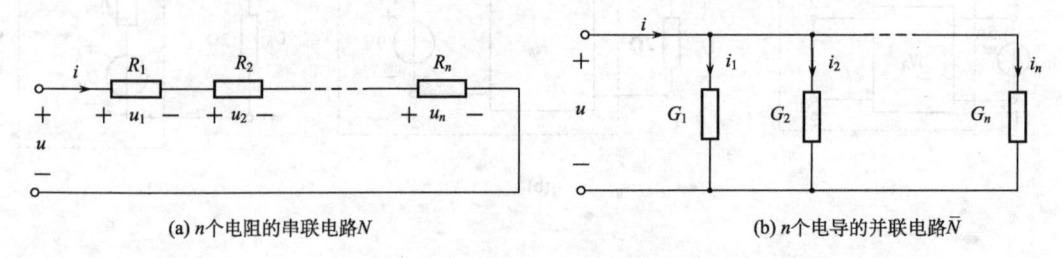

图 4-32 电阻串联与电导并联的对偶

对电路 N，有

$$\left.\begin{aligned}
\text{端口电压}: u &= \sum_{k=1}^{n} u_k \\
\text{等效电阻}: R_{eq} &= \sum_{k=1}^{n} R_k \\
\text{端口电流}: i &= \frac{u}{R_{eq}} \\
\text{分压公式}: u_k &= \frac{R_k}{R_{eq}} u
\end{aligned}\right\} \quad (4\text{-}42)$$

对电路 $\overline{N}$，有

$$\left.\begin{aligned}
\text{端口电流}: i &= \sum_{k=1}^{n} i_k \\
\text{等效电导}: G_{eq} &= \sum_{k=1}^{n} G_k \\
\text{端口电压}: u &= \frac{i}{G_{eq}} \\
\text{分流公式}: i_k &= \frac{G_k}{G_{eq}} i
\end{aligned}\right\} \quad (4\text{-}43)$$

因此，这两组公式存在相类似的一一对应关系，电压 u 与电流 i 互换，电阻 R 与电导 G 互换，那么就可由电路 N 中的公式可得到电路 $\overline{N}$ 中的公式，反之亦然。串联与并联、电压与电流、电阻 R 与电导 G 都是对偶元素，式(4-42)与式(4-43)是对偶关系式，而电路 N 与电路 $\overline{N}$ 则称为对偶电路。

两个平面电路 N 和 $\overline{N}$ 如图 4-33(a)与图 4-33(b)所示，在给定网孔电流与节点电压的参考方向下，N 的网孔电流方程与 $\overline{N}$ 的节点电压方程分别为

$$\left.\begin{aligned}
(R_1 + R_2) i_{m1} - R_2 i_{m2} &= u_{S_1} \\
-R_2 i_{m1} + (R_2 + R_3) i_{m2} &= u_{S_2}
\end{aligned}\right\} \quad (4\text{-}44)$$

$$\left.\begin{aligned}
(\overline{G}_1 + \overline{G}_2) \overline{u}_{n1} - \overline{G}_2 \overline{u}_{n2} &= \overline{i_{S_1}} \\
-\overline{G}_2 \overline{u}_{n1} + (\overline{G}_2 + \overline{G}_3) \overline{u}_{n2} &= \overline{i_{S_2}}
\end{aligned}\right\} \quad (4\text{-}45)$$

(a) 平面电路N　　　　　　　　(b) 平面电路$\overline{N}$

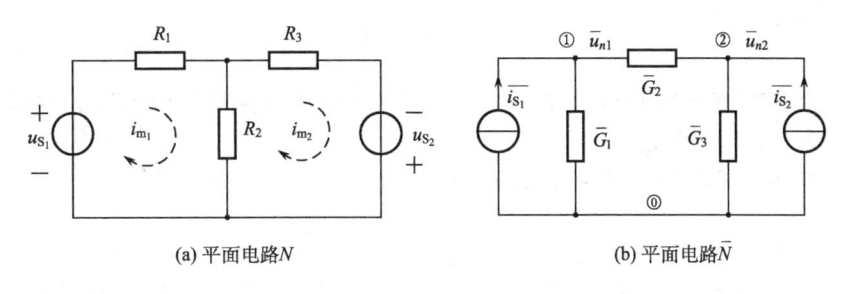

图 4-33　互为对偶的两个平面电路

因此,这两组方程也存在相类似的一一对应关系,R 与 $\overline{G}$ 互换,u_S 与 $\overline{i_S}$ 互换,i_m 与 $\overline{u_n}$ 互换,则上述两组方程也可以彼此相互转换。网孔与节点、网孔电流与节点电压都是对偶元素,式(4-44)与式(4-45)是对偶关系式,N 与 $\overline{N}$ 这两个平面电路称为对偶电路。

电路中某些元素之间的关系(或方程)用它们的对偶元素对应地互换后所得新关系(或新方程)也一定存在,后者和前者互为对偶,这就是对偶原理。

根据对偶原理,如果导出某一关系式和结论,就等于解决了和它对偶的另一个关系式和结论。在电路问题分析求解中,可以应用对偶原理作为电路分析的新工具,若已知某一电路的结构、电路方程及电路解答,通过互换对偶元素,可直接得到与它对偶电路的结构、电路方程及电路解答,这就是对偶方法。对偶方法非常重要,它不但为电路分析和计算提供了新途径,使原有的电路计算公式、计算方法的记忆工作减少一半,而且为寻找新的电路开拓广阔的道路,因为在寻找对偶电路、对偶电路特性时常会导致新的发现和预见到有用的新电路。对偶方法是值得提倡的一种科学思维方式,掌握这种思维方式,即可在分析电路中达到事半功倍的效果。表 4-2 中列出一部分电路分析中的对偶关系,以供参考使用。

表 4-2　电路分析中的对偶关系

电路变量对偶	
电压 u	电流 i
节点电压 u_{nk}	网孔电流 i_{mk}
电路元件对偶	
电阻元件 R	电导元件 G
独立电压源 u_S	独立电流源 i_S
短路	开路
电路结构对偶	
电阻串联	电导并联
节点	网孔
电路定律、电路定理及电路方程对偶	
KVL:$\sum u = 0$	KCL:$\sum i = 0$
戴维南定理	诺顿定理
节点电压方程	网孔电流方程

思 考 题

4-1 对于含有受控源的线性电阻电路,在应用叠加定理求解时,受控源应做什么处理?它能否像独立电源一样分别单独作用计算其分响应?

4-2 "替代"与第2章的"等效变换"都能简化电路分析,它们是两个不同的概念,"替代"与"等效变换"的区别是什么?

4-3 什么是开路电压?如何求含源单口网络的开路电压?在求开路电压时要注意什么?

4-4 什么是短路电流?如何求含源单口网络的短路电流?在求短路电流时要注意什么?

4-5 在应用戴维南定理或诺顿定理求等效电阻 R_{eq} 时要注意些什么?哪些方法可用来求等效电阻 R_{eq}?

4-6 对于含有受控源的含源单口网络,如何应用戴维南定理或诺顿定理,应注意什么问题?

4-7 含有受控源的含源单口网络若存在戴维南(或诺顿)等效电路,就一定有诺顿(或戴维南)等效电路吗?

4-8 在应用特勒根定理时,如果电路中某一支路电压、电流取非关联参考方向,应做什么处理?

4-9 在互易定理的三种形式中,网络 N_R 外部 1-1′ 和 2-2′ 端口上的激励与响应的参考方向如何指定?

4-10 对于多个独立电源激励的线性电阻电路,能否应用互易定理进行求解?

习 题

4-1 试用叠加定理求如题 4-1 图(a)~题 4-1 图(b)所示电路中的电压 u 和电流 i。

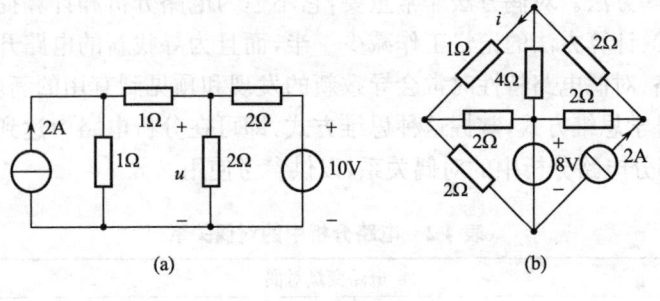

题 4-1 图

4-2 试用叠加定理求如题 4-2 图所示电路中的电流 I_x。

4-3 电路如题 4-3 图所示,已知 $u_S=9\text{V}$,$i_S=3\text{A}$,试用叠加定理求电流 i。

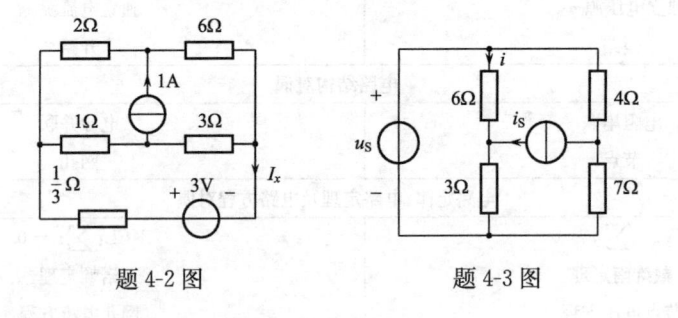

题 4-2 图   题 4-3 图

4-4 试用叠加定理求如题 4-4 图所示电路中的电压 U。

4-5 试用叠加定理求如题 4-5 图所示电路中的电压 U_x。

题 4-4 图　　　　　　　　　　　题 4-5 图

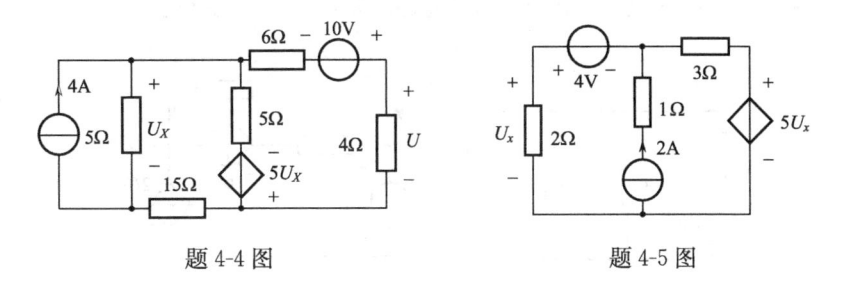

4-6　电路如题 4-6 图所示，N 为不含独立电源的线性电阻电路。已知：当 $u_S=12V$、$i_S=4A$ 时，$u=0V$；当 $u_S=-12V$、$i_S=-2A$ 时，$u=-1V$；求当 $u_S=9V$、$i_S=-1A$ 时的电压 u。

4-7　电路如题 4-7 图所示。(1)试求从 ab 两端往右看的等效电阻 R_{ab} 及电压 U_{ab}；(2)试设法利用替代定理求解电压 U_o。

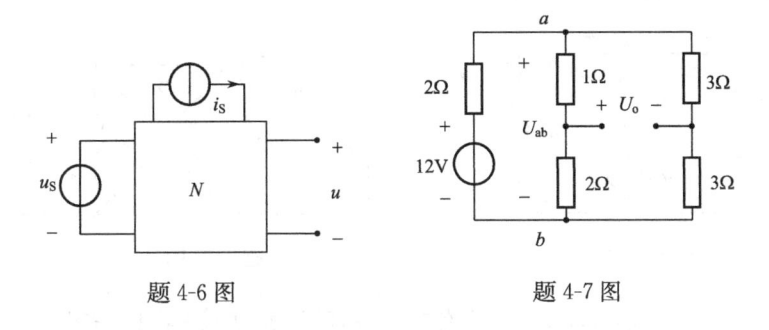

题 4-6 图　　　　　　　　　　　题 4-7 图

4-8　求如题 4-8 图(a)~题 4-8 图(b)所示各电路的戴维南或诺顿等效电路。

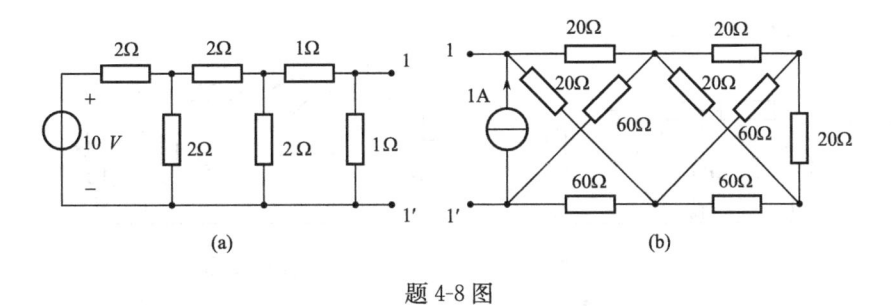

(a)　　　　　　　　　　　(b)

题 4-8 图

4-9　求如题 4-9 图(a)~题 4-9 图(b)所示各电路的戴维南或诺顿等效电路。

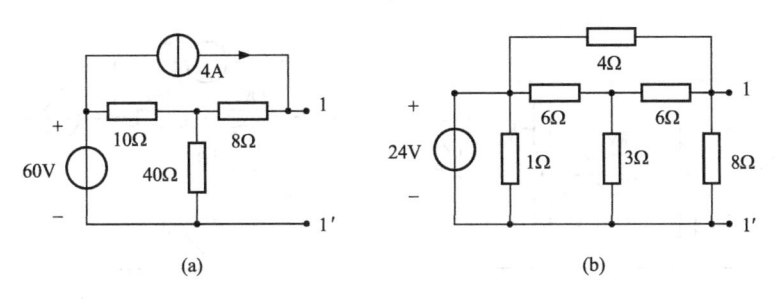

(a)　　　　　　　　　　　(b)

题 4-9 图

4-10 求如题 4-10 图(a)～题 4-10 图(b)所示各电路的戴维南或诺顿等效电路。

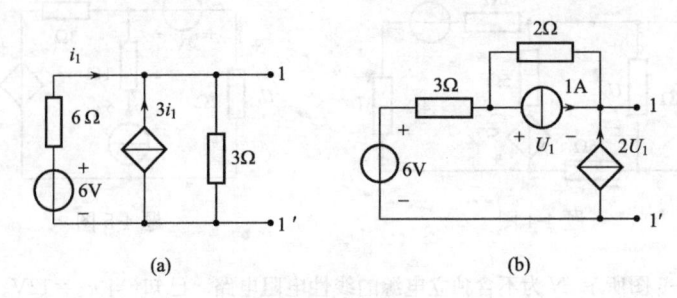

(a)

(b)

题 4-10 图

4-11 利用戴维南定理求如题 4-11 图所示电路中 6Ω 电阻上的电流 I。

4-12 利用诺顿定理求如题 4-12 图所示电路中 20Ω 电阻上的电压 U。

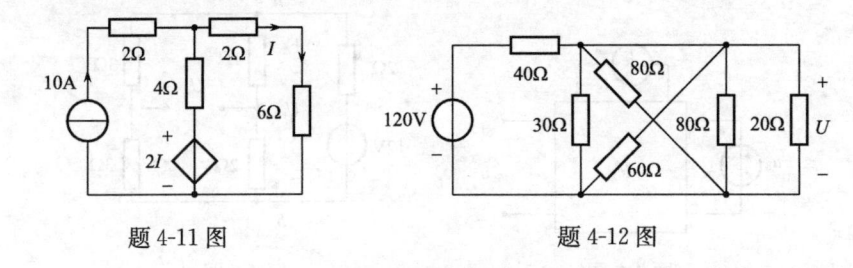

题 4-11 图

题 4-12 图

4-13 电路如题 4-13 图所示，负载 R_L 为何值时能获得最大功率？最大功率是多少？

4-14 电路如题 4-14 图所示，问 R_L 为何值时它能获得最大功率？最大功率是多少？

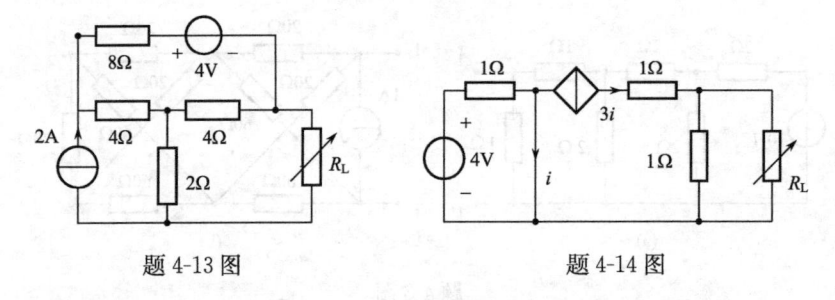

题 4-13 图

题 4-14 图

4-15 电路如题 4-15 图所示，负载 R_L 为何值时能获得最大功率？最大功率是多少？

4-16 电路如题 4-16 图所示，试求 R_L 为何值时可以获得最大功率，该最大功率为多少？

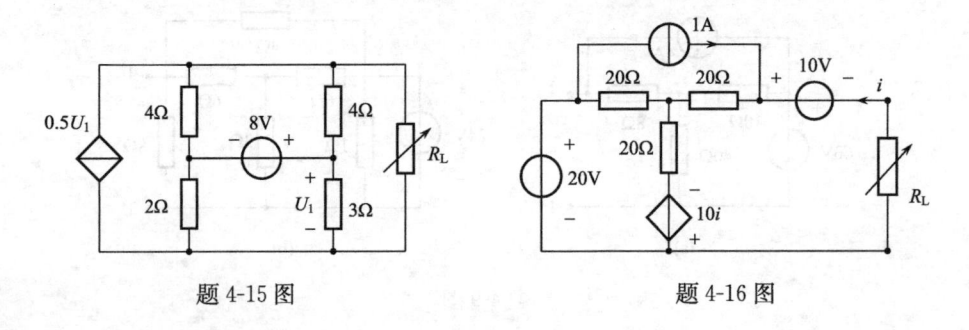

题 4-15 图

题 4-16 图

4-17 电路如题 4-17 图所示，N_R 仅由线性电阻组成，已知当 $u_S=6V$、$R_2=2\Omega$ 时，$i_1=2A$、$u_2=2V$；当 $u_S=10V$，$R_2=4\Omega$ 时，$i_1=3A$，试用特勤根定理Ⅱ求此时的电压 u_2。

4-18 线性无源电阻网络 N 如题 4-18 图(a)所示，若 $u_S=100V$ 时得 $u_2=20V$，求当电路改为如题 4-18 图(b)时的 i。

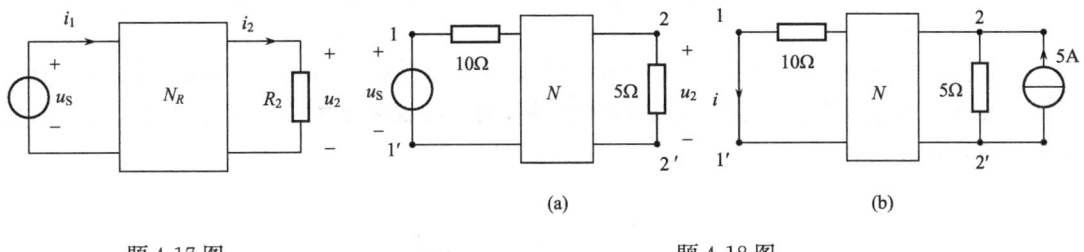

题 4-17 图

题 4-18 图

4-19 如题 4-19 图(a)所示电路中 N_R 为互易双口网络，当 $I_{S_1}=1A$ 时，测得 $U_1=2V$，$U_2=1V$。若将电路改接为题 4-19 图(b)，试求当 $U_{S_1}=20V$，$I_{S_2}=10A$ 时的电流 I_1。

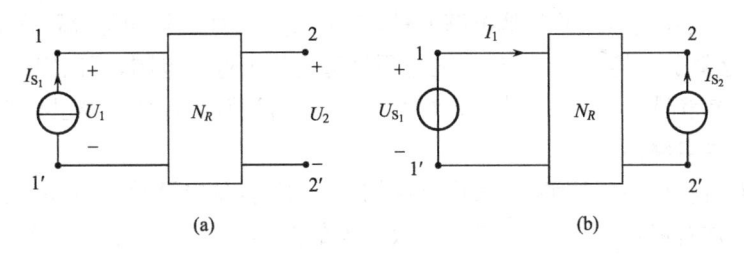

题 4-19 图

4-20 在如题 4-20 图(a)所示电路中，N_R 为线性无源电阻网络，当输入端 1-1′接 2A 电流源时，测得输入端电压为 10V，输出端 2-2′的开路电压为 5V；若把电流源接在输出端 2-2′，同时在输入端 1-1′接电阻 5Ω，如题 4-20 图(b)所示，求流过 5Ω 电阻的电流 $\hat{i}_1$ 为多少？

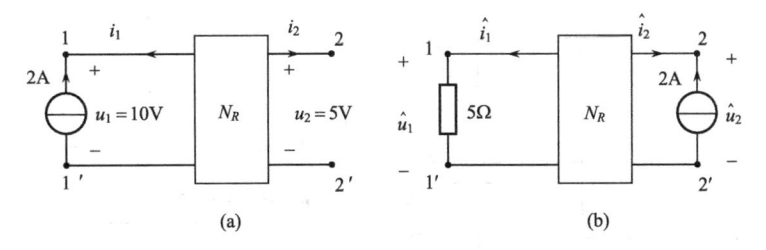

题 4-20 图

第5章 含有运算放大器的电阻电路

本章主要介绍运算放大器的图形符号、外特性及电路模型,运算放大器在理想条件下具有的特点及含有理想运算放大器的电阻电路的分析,为后续课程中关于含有运算放大器电路的分析打下初步基础。

5.1 运算放大器

运算放大器(简称运放)是用集成电路(IC)技术制作的一种多端器件,包含一小片硅片,在其上制作了许多相联接的晶体管、电阻、二极管,封装后成为一个对外具有多个端子的电路器件。早期,将运放外接适当的其他电路元件,就可以完成对信号的加、减、微分、积分等多种运算,故称其为运算放大器。现在,运放的应用已远远超出这一范围,可以用于对信号的处理,如信号幅度的比较和选择、信号的滤波、放大、整形等。目前,运算放大器已成为现代电子技术中应用广泛的一种电路器件。

运算放大器有各种各样的型号,其内部结构也不相同,从电路分析的角度出发,只是把它作为一种电路元件看待,需要关注的是运算放大器的图形符号、外特性及电路模型,图 5-1(a)给出运放的图形符号。运放有两个输入端 a、b 和一个输出端 o,电源端子 E^+ 和 E^- 连接直流偏置电压,以维持运放内部晶体管的正常工作。E^+ 电压相对地(参考节点)是正电压,E^- 电压相对地(参考节点)是负电压。在分析运放的输出与输入关系时,可以不考虑运放内部工作所需要的直流偏置电压,即图 5-1(a)可简单地描述为图 5-1(b),但实际上直流偏置电压是存在的。

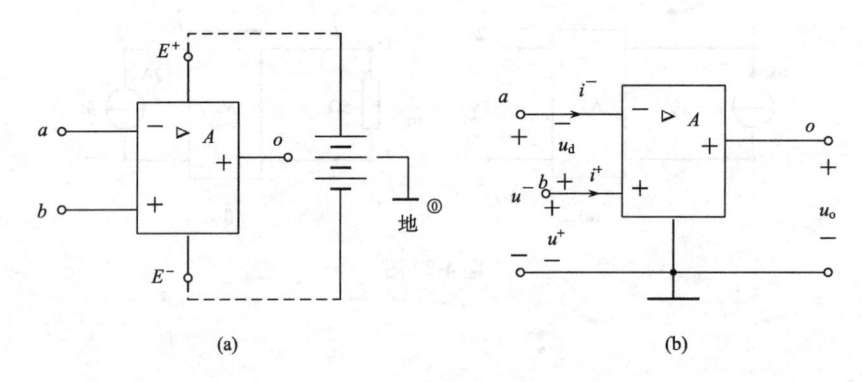

图 5-1 运放的图形符号

在图 5-1(b)中,i^-、i^+ 分别表示从 a、b 端子流入运放的电流,u^-、u^+、u_o 分别是运放相应端子对地(参考节点)的电压,A 表示运放的电压增益(电压放大倍数)。标注"—"号的输入端 a 称为反相输入端,这是因为当 u^- 单独施加于 a 端子时,b 端子接地($u^+=0$),这时运放输入电压 $u_d=-u^-$,输出电压 $u_o=-Au^-$,即输出电压与反相输入端电压相对地是反向(反相);标注"+"的输入端 b 称为同相输入端,这是因为当 u^+ 单独施加于 b 端子时,a 端子接地($u^-=0$),这时运放

· 120 ·

输入电压 $u_d=u^+$，输出电压 $u_o=Au^+$，即输出电压与同相输入端电压相对地是同向（同相）；当 a、b 端子都有输入电压时，称为差动输入，这时运放的输入电压 $u_d=u^+-u^-$，输出电压 $u_o=Au_d=A(u^+-u^-)$。符号"▷"表示运放是一种单向器件，亦即它的输出电压受输入电压控制，但输入电压却不受输出电压的影响。

运放的外特性即为运放输出电压 u_o 与输入电压 u_d 之间关系的特性，称为转移特性。以差动输入为例，运放的转移特性曲线示于图 5-2。当 u_d 在 $-\varepsilon\leqslant u_d\leqslant\varepsilon$（$\varepsilon$ 是很小的）范围内变化时，$u_o=Au_d$，转移特性曲线是一条通过原点的直线。运算放大器作为一个线性元件，相当于一个电压放大器，将输入电压放大 A 倍后输出；当 $|u_d|>\varepsilon$ 时，输出电压趋于饱和，其饱和值为 $\pm U_{sat}$，这时运算放大器是一个非线性元件。运算放大器由输入电压 u_d 的范围决定工作时作为线性元件使用，还是作为非线性元件使用，这里主要考虑作为线性元件使用的情况。

图 5-3 表示线性运放的电路模型，实际上是一个电压放大器。模型中 R_{in} 为运放的输入电阻，为 $10^6\sim10^{13}\Omega$；R_o 为运放的输出电阻，为 $10\sim100\Omega$。A 为运放的电压增益，为 $10^5\sim10^7$。因此，运算放大器是一种高增益、高输入电阻和低输出电阻的电压放大器。

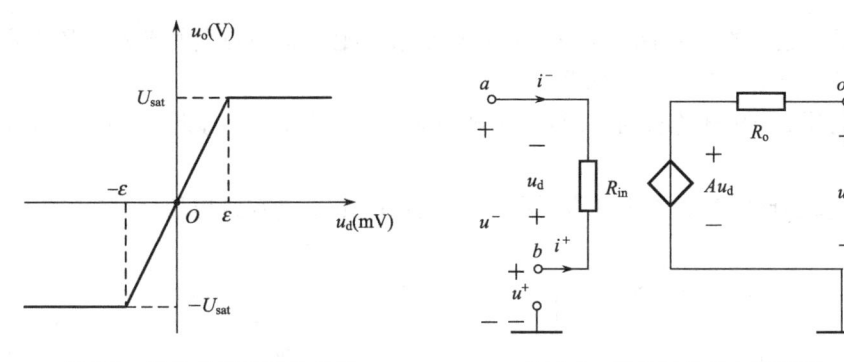

图 5-2　运放的转移特性曲线　　　　图 5-3　线性运放的电路模型

5.2　理想运算放大器

理想运算放大器（简称理想运算）是实际运算放大器的理想化描述，即理想地认为运算放大器的电压增益 $A\to\infty$，输入电阻 $R_{in}\to\infty$，输出电阻 $R_o\to0$。理想运算放大器无法用电路模型描述，只能用图 5-4 的图形符号表示。实际运放完全满足这三个条件是做不到的，但在一定的使用条件下，在允许的工程误差范围内，可以在进行电路分析时将实际运放当作理想运放对待，这有利于分析、计算。

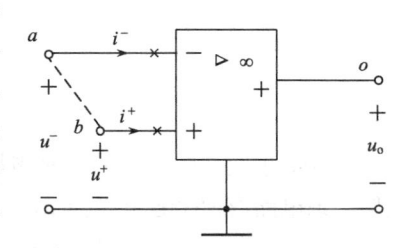

图 5-4　理想运算放大器的图形符号

下面分析理想运算放大器具有的特点。首先当 $R_o\to 0$ 时，由图 5-3 得 $u_o=Au_d$，而运算放大器的输出电压为有限值，所以当 $A\to\infty$ 时，其输入电压 $u_d=u^+-u^-\to0$，即 $u^+\doteq u^-$，即 u^+ 与 u^- 对地几乎相等，a、b 两端子几乎为等电位，a、b 两端子间可作"虚短路"（似短路又非真短路）处理，如图 5-4 中虚线所示。这样，在列写有关 u_d 的 KVL 方程时，在数值上可舍弃 u_d 的作用。作为差动输入的两种特殊情况，反相输入（$u^+=0$）或同相输入（$u^-=0$），则上述的 a、b 端子间的"虚短路"导致 a 端子为"虚地"（$u^-\doteq u^+=0$）或 b

端子为"虚地"($u^+ \doteq u^- = 0$)。其次,当 $R_{in} \to \infty$ 及 $u_d \to 0$ 时,由图 5-3 可得 $i^+ = -i^- = \dfrac{u_d}{R_{in}} \to 0$,即从 a、b 两个端子流入运算放大器的电流非常小,几乎为零,a、b 两端子又可作"虚开路"(似开路又非真开路)处理,如图 5-4 中"×"号所示。这样,在列写有关 i^-、i^+ 的 KCL 方程时,在数值上可舍弃 i^-、i^+ 的作用。以上分析结果可归纳为理想运算放大器如下的两个特点。

(1) 输入电压 u_d 趋于零,$u^+ \doteq u^-$,可作"虚短路"(或"虚短")、"虚地"处理。

(2) 输入端子电流趋于零,$i^+ = -i^- \doteq 0$,可作"虚开路"(或"虚断")处理。

这两个特点对一个理想运算放大器必须同时满足,而且这两个特点对于分析含理想运算放大器的电路极为有用。

5.3 含有理想运算放大器的电阻电路分析

节点分析法特别适用于分析含理想运放的电路。在分析含理想运放的电路时,要注意以下两点。

(1) 在理想运放的输出端应设一个节点电压,但不必为该节点列写节点电压方程,因为理想运放的输出电流在求解前是未知量。

(2) 在列写节点电压方程时,注意运用理想运放的"虚短"和"虚断"两个特点以减少未知量的数目。

例 5-1 反相比例器如图 5-5(a)所示,试求输出电压 u_o 与输入电压 u_{in} 之间的关系。

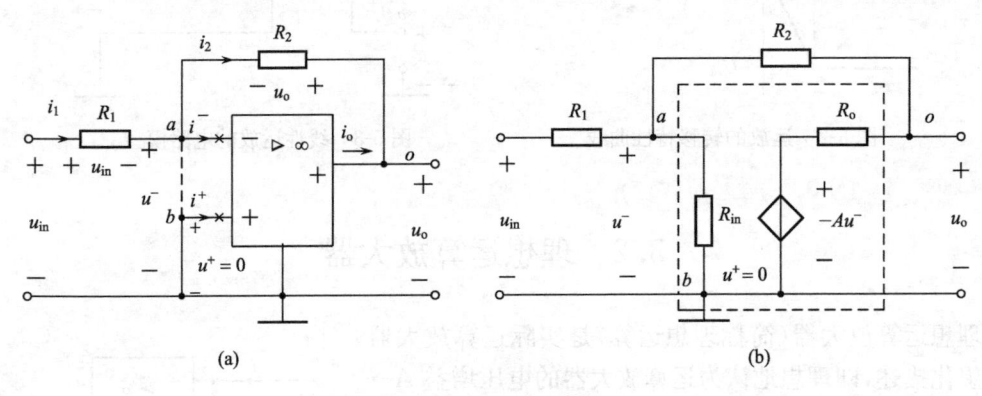

图 5-5 例 5-1 图

解 如果把如图 5-5(a)所示电路中的运放当作实际运放,可画出如图 5-5(b)所示的电路模型。该电路有两个独立节点 a、o,分别列写出节点电压方程为

$$\left(\dfrac{1}{R_1} + \dfrac{1}{R_2} + \dfrac{1}{R_{in}}\right)u_{na} - \dfrac{1}{R_2}u_o = \dfrac{u_{in}}{R_1}$$

$$-\dfrac{1}{R_2}u_{na} + \left(\dfrac{1}{R_2} + \dfrac{1}{R_o}\right)u_o = \dfrac{-Au^-}{R_o}$$

控制量用节点电压表示为

$$u^- = u_{na}$$

联立求解上述方程,得

$$\frac{u_\text{o}}{u_\text{in}}=-\frac{R_2}{R_1}\cdot\frac{1}{1+\dfrac{\left(1+\dfrac{R_\text{o}}{R_2}\right)\left(1+\dfrac{R_2}{R_1}+\dfrac{R_2}{R_\text{in}}\right)}{A-\dfrac{R_\text{o}}{R_2}}}$$

将理想运放的条件 $A\to\infty$；$R_\text{in}\to\infty$；$R_\text{o}\to 0$ 代入上式,则有

$$\frac{u_\text{o}}{u_\text{in}}=-\frac{R_2}{R_1}=K_u$$

因此,利用如图 5-5(a)所示电路可以使输出电压 u_o 与输入电压 u_in 之比按 $-\dfrac{R_2}{R_1}$ 确定,而不会由于理想运放的性能稍有改变使 $\dfrac{u_\text{o}}{u_\text{in}}$ 的比值受到影响。显然,选择不同的 R_1 和 R_2 值,可获得不同的 $\dfrac{u_\text{o}}{u_\text{in}}$ 值,所以如图 5-5(a)所示电路具有比例器的作用。又由于电路中理想运放的输出电压 u_o 通过电阻 R_2 反馈到反相输入端,输出电压 u_o 与输入电压 u_in 反向(反相),故如图 5-5(a)所示电路又称为反相比例器,而比值 $-\dfrac{R_2}{R_1}$ 就称为运放的闭环增益,用 K_u 表示。

此题还可以直接应用节点分析法对如图 5-5(a) 所示电路进行求解。节点 a、o 作为两个独立节点,由于运放的输出电流 i_o 在求解前是未知量,故不必对节点 o 列写节点电压方程,只需对节点 a 列写节点电压方程,同时考虑到 $i^-=0$,即"虚开路"这一特点,有

$$\left(\frac{1}{R_1}+\frac{1}{R_2}\right)u_\text{na}-\frac{1}{R_2}u_\text{o}=\frac{u_\text{in}}{R_1}$$

还考虑到 $u^-\doteq u^+=0$,即"虚地"这一特点,有补充约束方程为

$$u_\text{na}=u^-\doteq 0$$

最后整理得

$$-\frac{1}{R_2}u_\text{o}=\frac{u_\text{in}}{R_1}$$

即

$$\frac{u_\text{o}}{u_\text{in}}=-\frac{R_2}{R_1}$$

此题还有更简便的求解方法,在如图 5-5(a)所示电路上作"虚地"、"虚开路"处理,由 $u^-\doteq u^+=0$,即"虚地"可知电阻 R_1 上电压为 u_in 而电阻 R_2 上电压为 u_o,根据电阻元件性能方程得

$$i_1=\frac{u_\text{in}}{R_1},\ i_2=-\frac{u_\text{o}}{R_2}$$

再由 $i^-\doteq 0$,即"虚开路"及对节点 a 应用 KCL,有

$$i_1=i_2$$

求得

$$\frac{u_\text{o}}{u_\text{in}}=-\frac{R_2}{R_1}$$

显然,这种方法最简捷。通过对此题的求解,发现对电路分析得越透彻,求解过程越简单。

例 5-2 加法器如图 5-6 所示,试求输出电压 u_o 与输入电压 u_1、u_2、u_3 之间的关系。

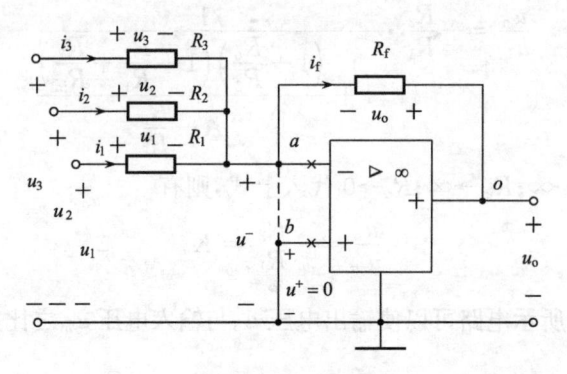

图 5-6 加法器

解 在如图 5-6 所示电路上作"虚地"、"虚开路"处理。由 $u^- \doteq u^+ = 0$,即"虚地"得

$$i_1 = \frac{u_1}{R_1}, i_2 = \frac{u_2}{R_2}, i_3 = \frac{u_3}{R_3}, i_f = -\frac{u_o}{R_f}$$

再由 $i^- \doteq 0$,即"虚开路"及对节点 a 应用 KCL,有

$$i_f = i_1 + i_2 + i_3$$

整理得

$$-\frac{u_o}{R_f} = \frac{u_1}{R_1} + \frac{u_2}{R_2} + \frac{u_3}{R_3}$$

即

$$u_o = -\left(\frac{R_f}{R_1}u_1 + \frac{R_f}{R_2}u_2 + \frac{R_f}{R_3}u_3\right)$$

如令 $R_1 = R_2 = R_3 = R_f$,则

$$u_o = -(u_1 + u_2 + u_3)$$

上式表明输出信号等于各路输入信号相加后再反向,这就是加法器命名的依据。

例 5-3 减法器电路如图 5-7 所示,试求输出电压 u_o 与输入电压 u_1、u_2 之间的关系。

解 在如图 5-7 所示电路上作"虚短路"、"虚开路"处理,应用节点分析法进行求解。节点 a、b、o 作为三个独立节点,由于运放的输出电流 i_o 在求解前是未知量,故不必对节点 o 列写节点电压方程,只需对节点 a、b 列写节点电压方程,同时考虑到 $i^- \doteq 0$、$i^+ \doteq 0$,即"虚开路"这一特点,有

$$\left.\begin{array}{l}\left(\dfrac{1}{R_1} + \dfrac{1}{R_2}\right)u_{na} - \dfrac{1}{R_2}u_o = \dfrac{u_1}{R_1} \\ \left(\dfrac{1}{R_1} + \dfrac{1}{R_2}\right)u_{nb} = \dfrac{u_2}{R_1}\end{array}\right\}$$

还考虑到 $u^- \doteq u^+$,即"虚短路"这一特点,有补充约束方程为

$$u_{na} \doteq u_{nb}$$

将上式代入节点电压方程中得

$$\frac{u_2}{R_1} - \frac{1}{R_2}u_o = \frac{u_1}{R_1}$$

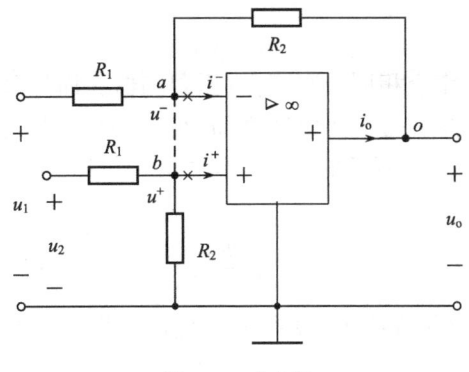

图 5-7 减法器

整理得
$$u_o = \frac{R_2}{R_1}(u_2 - u_1)$$

例 5-4 同相放大器如图 5-8(a)所示，试求输出电压 u_o 与输入电压 u_{in} 之间的关系。

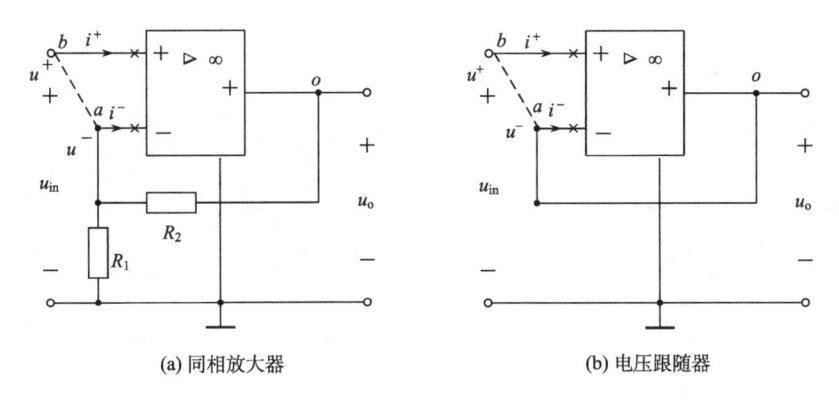

(a) 同相放大器

(b) 电压跟随器

图 5-8 例 5-4 图

解 在如图 5-8(a)所示电路上作"虚短路"、"虚开路"处理。由 $u^- \doteq u^+$，即"虚短路"这一特点，得

$$u^- = u_{in}$$

再由 $i^- \doteq 0$，即"虚开路"这一特点，R_1、R_2 可视为串联，经分压得

$$u^- = \frac{R_1}{R_1 + R_2} u_o$$

整理得

$$\frac{u_o}{u_{in}} = 1 + \frac{R_2}{R_1}$$

选择不同的 R_1 和 R_2，可以获得不同的 $\dfrac{u_o}{u_{in}}$ 值，而比值一定大于 1，同时又是正值，说明输出电压 u_o 与输入电压 u_{in} 同向(同相)，故称为同相放大器。

如果 $R_1 = \infty$(开路处理)、$R_2 = 0$(短路处理)，则图 5-8(a)变成图 5-8(b)。这时

$$\frac{u_o}{u_{in}} = 1$$

即
$$u_o = u_{in}$$

输出电压 u_o 与输入电压 u_{in} 完全相同,故称为电压跟随器。而且又由于 $i^- \doteq 0$、$i^+ \doteq 0$,即"虚开路"($R_{in} \to \infty$)这一特点,将它插入两电路之间,可对两个电路起隔离作用,又不影响信号电压的传递。例如,在图 5-9(a)所示的分压电路中,当输出端没有接负载(空载)时,输出电压为

$$u_2 = \frac{R_2}{R_1 + R_2} u_1$$

但是,当输出端接上负载 R_L(用虚线表示)后,输出电压变为

$$u_2' = \frac{\dfrac{R_2 R_L}{R_2 + R_L}}{R_1 + \dfrac{R_2 R_L}{R_2 + R_L}} u_1$$

显然,$u_2' < u_2$,这就是所谓的"负载效应",负载 R_L 的接入影响了输出电压的大小。如果在负载 R_L 与分压电路之间插入一个电压跟随器,如图 5-9(b)所示,由于电压跟随器的输入电流为零,因此并不影响分压电路的分压关系,只是将 R_L 与分压电路隔离开,这时 R_L 两端电压仍然是 $u_2 = \dfrac{R_2}{R_1 + R_2} u_1$。

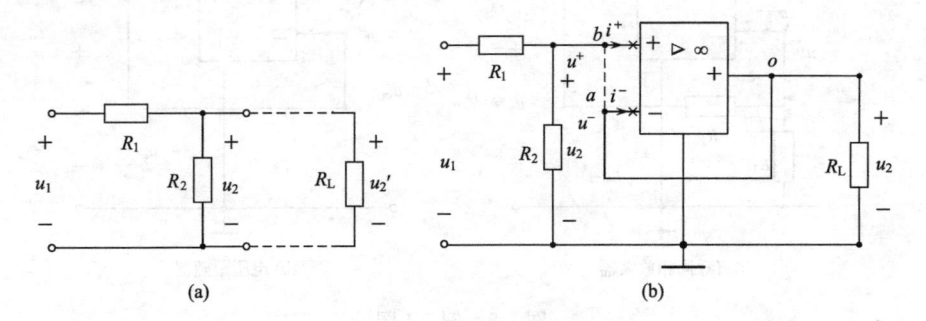

图 5-9 电压跟随器隔离作用说明图

例 5-5 如图 5-10 所示,电路含有两个理想运放,试求电压比值 $\dfrac{u_o}{u_{in}}$。

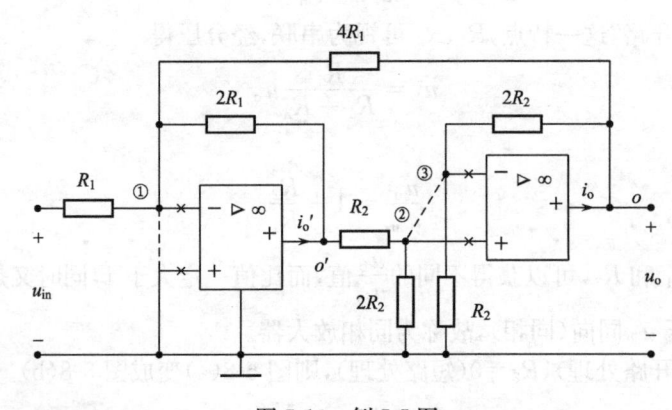

图 5-10 例 5-5 图

解 在如图 5-10 所示电路上作"虚地"、"虚短路"及"虚开路"处理。应用节点分析法进行求解,节点①、②、③、o' 及 o 作为五个独立节点,由于两个运放的输出电流 $i_{o'}$ 及 i_o 在求解前是未知量,故不必对节点 o' 及 o 列写节点电压方程,只需对节点①、②、③列写节点电压方程,同时考虑到"虚开路"这一特点,有

$$\left.\begin{array}{l}\left(\dfrac{1}{R_1}+\dfrac{1}{2R_1}+\dfrac{1}{4R_1}\right)u_{n1}-\dfrac{1}{2R_1}u_{o'}-\dfrac{1}{4R_1}u_o=\dfrac{u_{in}}{R_1}\\[2mm]-\dfrac{1}{R_2}u_{o'}+\left(\dfrac{1}{R_2}+\dfrac{1}{2R_2}\right)u_{n2}=0\\[2mm]\left(\dfrac{1}{R_2}+\dfrac{1}{2R_2}\right)u_{n3}-\dfrac{1}{2R_2}u_o=0\end{array}\right\}$$

还考虑到"虚地"、"虚短路"这些特点,有补充约束方程为

$$u_{n1}=0$$
$$u_{n2}=u_{n3}$$

将上述两式代入节点电压方程中,整理得

$$\left.\begin{array}{l}-\dfrac{1}{2R_1}u_{o'}-\dfrac{1}{4R_1}u_o=\dfrac{u_{in}}{R_1}\\[2mm]-\dfrac{1}{R_2}u_{o'}+\dfrac{1}{2R_2}u_o=0\end{array}\right\}$$

消去 $u_{o'}$,得

$$-\dfrac{u_o}{2}=u_{in} \quad \text{即} \quad \dfrac{u_o}{u_{in}}=-2$$

思 考 题

5-1 在运放的图形符号中,为什么将标注"—"号的输入端 a 称为反相输入端?将标注"+"的输入端 b 称为同相输入端?

5-2 运放的外特性如何描述?什么物理量可以决定运算放大器工作时作为线性元件使用,还是作为非线性元件使用?

5-3 为什么说运算放大器是一种高增益、高输入电阻和低输出电阻的电压放大器?

5-4 理想运放的三个条件是什么?

5-5 "虚短路"概念如何引出?在含理想运算放大器电路分析中如何运用?

5-6 "虚开路"概念如何引出?在含理想运算放大器电路分析中如何运用?

5-7 在用节点分析法对含理想运算放大器电路列写节点电压方程时,为什么不必对理想运放的输出端所在节点 o 列写节点电压方程?

5-8 为什么电压跟随器具有隔离作用?

习 题

5-1 题 5-1 图所示为含理想运放的电路,试求输出电压与输入电压之比 $\dfrac{u_o}{u_i}$。

5-2 试求题 5-2 图所示含理想运放的电路的输出电压 u_o。

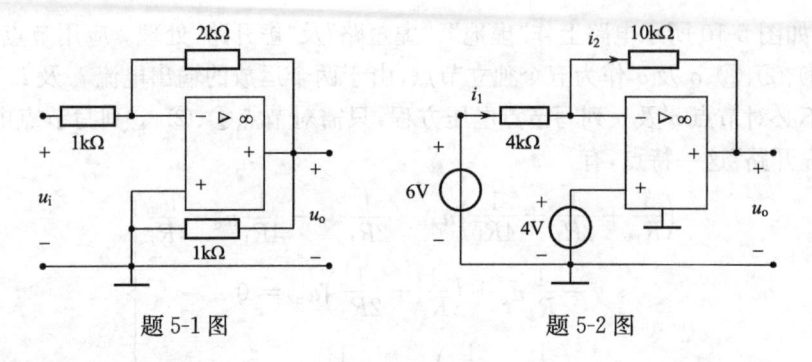

题 5-1 图

题 5-2 图

5-3 题 5-3 图所示为含理想运放的电路,试求电流 i。

5-4 题 5-4 图所示为含理想运放的电路,试求输出电压与输入电压之比 $\dfrac{u_o}{u_S}$。

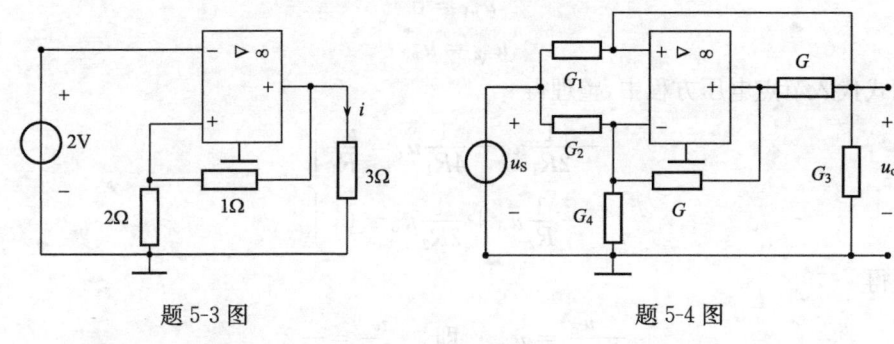

题 5-3 图

题 5-4 图

5-5 题 5-5 图所示为含理想运放的电路,试求输入电阻 $R_{in}=\dfrac{u_1}{i_1}$ 为多少?

5-6 题 5-6 图所示为含理想运放的电路,试求输出电压与输入电压之比 $\dfrac{u_2}{u_1}$。

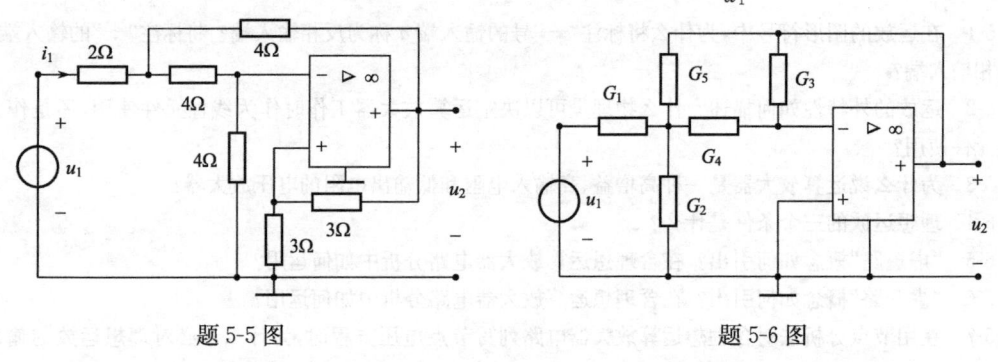

题 5-5 图

题 5-6 图

5-7 题 5-7 图所示为含理想运放的电路,试求输出电压 u_o 与输入电压 u_{S_1}、u_{S_2} 之间的关系。

5-8 电路如题 5-8 图所示,当 $u_i=3V$ 时,求负载电阻中的电流 i。

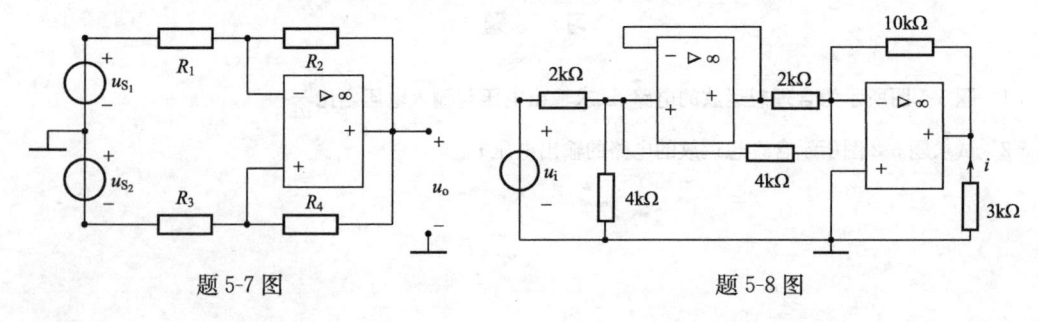

题 5-7 图

题 5-8 图

5-9 题 5-9 图所示为含两个理想运放的电路，试求输出电压与输入电压之比 $\dfrac{u_o}{u_i}$。

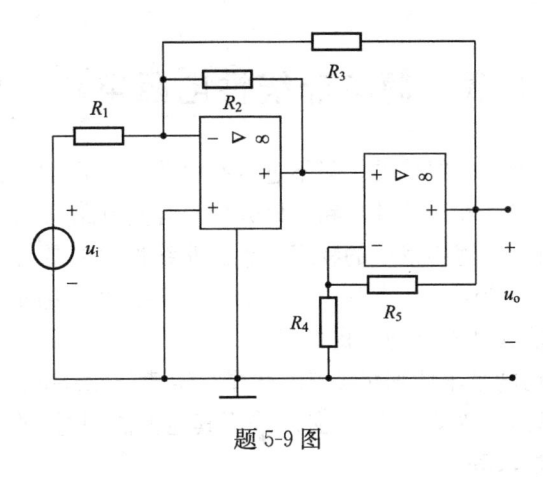

题 5-9 图

第6章 简单非线性电阻电路分析

严格地讲,实际电路都是非线性的。只不过有些电路在一定的工作范围内其元件参数的非线性特征可以忽略,可将其看成线性电路予以分析。有些电路,其某些元件参数的非线性特征不能忽略,否则无法解释电路中发生的物理现象。非线性电路的分析要比线性电路的分析复杂得多,求得的解也不一定唯一。本章主要讨论含有非线性电阻的电路分析,目的是为学习电子电路及进一步学习非线性电路理论提供基础。

分析非线性电阻电路的基本依据仍然是基尔霍夫定律与元件的伏安关系,但是,线性电路分析中的叠加定理、互易定理等均不成立,必须采用其他方法,常见的方法有解析法、图解法、折线近似法和小信号分析法等。

6.1 非线性元件与非线性电路的基本概念

此前讨论的电路均为线性电路,其中的元件除独立源之外均为线性元件,这类元件的参数不随其端电压或电流即电路变量而变化。当元件的参数值随其端电压或端电流的数值或方向发生变化时,这样的元件就是非线性元件,非线性元件的伏安特性不再是通过坐标原点的直线。具有非线性 $u-i$ 特性的电阻元件是非线性电阻元件,仅由非线性电阻元件、线性电阻元件、独立电源和受控源等组成的电路称为非线性电阻电路。非线性电阻电路在非线性电路中占有重要的地位,它不仅可以构成许多实际电路的合理模型,其分析方法也是研究含有非线性电容元件、非线性电感元件的非线性动态电路的基础。

严格地说,任何实际的电路元器件在一定程度上都是非线性的。在工程分析计算中,对于那些非线性程度较弱的元器件,在其电压和电流的一定工作范围内将它们作为线性元件处理,既不会产生太大的误差,又可以简化电路的分析计算,因而是可行的。但是,大量的非线性元件实际上具有很强的非线性,这时,如果忽略其非线性特性进行分析计算,则必然使计算结果与实际数据相差甚远,有时还会产生本质上的差异,以至于根本无法正确解释电路中所发生的物理现象。因此,对于这类非线性元件必须采用相应的分析方法,分析研究非线性元件和非线性电路具有重要的实际意义。

非线性元件分为二端元件、多端元件以及时变元件和时不变元件,本章仅讨论非线性时不变二端电阻元件及其所构成的电路。

6.2 非线性电阻

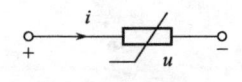

图 6-1 非线性电阻的电路符号

线性电阻的伏安特性可以用欧姆定律,即 $u=Ri$ 表示,它在 $u-i$ 平面上是一条通过坐标原点的直线。不满足欧姆定律的电阻元件,即其伏安特性不能用通过坐标原点的直线表示的电阻元件,称为非线性电阻元件,电路符号如图 6-1 所示。

6.2.1 非线性电阻的分类

实际的绝大多数非线性电阻的伏安特性由于其固有的复杂性,一般无法用数学解析式描述而只能用曲线或实验数据表示。非线性电阻按其伏安特性可以分为三大类,即非单调型电阻、单调型电阻和多值电阻。

1. 非单调型电阻

顾名思义,所谓非单调型电阻就是其电压与电流的函数关系呈现非单调性,或者说其伏安特性在 $u-i$ 平面上表现为一条非单调曲线。按照其自变量的选取不同,非单调型电阻又可以分为流控电阻(Current Controled Resistor,CCR)和压控电阻(Voltage Controled Resistor,VCR)两类。

(1) 流控电阻。若非线性电阻的端电压 u 可以表示为其端电流 i 的单值函数,即有

$$u = f(i), \quad 单值函数 \tag{6-1}$$

则称之为电流控制型非线性电阻,简称流控电阻。若以电压为横轴,电流为纵轴,则一种典型的流控电阻的伏安特性曲线如图 6-2 所示(图中只画出 $u>0, i>0$ 的部分)。由该曲线可知:对于任一电流值 i,有且仅有一个电压值 u 与之相对应,如 i_1 对应 u_1,i_2 对应 u_2,$\cdots$,即 u 为 i 的单值函数;对于某一电压值 u,可能有多个电流值 i 与之对应,如电压 u_2,有 i_2、i_4、i_5 这 3 个电流值与之对应,即端电流 i 不能表示为端电压 u 的单值函数。充气二极管就是具有流控电阻元件特性的一种典型器件,其伏安特性曲线如图 6-2 所示,这种曲线呈 S 形,因而在一段曲线内,电压随电流增加而下降 $\left(\dfrac{\mathrm{d}u}{\mathrm{d}i}<0\right)$,各点斜率均为负,故而称具有这类伏安特性的电阻为 S 形(微分)负阻;若需通过实验测得其全部伏安特性曲线,只有外加电流(即自变量)测量电压(即因变量)。

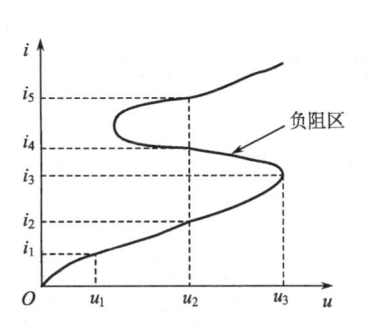

图 6-2 流控电阻的典型伏安特性曲线

(2) 压控电阻。若非线性电阻的端电流 i 可以表示为其端电压 u 的单值函数,即有

$$i = g(u), \quad 单值函数 \tag{6-2}$$

则称之为电压控制型非线性电阻,简称压控电阻。一种典型的压控电阻的伏安特性曲线如图 6-3 所示(图中只画出 $u>0, i>0$ 的部分)。由该曲线可知:对于任一电压值 u,有且只有一个电流值 i 与之相对应,如 u_1 对应 i_1,u_2 对应 i_2,$\cdots$,即 i 为 u 的单值函数;对于某一电流值 i,与之对应的电压值 u 可能有多个,如电流 i_2,有 u_2、u_4、u_5 这 3 个电压值与之对应,因而,端电压 u 不能表示为端电流 i 的单值函数。隧道二极管就是具有压控电阻元件特性的一种典型器件,其伏安特性曲线如图 6-3 所示。这种曲线呈 N 形,因而在一段曲线内,电流随电压增加而下降,各点斜率均为负,故而称具有这类伏安特性的电阻为 N 形(微分)负阻;若需通过实验测得其全部伏安特性曲线,只有外加电压(即自变量)测量电流(即因变量)。实际上,电压控制型的含义就是用连续改变加在元件两端电压的方法获得该元件的完整特性曲线。

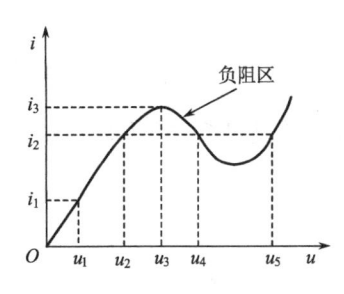

图 6-3 压控电阻的典型伏安特性曲线

2. 单调型电阻

若非线性电阻的端电压 u 可以表示为其端电流 i 的单值函数，端电流 i 又可以表示为其端电压 u 的单值函数，即

$$u = f(i), \quad 单值函数 \tag{6-3a}$$
$$i = g(u), \quad 单值函数 \tag{6-3b}$$

同时成立，而且 f 和 g 互为反函数，则可称之为单调型电阻。这说明单调型电阻既是流控电阻，又是压控电阻，其伏安特性曲线为严格单调增或严格单调减的。PN 结二极管是最为典型的单调型电阻，其伏安特性方程为

$$i = I_s(e^{\frac{qu}{kT}} - 1) \tag{6-4}$$

式(6-4)中，I_s 为一常数，称为反向饱和电流；q 是电子的电荷($1.6 \times 10^{-19} C$)；k 是玻尔兹曼常数(1.38×10^{-23} J/K)；T 为热力学温度。在 $T=30$K(室温下)时

$$\frac{q}{kT} = 40(\text{J/C})^{-1} = 40 \text{V}^{-1}$$

因此，式(6-4)可以表示为

$$i = I_s(e^{40u} - 1)$$

由式(6-4)可以求出其反函数为

$$u = \frac{kT}{q}\ln\left(\frac{1}{I_s}i + 1\right)$$

图 6-4(a)给出 PN 结二极管的电路符号，图 6-4(b)中的粗实线定性地表示 PN 结二极管的伏安特性曲线，图 6-4(c)为用折线分段替代曲线近似表示的 PN 结二极管的伏安特性曲线。

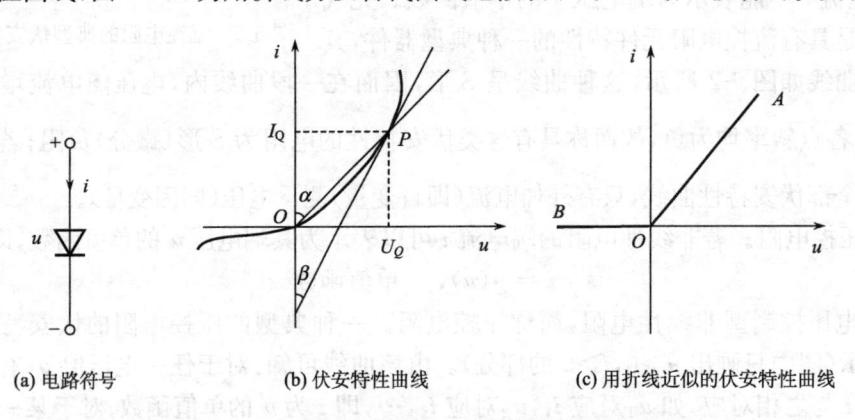

(a) 电路符号　　　　(b) 伏安特性曲线　　　　(c) 用折线近似的伏安特性曲线

图 6-4　PN 结二极管的电路符号与伏安特性曲线

3. 多值电阻

若非线性电阻的某些端电流对应多个端电压值，而某些电压又对应多个端电流值，则称为多值电阻。理想二极管就是一种典型的多值电阻，其伏安特性为

$$\left.\begin{array}{l} u = 0, i > 0 \text{（导通）} \\ i = 0, u < 0 \text{（截止）} \end{array}\right\}$$

与此式对应的伏安特性曲线如图 6-5 所示,它由 $u-i$ 平面上两条直线段组成,即电压负轴和电流正轴。这表明,在电压为正向($i>0$)时,理想二极管处于导通状态(实际二极管呈现的电阻很小,因而近似作短路处理),电压为零,它相当于短路,此刻的伏安特性曲线为图 6-5(b)中的垂直部分;在电压为反向($u<0$)时,理想二极管处于截止状态(即不导通,实际二极管呈现的电阻很大,因而近似作开路处理),电流为零,它相当于开路,这时的伏安特性曲线为图 6-5(b)中的水平部分。图 6-5(b)中的坐标原点($u=0,i=0$)称为转折点。

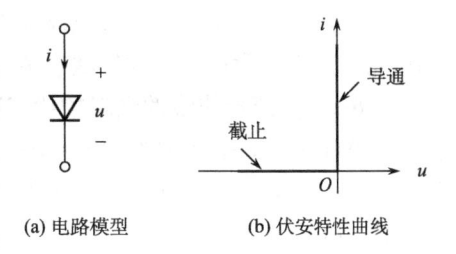

(a) 电路模型　　(b) 伏安特性曲线

图 6-5　理想二极管的电路模型与伏安特性曲线

显然,多值电阻既不能将电压表示成电流的单值函数,也不能将电流表示成电压的单值函数,即它既非流控电阻,又非压控电阻。

由图 6-4(c)可知,一个实际二极管的伏安特性曲线可以用其中的折线 $\overline{BOA}$ 近似逼近。因此,实际二极管的模型可以用一个理想二极管和一个线性电阻串联组成。当对一个实际二极管外加正向电压时,由于其模型中理想二极管处于导通(开启)状态,电压为零(短路),所以实际二极管相当于一个线性电阻,其伏安特性曲线可以用直线 $\overline{OA}$ 表示;当外加反向电压时,由于其模型中理想二极管处于截止(关断)状态,电流为零(开路),其伏安特性曲线可以用直线 $\overline{BO}$ 表示。

电阻元件存在双向性和单向性的差异。伏安特性曲线对称于坐标原点的电阻称为双向性电阻,所有线性电阻均为双向性电阻。伏安特性曲线非对称于坐标原点的电阻则称为单向性电阻,大多数非线性电阻都属于单向性电阻,如各种晶体二极管。对于单向性电阻,当加在其两端的电压方向不同时,流过它的电流完全不同,因而其特性曲线也就不对称于坐标原点。在工程实际中,非线性电阻的单向导电性可作整流之用。

6.2.2　静态电阻和动态电阻的概念

由于非线性电阻的伏安特性曲线并非过坐标原点,所以不能像线性电阻那样用常数表示其电阻值并应用欧姆定律进行分析。因此,须引入静态工作点、静态电阻 R_Q 和动态电阻 R_d 的概念。所谓"静态",是指非线性电阻电路在直流电源作用下的工作状态,此时非线性电阻上的电压值和电流值为 $u-i$ 平面上一个确定的点,该点即称为静态工作点,此点所对应的电压值和电流值称为静态电压和静态电流。

非线性电阻在某一工作状态下(如图 6-4(b)中 PN 结二极管特性曲线上某一工作点 $P(u,i)$)的静态电阻 R_Q 定义为该点电压 U_Q 和 I_Q 的比值,即

$$R_Q = \frac{U_Q}{I_Q}$$

由图 6-4(b)知,R_Q 正比于 $\tan\alpha$,且随静态工作点 P 的不同而相异,即随加在该电阻上的电压或电流数值的不同而不同,显然,它对恒定的电压和电流才有意义。

非线性电阻在某一工作状态下(如图 6-4(b)中的曲线上某一工作点 $P(u,i)$)的动态电阻 R_d 定义为该点电压对电流的导数值,即

$$R_d = \frac{du}{di}\bigg|_P$$

由图 6-4(b)知,R_d 正比于 $\tan\beta$,为 P 点切线斜率的倒数,虽然它也随工作点 P 的不同而不同,

但它对 P 点附近变化的电压和电流才有意义。R_d 所表征的精确度与 P 点附近电压和电流的变化幅度及 P 点附近曲线的形状有关,故而是分析交流小信号电路的一个线性化参数。

例 6-1 一流控非线性电阻的伏安特性为 $u=f(i)=3i-4i^3$;(1)试分别求出 $i_1=0.05$A,$i_2=0.5$A,$i_2=5$A 时对应的电压 u_1、u_2、u_3 之值;(2)试求 $i=\sin\omega t$ 时对应的电压 u 的值;(3)试求 $u_{12}=f(i_1+i_2)$,并验证一般情况下 $u_{12}\neq u_1+u_2$。

解 (1)$i_1=0.05$A 时,$u_1=[3\times 0.05-4\times(0.05)^3]V=(0.15-5\times 10^{-4})$V;$i_2=0.5$A 时,$u_2=[3\times 0.5-4\times(0.5)^3]V=1$V,$u_3=[3\times 5-4\times(5)^3]V=(15-4\times 125)V=-485$V。由此可知,若将该非线性电阻作为 3Ω 的线性电阻处理,不同的电流输入引起的输出电压误差各不相同,电流值较小时,产生的误差也小。

(2) $i=\sin\omega t$ 时,$u=3\sin\omega t-4(\sin\omega t)^3=\sin 3\omega t$,因此,输出电压也是正弦波,但其频率却为输入频率的 3 倍,所以此流控非线性电阻实为一变频器。实际上,电阻元件的作用已经远远超出了"将电能转化为热能"的范围。在现代电子技术中,非线性电阻和线性时变电阻广泛应用于整流、变频、调制、限幅等信号处理的众多方面。

(3) 利用 $u=f(i)=3i-4i^3$,可以求出
$$u_{12}=f(i_1+i_2)=3(i_1+i_2)-4(i_1+i_2)^3=3(i_1+i_2)-4(i_1^3+i_2^3)-12i_1i_2(i_1+i_2)$$
$$=u_1+u_2-12i_1i_2(i_1+i_2)$$
由于一般情况下,$(i_1+i_2)\neq 0$,所以有
$$u_{12}\neq u_1+u_2$$
所以,叠加原理不适用于非线性电路。

6.3 非线性电阻电路方程的建立

非线性元件的参数不为常数这一特点决定非线性电路与线性电路的一个根本区别,即前者不具有线性性质,因而不能应用依据线性性质推出的各种定理,如叠加原理、戴维南定理、诺顿定理等。因此,分析非线性电路的基本依据是 KCL、KVL 及元件的 VCR。由于 KCL 和 KVL 与元件特性无关,因此将这两个定律应用于非线性电路与线性电路分析时不存在任何差异。但是,线性电阻满足欧姆定律,而非线性电阻的伏安关系一般为高次函数,故建立线性电阻电路方程与建立非线性电阻电路方程时的不同点来源于线性电阻元件与非线性电阻元件之间的上述差异。因此,在采用第 4 章介绍的各种建立电路方程的方法建立非线性电阻电路方程时需要根据非线性电阻元件伏安特性的不同情况而采用相应的方法,否则在应用某一方法建立电路方程时会遇到困难,有时甚至得不出所要列写的电路方程。类似于线性电阻电路,本节所介绍的列写方程方法属于利用手工建立较为简单的非线性电阻电路方程时采用的"观察法",对于复杂非线性电阻电路一般采用适宜于计算机分析的"系统法"。

6.3.1 节点法

对于简单的非线性电阻电路,可以先采用 $2b$ 法,即直接列写独立的 KCL、KVL 及元件的 VCR,再通过将 VCR 方程代入 KCL、KVL 方程中消去尽可能多的电流、电压变量,从而最终得到方程数目最少的电路方程,这种方法称为代入消元法,可用于既有压控型又有流控型非线性电阻的非线性电路。

例 6-2 在如图 6-6 所示的非线性电路中,已知 $I_s=2\text{A}$, $R_1=2\Omega$, $R_2=6\Omega$, $U_S=7\text{V}$,非线性电阻属流控型,有 $u_3=(2i_3^2+1)\text{V}$,试求 u_{R_1} 之值。

解 (1) 电路元件(非线性电阻、线性电阻)的特性方程为
$$u_3=2i_3^2+1 \quad u_{R_1}=R_1i_1=2i_1 \quad u_{R_2}=R_2i_3=6i_3$$

(2) KCL 与 KVL 分别为
$$i_3=I_s-i_1 \quad u_{R_1}=u_3+u_{R_2}+U_S$$

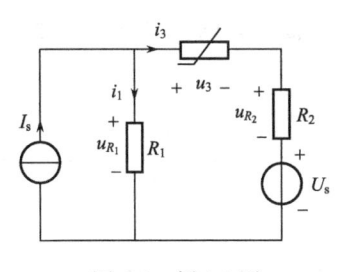

图 6-6 例 6-2 图

将电路元件方程代入所列 KCL 与 KVL,可得
$$i_3=2-\frac{1}{2}u_{R_1} \tag{6-5}$$
$$u_{R_1}=2i_3^2+6i_3+8 \tag{6-6}$$

式(6-5)代入式(6-6),可得 $u_{R_1}^2-16u_{R_1}+56=0$,解之得 $u_{R_1}=10.828\text{V}$ 或 $u_{R_1}=5.172\text{V}$,由此可知,非线性电路的解不唯一,有时在某种情况下还可能出现无穷多组解。此外,若非线性电阻是压控型,如此题中如果 $i_3=(2u_3^2+1)\text{V}$,则电路方程就复杂一些,而且求解也较困难。

若电路中的非线性电阻均为压控型电阻或单调电阻,则宜选用节点法列写非线性电阻电路方程。当电路中既有压控型电阻,又有流控型电阻时,直接建立节点电压方程的过程比较复杂。

例 6-3 写出如图 6-7 所示电路的节点电压方程,假设各电路中非线性电阻的伏安特性为 $i_1=u_1^3$, $i_2=u_2^2$, $i_3=u_3^{3/2}$。

解 对节点①和②分别运用 KCL,可得
$$\left.\begin{array}{r}i_1+i_2=12\\ -i_2+i_3=4\end{array}\right\} \tag{6-7}$$

应用 KVL 将非线性电阻支路的电压表示为节点电压的代数和,可得 $u_1=u_{n1}$, $u_2=u_{n1}-u_{n2}$, $u_3=u_{n3}$;再将它们分别代入各非线性电阻的伏安特性方程,得

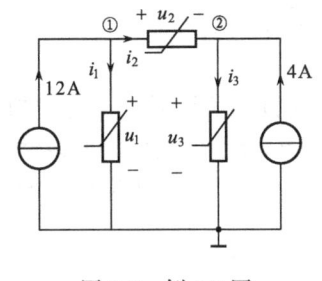

图 6-7 例 6-3 图

$$i_1=u_{n1}^3, \quad i_2=(u_{n1}-u_{n2})^2, \quad i_3=u_{n3}^{3/2} \tag{6-8}$$

式(6-8)代入式(6-7),可得
$$\begin{cases}u_{n1}^3+(u_{n1}-u_{n2})^2=12\\ -(u_{n1}-u_{n2})^2+u_{n3}^{3/2}=4\end{cases}$$

6.3.2 回路法

若电路中的非线性电阻均为流控电阻或单调电阻,则宜选用回路法或网孔法列写非线性电阻电路方程。当电路中既有流控型电阻,又有压控型电阻时,建立回路方程的过程比较复杂。

例 6-4 在如图 6-8 所示的非线性电阻电路中,已知两非线性电阻的伏安特性分别为 $u_3=a_3i_3^{1/2}$, $u_4=a_4i_4^{1/3}$,试列出求解 i_3 和 i_4 的方程。

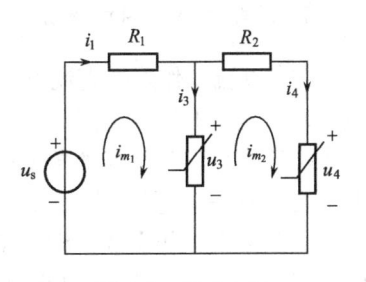

图 6-8 例 6-4 图

解 设网孔电流分别为 i_{m1} 和 i_{m2},列写网孔电流方程为

$$\left.\begin{array}{r}R_1 i_{m1} + u_3 = u_s \\ R_2 i_{m2} + u_4 = u_3\end{array}\right\} \tag{6-9}$$

$i_{m1} = i_3 + i_4, i_{m2} = i_4, u_3 = a_3 i_3^{1/2}, u_4 = a_4 i_4^{1/3}$ 代入式(6-9),可得关于 i_3 和 i_4 的方程,即

$$\begin{cases} a_3 i_3^{1/2} + R_1 i_3 + R_1 i_4 = u_s \\ -a_3 i_3^{1/2} + R_2 i_4 + a_4 i_4^{1/3} = 0 \end{cases}$$

因此,依据 KCL 和 KVL 两类基本约束对于非线性电阻电路所建立的方程是一个非线性代数方程组,其一般形式可以表示为

$$\left.\begin{array}{r}f_1(x_1, x_2, \cdots, x_n, t) = 0 \\ f_2(x_1, x_2, \cdots, x_n, t) = 0 \\ \vdots \\ f_n(x_1, x_2, \cdots, x_n, t) = 0\end{array}\right\} \tag{6-10}$$

式(6-10)中,$x_1, x_2, \cdots, x_n$ 是 n 个独立的电压或/和电流变量。若讨论的电路中含有时变电源,则式(6-10)显含时间参变量 t,而当电路中仅含直流电源即为一直流非线性电阻电路时,式(6-10)不含时间参变量 t。由于时变电阻电路在任一瞬刻 t_k 可以看成是一个直流电阻电路,所以若能求出后者的解,则必可求出前者的解,只是所需计算量大一些。由于非线性电阻电路所建立的非线性代数方程组一般难以得到解析解,故而需要在计算机上用数值方法求解。

6.4 非线性电阻电路的基本分析法

本节介绍分析非线性电阻电路时常用的基本方法,其依据依然是 KCL、KVL 和元件的 VCR。由 KCL、KVL 所列写的拓扑方程同线性电阻电路同为代数方程组,但是由于非线性电阻的 VCR 不同于线性电阻的 VCR,一般是高次函数关系,故而使得分析非线性电阻电路的方法有其特殊性,不能套用线性电阻电路的各种分析方法。

6.4.1 图解法

由于非线性电阻伏安关系的固有复杂性,所以在很多情况下无法获得为这种伏安关系的解析表达式,只得借助元件的伏安特性曲线对其进行描述。因此,图解法就成了分析计算非线性电阻电路一种非常重要的常用方法,可运用图解法求解非线性电阻电路的工作点、DP 图(驱动点图)和 TC 图(转移特性图)。下面介绍非线性电阻电路直流工作点和非线性电阻串联、并联所得网络的 DP 图。

1. 求非线性电阻电路直流工作点的图解法

(1) 直流工作点。直流电阻电路的解称为该电路的直流工作点或静态工作点,简称工作点。对于直流非线性电阻电路,电路的解即电路方程式(6-10)的解 $x_1, x_2, \cdots, x_n$ 称为该电路的直流工作点。从几何的角度而言,式(6-10)中的任一方程均是 n 个曲面的交点。由于这些曲面可能有一个、多个或无限多个交点甚至不存在交点,所以电路也就相应地可能有一个、多个或无限多个工作点或者没有工作点。这种工作点的多样性可以用图 6-9(b)加以说明。当 $U_s = U_{s_1}$ 时,U_s 和电阻 R 串联组成的一端口电路的伏安特性曲线($u = U_s - Ri$)和压控型非线性电阻的伏安特性曲线[$i = g(u)$]只有一个交点,即电路只有一个工作点;当 $U_s = U_{s_3}$ 时,电路

有两条工作点；当 $U_s=U_{s_2}$ 时，电路有三个工作点；当 $U_s=U_{s_4}$ 时，两条伏安特性无交点，则此时电路无工作点。显然，两条伏安特性曲线具有多个交点即电路同时具有多个工作点的现象是由于非线性电阻的多值性造成的。但是，任何一个实际电路在任一时刻总有且仅有一个工作点，因为一个电路不可能同时工作在两种不同状态。一个电路出现有多个、无限个或者没有工作点的不合理情况在于电路理论所研究的对象是模型而不是实际装置，当模型取得过分简单或近似时使图解结果与事实不符，但通过改善模型即可解决。

(a) 非线性电阻电路　　　　(b) 非线性电阻电路直流工作点

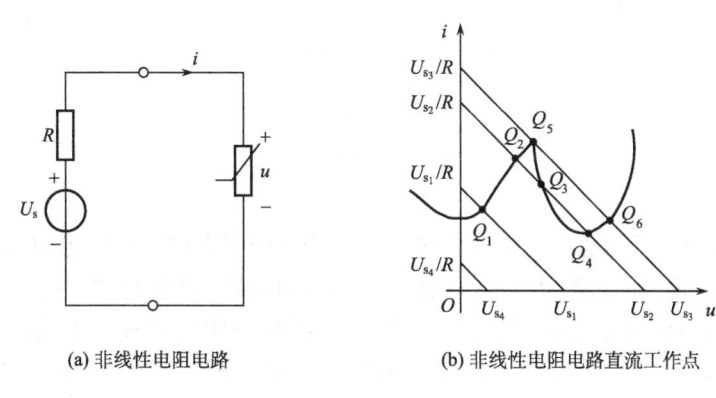

图 6-9　非线性电阻电路直流工作点多样性图示

(2) 非线性电阻电路工作点的图解法。当非线性电阻的 VCR 可以表示为函数式时，一般可以利用上述列写电路方程的解析法建立方程，并最终解出非线性电阻的端电压和端电流，即求得非线性电阻电路的工作点。当非线性电阻的 VCR 无法表示为函数式时，解析法失效，这时通常采用图解法，即曲线相交法或分段线性化方法确定非线性电阻电路的工作点。这里仅介绍前者，如图 6-9(b) 所示。

例 6-5　非线性电阻电路如图 6-10(a) 所示，非线性电阻的伏安特性曲线如图 6-10(c) 所示，试用图解法求该电路的工作点。

解　对于仅含有一个非线性电阻的电路，通常先将非线性电阻以外部分的线性一端口电路用戴维南等效电路替代，如图 6-10(b) 所示。一般将端口伏安特性曲线较为简单地视为负载，相应的伏安特性曲线称为负载线。据此，将端口 $a-a'$ 以左部分视为一个非线性电阻负载，则负载线方程为

$$u = \frac{4}{3} - \frac{2}{3}i$$

在同一坐标系下绘出非线性电阻的伏安特性曲线和负载线，如图 6-10(c) 所示，两条曲线有两条交点，即该电路共有两个工作点 Q_1 和 Q_2，其坐标分别为 $Q_1(0.64,1.04)$，$Q_2(-3.1,6.7)$。在正常工作条件下，由于负载线应限制于第一象限，因此在图 6-10(c) 中，工作点 Q_1 是合理的，即电路将工作在该点，而工作点 Q_2 是不合理的。在电子线路中，图 6-10(b) 中的线性电阻 R（这里为 2/3Ω）通常表示负载，因此，图 6-10(c) 中的斜线在习惯上称为负载线，故而这种求工作点的方法又称为负载线法。

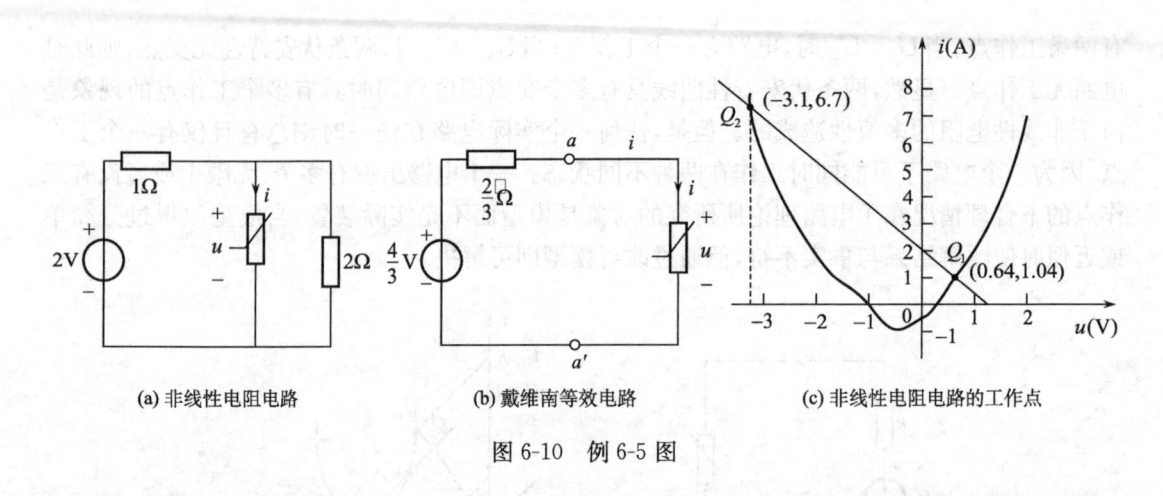

(a) 非线性电阻电路　　　　(b) 戴维南等效电路　　　　(c) 非线性电阻电路的工作点

图 6-10　例 6-5 图

例 6-5 表明,对于仅含有一个非线性电阻但结构比较复杂的非线性电阻电路,可以自非线性电阻两端断开,所剩电路为一线性含源一端口电路,对它作戴维南等效,就得到与图 6-10(b)类似的单回路电路,再采用图解法(若非线性电阻的伏安关系可以表示为方程式,则可用解析法)即可求解出非线性电阻的端电压 u 或端电流 i。如果所求的不是非线性电阻的端电压或电流,仍须通过上述过程先求得非线性电阻端电压 u 值或端电流 i 值,再应用替代定理将原始电路中非线性电阻替代为数值为 u 的独立电压源或数值为 i 的独立电流源,替代后的电路为一线性电路,再用线性电路的各种分析方法求出欲求的电路变量,包括功率等。对于通常的非线性电路,大都可以求出多个解,解的个数取决于非线性电阻的 VCR 函数的次数。

对于含有多个非线性电阻的一端口电路(其中还可以含有线性电阻),这时应用非线性与线性电阻的串并联等效及非线性电阻的串并联等效,可将该一端口等效为一个非线性电阻,并将剩下的线性有源一端口电路应用戴维南定理进行等效,即可得出类同于图 6-10(b)所示的电路,对此电路,按上述的方法便可求出所求电量。

2. 求 DP 图的图解法

表征由任意一个含有电阻的一端口电路(单个电阻或仅由电阻构成的网络为其特例)的端口伏安特性曲线称为该一端口电路的驱动点特性图,简称 DP 图。下面讨论如何利用单个非线性电阻的 DP 图通过图解法得出由这些非线性电阻串联、并联与混联电路构成的非线性电阻一端口电路的 DP 图,即求出这种电路的非线性等效电阻的 DP 图。

(1) 非线性电阻的串联、并联与混联等效概念。类似于线性无源一端口电路可以等效为一个电阻,非线性无源一端口电阻电路也可以等效为一个电阻,等效的定义仍然是两者在端口上具有相同的电压电流关系。

非线性电阻串联、并联、混联所构成的一端口电路的等效不像线性电阻那样简易,也没有固定的公式可以套用。当非线性电阻串联或并联时,只有所有非线性电阻的控制类型相同时,才有可能得出其等效电阻伏安特性的解析表达式。但是,由于大多数的非线性电阻往往只有其伏安特性曲线,而对有些曲线却难以写出或无法写出其具体的函数关系式,故而不可能应用两类基本约束解析得出非线性电阻串联、并联或混联时其等效电阻的伏安特性表达式。因此,在一般情况下,非线性电阻串联、并联与混联等效只能借助图解法,即利用 DP 图进行,这时需要利用两类基本约束。

(2) 非线性电阻串联时的 DP 图。图 6-11(a)表示由伏安特性分别为 $u_1=f_1(i_1)$ 和 $u_2=f_2(i_2)$ 的两个流控或单调型非线性电阻串联构成的一端口,各电压、电流的参考方向如图 6-11(a)所示。根据 KCL 可知

$$i = i_1 = i_2 \tag{6-11}$$

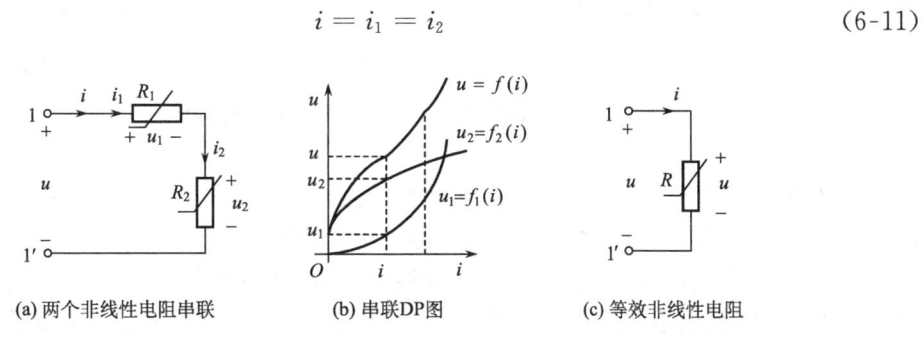

(a) 两个非线性电阻串联　　(b) 串联DP图　　(c) 等效非线性电阻

图 6-11　图解法求非线性电阻串联电路的 DP 图示例

应用 KVL 及式(6-11),并将两个非线性电阻的伏安特性代入,可得

$$u = u_1 + u_2 = f_1(i_1) + f_2(i_2) = f_1(i) + f_2(i) = f(i) \tag{6-12}$$

式(6-12)表示如图 6-11(a)所示两相串联非线性电阻的伏安特性方程与等效非线性电阻的伏安特性方程之间的关系。设两电阻的伏安特性曲线如图 6-11(b)所示,由式(6-12)可知,只要将同一电流值 i 所对应的曲线 $f_1(i_1)$、$f_2(i_2)$ 上的电压值 u_1 和 u_2 相加即得该电流值所对应的等效电阻的电压值 u。取不同的 i 值便可逐点描绘出等效电阻的伏安特性曲线 $u=f(i)$,如图 6-11(b)所示。由此可以得出非线性电阻串联的等效电阻模型,如图 6-11(c)所示,该等效电阻亦是流控或单调型非线性电阻。这表明:两个流控或单调型非线性电阻相串联,其等效电阻亦为一个流控或单调型非线性电阻。

若相串联的电阻中有一个是压控电阻,由于在电流值的某范围内电压是多值的,故而式(6-12)所对应解析形式的分析法不便使用,难以写出其等效一端口的伏安特性 $u=f(i)$ 的解析式,但可使用图解法得到等效电阻的伏安特性曲线,这种方法可推广到多个非线性电阻串联的情况。

(3) 非线性电阻并联时的 DP 图。非线性电阻并联是非线性电阻串联的对偶情况。图 6-12(a)表示由伏安特性分别为 $i_1=g_1(u_1)$ 和 $i_2=g_2(u_2)$ 的两个压控或单调型非线性电阻并联构成的一端口,各电压、电流的参考方向如图 6-12(a)所示。根据 KVL 有

$$u = u_1 = u_2 \tag{6-13}$$

应用 KCL 及式(6-13),并将两个非线性电阻的伏安特性代入,可得

$$i = i_1 + i_2 = g_1(u_1) + g_2(u_2) = g_1(u) + g_2(u) = g(u) \tag{6-14}$$

式(6-14)表示如图 6-12(a)所示两个并联非线性电阻的伏安特性方程与等效非线性电阻的伏安特性方程之间的关系。设两电阻的伏安特性曲线如图 6-12(b)所示,由式(6-14)可知,只要将同一电压值 u 所对应的曲线 $g_1(u)$、$g_2(u)$ 上的电流值 i_1 和 i_2 相加即得该电压值所对应的等效电阻的电流值 i。取不同的 u 值便可逐点描绘出等效电阻的伏安特性曲线 $i=g(u)$,如图 6-12(b)所示,该等效电阻亦是压控或单调型非线性电阻,由此可以得出非线性电阻并联的等效电阻的模型,如图 6-12(c)所示。这表明,两个压控或单调型非线性电阻相并联,其等效电阻亦为一个压控或单调型非线性电阻。

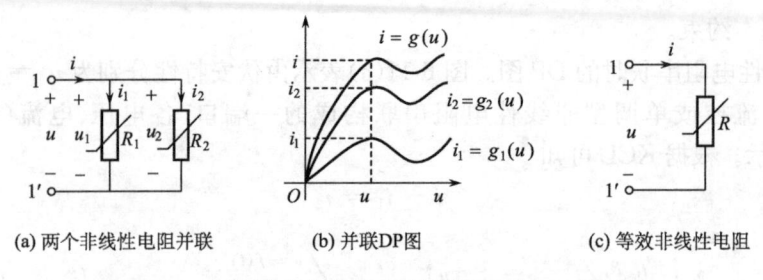

(a) 两个非线性电阻并联　　(b) 并联DP图　　(c) 等效非线性电阻

图 6-12　图解法求非线性电阻并联电路的 DP 图示例

与串联时的情况对偶的是,若相并联的电阻中有一个是流控电阻,就难以得到解析式 $i=f(u)$,但却可以使用图解法得到等效电阻的伏安特性曲线。

显然,上述方法可以推广到任意多个非线性电阻(其中可以有线性电阻)的串联或并联电路。对于由非线性电阻(其中可以有线性电阻)串联和并联而形成的混联电路也可以运用串联和并联相互之间的关系,根据连接情况,逐步用图解法进行等效得到混联等效电阻的伏安特性。例如,在一个非线性电路中,电路末端有两个非线性电阻并联后再与靠近电路始端的第三个非线性电阻串联,可以按求并联部分等效伏安特性曲线的方法,即取一系列不同的电压值,将同一电压值下两伏安特性曲线的电流坐标值相加从而先得到并联部分端口即等效电阻的伏安特性曲线,这时整个电路变为两个非线性电阻串联,再按求串联部分等效伏安特性曲线的方法,即取一系列不同的电流值,将同一电流值下两伏安特性曲线的电压坐标值相加从而得到整个电路端口即等效电阻的伏安特性曲线。这种逐级等效的思想完全类同于线性电阻构成的一端口电路,从离端口的最远处开始,逐级按串联或并联向端口处等效的过程。

应该指出的是,用图解法逐点描迹求等效非线性电阻的 DP 图(即端口伏安特性)比较麻烦。在大多数实际的场合,在允许存在一定工程误差的条件下,常对实际的非线性电阻的 DP 图使用折线近似简化处理。

上面介绍的对非线性电阻串联及混联作 DP 图的图解法称为曲线相加法。这种方法普遍适用于流控电阻、压控电阻及单调型电阻的串联、并联及混联,这些电阻连接的电路可以含有线性电阻,但最终等效电阻一般必为一非线性电阻。

TC 图是由非线性电阻构成的二端口电路中两个端口激励与响应之间的关系曲线,其求取方法除了图解法还有分段线性化法。限于篇幅,本书不作介绍。

6.4.2　分段线性化解析法

分段线性化解析法又称为折线近似法,它是目前分析非线性电路一种最为一般和非常重要的解析法。其基本思想是,在允许一定工程误差要求下,将非线性元件复杂的伏安特性曲线用若干直线段构成的折线近似替代,即所谓分段线性化。由于各直线段所对应的线性区段分别对应一个线性电路,因而可以采用线性电路的分析计算方法,从而将非线性电路的求解转化为若干个(直线段的个数)结构和元件相同而参数各异的线性电路的分析计算。用分段线性函数表示强非线性函数具有很多优点,首先是在线性段内,原电路变为一个线性电路,可以利用线性电路的分析方法求解;其次是非线性特性通常由测量数据用拟合法求得,如果用分段线性逼近,则很容易写出分段线性函数。分段线性化法实质上是一种近似等效方法。

对于含有多个非线性电阻的电路,可以将其中每一非线性电阻元件的伏安特性曲线用若干直线段近似表示,而对每一段特性直线总可以得出其对应的一个戴维南等效电路或诺顿等效电路,因而可以在该直线段范围内用所得到的戴维南等效电路或诺顿等效电路替代对应的非线性电阻元件,在对每一非线性电阻元件都照此替代后,原非线性电阻电路变为线性电阻电路,计算后者便可得到前者的解。由于每一非线性电阻的特性曲线都由若干条特性直线段组成,所以通常须将所有直线段组合所对应的电路进行计算才能确定电路的解。假设电路共有 n 个非线性电阻元件,而每一非线性电阻元件的伏安特性曲线由 m_k 条折线段组成,将所有这些非线性电阻特性曲线的各直线段进行组合可以得出需计算的线性电阻电路共有 $m_1 \cdot m_2 \cdots m_k \cdots m_n$ 个,即可求出每一线性电路中对应于非线性电阻的每一等效支路的电压和电流。

由于非线性电阻元件的工作状态(电压值和电流值)不能超过该替代线性段的范围,而在求解电路过程中,并没有考虑每一非线性电阻元件确切的工作范围,因此,需要在得出计算结果后检验每一线性电路计算结果。由于非线性电阻的每一直线段都位于一个电压和电流的取值区间,所以当用一条直线段对应的戴维南或诺顿等效电路替代该非线性电阻时,即给定了这个电阻的电压和电流的取值范围(直线段的电压和电流的取值区间)。因此,若由此直线段对应的等效电路计算得出的电压值和电流值都落在所给定电压和电流的取值范围内,该计算结果正确,即是电路的真实解;所计算出的电压值和电流值中只要有一个不在给定电压和电流的取值范围内,则该计算结果不合理,即不是电路的真实解,应予剔除。这种检验过程无论对于含有单个非线性电阻元件或多个非线性电阻元件的电路都是必需的。一旦求得非线性电阻上的电压或电流值,则可以利用含戴维南或诺顿等效电路的线性化电路求出原非线性电路中任意支路的电压和电流。

由于在整个计算过程中所用的任一线性电路的拓扑结构都相同,唯一不断改变的是戴维南或诺顿等效电路中的参数,因此可以用迭代的方法进行计算,计算的工作量和准确程度取决于对曲线划分的折线段数,段数越多,折线越接近原曲线,分析计算的准确度越高。

例 6-6 对如图 6-13(a)所示非线性电阻 R_1 和 R_2 的伏安特性曲线分别用折线逼近,如图 6-13(b)～图 6-13(c)所示。试求 I_1 和 U_2。

(a) 原电路

(b) R_1 的伏安特性曲线

(c) R_2 的伏安特性曲线

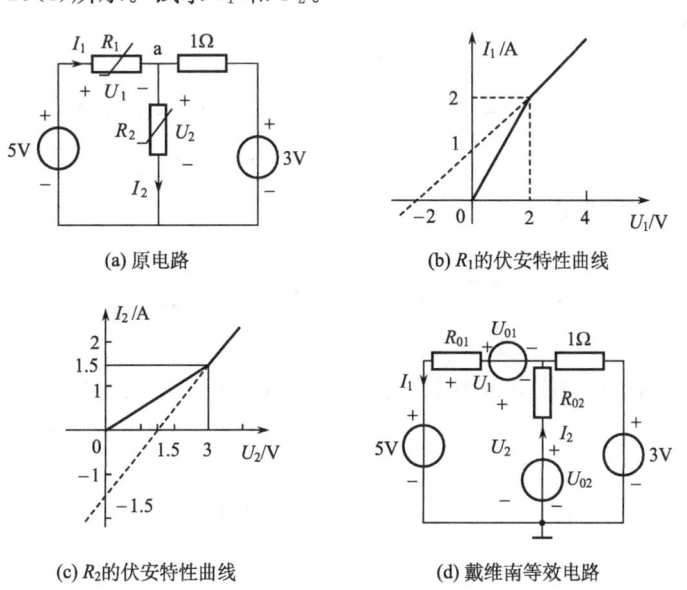

(d) 戴维南等效电路

图 6-13 例 6-6 图

解 由图 6-13(b)~图 6-13(c)可知,R_1、R_2 在某一电压、电流区域内可等效为一线性电阻;在另一电压、电流区间则可等效为一戴维南电路。为分析方便,分别用两个戴维南电路替代图 6-13(a)中的非线性电阻元件 R_1、R_2,得到等效电路见图 6-13(d)。

(1) 首先分别根据 R_1、R_2 的伏安特性曲线讨论其对应戴维南电路中的各元件参数。由图 6-13(b)可知,对 R_1 而言,当 $0 < I_1 \leqslant 2A$ 时,R_1 为一线性电阻,有

$$R_{01} = 1\Omega, \quad U_{01} = 0 \tag{6-15a}$$

当 $I_1 \geqslant 2A$ 时,R_1 为一戴维南电路,有

$$R_{01} = 2\Omega, \quad U_{01} = -2V \tag{6-15b}$$

由图 6-13(c)可知,对 R_2 而言,当 $0 < U_2 \leqslant 3V$ 时,R_2 为一线性电阻,有

$$R_{02} = 2\Omega, U_{02} = 0 \tag{6-15c}$$

当 $U_3 \geqslant 3V$ 时,R_2 为一戴维南电路,有

$$R_{02} = 1\Omega, \quad U_{02} = 1.5V \tag{6-15d}$$

(2) 对图 6-13(d)中电路分别列写节点方程和回路方程,可得

$$U_2 = \frac{\dfrac{5-U_{01}}{R_{01}} + \dfrac{U_{02}}{R_{02}} + \dfrac{3}{1}}{\dfrac{1}{R_{01}} + \dfrac{1}{R_{02}} + 1} \tag{6-16}$$

$$I_1 = \frac{5 - U_{01} - U_2}{R_{01}} \tag{6-17}$$

(3) 分别对 R_1、R_2 伏安特性各直线段组合求解。首先将式(6-15a)、式(6-15c)代入式(6-16)~式(6-17)中,求得

$$U_2 = \frac{\dfrac{5}{1} + \dfrac{3}{1}}{1 + \dfrac{1}{2} + 1} \approx 3.2V, \quad I_1 = \frac{5-3.2}{1} = 1.8A$$

由于 U_2 超出式(6-15c)成立的范围,所以不是解;将式(6-15a)、式(6-15d)代入式(6-16)~式(6-17)中,求得

$$U_2 = \frac{\dfrac{5}{1} + \dfrac{1.5}{1} + \dfrac{3}{1}}{1 + 1 + 1} \approx 3.17V, \quad I_1 = 1.83A$$

这两个值在式(6-15a)、式(6-15d)成立的范围内,故是所求解;将式(6-15b)、式(6-15c)代入式(6-16)~式(6-17)中,求得

$$U_2 = \frac{\dfrac{7}{2} + \dfrac{3}{1}}{\dfrac{1}{2} + \dfrac{1}{2} + 1} = 3.25V, I_1 = 1.875A$$

由于 U_2 超出式(6-15c)成立的范围,所以不是解;将式(6-15b)、式(6-15d)代入式(6-16)~式(6-17)中,求得

$$U_2 = \frac{\dfrac{7}{2} + \dfrac{1.5}{1} + 3}{\dfrac{1}{2} + 1 + 1} = 3.2V, I_1 = 1.9A$$

由于 I_1 不在式(6-15b)成立的范围内,所以不是解。

综上所述可知,所求解为 $I_1 = 1.83A, U_2 \approx 3.17V$。

6.4.3 小信号分析法

在分段线性化解析法中,输入信号变动的范围较大,因而必须考虑非线性元件特性曲线的全部。若电路中电压、电流变化范围较小,则可以采用小信号分析法,它所涉及的仅是非线性元件特性曲线的一个局部,即按照工作点附近局部线性化的概念,用非线性元件伏安特性在工作点处的切线(其斜率为动态电导)将非线性元件线性化,建立局部的线性模型并据此分析由小信号引起的电流增量或电压增量。这两种方法具有一个共同点,即在某一范围内,用一段直线近似非线性元件特性曲线,以便用熟知的线性电路求解方法在工程实际允许的误差范围内近似分析非线性电路问题。小信号分析法共有两种,即非线性电阻电路的小信号分析法和非线性动态电路的小信号分析法,其基本原理完全相同,这里仅讨论前者。

小信号分析法是电子工程上分析非线性电路一个重要的常用方法,特别是电子电路中有关放大器的分析、设计以小信号分析为基础。

"小信号"是一个相对的概念,它通常是指电路中某一时变电量相对于一个直流电量,其幅值很小。如图 6-14(a)所示为一非线性电阻电路,其中 U_s 为直流电压源(常称为偏置电源),输入电压源 $u_s(t)$ 是时变量(一般为正弦交流信号源),且满足 $|u_s(t)| \ll U_s$,即 $u_s(t)$ 的变化幅度很小,例如,U_s 为伏数量级,$u_s(t)$ 为微伏数量级,则称 $u_s(t)$ 为小信号电压源。R_s 为线性电阻,非线性电阻属压控型,其伏安特性方程为 $i=g(u)$,伏安特性曲线如图 6-14(b)所示。下面利用小信号分析法求解非线性电阻的端电压 $u(t)$ 和端电流 $i(t)$。

在如图 6-14(a)所示电路中,应用 KVL 列写回路方程,可得

$$R_s i + u = U_s + u_s(t) \tag{6-18}$$

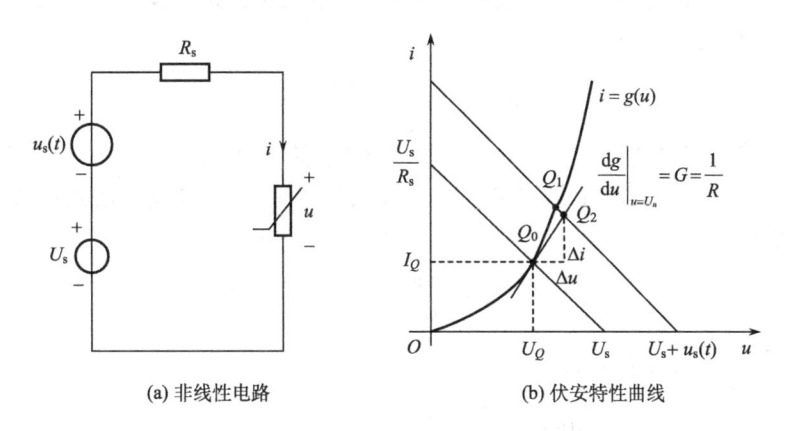

(a) 非线性电路　　(b) 伏安特性曲线

图 6-14　小信号分析法原理图示

而

$$i = g(u) \tag{6-19}$$

首先设电路无时变电源,即 $u_s(t)=0$,仅 U_s 单独作用。此时,式(6-18)变为

$$R_s i + u = U_s \tag{6-20}$$

根据式(6-20)在图 6-14(b)中画出负载线,采用图解法求出这时电路的静态工作点为 $Q_0(U_Q, I_Q)$,该点满足式(6-19)和式(6-20),即有 $I_Q = g(U_Q)$ 和 $R_s I_Q + U_Q = U_s$。

若图 6-14(a)所示的电路中 $u_s(t) \neq 0$,即 U_s 和 $u_s(t)$ 共同作用于电路。这时在直流电源 U_s 上叠加时变电源 $u_s(t)$,由于所加 $u_s(t)$ 的振幅非常之小($|u_s(t)| \ll U_s$),则在任一时刻,电

路中各支路的电压、电流的变化范围均在静态工作点 $Q_0(U_Q,I_Q)$ 附近。例如，在图 6-14(b) 中，Q_1 是直流电压源 U_s 和小信号电压源 $u_s(t)$ 共同作用下电路在某一时刻 t 的工作点，位于 Q_0 点附近。由于 $u_s(t)$ 的变化幅度甚小，因而可以在静态工作点(直流工作点) $Q_0(U_Q,I_Q)$ 处作非线性电阻伏安特性曲线的切线，它将相交同一时刻 t 的负载线于 Q_2。由于 $|u_s(t)|$ 足够小，故而 Q_2 与 Q_1 之间相差极其细微，因此，可以用 Q_0 处的切线(直线段)近似代替 Q_0 到 Q_1 范围内非线性电阻伏安特性曲线即 Q_0Q_1 曲线段，即可以用点 Q_2 处的电压和电流作为点 Q_1 处电压和电流近似的真值解。由图 6-14(b) 可知，Q_2 点的电压 u、电流 i 可以分别表示为 U_Q、I_Q 与增量 Δu、Δi 之和的形式近似所求 Q_1 点的真解，即

$$u = U_Q + \Delta u \tag{6-21a}$$

$$i = I_Q + \Delta i \tag{6-21b}$$

式(6-21)中的 U_Q、I_Q 分别是静态工作点 Q_0 对应的电压和电流，亦分别是 u 和 i 的直流分量；Δu、Δi 则分别是在小信号 $u_s(t)$ 作用下在静态工作点 $Q(U_Q,I_Q)$ 附近所引起的电压增量与电流增量，它们在任意时刻相对于 U_Q 和 I_Q 均是很小的量，即有 $|\Delta u| \ll U_Q$ 及 $|\Delta i| \ll I_Q$。

式(6-21)代入式(6-19)，可得

$$I_Q + \Delta i = g(U_Q + \Delta u) \tag{6-22}$$

由于 Δu 很小，因而可以将式(6-22)右端在 $Q_0(U_Q,I_Q)$ 点附近用泰勒级数展开，即

$$I_Q + \Delta i \approx g(U_Q) + \left.\frac{dg}{du}\right|_{u=U_Q} \cdot \Delta u + \frac{1}{2!}\left.\frac{d^2g}{d^2u}\right|(\Delta u)^2 + \cdots \tag{6-23}$$

式(6-23)中 $\left.\frac{dg}{du}\right|_{u=U_Q}$ 是非线性电阻伏安特性曲线在静态工作点 $Q_0(U_Q,I_Q)$ 处切线的斜率，如图 6-14(b) 所示。由于 Δu 足够小，故可忽略式(6-23)中含 Δu 的大于及等于二次方的项，即仅取其前两项作为近似表示，可得

$$I_Q + \Delta i \approx g(U_Q) + \left.\frac{dg}{du}\right|_{u=U_Q} \cdot \Delta u \tag{6-24}$$

由此可知，将式(6-22)的右边近似为式(6-24)的右边，实际上就是用工作点 $Q_0(U_Q,I_Q)$ 处非线性电阻伏安特性曲线的切线(直线)近似代表该点附近的曲线。在式(6-24)中，考虑到 $I_Q=g(U_Q)$，可得

$$\Delta i = \left.\frac{dg}{du}\right|_{u=U_Q} \cdot \Delta u \tag{6-25}$$

式(6-25)中，$\left.\frac{dg}{du}\right|_{u=U_Q}$ 可以表示为

$$\left.\frac{dg}{du}\right|_{u=U_Q} = \left.\frac{di}{du}\right|_{u=U_Q} = G_d = \frac{1}{R_d} \tag{6-26}$$

根据动态电阻的定义，$\left.\frac{dg}{du}\right|_{u=U_Q}$ 为非线性电阻在静态工作点 $Q_0(U_Q,I_Q)$ 处的动态电导或动态电阻 R_d 的倒数。于是，式(6-25)可写为

$$\Delta i = G_d \Delta u \quad \text{或} \quad \Delta u = R_d \Delta i \tag{6-27}$$

式(6-27)表明，对于由小信号电压 $u_s(t)$ 作用而引起的增量电压 Δu 与增量电流 Δi 而言，非线性电阻可以用一个线性电导 G_d 或线性电阻 R_d 作为它的模型。将式(6-21)及 $R_sI_Q+U_Q=U_s$ 代入式(6-18)可得

$$R_s(I_Q+\Delta i)+U_Q+\Delta u = R_sI_Q+U_Q+u_s(t) \tag{6-28}$$

整理式(6-28)可得
$$R_s\Delta i + \Delta u = u_s(t) \tag{6-29}$$
式(6-27)代入式(6-29),可得
$$R_s\Delta i + R_d\Delta i = u_s(t) \tag{6-30}$$

式(6-30)是一个线性代数方程,据此可以得出其电路模型,即如图 6-15 所示的线性电路,它是非线性电阻元件在工作点 $Q_0(U_Q,I_Q)$ 处的增量模型,由于从该电路中可以求出小信号电压源 $u_s(t)$ 对非线性电阻元件在 $Q_0(U_Q,I_Q)$ 处所引起的增量电压 Δu 与增量电流 Δi,故称其为非线性电阻在静态工作点 $Q_0(U_Q,I_Q)$ 处的小信号等效电路,简称小信号等效电路。它是一个与原非线性电路具有相同拓扑结构的线性电路,其区别仅在于将原电路中的直流电源置零并将非线性电阻用其在直流工作点处的动态电阻替代。显然,对于给定的非线性电路,改变其中直流电源就能得到不同的小信号等效电路。由图 6-15 所示的线性电路可以求得

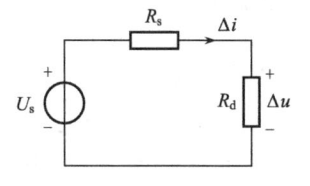

图 6-15 小信号等效电路

$$\Delta i = \frac{u_s(t)}{R_s + R_d} \qquad \Delta u = R_d \Delta i = \frac{R_d u_s(t)}{R_s + R_d}$$

因此,可以求出在如图 6-14(a)所示非线性电路中由直流电源与小信号电源共同作用下工作点 Q_2 处即非线性电阻的端电压和端电流(工作点 Q_1 的电压值与电流值)的近似值为

$$\left.\begin{array}{l} u = U_Q + \Delta u \\ i = I_Q + \Delta i \end{array}\right\} \tag{6-31}$$

须注意的是式(6-31)并非是应用叠加原理的结果,因此非线性电路不满足叠加原理。以上分析方法也适用于非线性电阻为流控型的非线性电路。

例 6-7 在如图 6-16(a)所示的电路中,已知非线性电阻的伏安特性为 $u = \begin{cases} i^2 + 2i, & i \geq 0 \\ 0, & i < 0 \end{cases}$,$R_1 = 0.4\Omega, R_2 = 0.6\Omega, i_s(t) = 4.5\sin(\omega t + 20°)A, U_s = 18V$。试求电路中电压 $u(t)$ 和电流 $i(t)$。

(a) 原电路　　　　　　　(b) 求静态工作点的电路　　　　　　　(c) 小信号等效电路

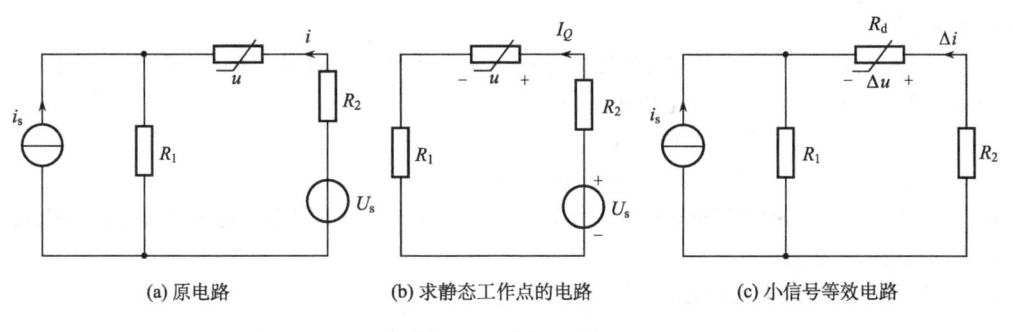

图 6-16 例 6-7 图

解 (1)先求电路的静态工作点。设静态工作点为 $Q_0(U_Q, I_Q)$,令 $i_s(t) = 0$,则求静态工作点的电路如图 6-16(b)所示,列出该电路的回路方程为
$$U_Q + (R_1 + R_2)I_Q = U_s$$

将 $U_Q = I_Q^2 + 2I_Q$ 及已知数据代入,可得 $I_Q^2 + 3I_Q - 18 = 0$,解之可得 $I_{Q1} = 3\text{A}$,$I_{Q2} = -6\text{A}$(不合题意,故舍去),即 $U_Q = 15\text{V}$,$I_Q = 3\text{A}$。

(2) 求 $Q_0(U_Q, I_Q)$ 处非线性电阻的动态电阻 R_d,有

$$R_d = \left.\frac{du}{di}\right|_{Q_0} = 2I_Q + 2 = 8\Omega$$

(3) 作出小信号等效电路,如图 6-16(c),并由该电路求出小信号电源引起的增量 Δu 和 Δi 分别为

$$\Delta i = -\frac{R_1}{R_1 + R_2 + R_d} i_s = -0.2\sin(\omega t + 20°)\text{A}, \quad \Delta u = R_d \Delta i = -1.6\sin(\omega t + 20°)\text{V}$$

(4) 工作点处解与小信号解之和为所求解,即

$$i = I_Q + \Delta i = 3 - 0.2\sin(\omega t + 20°)\text{A}, \quad u = U_Q + \Delta u = 15 - 1.6\sin(\omega t + 20°)\text{V}$$

思 考 题

6-1 什么是非线性电阻元件?
6-2 线性电阻与非线性电阻的伏安特性的区别是什么?
6-3 非线性电阻按其伏安特性可以分为哪些类型?
6-4 什么是非线性电阻电路?
6-5 什么是静态电阻?什么是动态电阻?
6-6 分析非线性电路的基本依据是什么?
6-7 非线性电阻电路直流工作点怎么确定?
6-8 分段线性化解析法的原理是什么?
6-9 小信号分析法的原理和适用情况是什么?

习 题

6-1 已知非线性电阻的电流为 $\sin(\omega t)\text{A}$,要使该电阻两端电压的角频率为 2ω,电阻应该具有什么样的伏安特性?

6-2 某非线性电阻的 $u-i$ 特性为 $u = i^3$,如果通过非线性电阻的电流 $i = \cos(\omega t)\text{A}$,则该电阻端电压含有哪些频率分量?

6-3 设有一个非线性电阻的伏安特性为 $u = f(i) = 30i + 5i^3$(i、u 的单位分别为 A 和 V)。试求:
(1) $i_1 = 1\text{A}$、$i_2 = 2\text{A}$ 时所对应的电压 u_1、u_2;
(2) $i = 2\sin(100t)\text{A}$ 时所对应的电压 u;
(3) 设 $u_{12} = f(i_1 + i_2)$,试问 u_{12} 是否等于 $(u_1 + u_2)$?

6-4 已知非线性电阻的电压和电流关系为 $u = i + 2i^3$,求:(1) $i = 1\text{A}$ 处的静态电阻和动态电阻;(2) $i = \sin(\omega t)\text{A}$ 时电阻两端电压。

6-5 如题 6-5 图所示,非线性电阻的伏安特性为

$$u = f(i) = \begin{cases} i^2, & i > 0 \\ 0, & i < 0 \end{cases}$$

试用解析法求电路的静态工作点,并求出工作点处的动态电阻 R_d。

6-6 如题 6-6 图所示,若非线性电阻 R 的伏安特性为 $i_R = f(u_R) = u_R^2 - 3u_R + 1$。
(1) 求一端口电路 N 的伏安特性;

(2) 如 $U_S=3V$，求 u 和 i_R。

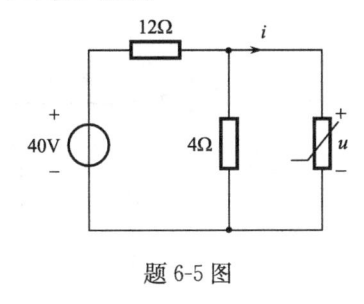

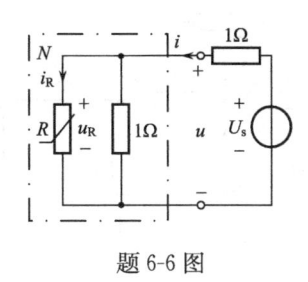

题 6-5 图　　　　　　题 6-6 图

6-7　如题 6-7 图所示，非线性电阻 R 的伏安特性为 $U=I^2-5I-3(I>0)$。试求(1)端口 $a-b$ 左侧电路的戴维南等效电路；(2)通过非线性电阻 R 的电流 I。

6-8　如题 6-8 图所示，非线性电阻的伏安特性为 $U=I^2-9I+6(I>0)$。求(1)除去非线性电阻 R 外，从 m-n 端看进去的戴维南等效电路；(2)通过非线性电阻 R 的电流 I。

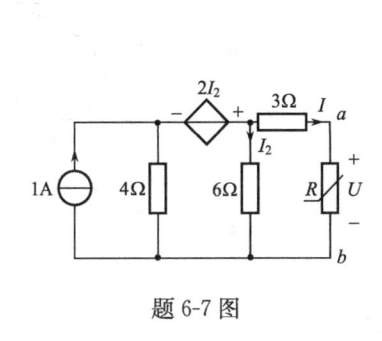

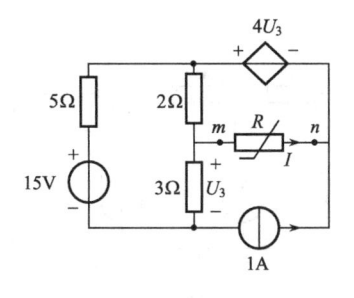

题 6-7 图　　　　　　题 6-8 图

6-9　电路如题 6-9 图所示，非线性电阻 R_1 和 R_2 的伏安关系分别为 $i_1=f_1(u_1)$、$i_2=f_2(u_2)$。试列出非线性电路方程。

6-10　电路如题 6-10 图所示。其中，非线性电阻的伏安特性为 $i=u^2-u+1.5$（i、u 的单位分别为 A 和 V）。试求 u 和 i。

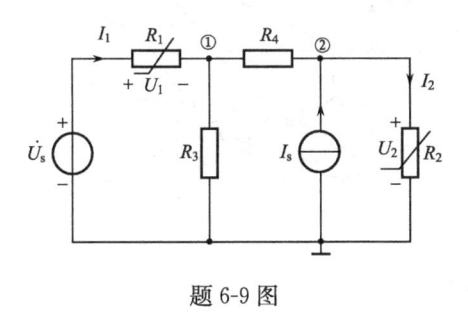

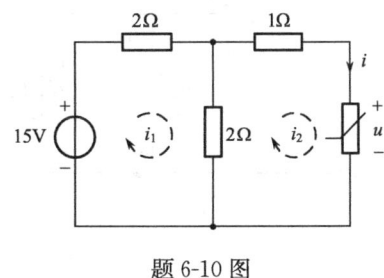

题 6-9 图　　　　　　题 6-10 图

6-11　试求题 6-11 图电路中各节点电压和通过电压源的电流 I_3，非线性电阻元件的伏安特性为 $i=0.1(e^{40u}-1)$，其中 i、u 的单位分别为 A 和 V。

6-12　在题 6-12 图中，非线性电阻的伏安特性为 $i=\dfrac{5}{3}u^3$ A，试用图解法求 u。

题 6-11 图　　　　　　　　题 6-12 图

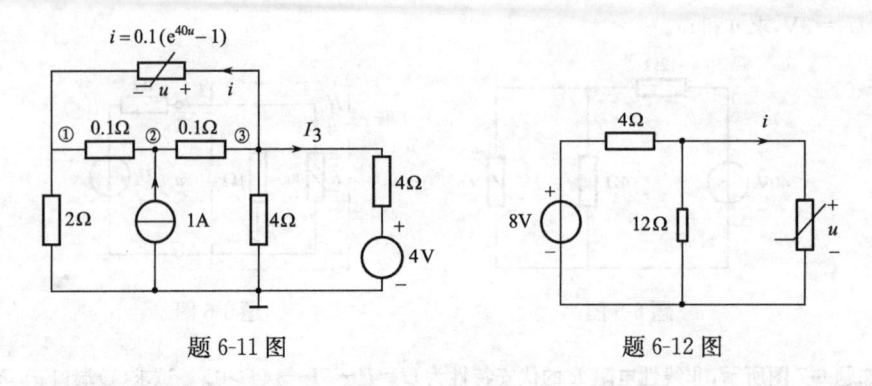

6-13　如题 6-13 图(a)所示电路中的非线性电阻具有方向，其特性如题 6-13 图(b)所示，当正向连接(a 与 c 连接，b 与 d 连接)时测得 $I=2A$，求反向连接(a 与 d 连接，b 与 c 连接)时的电流 I。

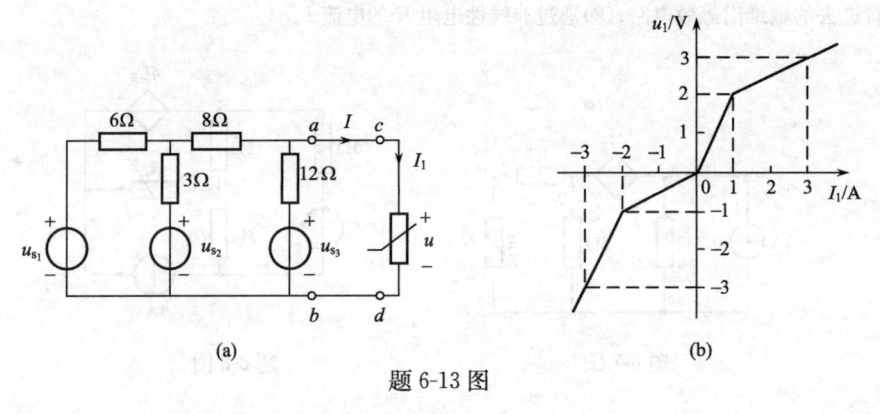

题 6-13 图

6-14　非线性电阻的混联电路如题 6-14 图(a)所示，电路中三个非线性电阻的伏安特性分别为题 6-14 图(b)中的 f_1、f_2 和 f_3 曲线，试作出端口的 DP 图。若端口电压为 $u=U_0=5V$，求各非线性电阻的电压和电流。

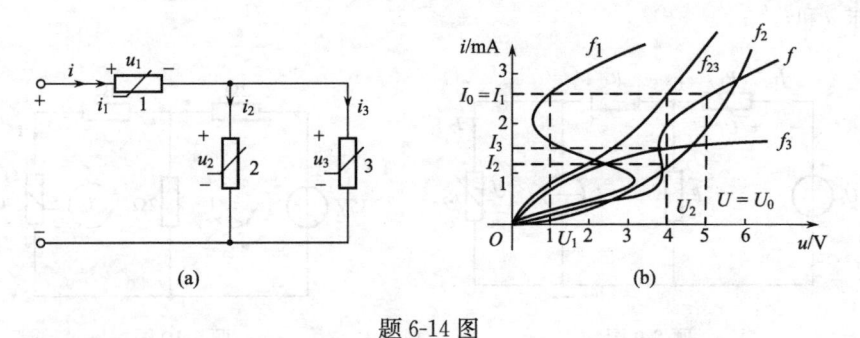

题 6-14 图

6-15　含理想二极管的电路如题 6-15 图所示。试画出 a-b 端的伏安特性曲线。

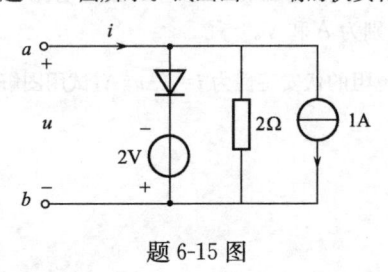

题 6-15 图

6-16 非线性电阻 R_1 和 R_2 相串联(题 6-16 图(a)),伏安特性分别如题 6-16 图(b)~题 6-16 图(c)所示,求端口的伏安特性。

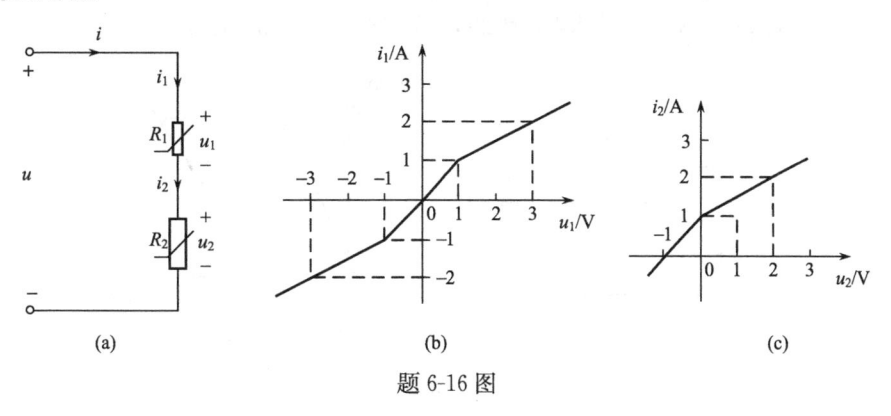

题 6-16 图

6-17 试用分段线性化法求解题 6-17 图(a),其中非线性电阻的特性由题 6-17 图(b)曲线表示。

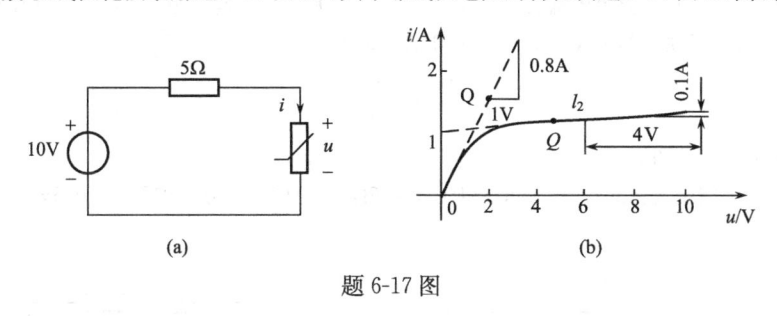

题 6-17 图

6-18 如题 6-18 图(a)所示,非线性电阻 R 的伏安特性如题 6-18 图(b)所示。
(1) 求 $u_S=0V$、$2V$、$4V$ 时的 u 和 i;
(2) 如输入信号 u_S 的波形如题 6-18 图(c)所示,求电流 i 和电压 u。

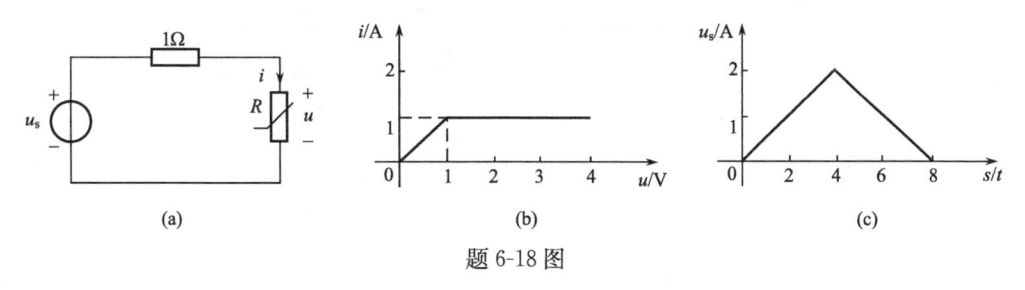

题 6-18 图

6-19 如题 6-19 图(a)所示,其中两个非线性电阻的伏安特性如题 6-19 图(b)~题 6-19 图(c)所示。求 u_1、i_1 和 u_2、i_2。

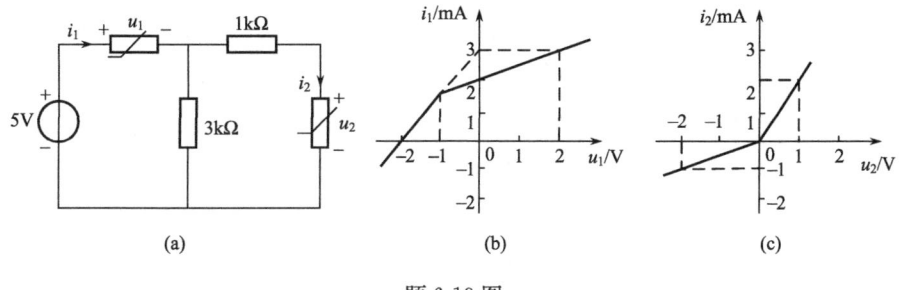

题 6-19 图

6-20 如题 6-20 图(a)所示，非线性电阻的伏安特性如题 6-20 图(b)所示。
(1)如 $u_S(t)=10$V，求直流工作点及工作点处的动态电阻；
(2)如 $u_S(t)=(10+\cos t)$V，求工作点在特性曲线中负斜率段时的电压 u。

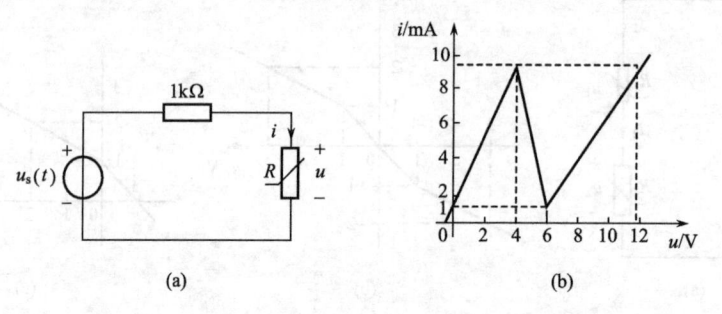

题 6-20 图

6-21 如题 6-21 图所示，直流电流源 $I_S=10$A，$R_S=1/3\Omega$，小信号电流源 $i_s(t)=(0.5\sin t)$A，非线性电阻为电压控制型，其伏安特性的解析式(i、u 的单位分别为 A 和 V)为

$$i=g(u)=\begin{cases} u^2, & u>0 \\ 0, & u<0 \end{cases}$$

试用小信号分析法求 $u(t)$ 和 $i(t)$。

6-22 在题 6-22 图中，已知：$I_0=5$A，$R_s=4\Omega$，$R_1=6\Omega$，$u_s=(0.02\sin 100t)$V，$i=0.5u^2$ ($u>0$)，用小信号分析法求电流 i。

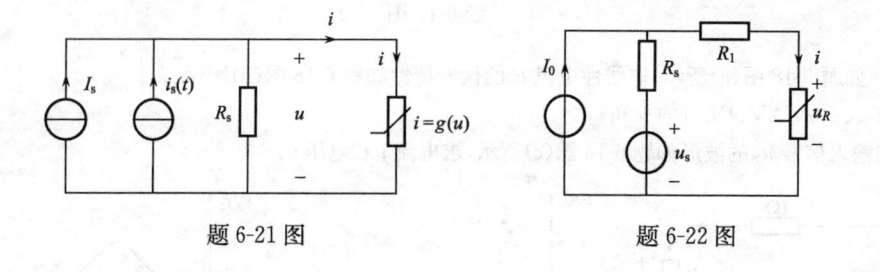

题 6-21 图   题 6-22 图

第7章 储能元件

本章介绍电容、电感两种储能元件,并讨论其定义、元件的伏安关系、功率及能量表达式,同时引入初始时刻、动态、记忆等概念,为动态电路的分析奠定基础。

7.1 电容元件

7.1.1 电容器与电容元件

两片金属极板用电介质隔开就可构成一个简单的电容器,如图 7-1 所示。在外电源作用下,两片金属极板上分别聚集等量但异性的电荷,电荷聚集的过程伴随着电场的建立,电场中具有电场能量。如果撤走外电源,两片金属极板上的等量异性电荷依靠电场力的作用互相吸引,而又因电介质绝缘不能中和,因而极板上的电荷能长久地储存。所以,电容器是一种能够储存电荷或能够储存电场能量的器件。如果忽略漏电等次要因素,则可用理想电容元件作为反映电容器储能特性的理想化电路模型。

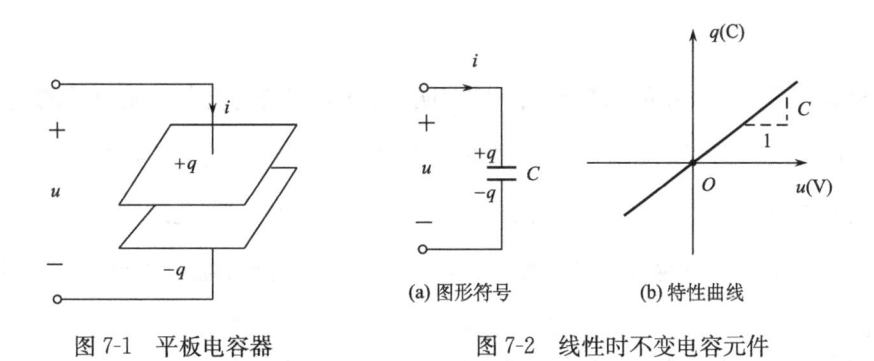

图 7-1 平板电容器

图 7-2 线性时不变电容元件
(a) 图形符号 (b) 特性曲线

电容元件分为线性和非线性电容元件、时变和时不变电容元件,本书只讨论线性时不变电容元件(简称电容元件),其图形符号如图 7-2(a)所示。电容元件的定义描述如下:它是一个二端元件,当电压参考极性与极板储存电荷的极性一致时,元件的特性为

$$q = Cu \tag{7-1}$$

式(7-1)中,C 是电容元件的参数,称为电容,是一个正实常数。在国际单位制中,当电荷和电压的单位分别为 C(库仑)和 V(伏特)时,电容的单位为 F(法拉,简称法)。因 F(法)太大,所以通常采用 μF(微法)或 pF(皮法)作为电容的单位,并且

$$\left.\begin{aligned}1\mu F &= 10^{-6} F \\ 1pF &= 10^{-12} F\end{aligned}\right\} \tag{7-2}$$

线性时不变电容元件的特性曲线是 q-u 平面上一条不随时间变化通过原点的直线,直线的斜率就是电容 C,如图 7-2(b)所示。

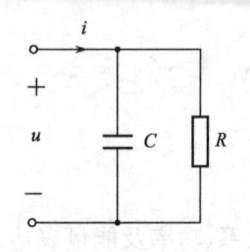

图 7-3 实际电容器的电路模型

实际电容器除了具有储存电能的主要特性外,还存在一些漏电现象,原因是由于电介质不可能完全绝缘。在这种情况下,实际电容器的电路模型除了上述的电容元件之外,还应增加电阻元件与之并联,如图 7-3 所示。

一个电容器除标出它的电容值 C 外,还须标明它的额定工作电压值,因为每个电容器允许承受的电压有限度,电压过高,电介质就会被击穿,从而丧失电容器的作用。因此,使用电容器时不应超过它的额定工作电压值。

7.1.2 电容元件的伏安关系

电路分析,最关心的是电容元件电压与电流之间的关系,即元件的伏安关系(也称元件的性能方程)。

设电容元件的电压、电流取关联参考方向,如图 7-2(a)所示。当电容两端电压变化时,电容极板上电荷 $q=Cu$ 也相应地变化,从而导致连接电容的引线上有电荷移动,形成传导电流;同时,在电容极板间的电介质中,随时间变化的电场产生位移电流,可以证明,此位移电流恰好等于电容元件引线上的传导电流,从而保持了电容电路中电流的连续性。考虑 $i=\dfrac{\mathrm{d}q}{\mathrm{d}t}$,故流过电容的电流为

$$i = C\frac{\mathrm{d}u}{\mathrm{d}t} \tag{7-3}$$

上式称为电容元件伏安关系的微分形式。它表明:流过电容的电流与其端电压的变化率成正比。如果电压不随时间变化,则 $\dfrac{\mathrm{d}u}{\mathrm{d}t}$ 为零,此时虽有电压,但电流为零。因此,电容元件在直流稳态下因其两端电压恒定不变而相当于开路,这说明电容有隔断直流的作用。电容电压变化越快,即 $\dfrac{\mathrm{d}u}{\mathrm{d}t}$ 越大,则电流也越大。对电容而言,只有变动的电压才能产生电流,这一特性称为电容元件的动态特性,故电容元件称为动态元件。

把电容元件的电压 u 表示为电流 i 的函数,对式(7-3)积分可得

$$u(t) = \frac{1}{C}\int_{-\infty}^{t} i(t')\mathrm{d}t' \tag{7-4}$$

上式称为电容元件伏安关系的积分形式。它表明:在某一时刻 t,电容的电压值取决于从 $-\infty$ 到 t 所有时刻的电流值,即电容电压与电流已往的全部历史有关。这是因为电容是聚集电荷的元件,电容电压的大小反映电容聚集电荷的多少,而电荷的聚集是电流从 $-\infty$ 到 t 长期作用的结果。即使某一时刻电流为零,但电容两端的电压依然存在,因为过去曾有电流作用过。电容能将已往每时每刻电流的作用点点滴滴地记忆下来,因此,电容元件又称为记忆元件。

研究电路问题的时间起点被称为初始时刻 t_0,如果只分析某一初始时刻 t_0(通常取 $t_0=0$)以后电容电压的情况,可将式(7-4)改写为

$$u(t) = \frac{1}{C}\int_{-\infty}^{t_0} i(t')\mathrm{d}t' + \frac{1}{C}\int_{t_0}^{t} i(t')\mathrm{d}t' \tag{7-5}$$

若令

$$u(t_0) = \frac{1}{C}\int_{-\infty}^{t_0} i(t')\mathrm{d}t' \tag{7-6}$$

则
$$u(t) = u(t_0) + \frac{1}{C}\int_{t_0}^{t} i(t')\mathrm{d}t' \quad t \geqslant t_0 \tag{7-7}$$

$u(t_0)$ 称为电容的初始电压，它反映初始时刻 t_0 以前电流的全部历史情况对 t_0 及 $t \geqslant t_0$ 的电压所产生的影响。如果已知电容的初始电压 $u(t_0)$ 及从初始时刻 t_0 开始作用的电流 $i(t)$，就能由式(7-7)确定 $t \geqslant t_0$ 时的电容电压 $u(t)$。因此，在含有电容元件的动态电路分析中，电容的初始电压 $u(t_0)$ 是一个常须具备的已知条件。这样，一个线性时不变电容元件，只有当它的电容值 C 和初始电压 $u(t_0)$ 给定时，才是一个确定的电路元件。

根据式(7-7)，具有初始电压 $u(t_0)$ 的电容元件可以等效为一个电压等于该电容初始电压 $u(t_0)$ 的电压源 u_S 和初始电压等于零的相同电容值的电容元件相串联的电路，如图 7-4 所示。这一等效处理使得 $u(t_0)$ 对动态电路的作用更直观，有利于分析动态电路。

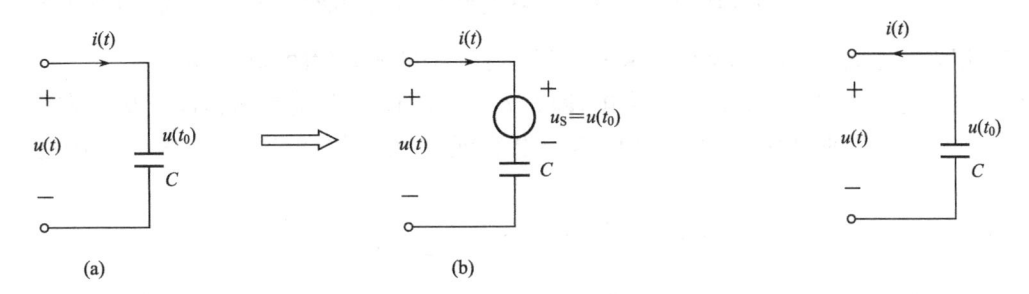

图 7-4 具有初始电压 $u(t_0)$ 的电容元件及其等效电路

图 7-5 电容元件的电压、电流取非关联参考方向

注意，电容元件的伏安关系式(7-3)～式(7-4)和式(7-7)都要求电容元件的电压、电流取关联参考方向。若电容元件的电压、电流取非关联参考方向，如图 7-5 所示，则电容元件的伏安关系应为

$$\left.\begin{aligned}
i &= -C\frac{\mathrm{d}u}{\mathrm{d}t} \\
u(t) &= -\frac{1}{C}\int_{-\infty}^{t} i(t')\mathrm{d}t' \\
u(t) &= u(t_0) - \frac{1}{C}\int_{t_0}^{t} i(t')\mathrm{d}t' \quad t \geqslant t_0
\end{aligned}\right\} \tag{7-8}$$

7.1.3 电容元件的功率与能量

在电容元件的电压、电流取关联参考方向的情况下，电容元件吸收的瞬时功率为
$$p(t) = u(t)i(t) \tag{7-9}$$
如果选用电容元件伏安关系的微分形式，即
$$i = C\frac{\mathrm{d}u}{\mathrm{d}t}$$
则电容元件吸收的瞬时功率又可表示为
$$p(t) = Cu(t)\frac{\mathrm{d}u}{\mathrm{d}t} \tag{7-10}$$

当 $p(t)$ 为正值时，表明电容元件从外电路吸收功率(作为电场能量储存)；当 $p(t)$ 为负值

时，则表明电容元件对外电路释放功率（将储存的电场能量释放至外电路）。电容元件与外电路之间有能量的往返交换现象。

设在时间间隔$[t_0,t]$内，电容电压由$u(t_0)$变到$u(t)$，电容元件吸收的能量可用定积分计算为

$$W_C[t_0,t] = \int_{t_0}^{t} p(t') dt' = \int_{t_0}^{t} Cu(t') \frac{du}{dt'} dt' = \int_{u(t_0)}^{u(t)} Cu \, du$$

$$= \frac{1}{2}Cu^2(t) - \frac{1}{2}Cu^2(t_0) = W_C(t) - W_C(t_0) \tag{7-11}$$

由式(7-11)可知，在t_0到t期间电容吸收的能量只与两个时间端点的电压值$u(t_0)$和$u(t)$有关，而与在此期间的其他电压值无关。式中，$W_C(t) = \frac{1}{2}Cu^2(t)$表示$t$时刻电容所储存的电场能量，而$W_C(t_0) = \frac{1}{2}Cu^2(t_0)$则表示$t_0$时刻电容所储存的电场能量，即从$t_0$到$t$期间电容吸收的能量用来改变电容的储能状况，这由电容元件是一个储能元件的本质决定。

如果电容元件在初始时刻t_0未曾充电，即$u(t_0)=0$，同时电场能量$W_C(t_0)=0$，则在任一瞬时t，电场中储存的电场能量$W_C(t)$等于电容元件在时间间隔$[t_0,t]$内吸收的能量$W_C[t_0,t]$，即

$$W_C(t) = W_C[t_0,t] = \frac{1}{2}Cu^2(t) \tag{7-12}$$

此即电容储能公式。由此可知，电容电压决定电容的储能状态，电容在任一时刻的储能总是非负的，故电容属于无源元件。

例 7-1 电路如图7-6(a)所示，已知$C=1F$，且$u_C(0)=0$，若$u(t)$的波形如图7-6(b)所示，求电路元件上电流$i(t)$、瞬时功率$p(t)$及在t时刻的储能$W_C(t)$。

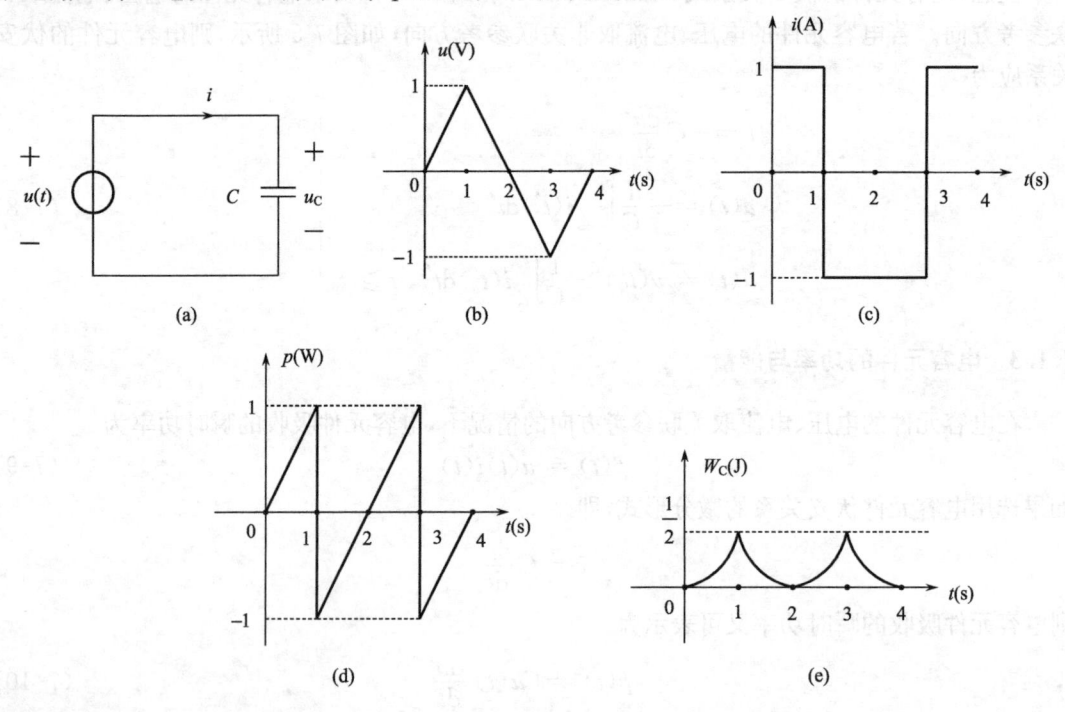

图 7-6 例 7-1 图

解 用分段的方式写出 $u(t)$ 的数学表达式，即

$$u(t) = \begin{cases} t & (0 \leqslant t \leqslant 1) \\ -(t-2) & (1 \leqslant t \leqslant 3) \\ t-4 & (3 \leqslant t \leqslant 5) \end{cases}$$

由 $i = C\dfrac{\mathrm{d}u}{\mathrm{d}t}$ 得

$$i(t) = \begin{cases} 1 & (0 < t < 1) \\ -1 & (1 < t < 3) \\ 1 & (3 < t < 5) \end{cases}$$

电流 $i(t)$ 波形见图 7-6(c)。在充电过程中，$\dfrac{\mathrm{d}u}{\mathrm{d}t} > 0$，$i(t) > 0$，即充电电流的实际方向与其参考方向相同；在放电过程中，$\dfrac{\mathrm{d}u}{\mathrm{d}t} < 0$，$i(t) < 0$，即放电电流的实际方向与其参考方向相反。

由 $p = u(t)i(t)$ 得

$$p(t) = \begin{cases} t & (0 < t < 1) \\ t-2 & (1 < t < 3) \\ t-4 & (3 < t < 5) \end{cases}$$

功率 $p(t)$ 的波形见图 7-6(d)。因此，电容元件的功率有时为正，有时为负。当功率为正时，表明电容吸收能量，并以电场能量的形式储存在电容中；当功率为负时，表明电容释放原先储存的能量。在电压 $u(t)$ 变化的一个周期的时间内，其平均功率 $P = \dfrac{1}{T}\int_0^T p(t)\mathrm{d}t$ 等于零。这说明电容元件在充电时吸收并储存的能量一定在放电完毕时全部释放，所以，电容元件仅是一个能量存储器，它既不能提供额外的能量，也不消耗能量，即电容元件是无损的无源元件。

由 $W_C(t) = \dfrac{1}{2}Cu^2(t)$ 得

$$W_C(t) = \begin{cases} \dfrac{1}{2}t^2 & (0 \leqslant t \leqslant 1) \\ \dfrac{1}{2}(t-2)^2 & (1 \leqslant t \leqslant 3) \\ \dfrac{1}{2}(t-4)^2 & (3 \leqslant t \leqslant 5) \end{cases}$$

储能 $W_C(t)$ 的波形见图 7-6(e)。电容上的储能总是非负的，而且在充电时电容吸能导致储能增加，在放电时电容放能导致储能减少。

7.2 电感元件

7.2.1 电感线圈与电感元件

工程上广泛应用各种电感线圈建立磁场，储存磁能。图 7-7 为实际电感线圈的示意图，当电流 $i(t)$ 流过电感线圈时，在线圈周围空间激发出磁场，产生磁通 $\varphi(t)$（其方向与电流方向符合右手螺旋法则），与线圈交链的总磁通称为磁链，记为 $\psi(t)$。若线圈密绕且有 N 匝，则磁链 $\psi(t) = N\varphi(t)$。由于这个磁通和磁链由线圈本身的电流所产生，又称为自感磁通和自感磁链。

磁场具有磁场能量,因此,电感线圈是一种能够储存磁场能量的器件。如果忽略导线耗能等次要因素,则可用理想电感元件作为反映电感线圈储能特性的理想化电路模型。

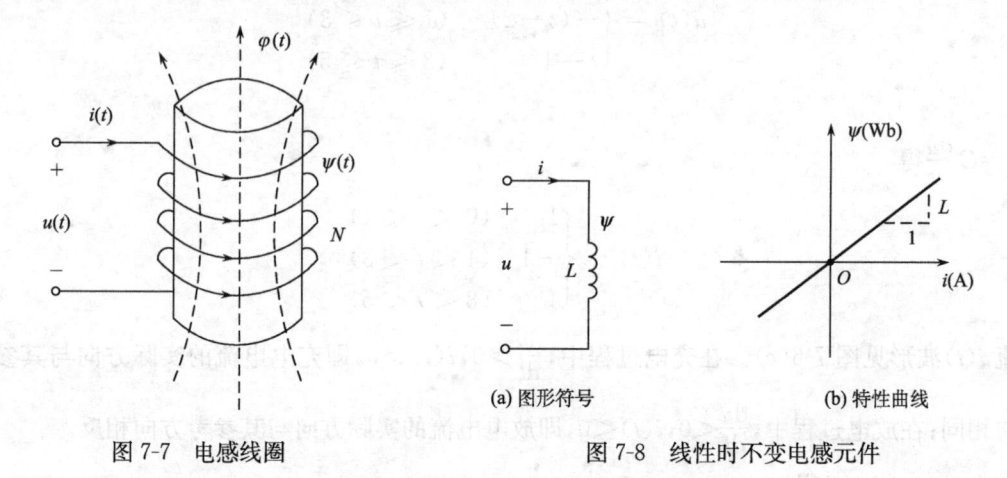

(a) 图形符号　　　　(b) 特性曲线

图 7-7　电感线圈　　　　图 7-8　线性时不变电感元件

电感元件分为线性和非线性电感元件、时变和时不变电感元件,本书只讨论线性时不变电感元件(简称电感元件),其图形符号如图 7-8(a)所示。电感元件的定义描述如下:它是一个二端元件,当电流参考方向与自感磁链的方向符合右手螺旋法则时,元件的特性为

$$\psi(t) = Li(t) \tag{7-13}$$

式(7-13)中,L 是电感元件的参数,称为电感,是一个正实常数。在国际单位制中,当磁链和电流的单位分别是 Wb(韦伯)和 A(安培)时,电感的单位为 H(亨利,简称亨),电感也常用 mH(毫亨)或 μH(微亨)作单位,并且

$$\left.\begin{array}{l} 1\text{mH} = 10^{-3}\text{H} \\ 1\mu\text{H} = 10^{-6}\text{H} \end{array}\right\} \tag{7-14}$$

线性时不变电感元件的特性曲线是 $\psi-i$ 平面上一条不随时间变化且通过原点的直线,直线的斜率是电感 L,如图 7-8(b)所示。

实际电感线圈除具有储存磁能的主要特性外,还有一些能量损耗,这是由于绕制线圈的导线有电阻的缘故。因此,实际电感线圈的电路模型除了上述电感元件外,还应串联一个小电阻 R,如图 7-9 所示。

一个实际电感线圈除标出它的电感值 L 外,还须标明它的额定工作电流值,因为线圈中的导线允许承受的电流有限度,电流过大,会使线圈过热,甚至烧毁线圈。

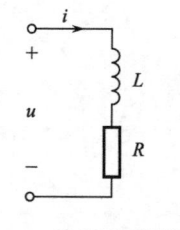

图 7-9　实际电感线圈的电路模型

7.2.2　电感元件的伏安关系

在电路分析中最关心的是电感元件电压与电流之间的关系,即元件的伏安关系(也称元件的性能方程)。

当流过电感的电流变化时,磁链 $\psi(t)=Li(t)$ 也相应地变化,且电流与磁链的参考方向符合右手螺旋法则。根据电磁感应定律,感应电压等于磁链的变化率。当感应电压参考方向与磁链的参考方向也符合右手螺旋法则时,可得 $u=\dfrac{\mathrm{d}\psi}{\mathrm{d}t}$,这样电感元件的电压与电流恰好为关联

参考方向,且有

$$u = L \frac{\mathrm{d}i}{\mathrm{d}t} \tag{7-15}$$

上式称为电感元件伏安关系的微分形式。它表明:电感的端电压与其流过电流的变化率成正比。如果电流不随时间变化,则$\frac{\mathrm{d}i}{\mathrm{d}t}$为零,此时虽有电流,但电压为零,因此电感元件在直流稳态下因其流过的电流恒定不变而相当于短路。电感电流变化越快,即$\frac{\mathrm{d}i}{\mathrm{d}t}$越大,则电压也越大。对电感而言,只有变动的电流才能产生电压,这一特性称为电感元件的动态特性,故电感元件称为动态元件。

把电感元件的电流 i 表示为电压 u 的函数,对式(7-15)积分可得

$$i(t) = \frac{1}{L} \int_{-\infty}^{t} u(t') \mathrm{d}t' \tag{7-16}$$

上式称为电感元件伏安关系的积分形式。它表明:在某一时刻 t,电感的电流值取决于从$-\infty$到 t 所有时刻的电压值,即与电压已往的全部历史有关。电感能将已往每时每刻电压的作用点点滴滴地记忆下来,因此,电感元件又称为记忆元件。

在任选初始时刻 t_0 以后,式(7-16)可表示为

$$i(t) = \frac{1}{L} \int_{-\infty}^{t_0} u(t') \mathrm{d}t' + \frac{1}{L} \int_{t_0}^{t} u(t') \mathrm{d}t' \tag{7-17}$$

若令

$$i(t_0) = \frac{1}{L} \int_{-\infty}^{t_0} u(t') \mathrm{d}t' \tag{7-18}$$

则

$$i(t) = i(t_0) + \frac{1}{L} \int_{t_0}^{t} u(t') \mathrm{d}t' \quad t \geqslant t_0 \tag{7-19}$$

$i(t_0)$ 称为电感的初始电流,它反映初始时刻 t_0 以前电压的全部历史情况对 t_0 及 $t \geqslant t_0$ 电流所产生的影响。如果已知电感的初始电流 $i(t_0)$ 及从初始时刻 t_0 开始作用的电压 $u(t)$,就能由式(7-19)确定 $t \geqslant t_0$ 时的电感电流 $i(t)$。因此,在含有电感元件的动态电路分析中,电感的初始电流 $i(t_0)$ 是一个常须具备的已知条件。这样,一个线性时不变电感元件,只有当它的电感值 L 和初始电流 $i(t_0)$ 给定时,才是一个确定的电路元件。

根据式(7-19),具有初始电流 $i(t_0)$ 的电感元件可以等效为一个电流等于该电感初始电流 $i(t_0)$ 的电流源 i_S 和初始电流等于零的相同电感值的电感元件相并联的电路,如图 7-10 所示。这一等效处理使得 $i(t_0)$ 对动态电路的作用更直观,有利于分析动态电路。

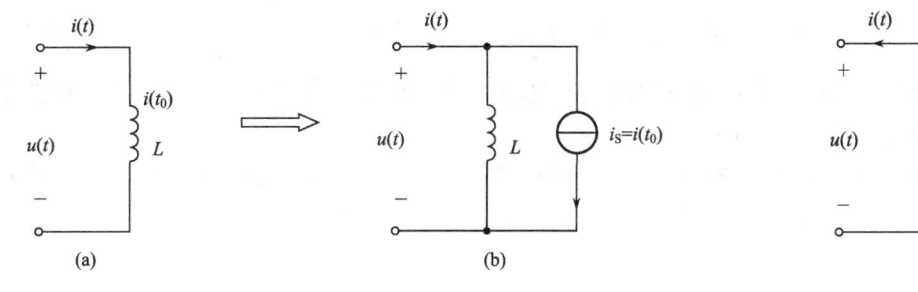

图 7-10 具有初始电流 $i(t_0)$ 的电感元件及其等效电路

图 7-11 电感元件的电压、电流取非关联参考方向

电感元件的伏安关系式(7-15)～式(7-16)和式(7-19)都要求电感元件的电压、电流取关联参考方向。若电感元件的电压、电流取非关联参考方向,如图 7-11 所示,则电感元件的伏安关系应为

$$\left.\begin{aligned} u &= -L\frac{\mathrm{d}i}{\mathrm{d}t} \\ i(t) &= -\frac{1}{L}\int_{-\infty}^{t} u(t')\mathrm{d}t' \\ i(t) &= i(t_0) - \frac{1}{L}\int_{t_0}^{t} u(t')\mathrm{d}t' \quad t \geqslant t_0 \end{aligned}\right\} \tag{7-20}$$

7.2.3 电感元件的功率与能量

在电感元件的电压、电流取关联参考方向的情况下,电感元件吸收的瞬时功率为

$$p(t) = u(t)i(t) \tag{7-21}$$

如果选用电感元件伏安关系的微分形式,即

$$u = L\frac{\mathrm{d}i}{\mathrm{d}t}$$

则电感元件吸收的瞬时功率又可表示为

$$p(t) = Li(t)\frac{\mathrm{d}i}{\mathrm{d}t} \tag{7-22}$$

当 $p(t)$ 为正值时,表明电感元件从外电路吸收能量并储存在磁场中;当 $p(t)$ 为负值时,则表明电感元件释放能量至外电路。因此,电感元件与外电路之间也有能量的往返交换现象。

设在时间间隔 $[t_0,t]$ 内,电感电流由 $i(t_0)$ 变到 $i(t)$,电感元件吸收的能量可用定积分计算为

$$\begin{aligned} W_L[t_0,t] &= \int_{t_0}^{t} p(t')\mathrm{d}t' = \int_{t_0}^{t} Li(t')\frac{\mathrm{d}i}{\mathrm{d}t'}\mathrm{d}t' = \int_{i(t_0)}^{i(t)} Li\,\mathrm{d}i \\ &= \frac{1}{2}Li^2(t) - \frac{1}{2}Li^2(t_0) = W_L(t) - W_L(t_0) \end{aligned} \tag{7-23}$$

由式(7-23)可知,从 t_0 到 t 期间电感吸收的能量用来改变电感的储能状况,电感元件也是一个储能元件。

如果电感元件在初始时刻 t_0 没有电流,即 $i(t_0)=0$,同时磁场能量 $W_L(t_0)=0$,则在任一瞬时 t,磁场中储存的磁场能量 $W_L(t)$ 等于电感元件在时间间隔 $[t_0,t]$ 内吸收的能量 $W_L[t_0,t]$,即

$$W_L(t) = W_L[t_0,t] = \frac{1}{2}Li^2(t) \tag{7-24}$$

此即电感储能公式。由此可知,电感电流决定电感的储能状态。电感在任一时刻的储能总是非负的,故电感也属于无源元件。

例 7-2 在如图 7-12 所示的电路中,已知在初始时刻 $t_0=0$ 时,电容储存的电场能量为 1J,且 $i_C(t)=2\mathrm{e}^{-2t}\mathrm{A}$ $(t \geqslant 0)$,求 $t \geqslant 0$ 时的电压 $u(t)$。

图 7-12 例 7-2 电路

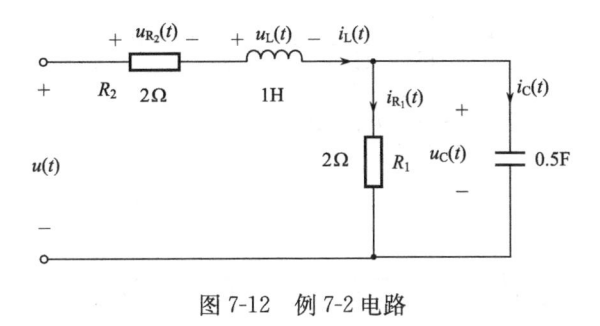

解 由于 $W_C(0) = \frac{1}{2}Cu_C^2(0) = 1\text{J}$，故得 $u_C(0) = 2\text{V}$。根据电容元件伏安关系的积分形式，得

$$u_C(t) = u_C(0) + \frac{1}{C}\int_0^t i_C(t')\mathrm{d}t' = 2 + \frac{1}{0.5}\int_0^t 2\mathrm{e}^{-2t'}\mathrm{d}t'$$

$$= 2 - 2(\mathrm{e}^{-2t} - 1) = (4 - 2\mathrm{e}^{-2t})\text{V}$$

$$i_{R_1}(t) = \frac{u_C(t)}{R_1} = \frac{4 - 2\mathrm{e}^{-2t}}{2} = (2 - \mathrm{e}^{-2t})\text{A}$$

利用 KCL，求得电感电流，即

$$i_L(t) = i_{R_1}(t) + i_C(t) = (2 - \mathrm{e}^{-2t}) + 2\mathrm{e}^{-2t} = (2 + \mathrm{e}^{-2t})\text{A}$$

根据电感元件伏安关系的微分形式，得

$$u_L(t) = L\frac{\mathrm{d}i_L}{\mathrm{d}t} = -2\mathrm{e}^{-2t}\text{V}$$

$$u_{R_2}(t) = R_2 i_L(t) = 2(2 + \mathrm{e}^{-2t}) = (4 + 2\mathrm{e}^{-2t})\text{V}$$

最后利用 KVL，得

$$u(t) = u_{R_2}(t) + u_L(t) + u_C(t)$$

$$= (4 + 2\mathrm{e}^{-2t}) + (-2\mathrm{e}^{-2t}) + (4 - 2\mathrm{e}^{-2t})$$

$$= (8 - 2\mathrm{e}^{-2t})\text{V}$$

7.3 电容、电感的串、并联等效

本节根据 KCL、KVL 及电容、电感的伏安关系，讨论电容、电感的串、并联等效问题。

7.3.1 电容的串、并联等效

下面分别就初始电压为零和初始电压不为零两种情况进行讨论。

1. 初始电压为零的情况

图 7-13(a)为 n 个初始电压为零的电容的串联电路。端口 1-1′上电压 $u(t)$ 与 $i(t)$ 取关联参考方向，由 KCL、KVL 及电容元件伏安关系的积分形式，得

$$u(t) = u_1(t) + u_2(t) + \cdots + u_n(t)$$

$$= \frac{1}{C_1}\int_{t_0}^t i(t')\mathrm{d}t' + \frac{1}{C_2}\int_{t_0}^t i(t')\mathrm{d}t' + \cdots + \frac{1}{C_n}\int_{t_0}^t i(t')\mathrm{d}t'$$

$$= \left(\frac{1}{C_1} + \frac{1}{C_2} + \cdots \frac{1}{C_n}\right) \int_{t_0}^{t} i(t') \mathrm{d}t'$$

$$= \frac{1}{C_{\mathrm{eq}}} \int_{t_0}^{t} i(t') \mathrm{d}t' \tag{7-25}$$

式(7-25)中

$$\frac{1}{C_{\mathrm{eq}}} = \left(\frac{1}{C_1} + \frac{1}{C_2} + \cdots + \frac{1}{C_n}\right) = \sum_{k=1}^{n} \frac{1}{C_k}$$

即

$$C_{\mathrm{eq}} = \frac{1}{\sum_{k=1}^{n} \dfrac{1}{C_k}} \tag{7-26}$$

C_{eq} 称为 n 个电容串联的等效电容。根据等效的概念，用 C_{eq} 构造的电路如图 7-13(b) 所示，即为图 7-13(a) 的等效电路。

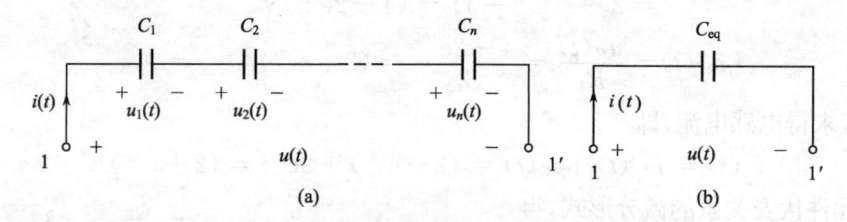

图 7-13 初始电压为零的电容串联及其等效电路

图 7-14(a) 为 n 个初始电压为零的电容的并联电路。端口 1-1′ 上电压 $u(t)$ 与电流 $i(t)$ 取关联参考方向，由 KCL、KVL 及电容元件伏安关系的微分形式，得

$$i(t) = i_1(t) + i_2(t) + \cdots + i_n(t)$$

$$= C_1 \frac{\mathrm{d}u}{\mathrm{d}t} + C_2 \frac{\mathrm{d}u}{\mathrm{d}t} + \cdots + C_n \frac{\mathrm{d}u}{\mathrm{d}t}$$

$$= C_{\mathrm{eq}} \frac{\mathrm{d}u}{\mathrm{d}t} \tag{7-27}$$

式(7-27)中

$$C_{\mathrm{eq}} = C_1 + C_2 + \cdots C_n = \sum_{k=1}^{n} C_k \tag{7-28}$$

C_{eq} 称为 n 个电容并联的等效电容。根据等效的概念，用 C_{eq} 构造的电路如图 7-14(b) 所示，即为图 7-14(a) 的等效电路。

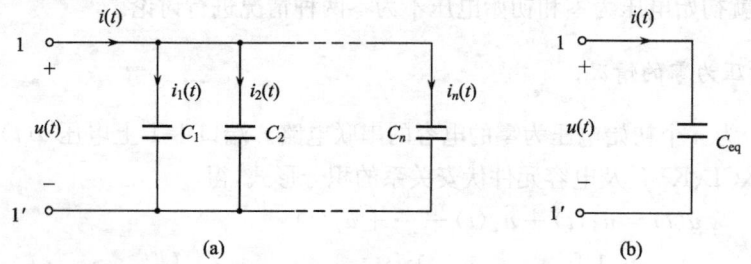

图 7-14 初始电压为零的电容并联及其等效电路

由以上分析结果,不难发现,电容的串、并联等效电容的计算公式与电导的串、并联等效电导的计算公式相似。这样对照起来可方便记忆计算公式。

2. 初始电压不为零的情况

图 7-15(a)为 n 个初始电压不为零的电容的串联电路。将每个具有初始电压的电容等效成一个电压等于该电容初始电压的电压源和初始电压为零的相同电容值的电容元件相串联,如图 7-15(b)所示。在图 7-15(b)中,将各个串联的电压源合并成一个等效电压源,其电压为

$$U = \sum_{k=1}^{n} u_k(t_0)$$

以及将各个串联的初始电压为零的电容元件合并成一个等效电容元件,其等效电容为

$$C_{eq} = \frac{1}{\sum_{k=1}^{n} \frac{1}{C_k}}$$

于是得到如图 7-15(c)所示的等效电路。图 7-15(c)的电路还可以等效为一个初始电压为 U、电容值为 C_{eq} 的电容元件,如图 7-15(d)所示。

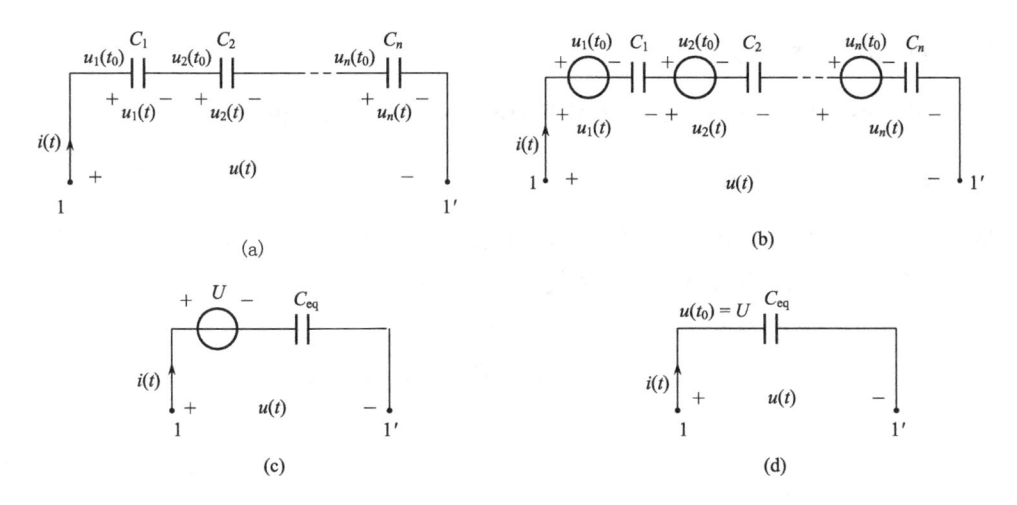

图 7-15 初始电压不为零的电容串联及其等效电路

图 7-16(a)为 n 个初始电压相同(但不为零)的电容的并联电路。将每个具有初始电压的电容等效成一个电压等于该电容初始电压的电压源和初始电压为零的相同电容值的电容元件相串联,如图 7-16(b)所示。由于图 7-16(b)中节点①,②,…,⑩各点是等电位,故可把它们短接,如图 7-16(c)所示。在图 7-16(c)中,将各个并联的电压源合并成一个等效电压源,其电压为

$$U = u_1(t_0) = u_2(t_0) = \cdots = u_n(t_0)$$

以及将各个并联的初始电压为零的电容元件合并成一个等效电容元件,其等效电容为

$$C_{eq} = \sum_{k=1}^{n} C_k$$

于是得到如图 7-16(d)所示的等效电路。图 7-16(d)的电路还可以等效为一个初始电压为 U、电容值为 C_{eq} 的电容元件,如图 7-16(e)所示。

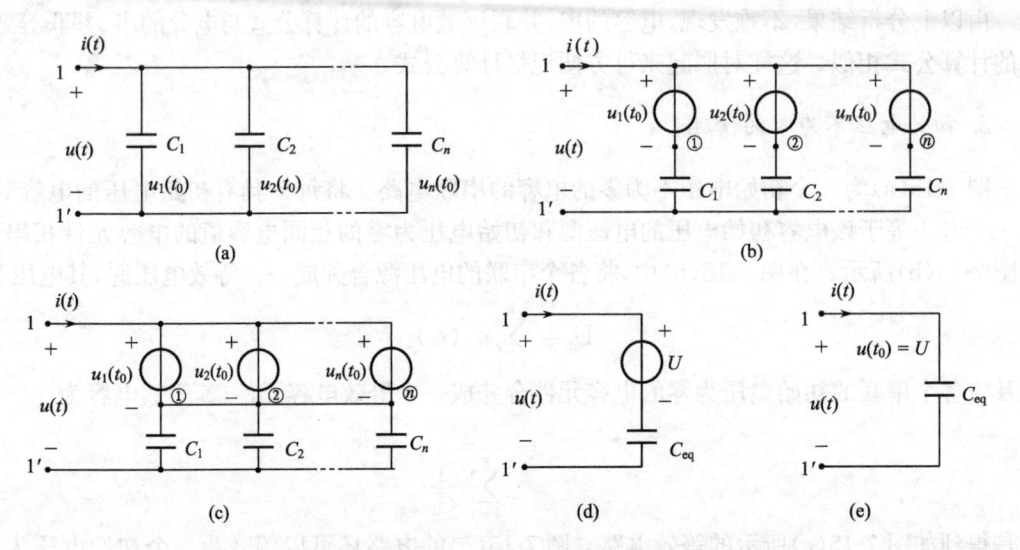

图 7-16　初始电压相同(但不为零)的电容并联及其等效电路

7.3.2　电感的串、并联等效

下面分别就初始电流为零和初始电流不为零两种情况进行讨论。

1. 初始电流为零的情况

图 7-17(a)为 n 个初始电流为零的电感的串联电路。端口 1-1′上电压 $u(t)$ 与电流 $i(t)$ 取关联参考方向,由 KCL、KVL 及电感元件伏安关系的微分形式,得

$$u(t) = u_1(t) + u_2(t) + \cdots + u_n(t)$$
$$= L_1 \frac{di}{dt} + L_2 \frac{di}{dt} + \cdots + L_n \frac{di}{dt} = (L_1 + L_2 + \cdots + L_n) \frac{di}{dt}$$
$$= L_{eq} \frac{di}{dt} \tag{7-29}$$

式(7-29)中

$$L_{eq} = L_1 + L_2 + \cdots + L_n = \sum_{k=1}^{n} L_k \tag{7-30}$$

L_{eq} 称为 n 个电感串联的等效电感,根据等效的概念,用 L_{eq} 构造的电路如图 7-17(b)所示,即为图 7-17(a)的等效电路。

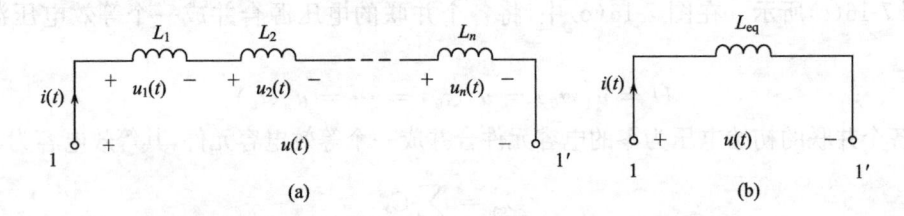

图 7-17　初始电流为零的电感串联及其等效电路

图 7-18(a)为 n 个初始电流为零的电感的并联电路。端口 1-1'电压 $u(t)$ 与电流 $i(t)$ 取关联参考方向,由 KCL、KVL 及电感元件伏安关系的积分形式,得

$$\begin{aligned}i(t) &= i_1(t) + i_2(t) + \cdots + i_n(t) \\ &= \frac{1}{L_1}\int_{t_0}^{t} u(t')\mathrm{d}t' + \frac{1}{L_2}\int_{t_0}^{t} u(t')\mathrm{d}t' + \cdots + \frac{1}{L_n}\int_{t_0}^{t} u(t')\mathrm{d}t' \\ &= \left(\frac{1}{L_1} + \frac{1}{L_2} + \cdots + \frac{1}{L_n}\right)\int_{t_0}^{t} u(t')\mathrm{d}t' \\ &= \frac{1}{L_\mathrm{eq}}\int_{t_0}^{t} u(t')\mathrm{d}t' \end{aligned} \tag{7-31}$$

式(7-31)中

$$\frac{1}{L_\mathrm{eq}} = \frac{1}{L_1} + \frac{1}{L_2} + \cdots + \frac{1}{L_n} = \sum_{k=1}^{n}\frac{1}{L_k}$$

即

$$L_\mathrm{eq} = \frac{1}{\sum\limits_{k=1}^{n}\dfrac{1}{L_k}} \tag{7-32}$$

L_eq 称为 n 个电感并联的等效电感。根据等效的概念,用 L_eq 构造的电路如图 7-18(b)所示,即为图 7-18(a)的等效电路。

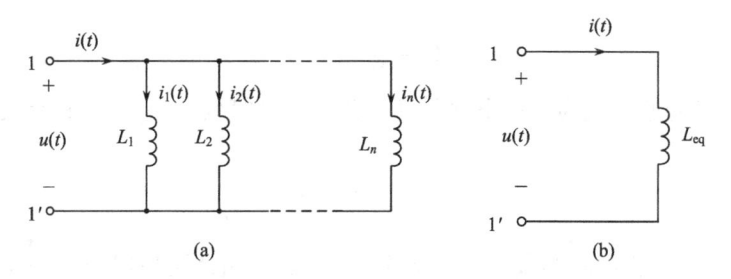

图 7-18 初始电流为零的电感并联及其等效电路

由以上分析结果,不难发现,电感的串、并联等效电感的计算公式与电阻的串、并联等效电阻的计算公式相似。这样对照起来可方便记忆计算公式。

2. 初始电流不为零的情况

图 7-19(a)为 n 个初始电流相同(但不为零)的电感的串联电路。将每个具有初始电流的电感等效成一个电流等于该电感初始电流的电流源和初始电流为零的相同电感值的电感元件相并联,如图 7-19(b)所示。由于图 7-19(b)中各个电流源的大小和方向都相同,故图 7-19(b)又可等效为图 7-19(c)。在图 7-19(c)中,将各个串联的电流源合并成一个等效电流源,其电流为

$$I = i_1(t_0) = i_2(t_0) = \cdots = i_n(t_0)$$

以及将各个串联的初始电流为零的电感元件合并成一个等效电感元件,其等效电感为

$$L_\mathrm{eq} = \sum_{k=1}^{n} L_k$$

于是得到如图 7-19(d)所示的等效电路。图 7-19(d)的电路还可以等效为一个初始电流为 I、电感值为 L_{eq} 的电感元件，如图 7-19(e)所示。

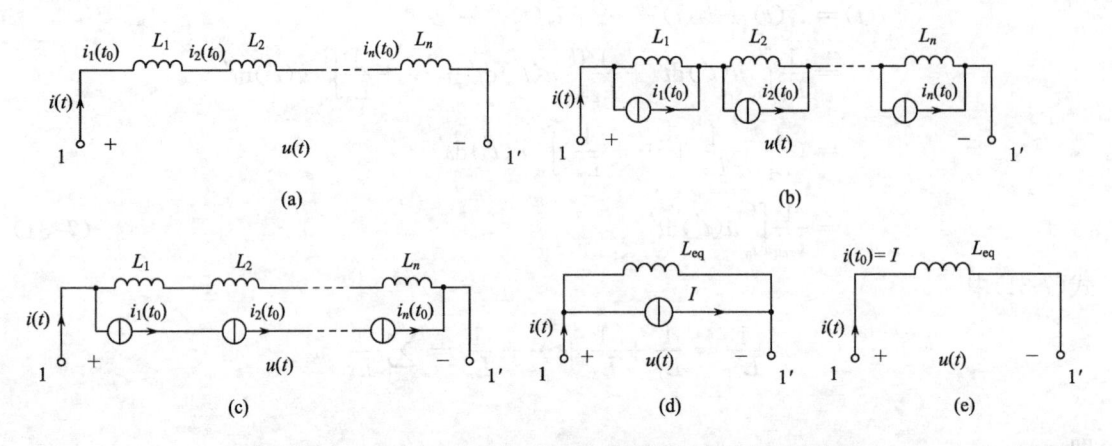

图 7-19 初始电流相同（但不为零）的电感串联及其等效电路

图 7-20(a)为 n 个初始电流不为零的电感的并联电路。将每个具有初始电流的电感等效成一个电流等于该电感初始电流的电流源和初始电流为零的相同电感值的电感元件相并联，如图 7-20(b)所示。在图 7-20(b)中，将各个并联的电流源合并成一个等效电流源，其电流为

$$I = \sum_{k=1}^{n} i_k(t_0)$$

以及将各个并联的初始电流为零的电感元件合并成一个等效电感元件，其等效电感为

$$L_{eq} = \frac{1}{\sum_{k=1}^{n} \frac{1}{L_k}}$$

于是得到如图 7-20(c)所示的等效电路。图 7-20(c)的电路还可以等效为一个初始电流为 I、电感值为 L_{eq} 的电感元件，如图 7-20(d)所示。

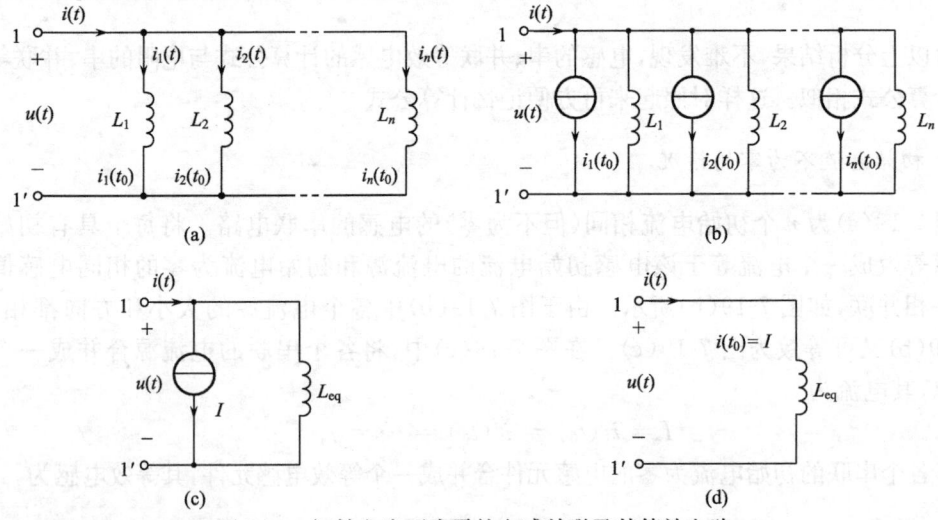

图 7-20 初始电流不为零的电感并联及其等效电路

思 考 题

7-1 为什么说电容、电感元件是动态元件？电容、电感在直流稳态时各做什么处理？

7-2 为什么说电容、电感元件是记忆元件？电容的初始电压 $u(t_0)$、电感的初始电流 $i(t_0)$ 各具有什么意义？

7-3 当电容(或电感)元件的电压、电流取非关联参考方向时，元件的伏安关系应做什么变动？

7-4 为什么说电容(或电感)元件与外电路之间有能量的往返交换现象？这种现象由元件什么性质决定？

7-5 电容的串、并联等效电容的计算公式与电导的串、并联等效电导的计算公式相似，那么电容的分压、分流公式是否也与电导的相似？

7-6 电感的串、并联等效电感的计算公式与电阻的串、并联等效电阻的计算公式相似，那么电感的分压、分流公式是否也与电阻的相似？

7-7 如将电容元件的定义式、伏安关系、储能公式、串、并联等效电容的计算公式与电感元件的定义式、伏安关系、储能公式、串、并联等效电感的计算公式相比较，会发现什么规律？

习 题

7-1 电容元件与电感元件的电压、电流参考方向如题 7-1 图所示，且知 $u_C(0)=0$, $i_L(0)=0$。
(1) 写出电压用电流表示的性能方程；
(2) 写出电流用电压表示的性能方程。

7-2 题 7-2 图(a)中 $C=2\text{F}$ 且 $u_C(0)=0$，电容电流 i_C 的波形如题 7-2 图(b)所示。试求 $t=1\text{s}$, $t=2\text{s}$ 和 $t=4\text{s}$ 时电容电压 u_C。

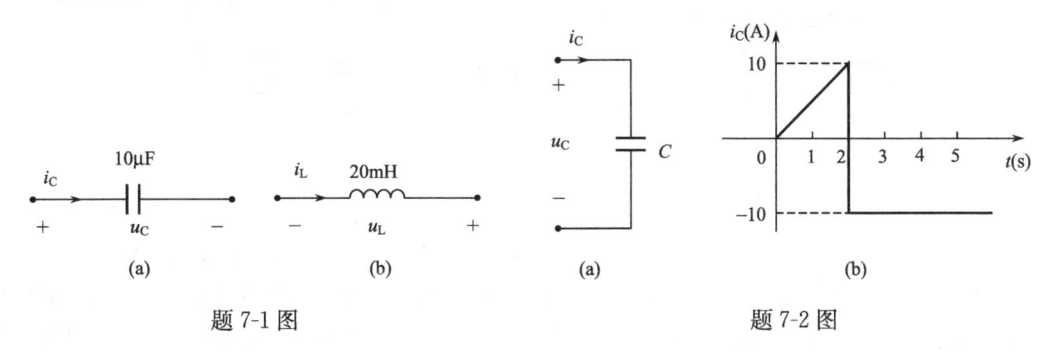

题 7-1 图

题 7-2 图

7-3 题 7-3 图(a)中 $C=2\text{F}$ 且 $u_C(0)=0$，电容电流 i_C 的波形如题 7-3 图(b)所示。
(1) 求 $t\geqslant 0$ 时电容电压 $u_C(t)$，并画出其波形；
(2) 计算 $t=2\text{s}$ 时电容吸收的功率 $p(2)$；
(3) 计算 $t=2\text{s}$ 时电容的储能 $W_C(2)$。

7-4 一电感元件如题 7-4 图(a)所示，已知 $L=10\text{mH}$，通过的电流 $i_L(t)$ 的波形如题 7-4 图(b)所示，求电感 L 两端的电压，并画出 $u_L(t)$ 的波形。

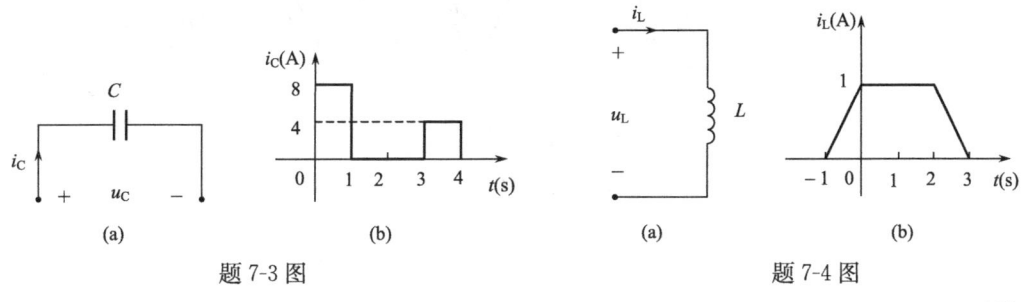

题 7-3 图

题 7-4 图

7-5 题 7-5 图(a)中 $L=4H$ 且 $i_L(0)=0$，电感电压 u_L 的波形如题 7-5 图(b)所示。试求 $t=1s, t=2s, t=3s$ 和 $t=4s$ 电感电流 i_L。

7-6 题 7-6 图(a)中 $L=4H$ 且 $i_L(0)=0$，电感电压 u_L 的波形如题 7-6 图(b)所示。
(1) 求 $t \geq 0$ 时电感电流 $i_L(t)$，并画出其波形；
(2) 计算 $t=2s$ 时电感吸收的功率 $p(2)$；
(3) 计算 $t=2s$ 时电感的储能 $W_L(2)$。

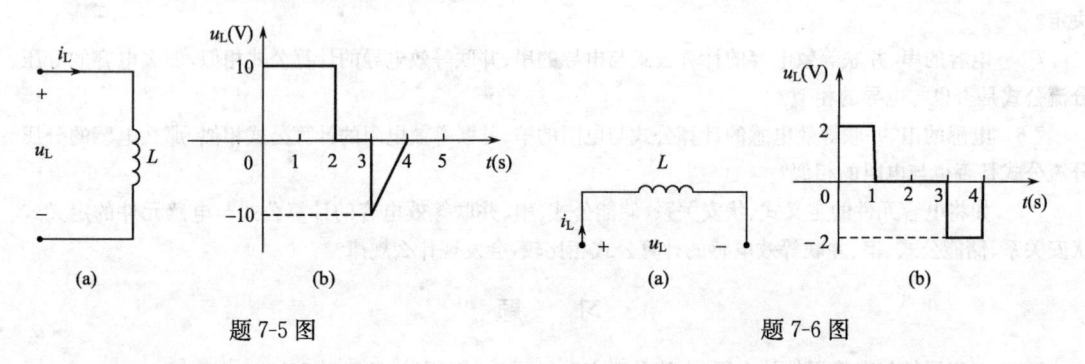

题 7-5 图

题 7-6 图

7-7 电路如题 7-7 图所示，已知 $i_L(t)=5(1-e^{-10t})A, t \geq 0$，求 $t \geq 0$ 时电容电流 $i_C(t)$ 和电压源电压 $u_S(t)$。

7-8 电路如题 7-8 图所示，其中，$L=1H, C_2=1F$。设 $u_S(t)=U_m\cos(\omega t)V, i_S(t)=Ie^{-\alpha t}A$，试求 $u_L(t)$ 和 $i_{C_2}(t)$。

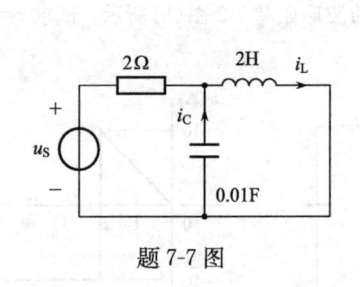

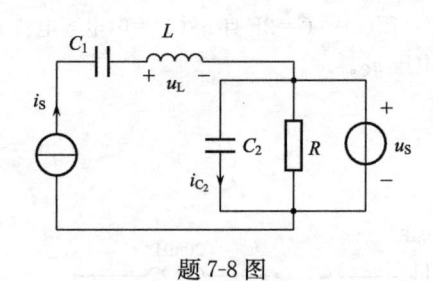

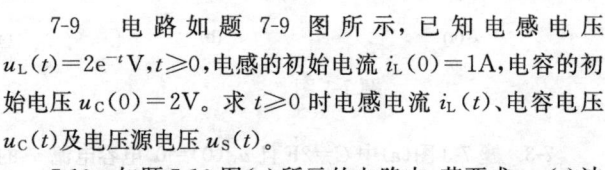

题 7-7 图

题 7-8 图

题 7-9 图

7-9 电路如题 7-9 图所示，已知电感电压 $u_L(t)=2e^{-t}V, t \geq 0$，电感的初始电流 $i_L(0)=1A$，电容的初始电压 $u_C(0)=2V$。求 $t \geq 0$ 时电感电流 $i_L(t)$、电容电压 $u_C(t)$ 及电压源电压 $u_S(t)$。

7-10 如题 7-10 图(a)所示的电路中，若要求 $u_C(t)$ 波形如题 7-10 图(b)所示，求所需电压源电压 $u_S(t)$ 的波形。

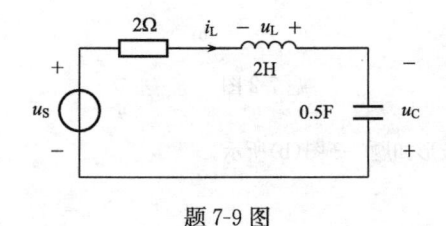

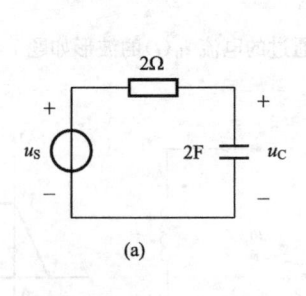

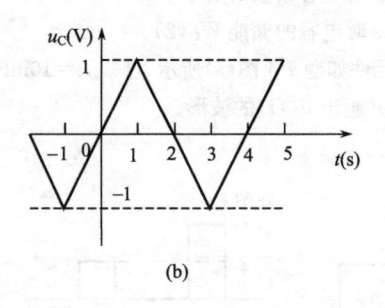

题 7-10 图

7-11 电路如题 7-11 图所示，求各电路 a-b 端的等效电容。

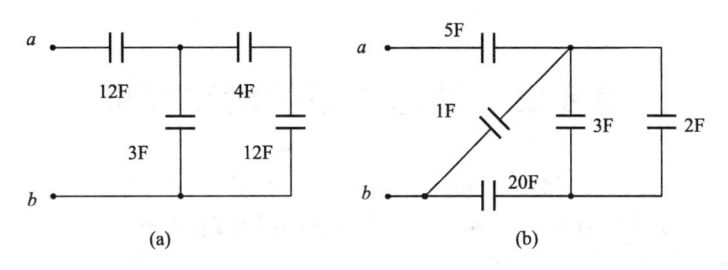

题 7-11 图

7-12 电路如题 7-12 图所示，求各电路 a-b 端的等效电感。

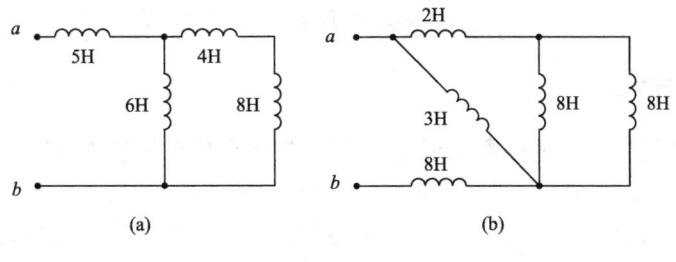

题 7-12 图

第 8 章 动态电路的时域分析

含有电容及电感这一类动态元件的电路称为动态电路。由于电容及电感的伏安关系是微分形式或积分形式,所以描述动态电路的方程为微分方程或微积分方程。本章采用微分方程的经典解法分析一阶动态电路响应随时间的变化规律,且整个分析过程都在时间域进行,故称其为时域分析,同时介绍过渡过程、换路、时间常数、零输入响应、零状态响应、全响应、自由分量、暂态分量、强制分量、稳态分量、阶跃响应、冲激响应等重要概念。

8.1 动态电路的方程及其初始条件

8.1.1 过渡过程与换路

动态电路的分析与过渡过程密切相关,所以首先研究什么是过渡过程。

一个变化的物理过程在每一时刻都处在一种不同的状况、形态或姿态,可统称为状态,所谓"变化"是指状态的变化,可用状态表征。事物的变化和运动往往又可以区分为"稳定状态"和"过渡状态"这两种不同的状态。例如,启动发动机时,发动机的转速从零开始逐渐上升,经过一定的时间便达到某一额定数值,以后转速便保持在这个额定的数值上。发动机的最初转速为零(静态状态)和后来的转速为某一额定数值(额定运行状态)都是发动机的稳态状态,只是在时间上有旧新之分。发动机由静止到额定转速之间所经历的过程是发动机运行的过渡过程。由此可见,过渡过程就是从一个稳定状态进入另一个稳定状态所经历的中间过程,而在过渡过程中每时每刻的状态即为过渡状态。过渡过程或过渡状态是一种物理现象,它广泛地存在于自然界的大量事物中。

动态电路是一种物理系统,有稳定状态和过渡状态这样两种工作状态,动态电路的工作状态用电路的各支路电压、电流表示。如果各支路电压、电流恒定不变(包括等于零的情况),则电路就处于一种直流稳定状态(简称直流稳态);如果各支路电压、电流随时间按正弦函数的规律周期变化,电路就处在一种正弦稳定状态(简称正弦稳态)。动态电路从一种旧的稳定状态进入另一种新的稳定状态,常需要一个中间过程,这就是动态电路的过渡过程。

在如图 8-1(a)所示简单的 RC 串联电路中,开关 S 合上前,$t<0$ 时 $i=0$,由于电容 C 原先未充电,$u_C(0)=0$,这是一种旧的稳定状态。开关 S 合上后,$t \geq 0$ 时,直流电压源 U_S 通过电阻 R 向电容 C 充电。电容电压 u_C 由零逐渐上升,一直上升到等于电源的电压 U_S 为止,这时电流 $i=0$,电路进入另一个新的稳定状态。电容电压由零上升到 U_S 的过程(即电容的充电过程)就

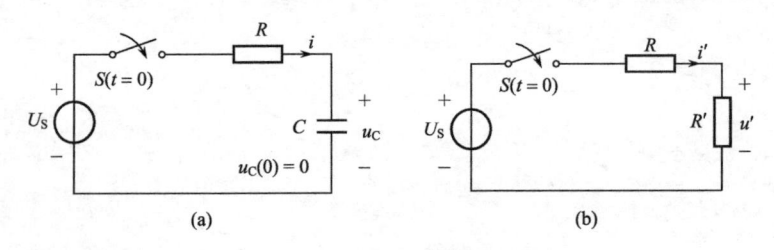

图 8-1 说明电路的过渡过程用图

是电路的过渡过程。

动态电路的过渡过程由电路条件的骤然改变引起，在电路理论中把电路条件的骤然改变称为换路，例如，电源的接入、切除，元件参数的骤然改变及电压源电压或电流源电流的骤然改变等都是换路。一般通过开关的闭合或打开实现换路，在图8-1(a)的电路中，开关S闭合，将电压源突然接入到电路中就是一种换路。

换路是引起动态电路过渡过程的外因，而动态电路内部的储能元件（电容或和电感），则是动态电路出现过渡过程的内因。这是因为在动态电路中，当电容元件两端有电压 u 时则储有 $\frac{1}{2}Cu^2$ 的电场能量；当电感元件上流过电流 i 时则储有 $\frac{1}{2}Li^2$ 的磁场能量。这些能量都不能跃变，只能渐变。如果能量跃变，说明 $p=\frac{\mathrm{d}W}{\mathrm{d}t}\rightarrow\infty$，这在实际上是不可能的。因此，电容 C 上的电压在换路时是连续的，它不能从 0 值立刻跃变为新稳态值 U_S，而必须经历一个过渡过程，逐渐上升为 U_S。如果用电阻 R' 替换图8-1(a)中的电容 C，则如图8-1(b)所示的是一线性电阻电路，那么，开关 S 合上后，电阻 R' 上的电压 u' 立刻从 0 值跃变为新稳态值 $\frac{R'}{R+R'}U_\mathrm{S}$，即换路后电路立即进入新的稳态而没有过渡过程。这是因为电阻是无记忆元件，电路不具备能产生过渡过程的内因，线性电阻电路中的响应与激励是一种即时关系。

在实际的动态电路中，过渡过程是一个很快的过程，其持续时间常仅为十几分之一秒、几百分之一秒，甚至几万分之一秒，因此常称为暂态过程（瞬态过程），在电子技术中需广泛利用动态电路瞬态过程的规律。但是，动态电路瞬态过程也会出现不利的情况，即在动态电路瞬态过程中，可能出现比稳态值高出很多的过电压或过电流的现象，从而使电气设备或器件遭受损坏。因此，对动态电路瞬态过程加以分析具有十分重要的意义。动态电路的瞬态分析就是对从换路前电路旧稳定状态至换路后电路新稳定状态全过程的研究。

在电路及系统理论中，状态变量是指一组最少的变量，若已知它们在 t_0 时的数值及所有在 $t\geqslant t_0$ 时的输入（激励），即能确定在 $t\geqslant t_0$ 时电路中的任何电路变量。状态变量在任何时刻的值构成该时刻电路的状态，由于电容在某一时刻的电压反映该时刻储存的电场能量，而电感在某一时刻的电流反映该时刻储存的磁场能量，因此电容电压 $u_\mathrm{C}(t)$ 和电感电流 $i_\mathrm{L}(t)$ 在动态电路分析中占有特殊重要的地位，它们可作为电路的状态变量。t_0 时刻的电容电压 $u_\mathrm{C}(t_0)$ 或（和）电感电流 $i_\mathrm{L}(t_0)$ 构成 t_0 时刻电路的状态，本章在随后的动态电路瞬态分析中将电容电压和电感电流作为主要的分析对象进行研究。

在动态电路分析中，一般以换路发生的时刻作为计算时间的起点（初始时刻）。假设换路在 $t=0$ 时发生，把换路前的最后一个瞬时表示为 $t=0_-$，即 t 为负值趋于零的极限；把换路后的第一个瞬时表示为 $t=0_+$，即 t 为正值趋于零的极限，如图8-2所示。

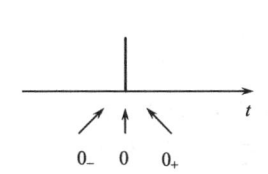

图8-2 换路前与换路后时间概念的划分 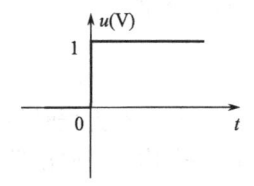　　　　图8-3 $t=0$ 时发生跃变的电压波形

在 $t=0_-$ 时,电路处于原有的旧稳定状态,此时 $u_C(0_-)$ 或(和)$i_L(0_-)$ 构成电路的原始状态,反映动态元件的原始储能。原始状态为零的动态元件称为零状态元件,若电路中所有动态元件的原始状态均为零,则电路称为零状态电路。在 $t=0_+$ 时,$u_C(0_+)$ 或(和)$i_L(0_+)$ 构成电路的初始状态,反映动态元件的初始储能,电路从 $t=0_+$ 时开始经过过渡过程最终达到新的稳定状态。将 $t=0$ 划分为 $t=0_-$ 及 $t=0_+$,有助于理解换路的全过程,使换路前后电路的状态更明确,而且还可以准确地表达电路中某些变量在换路时刻 $t=0$ 时发生跃变的情况,如对于如图 8-3 所示的电压波形,其电压变化情况可表示为

$$\left.\begin{array}{l}u(0_-) = 0\text{V}\\u(0_+) = 1\text{V}\end{array}\right\} \tag{8-1}$$

8.1.2 动态电路的方程及其解

建立动态电路方程的基本依据是基尔霍夫定律和元件的伏安关系,下面通过一个例子说明动态电路微分方程的建立过程。

图 8-4 表示一个 RLC 串联电路在 $t=0$ 时接入电压源 $u_S(t)$,当开关 S 在 $t=0$ 闭合后,建立以 $u_C(t)$ 为响应的电路方程。

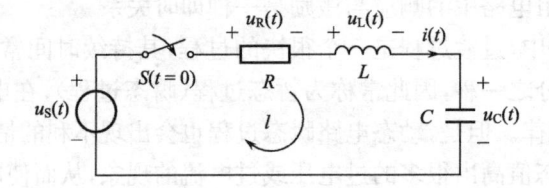

图 8-4 RLC 串联电路在 $t=0$ 时接入电压源 $u_S(t)$

换路后 $t \geqslant 0_+$ 时,根据 KVL 列写出回路 l 的电压平衡方程,得

$$u_R(t) + u_L(t) + u_C(t) = u_S(t) \quad t \geqslant 0_+ \tag{8-2}$$

若选择 $u_C(t)$ 为响应变量,将元件的伏安关系

$$u_R = Ri, \quad u_L = L\frac{\text{d}i}{\text{d}t}, \quad i = C\frac{\text{d}u_C}{\text{d}t}$$

代入式(8-2),经整理得

$$LC\frac{\text{d}^2 u_C(t)}{\text{d}t^2} + RC\frac{\text{d}u_C(t)}{\text{d}t} + u_C(t) = u_S(t) \quad t \geqslant 0_+ \tag{8-3}$$

若选择 $i(t)$ 为响应变量,将元件的伏安关系

$$u_R = Ri, \quad u_L = L\frac{\text{d}i}{\text{d}t}, \quad u_C(t) = \frac{1}{C}\int_{-\infty}^{t} i(t')\text{d}t'$$

代入式(8-2),经整理得

$$LC\frac{\text{d}^2 i(t)}{\text{d}t^2} + RC\frac{\text{d}i(t)}{\text{d}t} + i(t) = C\frac{\text{d}u_S(t)}{\text{d}t} \quad t \geqslant 0_+ \tag{8-4}$$

通过此例发现,电路方程是线性常系数二阶微分方程,这是因为这个电路含有两个动态元件,因此这个电路也称为二阶电路。如果电路只含一个动态元件,建立的电路方程是一阶微分方程,相应的电路称为一阶电路。电路所含动态元件越多,方程的阶数越高。含有 n 个独立动态元件的电路称为 n 阶电路,若响应变量(u 或 i)用 $y(t)$ 表示,n 阶电路的微分方程可写成下列一般形式,即

$$a_n \frac{d^n y(t)}{dt^n} + a_{n-1} \frac{d^{n-1} y(t)}{dt^{n-1}} + \cdots + a_1 \frac{dy(t)}{dt} + a_0 y(t) = f(t) \quad t \geq 0_+ \tag{8-5}$$

对于线性时不变动态电路，上式中的系数 $a_n, a_{n-1}, \cdots, a_1, a_0$ 都是取决于电路的结构和元件参数的常数；$f(t)$ 称为激励函数，它与外施激励（u_S 或和 i_S）及选择的响应变量有关。如上例选择 u_C 或 i 作为响应变量，则列写出的微分方程右边项 $f(t)$ 各异。

由微分方程的经典解法可知，线性常系数微分方程的完全解由两部分组成，即

$$y(t) = y_h(t) + y_p(t) \tag{8-6}$$

式中，$y_h(t)$ 是相应齐次微分方程的通解，$y_p(t)$ 是非齐次微分方程的一个特解。对线性常系数微分方程完全解的求解过程由下面三步组成。

1. 求相应齐次微分方程的通解

式(8-5)相应的齐次微分方程为

$$a_n \frac{d^n y(t)}{dt^n} + a_{n-1} \frac{d^{n-1} y(t)}{dt^{n-1}} + \cdots + a_1 \frac{dy(t)}{dt} + a_0 y(t) = 0 \tag{8-7}$$

齐次线性常系数微分方程的通解可由指数函数构成，设

$$y_h(t) = A e^{st} \tag{8-8}$$

把上式代入式(8-7)，得到相应的特征方程为

$$a_n s^n + a_{n-1} s^{n-1} + \cdots + a_1 s + a_0 = 0 \tag{8-9}$$

特征方程的特征根 $s_1, s_2, \cdots, s_n$ 称为式(8-7)所示的微分方程的特征根，若特征根均为单根，则式(8-7)的通解为

$$y_h(t) = A_1 e^{s_1 t} + A_2 e^{s_2 t} + \cdots + A_n e^{s_n t} \tag{8-10}$$

式(8-10)中，$A_1, A_2, \cdots, A_n$ 为待定积分常数，在式(8-6)的完全解中由电路微分方程的初始条件确定。

由于相应的齐次微分方程不包含激励函数 $f(t)$，所以它的通解 $y_h(t)$ 的变化规律是由特征根决定的指数形式，与激励形式无关。特征根由电路的结构和元件参数决定，反映电路的固有特性。因此，通解 $y_h(t)$ 又称为响应的自由分量。

2. 求非齐次微分方程的特解

特解的函数形式取决于激励的函数形式，可认为是在激励的"强迫"下电路所产生的响应，故特解也称为强迫响应，或称为响应的强制分量。表 8-1 列出常用激励形式所对应特解的形式。其中，$Q_i(i=0,1,2,\cdots,m)$ 为待定常数，特解 $y_p(t)$ 代入式(8-5)，然后再对方程左右两边进行平衡，用比较系数法就可确定特解中的待定常数。

表 8-1　常用激励形式所对应特解的形式

激励 $f(t)$ 的形式	特解 $y_p(t)$ 的形式
常数（直流）	Q_0
$B\cos(\omega t + \theta)$	$Q_1 \cos(\omega t + Q_0)$
$e^{\alpha t}$	$Q_0 e^{\alpha t}$ （当 α 不等于特征根时） $(Q_1 t + Q_0) e^{\alpha t}$ （当 α 等于特征单根时） $(Q_2 t^2 + Q_1 t + Q_0) e^{\alpha t}$ （当 α 等于特征重根时）
t^m	$Q_m t^m + Q_{m-1} t^{m-1} + \cdots + Q_i t^i + \cdots + Q_1 t + Q_0$

3. 求非齐次微分方程的完全解

齐次微分方程的通解与非齐次微分方程的特解相加，即可得到非齐次微分方程的完全解，所以完全解 $y(t)$ 为

$$y(t) = y_h(t) + y_p(t) = A_1 e^{s_1 t} + A_2 e^{s_2 t} + \cdots + A_n e^{s_n t} + y_p(t) \tag{8-11}$$

这里的积分常数 $A_1, A_2, \cdots, A_n$ 需用电路微分方程的初始条件（简称电路的初始条件）决定。电路的初始条件是电路所求的响应变量及其一阶至 $(n-1)$ 阶导数在 $t=0_+$ 时的值，称为初始值，即 $y(0_+), \left.\dfrac{dy}{dt}\right|_{t=0_+}, \left.\dfrac{d^2 y}{dt^2}\right|_{t=0_+}, \cdots, \left.\dfrac{d^{(n-1)} y}{dt^{(n-1)}}\right|_{t=0_+}$。其中，电容电压 $u_C(0_+)$ 或（和）电感电流 $i_L(0_+)$ 称为独立的初始条件；其余响应变量的初始值称为非独立的初始条件。下面待解决的问题是如何求出电路的初始条件。

8.1.3 换路定则与电路初始条件的求解

在对动态电路进行瞬态分析时，往往已知 $t=0_-$ 时的电路条件及旧稳态，根据这个信息作出 $t=0_-$ 时等效电路，可以确定电路的原始状态，用 $u_C(0_-)$ 或（和）$i_L(0_-)$ 表达，再根据换路定则可确定独立的初始条件 $u_C(0_+)$ 或（和）$i_L(0_+)$。

换路定则包括以下两条内容。

(1) 在电容元件的电流为有限值的条件下，换路瞬间 $(0_-, 0_+)$ 电容元件的端电压保持不变。

(2) 在电感元件的电压为有限值的条件下，换路瞬间 $(0_-, 0_+)$ 电感元件的电流保持不变。

换路定则可用数学形式表示为

$$u_C(0_+) = u_C(0_-) \tag{8-12}$$

$$i_L(0_+) = i_L(0_-) \tag{8-13}$$

以上两式可以根据电容元件、电感元件伏安关系的积分形式推导而得。

对于电容元件，有

$$u_C(t) = \frac{1}{C}\int_{-\infty}^{t} i_C(t')dt' = \frac{1}{C}\int_{-\infty}^{0_-} i_C(t')dt' + \frac{1}{C}\int_{0_-}^{t} i_C(t')dt' = u_C(0_-) + \frac{1}{C}\int_{0_-}^{t} i_C(t')dt' \tag{8-14}$$

根据上式，$t=0_+$ 时刻的电容电压可表示为

$$u_C(0_+) = u_C(0_-) + \frac{1}{C}\int_{0_-}^{0_+} i_C(t')dt' \tag{8-15}$$

在换路瞬间 $(0_-, 0_+)$ $i_C(t')$ 为有限值的条件下，上式右端第二项积分为零，这样便得到式(8-12)。

对于电感元件，有

$$i_L(t) = \frac{1}{L}\int_{-\infty}^{t} u_L(t')dt' = \frac{1}{L}\int_{-\infty}^{0_-} u_L(t')dt' + \frac{1}{L}\int_{0_-}^{t} u_L(t')dt' = i_L(0_-) + \frac{1}{L}\int_{0_-}^{t} u_L(t')dt' \tag{8-16}$$

根据上式，$t=0_+$ 时刻的电感电流可表示为

$$i_L(0_+) = i_L(0_-) + \frac{1}{L}\int_{0_-}^{0_+} u_L(t')dt' \tag{8-17}$$

在换路瞬间 $(0_-, 0_+)$ $u_L(t')$ 为有限值的条件下，上式右端第二项积分为零，这样便得到式(8-13)。

根据换路定则，电路的初始状态即为电路的原始状态，动态元件的初始储能即为动态元件的原始储能。

当独立的初始条件 $u_C(0_+)$ 或（和）$i_L(0_+)$ 求得之后，就可以着手求解其余的非独立初始条件。由于在 $t=0_+$ 时刻的电路中，电容电压或（和）电感电流已知，根据替代定理，电容元件可用电压为 $u_C(0_+)$ 的电压源替代，电感元件可用电流为 $i_L(0_+)$ 的电流源替代，独立电源均取 $t=0_+$ 时刻的值。这样，在 $t=0_+$ 时刻的电路变成一个直流电阻电路，称之为 $t=0_+$ 时等效电路，由该电路利用电阻电路的分析方法可方便地求出 $t=0_+$ 时各元件电压和电流的初始值，这些初始值由电路的外施激励在 $t=0_+$ 时的值和储能元件的初始状态共同作用产生。

例 8-1 对于如图 8-5(a)所示的零状态电路，设开关 S 在 $t=0$ 时闭合。求在开关 S 闭合后，各电压和电流的初始值。

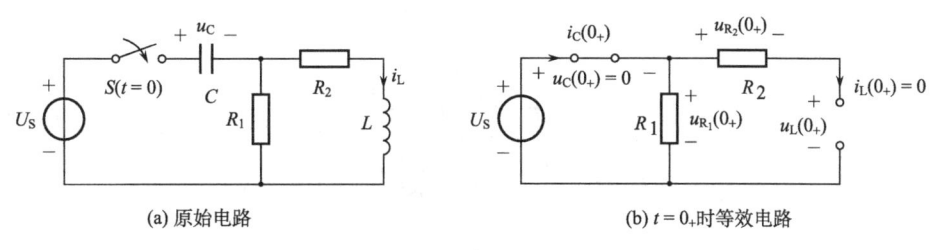

(a) 原始电路　　(b) $t=0_+$ 时等效电路

图 8-5　例 8-1 图

解 因为换路前的电路是零状态电路，即 $u_C(0_-)=0$ 和 $i_L(0_-)=0$。根据换路定则，有 $u_C(0_+)=u_C(0_-)=0$，则在 $t=0_+$ 时刻电容相当于短路；又有 $i_L(0_+)=i_L(0_-)=0$，则在 $t=0_+$ 时刻电感相当于开路。据此作出 $t=0_+$ 时等效电路，如图 8-5(b)所示，然后由 $t=0_+$ 时等效电路求出各电压和电流的初始值，即

$$i_C(0_+) = \frac{U_S}{R_1}$$

$$u_L(0_+) = u_{R_1}(0_+) = U_S$$

$$u_{R_2}(0_+) = 0$$

例 8-2 电路如图 8-6(a)所示，开关 S 打开前，电路处于稳定状态。在 $t=0$ 时开关 S 打开，求初始值 $i_C(0_+)$，$u_L(0_+)$ 和 $i_{R_1}(0_+)$。

解 (1) 计算 $u_C(0_-)$ 和 $i_L(0_-)$。由于 $t<0$ 时电路已达直流稳态，电容视为开路，电感视为短路，可作出 $t=0_-$ 时等效电路（原直流稳态电路），如图 8-6(b)所示。由该电路可求得

$$u_C(0_-) = U_S = 10\text{V}$$

$$i_L(0_-) = \frac{U_S}{\dfrac{R_1 \times R_2}{R_1 + R_2}} = \frac{10}{2} = 5\text{A}$$

(2) 根据换路定则，可得独立的初始条件为

$$u_C(0_+) = u_C(0_-) = 10\text{V}$$

$$i_L(0_+) = i_L(0_-) = 5\text{A}$$

(3) 计算非独立初始条件。开关 S 打开后 $t=0_+$ 时，将电容用电压值为 $u_C(0_+)=10\text{V}$ 的电压源替代，将电感用电流值为 $i_L(0_+)=5\text{A}$ 的电流源替代，得到如图 8-6(c)所示的 $t=0_+$ 时等效电路，可求得

$$i_{R_1}(0_+) = \frac{u_C(0_+)}{R_1} = \frac{10}{4} = 2.5\text{A}$$

(a) 原始电路

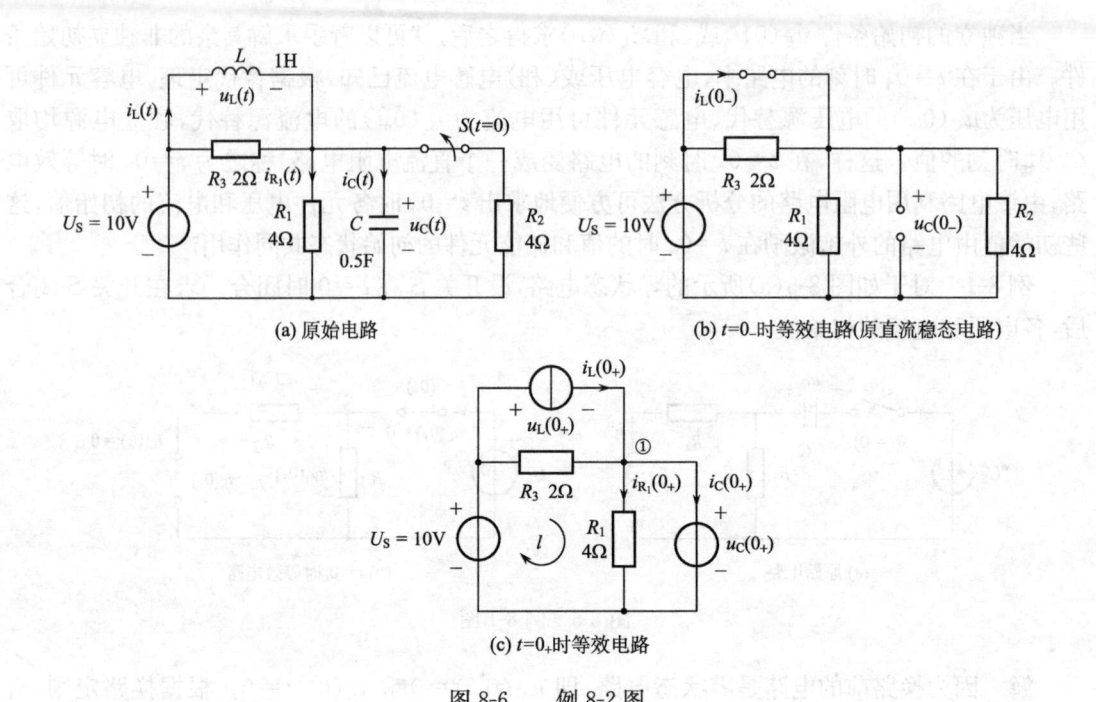

(b) $t=0_-$ 时等效电路(原直流稳态电路)

(c) $t=0_+$ 时等效电路

图 8-6 例 8-2 图

对回路 l 应用 KVL,得
$$u_L(0_+) = U_S - u_C(0_+) = 10 - 10 = 0$$
对节点①应用 KCL,得
$$i_C(0_+) = i_L(0_+) - i_{R_1}(0_+) = 5 - 2.5 = 2.5\text{A}$$

如图 8-6(a)所示的电路是一个二阶电路,描述电路的方程是线性常系数二阶微分方程。如果选 $u_C(t)$ 为响应变量,则电路微分方程的初始条件应为 $u_C(0_+)$ 和 $\left.\dfrac{du_C}{dt}\right|_{t=0_+}$;如果选 $i_L(t)$ 为响应变量,则电路微分方程的初始条件应为 $i_L(0_+)$ 和 $\left.\dfrac{di_L}{dt}\right|_{t=0_+}$。在 $i_C(0_+)$、$u_L(0_+)$ 求出的基础上,根据电容元件和电感元件伏安关系的微分形式可求出 $\left.\dfrac{du_C}{dt}\right|_{t=0_+}$ 及 $\left.\dfrac{di_L}{dt}\right|_{t=0_+}$。

由 $i_C = C\dfrac{du_C}{dt}$,得
$$\left.\dfrac{du_C}{dt}\right|_{t=0_+} = \dfrac{i_C(0_+)}{C} = \dfrac{2.5}{0.5} = 5(\text{V/s})$$

由 $u_L = L\dfrac{di_L}{dt}$,得
$$\left.\dfrac{di_L}{dt}\right|_{t=0_+} = \dfrac{u_L(0_+)}{L} = \dfrac{0}{1} = 0(\text{A/s})$$

由上例可归纳出计算电路初始条件的具体步骤如下。

(1) 根据换路前电路的具体情况,作出 $t=0_-$ 时等效电路,求出 $u_C(0_-)$、$i_L(0_-)$。

(2) 根据换路定则确定 $u_C(0_+)$、$i_L(0_+)$。

(3) 作出 $t=0_+$ 时等效电路,计算各电压、电流的初始值。

8.2 一阶电路的零输入响应

动态电路换路后,在无外施激励(输入为零)情况下,仅由动态元件初始储能(初始状态)所产生的响应称为零输入响应,其变化规律仅由电路的结构和元件参数决定,反映电路本身所具有的特性,所以零输入响应也称为电路的自然响应或固有响应。

图 8-7(a)所示为一种典型的一阶 RC 零输入响应电路,先从物理概念上对这一电路作些定性分析。

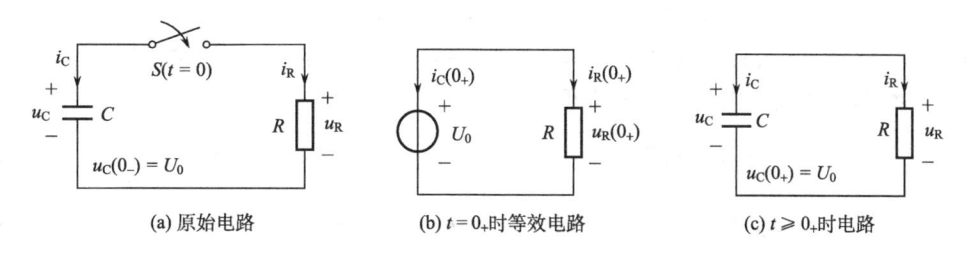

(a) 原始电路　　(b) $t=0_+$时等效电路　　(c) $t\geqslant 0_+$时电路

图 8-7　一阶 RC 电路的零输入响应用图

开关 S 闭合前,电容 C 已具有电压 $u_C(0_-)=U_0$,构成电路的原始状态,反映电容的原始储能为 $W_C(0_-)=\frac{1}{2}CU_0^2$。开关 S 闭合后,根据换路定则,有 $u_C(0_+)=u_C(0_-)=U_0$,构成电路的初始状态,反映电容的初始储能为 $W_C(0_+)=\frac{1}{2}CU_0^2$。由如图 8-7(b)所示的 $t=0_+$ 时等效电路,得

$$u_R(0_+)=U_0 \tag{8-18}$$

$$i_R(0_+)=\frac{U_0}{R} \tag{8-19}$$

$$i_C(0_+)=-i_R(0_+)=-\frac{U_0}{R} \tag{8-20}$$

且

$$\left.\frac{du_C}{dt}\right|_{t=0_+}=\frac{i_C(0_+)}{C}=-\frac{U_0}{RC}<0 \tag{8-21}$$

式(8-21)说明换路后 $t\geqslant 0_+$ 时电压 u_C 下降,即电容 C 通过电阻 R 放电,电压 u_C 从 U_0 值逐渐减小,最后降为零。放电电流 i_R 也相应地从 $\frac{U_0}{R}$ 值逐渐减小,最后也为零。放电结束,电路进入新的稳定状态。这就是在 $t\geqslant 0_+$ 时电路中虽无外施激励,但在电容元件初始储能的作用下,仍可以有电压、电流存在,从而构成电路的零输入响应。

下面再通过数学分析研究在 $t\geqslant 0_+$ 时电路的零输入响应情况,因此应按如图 8-7(c)所示 $t\geqslant 0_+$ 时的电路列写电路方程,根据基尔霍夫定律和元件的伏安关系容易列写出以 $u_C(t)$ 为响应变量的电路方程为

$$\left.\begin{array}{l}RC\dfrac{du_C}{dt}+u_C=0,\quad t\geqslant 0_+ \\ u_C(0_+)=U_0\end{array}\right\} \tag{8-22}$$

这是一阶线性常系数齐次微分方程,其特征根为

$$s = -\frac{1}{RC}$$

方程的解为

$$u_C(t) = Ae^{st} = Ae^{-\frac{t}{RC}}$$

根据电路的初始条件 $u_C(0_+) = U_0$,确定上式中的待定积分常数 A,有

$$u_C(0_+) = A = U_0$$

故得 u_C 的零输入响应为

$$u_C(t) = u_C(0_+)e^{-\frac{t}{RC}} = U_0 e^{-\frac{t}{RC}}, \quad t \geqslant 0_+ \tag{8-23}$$

在求得电容电压 $u_C(t)$ 后,电路中其他元件上的电压和电流可以根据换路后 $t \geqslant 0_+$ 的电路直接求得,而不必再列写电路的微分方程求解,有

$$i_C(t) = C\frac{du_C}{dt} = -\frac{U_0}{R}e^{-\frac{t}{RC}} = i_C(0_+)e^{-\frac{t}{RC}}, \quad t \geqslant 0_+ \tag{8-24}$$

$$u_R(t) = u_C(t) = U_0 e^{-\frac{t}{RC}} = u_R(0_+)e^{-\frac{t}{RC}}, \quad t \geqslant 0_+ \tag{8-25}$$

$$i_R(t) = -i_C(t) = \frac{U_0}{R}e^{-\frac{t}{RC}} = i_R(0_+)e^{-\frac{t}{RC}}, \quad t \geqslant 0_+ \tag{8-26}$$

$u_C(t)$、$i_C(t)$ 的变化曲线如图 8-8 所示,其中,电压 $u_C(t)$ 在换路瞬间连续,而电流 $i_C(t)$ 在换路时发生跃变。换路后,随着时间 t 的增大,一阶 RC 电路的零输入响应均由各自的初始值开始按同样的指数规律逐渐衰减,$t \to \infty$ 时,它们衰减到零,达到新的稳定状态,这一变化过程称为一阶 RC 电路的过渡过程或暂态过程。一阶 RC 电路的零输入响应衰减的快慢取决于指数式中的 RC 乘积常数,它具有时间的量纲,即 $\Omega \cdot F = (V/A) \cdot (C/V) = C/(C/s) = s$,称之为一阶 RC 电路的时间常数,用 τ 表示,即

$$\tau = RC \tag{8-27}$$

特征根 s 与时间常数 τ 的关系为

$$s = -\frac{1}{RC} = -\frac{1}{\tau} \tag{8-28}$$

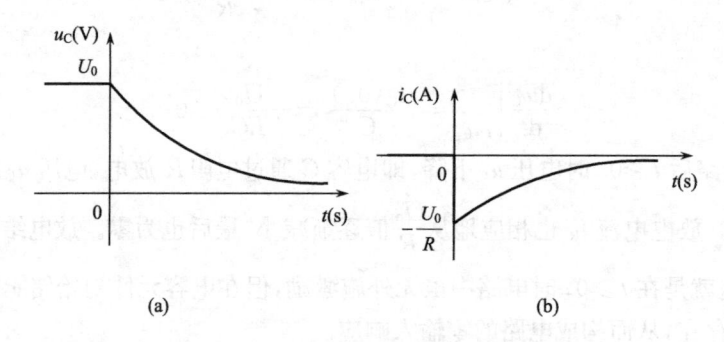

图 8-8 $u_C(t)$、$i_C(t)$ 零输入响应变化曲线

所以,特征根的量纲为 s^{-1}(即 Hz),故电路微分方程的特征根称为电路的固有频率。对于一阶 RC 电路而言,其固有频率是负实数,表明一阶 RC 电路的零输入响应总按指数规律衰减到零。

在引入了 τ 后,一阶 RC 电路的零输入响应可以分别表示为

$$\left. \begin{aligned} u_C(t) &= U_0 e^{-\frac{t}{\tau}} \\ i_C(t) &= -\frac{U_0}{R} e^{-\frac{t}{\tau}} \\ u_R(t) &= U_0 e^{-\frac{t}{\tau}} \\ i_R(t) &= \frac{U_0}{R} e^{-\frac{t}{\tau}} \end{aligned} \right\} t \geqslant 0_+ \quad (8\text{-}29)$$

时间常数 τ 是反映一阶 RC 电路放电快慢的一个重要参数，时间常数越大，衰减越慢，放电过程越长；时间常数越小，衰减越快，放电过程越短。这从物理概念上容易理解，在同样的初始电压 U_0 情况下，C 越大则电容的电场所储存的初始能量越大，放电过程就越长；R 越大则放电电流就越小，使得放电的过程相对减缓。图 8-9 给出三个不同时间常数 τ 下 $u_C(t)$ 的变化曲线。

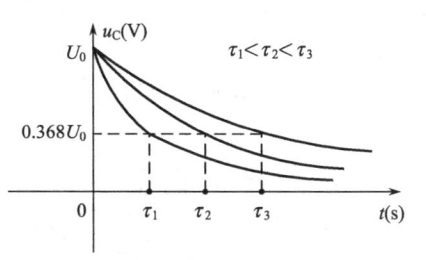

图 8-9 三种不同时间常数下 $u_C(t)$ 的变化曲线

对于式(8-29)中的 $u_C(t)$，令 $t=\tau$ 可得

$$u_C(\tau) = U_0 e^{-\frac{\tau}{\tau}} = U_0 e^{-1} = 0.386 U_0$$

即电容电压在 $t=\tau$ 时衰减到初始值的 $e^{-1}=0.368$，所以电路的时间常数即是在过渡过程中各零输入响应衰减到初始值的 0.368 倍所需的时间，如图 8-9 所示。

表 8-2 给出在一些 τ 的整数倍时刻上的 $\frac{u_C(t)}{U_0}$ 值表示 $u_C(t)$ 的衰减程度。

表 8-2 不同 t 时 $u_C(t)$ 的衰减程度

t	0	τ	2τ	3τ	4τ	5τ	...	∞
$\dfrac{u_C(t)}{U_0}$	1	0.368	0.135	0.05	0.018	0.007	...	0

由表 8-2 知，在理论上要经过无限长的时间，u_C 才能衰减为零值，但从实际工程应用的角度看，当 $t=5\tau$ 时，u_C 已衰减到初始值的 0.7%，可以近似地认为放电结束。因此，工程上一般认为，经过 $3\tau \sim 5\tau$ 的时间后，过渡过程结束。

时间常数 τ 还可从 $u_C(t)$ 的变化曲线上用几何方法求得。将 $\tau=RC$ 代入式(8-22)，得

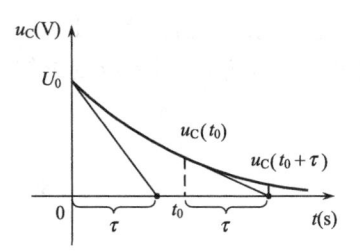

$$\tau \frac{du_C}{dt} + u_C = 0$$

即

$$\tau = -\frac{u_C}{\dfrac{du_C}{dt}} \quad (8\text{-}30)$$

图 8-10 时间常数 τ 的几何意义

式(8-30)说明由 $u_C(t)$ 曲线上任一点以该点的斜率直线式地衰减，经过时间 τ 后衰减到零，或者说，$u_C(t)$ 曲线上任一点的次切距长度等于时间常数 τ，如图 8-10 所示。

在整个放电过程中，电阻 R 上消耗的能量为

$$W_R = \int_{0_+}^{\infty} Ri_R^2(t)\,dt = \int_{0_+}^{\infty} R\left(\frac{U_0}{R}e^{-\frac{t}{\tau}}\right)^2 dt$$

$$= \frac{U_0^2}{R}\int_{0_+}^{\infty} e^{-\frac{2t}{\tau}}\,dt = \frac{U_0^2}{R}\left(-\frac{\tau}{2}\right)e^{-\frac{2t}{\tau}}\bigg|_{0_+}^{\infty}$$

$$= \frac{U_0^2}{R} \times \frac{\tau}{2} = \frac{1}{2}CU_0^2 \tag{8-31}$$

正好等于电容的初始储能,即在放电过程中,电容的初始储能不断释放出来并以热能形式全部消耗在电阻上。

如图 8-11(a)所示为另一种典型的一阶 RL 零输入响应电路,下面研究它的零输入响应。

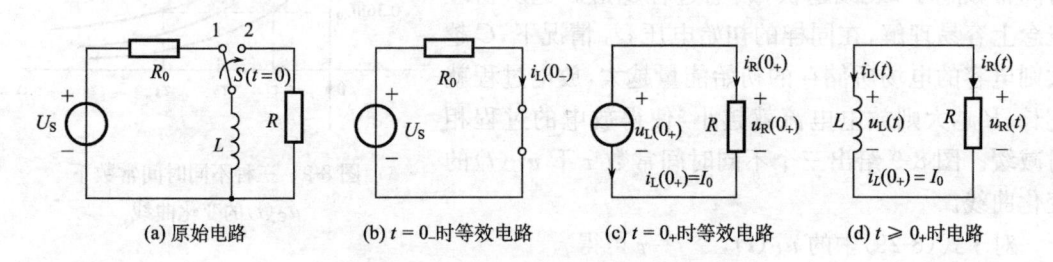

(a) 原始电路   (b) $t=0_-$ 时等效电路   (c) $t=0_+$ 时等效电路   (d) $t \geqslant 0_+$ 时电路

图 8-11 一阶 RL 电路的零输入响应用图

换路前开关 S 合于 1,且电路处于直流稳定状态,电感视为短路,可作出 $t=0_-$ 时等效电路(原直流稳态电路)如图 8-11(b)所示,容易求得 $i_L(0_-)=\dfrac{U_S}{R_0}=I_0$,构成电路的原始状态,反映出电感的原始储能为 $W_L(0_-)=\dfrac{1}{2}LI_0^2$。在 $t=0$ 时换路,开关 S 由 1 合到 2,根据换路定则,有 $i_L(0_+)=i_L(0_-)=I_0$,构成电路的初始状态,反映出电感的初始储能为 $W_L(0_+)=\dfrac{1}{2}LI_0^2$。由如图 8-11(c)所示的 $t=0_+$ 时等效电路,得

$$i_R(0_+) = -i_L(0_+) = -I_0 \tag{8-32}$$
$$u_L(0_+) = u_R(0_+) = Ri_R(0_+) = -RI_0 \tag{8-33}$$

且

$$\left.\frac{di_L}{dt}\right|_{t=0_+} = \frac{u_L(0_+)}{L} = -\frac{RI_0}{L} < 0 \tag{8-34}$$

式(8-34)说明换路后 $t \geqslant 0_+$ 时电流 i_L 变小,即电感 L 通过电阻 R 放电,电流 i_L 从 I_0 值逐渐减小,直至为零。这是在电感初始储能作用下电路产生的零输入响应。由如图 8-11(d)所示的 $t \geqslant 0_+$ 时电路,根据基尔霍夫定律和元件的伏安关系容易列写出以 $i_L(t)$ 为响应变量的电路方程为

$$\left.\begin{array}{l}\dfrac{L}{R}\dfrac{di_L}{dt} + i_L = 0, \quad t \geqslant 0_+ \\ i_L(0_+) = I_0 \end{array}\right\} \tag{8-35}$$

这也是一阶线性常系数齐次微分方程,与前面求法相同,可求出方程的解为

$$i_L(t) = i_L(0_+)e^{-\frac{R}{L}t} = I_0 e^{-\frac{t}{\tau}}, \quad t \geqslant 0_+ \tag{8-36}$$

式中

$$\tau = \frac{L}{R} \tag{8-37}$$

称为一阶 RL 电路的时间常数,因为 $H/\Omega=(Wb/A)/(V/A)=Wb/V=s$,故 τ 的单位为 s。

在求得电感电流 $i_L(t)$ 后,根据换路后 $t \geqslant 0_+$ 时电路,可以方便地求得电路中其他零输入响应 $u_L(t)$、$i_R(t)$ 及 $u_R(t)$ 分别为

$$\left.\begin{aligned} u_L(t) &= L\frac{di_L}{dt} = -RI_0 e^{-\frac{t}{\tau}} = u_L(0_+)e^{-\frac{t}{\tau}} \\ i_R(t) &= -i_L(t) = -I_0 e^{-\frac{t}{\tau}} = i_R(0_+)e^{-\frac{t}{\tau}} \quad t \geqslant 0_+ \\ u_R(t) &= u_L(t) = -RI_0 e^{-\frac{t}{\tau}} = u_R(0_+)e^{-\frac{t}{\tau}} \end{aligned}\right\} \tag{8-38}$$

$i_L(t)$、$u_L(t)$ 的变化曲线如图 8-12 所示,其中,电流 $i_L(t)$ 在换路瞬间连续,而电压 $u_L(t)$ 在换路时发生跃变。换路后,随着时间 t 的增大,一阶 RL 电路的零输入响应均由各自的初始值开始按同样的指数规律衰减到零,结束过渡过程,达到新的稳定状态。

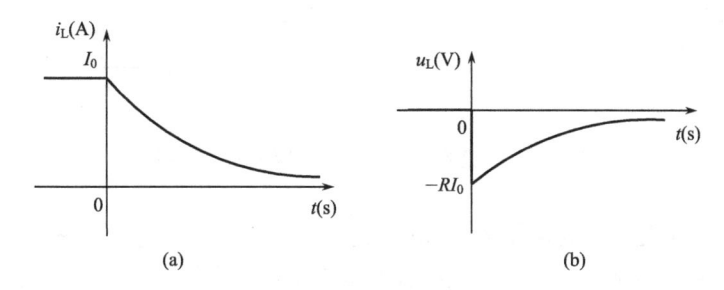

图 8-12 $i_L(t)$、$u_L(t)$ 零输入响应变化曲线

一阶 RL 电路的时间常数 $\tau = \frac{L}{R}$ 与一阶 RC 电路的时间常数 $\tau = RC$ 具有相同的物理意义,时间常数 τ 越小,电流、电压衰减越快,反之则越慢。这一结论可以从物理概念上理解,对同样的初始电流 I_0,L 越小则储能越小,放电过程越短;R 越大,电阻的功率也越大,因而,储能也较快地被电阻消耗掉。

在整个放电过程中,电阻上消耗的能量

$$W_R = \int_{0_+}^{\infty} Ri_R^2(t)dt = \int_{0_+}^{\infty} R(-I_0 e^{-\frac{t}{\tau}})^2 dt = RI_0^2 \int_{0_+}^{\infty} e^{-\frac{2t}{\tau}} dt = RI_0^2 \left(-\frac{\tau}{2}\right)e^{-\frac{2t}{\tau}}\Big|_{0_+}^{\infty} = RI_0^2 \frac{\tau}{2} = \frac{1}{2}LI_0^2 \tag{8-39}$$

正好等于电感的初始储能,即在放电过程中,电感的初始储能不断释放出来并以热能形式全部消耗在电阻上。

通过以上两个典型的一阶电路的分析可知,电路的零输入响应是在换路后无外施激励(输入为零)的情况下,仅由电路初始储能的释放引起的,并且随时间 t 的增大,均从初始值开始按指数规律衰减到零,这是因为电路中的原有储能总被电阻逐渐耗尽。如果用 $y_{zi}(t)$ 表示电路的零输入响应(下标 zi 是英文 zero input 缩写),其初始值为 $y_{zi}(0_+)$,则上述两个典型的一阶电路零输入响应可统一表示为

$$\left.\begin{aligned} y_{zi}(t) &= y_{zi}(0_+)e^{-\frac{t}{\tau}}, \quad t \geqslant 0_+ \\ \tau &= \begin{cases} RC \\ \dfrac{L}{R} \end{cases} \end{aligned}\right\} \tag{8-40}$$

由式(8-29)、式(8-36)及式(8-38)可知,若初始状态 $u_C(0_+)=U_0$ 或 $i_L(0_+)=I_0$ 增大 K

倍,则电路的零输入响应也随之增大 K 倍,这表明一阶电路的零输入响应与初始状态满足齐次性(比例性),这是线性动态电路响应与激励呈线性关系的体现,初始状态可以看作电路的内部激励。

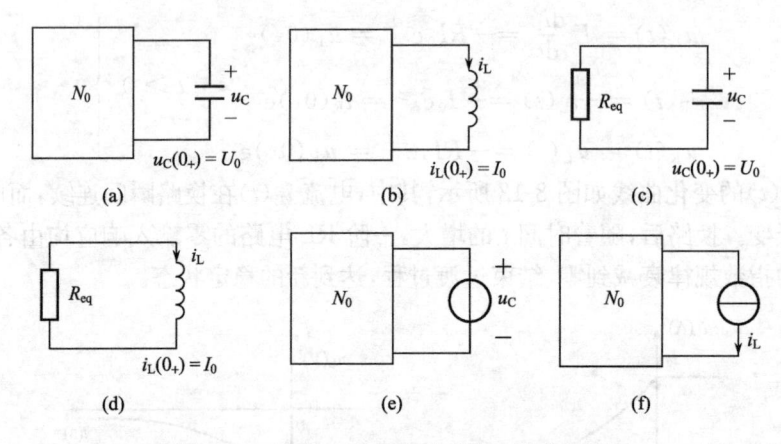

图 8-13 一般的一阶零输入响应电路求解用图

一般的一阶零输入响应电路如图 8-13(a)或图 8-13(b)所示,求解零输入响应的一般方法是选择某一响应变量(u 或 i),用 $y_{zi}(t)$ 表示,根据基尔霍夫定律和元件的伏安关系列写出电路方程为

$$\left.\begin{array}{l} a_1 \dfrac{\mathrm{d} y_{zi}}{\mathrm{d}t} + a_0 y_{zi} = 0, \quad t \geqslant 0_+ \\ y_{zi}(0_+) \end{array}\right\} \tag{8-41}$$

式中,$y_{zi}(0_+)$ 是零输入响应变量的初始值,可由 $t=0_+$ 时等效电路计算出,由初始状态 $u_C(0_+)$ 或 $i_L(0_+)$ 产生。

采用微分方程的经典解法,上述方程的解为

$$y_{zi}(t) = y_{zi}(0_+) \mathrm{e}^{st} = y_{zi}(0_+) \mathrm{e}^{-\frac{t}{\tau}} \tag{8-42}$$

式中

$$\tau = -\frac{1}{s} = \frac{a_1}{a_0} \tag{8-43}$$

τ 为一阶电路的时间常数,它由电路的结构和元件参数决定,体现电路特性的一个重要的电路参数。因此,可以认为电路的零输入响应取决于电路的初始状态和电路的特性。如果电路结构复杂,则不易列写电路方程以及计算 $y_{zi}(0_+)$,这时零输入响应的求解更倾向于先应用求无源单口网络等效电阻的方法将图 8-13(a)或图 8-13(b)等效化简为如图 8-13(c)或图 8-13(d)所示的典型的一阶电路。根据式(8-40),由图 8-13(c)可求得

$$\left.\begin{array}{l} u_C(t) = u_C(0_+) \mathrm{e}^{-\frac{t}{\tau}}, \quad t \geqslant 0_+ \\ \tau = R_{eq} C \end{array}\right\} \tag{8-44}$$

同理,由图 8-13(d)可求得

$$\left.\begin{array}{l} i_L(t) = i_L(0_+) \mathrm{e}^{-\frac{t}{\tau}}, \quad t \geqslant 0_+ \\ \tau = \dfrac{L}{R_{eq}} \end{array}\right\} \tag{8-45}$$

在求得 $u_C(t)$ 或 $i_L(t)$ 后,再应用替代定理,可将图 8-13(a)的电容用电压为 $u_C(t)$ 的电压源替

· 180 ·

代,如图 8-13(e)所示,或将图 8-13(b)的电感用电流为 $i_L(t)$ 的电流源替代,如图 8-13(f)所示,这样只需用电阻电路分析方法即可求得 N_0 内部其他变量的零输入响应。这种方法可免去列写微分方程及求解 $y_{zi}(0_+)$ 的繁杂工作量,充分利用电路的等效变换及现有规律求解出一般一阶电路的零输入响应。

例 8-3 电路如图 8-14(a)所示,换路前(开关未打开时)电路已工作很长的时间达到直流稳态,求换路后(开关已打开)的零输入响应电流 $i(t)$ 和电压 $u_o(t)$。

解 (1)计算 $u_C(0_-)$。由于换路前电路已达直流稳态,电容视为开路,可作出 $t=0_-$ 时等效电路,如图 8-14(b)所示。由该电路求得

$$u_C(0_-) = \frac{60}{40+60} \times 200 = 120\text{V}$$

根据换路定则,有

$$u_C(0_+) = u_C(0_-) = 120\text{V}$$

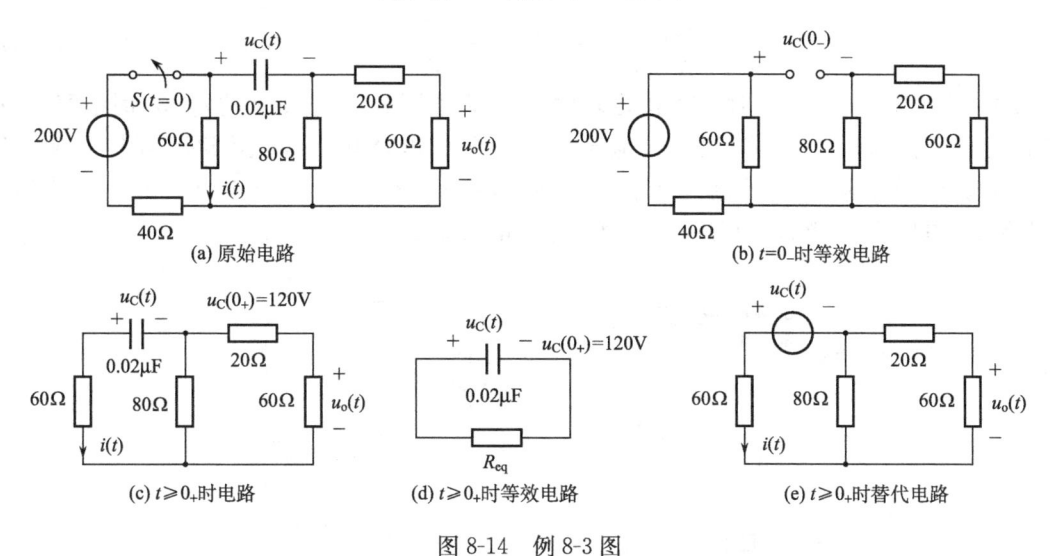

图 8-14 例 8-3 图

(2)作出 $t \geqslant 0_+$ 时电路,如图 8-14(c)所示,应用求无源单口网络等效电阻的方法将其等效化简为如图 8-14(d)所示电路,其中

$$R_{eq} = 60 + \frac{80 \times (20+60)}{80+(20+60)} = 100\Omega$$

$$\tau = R_{eq}C = 100 \times 0.02 \times 10^{-6} = 2 \times 10^{-6}\text{s}$$

$$u_C(t) = u_C(0_+)e^{-\frac{t}{\tau}} = 120e^{-\frac{t}{2\times 10^{-6}}}\text{V}, \quad t \geqslant 0_+$$

(3)作出 $t \geqslant 0_+$ 时替代电路,如图 8-14(e)所示,容易求得

$$i(t) = \frac{u_C(t)}{60 + \frac{80 \times (20+60)}{80+(20+60)}} = 1.2e^{-\frac{t}{2\times 10^{-6}}}\text{A}, \quad t \geqslant 0_+$$

$$u_o(t) = -60 \times \frac{i(t)}{2} = -36e^{-\frac{t}{2\times 10^{-6}}}\text{V}, \quad t \geqslant 0_+$$

8.3 一阶电路的零状态响应

电路在零原始状态下，仅由换路后 $t \geq 0_+$ 时外施激励产生的响应称为零状态响应，显然零状态响应与输入及电路本身的特性都有关。本节讨论在直流电源激励下一阶电路的零状态响应。

如图 8-15(a) 所示，零状态 RC 串联电路在 $t=0$ 时接通直流电压源，在求解此电路的零状态响应之前，先从物理概念上定性阐明开关闭合后 u_C 变化的趋势。根据换路定则，有 $u_C(0_+)=u_C(0_-)=0$，构成电路的零初始状态。由图 8-15(b) 所示的 $t=0_+$ 时等效电路，得

$$i(0_+) = \frac{U_S}{R} \tag{8-46}$$

且

$$\left.\frac{du_C}{dt}\right|_{t=0_+} = \frac{i(0_+)}{C} = \frac{U_S}{RC} > 0 \tag{8-47}$$

式(8-47)说明换路后 $t \geq 0_+$ 时电容电压 u_C 增大，即在如图 8-15(c) 所示的 $t \geq 0_+$ 时电路中，直流电压源通过电阻 R 向电容 C 充电。随着时间 t 增大，电容电压 u_C 从零逐渐增大，电阻电压 u_R 相应减小，其充电电流 i 也随之减小。当 $t \to \infty$ 时，$u_C(\infty)=U_S$，充电电流 $i(\infty)=0$，电容视同开路，充电停止，电路进入直流稳态，直流稳态电路如图 8-15(d) 所示。

(a) 原始电路 (b) $t=0_+$ 时等效电路

(c) $t \geq 0_+$ 时电路 (d) 直流稳态电路

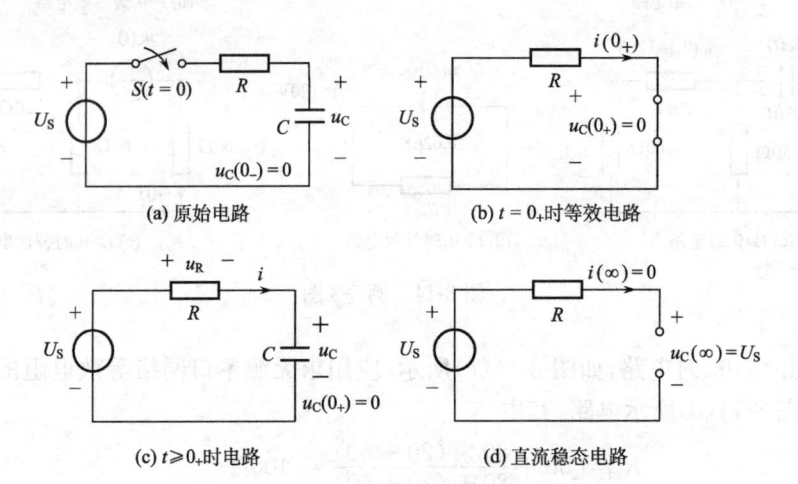

图 8-15 一阶 RC 电路的零状态响应用图

下面再通过数学分析研究在 $t \geq 0_+$ 时电路的零状态响应情况，因此应按如图 8-15(c) 所示的 $t \geq 0_+$ 时电路列写电路方程，根据基尔霍夫定律和元件的伏安关系容易写出以 $u_C(t)$ 为响应变量的电路方程为

$$\left. \begin{array}{l} RC\dfrac{du_C}{dt} + u_C = U_S, \quad t \geq 0_+ \\ u_C(0_+) = 0 \end{array} \right\} \tag{8-48}$$

这是一个线性常系数非齐次微分方程。采用微分方程的经典解法，其解为

$$u_C(t) = u_{Ch}(t) + u_{Cp}(t)$$

其中，$u_{Ch}(t)$ 为齐次微分方程的通解，$u_{Cp}(t)$ 为非齐次微分方程的特解。

齐次微分方程的通解为

$$u_{Ch}(t) = Ae^{st} = Ae^{-\frac{t}{RC}} = Ae^{-\frac{t}{\tau}}$$

式中,$\tau = RC$,为该电路的时间常数,仍与零输入响应相同。

特解与激励具有相同的函数形式,当激励为直流时,特解就是电路的直流稳态响应,即

$$u_{Cp}(t) = u_C(\infty) = U_S$$

于是,方程的完全解为

$$u_C(t) = u_{Ch}(t) + u_{Cp}(t) = Ae^{-\frac{t}{\tau}} + U_S$$

将电路的初始条件 $u_C(0_+) = 0$ 代入上式,得

$$u_C(0_+) = A + U_S = 0$$

解得

$$A = -U_S$$

故

$$u_C(t) = -U_S e^{-\frac{t}{\tau}} + U_S = U_S(1 - e^{-\frac{t}{\tau}}), \quad t \geqslant 0_+ \tag{8-49}$$

在求得电容电压 $u_C(t)$ 后,根据换路后 $t \geqslant 0_+$ 时电路,可以方便地求得电路中其他零状态响应 $i(t)$ 及 $u_R(t)$ 分别为

$$i(t) = C\frac{du_C}{dt} = \frac{U_S}{R}e^{-\frac{t}{\tau}}, \quad t \geqslant 0_+ \tag{8-50}$$

$$u_R(t) = Ri(t) = U_S e^{-\frac{t}{\tau}}, \quad t \geqslant 0_+ \tag{8-51}$$

$u_C(t)$ 的变化曲线如图 8-16 所示,电容电压 $u_C(t)$ 从零开始按指数规律上升至稳态值 U_S。其中,$u_{Cp}(t) = U_S$,与外施激励的变化规律有关,所以又称为响应的强制分量。当外施激励为直流时,其强制分量也是直流,而且强制分量在电路过渡过程结束后达到新稳态时,单独存在于电路,所以又称其为响应的稳态分量。$u_{Ch}(t) = -U_S e^{-\frac{t}{\tau}}$,则由于其变化规律取决于特征根而与外施激励无关,所以称为响应的自由分量。自由分量按指数规律衰减,最终趋于零,所以又称为响应的暂态分量。

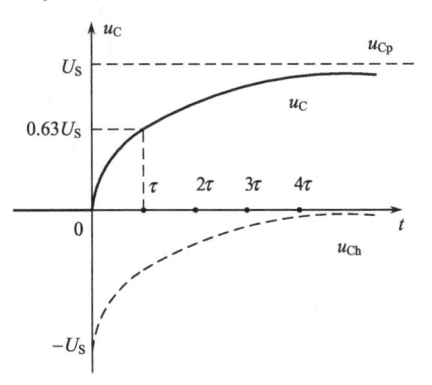

图 8-16 u_C 零状态响应变化曲线

在整个充电过程,直流电压源提供的能量为

$$W_{U_s} = \int_{0_+}^{\infty} U_S i dt = \int_{0_+}^{\infty} U_S \frac{U_S}{R} e^{-\frac{t}{\tau}} dt = \frac{U_S^2}{R}(-\tau)e^{-\frac{t}{\tau}}\Big|_{0_+}^{\infty} = CU_S^2 \tag{8-52}$$

电容储能从零不断增加,直到 $W_C = \frac{1}{2}CU_S^2$,电阻消耗的能量为

$$W_R = \int_{0_+}^{\infty} Ri^2 dt = \int_{0_+}^{\infty} R\left(\frac{U_S}{R}e^{-\frac{t}{\tau}}\right)^2 dt = \frac{U_S^2}{R}\int_{0_+}^{\infty} e^{-\frac{2t}{\tau}} dt = \frac{U_S^2}{R} \cdot \left(-\frac{\tau}{2}\right)e^{-\frac{2t}{\tau}}\Big|_{0_+}^{\infty} = \frac{1}{2}CU_S^2$$

$$\tag{8-53}$$

故有

$$W_{U_s} = W_C + W_R \tag{8-54}$$

式(8-54)表明在充电过程中,不论 R、C 为何值,电源提供的能量只有一半转变成电场能量并储存于电容中,而另一半则为电阻所消耗,充电效率只有 50%。

如图 8-17(a)所示,零状态 RL 并联电路在 $t=0$ 时接通直流电流源。在求解此电路的零状态响应之前,先从物理概念上定性阐明开关打开后 i_L 变化的趋势。根据换路定则,有 $i_L(0_+)=i_L(0_-)=0$,构成电路的零初始状态。由图 8-17(b)所示的 $t=0_+$ 时等效电路,得

$$u_L(0_+) = RI_S \tag{8-55}$$

且

$$\left.\frac{di_L}{dt}\right|_{t=0_+} = \frac{u_L(0_+)}{L} = \frac{RI_S}{L} > 0 \tag{8-56}$$

式(8-56)说明换路后 $t \geqslant 0_+$ 时电感电流 i_L 增大,在如图 8-17(c)所示的 $t \geqslant 0_+$ 时电路中,随着电感电流 i_L 逐渐增大,电阻电流 i_R 应逐渐减小,电阻电压 u_R 也相应地逐渐减小,导致电感电流变化率 $\frac{di_L}{dt}$ 也减小,因此,电感电流 i_L 的增大越来越缓慢,最后 $\frac{di_L}{dt}=0$,电感电压几乎为零,电感视同短路。这时,直流电流源的电流全部流过电感,电感电流为 $i_L(\infty)=I_S$,$u_L(\infty)=0$,电路进入直流稳态,直流稳态电路如图 8-17(d)所示。

(a) 原始电路

(b) $t=0_+$ 时等效电路

(c) $t \geqslant 0_+$ 时电路

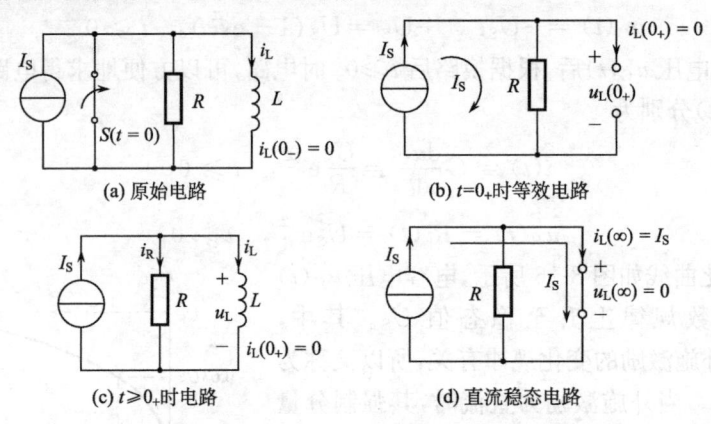

(d) 直流稳态电路

图 8-17 一阶 RL 电路的零状态响应用图

对如图 8-17(c)所示的 $t \geqslant 0_+$ 时电路作类似于以上一阶 RC 电路零状态响应的求解步骤,可得出

$$i_L(t) = -I_S e^{-\frac{t}{\tau}} + I_S = I_S(1-e^{-\frac{t}{\tau}}), \quad t \geqslant 0_+ \tag{8-57}$$

在求得电感电流 $i_L(t)$ 后,根据换路后 $t \geqslant 0_+$ 时电路,可以方便地求得电路中其他零状态响应 $u_L(t)$ 及 $i_R(t)$ 分别为

$$u_L = L\frac{di_L}{dt} = RI_S e^{-\frac{t}{\tau}}, \quad t \geqslant 0_+ \tag{8-58}$$

$$i_R = \frac{u_L}{R} = I_S e^{-\frac{t}{\tau}}, \quad t \geqslant 0_+ \tag{8-59}$$

以上三式中,$\tau=\frac{L}{R}$ 为该电路的时间常数,仍与零输入响应相同。

图 8-18 i_L 零状态响应变化曲线

$i_L(t)$ 的变化曲线如图 8-18 所示,电感电流 $i_L(t)$ 从零开始按指数规律上升至稳态值 I_S。其中,$i_{Lp}(t)=I_S$,称为响应的强制分量(稳态分量);$i_{Lh}(t)=-I_S e^{-\frac{t}{\tau}}$,称为响应的自由分量(暂态分量)。

以上讨论两个典型的一阶电路在直流激励下的零状态响应。这时,电路内的物理过程实质上是电路中动态元件的储能从无到有逐渐增长建立的过程,表现为电容电压或电感电流都从最初的零值按指数规律上升到稳态值,上升的速度由时间常数 τ 决定。对于直流激励的一阶 RC 电路,电容电压零状态响应的一般形式可表达为

$$\left.\begin{array}{l} u_C(t) = u_C(\infty)(1-e^{-\frac{t}{\tau}}), \quad t \geqslant 0_+ \\ \tau = RC \end{array}\right\} \quad (8\text{-}60)$$

对于直流激励的一阶 RL 电路,电感电流零状态响应的一般形式可表达为

$$\left.\begin{array}{l} i_L(t) = i_L(\infty)(1-e^{-\frac{t}{\tau}}), \quad t \geqslant 0_+ \\ \tau = \dfrac{L}{R} \end{array}\right\} \quad (8\text{-}61)$$

由式(8-49)~式(8-51)和式(8-57)~式(8-59)还可知,若外施激励 U_S 或 I_S 增大 K 倍,则电路的零状态响应也增大 K 倍,这表明一阶电路的零状态响应与外施激励满足齐次性(比例性),这也是线性动态电路响应与激励呈线性关系的体现。如果多个独立电源共同作用于电路,则可以运用叠加定理求出电路的零状态响应。

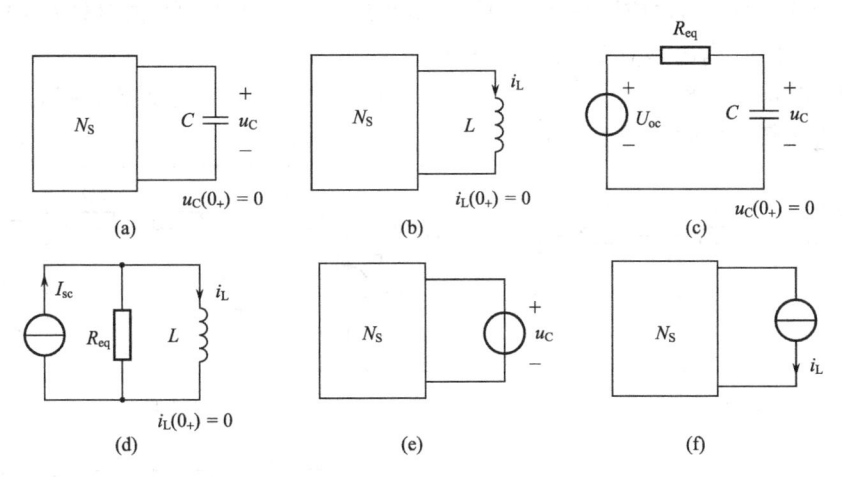

图 8-19 一般的一阶电路零状态响应求解用图

对于一般的一阶零状态响应电路,如图 8-19(a)或图 8-19(b)所示,求解零状态响应的一般方法是选择某一响应变量(u 或 i)并用 $y_{zs}(t)$(下标 zs 是英文 zero state 缩写)表示,根据基尔霍夫定律和元件的伏安关系列写出电路方程为

$$\left.\begin{array}{l} a_1 \dfrac{y_{zs}}{dt} + a_0 y_{zs} = f(t), \quad t \geqslant 0_+ \\ y_{zs}(0_+) \end{array}\right\} \quad (8\text{-}62)$$

式中,$y_{zs}(0_+)$ 是零状态响应变量的初始值,可由 $t=0_+$ 时等效电路计算出,由外施激励 u_S 或(和)i_S 产生。

采用微分方程的经典解法,上述方程的解为

$$y_{zs}(t) = \underbrace{[y_{zs}(0_+) - y_p(0_+)]e^{-\frac{t}{\tau}}}_{\substack{\text{通解} \\ \text{自由分量} \\ \text{暂态分量}}} + \underbrace{y_p(t)}_{\substack{\text{特解} \\ \text{强制分量} \\ \text{稳态分量}}} \quad (8\text{-}63)$$

式中

$$\tau = -\frac{1}{s} = \frac{a_1}{a_0} \tag{8-64}$$

τ 仍为一阶电路的时间常数，它也是由电路结构和元件参数决定的体现电路特性的一个重要的电路参数。因此，可以认为电路的零状态响应由外施激励和电路的特性共同决定。如果电路结构复杂，则不易列写电路方程以及计算 $y_{zs}(0_+)$，这时零状态响应的求解往往更倾向于先应用戴维南定理或诺顿定理将图 8-19(a)或图 8-19(b)等效化简为如图 8-19(c)或图 8-19(d)所示的典型的一阶电路。根据式(8-60)，由图 8-19(c)可求得

$$\left. \begin{array}{l} u_C(t) = U_{oc}(1-\mathrm{e}^{-\frac{t}{\tau}}), \quad t \geqslant 0_+ \\ \tau = R_{eq}C \end{array} \right\} \tag{8-65}$$

同理，根据式(8-61)，由图 8-19(d)可求得

$$\left\{ \begin{array}{l} i_L(t) = I_{sc}(1-\mathrm{e}^{-\frac{t}{\tau}}), \quad t \geqslant 0_+ \\ \tau = \dfrac{L}{R_{eq}} \end{array} \right. \tag{8-66}$$

在求得 $u_C(t)$ 或 $i_L(t)$ 后，再应用替代定理得到图 8-19(e)或图 8-19(f)，这时只需用电阻电路分析方法即可求得 N_S 内部其他变量的零状态响应。

例 8-4 电路如图 8-20(a)所示，在 $t=0$ 时开关打开，打开前电路无原始储能，求 $t \geqslant 0_+$ 时的 $u_L(t)$ 和电压源发出的功率 $p_{10V}(t)$。

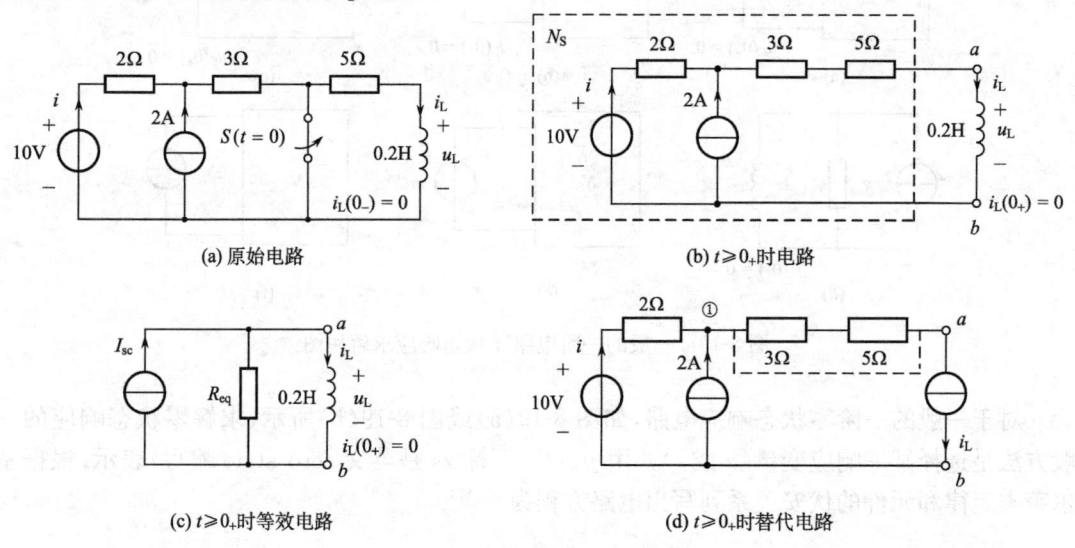

图 8-20 例 8-4 图

解 根据换路定则，有 $i_L(0_+) = i_L(0_-) = 0$。作出 $t \geqslant 0_+$ 时电路如图 8-20(b)所示；应用诺顿定理将图 8-20(b)等效化简为图 8-20(c)。由图 8-20(b)容易求得

$$U_{oc} = 10 + 2 \times 2 = 14\text{V}$$
$$R_{eq} = 2 + 3 + 5 = 10\Omega$$

从而有

$$I_{sc} = \frac{U_{oc}}{R_{eq}} = \frac{14}{10} = 1.4\text{A}$$

$$\tau = \frac{L}{R_{eq}} = \frac{0.2}{10} = \frac{1}{50}\text{s}$$

由图 8-20(c)，根据式(8-66)，可求得

$$i_L(t) = I_{sc}(1-\mathrm{e}^{-\frac{t}{\tau}}) = 1.4(1-\mathrm{e}^{-50t})\text{A}, \quad t \geqslant 0_+$$

$$u_L(t) = L\frac{\mathrm{d}i_L}{\mathrm{d}t} = 14\mathrm{e}^{-50t}\text{V}, \quad t \geqslant 0_+$$

在图 8-20(d)中，与 i_L 电流源串联的两个电阻 3Ω 和 5Ω 对计算 i 是外虚元件，可用短路处理去除（图中用虚线表示）。对节点①应用 KCL，得

$$i = -2 + i_L = -2 + 1.4(1-\mathrm{e}^{-50t}) = -(0.6 + 1.4\mathrm{e}^{-50t})\text{A}, \quad t \geqslant 0_+$$

$$p_{10V} = 10 \times i = -(6 + 14\mathrm{e}^{-50t})\text{W}, \quad t \geqslant 0_+$$

由于 $p_{10V}(t) < 0$，说明 10V 电压源始终在吸收功率。

例 8-5 电路如图 8-21(a)所示，在 $t=0$ 时开关闭合，闭合前电路无原始储能，求 $t \geqslant 0_+$ 时电容电压 $u_C(t)$ 及受控电流源两端电压 $u(t)$。

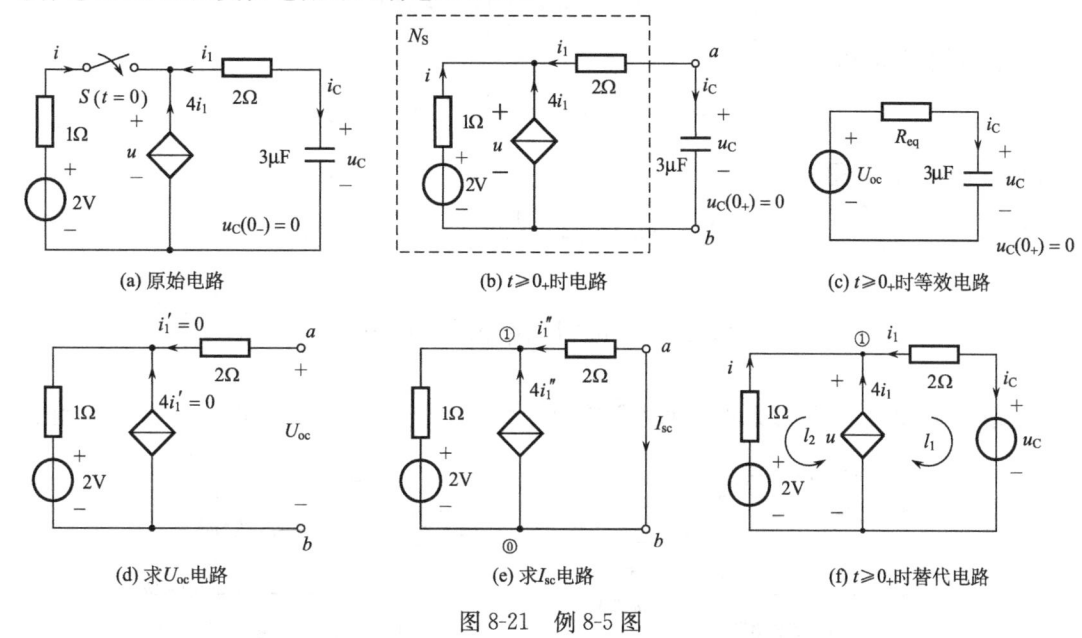

图 8-21 例 8-5 图

解 根据换路定则，有 $u_C(0_+) = u_C(0_-) = 0$。作出 $t \geqslant 0_+$ 时电路，如图 8-21(b)所示；应用戴维南定理将图 8-21(b)等效化简为图 8-21(c)。由图 8-21(d)容易求得

$$U_{oc} = 2\text{V}$$

由图 8-21(e)，应用节点分析法列出节点电压方程为

$$\begin{cases} \left(\dfrac{1}{1} + \dfrac{1}{2}\right)u_{n1} = \dfrac{2}{1} + 4i''_1 \\ i''_1 = -\dfrac{u_{n1}}{2} \end{cases}$$

解得

$$I_{sc} = -i''_1 = \frac{2}{7}\text{A}$$

根据开路短路法得

$$R_{eq} = \frac{U_{oc}}{I_{sc}} = \frac{2}{\frac{2}{7}} = 7\Omega$$

$$\tau = R_{eq}C = 7 \times 3 \times 10^{-6} = 21 \times 10^{-6} \text{s}$$

由图 8-21(c)，根据式(8-65)，可求得

$$u_C = U_{oc}\left(1 - e^{-\frac{t}{\tau}}\right) = 2\left(1 - e^{-\frac{10^6}{21}t}\right)\text{V}, \quad t \geq 0_+$$

$$i_C = C\frac{du_C}{dt} = \frac{2}{7}e^{-\frac{10^6}{21}t}\text{A}, \quad t \geq 0_+$$

由图 8-21(f)，对回路 l_1 应用 KVL 得

$$u = 2i_C + u_C = 2 \times \frac{2}{7}e^{-\frac{10^6}{21}t} + 2\left(1 - e^{-\frac{10^6}{21}t}\right) = \left(2 - \frac{10}{7}e^{-\frac{10^6}{21}t}\right)\text{V}, \quad t \geq 0_+$$

或由图 8-21(f)得

$$i_1 = -i_C = -\frac{2}{7}e^{-\frac{10^6}{21}t}\text{A}, \quad t \geq 0_+$$

对节点①应用 KCL 得

$$i = -i_1 - 4i_1 = -5i_1 = \frac{10}{7}e^{-\frac{10^6}{21}t}\text{A}, \quad t \geq 0_+$$

对回路 l_2 应用 KVL 得

$$u = -1 \times i + 2 = \left(2 - \frac{10}{7}e^{-\frac{10^6}{21}t}\right)\text{V}, \quad t \geq 0_+$$

8.4 一阶电路的全响应

电路在外施激励和动态元件的初始储能（初始状态）共同作用下产生的响应称为全响应。

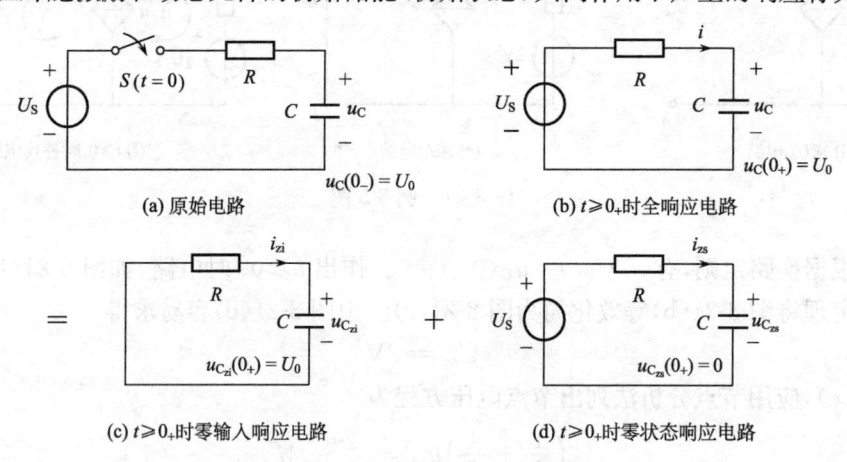

图 8-22 一阶 RC 全响应应用图

如图 8-22(a)所示，具有非零原始状态的 RC 串联电路在 $t=0$ 时接通直流电压源 U_S。根据换路定则，有 $u_C(0_+) = u_C(0_-) = U_0$，构成非零初始状态，反映出电容的初始储能为 $W_C(0_+) = \frac{1}{2}CU_0^2$。因此，在换路后 $t \geq 0_+$ 时电路如图 8-22(b)所示，该电路既有直流电压源外部激励，又有初始状态内部激励。为求得全响应 $u_C(t)$，可列写电路方程为

$$RC\frac{\mathrm{d}u_C}{\mathrm{d}t}+u_C=U_S, \quad t\geqslant 0_+ \bigg\} \tag{8-67}$$
$$u_C(0_+)=U_0$$

这是一个线性常系数非齐次微分方程,采用微分方程的经典解法,其解为
$$u_C(t)=u_{Ch}(t)+u_{Cp}(t)$$
其中,$u_{Ch}(t)$ 为齐次微分方程的通解,$u_{Cp}(t)$ 为非齐次微分方程的特解。

齐次微分方程的通解为
$$u_{Ch}(t)=A\mathrm{e}^{st}=A\mathrm{e}^{-\frac{t}{RC}}=A\mathrm{e}^{-\frac{t}{\tau}}$$
式中,$\tau=RC$,为该电路的时间常数。

特解是电路的直流稳态响应,即
$$u_{Cp}(t)=u_C(\infty)=U_S$$
于是,方程的完全解为
$$u_C(t)=u_{Ch}(t)+u_{Cp}(t)=A\mathrm{e}^{-\frac{t}{\tau}}+U_S$$
将电路的初始条件 $u_C(0_+)=U_0$ 代入上式,得
$$u_C(0_+)=A+U_S=U_0$$
解得
$$A=U_0-U_S$$
故有
$$u_C(t)=\underbrace{(U_0-U_S)\mathrm{e}^{-\frac{t}{\tau}}}_{\substack{\text{通解 }u_{Ch}(t)\\ \text{自由分量}\\ \text{暂态分量}}}+\underbrace{U_S}_{\substack{\text{特解 }u_{Cp}(t)\\ \text{强制分量}\\ \text{稳态分量}}}, \quad t\geqslant 0_+ \tag{8-68}$$

由式(8-68)可知,一阶 RC 电路的全响应 $u_C(t)$ 可分解为两个分量。等式右边第一项对应的是电路微分方程的通解,它的变化规律取决于特征根而与外施激励无关,所以称为响应的自由分量,自由分量随着时间 t 的增长按指数规律逐渐衰减为零,一般可以认为在 $t=4\tau$ 后消失,所以又称为响应的暂态分量;等式右边第二项对应的是电路微分方程的特解,其变化规律与外施激励形式相同,所以称为响应的强制分量。当激励为直流或正弦周期函数时,强制分量分别是直流稳态响应或正弦稳态响应,所以强制分量又称为响应的稳态分量。当激励是一个衰减的指数函数时,强制分量是以相同规律衰减的指数函数,这时强制分量就不能称为稳态分量。因此,稳态分量的含义较窄,仅存在于直流稳态或正弦稳态情况。

如果将式(8-68)重新组合改写为
$$u_C(t)=\underbrace{U_0\mathrm{e}^{-\frac{t}{\tau}}}_{\text{零输入响应 }u_{Czi}(t)}+\underbrace{U_S(1-\mathrm{e}^{-\frac{t}{\tau}})}_{\text{零状态响应 }u_{Czs}(t)}, \quad t\geqslant 0_+ \tag{8-69}$$

可得一阶 RC 电路全响应的另一种分解形式。等式右边第一项与式(8-23)相同,是电路在外施激励为零情况下仅由电路初始储能引起的零输入响应,如图 8-22(c)所示;等式右边第二项与式(8-49)相同,是电路在零状态情况下仅由外施激励引起的零状态响应,如图 8-22(d)所示。因此,线性动态电路的全响应是由来自初始状态内部激励和来自电源外施激励分别作用于电路时产生的响应之和,即全响应是零输入响应与零状态响应之和。这一结论源于线性电路的叠加性而又为动态电路所独有,称为线性动态电路的叠加定理。

通过这一实例的分析可知，可以将全响应分解为自由分量（暂态分量）与强制分量（稳态分量）之和，也可以将全响应分解为零输入响应与零状态响应之和，即可从两种不同的角度认识全响应。前一种分解着眼于看清电路从旧稳态到新稳态通常须经历一个过渡过程；后一种分解则着眼于看清电路中的因果关系，即线性动态电路的响应与激励之间具有可加性（叠加性）。u_C 的两种分解变化曲线如图 8-23(a)～图 8-23(b)所示。

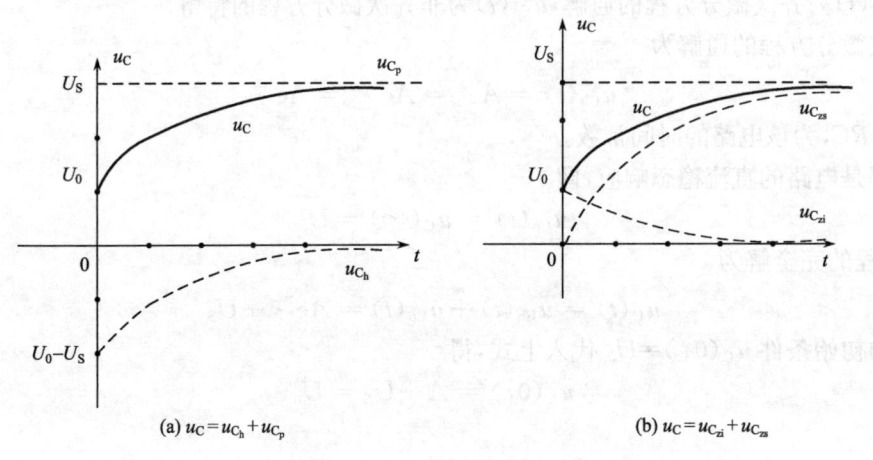

(a) $u_C = u_{C_h} + u_{C_p}$ (b) $u_C = u_{C_{zi}} + u_{C_{zs}}$

图 8-23 u_C 的两种分解变化曲线

线性动态电路各种响应之间的关系用如图 8-24 所示的框图表示。

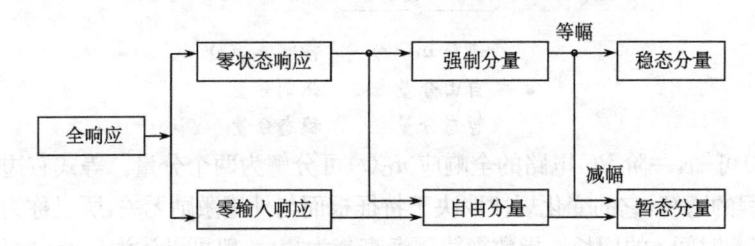

图 8-24 线性动态电路各种响应之间的关系框图

对于一般的一阶全响应电路，如图 8-25(a)或图 8-25(b)所示，求解全响应的一般方法是选择某一响应变量（u 或 i）用 $y(t)$ 表示，根据基尔霍夫定律和元件的伏安关系列写出电路方程为

$$\left. \begin{array}{l} a_1 \dfrac{dy}{dt} + a_0 y = f(t), \quad t \geqslant 0_+ \\ y(0_+) = y_{zi}(0_+) + y_{zs}(0_+) \end{array} \right\} \tag{8-70}$$

式中，$y(0_+)$ 是全响应变量的初始值，可由 $t=0_+$ 时等效电路计算出，由初始状态和外施激励共同作用产生。

采用微分方程的经典解法，上述方程的解为

$$y(t) = \underbrace{[y(0_+) - y_p(0_+)] e^{-\frac{t}{\tau}}}_{\substack{\text{通解}\\ \text{自由分量}\\ \text{暂态分量}}} + \underbrace{y_p(t)}_{\substack{\text{特解}\\ \text{强制分量}\\ \text{稳态分量}}} \tag{8-71}$$

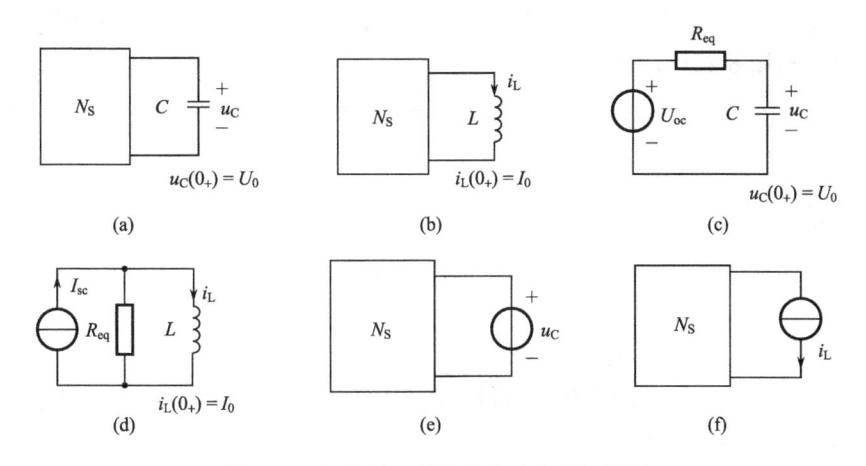

图 8-25 一般的一阶电路全响应求解用图

式中

$$\tau = -\frac{1}{s} = \frac{a_1}{a_0} \tag{8-72}$$

将 $y(0_+) = y_{zi}(0_+) + y_{zs}(0_+)$ 代入式(8-71),整理得

$$y(t) = \underbrace{y_{zi}(0_+)e^{-\frac{t}{\tau}}}_{\text{零输入响应 } y_{zi}} + \underbrace{[y_{zs}(0_+) - y_p(0_+)]e^{-\frac{t}{\tau}} + y_p(t)}_{\text{零状态响应 } y_{zs}} \tag{8-73}$$

式(8-71)和式(8-72)分别表示全响应的两种分解形式。注意在式(8-71)中,$y(t)$ 代表一阶电路的任一变量的响应(含零输入响应、零状态响应及全响应),τ 是电路的时间常数,$y(0_+)$ 是响应变量的初始值,$y_p(t)$ 是与激励形式相同的强制分量,且 $y_p(0_+) = y_p(t)|_{t=0_+}$。这表明 τ、$y(0_+)$ 和 $y_p(t)$ 是求解一阶电路响应的三个要素,通过分析计算三个要素就能确定一阶电路中任一响应的方法称为三要素法。

如果换路后电路的外施激励是直流电源,强制分量等于电路的直流稳态响应,即 $y_p(t) = y_p(0_+) = y(\infty)$,则式(8-71)可简写为

$$y(t) = [y(0_+) - y(\infty)]e^{-\frac{t}{\tau}} + y(\infty) \tag{8-74}$$

式中:

$y(0_+)$ ——响应变量的初始值,由 $t=0_+$ 时等效电路求出。

$y(\infty)$ ——直流稳态响应,由 $t \to \infty$ 时直流稳态电路求出,此时电容视为开路,电感视为短路。

τ ——电路的时间常数,一阶 RC 电路的时间常数是 $\tau = R_{eq}C$;一阶 RL 电路的时间常数是 $\tau = \dfrac{L}{R_{eq}}$。R_{eq} 是从电路中动态元件两端看进去的戴维南或诺顿等效电路的等效电阻。

式(8-74)称为三要素公式。只要分析计算出 $y(0_+)$、$y(\infty)$ 和 τ 这三个要素,就可以根据式(8-74)直接写出一阶电路在直流激励下的全响应,从而免去动态电路分析中建立微分方程、解微分方程、确定积分常数这一繁杂的演算过程。三要素法不仅适用于一阶电路换路后在直流激励下全响应或零状态响应的求解,也适用于一阶电路零输入响应的求解,因此,三要素法在瞬态分析中具有重要意义。

除了用三要素法求解一阶电路的全响应以外,还可以应用戴维南定理或诺顿定理将

图 8-25(a)或图 8-25(b)等效化简为如图 8-25(c)或图 8-25(d)所示典型的一阶电路,根据动态电路叠加定理,对图 8-25(c)求得

$$\left.\begin{array}{l} u_C(t) = U_0 e^{-\frac{t}{\tau}} + U_{\infty}\left(1 - e^{-\frac{t}{\tau}}\right), \quad t \geqslant 0_+ \\ \tau = R_{eq}C \end{array}\right\} \quad (8-75)$$

对图 8-25(d)求得

$$\left.\begin{array}{l} i_L(t) = I_0 e^{-\frac{t}{\tau}} + I_{sc}\left(1 - e^{-\frac{t}{\tau}}\right), \quad t \geqslant 0_+ \\ \tau = \dfrac{L}{R_{eq}} \end{array}\right\} \quad (8-76)$$

在求得 $u_C(t)$ 或 $i_L(t)$ 后,再应用替代定理得到图 8-25(e)或图 8-25(f),这时只需用电阻电路方法即可求得 N_S 内部其他变量的全响应。

例 8-6 如图 8-26(a)所示电路,在 $t=0$ 时开关由 a 投向 b,试求 $t \geqslant 0_+$ 时电流 $i_L(t)$ 和 $i(t)$,并绘出 $i_L(t)$、$i(t)$ 的变化曲线。假定换路前电路处于稳态。

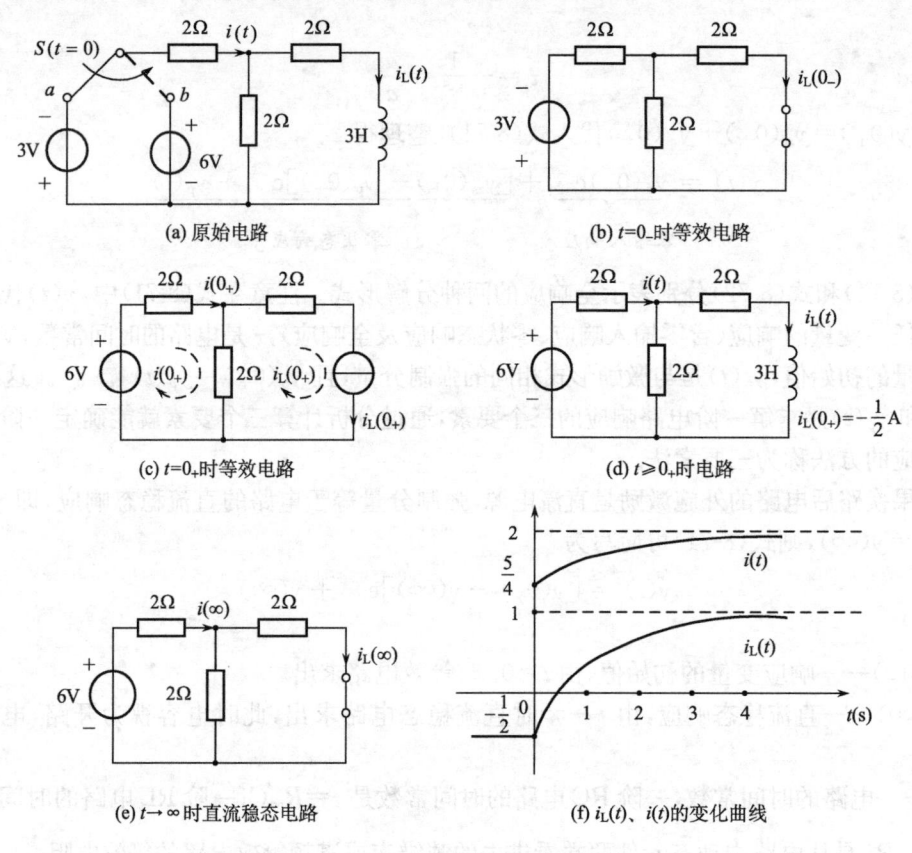

图 8-26 例 8-6 图

解 要求解的 $t \geqslant 0_+$ 时电流 $i_L(t)$、$i(t)$ 属于一阶电路在直流激励下的全响应,选用三要素法进行求解。

(1) 求 $i_L(0_+)$ 和 $i(0_+)$。换路前 $t=0_-$ 时,电路处于直流稳态,电感视为短路,作出 $t=0_-$ 时等效电路,如图 8-26(b)所示,容易求得

$$i_L(0_-) = -\frac{3}{2+\frac{2\times 2}{2+2}} \times \frac{1}{2} = -\frac{1}{2}\text{A}$$

根据换路定则,有

$$i_L(0_+) = i_L(0_-) = -\frac{1}{2}\text{A}$$

作出 $t=0_+$ 时等效电路,如图 8-26(c)所示,用回路分析法列写出电路方程为

$$\begin{cases} i_L(0_+) = -\dfrac{1}{2} \\ (2+2)i(0_+) - 2i_L(0_+) = 6 \end{cases}$$

解得

$$i(0_+) = \frac{5}{4}\text{A}$$

(2) 求 τ。换路后 $t \geqslant 0_+$ 时电路如图 8-26(d)所示,从电感两端看进去的诺顿等效电路的等效电阻为

$$R_{eq} = \frac{2\times 2}{2+2} + 2 = 3\Omega$$

$$\tau = \frac{L}{R_{eq}} = \frac{3}{3} = 1\text{s}$$

(3) 求 $i_L(\infty)$ 和 $i(\infty)$。当 $t\to\infty$ 时,电路再次达到直流稳态,电感视为短路,如图 8-26(e)所示,可求得

$$i(\infty) = \frac{6}{2+\frac{2\times 2}{2+2}} = 2\text{A}$$

$$i_L(\infty) = \frac{1}{2}i(\infty) = 1\text{A}$$

(4) 将以上三个要素代入式(8-74),得

$$i_L(t) = [i_L(0_+) - i_L(\infty)]e^{-\frac{t}{\tau}} + i_L(\infty) = \left(-\frac{1}{2} - 1\right)e^{-t} + 1 = \left(1 - \frac{3}{2}e^{-t}\right)\text{A}, \quad t \geqslant 0_+$$

$$i(t) = [i(0_+) - i(\infty)]e^{-\frac{t}{\tau}} + i(\infty) = \left(\frac{5}{4} - 2\right)e^{-t} + 2 = \left(2 - \frac{3}{4}e^{-t}\right)\text{A}, \quad t \geqslant 0_+$$

例 8-7 电路如图 8-27(a)所示,开关 S 闭合前电路已达稳态,在 $t=0$ 时,开关 S 闭合。求 $t \geqslant 0_+$ 时电容电压 u_C。

解 换路前 $t=0_-$ 时,电路处于直流稳态,电容视为开路,作出 $t=0_-$ 等效电路,如图 8-27(b)所示,对该电路应用节点分析法列写出电路方程为

$$\begin{cases} \left(\dfrac{1}{2} + \dfrac{1}{4}\right)u_1' - \dfrac{1}{4}u_C(0_-) = 1 \\ -\dfrac{1}{4}u_1' + \dfrac{1}{4}u_C(0_-) = 1.5u_1' \end{cases}$$

解得

$$u_C(0_-) = -7\text{V}$$

(a) 原始电路

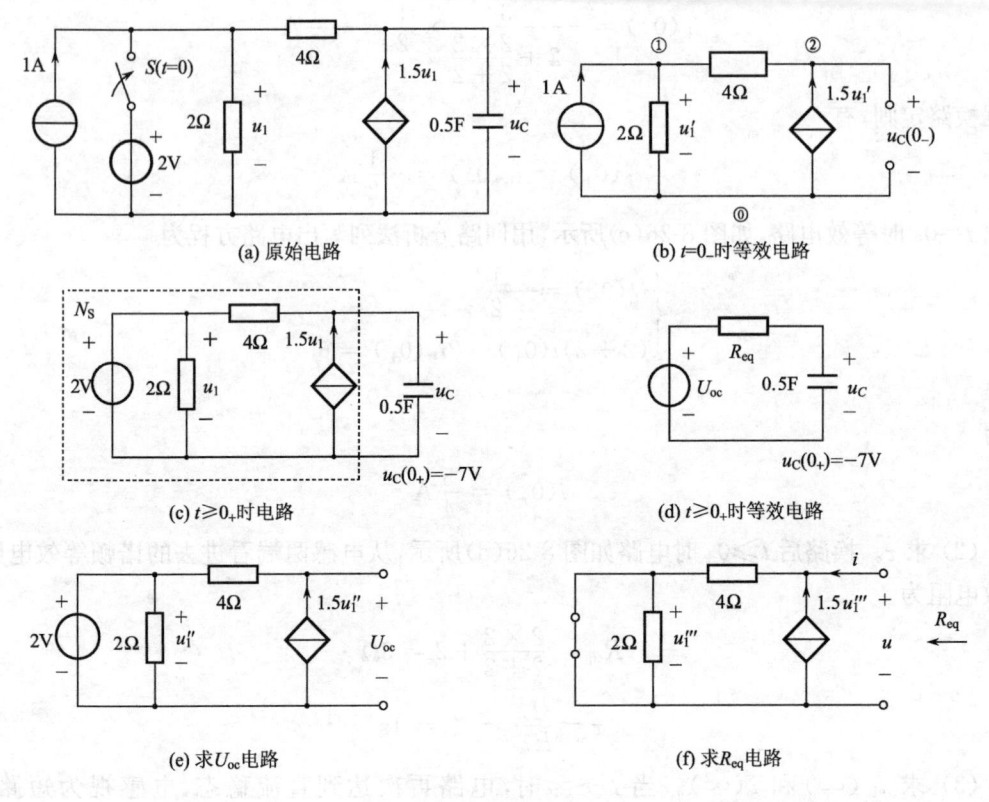

(b) t=0_时等效电路

(c) t≥0+时电路

(d) t≥0+时等效电路

(e) 求U_{oc}电路

(f) 求R_{eq}电路

图 8-27 例 8-7 图

根据换路定则,有
$$u_C(0_+) = u_C(0_-) = -7\text{V}$$

换路后 $t \geq 0_+$ 时电路如图 8-27(c)所示,注意在原始电路中当开关 S 闭合后与 2V 电压源并联的 1A 电流源作为外虚元件开路去除,而与 2V 电压源并联的 2Ω 电阻,尽管也是外虚元件但由于其电压 u_1 是控制量必须保留。下面应用戴维南定理将如图 8-27(c)所示的电路等效化简为如图 8-27(d)所示的电路。由图 8-27(e),可求得
$$u_1'' = 2\text{V}$$
$$U_{oc} = 4 \times 1.5u_1'' + 2 = 14\text{V}$$

再由图 8-27(f),可求得
$$u_1''' = 0, \quad 1.5u_1''' = 0$$
$$R_{eq} = \frac{u}{i} = 4\Omega$$
$$\tau = R_{eq}C = 4 \times 0.5 = 2\text{s}$$

最后由图 8-27(d),可求得
$$u_{Czi}(t) = u_C(0_+)e^{-\frac{t}{\tau}} = -7e^{-0.5t}\text{V}, \quad t \geq 0_+$$
$$u_{Czs}(t) = U_{oc}\left(1 - e^{-\frac{t}{\tau}}\right) = 14(1 - e^{-0.5t})\text{V}, \quad t \geq 0_+$$

再根据线性动态电路的叠加定理,可求得

$$u_C(t) = u_{Czi}(t) + u_{Czs}(t) = -7e^{-0.5t} + 14(1-e^{-0.5t})$$
$$= (\underbrace{14}_{\substack{u_{Cp}\text{特解} \\ \text{强制分量} \\ \text{稳态分量}}} - \underbrace{21e^{-0.5t}}_{\substack{u_{Ch}\text{通解} \\ \text{自由分量} \\ \text{暂态分量}}}\text{V}), \quad t \geq 0_+$$

例 8-8 电路如图 8-28(a)所示，在 $t<0$ 时，电路已处于稳态；在 $t=0$ 时开关 S 闭合，求 $t \geq 0_+$ 时开关上的电流 $i(t)$。

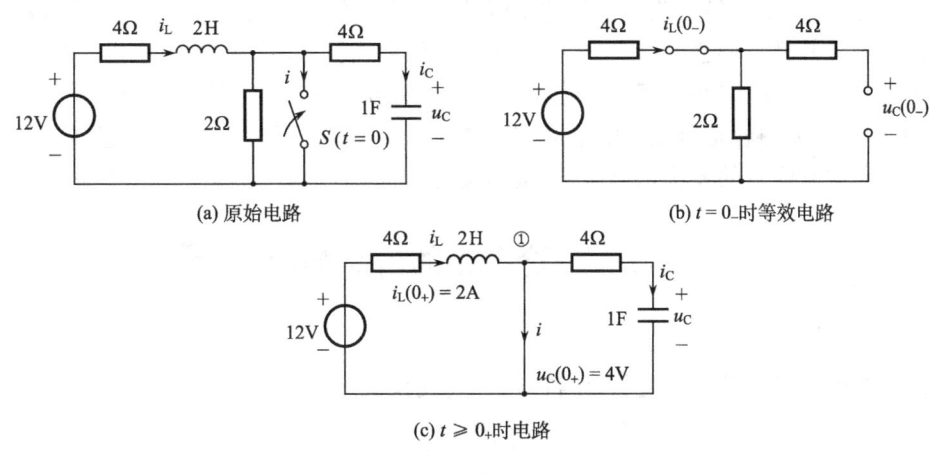

图 8-28 例 8-8 图

解 换路前 $t=0_-$ 时，电路处于直流稳态，电容视为开路，电感视为短路，作出 $t=0_-$ 时等效电路，如图 8-28(b)所示，容易求得

$$i_L(0_-) = \frac{12}{4+2} = 2\text{A}$$

$$u_C(0_-) = \frac{2}{4+2} \times 12 = 4\text{V}$$

根据换路定则，有

$$i_L(0_+) = i_L(0_-) = 2\text{A}$$
$$u_C(0_+) = u_C(0_-) = 4\text{V}$$

换路后，$t \geq 0_+$ 时电路如图 8-28(c)所示，电路有电感和电容两个动态元件，似乎是二阶电路，但开关支路是短路支路（与其并联的 2Ω 电阻去掉），就把电路分解为两个独立的一阶电路，开关支路左边为一阶 RL 全响应电路，右边是一阶 RC 零输入响应电路。

对左边一阶 RL 全响应电路，可求得

$$\tau_L = \frac{2}{4} = \frac{1}{2}\text{s}, \quad i_L(\infty) = \frac{12}{4} = 3\text{A}$$

$$i_L(t) = [i_L(0_+) - i_L(\infty)]e^{-\frac{t}{\tau_L}} + i_L(\infty) = (2-3)e^{-2t} + 3 = (3-e^{-2t})\text{A}, \quad t \geq 0_+$$

对右边一阶 RC 零输入响应电路，可求得

$$\tau_C = 4 \times 1 = 4\text{s}$$

$$u_C(t) = u_C(0_+)e^{-\frac{t}{\tau_C}} = 4e^{-\frac{t}{4}}\text{V}, \quad t \geq 0_+$$

$$i_C(t) = C\frac{du_C}{dt} = -e^{-\frac{t}{4}} \text{A}, \quad t \geq 0_+$$

最后对节点①应用 KCL,得

$$i(t) = i_L(t) - i_C(t) = \left(3 - e^{-2t} + e^{-\frac{t}{4}}\right)\text{A}, \quad t \geq 0_+$$

动态电路分析常需引用两种很有用的单位奇异函数,即单位阶跃函数和单位冲激函数,应用这两个函数可以很方便地描述动态电路的激励和响应。当电路的激励(输入电压信号或输入电流信号)是具有任意波形的复杂函数时,可以把复杂的激励波形分解成若干个、甚至无限多个单位奇异函数(主要是阶跃函数和冲激函数)的线性组合,分别计算这些奇异函数激励电路的零状态响应并将它们叠加,就可求得原来复杂的激励波形激励电路的零状态响应。因此,研究单位奇异函数激励电路的零状态响应是研究任意波形电信号激励电路所产生零状态响应的基础,下面的主要内容是研究一阶电路在单位阶跃函数激励下的零状态响应(阶跃响应)及在单位冲激函数激励下的零状态响应(冲激响应)。

8.5　一阶电路的阶跃响应

8.5.1　阶跃函数

单位阶跃函数是一种奇异函数,用符号 $\varepsilon(t)$ 表示,定义式如下:

$$\varepsilon(t) = \begin{cases} 0, & t \leq 0_- \\ 1, & t \geq 0_+ \end{cases} \tag{8-77}$$

波形如图 8-29(a)所示,它在 $t=0$ 处发生单位阶跃,在阶跃点函数值可不给定义。

在 $t=t_0$ 处发生单位阶跃的函数称为延迟的单位阶跃函数,记为 $\varepsilon(t-t_0)$,可表示为

$$\varepsilon(t-t_0) = \begin{cases} 0, & t \leq t_{0_-} \\ 1, & t \geq t_{0_+} \end{cases} \tag{8-78}$$

波形如图 8-29(b)所示,$\varepsilon(t-t_0)$ 可看作是把 $\varepsilon(t)$ 在时间轴上向右平移(延时)t_0 后的结果。

同理,还可以定义阶跃函数 $K\varepsilon(t)$,如图 8-29(c)所示,以及延时的阶跃函数 $K\varepsilon(t-t_0)$,如图 8-29(d)所示。

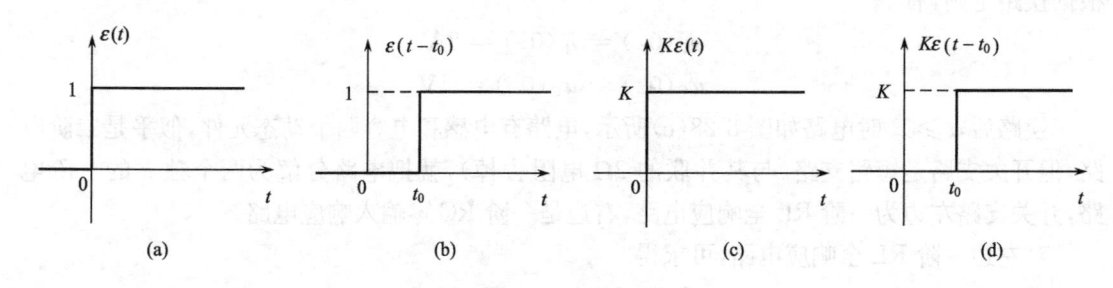

图 8-29　阶跃函数

单位阶跃函数可用来"起始"任意一个函数 $f(t)$,设给定如图 8-30(a)所示的电信号 $f(t)$,若要求 $f(t)$ 在 $t \geq 0_+$ 时刻开始起作用,可以用 $f(t)$ 乘以 $\varepsilon(t)$,如图 8-30(b)所示,$f(t)\varepsilon(t)$ 只存在于 $t \geq 0_+$ 的区间;若要求 $f(t)$ 在 $t \geq t_{0_+}$ 时刻开始起作用,可以用 $f(t)$ 乘以 $\varepsilon(t-t_0)$,如图 8-30(c)所示,$f(t)\varepsilon(t-t_0)$ 只存在于 $t \geq t_{0_+}$ 的区间。

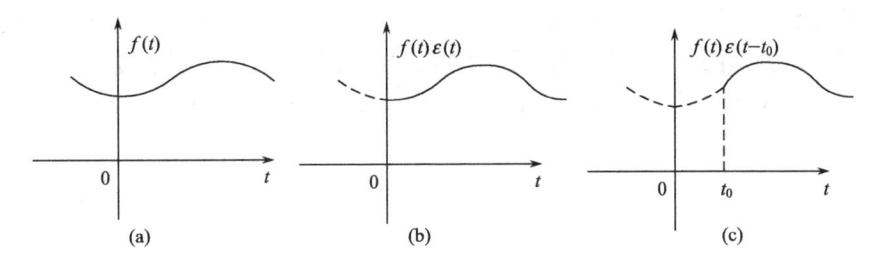

图 8-30 单位阶跃函数的起始作用

由于单位阶跃函数具有起始作用,阶跃函数的应用之一是描述动态电路中的开关动作。例如,在 $t=0$ 或 $t=t_0$ 时,将直流电压源或直流电流源接入电路,如图 8-31(a)和图 8-31(c)所示,此时电路的输入电压或输入电流可方便地用阶跃函数或延时的阶跃函数表示。如图 8-31(a)所示电路的输入电压可表示为

$$u(t) = U_S\varepsilon(t) \tag{8-79}$$

$U_S\varepsilon(t)$ 称为阶跃电压,图 8-31(a)可等效为图 8-31(b)。如图 8-31(c)所示电路的输入电流可表示为

$$i(t) = I_S\varepsilon(t-t_0) \tag{8-80}$$

$I_S\varepsilon(t-t_0)$ 称为延时的阶跃电流,图 8-30(c)可等效为图 8-30(d)。所以,单位阶跃函数可作为开关动作的数学模型,因此,$\varepsilon(t)$ 也称为开关函数。

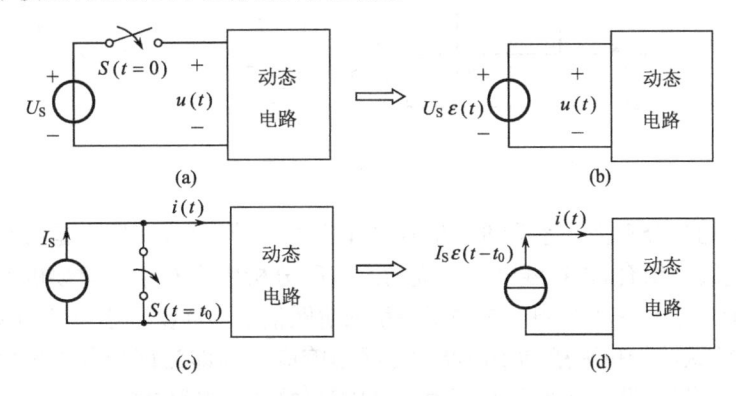

图 8-31 用阶跃函数表示直流电源接入电路

阶跃函数的另一个重要应用是可以方便地表示某些电信号。在电子技术问题中,电路中的激励常是如图 8-32 所示的电信号,这类电信号称为分段常量信号。

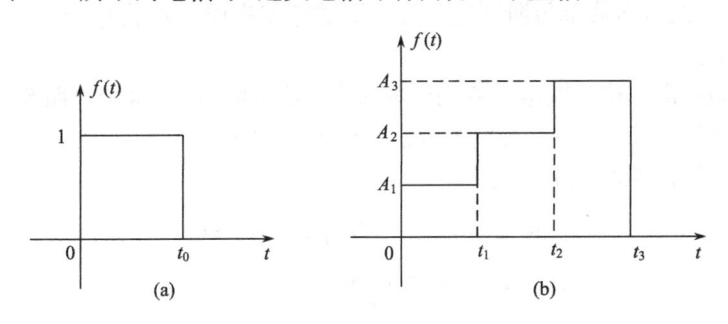

图 8-32 分段常量信号举例

应用阶跃函数和延时的阶跃函数,通过分解的方法,可将这些分段常量信号表示为一系列阶跃信号之和。例如,图 8-33(a)中的矩形脉冲信号可分解为两个阶跃信号之和,即

$$f(t) = A\varepsilon(t-t_1) - A\varepsilon(t-t_2) = A[\varepsilon(t-t_1) - \varepsilon(t-t_2)] \tag{8-81}$$

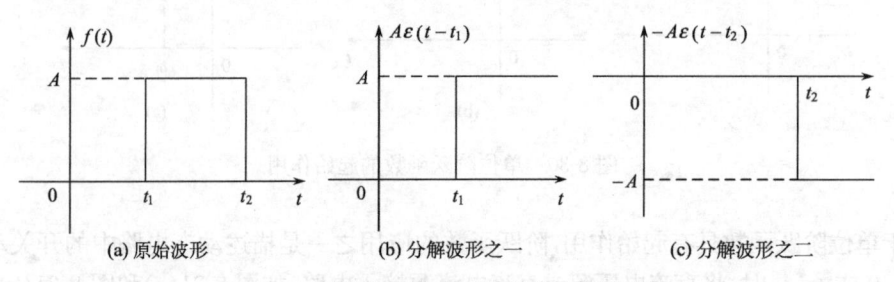

(a) 原始波形　　(b) 分解波形之一　　(c) 分解波形之二

图 8-33　用阶跃函数表示矩形脉冲信号示例

如图 8-34 所示的分段常量信号可表示为

$$f(t) = 3 \times [\varepsilon(t-1) - \varepsilon(t-3)] - 1 \times [\varepsilon(t-3) - \varepsilon(t-4)] + 2 \times [\varepsilon(t-4) - \varepsilon(t-6)]$$
$$= 3\varepsilon(t-1) - 4\varepsilon(t-3) + 3\varepsilon(t-4) - 2\varepsilon(t-6) \tag{8-82}$$

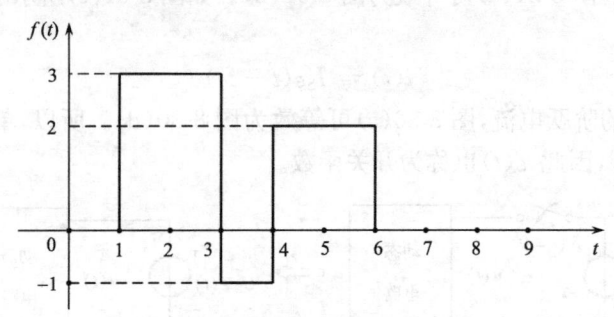

图 8-34　用阶跃函数表示分段常量信号示例

将分段常量信号分解为一系列阶跃信号之和称为信号分解,实质上是将复杂信号变成一系列简单信号的线性组合,这在线性时不变动态电路分析中具有十分重要的实际意义。分段常量信号激励于电路的零状态响应等同于一系列阶跃信号共同激励于电路的零状态响应。根据叠加定理,各阶跃信号单独激励于电路的零状态响应之和即为该分段常量信号激励于电路的零状态响应。如果电路的初始状态不为零,只需再叠加上电路的零输入响应,即可求得电路在分段常量信号激励下的全响应。

8.5.2　阶跃响应

电路在单位阶跃电压或单位阶跃电流激励下的零状态响应称为单位阶跃响应,简称阶跃响应,用 $s(t)$ 表示。

图 8-35(a)表示由单位阶跃电压激励的零状态 RC 串联电路,这个电路与在 $t=0$ 时将 1V 直流电压源接入零状态 RC 串联电路的情况一样,即与图 8-35(b)所示电路等效。根据先前的讨论可知图 8-35(b)的零状态响应为

$$u_{\text{Cb}}(t) = \left(1 - e^{-\frac{t}{RC}}\right)\text{V}, \quad t \geqslant 0_+ \tag{8-83}$$

参照这个结果,即得图 8-35(a)电路的阶跃响应为

$$u_{\text{Ca}}(t) = s(t) = \left(1 - e^{-\frac{t}{RC}}\right)\varepsilon(t)\text{V} \tag{8-84}$$

式(8-84)中，$\varepsilon(t)$简明扼要地表示阶跃响应的时间范围。

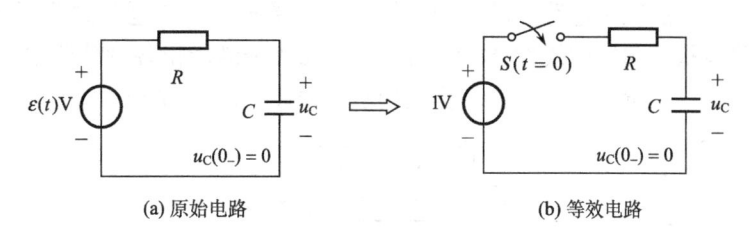

(a) 原始电路　　　　　　　　　　(b) 等效电路

图 8-35　一阶 RC 电路阶跃响应用图

电路的阶跃响应相当于单位直流电源(1V 或 1A)在 $t=0$ 时接入电路的零状态响应，因此可用三要素法求解一阶电路的阶跃响应。

对于线性动态电路，零状态响应与外施激励满足线性性质(齐次性、可加性)，即若激励 $f_1(t)$ 单独作用于电路产生的零状态响应为 $y_{zs1}(t)$，激励 $f_2(t)$ 单独作用于电路产生的零状态响应为 $y_{zs2}(t)$，则对于任意常数 A_1、A_2，激励 $A_1 f_1(t)+A_2 f_2(t)$ 作用于电路产生的零状态响应为 $A_1 y_{zs1}(t)+A_2 y_{zs2}(t)$。因此，若单位阶跃信号 $\varepsilon(t)$ 产生的零状态响应为 $s(t)$，则根据零状态响应的齐次性可知 $A\varepsilon(t)$ 产生的零状态响应为 $As(t)$。

如果电路结构和元件参数均不随时间变化，则称该电路为时不变电路。对于时不变电路，其零状态响应的变化规律与激励接入电路的时间无关，若激励 $f(t)$ 引起的零状态响应为 $y_{zs}(t)$，则激励 $f(t-t_0)$ 引起的零状态响应为 $y_{zs}(t-t_0)$，这一性质称为电路零状态响应的时不变性。因此，若电路在单位阶跃信号 $\varepsilon(t)$ 作用下的零状态响应为 $s(t)$，则根据时不变性，电路在延时的单位阶跃信号 $\varepsilon(t-t_0)$ 作用下的零状态响应为 $s(t-t_0)$。$s(t-t_0)$ 响应曲线的变化规律应与 $s(t)$ 响应曲线的完全相同，仅仅是在时间上延迟 t_0。如图 8-35(a)所示电路的激励信号 $\varepsilon(t)$ 与阶跃响应 $u_C(t)$ 的曲线示于图 8-36(a)与图 8-36(b)中，根据时不变性，可得延迟的单位阶跃电压 $\varepsilon(t-t_0)$ 激励于同一电路的零状态响应为

$$u_C(t-t_0) = (1-e^{-\frac{t-t_0}{RC}})\varepsilon(t-t_0)\text{V} \tag{8-85}$$

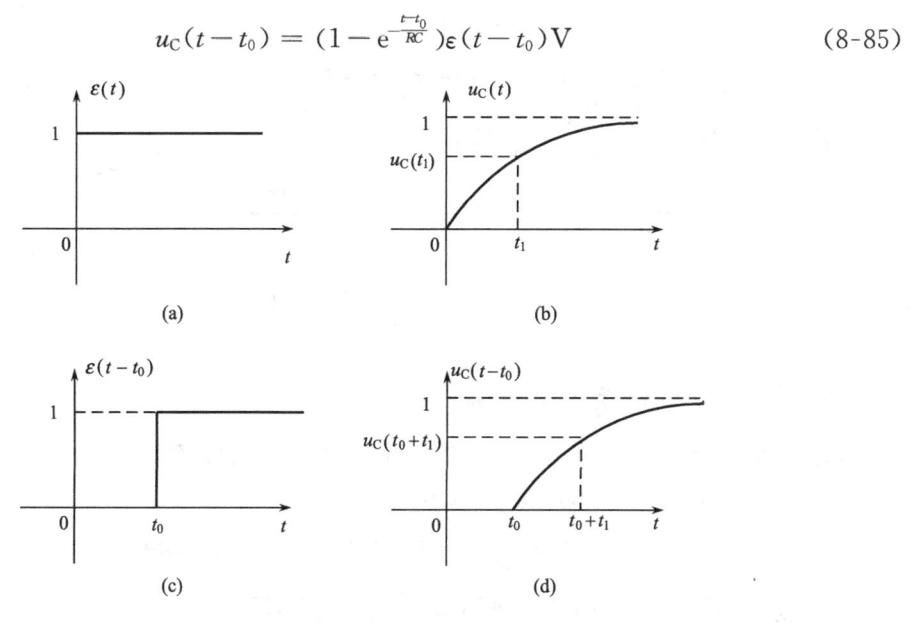

图 8-36　电路时不变性的应用示例

$\varepsilon(t-t_0)$ 与 $u_C(t-t_0)$ 的曲线示于图 8-36(c) 与图 8-36(d) 中。

电路的阶跃响应反映了电路的基本动态特性。如果知道一个电路的阶跃响应,利用线性时不变动态电路零状态响应的线性、时不变性,就能很方便地求出各种分段常量信号激励电路所产生的零状态响应。阶跃响应的进一步应用示意框图如图 8-37 所示。

图 8-37 阶跃响应的进一步应用示意框图

例 8-9 求如图 8-38(a)所示一阶 RL 电路在矩形脉冲电压 $u_S(t)$ 作用下的零状态响应电流 $i(t)$,并画出其波形图。已知 $L=1\text{H}, R=1\Omega$。

图 8-38 例 8-9 图

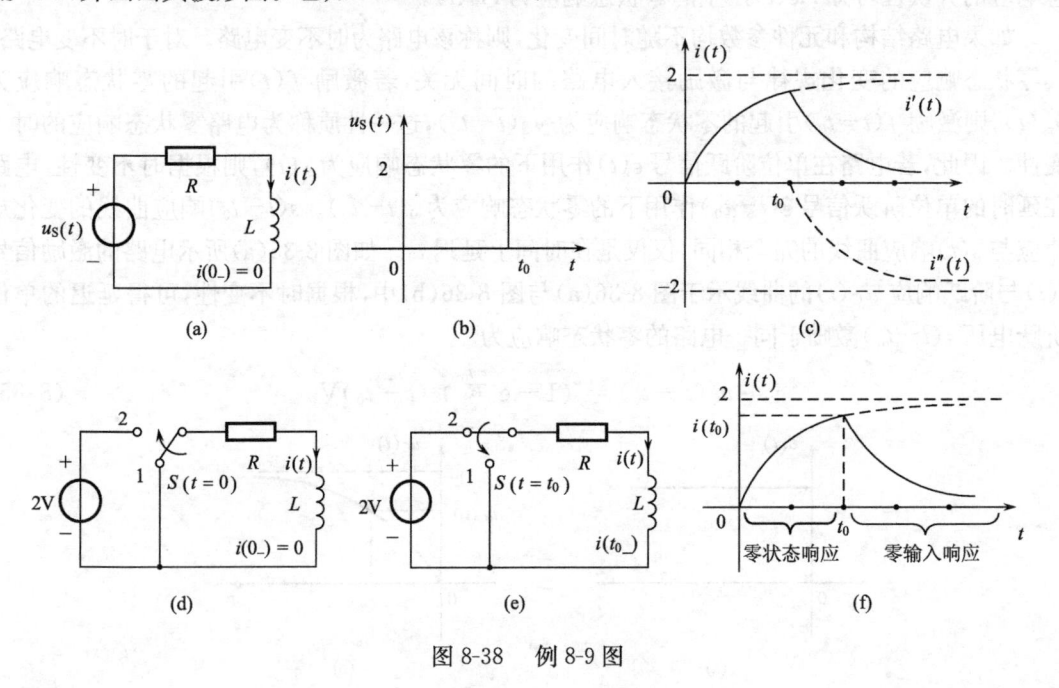

解 由题意易知 $\tau = \dfrac{L}{R} = \dfrac{1}{1} = 1\text{s}$。

(1) 方法一:从信号分解的角度利用线性、时不变性进行求解。

图 8-38(a) 中电流 $i(t)$ 的阶跃响应为

$$s_i(t) = \frac{1}{R}\left(1 - e^{-\frac{t}{\tau}}\right)\varepsilon(t) = (1 - e^{-t})\varepsilon(t)\text{A}$$

矩形脉冲电压 $u_S(t)$ 可分解为两个阶跃电压之和,即

$$u_S(t) = 2\varepsilon(t) - 2\varepsilon(t-t_0)$$

根据零状态响应的可加性，$u_S(t)$产生的零状态响应是$2\varepsilon(t)$产生的零状态响应与$-2\varepsilon(t-t_0)$产生的零状态响应相叠加的结果。

根据零状态响应的齐次性，可得$2\varepsilon(t)$产生的零状态响应为
$$i'(t) = 2s_i(t) = 2(1-e^{-t})\varepsilon(t) \text{A}$$

根据零状态响应的齐次性、时不变性，可得$-2\varepsilon(t-t_0)$产生的零状态响应为
$$i''(t) = -2s_i(t-t_0) = -2[1-e^{-(t-t_0)}]\varepsilon(t-t_0) \text{A}$$

故待求的零状态响应$i(t)$的完整表达式为
$$i(t) = i'(t) + i''(t) = \{2(1-e^{-t})\varepsilon(t) - 2[1-e^{-(t-t_0)}]\varepsilon(t-t_0)\}\text{A}$$

$i(t)$的波形如图8-38(c)所示。$i'(t)$的存在区间是$[0_+,\infty)$；$i''(t)$的存在区间是$[t_{0_+},\infty)$，这说明在$[0_+,t_{0_-}]$区间只有$i'(t)$存在；在$[t_{0_+},\infty)$区间，$i'(t)$与$i''(t)$同时存在。

(2) 方法二：作为按序换路分区间进行求解。

设置一个双置开关来回转换，可以实现矩形脉冲电压$u_S(t)$对电路的作用。如图8-38(d)～图8-38(e)所示，电路在$(0,\infty)$区间发生两次换路，称为按序换路。对于按序换路分区间响应的求解有两个关键问题，一是明确每次换路时电路的原始状态，以确定换路后的初始状态；二是明确每个时间段对应的电路属于哪一种响应。

如图8-38(d)所示的电路在$0_+ \leqslant t \leqslant t_{0_-}$时为一阶RL电路的零状态响应，则
$$i(t) = \frac{2}{R}\left(1-e^{-\frac{t}{\tau}}\right) = 2(1-e^{-t})\text{A}$$
$$i(t_{0_-}) = 2(1-e^{-t_0})\text{A}$$

如图8-38(e)所示的电路在$t_{0_+} \leqslant t < \infty$时为一阶RL电路的零输入响应，根据换路定则，有
$$i(t_{0_+}) = i(t_{0_-}) = 2(1-e^{-t_0})\text{A}$$
$$i(t) = i(t_{0_+})e^{-\frac{(t-t_0)}{\tau}} = [2(1-e^{-t_0})e^{-(t-t_0)}]\text{A}$$

$i(t)$的波形图如图8-38(f)所示。波形由两段组成，前一段在$[0_+,t_{0_-}]$区间是零状态响应；后一段在$[t_{0_+},\infty)$区间是零输入响应。

两种方法相比较，方法一简单，且可推广到求解更为复杂的激励信号产生的零状态响应；方法二物理意义明确。

例8-10 如图8-39(a)所示，已知$R_1=3\Omega$, $R_2=6\Omega$, $C=0.5\text{F}$，以$u_C(t)$为输出。
(1) 求电路的阶跃响应。
(2) 若激励u_S的波形如图8-39(b)所示，且$u_C(0_-)=4\text{V}$，求$u_C(t)$的全响应。

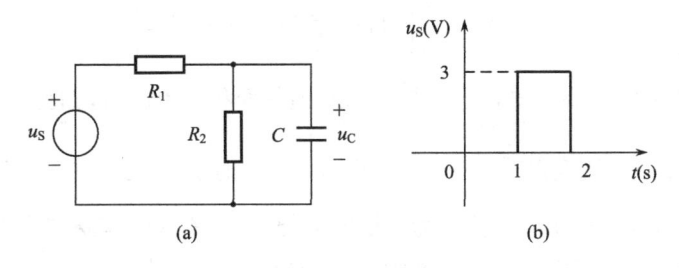

图8-39 例8-10图

解 (1) 应用三要素法求解一阶电路的阶跃响应$s(t)$。

电路的阶跃响应相当于1V直流电压源在$t=0$时接入电路的零状态响应。这时，$u_C(t)$的稳态值为

$$u_C(\infty) = \frac{R_1}{R_1+R_2} \times 1 = \frac{6}{3+6} = \frac{2}{3}\text{V}$$

电路的时间常数为

$$\tau = \frac{R_1 \times R_2}{R_1+R_2}C = \frac{3 \times 6}{3+6} \times 0.5 = 1\text{s}$$

$$u_C(t) = u_C(\infty)(1-e^{-\frac{t}{\tau}}) = \frac{2}{3}(1-e^{-t})\text{V}, \quad t \geqslant 0_+$$

即

$$s(t) = \frac{2}{3}(1-e^{-t})\varepsilon(t)\text{V}$$

(2) 利用线性动态电路叠加定理求全响应u_C。

先求零输入响应u_{Czi}。根据换路定则，有

$$u_C(0_+) = u_C(0_-) = 4\text{V}$$

$$u_{Czi}(t) = u_C(0_+)e^{-\frac{t}{\tau}} = 4e^{-t}\varepsilon(t)\text{V}$$

再求零状态响应u_{Czs}。将激励u_S用阶跃信号表示为

$$u_S = [3\varepsilon(t-1) - 3\varepsilon(t-2)]\text{V}$$

根据电路零状态响应的线性、时不变性，可求得u_S作用于电路所产生的零状态响应u_{Czs}为

$$u_{Czs}(t) = 3s(t-1) - 3s(t-2)$$
$$= \{2[1-e^{-(t-1)}]\varepsilon(t-1) - 2[1-e^{-(t-2)}]\varepsilon(t-2)\}\text{V}$$

最后得

$$u_C(t) = u_{Czi}(t) + u_{Czs}(t)$$
$$= \{4e^{-t}\varepsilon(t) + 2[1-e^{-(t-1)}]\varepsilon(t-1) - 2[1-e^{-(t-2)}]\varepsilon(t-2)\}\text{V}$$

8.6 一阶电路的冲激响应

8.6.1 冲激函数

在介绍冲激函数之前，先考察一个普通函数演变的例子。

如图8-40(a)所示的为一单位脉冲函数$p_\Delta(t)$，它是宽度为Δ、高度为$\frac{1}{\Delta}$、面积$A=1$的普通脉冲信号，可表示为

$$p_\Delta(t) = \frac{1}{\Delta}\left[\varepsilon\left(t+\frac{\Delta}{2}\right) - \varepsilon\left(t-\frac{\Delta}{2}\right)\right] \tag{8-86}$$

若单位脉冲的宽度变小为$\frac{\Delta}{2}$，高度增大为$\frac{2}{\Delta}$，但其面积A仍为1，如图8-40(b)所示。在极限情况下，当宽度$\Delta \to 0$，则高度$\frac{1}{\Delta} \to \infty$，而面积$A=1$，这时$p_\Delta(t)$变成一个宽度为无穷小，高度为无穷大，但面积仍为1的极窄脉冲。为了研究方便，英国物理学家狄拉克把上述极限结果抽象为一个理想函数，并把它称为单位冲激函数，记为$\delta(t)$，定义为

$$\left.\begin{aligned}\delta(t) &= 0, t \neq 0 \\ \int_{-\infty}^{\infty} \delta(t)\mathrm{d}t &= 1\end{aligned}\right\} \tag{8-87}$$

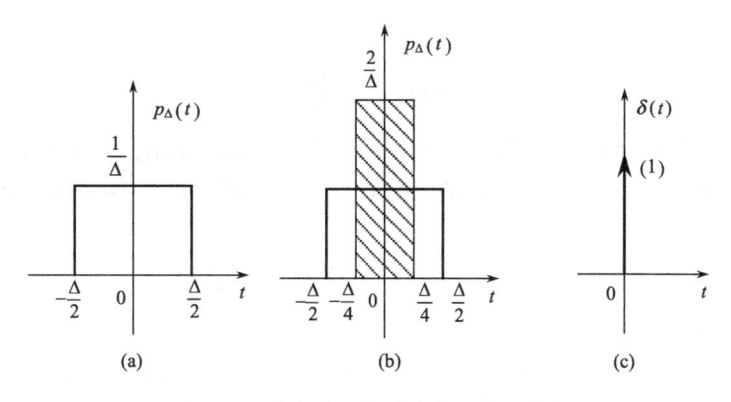

图 8-40 从脉冲函数到冲激函数的演变

$\delta(t)$ 的波形如图 8-40(c)所示。上述定义表明，$t=0$ 瞬间为 $\delta(t)$ 的出现时刻，在 $t\neq 0$ 处，它始终为零。积分（面积）称为冲激函数的强度，单位冲激函数的含意是强度为 1 个单位的冲激函数。

如果单位冲激出现在 $t=t_0$ 时刻，则称为延时的单位冲激函数，记为 $\delta(t-t_0)$，可定义为

$$\left.\begin{array}{l}\delta(t-t_0)=0,\quad t\neq t_0\\ \int_{-\infty}^{\infty}\delta(t-t_0)\mathrm{d}t=1\end{array}\right\} \tag{8-88}$$

其波形如图 8-41(a)所示，$\delta(t-t_0)$ 可看作是把 $\delta(t)$ 在时间轴上向右平移（延时）t_0 后的结果。

同理，可定义强度为 A 的冲激函数 $A\delta(t)$，如图 8-41(b)所示，以及延时的冲激函数 $A\delta(t-t_0)$，如图 8-41(c)所示。

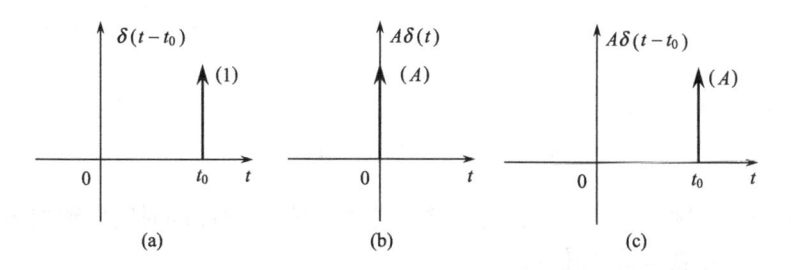

图 8-41 三种冲激函数

根据 $\delta(t)$ 的定义，可以建立单位阶跃函数与单位冲激函数之间的关系。由于 $\delta(t)$ 只在 $t=0$ 时存在，所以

$$\int_{-\infty}^{\infty}\delta(t)\mathrm{d}t=\int_{0_-}^{0_+}\delta(t)\mathrm{d}t=1$$

故有

$$\int_{-\infty}^{t}\delta(t')\mathrm{d}t'=\begin{cases}1,&t\geqslant 0_+\\0,&t\leqslant 0_-\end{cases}$$

将上述结果与 $\varepsilon(t)$ 的定义对照，即有

$$\varepsilon(t)=\int_{-\infty}^{t}\delta(t')\mathrm{d}t' \tag{8-89}$$

上式表明，单位冲激函数的积分为单位阶跃函数；反之，单位阶跃函数的导数应为单位冲激函

数,即

$$\delta(t) = \frac{d\varepsilon(t)}{dt} \tag{8-90}$$

冲激函数具有筛分性质,这是因为由 $\delta(t)$ 的定义可知,$\delta(t)$ 除 $t=0$ 外处处为零,故若将 $\delta(t)$ 与另一连续时间函数 $f(t)$ 相乘,则乘积 $f(t)\delta(t)$ 也必将是除 $t=0$ 外处处为零。在 $t=0$ 时,有 $f(t)=f(0)$,故有

$$f(t)\delta(t) = f(0)\delta(t) \tag{8-91}$$

再将上式两边同时积分,有

$$\int_{-\infty}^{\infty} f(t)\delta(t)dt = \int_{-\infty}^{\infty} f(0)\delta(t)dt = f(0)\int_{-\infty}^{\infty} \delta(t)dt = f(0) \tag{8-92}$$

同理可得

$$\int_{-\infty}^{\infty} f(t)\delta(t-t_0)dt = f(t_0) \tag{8-93}$$

这说明:冲激函数能把函数 $f(t)$ 在冲激出现时刻的函数值筛选分离出来,如图 8-42 所示。如果将 $f(t)$ 乘以一系列出现在不同时刻的冲激函数,再积分就可以将 $f(t)$ 在各个时间点上的函数值(也称采样值)筛选分离出来,这就是采样的基本原理。

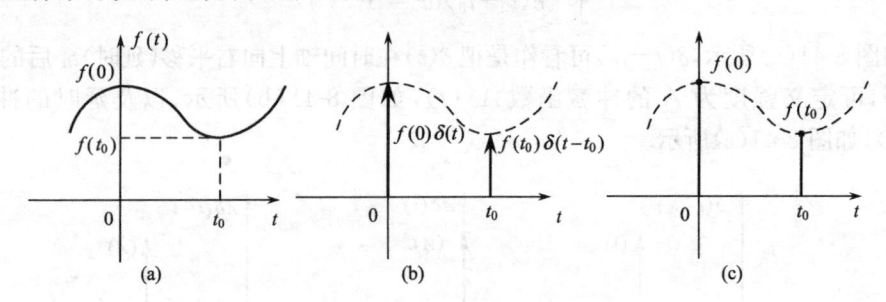

图 8-42 冲激函数的筛分性质图示

如果电路中一个脉冲电信号的幅度非常大,持续时间与电路的时间常数相比非常小,就可以近似地用冲激函数表示这个脉冲。

当一个线性动态电路的激励是冲激函数(冲激电流信号或冲激电压信号)时,冲激信号对电路的作用是用冲激的强度而不是用它的幅度表示,作用的效果相当于在极短的时间内对电路提供能量,从而改变动态元件的储能状况。

图 8-43(a)表示一个单位冲激电流 $\delta_i(t)$ 激励零状态且 $C=1F$ 的电容的电路,$\delta_i(t)$ 对电容的作用可通过电容电压 u_C 的变化来看出。

$$u_C(0_-) = 0$$
$$u_C(0_+) = \frac{1}{C}\underbrace{\int_{0_-}^{0_+} \delta_i(t)dt}_{\text{冲激电流的强度}} = \frac{1}{1F}\underbrace{1A \times s}_{1C(1库仑)} = 1V \tag{8-94}$$

这表明单位冲激电流 $\delta_i(t)$ 在 $t=0$ 的瞬间把强度为 1C 的电荷转移到 1F 的电容上,从而使电容电压从零跃变到 1V,因此对单位冲激电流的理解应为:在极短时间存在而幅度为无穷大,但强度为 1C 的冲激电流。

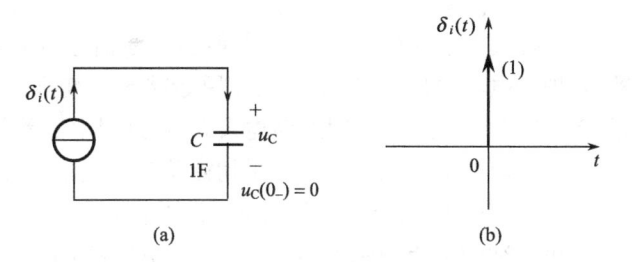

图 8-43 单位冲激电流作用于电容

$\delta_i(t)$对电路提供的能量即为电容储存的电场能量,即

$$W_C(0_+) = \frac{1}{2}Cu_C^2(0_+) = \frac{1}{2}\text{J} \tag{8-95}$$

同理,图 8-44(a)表示将一个单位冲激电压 $\delta_u(t)$ 施加到零状态且 $L=1\text{H}$ 的电感上,$\delta_u(t)$ 对电感的作用可通过电感电流 i_L 的变化来看出。

$$i_L(0_-) = 0$$

$$i_L(0_+) = \frac{1}{L}\underbrace{\int_{0_-}^{0_+}\delta_u(t)\mathrm{d}t}_{\text{冲激电压的强度}} = \frac{1}{1\text{H}}\underbrace{1\text{V}\times\text{s}}_{1\text{Wb}} = 1\text{A} \tag{8-96}$$

这表明单位冲激电压 $\delta_u(t)$ 在 $t=0$ 的瞬间把强度为 1Wb 的磁通建立在 1H 的电感上,从而使电感电流从零跃变到 1A。因此对单位冲激电压的理解应为:在极短时间存在而幅度为无穷大,但强度为 1Wb 的冲激电压。

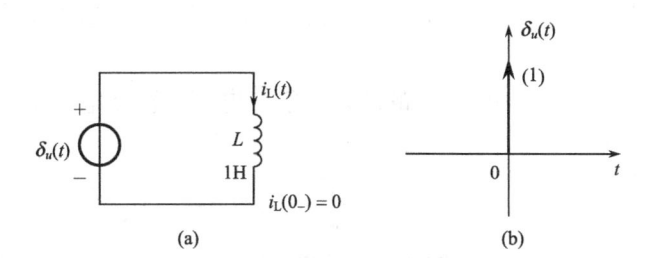

图 8-44 单位冲激电压作用于电感

$\delta_u(t)$对电路提供的能量即为电感储存的磁场能量,即

$$W_L(0_+) = \frac{1}{2}Li_L^2(0_+) = \frac{1}{2}\text{J} \tag{8-97}$$

由此可知,若电容上有冲激电流流过,则电容电压发生跃变;若电感两端有冲激电压,则电感电流也发生跃变。

8.6.2 冲激响应

电路在单位冲激电压或单位冲激电流激励下的零状态响应称为单位冲激响应,简称冲激响应,用 $h(t)$ 表示。

因为 $\delta(t)$ 仅在 $t=0$ 瞬间起作用，而在 $t\geqslant 0_+$ 后为零而消失，所以在求冲激响应时，应将电路的动态过程分成两个阶段。①在 $t=0_-$ 到 $t=0_+$ 瞬间内，冲激信号对电路的作用是对电路中的储能元件提供能量，表现为电容电压、电感电流从零原始状态跃变到非零初始状态（具有一定的初始值）；②在 $t\geqslant 0_+$ 时，由于 $\delta(t)=0$，即外界输入为零，这时电路等效为一个具有非零初始状态的零输入电路，这一阶段的响应相当于由非零初始状态引起的零输入响应。因此，求冲激响应的关键在于如何确定 $t=0_+$ 时电容电压及电感电流的初始值。

图 8-45(a) 表示一个单位冲激电流激励下的一阶 RC 并联电路，下面着重研究这个电路冲激响应 u_C 和 i_C 的变化规律。

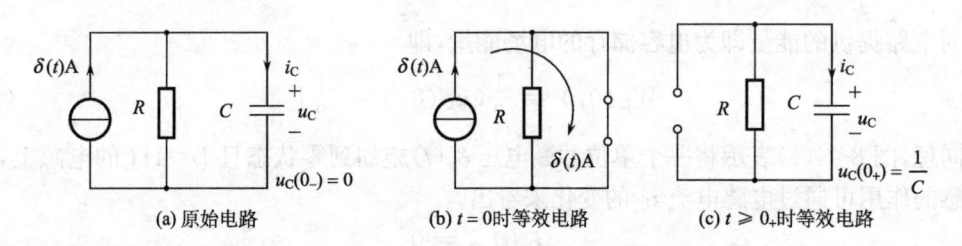

(a) 原始电路　　　　(b) $t=0$ 时等效电路　　　　(c) $t\geqslant 0_+$ 时等效电路

图 8-45　单位冲激电流激励下的一阶 RC 并联电路

(1) 在 $t=0$（或 t 由 0_- 到 0_+）时，由于零状态电容元件相当于短路，可作出 $t=0$ 时等效电路，如图 8-45(b) 所示，来自电流源的冲激电流全部流过电容。

关于"冲激电流全部流过电容"可理解如下：如果冲激电流流过电阻，则在电阻两端必产生冲激电压，从而在电容两端也出现冲激电压，这样，根据电容元件的伏安关系 $i_C=C\dfrac{du_c}{dt}$，电容电流将成为冲激偶（冲激函数的一阶导数）电流，无法满足 KCL。因此，冲激电流不能流过电阻，只能全部流过电容。

单位冲激电流 $\delta(t)$ 流过电容支路，对电容充电，使电容电压发生跃变，充电结束 ($t=0_+$) 时，电容电压为

$$u_C(0_+) = \frac{1}{C}\int_{0_-}^{0_+}\delta(t)dt = \frac{1}{C} \tag{8-98}$$

(2) 在 $t\geqslant 0_+$ 时 $\delta(t)=0$，单位冲激电流源相当于开路，作出 $t\geqslant 0_+$ 时等效电路，如图 8-45(c) 所示，已充电的电容通过电阻放电。这时，电路的响应 $u_C(t)$ 是仅由非零初始状态 $u_C(0_+)$ 产生的零输入响应，即

$$u_C(t) = u_C(0_+)e^{-\frac{t}{\tau}} = \frac{1}{C}e^{-\frac{t}{RC}}, \quad t\geqslant 0_+ \tag{8-99}$$

在整个时间域内电容电压的冲激响应为

$$h_u(t) = u_C(t) = \frac{1}{C}e^{-\frac{t}{RC}}\varepsilon(t) \tag{8-100}$$

由电容电压的冲激响应 $h_u(t)$ 可以推出电容电流的冲激响应 $h_i(t)$，即

$$h_i(t) = i_C(t) = C\frac{du_C}{dt} = C\frac{d}{dt}\left[\frac{1}{C}e^{-\frac{t}{RC}}\varepsilon(t)\right] = e^{-\frac{t}{RC}}\delta(t) - \frac{1}{RC}e^{-\frac{t}{RC}}\varepsilon(t)$$

因为 $e^{-\frac{t}{RC}}\delta(t) = e^{-\frac{t}{RC}}\big|_{t=0}\times\delta(t) = \delta(t)$，所以

$$h_i(t) = i_C(t) = \underbrace{\delta(t)}_{(0_-,0_+)时充电电流} - \underbrace{\frac{1}{RC}e^{-\frac{t}{RC}}\varepsilon(t)}_{t \geq 0_+时放电电流} \tag{8-101}$$

电容电流在电容充电瞬间是一个单位冲激电流,随后变成绝对值按指数规律衰减的放电电流。

电容电压和电容电流的冲激响应变化曲线如图 8-46(a)～图 8-46(b)所示。

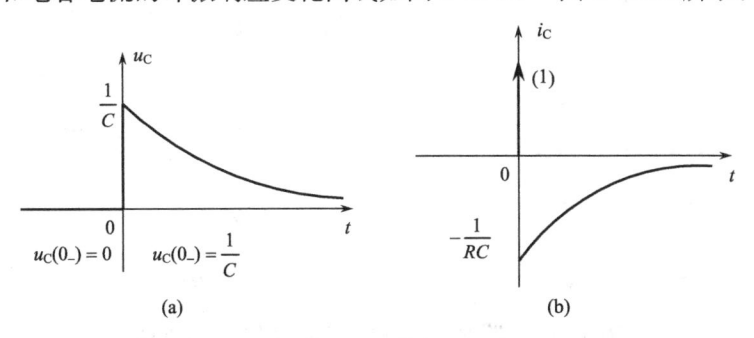

图 8-46 一阶 RC 并联电路的冲激响应变化曲线

图 8-47(a)表示一个单位冲激电压激励下的一阶 RL 串联电路,下面着重研究这个电路冲激响应 i_L 和 u_L 的变化规律。

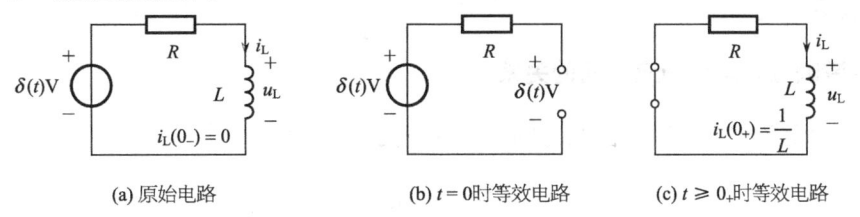

(a) 原始电路　　(b) $t=0$ 时等效电路　　(c) $t \geq 0_+$ 时等效电路

图 8-47　单位冲激电压激励下的一阶 RL 串联电路

(1) 在 $t=0$(或 t 由 0_- 到 0_+)时,由于零状态电感元件相当于开路,可作出 $t=0$ 时等效电路,如图 8-47(b)所示,电压源的冲激电压全部出现在电感两端。

关于"冲激电压全部出现在电感两端"可理解如下:如果冲激电压出现在电阻上,则在电阻产生冲激电流,因而电感也有冲激电流,这样,根据电感元件的伏安关系 $u_L = \dfrac{di_L}{dt}$,电感电压将成为冲激偶(冲激函数的一阶导数)电压,无法满足 KVL。因此,冲激电压不能出现在电阻上,只能出现在电感两端。

出现在电感两端的冲激电压使电感电流发生跃变。在 $t=0_+$ 时,电感电流为

$$i_L(0_+) = \frac{1}{L}\int_{0_-}^{0_+}\delta(t)dt = \frac{1}{L} \tag{8-102}$$

(2) 在 $t \geq 0_+$ 时 $\delta(t)=0$,单位冲激电压源相当于短路,作出 $t \geq 0_+$ 时等效电路,如图 8-47(c)所示,这时电路的响应 $i_L(t)$ 是仅由非零初始状态 $i_L(0_+)$ 产生的零输入响应,即

$$i_L(t) = i_L(0_+)e^{-\frac{t}{\tau}} = \frac{1}{L}e^{-\frac{R}{L}t}, \quad t \geq 0_+ \tag{8-103}$$

在整个时间域内电感电流的冲激响应为

$$h_i(t) = i_L(t) = \frac{1}{L} e^{-\frac{R}{L}t} \varepsilon(t) \tag{8-104}$$

由电感电流的冲激响应 $h_i(t)$ 可以推出电感电压的冲激响应 $h_u(t)$，即

$$h_u(t) = u_L(t) = L\frac{di_L}{dt} = L\frac{d}{dt}\left[\frac{1}{L}e^{-\frac{R}{L}t}\varepsilon(t)\right] = \delta(t) - \frac{R}{L}e^{-\frac{R}{L}t}\varepsilon(t) \tag{8-105}$$

电感电流和电感电压冲激响应变化曲线如图 8-48(a) 和图 8-48(b) 所示。

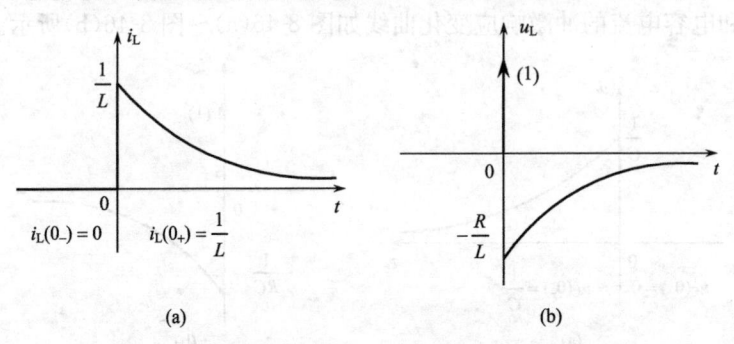

图 8-48 一阶 RL 串联电路的冲激响应变化曲线

根据对偶原理，单位冲激电流激励下的一阶 RC 并联电路与单位冲激电压激励下的一阶 RL 串联电路互为对偶电路，因而各对偶变量（u_C 与 i_L 及 i_C 与 u_L）的解式和曲线也分别互为对偶关系。

8.6.3 冲激响应与阶跃响应之间的关系

单位冲激函数与单位阶跃函数之间存在如下的关系，即

$$\left.\begin{array}{l} \delta(t) = \dfrac{d\varepsilon(t)}{dt} \\[2mm] \varepsilon(t) = \displaystyle\int_{-\infty}^{t} \delta(t')dt' \end{array}\right\} \tag{8-106}$$

一个线性时不变电路的冲激响应与阶跃响应之间也存在类似的依从关系，即

$$\left.\begin{array}{l} h(t) = \dfrac{ds(t)}{dt} \\[2mm] s(t) = \displaystyle\int_{-\infty}^{t} h(t')dt' \end{array}\right\} \tag{8-107}$$

由此可以得到求冲激响应的另一种方法，即先求出阶跃响应 $s(t)$，然后再求出阶跃响应的导数便可得到冲激响应 $h(t)$。例如，已知一阶 RC 并联电路电容电压 $u_C(t)$ 的阶跃响应为

$$u_C(t) = s_u(t) = R\left(1 - e^{-\frac{t}{RC}}\right)\varepsilon(t) \tag{8-108}$$

则冲激响应

$$h_u(t) = \frac{ds_u(t)}{dt} = \frac{d}{dt}\left[R\left(1-e^{-\frac{t}{RC}}\right)\varepsilon(t)\right] = R\left(1-e^{-\frac{t}{RC}}\right)\delta(t) - R\left(-\frac{1}{RC}e^{-\frac{t}{RC}}\right)\varepsilon(t) = \frac{1}{C}e^{-\frac{t}{RC}}\varepsilon(t) \tag{8-109}$$

与式 (8-100) 相同，但求解过程容易得多。

电路的冲激响应也反映了电路的基本动态特性。如果知道一个电路的冲激响应,利用线性时不变动态电路零状态响应的线性、时不变性,就能方便地求出各种复杂信号激励电路的零状态响应。冲激响应的进一步应用示意框图如图 8-49 所示。

图 8-49 冲激响应的进一步应用示意框图

例 8-11 在如图 8-50(a)所示的电路中,已知 $R_1=6\Omega, R_2=4\Omega, L=100\text{mH}$。求零状态响应 $i_L(t)$ 及 $i(t)$。

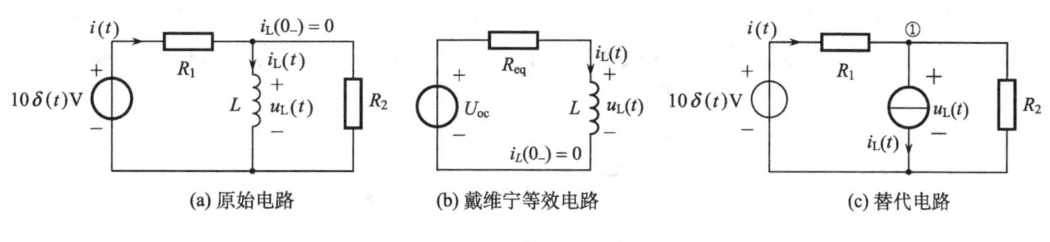

图 8-50 例 8-11 图

解 (1) 应用戴维南定理将图 8-50(a)等效化简为图 8-50(b)。

$$U_{oc} = \frac{R_2}{R_1+R_2} \times 10\delta(t) = \frac{4}{6+4} \times 10\delta(t) = 4\delta(t)\text{V}$$

$$R_{eq} = \frac{R_1 \times R_2}{R_1+R_2} = \frac{6 \times 4}{6+4} = 2.4\Omega$$

(2) 应用三要素法求解图 8-50(b)中 $i_L(t)$ 对应的阶跃响应 $s_i(t)$。

$$i_L(\infty) = \frac{1}{R_{eq}} = \frac{1}{2.4}\text{A}$$

$$\tau = \frac{L}{R_{eq}} = \frac{0.1}{2.4} = \frac{1}{24}\text{s}$$

$$s_i(t) = i_L(t) = i_L(\infty)(1-e^{-\frac{t}{\tau}})\varepsilon(t) = \frac{1}{2.4}(1-e^{-24t})\varepsilon(t)\text{A}$$

(3) 利用冲激响应与阶跃响应之间关系求出 $i_L(t)$ 的冲激响应 $h_i(t)$。

$$h_i(t) = \frac{ds_i(t)}{dt} = \frac{d}{dt}\left[\frac{1}{2.4}(1-e^{-24t})\varepsilon(t)\right]$$

$$= \frac{1}{2.4}(1-e^{-24t})\delta(t) - \frac{1}{2.4} \times (-24)e^{-24t}\varepsilon(t) = 10e^{-24t}\varepsilon(t)\text{A}$$

(4) 利用线性性质求图 8-50(b)中 U_{oc} 激励下的零状态响应 $i_L(t)$ 及 $u_L(t)$。

$$U_{oc} = 4\delta(t) \xrightarrow{\text{齐次性}} i_L(t) = 4h_i(t) = 40e^{-24t}\varepsilon(t)\text{A}$$

$$u_L(t) = L\frac{di_L}{dt} = 0.1\frac{d}{dt}[40e^{-24t}\varepsilon(t)] = 4e^{-24t}\delta(t) + 4\times(-24)e^{-24t}\varepsilon(t)$$

$$= [4\delta(t) - 96e^{-24t}\varepsilon(t)]\text{V}$$

(5) 利用替代定理得到图 8-50(c)，对节点①应用 KCL，可求得 $i(t)$。

$$i(t) = i_L(t) + \frac{u_L(t)}{R_2} = 40e^{-24t}\varepsilon(t) + \frac{4\delta(t) - 96e^{-24t}\varepsilon(t)}{4}$$

$$= [\delta(t) + 16e^{-24t}\varepsilon(t)]\text{A}$$

8.7 正弦激励下一阶电路的全响应

实际电路中除直流电源外，还有一类常用的电源——正弦电源，正弦电源激励动态电路的瞬态分析有十分重要的实际意义。下面以一阶 RL 电路为例，分析在正弦电源激励下电路的全响应。

如图 8-51(a)所示，具有非零原始状态的 RL 串联电路在 $t=0$ 时接通正弦电压源 u_S。根据换路定则，有 $i_L(0_+) = i_L(0_-) = I_0$。正弦电压源的电压 $u_S = U_m\cos(\omega t + \psi_u)$，其中，$\psi_u$ 为正弦电压源接通电路时的初相角，它取决于电路的接通时刻，所以又称为接入相位角或开关闭合时的合闸角。

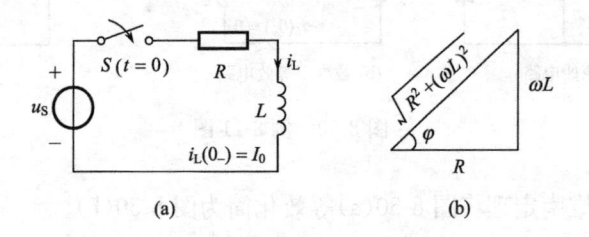

图 8-51 正弦电源激励下的一阶 RL 电路

在 $t \geq 0_+$ 时，根据基尔霍夫定律和元件的伏安关系可列写出正弦电压源接通 RL 串联电路后以 $i_L(t)$ 为响应变量的电路方程，即

$$\left.\begin{array}{l} L\dfrac{di_L}{dt} + Ri_L = U_m\cos(\omega t + \psi_u) \\ i_L(0_+) = I_0 \end{array}\right\} \tag{8-110}$$

上述方程的解由通解和特解两部分组成，即

$$i_L(t) = i_{Lh}(t) + i_{Lp}(t)$$

通解为

$$i_{Lh}(t) = Ae^{st} = Ae^{-\frac{R}{L}t}$$

式中，A 为待定常数。其特解应为与外施激励频率相同的正弦函数，即

$$i_{Lp}(t) = I_m\cos(\omega t + \psi_i) \tag{8-111}$$

式中，I_m 和 ψ_i 为待定常数。为确定这两个常数，将式(8-111)代入式(8-110)，有

$$L\frac{\mathrm{d}}{\mathrm{d}t}[I_m\cos(\omega t+\psi_i)]+R[I_m\cos(\omega t+\psi_i)]=U_m\cos(\omega t+\psi_u)$$

$$I_m[R\cos(\omega t+\psi_i)-\omega L\sin(\omega t+\psi_i)]=U_m\cos(\omega t+\psi_u)$$

$$I_m\sqrt{R^2+(\omega L)^2}\left[\frac{R}{\sqrt{R^2+(\omega L)^2}}\cos(\omega t+\psi_i)-\frac{\omega L}{\sqrt{R^2+(\omega L)^2}}\sin(\omega t+\psi_i)\right]=U_m\cos(\omega t+\psi_u) \tag{8-112}$$

构造一个直角三角形,如图 8-51(b)所示,有

$$\left.\begin{aligned}\tan\varphi&=\frac{\omega L}{R}\\ \sin\varphi&=\frac{\omega L}{\sqrt{R^2+(\omega L)^2}}\\ \cos\varphi&=\frac{R}{\sqrt{R^2+(\omega L)^2}}\end{aligned}\right\} \tag{8-113}$$

式(8-113)代入式(8-112),有

$$I_m\sqrt{R^2+(\omega L)^2}[\cos\varphi\cos(\omega t+\psi_i)-\sin\varphi\sin(\omega t+\psi_i)]=U_m\cos(\omega t+\psi_u) \tag{8-114}$$

利用三角公式 $\cos\alpha\cos\beta-\sin\alpha\sin\beta=\cos(\alpha+\beta)$,式(8-114)可写为

$$I_m\sqrt{R^2+(\omega L)^2}\cos(\omega t+\psi_i+\varphi)=U_m\cos(\omega t+\psi_u)$$

将上式左右两边平衡,可得到

$$I_m\sqrt{R^2+(\omega L)^2}=U_m$$
$$\psi_i+\varphi=\psi_u$$

因此可求得待定常数,即

$$\left.\begin{aligned}I_m&=\frac{U_m}{\sqrt{R^2+(\omega L)^2}}\\ \psi_i&=\psi_u-\varphi\end{aligned}\right\} \tag{8-115}$$

从而有

$$i_{Lp}(t)=\frac{U_m}{\sqrt{R^2+(\omega L)^2}}\cos(\omega t+\psi_u-\varphi) \tag{8-116}$$

$$i_L(t)=i_{Lh}(t)+i_{Lp}(t)=Ae^{-\frac{R}{L}t}+\frac{U_m}{\sqrt{R^2+(\omega L)^2}}\cos(\omega t+\psi_u-\varphi) \tag{8-117}$$

利用初始条件 $i_L(0_+)=I_0$ 确定待定常数 A,即

$$i_L(0_+)=A+\frac{U_m}{\sqrt{R^2+(\omega L)^2}}\cos(\psi_u-\varphi)=I_0$$

解得

$$A=I_0-\frac{U_m}{\sqrt{R^2+(\omega L)^2}}\cos(\psi_u-\varphi)$$

将 A 代入式(8-117),得全响应 $i_L(t)$ 为

$$i_L(t) = \underbrace{\left[I_0 - \frac{U_m}{\sqrt{R^2+(\omega L)^2}}\cos(\psi_u-\varphi)\right]e^{-\frac{R}{L}t}}_{\substack{\text{通解 } i_{Lh}(t)\\ \text{自由分量}\\ \text{暂态分量}}} + \underbrace{\frac{U_m}{\sqrt{R^2+(\omega L)^2}}\cos(\omega t+\psi_u-\varphi)}_{\substack{\text{特解 } i_{Lp}(t)\\ \text{强制分量}\\ \text{稳态分量}}} \qquad (8\text{-}118)$$

式(8-118)表明,自由分量随时间 t 的增长趋于零,一般认为经历 $3\tau \sim 5\tau$ 的时间,电路的过渡过程结束,电路进入正弦稳态,通常将工作在正弦稳态下的电路称为正弦稳态电路,这时电路的响应只剩下强制分量,强制分量是与外施激励的频率相同的正弦函数,故又称之为正弦稳态响应。

由式(8-118),可看出自由分量与电感的初始状态和开关闭合(合闸)的时刻有关。

如果 $I_0 = \dfrac{U_m}{\sqrt{R^2+(\omega L)^2}}\cos(\psi_u-\varphi)$,则自由分量为零,电路无过渡过程,直接进入正弦稳态。

如果 $i_L(0_+)=i_L(0_-)=I_0=0$,且在开关闭合时,$\psi_u-\varphi=\pm\dfrac{\pi}{2}$,即 $\psi_u=\varphi\pm\dfrac{\pi}{2}$,则自由分量也为零,电路也无过渡过程,直接进入正弦稳态。

如果 $i_L(0_+)=i_L(0_-)=I_0=0$,且在开关闭合时,$\psi_u-\varphi=\begin{cases}0\\ \pi\end{cases}$,则

$$i_L(t) = \mp \frac{U_m}{\sqrt{R^2+(\omega L)^2}}e^{-\frac{R}{L}t} + \frac{U_m}{\sqrt{R^2+(\omega L)^2}}\cos\left(\omega t+\begin{cases}0\\ \pi\end{cases}\right)$$

这时,自由分量的幅值达到最大,其作用也最强烈,因而电路的过渡过程最明显。如果电路的时间常数 τ 很大,则 $i_{Lh}(t)$ 衰减极其缓慢,在这种情况下,大约在换路后的半个周期时刻,电路会出现最大的瞬时电流,称为过电流,过电流在量值上可能接近但不会超过电感电流稳态分量振幅值的两倍,即 $i_{Lmax}<2I_m$。

当正弦电流源激励一阶 RC 并联电路时,用相同的分析方法可得到相对偶的结论。一阶 RC 并联电路也会在换路后的半周期时刻出现最大的瞬时电压,称为过电压。这种过电流、过电压是线性动态电路在正弦电源激励下过渡过程中出现的一种物理现象,它会导致电路的工作状态不正常,甚至产生很大危害,在实际工程中要特别注意这个问题。

如果动态电路为二阶甚至高阶电路,采用微分方程的经典解法求解正弦稳态响应的过程十分繁复,因此须寻求一种求解正弦稳态响应的简捷方法,这就是第 9 章将要介绍的相量法。

思 考 题

8-1 动态电路与电阻电路有什么不同?

8-2 什么是换路?

8-3 根据换路前电路的具体情况作出 $t=0_-$ 时等效电路,可求出 $u_C(0_-)$、$i_L(0_-)$,其他电路变量在 $t=0_-$ 时的值是否有必要求?

8-4 0_- 和 0_+ 表示什么意义?

8-5 什么是电路的状态变量?为什么 $u_C(t)$、$i_L(t)$ 可作为电路的状态变量?

8-6 换路定则在什么情况下成立?

8-7 什么是电路的原始状态？什么是电路的初始状态？它们之间存在什么关系？

8-8 电路的初始条件如何定义？怎样求解电路的初始条件？

8-9 时间常数 τ 与特征方程的特征根 s 之间是什么关系？它们由什么决定？时间常数 τ 对电路的过渡过程有什么影响？

8-10 电路的零输入响应如何定义？

8-11 电路的零状态响应如何定义？

8-12 电路的全响应如何定义？

8-13 为什么说自由分量是暂态分量？强制分量在什么情况下为稳态分量？

8-14 一阶电路的全响应有哪两种分解形式？每一种分解的意义又是什么？

8-15 三要素法能求一阶电路的哪些响应？如何求这些响应？

8-16 电路的阶跃响应及冲激响应如何定义？研究阶跃响应及冲激响应意义是什么？

8-17 如何利用阶跃响应或(和)冲激响应求电路在复杂信号激励下的零状态响应？

8-18 当电路接入阶跃或冲激电源时，如果电路的原始状态不为零，则电路的全响应如何求解？

习　题

8-1 电路如题 8-1 图所示，$t<0$ 时已处于稳态。当 $t=0$ 时开关 S 打开，试求电路的初始值 $u_C(0_+)$ 和 $i_C(0_+)$。

8-2 电路如题 8-2 图所示，$t<0$ 时已处于稳态。当 $t=0$ 时开关 S 由 1 合向 2，试求电路的初始值 $i_L(0_+)$ 和 $u_L(0_+)$。

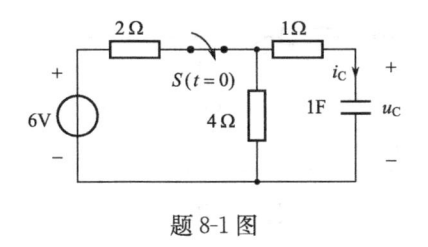

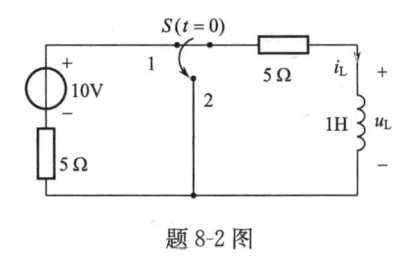

题 8-1 图

题 8-2 图

8-3 电路如题 8-3 图所示，$t<0$ 时已处于稳态。当 $t=0$ 时开关 S 闭合，试求电路的初始值 $u_L(0_+)$、$i_C(0_+)$ 和 $i(0_+)$。

8-4 电路如题 8-4 图所示，换路前电路已处于稳态，试求开关 S 由 1 合向 2 时的 $i(0_+)$。

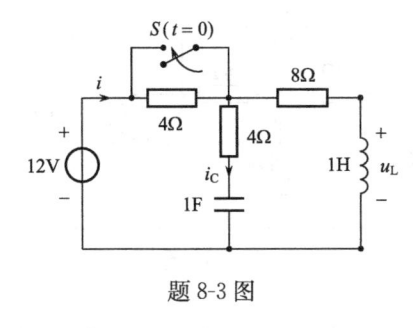

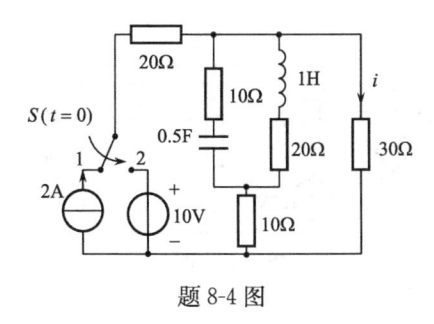

题 8-3 图

题 8-4 图

8-5 电路如题 8-5 图所示，$t<0$ 时已处于稳态。当 $t=0$ 时开关 S 由 1 合向 2，试求 $t \geqslant 0_+$ 时的 $i(t)$。

8-6 电路如题 8-6 图所示，$t<0$ 时已处于稳态。当 $t=0$ 时开关 S 由 1 合向 2，试求 $t \geqslant 0_+$ 时的 $i_L(t)$ 和 $u_L(t)$。

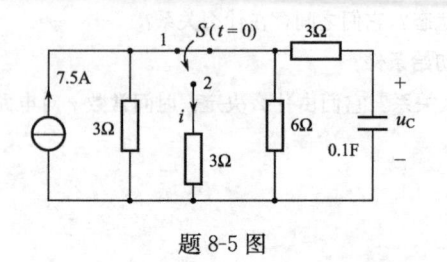

题 8-5 图 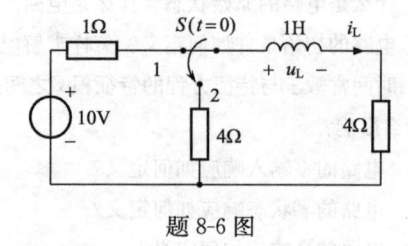　　　　　　　　题 8-6 图

8-7　电路如题 8-7 图所示，$t<0$ 时已处于稳态。当 $t=0$ 时开关 S 闭合，试求 $t \geq 0_+$ 时的电流 $i(t)$。

8-8　电路如题 8-8 图所示，$t<0$ 时已处于稳态。当 $t=0$ 时开关 S 由 1 合向 2，试求 $t \geq 0_+$ 时的 $i_L(t)$ 和 $u_L(t)$。

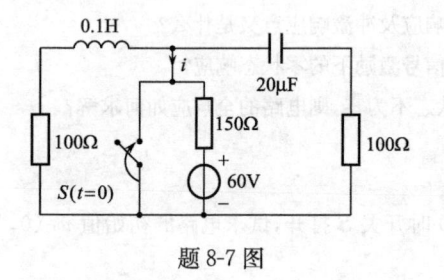

题 8-7 图 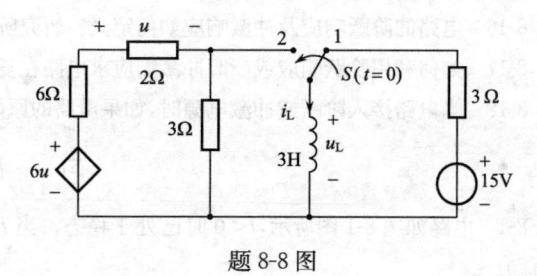　　　　　　　　题 8-8 图

8-9　电路如题 8-9 图所示，电容的原始储能为零。当 $t=0$ 时开关 S 闭合，试求 $t \geq 0_+$ 时的 $u_C(t)$、$i_C(t)$ 和 $u(t)$。

8-10　电路如题 8-10 图所示，电感的原始储能为零。当 $t=0$ 时开关 S 闭合，试求 $t \geq 0_+$ 时的 $i_L(t)$。

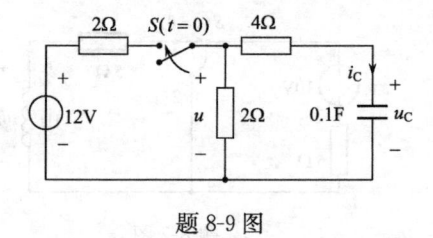

题 8-9 图 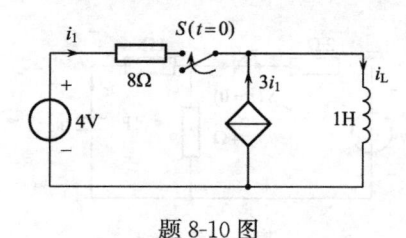　　　　　　　　题 8-10 图

8-11　电路如题 8-11 图所示，电容的原始储能为零。当 $t=0$ 时开关 S 闭合，试求 $t \geq 0_+$ 时的电压 $u_C(t)$ 和电流 $i_C(t)$。

8-12　电路如题 8-12 图所示，已知 $i_L(0_-)=0$，当 $t=0$ 时开关 S 闭合，试求 $t \geq 0_+$ 时的电流 $i_L(t)$ 和电压 $u_L(t)$。

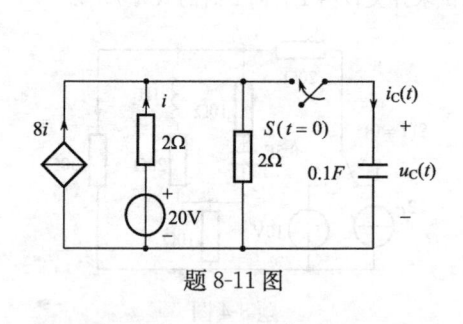

题 8-11 图 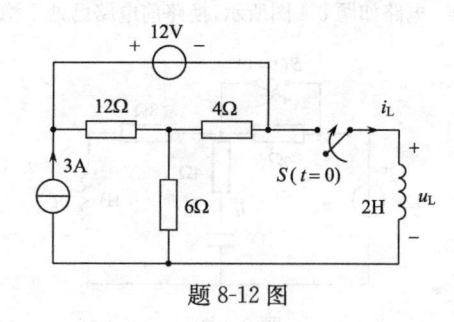　　　　　　　　题 8-12 图

8-13　电路如题 8-13 图所示，$t<0$ 时已处于稳态。当 $t=0$ 时开关 S 闭合，试求 $t \geq 0_+$ 时的电压 $u_C(t)$ 和电流 $i(t)$，并区分出零输入响应和零状态响应。

8-14　电路如题 8-14 图所示，$t<0$ 时开关 S 位于 1，电路已处于稳态。当 $t=0$ 时开关 S 由 1 合向 2，试求 $t \geq 0_+$ 时的电流 $i_L(t)$ 和电压 $u(t)$，并区分出零输入响应和零状态响应。

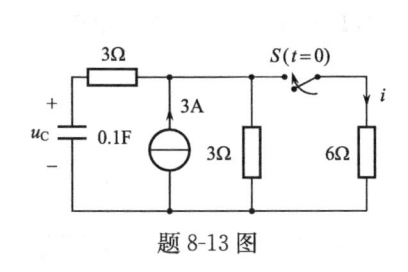

题 8-13 图 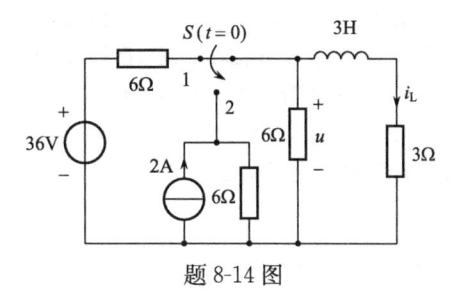　　　　　　　　　　　　题 8-14 图

8-15　电路如题 8-15 图所示，$t<0$ 时已处于稳态。当 $t=0$ 时开关 S 打开，试求 $t \geq 0_+$ 时的电流 $i_L(t)$ 和电压 $u_L(t)$。

8-16　电路如题 8-16 图所示，$t<0$ 时已处于稳态。当 $t=0$ 时开关 S 闭合，试求 $t \geq 0_+$ 时的电流 $i(t)$。

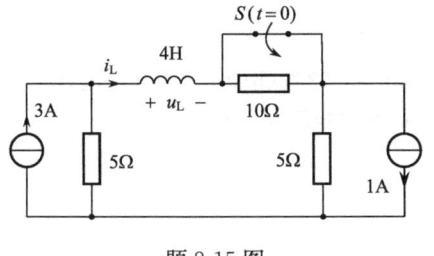

题 8-15 图 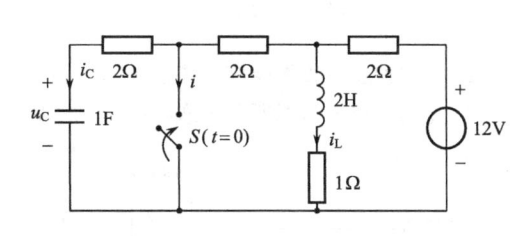　　　　　　　　　　　　题 8-16 图

8-17　电路如题 8-17 图所示，$t<0$ 时已处于稳态。当 $t=0$ 时开关 S 打开，试求开关打开后的电压 $u(t)$。

8-18　电路如题 8-18 图所示，$t<0$ 时开关 S 位于 1，电路已处于稳态。当 $t=0$ 时开关 S 由 1 合向 2，试求 $t \geq 0_+$ 时的电压 $u_C(t)$。

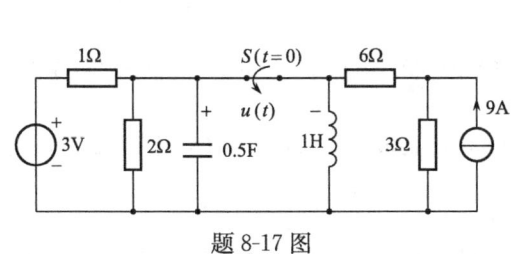

题 8-17 图 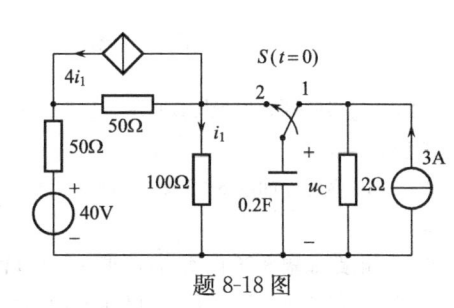　　　　　　　　　　　　题 8-18 图

8-19　已知电流的波形如题 8-19 图所示，试用阶跃函数表示该电流。

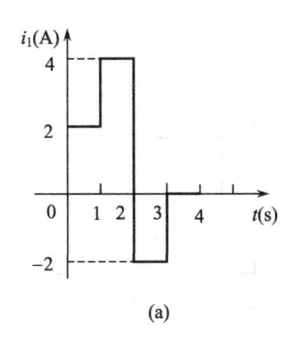

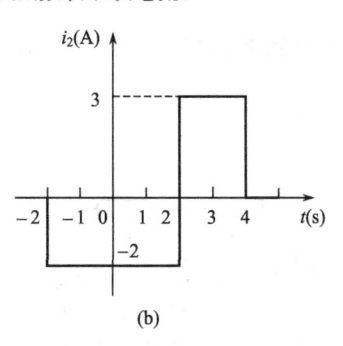

(a)　　　　　　　　(b)

题 8-19 图

8-20 在如题 8-20 图(a)所示的电路中,已知 $i_L(0_-)=0$,$u_S(t)$ 的波形如题 8-20 图(b)所示。试求电流 $i_L(t)$。

8-21 RC 电路如题 8-21 图(a)所示,已知 $R=1000\Omega$,$C=10\mu F$,且 $u_C(0_-)=0$;外施激励 u_S 的波形如题 8-21 图(b)所示。试求电容电压 $u_C(t)$,并且:

(1) $u_C(t)$ 用分段形式写出;

(2) $u_C(t)$ 用一个表达式写出。

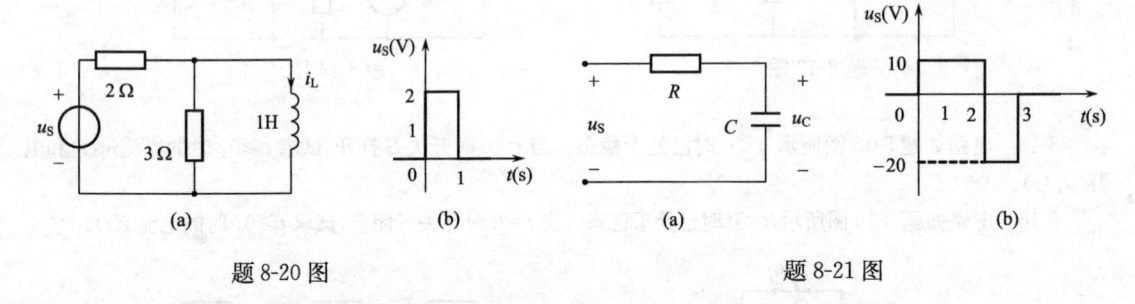

题 8-20 图   题 8-21 图

8-22 电路如题 8-22 图(a)所示,已知 $i_L(0_-)=0$,u_S 的波形如题 8-22 图(b)所示。试求电流 $i(t)$。

8-23 电路如题 8-23 图所示,已知 $u_C(0_-)=2V$。试求 $t \geq 0_+$ 时的电压 $u_C(t)$。

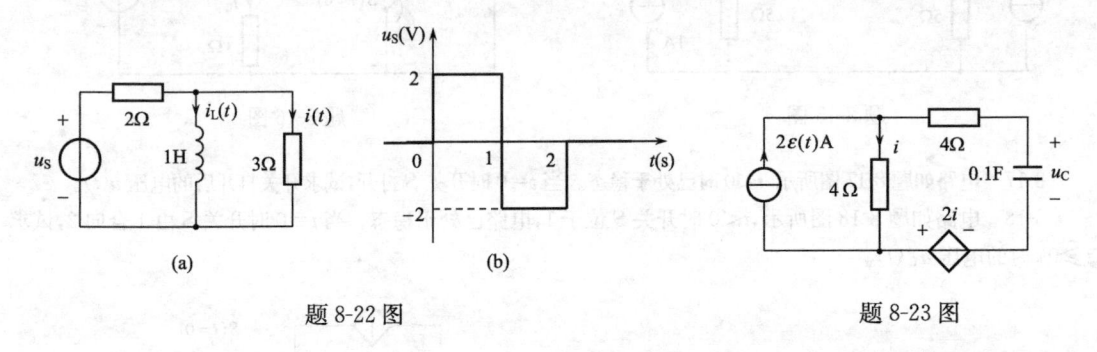

题 8-22 图   题 8-23 图

8-24 电路如题 8-24 图(a)所示,已知 $L=1H$,且 $i_L(0_-)=2A$。试求在如题 8-24 图(b)所示 u_S 作用下 i_L 的全响应。

8-25 电感元件如题 8-25 图(a)所示,已知 $i_L(0_-)=0$,u_L 的波形如题 8-25 图(b)所示。试画出 i_L 的波形。

8-26 电路如题 8-26 图所示,试求 $u_C(0_+)$ 和 $i_L(0_+)$。

8-27 电路如题 8-27 图所示,已知 $i_L(0_-)=0$,外施激励 $u_S(t)=[50\varepsilon(t)+2\delta(t)]V$。试求 $t \geq 0_+$ 时的电流 $i_L(t)$。

8-28 电路如题 8-28 图所示,当 $i_S=[\varepsilon(t)+3\delta(t-2)]A$,且 $u_C(0_-)=2V$ 时,试求电路的全响应 $u_C(t)$。

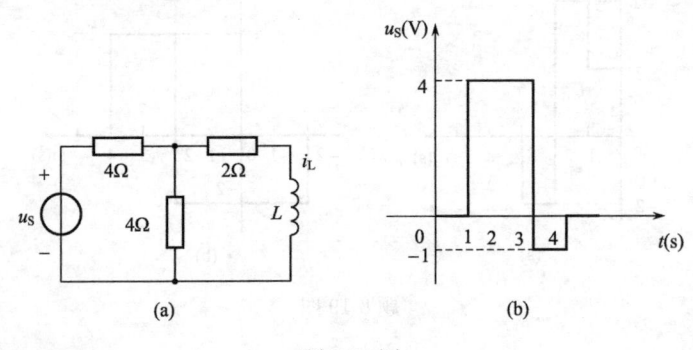

题 8-24 图

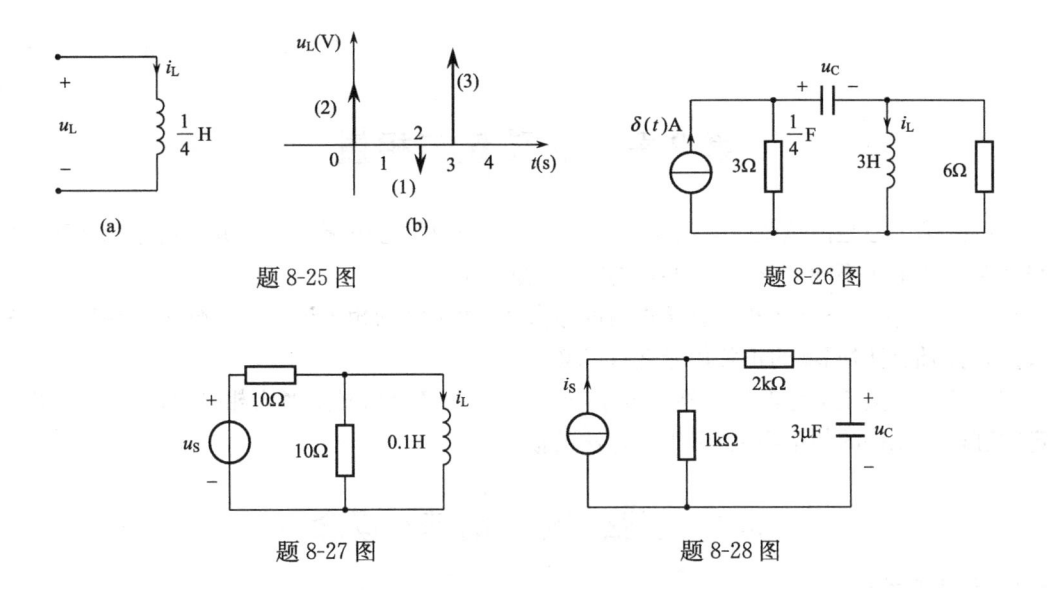

题 8-25 图

题 8-26 图

题 8-27 图

题 8-28 图

第 9 章 正弦量与相量

正弦激励信号是由正弦交流电源发出的信号。正弦稳态电路分析研究和讨论线性时不变电路在某一特定频率的正弦交流信号激励下的稳态响应。

通常，对正弦稳态电路并不直接进行时域分析，而是借助相量进行间接分析。相量是一种复矢量，可用他将时间域的正弦信号变换到频域。

本章从正弦交流信号的基本概念入手，描述将正弦交流信号变换为相量的过程，并给出电路定律和电路元件的相量模型，引出相量法的概念。

9.1 正弦交流电的基本概念

9.1.1 正弦交流电

交流电（简称 AC）一般指大小和方向随时间作周期变化的电压或电流，用符号"~"表示。交流电随时间变化的形式多种多样，不同变化形式交流电的应用范围和产生的效果也不同。

现代发电厂发出的都是正弦交流电，正弦交流电是交流电最基本的形式，其他周期变化的非正弦交流电一般都可以经过数学处理后转化成为正弦交流电。

交流电变化一周所用的时间称为周期（用字母 T 表示），单位是 s（秒）。在 1s 内交流电变化的周数称为频率（用字母 f 表示），单位是 Hz（赫兹，简称赫），有时用周/秒（俗称周波或周）表示频率的单位。我国、俄罗斯及欧洲各国交流电供电的标准频率规定为 50Hz，简称工频；美国为 60Hz；日本的电力系统并用 50Hz 和 60Hz。频率 f 与周期 T 互为倒数，即

$$f = 1/T \text{ 或 } T = 1/f \tag{9-1}$$

交流电的角频率 ω 是角位移与所经历的时间之比，它表示交流电每秒所经过的电角度。交流电变化一周，相当于变化 2π 弧度。角频率的单位是 rad/s（弧度/秒），与周期、频率的关系为

$$\omega = 2\pi/T = 2\pi f \tag{9-2}$$

9.1.2 正弦量的瞬时表达式

为叙述方便，正弦交流电压和正弦交流电流统称为正弦量。正弦量瞬时表达式的标准形式有正弦和余弦两种形式，目前，我国的相关教科书基本采用与欧美等国相一致的余弦表述形式。例如，正弦电压和正弦电流的瞬时表达式为

$$u(t) = U_m \cos(\omega t + \varphi_u) \tag{9-3}$$

$$i(t) = I_m \cos(\omega t + \varphi_i) \tag{9-4}$$

正弦电流的波形如图 9-1 所示。

通常规定正弦量的瞬时值一律采用小写的英文字母表示，例如 $u(t)$ 或 u。不同的电压、电流用下标加以区别，如 $u_1(t)$、$u_2(t)$ 或 u_1、u_2，以及 $i_1(t)$、$i_2(t)$ 或 i_1、i_2 等。

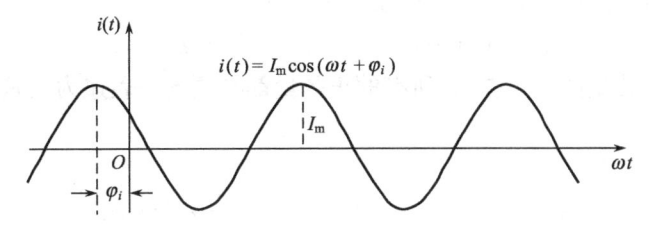

图 9-1 按正弦规律变化的交流电流

9.1.3 正弦量的三要素

在正弦量的瞬时表达式中出现的 U_m、ω 和 φ_u 这样三个量称为正弦交流电压的三要素；I_m、ω 和 φ_i 这样的三个量称为正弦交流电流的三要素。它们统称为正弦量的三要素。由正弦量的瞬时表达式可知，若已知正弦量的三要素，则这个正弦量唯一确定。

1. 幅值

在式(9-3)中，U_m 为正弦电压的振幅值或最大值，单位为 V(伏)，表示正弦电压变化的范围为 $\pm U_m$。在式(9-4)中，I_m 为正弦电流的振幅值或最大值，单位为 A(安)，表示正弦电流变化的范围为 $\pm I_m$。

2. 角频率

在式(9-3)中，角频率 ω 反映正弦电压变化快慢的程度，单位为 rad/s(弧度/秒)。
在式(9-4)中，角频率 ω 反映正弦电流变化快慢的程度，单位为 rad/s(弧度/秒)。

3. 相位与初相位

在式(9-3)中，$(\omega t + \varphi_u)$ 称为正弦电压的相位，它决定正弦电压的状态，即正弦电压在交变过程中瞬时值的大小和正负。相位随时间的变化而变化，$t=0$ 时的相位 φ_u 称为正弦电压的初相位，大小取决于计时起点的位置。

在式(9-4)中，$(\omega t + \varphi_i)$ 称为正弦电流的相位，它决定正弦电流的状态，即正弦电流在交变过程中瞬时值的大小和正负。相位随时间的变化而变化，$t=0$ 时的相位 φ_i 称为正弦电流的初相位，大小取决于计时起点的位置。

对于同一个正弦量，计时起点不同，初相位也不同。相位或初相位的单位为 rad(弧度)，有时也用"度"作为相位或初相位的单位。

9.1.4 同频率正弦量的相位差及超前与滞后的概念

1. 相位差

两个同频率正弦量的相位之差称为两个正弦量的相位差，只有同频率的两个正弦量之间的相位差才有意义，不同频率的两个正弦量无法比较相位。设

$$u_1(t) = U_{m1}\cos(\omega t + \varphi_1) \tag{9-5}$$

$$u_2(t) = U_{m2}\cos(\omega t + \varphi_2) \tag{9-6}$$

即两个正弦量的相位分别为$(\omega t+\varphi_1)$和$(\omega t+\varphi_2)$,则这两个正弦量的相位差为

$$\varphi=(\omega t+\varphi_1)-(\omega t+\varphi_2)=\varphi_1-\varphi_2$$

注意:在计算正弦量的相位差时,所有的正弦量都必须统一表述为余弦形式,或正弦形式。

2. 超前与滞后

若两个同频率正弦量$u_1(t)$和$u_2(t)$的相位差$\varphi=\varphi_1-\varphi_2>0$,即$\varphi_1>\varphi_2$,则称$u_1(t)$超前于$u_2(t)$。其含义是:沿着瞬时值增大的方向,电压$u_1(t)$比$u_2(t)$先达到最大值。

若两个同频率正弦量$u_1(t)$和$u_2(t)$的相位差$\varphi=\varphi_1-\varphi_2<0$,即$\varphi_1<\varphi_2$,则称$u_1(t)$滞后于$u_2(t)$。

若两个同频率正弦量$u_1(t)$和$u_2(t)$的相位差$\varphi=\varphi_1-\varphi_2=0$,即$\varphi_1=\varphi_2$,则称$u_1(t)$与$u_2(t)$同相。

若两个同频率正弦量$u_1(t)$和$u_2(t)$的相位差$\varphi=\varphi_1-\varphi_2=\pi/2$,即$\varphi_1=\varphi_2+\pi/2$,则称$u_1(t)$与$u_2(t)$正交。

若两个同频率正弦量$u_1(t)$和$u_2(t)$的相位差$\varphi=\varphi_1-\varphi_2=\pi$,即$\varphi_1=\varphi_2+\pi$,则称$u_1(t)$与$u_2(t)$反相。

值得强调的是,两个同频率正弦量的相位差与计时起点无关。

事实上,正弦量的超前与滞后具有一定的相对性,下面举例说明。

例 9-1 已知$u_1(t)=U_{m1}\cos\left(\omega t+\dfrac{3\pi}{4}\right)$,$u_2(t)=U_{m2}\cos\left(\omega t-\dfrac{\pi}{2}\right)$,问哪一个电压超前?

解 按照定义,两个电压的相位差$\varphi=\dfrac{3\pi}{4}-\left(-\dfrac{\pi}{2}\right)=\dfrac{5\pi}{4}$,即电压$u_1(t)$超前$u_2(t)$的角度为$\dfrac{5\pi}{4}$弧度,波形如图 9-2 所示。

注意,从波形上看,似乎也可以认为电压$u_2(t)$超前$u_1(t)$的角度为$\dfrac{3\pi}{4}$弧度。这两种说法哪种对?通常,为避免"超前"与"滞后"含混,约定采用"主值"$|\varphi|\leqslant\pi$作为超前与滞后的比较范围,即在$-\pi\leqslant\varphi\leqslant\pi$的主值范围内描述正弦量的超前与滞后。因此,$\dfrac{5\pi}{4}$弧度显然不在主值范围内,所以,此例的答案是:电压$u_2(t)$超前于$u_1(t)$ $\dfrac{3\pi}{4}$弧度。

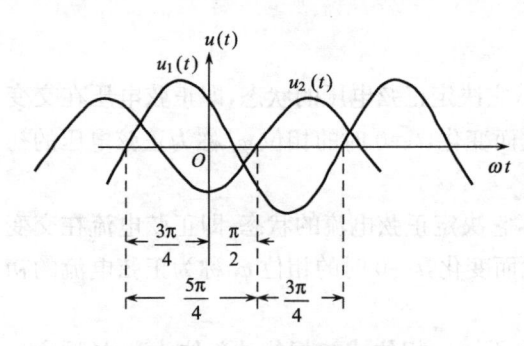

图 9-2 正弦量的超前与滞后

9.1.5 正弦量的有效值

1. 有效值的定义

正弦量随着时间不断变化,不同时刻其大小和方向都不同。因此,很难从整体上知道一个随时间不断变化的交流电的大小。为解决这个问题,人们通过引入交流电在一个周期内流过一个电阻R产生的热量与一个直流电在相同时间内在同一电阻上产生的热量相等的关系,即用后者作为一个参照量描述这个交流电的大小。

一个周期为 T 的正弦电流 $i(t)$ 流过电阻 R 时,该电阻吸收的电能为

$$\int_0^T Ri^2(t)\mathrm{d}t \tag{9-7}$$

若这些电能全部转化成为热能 Q_1,则 $Q_1 = \int_0^T Ri^2(t)\mathrm{d}t$。

当一个量值为 I 的直流电流流过这个电阻 R 时,在相同的时间 T 内,该电阻吸收的能量为 RI^2T,假设这些电能也全部转化成为热能 Q_2,则 $Q_2 = RI^2T$。

如果令这两个热能相等,即 $Q_1 = Q_2$,则可得到

$$I = \sqrt{\frac{1}{T}\int_0^T i^2(t)\mathrm{d}t} \tag{9-8}$$

式(9-8)中的电流 I 称为正弦交流电流 $i(t)$ 的有效值。式(9-8)表明,有效值等于瞬时值的方均根。这样,即用一个与正弦量对应的有效值从整体上描述这个正弦量的大小。

注意:在本章以下的表述中,小写字母表示正弦量的瞬时值,大写字母表示正弦量的有效值,大写字母加下标 m 表示正弦量的幅值。

2. 正弦量有效值与幅值的关系

设正弦电压 $u(t) = U_\mathrm{m}\cos(\omega t + \varphi_u)$,则其有效值为

$$U = \sqrt{\frac{1}{T}\int_0^T U_\mathrm{m}^2\cos^2(\omega t + \varphi_u)\mathrm{d}t} = \frac{U_\mathrm{m}}{\sqrt{2}} \tag{9-9}$$

结论:一个正弦量的幅值是其有效值的 $\sqrt{2}$ 倍。

在日常生活中,照明使用的 220V 电压指的是有效值。在工程应用中,各种电器设备铭牌上的额定值、电压(流)表及万用表等仪表所显示的测量值均为有效值。

引入"有效值"的概念后,正弦电压和正弦电流的瞬时表达式可以改写为

$$u(t) = U_\mathrm{m}\cos(\omega t + \varphi_u) = \sqrt{2}U\cos(\omega t + \varphi_u) \tag{9-10}$$

$$i(t) = I_\mathrm{m}\cos(\omega t + \varphi_i) = \sqrt{2}I\cos(\omega t + \varphi_i) \tag{9-11}$$

9.1.6 正弦量的叠加问题

电路分析计算的理论依据是基尔霍夫电流定律和基尔霍夫电压定律。然而,当电压和电流均为正弦量,在运用基尔霍夫定律时会遇到若干个正弦量叠加的问题,即

$$\sum_{k=1}^{n-1} i_k(t) = 0, \sum_{l=1}^{m} u_l(t) = 0$$

三角函数中的和差化积是解决多个正弦量叠加计算的方法之一。但是,当叠加的项数较多时,这种方法显然不可取。

还有一种称为图解法的方法。在一个坐标系中描绘出各个正弦量的曲线,然后对应不同时刻的点进行叠加。这种方法固然难以用来定量计算多个正弦量的叠加,但是它提供一种思路,即函数分析可以转化成为图形分析。

借用图解法,将正弦量 $i(t) = I_\mathrm{m}\cos(\omega t + \varphi_i)$ 用一个矢量进行图示,即用矢量的模表示正弦量的幅值,而用矢量与横轴的夹角表示正弦量的相位角,如图 9-3 所示。

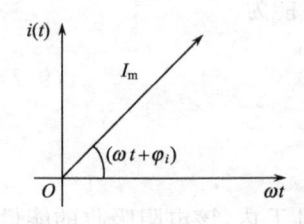

图 9-3 正弦量表示成矢量

显然，随着时间的连续变化，这个矢量逆时针旋转，即它以角速度 ω 逆时针旋转，矢量箭头的轨迹是一个以幅值 I_m 为半径的圆。于是，可以将这个旋转矢量与正弦量对应起来，如图 9-4 所示。当正弦曲线上的一点沿 ωt 的正方向向前行进时，左边对应的矢量逆时针旋转。

设有两个频率相同的正弦量：$i_1(t) = I_{m1}\cos(\omega t + \varphi_1)$ 和 $i_2(t) = I_{m2}\cos(\omega t + \varphi_2)$，

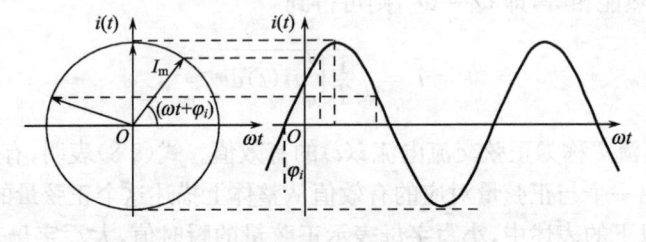

图 9-4 旋转矢量与正弦量的对应图

将它们在同一坐标系中表示为两个矢量后在同一时刻叠加，矢量的叠加结果可按照平行四边形法则得到，如图 9-5 所示。矢量叠加能成立的数学基础是：频率相同的正弦量叠加后频率不变。

在图 9-5 中，$\theta_1 = \omega t + \varphi_1$、$\theta_2 = \omega t + \varphi_2$、$\theta = \omega t + \varphi$，叠加结果符合关系

$$i(t) = i_1(t) + i_2(t) = I_{m1}\cos(\omega t + \varphi_1) + I_{m2}\cos(\omega t + \varphi_2)$$
$$= I_m\cos(\omega t + \varphi)$$

显然，直接使用矢量叠加法进行多个正弦矢量叠加也不合适。那么，到底采用什么方法才能有效地计算多个正弦量的叠加呢？下面先来观察复数。

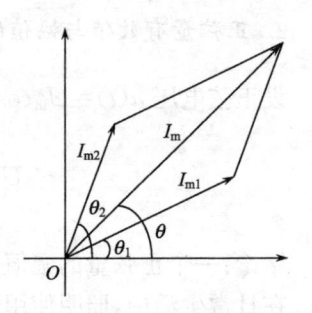

图 9-5 正弦量表示成为矢量后的叠加

9.2 正弦量的相量表示

9.2.1 复数的表示与运算

复数 A 可以表示为

$$A = a + \mathrm{j}b \tag{9-12}$$

式(9-12)中，复数的实部 a 和虚部 b 均为实数，$\mathrm{j} = \sqrt{-1}$ 是虚数单位。式(9-12)的表示形式称为复数的代数表达式，可在复坐标系中将其表示为一个矢量，如图 9-6 所示。

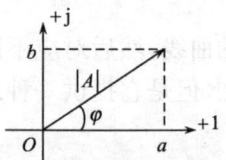

由图 9-6 可知，如果这个矢量与横轴的夹角为 φ，则

$$a = |A|\cos\varphi, \quad b = |A|\sin\varphi$$

将其代入式(9-12)，可得

$$A = |A|(\cos\varphi + \mathrm{j}\sin\varphi) \tag{9-13}$$

图 9-6 复数的矢量表示

式(9-13)的表示形式称为复数的三角函数表达式。其中,复数 A 的模 $|A|$(或幅值)和夹角 φ(或幅角)与实部 a 和虚部 b 的关系为

$$\left.\begin{array}{l} |A|=\sqrt{a^2+b^2} \\ \varphi=\arctan\dfrac{b}{a} \end{array}\right\} \quad (9\text{-}14)$$

根据欧拉公式

$$\cos\varphi+\mathrm{j}\sin\varphi=\mathrm{e}^{\mathrm{j}\varphi} \quad (9\text{-}15)$$

可以将式(9-13)变为

$$A=|A|\mathrm{e}^{\mathrm{j}\varphi} \quad (9\text{-}16)$$

式(9-16)称为复数的指数表达式。

此外,工程上还常把复数的指数表达式简记为

$$A=|A|\angle\varphi \quad (9\text{-}17)$$

这种表示形式称为复数的极坐标表达式。

利用复数的几种表达式的关系可以很方便地进行复数的加减乘除运算。设有两个复数 $A_1=a_1+\mathrm{j}b_1$,$A_2=a_2+\mathrm{j}b_2$,则

$$A_1\pm A_2=(a_1+\mathrm{j}b_1)\pm(a_2+\mathrm{j}b_2)=(a_1\pm a_2)+\mathrm{j}(b_1\pm b_2)$$

$$A_1\cdot A_2=|A_1|\mathrm{e}^{\mathrm{j}\varphi_1}\cdot|A_2|\mathrm{e}^{\mathrm{j}\varphi_2}=|A_1|\cdot|A_2|\mathrm{e}^{\mathrm{j}(\varphi_1+\varphi_2)}=|A_1|\cdot|A_2|\angle(\varphi_1+\varphi_2)$$

$$\frac{A_1}{A_2}=\frac{|A_1|\mathrm{e}^{\mathrm{j}\varphi_1}}{|A_2|\mathrm{e}^{\mathrm{j}\varphi_2}}=\frac{|A_1|}{|A_2|}\mathrm{e}^{\mathrm{j}(\varphi_1-\varphi_2)} \quad \text{或} \quad \frac{A_1}{A_2}=\frac{|A_1|\angle\varphi_1}{|A_2|\angle\varphi_2}=\frac{|A_1|}{|A_2|}\angle(\varphi_1-\varphi_2)$$

9.2.2 复数与相量

前已述及,复数 $A=|A|\mathrm{e}^{\mathrm{j}\varphi}$ 可以在复坐标系中表示为一个矢量。由图 9-6 可知,当 φ 从小到大连续变化时,这个矢量逆时针旋转。事实上,复数 $\mathrm{e}^{\mathrm{j}\varphi}$ 本身就是一个模为 1、幅角为 φ 的旋转因子,任意一个矢量乘以 $\mathrm{e}^{\mathrm{j}\varphi}$,就等于使该矢量逆时针旋转一个角度 φ。另外,根据式(9-15):当 $\varphi=\pm\dfrac{\pi}{2}$ 时,$\mathrm{e}^{\mathrm{j}(\pm\frac{\pi}{2})}=\pm\mathrm{j}$,则 $\pm\mathrm{j}$ 是 $\pm 90°$ 的旋转因子;当 $\varphi=\pi$ 时,$\mathrm{e}^{\mathrm{j}(\pi)}=-1$,则 -1 是 $180°$ 的旋转因子。

那么,这个复数旋转矢量 $|A|\mathrm{e}^{\mathrm{j}\varphi}$ 与 p.9.1.6 节中用来表示正弦量的旋转矢量有何差异呢?

通过观察可发现,这两个旋转矢量的差别是:表示正弦量的旋转矢量随 $(\omega t+\varphi)$ 的变化而旋转,与时间和角频率有关;表示复数的旋转矢量则随 φ 的变化而旋转,与时间和角频率无关。这两个旋转矢量显然并不相同。

复数既然可以表示为旋转矢量,同时又具有简洁的加减乘除运算关系,那么可否很好地利用?

试想,如果给复数矢量的 φ 附加一个 ωt,使其随 $(\omega t+\varphi)$ 角的变化而旋转,那么,上述两个旋转矢量的差异即可消除。

观察两个复数:$A=|A|\mathrm{e}^{\mathrm{j}\varphi}$ 和 $\mathrm{e}^{\mathrm{j}\omega t}$,按照复数的乘法规则,复数 A 乘上一个旋转因子 $\mathrm{e}^{\mathrm{j}\omega t}$,即有

$$A\mathrm{e}^{\mathrm{j}\omega t}=|A|\mathrm{e}^{\mathrm{j}\varphi}\mathrm{e}^{\mathrm{j}\omega t}=|A|\mathrm{e}^{\mathrm{j}(\omega t+\varphi)} \quad (9\text{-}18)$$

显然,这个新构造的复数可以表示成为一个以 $|A|$ 为模、以 $(\omega t+\varphi)$ 为角度的旋转矢量。令模 $|A|$ 与正弦量的幅值相等,那么矢量 $A\mathrm{e}^{\mathrm{j}\omega t}$ 必定与前面用来描述正弦量的旋转矢量存在密切的

内在关系。

根据欧拉公式,展开复矢量 $Ae^{j\omega t}$ 可得

$$Ae^{j\omega t} = |A|e^{j(\omega t+\varphi)} = |A|\cos(\omega t+\varphi) + j|A|\sin(\omega t+\varphi) \tag{9-19}$$

即这个复矢量的实部是正弦量。换言之,正弦量可以用复矢量 $Ae^{j\omega t}$ 表示。例如,正弦量 $u_1(t)=100\cos(\omega t+60°)$ 可用复矢量表示为 $100e^{j(\omega t+60°)}$,正弦量 $u_2(t)=200\cos(\omega t-30°)$ 可用复矢量表示为 $200e^{j(\omega t-30°)}$。注意:这里仅为"表示",二者并不相等,正弦量只与复矢量的实部相等。

如果采用符号 Re[·] 表示实部,那么正弦量与上述复矢量的关系可表示为

$$|A|\cos(\omega t+\varphi) = \text{Re}[Ae^{j\omega t}] \tag{9-20}$$

因为复数的实部与虚部之间被一条"分水岭"——j 相隔,在进行复数的叠加运算时其实部和虚部永远不会交叉。所以,从应用的角度看,前面所提出的多个同频率正弦量叠加的问题可以这样解决:先将各正弦量表示为复矢量,再将这些复矢量转化为复数的代数表达形式,而后进行复矢量的叠加,即实部与实部相加,虚部与虚部相加。所得的叠加结果再由复数的代数表达式转换为三角函数表达形式,则其实部即为正弦量叠加后的结果。

例 9-2 已知 $u_1(t)=100\cos(\omega t+60°)$,$u_2(t)=200\cos(\omega t-30°)$,求 $u_1(t)+u_2(t)$。

解 (1) 各正弦量表示为复矢量,即 $u_1(t)=100\cos(\omega t+60°)$ 用复矢量表示为 $100e^{j(\omega t+60°)}=100e^{j60°}e^{j\omega t}$;$u_2(t)=200\cos(\omega t-30°)$ 用复矢量表示为 $200e^{j(\omega t-30°)}=200e^{-j30°}e^{j\omega t}$。

(2) 转化为复数的代数表达形式,即

$$100e^{j(\omega t+60°)} = 100e^{j60°}e^{j\omega t} = (50+j86.6)e^{j\omega t}$$

$$200e^{j(\omega t-30°)} = 200e^{-j30°}e^{j\omega t} = (173.2-j100)e^{j\omega t}$$

(3) 复矢量叠加,即

$$\begin{aligned}100e^{j(\omega t+60°)} + 200e^{j(\omega t-30°)} &= (50+j86.6)e^{j\omega t} + (173.2-j100)e^{j\omega t}\\ &= [(50+173.2)+j(86.6-100)]e^{j\omega t}\\ &= (223.2-j13.4)e^{j\omega t}\\ &= \sqrt{223.2^2+13.4^2}\angle\left(\arctan\frac{-13.4}{223.2}\right)e^{j\omega t}\\ &= 223.6\angle(-3.43°)e^{j\omega t}\end{aligned}$$

(4) 根据欧拉公式,将其转换为三角函数表达形式,即

$$\begin{aligned}100e^{j(\omega t+60°)} + 200e^{j(\omega t-30°)} &= 223.6\angle(-3.43°)e^{j\omega t} = 223.6e^{-j3.43°}e^{j\omega t}\\ &= 223.6e^{j(\omega t-3.43°)}\\ &= 223.6\cos(\omega t-3.43°) + j223.6\sin(\omega t-3.43°)\end{aligned}$$

取其实部可得

$$u_1(t)+u_2(t) = \text{Re}[223.6e^{j(\omega t-3.43°)}] = 223.6\cos(\omega t-3.43°)$$

由例 9-2 可知,多个同频率正弦量叠加的问题转化成复数的代数叠加问题,其效果相当明显。

在例 9-2 的整个演算过程中,复数 $e^{j\omega t}$ 并未参与运算,它只是在运算的开始和结束时用于描述,这其实正是因为"频率相同的正弦量叠加后频率不变"。真正参与运算的复数实际上是 A(即 $|A|e^{j\varphi}$),因此可用复数 $\dot{A}=|A|e^{j\varphi}$ 表示正弦量。但由于这个复数与普通复数并不一样,它背后隐含 $e^{j\omega t}$,所以这个特殊的复数称为相量,并在字母的上端加一个圆点"·",以表示此量为相量,而不是普通复数。比如,相量 A 写成

$$\dot{A} = |A|e^{j\varphi} \tag{9-21}$$

对于正弦交流电压和正弦交流电流,由于它们存在式(9-10)和式(9-11)所描述的幅值表示法和有效值表示法,所以正弦交流电压和正弦交流电流在用相量表示时也有幅值相量(如 $\dot{I}_m, \dot{U}_m$)和有效值相量(如 $\dot{I}, \dot{U}$)之分,如电流幅值相量写为 $\dot{I}_m = I_m \angle \varphi_i$,电压幅值相量写为 $\dot{U}_m = U_m \angle \varphi_u$;电流有效值相量写为 $\dot{I} = I \angle \varphi_i$,电压有效值相量写为 $\dot{U} = U \angle \varphi_u$。

9.2.3 相量的基本运算

相量的基本运算有加减运算、微分运算和积分运算等。

1. 加减运算

若正弦量

$$u_1(t) = U_{m1}\cos(\omega t + \varphi_1) = \sqrt{2}U\cos(\omega t + \varphi_1)$$
$$u_2(t) = U_{m2}\cos(\omega t + \varphi_2) = \sqrt{2}U\cos(\omega t + \varphi_2)$$

表示为相量

$$\dot{U}_{m1} = U_{m1} \angle \varphi_1 \text{ 或 } \dot{U}_1 = U_1 \angle \varphi_1$$
$$\dot{U}_{m2} = U_{m2} \angle \varphi_2 \text{ 或 } \dot{U}_2 = U_2 \angle \varphi_2$$

则 $u_1(t) = \mathrm{Re}[\dot{U}_{m1} e^{j\omega t}] = \mathrm{Re}[\sqrt{2}\dot{U}_1 e^{j\omega t}], u_2(t) = \mathrm{Re}[\dot{U}_{m2} e^{j\omega t}] = \mathrm{Re}[\sqrt{2}\dot{U}_2 e^{j\omega t}]$

所以 $u_1(t) \pm u_2(t) = \mathrm{Re}[\dot{U}_{m1} e^{j\omega t}] \pm \mathrm{Re}[\dot{U}_{m2} e^{j\omega t}] = \mathrm{Re}[(\dot{U}_{m1} \pm \dot{U}_{m2}) e^{j\omega t}]$

或 $u_1(t) \pm u_2(t) = \mathrm{Re}[\sqrt{2}\dot{U}_1 e^{j\omega t}] \pm \mathrm{Re}[\sqrt{2}\dot{U}_2 e^{j\omega t}] = \mathrm{Re}[\sqrt{2}(\dot{U}_1 \pm \dot{U}_2) e^{j\omega t}]$

若令 $u(t) = u_1(t) \pm u_2(t) = \mathrm{Re}[\dot{U}_m e^{j\omega t}] = \mathrm{Re}[\sqrt{2}\dot{U} e^{j\omega t}]$

于是得 $\dot{U}_m = \dot{U}_{m1} \pm \dot{U}_{m2}$ 或 $\dot{U} = \dot{U}_1 \pm \dot{U}_2$

结论:同频率正弦量相加减可变换为其对应的相量相加减。

2. 微分运算

设有正弦量

$$u(t) = U_m\cos(\omega t + \varphi_u) = \sqrt{2}U\cos(\omega t + \varphi_u)$$
$$i(t) = I_m\cos(\omega t + \varphi_i) = \sqrt{2}I\cos(\omega t + \varphi_i)$$

如果电压与电流满足微分关系,即

$$i(t) = \frac{\mathrm{d}u(t)}{\mathrm{d}t}$$

用相量表示其关系,因为

$$i(t) = \mathrm{Re}[\sqrt{2}\dot{I} e^{j\omega t}], \quad u(t) = \mathrm{Re}[\sqrt{2}\dot{U} e^{j\omega t}]$$

则

$$i(t) = \frac{\mathrm{d}u(t)}{\mathrm{d}t} = \frac{\mathrm{d}}{\mathrm{d}t}\{\mathrm{Re}[\sqrt{2}\dot{U} e^{j\omega t}]\} = \mathrm{Re}\left[\frac{\mathrm{d}}{\mathrm{d}t}(\sqrt{2}\dot{U} e^{j\omega t})\right] = \mathrm{Re}[j\omega\sqrt{2}\dot{U} e^{j\omega t}]$$

于是,得电压与电流在相量形式下的微分关系,即

$$\dot{I} = j\omega\dot{U}$$

结论:在相量分析中,微分运算变成乘法运算,时间域的微分算子 $\frac{\mathrm{d}}{\mathrm{d}t}$ 在复数域变成 $j\omega$。

3. 积分运算

设有正弦量

$$u(t) = U_m\cos(\omega t + \varphi_u) = \sqrt{2}U\cos(\omega t + \varphi_u)$$

$$i(t) = I_m\cos(\omega t + \varphi_i) = \sqrt{2}I\cos(\omega t + \varphi_i)$$

如果电压与电流满足积分关系,即

$$u(t) = \int i(t)\mathrm{d}t$$

用相量表示其关系,因为

$$i(t) = \mathrm{Re}[\sqrt{2}\dot{I}\mathrm{e}^{\mathrm{j}\omega t}], \quad u(t) = \mathrm{Re}[\sqrt{2}\dot{U}\mathrm{e}^{\mathrm{j}\omega t}]$$

则 $u(t) = \int i(t)\mathrm{d}t = \int\{\mathrm{Re}[\sqrt{2}\dot{I}\mathrm{e}^{\mathrm{j}\omega t}]\}\mathrm{d}t = \mathrm{Re}\left[\int(\sqrt{2}\dot{I}\mathrm{e}^{\mathrm{j}\omega t})\mathrm{d}t\right] = \mathrm{Re}\left[\frac{1}{\mathrm{j}\omega}\sqrt{2}\dot{I}\mathrm{e}^{\mathrm{j}\omega t}\right]$

于是,得电压与电流在相量形式下的积分关系,即

$$\dot{U} = \frac{1}{\mathrm{j}\omega}\dot{I}$$

结论:在相量分析中,积分运算变成除法运算,时间域的积分算子 $\int \mathrm{d}t$ 在复数域变成 $\frac{1}{\mathrm{j}\omega}$。

9.2.4 相量法

现在,若再遇到多个时间域的正弦量叠加问题,应先将这些正弦量变换为复数域的相量,通过相量进行计算,而后再将结果还原成时间域的正弦量。正弦量表示为相量后,运用相量进行分析相关计算的方法称为"相量法"。显然,相量只是正弦量的一种表示,或者是正弦量的一个符号。因此,相量法又称为"符号法"。

例 9-3 已知 $u_1(t)=100\sqrt{2}\cos(\omega t+60°)$,$u_2(t)=50\sqrt{2}\cos(\omega t-45°)$,$u_3(t)=16\sqrt{2}\sin(\omega t+30°)$,$u(t)=u_1(t)+u_2(t)+u_3(t)$,用相量法求 $u(t)$。

解 (1) 须先将题中的 $u_3(t)$ 改写为余弦形式,即

$$u_3(t) = 16\sqrt{2}\sin(\omega t+30°) = 16\sqrt{2}\cos(\omega t+30°-90°) = 16\sqrt{2}\cos(\omega t-60°)$$

(2) 将正弦量表示为有效值相量,即

$$u_1(t) = 100\sqrt{2}\cos(\omega t+60°) \text{ 表示为 } \dot{U}_1 = 100\angle 60°$$

$$u_2(t) = 50\sqrt{2}\cos(\omega t-45°) \text{ 表示为 } \dot{U}_2 = 50\angle -45°$$

$$u_3(t) = 16\sqrt{2}\cos(\omega t-60°) \text{ 表示为 } \dot{U}_3 = 16\angle -60°$$

(3) 求相量和,即

$$\dot{U} = \dot{U}_1 + \dot{U}_2 + \dot{U}_3 = 100\angle 60° + 50\angle -45° + 16\angle -60°$$
$$= (100\cos 60° + \mathrm{j}100\sin 60°) + [50\cos(-45)° + \mathrm{j}50\sin(-45°)]$$
$$\quad + [16\cos(-60)° + \mathrm{j}16\sin(-60°)]$$
$$= (50+\mathrm{j}86.6) + (35.36-\mathrm{j}35.36) + (8-\mathrm{j}13.86)$$
$$= 93.36+\mathrm{j}37.38 = 100.56\angle 21.82°$$

(4) 写出瞬时值结果,即

$$u(t) = 100.56\sqrt{2}\cos(\omega t+21.82°)$$

例 9-4 已知正弦电流相量 $\dot{I}_1=4-j3, \dot{I}_2=-3-j4$，试在复数坐标系中描绘出这两个相量。

解 （1）先将电流相量写成指数形式或极坐标形式，即

$$\dot{I}_1 = 4-j3 = \sqrt{4^2+(-3)^2}\angle\left(\arctan\frac{-3}{4}\right) = 5\angle-36.9°\text{（在第四象限）}$$

$$\dot{I}_2 = -3-j4 = \sqrt{(-3)^2+(-4)^2}\angle\left(\arctan\frac{-4}{-3}\right) = 5\angle-126.9°\text{（在第三象限）}$$

注意：求相位角时，将 $\varphi=\arctan\dfrac{b}{a}$ 中 a 和 b 的正负号分别保留在分母和分子中，以便于确定相量所在的象限，而不宜先将符号消去。本例中若将 $\dot{I}_2$ 的相位角 $\angle\left(\arctan\dfrac{-4}{-3}\right)$ 消去符号，写成 $\angle\left(\arctan\dfrac{4}{3}\right)$，则将得出 $\varphi_2=\arctan\dfrac{4}{3}=53.1°$（在第一象限）的错误结果。

（2）描绘相量，如图 9-7 所示。

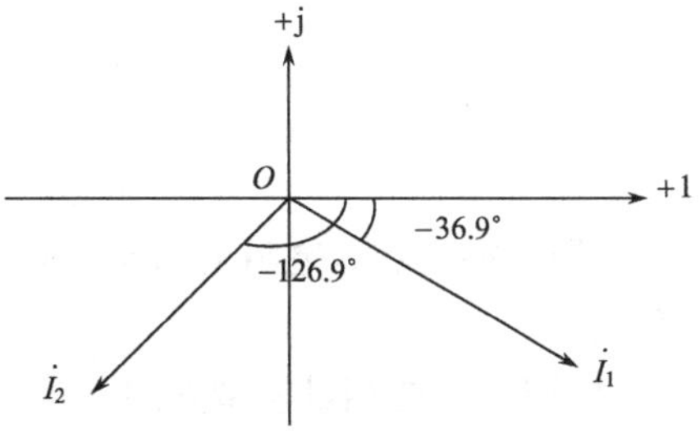

图 9-7　两个电流相量

9.3　电路元件与定律的相量模型

在运用相量法分析正弦交流电路之前，必须先得到相量形式的基本定律——基尔霍夫定律及电路基本元件 R、L、C 在相量形式下的电压与电流关系模型（Voltage Current Relationship，VCR）。

9.3.1　基尔霍夫定律的相量形式

时域形式的基尔霍夫电流定律和基尔霍夫电压定律分别为

$$\sum_{k=1}^{n-1} i_k(t) = 0$$

$$\sum_{l=1}^{m} u_l(t) = 0$$

对于任一具有 n 个节点、b 条支路的线性电路，由于各处电流都是频率相同的正弦量，所以，可将 KCL 方程表示为相量形式，即

$$\sum_{k=1}^{n-1} i_k(t) = \text{Re}\left[\sum_{k=1}^{n-1}\sqrt{2}\dot{I}_k e^{j\omega t}\right] = 0$$

得

$$\sum_{k=1}^{n-1} \dot{I}_k = 0 \tag{9-22}$$

同理有

$$\sum_{l=1}^{m} \dot{U}_l = 0 \tag{9-23}$$

式（9-22）和式（9-23）分别为相量形式的基尔霍夫电流定律和基尔霍夫电压定律。

9.3.2 线性时不变电阻元件的相量形式

设在线性时不变电阻上流过一个正弦电流,即
$$i_R(t) = \sqrt{2}I_R\cos(\omega t + \varphi_i)$$
在关联参考方向下,这种电阻上的电压为
$$u_R(t) = \sqrt{2}U_R\cos(\omega t + \varphi_u) = Ri_R(t) = \sqrt{2}RI_R\cos(\omega t + \varphi_i)$$
所以,电阻上的 VCR 相量形式为
$$U_R\angle\varphi_u = RI_R\angle\varphi_i \quad \text{或} \quad \dot{U}_R = R\dot{I}_R \tag{9-24}$$
由式(9-24)可得
$$U_R = RI_R \quad \text{并且} \quad \angle\varphi_u = \angle\varphi_i \tag{9-25}$$

式(9-25)表明,电阻上的电压有效值与电流有效值满足欧姆定律,电阻上的电压与电流同相位。

电阻元件的相量模型如图 9-8 所示,电阻元件上电压与电流的相量图如图 9-9 所示。

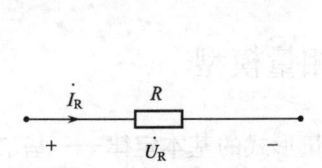

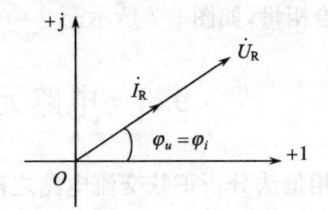

图 9-8 电阻元件的相量模型　　　图 9-9 电阻元件上电压与电流的相量图

9.3.3 线性时不变电容元件的相量形式

设线性时不变电容两端的正弦电压为
$$u_C(t) = \sqrt{2}U_C\cos(\omega t + \varphi_u)$$
在关联参考方向下,流过这种电容元件的电流为
$$i_C(t) = C\frac{du_C(t)}{dt} = -\sqrt{2}\omega C U_C\sin(\omega t + \varphi_u)$$
$$= \sqrt{2}\omega C U_C\cos\left(\omega t + \varphi_u + \frac{\pi}{2}\right)$$
$$= \sqrt{2}I_C\cos(\omega t + \varphi_i)$$
所以,电容上的 VCR 相量形式为
$$I_C\angle\varphi_i = \omega C U_C\angle\left(\varphi_u + \frac{\pi}{2}\right) \quad \text{或} \quad \dot{I}_C = j\omega C\dot{U}_C \tag{9-26}$$
由式(9-26)可得
$$I_C = \omega C U_C \quad \text{并且} \quad \angle\varphi_i = \angle\left(\varphi_u + \frac{\pi}{2}\right) \tag{9-27}$$

式(9-27)表明,电容上的电压有效值与电流有效值满足欧姆定律,ωC 具有与导纳相同的性质和单位,电容上的电流超前电压 90°。

通常,令 $\omega C = B_C$,称 B_C 为容纳,单位为 S(西门子)。显然,频率越高,容纳也越大。令容

纳的倒数为容抗 X_C，即 $X_C = \dfrac{1}{\omega C}$，单位为 Ω。显然，频率越低，容抗也越大。当 $\omega \to 0$（直流）时，$X_C \to \infty$，这说明电容在直流电路中表现为开路。

电容元件的容抗型相量模型如图 9-10 所示，电容元件上电压与电流的相量图如图 9-11 所示。

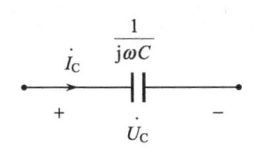

图 9-10　电容元件的容抗型相量模型 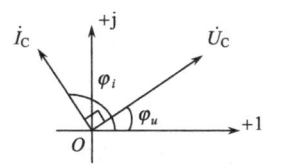　　　　图 9-11　电容元件上电压与电流的相量图

9.3.4　线性时不变电感元件的相量形式

设线性时不变电感上流过一个正弦电流，即
$$i_L(t) = \sqrt{2}I_L\cos(\omega t + \varphi_i)$$
在关联参考方向下，这种电感上的电压为
$$\begin{aligned}u_L(t) &= L\dfrac{\mathrm{d}i_L(t)}{\mathrm{d}t} = -\sqrt{2}\omega L I_L \sin(\omega t + \varphi_i)\\ &= \sqrt{2}\omega L I_L \cos\left(\omega t + \varphi_i + \dfrac{\pi}{2}\right)\\ &= \sqrt{2}U_L \cos(\omega t + \varphi_u)\end{aligned}$$
所以，电感上的 VCR 相量形式为
$$U_L\angle\varphi_u = \omega L I_L \angle\left(\varphi_i + \dfrac{\pi}{2}\right) \quad \text{或} \quad \dot{U}_L = \mathrm{j}\omega L \dot{I}_L \tag{9-28}$$
由式(9-28)可得
$$U_L = \omega L I_L \quad \text{并且} \quad \angle\varphi_u = \angle\left(\varphi_i + \dfrac{\pi}{2}\right) \tag{9-29}$$
式(9-29)表明，电感上的电压有效值与电流有效值满足欧姆定律，ωL 具有与电阻相同的性质和单位，电感上的电压超前电流 $90°$。

通常，令 $\omega L = X_L$，称 X_L 为感抗，单位为 Ω。显然，频率越高，感抗也越大。令感抗的倒数为感纳 B_L，即 $B_L = \dfrac{1}{\omega L}$，单位为 S（西门子）。显然，频率越低，感抗也越大。当 $\omega \to 0$（直流）时，$X_L \to 0$，这说明电感在直流电路中表现为短路。

电感元件的感抗型相量模型如图 9-12 所示，电感元件上电压与电流的相量图如图 9-13 所示。

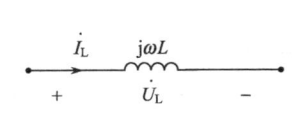

图 9-12　电感元件的感抗型相量模型 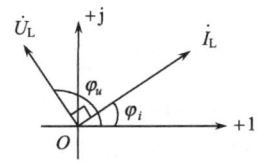　　　　图 9-13　电感元件上电压与电流的相量图

以上 R、L、C 三种元件，在电压与电流取关联参考方向时，元件的阻抗型相量方程为

$$\left.\begin{array}{l}\dot{U}_R = R\dot{I}_R \\ \dot{U}_C = \dfrac{1}{j\omega C}\dot{I}_C \\ \dot{U}_L = j\omega L\dot{I}_L\end{array}\right\} \quad (9\text{-}30)$$

显然，这些相量方程在形式上与电阻元件的欧姆定律相似，故它们描述了相量形式的欧姆定律。

思 考 题

9-1　直流电路与正弦交流电路有何区别？

9-2　何为正弦量的三要素？

9-3　在交流电路中，相位、初相位和相位差各表示什么？它们之间有什么不同？又有什么联系？初相位的大小与什么有关？

9-4　正弦量的有效值如何定义？

9-5　日常灯泡上的额定电压为 220V，实际上它承受的最大电压是多少？

9-6　两个正弦量之间的超前与滞后如何判定？

9-7　为什么电容器两端加直流电压时电路没有电流，而加交流电压时就有电流？

9-8　容抗表示什么？它与哪些因素有关？为什么 $X_C \neq u/i$？

9-9　下列各式哪些正确？哪些不正确？

(1) $i = \dfrac{u}{X_C}$；　(2) $i = \dfrac{u}{\omega C}$；　(3) $I = \dfrac{U}{\omega C}$；　(4) $I = \dfrac{U}{C}$；　(5) $I = \omega C U$。

9-10　感抗表示什么？它与哪些因素有关？为什么 $X_L \neq u/i$？

9-11　下列各式哪些正确？哪些不正确？

(1) $i = \dfrac{u}{X_L}$；　(2) $i = \dfrac{u}{\omega L}$；　(3) $I = \dfrac{U}{\omega L}$；　(4) $I = \dfrac{U}{L}$；　(5) $I = \dfrac{U_m}{\omega L}$。

9-12　什么是相量？为什么要用相量表示正弦量？

9-13　什么是旋转因子？旋转因子有哪些？它们的作用是什么？

9-14　相量与复数有何相同之处？有何不同之处？

9-15　什么是相量法？

习 题

9-1　已知正弦电压的振幅 $U_m = 200\text{V}$，频率 $f = 50\text{Hz}$，初相位 $\varphi_u = 90°$。试写出该电压的瞬时表达式，并画出其波形图。

9-2　已知正弦电流 $i(t) = 5\cos(\omega t + 30°)$，$f = 50\text{Hz}$，问在 $t = 0.1$ 秒时，电流的瞬时值为多少安？

9-3　已知某正弦电流在 $t = 0$ 时的瞬时值 $i(0) = 5\text{A}$，并知其初相角为 $30°$，试求其有效值。

9-4　指出下列各组正弦电压、电流的幅值、有效值、频率和初相，并说明每组两个正弦量之间的超前与滞后关系。

(1) $u_1(t) = 220\sqrt{2}\cos 314t$，　$u_2(t) = 220\sqrt{2}\cos(314t - 30°)$；

(2) $i_1(t) = \sqrt{2}\cos\left(200\pi t + \dfrac{\pi}{3}\right)$，　$i_2(t) = \sin\left(200\pi t + \dfrac{\pi}{3}\right)$；

(3) $u_1(t) = 10\sqrt{2}\cos(100\pi t - 120°)$，　$u_2(t) = 20\sqrt{2}\cos(100\pi t + 120°)$；

(4) $u(t) = 20\cos(50\pi t + 120°)$，　$i(t) = -10\sqrt{2}\cos(50\pi t - 60°)$；

(5) $i_1(t) = 30\sqrt{2}\cos(\omega t - 30°)$，　$i_2(t) = 40\sqrt{2}\cos(3\omega t - 30°)$。

9-5　将下列复数按照要求进行转换。

(1) 转换成极坐标形式：

3−j4，6+j3，−8+j6，−5−j10，10，j10

(2) 转换成代数形式：

5∠36.87°，10∠−53.13°，8∠30°，1∠120°，15∠45°，2∠−90°，3∠180°

9-6 写出下列各组正弦量的相量表达式，并画出各组的相量图。

(1) $u_1(t)=220\sqrt{2}\cos 314t$，$u_2(t)=220\sqrt{2}\cos(314t-30°)$；

(2) $i_1(t)=\sqrt{2}\cos\left(200\pi t+\dfrac{\pi}{3}\right)$，$i_2(t)=\sin\left(200\pi t+\dfrac{\pi}{3}\right)$；

(3) $u_1(t)=10\sqrt{2}\cos(100\pi t-120°)$，$u_2(t)=20\sqrt{2}\cos(100\pi t+120°)$；

(4) $u(t)=20\cos(50\pi t+120°)$，$i(t)=-10\sqrt{2}\cos(50\pi t-60°)$。

9-7 写出下列各相量对应的正弦量的瞬时值表达式，设正弦量的频率为 ω。

(1) $\dot{U}=220\angle 40°$；(2) $\dot{U}_m=j100$；(3) $\dot{I}_m=-10$；(4) $\dot{I}=4-j3$；(5) $\dot{U}=60e^{-j45°}$。

9-8 用相量法求下列两个正弦电流的和与差：$i_1(t)=15\sqrt{2}\cos(\omega t+30°)$，$i_2(t)=8\sqrt{2}\cos(\omega t-55°)$。

9-9 在一个 $10\mu F$ 的电容器两端加上 $u(t)=70.7\sqrt{2}\cos\left(314t-\dfrac{\pi}{6}\right)(V)$ 的正弦电压，求通过电容器的电流有效值及电流的瞬时值表达式。若所加电压的有效值与初相角不变，而频率变为100Hz，其结果又如何？

9-10 一个电感线圈的 $L=5mH$，现把它接到 $u(t)=20\sqrt{2}\cos 10^6 t(V)$ 的电源上，求电流的有效值和瞬时值表达式。

9-11 已知电感线圈的 $L=10mH$，现把它接到 $u(t)=100\cos\omega t(V)$ 的电源上，求在频率为50Hz和50kHz时，电感线圈的感抗及电流各为多少？

9-12 在如题 9-12 图所示的 RLC 串联电路中，已知 $R=20\Omega$，$L=0.5H$，$C=400\mu F$。若电阻电压 $u_R(t)=40\cos 100t(V)$，试用相量法求出电感电压 $u_L(t)$ 和电容电压 $u_C(t)$，并画出三个电压的相量图。

9-13 在如题 9-13 图所示的 RLC 并联电路中，已知电流表 A、A_1、A_3 的读数分别为 5A、4A、8A，求电流表 A_2 的读数。

9-14 在如题 9-14 图所示的 RLC 串联电路中，已知电流表 $U_R=20V$、$U_L=15V$、$U_C=30V$，求电压 U 的值。

9-15 在如题 9-15 图所示电路中，已知 $R=40\Omega$，$X_L=30\Omega$，$X_C=20\Omega$。若 $\dot{I}_L=3\angle 0°$，求总电压 u 和总电流 i 的表达式，并画出反映各电压、电流关系的相量图。

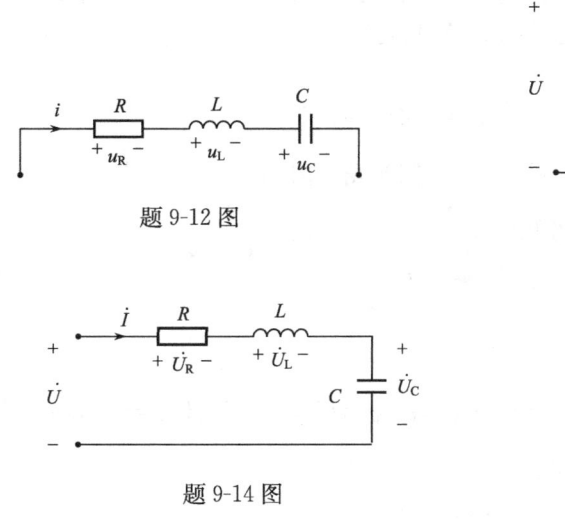

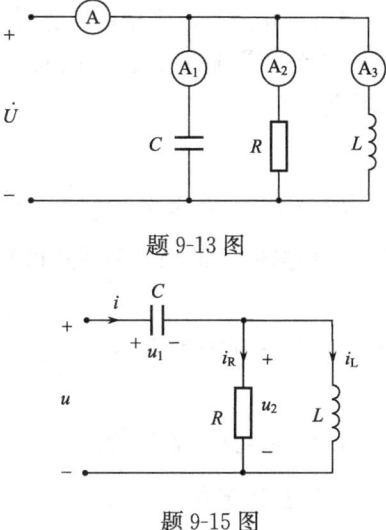

题 9-12 图

题 9-13 图

题 9-14 图

题 9-15 图

第10章 正弦稳态电路分析

本章从元件的复阻抗与复导纳入手,对 R、L、C 串联和并联等简单电路进行分析。而后从概念和方法上介绍如何使用相量法进行一般正弦稳态电路的分析,并引出关于有功功率、无功功率、视在功率和复功率的概念及其分析与计算。本章只讨论电路受到单一频率正弦信号激励的情况。

10.1 运用相量法分析正弦稳态电路

对于线性电路而言,当激励是频率为 ω 的正弦信号时,电路中各处电压与电流的稳态响应均为相同频率的正弦量,这个特性称为线性电路的频率不变性。

10.1.1 复阻抗与复导纳

用相量法分析电路时,电阻、电容、电感元件的 VCR 为

$$\frac{\dot{U}_R}{\dot{I}_R} = R \qquad \frac{\dot{U}_C}{\dot{I}_C} = \frac{1}{j\omega C} \qquad \frac{\dot{U}_L}{\dot{I}_L} = j\omega L$$

或

$$\frac{\dot{I}_R}{\dot{U}_R} = G \qquad \frac{\dot{I}_C}{\dot{U}_C} = j\omega C \qquad \frac{\dot{I}_L}{\dot{U}_L} = \frac{1}{j\omega L}$$

上述各式可以用统一的形式表示为

$$\frac{\dot{U}}{\dot{I}} = Z \quad 或 \quad \frac{\dot{I}}{\dot{U}} = Y \tag{10-1}$$

式(10-1)中的 Z 为元件的复阻抗,单位为 Ω;式(10-1)中的 Y 为元件的复导纳,单位为 S;在式(10-1)中,当电压相量与电流相量相比时,它们所隐含的旋转因子 $e^{j\omega t}$ 可约去,所以,Z 和 Y 是由两个相量之比后得到的纯复数,这表明:Z 和 Y 只是复数,而不是相量。所以,复阻抗 Z 的复数形式应为

$$Z = a + jb = |Z| \angle \varphi_z \tag{10-2}$$

式中,a、b 均为实数,Z 的模 $|Z| = \sqrt{a^2 + b^2}$,φ_z 称为阻抗角,并且 $\varphi_z = \arctan\dfrac{b}{a}$。

由式(10-1)描述 Z 的相量关系式可知

$$\varphi_z = \varphi_u - \varphi_i \tag{10-3}$$

同理,复导纳 Y 的复数形式应为

$$Y = c + jd = |Y| \angle \varphi_y \tag{10-4}$$

式中,c、d 均为实数,复导纳 Y 的模 $|Y| = \sqrt{c^2 + d^2}$,φ_y 称为导纳角,并且 $\varphi_y = \arctan\dfrac{d}{c}$。

由式(10-1)描述 Y 的相量关系式可知

$$\varphi_y = \varphi_i - \varphi_u \tag{10-5}$$

由式(10-1)可知,复阻抗与复导纳的关系为

$$Z = \frac{1}{Y} \text{ 或 } Y = \frac{1}{Z}$$

所以,复阻抗可等效为复导纳,即

$$Y = \frac{1}{Z} = \frac{1}{a+jb} = \frac{a-jb}{a^2+b^2} = \frac{a}{a^2+b^2} + j\frac{-b}{a^2+b^2} = c+jd$$

复导纳可等效为复阻抗,即

$$Z = \frac{1}{Y} = \frac{1}{c+jd} = \frac{c-jd}{c^2+d^2} = \frac{c}{c^2+d^2} + j\frac{-d}{c^2+d^2} = a+jb$$

10.1.2 RLC 串联电路的分析

1. RLC 串联电路的复阻抗

电阻 R、电感 L 与电容 C 串联的电路如图 10-1 所示,如果在串联电路两端加上一正弦电压

$$u(t) = \sqrt{2}U\cos(\omega t + \varphi_u)$$

并设串联电路上的电流为 $i(t)$,则由 KVL 可得

$$u(t) = u_R(t) + u_L(t) + u_C(t) = Ri(t) + L\frac{di(t)}{dt} + \frac{1}{C}\int i(t)dt \tag{10-6}$$

将式(10-6)用相量表示,并与式(10-1)比较可得

$$\dot{U} = \dot{U}_R + \dot{U}_L + \dot{U}_C = R\dot{I} + j\omega L\dot{I} + \frac{1}{j\omega C}\dot{I} = \left(R + j\omega L + \frac{1}{j\omega C}\right)\dot{I} = Z\dot{I} \tag{10-7}$$

即可得到相应的相量电路模型,如图 10-2 所示。

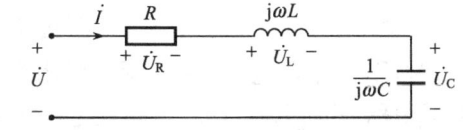

图 10-1 RLC 串联电路　　　　图 10-2 RLC 串联的相量电路模型

在式(10-7)中,串联电路的复阻抗为

$$Z = R + j\omega L + \frac{1}{j\omega C} = R + j\left(\omega L - \frac{1}{\omega C}\right) = R + j(X_L - X_C) = R + jX = |Z|\angle\varphi_z \tag{10-8}$$

复阻抗 Z 的模 $|Z| = \sqrt{R^2 + X^2}$,φ_z 称为阻抗角,并且 $\varphi_z = \arctan\frac{X}{R}$,这里 $X = X_L - X_C$ 为电抗,单位为 Ω。

2. 阻抗三角形与电压三角形

由欧拉公式可得复阻抗为

$$Z = |Z|\angle\varphi_z = |Z|\cos\varphi_z + j|Z|\sin\varphi_z \tag{10-9}$$

与式(10-8)比较可知

$$R=|Z|\cos\varphi_z, \quad X=|Z|\sin\varphi_z$$

于是可得到所谓的阻抗三角形,如图 10-3 所示。

由式(10-7)可得

$$\dot{U}=\dot{U}_R+\dot{U}_L+\dot{U}_C=R\dot{I}+\mathrm{j}\omega L\dot{I}+\frac{1}{\mathrm{j}\omega C}\dot{I}=R\dot{I}+\left(\mathrm{j}\omega L+\frac{1}{\mathrm{j}\omega C}\right)\dot{I}$$

$$=R\dot{I}+\mathrm{j}\left(\omega L-\frac{1}{\omega C}\right)\dot{I}=R\dot{I}+\mathrm{j}X\dot{I}=\dot{U}_R+\dot{U}_X$$

因此,总电压 $\dot{U}$ 与电阻电压 $\dot{U}_R$ 和电抗电压 $\dot{U}_X$ 也构成一个直角三角形,该三角形反映这三个电压相量之间的相位关系和有效值关系,称为电压三角形,如图 10-4 所示。

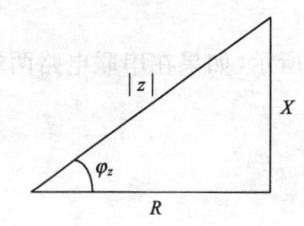

图 10-3　RLC 串联电路的阻抗三角形 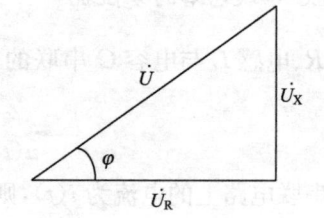　　　　图 10-4　电压三角形

3. RLC 串联电路的性质与串联谐振

RLC 串联电路在端口所呈现的特性取决于感抗 X_L 和容抗 X_C 的大小。由于 $Z=R+\mathrm{j}(X_L-X_C)=R+\mathrm{j}X=|Z|\angle\varphi_z=|Z|\angle(\varphi_u-\varphi_i)$,所以有如下结论。

(1) 若 $X_L=X_C$,则电抗 $X=0$,阻抗角 $\varphi_z=0$,$\varphi_u-\varphi_i=0$,此时阻抗 $Z=R$。这表明,当 $X_L=X_C$ 时,RLC 串联电路在端口呈现纯阻性,端口电压相量与端口电流相量同相位。在电气技术领域中称:此时 RLC 串联电路发生串联谐振。

(2) 若 $X_L>X_C$,则电抗 $X>0$,阻抗角 $\varphi_z>0$,$\varphi_u-\varphi_i>0$,此时端口电压相量超前端口电流相量,RLC 串联电路在端口呈现感性阻抗,相量图如图 10-5 所示。

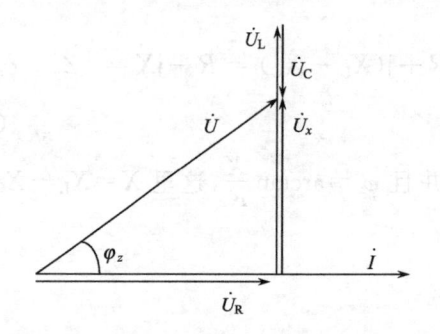

图 10-5　RLC 串联电路的感性相量图 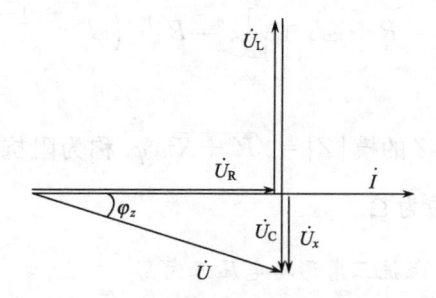　　　　图 10-6　RLC 串联电路的容性相量图

(3) 若 $X_L<X_C$,则电抗 $X<0$,阻抗角 $\varphi_z<0$,$\varphi_u-\varphi_i<0$,此时端口电压相量滞后端口电流相量,RLC 串联电路在端口呈现容性阻抗,相量图如图 10-6 所示。

10.1.3 RLC 并联电路的分析

1. RLC 并联电路的复导纳

电阻 R、电感 L 与电容 C 并联的电路如图 10-7 所示,如果在并联电路两端加上一正弦电压

$$u(t) = \sqrt{2}U\cos(\omega t + \varphi_u)$$

设并联电路端口的电流为 $i(t)$,则由 KCL 可得

$$i(t) = i_R(t) + i_L(t) + i_C(t) = \frac{u(t)}{R} + C\frac{\mathrm{d}u(t)}{\mathrm{d}t} + \frac{1}{L}\int u(t)\mathrm{d}t \tag{10-10}$$

将式(10-10)用相量表示,并与式(10-1)比较可得

$$\dot{I} = \dot{I}_R + \dot{I}_L + \dot{I}_C = \frac{\dot{U}}{R} + \mathrm{j}\omega C \dot{U} + \frac{1}{\mathrm{j}\omega L}\dot{U} = \left(\frac{1}{R} + \mathrm{j}\omega C + \frac{1}{\mathrm{j}\omega L}\right)\dot{U} = Y\dot{U} \tag{10-11}$$

即可得到相应的相量电路模型,如图 10-8 所示。

图 10-7 RLC 并联电路

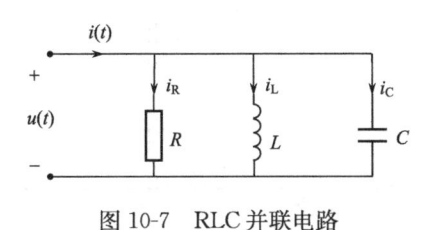

图 10-8 RLC 并联的相量电路模型

式(10-11)中,并联电路的复导纳为

$$Y = \frac{1}{R} + \mathrm{j}\omega C - \mathrm{j}\frac{1}{\omega L} = G + \mathrm{j}(B_C - B_L) = G + \mathrm{j}B = |Y|\angle\varphi_y \tag{10-12}$$

复导纳 Y 的模 $|Y| = \sqrt{G^2 + B^2}$,φ_y 称为导纳角,并且 $\varphi_y = \arctan\dfrac{B}{G}$,这里 $B(B = B_C - B_L)$ 为电纳,单位为 S。

2. 导纳三角形与电流三角形

由欧拉公式可得,复导纳

$$Y = |Y|\angle\varphi_y = |Y|\cos\varphi_y + \mathrm{j}|Y|\sin\varphi_y \tag{10-13}$$

与式(10-12)比较可知

$$G = |Y|\cos\varphi_y, \quad B = |Y|\sin\varphi_y$$

于是可得到所谓的导纳三角形,如图 10-9 所示。

由式(10-11)可得

$$\dot{I} = \dot{I}_R + \dot{I}_L + \dot{I}_C = \frac{\dot{U}}{R} + \mathrm{j}\omega C\dot{U} + \frac{1}{\mathrm{j}\omega L}\dot{U} = G\dot{U} + \mathrm{j}\left(\omega C + \frac{1}{\mathrm{j}\omega L}\right)\dot{U}$$

$$= G\dot{U} + \mathrm{j}\left(\omega C - \frac{1}{\omega L}\right)\dot{U} = G\dot{U} + \mathrm{j}B\dot{U} = \dot{I}_R + \dot{I}_B$$

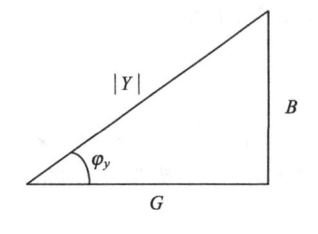

图 10-9 RLC 并联电路的导纳三角形

所以,总电流 $\dot{I}$ 与电导电流 $\dot{I}_R$ 和电纳电流 $\dot{I}_B$ 也构成一个直角三角形,该三角形反映这三个电流相量之间的相位关系和有效值关

系,称为电流三角形,如图 10-10 所示。

3. RLC 并联电路的性质与并联谐振

RLC 并联电路在端口所呈现的特性取决于感纳和容纳的大小。由于 $Y=G+\mathrm{j}(B_C-B_L)=G+\mathrm{j}B=|Y|\angle\varphi_y=|Y|\angle(\varphi_i-\varphi_u)$,所以有如下结论。

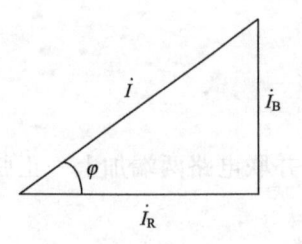

图 10-10 电流三角形

(1) 若 $B_C=B_L$,则电纳 $B=0$,导纳角 $\varphi_y=0$,$\varphi_i-\varphi_u=0$,此时导纳 $Y=G=\dfrac{1}{R}$。这表明,当 $B_C=B_L$ 时,RLC 并联电路在端口呈现纯阻性,端口电压相量与端口电流相量同相位。在电气技术领域中称:此时 RLC 并联电路发生并联谐振。

(2) 若 $B_C>B_L$,则电纳 $B>0$,导纳角 $\varphi_y>0$,$\varphi_i-\varphi_u>0$,此时端口电流相量超前端口电压相量,RLC 并联电路在端口呈现容性阻抗,相量图如图 10-11 所示。

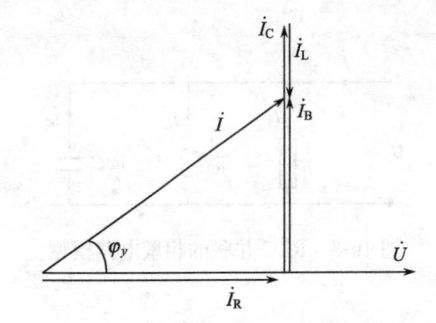

图 10-11 RLC 并联电路的容性相量图

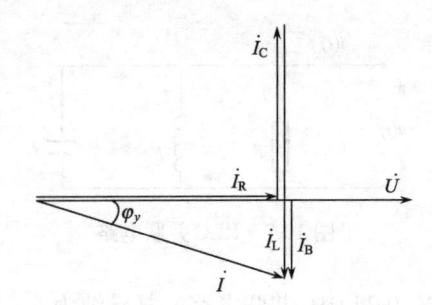

图 10-12 RLC 并联电路的感性相量图

(3) 若 $B_C<B_L$,则电纳 $B<0$,导纳角 $\varphi_y<0$,$\varphi_i-\varphi_u<0$,此时端口电流相量滞后端口电压相量,RLC 并联电路在端口呈现感性阻抗,相量图如图 10-12 所示。

10.1.4 复阻抗与复导纳的串联、并联及混联电路的分析

1. 复阻抗的串联

图 10-13 为 n 个复阻抗串联的电路,根据 KVL 可得

$$\dot{U}=\dot{U}_1+\dot{U}_2+\dot{U}_3+\cdots+\dot{U}_n$$
$$=Z_1\dot{I}+Z_2\dot{I}+Z_3\dot{I}+\cdots+Z_n\dot{I}=(Z_1+Z_2+Z_3+\cdots+Z_n)\dot{I}=Z\dot{I}$$

串联总阻抗为

$$Z=\sum_{k=1}^{n}Z_k \tag{10-14}$$

由式(10-14)可知,复阻抗串联电路的 VCR 关系与直流电路中电阻串联电路的 VCR 关系相仿。因此,类似得如图 10-14 所示两个阻抗串联时的分压公式,即

$$\dot{U}_1=\dfrac{Z_1}{Z_1+Z_2}\dot{U},\quad \dot{U}_2=\dfrac{Z_2}{Z_1+Z_2}\dot{U} \tag{10-15}$$

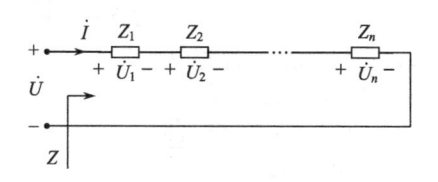

图 10-13 n 个复阻抗串联的电路

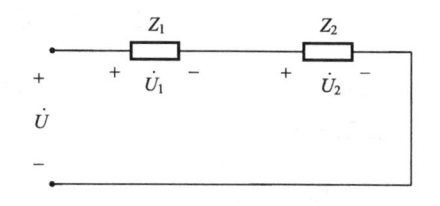

图 10-14 两个复阻抗串联的电路

2. 复导纳的并联

图 10-15 为 n 个复导纳并联的电路,根据 KCL 可得

$$\dot{I} = \dot{I}_1 + \dot{I}_2 + \dot{I}_3 + \cdots + \dot{I}_n = Y_1\dot{U} + Y_2\dot{U} + Y_3\dot{U} + \cdots + Y_n\dot{U}$$
$$= (Y_1 + Y_2 + Y_3 + \cdots + Y_n)\dot{U} = Y\dot{U}$$

并联总导纳为

$$Y = \sum_{k=1}^{n} Y_k \tag{10-16}$$

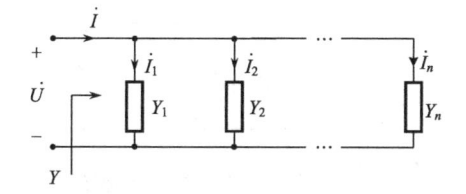

图 10-15 n 个复导纳并联的电路

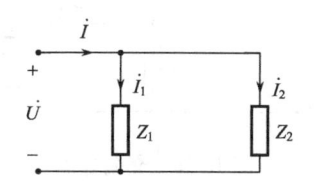

图 10-16 两个复阻抗并联的电路

由式(10-16)可知,复导纳并联电路的 VCR 关系与直流电路中电导并联电路的 VCR 关系相仿。因此,类似得如图 10-16 所示的两个阻抗并联时的分流公式,即

$$\dot{I}_1 = \frac{Z_2}{Z_1 + Z_2}\dot{I}, \quad \dot{I}_2 = \frac{Z_1}{Z_1 + Z_2}\dot{I} \tag{10-17}$$

3. 复阻抗混联电路的分析

由上面的结论可知,复阻抗混联电路的分析也应与直流电路中电阻的混联电路分析类似,有串联、并联、串并联的分析,有 Y－△ 转换的分析,也有输入阻抗的化简分析等。

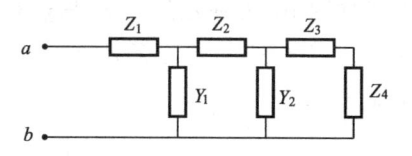

图 10-17 复阻抗混联电路图

例如,在如图 10-17 所示的复阻抗混联电路中,入端阻抗 Z_{ab} 为

$$Z_{ab} = Z_1 + \cfrac{1}{Y_1 + \cfrac{1}{Z_2 + \cfrac{1}{Y_2 + \cfrac{1}{Z_3 + Z_4}}}}$$

例 10-1 如图 10-18 所示,已知 $Z_1 = 10 + j6.28$,$Z_2 = 20 - j31.9$,$Z_3 = 15 + j15.7$,求 ab 端的等值复阻抗 Z_{ab}。

图 10-18　例 10-1 图

解　$Z_{ab} = Z_3 + \dfrac{Z_1 Z_2}{Z_1 + Z_2} = (15+\text{j}15.7) + \dfrac{(10+\text{j}6.28)(20-\text{j}31.9)}{(10+\text{j}6.28)+(20-\text{j}31.9)}$

$= (15+\text{j}15.7) + \dfrac{400.33 - \text{j}193.4}{30 - \text{j}25.62}$

$= (15+\text{j}15.7) + \dfrac{444.6 \angle -25.78°}{39.45 \angle -40.49°}$

$= (15+\text{j}15.7) + 11.27 \angle 14.7°$

$= (15+\text{j}15.7) + (10.9 + \text{j}2.86)$

$= 25.9 + \text{j}18.56 = 31.86 \angle 35.63°$

4. 交流电桥的平衡

如图 10-19 所示，当满足

$$Z_1 Z_4 = Z_2 Z_3 \tag{10-18}$$

时，对于端口 AB 而言，桥支路 CD 平衡，即 C 点与 D 点为等电位点。

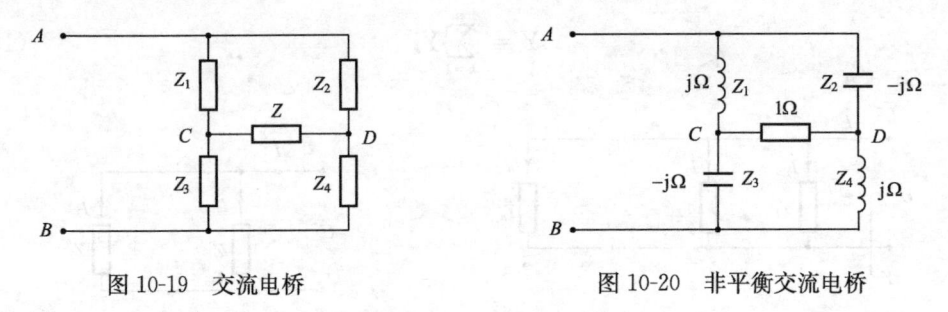

图 10-19　交流电桥

图 10-20　非平衡交流电桥

值得指出的是，式(10-18)所描述由复阻抗构成的交流电桥的平衡条件与由电阻所构成电桥的平衡条件不同，这时的平衡条件实为

$$\left. \begin{array}{l} |Z_1| \cdot |Z_4| = |Z_2| \cdot |Z_3| \\ \angle \varphi_1 + \angle \varphi_4 = \angle \varphi_2 + \angle \varphi_3 \end{array} \right\} \tag{10-19}$$

在一般情况下，若式(10-18)满足，则式(10-19)也满足，但在特殊情况下却有例外。例如对于如图 10-20 所示的电路，虽然有

$$Z_1 Z_4 = \text{j} \cdot \text{j} = -1, \quad Z_2 Z_3 = (-\text{j})(-\text{j}) = -1$$

但是

$$\angle \varphi_1 + \angle \varphi_4 = \pi, \quad \angle \varphi_2 + \angle \varphi_3 = -\pi$$

所以，这个电桥并不平衡。利用 Y/△ 等效变换，再进行串并联化简，不难求得 $Z_{AB} = 1\Omega$。

10.1.5　正弦稳态电路的相量分析法

通过前面章节的学习可知，电路的分析方法大体有以下三大类型。

1. 等效变换法

该分析方法包括：无源支路的串并联等效化简；对称电路的等效化简；桥式电路的等效化简；星形与三角形电路的等效变换；含源电路的戴维南等效或诺顿等效变换；理想电压源与理想电流源的串并联等效化简；理想电压源或理想电流源的转移变换等。

2. 方程分析法

该分析方法包括：支路法、回路法（网孔法）、节点法等。

3. 网络定理分析法

该分析方法包括：叠加定理、替代定理、戴维南定理、诺顿定理、特勒根定理、互易定理、最大功率传输定理等。

对于一个被正弦信号激励的复杂电路，若要运用相量法进行分析计算，一般有如下步骤。

（1）电路转化为相量模型。即将电路中所有的元件都变换成阻抗或导纳，并将电路中各处的电压瞬时值变量和电流瞬时值变量都表示成相量，同时将激励源表示成相量。

（2）选择某一个电压相量或电流相量为参考相量，在一般情况下，参考相量的初相角可选择 0°。

（3）运用上述三大类方法进行复数域的电路分析与计算。值得强调的是，在运用相量法进行电路的分析计算过程中，有时借助相量图进行分析，往往能得到事半功倍的效果。

（4）如果有必要，可将相量形式的计算结果还原成瞬时值形式。

在运用相量法进行电路的分析计算时还须注意如下 4 点。

（1）相量法只能用于正弦稳态电路的分析计算；对于正弦信号的非稳态过程（如接入过程），不能使用相量法。

（2）只能对确定的单一频率正弦信号使用相量法；如果信号由多个不同频率的时域正弦信号叠加而成，则应对每个频率信号逐个采用相量法分析，所得结果利用叠加定理在时域求和。

（3）对于非正弦信号，不能直接使用相量法。

（4）相量法只适用于激励为同频率正弦量的线性非时变电路的分析计算，不能用于非线性变换。

例 10-2 如图 10-21 所示，已知 $R=2R_3$，$C=\dfrac{C_3}{2}$，试证明：当 $\omega=\dfrac{1}{RC}$ 时，$\dot{U}_2=0$。

图 10-21 例 10-2 图

证明 先将两个 Y 形电路化成两个 △ 形电路。在图 10-22 中

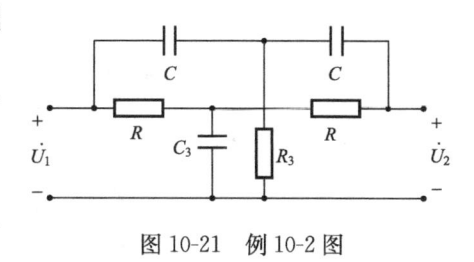

$$Z_{11} = R + R + \frac{R \times R}{\mathrm{j}\omega 2C} = 2R(1+\mathrm{j}\omega RC)$$

$$Z_{12} = R + \frac{1}{\mathrm{j}\omega 2C} + \frac{R \times \dfrac{1}{\mathrm{j}\omega 2C}}{R} = R + \frac{1}{\mathrm{j}\omega C}$$

图 10-22 Y 形电路化成 △ 形电路之一

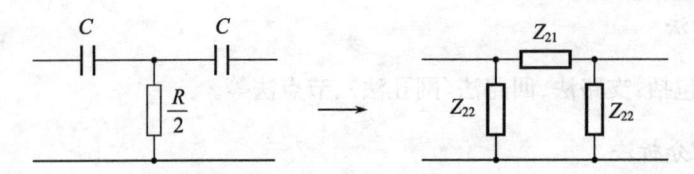

图 10-23 Y形电路化成 △形电路之二

在图 10-23 中

$$Z_{21} = \frac{1}{j\omega C} + \frac{1}{j\omega C} + \frac{\left(\frac{1}{j\omega C}\right)^2}{R/2} = \frac{2(1+j\omega RC)}{(j\omega C)^2 R}$$

$$Z_{22} = \frac{1}{j\omega C} + \frac{R}{2} + \frac{\frac{R}{2} \times \frac{1}{j\omega C}}{1/j\omega C} = R + \frac{1}{j\omega C}$$

这时，电路变成

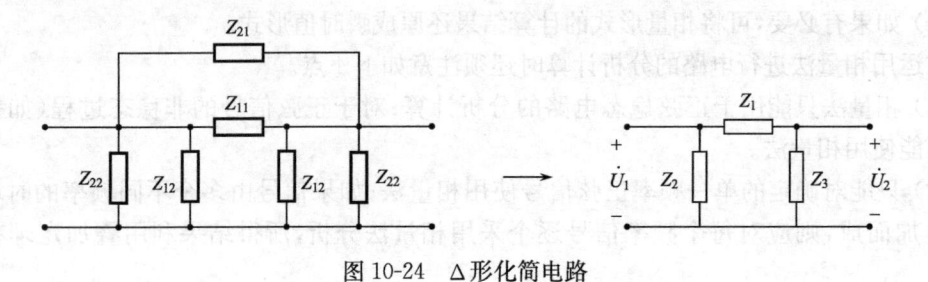

图 10-24 △形化简电路

在图 10-24 中

$$Z_1 = \frac{Z_{11}Z_{21}}{Z_{11}+Z_{21}} = \frac{2R(1+j\omega RC)}{1-(\omega RC)^2}$$

$$Z_2 = Z_3 = \frac{R + \frac{1}{j\omega C}}{2} = \frac{1+j\omega RC}{2j\omega C}$$

由分压公式可得

$$\dot{U}_2 = \frac{Z_3}{Z_1 + Z_3}\dot{U}_1 = \frac{1-(\omega RC)^2}{1-(\omega RC)^2 + j4\omega RC}\dot{U}_1$$

所以，当 $\omega = \frac{1}{RC}$ 时，即 $RC\omega = 1$，此时 $\dot{U}_2 = 0$，证毕。

例 10-3 如图 10-25 所示，已知 $R_1 = 5\Omega$，$X_1 = 5\Omega$，$R = 8\Omega$，欲使 $\dot{I}_0$ 与电压 $\dot{U}$ 在相位上相差 $90°$，问 R_0 的值为多少？

解 设参考相量 $\dot{U}_1 = U\angle 0°$，列节点方程可得

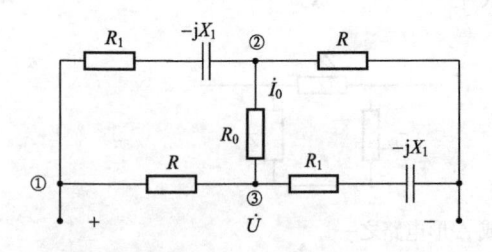

图 10-25 例 10-3 图

$$\begin{cases} \left(\dfrac{1}{R_1-jX_1}+\dfrac{1}{R}+\dfrac{1}{R_0}\right)\dot{U}_2-\dfrac{1}{R_0}\dot{U}_3-\dfrac{1}{R_1-jX_1}\dot{U}_1=0 \\ -\dfrac{1}{R}\dot{U}_1-\dfrac{1}{R_0}\dot{U}_2+\left(\dfrac{1}{R}+\dfrac{1}{R_0}+\dfrac{1}{R_1-jX_1}\right)\dot{U}_3=0 \end{cases}$$

两式相减后代入 $R_1=5\Omega, X_1=5\Omega, R=8\Omega$ 得

$$\left[\dfrac{1}{5-j5}+\dfrac{1}{8}+\dfrac{1}{R_0}\right](\dot{U}_2-\dot{U}_3)+\dfrac{1}{R_0}(\dot{U}_2-\dot{U}_3)+\left(\dfrac{1}{8}-\dfrac{1}{5-j5}\right)\dot{U}_1=0$$

$$\dot{I}_0=\dfrac{\dot{U}_2-\dot{U}_3}{R_0}=\dfrac{\left(\dfrac{1}{5-j5}-\dfrac{1}{8}\right)U\angle 0°}{R_0\left(\dfrac{1}{5-j5}+\dfrac{1}{8}+\dfrac{2}{R_0}\right)}=\dfrac{3+j5}{13R_0+80-j(5R_0+80)}U\angle 0°$$

令 $\dot{I}_0$ 与 $\dot{U}$ 相差 $90°$,则有

$$\dfrac{(3+j5)[(13R_0+80)+j(5R_0+80)]}{(13R_0+80)^2+(5R_0+80)^2}=\dfrac{-160+14R_0+j}{(13R_0+80)^2+(5R_0+80)^2}$$

令 $-160+14R_0=0$,可得 $R_0=\dfrac{160}{14}=\dfrac{80}{7}\Omega$。

例 10-4 如图 10-26 所示,端口电压恒定,已知 $X_C=48\Omega$,开关 S 合上后电流表读数不变,试求 X_L。

解 (1) 方法 1。S 未闭合时,电路阻抗为
$$Z=R+j(X_L-X_C)=|Z|\angle\varphi$$
其中,$|Z|=\sqrt{R^2+(X_L-X_C)^2}$,电流表读数为 $U/|Z|$ (U 为端口电压有效值)。

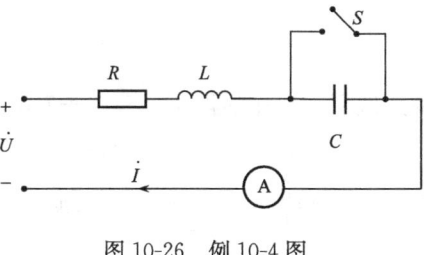

图 10-26 例 10-4 图

S 合上后,电路阻抗变为
$$Z'=R+jX_L=|Z'|\angle\varphi'$$
其中,$|Z'|=\sqrt{R^2+X_L^2}$,电流表读数为 $U/|Z'|$ (U 为端口电压有效值)。

依题意可得 $|Z|=|Z'|$,即 $\sqrt{R^2+(X_L-X_C)^2}=\sqrt{R^2+X_L^2}$。所以,$X_L=X_C/2=48/2=24\Omega$。

(2) 方法 2。根据 KVL,S 未闭合时应有 $\dot{U}=\dot{U}_R+\dot{U}_L+\dot{U}_C$;S 合上后应有 $\dot{U}'=\dot{U}_R+\dot{U}_L$。

依题意应有 $|\dot{U}|=|\dot{U}'|$,故电压相量图应为一等腰三角形,如图 10-27 所示。

所以,$|\dot{U}_C|=2|\dot{U}_L|$,即 $X_C I=2X_L I$,则 $X_L=X_C/2=48/2=24(\Omega)$。

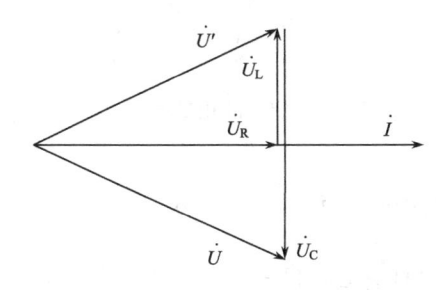

图 10-27 等腰三角形的相量图

例 10-5 如图 10-28 所示,已知 $R=1\text{k}\Omega, f=50\text{Hz}$,各电流表读数分别为 $A=0.04(\text{A}), A_1=0.035(\text{A}), A_2=0.01(\text{A})$,试求元件参数 r 和 L(电流表内阻忽略不计)。

241

图 10-28 例 10-5 图

解 已知各电流表读数均为有效值，若以电流 $\dot{I}_1$ 为参考相量，即

$$\dot{I}_1 = I_1\angle 0° = 0.035\angle 0°$$

则电压

$$\dot{U} = U\angle 0° = RI_1\angle 0° = 0.035\times 10^3\angle 0° = 35\angle 0°$$

由于电路为感性（电压超前电流），令 $Z_2 = r + \mathrm{j}\omega L$，则其他电流为

$$\dot{I} = I\angle -\varphi = 0.04\angle -\varphi \quad (\varphi > 0)$$
$$\dot{I}_2 = I_2\angle -\varphi_2 = 0.01\angle -\varphi_2 \quad (\varphi_2 > 0)$$

由 KCL 有 $\dot{I} = \dot{I}_1 + \dot{I}_2$，即

$$0.04\angle -\varphi = 0.035\angle 0° + 0.01\angle -\varphi_2 \quad 或 \quad 4\angle -\varphi = 3.5 + 1\angle -\varphi_2$$

根据欧拉公式，等式两边展开得

$$4\cos\varphi - \mathrm{j}4\sin\varphi = 3.5 + \cos\varphi_2 - \mathrm{j}\sin\varphi_2$$

令实部、虚部分别相等，得

$$4\cos\varphi = 3.5 + \cos\varphi_2$$
$$4\sin\varphi = \sin\varphi_2$$

两式取平方后相加得 $4^2 = 3.5^2 + 7\cos\varphi_2 + 1$，即得

$$\cos\varphi_2 = 0.4, \quad 并且 \quad \sin\varphi_2 = 0.916$$

由于 $|Z_2| = \dfrac{U}{I_2} = \dfrac{35}{0.01} = 3500\Omega$，所以

$$r = |Z_2|\cos\varphi_2 = 3500\times 0.4 = 1400\Omega$$

$$L = \dfrac{|Z_2|}{\omega}\sin\varphi_2 = \dfrac{3500\times 0.916}{314} = 10.2\mathrm{H}$$

例 10-6 如图 10-29 所示，已知 $U=193\mathrm{V}, U_\mathrm{r}=60\mathrm{V}, U'=180\mathrm{V}, r=20\Omega, f=50\mathrm{Hz}$，试求元件参数 R 和 C。

图 10-29 例 10-6 图

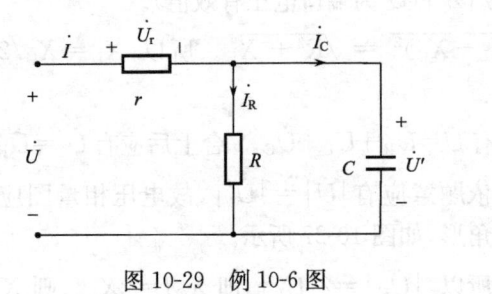

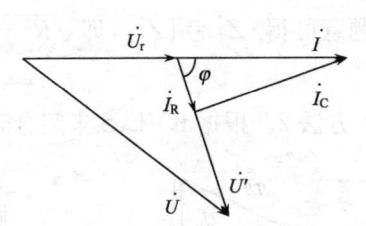

图 10-30 定性的相量图

解 以电压 $\dot{U}_\mathrm{r}$ 为参考相量，即 $\dot{U}_\mathrm{r} = U_\mathrm{r}\angle 0° = 60\angle 0°$，则电流 $\dot{I} = \dfrac{\dot{U}_\mathrm{r}}{r} = 3\angle 0°$。

定性地看，该电路一定呈容性，即必定有 $\dot{U}$ 滞后 $\dot{I}$，并且有 $\dot{U} = \dot{U}_\mathrm{r} + \dot{U}'$，$\dot{I}_\mathrm{R}$ 与 $\dot{U}'$ 同相位，$\dot{I}_\mathrm{C}$ 超前 $\dot{U}'$ 90°。据此先定性地描绘相量图，如图 10-30 所示。

由图 10-30，使用余弦定理可得

即
$$\cos(180-\varphi) = \frac{U^2 - U_r^2 - U'^2}{-2U_r U'}$$

所以

$$\cos\varphi = \frac{U^2 - U_r^2 - U'^2}{2U_r U'} = \frac{193^2 - 60^2 - 180^2}{2 \times 60 \times 180} = 0.058$$

因此有

$$\varphi = 86.68°$$

$$I_R = I\cos\varphi = 3 \times 0.058 = 0.174$$
$$I_C = I\sin\varphi = 3 \times 0.998 = 2.99$$

所以

$$R = \frac{U'}{I_R} = \frac{180}{0.174} = 1034\Omega$$

$$C = \frac{I_C}{\omega U'} = \frac{2.99}{314 \times 180} = 53\mu F$$

(注:此题若不借助相量图法较难求解。)

10.2 正弦稳态电路的功率

正弦交流电路,由于存在电感和电容,使电路中的功率计算比直流电阻电路的功率计算复杂得多。特别是在使用相量法进行分析计算时,电路中的电压与电流都转换成相量,电压相量与电流相量的乘积是否还是一般意义上的功率? 下面围绕运用相量法分析计算正弦稳态电路时的功率问题进行讨论。

10.2.1 瞬时功率

所谓"瞬时功率"是指瞬时电压与瞬时电流的乘积。对于如图 10-31 所示的无源一端口电路,如果电源所提供的端口电压和端口电流分别为

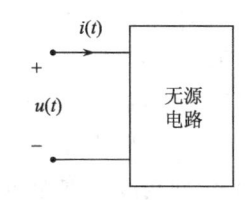

$$u(t) = \sqrt{2}U\cos(\omega t + \varphi_u)$$
$$i(t) = \sqrt{2}I\cos(\omega t + \varphi_i)$$

图 10-31 一个无源一端口电路

则在正弦稳态情况下,该无源电路消耗的瞬时功率为

$$p(t) = u(t)i(t) = 2UI\cos(\omega t + \varphi_u)\cos(\omega t + \varphi_i)$$
$$= UI[\cos(\varphi_u - \varphi_i) + \cos(2\omega t + \varphi_u + \varphi_i)] \quad (10-20)$$

瞬时功率的波形如图 10-32 所示。

由式(10-20)可知,瞬时功率包含恒定分量 $UI\cos(\varphi_u - \varphi_i)$ 和正弦分量 $UI\cos(2\omega t + \varphi_u + \varphi_i)$。通常,$\varphi_u \neq \varphi_i$,所以瞬时功率中的恒定分量一般总存在,表示与时间无关的一个恒定量。另外,值得注意的是,瞬时功率中的正弦分量的频率是电压或电流频率的两倍。这表明,在电压或电流的一个周期内,瞬时功率中的正弦分量出现两次 $p(t)<0$ 的情况。在这两个 $p(t)<0$ 的时间段内,电压 $u(t)$ 与电流 $i(t)$ 的方向相

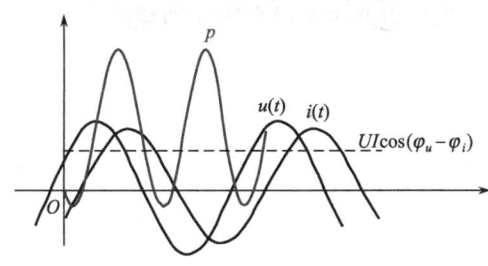

图 10-32 瞬时功率的波形

反,电路将能量送回电源,原因是电路存在储能元件。

由于瞬时功率只反映瞬时时刻的功率值,所以在实际应用中,其实用意义并不大。

10.2.2 平均(有功)功率

在一个周期内对瞬时功率取平均,可得到正弦交流稳态电路的平均功率,即

$$P = \frac{1}{T}\int_0^T p(t)\,\mathrm{d}t = \frac{1}{T}\int_0^T UI[\cos(\varphi_u - \varphi_i) + \cos(2\omega t + \varphi_u + \varphi_i)]\mathrm{d}t$$
$$= UI\cos(\varphi_u - \varphi_i) \tag{10-21}$$

显然,平均功率正是瞬时功率中的恒定分量,式中 U 和 I 分别为电压和电流的有效值,平均功率 P 的单位为 W(瓦特)。

由于 $\cos(\varphi_u - \varphi_i) = \cos(\varphi_i - \varphi_u)$,所以可将上式写成

$$P = UI\cos\varphi \tag{10-22}$$

从几何学的观点看,式(10-22)表示 U 投影到 I 上,或者 I 投影到 U 上,如图 10-33 所示。

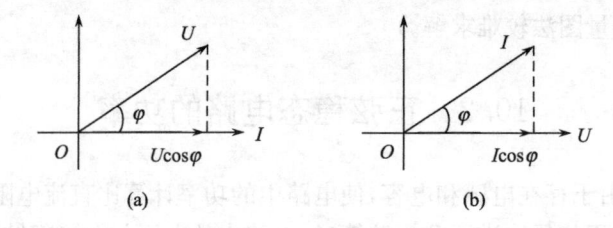

图 10-33 投影关系图

两个同相的量(图 10-33 中的 $U\cos\varphi$ 与 I 或 $I\cos\varphi$ 与 U)相乘类同于电阻上的电压与电流相乘(电阻上电压与电流的相位差为零),电阻总消耗功率,这正说明平均功率就是电路消耗的功率。因此,平均功率称为有功功率。

工程上常将一个物理量乘上 $\cos\varphi$ 以后的值称为这个物理量的有功分量。

由式(10-22)可知,电路消耗功率(即有功功率)的大小与 $\cos\varphi$ 密切相关,于是 $\cos\varphi$ 称为功率因素,而角度 φ 称为功率因素角。

功率因素角 $\varphi = \pm(\varphi_u - \varphi_i)$ 是电路端口电压与电流的相位差,也是从电路端口看进去等效阻抗的阻抗角。当如图 10-31 所示的无源一端口电路为纯电阻时,$\varphi=0$,$\cos\varphi=1$,$P=UI$;当无源一端口电路为纯电感时,$\varphi=\frac{\pi}{2}$,$\cos\varphi=0$,$P=0$,即纯电感不消耗能量;当无源一端口电路为纯电容时,$\varphi=-\frac{\pi}{2}$,$\cos\varphi=0$,$P=0$,即纯电容不消耗能量;当无源一端口电路既有电阻,又有电感和电容时,虽然,电感和电容不消耗能量,但是电路的功率因素 $\cos\varphi<1$,从而形成该无源电路与外电路的能量交换。显然,有功功率是一端口电路中全部电阻所消耗的功率。

10.2.3 无功功率

令 $\varphi = \varphi_u - \varphi_i$,于是

$$\varphi_u + \varphi_i = \varphi_u - \varphi_i + 2\varphi_i = \varphi + 2\varphi_i$$

在特殊情形下,取 $\varphi_i = 0$,这时式(10-20)可展开为

$$p(t) = UI[\cos(\varphi_u - \varphi_i) + \cos(2\omega t + \varphi_u + \varphi_i)]$$

$$= UI\cos\varphi + UI[\cos(2\omega t + \varphi)] = UI\cos\varphi + UI[\cos2\omega t\cos\varphi - \sin2\omega t\sin\varphi]$$
$$= UI\cos\varphi(1+\cos2\omega t) - UI\sin\varphi\sin2\omega t$$
$$= P(1+\cos2\omega t) - Q\sin2\omega t \tag{10-23}$$

式中，$P=UI\cos\varphi$，并令 $Q=UI\sin\varphi$。式(10-23)中的第一项为功率的脉动分量，传输方向总从电源到负载；第二项则表示在电源与负载之间往返流动的功率分量，幅值为 $Q=UI\sin\varphi$。工程上将 $UI\sin\varphi$ 这样的在电源与负载之间往返流动的功率称为无功功率，用大写字母 Q 表示，即

$$Q = UI\sin\varphi \tag{10-24}$$

无功功率 Q 的单位为 Var(乏)。无功功率可正可负，$\varphi>0$，说明电压超前电流，电路呈感性，此时 $Q>0$，说明电路在"吸收"无功功率；$\varphi<0$，说明电压滞后电流，电路呈容性，此时 $Q<0$，说明电路在"发出"无功功率；$\varphi=0$，说明电压与电流同相位，电路呈阻性，此时 $Q=0$，说明电路既不"发出"无功功率，也不"吸收"无功功率。

从几何学的观点看，式(10-24)表示 U 投影到与 I 垂直的 90°线上，或者 I 投影到与 U 垂直的 90°线上，如图 10-34 所示。两个相互垂直的量(图 10-34 中的 $U\sin\varphi$ 与 I 或 $I\sin\varphi$ 与 U)相乘类同于电感或电容上的电压与电流相乘，而电感或电容不消耗有功功率，这也正符合无功功率的含义。

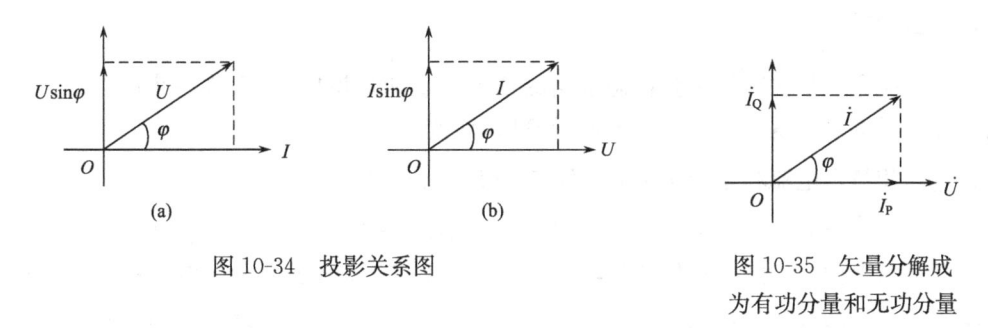

图 10-34　投影关系图

图 10-35　矢量分解成为有功分量和无功分量

与有功分量相对应的是，工程上常将一个物理量乘上 $\sin\varphi$ 以后的值称为这个物理量的无功分量。

矢量 $\dot{I}$ 分解成为有功分量 $\dot{I}_P$ 和无功分量 $\dot{I}_Q$，如图 10-35 所示。

根据平行四边形法则，有 $\dot{I}=\dot{I}_P+\dot{I}_Q$。并且

$$I_P = I\cos\varphi$$
$$I_Q = I\sin\varphi$$

即电流相量 $\dot{I}$ 投影到电压相量 $\dot{U}$ 上时类同于电阻上的电压与电流相乘，故 $\dot{I}_P$ 为有功分量；电流相量 $\dot{I}$ 投影到与电压相量 $\dot{U}$ 垂直方向上时类同于电容(或电感)上的电压与电流相乘，故 $\dot{I}_Q$ 为无功分量。

10.2.4　视在功率

由上面所讨论的有功功率表达式和无功功率表达式可知，电压有效值 U 与电流有效值 I 的乘积类似一个最多可盛满容量为 UI 的功率容器，$\cos\varphi$ 则类似从容器中取用有功功率的"勺子"，而 $\sin\varphi$ 则类似从容器中取用无功功率的"勺子"。

因此，工程上将 UI 视为"容量"，专业术语为视在功率(或表观功率)，用大写字母 S 表

示,即

$$S = UI \tag{10-25}$$

单位为 VA(伏安)。在实际应用中,视在功率具有实用意义,电机、变压器等电气设备的"容量"是指视在功率。

10.2.5 功率三角形

以上定义了三种形式的功率 P、Q、S,即有功功率:$P = UI\cos\varphi$;无功功率:$Q = UI\sin\varphi$;视在功率:$S = UI$。

如同阻抗三角形,这三种形式的功率构成一个功率三角形,如图 10-36 所示。根据功率三角形,三种功率的相互关系为

$$S = \sqrt{P^2 + Q^2}$$

$$\varphi = \arctan\frac{Q}{P}$$

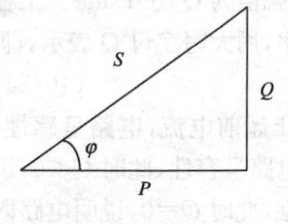

$$\cos\varphi = \frac{P}{S}$$

图 10-36 功率三角形

10.2.6 复功率

在具备应用相量法求解正弦稳态电路的基本概念和知识后,会面临一个问题——电压相量与电流相量的乘积是什么功率?下面回答这个问题。

设电压相量和电流相量分别为 $\dot{U} = U\mathrm{e}^{\mathrm{j}\varphi_u}$ 和 $\dot{I} = I\mathrm{e}^{\mathrm{j}\varphi_i}$,由于

$$\dot{U}\dot{I} = UI\mathrm{e}^{\mathrm{j}\varphi_u}\mathrm{e}^{\mathrm{j}\varphi_i} = UI\mathrm{e}^{\mathrm{j}(\varphi_u+\varphi_i)} = UI\cos(\varphi_u+\varphi_i) + \mathrm{j}UI\sin(\varphi_u+\varphi_i)$$

则此式显然与上面定义的三种形式的功率无法一一对应,即电压相量与电流相量的乘积并不能用来表达已知的任何一种功率。这个乘积却可提供一种思路:观察电压相量 $\dot{U} = U\mathrm{e}^{\mathrm{j}\varphi_u}$ 与电流共轭相量 $\dot{I}^* = I\mathrm{e}^{-\mathrm{j}\varphi_i}$ 的乘积

$$\dot{U}\dot{I}^* = UI\mathrm{e}^{\mathrm{j}\varphi_u}\mathrm{e}^{-\mathrm{j}\varphi_i} = UI\mathrm{e}^{\mathrm{j}(\varphi_u-\varphi_i)}$$

沿用前面的定义 $\varphi = \varphi_u - \varphi_i$,并根据欧拉公式可得

$$\dot{U}\dot{I}^* = UI\mathrm{e}^{\mathrm{j}(\varphi_u-\varphi_i)} = UI\mathrm{e}^{\mathrm{j}\varphi} = UI(\cos\varphi + \mathrm{j}\sin\varphi)$$

$$= UI\cos\varphi + \mathrm{j}UI\sin\varphi = P + \mathrm{j}Q \tag{10-26}$$

式(10-26)表明,电压相量 $\dot{U}$ 与电流共轭相量 $\dot{I}^*$ 的乘积有意义,可以用它表达已知的功率,如其实部为有功功率,虚部为无功功率,其模为视在功率,其相角为功率因素角。于是,电压相量 $\dot{U}$ 与电流共轭相量 $\dot{I}^*$ 的乘积定义为复功率,用符号 $\tilde{S}$ 表示,即

$$\tilde{S} = \dot{U}\dot{I}^* \tag{10-27}$$

由式(10-26)~式(10-27)可知

$$P = \mathrm{Re}[\tilde{S}] \tag{10-28}$$

$$Q = \mathrm{Im}[\tilde{S}] \tag{10-29}$$

$$S = \sqrt{P^2 + Q^2} = |\tilde{S}| \tag{10-30}$$

注意:复功率并不代表正弦量,引入复功率的目的是用电压相量和电流相量表达功率 P、Q、S。

综上所述,乘积 $\dot{U}\dot{I}$ 无意义。

例 10-7 如图 10-37 所示,已知 $\dot{U} = 240\angle 0°(\text{V}),\omega=1000(\text{rad/s})$,试求电源供出的复功率。

解 电路阻抗为

$$Z = \frac{R\left(\text{j}\omega L + \dfrac{1}{\text{j}\omega C}\right)}{R + \text{j}\omega L + \dfrac{1}{\text{j}\omega C}} = \frac{R(1-\omega^2 LC)}{1-\omega^2 LC + \text{j}\omega RC}$$

$$= 24\angle 53°(\Omega)$$

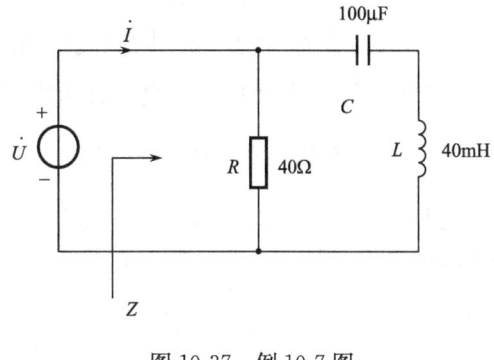

图 10-37 例 10-7 图

则电流 $\dot{I} = \dfrac{\dot{U}}{Z} = \dfrac{240\angle 0°}{24\angle 53°} = 10\angle -53°$。所以,电源供出的复功率为

$$\widetilde{S} = \dot{U}\dot{I}^* = 240\angle 0° \times 10\angle 53° = 2400\angle 53° = 1440 + \text{j}1920$$

由此可知:视在功率为 2400VA,有功功率为 1440W,无功功率为 1920Var,电路的功率因素角 $\varphi=53°$。

10.2.7 功率的可叠加性与守恒性

上面描述了瞬时功率、有功功率、无功功率、视在功率和复功率等 5 种形式的功率,这类功率可以是图 10-31 所描述的一个无源一端口电路端口所呈现的功率,也可以是电路中任何一个二端元件上的功率。于是,问题随之而来:整个电路的功率是否守恒?一个无源一端口电路端口所呈现的功率是否等于电路中所有元件上的功率之和,即功率是否可叠加?

1. 复功率的可叠加性与守恒性

因为无源一端口电路端口的总复功率为

$$\widetilde{S} = \dot{U}\dot{I}^* \begin{cases} \Rightarrow (\text{由 KCL}) = \dot{U}(\dot{I}_1 + \dot{I}_2 + \cdots + \dot{I}_b)^* = \dot{U}\dot{I}_1^* + \dot{U}\dot{I}_2^* + \cdots + \dot{U}\dot{I}_b^* = \widetilde{S}_1 + \widetilde{S}_2 + \cdots + \widetilde{S}_b \\ \Rightarrow (\text{由 KVL}) = (\dot{U}_1 + \dot{U}_2 + \cdots + \dot{U}_b)\dot{I}^* = \dot{U}_1\dot{I}^* + \dot{U}_2\dot{I}^* + \cdots + \dot{U}_b\dot{I}^* = \widetilde{S}_1 + \widetilde{S}_2 + \cdots + \widetilde{S}_b \end{cases}$$

所以,电路中所有元件上复功率之和等于电路端口所呈现的总复功率,即

$$\widetilde{S} = \sum_{k=1}^{b} \widetilde{S}_k \tag{10-31}$$

结论:复功率满足可叠加性。

式(10-31)表明:对于一个共有 b 条支路的完整电路,设 k 支路的电压和电流分别为 $\dot{U}_k$ 与 $\dot{I}_k$,在关联方向下,整个电路吸收的复功率之代数和等于零,这个结论称为复功率守恒。

2. 有功功率的可叠加性与守恒性

根据式(10-28)描述的有功功率与复功率的关系,可得无源一端口电路端口的总有功功率与电路中各个元件上有功功率的关系为

$$P = \text{Re}[\widetilde{S}] = \text{Re}\left[\sum_{k=1}^{b}\widetilde{S}_k\right] = \sum_{k=1}^{b}\text{Re}[\widetilde{S}_k] = \sum_{k=1}^{b}P_k \tag{10-32}$$

结论:有功功率满足可叠加性。

式(10-32)表明:对于一个共有 b 条支路的完整电路,设 k 支路的电压和电流分别为 $\dot{U}_k$ 与 $\dot{I}_k$,在关联方向下,整个电路吸收的有功功率之代数和等于零,这个结论称为有功功率守恒。

3. 无功功率的可叠加性与守恒性

根据式(10-29)描述的无功功率与复功率的关系,可得无源一端口电路端口的总无功功率与电路中各个元件上无功功率的关系为

$$Q = \text{Im}[\tilde{S}] = \text{Im}\left[\sum_{k=1}^{b}\tilde{S}_k\right] = \sum_{k=1}^{b}\text{Im}[\tilde{S}_k] = \sum_{k=1}^{b}Q_k \tag{10-33}$$

结论:无功功率满足可叠加性。

式(10-33)表明:对于一个共有 b 条支路的完整电路,设 k 支路的电压和电流分别为 $\dot{U}_k$ 与 $\dot{I}_k$,在关联方向下,整个电路吸收的无功功率之代数和等于零,这个结论称为无功功率守恒。

4. 视在功率的可叠加性与守恒性

根据式(10-30)描述的视在功率与复功率的关系,可得

$$S = UI = |\tilde{S}| = \left|\sum_{b=1}^{n}\tilde{S}_b\right| \neq \sum_{b=1}^{n}|\tilde{S}_b| = \sum_{b=1}^{n}S_b \tag{10-34}$$

结论:视在功率一般不满足可叠加性,也不满足功率守恒。

例 10-8 如图 10-38 所示,已知 $Z_1=4+\text{j}13$,$Z_2=8+\text{j}4$,电源电压 $U=120\text{V}$。试求:(1)各支路电流和总电流;(2)各支路有功功率和总有功功率;(3)各支路无功功率和总无功功率;(4)各支路视在功率和总视在功率。

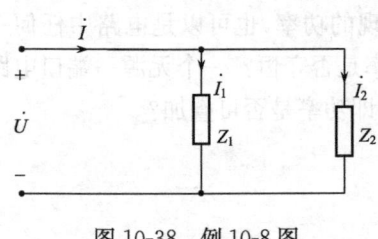

图 10-38 例 10-8 图

解 (1) 以电压 $\dot{U}$ 为参考相量,即

$$\dot{U} = U\angle 0° = 120\angle 0°$$

则电流

$$\dot{I}_1 = \frac{\dot{U}}{Z_1} = \frac{120\angle 0°}{4+\text{j}13} = \frac{120\angle 0°}{13.6\angle 72.9°} = 8.82\angle -72.9°$$

$$\dot{I}_2 = \frac{\dot{U}}{Z_2} = \frac{120\angle 0°}{8+\text{j}4} = \frac{120\angle 0°}{8.944\angle 26.6°} = 13.42\angle -26.6°$$

$$\dot{I} = \dot{I}_1 + \dot{I}_2 = 8.82\angle -72.9° + 13.42\angle -26.6°$$
$$= 2.595 - \text{j}8.432 + 12 - \text{j}6 = 14.595 - \text{j}14.432 = 20.53\angle -44.7°$$

(2) $P_1 = UI_1\cos\varphi_1 = 120\times 8.82\times \cos 72.9° = 311.35(\text{W})$;
$P_2 = UI_2\cos\varphi_2 = 120\times 13.42\times \cos 26.6° = 1440(\text{W})$;
$P = UI\cos\varphi = 120\times 20.53\times \cos 44.7° = 1751.35(\text{W})$。

可知:$P = P_1 + P_2$。

(3) $Q_1 = UI_1\sin\varphi_1 = 120\times 8.82\times \sin 72.9° = 1012(\text{Var})$;
$Q_2 = UI_2\sin\varphi_2 = 120\times 13.42\times \sin 26.6° = 720(\text{Var})$;
$Q = UI\sin\varphi = 120\times 20.53\times \sin 44.7° = 1732(\text{Var})$。

可知:$Q = Q_1 + Q_2$。

(4) $S_1=UI_1=120\times8.82=1058.4(\text{VA})$；
$S_2=UI_2=120\times13.42=1610.4(\text{VA})$；
$S=UI=120\times20.53=2463.6(\text{VA})$。

可知：$S\neq S_1+S_2$。

10.2.8 功率因数

前面已经定义功率因素 $\cos\varphi$，且知负载从电源发出的功率容量 S 中能获得的有功功率 P 由功率因素 $\cos\varphi$ 决定，或者由负载的阻抗角 φ 决定。

提高功率因素具有重要的经济意义。对于供电系统而言，要充分利用电源设备的容量，必须提高功率因素 $\cos\varphi$，或者减小功率因素角 φ。例如，一台供电变压器的容量 S 为 7500kVA，$\cos\varphi=1$ 时，输出的有功功率为 $P=7500$kW。当 $\cos\varphi=0.5$ 时，输出的有功功率为 $P=3750$kW。显然，此时电源设备的容量没有得到充分利用。输电线路的传输效率 η 是负载接收到的功率 P_2 与输电线路始端的输入功率 P_1 之比，即

$$\eta=\frac{P_2}{P_1}\times100\%=\frac{P_2}{P_2+R_l I^2}\times100\% \quad (10\text{-}35)$$

式中，R_l 为输电线的电阻，$R_l I^2$ 为线路的有功损耗。当 P_2 为定值时，要提高传输效率，必须减小输电线路中的电流 I，而

$$I=\frac{P_2}{U_2\cos\varphi} \quad (10\text{-}36)$$

如果负载端电压 U_2 保持恒定，那么，要减小 I 就必须提高 $\cos\varphi$，否则，输电线路中的电流 I 变大，引起输电线路的损耗增大。为降低线路损耗，供电部门要求用户必须采取一定的措施，将功率因素提高到规定的限度以上。

在日常生活和工业生产中，绝大多数电器都是感性负载，其电压都超前电流。在这种情况下，要提高功率因素 $\cos\varphi(\varphi=\varphi_u-\varphi_i)$，即要减小功率因素角 φ，就须增大 φ_i，而增大 φ_i 的常用手段是在感性电路中并联电容。因为感性负载消耗无功功率，因此，须使用电容提供无功功率。之所以并联电容，是因为采用并联方式后，电路中电流的无功分量可以得到补偿。这种方法称为静态补偿法，图 10-39 即为静态补偿法的示意图。电力系统则采用所谓的同步补偿法，即安装调相机增大 φ_i。

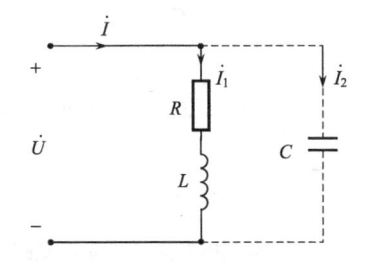

图 10-39 采用并联电容的静态补偿法 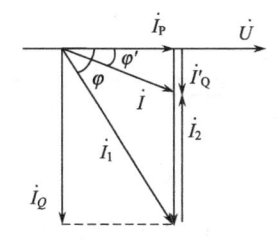　　图 10-40 功率因素角从 φ 减小到 φ' 的原理

图 10-40 通过相量图描述了并联电容后功率因素角从 φ 减小到 φ' 的原理。在并联电容之前，电路中的总电流 $\dot{I}=\dot{I}_1$，并且

$$I_1=\frac{P}{U\cos\varphi}$$

并联电容 C 之后,电路中的总电流 $\dot{I}=\dot{I}_1+\dot{I}_2$。这时,负载电流 $\dot{I}_1$ 的有功分量不变,由于电容电流 $\dot{I}_2$ 超前电压 $90°$,而抵消一部分负载电流 $\dot{I}_1$ 的无功分量,故由图 10-40 可知,总电流 I 少于并联电容之前的 I_1。

并联电容之前,总电流 $\dot{I}$ 的无功分量为 $\dot{I}_Q$,并且

$$I_Q = I_1\sin\varphi = \frac{P}{U\cos\varphi}\sin\varphi = \frac{P}{U}\tan\varphi$$

并联电容之后,总电流 $\dot{I}$ 的无功分量为 $\dot{I}'_Q$,并且

$$I'_Q = I\sin\varphi' = \frac{P}{U\cos\varphi'}\sin\varphi' = \frac{P}{U}\tan\varphi'$$

而由于电容电流 $\dot{I}_2$ 的有效值 $I_2=I_Q-I'_Q$。由图 10-39 可知,电容电流 $I_2=\omega CU$,所以,需并联的电容值为

$$C = \frac{I_2}{\omega U} = \frac{I_Q - I'_Q}{\omega U} = \frac{P(\tan\varphi - \tan\varphi')}{\omega U^2} \tag{10-37}$$

例 10-9 如图 10-41 所示为一个日光灯支路,已知日光灯功率为 40W,电压 $U=220$V,电流 $I=0.41$A,试求(1) 日光灯支路的功率因素 $\cos\varphi$;(2)使日光灯支路的功率因素提高到 1,需并联的电容;(3)功率因素提高到 1 时的总电流 I;(4)一般 40W 日光灯并联 $4.75\mu F$ 的电容时所对应的功率因素。

解 (1) 已知日光灯支路的 $P=40$W,容量 $S=UI=220\times 0.41=90.2$(VA)。所以,日光灯支路的功率因素为

$$\cos\varphi = \frac{P}{S} = \frac{40}{90.2} = 0.4435$$

功率因素角为

$$\varphi = \cos^{-1}0.4435 = 63.67°$$

(2) 由式(10-37)可得,日光灯支路的功率因素提高到 1 时需并联的电容为

$$C = \frac{P(\tan\varphi - \tan\varphi')}{\omega U^2} = \frac{40(\tan\varphi - \tan\varphi')}{2\pi\times 50\times 220^2} = \frac{40(\tan 63.67° - 0)}{2\pi\times 50\times 220^2} = 5.32\mu F$$

并联电容后的日光灯支路如图 10-42 所示。

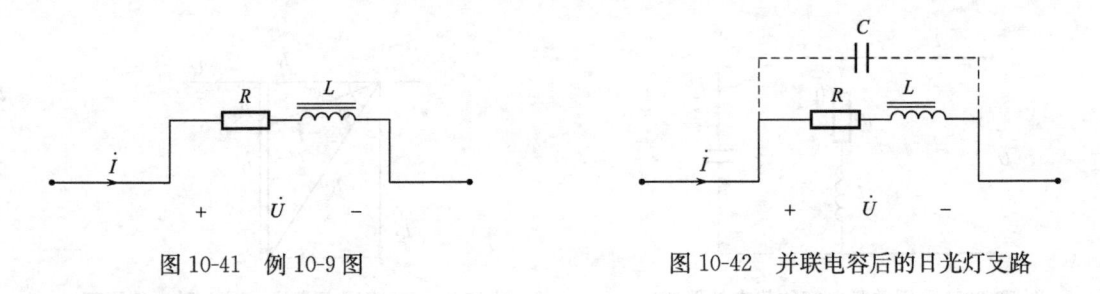

图 10-41 例 10-9 图

图 10-42 并联电容后的日光灯支路

(3) 日光灯支路的功率因素提高到 1 时的总电流为

$$I = \frac{P}{U\cos\varphi} = \frac{P}{U} = \frac{40}{220} = 0.182(A)$$

可见,总电流 I 小于并联电容之前。

(4) 由式(10-37)可得

$$\tan\varphi' = \tan\varphi - \frac{\omega CU^2}{P} = 2.02 - \frac{314 \times 4.75 \times 10^{-6} \times 220^2}{40} = 0.2153$$

$$\varphi' = \tan^{-1} 0.2153 = 12.15°$$

所以,功率因素为

$$\cos\varphi' = \cos 12.15° = 0.978$$

10.2.9 正弦稳态电路中的最大功率传输

在直流电路分析中已经学习过最大功率传输定理。在正弦稳态电路中,由于信号和负载发生变化,所以这时的最大功率传输定理也随之发生变化。根据戴维南定理,这一问题可以归结为含源一端口网络向外电路(负载)传输最大功率的问题。如图10-43所示,左边为戴维南等效支路,右边的 Z_L 为外接负载。

设戴维南等效阻抗 $Z_{eq}=R_{eq}+jX_{eq}$,负载 $Z_L=R_L+jX_L$,则负载电流

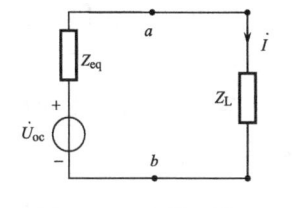

图10-43 含源一端口网络与外电路(负载)

$$\dot{I} = \frac{\dot{U}_{oc}}{Z_{eq}+Z_L} = \frac{\dot{U}_{oc}}{(R_{eq}+R_L)+j(X_{eq}+X_L)}$$

负载电流有效值

$$I = \frac{U_{oc}}{\sqrt{(R_{eq}+R_L)^2+(X_{eq}+X_L)^2}}$$

负载吸收的功率

$$P_L = R_L I^2 = \frac{R_L U_{oc}^2}{(R_{eq}+R_L)^2+(X_{eq}+X_L)^2} \tag{10-38}$$

由式(10-38)可知,负载获得最大功率的条件与 U_{oc}、R_{eq}、R_L、X_{eq}、X_L 等5个参数有关。在一般情况下,U_{oc}、R_{eq} 和 X_{eq} 恒不变,所以,只需考虑 R_L 和 X_L 这两个参数的影响。

1) 保持 R_L 不变,只改变 X_L

由式(10-38)知,令 $\frac{\partial P_L}{\partial X_L}=0$,可得负载获得最大功率的条件为

$$X_L = -X_{eq}$$

这时,负载获得的最大功率为 $P_{Lmax} = \frac{R_L U_{oc}^2}{(R_{eq}+R_L)^2}$。

图10-43的电路发生串联谐振。

2) R_L 和 X_L 都改变

由式(10-38)知,令 $\frac{\partial P_L}{\partial R_L}=0$ 和 $\frac{\partial P_L}{\partial X_L}=0$,可得负载获得最大功率的条件为

$$\begin{cases} R_L = R_{eq} \\ X_L = -X_{eq} \end{cases}$$

这个条件也可写成

$$Z_L = R_L + jX_L = R_{eq} - jX_{eq} = Z_{eq}^* \tag{10-39}$$

即当负载 Z_L 等于戴维南等效阻抗 Z_{eq} 的共轭(Z_{eq}^*)时,负载可获得最大功率,负载获得的最大功率为

$$P_{Lmax} = \frac{U_{oc}^2}{4R_{eq}}$$

满足(10-39)这个条件称为最佳匹配或共轭匹配。

注意,在共轭匹配时,能量的传输效率

$$\eta = \frac{R_L I^2}{(R_{eq}+R_L)I^2} \times 100\% = 50\%$$

在电力工程中,输电电压较高,而电源的内阻很小。如果系统处于共轭匹配状态,则不仅能量的传输效率太低,并且输电电流也很大,从而损坏电源和负载设备。因此,电力系统不允许在共轭匹配状态下工作。在通信工程和电子技术应用方面,由于传输信号的电压低、电流小,以损失部分能量为代价,使负载与信号源之间达成共轭匹配,以求负载获得较强的信号。

例 10-10 电路如图 10-44 所示,已知 $\dot{I}_S=10\angle-90°$, $\dot{U}_S=1-j5$,问 Z 为何值时它吸收的有功功率最大,并求此最大功率。

解 (1) 先将电路从 a,b 点断开,求从 a,b 点往左看的戴维南等效支路。这时,由节点方程

$$\begin{cases} \left(1+\dfrac{1}{-j}\right)\dot{U}_d = \dot{I}_s - \dot{U} \\ \dot{U} = \dot{U}_d \end{cases}$$

解得 $\dot{U}_d = 4.47\angle-116.6°$。所以,开路电压

$$\dot{U}_{ab} = -(-j)\dot{U} + \dot{U}_d = (1+j)\dot{U}_d = 6.3\angle-71° = 2-j6$$

如图 10-45 所示,在 a,b 端口加源 $\dot{U}_x$,求戴维南等效阻抗 Z_{eq}。

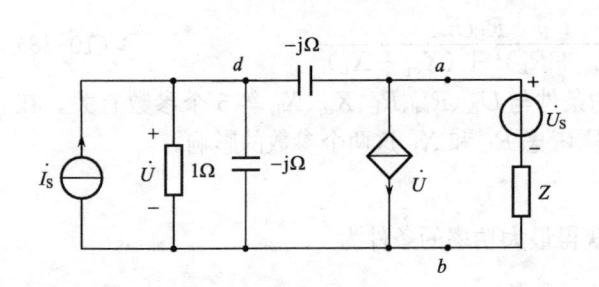

图 10-44 例 10-10 图

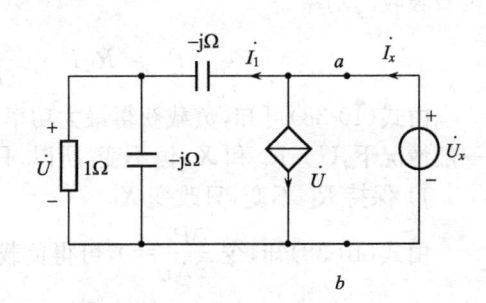

图 10-45 用端口加源法求等效阻抗

因为 $\dot{U}=\dfrac{\dfrac{-j}{1-j}}{\dfrac{-j}{1-j}-j}\dot{U}_x = \dfrac{1}{5}(2+j)\dot{U}_x$, $\dot{I}_1=\dfrac{\dot{U}_x}{\dfrac{-j}{1-j}-j}=\dfrac{1}{5}(1+j3)\dot{U}_x$, $\dot{I}_x = \dot{I}_1+\dot{U}=\dfrac{1}{5}(3+j4)\dot{U}_x$ 所以 $Z_{eq}=\dfrac{\dot{U}_x}{\dot{I}_x}=\dfrac{1}{5}(3-j4)$。

(2) 根据最大功率传输的条件,当负载阻抗 $Z=Z_{eq}^*=\dfrac{1}{5}(3+j4)$ 时可获最大功率。将从 a,b 点断开的负载支路连接还原,如图 10-46 所示。

在等效电路中

$$\dot{U}'_S = \dot{U}_{oc} - \dot{U}_S = 2-j6-1+j5 = 1-j = \sqrt{2}\angle-45°$$

所以,最大功率

$$P_{\max} = \frac{U_S'^2}{4R_{eq}} = \frac{(\sqrt{2})^2}{4 \times \frac{3}{5}} = 0.83(\text{W})$$

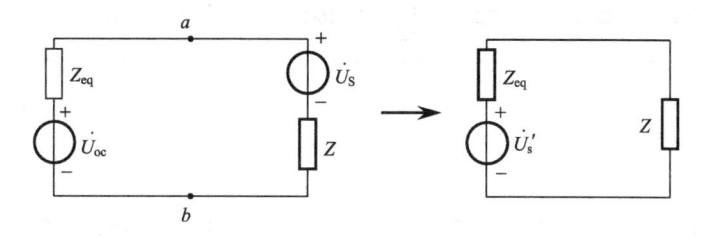

图 10-46 等效电路

思 考 题

10-1 在 RLC 串联的正弦稳态电路中,各元件的电压有效值分别为 U_R、U_L、U_C,串联电路的总电压为 U,是否有 $U=U_R+U_L+U_C$? 为什么?

10-2 在 RLC 并联的正弦稳态电路中,各元件的电流有效值分别为 I_R、I_L、I_C,并联电路的总电流为 I,是否有 $I=I_R+I_L+I_C$? 为什么?

10-3 串联电路的阻抗三角形、电压三角形和功率三角形是否相似三角形? 为什么?

10-4 并联电路的导纳三角形、电流三角形和功率三角形是否相似三角形? 为什么?

10-5 何谓串联谐振? 发生串联谐振的条件是什么? 串联谐振电路有哪些基本特点?

10-6 何谓并联谐振? 发生并联谐振的条件是什么? 并联谐振电路有哪些基本特点?

10-7 为何有功功率只发生在电阻 R 或电导 G 上?

10-8 为何无功功率只发生在电抗 X 或电纳 B 上,即只存在于电感 L 和电容 C 中?

10-9 为什么视在功率不满足守恒条件?

10-10 采用静态补偿法提高功率因素时,可否通过串联电容完成?

10-11 本章描述了电压与电流的相位差 φ、阻抗角 φ、功率因素角 φ,这三个 φ 是否相同? 为什么?

10-12 最大功率传输的条件是什么? 何为共轭匹配? 最大功率传输有何实用意义?

习 题

10-1 在题 10-1 图中,已知 $R=60\Omega$,$X_L=30\Omega$,$X_C=80\Omega$。求各串联电路的等效复阻抗和各并联电路的等效复导纳。

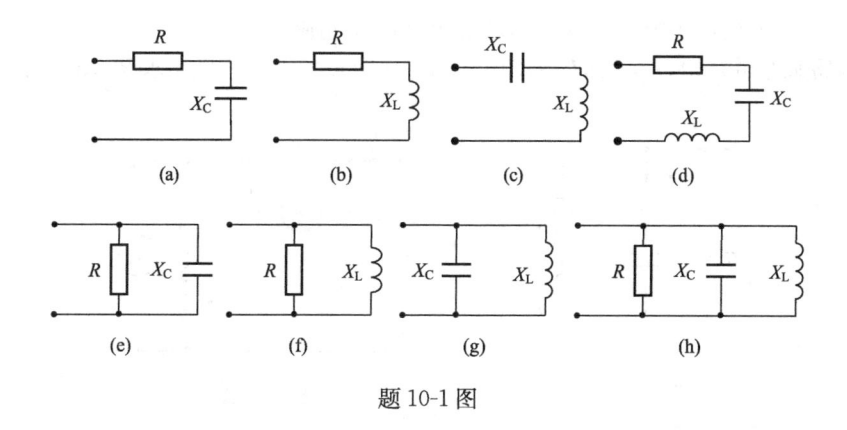

题 10-1 图

10-2 题10-2图的参数为各元件的电阻、感抗和容抗。求各电路的端口等效复阻抗。

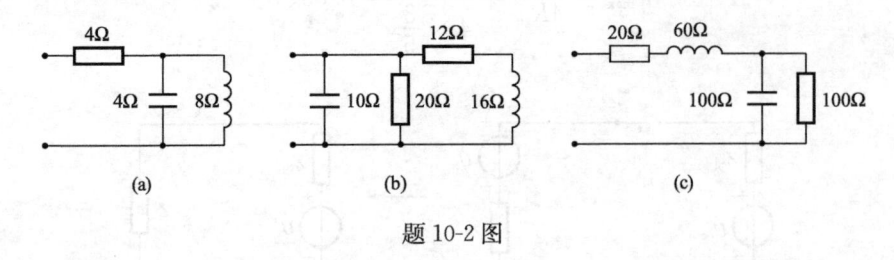

题10-2图

10-3 电路如题10-3图所示,已知$R_1=60\Omega, R_2=100\Omega, L=0.2H, C=10\mu F$,若电流源的电流为$i_s(t)=0.2\sqrt{2}\cos(314t+30°)$(A)。试求电流$i_R、i_C$以及电流源的电压$u$。

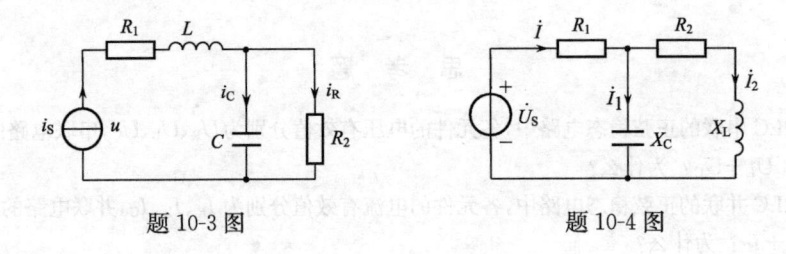

题10-3图   题10-4图

10-4 电路如题10-4图所示,已知$\dot{U}_S=100\angle 0°$(V),$R_1=50\Omega, R_2=40\Omega, X_L=60\Omega, X_C=30\Omega$。求各支路电流。

10-5 电路如题10-5图所示,已知$R_1=2k\Omega, R_2=10k\Omega, L=10H, C=1\mu F$,电源频率$f=50Hz$。若$R_2$中的电流$I_2=10mA$,求电源电压$U_S$。

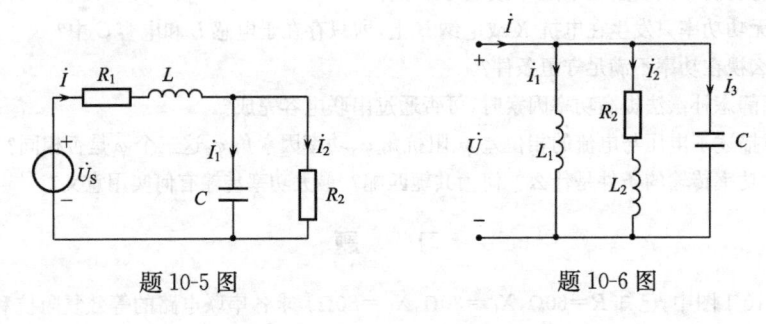

题10-5图   题10-6图

10-6 电路如题10-6图所示,已知$L_1=63.7mH, L_2=31.85mH, R_2=100\Omega$,电路工作频率$f=500Hz$。欲使电流$\dot{I}$与$\dot{I}_2$的相位差分别为0°、45°、90°,求相应的电容$C$值应各为多少?

10-7 电路如题10-7图所示,已知$U=100V, I=I_1=I_2=10A, \omega=10^4 rad/s$,求$R、L、C$之值。

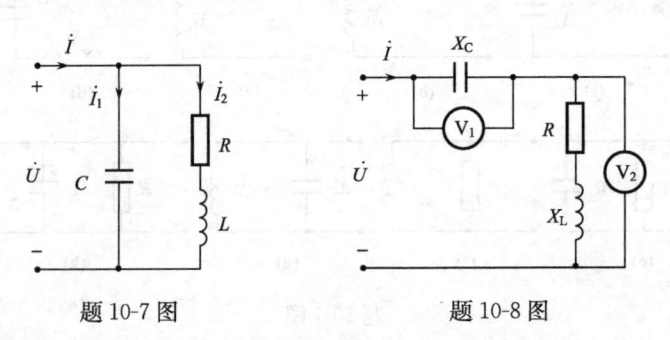

题10-7图   题10-8图

10-8 电路如题 10-8 图所示,已知两个电压表的读数分别为 $V_1=81.65$V,$V_2=111.54$V,总电压 $U=100$V,$X_C=50\Omega$。求 R 和 X_L 之值。

10-9 电路如题 10-9 图所示,已知 $R_1=50\Omega$,$R_2=25\Omega$,若 $\dot{U}=100\angle 0°$,$\omega=10^3$ rad/s。试求电容 C 为何值时电压 $\dot{U}$ 与电流 $\dot{I}$ 的相位差最大?最大相位差是多少?

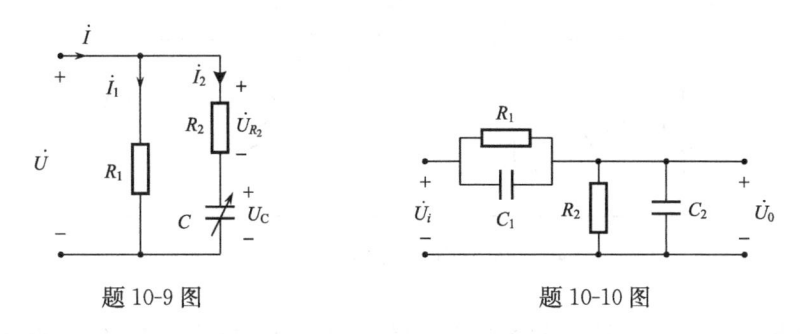

题 10-9 图   题 10-10 图

10-10 试证明如题 10-10 图所示的 RC 分压器中,当 $R_1C_1=R_2C_2$ 时,输出与输入电压之比是一个与频率无关的常数。

10-11 电路如题 10-11 图所示,已知 $R=X_L=X_C=1\Omega$,$\dot{U}_S=4\angle 0°$V,$\dot{I}_S=4\angle 0°$A。试求各支路电流。

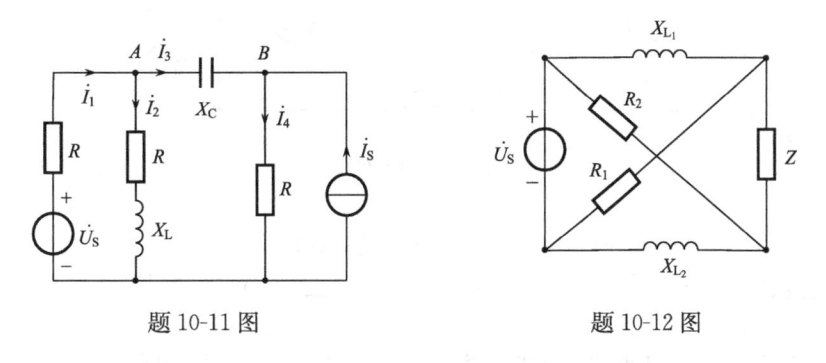

题 10-11 图   题 10-12 图

10-12 电路如题 10-12 图所示,已知 $R_1=X_{L_2}=30\Omega$,$R_2=X_{L_1}=40\Omega$,$U_S=100$V。(1)$Z=33.6\Omega$ 时,流经其中的电流;(2)Z 为何值时,流经其中的电流最大?

10-13 电路如题 10-13 图所示,已知有效值 $U=210$V,$I=3$A,且 $\dot{I}$ 与 $\dot{U}$ 同相;又知 $R_1=50\Omega$,$X_C=15\Omega$。试求 R_2 和 X_L。

题 10-13 图   题 10-14 图

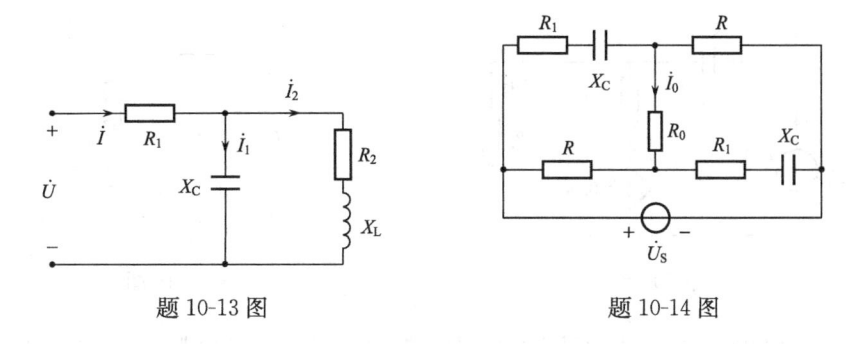

10-14 电路如题 10-14 图所示,已知 $R_1=X_C=5\Omega$,$R=8\Omega$。试确定 R_0 为何值时可使 $\dot{I}_0$ 与 $\dot{U}_S$ 的相位差为 90°。

10-15 电路如题 10-15 图所示，电压表 V 的读数为 220V，V_1 的读数为 $100\sqrt{2}$V，电流表 A_2 的读数为 30A，A_3 的读数为 20A，功率表 W 的读数为 1000W，试求电阻 R 和电抗 X_1、X_2、X_3 的值。

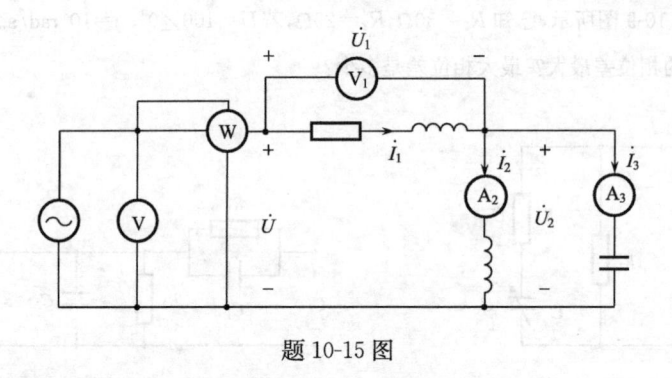

题 10-15 图

10-16 电路如题 10-16 图所示，已知各表的读数分别为 $A=2(A)$，$V_1=220(V)$，$V_2=64(V)$，$W_1=400(W)$，$W_2=100(W)$。求电路元件参数 R_1，X_{L_1}，R_2，X_{L_2}。

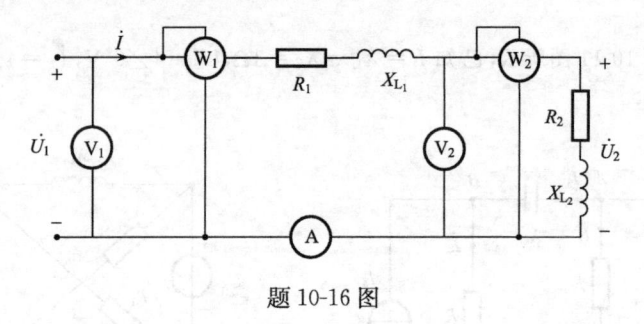

题 10-16 图

10-17 求题 10-3 图中各支路的复功率和电流源发出的复功率。

10-18 电路如题 10-18 图所示，已知 $R_1=R_2=10\Omega$，$C=10\mu F$，$i_S(t)=10\sqrt{2}\cos 5000t(A)$。试求各支路电流，并验证电路功率平衡。

10-19 在 50Hz、380V 的电路中，一感性负载吸收的功率 $P=20$kW，功率因素 $\cos\varphi_1=0.6$。若使功率因素提高到 0.9，求在负载的端口上应并联多大的电容？比较并联前后的各功率。

10-20 已知 50kW 电机在 50Hz、220V 电源下工作，如题 10-19 图所示。电机的功率因素为 0.5。试求 (1)电机的工作电流和无功功率；(2)欲使电路的功率因素为 1，电机并联多大电容？此时电源提供的电流是多少？

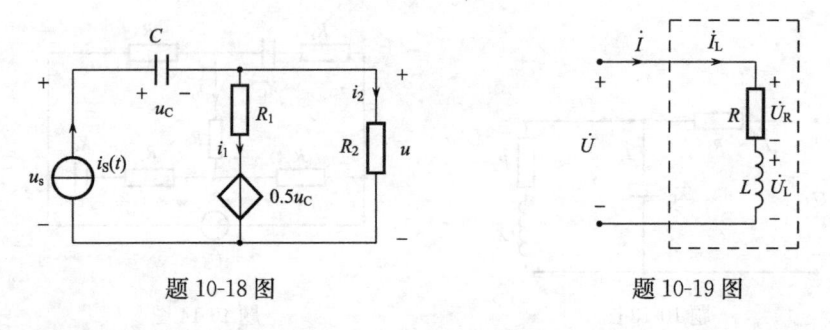

题 10-18 图　　　　　题 10-19 图

10-21 功率为 40W 的日光灯和白炽灯各 100 只并联在电压为 220V 的工频交流电源上，已知日光灯的功率因素为 0.5(感性)，求电路的总电流和总功率因素。若将电路的总功率因素提高到 0.9，并联多大的电容？并联电容后的总电流是多少？

· 256 ·

10-22 电路如题 10-20 图所示，已知 $Z_1=3+j6(\Omega)$，$Z_2=4+j8(\Omega)$。试求(1)Z_3 为何值时 $\dot{I}_3$ 最大？(2)Z_3 为何值时可获最大功率？

10-23 电路如题 10-23 图所示，已知 $i_S=10\cos500t(\text{mA})$。求(1)若 A 为 $1\mu\text{F}$ 的电容，则 u 等于多少？(2)如果从电源可获得最大功率，A 由什么元件组成且参数是多少？(3)若 A 为 $L=1\text{H}$ 的电感与 $C=4\mu\text{F}$ 的电容串联时，u 等于多少？

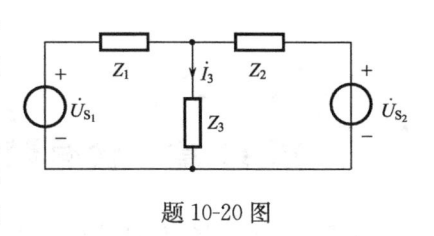

题 10-20 图

10-24 电路如题 10-24 图所示，已知 $u_S(t)=2\sqrt{2}\cos2t(\text{V})$，$i_S(t)=2\sqrt{2}\cos2t(\text{A})$，$L=1\text{H}$，$C=0.25\text{F}$。试问负载 Z_L 为何值时可获得最大功率？最大功率为多少？

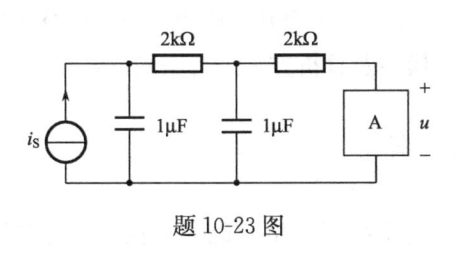

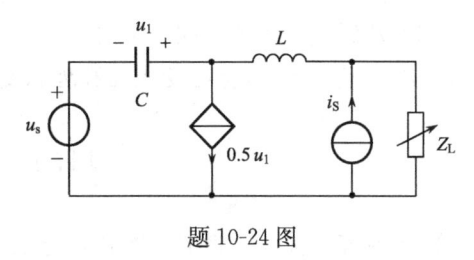

题 10-23 图

题 10-24 图

第 11 章 含有磁耦合元件的正弦稳态电路分析

磁耦合电路是指存在磁耦合电感器这种元件的电路,磁耦合电感器由两个或多个静止且存在磁耦合联系的线圈组成。组成磁耦合电感器的各个线圈上的电压除了与本线圈的电流有关之外,还与其他线圈的电流有关。在电工技术中,磁耦合电感器可用来传输能量和信号,变压器是利用磁耦合原理工作的最典型的磁耦合器件。

本章从磁耦合现象、"同名端"概念,以及磁耦合电感元件入手展开对磁耦合电路的分析和计算。在此基础上,对空心变压器和理想变压器的电路模型及分析方法进行一般的讨论。

11.1 磁 耦 合

两个或多个彼此靠近的线圈各自通以时变电流后,每个线圈产生的磁通不仅与自身线圈交链,同时还与其他线圈交链,这种载流线圈之间通过磁场作用而相互联系的现象称为磁耦合。

11.1.1 磁耦合线圈

图 11-1 描述两个匝数分别为 N_1 和 N_2 具有磁耦合的线圈。

假设线圈 1 和线圈 2 的电压与电流均符合关联参考方向,并且各线圈上电流所产生的磁通与该线圈电流符合右手螺旋定则。那么,线圈 1 通以时变电流 $i_1(t)$ 时可产生自感磁通 $\Phi_{11}(t)$。磁通 $\Phi_{11}(t)$ 与 N_1 匝线圈(线圈 1 密绕)交链后产生自感磁通链 $\Psi_{11}(t)$,即

$$\Psi_{11}(t) = N_1 \Phi_{11}(t) \tag{11-1}$$

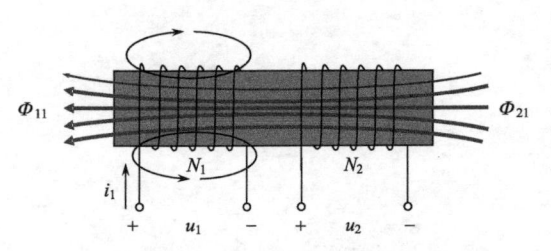

图 11-1 两个具有磁耦合的线圈

自感磁通链 $\Psi_{11}(t)$ 与激励电流 $i_1(t)$ 的关系为

$$\Psi_{11}(t) = L_1 i_1(t) \tag{11-2}$$

式(11-2)中,L_1 称为线圈 1 的自感系数。对于线性时不变电感线圈,L_1 为常数。

如图 11-1 所示,磁通 $\Phi_{11}(t)$ 除与线圈 1 交链外,还有一部分磁通 $\Phi_{21}(t)$ 与线圈 2(线圈 2 密绕)交链,在线圈 2 中产生互感磁通链 $\Psi_{21}(t)$,即

$$\Psi_{21}(t) = N_2 \Phi_{21}(t) \tag{11-3}$$

互感磁通链 $\Psi_{21}(t)$ 与激励电流 $i_1(t)$ 的关系为

$$\Psi_{21}(t) = M_{21} i_1(t) \tag{11-4}$$

式(11-4)中,M_{21} 称为线圈 1 对线圈 2 的互感系数。对于线性时不变电感线圈,M_{21} 为常数。

同理,在图 11-2 的线圈 2 中,若通以时变电流 $i_2(t)$,将产生自感磁通 $\Phi_{22}(t)$。

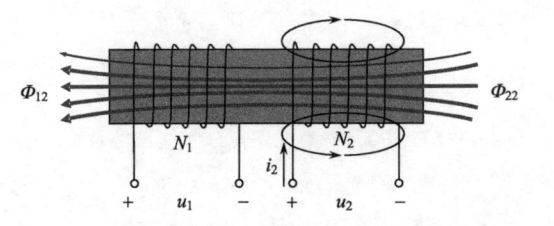

图 11-2 两个具有磁耦合的线圈

磁通 $\Phi_{22}(t)$ 与 N_2 匝线圈(线圈 2 密绕)交链后产生自感磁通链 $\Psi_{22}(t)$，即
$$\Psi_{22}(t) = N_2\Phi_{22}(t) \tag{11-5}$$
自感磁通链 $\Psi_{22}(t)$ 与激励电流 $i_2(t)$ 的关系为
$$\Psi_{22}(t) = L_2 i_2(t) \tag{11-6}$$
式(11-6)中，L_2 称为线圈 2 的自感系数。对于线性时不变电感线圈，L_2 为常数。

如图 11-2 所示，磁通 $\Phi_{22}(t)$ 除与线圈 2 交链外，还有一部分磁通 $\Phi_{12}(t)$ 与线圈 1(线圈 1 密绕)交链，在线圈 1 中产生互感磁通链 $\Psi_{12}(t)$，即
$$\Psi_{12}(t) = N_1\Phi_{12}(t) \tag{11-7}$$
互感磁通链 $\Psi_{12}(t)$ 与激励电流 $i_2(t)$ 的关系为
$$\Psi_{12}(t) = M_{12} i_2(t) \tag{11-8}$$
式(11-8)中，M_{12} 称为线圈 2 对线圈 1 的互感系数。对于线性时不变电感线圈，M_{12} 为常数。

对于线性时不变电感线圈，互感系数具有如下关系，即
$$M_{12} = M_{21} \triangleq M \tag{11-9}$$

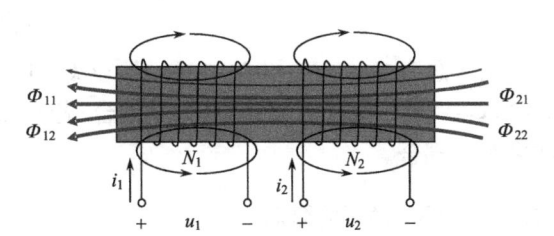

图 11-3 两个具有磁耦合的线圈

综上所述，如图 11-3 所示，若在线圈 1 中通以时变电流 $i_1(t)$，同时在线圈 2 中通以时变电流 $i_2(t)$，则在以上各种假设之下，线圈 1 中的总磁通链为
$$\Psi_1(t) = \Psi_{11}(t) \pm \Psi_{12}(t) = N_1\Phi_{11} \pm N_1\Phi_{12} = L_1 i_1(t) \pm M i_2(t) \tag{11-10}$$
而线圈 2 中的总磁通链则为
$$\Psi_2(t) = \Psi_{22}(t) \pm \Psi_{21}(t) = N_2\Phi_{22} \pm N_2\Phi_{21} = L_2 i_2(t) \pm M i_1(t) \tag{11-11}$$
上述两式中的"$\pm$"号的取法为：线圈上的电流方向与所产生的磁通方向符合右手螺旋定则时取"$+$"，否则取"$-$"。

根据法拉第电磁感应定律，各线圈上的电压与电流满足关联参考方向时，线圈 1 上的电压 $u_1(t)$ 和线圈 2 上的电压 $u_2(t)$ 分别为
$$\left.\begin{aligned} u_1(t) &= \frac{\mathrm{d}\Psi_1(t)}{\mathrm{d}t} = L_1\frac{\mathrm{d}i_1(t)}{\mathrm{d}t} \pm M\frac{\mathrm{d}i_2(t)}{\mathrm{d}t} = u_{11}(t) \pm u_{12}(t) \\ u_2(t) &= \frac{\mathrm{d}\Psi_2(t)}{\mathrm{d}t} = L_2\frac{\mathrm{d}i_2(t)}{\mathrm{d}t} \pm M\frac{\mathrm{d}i_1(t)}{\mathrm{d}t} = u_{22}(t) \pm u_{21}(t) \end{aligned}\right\} \tag{11-12}$$

式(11-12)中，$u_{11}(t)$ 和 $u_{22}(t)$ 分别称为线圈 1 和线圈 2 的自感电压，$u_{12}(t)$ 和 $u_{21}(t)$ 分别称为线圈 1 中和线圈 2 中的互感电压。

在正弦电流激励下，式(11-12)可写成相量形式，即
$$\left.\begin{aligned} \dot{U}_1 &= \mathrm{j}\omega L_1 \dot{I}_1 \pm \mathrm{j}\omega M \dot{I}_2 \\ \dot{U}_2 &= \mathrm{j}\omega L_2 \dot{I}_2 \pm \mathrm{j}\omega M \dot{I}_1 \end{aligned}\right\} \tag{11-13}$$

11.1.2 磁耦合系数

由以上分析可知，磁耦合线圈的相互作用和联系通过互感磁链完成，其相互作用的强弱显然与磁通 $\Phi_{21}(t)$ 交链于线圈 2 或磁通 $\Phi_{12}(t)$ 交链于线圈 1 的数量有关，通常采用耦合系数 k 描述两个线圈之间耦合的紧密程度，并且定义耦合系数为

$$k = \frac{M}{\sqrt{L_1 L_2}} \qquad (11\text{-}14)$$

在一般情况下,电流 $i_1(t)$ 产生的磁通 $\Phi_{11}(t)$ 并不全部都与线圈 2 交链,电流 $i_2(t)$ 产生的磁通 $\Phi_{22}(t)$ 也并不全部都与线圈 1 交链。未交链的部分被称为漏磁通。

根据式(11-14)的定义可得

$$k^2 = \frac{M^2}{L_1 L_2} = \frac{M_{12} M_{21}}{L_1 L_2} = \frac{\left(\frac{N_1 \Phi_{12}}{i_2}\right)\left(\frac{N_2 \Phi_{21}}{i_1}\right)}{\left(\frac{N_1 \Phi_{11}}{i_1}\right)\left(\frac{N_2 \Phi_{22}}{i_2}\right)} = \frac{\Phi_{12} \Phi_{21}}{\Phi_{11} \Phi_{22}}$$

即

$$k = \sqrt{\frac{\Phi_{12} \Phi_{21}}{\Phi_{11} \Phi_{22}}}$$

由于总有 $\Phi_{12} \leqslant \Phi_{22}$ 和 $\Phi_{21} \leqslant \Phi_{11}$,所以 $k \leqslant 1$。显然,k 值越大,漏磁通越小。$k=1$ 时,$\Phi_{12} = \Phi_{22}$ 和 $\Phi_{21} = \Phi_{11}$,无漏磁通,称其为全耦合;若 $0 < k \leqslant 0.5$,称线圈为松耦合;若 $0.5 < k < 1$,则称线圈为紧耦合。

11.1.3 "同名端"的概念

显然,式(11-12)中互感电压的正负取值不仅与电流方向有关,还与线圈的相对位置和绕向有关。但是,实际的耦合电感器一般封装有外壳,很难看到其内部结构。为让使用者能简便直观地确定互感电压的正负取值,采用在耦合电感器上标记同名端的方法。

同名端的标记规定:如果电流 $i_1(t)$ 和 $i_2(t)$ 分别从两耦合电感线圈的某端钮流入,使其互感磁链与自感磁链的参考方向相同,则这两个端钮就称为同名端。

同名端可用圆点"·"、星号"*"、三角形"△"等符号标记。对于多个分别具有耦合关系的电感线圈,不同的同名端使用不同的标记符号,如图 11-4 所示。

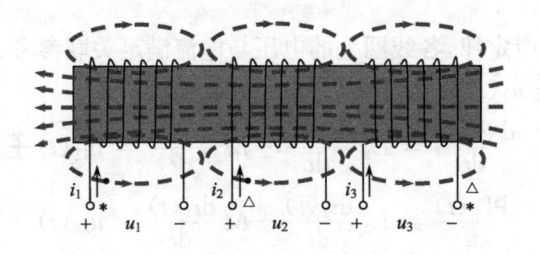

图 11-4 标记同名端的耦合电感线圈

另一种同名端的标记规定:两耦合电感线圈中,一个电感线圈上电流的流入端与该电流在另一线圈上产生的互感电压的参考方向正极性端称为同名端。显然,这种规定适用于两耦合电感线圈中有一个电感线圈开路的情况,如图 11-5 所示。

根据以上规定可知:如果电流 $i_1(t)$ 和 $i_2(t)$ 分别从两耦合电感线圈的同名端流入,则互感电压取正,否则取负。或者,一个电感线圈上电流的流入端与该电流在另一线圈上产生的互感电压的参考方向正极性端处于

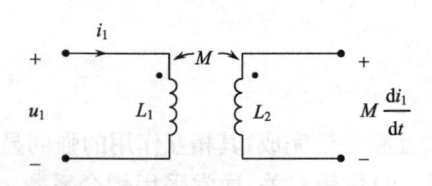

图 11-5 同名端的另一种标记规定

同名端时,互感电压取正,否则取负。

11.2 含耦合电感电路的分析

本节从两耦合电感线圈的串联和并联入手,解决耦合电感线圈的等效计算问题,然后对含有耦合电感线圈的电路进行分析。

11.2.1 两耦合电感线圈的串联

两耦合电感线圈的串联有两种方式,一种是顺接串联,即将两耦合电感线圈的异名端相接,如图 11-6 所示。

由图 11-6 可得

$$u(t) = u_1(t) + u_2(t) = \left[L_1 \frac{\mathrm{d}i(t)}{\mathrm{d}t} + M \frac{\mathrm{d}i(t)}{\mathrm{d}t}\right] + \left[L_2 \frac{\mathrm{d}i(t)}{\mathrm{d}t} + M \frac{\mathrm{d}i(t)}{\mathrm{d}t}\right]$$

$$= (L_1 + L_2 + 2M) \frac{\mathrm{d}i(t)}{\mathrm{d}t} = L \frac{\mathrm{d}i(t)}{\mathrm{d}t} \tag{11-15}$$

式中,$L = L_1 + L_2 + 2M$,称为顺接串联的等效电感。

另一种接法是反接串联,即将两耦合电感线圈的同名端相接,如图 11-7 所示。

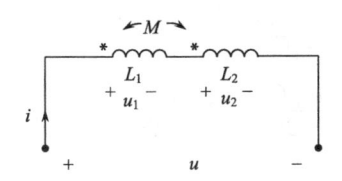

图 11-6 两耦合电感线圈顺接串联

图 11-7 两耦合电感线圈反接串联

由图 11-7 可得

$$u(t) = u_1(t) + u_2(t) = \left[L_1 \frac{\mathrm{d}i(t)}{\mathrm{d}t} - M \frac{\mathrm{d}i(t)}{\mathrm{d}t}\right] + \left[L_2 \frac{\mathrm{d}i(t)}{\mathrm{d}t} - M \frac{\mathrm{d}i(t)}{\mathrm{d}t}\right]$$

$$= (L_1 + L_2 - 2M) \frac{\mathrm{d}i(t)}{\mathrm{d}t} = L' \frac{\mathrm{d}i(t)}{\mathrm{d}t} \tag{11-16}$$

式中,$L' = L_1 + L_2 - 2M$,称为反接串联的等效电感。

对于实际的耦合电感元件,必定有 $(L_1 + L_2 - 2M) \geqslant 0$,即

$$M \leqslant \frac{L_1 + L_2}{2} \tag{11-17}$$

式(11-17)说明,两耦合电感线圈的互感应不大于两自感的算术平均值。

例 11-1 两互感线圈串接 220V、50Hz 的正弦电源。顺接时测得 $I = 2.5$A, $P = 62.5$W;反接时测得 $P' = 250$W。求互感 M。

解 如图 11-8 所示,两互感线圈顺接串联时由于 $P = RI^2$,所以 $R = \frac{P}{I^2} = \frac{62.5}{2.5^2} = 10\Omega$。并且,由于 $I = \frac{U}{\sqrt{R^2 + X^2}} = 2.5$A,所以,顺接时的感抗 $X = \sqrt{\frac{U^2}{I^2} - R^2} = \sqrt{88^2 - 10^2} = 87.4\Omega$。

如图 11-9 所示,两互感线圈反接串联时由于 $P' = RI'^2$,所以 $I' = \sqrt{\frac{P'}{R}} = \sqrt{\frac{250}{10}} = 5$A。并

且，由于 $I'=\dfrac{U}{\sqrt{R^2+X'^2}}=5A$，所以，反接时的感抗 $X'=\sqrt{\dfrac{U^2}{I'^2}-R^2}=\sqrt{44^2-10^2}=42.8\Omega$。

因为，两互感线圈顺接时的感抗 $X=\omega(L_1+L_2+2M)$，两互感线圈反接时的感抗 $X'=\omega(L_1+L_2-2M)$，所以

$$X-X'=4\omega M$$

故 $M=\dfrac{X-X'}{4\omega}=\dfrac{87.4-42.8}{4\times 314}=35.5(\text{mH})$。

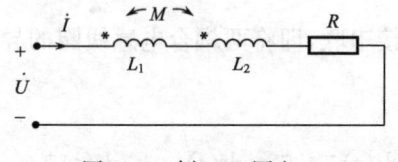

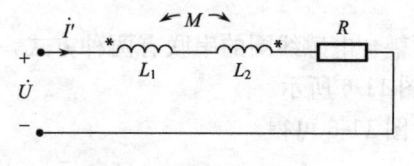

图 11-8　例 11-1 图之一

图 11-9　例 11-1 图之二

11.2.2　两耦合电感线圈的并联

两耦合电感线圈的并联也有两种方式，一种是同名端相接并联，如图 11-10 所示。

由图 11-10 可得

$$\begin{cases} u(t)=L_1\dfrac{di_1(t)}{dt}+M\dfrac{di_2(t)}{dt} \\ u(t)=L_2\dfrac{di_2(t)}{dt}+M\dfrac{di_1(t)}{dt} \end{cases}$$

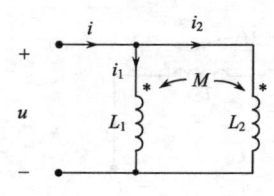

图 11-10　两耦合电感线圈的同名端并联

将 $i_2=i-i_1$ 代入上式可得

$$\begin{cases} u(t)=(L_1-M)\dfrac{di_1(t)}{dt}+M\dfrac{di(t)}{dt} \\ u(t)=-(L_2-M)\dfrac{di_1(t)}{dt}+L_2\dfrac{di(t)}{dt} \end{cases}$$

消去式中的 $\dfrac{di_1(t)}{dt}$，可得

$$(L_1+L_2-2M)u(t)=(L_1L_2-M^2)\dfrac{di(t)}{dt}$$

即

$$u(t)=\dfrac{L_1L_2-M^2}{L_1+L_2-2M}\dfrac{di(t)}{dt}=L\dfrac{di(t)}{dt} \tag{11-18}$$

式中，$L=\dfrac{L_1L_2-M^2}{L_1+L_2-2M}$，称为同名端相接并联的等效电感。对于实际的耦合电感元件，必定有 $L_1+L_2-2M>0$ 和 $L_1L_2\geqslant M^2$，即

$$M<\dfrac{L_1+L_2}{2} \text{ 并且 } M\leqslant\sqrt{L_1L_2} \tag{11-19}$$

两耦合电感线圈的另一种并联方式是异名端相接并联，如图 11-11 所示。

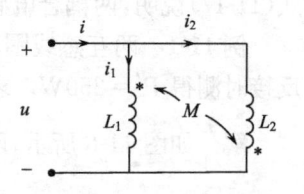

由图 11-11 可得

图 11-11　两耦合电感线圈的异名端并联

$$u(t) = \frac{L_1 L_2 - M^2}{L_1 + L_2 + 2M} \frac{\mathrm{d}i(t)}{\mathrm{d}t} = L' \frac{\mathrm{d}i(t)}{\mathrm{d}t} \tag{11-20}$$

式中，$L' = \frac{L_1 L_2 - M^2}{L_1 + L_2 + 2M}$，称为异名端相接并联的等效电感。对于实际的耦合电感元件，必定有 $L_1 L_2 \geqslant M^2$，即

$$M \leqslant \sqrt{L_1 L_2} \tag{11-21}$$

易证：$\frac{L_1 + L_2}{2} \geqslant \sqrt{L_1 L_2}$。因此，综合式(11-17)和式(11-19)与式(11-21)可知，当 $M \leqslant \sqrt{L_1 L_2}$ 时，必有 $M < \frac{L_1 + L_2}{2}$，即两耦合电感线圈的互感应不大于两自感的几何平均值。耦合系数 k 的定义正是出于此处，即定义互感 M 与其最大极限值 $\sqrt{L_1 L_2}$ 之比为耦合系数 k。

11.2.3 两耦合电感线圈的受控源等效去耦

在含有耦合电感元件的电路中，为简化分析，常将耦合电感元件等效成为无互感的元件，这称为耦合电感元件的等效去耦，使用受控电压源进行两耦合电感线圈的等效去耦是其中的方法之一。

(1) 如图 11-12 所示，设电流从同名端流入耦合电感线圈。线圈两端的电压分别为

$$\left. \begin{array}{l} u_1(t) = L_1 \dfrac{\mathrm{d}i_1(t)}{\mathrm{d}t} + M \dfrac{\mathrm{d}i_2(t)}{\mathrm{d}t} \\ u_2(t) = L_2 \dfrac{\mathrm{d}i_2(t)}{\mathrm{d}t} + M \dfrac{\mathrm{d}i_1(t)}{\mathrm{d}t} \end{array} \right\} \tag{11-22}$$

式中，右边的第二项可视为受控电压源，于是可得使用受控电压源的等效去耦电路，如图 11-13 所示。

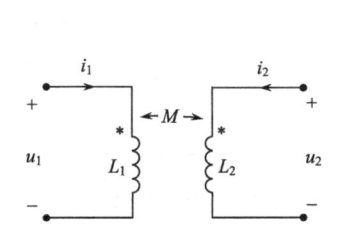

图 11-12　电流从同名端流入耦合电感线圈 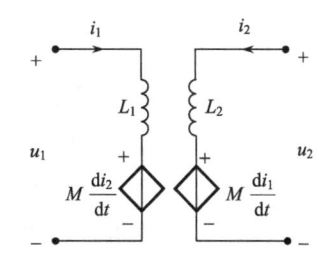　　图 11-13　使用受控电压源的等效去耦

(2) 如图 11-14 所示，设电流从异名端流入耦合电感线圈。线圈两端的电压分别为

$$\left. \begin{array}{l} u_1(t) = L_1 \dfrac{\mathrm{d}i_1(t)}{\mathrm{d}t} - M \dfrac{\mathrm{d}i_2(t)}{\mathrm{d}t} \\ u_2(t) = L_2 \dfrac{\mathrm{d}i_2(t)}{\mathrm{d}t} - M \dfrac{\mathrm{d}i_1(t)}{\mathrm{d}t} \end{array} \right\} \tag{11-23}$$

式中，右边的第二项可视为受控电压源，于是可得使用受控电压源的等效去耦电路，如图 11-15 所示。

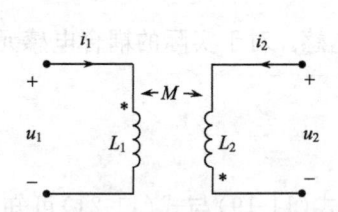

图 11-14 电流从异名端流入耦合电感线圈

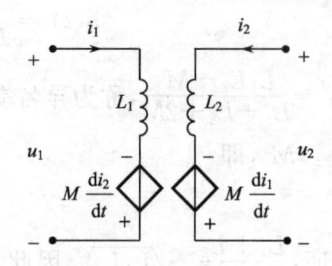

图 11-15 使用受控电压源的等效去耦

11.2.4 两耦合电感线圈的 T 形等效去耦

如果两耦合电感线圈具有一个相连接的公共端子,则这样的两耦合电感元件可以等效为 T 形无互感元件。

(1) 如图 11-16 所示,设两耦合电感线圈具有同名端相连接的公共端子。

线圈两端的电压分别为

$$u_1(t) = L_1 \frac{di_1(t)}{dt} + M \frac{di_2(t)}{dt} = L_1 \frac{di_1(t)}{dt} + M \frac{di_1(t)}{dt} + M \frac{di_2(t)}{dt} - M \frac{di_1(t)}{dt}$$

$$= (L_1 - M) \frac{di_1(t)}{dt} + M \frac{d[i_1(t) + i_2(t)]}{dt} \tag{11-24}$$

$$u_2(t) = L_2 \frac{di_2(t)}{dt} + M \frac{di_1(t)}{dt} = L_2 \frac{di_2(t)}{dt} + M \frac{di_2(t)}{dt} + M \frac{di_1(t)}{dt} - M \frac{di_2(t)}{dt}$$

$$= (L_2 - M) \frac{di_2(t)}{dt} + M \frac{d[i_1(t) + i_2(t)]}{dt} \tag{11-25}$$

根据上述两式的电压与电流关系,图 11-16 可等效为如图 11-17 所示的 T 形等效去耦电路。

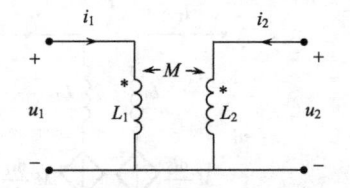

图 11-16 同名端相连接的耦合电感线圈

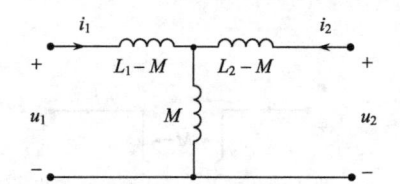

图 11-17 T 形等效去耦电路之一

(2) 如图 11-18 所示,设两耦合电感线圈具有异名端相连接的公共端子。

线圈两端的电压分别为

$$u_1(t) = L_1 \frac{di_1(t)}{dt} - M \frac{di_2(t)}{dt} = L_1 \frac{di_1(t)}{dt} + M \frac{di_1(t)}{dt} - M \frac{di_2(t)}{dt} - M \frac{di_1(t)}{dt}$$

$$= (L_1 + M) \frac{di_1(t)}{dt} - M \frac{d[i_1(t) + i_2(t)]}{dt} \tag{11-26}$$

$$u_2(t) = L_2 \frac{di_2(t)}{dt} - M \frac{di_1(t)}{dt} = L_2 \frac{di_2(t)}{dt} + M \frac{di_2(t)}{dt} - M \frac{di_1(t)}{dt} - M \frac{di_2(t)}{dt}$$

$$= (L_2 + M) \frac{di_2(t)}{dt} - M \frac{d[i_1(t) + i_2(t)]}{dt} \tag{11-27}$$

根据上述两式的电压与电流关系,图 11-18 可等效为如图 11-19 所示的 T 形等效去耦电路。

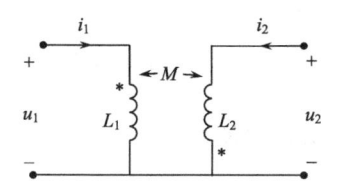

图 11-18 异名端相连接的耦合电感线圈

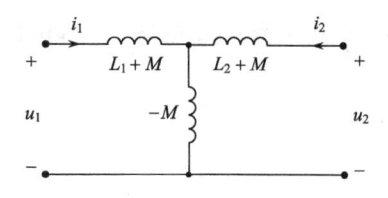

图 11-19 T 形等效去耦电路之二

例 11-2 电路如图 11-20 所示,已知 $R_1=10\Omega$, $R_2=6\Omega$, $\omega L_1=15\Omega$, $\omega L_2=12\Omega$, $\omega M=8\Omega$, $\dfrac{1}{\omega C}=9\Omega$,正弦电压有效值 $U=120\text{V}$。求各支路电流。

解 对电路进行 T 形等效去耦,如图 11-21 所示。

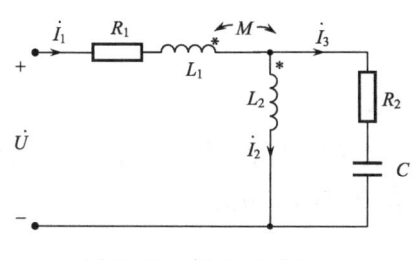

图 11-20 例 11-2 图之一

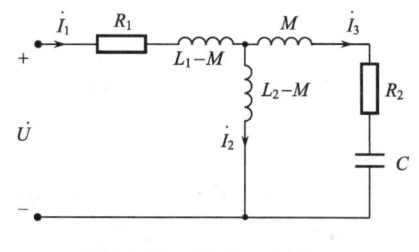

图 11-21 例 11-2 图之二

令电压 $\dot{U}$ 为参考相量,即

$$\dot{U} = 120\angle 0°$$

则可得 KCL 方程

$$\dot{I}_1 = \dot{I}_2 + \dot{I}_3$$

和 KVL 方程

$$[R_1 + j\omega(L_1 - M)]\dot{I}_1 + j\omega(L_2 - M)\dot{I}_2 = \dot{U}$$

$$\left(R_2 + j\omega M + \frac{1}{j\omega C}\right)\dot{I}_3 - j\omega(L_2 - M)\dot{I}_2 = 0$$

联立求解上述方程,可得 $\dot{I}_1 = 7.67\angle -39.3°(\text{A})$, $\dot{I}_2 = 6.92\angle -75.4°(\text{A})$, $\dot{I}_3 = 4.58\angle 23.7°(\text{A})$。

11.2.5 含有耦合电感线圈的电路分析

含有耦合电感线圈的电路一般可采用支路法、回路法等系统方法进行分析计算。值得注意的是,在分析计算含有耦合电感线圈的电路时,节点法不宜使用。

例 11-3 图 11-22 为利用交流电桥测量互感 M 的原理图,调节 R_2 和 R_4 使电桥平衡,求证此时

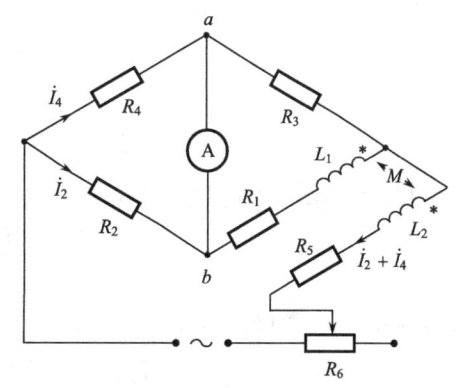

图 11-22 利用交流电桥测量互感 M 的原理图

$$M = \frac{L_1}{1 + R_2/R_4}$$

解 电桥平衡时，a 点与 b 点等电位，于是有

$$R_4 \dot{I}_4 = R_2 \dot{I}_2$$

$$(R_1 + j\omega L_1)\dot{I}_2 - j\omega M(\dot{I}_2 + \dot{I}_4) = R_3 \dot{I}_4$$

解得

$$\left\{ R_1 + j\left[\omega L_1 - \omega M\left(1 + \frac{R_2}{R_4}\right)\right]\right\}\dot{I}_2 = \frac{R_2 R_3}{R_4}\dot{I}_2$$

所以有

$$\begin{cases} R_1 = \dfrac{R_2 R_3}{R_4} \\ \omega L_1 - \omega M\left(1 + \dfrac{R_2}{R_4}\right) = 0 \end{cases}$$

即

$$M = \frac{L_1}{1 + R_2/R_4}$$

例 11-4 电路如图 11-23 所示，已知 $R_1 = 5\Omega$，$X_1 = 40\Omega$，$R_2 = 10\Omega$，$X_2 = 90\Omega$，$R_3 = 20\Omega$，$X_3 = 80\Omega$，耦合系数 $k = 33.3\%$；当开关 S 不闭合时，电压表为 100V。试求：

(1) 电流表读数和外加电压的有效值；

(2) 开关 S 闭合后，电压表和电流表读数。

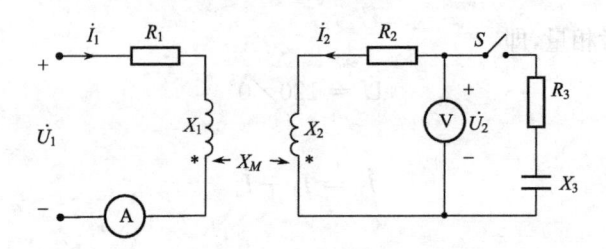

图 11-23 例 11-4 图

解 (1) 开关 S 不闭合时，因为 $M = k\sqrt{L_1 L_2}$，$\omega M = k\sqrt{\omega L_1 \omega L_2}$，即

$$X_M = k\sqrt{X_1 X_2}$$

所以

$$X_M = 33.3\% \times \sqrt{40 \times 90} = 20\Omega$$

则由 $\dot{U}_2 = jX_M \dot{I}_1$，可得 $U_2 = X_M I_1$，所以电流表读数为

$$I_1 = \frac{U_2}{X_M} = \frac{100}{20} = 5(\text{A})$$

又因为此时 $\dot{U}_1 = (R + j\omega L_1)\dot{I}_1$，所以外加电压为

$$U_1 = I_1\sqrt{R_1^2 + X_1^2} = 5 \times \sqrt{5^2 + 40^2} = 201.6(\text{V})$$

(2) 开关 S 闭合后，若以电压 $\dot{U}_1$ 为参考相量，可得下列方程，即

即
$$\begin{cases} (R_1+\mathrm{j}X_1)\dot{I}_1+\mathrm{j}X_M\dot{I}_2=\dot{U}_1 \\ (R_2+R_3+\mathrm{j}X_2-\mathrm{j}X_3)\dot{I}_2+\mathrm{j}X_M\dot{I}_1=0 \end{cases}$$

$$\begin{cases} (5+\mathrm{j}40)\dot{I}_1+\mathrm{j}20\dot{I}_2=201.6\angle 0° \\ (30+\mathrm{j}10)\dot{I}_2+\mathrm{j}20\dot{I}_1=0 \end{cases}$$

解得
$$\dot{I}_1=5.06\angle -64.8°(\mathrm{A}),\dot{I}_2=3.2\angle -173.15°(\mathrm{A})$$

并且
$$U_2=I_2\sqrt{R_3^2+X_3^2}=3.2\times\sqrt{20^2+80^2}=263.9(\mathrm{V})$$

所以,电流表读数为 $I_1=5.06(\mathrm{A})$,电压表读数为 $U_2=263.9(\mathrm{V})$。

例 11-5 电路如图 11-24 所示,试求电源角频率 ω 为何值时,电路中的功率表读数为零。

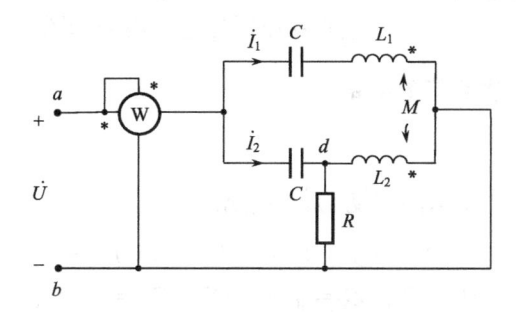

图 11-24 例 11-5 图

解 因为功率表的读数应是 ab 端口的有功功率,即电路中电阻消耗的功率。此题中功率表读数若为零,则必有电路中电阻上的电流为零,即 db 两点等电位,于是有

$$\begin{cases} \left(\dfrac{1}{\mathrm{j}\omega C}+\mathrm{j}\omega L_1\right)\dot{I}_1+\mathrm{j}\omega M\dot{I}_2=\dot{U} \\ \dfrac{1}{\mathrm{j}\omega C}\dot{I}_2=\dot{U} \\ \mathrm{j}\omega L_2\dot{I}_2+\mathrm{j}\omega M\dot{I}_1=0 \end{cases}$$

联立求解得
$$-\omega L_2 C\dot{U}+\dfrac{\omega M(1+\omega^2 MC)\dot{U}}{\omega L_1-\dfrac{1}{\omega C}}=0$$

即
$$\omega=\sqrt{\dfrac{L_2+M}{L_1 L_2 C-M^2 C}}$$

注意:上式中的分母应满足 $L_1 L_2-M^2\neq 0$,这表明图 11-24 中的两个耦合电感线圈不能全耦合。

11.3 空心变压器

变压器是由两个(或两个以上)具有磁耦合的线圈构成,实现能量(或信号)从一个电路传输到另一个电路的器件。能量(或信号)的输入端线圈称为变压器的一次线圈(俗称原边线圈或初级线圈),能量(或信号)的输出端线圈称为变压器的二次线圈(俗称副边线圈或次级线圈)。

空心变压器相对于铁心变压器而言。用具有高磁导率的铁磁材料作为心子而制成的变压器是铁心变压器,这类变压器的耦合系数很高,属于紧耦合,常用来进行电力或能量传输。以非铁磁材料作为心子制成的变压器则称为空心变压器,这类变压器的耦合系数较小,属于松耦合,在高频电路或测量仪器中得到广泛应用。空心变压器的电路模型如图 11-25 所示。

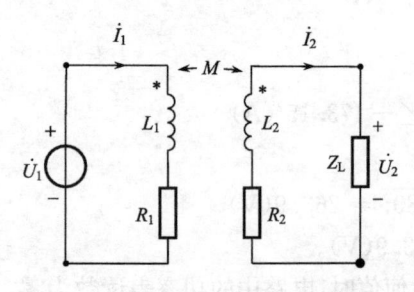

图 11-25 空心变压器的电路模型

11.3.1 空心变压器的一次侧等效电路

由图 11-25 可得方程

$$\begin{cases} (R_1 + j\omega L_1)\dot{I}_1 - j\omega M \dot{I}_2 = \dot{U}_1 \\ (R_2 + j\omega L_2)\dot{I}_2 + Z_L \dot{I}_2 - j\omega M \dot{I}_1 = 0 \end{cases}$$

令 $Z_L = R_L + jX_L$, $Z_{11} = R_1 + jX_1$, $Z_M = j\omega M = jX_M$, $Z_{22} = R_2 + j\omega L_2 + R_L + jX_L = (R_2 + R_L) + j(X_2 + X_L) \triangleq R_{22} + jX_{22}$,则上式可写成

$$\left.\begin{array}{l} Z_{11}\dot{I}_1 - Z_M \dot{I}_2 = \dot{U}_1 \\ Z_{22}\dot{I}_2 - Z_M \dot{I}_1 = 0 \end{array}\right\} \tag{11-28}$$

求解式(11-28)可得

$$\dot{I}_1 = \frac{\dot{U}_1}{Z_{11} - \frac{Z_M^2}{Z_{22}}} = \frac{\dot{U}_1}{Z_{11} + \frac{X_M^2}{Z_{22}}} \tag{11-29}$$

$$\dot{I}_2 = \frac{Z_M \dot{U}_1}{Z_{11}} \frac{1}{Z_{22} - \frac{Z_M^2}{Z_{11}}} = \frac{Z_M \dot{U}_1}{Z_{11}} \frac{1}{Z_{22} + \frac{X_M^2}{Z_{11}}} \tag{11-30}$$

由式(11-29)可知:空心变压器的二次侧对一次侧的影响是在一次侧增加了一个串联复阻抗 $\left(-\dfrac{Z_M^2}{Z_{22}}\right)$,由于

$$-\frac{Z_M^2}{Z_{22}} = \frac{X_M^2}{Z_{22}} = \frac{X_M^2}{R_{22} + jX_{22}} = \frac{X_M^2 R_{22}}{R_{22}^2 + X_{22}^2} - j\frac{X_M^2 X_{22}}{R_{22}^2 + X_{22}^2} \triangleq R_1' + jX_1' = Z_1' \tag{11-31}$$

为此,将 Z_1' 称为一次侧的引入阻抗(或反映阻抗),并将 R_1' 称为一次侧的引入电阻(或反映电阻),将 X_1' 称为一次侧的引入电抗(或反映电抗)。由于引入电阻 R_1' 恒为正值,说明空心变压器所吸收的功率是一次侧通过磁耦合向二次侧输送的功率。由于引入电抗 X_1' 为负值,说明引入电抗的性质与二次侧电抗的性质相反。

根据式(11-29),可得出空心变压器从一次侧看进去的等效电路,如图 11-26 所示。

11.3.2 空心变压器的二次侧等效电路

由式(11-30)可知：空心变压器的一次侧对二次侧的影响是在二次侧增加一个串联复阻抗$\left(-\dfrac{Z_M^2}{Z_{11}}\right)$，并产生一个等效电源$\left(\dfrac{Z_M \dot{U}_1}{Z_{11}}\right)$，由于

$$-\frac{Z_M^2}{Z_{11}} = \frac{X_M^2}{Z_{11}} = \frac{X_M^2}{R_1+jX_1} = \frac{X_M^2 R_1}{R_1^2+X_1^2} - j\frac{X_M^2 X_1}{R_1^2+X_1^2} \triangleq R_2' + jX_2' = Z_2' \quad (11\text{-}32)$$

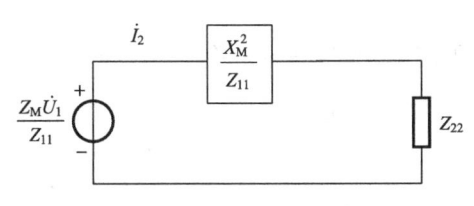

类似地可得到二次侧的引入阻抗(或反映阻抗)Z_2'，以及二次侧的引入电阻(或反映电阻)R_2'和二次侧的引入电抗(或反映电抗)X_2'。同时，根据式(11-30)，可得出空心变压器从二次侧看进去的等效电路，如图 11-27 所示。

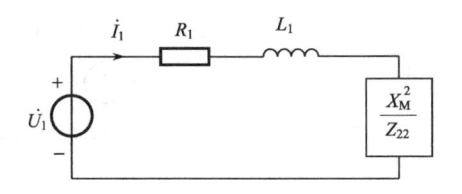

图 11-26 空心变压器的一次侧等效电路

图 11-27 空心变压器的二次侧等效电路

例 11-6 电路如图 11-28 所示，已知 $R_1=2\Omega$，$R_2=1\Omega$，$L_1=2H$，$L_2=1H$，$M=0.5H$，$u_1=\sqrt{2}\cos t$。试问 ab 端负载 Z_L 为何值时可获最大功率，最大功率为多少？

解 根据空心变压器的二次侧等效电路，可将图 11-28 等效为图 11-29，再进一步简化为图 11-30。在图 11-30 中

$$\dot{U}_{oc} = \frac{Z_M \dot{U}_1}{Z_1} = 0.177\angle 45°$$

$$Z_i = Z_2 + \frac{X_M^2}{Z_1} = (R_2+j\omega L_2) + \frac{(\omega M)^2}{R_1+j\omega L_1} = (1+j) + \frac{0.25}{2+j2} = 1.0625+j0.9375$$

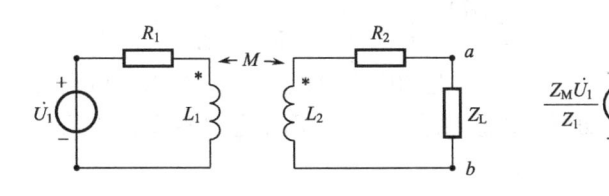

图 11-28 例 11-6 图之一

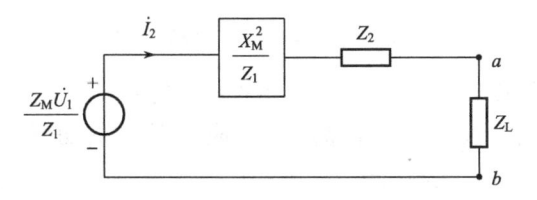

图 11-29 例 11-6 图之二

所以，图 11-30 电路与戴维南等效电路经比较可知，当 $Z_L = Z_i^* = 1.0625 - j0.9375$ 时，负载 Z_L 可获最大功率(最佳匹配)。并且，最大功率

$$P_{Lmax} = \frac{U_{oc}^2}{4R_i^2} = \frac{0.177^2}{4\times 1.0625^2} = 6.94\text{mW}$$

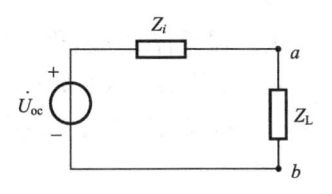

图 11-30 例 11-6 图之三

例 11-7 空心变压器电路如图 11-31 所示，已知 $R_1=5\Omega$，$R_2=15\Omega$，$\omega L_1=30\Omega$，$\omega L_2=120\Omega$，$\omega M=50\Omega$，$\dot{U}_1=10\angle 0°$，负载 $R_L=100\Omega$，试求 $\dot{U}_2$ 和此空心变压器的效率 η，并分析变压器二次侧消耗的有功功率 P_2 的构成。

解 由图 11-31 可知

图 11-31 例 11-7 图

$$Z_{11} = R_1 + j\omega L_1 = 5 + j30 = 30.4\angle 80.54°$$
$$Z_{22} = R_2 + j\omega L_2 + R_L = 115 + j120 = 166.2\angle 46.2°$$

于是可得一次侧的引入阻抗，即

$$Z_1' = \frac{X_M^2}{Z_{22}} = \frac{(\omega M)^2}{Z_{22}} = \frac{2500}{166.2\angle 46.2°} = 15.04\angle -46.2° = 10.409 - j10.86$$

由此可见，二次侧的感性阻抗反映到一次侧成为容性阻抗($-j10.86$)。

因为

$$\dot{I}_1 = \frac{\dot{U}_1}{Z_{11} + Z_1'} = \frac{10}{(5+j30)+(10.409-j10.86)} = \frac{10}{24.57\angle 51.2°} = 0.407\angle -51.2°$$

$$\dot{I}_2 = \frac{Z_M \dot{U}_1}{Z_{11}} \cdot \frac{1}{Z_{22} + \frac{X_M^2}{Z_{11}}} = \frac{500\angle 90°}{4082\angle 97.4°} = 0.122\angle -7.4°$$

所以

$$\dot{U}_2 = R_L \dot{I}_2 = 12.2\angle -7.4°$$

$$\eta = \frac{P_L}{P_1} = \frac{R_L I_2^2}{(R_1 + R_1')I_1^2} = \frac{100 \times 0.122^2}{(5+10.409)\times 0.407^2} = 58.3\%$$

变压器二次侧消耗的有功功率为

$$P_2 = (R_2 + R_L)I_2^2 = (R_2 + R_L)\frac{(\omega M)^2 I_1^2}{(R_2+R_L)^2+(\omega L_2)^2} = \frac{X_M^2 R_{22}}{R_{22}^2 + X_{22}^2}I_1^2 = R_1' I_1^2$$

所以，变压器二次侧消耗的有功功率实际上是由一次侧的引入电阻 R_1' 通过磁耦合传到二次侧的。换言之，一次侧引入电阻 R_1' 吸收的功率并未损耗在一次侧，而是通过磁耦合传到二次侧后被二次侧消耗。

11.4 理想变压器

变压器耦合的紧密程度取决于如下几方面因素。
(1) 变压器中铁心的磁性能。
(2) 组成变压器各个线圈的匝数。
(3) 组成变压器各个线圈之间的相对位置和实际尺寸。

空心变压器是典型的松耦合变压器，而铁心变压器一般则是紧耦合变压器。

11.4.1 理想变压器的定义

考察如图 11-32 所示的全耦合变压器。假设一次线圈

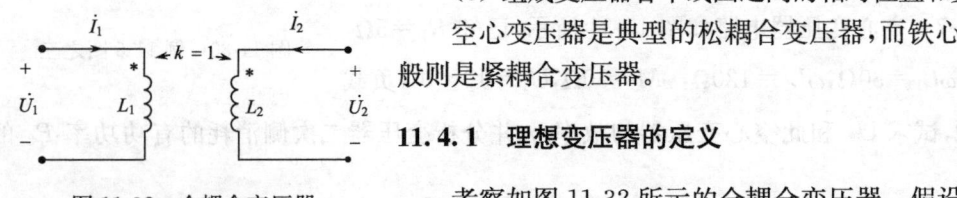

图 11-32 全耦合变压器

和二次线圈的电阻为零,这时可得

$$\begin{aligned}\dot{U}_1 &= j\omega L_1 \dot{I}_1 + j\omega M \dot{I}_2 \\ \dot{U}_2 &= j\omega L_2 \dot{I}_2 + j\omega M \dot{I}_1\end{aligned}\right\} \quad (11\text{-}33)$$

由式(11-33)可得

$$\dot{I}_1 = \frac{\dot{U}_1 - j\omega M \dot{I}_2}{j\omega L_1} \quad (11\text{-}34)$$

$$\dot{U}_2 = j\omega L_2 \dot{I}_2 + j\omega M \frac{\dot{U}_1 - j\omega M \dot{I}_2}{j\omega L_1} = \frac{M}{L_1}\dot{U}_1 + j\omega L_2 \dot{I}_2 - j\omega M^2 \frac{\dot{I}_2}{L_1} \quad (11\text{-}35)$$

在全耦合的情况下,耦合系数 $k = \frac{M}{\sqrt{L_1 L_2}} = 1$,所以 $M = \sqrt{L_1 L_2}$,因此,式(11-35)可写成

$$\dot{U}_2 = \frac{\sqrt{L_1 L_2}}{L_1}\dot{U}_1 + j\omega L_2 \dot{I}_2 - j\omega \frac{L_1 L_2}{L_1}\dot{I}_2 = \frac{\sqrt{L_1 L_2}}{L_1}\dot{U}_1 = \sqrt{\frac{L_2}{L_1}}\dot{U}_1 \quad (11\text{-}36)$$

由式(11-1)和式(11-2)可知,当线圈 1 通以交变电流 $i_1(t)$ 时,产生的自感磁通链 $\Psi_{11}(t) = N_1\Phi_{11}(t) = L_1 i_1(t)$,产生的互感磁通链 $\Psi_{21}(t) = N_2\Phi_{21}(t) = M i_1(t)$。

同样,由式(11-5)和式(11-6)可知,当线圈 2 通以交变电流 $i_2(t)$ 时,产生的自感磁通链 $\Psi_{22}(t) = N_2\Phi_{22}(t) = L_2 i_2(t)$,产生的互感磁通链 $\Psi_{12}(t) = N_1\Phi_{12}(t) = M i_2(t)$。

于是得

$$L_1 = \frac{N_1\Phi_{11}(t)}{i_1(t)} = M\frac{N_1\Phi_{11}(t)}{N_2\Phi_{21}(t)} = M\frac{N_1}{N_2} \quad [\text{注:全耦合时 } \Phi_{11}(t) = \Phi_{21}(t)] \quad (11\text{-}37)$$

$$L_2 = \frac{N_2\Phi_{22}(t)}{i_2(t)} = M\frac{N_2\Phi_{22}(t)}{N_1\Phi_{12}(t)} = M\frac{N_2}{N_1} \quad [\text{注:全耦合时 } \Phi_{22}(t) = \Phi_{12}(t)] \quad (11\text{-}38)$$

所以,式(11-36)可写成

$$\dot{U}_2 = \sqrt{\frac{L_2}{L_1}}\dot{U}_1 = \frac{N_2}{N_1}\dot{U}_1 \quad (11\text{-}39)$$

式(11-39)说明:忽略线圈电阻的全耦合变压器的输入电压与输出电压之比 $\dot{U}_1/\dot{U}_2$ 等于相应的两个耦合线圈的匝数之比 N_1/N_2。

若用 n 表示变压器的匝数比,即定义 $n = N_1/N_2$,则式(11-39)可写成

$$\dot{U}_1 = n\dot{U}_2 \quad (11\text{-}40)$$

式(11-40)描述了在忽略线圈电阻并且假设变压器为全耦合的理想化条件下,变压器的输入电压与输出电压之间的关系。

在全耦合的情况下,式(11-34)可写成

$$\dot{I}_1 = \frac{\dot{U}_1 - j\omega M \dot{I}_2}{j\omega L_1} = \frac{\dot{U}_1}{j\omega L_1} - \frac{M}{L_1}\dot{I}_2 = \frac{\dot{U}_1}{j\omega L_1} - \frac{\sqrt{L_1 L_2}}{L_1}\dot{I}_2 = \frac{\dot{U}_1}{j\omega L_1} - \sqrt{\frac{L_2}{L_1}}\dot{I}_2$$

这时,假设 L_1 和 L_2 满足理想化条件:$L_1 \to \infty$,$L_2 \to \infty$,且 $\frac{L_1}{L_2} = $ 常数,同时再运用式(11-37)和式(11-38)的结论,则有

$$\dot{I}_1 = -\sqrt{\frac{L_2}{L_1}}\dot{I}_2 = -\frac{N_2}{N_1}\dot{I}_2 = -\frac{1}{n}\dot{I}_2 \quad (11\text{-}41)$$

式(11-41)是添加理想化条件后得到的变压器输入电流与输出电流之间的关系。

综上所述,在获得变压器的电压关系和电流关系时,引入下列几个理想化条件。

图 11-33 理想变压器模型图

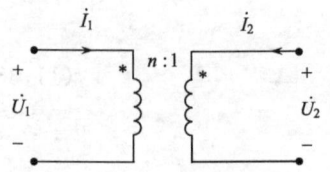

(1) 变压器本身无损耗(即线圈电阻为零)。
(2) 变压器为全耦合状态(即耦合系数 $k=1$)。
(3) 变压器的自感系数 L_1 和 L_2 均为无穷大,但 L_1/L_2 为常数。

将满足上述理想化条件且电压与电流关系符合式(11-40)和式(11-41)的变压器称为理想变压器。理想变压器的模型符号如图 11-33 所示。

在时间域中,理想变压器的电压方程与电流方程为

$$u_1(t) = nu_2(t) \tag{11-42}$$

$$i_1(t) = -\frac{1}{n}i_2(t) \tag{11-43}$$

11.4.2 理想变压器的特性

上面所描述的理想变压器的电压和电流关系是在图 11-32 的规定参考方向下得出的。一般情况下,理想变压器的电压和电流关系应为

$$u_1(t) = \pm nu_2(t) \tag{11-44}$$

$$i_1(t) = \mp \frac{1}{n}i_2(t) \tag{11-45}$$

式中的正负号取决于电压、电流的参考方向与同名端的关系:如果 $\dot{U}_1$、$\dot{U}_2$ 参考方向的极性与同名端相同,则电压特性方程取"+"号,反之取"-"号;如果 $\dot{I}_1$、$\dot{I}_2$ 的参考方向同时流入(或流出)同名端,则电流特性方程取"-"号,反之取"+"号。

理想变压器的特性方程适用于时变电压和时变电流,并且方程与频率无关,但对直流不适用,这是因为用于模拟理想变压器的实际变压器的工作原理是电磁感应定律。

根据式(11-44)和式(11-45)可知,理想变压器一次线圈和二次线圈消耗的瞬时功率之和为

$$p = u_1 i_1 + u_2 i_2 = nu_2\left(-\frac{1}{n}i_2\right) + u_2 i_2 = 0 \tag{11-46}$$

并且,理想变压器在任一时刻所存储的能量为

$$W = \int_{-\infty}^{t} p(\xi) d\xi = 0 \tag{11-47}$$

因此,理想变压器既不消耗能量,也不存储能量,纯为信号变换器。

例 11-8 电路如图 11-34 所示,已知理想变压器的匝数比 $n=3$;$\dot{I}_{s1}$、$\dot{I}_{s2}$ 为同频率电流源,$\dot{I}_{s1}=1A$;$\dot{I}_{s2}=j4A$,$R_1=3\Omega$,$R_2=0.5\Omega$。问两个电流源发出的有功功率各为多少?

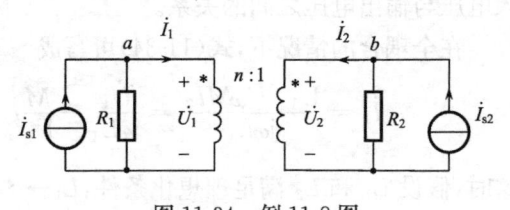

图 11-34 例 11-8 图

解 列写节点 a 和节点 b 的方程,并代入理想变压器的特性方程,可得

$$\frac{1}{R_1}\dot{U}_a = \dot{I}_{s1} - \dot{I}_1 = \dot{I}_{s1} + \frac{\dot{I}_2}{n}$$

$$\frac{1}{R_2}\dot{U}_b = \frac{1}{nR_2}\dot{U}_a = \dot{I}_{s2} - \dot{I}_2$$

解得

$$\left(\frac{1}{R_1} + \frac{1}{n^2 R_2}\right)\dot{U}_a = \dot{I}_{s1} + \frac{\dot{I}_{s2}}{n}$$

即 $\dot{U}_a = 3\angle 53.1°$，并且 $\dot{U}_b = \frac{\dot{U}_a}{n} = 1\angle 53.1°$，所以 $\dot{I}_{s1}$ 发出的有功功率为

$$P_{s1} = \text{Re}[\dot{U}_a \dot{I}_{s1}^*] = \text{Re}[3\angle 53.1°] = 1.8(\text{W})$$

$\dot{I}_{s2}$ 发出的有功功率为

$$P_{s2} = \text{Re}[\dot{U}_b \dot{I}_{s2}^*] = \text{Re}[1\angle 53.1° \times (-j4)] = 3.2(\text{W})$$

于是，两个电流源发出总的有功功率为 5W，全部被两个电阻消耗。

对于一次侧电阻 R_1，消耗的有功功率为

$$P_1 = \frac{U_a^2}{R_1} = \frac{9}{3} = 3(\text{W})$$

对于二次侧电阻 R_2，消耗的有功功率为

$$P_2 = \frac{U_b^2}{R_2} = \frac{1}{0.5} = 2(\text{W})$$

这说明，变压器将二次侧 $\dot{I}_{s2}$ 发出的一部分有功功率(1.2W)通过磁耦合传给一次侧，供电阻 R_1 消耗。

11.4.3 理想变压器的阻抗变换性质

如图 11-35 所示，如果在理想变压器的二次侧接上一个阻抗 Z_L，则从一次侧看进去的入端阻抗为

$$Z_i = \frac{\dot{U}_1}{\dot{I}_1} = \frac{n\dot{U}_2}{-\frac{1}{n}\dot{I}_2} = n^2 \frac{\dot{U}_2}{-\dot{I}_2} = n^2 Z_L \tag{11-48}$$

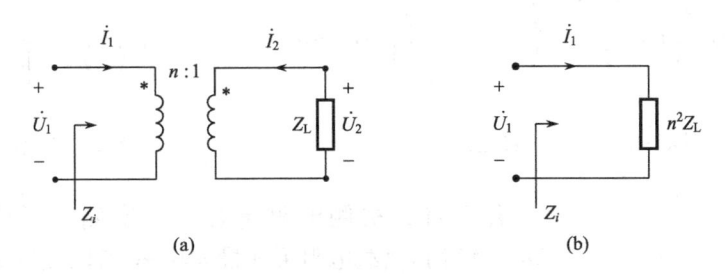

图 11-35 理想变压器从二次侧折合到一次侧的阻抗变换

所以，理想变压器具有阻抗变换的功能，可将负载阻抗的模扩大 n^2 倍，而阻抗角不变。阻抗 Z_i 称为二次侧折合到一次侧的折合阻抗。在电子技术中，常使用折合阻抗实现最大功率传输时所要求的共模匹配。

同理，如图 11-36 所示，如果在理想变压器的一次侧接上一个阻抗 Z_1，则从二次侧看进去的入端阻抗为

$$Z_o = \frac{\dot{U}_2}{\dot{I}_2} = \frac{\frac{1}{n}\dot{U}_1}{-n\dot{I}_1} = \frac{1}{n^2}\frac{\dot{U}_1}{-\dot{I}_1} = \frac{Z_1}{n^2} \tag{11-49}$$

所以，理想变压器所具有的阻抗变换功能将输入端负载阻抗的模变成 $\frac{1}{n^2}$ 倍，而阻抗角不变。阻抗 Z_o 称为一次侧折合到二次侧的折合阻抗。

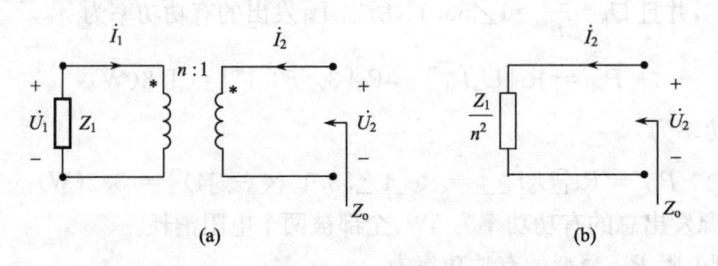

图 11-36 理想变压器从一次侧折合到二次侧的阻抗变换

例 11-9 电路如图 11-37，为使 10Ω 负载电阻获得最大功率，试确定理想变压器的匝数比 n 为多少？

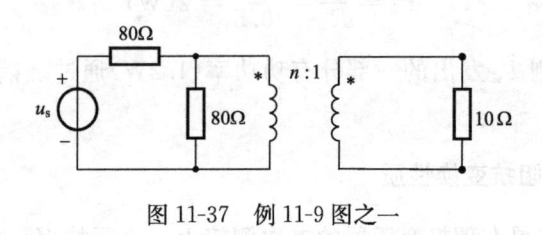

图 11-37 例 11-9 图之一

解 对图 11-37 进行等效变换，可得图 11-38、图 11-39。

图 11-38 例 11-9 图之二

图 11-39 例 11-9 图之三

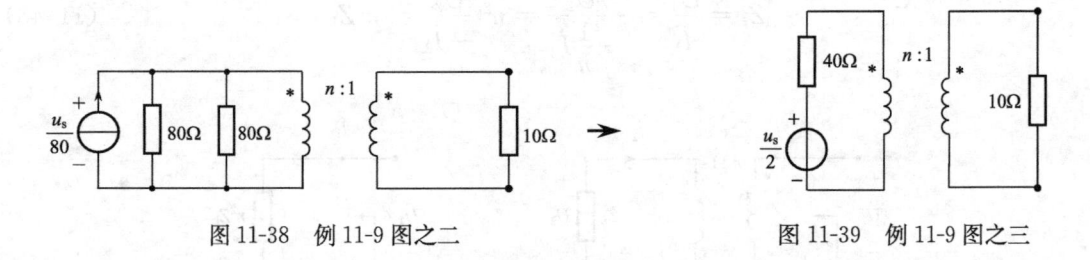

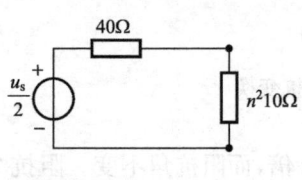

图 11-40 例 11-9 图之四

然后将二次侧电阻折合到一次侧，可得图 11-40，即当 $10n^2 = 40$ 时，负载电阻可获最大功率，所以理想变压器的匝数比 $n = 2$。

如图 11-41(a) 所示，如果在理想变压器的一次侧接上一个阻抗 Z_1 和一个激励源 $\dot{U}_S$，则从二次侧看进去的折合等效电路如图 11-41(b) 所示。证明过程从略。

(a)   (b)

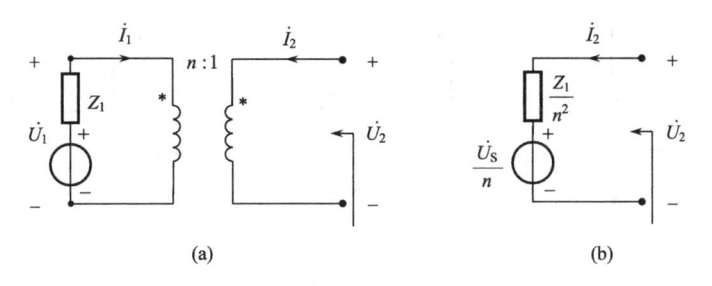

图 11-41 理想变压器从一次侧折合到二次侧的等效电路

思 考 题

11-1 什么是互感的同名端？怎样按同名端符号分析电路？

11-2 如何测量互感 M？试举例说明测量方法。

11-3 为什么将磁耦合系数 k 定义为 M 与 $\sqrt{L_1 L_2}$ 之比？这样定义的耦合系数能否反映线圈耦合的紧密程度？

11-4 图 11-19 中出现"$-M$"，这是否说明可以获得负电感？

11-5 在图 11-16 和图 11-18 中，如果将电流 i_2 反向，会得出什么样的 T 形等效电路？

11-6 含有耦合电感线圈的电路可否采用节点法进行分析？为什么？

11-7 电子技术中采用的磁耦合器件（互感线圈或变压器）与电力系统中采用的变压器在作用上有何不同？

11-8 空心变压器和理想变压器都由耦合电感组成，两者有什么区别？

11-9 如图 11-42 所示电路中两种 n 标示的含义有何不同？

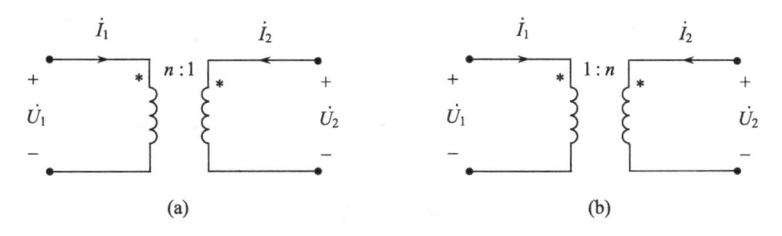

(a)   (b)

图 11-42 两种不同标示的理想变压器

11-10 在图 11-32 中，将电流 $\dot{I}_2$ 反向，式(11-40)和式(11-41)所表达理想变压器的电压关系和电流关系会发生什么变化？

习 题

11-1 电路如题 11-1 图所示，(1)试确定题 11-1 图(a)中两线圈的同名端；(2)若已知互感 $M=0.04\text{H}$，流经 L_1 电流 i_1 的波形如题 11-1 图(b)所示，试画出 L_2 两端互感电压 u_{21} 的波形；(3)如题 11-1 图(c)所示，已知 $M=0.0125\text{H}$，L_1 通过的电流 $i_1=10\cos 800t(\text{A})$，求 L_2 两端的互感电压 u_{21}。

11-2 两组线圈，一组的参数为 $L_1=0.01\text{H}, L_2=0.04\text{H}, M=0.01\text{H}$；另一组的参数为 $L_1'=0.04\text{H}, L_2'=0.06\text{H}, M'=0.02\text{H}$。分别计算每组线圈的耦合系数，通过比较说明是否互感大者耦合必紧？为什么？

11-3 题 11-3 为测定耦合线圈同名端的一种实验电路，其中，U_S 为直流电源。如果在开关 S 闭合瞬间，电压表指针反向偏转，试确定两线圈的同名端，并说明理由。

11-4 将两个互相耦合的线圈串联起来接到 220V、50Hz 的正弦电源上，顺接时测得 $I=2.7\text{A}, P=$

题 11-1 图

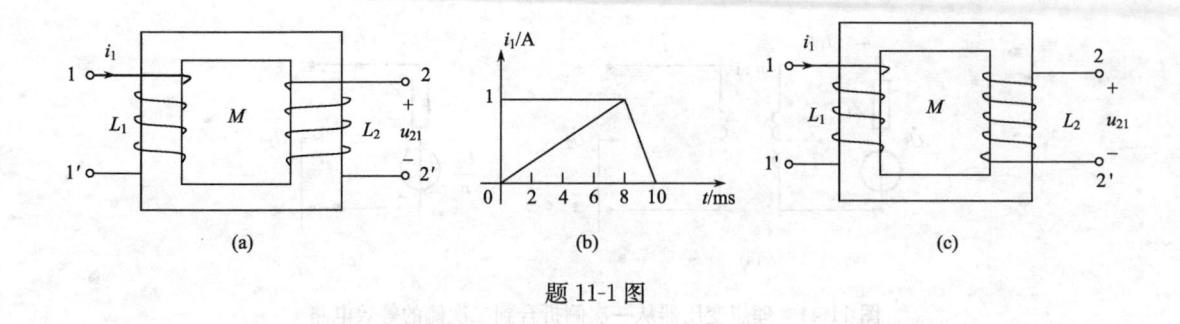

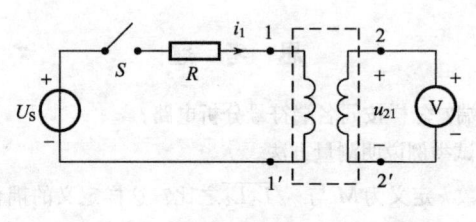

题 11-3 图

218.7W,反接时测得 $I'=7A$。求两线圈的互感 M。

11-5 求如题 11-5 图所示两个电路的入端复阻抗。

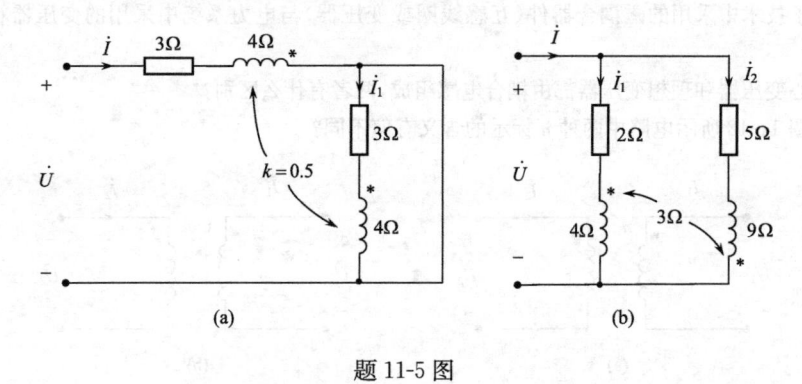

题 11-5 图

11-6 电路如题 11-6 图所示,已知 $R_1=10\Omega, R_2=6\Omega, \omega L_1=15\Omega, \omega L_2=12\Omega, \omega M=8\Omega, \dfrac{1}{\omega C}=9\Omega, U_S=120V$。求各支路电流。

11-7 电路如题 11-7 图所示,已知 $R_1=R_2=3\Omega, \omega L_1=\omega L_2=4\Omega, \omega M=2\Omega, R=5\Omega, U_S=10V$,求 U_o。

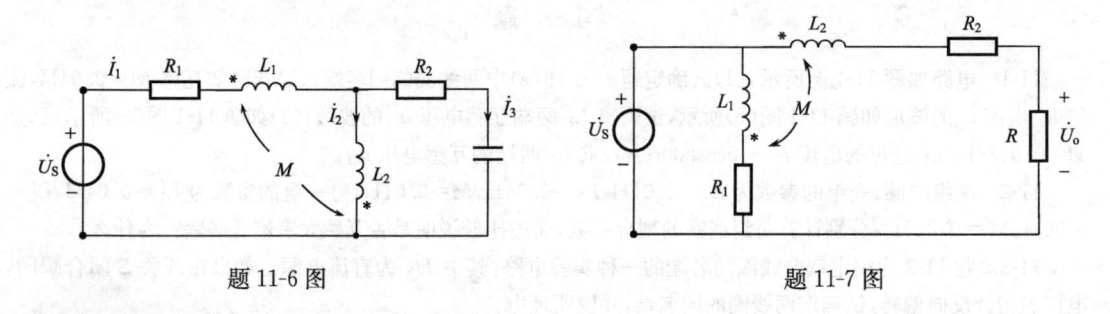

题 11-6 图　　　　　　题 11-7 图

11-8 求如题 11-8 图所示电路的戴维南等效参数。

11-9 电路如题 11-9 图所示，三个串联线圈的电感为 $L_1=L_2=L_3=10\text{mH}$，它们两两之间都存在互感，数值为 $M_{12}=M_{23}=M_{31}=2\text{mH}$。试求电路的等效电感为多少？

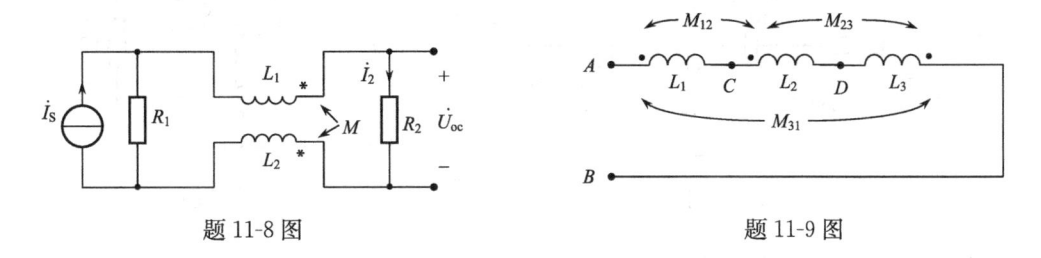

题 11-8 图

题 11-9 图

11-10 电路如题 11-10 图所示，试求该电路的输入阻抗 Z_{AB} 等于多少？

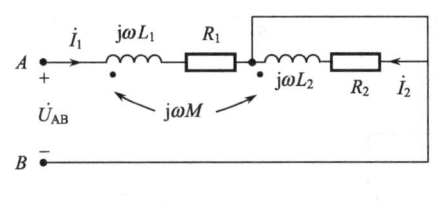

题 11-10 图

11-11 空心变压器处于如题 11-11 图所示的正弦稳态电路中，已知 $R_1=5\Omega,R_2=10\Omega,R_3=20\Omega,X_1=40\Omega,X_2=90\Omega,X_3=80\Omega,\omega M=20\Omega$；当开关 S 处于打开状态时，电压表读数为 100V。试求（1）电流表的读数和外加电压有效值 U_1；（2）开关处于闭合状态后，电压表和电流表的读数。

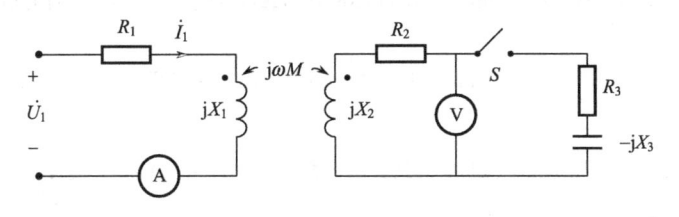

题 11-11 图

11-12 空心变压器如题 11-12 图所示，已知 $R_1=10\Omega,R_2=40\Omega,U_1=10\text{V},\omega=10^6\text{rad/s},L_1=L_2=1\text{mH}$，$\dfrac{1}{\omega C_1}=\dfrac{1}{\omega C_2}=1\text{k}\Omega$。为使 R_2 获得最大功率，试求所需的 M 值、负载 R_2 上的功率和 C_2 上的电压。

11-13 电路如题 11-13 图所示，已知功率表的读数为 24W，$u_S=2\sqrt{2}\cos10t(\text{V})$。试确定互感 M 的值。

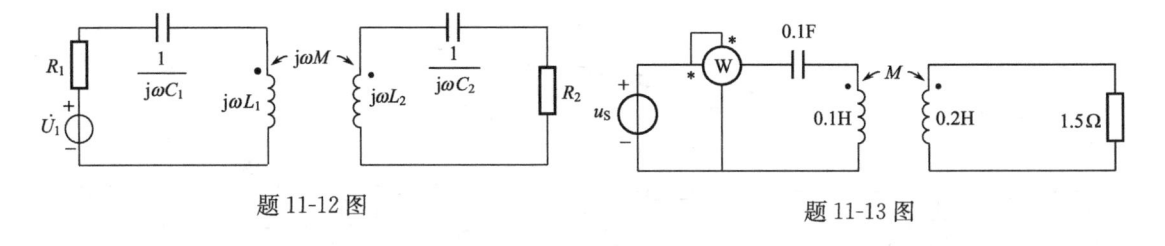

题 11-12 图

题 11-13 图

11-14 电路如题 11-14 图所示，已知 $R_1=60\Omega,\omega L=30\Omega,\dfrac{1}{\omega C}=8\Omega,R_L=5\Omega,\dot{U}_S=20\angle0°\text{V}$。试求：当负载 R_L 获得最大功率时，理想变压器的变比 n 应为多大？最大功率为多少？

11-15 求题 11-15 图的输入阻抗 Z_{ab}。

题 11-14 图   题 11-15 图

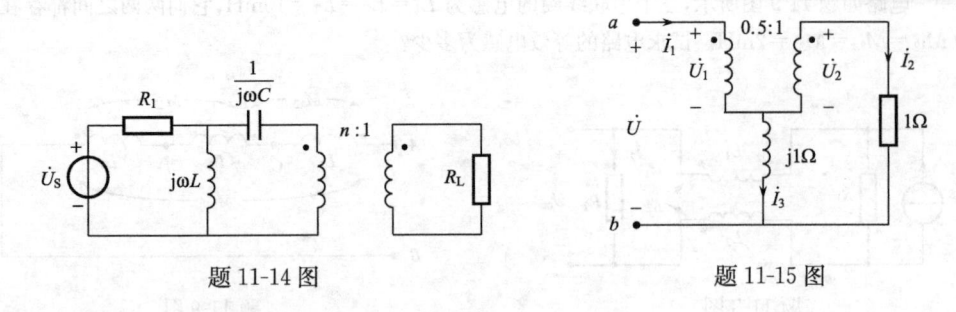

11-16　求题 11-16 图的输入阻抗 Z_{ab}。

11-17　电路如题 11-17 图所示,已知 $\dot{U}_S=10\angle 0°$V,$Z_1=(4-j5)\Omega$,$Z_2=j3\Omega$,负载电阻 $R_L=2\Omega$。要使负载 R_L 获得最大功率,试确定理想变压器的变比 n 和 Z_C 值为多大? 最大功率为多少?

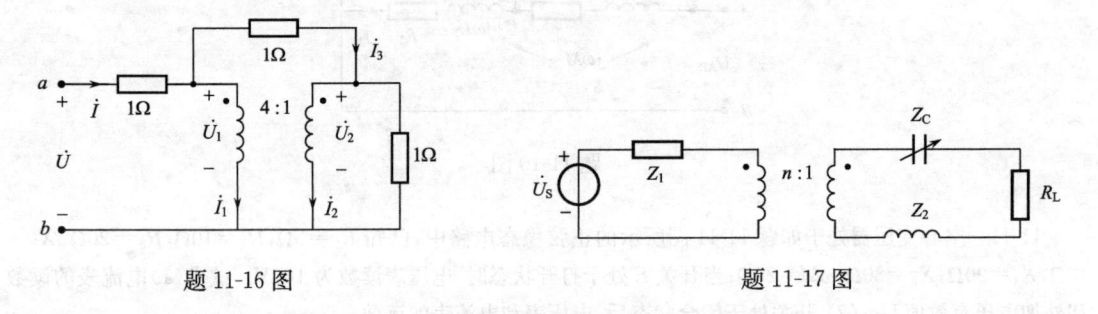

题 11-16 图   题 11-17 图

11-18　电路如题 11-18 图所示,已知 $i_S=1.414\cos 100t$(A)。问负载阻抗 Z_L 为何值时可获得最大功率,最大功率是多少?

11-19　电路如题 11-19 图所示,已知 $u_S=200\sqrt{2}\cos 10^6 t$(V)。试求电流 $i(t)$、电压 $u_2(t)$ 及电路消耗的功率 P。

11-20　电路如题 11-20 图所示,已知 $\dot{U}_S=10\angle 0°$V,$R_1=1\Omega$,$R_2=3\Omega$,$\omega L=4\Omega$,$\dfrac{1}{\omega C}=6\Omega$,$n=2$。求 $\dot{U}_2$ 的值和 $\dot{U}_S$ 发出的复功率。

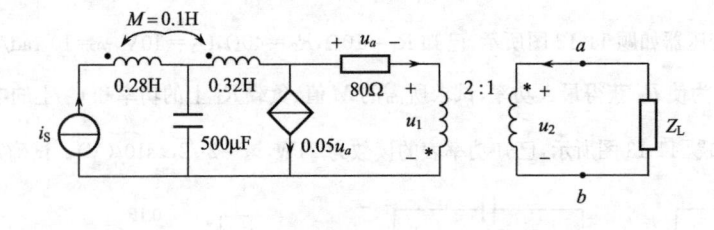

题 11-18 图

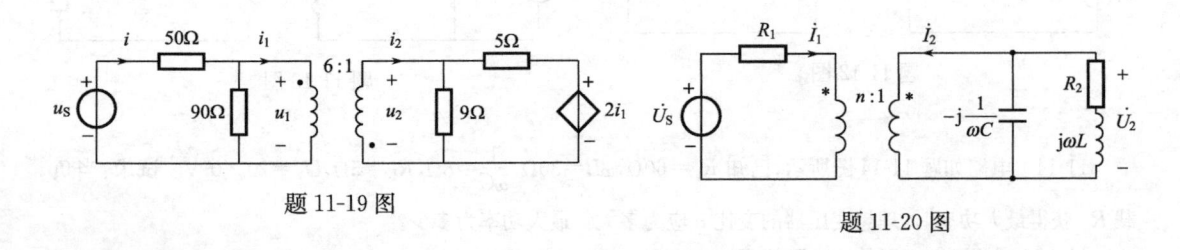

题 11-19 图   题 11-20 图

第 12 章 三相电路分析

电力系统广泛采用的供电方式是三相制。所谓"三相制",是指由三个频率相同、相位不同的电源构成的供电系统。三相供电系统与单相供电系统相比在功能上更优越。例如,在发电方面,三相发电机比相同尺寸的单相发电机发出的功率大;在输电方面,在相同的输电电压和相同的线路功率损耗下,三相供电系统中三根输电线的导线截面面积只是单相输电导线截面面积的 1/2,即可节约 25% 的导线材料;在用电方面,三相电动机比单相电动机运行更平稳,维护更方便,价格更低廉。

现代发电厂发出的都是正弦交流电,即构成三相供电系统的三个电源都按正弦变化,它们构成正弦三相电源。与正弦三相电源配套的负载则和正弦三相电源一起构成正弦三相电路(以下简称三相电路)。

本章对三相电路的概念进行简要描述,分别对正弦三相电源和三相负载的构成和特性进行分析,并在此基础上,重点对正弦三相电源激励下的对称三相电路进行分析和计算。

12.1 三相电路的基本概念

12.1.1 对称三相电源

1. 对称三相电源的定义

对称三相电源由三个频率相同、幅值相同、相位互差 120° 的正弦电源组合而成,这样的三相电源可用三相发电机制成。

三相发电机由定子(电枢)、转子、电枢绕组和励磁线圈等组成,定子的槽中间隔 120° 放置三个各自独立的电枢绕组,如图 12-1 所示。这三个绕组的始端分别标记为 A,B,C,三个绕组的末端分别标记为 X,Y,Z。

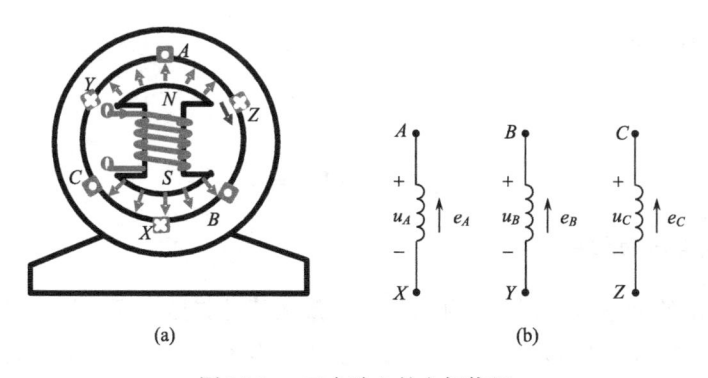

图 12-1 三个独立的电枢绕组

励磁线圈绕在转子上,并通直流电励磁以产生恒定磁场。转子旋转时,三个电枢绕组均感生出正弦电动势(e_A,e_B,e_C),一般规定感应电动势的方向从末端指向始端。由于定子和电枢

绕组的结构对称，所以三个电动势的振幅相等，角频率相等，相位互差120°，即

$$\left.\begin{array}{l}e_A = E_m\cos\omega t\\ e_B = E_m\cos(\omega t - 120°)\\ e_C = E_m\cos(\omega t - 240°) = E_m\cos(\omega t + 120°)\end{array}\right\} \quad (12\text{-}1)$$

于是，得三相电压为

$$\left.\begin{array}{l}u_A = U_m\cos\omega t\\ u_B = U_m\cos(\omega t - 120°)\\ u_C = U_m\cos(\omega t - 240°) = U_m\cos(\omega t + 120°)\end{array}\right\} \quad (12\text{-}2)$$

波形如图 12-2 所示。

用相量表示的三相电压则为

$$\left.\begin{array}{l}\dot{U}_A = U\angle 0°\\ \dot{U}_B = U\angle -120°\\ \dot{U}_C = U\angle 120°\end{array}\right\} \quad (12\text{-}3)$$

矢量图如图 12-3 所示。

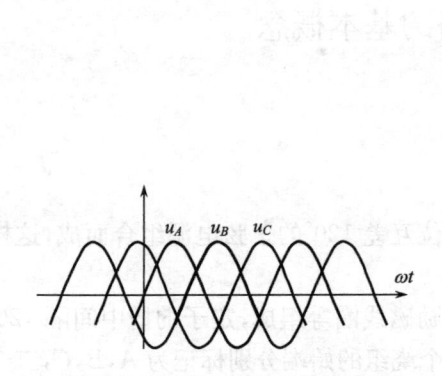

图 12-2　对称三相电压的波形图 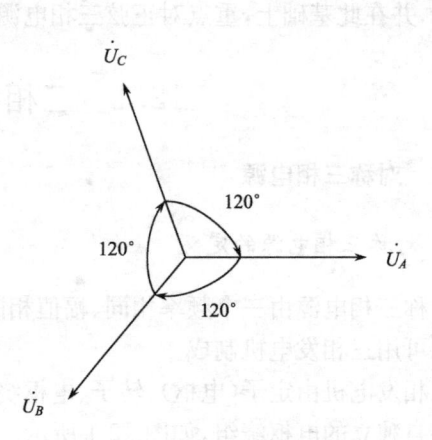　　　图 12-3　对称三相电压的矢量图

由上述电压关系可知

$$u_A + u_B + u_C = 0 \quad (12\text{-}4)$$

或

$$\dot{U}_A + \dot{U}_B + \dot{U}_C = 0 \quad (12\text{-}5)$$

2. 对称三相电源的相序

对称三相电源的相序是三相电压和电流达到最大值的先后次序。如式(12-2)所描述的对称三相电源，若 A 相的电压和电流超前 B 相的电压和电流 120°，而 B 相的电压和电流超前 C 相的电压和电流 120°，且 C 相的电压和电流又超前 A 相的电压和电流 120°，即电压和电流达到最大值的先后次序为 $A \to B \to C \to A$，则遵守这样次序的三相电源称为顺序（正序）三相电源。

如果 A 相的电压和电流滞后 B 相的电压和电流 120°，而 B 相的电压和电流滞后 C 相的

电压和电流120°,且C相的电压和电流又滞后A相的电压和电流120°,即电压和电流达到最大值的先后次序为C→B→A→C,则这样的三相电源称为逆序(负序)三相电源。这时的电压表达式为

$$\left.\begin{aligned}\dot{U}_A &= U\angle 0° \\ \dot{U}_B &= U\angle 120° = U\angle -240° \\ \dot{U}_C &= U\angle 240° = U\angle -120°\end{aligned}\right\} \quad (12\text{-}6)$$

在三相电路的分析和应用中,"相序"的概念非常重要,在实际工作中应正确区分。为此,工业应用中常用油漆把A相母线涂成红色,B相母线涂成绿色,C相母线涂成黄色,以强调它们的相序。在一般情况下,如无特别说明,三相电源电压的相序均指顺序(正序)。

3. 对称三相电源的联接

1) 对称三相电源的星形(Y)联接

三个电源的末端X,Y,Z联接在一起,形成一个节点O(通常称为三相电源的中性点或中点),同时从三个电源的始端A,B,C向外引出三条线与输电线相联并向负载供电,这样构成星形(Y)联接的三相电源,如图12-4所示。

联接成图12-4的三相电源称为三相三线制的星形(Y形)三相电源,通常将始端A,B,C向外引出的三条线称为三相电源的端线(俗称火线)。从中性点也向外引出一条线,成为三相四线制的星形(Y_0形)三相电源。通常将中性点向外引出的这条线称为三相电源的中线或零线(俗称地线),如图12-5所示。

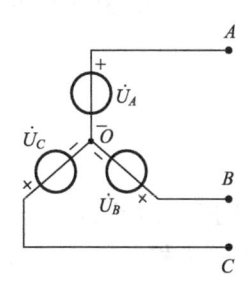

图12-4 三相三线制的星形(Y)三相电源 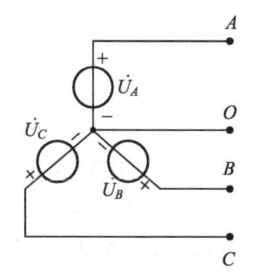　　图12-5 三相四线制的星形(Y_0)三相电源

2) 对称三相电源的三角形(△)联接

三个电源依次首尾相串接,形成一个封闭的三角形(闭合回路),同时从三角形的三个顶点向外引出三条线与输电线相联并向负载供电,这样构成三角形(△形)联接的三相电源,如图12-6所示。

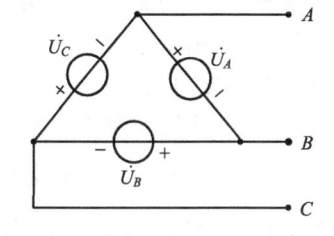

显然,三角形联接的三相电源只能引出三条线(火线),属于无零线的三相电源。并且,虽然三个电源所构成的三角形形成一个闭合回路,但由于三相电源对称,根据KVL有$\dot{U}_A + \dot{U}_B + \dot{U}_C = 0$,所以闭合回路没有环流电流。由此可知,如果三角形联接的三个电源中有一个接反,那么,闭合回路将出现很

图12-6 三角形(△)联接的三相电源

大的环流电流。此时,这三个电源不仅不能构成对称三相电源,而且还可能会因巨大的环流电流而烧坏电源设备。

12.1.2 三相负载

与三相电源相配套,可接成星形或三角形的三个阻抗 Z_A,Z_B,Z_C(或三个导纳)构成一组三相负载,如图 12-7 所示。当这三个阻抗(或导纳)完全相等时,即 $Z_A = Z_B = Z_C$,称其为对称三相负载。当然,为与电源相匹配使用,三相星形负载也有三相三线制和三相四线制之分。

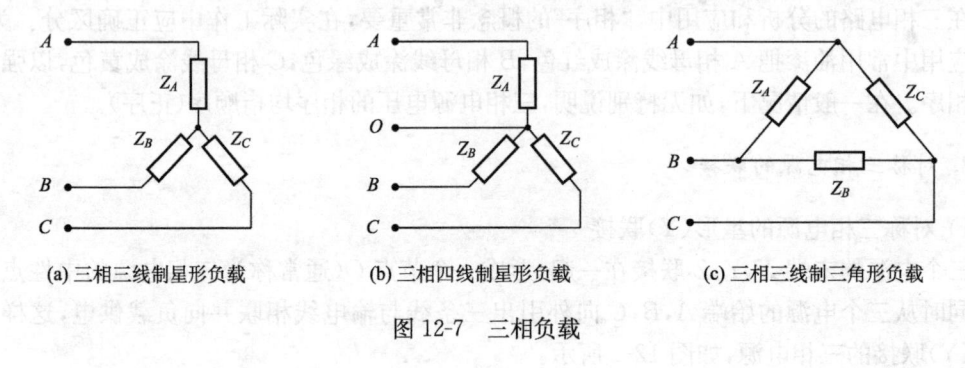

(a) 三相三线制星形负载　　　(b) 三相四线制星形负载　　　(c) 三相三线制三角形负载

图 12-7　三相负载

12.1.3 三相电路

1. 三相电路的基本接法

将三相电源与三相负载用输电线联接起来就构成三相电路。三相电路的联接方式有 Y/Y、Y_0/Y_0、Y/△、△/Y、△/△ 等五种基本接法,如图 12-8 所示。

2. 三相电路的相变量与线变量

1) 相变量与线变量的定义

三相电源由三个电源所组成,每个电源上的电压称为相电压,每个电源上的电流称为相电流。同样,三相负载由三个阻抗所组成,每个阻抗上的电压也称为相电压,每个阻抗上的电流也称为相电流。所有的相电压和相电流统称为相变量。

在对称三相电路中,除了三相四线制的 Y_0/Y_0 系统多一条中线外,不管电源和负载如何联接,它们之间均有从端点引出的三条输电线,输电线上的电流称为线电流,而输电线之间的电压则称为线电压。同样,所有的线电压和线电流统称为线变量。

对于三相四线制的 Y_0/Y_0 系统,若中线上有电流通过,则称之为中线电流,电源中性点与负载中性点之间的电压称为中性点间电压。

2) 星形联接的对称三相电路中线变量与相变量的关系

如图 12-9 所示为星形联接的对称三相电路,设电源上的相电压分别为 $\dot{U}_A$、$\dot{U}_B$、$\dot{U}_C$,电源上的相电流分别为 $\dot{I}_{OA}$、$\dot{I}_{OB}$、$\dot{I}_{OC}$;设负载上的相电压分别为 $\dot{U}_{A'O'}$、$\dot{U}_{B'O'}$、$\dot{U}_{C'O'}$,负载上的相电流分别为 $\dot{I}_{A'O'}$、$\dot{I}_{B'O'}$、$\dot{I}_{C'O'}$;设线电压分别为 $\dot{U}_{AB}$、$\dot{U}_{BC}$、$\dot{U}_{CA}$,线电流分别为 $\dot{I}_A$、$\dot{I}_B$、$\dot{I}_C$。

由电路可知

$$\dot{I}_A = \dot{I}_{OA} = \dot{I}_{A'O'}, \dot{I}_B = \dot{I}_{OB} = \dot{I}_{B'O'}, \dot{I}_C = \dot{I}_{OC} = \dot{I}_{C'O'} \tag{12-7}$$

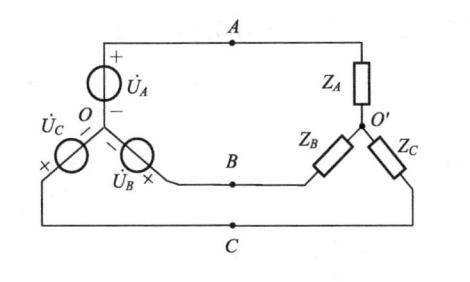

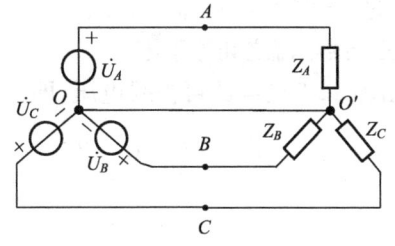

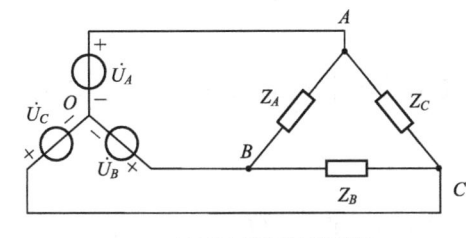

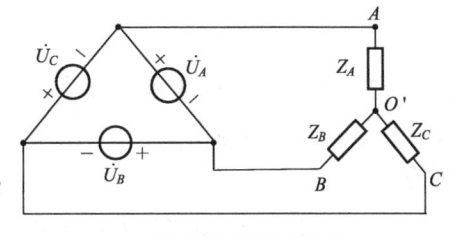

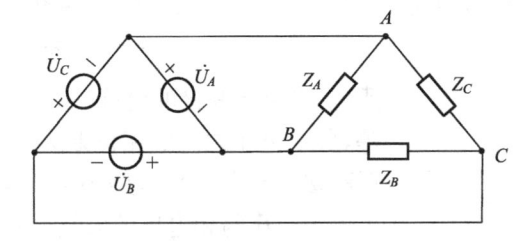

(a) Y/Y接法的三相电路

(b) Y₀/Y₀接法的三相电路

(c) Y/△接法的三相电路

(d) △/Y接法的三相电路

(e) △/△接法的三相电路

图 12-8　三相电路的五种基本接法

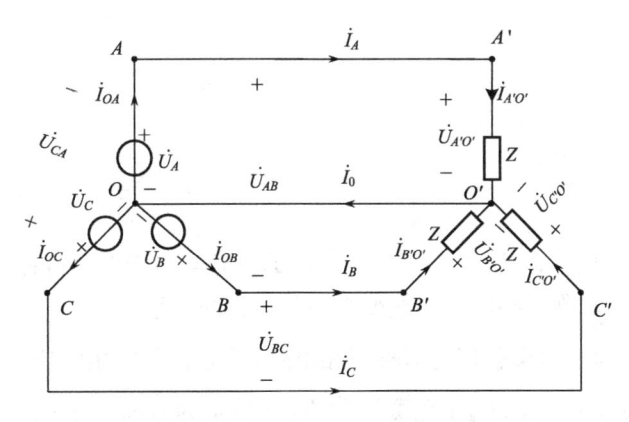

图 12-9　星形(Y₀)联接的对称三相电路

这说明：在星形联接的对称三相电路中，线电流等于相电流。

对于星形联接的三相三线制对称三相电路，根据 KCL 定律可知

$$\dot{I}_A + \dot{I}_B + \dot{I}_C = 0 \tag{12-8}$$

对于星形联接的三相四线制对称三相电路，由于 OO' 等电位，根据 KCL 定律可知

$$\dot{I}_A + \dot{I}_B + \dot{I}_C = \dot{I}_0 = 0 \tag{12-9}$$

即星形联接的三相四线制对称三相电路的中线电流等于零。同时说明,在星形联接的对称三相电路中,三个线电流之和等于零。

其次,由图12-9的电路可得线电压,即

$$\left.\begin{array}{l}\dot{U}_{AB} = \dot{U}_A - \dot{U}_B = U\angle 0° - U\angle -120° = \left(\frac{3}{2} + j\frac{\sqrt{3}}{2}\right)\dot{U}_A = \sqrt{3}\angle 30°\dot{U}_A \\ \dot{U}_{BC} = \dot{U}_B - \dot{U}_C = U\angle -120° - U\angle 120° = \left(\frac{3}{2} + j\frac{\sqrt{3}}{2}\right)\dot{U}_B = \sqrt{3}\angle 30°\dot{U}_B \\ \dot{U}_{CA} = \dot{U}_C - \dot{U}_A = U\angle 120° - U\angle 0° = \left(\frac{3}{2} + j\frac{\sqrt{3}}{2}\right)\dot{U}_C = \sqrt{3}\angle 30°\dot{U}_C\end{array}\right\}$$

(12-10)

于是,在星形联接的对称三相电路中,各线电压超前于其相应的相电压30°,各线电压的有效值是其相应相电压有效值的$\sqrt{3}$倍。

又因为

$$\left.\begin{array}{l}\dot{U}_{AB} = \sqrt{3}\angle 30°\dot{U}_A = \sqrt{3}\angle 30° \times U\angle 0° = \sqrt{3}U\angle 30° \\ \dot{U}_{BC} = \sqrt{3}\angle 30°\dot{U}_B = \sqrt{3}\angle 30° \times U\angle -120° = \sqrt{3}U\angle -90° \\ \dot{U}_{CA} = \sqrt{3}\angle 30°\dot{U}_C = \sqrt{3}\angle 30° \times U\angle 120° = \sqrt{3}U\angle 150°\end{array}\right\}$$

(12-11)

所以,在星形联接的对称三相电路中,各线电压的幅值相等,各线电压之间的相位差为120°。根据对称的定义,星形联接的对称三相电路中各线电压对称。图12-10描述了各线电压与相电压的矢量关系。

由式(12-10)可得相电压,即

$$\left.\begin{array}{l}\dot{U}_A = \dfrac{\dot{U}_{AB}}{\sqrt{3}}\angle -30° \\ \dot{U}_B = \dfrac{\dot{U}_{BC}}{\sqrt{3}}\angle -30° \\ \dot{U}_C = \dfrac{\dot{U}_{CA}}{\sqrt{3}}\angle -30°\end{array}\right\}$$

(12-12)

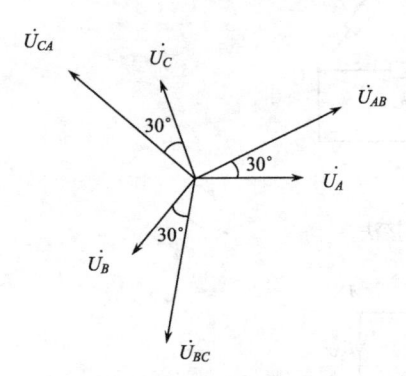

图12-10 线电压与相电压的矢量关系图

在图12-9中,负载上相电压$\dot{U}_{A'O'}$、$\dot{U}_{B'O'}$、$\dot{U}_{C'O'}$的推导类似于上述过程,结论相同。

3) 三角形联接的对称三相电路中线变量与相变量的关系

如图12-11所示为三角形联接的对称三相电路,设电源上的相电压分别为$\dot{U}_A$、$\dot{U}_B$、$\dot{U}_C$,电源上的相电流分别为$\dot{I}_{BA}$、$\dot{I}_{CB}$、$\dot{I}_{AC}$;负载上的相电压分别为$\dot{U}_{A'B'}$、$\dot{U}_{B'C'}$、$\dot{U}_{C'A'}$,负载上的相电流分别为$\dot{I}_{A'B'}$、$\dot{I}_{B'C'}$、$\dot{I}_{C'A'}$;设线电压分别为$\dot{U}_{AB}$、$\dot{U}_{BC}$、$\dot{U}_{CA}$,线电流分别为$\dot{I}_A$、$\dot{I}_B$、$\dot{I}_C$。

由电路可知

$$\dot{U}_{AB} = \dot{U}_A = \dot{U}_{A'B'}, \dot{U}_{BC} = \dot{U}_B = \dot{U}_{B'C'}, \dot{U}_{CA} = \dot{U}_C = \dot{U}_{C'A'} \quad (12\text{-}13)$$

这说明:在三角形联接的对称三相电路中,线电压等于相电压。

由式(12-5)已知$\dot{U}_A + \dot{U}_B + \dot{U}_C = 0$,所以

$$\dot{U}_{AB} + \dot{U}_{BC} + \dot{U}_{CA} = 0 \quad (12\text{-}14)$$

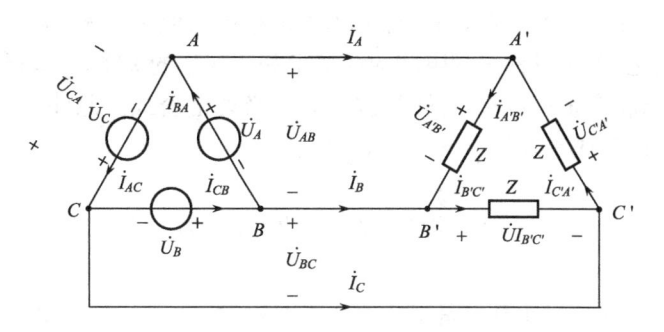

图 12-11 三角形联接的对称三相电路

即在三角形联接的对称三相电路中,三个线电压之和等于零。

其次,由图 12-11 的电路可得线电流,即

$$\left.\begin{array}{l} \dot{I}_A = \dot{I}_{BA} - \dot{I}_{AC} \\ \dot{I}_B = \dot{I}_{CB} - \dot{I}_{BA} \\ \dot{I}_C = \dot{I}_{AC} - \dot{I}_{CB} \end{array}\right\} \tag{12-15}$$

在对称三相电源中,当相电压对称时,相电流也对称。于是,设 $\dot{I}_{BA}=I\angle 0°$,则 $\dot{I}_{CB}=I\angle -120°$,$\dot{I}_{AC}=I\angle 120°$,所以

$$\left.\begin{array}{l} \dot{I}_A = \dot{I}_{BA} - \dot{I}_{AC} = I\angle 0° - I\angle 120° = \sqrt{3}\angle -30°\dot{I}_{BA} \\ \dot{I}_B = \dot{I}_{CB} - \dot{I}_{BA} = I\angle -120° - I\angle 0° = \sqrt{3}\angle -30°\dot{I}_{CB} \\ \dot{I}_C = \dot{I}_{AC} - \dot{I}_{CB} = I\angle 120° - I\angle -120° = \sqrt{3}\angle -30°\dot{I}_{AC} \end{array}\right\} \tag{12-16}$$

于是,在三角形联接的对称三相电路中,各线电流滞后其相应的相电流 30°,各线电流的有效值是其相应相电流有效值的 $\sqrt{3}$ 倍。

又因为

$$\left.\begin{array}{l} \dot{I}_A = \sqrt{3}\angle -30°\dot{I}_{BA} = \sqrt{3}\angle -30° \times I\angle 0° = \sqrt{3}I\angle -30° \\ \dot{I}_B = \sqrt{3}\angle -30°\dot{I}_{CB} = \sqrt{3}\angle -30° \times I\angle -120° = \sqrt{3}I\angle -150° \\ \dot{I}_C = \sqrt{3}\angle -30°\dot{I}_{AC} = \sqrt{3}\angle -30° \times I\angle 120° = \sqrt{3}I\angle 90° \end{array}\right\} \tag{12-17}$$

所以,在三角形联接的对称三相电路中,各线电流的幅值相等,各线电流之间的相位差为 120°。根据对称的定义,在三角形联接的对称三相电路中,各线电流对称。图 12-12 描述了各线电流与相电流的矢量关系。

由式(12-17)可得相电流,即

$$\left.\begin{array}{l} \dot{I}_{BA} = \dfrac{\dot{I}_A}{\sqrt{3}}\angle 30° \\ \dot{I}_{CB} = \dfrac{\dot{I}_B}{\sqrt{3}}\angle 30° \\ \dot{I}_{AC} = \dfrac{\dot{I}_C}{\sqrt{3}}\angle 30° \end{array}\right\} \tag{12-18}$$

图 12-12 线电流与相电流的矢量关系图

在图 12-11 中，负载上相电流 $\dot{I}_{A'B'}$、$\dot{I}_{B'C'}$、$\dot{I}_{C'A'}$ 的推导类似于上述过程，结论相同。

最后须强调的是，关于对称三相电路的线变量和相变量的关系，不管已知量是线变量还是相变量，一般都应从相变量推得相应的线变量，而不必死记公式。此外，三角形联接的对称三相负载或电源总可以化成等效的星形联接形式。

12.2 对称三相电路的分析与计算

三相对称电路的分析和计算应紧紧抓住电路对称这一特点，并利用这一特点使电路的分析得到简化。同时，在分析和计算三相对称电路时应善于利用前面已经获得的结论，这些结论可归纳如下。

1. 对于星形联接的三相对称电路

(1) 线电流等于相电流；
(2) 各线电压超前其相应的相电压 30°；
(3) 各线电压的有效值是其相应相电压有效值的 $\sqrt{3}$ 倍；
(4) 各线电压对称。

2. 对于三角形联接的三相对称电路

(1) 线电压等于相电压；
(2) 各线电流滞后其相应的相电流 30°；
(3) 各线电流的有效值是其相应相电流有效值的 $\sqrt{3}$ 倍；
(4) 各线电流对称。

12.2.1 对称三相四线制(Y_0/Y_0)系统的分析

如图 12-13 所示为三相四线制系统，Z_l 为输电线阻抗，Z_N 为中线阻抗。

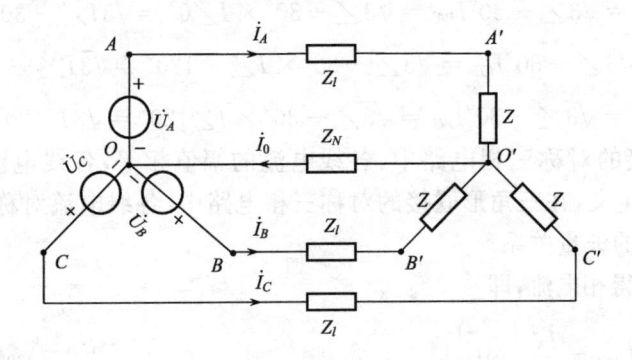

图 12-13 对称三相四线制 Y_0/Y_0 系统

以 O 点为参考点列写节点方程，可得

$$\left(\frac{3}{Z+Z_l}+\frac{1}{Z_N}\right)\dot{U}_{O'O} = \frac{1}{Z+Z_l}(\dot{U}_A+\dot{U}_B+\dot{U}_C) \tag{12-19}$$

由于电源对称,即 $\dot{U}_A+\dot{U}_B+\dot{U}_C=0$,上式解得 $\dot{U}_{O'O}=0$,则 $\dot{I}_0=0$,所以各相(线)电流为

$$\dot{I}_A = \frac{\dot{U}_A}{Z+Z_l}, \dot{I}_B = \frac{\dot{U}_B}{Z+Z_l}, \dot{I}_C = \frac{\dot{U}_C}{Z+Z_l} \tag{12-20}$$

各相电压为

$$\dot{U}_{A'O'} = Z\dot{I}_A, \dot{U}_{B'O'} = Z\dot{I}_B, \dot{U}_{C'O'} = Z\dot{I}_C \tag{12-21}$$

由式(12-20)可知,由于电源的相电压对称,所以系统的线电流对称,并且负载上的各相电压也对称。

因此,对于 Y_0/Y_0 这样的对称三相电路系统,计算电压或电流时只需求出三相中的一相,然后根据电压或电流的对称关系可写出其余两相的结果。同时,对于这样的对称三相电路系统,可将中线去掉变成三相三线制,计算的结果与前相同。

例 12-1 如图 12-14 所示为对称三相电路,已知 $U_A=220\text{V}, f=50\text{Hz}, R=100\Omega, L=0.618\text{H}, M=0.3\text{H}$。求电路中的线电流。

解 电路是 Y/Y 对称三相电路,所以,只需先求出三相中的一相,设 $\dot{U}_A=220\angle 0°\text{V}$。

此题的关键是处理互感,在 A 相中,线圈上的电压为

$$\dot{U}_{LA} = j\omega L\dot{I}_A + j\omega M\dot{I}_B + j\omega M\dot{I}_C$$

由于 $\dot{I}_A+\dot{I}_B+\dot{I}_C=0$,所以,上式变为

$$\dot{U}_{LA} = j\omega L\dot{I}_A + j\omega M(\dot{I}_B+\dot{I}_C) = j\omega(L-M)\dot{I}_A$$

因此,A 相的去耦电路如图 12-15 所示。由图 12-15 可得

$$\dot{I}_A = \frac{\dot{U}_A}{R+j\omega(L-M)} = \frac{220\angle 0°}{100+j314\times 0.318} = 1.556\angle -45°$$

然后写出其余两相,可得

$$\dot{I}_B = \dot{I}_A\angle -120° = 1.556\angle -165°$$

$$\dot{I}_C = \dot{I}_A\angle 120° = 1.556\angle 75°$$

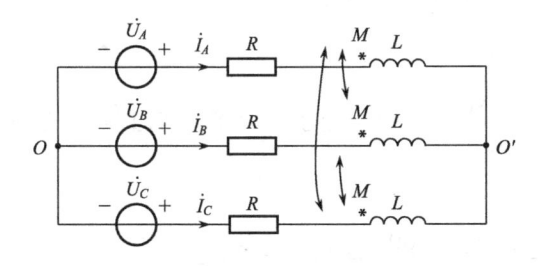

图 12-14 例 12-1 图之一

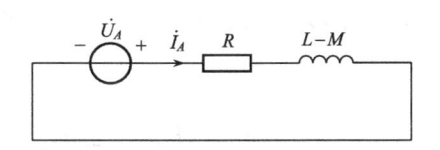

图 12-15 例 12-1 图之二

12.2.2 复杂对称三相电路的分析

复杂对称三相电路无非是负载和电源有多组相联的情况,而且有的还出现星形与三角形混联,或者出现输电线阻抗不为零等情况,但它所依据的基本原理不变。

复杂对称三相电路的分析方法有其一定的特点。一般的思路是将电源和负载通过 Y/△ 等效变换变化成 Y/Y 联接的对称三相电路,然后将所有电源的中点和负载的中点短接,抽出一相(如 A 相)进行分析计算,再根据线变量与相变量的关系及对称关系,写出其余两相的

结果。

例 12-2 如图 12-16 所示为对称三相电路,已知电源线电压为 380V,$Z_1=30\Omega$,$Z_2=12+j16(\Omega)$。求 $Z_l=0$ 或 $Z_l=1+j2(\Omega)$ 时,各负载上的相电流和输电线中的电流为多少?

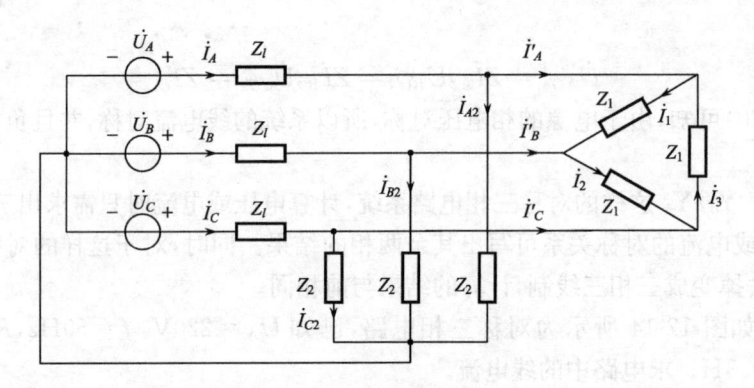

图 12-16 例 12-2 图之一

解 设 $\dot{U}_{AB}=380\angle 0°\text{V}$,由图 12-16 可得

(1) 当 $Z_l=0$ 时,三角形负载的相电流为

$$\dot{I}_1 = \frac{\dot{U}_{AB}}{Z_1} = \frac{380\angle 0°}{30} = 12.67\angle 0°$$

根据对称关系有

$$\dot{I}_2 = \dot{I}_1\angle -120° = 12.67\angle -120°$$

$$\dot{I}_3 = \dot{I}_1\angle 120° = 12.67\angle 120°$$

所以,三角形负载的线电流为

$$\dot{I}'_A = \sqrt{3}\dot{I}_1\angle -30° = 21.94\angle -30°$$

$$\dot{I}'_B = \dot{I}_A\angle -120° = 21.94\angle -150°$$

$$\dot{I}'_C = \dot{I}_A\angle 120° = 21.94\angle 90°$$

因为星形电源的相电压 $\dot{U}_A = \frac{\dot{U}_{AB}}{\sqrt{3}}\angle -30° = \frac{380}{\sqrt{3}}\angle -30° = 220\angle -30°$。所以,星形负载的相电流为

$$\dot{I}_{A2} = \frac{\dot{U}_A}{Z_2} = \frac{220\angle -30°}{12+j16} = \frac{220\angle -30°}{20\angle 53.1°} = 11\angle -83.1°$$

根据对称关系有

$$\dot{I}_{B2} = \dot{I}_{A2}\angle -120° = 11\angle -203.1°$$

$$\dot{I}_{C2} = \dot{I}_{A2}\angle 120° = 11\angle 36.9°$$

于是可得输电线上的电流为

$$\dot{I}_A = \dot{I}'_A + \dot{I}_{A2} = (19-j10.97)+(1.32-j10.92) = 29.87\angle -47.1°$$

根据对称关系有

$$\dot{I}_B = \dot{I}_A\angle -120° = 29.87\angle -167.1°$$

$$\dot{I}_C = \dot{I}_A \angle 120° = 29.87 \angle 72.9°$$

(2) 当 $Z_l = 1 + j2$ 时，先将三角形负载化成星形负载，则等效的每相阻抗 $Z_{Y1} = \dfrac{30}{3} = 10\Omega$，这时，A 相如图 12-17 所示。

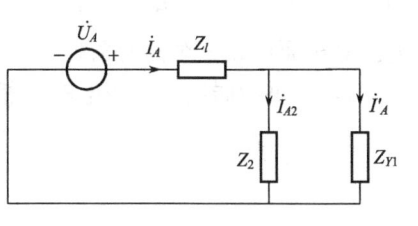

图 12-17 例 12-2 图之二

总的阻抗为

$$Z = Z_l + \frac{Z_2 Z_{Y1}}{Z_2 + Z_{Y1}} = (1+j2) + \frac{10(12+j16)}{22+j16} = 9 \angle 27.5°$$

于是可得输电线上的电流为

$$\dot{I}_A = \frac{\dot{U}_A}{Z} = \frac{220 \angle -30°}{9 \angle 27.5°} = 24.5 \angle -57.5°$$

根据对称关系有

$$\dot{I}_B = \dot{I}_A \angle -120° = 24.5 \angle -177.5°$$
$$\dot{I}_C = \dot{I}_A \angle 120° = 24.5 \angle 62.5°$$

由分流公式可得星形负载的相电流为

$$\dot{I}_{A2} = \frac{Z_{Y1}}{Z_2 + Z_{Y1}} \dot{I}_A = \frac{10}{22+j16} \times 24.5 \angle -57.5° = \frac{245 \angle -57.5°}{27.2 \angle 36°} = 9 \angle -93.5°$$

根据对称关系有

$$\dot{I}_{B2} = \dot{I}_{A2} \angle -120° = 9 \angle -213.5°$$
$$\dot{I}_{C2} = \dot{I}_{A2} \angle 120° = 9 \angle 26.5°$$

再由分流公式可得三角形负载的线电流为

$$\dot{I}'_A = \frac{Z_2}{Z_2 + Z_{Y1}} \dot{I}_A = \frac{12+j16}{22+j16} \times 24.5 \angle -57.5° = 18 \angle -40.4°$$

根据对称关系有

$$\dot{I}'_B = \dot{I}_A \angle -120° = 18 \angle -160.4°$$
$$\dot{I}'_C = \dot{I}_A \angle 120° = 18 \angle 79.6°$$

现在，再将等效的星形负载还原成原来的三角形负载，则三角形负载的相电流为

$$\dot{I}_1 = \frac{\dot{I}'_A}{\sqrt{3}} \angle 30° = 10.4 \angle -10.4°$$

根据对称关系有

$$\dot{I}_2 = \dot{I}_1 \angle -120° = 10.4 \angle -130.4°$$
$$\dot{I}_3 = \dot{I}_1 \angle 120° = 10.4 \angle 109.6°$$

12.3 不对称三相电路概述

在三相电路中，当三相电源或三相负载不对称时就构成不对称三相电路。所谓三相电源不对称，是指三相电源不满足"频率相同、幅值相同、相位互差 120°"的条件；所谓三相负载不对称，是指三相负载不满足"三个负载阻抗（或导纳）完全相等"的条件。

在一般情况下，三相电源可认为是对称的。因此，所谓不对称三相电路，常指负载不对称的情况。在日常生活中,三相电路系统总是不对称的。下面所描述的不对称三相电路仅针对电源对称而负载不对称的系统。

目前,供给居民生活用电的三相系统均属于三相四线制星形(Y_0/Y_0)不对称三相电路系统。在这样的不对称三相电路中,如果中线联接正常,并且在忽略中线阻抗的情况下,不论三相负载是否对称,其相电压总是对称的。当然,若三相负载不对称,其相电流也是不对称的。不过,在中线的强制作用下,三相电源的中点与三相负载的中点之间总是等电位的。这时尽管负载不对称,其各相也是独立的,同样可以分相计算。如果中线联接不正常,如中线断开,这时电源的中点与负载的中点之间将出现中点位移,从而产生中点之间的电位差,那么负载的不对称将会引起相电压也不对称,如图 12-18 所示,这时三相电路的计算不能简化为单相电路的计算。

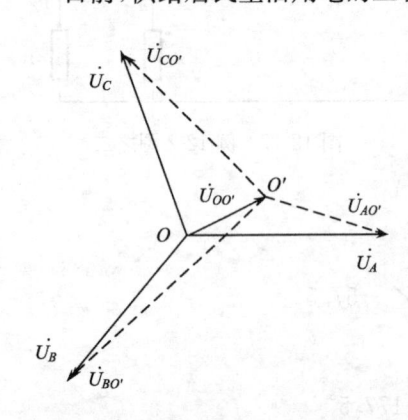

图 12-18 电源的中点 O 与负载的中点 O' 之间出现中点位移

电源的中点 O 与负载的中点 O' 之间发生偏移的程度取决于三相负载不对称的程度,严重时会使三相负载工作不正常。

由以上描述可知,Y_0/Y_0 系统中的中线异常重要,必须选用电阻小、机械强度高的导线充当中线,并且,在中线上不允许安装保险装置和任何开关。

12.4 三相电路的功率及其测量

三相电路的功率是指三相电源发出的有功功率、无功功率和视在功率,或者是指一组三相负载消耗的有功功率、无功功率和视在功率。

12.4.1 对称三相电路的功率

1. 对称三相电路的有功功率

在对称三相电路中,假设 A、B、C 三相负载的相电压有效值分别为 U_A、U_B、U_C,三相负载的相电流有效值分别为 I_A、I_B、I_C,三相负载的相电压与相电流的相位差分别为 φ_A、φ_B、φ_C,则三相电路的有功功率

$$P = P_A + P_B + P_C = U_A I_A \cos\varphi_A + U_B I_B \cos\varphi_B + U_C I_C \cos\varphi_C \tag{12-22}$$

对于对称三相电路,有

$$U_A = U_B = U_C \triangleq U_p, I_A = I_B = I_C \triangleq I_p, \varphi_A = \varphi_B = \varphi_C \triangleq \varphi_p$$

这里的下标 p 表示"phase(相)",U_p 和 I_p 为相电压和相电流的统称。

于是,对称三相电路的有功功率为

$$P = P_A + P_B + P_C = 3U_p I_p \cos\varphi_p \tag{12-23}$$

即对称三相电路的有功功率等于其一相有功功率的 3 倍。

使用 U_l 和 I_l 作为线电压和线电流的统称,这里的下标 l 表示"line(线)"。如果三相负载采用星形接法,则 $U_l = \sqrt{3} U_p$,$I_l = I_p$,于是星形联接对称三相电路的有功功率为

$$P_Y = 3U_p I_p \cos\varphi_p = 3 \frac{1}{\sqrt{3}} U_l I_l \cos\varphi_p = \sqrt{3} U_l I_l \cos\varphi_p \tag{12-24}$$

如果三相负载采用三角形接法，则 $U_l=U_p$，$I_l=\sqrt{3}I_p$，于是三角形联接对称三相电路的有功功率为

$$P_\triangle = 3U_p I_p \cos\varphi_p = 3\frac{1}{\sqrt{3}}U_l I_l \cos\varphi_p = \sqrt{3}U_l I_l \cos\varphi_p \tag{12-25}$$

这表明，不论对称三相电路是星形联接，还是三角形联接，其有功功率都可写成

$$P = \sqrt{3}U_l I_l \cos\varphi_p \tag{12-26}$$

因此，对称三相电路的有功功率可以用式(12-23)求解，也可用式(12-26)求解。

2. 对称三相电路的无功功率

同上述假设，三相电路的无功功率

$$Q = Q_A + Q_B + Q_C = U_A I_A \sin\varphi_A + U_B I_B \sin\varphi_B + U_C I_C \sin\varphi_C \tag{12-27}$$

对于对称三相电路，有

$$U_A = U_B = U_C \triangleq U_p, I_A = I_B = I_C \triangleq I_p, \varphi_A = \varphi_B = \varphi_C \triangleq \varphi_p$$

于是，对称三相电路的无功功率为

$$Q = Q_A + Q_B + Q_C = 3U_p I_p \sin\varphi_p \tag{12-28}$$

即对称三相电路的无功功率等于其一相无功功率的 3 倍。

如果三相负载采用星形接法，则 $U_l=\sqrt{3}U_p$，$I_l=I_p$，于是星形联接对称三相电路的无功功率为

$$Q_Y = 3U_p I_p \sin\varphi_p = 3\frac{1}{\sqrt{3}}U_l I_l \sin\varphi_p = \sqrt{3}U_l I_l \sin\varphi_p \tag{12-29}$$

如果三相负载采用三角形接法，则 $U_l=U_p$，$I_l=\sqrt{3}I_p$，于是三角形联接对称三相电路的无功功率为

$$Q_\triangle = 3U_p I_p \sin\varphi_p = 3\frac{1}{\sqrt{3}}U_l I_l \sin\varphi_p = \sqrt{3}U_l I_l \sin\varphi_p \tag{12-30}$$

这表明，不论对称三相电路采用星形联接，还是三角形联接，其无功功率都可写成

$$Q = \sqrt{3}U_l I_l \sin\varphi_p \tag{12-31}$$

因此，对称三相电路的无功功率可以用式(12-28)求解，也可用式(12-31)求解。

3. 对称三相电路的视在功率

同上述假设，三相电路的视在功率

$$S = S_A + S_B + S_C = U_A I_A + U_B I_B + U_C I_C \tag{12-32}$$

对于对称三相电路，有

$$U_A = U_B = U_C \triangleq U_p, I_A = I_B = I_C \triangleq I_p$$

于是，对称三相电路的视在功率为

$$S = S_A + S_B + S_C = 3U_p I_p \tag{12-33}$$

即对称三相电路的视在功率等于其一相视在功率的 3 倍。

如果三相负载采用星形接法，则 $U_l=\sqrt{3}U_p$，$I_l=I_p$，于是星形联接对称三相电路的视在功率为

$$S_Y = 3U_p I_p = 3\frac{1}{\sqrt{3}}U_l I_l = \sqrt{3}U_l I_l \tag{12-34}$$

如果三相负载采用三角形接法，则 $U_l=U_p$，$I_l=\sqrt{3}I_p$，于是三角形联接对称三相电路的视在功率为

$$S_\triangle = 3U_pI_p = 3\frac{1}{\sqrt{3}}U_lI_l = \sqrt{3}U_lI_l \tag{12-35}$$

这表明，不论对称三相电路采用星形联接，还是三角形联接，其视在功率都可写成

$$S = \sqrt{3}U_lI_l \tag{12-36}$$

因此，对称三相电路的视在功率可以用式(12-33)求解，也可用式(12-36)求解。

4. 对称三相电路的功率因素

对称三相电路的功率因数等于每一相的功率因素，即

$$\cos\varphi = \frac{P}{S} = \cos\varphi_p \tag{12-37}$$

注意：对于不对称三相电路，功率因数无实际意义。

5. 对称三相电路的瞬时功率

假设对称三相电路的 A 相瞬时电压和瞬时电流分别为

$$u_{pA} = \sqrt{2}U_p\cos\omega t, \quad i_{pA} = \sqrt{2}I_p\cos(\omega t - \varphi_p)$$

则 A 相的瞬时功率为

$$\begin{aligned}p_A &= u_{pA}i_{pA} = \sqrt{2}U_p\cos\omega t \times \sqrt{2}I_p\cos(\omega t - \varphi_p)\\ &= U_pI_p[\cos\varphi_p + \cos(2\omega t - \varphi_p)]\end{aligned}$$

同理可得，B 相的瞬时功率为

$$\begin{aligned}p_B &= u_{pB}i_{pB} = \sqrt{2}U_p\cos(\omega t - 120°) \times \sqrt{2}I_p\cos(\omega t - 120° - \varphi_p)\\ &= U_pI_p[\cos\varphi_p + \cos(2\omega t - 240° - \varphi_p)]\end{aligned}$$

C 相的瞬时功率为

$$\begin{aligned}p_C &= u_{pC}i_{pC} = \sqrt{2}U_p\cos(\omega t + 120°) \times \sqrt{2}I_p\cos(\omega t + 120° - \varphi_p)\\ &= U_pI_p[\cos\varphi_p + \cos(2\omega t - 120° - \varphi_p)]\end{aligned}$$

因此，三相瞬时功率之和为

$$p = p_A + p_B + p_C = 3U_pI_p\cos\varphi_p \tag{12-38}$$

此式表明：对称三相电路总的瞬时功率是常数，其值等于对称三相电路总的有功功率。这正是三相制的优点之一，因为不管是三相发电机还是三相电动机，它的瞬时功率是常数，这说明其机械转矩恒定，从而运行平稳。

问题提示：由上面的分析可知，对称三相负载不论接成星形，还是三角形，其有功功率均为

$$P = \sqrt{3}U_lI_l\cos\varphi_p$$

注意：对于同样的三相负载，从星形联接改成三角形联接后，若保持线电压不变，则星形接法的有功功率 P_Y 与三角形接法的有功功率 $P_\triangle$ 在数值上的关系应该是

$$P_\triangle = 3P_Y \tag{12-39}$$

有功功率和视在功率也有同样的结论。

例 12-3 在对称三相电路中，设其每相负载均为电阻 $R=8.68\Omega$。试问：(1)在 380V 线电压下，接成三角形负载和接成星形负载时各吸收多少功率？(2)在 220V 线电压下，接成三角

形负载时吸收多少功率?

解 (1) 将三个 8.68Ω 的电阻接成三角形负载。此时,相电压＝线电压＝380V,线电流是相电流的$\sqrt{3}$倍,所以

$$相电流\ I_p = \frac{U_p}{R} = \frac{U_l}{R} = \frac{380}{8.68} = 43.8(A)$$

$$线电流\ I_l = \sqrt{3}I_p = 43.8\sqrt{3} = 75.8(A)$$

所以,有功功率 $P_\triangle = \sqrt{3}U_l I_l \cos\varphi_p = \sqrt{3}\times 380 \times 75.8 \times 1 = 50(kW)$

将三个 8.68Ω 的电阻接成星形负载。此时,相电流＝线电流,线电压是相电压的$\sqrt{3}$倍,即

$$相电压\ U_p = \frac{U_l}{\sqrt{3}} = \frac{380}{\sqrt{3}} = 220(V)\quad (注意:保持线电压不变)$$

$$线电流\ I_l = I_p = \frac{U_p}{R} = \frac{220}{8.68} = 25.3(A)$$

所以,有功功率 $P_Y = \sqrt{3}U_l I_l \cos\varphi_p = \sqrt{3}\times 380 \times 25.3 \times 1 = 16.7(kW)$

这时 $P_\triangle = 3P_Y$。

(2) 线电压 $U_l = 220V$,则

$$相电流\ I_p = \frac{U_p}{R} = \frac{U_l}{R} = \frac{220}{8.68} = 25.3(A)$$

$$线电流\ I_l = \sqrt{3}I_p = 25.3\sqrt{3} = 43.8(A)$$

所以,有功功率 $P_\triangle = \sqrt{3}U_l I_l \cos\varphi_p = \sqrt{3}\times 380 \times 43.8 \times 1 = 16.7(kW)$

与(1)中的结论比较可知,只要每相负载所承受的相电压相同,则不管这个负载接成三角形还是星形,其相电流和功率均相等。在实际应用中,有些三相用电器的铭牌上标示 220V/380V—△/Y,指这个用电器可在线电压 220V 下接成三角形,或者在线电压 380V 下接成星形,两者功率相等。

12.4.2 三相电路的功率测量

针对不同的情况,三相电路的有功功率测量方法分别有一瓦特计法、二瓦特计法和三瓦特计法等。

1. 三相四线制电路的有功功率测量

在三相四线制电路中,当负载不对称时,需用三个单相功率表测量三相负载的功率,如图 12-19 所示。这种测量方法称为三瓦特计法,此时三相电路的有功功率

$$P = P_A + P_B + P_C$$

在三相四线制电路中,当负载对称时,只需用一个单相功率表测量三相负载的功率,如在图 12-19 中,保留任何一个表都可以,这时

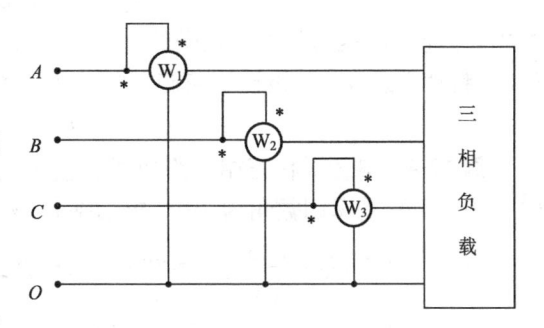

图 12-19 三相四线制电路的功率测量

$$P = 3P_A = 3P_B = 3P_C$$

即任何一个表的读数乘以 3 就是三相负载的功率,这种测量方法称为一瓦特计法。

2. 三相三线制电路的功率测量

对于三相三线制电路,不论负载对称还是不对称,也不论负载接成三角形还是星形,都可以用两个单相功率表测量三相负载的功率,如图 12-20 所示。这种测量方法称为二瓦特计法。

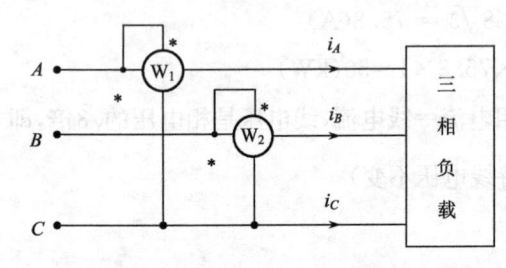

图 12-20 三相三线制电路的功率测量

使用二瓦特计法的前提条件是:三个线电流之和等于零,即

$$i_A + i_B + i_C = 0$$

假设负载采用星形联接(对三角形联接的负载,可以通过等效变换变成星形),三相负载的瞬时功率为

$$p = p_A + p_B + p_C = u_{AO'}i_A + u_{BO'}i_B + u_{CO'}i_C$$

式中,下标 O' 是星形负载的中点,由 KCL 可知

$$i_A + i_B + i_C = 0$$

即 $i_C = -i_A - i_B$,代入上式有

$$\begin{aligned} p &= p_A + p_B + p_C = u_{AO'}i_A + u_{BO'}i_B + u_{CO'}(-i_A - i_B) \\ &= (u_{AO'} - u_{CO'})i_A + (u_{BO'} - u_{CO'})i_B = u_{AC}i_A + u_{BC}i_B \end{aligned} \tag{12-40}$$

则三相负载的有功功率

$$P = \frac{1}{T}\int_0^T p\,dt = \frac{1}{T}\int_0^T (u_{AC}i_A + u_{BC}i_B)dt = U_{AC}I_A\cos\varphi_A + U_{BC}I_B\cos\varphi_B = P_1 + P_2 \tag{12-41}$$

式中,φ_A 是 $\dot{U}_{AC}$ 与 $\dot{I}_A$ 之间的相位差,φ_B 是 $\dot{U}_{BC}$ 与 $\dot{I}_B$ 之间的相位差。式(12-41)说明:将一个功率表的电流线圈接入 A 线电流,其电压线圈接在 AC 线电压上;另一个功率表的电流线圈接入 B 线电流,其电压线圈接在 BC 线电压上,则两功率表的读数之和是该三相电路的有功功率。

可以证明,若三相电路对称,则有

$$\begin{aligned} P_1 &= U_{AC}I_A\cos(30° - \varphi_p) \\ P_2 &= U_{BC}I_B\cos(30° + \varphi_p) \end{aligned} \tag{12-42}$$

式中,φ_p 是相电压与相电流之间的相位差,也称作负载的阻抗角。当 $\varphi_p > 60°$ 时,功率表 W_2 反转,可将功率表 W_2 的极性旋钮旋至"−"的位置,此时功率表 W_2 的读数应取负值,即

$$P = P_1 - P_2$$

例 12-4 测量对称三相电路功率的接线图如图 12-20 所示,已知电路线电压为 380V,线电流为 5.5A,功率因数角为 79°。求功率表 W_1 和 W_2 的读数,以及电路的总有功功率 P。

解 相电压 $\dot{U}_A = \frac{380}{\sqrt{3}}\angle 0° = 220\angle 0°$,根据式(12-42)可得

$$P_1 = U_{AC}I_A\cos(30° - \varphi_p) = 380 \times 5.5 \times \cos(30° - 79°) = 1370(\text{W})$$
$$P_2 = U_{BC}I_B\cos(30° + \varphi_p) = 380 \times 5.5 \times \cos(30° + 79°) = -680(\text{W})$$

功率表 W_2 反转,将功率表 W_2 的极性旋钮旋至"−"的位置,此时功率表 W_2 的读数应取负值,即

$$P = P_1 - P_2 = 1370 - 680 = 690(\text{W})$$

例 12-5 测量对称三相电路功率的接线图如图 12-21 所示,已知 $\dot{U}_{AB}=380\angle 0°(\text{V})$,$\dot{I}_A=1\angle -60°$。求功率表 W_1 和 W_2 的读数。

解 功率表 W_1 的电流线圈接入 A 线电流,其电压线圈接在 AB 线电压上;功率表 W_2 的电流线圈接入 C 线电流,其电压线圈接在 CB 线电压上。已知 $\dot{U}_{AB}=380\angle 0°(\text{V})$,$\dot{I}_A=1\angle -60°$,则功率表 W_1 的读数为

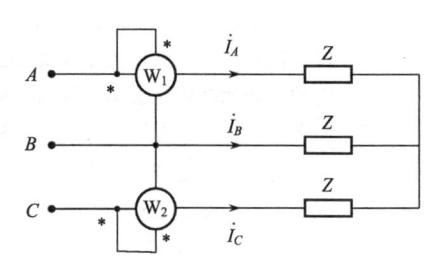

图 12-21 例 12-5 图

$$P_1 = \text{Re}[\dot{U}_{AB}\dot{I}_A^*] = \text{Re}[380\angle 60°] = 380\cos 60° = 190(\text{W})$$

又根据对称关系知 $\dot{U}_{BC}=380\angle -120°(\text{V})$,$\dot{I}_C=1\angle 60°$。所以

$$\dot{U}_{CB} = -\dot{U}_{BC} = 380\angle 180° - 120° = 380\angle 60°(\text{V})$$

则功率表 W_2 的读数为

$$P_2 = \text{Re}[\dot{U}_{CB}\dot{I}_C^*] = \text{Re}[380\angle 60° \times 1\angle -60°] = 380\cos 0° = 380(\text{W})$$

3. 对称三相电路的无功功率测量

对称三相电路的无功功率也可以采用瓦特表进行测量。由式(12-31)可知,对称三相电路的无功功率为

$$Q = \sqrt{3}U_l I_l \sin\varphi_p$$

由图 12-22(a)所示的矢量图可知,$\dot{I}_B$ 与 $\dot{U}_{CA}$ 的相位差为 $90°-\varphi_p$。因此,可以将功率表的电流线圈接入 B 线电流,电压线圈接在 CA 线电压上,如图 12-22(b)所示。于是

$$W = U_l I_l \cos(90°-\varphi_p) = U_l I_l \sin\varphi_p$$

即对称三相电路的无功功率为

$$Q = \sqrt{3}U_l I_l \sin\varphi_p = \sqrt{3}W(\text{Var})$$

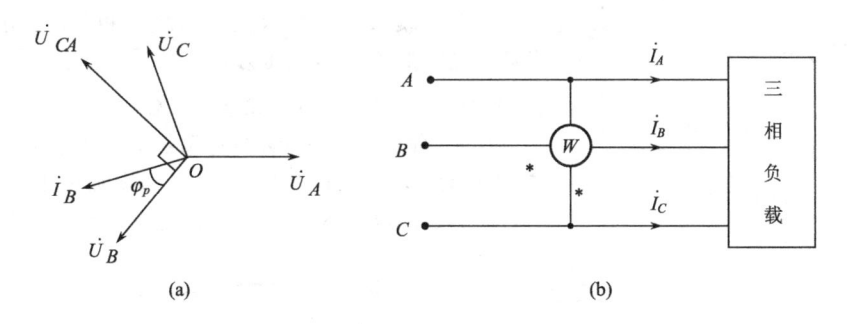

图 12-22 用瓦特表测量对称三相电路的无功功率

由此可知:功率表的读数等于该表电压线圈所接电压的有效值、电流线圈所通过电流的有效值及电压与电流相位差的余弦的乘积。分析计算功率表的读数时,确定电压线圈所接电压和电流线圈所通过电流是至关重要的一步。

思 考 题

12-1 三相电源有哪两种基本联接方式?三相负载有哪两种基本联接方式?

12-2 三相电源的相和相序是指什么?有哪两种相序?

12-3 发电机发出三相电压的相序受哪些因素影响?

12-4 电动机的相序接错会出现什么问题?

12-5 什么是对称三相电源?什么是对称三相负载?什么是对称三相电路?

12-6 三相电路有哪些联接方式?

12-7 在星形(Y)联接的对称三相电路中,线电压与相电压有什么关系?线电流与相电流有什么关系?

12-8 在三角形(△)联接的对称三相电路中,线电压与相电压有什么关系?线电流与相电流有什么关系?

12-9 星形(Y)联接的对称三相电路如何计算?

12-10 三角形(△)联接的对称三相电路如何计算?

12-11 居民生活用电为什么采用三相四线制?在三相四线制系统中,中线断开会出现什么问题?

12-12 对称三相电路的有功功率、无功功率、视在功率如何计算?

12-13 对称三相电路的瞬时功率等于多少?说明什么问题?

12-14 三相电路的有功功率如何测量?

12-15 对称三相电路的无功功率如何测量?

习　题

12-1 已知某对称星形三相电源的 A 相电压 $\dot{U}_{AN}=220\angle 30°\text{V}$,求各线电压 $\dot{U}_{AB}$、$\dot{U}_{BC}$ 和 $\dot{U}_{CA}$。

12-2 一个对称星形负载与对称三相电源相接,若已知线电压 $\dot{U}_{AB}=380\angle 0°\text{V}$,线电流 $\dot{I}_A=10\angle -60°$ A,求每相负载阻抗 Z 等于多少?

12-3 某对称三相负载的每相阻抗为 $Z=40+\text{j}30(\Omega)$,接于线电压 $\dot{U}_l=380\text{V}$ 的对称星形三相电源上。(1)若负载为星形联接,求负载相电压和相电流,并画出电压、电流相量图;(2)若负载为三角形联接,求负载相电流和线电流,并画出相电流和线电流的相量图。

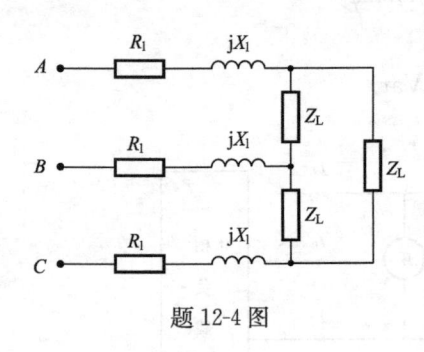

12-4 如题 12-4 图所示电路为对称三相电路,已知负载阻抗 $Z_L=150+\text{j}150(\Omega)$,传输线参数 $X_1=2\Omega$,$R_1=2\Omega$,负载线电压为 380V,试求电源端线电压。

12-5 如题 12-5 图所示电路为对称三相电源向两组星形并联负载供电电路,已知线电压为 380V,$Z_1=100\angle 30°(\Omega)$,$Z_2=50\angle 60°(\Omega)$,$Z_l=10\angle 45°(\Omega)$,试求线电流 $\dot{I}_A$、负载电流 $\dot{I}_{1A}$ 和 $\dot{I}_{2A}$。

12-6 如题 12-6 图所示的电路由单相电源得到对称三相电压,可作为小功率三相电路的电源。若所加单相电源的频率为 50Hz,负载每相电阻 $R=20\Omega$,试确定电感 L 和电容 C 之值。

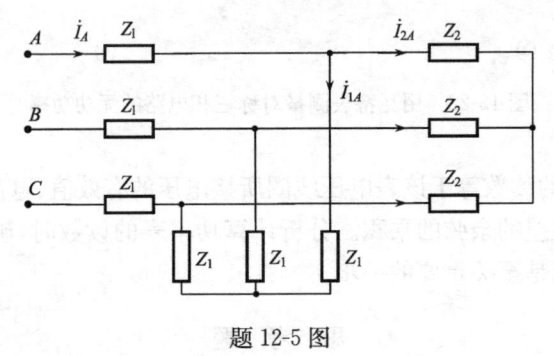

题 12-4 图

题 12-5 图

12-7 如题 12-7 图所示的电路接于对称三相电源上,已知电源线电压为 $U_l=380\text{V}, R=380\Omega, Z=220\angle-30°(\Omega)$,求各线电流。

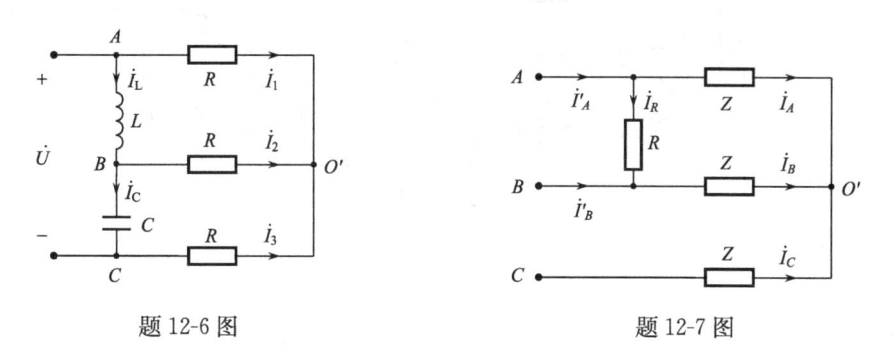

题 12-6 图

题 12-7 图

12-8 设一个三角形负载的每相阻抗为 $Z=15+\text{j}20(\Omega)$,接在线电压为 380V 的对称三相电源上,如题 12-8 图所示。(1)求负载相电流和线电流;(2)设 AB 相负载开路,重求负载相电流和线电流;(3)设 A 线断开,再求负载相电流和线电流。

12-9 在如题 12-9 图所示的对称三相电路中,已知电源线电压为 $U_l=380\text{V}$,端线阻抗为 $Z_l=1+\text{j}2(\Omega)$,负载阻抗 $Z_1=30+\text{j}20(\Omega)$,$Z_2=30+\text{j}30(\Omega)$,中线阻抗 $Z_0=2+\text{j}4(\Omega)$。求总的线电流和负载各相的电流。

12-10 两组对称负载(均为感性)同时连接在电源的输出线上,如题 12-10 图所示。其中,一组接成三角形,负载功率为 10kW,功率因素为 0.8;另一组接成星形,负载功率也是 10kW,功率因素为 0.855;端线阻抗为 $Z_l=0.1+\text{j}0.2(\Omega)$。欲使负载端线电压保持为 380V,求电源端线电压应为多少?

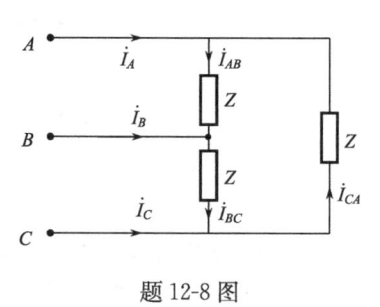

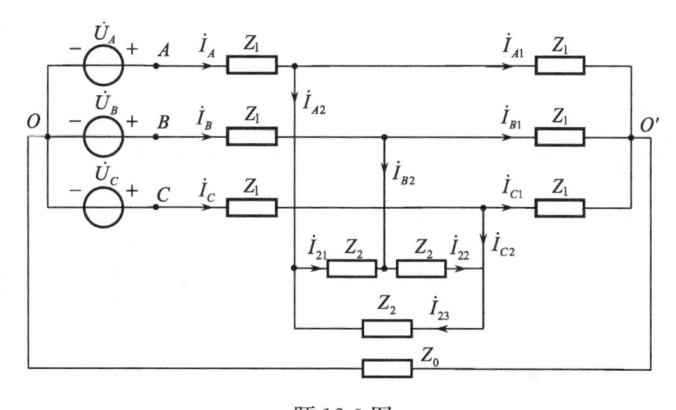

题 12-8 图

题 12-9 图

12-11 如题 12-11 图所示,用二表法测三相电路的功率。已知线电压 $U_l=380\text{V}$,线电流 $I_l=5.5\text{A}$,负载各相阻抗角为 $\varphi=79°$,求两只瓦特表的读数和电路的总功率。

12-12 将三个复阻抗均为 Z 的负载分别接成星形和三角形,联接到同一对称三相电源的三条端线上。问哪一组负载吸收的功率大?两组负载功率在数值上有什么关系?

12-13 证明在对称三相制中,如题 12-11 图所示两只瓦特表的读数分别为

$$P_1 = U_l I_l \cos(\varphi-30°)$$
$$P_2 = U_l I_l \cos(\varphi+30°)$$

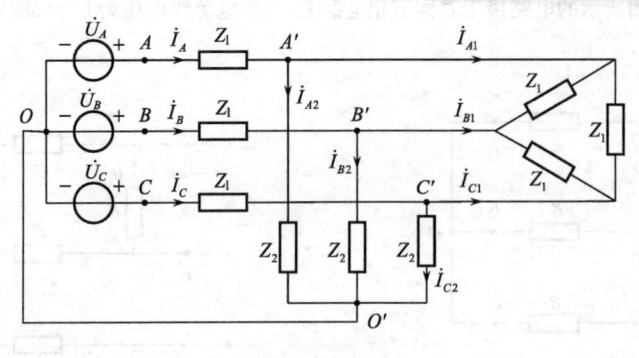

题 12-10 图

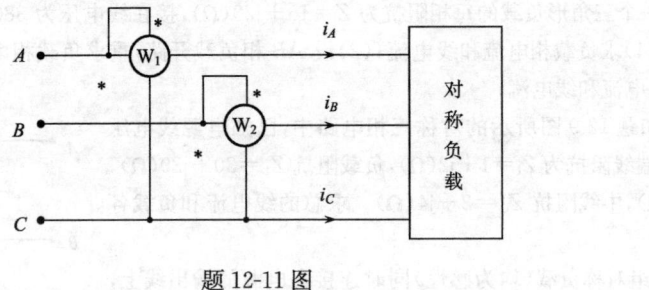

题 12-11 图

式中，P_1 和 P_2 分别为瓦特表 W_1 和 W_2 的读数，φ 为负载阻抗角。

12-14　如题 12-14 图所示，在对称三相制中，瓦特表的电流线圈串接在 A 线中，电压线圈跨接在 B、C 两条端线间。若瓦特表的读数为 P，试证明：三相负载吸收的无功功率为 $Q=\sqrt{3}P$。

12-15　如题 12-15 图所示为对称三相电路，已知 $\dot{U}_{AB}=380\angle0°(V)$，$\dot{I}_A=1\angle-60°(A)$，问功率表读数各为多少？

题 12-14 图　　　　　　题 12-15 图

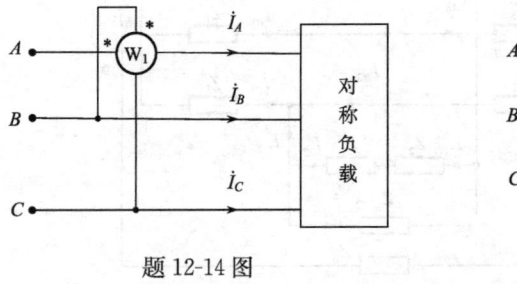

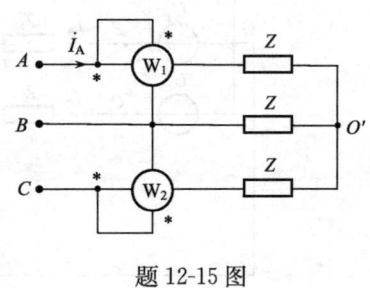

第 13 章 非正弦周期信号激励下的稳态电路分析

在生产实际中存在大量的非正弦信号,如方波信号、三角波信号、锯齿波信号等。在这些非正弦信号中,有的本身由非正弦信号源产生,而有的则由正弦波信号通过非线性元件后所产生。所有这些非正弦信号根据其变化情况分为周期变化的非正弦信号和非周期变化的非正弦信号。

对于周期变化的非正弦信号,可以用傅里叶级数将其分解成为一系列不同频率的简谐分量(正弦量),这些简谐分量各有一定的频率、振幅和初相,讨论其振幅和初相随角频率变化的分布情况就构成振幅频谱和相位频谱,即可构成所谓的信号频谱图。

周期变化的非正弦信号作用于线性电路时,其稳态响应可以看成是由组成激励信号的各简谐分量分别作用于电路时所产生响应的叠加。每一简谐分量都是正弦量,每一简谐分量作用于电路稳态响应的求解过程都可分别使用正弦稳态分析中的相量法。换言之叠加原理是非正弦周期信号激励下电路分析的理论基础,相量法是非正弦周期信号激励下电路分析的基本方法。通常,将建立在这样的理论基础之上的分析方法称为谐波分析法,本章围绕这一主题展开讨论。

对于非周期变化的非正弦信号激励下的电路,在分析时可借助傅里叶积分变换,先将激励信号看成是由无穷多个频率连续变化的简谐分量的叠加,再按照叠加关系进行计算。本书不讨论这方面的内容。

13.1 非正弦周期信号的简谐分量分解

13.1.1 周期信号的分解

一个周期信号可用一个周期函数 $f(t)$ 表示,即如果 $f(t)$ 满足
$$f(t) = f(t+kT)$$
则 $f(t)$ 为周期函数。式中,T 为周期函数的周期,$k=0,1,2,\cdots$。

如果周期函数 $f(t)$ 满足狄里赫利条件,则可将周期函数 $f(t)$ 展开成为傅里叶级数。狄里赫利条件如下所述。

(1) 在任一周期内,函数 $f(t)$ 连续或只有有限个第一类间断点。

(2) 在任一周期内,函数 $f(t)$ 只有有限个极值。

若 t_0 是 $f(t)$ 的间断点,同时左极限 $f(t_0-0)$ 和右极限 $f(t_0+0)$ 都存在,则 t_0 为第一类间断点。

根据数学知识,周期函数 $f(t)$ 满足狄里赫利条件时可展开成为傅里叶级数,有三角函数形式和指数形式两种表示法。

1. 周期函数 $f(t)$ 展开成为三角函数形式的傅里叶级数

由周期函数 $f(t)$ 展开的傅里叶级数用三角函数表示为

$$f(t) = a_0 + \sum_{k=1}^{\infty}(a_k \cos k\omega_1 t + b_k \sin k\omega_1 t) \tag{13-1}$$

式中，$\omega_1 = \dfrac{2\pi}{T}$，为周期函数的角频率，$k=1,2,\cdots$；$a_0$、$a_k$、$b_k$ 称为傅里叶系数，并且

$$a_0 = \frac{1}{T}\int_0^T f(t)\mathrm{d}t = \frac{1}{T}\int_{-T/2}^{T/2} f(t)\mathrm{d}t$$

$$a_k = \frac{2}{T}\int_0^T f(t)\cos k\omega_1 t\,\mathrm{d}t = \frac{1}{\pi}\int_0^{2\pi} f(t)\cos k\omega_1 t\,\mathrm{d}(\omega_1 t) = \frac{1}{\pi}\int_{-\pi}^{\pi} f(t)\cos k\omega_1 t\,\mathrm{d}(\omega_1 t)$$

$$b_k = \frac{2}{T}\int_0^T f(t)\sin k\omega_1 t\,\mathrm{d}t = \frac{1}{\pi}\int_0^{2\pi} f(t)\sin k\omega_1 t\,\mathrm{d}(\omega_1 t) = \frac{1}{\pi}\int_{-\pi}^{\pi} f(t)\sin k\omega_1 t\,\mathrm{d}(\omega_1 t)$$

在式(13-1)中，将同频率的正弦项与余弦项合并，并以余弦项为参考，则式(13-1)可写成

$$f(t) = A_0 + \sum_{k=1}^{\infty} A_{km}\cos(k\omega_1 t + \psi_k) \tag{13-2}$$

级数(13-2)中的恒定分量 A_0 称为直流分量，$k=1$ 时的简谐分量 $A_{1m}\cos(\omega_1 t + \psi_1)$ 称为周期函数 $f(t)$ 的一次谐波或基波；$k=2$ 时的简谐分量 $A_{2m}\cos(2\omega_1 t + \psi_2)$ 称为周期函数 $f(t)$ 的二次谐波；$\cdots$；$k=n$ 时的简谐分量 $A_{nm}\cos(n\omega_1 t + \psi_n)$ 称为周期函数 $f(t)$ 的 n 次谐波。

式(13-1)和式(13-2)中的参数关系为

$$\begin{cases} A_0 = a_0 \\ A_{km} = \sqrt{a_k^2 + b_k^2} \\ \psi_k = \tan^{-1}\dfrac{b_k}{a_k} \end{cases} \begin{cases} a_k = A_{km}\cos\psi_k \\ b_k = -A_{km}\sin\psi_k \end{cases} \tag{13-3}$$

一个周期函数 $f(t)$ 分解为谐波的主要工作是计算傅里叶系数。

例 13-1 试求如图 13-1 所示锯齿波的傅里叶级数。

解 电压 $u(t)$ 在一个周期内的表达式为 $u = 5\times 10^3 t$，锯齿波的周期 $T = 10^{-3}$ s，基波角频率 $\omega = \dfrac{2\pi}{T} = 2000\pi$ (rad)。

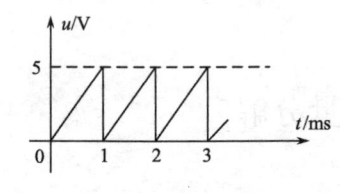

图 13-1 例 13-1 图

傅里叶系数分别为

$$a_0 = \frac{1}{T}\int_0^T u(t)\mathrm{d}t = \frac{1}{T}\int_0^T 5000t\,\mathrm{d}t = 2.5$$

$$a_k = \frac{2}{T}\int_0^T u(t)\cos k\omega_1 t\,\mathrm{d}t = \frac{2}{T}\int_0^T 5000t\cos k\omega_1 t\,\mathrm{d}t = 0$$

$$b_k = \frac{2}{T}\int_0^T u(t)\sin k\omega_1 t\,\mathrm{d}t = \frac{2}{T}\int_0^T 5000t\sin k\omega_1 t\,\mathrm{d}t = -5/k\pi$$

所以，$u(t)$ 的傅里叶级数展开式为

$$u(t) = 2.5 - \frac{5}{\pi}\left(\sin\omega t + \frac{1}{2}\sin 2\omega t + \frac{1}{3}\sin 3\omega t + \cdots\right)$$

2. 周期函数 $f(t)$ 展开成为指数形式的傅里叶级数

将一个周期函数 $f(t)$ 分解成为三角函数形式的傅里叶级数时，虽然含义清楚，但表达式并不简洁。于是，可利用指数形式的傅里叶级数描述周期函数 $f(t)$。

根据欧拉公式

$$\begin{cases} e^{j\omega} = \cos\omega + j\sin\omega \\ e^{-j\omega} = \cos\omega - j\sin\omega \end{cases}$$

可将式(13-1)写成

$$f(t) = a_0 + \sum_{k=1}^{\infty}\left(a_k \frac{e^{jk\omega_1 t} + e^{-jk\omega_1 t}}{2} + b_k \frac{e^{jk\omega_1 t} - e^{-jk\omega_1 t}}{2j}\right)$$

$$= a_0 + \sum_{k=1}^{\infty}\left(\frac{a_k - jb_k}{2}e^{jk\omega_1 t} + \frac{a_k + jb_k}{2}e^{-jk\omega_1 t}\right)$$

令 $k=-k'$，可得

$$f(t) = a_0 + \sum_{k=1}^{\infty}\left(\frac{a_k - jb_k}{2}e^{jk\omega_1 t} + \frac{a_{-k'} + jb_{-k'}}{2}e^{jk'\omega_1 t}\right)$$

因为

$$a_{-k'} = \frac{2}{T}\int_0^T f(t)\cos(-k')\omega_1 t \mathrm{d}t = \frac{2}{T}\int_0^T f(t)\cos k'\omega_1 t \mathrm{d}t = a_{k'}$$

$$b_{-k'} = \frac{2}{T}\int_0^T f(t)\sin(-k')\omega_1 t \mathrm{d}t = -\frac{2}{T}\int_0^T f(t)\sin k'\omega_1 t \mathrm{d}t = -b_{k'}$$

所以

$$f(t) = a_0 + \sum_{k=1}^{\infty}\left(\frac{a_k - jb_k}{2}e^{jk\omega_1 t} + \frac{a_{-k'} + jb_{-k'}}{2}e^{jk'\omega_1 t}\right)$$

$$= a_0 + \sum_{k=1}^{\infty}\left(\frac{a_k - jb_k}{2}\right)e^{jk\omega_1 t} + \sum_{k'=-1}^{-\infty}\left(\frac{a_{k'} - jb_{k'}}{2}\right)e^{jk'\omega_1 t}$$

$$= a_0 + \sum_{\substack{k=-\infty \\ k \neq 0}}^{\infty}\left(\frac{a_k - jb_k}{2}\right)e^{jk\omega_1 t} = \sum_{k=-\infty}^{\infty} c_k e^{jk\omega_1 t}$$

即

$$f(t) = \sum_{k=-\infty}^{\infty} c_k e^{jk\omega_1 t} \tag{13-4}$$

式(13-4)称为指数形式的傅里叶级数,式中的傅里叶系数为

$$c_0 = a_0 = \frac{1}{T}\int_0^T f(t)\mathrm{d}t, k = 0$$

$$c_k = \frac{a_k - jb_k}{2} = \frac{1}{T}\int_0^T f(t)(\cos k\omega_1 t - \sin k\omega_1 t)\mathrm{d}t = \frac{1}{T}\int_0^T f(t)e^{-jk\omega_1 t}\mathrm{d}t, k \neq 0$$

13.1.2 周期信号的频谱

频谱图可以直观地了解周期信号分解为傅里叶级数后包含哪些谐波分量,以及各谐波分量所占的比重和相互关系。频谱图分为振幅频谱和相位频谱。

1. 振幅频谱

将周期信号中各次谐波的振幅大小按其角频率依次排列的分布图称为振幅频谱,其纵坐标表示振幅,横坐标表示角频率。

2. 相位频谱

将周期信号中各次谐波的初相角按其角频率依次排列的分布图称为相位频谱,其纵坐标表示相位,横坐标表示角频率。

注意:当振幅相量为正实数时,初相角记为 0;当振幅相量为负实数时,初相角记为 π。

例 13-2 如图 13-2 所示,u_S 是一个全波整流电压,$U_m=157\text{V}$,$\omega=314(\text{rad/s})$。试将 u_S 展开成为三角函数形式和指数形式的傅里叶级数,并画出频谱图。

解 (1) 因为 $u_S(t)$ 对称于纵轴,为偶函数,所以系数 $b_k=0$,只存在 a_0 和 a_k;又因为 $u_S(t)=u_S\left(t\pm\dfrac{T}{2}\right)$,波形为半波对称,所以系数 a_k 只含偶数项。因此

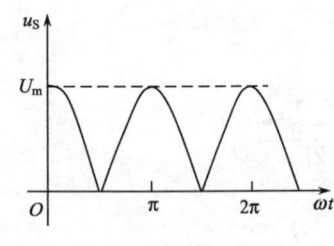

图 13-2 例 13-2 图

$$a_0 = \frac{1}{T}\int_{-T/2}^{T/2} u_S(t)\mathrm{d}t = \frac{4}{T}\int_0^{T/4} U_m\cos\omega_1 t\,\mathrm{d}t = \frac{4U_m}{T\omega_1}\int_0^{\pi/2}\cos\omega_1 t\,\mathrm{d}(\omega_1 t)$$

$$= \frac{4U_m}{T\omega_1}\sin\omega_1 t\Big|_0^{\frac{\pi}{2}} = \frac{2U_m}{\pi} = 100(\text{V})$$

$$a_k = \frac{1}{T}\int_{-T/2}^{T/2} u_S(t)\cos k\omega_1 t\,\mathrm{d}t = \frac{8}{T}\int_0^{T/4} U_m\cos\omega_1 t\cos k\omega_1 t\,\mathrm{d}t = \frac{4U_m}{\pi}\int_0^{\pi/2}\cos\omega_1 t\cos k\omega_1 t\,\mathrm{d}(\omega_1 t)$$

$$= \frac{2U_m}{\pi}\left[\frac{\sin(k+1)\omega_1 t}{k+1} + \frac{\sin(k-1)\omega_1 t}{k-1}\right]\Big|_0^{\frac{\pi}{2}}$$

$$= \frac{2U_m}{\pi}\left[\frac{(k-1)\sin(k+1)\frac{\pi}{2} + (k+1)\sin(k-1)\frac{\pi}{2}}{k^2-1}\right]$$

$$= \begin{cases} 0, & k=1,3,5\cdots \\ -\dfrac{200}{k^2-1}\cos k\dfrac{\pi}{2}, & k=2,4,6\cdots \end{cases}$$

所以,三角函数形式的傅里叶级数展开式为

$$u_S(t) = 100 + \sum_{k=1}^{\infty} a_k\cos k\omega_1 t = 100 + \sum_{k=1}^{\infty}\left(-\frac{200}{k^2-1}\cos k\frac{\pi}{2}\right)\cos k\omega_1 t$$

$$= 100 + 66.67\cos 2\omega_1 t - 13.33\cos 4\omega_1 t + \cdots$$

(2) 又知

$$C_k = \frac{1}{T}\int_0^T u_S(t)\mathrm{e}^{-jk\omega_1 t}\mathrm{d}t = \frac{1}{T}\int_{-T/2}^{T/2} u_S(t)\mathrm{e}^{-jk\omega_1 t}\mathrm{d}t = \frac{1}{\omega_1 T}\int_{-\pi}^{\pi} u_S(t)\mathrm{e}^{-jk\omega_1 t}\mathrm{d}(\omega_1 t)$$

$$= \frac{1}{2\pi}\int_{-\pi}^{\pi} u_S(t)\mathrm{e}^{-jk\omega_1 t}\mathrm{d}(\omega_1 t)$$

因为 $u_S(t)$ 可用分段函数描述为

$$u_S(t) = \begin{cases} -\cos\omega t, & -\pi \leqslant \omega_1 t \leqslant -\dfrac{\pi}{2} \\ \cos\omega t, & -\dfrac{\pi}{2} \leqslant \omega_1 t \leqslant \dfrac{\pi}{2} \\ -\cos\omega t, & \dfrac{\pi}{2} \leqslant \omega_1 t \leqslant \pi \end{cases}$$

对 C_k 进行分段积分,并利用积分式 $\int\cos px\,\mathrm{e}^{ax}\mathrm{d}x = \dfrac{\mathrm{e}^{ax}(a\cos px + p\sin px)}{a^2+p^2}$,可得

$$C_k = \begin{cases} 0, & k \text{ 为奇数} \\ -\dfrac{100}{k^2-1}\cos k\dfrac{\pi}{2}, & k \text{ 为偶数} \end{cases}$$

所以，指数形式的傅里叶级数展开式为

$$u_S(t) = \sum_{k=-\infty}^{\infty} C_k e^{jk\omega_1 t} = -100\sum_{k=-\infty}^{\infty} \frac{\cos k\dfrac{\pi}{2}}{k^2-1} e^{jk\omega_1 t} \quad (k \text{ 为偶数})$$

（3）描绘频谱图。由三角函数形式的傅里叶级数展开式可得幅值，即

$$a_2 = \frac{200}{k^2-1} = 66.67, a_4 = -13.33, a_6 = 5.71, a_8 = -3.17, \cdots$$

其次，由于 $u_S(t) = 100 + \sum_{k=1}^{\infty} a_k \cos k\omega_1 t = 100 + \sum_{k=1}^{\infty}\left(-\dfrac{200}{k^2-1}\cos k\dfrac{\pi}{2}\right)\cos k\omega_1 t$，所以

当 $k=2$ 时，振幅相量 $\left(-\dfrac{200}{k^2-1}\cos k\dfrac{\pi}{2}\right)$ 为正实数，故取初相为 0；

当 $k=4$ 时，振幅相量 $\left(-\dfrac{200}{k^2-1}\cos k\dfrac{\pi}{2}\right)$ 为负实数，故取初相为 π；

当 $k=6$ 时，振幅相量 $\left(-\dfrac{200}{k^2-1}\cos k\dfrac{\pi}{2}\right)$ 为正实数，故取初相为 0；

当 $k=8$ 时，振幅相量 $\left(-\dfrac{200}{k^2-1}\cos k\dfrac{\pi}{2}\right)$ 为负实数，故取初相为 π。

于是，可描绘出振幅频谱和相位频谱，如图 13-3 所示。

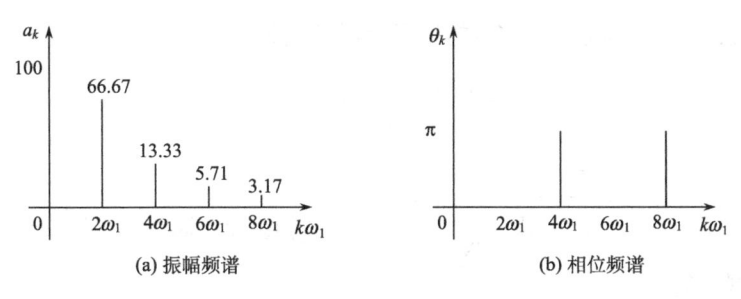

(a) 振幅频谱

(b) 相位频谱

图 13-3 三角级数展开式的频谱图

由指数函数形式的傅里叶级数展开式可得幅值，即

$$c_2 = \frac{100}{k^2-1} = 33.33, c_4 = -6.67, c_6 = 2.86, c_8 = -1.58, \cdots$$

其次，由于 $u_S(t) = \sum_{k=-\infty}^{\infty} C_k e^{jk\omega_1 t} = -100\sum_{k=-\infty}^{\infty} \dfrac{\cos k\dfrac{\pi}{2}}{k^2-1} e^{jk\omega_1 t}$，所以

当 $k=2$ 时，振幅相量 $\left(-\dfrac{100}{k^2-1}\cos k\dfrac{\pi}{2}\right)$ 为正实数，故取初相为 0；

当 $k=4$ 时，振幅相量 $\left(-\dfrac{100}{k^2-1}\cos k\dfrac{\pi}{2}\right)$ 为负实数，故取初相为 π；

当 $k=6$ 时，振幅相量 $\left(-\dfrac{100}{k^2-1}\cos k\dfrac{\pi}{2}\right)$ 为正实数，故取初相为 0；

当 $k=8$ 时，振幅相量 $\left(-\dfrac{100}{k^2-1}\cos k\dfrac{\pi}{2}\right)$ 为负实数，故取初相为 π。

于是，可描绘出振幅频谱和相位频谱，如图 13-4 所示。

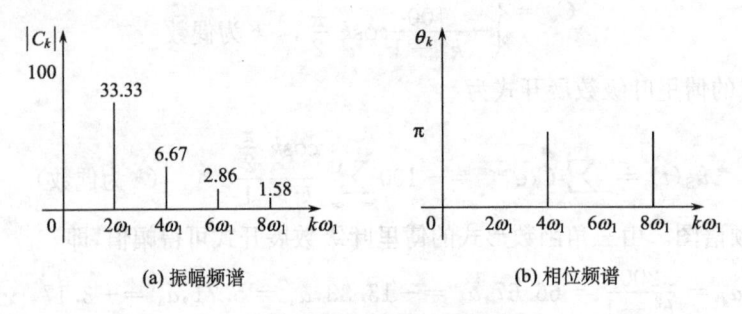

(a) 振幅频谱　　　　　　　　(b) 相位频谱

图 13-4　指数展开式的频谱图

注意：指数形式振幅频谱中谱线的高度（模）只是三角级数展开式的振幅频谱的一半。

13.2　非正弦周期信号的有效值、平均值和平均功率

13.2.1　非正弦周期信号的有效值

第 9 章曾给出正弦信号有效值的定义。对于任一非正弦周期信号 $f(t)$，仍然可沿用前面的定义，即任一非正弦周期信号 $f(t)$ 的有效值定义为

$$F = \sqrt{\frac{1}{T}\int_0^T f^2(t)\mathrm{d}t} \tag{13-5}$$

根据式(13-2)，设非正弦周期电流 $i(t)$ 的傅里叶展开式为

$$i(t) = I_0 + \sum_{k=1}^{\infty} I_{km}\cos(k\omega_1 t + \psi_k) \tag{13-6}$$

则其有效值为

$$I = \sqrt{\frac{1}{T}\int_0^T i^2(t)\mathrm{d}t} = \sqrt{\frac{1}{T}\int_0^T \Big[I_0 + \sum_{k=1}^{\infty} I_{km}\cos(k\omega_1 t + \psi_k)\Big]^2 \mathrm{d}t}$$

式中的平方项展开得

$$\frac{1}{T}\int_0^T I_0^2 \mathrm{d}t + \frac{1}{T}\int_0^T I_{km}^2 \cos^2(k\omega_1 t + \psi_k)\mathrm{d}t + \frac{1}{T}\int_0^T 2I_0 I_{km}\cos(k\omega_1 t + \psi_k)\mathrm{d}t$$

$$+ \frac{1}{T}\int_0^T 2I_{km}\cos(k\omega_1 t + \psi_k)I_{qm}\cos(q\omega_1 t + \psi_q)\mathrm{d}t \Big|_{(k\neq q)}$$

后两项在一个周期内的积分为零，故上式为

$$I = \sqrt{\frac{1}{T}\int_0^T i^2(t)\mathrm{d}t} = \sqrt{\frac{1}{T}\int_0^T I_0^2 \mathrm{d}t + \frac{1}{T}\int_0^T I_{km}^2 \cos^2(k\omega_1 t + \psi_k)\mathrm{d}t}$$

$$= \sqrt{I_0^2 + \Big(\frac{I_{1m}}{\sqrt{2}}\Big)^2 + \Big(\frac{I_{2m}}{\sqrt{2}}\Big)^2 + \cdots + \Big(\frac{I_{km}}{\sqrt{2}}\Big)^2} = \sqrt{I_0^2 + I_1^2 + I_2^2 + \cdots + I_k^2}$$

(13-7)

同理，若非正弦周期电压 $u(t)$ 的傅里叶展开式为

$$u(t) = U_0 + \sum_{k=1}^{\infty} U_{km}\cos(k\omega_1 t + \psi_k) \tag{13-8}$$

则其有效值为

$$U = \sqrt{U_0^2 + U_1^2 + U_2^2 + \cdots + U_k^2} \tag{13-9}$$

式中，$U_k = \dfrac{U_{km}}{\sqrt{2}}$。

综上所述，非正弦周期信号的有效值等于其恒定分量的平方与各次谐波分量有效值平方和的正平方根。

例 13-3 求下列非正弦周期信号的有效值：

(1) $i(t) = 1 + 2\sqrt{2}\cos 100t + \sqrt{2}\cos 200t$

(2) $u(t) = 220\sqrt{2}\cos(\omega t - 120°) + 50\sqrt{2}\cos 3\omega t + 10\sqrt{2}(5\omega t + 120°)$。

解 (1) 由题知，非正弦周期电流各次谐波分量的有效值分别为 $I_0 = 1\text{A}$, $I_1 = 2\text{A}$, $I_2 = 1\text{A}$，根据式(13-7)可得

$$I = \sqrt{I_0^2 + I_1^2 + I_2^2} = \sqrt{1 + 4 + 1} = \sqrt{6} = 2.45(\text{A})$$

(2) 由题知，非正弦周期电压各次谐波分量的有效值分别为 $U_1 = 220\text{V}$, $U_3 = 50\text{V}$, $U_5 = 10\text{V}$，根据式(13-9)可得

$$U = \sqrt{U_1^2 + U_3^2 + U_5^2} = \sqrt{220^2 + 50^2 + 10^2} = 225.83(\text{V})$$

13.2.2 非正弦周期信号的平均值

根据数学知识，函数 $f(t)$ 平均值 F_{av} 的计算方法为

$$F_{av} = \frac{1}{T}\int_0^T f(t)\mathrm{d}t \tag{13-10}$$

显然，按式(13-10)计算任一非正弦周期信号 $f(t)$ 的平均值时，由于各次谐波是频率不同的正弦波，关于横轴对称，因此，计算所得结果应为 $f(t)$ 中的恒定分量(直流分量) F_0，即

$$\left.\begin{aligned} I_0 &= \frac{1}{T}\int_0^T i(t)\mathrm{d}t \\ U_0 &= \frac{1}{T}\int_0^T u(t)\mathrm{d}t \end{aligned}\right\} \tag{13-11}$$

那么，如果要计算包含各次谐波的平均值，则必须采用绝对值的平均值，即所谓的"均绝值"进行计算，即定义为

$$F_{aa} = \frac{1}{T}\int_0^T |f(t)|\mathrm{d}t \tag{13-12}$$

对于任一非正弦周期信号 $f(t)$ 的均绝值，由于各次谐波关于横轴对称，故可只取半个周期计算，即

$$F_{aa} = \frac{2}{T}\int_0^{T/2} |f(t)|\mathrm{d}t \tag{13-13}$$

在电子技术应用中，整流电路的输出波形是均绝值，如正弦电流的均绝值为

$$I_{aa} = \frac{2}{T}\int_0^{T/2} |I_m\cos\omega t|\mathrm{d}t = \frac{2I_m}{\pi} = 0.637I_m = 0.898I \tag{13-14}$$

例 13-4 电路如图 13-5(a)所示。$u(t)$ 为矩形方波，如图 13-5(b)所示，试求其端口电流 $i(t)$ 的有效值、平均值和均绝值。

解 根据理想二极管 VD 的导通和截止状况，可得端口电流的波形，如图 13-6 所示。于是可得

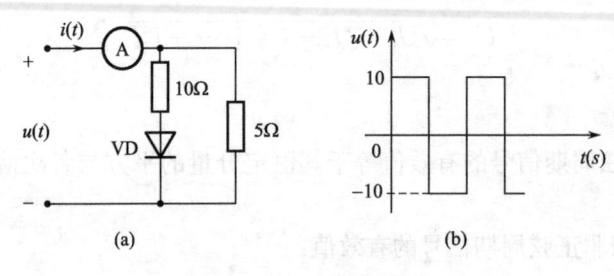

图 13-5　例 13-4 图之一

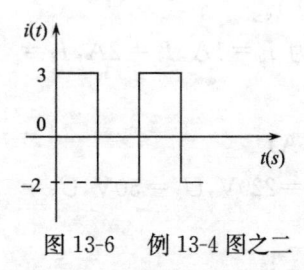

图 13-6　例 13-4 图之二

有效值：$I = \sqrt{\dfrac{1}{T}\int_0^T i^2(t)\mathrm{d}t} = \sqrt{\dfrac{1}{T}\left(9\times\dfrac{T}{2}+4\times\dfrac{T}{2}\right)} = 2.55(\mathrm{A})$；

平均值：$I_0 = \dfrac{1}{T}\int_0^T i(t)\mathrm{d}t = \dfrac{1}{T}\left(3\times\dfrac{T}{2}-2\times\dfrac{T}{2}\right) = 0.5(\mathrm{A})$；

均绝值：$I_a = \dfrac{1}{T}\int_0^T |i(t)|\mathrm{d}t = \dfrac{1}{T}\left(3\times\dfrac{T}{2}+2\times\dfrac{T}{2}\right) = 2.5(\mathrm{A})$。

13.2.3 非正弦周期信号的平均功率

设电路输入端口的电压和电流分别为

$$\begin{cases} u(t) = U_0 + \sum_{k=1}^{\infty} U_{km}\cos(k\omega_1 t + \psi_{uk}) \\ i(t) = I_0 + \sum_{k=1}^{\infty} I_{km}\cos(k\omega_1 t + \psi_{ik}) \end{cases}$$

若 $u(t)$、$i(t)$ 取关联参考方向，则其平均功率为

$$P = \dfrac{1}{T}\int_0^T u(t)i(t)\mathrm{d}t = U_0 I_0 + \sum_{k=1}^{\infty} U_k I_k \cos\psi_k = P_0 + P_1 + P_2 + \cdots + P_k + \cdots$$

(13-15)

上式所得结果运用了三角函数的正交性，即不同频率的电压与电流乘积在一个周期内的积分等于零。式中，$U_k = U_{km}/\sqrt{2}$，$I_k = I_{km}/\sqrt{2}$，$\psi_k = \psi_{uk} - \psi_{ik}$。

由式(13-15)可得结论：非正弦周期信号电路的平均功率等于由恒定分量构成的功率与由各次谐波构成的平均功率之和。

注意：只有频率相同的电压和电流才能构成平均功率，频率不同的电压和电流只构成瞬时功率而不构成平均功率。

例 13-5　已知某电路的激励 $u_S(t) = 50 + 50\cos 500t + 30\cos 1000t + 20\cos 1500t$，电路的响应 $i(t) = 1.663\cos(500t + 86.19°) + 15\cos 1000t + 1.191\cos(1500t - 83.16°)$。试求(1)激励和响应的有效值；(2)电路消耗的平均功率。

解　(1) 激励的有效值为

$$U_S = \sqrt{U_0^2 + U_1^2 + U_2^2 + U_3^2} = \sqrt{50^2 + \left(\dfrac{50}{\sqrt{2}}\right)^2 + \left(\dfrac{30}{\sqrt{2}}\right)^2 + \left(\dfrac{20}{\sqrt{2}}\right)^2} = \sqrt{4400} = 66.33(\mathrm{V})$$

响应的有效值为

$$I = \sqrt{I_1^2 + I_2^2 + I_3^2} = \sqrt{\left(\frac{1.663}{\sqrt{2}}\right)^2 + \left(\frac{15}{\sqrt{2}}\right)^2 + \left(\frac{1.191}{\sqrt{2}}\right)^2} = 10.7(\text{A})$$

(2) 电路消耗的平均功率为

$$P = P_0 + P_1 + P_2 + P_3$$
$$= 50 \times 0 + \frac{50}{\sqrt{2}} \times \frac{1.663}{\sqrt{2}} \cos(0° - 86.19°) + \frac{30}{\sqrt{2}} \times \frac{15}{\sqrt{2}} \cos(0° - 0°) + \frac{20}{\sqrt{2}} \times \frac{1.191}{\sqrt{2}} \cos(0° + 86.19°)$$
$$= 229.18(\text{W})$$

13.3 非正弦周期信号激励下的稳态电路分析

当电路的激励是非正弦周期电源,或者电路的激励由几个不同频率的独立电源构成时,这样的电路属于非正弦周期信号激励的电路。对这样的电路进行稳态分析时,必须依据叠加原理,利用相量法分别计算各个谐波分量所产生的响应,最后再将所有结果在时域内进行叠加。

具体的分析步骤如下。

(1) 将时域中给定的周期函数按傅里叶级数展开,得到一系列不同频率的谐波分量。

注意:这一步完成了从时域到频域的变换,但由于傅里叶级数是无穷级数,所以,变换后的谐波取到哪一项,由所需的精度而定。

(2) 若激励为电压源,则分解后的各次谐波电压源视为串联;若激励为电流源,则分解后的各次谐波电流源视为并联。

(3) 对于恒定分量激励(直流激励),运用直流电路的分析方法进行求解;对于各次谐波激励,运用正弦交流电路的相量法分别计算电路对各次谐波激励的响应。

注意:在计算各次谐波激励的响应时,应注意容抗和感抗是频率的函数,即第 k 次谐波的容抗为 $X_{Ck} = \frac{1}{k\omega_1 C} = \frac{1}{k} X_C$,$X_C = \frac{1}{\omega_1 C}$ 为基波容抗;第 k 次谐波的感抗为 $X_{Lk} = k\omega_1 L = k X_L$,$X_L = \omega_1 L$ 为基波感抗。

(4) 将各次谐波激励的响应写成时域形式,再根据叠加定理在时域内将各响应进行叠加,即得电路总的稳态响应。

注意:不能在频域内进行各次谐波相量叠加,因为各次谐波相量所隐含的频率不同。

例 13-6 电路如图 13-7 所示,已知 $u_s(t) = 100 + 276\cos\omega_1 t + 100\cos 3\omega_1 t + 50\cos 9\omega_1 t$,$R = 20\Omega$,$\omega_1 L_1 = 0.625\Omega$,$\omega_1 L_2 = 5\Omega$,$\frac{1}{\omega_1 C} = 45\Omega$。求电流 $i(t)$。

解 题目所给的非正弦周期信号已分解成傅里叶级数,其中恒定分量 $U_0 = 100\text{V}$,基波分量 $u_1 = 276\cos\omega_1 t(\text{V})$,三次谐波分量 $u_3 = 100\cos 3\omega_1 t(\text{V})$,九次谐波分量 $u_9 = 50\cos 9\omega_1 t(\text{V})$。根据叠加原理,可将电路视为如图 13-8 所示的电路。

下面分别计算各次谐波激励的响应。

(1) 直流激励 $U_0 = 100\text{V}$,此时电路如图 13-9 所示,故 $I_0 = U_0/R = 100/20 = 5(\text{A})$。

(2) 基波激励 $u_1 = 276\cos\omega_1 t(\text{V})$,$\dot{U}_{1m} = 276\angle 0°$,此时电路如图 13-10 所示。

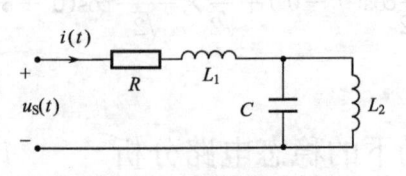

图 13-7　例 13-6 图之一 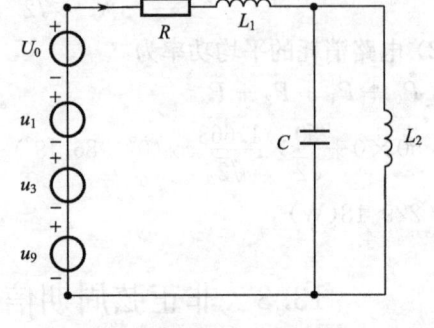　　　　　　　图 13-8　例 13-6 图之二

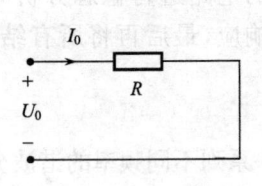

图 13-9　例 13-6 图之三 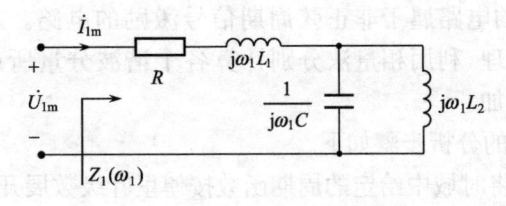　　　　　　　图 13-10　例 13-6 图之三

因为
$$Z_1(\omega_1) = R + j\omega_1 L_1 + \left(j\omega_1 L_2 // \frac{1}{j\omega_1 C}\right) = 20 + j6.25 = 20.95\angle 17.4°$$

故
$$\dot{I}_{1m} = \frac{\dot{U}_{1m}}{Z_1(\omega_1)} = \frac{276\angle 0°}{20.95\angle 17.4°} = 13.17\angle -17.4°(A)$$

(3) 三次谐波激励 $u_3 = 100\cos 3\omega_1 t(V), \dot{U}_{3m} = 100\angle 0°$, 此时电路如图 13-11 所示。

因为 $j3\omega_1 L_2 = j15, \dfrac{1}{j3\omega_1 C} = -j15$, 故 L_2 与 C 发生并联谐振, 则 $Z_3(3\omega_1) = \infty$, 故 $\dot{I}_{3m} = 0$。

(4) 九次谐波激励 $u_9 = 50\cos 9\omega_1 t(V), \dot{U}_{9m} = 50\angle 0°$, 此时电路如图 13-12 所示。

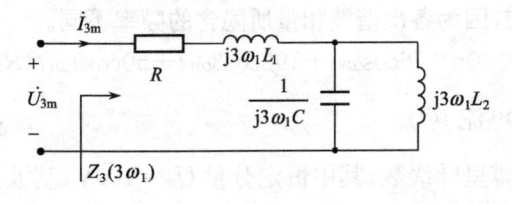

图 13-11　例 13-6 图之四 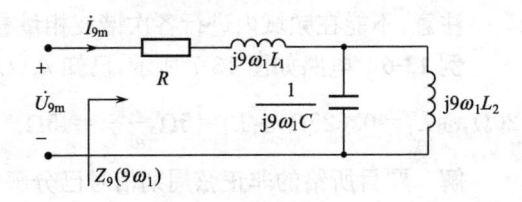　　　　　　　图 13-12　例 13-6 图之五

因为
$$Z_9(9\omega_1) = R + j9\omega_1 L_1 + \left(j9\omega_1 L_2 // \frac{1}{j9\omega_1 C}\right) = 20 + j5.625 - j5.625 = 20(\Omega)$$

故此时电路发生串联谐振,则
$$\dot{I}_{9m} = \frac{\dot{U}_{9m}}{Z_9(9\omega_1)} = \frac{50\angle 0°}{20} = 2.5\angle 0°(A)$$

最后将各次谐波激励的响应写成时域形式,再根据叠加定理在时域内将各响应进行叠加,即得电流 $i(t)$ 为

$$i(t) = I_0 + i_1(t) + i_3(t) + i_9(t) = 5 + 13.17\cos(\omega_1 t - 17.4°) + 2.5\cos 9\omega_1 t(\text{A})$$

例 13-7 如图 13-13 所示为一滤波电路,已知 $u_1(t) = U_{m1}\cos\omega_1 t + U_{m3}\cos 3\omega_1 t$。若要求输出 $u_2(t) = U_{m1}\cos\omega_1 t$,问 C_1、C_2 应满足什么条件?

解 由图 13-13 所示电路可知,$u_2 = Ri_2$。本题要求 u_2 无三次谐波,其实是使 i_2 无三次谐波。要达到滤掉三次谐波的目的,必须有 $Z(3\omega_1) = \infty$,即 L_1 和 C_1 对三次谐波发生并联谐振,这时

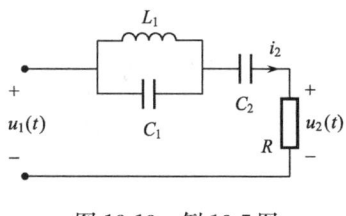

图 13-13 例 13-7 图

$$3\omega_1 L_1 = \frac{1}{3\omega_1 C_1} \tag{13-16}$$

题目还要求,当一次谐波作用时信号直通,即 $u_2 = u_{1(1)} = U_{m1}\cos\omega_1 t$,$Z(\omega_1) = R$,这时应有 L_1、C_1 和 C_2 对一次谐波发生串联谐振,即

$$\frac{j\omega_1 L_1 \times \dfrac{1}{j\omega_1 C_1}}{j\omega_1 L_1 + \dfrac{1}{j\omega_1 C_1}} + \frac{1}{j\omega_1 C_2} = 0$$

整理得

$$1 - \omega_1^2 L_1 (C_1 + C_2) = 0 \tag{13-17}$$

式(13-16)代入式(13-17)可得 $C_2 = 8C_1$。

例 13-8 电路如图 13-14 所示,已知 u_s 为非正弦周期电压源,I_{s1} 和 I_{s2} 均为直流源;当 $R_1 = 1\Omega$ 时,$i = 3.6 + 2.4\cos 500t$。若将 R_1 改为 2Ω,试求电压 u 和 R_1 消耗的平均功率。

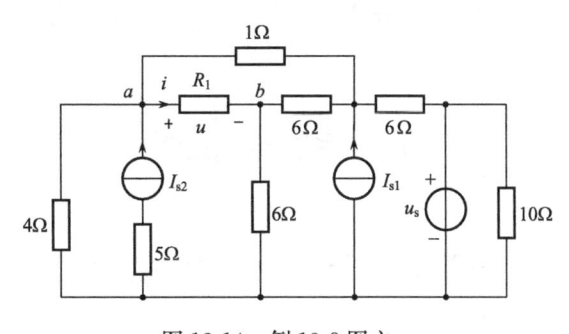

图 13-14 例 13-8 图之一

解 先用戴维南定理求 ab 端口的等效电路,从 ab 端口看进去的电路如图 13-15 所示。

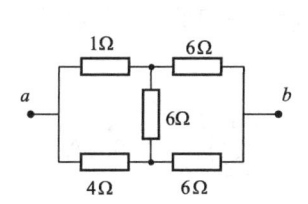

图 13-15 例 13-8 图之二   图 13-16 例 13-8 图之三

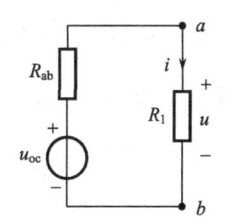

再用 Y/△转换可求得 $R_{ab}=4\Omega$，则电路可化简为图 13-16。

由题意，$R_1=1\Omega$ 时，$i=3.6+2.4\cos500t$，所以 $u_{oc}=R_{ab}i+u=18+12\cos500t$。当 $R_1=2\Omega$ 时，$i=\dfrac{u_{oc}}{R_{ab}+R_1}=3+2\cos500t$，所以

$$u=R_1 i=6+4\cos500t$$

R_1 消耗的平均功率为

$$P=R_1 I_0^2+R_1 I_{(1)}^2=2\left[3^2+\left(\dfrac{2}{\sqrt{2}}\right)^2\right]=22(\text{W})$$

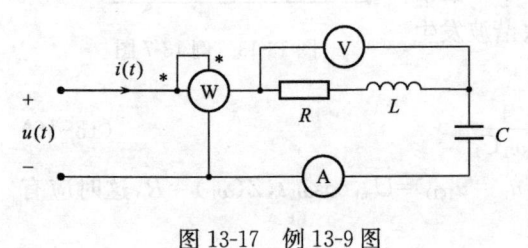

例 13-9 电路见图 13-17，已知 $u(t)=10+80\cos(\omega_1 t+30°)+18\cos3\omega_1 t$，$R=6\Omega$，$\omega_1 L=2\Omega$，$\dfrac{1}{\omega_1 C}=18\Omega$。试求电流 $i(t)$ 和各电表的读数。

解 由叠加原理，当 $u(t)$ 中的直流分量作用于电路时，电容开路，所以 $I_0=0$；当 $u(t)$ 中的基波分量作用于电路时，$\dot{U}_{(1)}=\dfrac{80}{\sqrt{2}}\angle 30°$，所以

图 13-17 例 13-9 图

$$\dot{I}_{(1)}=\dfrac{\dot{U}_{(1)}}{R+\text{j}\left(\omega_1 L-\dfrac{1}{\omega_1 C}\right)}=\dfrac{\dfrac{80}{\sqrt{2}}\angle 30°}{6+\text{j}(2-18)}=\dfrac{4.68}{\sqrt{2}}\angle 99.4°$$

则

$$\dot{U}_{RL(1)}=(R+\text{j}\omega_1 L)\dot{I}_{(1)}=(6+\text{j}2)\dfrac{4.68}{\sqrt{2}}\angle 99.4°=\dfrac{29.6}{\sqrt{2}}\angle 117.8°$$

当 $u(t)$ 中的三次谐波分量作用于电路时，$\dot{U}_{(3)}=\dfrac{18}{\sqrt{2}}\angle 0°$，而由于 $3\omega_1 L=6$，并且 $\dfrac{1}{3\omega_1 C}=6$，即电路发生串联谐振，所以

$$\dot{I}_{(3)}=\dfrac{\dot{U}_{(3)}}{R}=\dfrac{3}{\sqrt{2}}\angle 0°$$

则

$$\dot{U}_{RL(3)}=(R+\text{j}3\omega_1 L)\dot{I}_{(3)}=(6+\text{j}6)\dfrac{3}{\sqrt{2}}\angle 0°=18\angle 45°$$

所以

$$i=I_0+i_{(1)}+i_{(3)}=0+4.68\cos(\omega_1 t+99.4°)+3\cos3\omega_1 t$$

电压表的读数为 u_{RL} 的有效值，即

$$U_{RL}=\sqrt{U_{RL(1)}^2+U_{RL(3)}^2}=\sqrt{\left(\dfrac{29.6}{\sqrt{2}}\right)^2+18^2}=27.6(\text{V})$$

电流表的读数为 i 的有效值，即

$$I=\sqrt{I_{(1)}^2+I_{(3)}^2}=\sqrt{\left(\dfrac{4.68}{\sqrt{2}}\right)^2+\left(\dfrac{3}{\sqrt{2}}\right)^2}=3.93(\text{A})$$

功率表的读数为

$$P=RI^2=6\times3.93^2=92.6(\text{W})$$

思 考 题

13-1 什么是谐波分析法？谐波分析法的理论依据是什么？

13-2 狄里赫利条件的内容和含义是什么？

13-3 非正弦周期函数 $f(t)$ 在什么情况下可以分解成傅里叶级数？所分解的傅里叶级数具有什么形式？

13-4 在非正弦周期函数 $f(t)$ 分解成傅里叶级数时，函数的奇偶性与计时起点有关吗？

13-5 指数形式振幅频谱中谱线的高度（模）只是三角级数展开式振幅频谱的一半，为什么？

13-6 什么是三角函数的正交性？

13-7 如何获得非正弦周期信号电路的无功功率？

13-8 对非正弦周期信号激励的电路进行稳态分析时，可否使用相量法？如何使用？

习 题

13-1 求如题 13-1 图所示方波的傅里叶级数展开式。

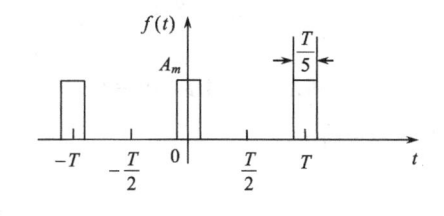

题 13-1 图

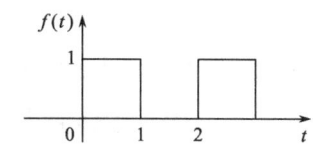

题 13-2 图

13-2 求如题 13-2 图所示方波的傅里叶级数展开式，并画出频谱图。

13-3 求如题 13-3 图所示的矩形脉冲波，高度为 U，脉冲宽度为 τ，脉冲重复周期为 T，并且 $T=4\tau$；试将此矩形脉冲分解为傅里叶级数的指数形式。

13-4 如题 13-4 图所示为两个电压源串联，各电压源的电压分别为

$$u_a(t) = 30\sqrt{2}\cos\omega t + 20\sqrt{2}\cos(3\omega t + 60°)$$
$$u_b(t) = 10\sqrt{2}\cos(3\omega t + 45°) + 10\sqrt{2}\cos(5\omega t + 30°)$$

求端电压 $u(t)$ 的有效值。

题 13-3 图

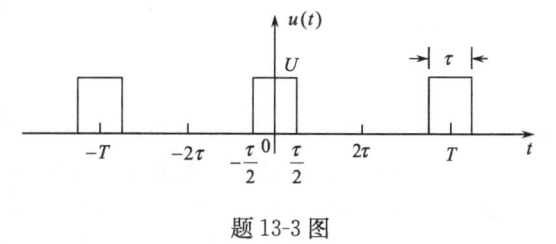

13-5 电路如题 13-5 图所示，已知 $u=10+80\cos(\omega t+30°)+18\cos3\omega t$，$R=6\Omega$，$\omega L=2\Omega$，$\dfrac{1}{\omega C}=18\Omega$，求电流 i 及各表读数。

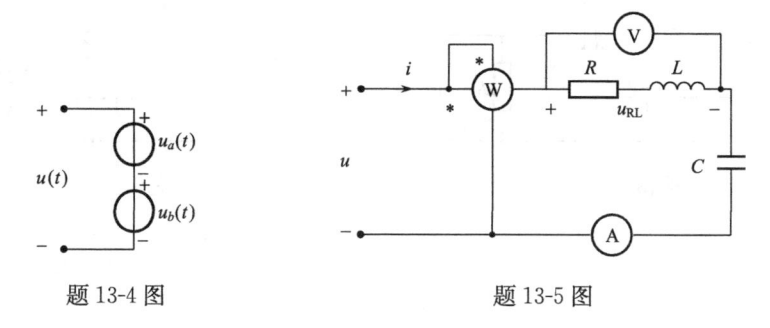

题 13-4 图

题 13-5 图

13-6 若 RC 串联电路的电流为 $i=2\cos1000t+\cos3000t(\text{A})$，总电压的有效值为 155V，并且总电压不含直流分量，电流消耗的平均功率为 120W，求 R 和 C。

13-7 电路如题13-7图所示,已知$u_S=20+200\sqrt{2}\cos\omega t+100\sqrt{2}\cos(2\omega t+30°)(V)$,$R=100\Omega$。$\omega L=\dfrac{1}{\omega C}=200\Omega$。求各支路电流$i_1$、$i_2$、$i_3$及电路消耗的平均功率$P$。

13-8 电路如题13-8图所示,已知$R=10\Omega$,$L=0.1H$,$C_1=500\mu F$;当$u_S=10\sqrt{2}\cos100t(V)$,$i_S=1A$时,安培表$A_2$的读数为1.414A。问当$i_S$保持不变,$u_S$改为$u_S=10\sqrt{2}\cos200t(V)$时,两个安培表的读数各为多少?

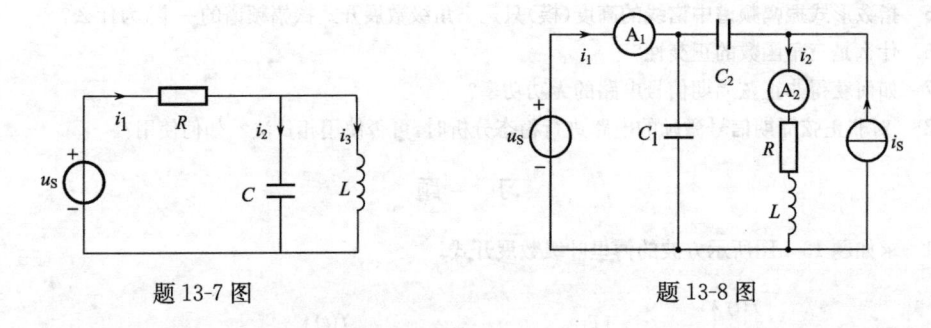

题13-7图　　　　　　题13-8图

13-9 电路如题13-9图所示,已知$R_1=20\Omega$,$R_2=10\Omega$,$\omega L_1=6\Omega$,$\omega L_2=4\Omega$,$\omega M=2\Omega$,$\dfrac{1}{\omega C}=16\Omega$,$u_S=100+50\cos(2\omega t+10°)(V)$。求两个安培表的读数及电源发出的平均功率。

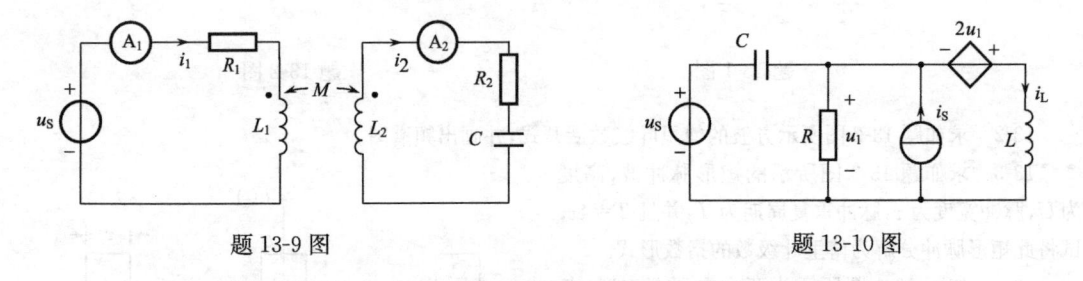

题13-9图　　　　　　题13-10图

13-10 电路如题13-10图所示,已知$R=1\Omega$,$L=1H$,$C=1F$,$i_S=1A$,$u_S=\cos t(V)$,求i_L。

13-11 电路如题13-11图所示,已知$L=0.1H$,C_1、C_2可调,R_L为负载,输入电压信号$u_i=U_{1m}\cos1000t+U_{3m}\cos3000t(V)$。欲使基波毫无衰减地传输给负载,而将三次谐波全部滤除,求电容C_1和C_2的值。

13-12 电路如题13-12图所示,电压$u(t)$含有基波和三次谐波分量,已知基波频率$\omega=10^4\text{rad/s}$。若要求电容电压$u_C(t)$不含基波,仅含与$u(t)$完全相同的三次谐波分量,且已知$R=1k\Omega$,$L=1mH$,求电容C_1和C_2的值。

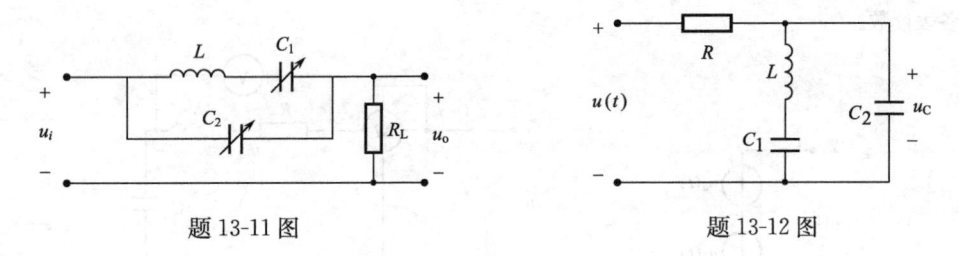

题13-11图　　　　　　题13-12图

第14章 正弦交流电路的频率特性

第9章引用相量时可知,复数 $e^{j\omega t}$ 并未参与电路的运算,因此,当使用"相量"$\dot{A}=|A|e^{j\varphi}$ 表示正弦量,并借助相量进行电路分析时,其中隐含复数 $e^{j\omega t}$,或是隐含频率 ω。

采用相量法对电路所进行的各种分析和计算都基于一个原则:一个给定的线性电路中频率 ω 固定不变。因此可很方便地用相量法计算在频率为 ω 的正弦信号激励下电路中各处的电压和电流等变量。

本章讨论的内容是上述问题的另一面,即当正弦激励信号的频率 ω 变化时,电路的状态随之发生什么样的变化。

电路的工作状态随频率的变化而变化的现象称为电路的频率特性,又称为频率响应。电路的频率特性一般通过电路的输入(激励)和输出(响应)之间所建立的函数关系进行分析,这样的函数关系被称为电路的网络函数,网络函数的频率特性实质上就是电路的频率特性。

本章对正弦信号激励下电路的频率特性进行初步分析,并且只考虑单输入、单输出的情况。第15章将进一步对其进行研究和探讨。

14.1 网络函数

14.1.1 网络函数的定义

正弦激励信号的频率 ω 变化时,引起电路中的阻抗 $j\omega L$ 和 $1/j\omega C$ 变化,从而使电路的状态随之变化。换言之,除元件参数 L 和 C,还有一个参量 $j\omega$ 须加以关注。

在正弦稳态电路中,激励和响应都可表示为相量形式。同时,单输入、单输出电路可以形象地描述为如图 14-1 所示的二端口电路。

图 14-1 单输入、单输出的二端口电路

定义:在线性时不变电路中,响应(输出)相量与激励(输入)相量之比为电路的网络函数,用 $H(j\omega)$ 表示,即

$$H(j\omega) = \frac{\text{响应(相量)}}{\text{激励(相量)}} \tag{14-1}$$

式(14-1)中,响应(相量)可以是线性时不变电路中某处的电压 $\dot{U}(j\omega)$,也可以是电路中某处的电流 $\dot{I}(j\omega)$,为方便表达,用一个统一的符号 $\dot{R}(j\omega)$ 表示;同样,激励(相量)可以是电路中某处的电压源 $\dot{U}_S(j\omega)$,或是电路中某处的电流源 $\dot{I}_S(j\omega)$,为方便表达,用一个统一的符号 $\dot{E}_S(j\omega)$ 表示。于是,网络函数的定义式可写成

$$H(j\omega) = \frac{\dot{R}(j\omega)}{\dot{E}_S(j\omega)} \tag{14-2}$$

通过网络函数,可以研究电路(系统)的特性,即激励一定而频率可变时,频率 ω 从零到无穷大的整个频率域内,网络函数随频率改变所呈现的规律。而后,对于给定的激励,就可以很容易地确定电路(系统)的输出。利用网络函数可以进行信号变换分析,如选频、滤波等。

14.1.2 网络函数的分类

在所定义的网络函数中,如果激励 $\dot{E}_S(j\omega)$ 与响应 $\dot{R}(j\omega)$ 在电路的同一端口,如图 14-2 所示,这时的网络函数称为驱动(策动)点网络函数。

由于激励和响应可以是电压,也可以是电流,所以,驱动点网络函数有如下两种类型:

$$\text{驱动点阻抗} \quad H(j\omega) = Z_{11}(j\omega) = \frac{\dot{U}_1(j\omega)}{\dot{I}_1(j\omega)} \tag{14-3}$$

$$\text{驱动点导纳} \quad H(j\omega) = Y_{11}(j\omega) = \frac{\dot{I}_1(j\omega)}{\dot{U}_1(j\omega)} \tag{14-4}$$

如果激励 $\dot{E}_S(j\omega)$ 与响应 $\dot{R}(j\omega)$ 处在电路的不同端口,如图 14-3 所示,则这时的网络函数称为转移(传输)网络函数。

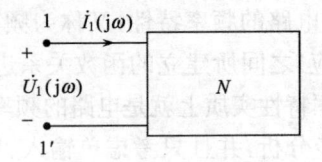

图 14-2 激励与响应处于同一端口的电路

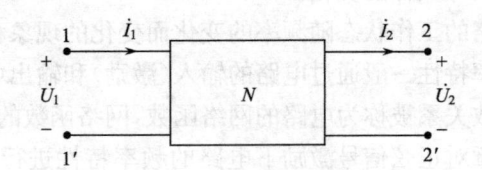

图 14-3 激励与响应处于不同端口的电路

由于激励和响应可以是电压,也可以是电流,所以,转移网络函数有如下四种类型:

$$\text{转移阻抗} \quad H(j\omega) = Z_{21}(j\omega) = \frac{\dot{U}_2(j\omega)}{\dot{I}_1(j\omega)} \tag{14-5}$$

$$\text{转移导纳} \quad H(j\omega) = Y_{21}(j\omega) = \frac{\dot{I}_2(j\omega)}{\dot{U}_1(j\omega)} \tag{14-6}$$

$$\text{转移电压比} \quad H_U(j\omega) = \frac{\dot{U}_2(j\omega)}{\dot{U}_1(j\omega)} \tag{14-7}$$

$$\text{转移电流比} \quad H_I(j\omega) = \frac{\dot{I}_2(j\omega)}{\dot{I}_1(j\omega)} \tag{14-8}$$

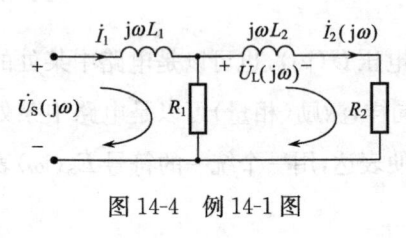

例 14-1 求如图 14-4 所示电路的转移导纳 $\dot{I}_2/\dot{U}_S$ 和转移电压比 $\dot{U}_L/\dot{U}_S$。

解 由电路图列写回路电流方程,即

$$\begin{cases} (j\omega L_1 + R_1)\dot{I}_1(j\omega) - R_1\dot{I}_2(j\omega) = \dot{U}_S \\ (j\omega L_2 + R_1 + R_2)\dot{I}_2(j\omega) - R_1\dot{I}_1(j\omega) = 0 \end{cases}$$

图 14-4 例 14-1 图

所以

$$\text{转移导纳} \quad H(j\omega) = \frac{\dot{I}_2(j\omega)}{\dot{U}_S(j\omega)} = \frac{R_1}{j\omega(R_1L_1 + R_2L_1 + R_1L_2) - \omega^2 L_1 L_2 + R_1 R_2}$$

转移电压比 $H(\mathrm{j}\omega) = \dfrac{\dot{U}_L(\mathrm{j}\omega)}{\dot{U}_S(\mathrm{j}\omega)} = \dfrac{\mathrm{j}\omega R_1}{\mathrm{j}\omega(R_1L_1+R_2L_1+R_1L_2)-\omega^2 L_1L_2+R_1R_2}$

例 14-2 求如图 14-5 所示电路的转移电压比 $\dot{U}_2/\dot{U}_1$ 和驱动点导纳 $\dot{I}_1/\dot{U}_1$。

解 设 $\dot{I}_{l1}$ 和 $\dot{I}_{l2}$ 是两个回路电流，由电路图列写回路电流方程，即

$$\begin{cases} \left(2-\mathrm{j}\dfrac{1}{\omega}\right)\dot{I}_{l1} - \left(-\mathrm{j}\dfrac{1}{\omega}\right)\dot{I}_{l2} = \dot{U}_1 \\ \left(2-\mathrm{j}\dfrac{1}{\omega}\right)\dot{I}_{l2} - \left(-\mathrm{j}\dfrac{1}{\omega}\right)\dot{I}_{l1} = 0 \end{cases}$$

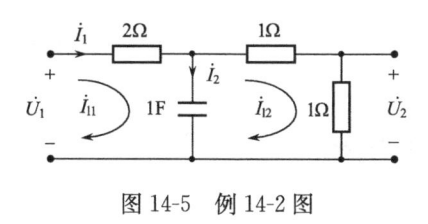

图 14-5 例 14-2 图

因为 $\dot{I}_{l1} = \dot{I}_1$，$\dot{I}_{l2} \times 1 = \dot{U}_2$，所以

转移电压比 $H(\mathrm{j}\omega) = \dfrac{\dot{U}_2}{\dot{U}_1} = \dfrac{1}{4(1+\mathrm{j}\omega)}$

驱动点导纳 $H(\mathrm{j}\omega) = \dfrac{\dot{I}_1}{\dot{U}_1} = \dfrac{1+\mathrm{j}2\omega}{4(1+\mathrm{j}\omega)}$

14.1.3 网络函数的频率特性表示方法

常见的网络函数频率特性表示方法有如下 5 种。

1. 幅频特性图、相频特性图表示法

由于网络函数 $H(\mathrm{j}\omega)$ 是复数，因此要研究网络函数随频率改变所呈现的规律，就必须从网络函数的模和相位角两方面进行研究。根据复数的表达方式，可以将 $H(\mathrm{j}\omega)$ 表示成模和相位角的形式，即

$$H(\mathrm{j}\omega) = |H(\mathrm{j}\omega)| \angle \theta(\mathrm{j}\omega) \tag{14-9}$$

式(14-9)中，随频率变化的 $H(\mathrm{j}\omega)$ 的模 $|H(\mathrm{j}\omega)|$ 称为幅频特性，而随频率变化的 $H(\mathrm{j}\omega)$ 的相位角 $\theta(\mathrm{j}\omega)$ 则称为相频特性。通常，对于幅频特性和相频特性，用横坐标表示频率，纵坐标表示幅值或相位，即用幅频特性图和相频特性图表示网络函数的频率特性。

例 14-3 求如图 14-6 所示电路的转移阻抗 $H(\mathrm{j}\omega) = \dot{U}_2/\dot{I}_S$ 的频率特性。

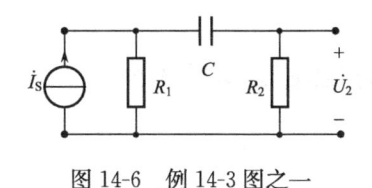

解 由电路图可得

$$H(\mathrm{j}\omega) = \dfrac{\dot{U}_2}{\dot{I}_S} = \dfrac{R_1 R_2}{R_1+R_2+\dfrac{1}{\mathrm{j}\omega C}}$$

$$= \dfrac{R_1 R_2}{R_1+R_2} \times \dfrac{1}{1+\dfrac{1}{\mathrm{j}\omega C(R_1+R_2)}}$$

图 14-6 例 14-3 图之一

设

$$R = \dfrac{R_1 R_2}{R_1+R_2}, \quad \omega_0 = \dfrac{1}{C(R_1+R_2)}$$

则

$$H(j\omega) = \frac{\dot{U}_2}{\dot{I}_S} = R \times \frac{1}{1+\frac{\omega_0}{j\omega}}$$

所以可得幅频特性

$$|H(j\omega)| = \left|\frac{\dot{U}_2}{\dot{I}_S}\right| = \frac{R}{\sqrt{1+\left(\frac{\omega_0}{\omega}\right)^2}}$$

相频特性

$$\theta(j\omega) = \tan^{-1}\frac{\omega_0}{\omega}$$

幅频和相频随频率变化的曲线如图 14-7 所示。

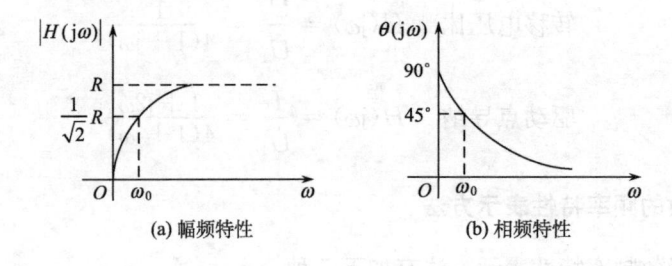

(a) 幅频特性 (b) 相频特性

图 14-7 例 14-3 图之二

2. 伯德(Bode)图表示法

在使用幅频特性曲线和相频特性曲线描述电路的频率特性时,如果采用对数坐标,则这些特性曲线变成近似的折线。这种以对数为标尺,用折线绘制的幅频特性曲线和相频特性曲线称为伯德(Bode)图,或称为对数坐标图。本书不讨论。

3. 极坐标图(奈奎斯特图)表示法

此表示法是将幅度和相角关系图形表示在极坐标上。本书不讨论。

4. 对数幅相图(尼柯尔斯图)表示法

此表示法是在直角坐标系中,以对数振幅作为相位的函数描绘图形。本书不讨论。

5. 零极点分布图表示法

此表示法是将幅度和相角关系图形表示在极坐标上。第 15 章讨论。

14.2 谐振电路的频率特性

由第 10 章的叙述可知,电路发生谐振时电路一定存在电感 L 和电容 C,于是,谐振电路的基本模型有串联谐振电路和并联谐振电路两种,如图 14-8(a)和图 14-8(b)所示。

在实际问题中,还要考虑信号源的内阻 R_S、负载电阻 R_L 以及电感元件、电容元件的损耗电阻。设串联电路中电感元件的损耗电阻为 r_{HL}、电容元件的损耗电阻为 r_{HC}，并联电路中电感元件的损耗电阻为 R_{HL}、电容元件的损耗电阻为 R_{HC}。这时，电路的模型如图 14-8(c) 和图 14-8(d) 所示。显然，将各电阻合并后可得图 14-8(e) 和图 14-8(f)。因此，以下的分析将围绕 RLC 串联电路和 RLC 并联电路来展开。

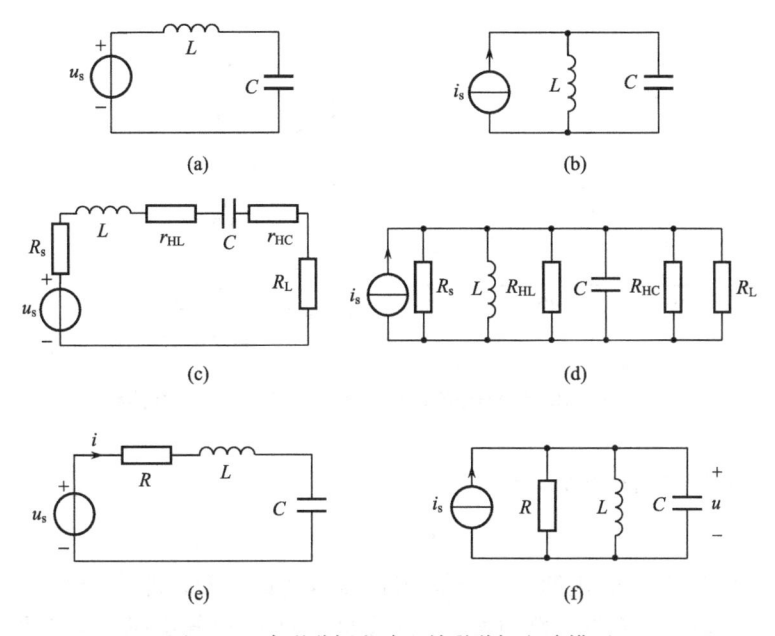

图 14-8 串联谐振电路和并联谐振电路模型

14.2.1 RLC 串联谐振电路的频率特性

1. RLC 串联谐振的特点

第 10 章中已经指出，在 RLC 串联复阻抗 $Z=R+j\left(\omega L-\dfrac{1}{\omega C}\right)$ 中，当 $\omega L=\dfrac{1}{\omega C}$ 时，RLC 串联电路在端口呈现纯阻性。端口电压相量与端口电流相量同相位，此时 RLC 串联电路发生串联谐振。

在图 14-8(e) 中，假定信号源为 $u_S=\sqrt{2}U_S\cos\omega t$，写成相量为 $\dot{U}_S=U_S\angle 0°$，则电流相量为

$$\dot{I}=\frac{\dot{U}_S}{Z}$$

其中，$Z=R+j\left(\omega L-\dfrac{1}{\omega C}\right)$，解得 $\dot{I}=Ie^{j\theta_i}$，并且

$$I=\frac{U_S}{\sqrt{R^2+\left(\omega L-\dfrac{1}{\omega C}\right)^2}},\quad \theta_i=-\tan^{-1}\left(\frac{\omega L-\dfrac{1}{\omega C}}{R}\right)$$

所以，当 $\omega L-\dfrac{1}{\omega C}=0$ 时，电路发生串联谐振，谐振频率为

$$\omega_0=\frac{1}{\sqrt{LC}} \tag{14-10}$$

式(14-10)是电路发生串联谐振的条件。这时,电流取得最大值:$I_{max}=\dfrac{U_S}{R}$,并且相位为零:$\theta_i=0$。

以 ω 为横坐标,可画出发生串联谐振的电路中 $I(j\omega)$ 和 $\theta_i(j\omega)$ 的频率特性曲线,如图 14-9 所示。

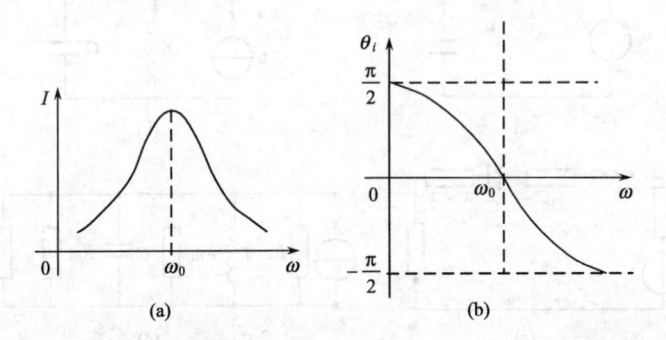

图 14-9　串联谐振电路中 $I(j\omega)$ 和 $\theta_i(j\omega)$ 的频率特性曲线

另外,对图 14-8(e)列写 KVL 方程,可得

$$\dot{U}_S = \dot{U}_R + \dot{U}_L + \dot{U}_C$$

当电路发生串联谐振时,电路在端口呈现纯阻性,则 $\dot{U}_S=\dot{U}_R$,即 $\dot{U}_L+\dot{U}_C=0$。这说明,此时电感和电容的串联支路对外电路而言相当于短接。同时,已知电感从电路吸收的瞬时功率为 $p_L=u_L i$,电容从电路吸收的瞬时功率为 $p_C=u_C i$,当电路发生串联谐振时 $u_L=-u_C$,所以 $p_L+p_C=0$。因此,对于 RLC 串联谐振电路中的电感和电容,此时它们既不从外电路吸收能量,也不向外电路释放能量。它们的能量传递和转换只在电感和电容之间进行,这种现象在工程中称为电磁振荡。

2. RLC 串联谐振的特性阻抗和品质因素

1) 特性阻抗

由上面的叙述已知,电路发生谐振时的谐振频率 $\omega_0=1/\sqrt{LC}$,此时电路中的感抗为 $X_L(\omega_0)=\omega_0 L$,容抗为 $X_C(\omega_0)=1/\omega_0 C$,将 $\omega_0=1/\sqrt{LC}$ 代入得

$$\begin{cases} X_L(\omega_0) = \omega_0 L = \dfrac{L}{\sqrt{LC}} = \sqrt{\dfrac{L}{C}} \\ X_C(\omega_0) = \dfrac{1}{\omega_0 C} = \dfrac{\sqrt{LC}}{C} = \sqrt{\dfrac{L}{C}} \end{cases}$$

令

$$\rho = \sqrt{\dfrac{L}{C}} = X_L(\omega_0) = X_C(\omega_0) \tag{14-11}$$

显然,ρ 的单位是欧姆,故 ρ 称为谐振电路的特性阻抗。

2) 通频带

电路发生串联谐振时,若 U_S 一定,则电流取得最大值:$I_{max}=\dfrac{U_S}{R}$。

在电子技术中,通常将信号从最大值下降到最大值 $\frac{1}{\sqrt{2}}$ 处的两个点 ω_1 和 ω_2 称为下半功率点频率和上半功率点频率,如图14-10所示。再通过 ω_1 和 ω_2 给定谐振电路的带宽(通频带)B,即

$$B = \omega_2 - \omega_1 = \Delta\omega \tag{14-12}$$

显然,B越小,谐振电路的幅值曲线越尖锐。

3) 品质因素 Q

反映谐振电路幅值曲线尖锐程度的另一个量是所谓的品质因素 Q,定义为

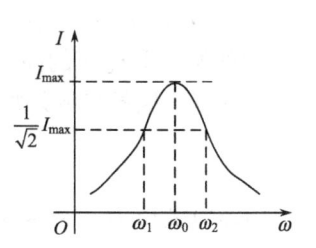

图 14-10 串联谐振电路的通频带

$$Q = 2\pi \frac{\text{谐振条件下电路存储的电磁能量总和}}{\text{谐振条件下电路在一个周期内消耗的能量总和}} \tag{14-13}$$

发生谐振时,设电路的电压 $u=U_\mathrm{m}\cos\omega_0 t$,电路阻抗 $Z=R$,电流 $i=I_\mathrm{m}\cos\omega_0 t$,即 $\dot{I}_\mathrm{m}=I_\mathrm{m}\angle 0°=\frac{U_\mathrm{m}}{R}\angle 0°$。所以,电感存储的能量为

$$W_\mathrm{L} = \frac{1}{2}Li^2 = \frac{LU_\mathrm{m}^2}{2R^2}\cos^2\omega_0 t$$

电容两端的电压为 $\dot{U}_{\mathrm{Cm}}=\frac{\dot{I}_\mathrm{m}}{\mathrm{j}\omega_0 C}=\frac{U_\mathrm{m}}{\omega_0 RC}\angle -90°$,即 $u_\mathrm{C}=\frac{U_\mathrm{m}}{\omega_0 RC}\cos(\omega_0 t-90°)$,则电容存储的能量为

$$W_\mathrm{C} = \frac{1}{2}Cu_\mathrm{C}^2 = \frac{LU_\mathrm{m}^2}{2R^2}\sin^2\omega_0 t$$

所以,谐振条件下电路存储的电磁能量总和为

$$W_\mathrm{L}+W_\mathrm{C} = \frac{LU_\mathrm{m}^2}{2R^2}$$

在谐振条件下,电路在一个周期 T_0 内消耗的能量应是电阻在一个周期 T_0 内消耗的能量,即

$$P_\mathrm{R} T_0 = RI^2 T_0 = R\left(\frac{I_\mathrm{m}}{\sqrt{2}}\right)^2\left(\frac{2\pi}{\omega_0}\right) = \frac{\pi U_\mathrm{m}^2}{R\omega_0}$$

所以,根据式(14-13)的定义可得品质因素,即

$$Q = 2\pi \frac{W_\mathrm{L}+W_\mathrm{C}}{P_\mathrm{R} T_0} = \frac{\omega_0 L}{R} = \frac{1}{\omega_0 RC} = \frac{1}{R}\sqrt{\frac{L}{C}} = \frac{\rho}{R} \tag{14-14}$$

由此可知,品质因素 Q 是一个只与电路参数 R、L、C 有关的量,其大小可以反映谐振电路的特征。式(14-14)表明:RLC 串联支路的品质因素 Q 等于谐振时感抗或容抗与电阻之比,或等于特性阻抗与电阻之比。

电路发生串联谐振时,各元件上的电压分别为

$$\dot{U}_\mathrm{R} = R\dot{I} = R\frac{\dot{U}}{R} = \dot{U}$$

$$\dot{U}_\mathrm{L} = \mathrm{j}\omega_0 L\dot{I} = \mathrm{j}\omega_0 L\frac{\dot{U}}{R} = \mathrm{j}Q\dot{U}$$

$$\dot{U}_\mathrm{C} = -\mathrm{j}\frac{1}{\omega_0 C}\dot{I} = -\mathrm{j}\frac{\dot{U}}{\omega_0 RC} = -\mathrm{j}Q\dot{U}$$

因为 $\dot{U}_L+\dot{U}_C=0$，所以串联谐振又称为电压谐振。另外，电路谐振时电感和电容上将出现超过外加电压 Q 倍的高电压，可能损坏电路，值得注意。

在串联电路端口的外加电压有效值不变时，电路中电流的幅值为

$$I(\omega)=\frac{U}{|Z(\omega)|}$$

电流有效值 $I(\omega)$ 的变化曲线如图 14-9 所示。由曲线可知，当 ω 偏离 ω_0 时，$I(\omega)$ 从最大值下降。这说明在偏离 ω_0 处，电路对电流信号有抑制作用，偏离越远，抑制越强，从而使串联谐振电路具有选择最接近 ω_0 附近电流信号的性能。在无线电技术中，这种性能称为"选择性"。

电路对电流信号的抑制能力用相对抑制比 $I(\omega)/I(\omega_0)$ 表示，即

$$\frac{I(\omega)}{I(\omega_0)}=\frac{U}{|Z(\omega)|}\times\frac{|Z(\omega_0)|}{U}=\frac{R}{|Z(\omega)|}=\frac{R}{\sqrt{R^2+\left(\omega L-\frac{1}{\omega C}\right)^2}}$$

$$=\frac{1}{\sqrt{1+\left(\frac{\omega L}{R}-\frac{1}{\omega RC}\right)^2}}=\frac{1}{\sqrt{1+\left(\frac{\omega_0 L}{R}\times\frac{\omega}{\omega_0}-\frac{1}{\omega_0 RC}\times\frac{\omega_0}{\omega}\right)^2}}$$

已知，$Q=\frac{\omega_0 L}{R}=\frac{1}{\omega_0 RC}$，并且令 $\eta=\omega/\omega_0$，表示 ω 偏离 ω_0 的程度，则上式为

$$\frac{I(\omega)}{I(\omega_0)}=\frac{1}{\sqrt{1+\left(\frac{\omega_0 L}{R}\times\frac{\omega}{\omega_0}-\frac{1}{\omega_0 RC}\times\frac{\omega_0}{\omega}\right)^2}}=\frac{1}{\sqrt{1+Q^2\left(\eta-\frac{1}{\eta}\right)^2}} \tag{14-15}$$

式(14-15)表明，相对抑制比 $I(\omega)/I(\omega_0)$ 的大小由谐振电路的 Q 值决定，Q 值越大，则当 ω 偏离 ω_0 时，抑制能力越强（$I(\omega)/I(\omega_0)$ 曲线急剧下降），选择性越好，如图 14-11 所示。其中，$\eta=\omega/\omega_0$，$\eta_1=\omega_1/\omega_0$，$\eta_2=\omega_2/\omega_0$。

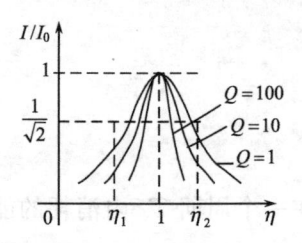

图 14-11 相对抑制比曲线

由图 14-11 可知，当 $\frac{I(\omega)}{I(\omega_0)}=\frac{1}{\sqrt{2}}$ 时，ω_1 和 ω_2 之间的宽度是通频带，它表明谐振电路允许通过信号的频率范围。这时

$$\frac{I(\omega)}{I(\omega_0)}=\frac{1}{\sqrt{1+Q^2\left(\frac{\omega}{\omega_0}-\frac{\omega_0}{\omega}\right)^2}}=\frac{1}{\sqrt{2}}$$

所以，$Q\left(\frac{\omega}{\omega_0}-\frac{\omega_0}{\omega}\right)=\pm 1$。

等号右边取"+"，可得

$$\eta_2=\frac{\omega_2}{\omega_0}=\frac{1+\sqrt{1+4Q^2}}{2Q}$$

等号右边取"−"，可得

$$\eta_1=\frac{\omega_1}{\omega_0}=\frac{-1+\sqrt{1+4Q^2}}{2Q}$$

所以，通频带为

$$B=\omega_2-\omega_1=\Delta\omega=\omega_0\left(\frac{\omega_2}{\omega_0}-\frac{\omega_1}{\omega_0}\right)=\frac{\omega_0}{Q} \tag{14-16}$$

显然，式(14-16)描述的是绝对通频带。相对通频带为

$$\frac{\Delta\omega}{\omega_0} = \frac{1}{Q} \tag{14-17}$$

即相对通频带与品质因素 Q 成反比。

Q 值越大，通频带 B 越窄，选择性越好。因此，品质因素 Q 是反映谐振电路幅值曲线尖锐程度的一个重要的参量。

另外，还可得知绝对通频带的另外一种表达形式，即

$$B = \frac{\omega_0}{Q} = \frac{\omega_0}{\omega_0 L/R} = \frac{R}{L} \tag{14-18}$$

3. RLC 串联电路中 $U_L(\omega)$ 与 $U_C(\omega)$ 的频率特性

已知

$$U_L(\omega) = \omega L I(\omega) = \frac{\omega L U}{\sqrt{R^2 + \left(\omega L - \frac{1}{\omega C}\right)^2}} = \frac{\frac{\omega L}{R} U}{\sqrt{1 + \left(\frac{\omega L}{R} - \frac{1}{\omega RC}\right)^2}}$$

$$= \frac{\frac{\omega_0 L}{R} \times \frac{\omega}{\omega_0} U}{\sqrt{1 + Q^2\left(\frac{\omega}{\omega_0} - \frac{\omega_0}{\omega}\right)^2}} = \frac{QU}{\sqrt{\left(\frac{\omega_0}{\omega}\right)^2 + Q^2\left[1 - \left(\frac{\omega_0}{\omega}\right)^2\right]^2}}$$

$$= \frac{QU}{\sqrt{\frac{1}{\eta^2} + Q^2\left(1 - \frac{1}{\eta^2}\right)^2}} \tag{14-19}$$

$$U_C(\omega) = \frac{1}{\omega C} I(\omega) = \frac{U}{\omega C \sqrt{R^2 + \left(\omega L - \frac{1}{\omega C}\right)^2}} = \frac{QU}{\sqrt{\eta^2 + Q^2(\eta^2 - 1)^2}} \tag{14-20}$$

由式(14-19)和式(14-20)得知：

当 $\eta=0$，即 $\frac{\omega}{\omega_0}=0$ 时，$U_L(\omega)=0$（直流）；当 $\eta=1$，即 $\omega=\omega_0$ 时，$U_L(\omega)=QU$；当 $\eta>1$，即 $\omega>\omega_0$ 时，$U_L(\omega)$ 上升；当 $\eta\to\infty$，即 $\omega\to\infty$ 时，$U_L(\omega)\to U$。

当 $\eta=0$，即 $\frac{\omega}{\omega_0}=0$ 时，$U_C(\omega)=U$（直流）；当 $\eta=1$，即 $\omega=\omega_0$ 时，$U_C(\omega)=QU$；当 $\eta>1$，即 $\omega>\omega_0$ 时，$U_C(\omega)$ 下降；当 $\eta\to\infty$，即 $\omega\to\infty$ 时，$U_C(\omega)\to 0$。

易证，当 $Q>\frac{1}{\sqrt{2}}$ 时，$U_L(\omega)$ 和 $U_C(\omega)$ 的峰值相等，不出现在 ω_0 处。Q 值越大，两个峰值越靠近 ω_0，峰值电压也增大，如图 14-12 所示。于是，可以用串联谐振电路选择 ω_0 附近的电压，而对 ω_0 以外的电压加以抑制。

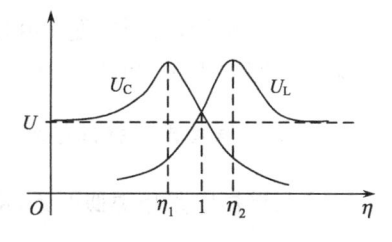

图 14-12 $U_L(\omega)$ 和 $U_C(\omega)$ 的频率特性曲线

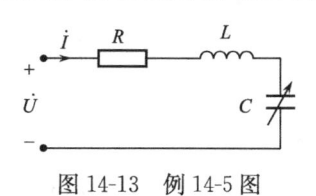

例 14-4 电路如图 14-13 所示，已知电源电压 $U=10\text{V}$，$\omega=5000\text{rad/s}$，调节电容 C 使电路中的电流最大值为 200mA，此时电容电压为 600V，求 R、L、C 之值及回路的品质因素 Q。

图 14-13 例 14-5 图

解 当电流最大时，该电路发生串联谐振，电阻电压等于电源电压，即

$$U = U_R = RI = 10\text{V}$$

所以 $R = U_R/I = 10/0.2 = 50\Omega$。

发生串联谐振时,电容电压是电源电压的 Q 倍,即

$$U_C = QU = 600\text{V}$$

所以 $Q = U_C/U = 600/10 = 60$。

谐振时的电容电流为 $I_C = \omega C U_C$,则 $C = \dfrac{I_C}{\omega U_C} = \dfrac{0.2}{5000 \times 600} = 0.0667\mu\text{F}$。

电感电流为 $I_L = \dfrac{U_L}{\omega L}$,则 $L = \dfrac{U_L}{\omega I_L} = \dfrac{600}{5000 \times 0.2} = 0.6\text{H}$。

14.2.2 RLC 并联谐振电路的频率特性

1. RLC 并联谐振电路的特点

在图 14-8(f)中,假定信号源为 $i_S = \sqrt{2}I_S\cos\omega t$,写成相量为 $\dot{I}_S = I_S\angle 0°$,则电压相量为

$$\dot{U} = \dfrac{\dot{I}_S}{Y}$$

其中,$Y = G + j\left(\omega C - \dfrac{1}{\omega L}\right)$,解得 $\dot{U} = Ue^{j\theta_u}$,且

$$U = \dfrac{I_S}{\sqrt{G^2 + \left(\omega C - \dfrac{1}{\omega L}\right)^2}}, \quad \theta_u = -\tan^{-1}\left(\dfrac{\omega C - \dfrac{1}{\omega L}}{G}\right)$$

所以,当 $\omega C - \dfrac{1}{\omega L} = 0$ 时,电路发生并联谐振,谐振频率为

$$\omega_0 = \dfrac{1}{\sqrt{LC}} \tag{14-21}$$

这时输出电压取得最大值:$U_{\max} = \dfrac{I_S}{G} = I_S R$。并且,相位为零:$\theta_u = 0$。

以 ω 为横坐标,可画出发生并联谐振的电路中 $U(j\omega)$ 和 $\theta_u(j\omega)$ 的频率特性曲线,此曲线与串联谐振电路中 $I(j\omega)$ 和 $\theta_i(j\omega)$ 的频率特性曲线类似,故此处从略。

2. RLC 并联谐振的特性导纳和品质因素

与串联谐振电路相类似的是,由于并联谐振频率 $\omega_0 = 1/\sqrt{LC}$,故电路中的感纳为 $B_L(\omega_0) = \dfrac{1}{\omega_0 L}$,容纳为 $B_C(\omega_0) = \omega_0 C$,将 $\omega_0 = 1/\sqrt{LC}$ 代入得

$$\begin{cases} B_L(\omega_0) = \dfrac{1}{\omega_0 L} = \dfrac{\sqrt{LC}}{L} = \sqrt{\dfrac{C}{L}} \\ B_C(\omega_0) = \omega_0 C = \dfrac{C}{\sqrt{LC}} = \sqrt{\dfrac{C}{L}} \end{cases}$$

令

$$\gamma = \sqrt{\dfrac{C}{L}} = B_L(\omega_0) = B_C(\omega_0) = \dfrac{1}{\rho} \tag{14-22}$$

即 γ 称为并联谐振电路的特性导纳,它与串联谐振电路的特性阻抗 ρ 互为倒数。

RLC 并联支路的品质因素 Q 等于谐振时感纳或容纳与电导之比,或特性导纳与电导之比,即

$$Q_{并} = \frac{\omega_0 C}{G} = \frac{1}{\omega_0 LG} = \frac{1}{G}\sqrt{\frac{C}{L}} \tag{14-23}$$

与 RLC 串联谐振电路一样,RLC 并联谐振时的电场与磁场能量之和为常数,等于电场能量的最大值或磁场能量的最大值,即

$$W = W_L + W_C = \frac{LI_{Lm}^2}{2} = \frac{CU_{Cm}^2}{2} \tag{14-24}$$

它在端口处不发生能量交换。品质因素 Q 与电磁场能量及电导上消耗功率之间的关系与式(14-14)相似,即

$$Q_{并} = \frac{\omega_0 C}{G} = \frac{0.5\omega_0 CU_m^2}{0.5 GU_m^2} = \omega_0 \frac{W}{P} = 2\pi \frac{W}{T_0 P} \tag{14-25}$$

须指出的是,同样的 R、L、C 三个元件,串联起来用电压源激励,以及并联起来用电流源激励,两者的品质因素互为倒数,即

$$Q_{串} = \frac{1}{Q_{并}} \tag{14-26}$$

因为并联谐振时 $\text{Im}[\dot{I}_L + \dot{I}_C] = 0$,所以并联谐振又称为电流谐振。

并联谐振电路的其他特性与串联谐振电路的特性类似,故不再赘述。

例 14-5 已知一个电阻为 10Ω 的电感线圈,品质因素 $Q=100$,与电容 C 并联成为谐振电路。如果再并上一个 $100\text{k}\Omega$ 的电阻,电路的品质因素为多少?

解 根据题意,原电路如图 14-14(a)所示。

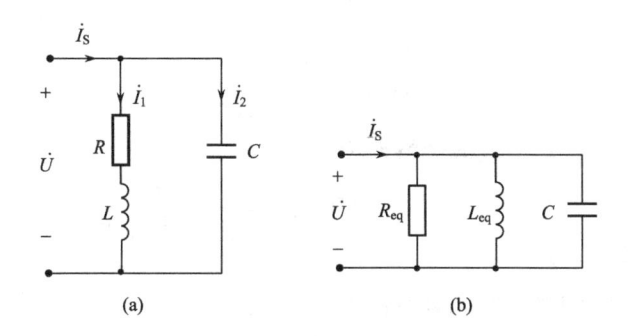

图 14-14 例 14-6 图

由图 14-14(a)可得并联电路的复导纳为

$$Y = \frac{1}{R + j\omega L} + j\omega C = \frac{R}{R^2 + (\omega L)^2} + j\left[\omega C - \frac{\omega L}{R^2 + (\omega L)^2}\right]$$
$$= G_{eq} + j(B_C - B_{Leq}) = G_{eq} + jB_{eq}$$

式中,$G_{eq} = \frac{R}{R^2 + (\omega L)^2}$,故等效电阻 $R_{eq} = \frac{1}{G_{eq}} = \frac{R^2 + (\omega L)^2}{R}$;$B_{eq} = B_C - B_{Leq}$,$B_C = \omega C$,$B_{Leq} = \frac{1}{\omega L_{eq}} = \frac{\omega L}{R^2 + (\omega L)^2}$,故等效电感 $L_{eq} = \frac{R^2 + (\omega L)^2}{\omega^2 L}$。于是,图 14-14(a)可等效为图 14-14(b),从而按 RLC 并联电路的关系计算。

电路谐振时,线圈的感抗为
$$\omega_0 L = QR = 100 \times 10 = 1000\Omega$$
则
$$R_{eq} = \frac{R^2 + (\omega L)^2}{R} = \frac{10^2 + 1000^2}{10} \approx 100\text{k}\Omega$$
如果再并上一个 100kΩ 的电阻,则电路中的电阻为
$$R'_{eq} = 50\text{k}\Omega$$
这时,电路的品质因素为
$$Q' = \frac{R'_{eq}}{\omega_0 L} = \frac{50 \times 10^3}{1000} = 50$$

14.3 基本滤波器电路及其频率特性

滤波器是基于谐波阻抗而建立的电路,滤波器电路的功能:抑制不需要的频率分量,让所需要的频率分量顺利通过。允许通过滤波器电路的频率范围称为通带,被抑制的频率范围称为阻带。根据通带和阻带在频率范围中的相对位置,滤波器分为低通滤波器、高通滤波器、带通滤波器、带阻滤波器、截止滤波器和选频滤波器等。根据组成元件的性质,滤波器分为有源滤波器和无源滤波器,由电阻、电感、电容等无源元件构成的滤波器是无源滤波器;如果构成元件中含有晶体管、运算放大器等有源元件,则是有源滤波器。

14.3.1 低通滤波器

RC 低通滤波器电路如图 14-15 所示,电路的网络函数为
$$H(\text{j}\omega) = \frac{\dot{U}_2(\text{j}\omega)}{\dot{U}_1(\text{j}\omega)} = \frac{\frac{1}{\text{j}\omega C}}{R + \frac{1}{\text{j}\omega C}} = \frac{1}{1 + \text{j}\omega RC}$$

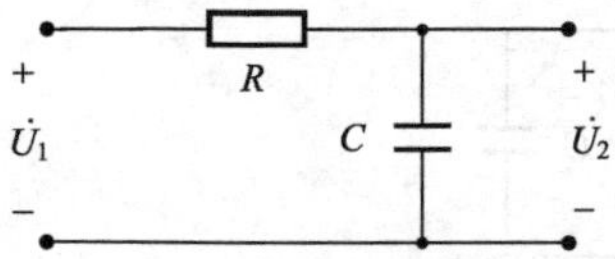

其幅频特性为
$$|H(\text{j}\omega)| = \frac{1}{\sqrt{1 + (\omega RC)^2}} = \frac{1}{\sqrt{1 + \left(\frac{\omega}{\omega_H}\right)^2}}$$

图 14-15 RC 低通滤波器电路

其相频特性为
$$\theta(\text{j}\omega) = -\tan^{-1}\omega RC = -\tan^{-1}\left(\frac{\omega}{\omega_H}\right)$$

式中,$\omega_H = \frac{1}{RC}$。由上式可知,高频被抑制,所以该电路为低通滤波器,频率特性曲线如图 14-16 所示。

RL 低通滤波器电路如图 14-17 所示,电路的网络函数为
$$H(\text{j}\omega) = \frac{\dot{U}_2(\text{j}\omega)}{\dot{U}_1(\text{j}\omega)} = \frac{R}{R + \text{j}\omega L} = \frac{1}{1 + \text{j}\frac{\omega L}{R}}$$

其幅频特性为

(a) 幅频特性　　　　　　　　(b) 相频特性

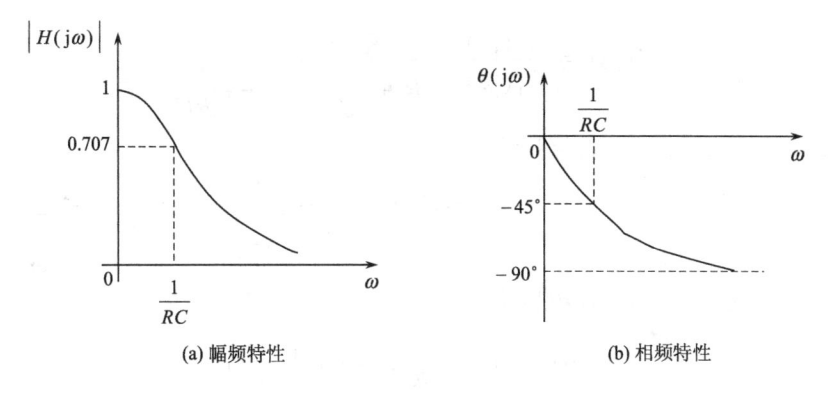

图 14-16　RC 低通滤波器的特性曲线

$$|H(j\omega)| = \frac{1}{\sqrt{1+\left(\frac{\omega L}{R}\right)^2}} = \frac{1}{\sqrt{1+\left(\frac{\omega}{\omega_H}\right)^2}}$$

其相频特性为

$$\theta(j\omega) = -\tan^{-1}\frac{\omega L}{R} = -\tan^{-1}\left(\frac{\omega}{\omega_H}\right)$$

图 14-17　RL 低通滤波器电路

式中，$\omega_H = \frac{R}{L}$。由上式可知，高频被抑制，所以该电路为低通滤波器，频率特性曲线如图 14-18 所示。

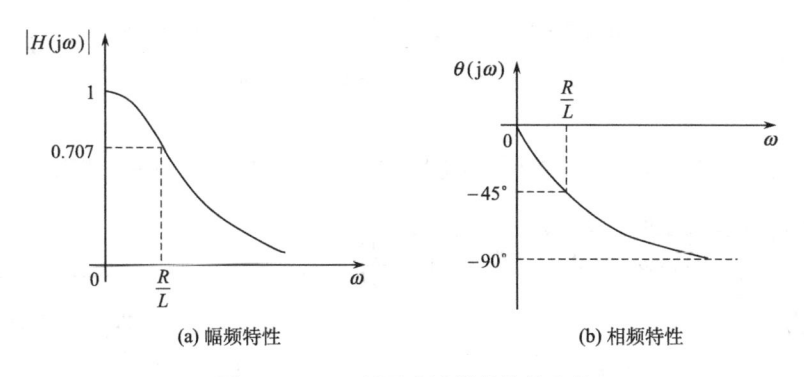

(a) 幅频特性　　　　　　　　(b) 相频特性

图 14-18　RL 低通滤波器的特性曲线

如图 14-19 所示的 4 种电路也属于低通滤波器。

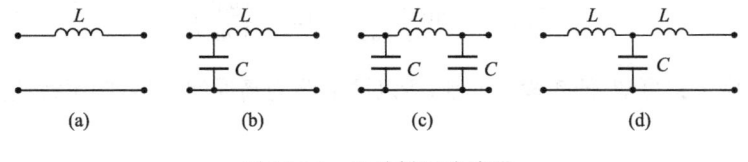

图 14-19　四种低通滤波器

14.3.2　高通滤波器

RC 高通滤波器电路如图 14-20 所示，电路的网络函数为

$$H(j\omega) = \frac{\dot{U}_2(j\omega)}{\dot{U}_1(j\omega)} = \frac{R}{R + \frac{1}{j\omega C}} = \frac{1}{1 + \frac{1}{j\omega RC}}$$

其幅频特性为

$$|H(j\omega)| = \frac{1}{\sqrt{1 + \left(\frac{1}{\omega RC}\right)^2}} = \frac{1}{\sqrt{1 + \left(\frac{\omega_H}{\omega}\right)^2}}$$

图 14-20 RC 高通滤波器电路

其相频特性为

$$\theta(j\omega) = \tan^{-1}\frac{1}{\omega RC} = \tan^{-1}\left(\frac{\omega_H}{\omega}\right)$$

式中，$\omega_H = \frac{1}{RC}$。由上式可知，低频段被抑制，所以该电路为高通滤波器，频率特性曲线如图 14-21 所示。

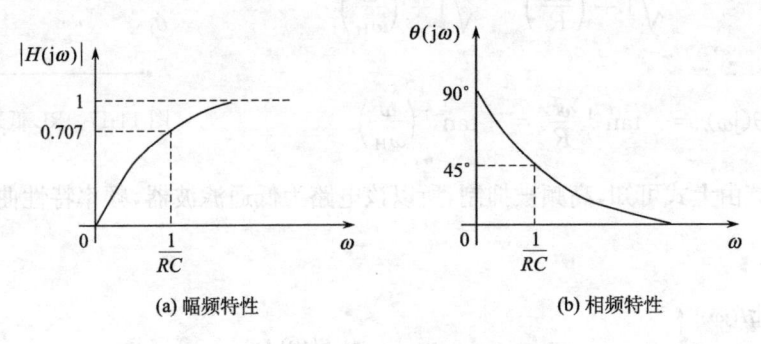

(a) 幅频特性

(b) 相频特性

图 14-21 RC 高通滤波器的特性曲线

RL 高通滤波器电路如图 14-22 所示，电路的网络函数为

$$H(j\omega) = \frac{\dot{U}_2(j\omega)}{\dot{U}_1(j\omega)} = \frac{j\omega L}{R + j\omega L} = \frac{1}{1 + \frac{R}{j\omega L}}$$

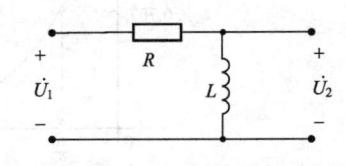

其幅频特性为

图 14-22 RL 高通滤波器电路

$$|H(j\omega)| = \frac{1}{\sqrt{1 + \left(\frac{R}{\omega L}\right)^2}} = \frac{1}{\sqrt{1 + \left(\frac{\omega_H}{\omega}\right)^2}}$$

其相频特性为

$$\theta(j\omega) = \tan^{-1}\frac{R}{\omega L} = \tan^{-1}\left(\frac{\omega_H}{\omega}\right)$$

式中，$\omega_H = \frac{R}{L}$。由上式可知，低频段被抑制，所以该电路为高通滤波器，频率特性曲线如图 14-23 所示。

如图 14-24 所示的 4 种电路也属于高通滤波器。

14.3.3 带通滤波器

RLC 串联带通滤波器电路如图 14-25 所示，电路的网络函数为

(a) 幅频特性

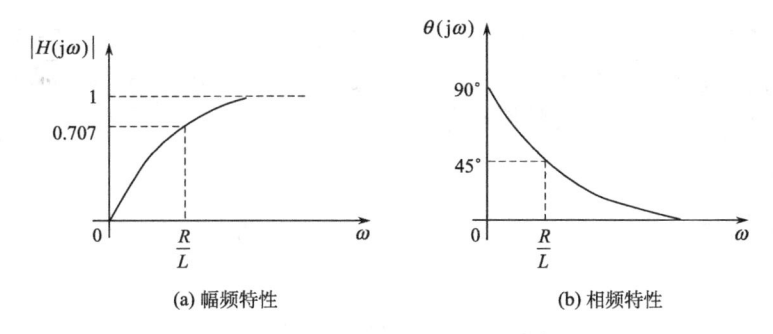

(b) 相频特性

图 14-23 RL 高通滤波器的特性曲线

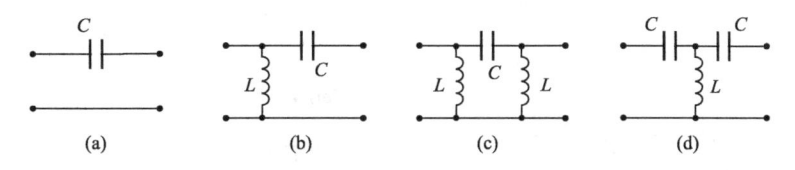

(a)　(b)　(c)　(d)

图 14-24 四种高通滤波器

$$H(j\omega) = \frac{\dot{I}(j\omega)}{\dot{U}_S(j\omega)} = \frac{1}{R + j\left(\omega L - \dfrac{1}{\omega C}\right)}$$

其幅频特性为

$$|H(j\omega)| = \frac{1}{\sqrt{R^2 + \left(\omega L - \dfrac{1}{\omega C}\right)^2}}$$

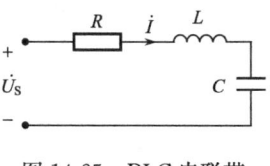

图 14-25 RLC 串联带通滤波器电路

其相频特性为

$$\theta(j\omega) = -\tan^{-1}\frac{\omega L - \dfrac{1}{\omega C}}{R}$$

由上式可知，$\omega < \omega_1$ 和 $\omega > \omega_2$ 的频段被抑制，所以该电路为带通滤波器，频率特性曲线如图 14-26 所示。

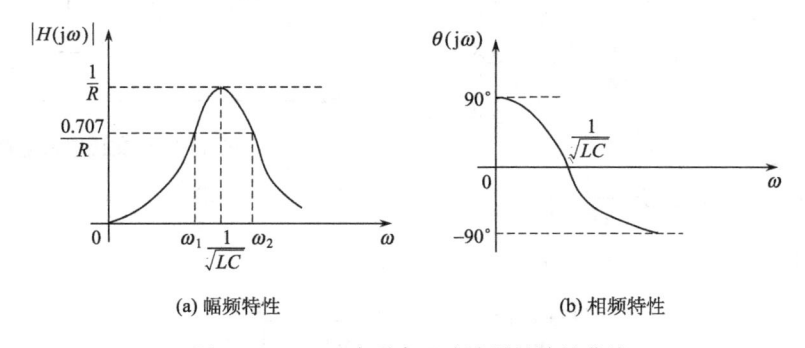

(a) 幅频特性

(b) 相频特性

图 14-26 RLC 串联高通滤波器的特性曲线

RLC 并联带通滤波器电路如图 14-27 所示，电路的网络函数为

图 14-27 RLC 并联带通滤波器电路

$$H(j\omega) = \frac{\dot{U}(j\omega)}{\dot{I}_S(j\omega)} = \frac{1}{\frac{1}{R} + j\left(\omega C - \frac{1}{\omega L}\right)}$$

其幅频特性为

$$|H(j\omega)| = \frac{1}{\sqrt{\frac{1}{R^2} + \left(\omega C - \frac{1}{\omega L}\right)^2}}$$

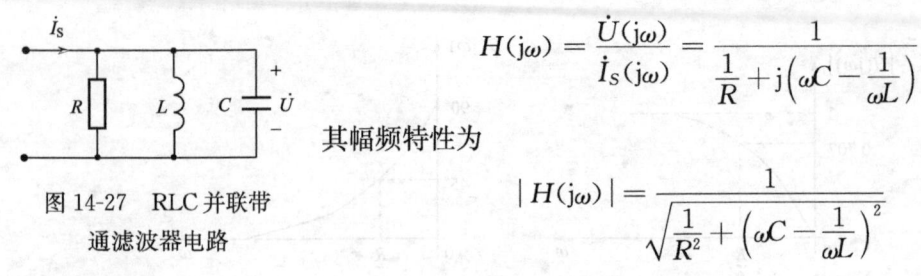

其相频特性为

$$\theta(j\omega) = -\tan^{-1} R\left(\omega C - \frac{1}{\omega L}\right)$$

由上式可知,$\omega < \omega_1$ 和 $\omega > \omega_2$ 的频段被抑制,所以该电路为带通滤波器,频率特性曲线如图 14-28 所示。

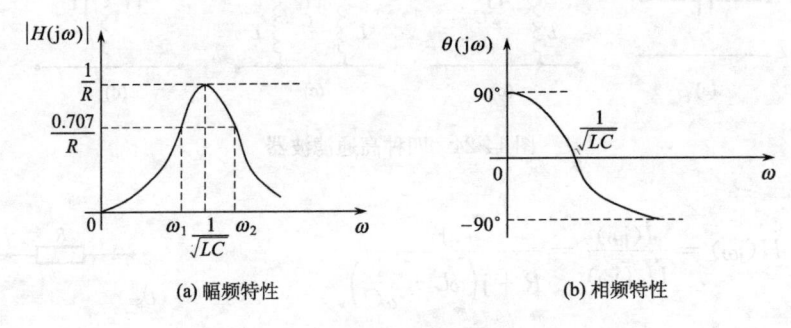

(a) 幅频特性　　(b) 相频特性

图 14-28　RLC 并联带通滤波器的特性曲线

例 14-6　图 14-29 为文氏电桥电路图,求网络函数 $H(j\omega) = \dfrac{\dot{U}_2}{\dot{U}_1}$ 及其频率响应;$\dfrac{\dot{U}_2}{\dot{U}_1}$ 在哪个频率值上最大?

解　由串并联分压关系可得

$$H(j\omega) = \frac{\dot{U}_2}{\dot{U}_1} = \frac{\dfrac{R \times \dfrac{1}{j\omega C}}{R + \dfrac{1}{j\omega C}}}{\left(R + \dfrac{1}{j\omega C}\right) + \dfrac{R \times \dfrac{1}{j\omega C}}{R + \dfrac{1}{j\omega C}}}$$

$$= \frac{1}{3 + j\left(\omega RC - \dfrac{1}{\omega RC}\right)}$$

图 14-29　文氏电桥电路

所以,幅频特性为

$$|H(j\omega)| = \frac{1}{\sqrt{3^2 + \left(\omega RC - \dfrac{1}{\omega RC}\right)^2}}$$

当 $\omega RC - \dfrac{1}{\omega RC} = 0$ 时,$|H(j\omega)|$ 最大为 $\dfrac{1}{3}$,此时 $\omega = \omega_H = \dfrac{1}{RC}$;画出幅频特性曲线,如图 14-30(a) 所

示。相频特性为

$$\theta(j\omega) = -\tan^{-1}\frac{\omega RC - \dfrac{1}{\omega RC}}{3}$$

当 $\omega=\omega_H$ 时，$\theta(j\omega)=0$；当 $\omega>\omega_H$ 时，$\theta(j\omega)<0$；当 $\omega<\omega_H$ 时，$\theta(j\omega)>0$；当 $\omega\to\infty$ 时，$\theta(j\omega)\to -\dfrac{\pi}{2}$；当 $\omega\to 0$ 时，$\theta(j\omega)\to\dfrac{\pi}{2}$。于是，可画出相频特性曲线，如图 14-30(b)所示。

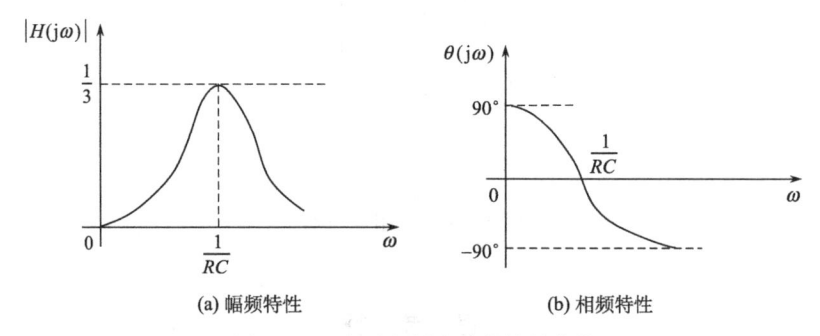

图 14-30 文氏电桥电路的特性曲线

如图 14-31 所示，将两个滤波器级联，并且使低通滤波器的截止频率 f_2 大于高通滤波器的截止频率 f_1，它们构成带通滤波器，可使 $f_1<f<f_2$ 这一频带的谐波分量通过。

14.3.4 其他形式的滤波器简介

1. 截止滤波器

图 14-31 带通滤波器

截止滤波器利用谐振，使输出端不出现某次谐波分量。如图 14-32 所示的两种电路是截止滤波器，当 $k\omega=\dfrac{1}{\sqrt{LC}}$ 时，k 次谐波分量不通过，即在输出端没有 k 次谐波分量。

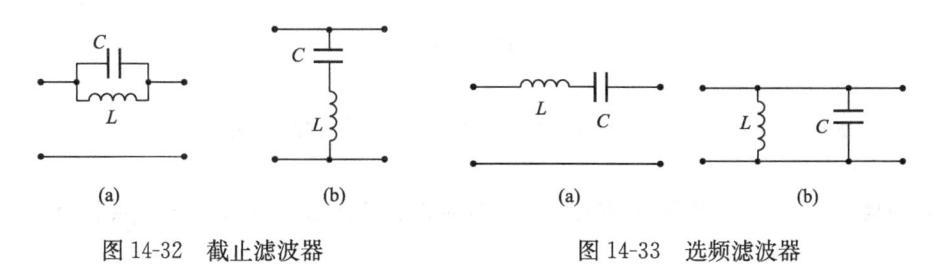

图 14-32 截止滤波器　　图 14-33 选频滤波器

2. 选频滤波器

选频滤波器也利用谐振，使输出端对某次谐波分量不衰减。如图 14-33 所示的两种电路是选频滤波器，当 $k\omega=\dfrac{1}{\sqrt{LC}}$ 时，k 次谐波分量不衰减，直接传输到输出端。

3. 带阻滤波器

如图 14-34 所示，将两个滤波器并联，并且使低通滤波器的截止频率 f_2 小于高通滤波器

的截止频率 f_1，它们构成带阻滤波器，可使 $f_1 < f < f_2$ 这一频带的谐波分量不能通过。

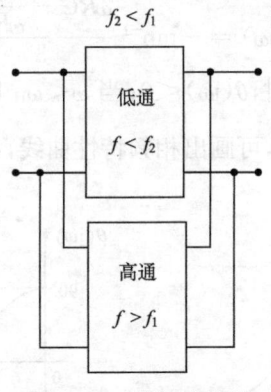

图 14-34 带阻滤波器

思 考 题

14-1 网络函数如何定义？为什么可以用网络函数描述电路的频率特性？

14-2 网络函数除书中所描述的六种，还有无其他类型？为什么？

14-3 什么是网络函数的幅频特性？什么是网络函数的相频特性？

14-4 谐振电路的基本模型如何归结为 RLC 串联谐振电路和 RLC 并联谐振电路？

14-5 为什么将串联谐振称为电压谐振？为什么将并联谐振称为电流谐振？

14-6 电路发生串联谐振或并联谐振时，各具什么特点？

14-7 谐振电路的特性阻抗是否为常数？它与什么有关？

14-8 品质因素 Q 如何定义？为什么可用 Q 值描述电路特性？

14-9 下半功率点频率和上半功率点频率如何确定？

14-10 什么是通频带？什么是选择性？这两个指标相互有联系，还是相互独立？

14-11 如何使用谐振电路抑制不需要的信号？

14-12 滤波器的作用是什么？

习 题

14-1 电路如题 14-1 图所示，求网络的电压转移比 $H(j\omega) = \dfrac{\dot{U}_2}{\dot{U}_1}$ 及频率特性。

14-2 如题 14-2 图所示的电路为 RC 选频网络，求网络的电压转移比 $H(j\omega) = \dfrac{\dot{U}_2}{\dot{U}_1}$ 及频率特性。

14-3 如题 14-3 图所示为有源滤波器电路，求电压转移比 $H(j\omega) = \dfrac{\dot{U}_2}{\dot{U}_1}$ 及频率特性。

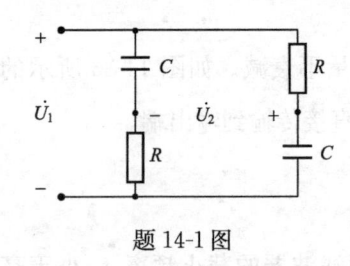

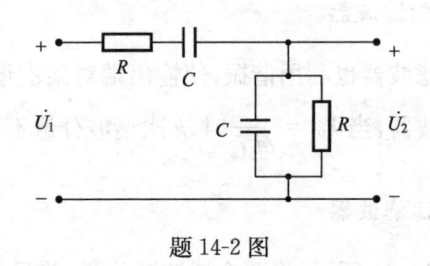

题 14-1 图   题 14-2 图

题 14-3 图　　　　　　　　　题 14-4 图

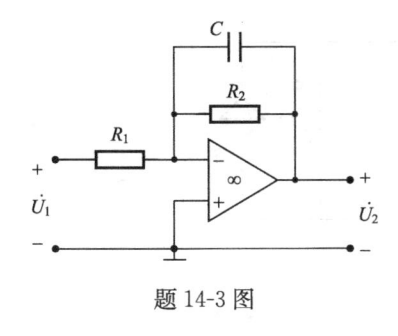

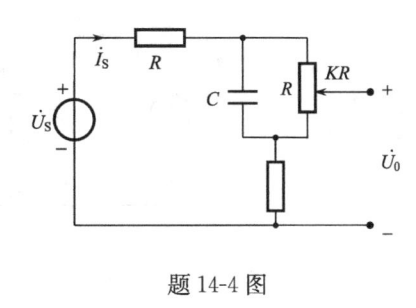

14-4　电路如题 14-4 图所示，K 值在 0 到 1 之间变动。试求网络的电压转移比 $H(j\omega)=\dfrac{\dot{U}_0}{\dot{U}_S}$，并求 $\dot{U}_0$ 超前和滞后 $\dot{U}_S$ 的 K 值变化范围。

14-5　RLC 串联电路的谐振频率 $f_0=400\text{kHz}$，$R=5\Omega$，$C=900\text{pF}$。(1)求电感 L、特性阻抗 ρ 和品质因素 Q；(2)若信号源电压 $U_S=1\text{mV}$，求谐振时的电路电流和各元件电压。

14-6　在如题 14-6 图所示的 RLC 串联电路中，R 的数值可变，问：(1)改变 R 时电路的谐振频率是否改变？改变 R 对谐振电路有何影响？(2)若在 C 两端并联电阻 R_1，是否会改变电路的谐振频率？

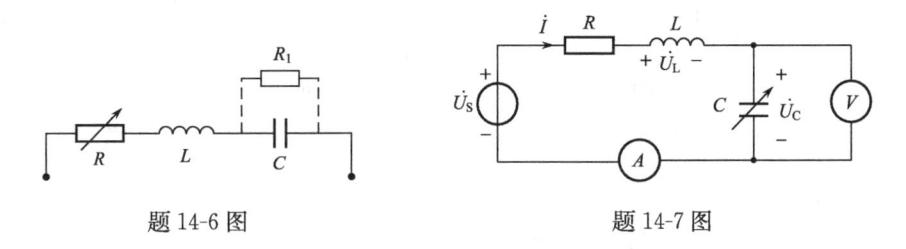

题 14-6 图　　　　　　　　　题 14-7 图

14-7　在如题 14-7 图所示的 RLC 串联电路中，已知电源电压 $U_S=1\text{V}$，角频率 $\omega=4000\text{rad/s}$，调节电容 C 使毫安表读数最大，为 250mA，此时电压表测得电容电压有效值为 50V。求 R、L、C 值及电路的 Q 值。

14-8　电路如题 14-8 图所示，试导出谐振频率 ω_0，品质因素 Q 与带宽的表达式。

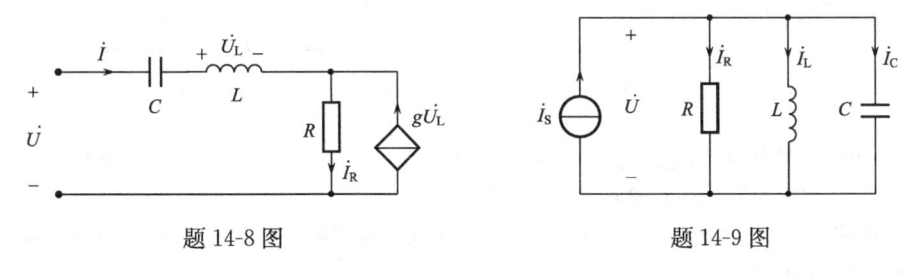

题 14-8 图　　　　　　　　　题 14-9 图

14-9　如题 14-9 图所示，电路为 RLC 并联电路，若 $I_S=1\text{mA}$，$C=1000\text{pF}$，电路的品质因素 $Q=60$，谐振角频率 $\omega_0=10^6\text{rad/s}$。试求：(1)电感 L 和电阻 R；(2)谐振时的回路电压 $\dot{U}$ 和各支路电流。

14-10　电路如题 14-10 图所示，已知 $u_S(t)=30\sqrt{2}\cos500t(\text{V})$，$R=1\text{k}\Omega$，$C=1\mu\text{F}$，$L=2\text{H}$，则：(1)使电路在 $\omega_0=500\text{rad/s}$ 时发生并联谐振，且 $U=20\text{V}$，试确定 α 和 R 的值；(2)在此 α 和 R 值下，确定电路的品质因素 Q 与带宽 Δf。

14-11　求下列电路的谐振角频率，并讨论电路发生谐振的条件。

14-12　测量线圈品质因素 Q 值及电感或电容 Q 表的原理电路如题 14-12 图所示，其中电压源 $\dot{U}_S$ 的幅值恒定但频率可调。当电源频率 $f=450\text{kHz}$ 时，调节电容使 $C=450\text{pF}$，此时电路谐振，电压表读数为 $U_1=10\text{mV}$，$U_2=1.5\text{V}$。试求：电阻 R 与电感 L 的值及品质因素 Q 值。

题 14-10 图

(a)

(b)

(c)

(d)

题 14-11 图

题 14-12 图

题 14-13 图

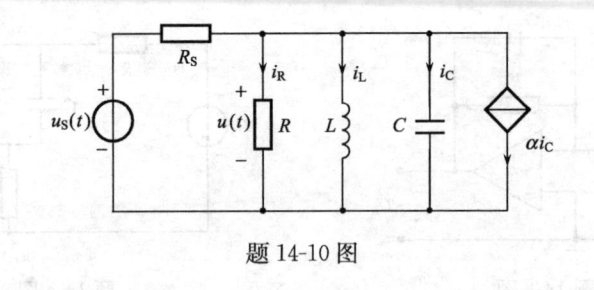

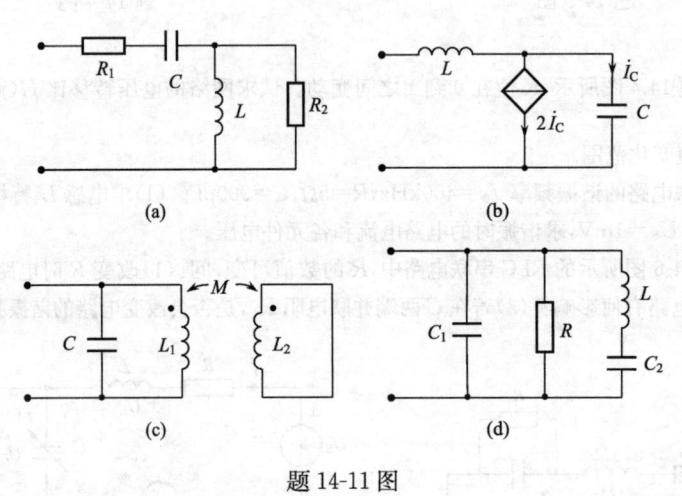

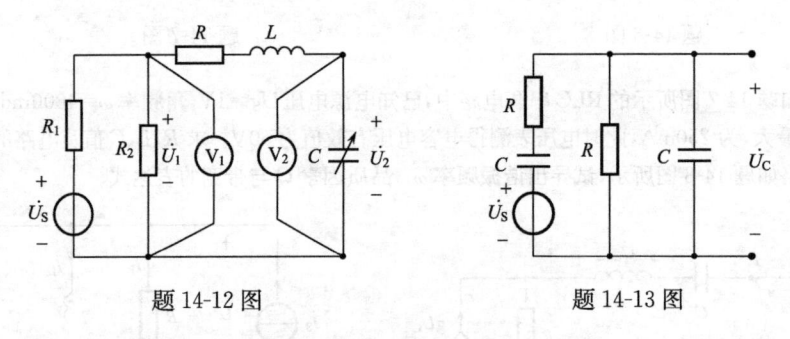

14-13 如题 14-13 图所示，电路为选频电路，当角频率为一特定值 ω_0 时，U_C/U_S 达到最大。求此时的电路参数 R、C 与 ω_0 之间的关系，并计算最大的 U_C/U_S 值。

14-14 电路如题 14-14 图所示，调节电容 C_1 和 C_2 使原边和副边都谐振，已知 $\omega_0 = 1000 \text{rad/s}$。试求 (1)$C_1$ 和 C_2 的值；(2)输出电压 $\dot{U}_2$。

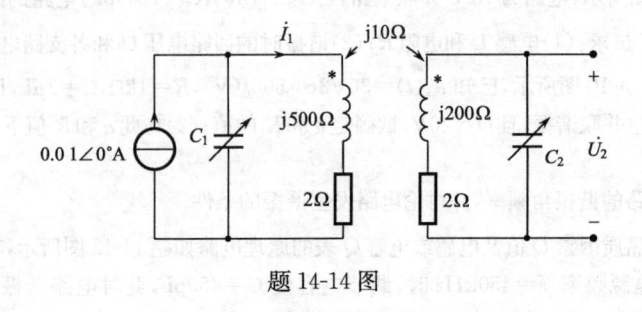

题 14-14 图

第 15 章 电路的复频域分析

第 8 章动态电路的过渡过程时域分析采用经典方法求解描述动态电路的微分方程,然而,当电路的阶数较高时,运用经典方法求解会遇到许多困难。

在科学技术领域中,"变换"是一种经常用来解决问题的方法和手段,如求解电路的正弦稳态响应时采用"相量法",将时域电路变换到复频域,从而解决正弦稳态响应的计算问题;在非正弦周期稳态电路分析中,将非正弦周期信号分解成傅里叶级数,从而将非正弦周期信号激励的电路分析变换成各个不同频率正弦稳态电路的分析。

本章引入数学中的一种积分变换——拉普拉斯变换,利用它将时域电路问题变换到 s 复频域,从而将描述高阶动态电路的高阶微分方程转换成为 s 复频域的代数方程,使得经典方法很难解决的问题迎刃而解。

应用拉普拉斯变换求解电路的过渡过程问题类似于应用相量法求解正弦稳态电路,它能够直接求出符合初始条件的微分方程的解。这种方法称为运算法,是分析高阶线性动态电路一种有效的方法。

采用运算法分析电路时还可以在更广泛的意义上定义电路的网络函数 $H(s)$,此处的网络函数 $H(s)$ 与第 14 章定义的网络函数 $H(\mathrm{j}\omega)$ 具有内在的确定关系。

15.1 拉普拉斯变换

15.1.1 傅里叶变换简介

根据第 13 章的定义和描述,一个周期函数 $f(t)$ 在满足狄里赫利条件的情况下,可以分解成傅里叶级数,即

$$f(t) = \sum_{k=-\infty}^{\infty} c_K \mathrm{e}^{\mathrm{j}k\omega_1 t} \tag{15-1}$$

其中

$$c_K = \frac{1}{T}\int_0^T f(t)\mathrm{e}^{-\mathrm{j}k\omega_1 t}\mathrm{d}t = \frac{1}{T}\int_{-T/2}^{T/2} f(t)\mathrm{e}^{-\mathrm{j}k\omega_1 t}\mathrm{d}t \quad (k=0,\pm 1,\pm 2,\cdots) \tag{15-2}$$

系数 c_K 的幅度频谱和相位频谱是 $k\omega_1$ 的函数,且为离散的线谱,其线间距离为

$$\Delta\omega_K = (k+1)\omega_1 - k\omega_1 = \omega_1 = \frac{2\pi}{T}$$

所以,当 T 变大时,系数 c_K 及线间距离 $\Delta\omega_K$ 都变小;当 $T\to\infty$ 时,频谱变连续。此时,幅度 $|c_K|$ 趋于无穷小,但 Tc_K 应为有限值,于是根据式(15-2)定义一个新函数,即

$$F(\mathrm{j}k\omega_1) = Tc_K = \frac{2\pi}{\Delta\omega_K}\cdot c_K = \int_{-T/2}^{T/2} f(t)\mathrm{e}^{-\mathrm{j}k\omega_1 t}\mathrm{d}t \tag{15-3}$$

这时,若 $T\to\infty$,其线间距离 $\omega_1=\frac{2\pi}{T}\to\mathrm{d}\omega,k\omega_1\to\omega$,则谱线从离散变为连续,式(15-3)变为

$$F(\mathrm{j}\omega) = \int_{-\infty}^{\infty} f(t)\mathrm{e}^{-\mathrm{j}\omega t}\mathrm{d}t \tag{15-4}$$

式(15-4)称为傅里叶变换,它是一个把时间域的周期函数 $f(t)$ 变换成频域函数 $F(j\omega)$ 的积分变换。

由式(15-3)又知

$$c_K = \frac{F(jk\omega_1)}{T} = \frac{\Delta\omega_K F(jk\omega_1)}{2\pi} \tag{15-5}$$

将式(15-5)代入式(15-1)可得

$$f(t) = \sum_{k=-\infty}^{\infty} c_K e^{jk\omega_1 t} = \sum_{k=-\infty}^{\infty} \frac{\Delta\omega_K F(jk\omega_1)}{2\pi} e^{jk\omega_1 t}$$

当 $T\to\infty$ 时,式中的求和变积分,$\Delta\omega_K \to d\omega, k\omega_1 \to \omega$,则上式变为

$$f(t) = \frac{1}{2\pi}\int_{-\infty}^{\infty} F(j\omega)e^{j\omega t}d\omega \tag{15-6}$$

式(15-6)称为傅里叶反变换,它将频域函数 $F(j\omega)$ 反变换成为时间域的周期函数 $f(t)$。

观察傅里叶变换的定义,面对这样的积分变换,函数 $f(t)$ 应满足下列条件:

(1) 函数 $f(t)$ 满足狄里赫利条件。

(2) 函数 $f(t)$ 应绝对可积,即 $\int_{-\infty}^{\infty}|f(t)|dt$ 为有限值。

要求函数 $f(t)$ 绝对可积是有道理的,如指数函数 $e^{\alpha t}(\alpha>0)$ 的傅里叶变换不存在,并且正弦函数、阶跃函数等一些幅度不衰减函数的傅里叶变换不能直接从式(15-4)求出,为解决这种一般性的问题,使傅里叶变换广泛适用于普通函数,必须对其进行拓展。

15.1.2 拉普拉斯变换

1. 从傅里叶变换到拉普拉斯变换

为更好地适应傅里叶变换,在式(15-4)中引入一个衰减因子 $e^{-\sigma t}$(σ 为正实数),只要 σ 选得足够大,则 $e^{-\sigma t}f(t)$ 一定收敛,绝对可积的条件就能满足。

于是,由式(15-4)可定义一个新的函数,即

$$F_1(j\omega) = F(j\omega)e^{-\sigma t} = \int_{-\infty}^{\infty} f(t)e^{-\sigma t}e^{-j\omega t}dt = \int_{-\infty}^{\infty} f(t)e^{-(\sigma+j\omega)t}dt = F(\sigma+j\omega)$$

令 $s=\sigma+j\omega$,称 s 为复变数,则上式变为

$$F(s) = \int_{-\infty}^{\infty} f(t)e^{-st}dt \tag{15-7}$$

式(15-7)称为拉普拉斯变换,它是推广的傅里叶变换。

考虑到在电路分析中,通常将换路时刻取为 $t=0$,即在 $t<0$ 时,激励函数或响应函数 $f(t)=0$;又考虑到 $f(t)$ 可能包括冲激函数,所以积分下限取为 $t=0_-$,于是式(15-7)可写成

$$F(s) = \int_{0_-}^{\infty} f(t)e^{-st}dt \tag{15-8}$$

式(15-8)称为单边拉普拉斯变换,式(15-7)称为双边拉普拉斯变换。本章所讨论的拉普拉斯变换均为单边拉普拉斯变换,为简单起见,简称拉普拉斯变换。

式(15-8)中的函数 $f(t)$ 称为原函数,而将 $F(s)$ 称为函数 $f(t)$ 的象函数,从符号上可以将拉普拉斯变换记为

$$L[f(t)] = F(s) = \int_{0_-}^{\infty} f(t)e^{-st}dt$$

拉普拉斯变换将一个时间域的函数 $f(t)$ 变换成了复数域内的复变函数 $F(s)$。

在拉普拉斯变换中,函数 $f(t)$ 满足以下条件:

(1) 函数 $f(t)$ 满足狄里赫利条件;

(2) 应有 $\int_{-\infty}^{\infty} |f(t)| \mathrm{e}^{-\sigma t} \mathrm{d}t < \infty$。

在拉普拉斯变换中,习惯用小写字母表示原函数,用大写字母表示象函数。

2. 拉普拉斯反变换

根据傅里叶反变换的定义,新函数 $F(\sigma+\mathrm{j}\omega)$ 的反变换为

$$f(t)\mathrm{e}^{-\sigma t} = \frac{1}{2\pi}\int_{-\infty}^{\infty} F(\sigma+\mathrm{j}\omega)\mathrm{e}^{\mathrm{j}\omega t}\mathrm{d}\omega$$

所以

$$f(t) = \frac{1}{2\pi}\int_{-\infty}^{\infty} F(\sigma+\mathrm{j}\omega)\mathrm{e}^{(\sigma+\mathrm{j}\omega)t}\mathrm{d}\omega$$

或

$$f(t) = \frac{1}{2\pi\mathrm{j}}\int_{-\infty}^{\infty} F(\sigma+\mathrm{j}\omega)\mathrm{e}^{(\sigma+\mathrm{j}\omega)t}\mathrm{d}(\sigma+\mathrm{j}\omega)$$

即为

$$f(t) = \frac{1}{2\pi\mathrm{j}}\int_{\sigma-\infty}^{\sigma+\infty} F(s)\mathrm{e}^{st}\mathrm{d}s \tag{15-9}$$

式(15-9)称为拉普拉斯反变换,记为

$$L^{-1}[F(s)] = f(t) = \frac{1}{2\pi\mathrm{j}}\int_{\sigma-\infty}^{\sigma+\infty} F(s)\mathrm{e}^{st}\mathrm{d}s \tag{15-10}$$

15.1.3 拉普拉斯变换的基本性质

1. 唯一性

拉普拉斯变换的象函数 $F(s)$ 与定义在 $[0,\infty)$ 区间的原函数 $f(t)$ 之间存在一一对应的关系,证明略。

2. 线性性质

设 $L[f_1(t)] = F_1(s), L[f_2(t)] = F_2(s)$,则

$$L[Af_1(t) \pm Bf_2(t)] = AF_1(s) \pm BF_2(s) \quad (A、B \text{为任意常数}) \tag{15-11}$$

例 15-1 求 $f(t) = \cos\omega t$ 的象函数。

解 因为 $\cos\omega t = \frac{1}{2}(\mathrm{e}^{\mathrm{j}\omega t} + \mathrm{e}^{-\mathrm{j}\omega t})$,运用线性性质可得

$$L[\cos\omega t] = \int_{0_-}^{\infty} \frac{1}{2}(\mathrm{e}^{\mathrm{j}\omega t} + \mathrm{e}^{-\mathrm{j}\omega t})\mathrm{e}^{-st}\mathrm{d}t = \frac{1}{2}\int_{0_-}^{\infty}\mathrm{e}^{-(s-\mathrm{j}\omega)t}\mathrm{d}t + \frac{1}{2}\int_{0_-}^{\infty}\mathrm{e}^{-(s+\mathrm{j}\omega)t}\mathrm{d}t$$

$$= \frac{1}{2}\left(\frac{1}{s-\mathrm{j}\omega} + \frac{1}{s+\mathrm{j}\omega}\right) = \frac{s}{s^2+\omega^2}$$

3. 微分性质

设 $L[f(t)] = F(s)$,则

$$L\left[\frac{\mathrm{d}f(t)}{\mathrm{d}t}\right] = sL[f(t)] - f(0_-) = sF(s) - f(0_-) \tag{15-12}$$

证明 因为 $L\left[\frac{\mathrm{d}f(t)}{\mathrm{d}t}\right] = \int_{0_-}^{\infty} \frac{\mathrm{d}f(t)}{\mathrm{d}t} \mathrm{e}^{-st} \mathrm{d}t$，故采用分部积分法，令

$$\mathrm{d}v = \frac{\mathrm{d}f(t)}{\mathrm{d}t} \mathrm{d}t, u = \mathrm{e}^{-st} \mathrm{d}t$$

则 $v = f(t), \mathrm{d}u = -s\mathrm{e}^{-st}\mathrm{d}t$。由于 $\int u \mathrm{d}v = uv - \int v \mathrm{d}u$，所以

$$L\left[\frac{\mathrm{d}f(t)}{\mathrm{d}t}\right] = \int_{0_-}^{\infty} \frac{\mathrm{d}f(t)}{\mathrm{d}t} \mathrm{e}^{-st} \mathrm{d}t = f(t)\mathrm{e}^{-st}\bigg|_{0_-}^{\infty} - \int_{0_-}^{\infty} f(t)(-s\mathrm{e}^{-st})\mathrm{d}t$$

$$= -f(0_-) + s\int_{0_-}^{\infty} f(t)\mathrm{e}^{-st}\mathrm{d}t = -f(0_-) + sF(s)$$

证毕。

微分性质的推广：

$$L\left[\frac{\mathrm{d}^2 f(t)}{\mathrm{d}t^2}\right] = s^2 F(s) - sf(0_-) - \frac{\mathrm{d}f(0_-)}{\mathrm{d}t} \tag{15-13}$$

$$L\left[\frac{\mathrm{d}^n f(t)}{\mathrm{d}t^n}\right] = s^n F(s) - s^{n-1} f(0_-) - s^{n-2}\frac{\mathrm{d}f(0_-)}{\mathrm{d}t} - s^{n-3}\frac{\mathrm{d}^2 f(0_-)}{\mathrm{d}t^2} - \cdots - \frac{\mathrm{d}^{n-1} f(0_-)}{\mathrm{d}t^{n-1}} \tag{15-14}$$

例 15-2 求 $f(t) = \sin\omega t$ 的象函数。

解 已知 $L[\cos\omega t] = \frac{s}{s^2+\omega^2}$，运用微分性质可得

$$L[\sin\omega t] = L\left[-\frac{\mathrm{d}\cos\omega t}{\mathrm{d}t} \cdot \frac{1}{\omega}\right] = -\frac{1}{\omega}L\left[\frac{\mathrm{d}\cos\omega t}{\mathrm{d}t}\right]$$

$$= -\frac{1}{\omega}[sL[\cos\omega t] - f(0_-)] = -\frac{1}{\omega}\left[\frac{s^2}{s^2+\omega^2} - 1\right] = \frac{\omega}{s^2+\omega^2}$$

例 15-3 求 $f(t) = \frac{\mathrm{d}\delta}{\mathrm{d}t}$ 的象函数。

解 因为 $L[\delta(t)] = \int_{0_-}^{\infty} \delta(t)\mathrm{e}^{-st}\mathrm{d}t = \int_{0_-}^{0_+} \delta(t)\mathrm{d}t = 1$，运用微分性质可得

$$L\left[\frac{\mathrm{d}\delta}{\mathrm{d}t}\right] = sL[\delta(t)] - f(0_-) = s$$

4. 积分性质

设 $L[f(t)] = F(s)$，则

$$L\left[\int_{-\infty}^{t} f(\tau)\mathrm{d}\tau\right] = \frac{1}{s}L[f(t)] + \frac{1}{s}f^{-1}(0_-) \tag{15-15}$$

式中，$f^{-1}(0_-) = \int_{-\infty}^{0_-} f(\tau)\mathrm{d}\tau$，是函数 $f(t)$ 的积分式在 $t = 0_-$ 时取的值。

证明 因为 $L\left[\int_{-\infty}^{t} f(\tau)\mathrm{d}\tau\right] = L\left[\int_{-\infty}^{0_-} f(\tau)\mathrm{d}\tau + \int_{0_-}^{t} f(\tau)\mathrm{d}\tau\right]$ 等号右边第一项 $\int_{-\infty}^{0_-} f(\tau)\mathrm{d}\tau$ 是常数，所以 $L\left[\int_{-\infty}^{0_-} f(\tau)\mathrm{d}\tau\right] = \frac{1}{s}f^{-1}(0_-)$；等号右边第二项为 $L\left[\int_{0_-}^{t} f(\tau)\mathrm{d}\tau\right] = \int_{0_-}^{\infty}\left[\int_{0_-}^{t} f(\tau)\mathrm{d}\tau\right]\mathrm{e}^{-st}\mathrm{d}t$。采用分部积分法，令 $u = \int_{0_-}^{t} f(\tau)\mathrm{d}\tau, \mathrm{d}v = \mathrm{e}^{-st}\mathrm{d}t$，则 $\mathrm{d}u = f(t)\mathrm{d}t, v = -\frac{1}{s}\mathrm{e}^{-st}$。所以

$$L\left[\int_{0_-}^{t} f(\tau)d\tau\right] = uv - \int v du = \int_{0_-}^{t} f(\tau)d\tau \cdot \left(-\frac{e^{-st}}{s}\right)\bigg|_{0_-}^{\infty} - \int_{0_-}^{\infty}\left(-\frac{e^{-st}}{s}\right)f(t)dt$$

$$= \frac{1}{s}\int_{0_-}^{\infty} f(t)e^{-st}dt = \frac{1}{s}F(s)$$

故 $L\left[\int_{-\infty}^{t} f(\tau)d\tau\right] = \frac{1}{s}L[f(t)] + \frac{1}{s}f^{-1}(0_-)$。证毕。

例 15-4 已知流过电容器电流 i_C 的拉普拉斯变换式为 $L[i_C]=I_C(s)$，求其两端电压 u_C 的拉普拉斯变换式。

解 已知 $u_C = \frac{1}{C}\int_{-\infty}^{t} i_C dt = \frac{1}{C}\int_{-\infty}^{0_-} i_C dt + \frac{1}{C}\int_{0_-}^{t} i_C dt = u_C(0_-) + \frac{1}{C}\int_{0_-}^{t} i_C dt$，运用积分性质可得

$$U_C(s) = L\left[u_C(0_-) + \frac{1}{C}\int_{0_-}^{t} i_C dt\right] = \frac{u_C(0_-)}{s} + \frac{1}{sC}I_C(s)$$

5. 时域平移（延时）性质

设 $L[f(t)]=F(s)$，则

$$L[f(t-t_0)\varepsilon(t-t_0)] = e^{-st_0}F(s) \tag{15-16}$$

证明 $L[f(t-t_0)\varepsilon(t-t_0)] = \int_{0_-}^{\infty} f(t-t_0)\varepsilon(t-t_0)e^{-st}dt$

令 $\tau = t-t_0$，则上式为 $\int_{-t_0}^{\infty} f(\tau)\varepsilon(\tau)e^{-s(\tau+t_0)}d\tau$

当 $\tau < 0_-$ 时，$f(\tau)\varepsilon(\tau)=0$，故上式可写成

$$\int_{0_-}^{\infty} f(\tau)\varepsilon(\tau)e^{-s(\tau+t_0)}d\tau = e^{-st_0}\int_{0_-}^{\infty} f(\tau)\varepsilon(\tau)e^{-s\tau}d\tau = e^{-st_0}F(s)$$

证毕。

同理还可证得

$$L[f(t+t_0)\varepsilon(t+t_0)] = e^{st_0}F(s)。 \tag{15-17}$$

例 15-5 求如图 15-1 所示脉冲的拉普拉斯变换。

解 由图 15-1 知 $f(t)=A\varepsilon(t)-A\varepsilon(t-t_0)$
运用线性性质和时域平移性质可得

$$L[f(t)] = L[A\varepsilon(t)-A\varepsilon(t-t_0)]$$
$$= AL[\varepsilon(t)] - AL[\varepsilon(t-t_0)]$$
$$= \frac{A}{s} - \frac{A}{s}e^{-st_0} = \frac{A}{s}(1-e^{-st_0})$$

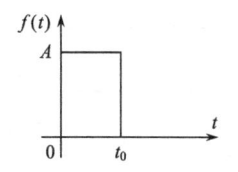

图 15-1 脉冲信号

6. 复频域平移性质

设 $L[f(t)]=F(s)$，则

$$L[f(t)e^{-s_0 t}] = F(s+s_0) \tag{15-18}$$

证明 $L[f(t)e^{-s_0 t}] = \int_{0_-}^{\infty} f(t)e^{-s_0 t}e^{-st}dt = \int_{0_-}^{\infty} f(t)e^{-(s+s_0)t}dt = F(s+s_0)$

证毕。

例 15-6 求 te^{-at} 的象函数。

解 已知 $L[t]=\dfrac{1}{s^2}$，由复频域平移性质可得 $L[te^{-at}]=\dfrac{1}{(s+a)^2}$。

15.1.4 常用函数的拉普拉斯变换

一些常用函数的原函数与象函数的对应关系见表 15-1。

表 15-1 一些常用函数的原函数与象函数

原函数	象函数
冲激 $\delta(t)$	1
阶跃 $\varepsilon(t)$	$\dfrac{1}{s}$
e^{-at}	$\dfrac{1}{s+a}$
t^n（n 为正整数）	$\dfrac{n!}{s^{n+1}}$
$\sin\omega t$	$\dfrac{\omega}{s^2+\omega^2}$
$\cos\omega t$	$\dfrac{s}{s^2+\omega^2}$
$e^{-at}\sin\omega t$	$\dfrac{\omega}{(s+a)^2+\omega^2}$
$e^{-at}\cos\omega t$	$\dfrac{s+a}{(s+a)^2+\omega^2}$
te^{-at}	$\dfrac{1}{(s+a)^2}$
$t^n e^{-at}$（n 为正整数）	$\dfrac{n!}{(s+a)^{n+1}}$
$t\sin\omega t$	$\dfrac{2\omega s}{(s^2+\omega^2)^2}$
$t\cos\omega t$	$\dfrac{s^2-\omega^2}{(s^2+\omega^2)^2}$
$\dfrac{d\delta}{dt}$	s
$\dfrac{1}{a}(1-e^{-at})$	$\dfrac{1}{s(s+a)}$
$\dfrac{1}{b-a}(e^{-at}-e^{-bt})$	$\dfrac{1}{(s+a)(s+b)}$

15.2 拉普拉斯反变换

15.2.1 拉普拉斯反变换的基本方法

拉普拉斯反变换是由象函数求原函数的一种运算，由 15.1 节的描述已知，拉普拉斯反变换的基本公式为

$$f(t)=L^{-1}[F(s)]=\dfrac{1}{2\pi j}\int_{\sigma-\infty}^{\sigma+\infty}F(s)e^{st}ds \tag{15-19}$$

这个公式称为布罗米维奇积分公式,是涉及以 s 为变量的复变函数积分,比较复杂。

显然,直接采用基本公式进行拉普拉斯反变换相当困难。最简单的反变换方法是查表法,例如,可使用表 15-1 查出一些象函数的原函数。然而,许多象函数 $F(s)$ 并非简单地能直接从表中查出,于是对于较为复杂的象函数,一般应首先采用部分分式分解法将 $F(s)$ 展开成部分分式,然后再进行查表。

15.2.2 部分分式分解法

设象函数 $F(s)$ 的一般形式为

$$F(s) = \frac{A(s)}{B(s)} = \frac{a_m s^m + a_{m-1} s^{m-1} + a_{m-2} s^{m-2} + \cdots + a_0}{b_n s^n + b_{n-1} s^{n-1} + b_{n-2} s^{n-2} + \cdots + b_0} \tag{15-20}$$

式中,a_m、b_n 均为实数,m,n 均为正整数。

为便于分解,将 $A(s)$ 写成

$$A(s) = a_m (s - z_0)(s - z_1)(s - z_2) \cdots (s - z_{m-1})$$

式中,$z_0, z_1, \cdots, z_{m-1}$ 称为 $F(s)$ 的零点,它们是方程 $A(s) = 0$ 的根。

同样,$B(s)$ 可写成

$$B(s) = b_n (s - p_0)(s - p_1)(s - p_2) \cdots (s - p_{n-1})$$

式中,$p_0, p_1, \cdots, p_{n-1}$ 称为 $F(s)$ 的极点,它们是方程 $B(s) = 0$ 的根。

由式(15-20)的描述可知,零点只对 $F(s)$ 的大小(模)有影响,而极点则影响 $F(s)$ 的性质。按照不同的极点性质,部分分式的分解一般有如下 3 种情况。

1. 极点为不等实数

假设 $p_0, p_1, \cdots, p_{n-1}$ 均为实数,且各不相等,即 $B(s)$ 无重根。例如

$$F(s) = \frac{A(s)}{(s - p_0)(s - p_1)(s - p_2)} \quad (p_0, p_1, p_2 \text{ 为不相等的实数})$$

(1) 若 $m < n$,$F(s)$ 为真分式,即 $F(s)$ 的分母多项式阶次高于分子多项式阶次,且分子与分母不可约,则 $F(s)$ 可分解为部分分式形式,即

$$F(s) = \frac{k_0}{s - p_0} + \frac{k_1}{s - p_1} + \frac{k_2}{s - p_2} \tag{15-21}$$

这时,通过查表可得式(15-21)的反变换为

$$f(t) = L^{-1}[F(s)] = L^{-1}\left[\frac{k_0}{s - p_0} + \frac{k_1}{s - p_1} + \frac{k_2}{s - p_2} \right] = k_0 e^{p_0 t} + k_1 e^{p_1 t} + k_2 e^{p_2 t}$$

此处,反变换的关键问题是确定系数 k_0, k_1, k_2 的值,观察式(15-21)可知:用 $(s - p_0)$ 乘以 $F(s)$ 可得

$$(s - p_0) F(s) = k_0 + \frac{s - p_0}{s - p_1} k_1 + \frac{s - p_0}{s - p_2} k_2$$

令 $s = p_0$ 得 $k_0 = (s - p_0) F(s) \Big|_{s = p_0}$。

同理可得,与任意极点 p_i 对应的系数为

$$k_i = (s - p_i) F(s) \Big|_{s = p_i}$$

例 15-7 已知象函数 $F(s)=\dfrac{10(s^2+7s+10)}{s^3+4s^2+3s}$，求其原函数 $f(t)$。

解 已知 $F(s)$ 可写成

$$F(s)=\frac{10(s+2)(s+5)}{s(s+1)(s+3)}$$

$F(s)$ 是一个真分式，其零点为 $z_0=-2,z_1=-5$，极点为 $p_0=0,p_1=-1,p_2=-3$，即 $F(s)$ 有三个单极点，所以，$F(s)$ 可以分解成为

$$F(s)=\frac{k_0}{s}+\frac{k_1}{s+1}+\frac{k_2}{s+3}$$

求系数 k_0,k_1,k_2 的值，得

$$k_0=(s-p_0)F(s)\Big|_{s=p_0}=sF(s)\Big|_{s=0}=\frac{10(s+2)(s+5)}{(s+1)(s+3)}\Big|_{s=0}=\frac{100}{3}$$

$$k_1=(s-p_1)F(s)\Big|_{s=p_1}=(s+1)F(s)\Big|_{s=-1}=\frac{10(s+2)(s+5)}{s(s+3)}\Big|_{s=-1}=-20$$

$$k_2=(s-p_2)F(s)\Big|_{s=p_2}=(s+3)F(s)\Big|_{s=-3}=\frac{10(s+2)(s+5)}{s(s+1)}\Big|_{s=-3}=-\frac{10}{3}$$

所以，$F(s)=\dfrac{100}{3s}-\dfrac{20}{s+1}-\dfrac{10}{3(s+3)}$，查表得 $f(t)=L^{-1}[F(s)]=\dfrac{100}{3}\varepsilon(t)-20\mathrm{e}^{-t}-\dfrac{10}{3}\mathrm{e}^{-3t}$。

(2) 若 $m\geqslant n,F(s)$ 为假分式，即 $F(s)$ 的分子多项式阶次大于等于分母多项式阶次，这时须先使用多项式长除法，将分子 $A(s)$ 中的高次项提出，使余下部分成为满足 $m<n$ 的真分式，再对真分式部分按(1)中所述方法分解即可。

例 15-8 已知象函数 $F(s)=\dfrac{s^3+5s^2+9s+7}{s^2+3s+2}$，求其原函数 $f(t)$。

解 已知 $F(s)$ 为假分式，先使用多项式长除法提出分子 $A(s)$ 中的高次项，即

$$\begin{array}{r}
s+2\\
s^2+3s+2\overline{\smash{)}\,s^3+5s^2+9s+7}\\
\underline{s^3+3s^2+2s}\\
2s^2+7s+7\\
\underline{2s^2+6s+4}\\
s+3
\end{array}$$

这时，$F(s)$ 可表示为

$$F(s)=s+2+\frac{s+3}{s^2+3s+2}=s+2+\frac{s+3}{(s+1)(s+2)}$$

其中的真分式部分可分解为 $\dfrac{k_0}{s+1}+\dfrac{k_1}{s+2}$，而

$$k_0=(s+1)F(s)\Big|_{s=-1}=\frac{s+3}{s+2}\Big|_{s=-1}=2$$

$$k_1=(s+2)F(s)\Big|_{s=-2}=\frac{s+3}{s+1}\Big|_{s=-2}=-1$$

所以，$F(s)$ 可最后分解为

$$F(s) = s+2+\frac{2}{s+1}-\frac{1}{s+2}$$

查表得 $f(t)=L^{-1}[F(s)]=\dfrac{\mathrm{d}\delta}{\mathrm{d}t}+2\delta(t)+2\mathrm{e}^{-t}-\mathrm{e}^{-2t}$

2. 极点含有共轭复数极点

例如

$$F(s)=\frac{A(s)}{D(s)[(s+\alpha)^2+\beta^2]}=\frac{A(s)}{D(s)(s+\alpha-\mathrm{j}\beta)(s+\alpha+\mathrm{j}\beta)}$$

式中，$D(s)$ 为分母多项式中除共轭复数极点外的其余部分，分母含有一对共轭复数极点 $s=-\alpha\pm\mathrm{j}\beta$，在分解时可按单根对待。即令 $F_1(s)=\dfrac{A(s)}{D(s)}$，则

$$F(s)=\frac{F_1(s)}{(s+\alpha-\mathrm{j}\beta)(s+\alpha+\mathrm{j}\beta)}=\frac{k_1}{s+\alpha-\mathrm{j}\beta}+\frac{k_2}{s+\alpha+\mathrm{j}\beta}$$

$$k_1=(s+\alpha-\mathrm{j}\beta)F(s)\bigg|_{s=-\alpha+\mathrm{j}\beta}=\frac{F_1(-\alpha+\mathrm{j}\beta)}{2\mathrm{j}\beta}$$

$$k_2=(s+\alpha+\mathrm{j}\beta)F(s)\bigg|_{s=-\alpha-\mathrm{j}\beta}=\frac{F_1(-\alpha-\mathrm{j}\beta)}{-2\mathrm{j}\beta}$$

k_1 与 k_2 为共轭关系，即 $k_2=k_1^*$。

设 $k_1=P+\mathrm{j}Q$，则 $k_2=k_1^*=P-\mathrm{j}Q$，于是与共轭复极点有关部分的拉普拉斯反变换为

$$f_0(t)=L^{-1}\left[\frac{k_1}{s+\alpha-\mathrm{j}\beta}+\frac{k_2}{s+\alpha+\mathrm{j}\beta}\right]=\mathrm{e}^{-\alpha t}(k_1\mathrm{e}^{\mathrm{j}\beta t}+k_2\mathrm{e}^{-\mathrm{j}\beta t})$$

$$=2\mathrm{e}^{-\alpha t}(P\cos\beta t-Q\sin\beta t)=2\sqrt{P^2+Q^2}\,\mathrm{e}^{-\alpha t}\cos(\beta t+\theta)$$

式中，$\theta=\tan^{-1}\dfrac{Q}{P}$。

例 15-9 已知象函数 $F(s)=\dfrac{s^2+3}{s^3+4s^2+9s+10}$，求其原函数 $f(t)$。

解 已知 $F(s)$ 可写成

$$F(s)=\frac{s^2+3}{(s+2)(s^2+2s+5)}=\frac{s^2+3}{(s+2)(s+1-\mathrm{j}2)(s+1+\mathrm{j}2)}$$

$$=\frac{k_0}{s+2}+\frac{k_1}{s+1-\mathrm{j}2}+\frac{k_2}{s+1+\mathrm{j}2}$$

$$k_0=(s+2)F(s)\bigg|_{s=-2}=\frac{s^2+3}{s^2+2s+5}\bigg|_{s=-2}=\frac{7}{5}$$

$$k_1=(s+1-\mathrm{j}2)F(s)\bigg|_{s=-1+\mathrm{j}2}=\frac{s^2+3}{(s+2)(s+1+\mathrm{j}2)}\bigg|_{s=-1+\mathrm{j}2}=-\frac{1}{1+\mathrm{j}2}=-\frac{1}{5}+\mathrm{j}\frac{2}{5}$$

$$k_2=k_1^*=-\frac{1}{5}-\mathrm{j}\frac{2}{5}$$

所以，$F(s)$ 分解为

$$F(s)=\frac{7}{5(s+2)}+\frac{-1+\mathrm{j}2}{5}\frac{1}{s+1-\mathrm{j}2}+\frac{-1-\mathrm{j}2}{5}\frac{1}{s+1+\mathrm{j}2}$$

式中，$\alpha=1, \beta=2, P=-\dfrac{1}{5}, Q=\dfrac{2}{5}$。所以，原函数为

$$f(t) = \frac{7}{5}e^{-2t} - 2e^{-t}\left(\frac{1}{5}\cos 2t + \frac{2}{5}\sin 2t\right)$$

3. 多重极点

例如

$$F(s) = \frac{A(s)}{D(s)(s-p_0)^n}$$

式中，$D(s)$ 为分母多项式中除重根以外的其余部分，分母含有一个在 $s=p_0$ 处的 n 重极点。$F(s)$ 可展开成

$$F(s) = \frac{k_0}{(s-p_0)^n} + \frac{k_1}{(s-p_0)^{n-1}} + \cdots + \frac{k_{n-1}}{(s-p_0)} + \frac{E(s)}{D(s)}$$

式中，$\dfrac{E(s)}{D(s)}$ 为与重极点无关的其余部分。与重极点有关的各系数为 $k_0 = (s-p_0)^n F(s)\Big|_{s=p_0}$。

对于 $k_1, k_2, \cdots, k_{n-1}$，不能采用求 k_0 的方法，因为分母会出现零值。这时，需定义一个新函数 $F_1(s) = (s-p_0)^n F(s)$，即

$$F_1(s) = k_0 + k_1(s-p_0) + k_2(s-p_0)^2 + \cdots + k_{n-1}(s-p_0)^{n-1} + (s-p_0)^n \frac{E(s)}{D(s)}$$

则

$$\frac{\mathrm{d}F_1(s)}{\mathrm{d}s} = k_1 + 2k_2(s-p_0) + \cdots + (n-1)k_{n-1}(s-p_0)^{n-2} + \cdots$$

显然

$$k_0 = F_1(s)\Big|_{s=p_0}$$

$$k_1 = \frac{\mathrm{d}F_1(s)}{\mathrm{d}s}\Big|_{s=p_0}$$

$$k_2 = \frac{1}{2}\frac{\mathrm{d}^2 F_1(s)}{\mathrm{d}s^2}\Big|_{s=p_0}$$

$$\vdots$$

$$k_i = \frac{1}{i!}\frac{\mathrm{d}^i F_1(s)}{\mathrm{d}s^i}\Big|_{s=p_0} \qquad (i=0,1,2,\cdots,n-1)$$

例 15-10 已知象函数 $F(s) = \dfrac{s-2}{s(s+1)^3}$，求其原函数 $f(t)$。

解 已知 $F(s)$ 可分解成为

$$F(s) = \frac{k_0}{(s+1)^3} + \frac{k_1}{(s+1)^2} + \frac{k_2}{(s+1)} + \frac{k_3}{s}$$

与重极点无关的系数为

$$k_3 = sF(s)\Big|_{s=0} = \frac{s-2}{(s+1)^3}\Big|_{s=0} = -2$$

定义一个新函数，即
$$F_1(s) = (s+1)^3 F(s) = \frac{s-2}{s}$$
则
$$k_0 = F_1(s)\Big|_{s=-1} = 3$$
$$k_1 = \frac{\mathrm{d}F_1(s)}{\mathrm{d}s}\Big|_{s=-1} = 2$$
$$k_2 = \frac{1}{2}\frac{\mathrm{d}^2 F_1(s)}{\mathrm{d}s^2}\Big|_{s=-1} = 2$$

所以
$$F(s) = \frac{3}{(s+1)^3} + \frac{2}{(s+1)^2} + \frac{2}{(s+1)} - \frac{2}{s}$$

查表得 $f(t) = L^{-1}[F(s)] = \frac{3}{2}t^2 \mathrm{e}^{-t} + 2t\mathrm{e}^{-t} + 2\mathrm{e}^{-t} - 2$。

15.3 运用拉普拉斯变换分析线性电路

由第 8 章可知，描述动态电路的方程是微分方程，当微分方程的阶数大于 2 时，用经典法求解较为困难。运用拉普拉斯变换分析这类电路时有一个非常明显的优点，即可将微分方程或积分方程转化为代数方程，从而使方程的求解变得简单易行，这就是所谓的运算法。

将微分方程转化为代数方程的方法有两种，一种是先选择合适的时域电路变量列写描述电路的微分方程或积分方程，然后再对方程取拉普拉斯变换以获得电路方程的运算形式。这种方法并没有解决用经典法求解线性电路时所遇到的困难，本书不介绍。另一种方法是首先将线性电路的时域模型转化为复频域的 s 域模型，称之为运算电路，而后再选择合适的电路分析方法进行分析计算，最后进行拉普拉斯反变换求得时域解，这是本书重点介绍的内容。另外，也可运用拉普拉斯变换法代替相量法分析正弦交流电路。

15.3.1 KCL 和 KVL 的运算形式

1. KCL 的运算形式

在时域电路的任一节点上，KCL 方程为
$$\sum i(t) = 0$$
对上式两边取拉普拉斯变换，并利用拉普拉斯变换的线性性质可得
$$\sum I(s) = 0 \tag{15-22}$$
式(15-22)表明，在运算电路中的任一节点上，所有支路电流象函数的代数和为零，式(15-22)称为 KCL 的运算形式。

2. KVL 的运算形式

在时域电路的任一闭合回路中，KVL 方程为

$$\sum u(t) = 0$$

对上式两边取拉普拉斯变换,并利用拉普拉斯变换的线性性质可得

$$\sum U(s) = 0 \tag{15-23}$$

式(15-23)表明,在运算电路中的任一闭合回路中,所有支路电压象函数的代数和为零,式(15-23)称为 KVL 的运算形式。

15.3.2 电路元件的 s 域模型

1. 电阻元件的 s 域模型

在时域电路中,电阻元件的模型如图 15-2(a)所示,元件的 VCR 为

$$u_R(t) = Ri_R(t)$$

对上式两边取拉普拉斯变换,并利用拉普拉斯变换的线性性质可得

$$U_R(s) = RI_R(s) \tag{15-24}$$

根据式(15-24),可得电阻元件的运算电路模型,如图 15-2(b)所示。

图 15-2 电阻元件的时域模型和运算电路模型

2. 电感元件的 s 域模型

在时域电路中,电感元件的模型如图 15-3(a)所示,元件的 VCR 为

$$u_L(t) = L\frac{di_L(t)}{dt}$$

对上式两边取拉普拉斯变换,并利用拉普拉斯变换的线性性质和微分性质可得

$$\int_{0_-}^{\infty} u_L(t) e^{-st} dt = \int_{0_-}^{\infty} L\frac{di_L(t)}{dt} e^{-st} dt$$

即

$$U_L(s) = sLI_L(s) - Li_L(0_-) \tag{15-25}$$

或

$$I_L(s) = \frac{1}{sL}U_L(s) + \frac{i_L(0_-)}{s} \tag{15-26}$$

根据式(15-25)和式(15-26),可得电感元件的运算电路模型,如图 15-3(b)~图 15-3(c)所示。由图 15-3(b)~图 15-3(c)可知,当 $i_L(0_-)$ 不为零时,电感元件的运算电路模型出现附加电源。

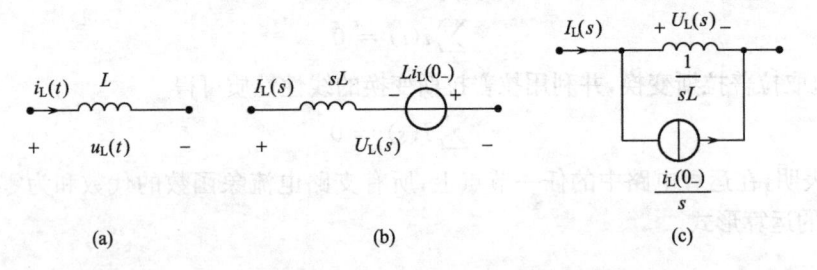

图 15-3 电感元件的时域模型和运算电路模型

3. 电容元件的 s 域模型

在时域电路中,电容元件的模型如图 15-4(a)所示,元件的 VCR 为

$$i_C(t) = C\frac{du_C(t)}{dt}$$

对上式两边取拉普拉斯变换,并利用拉普拉斯变换的线性性质和微分性质可得

$$\int_{0_-}^{\infty} i_C(t)e^{-st}dt = \int_{0_-}^{\infty} C\frac{du_C(t)}{dt}e^{-st}dt$$

即

$$I_C(s) = sCU_C(s) - Cu_C(0_-) \tag{15-27}$$

或

$$U_C(s) = \frac{1}{sC}I_C(s) + \frac{u_C(0_-)}{s} \tag{15-28}$$

根据式(15-27)～式(15-28),可得电容元件的运算电路模型,如图 15-4(b)～图 15-4(c)所示。由图 15-4(b)～图 15-4(c)可知,当 $u_C(0_-)$ 不为零时,电容元件的运算电路模型出现附加电源。

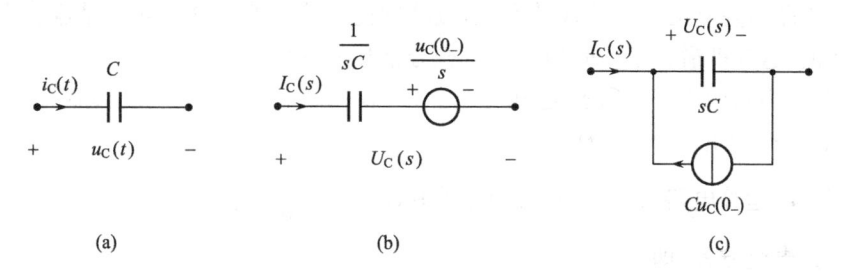

图 15-4 电容元件的时域模型和运算电路模型

4. 耦合电感元件的 s 域模型

在时域电路中,耦合电感元件的模型如图 15-5(a)所示,元件的 VCR 为

$$\begin{cases} u_1(t) = L_1\frac{di_1(t)}{dt} + M\frac{di_2(t)}{dt} \\ u_2(t) = L_2\frac{di_2(t)}{dt} + M\frac{di_1(t)}{dt} \end{cases}$$

对上式两边取拉普拉斯变换,并利用拉普拉斯变换的线性性质和微分性质可得

$$\begin{cases} U_1(s) = sL_1I_1(s) + sMI_2(s) - L_1i_1(0_-) - Mi_2(0_-) \\ U_2(s) = sL_2I_2(s) + sMI_1(s) - L_2i_2(0_-) - Mi_1(0_-) \end{cases} \tag{15-29}$$

根据式(15-29),可得耦合电感元件的运算电路模型,如图 15-5(b)所示。

15.3.3 运用拉普拉斯变换法求解线性电路——运算法

采用运算法求解线性电路时域响应的主要步骤如下所述。

(1) 由给定的时域电路确定电路的初始状态 $u_C(0_-)$ 和 $i_L(0_-)$,以便利用它们确定电路元件运算模型的附加电源。

(2) 根据各元件的运算电路模型画出换路后的运算电路图,与此同时将时域激励变换成

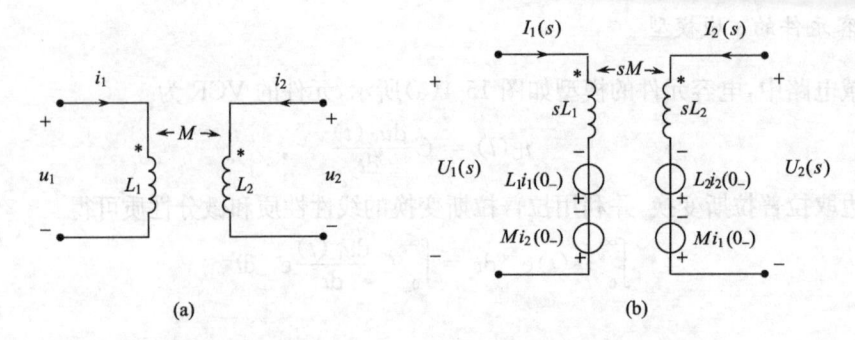

图 15-5 耦合电感元件的时域模型和运算电路模型

象函数形式。

（3）根据题意选用适当的电路分析方法求出响应的象函数。

（4）利用部分分式展开法及表 15-1 获得拉普拉斯反变换，求出响应象函数的原函数，即可得到电路响应的时域解。

由运算电路所建立的方程是代数方程，显然它比直接求解高阶微分方程容易，况且运算电路已包含初值，这样就避免了在时域中确定积分常数的麻烦。

例 15-11 电路如图 15-6 所示，已知 $i_{L_1}(0_-)=0, i_{L_2}(0_-)=0, u_S(t)=12\varepsilon(t)\text{V}, L_1=1\text{mH}, L_2=9\text{mH}, R_1=3\text{k}\Omega, R_2=24\text{k}\Omega$，求 $i_{L_2}(t)$。

解 先画出运算电路，如图 15-7 所示，图中 $U_S(s)=\dfrac{12}{s}$。

列写网孔电流方程，即

$$\begin{cases}(R_1+sL_1)I_1(s)-R_1I_2(s)=U_S(s)\\(R_1+R_2+sL_2)I_2(s)-R_1I_1(s)=0\end{cases}$$

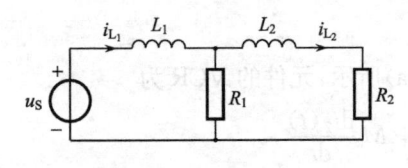

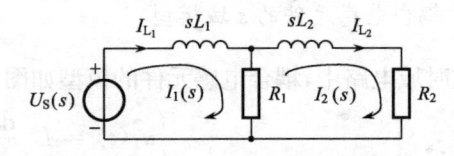

图 15-6 例 15-11 图   图 15-7 例 15-11 的运算电路

解得

$$I_2(s)=\dfrac{U_S(s)/R_2}{\dfrac{L_1L_2}{R_1R_2}s^2+\left(\dfrac{L_1}{R_1}+\dfrac{L_1}{R_2}+\dfrac{L_2}{R_2}\right)s+1}=\dfrac{4\times10^9}{s(s+2\times10^6)(s+4\times10^6)}$$

$$=\dfrac{0.5\times10^{-3}}{s}-\dfrac{10^{-3}}{s+2\times10^6}+\dfrac{0.5\times10^{-3}}{s+4\times10^6}$$

所以

$$i_{L_2}(t)=i_2(t)=\mathcal{L}^{-1}[I_2(s)]=0.5\times10^{-3}(1-2\mathrm{e}^{-2\times10^6 t}+\mathrm{e}^{-4\times10^6 t})\varepsilon(t)$$

例 15-12 电路如图 15-8 所示，已知 $R=6\Omega, L=1\text{H}, C=0.04\text{F}, u_C(0_-)=1\text{V}, i(0_-)=5\text{A}$，求 $i(t)$。

解 已知 $u_C(0_-)=1\text{V}, i(0_-)=5\text{A}$，激励 $U_S(s)=\mathcal{L}[\delta(t)]=1$，画出运算电路，如图 15-9

所示,得

$$I_2(s) = \frac{U_S(s) + Li(0_-) - \frac{u_C(0_-)}{s}}{R + sL + \frac{1}{sC}} = \frac{6s-1}{s^2+6s+25} = \frac{6s-1}{(s+3-j4)(s+3+j4)}$$

$$= \frac{k_1}{s+3-j4} + \frac{k_2}{s+3+j4}$$

可求得 $k_1 = (s+3-j4)I(s)\big|_{s=-3+j4} = 3 + j\frac{19}{8}$, $k_2 = k_1^* = 3 - j\frac{19}{8}$。所以,$i(t) = 2e^{-3t}\left(3\cos 4t - \frac{19}{8}\sin 4t\right)$。

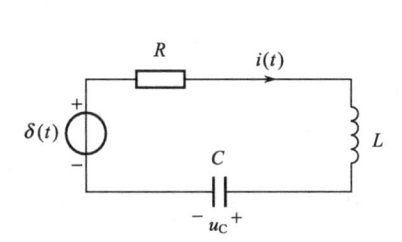

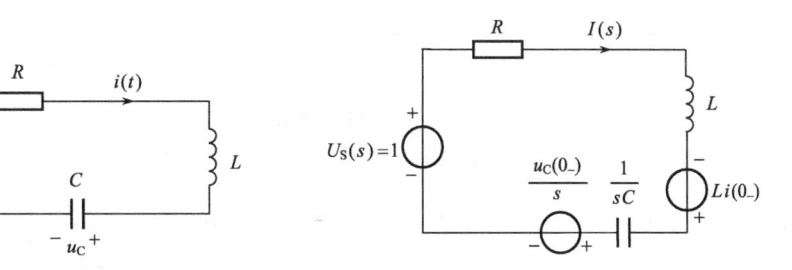

图 15-8　例 15-12 图　　　　图 15-9　例 15-12 的运算电路

例 15-13　电路如图 15-10 所示,开关动作前电路为稳态,$t=0$ 时将开关从 1 合向 2,求 $i_L(t)$。

解　$t<0$ 时 $i_L(0_-) = -\frac{E_1}{R_1}$,开关从 1 合向 2 后的运算电路如图 15-11 所示。

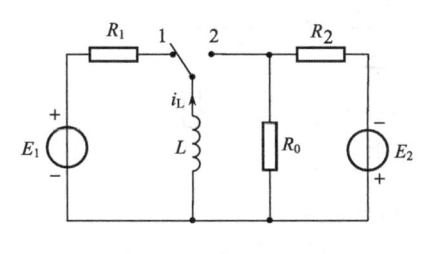

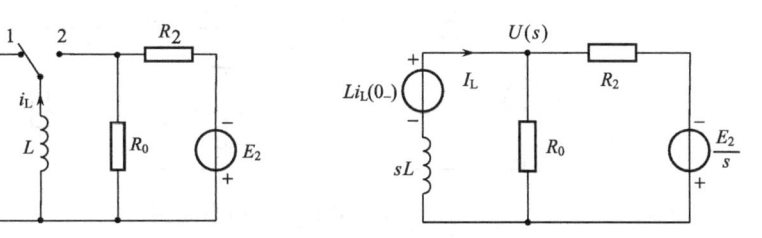

图 15-10　例 15-13 图　　　　图 15-11　例 15-13 的运算电路

列写节点电压方程为

$$\left(\frac{1}{R_0} + \frac{1}{R_2} + \frac{1}{sL}\right)U(s) = \frac{Li_L(0_-)}{sL} - \frac{E_2}{sR_2} = -\frac{E_1}{sR_1} - \frac{E_2}{sR_2}$$

即

$$U(s) = \frac{-\frac{E_1}{sR_1} - \frac{E_2}{sR_2}}{\frac{1}{R_0} + \frac{1}{R_2} + \frac{1}{sL}}$$

所以

$$I_L(s) = \frac{Li_L(0_-) - U(s)}{sL} = \frac{E_2}{sR_2} - \left(\frac{E_1}{R_1} + \frac{E_2}{R_2}\right)\frac{1}{s + \frac{1}{\tau}}$$

式中,$\tau=\dfrac{L(R_0+R_2)}{R_0R_2}$,即

$$i_L(t)=L^{-1}[I_L(s)]=\dfrac{E_2}{R_2}-\left(\dfrac{E_1}{R_1}+\dfrac{E_2}{R_2}\right)e^{-\frac{t}{\tau}}$$

例 15-14 电路如图 15-12(a)所示,已知 $R_1=R_2=3\Omega, L_1=L_2=1H, C=1F, u_{S1}=60V$, $u_{S2}(t)$ 的波形如图 15-12(b)所示,开关动作前电路为稳态,$t=0$ 时将开关从 1 合向 2,求 $u_C(t)$。

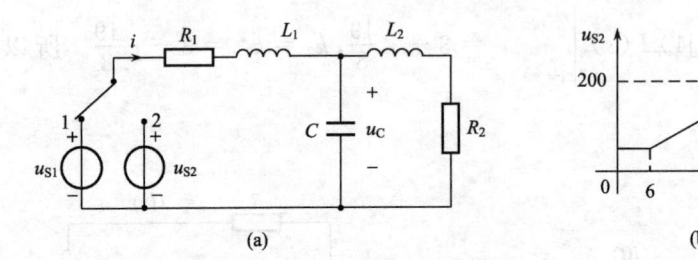

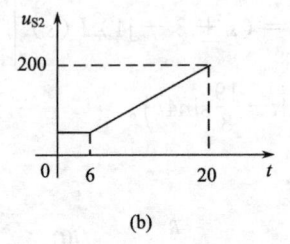

图 15-12 例 15-14 图

解 $t<0$ 时,$i_{L_1}(0_-)=i_{L_2}(0_-)=\dfrac{u_{S1}}{R_1+R_2}=10(A), u_C(0_-)=\dfrac{R_2}{R_1+R_2}u_{S1}=30(V)$。激励

$$u_{S2}(t)=60\varepsilon(t)+10(t-6)\varepsilon(t-6)-10(t-20)\varepsilon(t-20)-200\varepsilon(t-20)$$

即

$$U_{S2}(s)=\dfrac{60}{s}+\dfrac{10}{s^2}e^{-6s}-\dfrac{10}{s^2}e^{-20s}-\dfrac{200}{s}e^{-20s}$$

开关从 1 合向 2 后的运算电路如图 15-13 所示。

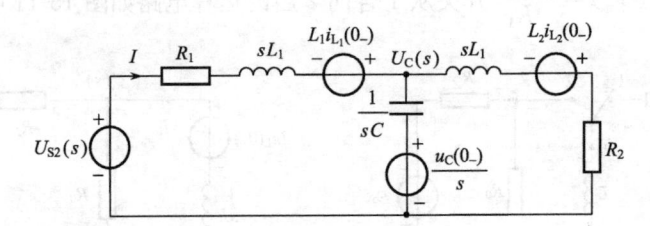

图 15-13 例 15-13 的运算电路

由运算电路图列写节点电压方程为

$$\left(\dfrac{1}{R_1+sL_1}+\dfrac{1}{R_2+sL_2}+sC\right)U_C(s)=\dfrac{U_{S2}(s)+L_1i_{L_1}(0_-)}{R_1+sL_1}+Cu_C(0_-)-\dfrac{L_2i_{L_2}(0_-)}{R_2+sL_2}$$

即

$$\left(\dfrac{1}{s+3}+\dfrac{1}{s+3}+s\right)U_C(s)=\dfrac{U_{S2}(s)}{s+3}+30$$

则

$$U_C(s)=\dfrac{U_{S2}(s)}{s^2+3s+2}+\dfrac{30(s+3)}{s^2+3s+2}=\dfrac{U_{S2}(s)}{(s+1)(s+2)}+\dfrac{30(s+3)}{(s+1)(s+2)}\triangleq U'_C(s)+U''_C(s)$$

$$U'_C(s)=\dfrac{60}{s(s+1)(s+2)}+\dfrac{10e^{-6s}}{s^2(s+1)(s+2)}-\dfrac{10e^{-20s}}{s^2(s+1)(s+2)}-\dfrac{200e^{-20s}}{s(s+1)(s+2)}$$

$$= \left(\frac{30}{s} - \frac{60}{s+1} + \frac{30}{s+2}\right) + e^{-6s}\left(\frac{5}{s^2} - \frac{7.5}{s} + \frac{10}{s+1} - \frac{2.5}{s+2}\right)$$

$$- e^{-20s}\left(\frac{5}{s^2} - \frac{7.5}{s} + \frac{10}{s+1} - \frac{2.5}{s+2}\right) - \frac{20}{6}e^{-20s}\left(\frac{30}{s} - \frac{60}{s+1} + \frac{30}{s+2}\right)$$

$$U''_C(s) = \frac{30(s+3)}{(s+1)(s+2)} = \frac{60}{s+1} - \frac{30}{s+2}$$

所以

$$u_C(t) = L^{-1}[U'_C(s)] + L^{-1}[U''_C(s)]$$
$$= (30 - 60e^{-t} + 30e^{-2t})\varepsilon(t) + [5(t-6) - 7.5 + 10e^{-(t-6)} - 2.5e^{-2(t-6)}]\varepsilon(t-6)$$
$$- [5(t-20) - 7.5 + 10e^{-(t-20)} - 2.5e^{-2(t-20)}]\varepsilon(t-20)$$
$$- \frac{20}{6}[30 - 60e^{-(t-20)} + 30e^{-2(t-20)}]\varepsilon(t-20) + 60e^{-t} - 30e^{-2t}$$

15.4 复频域中的网络函数

在第 14 章描述的正弦稳态单输入单输出电路中,曾经定义输出相量与输入相量之比为网络函数 $H(j\omega)$。本节在更一般的意义上,定义复频域中的网络函数 $H(s)$。网络函数 $H(s)$ 与 $H(j\omega)$ 及冲激响应 $h(t)$ 之间具有确定的内在关系,$H(s)$ 在理论和实际应用中都具有非常重要的价值。对于线性时不变电路,一旦确定网络函数 $H(s)$,就可确定电路对任意输入所产生的零状态响应。通过分析 $H(s)$ 的极点,还可以分析和判断电路的类型及电路的稳定性等。

15.4.1 复频域网络函数的定义和性质

1. 复频域网络函数的定义

在线性时不变电路中,零状态响应 $r(t)$ 的拉普拉斯变换式 $R(s)$ 与单一激励 $e(t)$ 的拉普拉斯变换式 $E(s)$ 之比称为该电路的网络函数,用 $H(s)$ 表示,即

$$H(s) = \frac{R(s)}{E(s)} \tag{15-30}$$

显然,$H(s)$ 不随激励的大小变化而改变,只与网络的拓扑结构和元件参数有关。

2. 网络函数 $H(s)$ 的分类

与第 14 章中网络函数 $H(j\omega)$ 的分类相同,$H(s)$ 的分类一般也是如下六种类型。

驱动点阻抗:$H(s) = Z_{11}(s) = \dfrac{U_1(s)}{I_1(s)}$;

驱动点导纳:$H(s) = Y_{11}(s) = \dfrac{I_1(s)}{U_1(s)}$;

转移阻抗:$H(s) = Z_{21}(s) = \dfrac{U_2(s)}{I_1(s)}$;

转移导纳:$H(s) = Y_{21}(s) = \dfrac{I_2(s)}{U_1(s)}$;

转移电压比:$H_U(s) = \dfrac{U_2(s)}{U_1(s)}$;

转移电流比：$H_I(s)=\dfrac{I_2(s)}{I_1(s)}$。

3. 网络函数 $H(s)$ 与冲激响应的关系

当激励为冲激函数 $\delta(t)$，即 $e(t)=\delta(t)$ 时，其象函数 $E(s)=L[\delta(t)]=1$，则由定义可知，此时有
$$H(s)=R(s)$$
由于 $R(s)$ 是冲激响应的象函数，所以上式说明：网络函数 $H(s)$ 等于冲激响应的象函数。所以，网络函数的原函数是时域的冲激响应 $h(t)$，即
$$h(t)=L^{-1}[H(s)] \tag{15-31}$$

4. 网络函数 $H(s)$ 与网络的零状态响应

由式(15-30)的定义可知
$$R(s)=H(s)E(s)$$
即网络的零状态响应等于网络函数 $H(s)$ 乘以激励的象函数，由此可知，网络函数是计算线性网络零状态响应的重要工具。

利用网络函数计算网络零状态响应的步骤如下。

(1) 求出激励 $e(t)$ 的象函数 $E(s)=L[e(t)]$。

(2) 画出换路后的 s 域运算电路，并用线性网络的计算方法求出网络函数 $H(s)$。

(3) 由 $R(s)=H(s)E(s)$ 求出零状态响应的象函数 $R(s)$。

(4) 用拉普拉斯反变换求出零状态响应 $r(t)=L^{-1}[R(s)]$。

例 15-15 电路如图 15-14 所示，已知 $u_C(0_-)=0$，$u_S(t)=U_S e^{-2t}$，$t=0$ 时闭合开关，求 $t>0$ 时的 $u(t)$。

解 激励的象函数为 $U_S(s)=L[u_S(t)]=\dfrac{U_S}{s+2}$，画出换路后的 s 域运算电路如图 15-15 所示。

由阻抗分压关系得
$$H(s)=\dfrac{U(s)}{U_S(s)}=\dfrac{1}{2+\dfrac{1}{1+0.5s}}\times\dfrac{1}{1+0.5s}=\dfrac{1}{3+s}$$

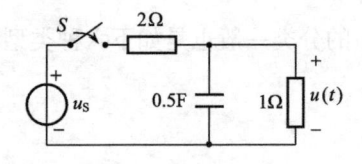

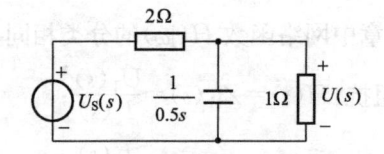

图 15-14 例 15-15 图   图 15-15 例 15-15 的运算电路

所以
$$U(s)=H(s)U_S(s)=\dfrac{1}{3+s}\times\dfrac{U_S}{s+2}=\dfrac{-U_S}{3+s}+\dfrac{U_S}{s+2}$$
即
$$u(t)=L^{-1}[U(s)]=-U_S e^{-3t}+U_S e^{-2t}=U_S(e^{-2t}-e^{-3t})$$

15.4.2 复频率平面上网络函数的零极点

对于集中参数的线性时不变电路,其网络函数 $H(s)$ 的分子和分母都可分解成为如下的因式表达形式,即

$$H(s) = H_0 \frac{(s-z_1)(s-z_2)\cdots(s-z_m)}{(s-p_1)(s-p_2)\cdots(s-p_n)} = H_0 \frac{\prod_{i=1}^{m}(s-z_i)}{\prod_{i=1}^{n}(s-p_i)} \qquad (15\text{-}32)$$

式(15-32)中,$z_1,\cdots,z_m$ 称为 $H(s)$ 的零点,$p_1,\cdots,p_n$ 称为 $H(s)$ 的极点。

于是,网络函数 $H(s)$ 可以用 m 个零点、n 个极点和系数 H_0 描述。由于 $s=\sigma+\mathrm{j}\omega$,所以,复频率平面($s$ 平面)的横轴为实部 σ,纵轴为虚部 $\mathrm{j}\omega$。将 $H(s)$ 的零极点描绘在复频率平面(s 平面)上,得到反映 $H(s)$ 特性的零极点分布图。$H(s)$ 的零点在复频率平面(s 平面)上用 ○ 表示;$H(s)$ 的极点在复频率平面(s 平面)上用 × 表示。

例 15-16 已知网络函数为

$$H(s) = \frac{s+2}{s^3+6s^2+13s+20}$$

求网络函数的零点、极点,并在 s 平面上作出零极点分布图。

解 网络函数的因式表达形式为

$$H(s) = \frac{s+2}{(s+4)(s+1-\mathrm{j}2)(s+1+\mathrm{j}2)}$$

所以,该网络函数有一个零点 $z_1=-2$;有三个极点 $p_1=-4,p_2=-1+\mathrm{j}2,p_3=-1-\mathrm{j}2$,零极点分布图如图 15-16 所示。

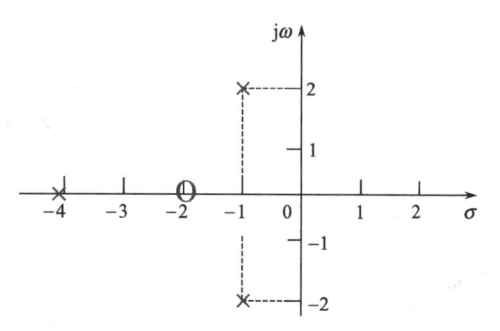

图 15-16 零极点分布图

15.4.3 极点与网络的特性

若 $H(s)$ 按部分分式展开,则每个极点决定一项相应的时间函数。为简单起见,假设 $H(s)$ 具有一阶极点,即 $H(s)$ 无重极点,则对网络函数 $H(s)$ 求拉普拉斯反变换后所得到的时域函数是冲激响应 $h(t)$,即

$$h(t) = L^{-1}[H(s)] = L^{-1}\left[\sum_{i=1}^{n}\frac{A_i}{(s-p_i)}\right] = L^{-1}\left[\sum_{i=1}^{n}H_i(s)\right] = \sum_{i=1}^{n}h_i(t) = \sum_{i=1}^{n}A_i\mathrm{e}^{p_i t}$$

(15-33)

在式(15-33)中,极点可能是实数,也可能是共轭复数。极点 p_i 是电路微分方程的特征根,由于极点 p_i 反映零状态响应自由分量的性质,故将 p_i 称为网络的自然频率或固有频率,根据极点的性质可对网络函数的特性分析如下。

(1) 若 $H_i(s) = \frac{A_i}{s+a}$,即 $p_i=-a(a>0)$,p_i 为负实数,极点位于 s 平面的负实轴上,如图 15-17(a)所示,其对应的原函数为

$$h_i(t) = A_i\mathrm{e}^{-at}$$

原函数按指数衰减,如图 15-17(b)所示,这样的电路为渐近稳定电路。

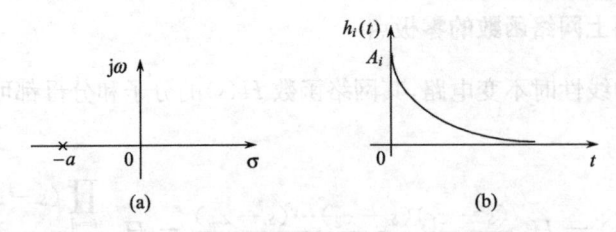

图 15-17 渐近稳定电路的极点分布与响应曲线

(2) 若 $H_i(s)=\dfrac{A_i}{s-a}$，即 $p_i=a(a>0)$，p_i 为正实数，极点位于 s 平面的正实轴上，如图 15-18(a)所示，其对应的原函数为

$$h_i(t) = A_i e^{at}$$

原函数按指数上升，如图 15-18(b)所示，这样的电路为非稳定电路。

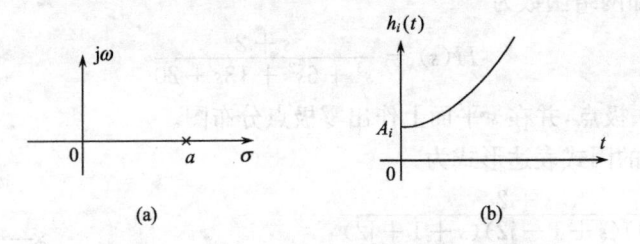

图 15-18 非稳定电路的极点分布与响应曲线

(3) 若 $H_i(s)=\dfrac{A_i}{s}$，即 $p_i=0$，极点位于 s 平面的原点上，如图 15-19(a)所示，其对应的原函数为

$$h_i(t) = A_i \varepsilon(t)$$

原函数为阶跃函数，如图 15-19(b)所示，这样的电路为临界稳定状态。

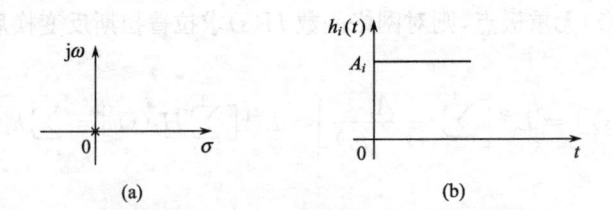

图 15-19 临界稳定电路的极点分布与响应曲线

(4) 若 $H_i(s)=\dfrac{A_i}{s+\mathrm{j}\omega}+\dfrac{A_i^*}{s-\mathrm{j}\omega}$，即 $p_1=\mathrm{j}\omega$，$p_2=p_1^*=-\mathrm{j}\omega$，极点位于 s 平面的虚轴上，如图 15-20(a)所示，其对应的原函数为

$$h_i(t) = L^{-1}\left[\dfrac{\omega}{s^2+\omega^2}\right] = \sin\omega t$$

原函数为正弦函数，如图 15-20(b)所示，这样的电路为等幅振荡状态。

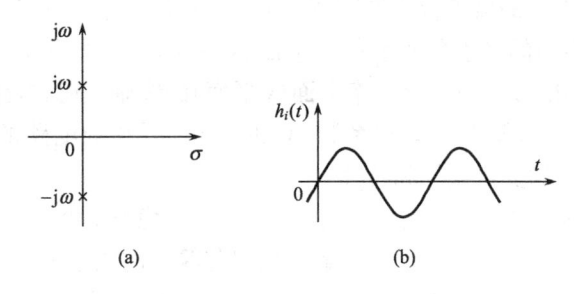

图 15-20　等幅振荡状态电路的极点分布与响应曲线

(5) 若 $H_i(s) = \dfrac{A_i}{s+a-j\omega} + \dfrac{A_i^*}{s+a+j\omega}(a>0)$，即 $p_1 = -a+j\omega$，$p_2 = p_1^* = -a-j\omega$，极点位于 s 平面的左半平面内，如图 15-21(a)所示，其对应的原函数为

$$h_i(t) = L^{-1}\left[\dfrac{\omega}{(s+a)^2+\omega^2}\right] = e^{-at}\sin\omega t$$

原函数为振荡衰减曲线，如图 15-21(b)所示，这样的电路为渐近稳定电路。

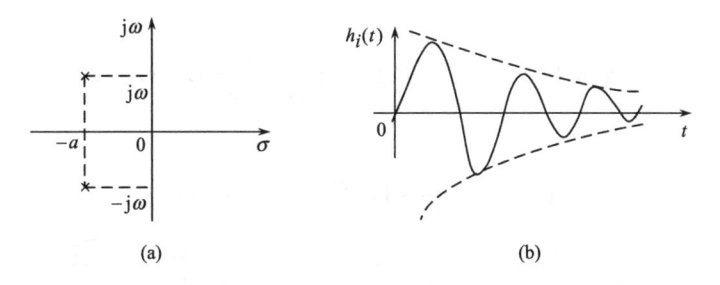

图 15-21　渐近稳定电路的极点分布与响应曲线

(6) 若 $H_i(s) = \dfrac{A_i}{s-a-j\omega} + \dfrac{A_i^*}{s-a+j\omega}(a>0)$，即 $p_1 = a+j\omega$，$p_2 = p_1^* = a-j\omega$，极点位于 s 平面的右半平面内，如图 15-22(a)所示，其对应的原函数为

$$h_i(t) = L^{-1}\left[\dfrac{\omega}{(s-a)^2+\omega^2}\right] = e^{at}\sin\omega t$$

原函数为振荡增幅曲线，如图 15-22(b)所示，这样的电路为不稳定电路。

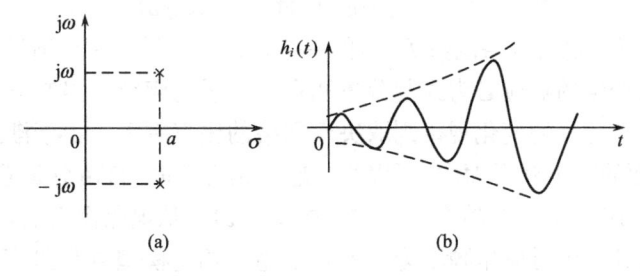

图 15-22　不稳定电路的极点分布与响应曲线

综上所述，可以得出如下的结论。

(1) 当网络函数 $H(s)$ 的极点位于复频率平面(s 平面)的左半开平面时,电路属于渐近稳定电路;当网络函数 $H(s)$ 的极点位于复频率平面(s 平面)的右半开平面时,电路属于不稳定电路;当网络函数 $H(s)$ 的极点位于复频率平面(s 平面)的纵轴上时,电路处于临界稳定状态。

(2) 网络函数 $H(s)$ 的零点只影响系数 A_i 的大小,不影响电路的变化规律;网络函数 $H(s)$ 的极点则影响电路的变化规律和特性。

例 5-17 电路如图 15-23 所示,求 A 为何值时电路为稳态电路。

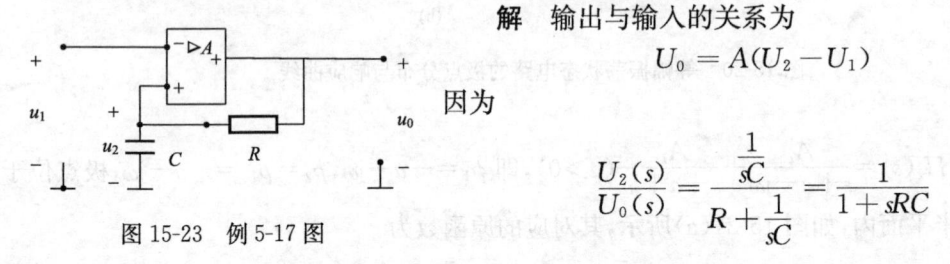

解 输出与输入的关系为

$$U_0 = A(U_2 - U_1)$$

图 15-23 例 5-17 图

因为

$$\frac{U_2(s)}{U_0(s)} = \frac{\frac{1}{sC}}{R + \frac{1}{sC}} = \frac{1}{1+sRC}$$

即

$$U_2(s) = \frac{1}{1+sRC} U_0(s)$$

所以

$$U_0(s) = A[U_2(s) - U_1(s)] = A\left[\frac{1}{1+sRC} U_0(s) - U_1(s)\right]$$

即

$$\left(1 - \frac{A}{1+sRC}\right) U_0(s) = -A U_1(s)$$

$$\frac{U_0(s)}{U_1(s)} = H(s) = -\frac{A}{1 - \frac{A}{1+sRC}} = -\frac{A(1+sRC)}{RC\left(\frac{1-A}{RC} + s\right)}$$

所以,当 $\frac{1-A}{RC} > 0$,即 $A < 1$ 时,电路稳态。

15.5 $H(j\omega)$ 与 $H(s)$ 的关系

第 14 章曾经定义正弦稳态下的网络函数,即

$$H(j\omega) = \frac{响应(相量)}{激励(相量)} = \frac{\dot{R}(j\omega)}{\dot{E}_S(j\omega)}$$

事实上,$H(j\omega)$ 是本章所定义网络函数 $H(s)$ 的一个特例。如果在一个渐近稳定的网络中施加一个正弦电源,那么产生的响应必为强制分量和自由分量的组合。强制分量是与正弦电源同频率的正弦量,而自由分量的变化规律则取决于网络的固有频率。由于渐近稳定网络的固有频率全部位于 s 平面的左半开平面内,所以当 t 趋于无穷大时,自由分量趋于零,网络进入正弦稳态。因此,网络函数 $H(s)$ 必然有一个对应的 $H(j\omega)$。从电路图上看,若将运算电路图中的 s 换成 $j\omega$,即可得到一个对应角频率为 ω 的正弦稳态相量模型电路图,而 $H(s)$ 也随之变成 $H(j\omega)$。反之,若知 $H(j\omega)$,也可得到对应的 $H(s)$,即

$$H(s) \xrightarrow{s=j\omega} H(j\omega)$$

例 5-18 已知某网络在单位冲激电流源 $i_S = \delta(t)$ 的作用下产生单位冲激响应

$$h(t) = u = 2e^{-t}\cos 3t$$

试求,当 $i_s = 4\sqrt{2}\cos 2t$ 时网络的正弦稳态响应 $u(t)$。

解 已知 $h(t) = L^{-1}[H(s)]$,所以运算形式的网络函数为

$$H(s) = \frac{U}{I_s} = L[h(t)] = L[2e^{-t}\cos 3t] = \frac{2(s+1)}{(s+1)^2 + \omega^2} = \frac{2(s+1)}{s^2 + 2s + 10}$$

令 $s = j2$,则对应的正弦稳态下的网络函数为

$$H(j2) = \frac{\dot{U}}{\dot{I}_s} = \frac{2(j2+1)}{(j2)^2 + 2(j2) + 10} = \frac{1+j2}{3+j2}$$

所以

$$\dot{U} = H(j2)\dot{I}_s = \frac{1+j2}{3+j2} \times 4\angle 0° = 2.48\angle 29.74°$$

即

$$u(t) = 2.48\sqrt{2}\cos(2t + 29.74°)$$

例 5-19 电路如图 15-24 所示,已知 $u_1(t) = 10\cos 4t$,求 $u_2(t)$。

解 由图可得网络函数为

$$H(s) = \frac{U_2}{U_1} = \frac{\frac{1}{sC}}{R + \frac{1}{sC}} = \frac{1}{1 + sRC} = \frac{1}{1+s}$$

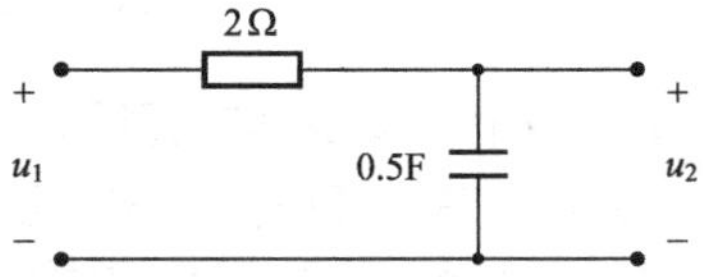

当 $u_1(t) = \delta(t)$ 时,$U_1(s) = 1$,则

图 15-24 例 5-19 图

$$h(t) = L^{-1}[H(s)] = L^{-1}[U_2(s)] = L^{-1}\left[\frac{1}{1+s}\right] = e^{-t}$$

这表明,$u_2(t)$ 中的自由分量(零输入响应)一定按 e^{-t} 的规律变化,网络的固有频率 $p_i = -1$。

当 $u_1(t) = 10\cos 4t$ 时,拉普拉斯变换为 $U_1(s) = \frac{10s}{s^2+16}$,故

$$U_2(s) = H(s)U_1(s) = \frac{10s}{(s+1)(s^2+16)} = \frac{10s}{(s+1)(s+j4)(s-j4)}$$

$$= -\frac{10}{17} \times \frac{1}{1+s} + \frac{5}{17}(1+j4) \times \frac{1}{s+j4} + \frac{5}{17}(1-j4) \times \frac{1}{s-j4}$$

所以

$$u_2(t) = -\frac{10}{17}e^{-t} + 2.425\cos(4t + 75.96°)$$

自由分量按 e^{-t} 的规律变化,而强制分量则是与激励同频率的正弦量。

15.6 零点、极点与频率特性

第 14 章曾经将网络函数表示为

$$H(j\omega) = |H(j\omega)|\angle \theta(j\omega)$$

并将 $H(j\omega)$ 的模 $|H(j\omega)|$ 随频率变化的关系称为幅频特性,而将 $H(j\omega)$ 的相位角 $\theta(j\omega)$ 随频率变化的关系称为相频特性,幅频特性和相频特性统称为频率特性。

为讨论零点和极点对频率特性的影响,将式(15-32)重写如下

$$H(s) = H_0 \frac{(s-z_1)(s-z_2)\cdots(s-z_m)}{(s-p_1)(s-p_2)\cdots(s-p_n)} = H_0 \frac{\prod_{i=1}^{m}(s-z_i)}{\prod_{i=1}^{n}(s-p_i)}$$

当激励信号是角频率为 ω 的正弦信号时,在稳态条件下,可在上式中令 $s=\mathrm{j}\omega$,于是

$$H(\mathrm{j}\omega) = H_0 \frac{(\mathrm{j}\omega-z_1)(\mathrm{j}\omega-z_2)\cdots(\mathrm{j}\omega-z_m)}{(\mathrm{j}\omega-p_1)(\mathrm{j}\omega-p_2)\cdots(\mathrm{j}\omega-p_n)} = H_0 \frac{\prod_{i=1}^{m}(\mathrm{j}\omega-z_i)}{\prod_{i=1}^{n}(\mathrm{j}\omega-p_i)} \tag{15-34}$$

则幅频特性为

$$|H(\mathrm{j}\omega)| = H_0 \frac{\prod_{i=1}^{m}|\mathrm{j}\omega-z_i|}{\prod_{i=1}^{n}|\mathrm{j}\omega-p_i|} \tag{15-35}$$

相频特性为

$$\theta(\mathrm{j}\omega) = \sum_{i=1}^{m}\arg(\mathrm{j}\omega-z_i) - \sum_{i=1}^{n}\arg(\mathrm{j}\omega-p_i) \tag{15-36}$$

式(15-36)中,arg 表示"角度"。

由式(15-35)和式(15-36)可知,网络函数的零极点一旦确定,就可计算出网络的频率特性,也可将零极点标示在 s 平面上,定性描绘出频率特性曲线。频率特性取决于零极点的分布,即 z_i 和 p_i 的位置,而系数 H_0 对于频率特性的研究无关紧要。

思 考 题

15-1 在线性电路问题中,运用拉普拉斯变换进行分析研究有何优点?

15-2 什么是 s 域的元件模型? 建立 s 域元件模型应考虑哪些因素?

15-3 什么是运算法? 如何用运算法求解电路问题?

15-4 什么是网络函数? $H(s)$ 与 $H(\mathrm{j}\omega)$ 有什么区别?

15-5 什么是网络的冲激响应? 冲激响应与网络函数有什么关系? 怎样利用冲激响应求网络的响应函数?

15-6 什么是网络的零极点? 网络的冲激响应与网络的零极点有何对应关系?

15-7 什么是稳定电路和不稳定电路? 它们与网络函数的零极点分布有何关系?

15-8 什么是网络的固有频率或自然频率? 它与什么有关?

习 题

15-1 求下列各函数的拉普拉斯变换。

(1) $A[\varepsilon(t)-\varepsilon(t-t_0)]$,$A$ 为常数;

(2) $t[\varepsilon(t)-\varepsilon(t-1)]$;

(3) $\mathrm{e}^{-at}\sin\omega t$;

(4) $\mathrm{e}^{-at}\cos\omega t$;

(5) $\mathrm{e}^{-t}[\varepsilon(t)-\varepsilon(t-1)]$。

15-2 求下列各象函数的原函数。

(1) $F(s)=\dfrac{s+1}{s^2+5s+6}$;

(2) $F(s)=\dfrac{2s^2+s+2}{s(s^2+1)}$;

(3) $F(s)=\dfrac{4}{s(s+2)^2}$;

(4) $F(s)=\dfrac{s^3+5s^2+9s+1}{s^2+3s+2}$。

15-3 求下列各象函数的拉普拉斯反变换。

(1) $F(s)=\dfrac{s^3}{(s+1)^3}$;

(2) $F(s)=\dfrac{3s+8}{s^2+5s+6}(1-\mathrm{e}^{-s})$;

(3) $F(s)=\dfrac{\mathrm{e}^{-s}}{s(s^2+1)}$。

15-4 电路如题 15-4 图所示，开关动作前电路稳态，$t=0$ 时合上开关。试用拉普拉斯变换法求 $t\geqslant 0$ 时的电压 $u_L(t)$。

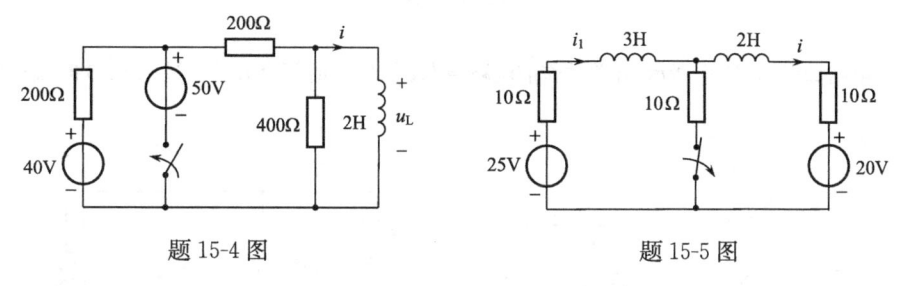

题 15-4 图　　　题 15-5 图

15-5 电路如题 15-5 图所示，开关动作前电路稳态，$t=0$ 时打开开关。在 $t\geqslant 0$ 时：(1) 画出运算电路；(2) 求电流 $i(t)$ 的象函数 $I(s)$；(3) 求电流 $i(t)$。

15-6 电路如题 15-6 图所示，开关动作前电路稳态，$t=0$ 时闭合开关。试用拉普拉斯变换法求 $t\geqslant 0$ 时的电压 $u_2(t)$ 和电流 $i_2(t)$。

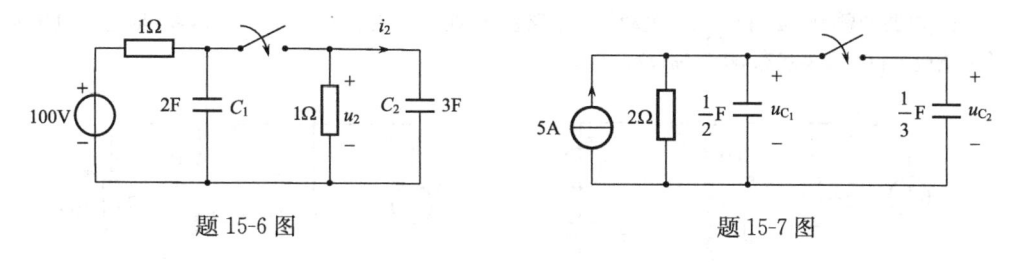

题 15-6 图　　　题 15-7 图

15-7 电路如题 15-7 图所示，开关动作前电路稳态，并且 $u_{C2}(0_-)=0$，$t=0$ 时闭合开关。试用拉普拉斯变换法求 $t\geqslant 0$ 时的电压 $u_{C2}(t)$，并画出其波形。

15-8 电路如题 15-8 图所示，求电路的零状态响应 $i_1(t)$ 和 $i_2(t)$。

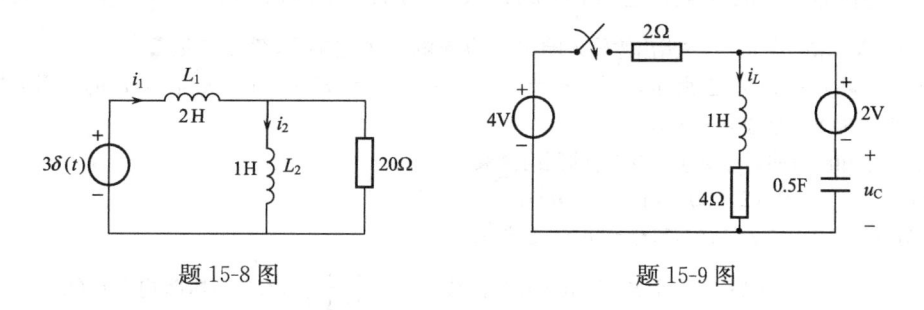

题 15-8 图　　　题 15-9 图

题 15-10 图

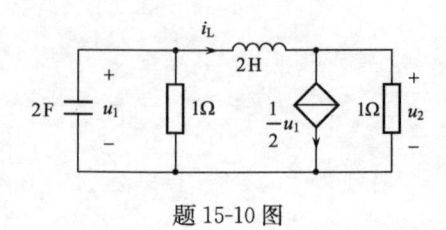

15-9 电路如题 15-9 图所示，开关动作前电路稳态，在 $t=0$ 时闭合开关。试用拉普拉斯变换求 $t \geqslant 0$ 时的电容电压 $u_C(t)$ 和电感电流 $i_L(t)$。

15-10 电路如题 15-10 图所示，已知 $u_1(0_-)=-2$V，$i_L(0_-)=1$A。求零输入响应 $u_2(t)$。

15-11 电路如题 15-11 图所示，开关动作前电路稳态，在 $t=0$ 时闭合开关。试求 $t \geqslant 0$ 时的全响应 $i_2(t)$。

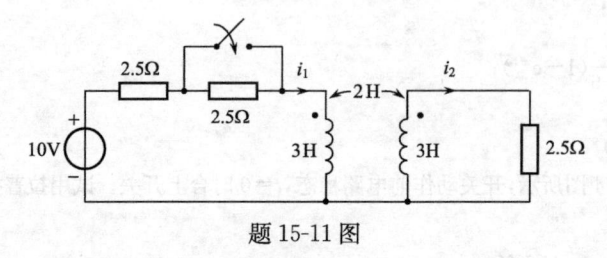

题 15-11 图

15-12 电路如题 15-12 图所示，开关动作前电路稳态，在 $t=0$ 时闭合开关。试求 $t \geqslant 0$ 时流过开关的电流 $i_K(t)$。

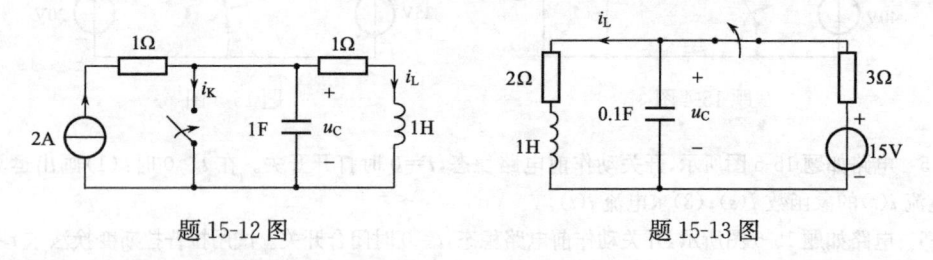

题 15-12 图   题 15-13 图

15-13 电路如题 15-13 图所示，开关动作前电路稳态，在 $t=0$ 时打开开关。试求 $t \geqslant 0$ 时的 $u_C(t)$。

15-14 电路如题 15-14 图所示，开关动作前电路稳态，在 $t=0$ 时打开开关。试求 $t \geqslant 0$ 时电容电压 $u_C(t)$ 的零输入响应 $u_{CP}(t)$ 和零状态响应 $u_{CR}(t)$。

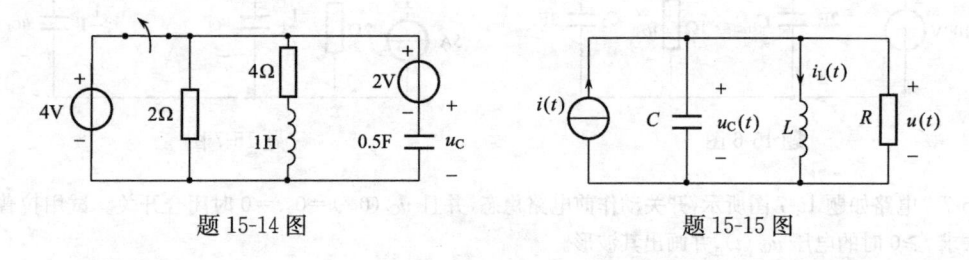

题 15-14 图   题 15-15 图

15-15 电路如题 15-15 图所示，已知 $L=0.2$H，$R=\frac{2}{7}\Omega$，$C=0.5$F，$u_C(0_-)=2$V，$i_L(0_-)=3$A，$i(t)=10\sin(5t)\varepsilon(t)$A。求响应 $u(t)$，并指出零输入响应、零状态响应、稳态响应、暂态响应。

15-16 电路如题 15-16 图所示，已知 $R_1=6\Omega$，$R_2=3\Omega$，$L=1$H，$\mu=1$。求当 $u_S(t)$ 的波形如题 15-16 图(b)所示时电路的零状态响应 $i_L(t)$。

15-17 已知网络的冲激响应，求相应的网络函数：
(1) $h(t)=e^{-2t}\varepsilon(t)$；(2) $h(t)=(1-e^{-2t})\varepsilon(t)$；
(3) $h(t)=\delta(t)-e^{-t}\varepsilon(t)$；(4) $h(t)=(e^{-t}+e^{-2t})\varepsilon(t)$。

15-18 电路如题 15-18 图所示，求(1)电压转移函数 $H(s)=\dfrac{U_2(s)}{U_1(s)}$；(2)单位阶跃响应 $u_2(t)$。

题 15-16 图

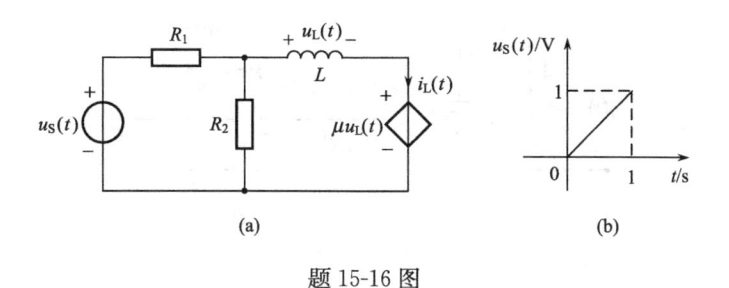

15-19 如题 15-19 图所示电路中的初始条件为零,试求(1)网络函数 $H(s)=\dfrac{I_0(s)}{U_S(s)}$;(2)响应 $i_0(t)$ 的冲激响应 $h(t)$ 和阶跃响应 $S(t)$。

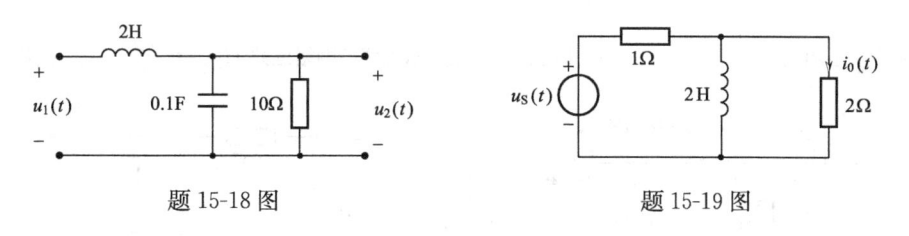

题 15-18 图   题 15-19 图

15-20 如题 15-20 图(a)所示为线性无源一端口网络,如题 15-20 图(b)所示为该网络驱动点导纳的零极点图。已知当 $u(t)=10\text{V}$(直流)时,$i(t)=1\text{A}$(直流),试求当 $u(t)=\delta(t)\text{(V)}$ 时 $i(t)$ 的表达式。

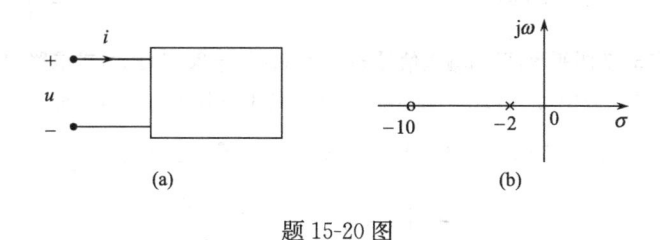

题 15-20 图

15-21 已知某网络函数 $H(s)$ 的零极点分布如题 15-21 图所示,且知 $|H(\text{j}2)|=3.29$。试写出网络函数。

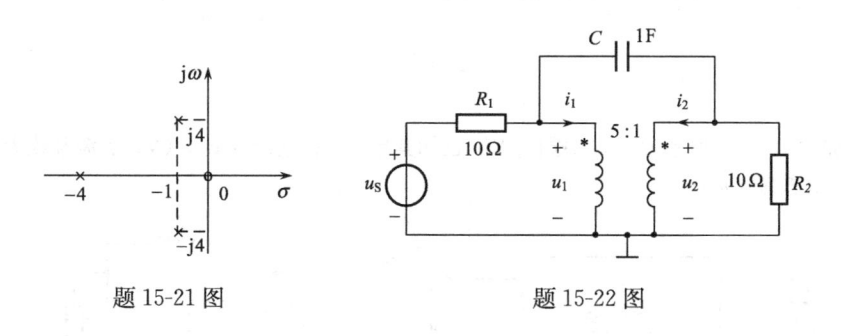

题 15-21 图   题 15-22 图

15-22 求如题 15-22 图所示电路的网络函数 $H(s)=\dfrac{U_2(s)}{U_S(s)}$。

15-23 如题 15-23 图(a)所示电路策动点阻抗 $Z(s)$ 的零极点分布如题 15-23 图(b)所示,且知 $Z(0)=3\Omega$。试求电路参数 R、L、C 的值。

15-24 已知某网络函数 $H(s)$ 的零极点分布如题 15-24 图所示,且知 $H(0)=1/3$。试写出网络函数,并求冲激响应和阶跃响应。

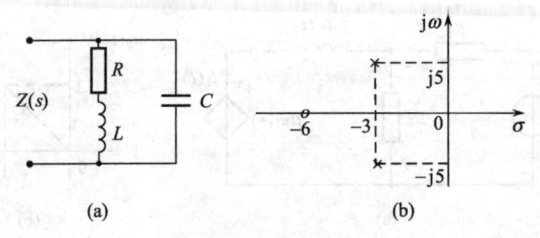

题 15-23 图

15-25 某电路的网络函数 $H(s)=H_0\dfrac{s+3}{s^2+3s+2}$,其中,$H_0$ 为未知常数。已知该电路的单位阶跃响应的终值为 1,试求该电路对何种激励的零状态响应为 $\left(1-\dfrac{4}{3}e^{-t}+\dfrac{1}{3}e^{-2t}\right)\varepsilon(t)$。

题 15-24 图

15-26 求如题 15-26 图所示电路的网络函数 $H(s)=\dfrac{U_2(s)}{U_1(s)}$,以及单位冲激响应。

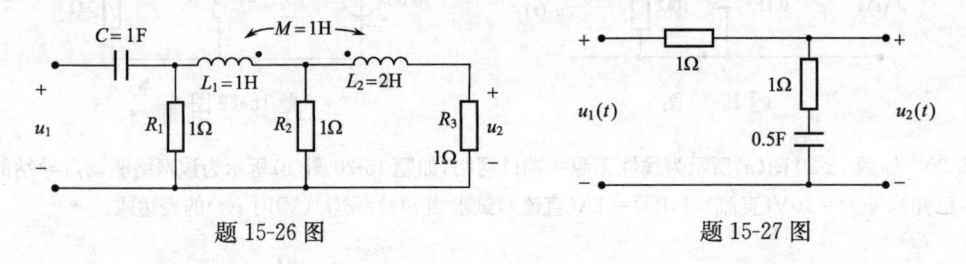

题 15-26 图

题 15-27 图

15-27 电路如题 15-27 图所示,已知输入信号 $u_1(t)=(3e^{-2t}+2e^{-3t})\varepsilon(t)$,求电路响应 $u_2(t)$。

15-28 在题 15-28 图(a)中,已知 $R_1=1\text{k}\Omega,R_2=0.5\text{k}\Omega,C=1\mu F,g=10^{-3}\text{S}$。(1)求网络函数 $H(s)=\dfrac{U_2(s)}{U_S(s)}$;(2)若激励 $u_S(t)$ 的波形如题 15-28 图(b)所示,求 $u_2(t)$ 的零状态响应。

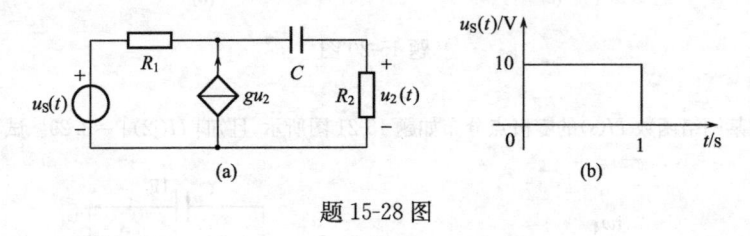

题 15-28 图

15-29 如题 15-29 图所示为一个二端口网络,已知其单位阶跃响应为 $e^{-\frac{1}{2}t}(V)$,若激励改为 $2\sin 2t(V)$,试求网络的零状态响应 $u_0(t)$。

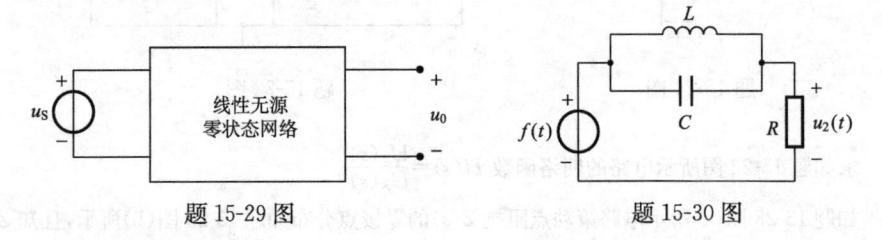

题 15-29 图

题 15-30 图

15-30 电路如题 15-30 图所示,(1)求网络函数 $H(s)=\dfrac{U_2(s)}{F(s)}$;(2)若输入信号 $f(t)=\cos(2t)\varepsilon(t)\text{V}$,今欲使 $u_2(t)$ 不出现强制响应分量(正弦稳态分量),试求 LC 的值;(3)若 $R=1\Omega,L=1\text{H}$,试按第(2)的条件求 $u_2(t)$。

第 16 章 二端口网络分析

此前的各章所讨论的各种电路分析方法均可用来求解电路中各处的电压和电流等变量。但有时,人们只关心电路中某几个端子上的量,于是提出"二端口网络"这样的概念。

根据所考虑的电路变量,电路划分为一端口网络、二端口网络、三端口网络等。实际工程中最常用的变压器、滤波器、放大器等都是二端口网络。

本章围绕内部不含独立电源、无初始储能的线性二端口网络进行讨论。

16.1 二端口网络及其分类

16.1.1 二端口网络的定义

如图 16-1 所示,网络 N 引出四个端子,如果在任一时刻都满足 $\dot{I}_1 = \dot{I}_1'$, $\dot{I}_2 = \dot{I}_2'$,则该网络就称为二端口网络。

图 16-1 四个引出端子的网络 N

其中,1-1′构成端口 1,2-2′构成端口 2。常见的二端口网络如图 16-2 所示。

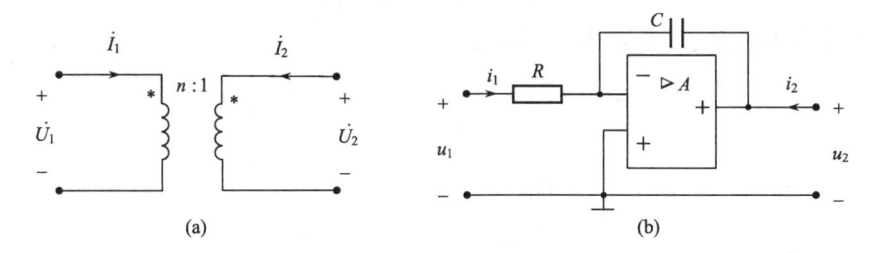

图 16-2 常见的二端口网络

二端口是具有四个端子的网络,但具有四个端子的网络不一定是二端口网络。如果图 16-1 所示的网络不满足端口条件,即 $\dot{I}_1 \neq \dot{I}_1'$, $\dot{I}_2 \neq \dot{I}_2'$,则网络只能称为四端网络,而不是二端口网络。

16.1.2 二端口网络的分类

按照组成元件的性质,二端口网络分为线性二端口与非线性二端口、时变二端口与非时变二端口、集中参数二端口与分布参数二端口、无源二端口与有源二端口、双向二端口(满足互易定理)与单向二端口(不满足互易定理)。

按照组成网络的联接形式,二端口网络分为对称二端口与非对称二端口、平衡二端口与非平衡二端口、L 形二端口、T 形二端口、π 形二端口、X 形二端口等。

内部不含独立电源、无初始储能的二端口网络称为松弛二端口网络,否则称为非松弛二端口网络。在一般情况下,非松弛二端口网络可由相应的松弛网络与独立电源构成的网络等效。

16.2 二端口网络的端口特性方程及其参数

如图16-3所示,如果只考虑两个端口的$\dot{U}_1$、$\dot{I}_1$、$\dot{U}_2$、$\dot{I}_2$,则输入端口(端口1)与输出端口(端口2)之间所经过的网络参数一定可以表征两个端口的关系。

下面以线性松弛二端口网络为例描述二端口网络的端口特性方程与参数。端口量$\dot{U}_1$、$\dot{I}_1$、$\dot{U}_2$、$\dot{I}_2$有六种组合的端口特性方程,本书重点描述其中的四种,即Z参数方程、Y参数方程、T参数方程和H参数方程。

图16-3 二端口网络

16.2.1 开路阻抗参数——Z参数

针对图16-3,以电流$\dot{I}_1$、$\dot{I}_2$为激励,根据线性网络的叠加定理,在$\dot{I}_1$、$\dot{I}_2$共同作用下的响应$\dot{U}_1$、$\dot{U}_2$为

$$\left.\begin{aligned}\dot{U}_1 &= Z_{11}\dot{I}_1 + Z_{12}\dot{I}_2 \\ \dot{U}_2 &= Z_{21}\dot{I}_1 + Z_{22}\dot{I}_2\end{aligned}\right\} \tag{16-1}$$

式(16-1)是二端口网络的Z参数方程,参数为

$$\left.\begin{aligned}Z_{11} = \left.\frac{\dot{U}_1}{\dot{I}_1}\right|_{\dot{I}_2=0} \quad Z_{12} = \left.\frac{\dot{U}_1}{\dot{I}_2}\right|_{\dot{I}_1=0} \\ Z_{21} = \left.\frac{\dot{U}_2}{\dot{I}_1}\right|_{\dot{I}_2=0} \quad Z_{22} = \left.\frac{\dot{U}_2}{\dot{I}_2}\right|_{\dot{I}_1=0}\end{aligned}\right\} \tag{16-2}$$

从特征上看,这四个参数均为开路阻抗参数,即

Z_{11}是输出端开路时的输入端阻抗,Z_{12}是输入端开路时的反向转移阻抗;

Z_{21}是输出端开路时的正向转移阻抗,Z_{22}是输入端开路时的输出端阻抗。

式(16-1)写成矩阵形式为

$$\begin{bmatrix}\dot{U}_1 \\ \dot{U}_2\end{bmatrix} = \begin{bmatrix}Z_{11} & Z_{12} \\ Z_{21} & Z_{22}\end{bmatrix}\begin{bmatrix}\dot{I}_1 \\ \dot{I}_2\end{bmatrix} \Rightarrow \dot{U} = Z\dot{I}$$

称Z为开路阻抗矩阵或Z参数矩阵。

由Z参数的物理含义可知,二端口网络的四个阻抗型参数都在网络某一端口开路的条件下得到,它们取决于网络内部结构与元件参数,而与网络的端口变量无关,可以用来表征网络端口变量的关系。这类似于一个5Ω电阻,阻值与其两端电压和流过电流无关,但这个阻值反映该电阻上电压和电流应满足的关系。

若二端口网络的两个端口满足互易定理,即为双向网络或互易网络,则在端口1加电流源$\dot{I}_1$时在端口2产生的开路电压$\dot{U}_2|_{\dot{I}_2=0}$和在端口2加电流源$\dot{I}_2$时在端口1产生的开路电压$\dot{U}_1|_{\dot{I}_1=0}$应相等,即

$$\left.\frac{\dot{U}_2}{\dot{I}_1}\right|_{\dot{I}_2=0} = \left.\frac{\dot{U}_1}{\dot{I}_2}\right|_{\dot{I}_1=0}$$

或

$$Z_{12} = Z_{21} \tag{16-3}$$

若二端口网络是对称网络,根据对称关系有

$$\left.\frac{\dot{U}_1}{\dot{I}_1}\right|_{\dot{I}_2=0} = \left.\frac{\dot{U}_2}{\dot{I}_2}\right|_{\dot{I}_1=0}$$

即

$$Z_{11} = Z_{22} \tag{16-4}$$

例 16-1 求如图 16-4 所示 T 形网络的 Z 参数。

解 将 $\dot{I}_1$ 和 $\dot{I}_2$ 设为两个回路电流,列写回路电流方程为

$$\begin{cases} \dot{U}_1 = (Z_1+Z_3)\dot{I}_1 + Z_3\dot{I}_2 \\ \dot{U}_2 = Z_3\dot{I}_1 + (Z_2+Z_3)\dot{I}_2 \end{cases}$$

与 Z 参数方程(16-1)比较可得

$$Z_{11} = Z_1 + Z_3, Z_{12} = Z_3, Z_{21} = Z_3, Z_{22} = Z_2 + Z_3$$

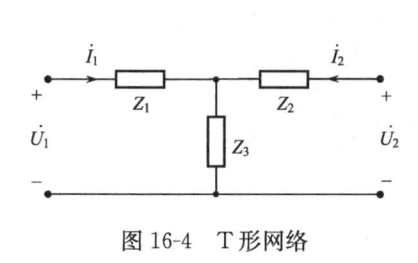

图 16-4 T 形网络

图 16-5 X 形网络

例 16-2 求如图 16-5 所示 X 形网络的 Z 参数。

解 由 Z 参数的定义可知

$$Z_{11} = \left.\frac{\dot{U}_1}{\dot{I}_1}\right|_{\dot{I}_2=0} = \frac{1}{2}(Z_1+Z_2) \quad Z_{12} = \left.\frac{\dot{U}_1}{\dot{I}_2}\right|_{\dot{I}_1=0} = \frac{1}{2}(Z_2-Z_1)$$

由于网络双向对称,所以

$$Z_{22} = Z_{11} = \frac{1}{2}(Z_1+Z_2) \quad Z_{21} = Z_{12} = \frac{1}{2}(Z_2-Z_1)$$

例 16-3 求如图 16-6 所示二端口网络的 Z 参数。

解 列写回路电流方程

$$\begin{cases} \dot{U}_1' = (R_1+R_2)\dot{I}_1' + R_2\dot{I}_2 + \alpha\dot{U}_1' \\ \dot{U}_2 = (R_2+R_3)\dot{I}_2 + R_2\dot{I}_1' + \alpha\dot{U}_1' \\ \dot{U}_1 = -n\dot{U}_1' \\ \dot{I}_1' = -n\dot{I}_1 \end{cases}$$

图 16-6 例 16-3 图

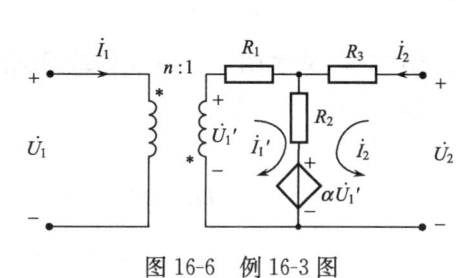

整理得

$$\begin{cases} \dot{U}_1 = -\dfrac{n^2}{\alpha-1}(R_1+R_2)\dot{I}_1 + \dfrac{n}{\alpha-1}R_2\dot{I}_2 \\ \dot{U}_2 = \left[-nR_2+\dfrac{\alpha n}{\alpha-1}(R_1+R_2)\right]\dot{I}_1 + \left(R_2+R_3-\dfrac{\alpha}{\alpha-1}R_2\right)\dot{I}_2 \end{cases}$$

所以,Z 参数矩阵为

$$\mathbf{Z} = \begin{bmatrix} -\dfrac{n^2}{\alpha-1}(R_1+R_2) & \dfrac{n}{\alpha-1}R_2 \\ -nR_2+\dfrac{\alpha n}{\alpha-1}(R_1+R_2) & R_2+R_3-\dfrac{\alpha}{\alpha-1}R_2 \end{bmatrix}$$

16.2.2 短路导纳参数——Y 参数

针对图 16-3,以电压 $\dot{U}_1$、$\dot{U}_2$ 为激励,根据线性网络的叠加定理,在 $\dot{U}_1$、$\dot{U}_2$ 共同作用下的响应 $\dot{I}_1$、$\dot{I}_2$ 为

$$\left.\begin{aligned} \dot{I}_1 &= Y_{11}\dot{U}_1 + Y_{12}\dot{U}_2 \\ \dot{I}_2 &= Y_{21}\dot{U}_1 + Y_{22}\dot{U}_2 \end{aligned}\right\} \tag{16-5}$$

式(16-5)是二端口网络的 Y 参数方程,式中的参数为

$$\left.\begin{aligned} Y_{11} &= \dfrac{\dot{I}_1}{\dot{U}_1}\bigg|_{\dot{U}_2=0} & Y_{12} &= \dfrac{\dot{I}_1}{\dot{U}_2}\bigg|_{\dot{U}_1=0} \\ Y_{21} &= \dfrac{\dot{I}_2}{\dot{U}_1}\bigg|_{\dot{U}_2=0} & Y_{22} &= \dfrac{\dot{I}_2}{\dot{U}_2}\bigg|_{\dot{U}_1=0} \end{aligned}\right\} \tag{16-6}$$

从特征上看,这四个参数均为短路导纳参数,即

Y_{11} 是输出端短路时的输入端导纳,Y_{12} 是输入端短路时的反向转移导纳;

Y_{21} 是输出端短路时的正向转移导纳,Y_{22} 是输入端短路时的输出端导纳。

式(16-5)写成矩阵形式为

$$\begin{bmatrix} \dot{I}_1 \\ \dot{I}_2 \end{bmatrix} = \begin{bmatrix} Y_{11} & Y_{12} \\ Y_{21} & Y_{22} \end{bmatrix} \begin{bmatrix} \dot{U}_1 \\ \dot{U}_2 \end{bmatrix} \Rightarrow \dot{I} = \mathbf{Y}\dot{U}$$

Y 为短路导纳矩阵或 Y 参数矩阵。

与 Z 参数类似,若二端口网络的两个端口满足互易定理,即为双向网络,则有

$$Y_{12} = Y_{21} \tag{16-7}$$

若二端口网络是对称网络,根据对称关系有

$$Y_{11} = Y_{22} \tag{16-8}$$

例 16-4 求如图 16-7 所示传输线网络的 Y 参数。

解 由图 16-7 可得

$$\begin{cases} \dot{U}_1 - \dot{U}_2 = Z_0\dot{I}_1 \\ \dot{I}_1 = -\dot{I}_2 \end{cases} \quad 即 \quad \begin{cases} \dot{I}_1 = \dfrac{\dot{U}_1}{Z_0} - \dfrac{\dot{U}_2}{Z_0} \\ \dot{I}_2 = -\dot{I}_1 = -\dfrac{\dot{U}_1}{Z_0} + \dfrac{\dot{U}_2}{Z_0} \end{cases}$$

与 Y 参数方程(16-5)比较可得

$$Y_{11} = \frac{1}{Z_0}, Y_{12} = -\frac{1}{Z_0}, Y_{21} = -\frac{1}{Z_0}, Y_{22} = \frac{1}{Z_0}$$

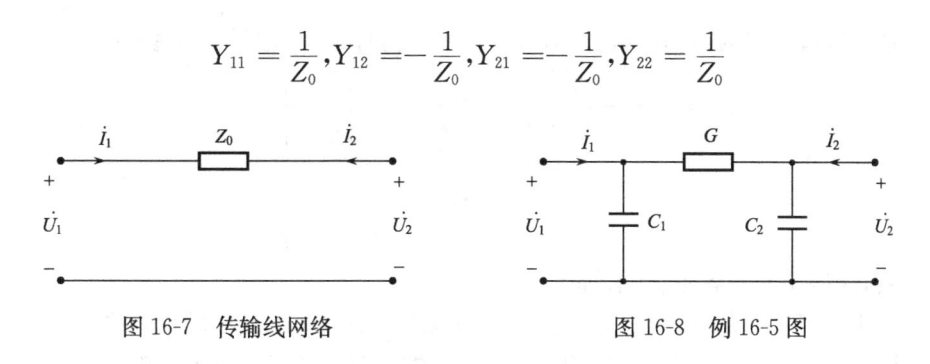

图 16-7 传输线网络　　　图 16-8 例 16-5 图

例 16-5 求如图 16-8 所示二端口网络的 Y 参数。

解 由图 16-8 列写节点电压方程(视 $\dot{I}_1$、$\dot{I}_2$ 为电流源)，即

$$\begin{cases} (G+j\omega C_1)\dot{U}_1 - G\dot{U}_2 = \dot{I}_1 \\ (G+j\omega C_2)\dot{U}_2 - G\dot{U}_1 = \dot{I}_2 \end{cases}$$

与 Y 参数方程(16-5)比较可得

$$Y_{11} = G + j\omega C_1, Y_{12} = -G, Y_{21} = -G, Y_{22} = G + j\omega C_2$$

例 16-6 求如图 16-9 所示二端口网络的 Y 参数。

解 由图 16-9 列写节点电压方程(视 $\dot{I}_1$、$\dot{I}_2$ 为电流源)，得

$$\begin{cases} \left(\dfrac{1}{R_b} + j\omega C\right)\dot{U}_1 - j\omega C \dot{U}_2 = \dot{I}_1 + \dfrac{\mu}{R_b}\dot{U}_2 \\ (G + j\omega C)\dot{U}_2 - j\omega C \dot{U}_1 = \dot{I}_2 - \beta \dot{I}_b \\ \dot{I}_b = \dfrac{1}{R_b}(\dot{U}_1 - \mu\dot{U}_2) \end{cases}$$

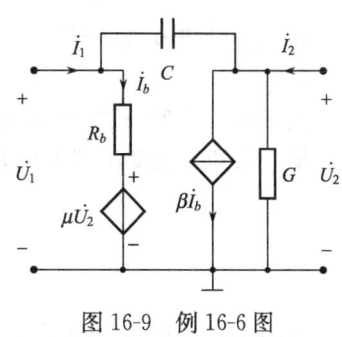

图 16-9 例 16-6 图

整理可得

$$\begin{cases} \left(\dfrac{1}{R_b} + j\omega C\right)\dot{U}_1 + \left(-j\omega C - \dfrac{\mu}{R_b}\right)\dot{U}_2 = \dot{I}_1 \\ \left(-j\omega C + \dfrac{\beta}{R_b}\right)\dot{U}_1 + \left(G + j\omega C - \dfrac{\beta\mu}{R_b}\right)\dot{U}_2 = \dot{I}_2 \end{cases}$$

所以，Y 参数用矩阵表示为

$$\boldsymbol{Y} = \begin{bmatrix} \dfrac{1}{R_b} + j\omega C & -j\omega C - \dfrac{\mu}{R_b} \\ -j\omega C + \dfrac{\beta}{R_b} & G + j\omega C - \dfrac{\beta\mu}{R_b} \end{bmatrix}$$

16.2.3 传输参数——T 参数

针对图 16-3，以电压 $\dot{U}_2$、$-\dot{I}_2$ 为激励，根据线性网络的叠加定理，在 $\dot{U}_2$、$-\dot{I}_2$ 共同作用下的响应 $\dot{U}_1$、$\dot{I}_1$ 为

$$\left.\begin{aligned} \dot{U}_1 &= A\dot{U}_2 - B\dot{I}_2 \\ \dot{I}_1 &= C\dot{U}_2 - D\dot{I}_2 \end{aligned}\right\} \tag{16-9}$$

式(16-9)是二端口网络的传输参数方程,式中"—"号可体现"传输"性,其参数为

$$A = \frac{\dot{U}_1}{\dot{U}_2}\bigg|_{\dot{I}_2=0} \quad B = \frac{\dot{U}_1}{-\dot{I}_2}\bigg|_{\dot{U}_2=0} \\ C = \frac{\dot{I}_1}{\dot{U}_2}\bigg|_{\dot{I}_2=0} \quad D = \frac{\dot{I}_1}{-\dot{I}_2}\bigg|_{\dot{U}_2=0}$$

(16-10)

从特征上看,这四个参数各不相同,即

A 是输出端开路时的反向电压传输比,B 是输出端短路时的反向转移阻抗;
C 是输出端开路时的反向转移导纳,D 是输出端短路时的反向电流传输比。

式(16-9)写成矩阵形式为

$$\begin{bmatrix} \dot{U}_1 \\ \dot{I}_1 \end{bmatrix} = \begin{bmatrix} A & B \\ C & D \end{bmatrix} \begin{bmatrix} \dot{U}_2 \\ -\dot{I}_2 \end{bmatrix} = \boldsymbol{T} \begin{bmatrix} \dot{U}_2 \\ -\dot{I}_2 \end{bmatrix}$$

式中,$\boldsymbol{T}$ 为传输参数矩阵或 $\boldsymbol{T}$ 参数矩阵。

若二端口网络的两个端口满足互易定理,即为双向网络,则

$$AD - BC = 1 \tag{16-11}$$

若二端口网络是对称网络,根据对称关系有

$$A = D \tag{16-12}$$

例 16-7 求如图 16-10 所示理想变压器的 T 参数。

解 已知理想变压器方程为

$$\begin{cases} \dot{U}_1 = n\dot{U}_2 \\ \dot{I}_1 = -\frac{1}{n}\dot{I}_2 \end{cases}$$

与 T 参数方程(16-9)比较可得

$$A = n, B = 0, C = 0, D = \frac{1}{n}$$

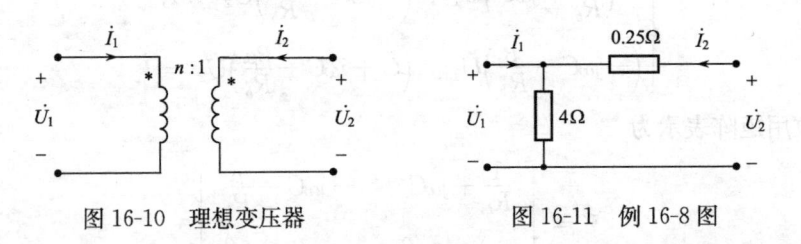

图 16-10 理想变压器   图 16-11 例 16-8 图

例 16-8 求如图 16-11 所示二端口网络的 T 参数。

解 由 T 参数定义可得

$$A = \frac{\dot{U}_1}{\dot{U}_2}\bigg|_{\dot{I}_2=0} = 1 \quad B = \frac{\dot{U}_1}{-\dot{I}_2}\bigg|_{\dot{U}_2=0} = \frac{\dot{U}_1}{\dot{U}_1/0.25} = 0.25$$

$$C = \frac{\dot{I}_1}{\dot{U}_2}\bigg|_{\dot{I}_2=0} = \frac{\dot{I}_1}{4\dot{I}_1} = 0.25 \quad D = \frac{\dot{I}_1}{-\dot{I}_2}\bigg|_{\dot{U}_2=0} = \frac{\dot{I}_1}{\frac{4}{4+0.25}\dot{I}_1} = \frac{17}{16}$$

例 16-9 电路如图 16-12 所示,已知开关打开时 $\dot{U}_3=9\mathrm{V},\dot{U}_1=5\mathrm{V},\dot{U}_2=3\mathrm{V}$;开关闭合时

$\dot U_3=8\text{V},\dot U_1=4\text{V},\dot U_2=2\text{V}$。求二端口网络的 T 参数。

解 由 T 参数定义可得,开关打开时

$$A=\left.\frac{\dot U_1}{\dot U_2}\right|_{\dot I_2=0}=\frac{5}{3}\quad C=\left.\frac{\dot I_1}{\dot U_2}\right|_{\dot I_2=0}=\frac{\dot U_3-\dot U_1}{R_1\dot U_2}=\frac{1}{3}$$

开关闭合时

$$\dot I_1=\frac{\dot U_3-\dot U_1}{R_1}=1(\text{A})\quad \dot I_2=-\frac{\dot U_2}{R_2}=-\frac{1}{3}(\text{A})$$

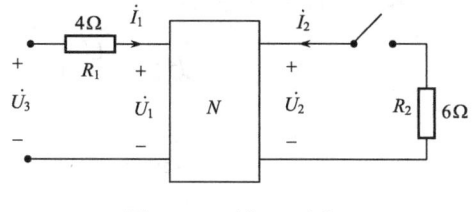

图 16-12 例 16-9 图

所以,由 T 参数方程可得

$$\begin{cases}\dot U_1=A\dot U_2+B(-\dot I_2)=\dfrac{5}{3}\times 2+\dfrac{1}{3}\times B=4\text{V}\\[2mm] \dot I_1=C\dot U_2+D(-\dot I_2)=\dfrac{1}{3}\times 2+\dfrac{1}{3}\times D=1\text{A}\end{cases}$$

求得 $B=2,D=1$,所以 T 参数用矩阵表示为

$$\boldsymbol{T}=\begin{bmatrix}5/3 & 2\\ 1/3 & 1\end{bmatrix}$$

16.2.4 混合参数——H 参数

针对图 16-3,以电压 $\dot I_1$、$\dot U_2$ 为激励,根据线性网络的叠加定理,在 $\dot I_1$、$\dot U_2$ 共同作用下的响应 $\dot U_1$、$\dot I_2$ 为

$$\left.\begin{aligned}\dot U_1&=H_{11}\dot I_1+H_{12}\dot U_2\\ \dot I_2&=H_{21}\dot I_1+H_{22}\dot U_2\end{aligned}\right\} \tag{16-13}$$

式(16-13)是二端口网络的混合参数方程,其参数为

$$\left.\begin{aligned}H_{11}&=\left.\frac{\dot U_1}{\dot I_1}\right|_{\dot U_2=0} & H_{12}&=\left.\frac{\dot U_1}{\dot U_2}\right|_{\dot I_1=0}\\ H_{21}&=\left.\frac{\dot I_2}{\dot I_1}\right|_{\dot U_2=0} & H_{22}&=\left.\frac{\dot I_2}{\dot U_2}\right|_{\dot I_1=0}\end{aligned}\right\} \tag{16-14}$$

从特征上看,这四个参数各不相同,即

H_{11} 是输出端短路时的输入阻抗,H_{12} 是输入端开路时的反向电压传输比;

H_{21} 是输出端短路时的正向电流传输比,H_{22} 是输入端开路时的输出导纳。

式(16-13)写成矩阵形式为

$$\begin{bmatrix}\dot U_1\\ \dot I_2\end{bmatrix}=\begin{bmatrix}H_{11} & H_{12}\\ H_{21} & H_{22}\end{bmatrix}\begin{bmatrix}\dot I_1\\ \dot U_2\end{bmatrix}=\boldsymbol{H}\begin{bmatrix}\dot I_1\\ \dot U_2\end{bmatrix}$$

式中,$\boldsymbol{H}$ 为混合参数矩阵或 $\boldsymbol{H}$ 参数矩阵。

若二端口网络的两个端口满足互易定理,即为双向网络,则

$$H_{12}=-H_{21} \tag{16-15}$$

若二端口网络是对称网络,根据对称关系有

$$H_{11}H_{22}-H_{12}H_{21}=1 \tag{16-16}$$

例 16-10 求如图 16-13 所示网络的 H 参数。

解 由 H 参数定义可得

$$H_{11} = \frac{\dot{U}_1}{\dot{I}_1}\bigg|_{\dot{U}_2=0} = j\omega L \quad H_{12} = \frac{\dot{U}_1}{\dot{U}_2}\bigg|_{\dot{I}_1=0} = 1$$

$$H_{21} = \frac{\dot{I}_2}{\dot{I}_1}\bigg|_{\dot{U}_2=0} = -1 \quad H_{22} = \frac{\dot{I}_2}{\dot{U}_2}\bigg|_{\dot{I}_1=0} = j\omega C$$

图 16-13 例 16-10 图   图 16-14 例 16-11 图

例 16-11 求如图 16-14 所示交叉短路线的 H 参数。

解 由 H 参数定义可得

$$H_{11} = \frac{\dot{U}_1}{\dot{I}_1}\bigg|_{\dot{U}_2=0} = 0 \quad H_{12} = \frac{\dot{U}_1}{\dot{U}_2}\bigg|_{\dot{I}_1=0} = -1$$

$$H_{21} = \frac{\dot{I}_2}{\dot{I}_1}\bigg|_{\dot{U}_2=0} = 1 \quad H_{22} = \frac{\dot{I}_2}{\dot{U}_2}\bigg|_{\dot{I}_1=0} = 0$$

例 16-12 电路如图 16-15 所示，已知开关打开时 $\dot{I}_S = 10\text{mA}, \dot{I}_1 = 5\text{mA}, \dot{U}_2 = -250\text{V}$；开关闭合时 $\dot{I}_S = 10\text{mA}, \dot{I}_1 = 5\text{mA}, \dot{U}_2 = -125\text{V}$。求二端口网络的 H 参数。

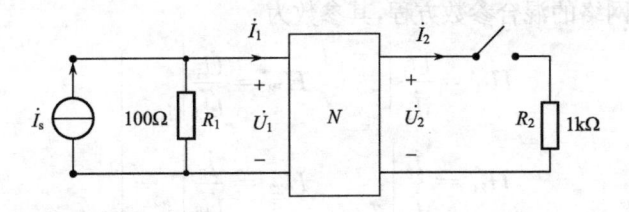

图 16-15 例 16-12 图

解 由于图 16-15 中的 $\dot{I}_2$ 反向，所以 H 参数方程为

$$\begin{cases} \dot{U}_1 = H_{11}\dot{I}_1 + H_{12}\dot{U}_2 \\ -\dot{I}_2 = H_{21}\dot{I}_1 + H_{22}\dot{U}_2 \end{cases}$$

开关打开时 $\dot{U}_1 = R_1(\dot{I}_s - \dot{I}_1) = 0.5\text{V}, \dot{I}_2 = 0$，代入方程得

$$\begin{cases} 0.5 = H_{11} \times 5 \times 10^{-3} - H_{12} \times 250 \\ 0 = H_{21} \times 5 \times 10^{-3} - H_{22} \times 250 \end{cases}$$

开关闭合时 $\dot{U}_1 = R_1(\dot{I}_s - \dot{I}_1) = 0.5\text{V}, \dot{I}_2 = -0.125\text{A}$，代入方程得

$$\begin{cases} 0.5 = H_{11} \times 5 \times 10^{-3} - H_{12} \times 125 \\ 0.125 = H_{21} \times 5 \times 10^{-3} - H_{22} \times 125 \end{cases}$$

联立上述方程求解，可得 H 参数矩阵为

$$\boldsymbol{H} = \begin{bmatrix} 100 & 0 \\ 50 & 10^{-3} \end{bmatrix}$$

16.2.5 四种参数之间的互换

以上介绍的四种参数方程之间有着密切的关系，由一种形式的参数方程，经过一定的代数运算，可以转化为其他形式的参数方程，它们之间可以根据所定义的方程进行换算。

表 16-1 列出了这四种参数之间的相应关系。

表 16-1 四种参数之间的对应关系

	Z	Y	T	H
Z	$Z_{11}\ \ Z_{12}$ $Z_{21}\ \ Z_{22}$	$\dfrac{Y_{22}}{\Delta Y}\ \ -\dfrac{Y_{12}}{\Delta Y}$ $-\dfrac{Y_{21}}{\Delta Y}\ \ \dfrac{Y_{11}}{\Delta Y}$	$\dfrac{A}{C}\ \ \dfrac{\Delta T}{C}$ $\dfrac{1}{C}\ \ \dfrac{D}{C}$	$\dfrac{\Delta H}{H_{22}}\ \ \dfrac{H_{12}}{H_{22}}$ $-\dfrac{H_{21}}{H_{22}}\ \ \dfrac{1}{H_{22}}$
Y	$\dfrac{Z_{22}}{\Delta Z}\ \ -\dfrac{Z_{12}}{\Delta Z}$ $-\dfrac{Z_{21}}{\Delta Z}\ \ \dfrac{Z_{11}}{\Delta Z}$	$Y_{11}\ \ Y_{12}$ $Y_{21}\ \ Y_{22}$	$\dfrac{D}{B}\ \ -\dfrac{\Delta T}{B}$ $-\dfrac{1}{B}\ \ \dfrac{A}{B}$	$\dfrac{1}{H_{11}}\ \ -\dfrac{H_{12}}{H_{11}}$ $\dfrac{H_{21}}{H_{11}}\ \ \dfrac{\Delta H}{H_{11}}$
T	$\dfrac{Z_{11}}{Z_{21}}\ \ \dfrac{\Delta Z}{Z_{21}}$ $\dfrac{1}{Z_{21}}\ \ \dfrac{Z_{22}}{Z_{21}}$	$-\dfrac{Y_{22}}{Y_{21}}\ \ -\dfrac{1}{Y_{21}}$ $-\dfrac{\Delta Y}{Y_{21}}\ \ -\dfrac{Y_{11}}{Y_{21}}$	$A\ \ B$ $C\ \ D$	$-\dfrac{\Delta H}{H_{21}}\ \ -\dfrac{H_{11}}{H_{21}}$ $-\dfrac{H_{22}}{H_{21}}\ \ -\dfrac{1}{H_{21}}$
H	$\dfrac{\Delta Z}{Z_{22}}\ \ \dfrac{Z_{12}}{Z_{22}}$ $-\dfrac{Z_{21}}{Z_{22}}\ \ \dfrac{1}{Z_{22}}$	$\dfrac{1}{Y_{11}}\ \ -\dfrac{Y_{12}}{Y_{11}}$ $\dfrac{Y_{21}}{Y_{11}}\ \ \dfrac{\Delta Y}{Y_{11}}$	$\dfrac{B}{D}\ \ \dfrac{\Delta T}{D}$ $-\dfrac{1}{D}\ \ \dfrac{C}{D}$	$H_{11}\ \ H_{12}$ $H_{21}\ \ H_{22}$

注：表中 $\Delta Z = Z_{11}Z_{22} - Z_{12}Z_{21}$，$\Delta Y = Y_{11}Y_{22} - Y_{12}Y_{21}$，$\Delta T = AD - BC$，$\Delta H = H_{11}H_{22} - H_{12}H_{21}$。

16.3 二端口网络的特性阻抗

16.3.1 输入端阻抗与输出端阻抗

如图 16-16 所示，设网络 N 的 T 参数已知，当输出端接负载 Z_{L2} 时，输入端阻抗为

$$Z_{i1} = \frac{\dot{U}_1}{\dot{I}_1} = \frac{A\dot{U}_2 - B\dot{I}_2}{C\dot{U}_2 - D\dot{I}_2}$$

由于 $\dot{U}_2 = -Z_{L2}\dot{I}_2$，代入上式得

$$Z_{i1} = \frac{\dot{U}_1}{\dot{I}_1} = \frac{AZ_{L2} + B}{CZ_{L2} + D} \tag{16-17}$$

此式表明，输入端负载 Z_{i1} 随输出端负载 Z_{L2} 的变化而变，即二端口网络能进行阻抗变换。

如图 16-17 所示，设网络 N 的 T 参数已知，当输入端接负载 Z_{L1} 时，输出端阻抗为

$$Z_{i2} = \frac{\dot{U}_2}{\dot{I}_2} = \frac{D\dot{U}_1 - B\dot{I}_1}{C\dot{U}_1 - A\dot{I}_1}$$

由于 $\dot{U}_1 = -Z_{L1}\dot{I}_1$，代入上式得

$$Z_{i2} = \frac{\dot{U}_2}{\dot{I}_2} = \frac{DZ_{L1}+B}{CZ_{L1}+A} \tag{16-18}$$

此式表明，输出端负载 Z_{i2} 随输入端负载 Z_{L1} 的变化而变，即二端口网络能进行阻抗变换。上述两方面的结论说明，二端口网络能进行双向的阻抗变换。

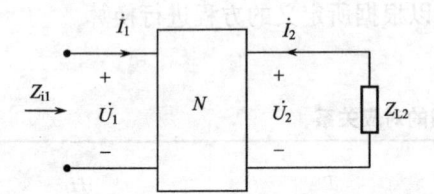

图 16-16　输出端接负载的二端口网络 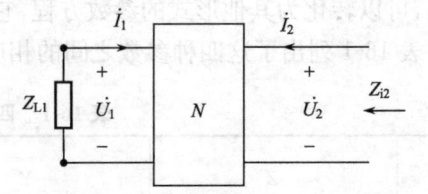　　　图 16-17　输入端接负载的二端口网络

16.3.2　二端口网络的输入端特性阻抗 Z_{C1} 与输出端特性阻抗 Z_{C2}

已知输出端接有负载的二端口网络的输入端阻抗为

$$Z_{i1} = \frac{AZ_{L2}+B}{CZ_{L2}+D}$$

当负载处于两种极端情况，即 $Z_{L2}=0$ 和 $Z_{L2}=\infty$ 时，有

$$\left.\begin{array}{l} Z_{i1}(0) = \dfrac{B}{D} \\ Z_{i1}(\infty) = \dfrac{A}{C} \end{array}\right\} \tag{16-19}$$

于是定义：二端口网络的输入端特性阻抗 Z_{C1} 等于 $Z_{i1}(0)$ 和 $Z_{i1}(\infty)$ 的几何平均值，即

$$Z_{C1} = \sqrt{Z_{i1}(0)Z_{i1}(\infty)} = \sqrt{\frac{AB}{CD}} \tag{16-20}$$

同样，已知输入端接有负载的二端口网络的输出端阻抗为

$$Z_{i2} = \frac{DZ_{L1}+B}{CZ_{L1}+A}$$

当负载处于两种极端情况，即 $Z_{L1}=0$ 和 $Z_{L1}=\infty$ 时，有

$$\left.\begin{array}{l} Z_{i2}(0) = \dfrac{B}{A} \\ Z_{i2}(\infty) = \dfrac{D}{C} \end{array}\right\} \tag{16-21}$$

于是定义：二端口网络的输出端特性阻抗 Z_{C2} 等于 $Z_{i2}(0)$ 和 $Z_{i2}(\infty)$ 的几何平均值，即

$$Z_{C2} = \sqrt{Z_{i2}(0)Z_{i2}(\infty)} = \sqrt{\frac{DB}{AC}} \tag{16-22}$$

由此可知，Z_{C1} 和 Z_{C2} 只与网络参数有关，而与外电路无关，故称 Z_{C1} 和 Z_{C2} 为网络的特性阻抗。

16.3.3　对称二端口网络的特性阻抗 Z_C

当二端口网络对称时，T 参数中的 $A=D$，则此时有

$$Z_{C1} = Z_{C2} = \sqrt{\frac{B}{C}} \triangleq Z_C \tag{16-23}$$

于是，在对称二端口网络的输出(入)端接上负载 Z_C 时，从输入(出)端看进去的阻抗等于 Z_C，因此 Z_C 称为重复阻抗。此时有

$$Z_C = \sqrt{Z_i(0)Z_i(\infty)} \tag{16-24}$$

16.3.4 二端口网络特性阻抗的重要性质

性质 1：当二端口网络的负载阻抗 Z_{L2} 等于输出端特性阻抗 Z_{C2} 时，其输入端阻抗 Z_{i1} 等于输入端特性阻抗 Z_{C1}。

证明：

$$Z_{i1} = \frac{AZ_{L2}+B}{CZ_{L2}+D} = \frac{AZ_{C2}+B}{CZ_{C2}+D} = \frac{A\sqrt{\frac{DB}{AC}}+B}{C\sqrt{\frac{DB}{AC}}+D} = \sqrt{\frac{AB}{CD}} = Z_{C1}$$

性质 2：当二端口网络的负载阻抗 Z_{L1} 等于输入端特性阻抗 Z_{C1} 时，其输出端阻抗 Z_{i2} 等于输出端特性阻抗 Z_{C2}。

证明：

$$Z_{i2} = \frac{DZ_{L1}+B}{CZ_{L1}+A} = \frac{DZ_{C1}+B}{CZ_{C1}+A} = \frac{D\sqrt{\frac{AB}{CD}}+B}{C\sqrt{\frac{AB}{CD}}+A} = \sqrt{\frac{DB}{CA}} = Z_{C2}$$

性质 3：当二端口网络的输入端所接负载阻抗 $Z_{L1} = Z_{C1}$，并且输出端所接负载阻抗 $Z_{L2} = Z_{C2}$ 时，信号通过该网络时能量损失最小，网络的这种工作状态称为全匹配。

例 16-13 如图 16-18 所示，已知网络 N 的 T 参数为 $A = \frac{4}{3}, B = 1, C = \frac{1}{3}, D = 1$，并知 $R_2 = 1\Omega, R_1 = Z_{C1}$（特性阻抗），$u_S = 22\cos\omega t$。求电流 i_3。

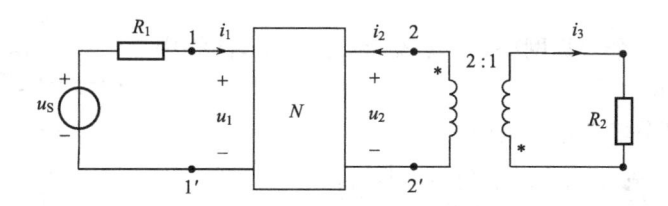

图 16-18 例 16-13 图之一

解 先求出从 $2\text{-}2'$ 往左看的戴维南等效电路。

已知 $R_1 = Z_{C1} = \sqrt{\frac{AB}{CD}} = 2\Omega$，根据性质 2 可知

$$R_{2\text{-}2'} = Z_{C2} = \sqrt{\frac{DB}{CA}} = 1.5\Omega$$

由 T 参数方程

$$\begin{cases} u_1 = Au_2 - Bi_2 \\ i_1 = Cu_2 - Di_2 \end{cases}$$

求 2-2' 的开路电压 $u_{2\text{-}2'}$。当 2-2' 开路时 $i_2=0$，此时 $u_2=u_{2\text{-}2'}$，即

$$\begin{cases} u_1 = Au_{2\text{-}2'} \\ i_1 = Cu_{2\text{-}2'} \end{cases}$$

又知 $u_1 = u_S - R_1 i_1$，于是可得

$$u_{2\text{-}2'} = \frac{u_S}{A + CR_1} = 11\cos\omega t$$

此时，电路等效为图 16-19。

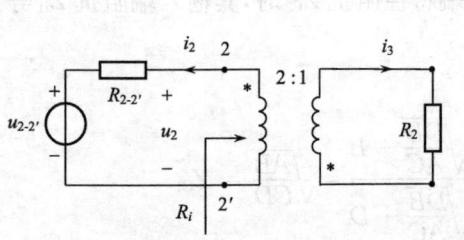

根据理想变压器的特性方程，有

$$\begin{cases} u_2 = -nu_1 \\ i_3 = ni_2 \end{cases}$$

则

$$R_i = \frac{-u_2}{i} = n^2 \frac{u_3}{i_3} = n^2 R_2$$

图 16-19 例 16-13 图之二

所以

$$i_3 = 2i_2 = 2\left(-\frac{u_{2\text{-}2'}}{R_{2\text{-}2'} + R_i}\right) = 2\left(-\frac{u_{2\text{-}2'}}{R_{2\text{-}2'} + n^2 R_2}\right) = -4\cos\omega t$$

例 16-14 求图 16-20 所示网络的特性阻抗 Z_C。

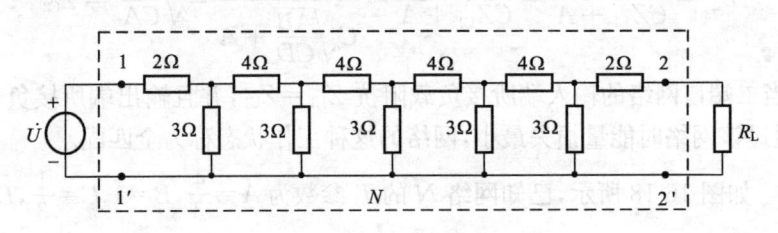

图 16-20 例 16-14 图之一

解 该网络是一个对称网络，所以 $Z_{C1}=Z_{C2}=Z_C$，网络中的一个环节如图 16-21 所示。

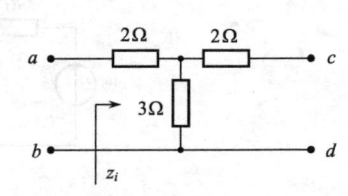

网络由这个环节经 5 级级联而成。

当 $c\text{-}d$ 短接时，得 $Z_i(0)=2+\frac{2\times 3}{2+3}=\frac{16}{5}(\Omega)$；

当 $c\text{-}d$ 开路时，得 $Z_i(\infty)=2+3=5(\Omega)$。

图 16-21 例 16-14 图之二

所以

$$Z_C = \sqrt{Z_i(0)Z_i(\infty)} = 4(\Omega)$$

根据上述性质，整个网络的特性阻抗 $Z_C=4(\Omega)$。

16.4 二端口网络的等效电路

任意复杂的无源线性一端口网络可用一个等效阻抗表征其端口特性；同样，如图 16-3 所示的任何线性无源二端口网络的端口特性也可以用由特性参数确定的简单电路等效。下面分

别描述用 Z 参数、Y 参数、T 参数和 H 参数表征的二端口网络等效电路。

16.4.1 用 Z 参数表征的二端口等效电路

由 Z 参数方程

$$\begin{cases} \dot{U}_1 = Z_{11}\dot{I}_1 + Z_{12}\dot{I}_2 \\ \dot{U}_2 = Z_{21}\dot{I}_1 + Z_{22}\dot{I}_2 \end{cases}$$

进行恒等变换,变为

$$\left.\begin{aligned} \dot{U}_1 &= (Z_{11}-Z_{12})\dot{I}_1 + Z_{12}(\dot{I}_1+\dot{I}_2) \\ \dot{U}_2 &= (Z_{21}-Z_{12})\dot{I}_1 + (Z_{22}-Z_{12})\dot{I}_2 + Z_{12}(\dot{I}_1+\dot{I}_2) \end{aligned}\right\} \tag{16-25}$$

根据式(16-25)描述的端口变量关系,可用如图 16-22 所示的由 Z 参数确定的简单电路等效二端口网络。

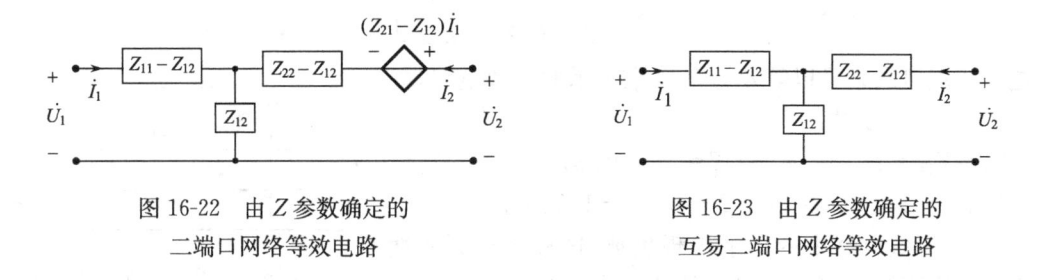

图 16-22　由 Z 参数确定的
二端口网络等效电路

图 16-23　由 Z 参数确定的
互易二端口网络等效电路

若二端口网络为互易网络,即有 $Z_{12}=Z_{21}$,则上述二端口网络变为 T 形,如图 16-23 所示。

16.4.2 用 Y 参数表征的二端口等效电路

由 Y 参数方程

$$\begin{cases} \dot{I}_1 = Y_{11}\dot{U}_1 + Y_{12}\dot{U}_2 \\ \dot{I}_2 = Y_{21}\dot{U}_1 + Y_{22}\dot{U}_2 \end{cases}$$

进行恒等变换,变为

$$\left.\begin{aligned} \dot{I}_1 &= (Y_{11}+Y_{12})\dot{U}_1 - Y_{12}(\dot{U}_1-\dot{U}_2) \\ \dot{I}_2 &= (Y_{21}-Y_{12})\dot{U}_1 + (Y_{22}+Y_{12})\dot{U}_2 + Y_{12}(\dot{U}_1-\dot{U}_2) \end{aligned}\right\} \tag{16-26}$$

根据式(16-26)描述的端口变量关系,可用如图 16-24 所示的由 Y 参数确定的简单电路等效二端口网络。

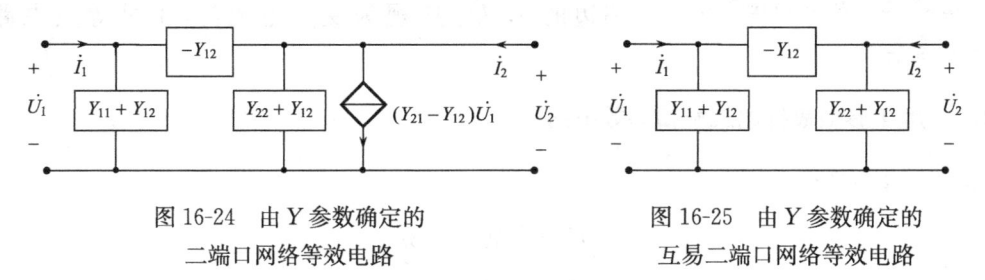

图 16-24　由 Y 参数确定的
二端口网络等效电路

图 16-25　由 Y 参数确定的
互易二端口网络等效电路

若二端口网络为互易网络,即有 $Y_{12}=Y_{21}$,则上述二端口网络变为 π 形,如图 16-25 所示。

例 16-15 求如图 16-26 所示二端口网络的等效电路。

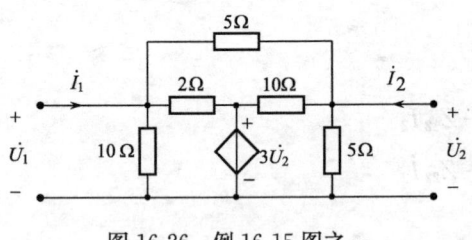

解 此网络列写节点电压方程较为容易,故列写节点电压方程为

$$\begin{cases} \left(\dfrac{1}{10}+\dfrac{1}{2}+\dfrac{1}{5}\right)\dot{U}_1 - \dfrac{1}{2}\times 3\dot{U}_2 - \dfrac{1}{5}\dot{U}_2 = \dot{I}_1 \\ \left(\dfrac{1}{10}+\dfrac{1}{5}+\dfrac{1}{5}\right)\dot{U}_2 - \dfrac{1}{10}\times 3\dot{U}_2 - \dfrac{1}{5}\dot{U}_1 = \dot{I}_2 \end{cases}$$

图 16-26 例 16-15 图之一

整理得

$$\begin{cases} 0.8\dot{U}_1 - 1.7\dot{U}_2 = \dot{I}_1 \\ -0.2\dot{U}_1 + 0.2\dot{U}_2 = \dot{I}_2 \end{cases}$$

即

$$Y=\begin{bmatrix} 0.8 & -1.7 \\ -0.2 & 0.2 \end{bmatrix}$$

设这个二端口网络可以等效为 Y 参数表示的等效电路,如图 16-27 所示。其中

$Y_a=Y_{11}+Y_{12}=0.8-1.7=-0.9(\text{S})$,$Y_b=-Y_{12}=1.7(\text{S})$,$Y_c=Y_{22}+Y_{12}=-1.7+0.2=-1.5(\text{S})$。

注意:等效电路中的导纳出现负数,这显然与原线性网络的性质不符,故图 16-27 的等效电路不成立。

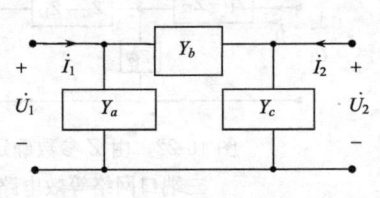

图 16-27 例 16-15 图之二

负数由受控源造成,为此节点电压方程改写为

$$\begin{cases} 0.8\dot{U}_1 - 1.7\dot{U}_2 = 0.8\dot{U}_1 - 0.2\dot{U}_2 - 1.5\dot{U}_2 = \dot{I}_1 \\ -0.2\dot{U}_1 + 0.2\dot{U}_2 = \dot{I}_2 \end{cases}$$

即

$$\begin{cases} 0.8\dot{U}_1 - 0.2\dot{U}_2 = \dot{I}_1 + 1.5\dot{U}_2 \\ -0.2\dot{U}_1 + 0.2\dot{U}_2 = \dot{I}_2 \end{cases}$$

有

$$Y=\begin{bmatrix} 0.8 & -0.2 \\ -0.2 & 0.2 \end{bmatrix}$$

这时应有 $Y_a=Y_{11}+Y_{12}=0.8-0.2=0.6(\text{S})$,$Y_b=-Y_{12}=0.2(\text{S})$,$Y_c=Y_{22}+Y_{12}=-0.2+0.2=0(\text{S})$,并且上述方程右边的 $1.5\dot{U}_2$ 应视为受控电流源,于是等效电路如图 16-28 所示。

图 16-28 例 16-15 图之三

16.4.3 用 T 参数表征的二端口等效电路

由 T 参数方程

$$\begin{cases} \dot{U}_1 = A\dot{U}_2 - B\dot{I}_2 \\ \dot{I}_1 = C\dot{U}_2 - D\dot{I}_2 \end{cases}$$

进行恒等变换,变为

$$\left.\begin{aligned}\dot{U}_1 &= \left(\frac{A}{C}-\frac{\Delta T}{C}\right)\dot{I}_1+\frac{\Delta T}{C}(\dot{I}_1+\dot{I}_2)\\ \dot{U}_2 &= \left(\frac{1}{C}-\frac{\Delta T}{C}\right)\dot{I}_1+\left(\frac{D}{C}-\frac{\Delta T}{C}\right)\dot{I}_2+\frac{\Delta T}{C}(\dot{I}_1+\dot{I}_2)\end{aligned}\right\} \tag{16-27}$$

式中,$\Delta T=AD-BC$。根据式(16-27)描述的端口变量关系,可用如图 16-29 所示的由 T 参数确定的简单电路等效二端口网络。

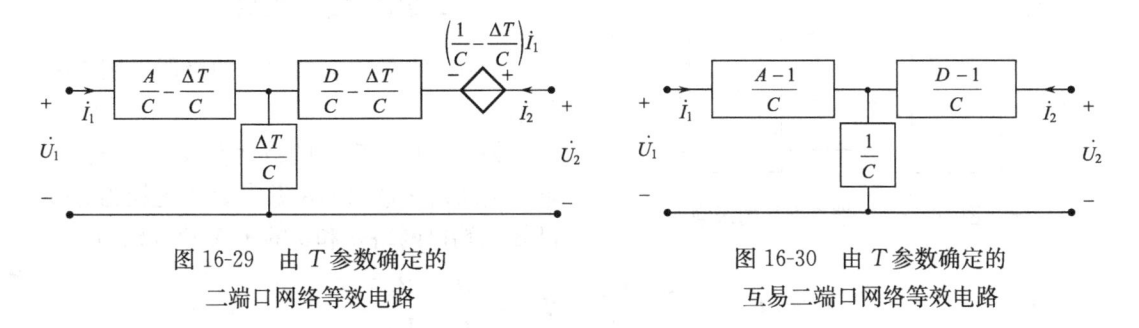

图 16-29　由 T 参数确定的二端口网络等效电路

图 16-30　由 T 参数确定的互易二端口网络等效电路

若二端口网络为互易网络,即有 $\Delta T=AD-BC=1$,则上述二端口网络变为 T 形,如图 16-30 所示。

16.4.4　用 H 参数表征的二端口等效电路

由 H 参数方程

$$\begin{cases}\dot{U}_1 = H_{11}\dot{I}_1+H_{12}\dot{U}_2\\ \dot{I}_2 = H_{21}\dot{I}_1+H_{22}\dot{U}_2\end{cases}$$

进行恒等变换,变为

$$\left.\begin{aligned}\dot{U}_1 &= \left(\frac{\Delta H}{H_{22}}-\frac{H_{12}}{H_{22}}\right)\dot{I}_1+\frac{H_{12}}{H_{22}}(\dot{I}_1+\dot{I}_2)\\ \dot{U}_2 &= -\left(\frac{H_{12}+H_{21}}{H_{22}}\right)\dot{I}_1+\left(\frac{1-H_{12}}{H_{22}}\right)\dot{I}_2+\frac{H_{12}}{H_{22}}(\dot{I}_1+\dot{I}_2)\end{aligned}\right\} \tag{16-28}$$

式中,$\Delta H=H_{11}H_{22}-H_{12}H_{21}$。根据式(16-28)描述的端口变量关系,可用如图 16-31 所示的由 H 参数确定的简单电路等效二端口网络。

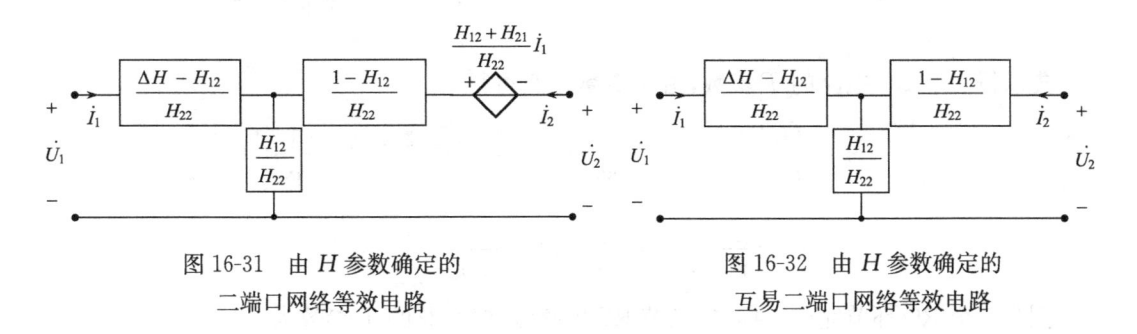

图 16-31　由 H 参数确定的二端口网络等效电路

图 16-32　由 H 参数确定的互易二端口网络等效电路

若二端口网络为互易网络,即有 $H_{12}=-H_{21}$,则上述二端口网络等效电路变为 T 形,如图 16-32 所示。

16.5 二端口网络的联接

在实际应用中，为获得所需的网络特性，可将若干个二端口网络按不同的方式联接起来，常见的是二端口的级联、串联和并联。同样，也可以将一个复杂的二端口网络视其联接情况分解为若干个简单二端口网络的联接。

16.5.1 二端口网络的级联

a 和 b 两个二端口网络的级联如图 16-33 所示。

根据前面所定义的特性参数方程，对于二端口网络的级联，使用 T 参数描述较为方便。已知二端口网络 a 和 b 的 T 参数分别为

$$\boldsymbol{T}_a = \begin{bmatrix} A_a & B_a \\ C_a & D_a \end{bmatrix} \quad \boldsymbol{T}_b = \begin{bmatrix} A_b & B_b \\ C_b & D_b \end{bmatrix}$$

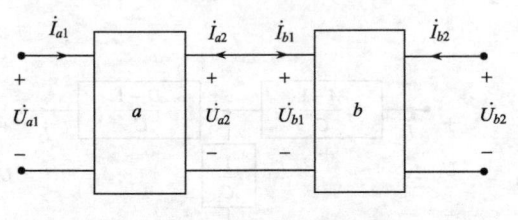

图 16-33 二端口网络的级联

由 T 参数方程可得

$$\begin{bmatrix} \dot{U}_{a1} \\ \dot{I}_{a1} \end{bmatrix} = \begin{bmatrix} A_a & B_a \\ C_a & D_a \end{bmatrix} \begin{bmatrix} \dot{U}_{a2} \\ -\dot{I}_{a2} \end{bmatrix} = \begin{bmatrix} A_a & B_a \\ C_a & D_a \end{bmatrix} \begin{bmatrix} \dot{U}_{b1} \\ \dot{I}_{b1} \end{bmatrix} = \begin{bmatrix} A_a & B_a \\ C_a & D_a \end{bmatrix} \begin{bmatrix} A_b & B_b \\ C_b & D_b \end{bmatrix} \begin{bmatrix} \dot{U}_{b2} \\ -\dot{I}_{b2} \end{bmatrix} = \boldsymbol{T}_a \boldsymbol{T}_b \begin{bmatrix} \dot{U}_{b2} \\ -\dot{I}_{b2} \end{bmatrix}$$

由此推广，可得结论：N 个二端口网络级联后，总的 T 参数矩阵等于各子网络的 T 参数矩阵乘积，即

$$T = T_1 T_2 \cdots T_n \tag{16-29}$$

例 16-16 如图 16-34 所示为 RC 移项电路，求其电压传输系数 $K = \dot{U}_2 / \dot{U}_1$。

解 此网络可视为三节 RC 的级联，如图 16-35 所示为其中的一节 RC 电路。

图 16-34 例 16-16 图 图 16-35 一节 RC 电路

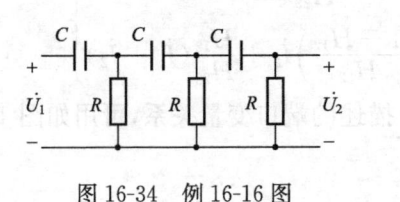

先求得一节 RC 电路的 T 参数，由 T 参数定义可得

$$A = \left. \frac{\dot{U}_1}{\dot{U}_2} \right|_{\dot{I}_2=0} = 1 + \frac{1}{j\omega RC} \quad B = \left. \frac{\dot{U}_1}{-\dot{I}_2} \right|_{\dot{U}_2=0} = \frac{1}{j\omega C}$$

$$C = \left. \frac{\dot{I}_1}{\dot{U}_2} \right|_{\dot{I}_2=0} = \frac{1}{R} \quad D = \left. \frac{\dot{I}_1}{-\dot{I}_2} \right|_{\dot{U}_2=0} = 1$$

因为三个 RC 环节完全一样，故三节 RC 电路级联后，总的 T 参数为

$$\begin{bmatrix} A_\Sigma & B_\Sigma \\ C_\Sigma & D_\Sigma \end{bmatrix} = \begin{bmatrix} A & B \\ C & D \end{bmatrix} \begin{bmatrix} A & B \\ C & D \end{bmatrix} \begin{bmatrix} A & B \\ C & D \end{bmatrix}$$

$$= \begin{bmatrix} A^3 + 2ABC + BCD & A^2B + B^2C + ABD + D^2B \\ A^2C + ACD + C^2B + D^2C & ABC + 2CDB + D^3 \end{bmatrix}$$

电压传输系数为

$$K = \left.\frac{\dot{U}_2}{\dot{U}_1}\right|_{\dot{I}_2=0} = \frac{1}{A_\Sigma} = \frac{1}{A^3 + 2ABC + BCD} = \frac{1}{\left[1 - 5\left(\frac{1}{\omega RC}\right)^2\right] + j\left[\left(\frac{1}{\omega RC}\right)^3 - \frac{6}{\omega RC}\right]}$$

例 16-17 求如图 16-36 所示二端口网络的转移阻抗 $\dot{U}_2/\dot{I}_1$。

图 16-36 例 16-17 图之一

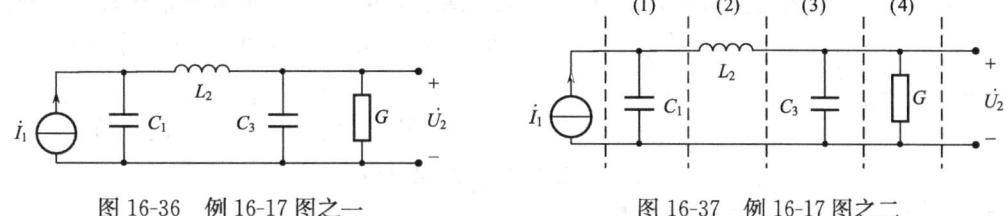

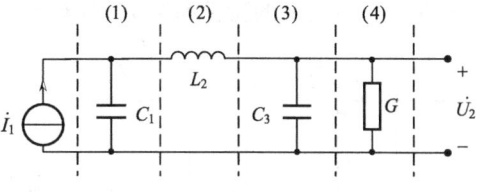

图 16-37 例 16-17 图之二

解 此网络可视为四节单元电路的级联，如图 16-37 所示。

第(1)单元: $\boldsymbol{T}_1 = \begin{bmatrix} 1 & 0 \\ j\omega C_1 & 1 \end{bmatrix}$ 第(2)单元: $\boldsymbol{T}_2 = \begin{bmatrix} 1 & j\omega L_2 \\ 0 & 1 \end{bmatrix}$

第(3)单元: $\boldsymbol{T}_3 = \begin{bmatrix} 1 & 0 \\ j\omega C_3 & 1 \end{bmatrix}$ 第(4)单元: $\boldsymbol{T}_4 = \begin{bmatrix} 1 & 0 \\ G & 1 \end{bmatrix}$

故总的 T 参数为

$$\boldsymbol{T} = \boldsymbol{T}_1 \boldsymbol{T}_2 \boldsymbol{T}_3 \boldsymbol{T}_4 = \begin{bmatrix} 1 & 0 \\ j\omega C_1 & 1 \end{bmatrix}\begin{bmatrix} 1 & j\omega L_2 \\ 0 & 1 \end{bmatrix}\begin{bmatrix} 1 & 0 \\ j\omega C_3 & 1 \end{bmatrix}\begin{bmatrix} 1 & 0 \\ G & 1 \end{bmatrix}$$

$$= \begin{bmatrix} 1 - \omega^2 L_2 C_3 + j\omega L_2 G & j\omega L_2 \\ G(1 - \omega^2 C_1 L_2) + j\omega(C_1 + C_3 - \omega^2 C_1 C_3 L_2) & 1 - \omega^2 C_1 L_2 \end{bmatrix}$$

则转移阻抗

$$\left.\frac{\dot{U}_2}{\dot{I}_1}\right|_{\dot{I}_2=0} = \frac{1}{C} = \frac{1}{G(1 - \omega^2 C_1 L_2) + j\omega(C_1 + C_3 - \omega^2 C_1 C_3 L_2)}$$

例 16-18 求如图 16-38 所示二端口网络的 T 参数。

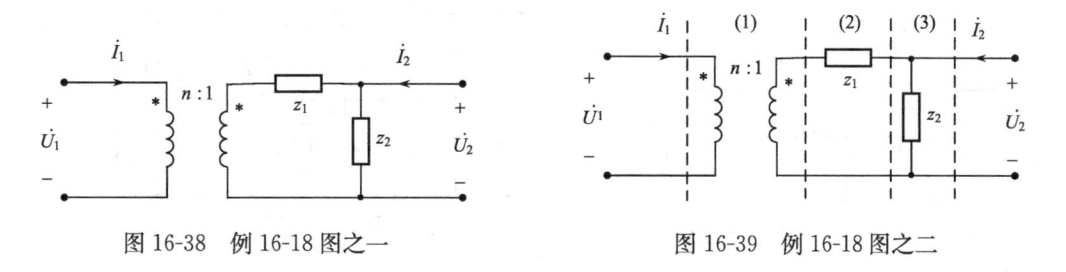

图 16-38 例 16-18 图之一

图 16-39 例 16-18 图之二

解 此网络可视为三节单元电路的级联，如图 16-39 所示。

第(1)单元: $\boldsymbol{T}_1 = \begin{bmatrix} n & 0 \\ 0 & \frac{1}{n} \end{bmatrix}$ 第(2)单元: $\boldsymbol{T}_2 = \begin{bmatrix} 1 & z_1 \\ 0 & 1 \end{bmatrix}$ 第(3)单元: $\boldsymbol{T}_3 = \begin{bmatrix} 1 & 0 \\ \frac{1}{z_2} & 1 \end{bmatrix}$

故总的 T 参数为

$$T = T_1 T_2 T_3 = \begin{bmatrix} n & 0 \\ 0 & \dfrac{1}{n} \end{bmatrix} \begin{bmatrix} 1 & z_1 \\ 0 & 1 \end{bmatrix} \begin{bmatrix} 1 & 0 \\ \dfrac{1}{z_2} & 1 \end{bmatrix} = \begin{bmatrix} n + \dfrac{nz_1}{z_2} & nz_1 \\ \dfrac{1}{nz_2} & \dfrac{1}{n} \end{bmatrix}$$

16.5.2　二端口网络的并联

a 和 b 两个二端口网络的并联如图 16-40 所示。

根据前面所定义的特性参数方程,对于二端口网络的并联,使用 Y 参数描述较为方便。

已知二端口网络 a 和 b 的 Y 参数分别为

$$Y_a = \begin{bmatrix} Y_{11a} & Y_{12a} \\ Y_{21a} & Y_{22a} \end{bmatrix} \quad Y_b = \begin{bmatrix} Y_{11b} & Y_{12b} \\ Y_{21b} & Y_{22b} \end{bmatrix}$$

由 Y 参数方程可得

$$\begin{bmatrix} \dot{I}_1 \\ \dot{I}_2 \end{bmatrix} = \begin{bmatrix} \dot{I}_{a1} + \dot{I}_{b1} \\ \dot{I}_{a2} + \dot{I}_{b2} \end{bmatrix} = \begin{bmatrix} \dot{I}_{a1} \\ \dot{I}_{a2} \end{bmatrix} + \begin{bmatrix} \dot{I}_{b1} \\ \dot{I}_{b2} \end{bmatrix}$$

$$= \begin{bmatrix} Y_{11a} & Y_{12a} \\ Y_{21a} & Y_{22a} \end{bmatrix} \begin{bmatrix} \dot{U}_1 \\ \dot{U}_2 \end{bmatrix} + \begin{bmatrix} Y_{11b} & Y_{12b} \\ Y_{21b} & Y_{22b} \end{bmatrix} \begin{bmatrix} \dot{U}_1 \\ \dot{U}_2 \end{bmatrix}$$

$$= (Y_a + Y_b) \begin{bmatrix} \dot{U}_1 \\ \dot{U}_2 \end{bmatrix}$$

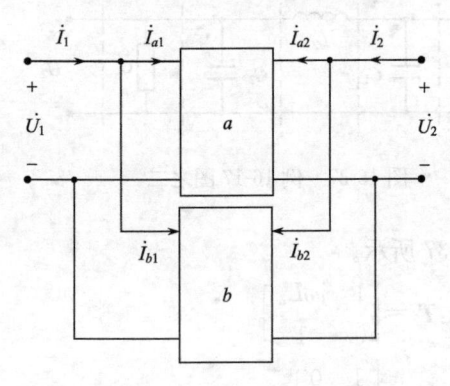

图 16-40　二端口网络的并联

由此推广,可得结论:N 个二端口网络并联后,总的 Y 参数矩阵等于各子网络的 Y 参数矩阵之和,即

$$Y = Y_1 + Y_2 + \cdots + Y_n \tag{16-30}$$

例 16-19　求如图 16-41 所示二端口网络的 Y 参数。

图 16-41　例 16-19 图之一

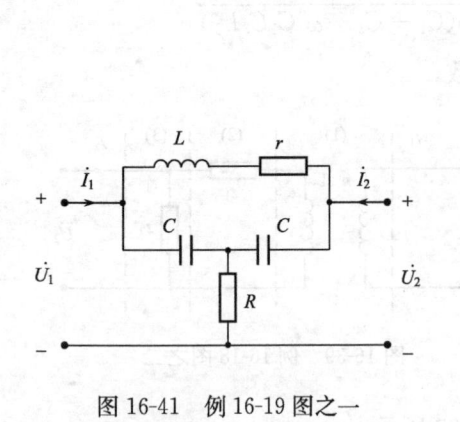

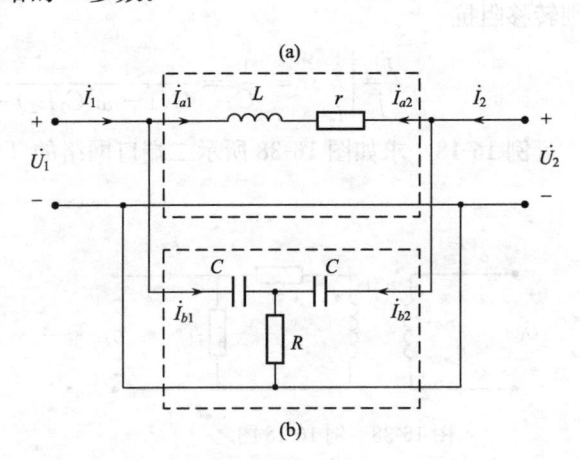

图 16-42　例 16-19 图之二

解　此网络可视为两个单元电路的并联,如图 16-42 所示。

根据 Y 参数的定义,网络 a 的 Y 参数为

$$Y_{11a} = \left.\frac{\dot{I}_{a1}}{\dot{U}_1}\right|_{\dot{U}_2=0} = \frac{1}{r+\mathrm{j}\omega L} \quad Y_{12a} = \left.\frac{\dot{I}_{a1}}{\dot{U}_2}\right|_{\dot{U}_1=0} = -\frac{1}{r+\mathrm{j}\omega L}$$

$$Y_{21a} = \left.\frac{\dot{I}_{a2}}{\dot{U}_1}\right|_{\dot{U}_2=0} = -\frac{1}{r+\mathrm{j}\omega L} \quad Y_{22a} = \left.\frac{\dot{I}_{a2}}{\dot{U}_2}\right|_{\dot{U}_1=0} = \frac{1}{r+\mathrm{j}\omega L}$$

根据 Y 参数的定义，网络 b 的 Y 参数为

$$Y_{11b} = \left.\frac{\dot{I}_{b1}}{\dot{U}_1}\right|_{\dot{U}_2=0} = \frac{\mathrm{j}\omega C - R\omega^2 C^2}{1+\mathrm{j}2\omega RC} \quad Y_{12b} = \left.\frac{\dot{I}_{b1}}{\dot{U}_2}\right|_{\dot{U}_1=0} = \frac{R\omega^2 C^2}{1+\mathrm{j}2\omega RC}$$

$$Y_{21b} = \left.\frac{\dot{I}_{b2}}{\dot{U}_1}\right|_{\dot{U}_2=0} = \frac{R\omega^2 C^2}{1+\mathrm{j}2\omega RC} \quad Y_{22b} = \left.\frac{\dot{I}_{b2}}{\dot{U}_2}\right|_{\dot{U}_1=0} = \frac{\mathrm{j}\omega C - R\omega^2 C^2}{1+\mathrm{j}2\omega RC}$$

故总的 Y 参数为

$$\boldsymbol{Y} = \boldsymbol{Y}_a + \boldsymbol{Y}_b = \begin{bmatrix} \dfrac{1}{r+\mathrm{j}\omega L} + \dfrac{\mathrm{j}\omega C - R\omega^2 C^2}{1+\mathrm{j}2\omega RC} & -\dfrac{1}{r+\mathrm{j}\omega L} + \dfrac{R\omega^2 C^2}{1+\mathrm{j}2\omega RC} \\ -\dfrac{1}{r+\mathrm{j}\omega L} + \dfrac{R\omega^2 C^2}{1+\mathrm{j}2\omega RC} & \dfrac{1}{r+\mathrm{j}\omega L} + \dfrac{\mathrm{j}\omega C - R\omega^2 C^2}{1+\mathrm{j}2\omega RC} \end{bmatrix}$$

16.5.3 二端口网络的串联

a 和 b 两个二端口网络的串联如图 16-43 所示。

根据前面所定义的特性参数方程，对于二端口网络的串联，使用 Z 参数描述较为方便。

已知二端口网络 a 和 b 的 Z 参数分别为

$$\boldsymbol{Z}_a = \begin{bmatrix} Z_{11a} & Z_{12a} \\ Z_{21a} & Z_{22a} \end{bmatrix} \quad \boldsymbol{Z}_b = \begin{bmatrix} Z_{11b} & Z_{12b} \\ Z_{21b} & Z_{22b} \end{bmatrix}$$

由 Z 参数方程可得

$$\begin{bmatrix} \dot{U}_1 \\ \dot{U}_2 \end{bmatrix} = \begin{bmatrix} \dot{U}_{a1} + \dot{U}_{b1} \\ \dot{U}_{a2} + \dot{U}_{b2} \end{bmatrix} = \begin{bmatrix} \dot{U}_{a1} \\ \dot{U}_{a2} \end{bmatrix} + \begin{bmatrix} \dot{U}_{b1} \\ \dot{U}_{b2} \end{bmatrix}$$

$$= \begin{bmatrix} Z_{11a} & Z_{12a} \\ Z_{21a} & Z_{22a} \end{bmatrix} \begin{bmatrix} \dot{I}_1 \\ \dot{I}_2 \end{bmatrix} + \begin{bmatrix} Z_{11b} & Z_{12b} \\ Z_{21b} & Z_{22b} \end{bmatrix} \begin{bmatrix} \dot{I}_1 \\ \dot{I}_2 \end{bmatrix}$$

$$= (\boldsymbol{Z}_a + \boldsymbol{Z}_b) \begin{bmatrix} \dot{I}_1 \\ \dot{I}_2 \end{bmatrix}$$

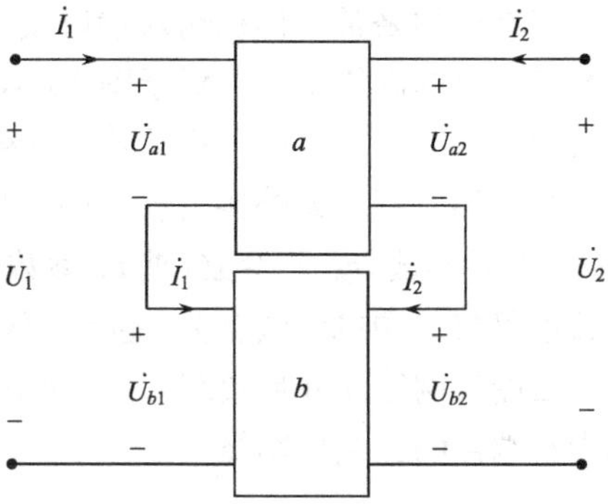

图 16-43 二端口网络的串联

由此推广，可得结论：N 个二端口网络串联后，总的 Z 参数矩阵等于各子网络的 Z 参数矩阵之和，即

$$\boldsymbol{Z} = \boldsymbol{Z}_1 + \boldsymbol{Z}_2 + \cdots + \boldsymbol{Z}_n \tag{16-31}$$

例 16-20 求如图 16-44 所示二端口网络的 Z 参数。

解 此网络可视为两个单元电路的串联，如图 16-45 所示。

可求得

$$\boldsymbol{Z}_a = \begin{bmatrix} \dfrac{Z_2(Z_1+Z_2)}{2Z_2+Z_1} & \dfrac{Z_2^2}{2Z_2+Z_1} \\ \dfrac{Z_2^2}{2Z_2+Z_1} & \dfrac{Z_2(Z_1+Z_2)}{2Z_2+Z_1} \end{bmatrix} \quad \boldsymbol{Z}_b = \begin{bmatrix} Z_3 & Z_3 \\ Z_3 & Z_3 \end{bmatrix}$$

图 16-44　例 16-20 图之一

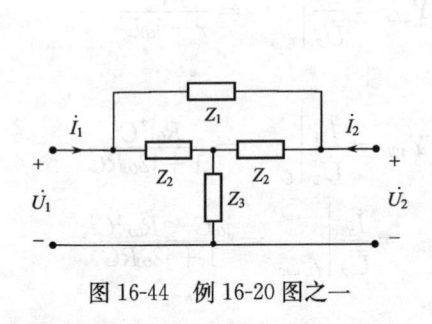

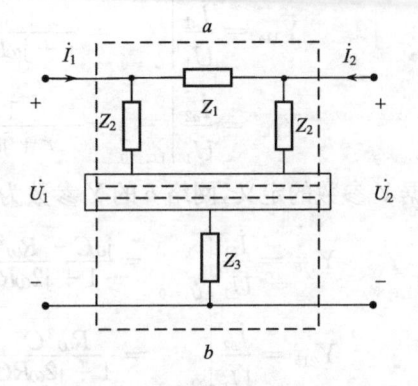

图 16-45　例 16-20 图之二

故总的 Z 参数为

$$\mathbf{Z} = \mathbf{Z}_a + \mathbf{Z}_b = \begin{bmatrix} \dfrac{Z_2(Z_1+Z_2)}{2Z_2+Z_1}+Z_3 & \dfrac{Z_2^2}{2Z_2+Z_1}+Z_3 \\ \dfrac{Z_2^2}{2Z_2+Z_1}+Z_3 & \dfrac{Z_2(Z_1+Z_2)}{2Z_2+Z_1}+Z_3 \end{bmatrix}$$

16.6　二端口网络的网络函数

二端口网络常工作在输入端口接电源、输出端口接负载的情况下,研究二端口问题相当于研究二端口的网络函数。对于图 16-3,在零状态下,可将网络函数变成复变数 s 的函数,即二端口网络的网络函数可以用拉普拉斯变换的输出与输入之比表示。

当二端口网络无外接负载,并且网络的激励源无内阻时,网络函数可以用该二端口的 Y 参数,或 Z 参数,或 T 参数,或 H 参数表示。换言之,若考虑网络负载和激励源内阻,则网络函数不仅与二端口参数有关,还与负载及内阻有关。

二端口网络无外接负载,并且网络的激励源无内阻时,称其为无端接的二端口网络,否则称为有端接的二端口网络。

16.6.1　无端接二端口网络的转移函数

无端接二端口网络有四种转移函数:电压转移函数 $U_2(s)/U_1(s)$,电流转移函数 $I_2(s)/I_1(s)$,转移阻抗 $U_2(s)/I_1(s)$,转移导纳 $I_2(s)/U_1(s)$。这四种函数均为输出端开路或短路情况下输出端口量与输入端口量之比,故称之为转移函数。下面分别讨论这 4 种转移函数。

1. 电压转移函数 $U_2(s)/U_1(s)$

已知 Z 参数定义方程为

$$\begin{cases} U_1(s) = Z_{11}(s)I_1(s) + Z_{12}(s)I_2(s) \\ U_2(s) = Z_{21}(s)I_1(s) + Z_{22}(s)I_2(s) \end{cases}$$

令 $I_2(s)=0$(输出端开路),则可得开路电压转移函数,即

$$\frac{U_2(s)}{U_1(s)} = \frac{Z_{21}(s)}{Z_{11}(s)} \tag{16-32}$$

由于 Z 参数可用 Y 参数表示(见表 16-1),即

$$Z_{11}(s) = \frac{Y_{22}(s)}{\Delta Y} \quad Z_{21}(s) = -\frac{Y_{21}(s)}{\Delta Y}$$

所以,电压转移函数可用 Y 参数表示为

$$\frac{U_2(s)}{U_1(s)} = -\frac{Y_{21}(s)}{Y_{22}(s)} \tag{16-33}$$

由于 Z 参数可用 T 参数表示(见表 16-1),即

$$Z_{11}(s) = \frac{A(s)}{C(s)} \quad Z_{21}(s) = \frac{1}{C(s)}$$

所以,电压转移函数可用 T 参数表示为

$$\frac{U_2(s)}{U_1(s)} = \frac{1}{A(s)} \tag{16-34}$$

由于 Z 参数可用 H 参数表示(见表 16-1),即

$$Z_{11}(s) = \frac{\Delta H}{H_{22}(s)} \quad Z_{21}(s) = -\frac{H_{21}(s)}{H_{22}(s)}$$

所以,电压转移函数可用 H 参数表示为

$$\frac{U_2(s)}{U_1(s)} = -\frac{H_{21}(s)}{\Delta H} \tag{16-35}$$

2. 电流转移函数 $I_2(s)/I_1(s)$

已知 Y 参数定义方程为

$$\begin{cases} I_1(s) = Y_{11}(s)U_1(s) + Y_{12}(s)U_2(s) \\ I_2(s) = Y_{21}(s)U_1(s) + Y_{22}(s)U_2(s) \end{cases}$$

令 $U_2(s)=0$(输出端短路),则可得短路电流转移函数,即

$$\frac{I_2(s)}{I_1(s)} = \frac{Y_{21}(s)}{Y_{11}(s)} \tag{16-36}$$

同样,可以用 Z 参数、T 参数和 H 参数表示电流转移函数,即

$$\frac{I_2(s)}{I_1(s)} = -\frac{Z_{21}(s)}{Z_{22}(s)} = -\frac{1}{D(s)} = H_{21}(s) \tag{16-37}$$

3. 转移阻抗 $U_2(s)/I_1(s)$

在 Z 参数方程中,令 $I_2(s)=0$(输出端开路),可得转移阻抗为

$$\frac{U_2(s)}{I_1(s)} = Z_{21}(s) = -\frac{Y_{21}(s)}{\Delta Y} = -\frac{1}{C(s)} = -\frac{H_{21}(s)}{H_{22}(s)} \tag{16-38}$$

4. 转移导纳 $I_2(s)/U_1(s)$

在 Y 参数方程中,令 $U_2(s)=0$(输出端短路),可得转移导纳为

$$\frac{I_2(s)}{U_1(s)} = Y_{21}(s) = -\frac{Z_{21}(s)}{\Delta z} = -\frac{1}{B(s)} = \frac{H_{21}(s)}{H_{11}(s)} \tag{16-39}$$

16.6.2 有端接二端口网络的转移函数

有端接二端口网络如图 16-46 所示。

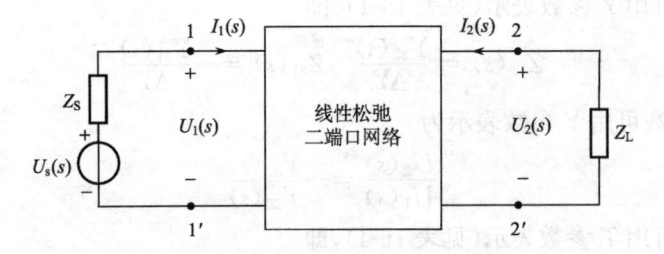

图 16-46 有端接二端口网络

Y 参数方程为

$$\begin{cases} I_1(s) = Y_{11}(s)U_1(s) + Y_{12}(s)U_2(s) \\ I_2(s) = Y_{21}(s)U_1(s) + Y_{22}(s)U_2(s) \end{cases}$$

1. 输出端接负载 Z_L（单端接）

$U_2(s) = -Z_L I_2(s)$ 代入 Y 参数方程，可得电压转移函数为

$$\frac{U_2(s)}{U_1(s)} = -\frac{Y_{21}(s)}{Y_{22}(s) + Y_L} \quad \left(Y_L = \frac{1}{Z_L}\right) \tag{16-40}$$

电流转移函数为

$$\frac{I_2(s)}{I_1(s)} = \frac{Y_{21}(s)}{Y_{11}(s) + Z_L \Delta Y} \tag{16-41}$$

转移阻抗为

$$\frac{U_2(s)}{I_1(s)} = -\frac{Z_L Y_{21}(s)}{Y_{11}(s) + Z_L \Delta Y} \tag{16-42}$$

转移导纳为

$$\frac{I_2(s)}{U_1(s)} = \frac{Y_{21}(s)}{1 + Z_L Y_{22}(s)} \tag{16-43}$$

2. 两端接（双端接）

由图 16-46 可知

$$\begin{cases} U_1(s) = U_S(s) - Z_S(s)I_1(s) \\ U_2(s) = -Z_L(s)I_2(s) \end{cases}$$

即有端接二端口网络的电压转移函数为

$$\frac{U_2(s)}{U_S(s)} = \frac{U_2(s)}{U_1(s)} \frac{U_1(s)}{U_S(s)} = \frac{U_2(s)}{U_1(s)} \frac{U_1(s)}{U_1(s) + Z_S(s)I_1(s)} = \frac{U_2(s)}{U_1(s)} \frac{1}{1 + Z_S(s)\frac{I_1(s)}{U_1(s)}}$$

$$= \frac{U_2(s)}{U_1(s)} \frac{1}{1 + Z_S(s)\frac{I_1(s)}{I_2(s)}\frac{I_2(s)}{U_1(s)}} \tag{16-44}$$

将单端接情况的 $\frac{U_2(s)}{U_1(s)}$、$\frac{I_2(s)}{I_1(s)}$、$\frac{I_2(s)}{U_1(s)}$ 代入式(16-44)，可得

$$\frac{U_2(s)}{U_S(s)} = \frac{-Y_{21}(s)Y_S(s)}{[Y_{11}(s) + Y_S(s)][Y_{22}(s) + Y_L(s)] - Y_{12}(s)Y_{21}(s)} \tag{16-45}$$

同理，可得有端接二端口网络的电流转移函数为
$$\frac{I_2(s)}{I_S(s)} = \frac{I_2(s)}{U_S(s)/Z_S} = Z_S(s)\frac{I_2(s)}{U_S(s)} = -\frac{Z_S(s)}{Z_L(s)}\frac{-Z_L(s)I_2(s)}{U_S(s)} = -\frac{Z_S(s)}{Z_L(s)}\frac{U_2(s)}{U_S(s)}$$

式(16-45)代入，得
$$\frac{I_2(s)}{I_S(s)} = -\frac{Z_S(s)}{Z_L(s)}\frac{U_2(s)}{U_S(s)} = \frac{Y_{21}(s)Y_L(s)}{[Y_{11}(s)+Y_S(s)][Y_{22}(s)+Y_L(s)]-Y_{12}(s)Y_{21}(s)}$$
(16-46)

有端接二端口网络的转移阻抗为
$$\frac{U_2(s)}{I_S(s)} = \frac{U_2(s)}{U_S(s)}\frac{U_S(s)}{I_S(s)} = \frac{1}{Y_S(s)}\frac{U_2(s)}{U_S(s)}$$
$$= \frac{-Y_{21}(s)}{[Y_{11}(s)+Y_S(s)][Y_{22}(s)+Y_L(s)]-Y_{12}(s)Y_{21}(s)}$$
(16-47)

有端接二端口网络的转移导纳为
$$\frac{I_2(s)}{U_S(s)} = \frac{I_S(s)}{U_S(s)}\frac{I_2(s)}{I_S(s)} = Y_S(s)\frac{I_2(s)}{I_S(s)}$$
$$= \frac{Y_{21}(s)Y_L(s)Y_S(s)}{[Y_{11}(s)+Y_S(s)][Y_{22}(s)+Y_L(s)]-Y_{12}(s)Y_{21}(s)}$$
(16-48)

例 16-21 如图 16-47 所示，已知 $R_1 = 500\Omega$，$R_2 = 5\text{k}\Omega$，$i_S = \sqrt{2}\cos 1000t$，二端口网络 N 的 Z 参数为 $\boldsymbol{Z} = \begin{bmatrix} 100 & -500 \\ 10^3 & 10^4 \end{bmatrix}$。求电压 $u_2(t)$。

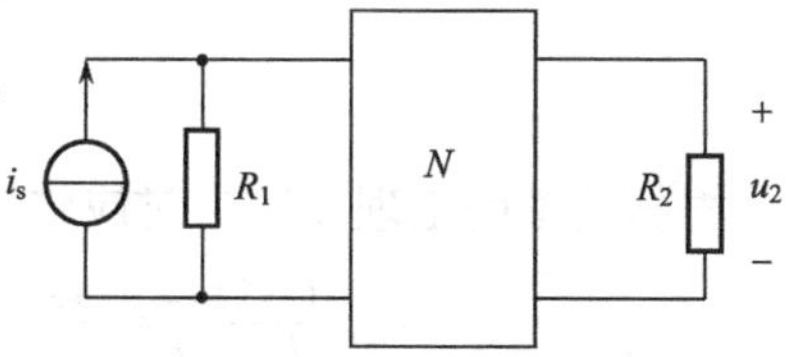

图 16-47 例 16-21 图

解 已知有端接的转移阻抗为
$$\frac{U_2(s)}{I_S(s)} = \frac{-Y_{21}(s)}{[Y_{11}(s)+Y_S(s)][Y_{22}(s)+Y_L(s)]-Y_{12}(s)Y_{21}(s)}$$
$$\left[Y_L(s) = \frac{1}{R_2}, Y_S(s) = \frac{1}{R_1}\right]$$

由表 16-1，可将上式中的 Y 参数转换成为 Z 参数，即
$$\frac{U_2(s)}{I_S(s)} = \frac{Z_{21}}{1+Z_{11}Y_S+Z_{22}Y_L+Y_SY_L\Delta Z}$$

已知 $\Delta Z = Z_{11}Z_{22} - Z_{12}Z_{21} = 15 \times 10^5$，所以
$$\frac{U_2(s)}{I_S(s)} = \frac{Z_{21}}{1+Z_{11}Y_S+Z_{22}Y_L+Y_SY_L\Delta Z} = \frac{1000}{1+1\times\frac{1}{5}+10\times\frac{1}{5}+\frac{15}{25}} = 263$$

即
$$U_2(s) = 263 I_S(s)$$

两端取拉普拉斯反变换得
$$u_2(t) = 263 i_S(t) = 263\sqrt{2}\cos 1000t$$

例 16-22 如图 16-48 所示，已知二端口网络 N 的 T 参数为 $\boldsymbol{T} = \begin{bmatrix} 0.5 & 25 \\ 0.02 & 1 \end{bmatrix}$。问 Z_L 为何值时可获得最大功率。

解 设从输出端往左看的阻抗为 Z_0，先考虑无端接的情况。此时

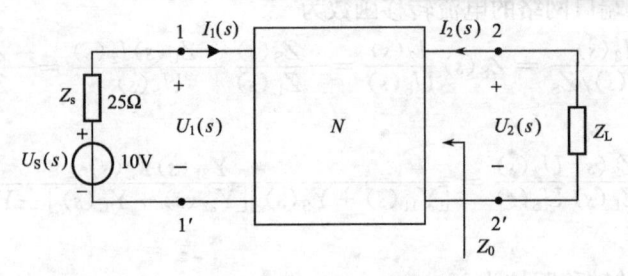

图 16-48　例 16-22 图

$$\left.\frac{U_2(s)}{U_1(s)}\right|_{I_2=0} = \frac{1}{A} \quad \left.\frac{I_2(s)}{I_1(s)}\right|_{U_2=0} = -\frac{1}{D}$$

即

$$\begin{cases} U_2(s) = \dfrac{1}{A}U_1(s) \\ I_2(s) = -\dfrac{1}{D}I_1(s) \end{cases}$$

可得

$$\frac{U_2(s)}{I_2(s)} = \frac{D}{A}\frac{U_1(s)}{-I_1(s)}$$

根据戴维南定理，求 Z_0 时应将 10V 电压源短接，则有

$$\frac{U_2(s)}{I_2(s)} = \frac{D}{A}\frac{U_1(s)}{-I_1(s)} = \frac{D}{A}Z_S = \frac{1}{0.5} \times 25 = 50\Omega$$

所以，当 $Z_L = Z_0 = 50\Omega$ 时可获得最大功率。

例 16-23　如图 16-49 所示，已知 $R = 5\Omega, C = 0.01\text{F}, U_S = 10\text{V}$，松弛二端口网络 N 的 T 参数为 $\boldsymbol{T} = \begin{bmatrix} 2 & 10 \\ 0.1 & 1 \end{bmatrix}$；$t < 0$ 时电路处于稳态，$t = 0$ 开关由 a 合向 b。求 $t > 0$ 时的响应 $u(t)$。

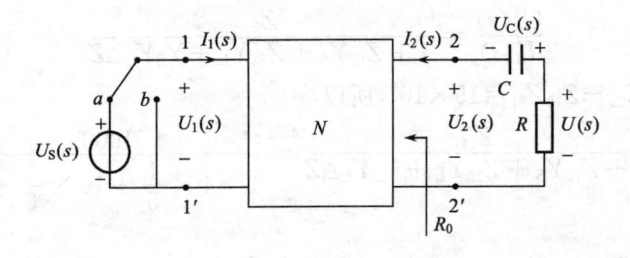

图 16-49　例 16-23 图

解　$t < 0$ 时电容开路，输入端电源无内阻，所以此时为无端接的情况。这时有

$$\frac{U_2(s)}{U_1(s)} = \frac{U_2(s)}{U_S(s)} = \frac{1}{A}，即 U_2(s) = \frac{1}{A}U_S(s)$$

两端进行拉普拉斯反变换得 $u_2(t) = \dfrac{1}{A}u_S(t)$，即得

$$u_2(0_-) = \frac{1}{A}u_S(0_-) = \frac{10}{2} = 5(\text{V})$$

根据换路定则可得
$$u_C(0_+) = u_C(0_-) = u_2(0_-) = 5(\text{V})$$

$t>0$ 时，设从输出端往左看的电阻抗为 R_0，由 T 参数方程
$$\begin{cases} u_1 = Au_2 + B(-i_2) \\ i_1 = Cu_2 + D(-i_2) \end{cases}$$

可得
$$R_0 = \frac{u_2}{i_2}\bigg|_{u_1=0} = \frac{B}{A} = \frac{10}{2} = 5(\Omega)$$

所以
$$u(0_+) = \frac{R}{R_0 + R}u_C(0_+) = 2.5(\text{V}), \tau = (R_0 + R)C = 0.1(\text{s})$$

由三要素法可得
$$u(t) = u(0_+)e^{-\frac{t}{\tau}} = 2.5e^{-10t}(\text{V})$$

思 考 题

16-1 二端口网络有四个端子，它与四端网络的区别是什么？

16-2 什么是二端口网络？它有哪些类型？

16-3 什么是松弛二端口网络？

16-4 所有的线性松弛二端口网络都同时存在 Z 参数、Y 参数、T 参数和 H 参数吗？举例说明。

16-5 由线性电阻、线性电感和线性电容所组成的线性无源二端口网络一定互易吗？

16-6 二端口网络一般有哪几种联接方式？联接方式与网络参数的对应关系如何？

16-7 什么是无端接的二端口网络？如何描述？

16-8 什么是有端接的二端口网络？如何描述？

习 题

16-1 求如题 16-1 图所示二端口网络的 Z 参数。

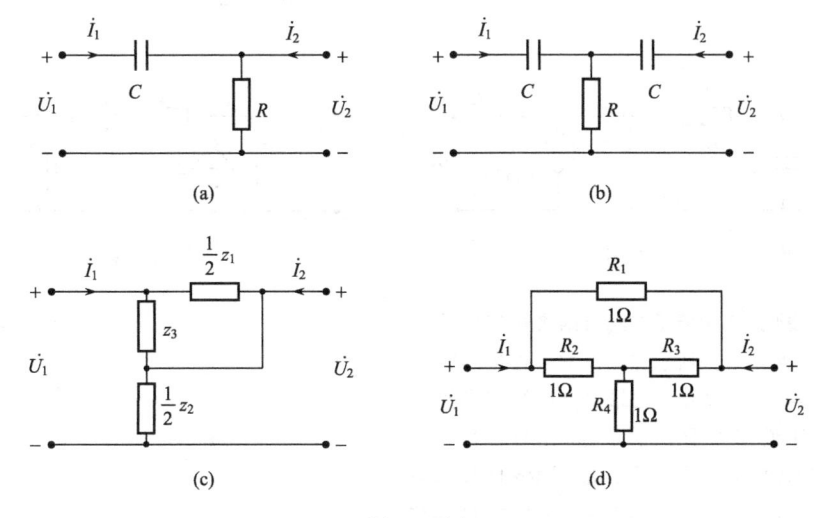

题 16-1 图

16-2 求如题 16-2 图所示的二端口网络在正弦激励情况下的 Z 参数。

16-3 求如题 16-3 图所示二端口网络的 Z 参数。

16-4 求如题 16-4 图所示二端口网络的 Y 参数。

16-5 求如题 16-5 图所示二端口网络的 Y 参数,已知 $R=10\Omega$, $X_C=5\Omega$, $X_L=10\Omega$。

16-6 求如题 16-6 图所示二端口网络的 Y 参数。

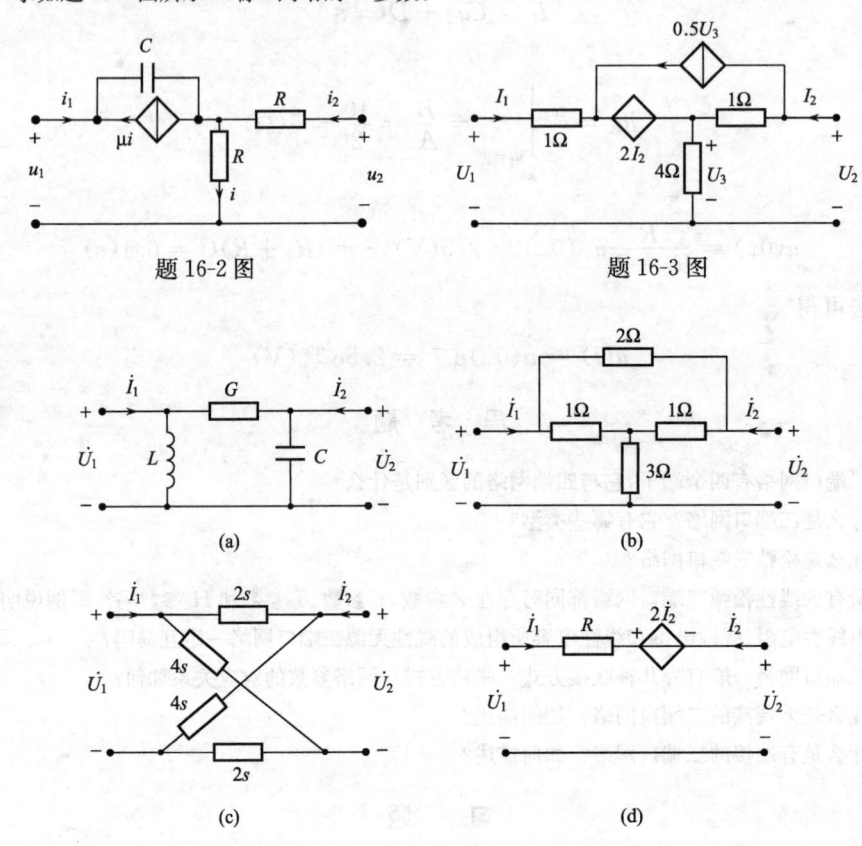

题 16-2 图

题 16-3 图

(a) (b)

(c) (d)

题 16-4 图

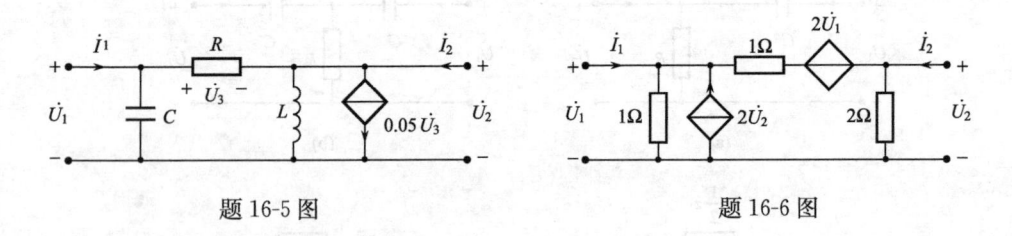

题 16-5 图

题 16-6 图

16-7 求如题 16-7 图所示二端口网络的 T 参数。

16-8 求如题 16-8 图所示二端口网络的 T 参数。

16-9 求如题 16-9 图所示二端口网络的 T 参数。

16-10 求如题 16-10 图所示二端口网络的 H 参数。

16-11 求如题 16-11 图所示二端口网络的 H 参数。

16-12 求如题 16-12 图所示二端口网络的 H 参数。

16-13 试判断如题 16-13 图所示各二端口网络是否互易。

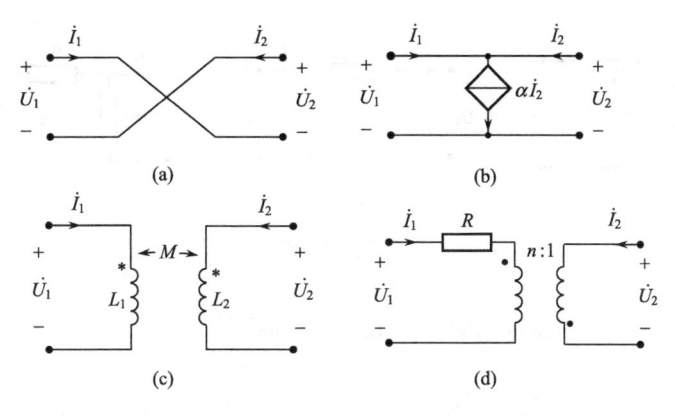

题 16-7 图

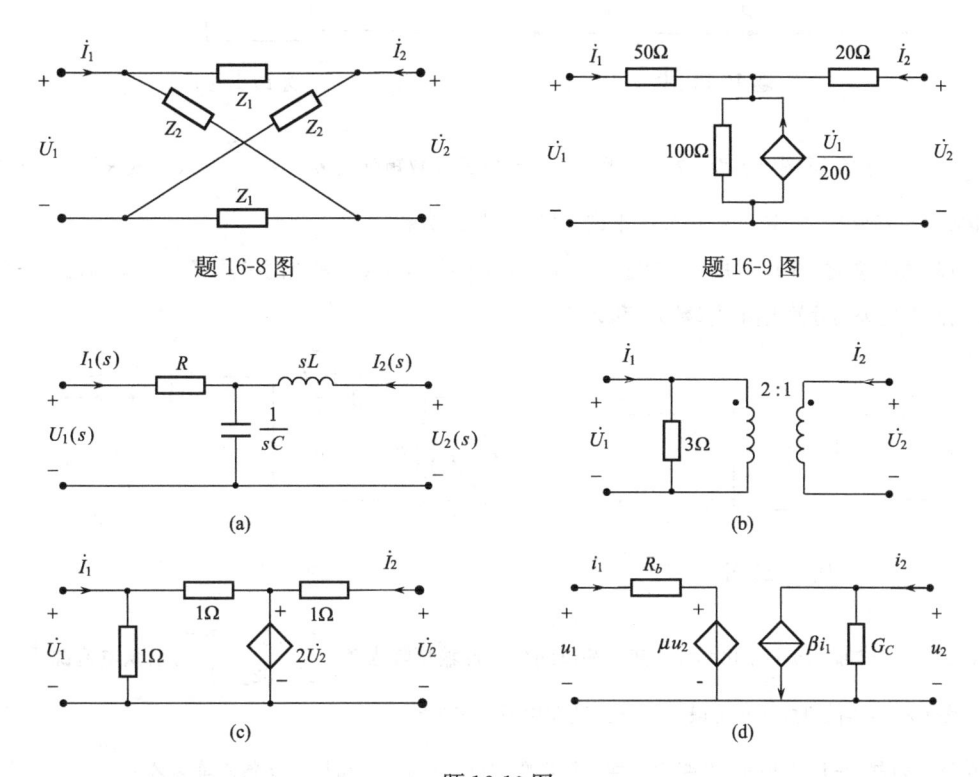

题 16-8 图

题 16-9 图

题 16-10 图

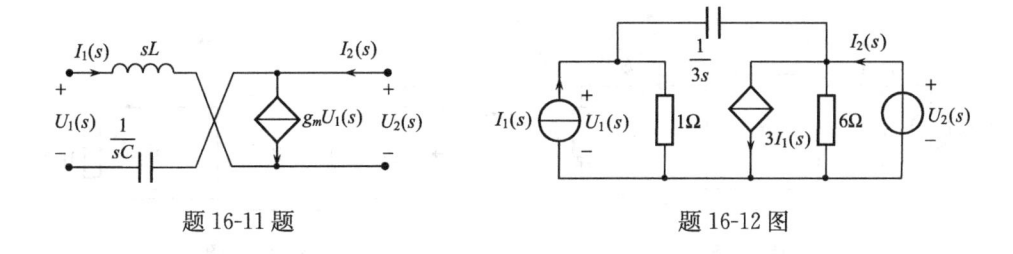

题 16-11 题

题 16-12 图

题 16-13 图

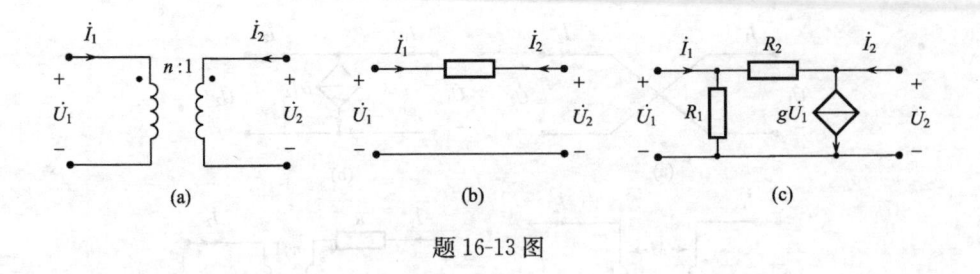

16-14 试判断如题 16-14 图所示二端口网络是否互易和对称。

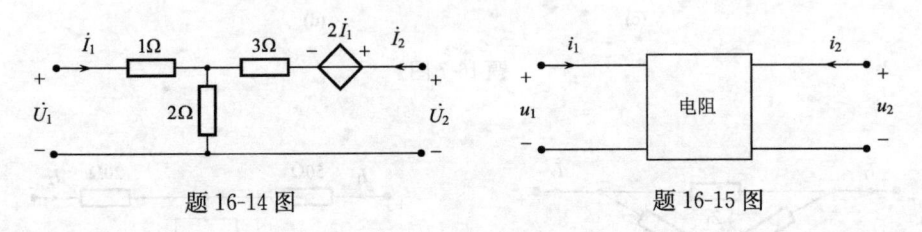

题 16-14 图   题 16-15 图

16-15 如题 16-15 图所示为二端口电阻网络,已知 Z 参数矩阵为 $\boldsymbol{Z}=\begin{bmatrix} 4 & 3 \\ 3 & 5 \end{bmatrix}$。(1)试求该二端口的 H 参数矩阵;(2)若给定 $i_1=10\text{A}$,$u_2=20\text{V}$,求该二端口消耗的功率。

16-16 电路如题 16-16 图所示,二端口网络中 1-1′端的电压 $\dot{U}_1$ 和该网络的 Z 参数均为已知,试求从 2-2′端向左看进去的等效电流源参数 $\dot{I}_S$ 和 Z。

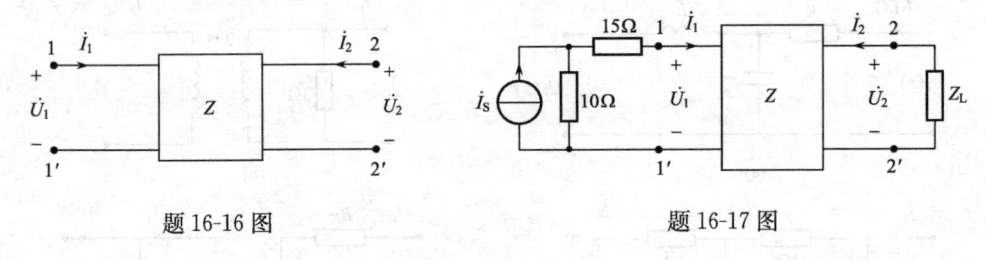

题 16-16 图   题 16-17 图

16-17 电路如题 16-17 图所示,已知二端口网络的传输矩阵为 $\boldsymbol{T}=\begin{bmatrix} 0.5 & j25 \\ j0.02 & 1 \end{bmatrix}$,正弦电流源 $\dot{I}_S=1\text{A}$。问负载阻抗 Z_L 为何值时,它获得最大功率?最大功率是多少?

16-18 如题 16-18 图所示,电路为线性无源电阻二端口网络,已知其 Z 参数矩阵为 $\boldsymbol{Z}=\begin{bmatrix} 2 & 3 \\ 4 & 8 \end{bmatrix}$。当端口 1-1′处接电压为 5V 的直流电压源、端口 2-2′处接负载电阻 R 时,调节 R 使其获得最大功率,求这一最大功率。

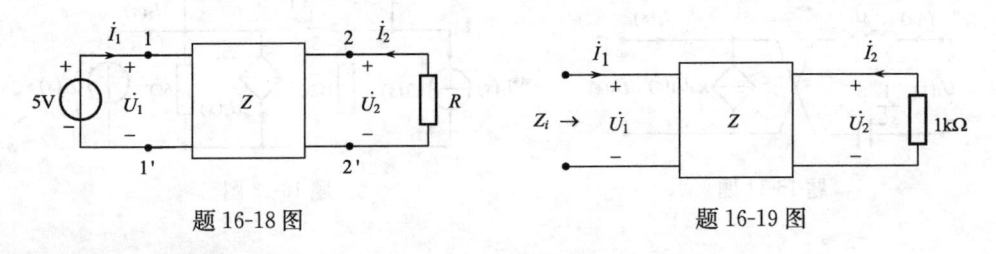

题 16-18 图   题 16-19 图

16-19 已知如题 16-19 图所示二端口网络的 H 参数为：$H_{11}=1\text{k}\Omega, H_{12}=-2, H_{21}=3, H_{22}=2\text{mS}$，二端口的输出端接 1kΩ 电阻，求输入阻抗。

16-20 在如题 16-20 图所示的网络中，已知 T 参数矩阵为 $\boldsymbol{T}=\begin{bmatrix} 2.5 & 55 \\ 0.05 & 1.5 \end{bmatrix}$，$\omega L_1=0.75\Omega$，$\omega L_2=6\Omega$，$\dfrac{1}{\omega C}=6\Omega$，$u_\text{S}(t)=10+100\sqrt{2}\cos\omega t+10\sqrt{2}\cos 3\omega t\text{(V)}$，求 $i(t)$ 及其有效值 I。

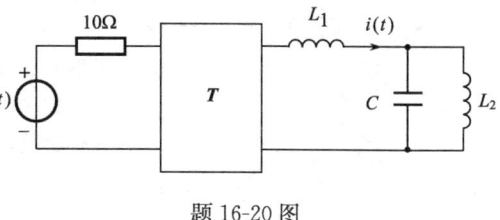

题 16-20 图

16-21 求如题 16-21 图所示二端口网络的特性阻抗 Z_C。

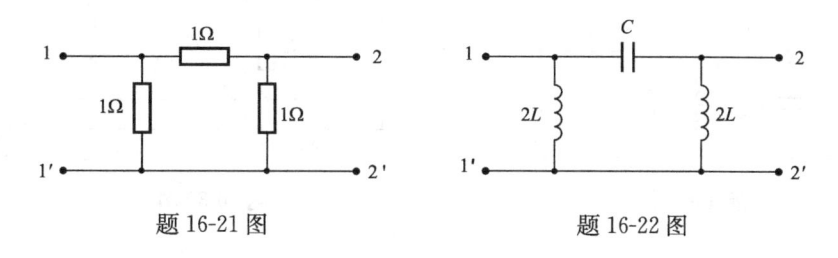

题 16-21 图   题 16-22 图

16-22 求如题 16-22 图所示二端口网络的特性阻抗 Z_C。

16-23 电路如题 16-23 图所示，已知电压源电压 $U=240\text{V}$。试求（1）二端口网络 N 的特性阻抗；（2）负载 R_L 吸收的功率。

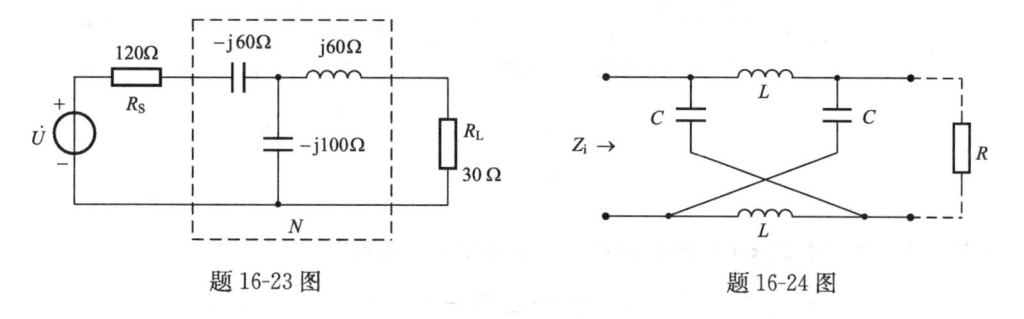

题 16-23 图   题 16-24 图

16-24 如题 16-24 图所示为相移网络，试求（1）网络的特性阻抗；（2）若在输出端接入一电阻，并且 $R^2=\dfrac{L}{C}$，求此时的输入阻抗 Z_i。

16-25 已知如题 16-25 图所示二端口等效电路的 Z 参数矩阵为 $\boldsymbol{Z}=\begin{bmatrix} 10 & 8 \\ 5 & 10 \end{bmatrix}$，求 R_1、R_2、R_3 和 r 的值。

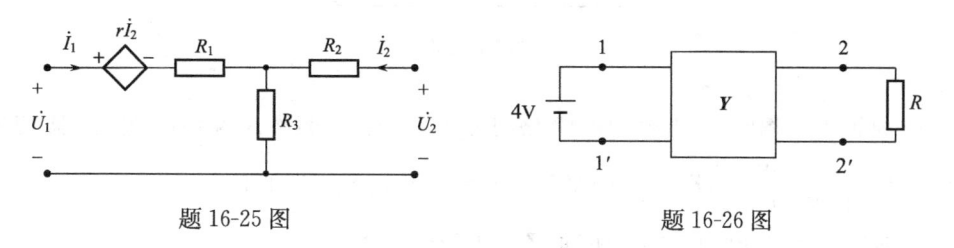

题 16-25 图   题 16-26 图

16-26 已知如题 16-26 图所示二端口网络的 Y 参数矩阵为 $\boldsymbol{Y}=\begin{bmatrix} 1 & -0.25 \\ -0.25 & 0.5 \end{bmatrix}$，该网络在 1-1′ 端接 4V 电压源，在 2-2′ 端接电阻 R。试问 R 为何值时，R 可获得最大功率，最大功率为何值。此时，电压源发出的

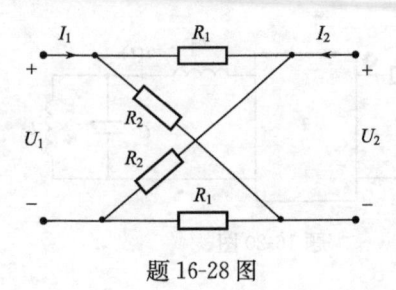

功率为何值。

16-27 某互易二端口网络的传输参数 $A=7, B=3, C=9$，求其 T 形和 π 形等效电路中的各元件参数，并画出该等效电路图。

16-28 求如题 16-28 图所示二端口网络 T 形等效电路中的各元件参数，并画出该等效电路图。

16-29 求如题 16-29 图所示二端口网络 T 形等效电路中的各元件参数，并画出该等效电路图。

题 16-28 图

16-30 试判断如题 16-30 图所示二端口网络是否互易和对称。

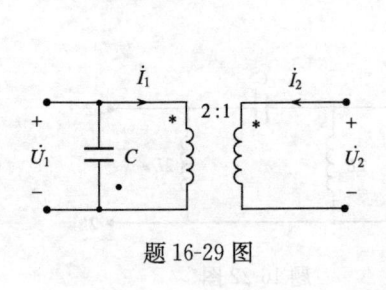

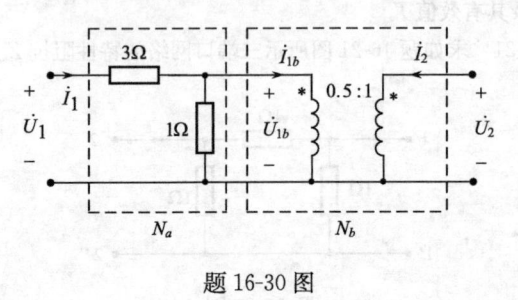

题 16-29 图

题 16-30 图

16-31 试求如题 16-31 图所示二端口网络的 T 参数矩阵。已知 $\omega L_1 = 10\Omega, \omega L_2 = \omega L_3 = 8\Omega, \dfrac{1}{\omega C} = 20\Omega, \omega M = 4\Omega$。

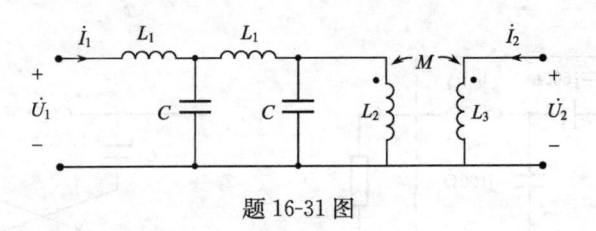

题 16-31 图

16-32 已知 $R=1\Omega$，试求如题 16-32 图所示二端口网络的 Y 参数矩阵。

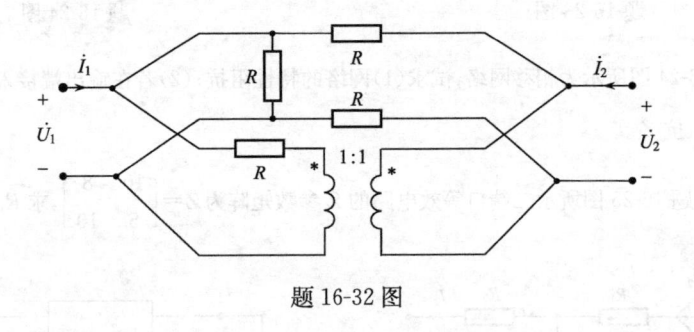

题 16-32 图

16-33 如题 16-33 图所示为有载二端口网络，虚框中的二端口子网络 N 为某晶体管放大器，已知其 H 参数矩阵为 $\boldsymbol{H} = \begin{bmatrix} 10^3 & 10^{-4} \\ 100 & 10^{-5} \end{bmatrix}$，若 $U_S = 10\text{mV}, R_f = R_2 = 1000\Omega$，求电压 U_2 的值。

16-34 求如题 16-34 图所示二端口网络的 Z 参数矩阵。

16-35 电路如题 16-35 图所示，已知二端口网络的 Y 参数矩阵为 $\boldsymbol{Y} = \begin{bmatrix} 2 & 3 \\ 5 & 4 \end{bmatrix}, R_2 = 1\Omega$。试求该二端口的电压转移函数 $U_2(s)/U_S(s)$。

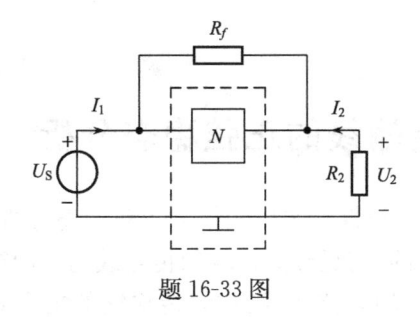

题 16-33 图

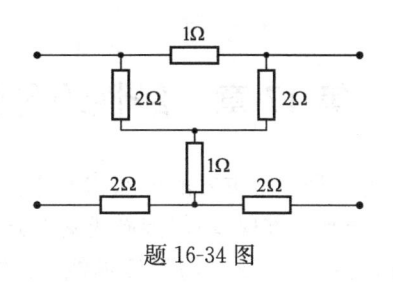

题 16-34 图

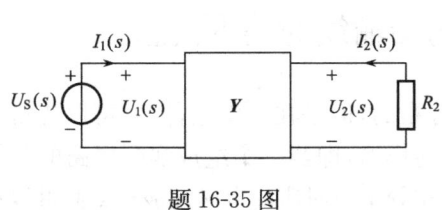

题 16-35 图

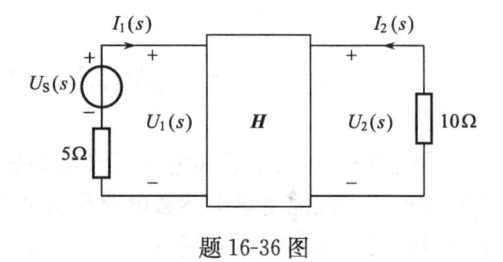

题 16-36 图

16-36 电路如题 16-36 图所示,已知二端口网络的 H 参数矩阵为 $\boldsymbol{H} = \begin{bmatrix} 40 & 0.4 \\ 10 & 0.1 \end{bmatrix}$。试求该二端口的电压转移函数 $U_2(s)/U_S(s)$。

16-37 电路如题 16-37 图所示,已知二端口网络的 Z 参数矩阵为 $\boldsymbol{Z} = \begin{bmatrix} 2 & 3 \\ 3 & 3 \end{bmatrix}$。试求该二端口的电压转移函数 $U_2(s)/U_S(s)$。

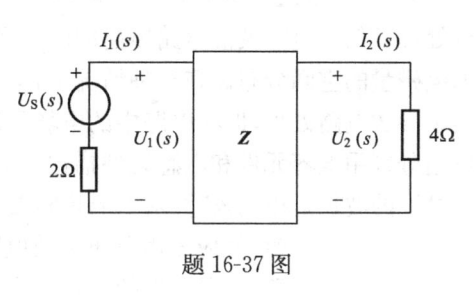

题 16-37 图

第 17 章 线性均匀传输线的正弦稳态分析

本章讨论一种非常重要的分布参数电路,即线性均匀传输线的正弦稳态分析,主要内容有:均匀传输线基本方程、均匀传输线基本方程的正弦稳态解、均匀传输线的正向行波和反向行波的概念、终端接负载的均匀传输线、无损耗均匀传输线、均匀传输线的集中参数等效电路等。

17.1 分布参数电路与均匀传输线的基本概念

实际电路的电阻、电感和电容等参数都是连续分布的,但是在一定条件下,可以忽略电路参数的分布而近似地用集中参数电路作为实际电路的模型,即当一个组成实际电路的部件和连接导线的最大几何尺寸 d 远远小于该电路最高工作频率所对应的电磁波波长 λ 而可以忽略不计时,就可以认为整个电路集中于空间中的一点(与力学理论中把一个刚体近似视为一个质点处理类似),电磁波沿电路传播的时间几乎为零,即其中的电磁过程在瞬间完成,因而无须考虑电磁量的空间分布。在这种情况下,电磁场理论和大量的工程实践证明,实际电路可以按照集中参数电路处理,即将电路中的电场和磁场分开,亦即它们之间不存在相互的作用,各自的作用分别用电容元件和电感元件描述。但是,当实际电路的最大几何尺寸 d 可以和其工作时电磁波的波长 λ 相比较时(基本上是同数量级),则必须考虑到电路参数的分布,大体上可以认为,当 $d \geqslant \lambda/100$ 时,就应该用分布参数电路作为实际电路的模型。

一般说来,两种情况工作的电路应作为分布参数电路处理,其一是工作频率较低,但其尺寸较大、工作电压等级较高的电路,如电力工程中的高压远距离交流输电线路,其工作频率 f 很低,为 50Hz,与其相应的电磁波的波长 λ 长达 6000km,但由于这种输电线的线长可达 200km 以上,并且所采用的电压等级很高(35kV 以上),所以必须考虑沿线分布的电感、线间的分布电容和线间的泄漏电流等方面的影响,这样的电力输电线必须作为分布参数电路处理。其二是尺寸较小,但工作信号的频率却很高的电路。例如,在通信工程、计算机和各种控制设备中使用的传输线,如平行二线传输线和同轴电缆等,虽然线的尺寸可能小一些,但当信号频率或脉冲重复频率很高时,就必须作为分布参数电路处理,一个较为典型的例子是雷达天线通过一对 10m 长的传输线与主机相连而构成的电路,若天线上接收到的信号频率为 100MHz,其对应的波长为 3m,则此传输线电路必须看作分布参数电路。但是,若天线上接受到的信号频率为 10kHz,其对应的波长为 30km,则此时传输线电路可以视为集中参数电路。

传输线是一种最为典型的分布参数电路。所谓"传输线",是一种用以导引电磁波即电磁能量或电磁信号定向地从一处传输到另一处的装置。传输线有多种形式,按其所用的导体材料、结构形式、几何尺寸(导体截面)、相对位置(导体间的几何距离)和所填充的电介质性质及周围媒质特性等沿传输线的纵向(电磁波传输方向)是否有变化,可分为均匀(处处相同)传输线和非均匀(有变化)传输线两大类。如果传输线是由两根放置在均匀媒质中、彼此平行且具有相同截面与材料的直导体组成,则为双导线均匀传输线,简称均匀线,均匀传输线又称为均匀长线。常见的双线架空输电线、两芯电缆和同轴电缆等均可近似地视为双线均匀传输线,本章仅讨论均匀双线架空输电线。

当电流流过传输线时，由于沿线导线电阻的存在，从而引起沿线的电压降；当电流是交变电流，则在导线的周围产生交变磁场，即由于沿线电感的存在，变动的电流沿线产生电感压降。因此，传输导线上各处的线间电压不同，或者说线间电压沿线连续变化。另一方面，由于线间电压又处处形成电场，故而一对传输线的两导体具有电容效应或两传输导线构成一个电容，所以线间存在位移电流，频率越高，该电流越大；此外，两导体间沿线处处存在漏电导，故还有漏电流，电压越高，漏电流也越大；由于沿线间处处存在位移电流和漏电流，因而沿线各处的电流也不同，即电流也沿线连续变化。

由于传输线上各处的电压、电流的值均不相同，所以不能依据集中参数电路的方法将整条导线上连续分布的电阻、电感以及两条导线间连续分布的电导和电容用集中参数表示，而应按照上述分析认为导线每一无穷短的长度元 Δx 上均具有电阻和电感，导线间则具有电导和电容。由于 Δx 无穷短，满足 $\Delta x \ll \lambda$，故可忽略其中参数的分布而作为集中参数处理，因此，可以将传输线视为由无穷多个集中参数元件连接而成的分布参数电路模型，借用集中参数电路的分析方法进行讨论。为此，假定传输线上有四种参数，即电阻、电感、电容和电导。由于这些参数分布在线上，故而必须用单位长度导体上传输线具有的参数表示，即 R_0——往返两根导线每单位长度具有的电阻，借以反映电流产生的压降，其单位为 Ω/m（或 Ω/km）；L_0——往返两根导线每单位长度具有的电感，借以反映磁场产生的感应压降，其单位为 H/m（或 H/km）；G_0——每单位长度导线之间的电导，借以反映导线间的漏电流，其单位为 S/m（或 S/km）；C_0——每单位长度导线间的电容，借以反映导线间的位移电流，其单位为 F/m（或 F/km）。这四个参数统称为传输线的原参数，它们可以根据传输线的几何形状、尺寸大小及它周围的介质特性，用电磁场理论计算得出，也可以用实验方法测出，其中 R_0 与 G_0 并非互为倒量。

对于均匀传输线而言，四个参数沿线均匀分布，即线上任一单位长度微元 Δx 都具有相同的参数，或参数沿线处处相等且为常数（可以认为在相当宽的频率范围内都恒定）。以下的讨论都局限于均匀传输线。采用这些参数后，每一无穷短的线元 Δx 便可用如图 17-1 所示的二端口电路等效表示，由于均匀传输线参数的均匀性，所以整条传输线可以视为无穷多个这样的二端口电路级联而成。

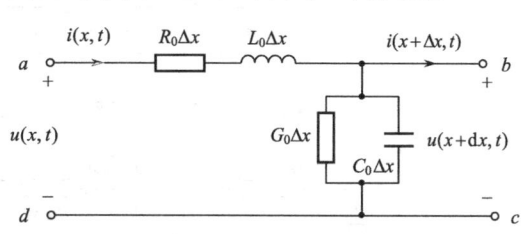

图 17-1 均匀传输线无穷短线元 Δx 上电压、电流及其参考方向和电路模型

显然，均匀传输线是一种理想的情况，实际的传输线由于各种因素的影响，使其参数分布不均匀。例如，架空输电线在塔杆处和其他处的漏电流情况相差很大，在架空线的每一跨度之间，由导线自重引起的下垂现象改变传输线对大地电容的分布均匀性。通常，为简化讨论，在工程允许的范围内忽略使传输线产生不均匀分布的各种次要因素而将实际传输线作为均匀输线处理。

17.2 均匀传输线的偏微分方程

如图 17-2(a)所示，均匀传输线连接电源的一端称为始端，连接负载阻抗 Z_2 的一端称为终端，与电源正极和负载相连的导线称为来线，另外一根导线则称为回线。来线电流的参考方向由始端指向终端,回线电流的参考方向与来线正好相反。均匀传输线的几何空间是一维的,设来线和回线的长度,即始端与终端之间的距离均为 l,并取传输线的始端作为位置坐标轴 x(与传输线轴平行)的原点。于是,由图 17-1 可以建立均匀传输线的等效电路,如图 17-2(b)所示。从理论而言,微元 Δx 所代表的一段传输线应为无穷短,而实际上只要 Δx 足够小(如 $\Delta x = \lambda$),就可以忽略这一微元段上电路参数的分布而将其作为集中参数电路处理,则整个均匀传输线可以视为由无限多个这种微元段集中参数电路级联而成,即它由无穷多个具有相同结构与参数的集中参数电路级联而成。

设距始端(坐标原点)任一点 x 处的电流为 $i(x,t)$(即任一微元 Δx 中的电流),两线间电压为 $u(x,t)$,由于 Δx 无穷小,而电磁波的传播速度虽有限但接近光速,故可以认为在图 17-2(b) 中由 a 点到 b 点不需要时间,即电压、电流的作用从 a 点到 b 点这一段集中参数电路里"瞬时"完成,因此在 $x+\Delta x$ 处的电流为 $i(x+\Delta x,t)$(即 Δx 下一段微元中的电流),两线间电压为 $u(x+\Delta x,t)$。根据传输线单位长度上具有的参数,微元 Δx 上应有无穷小电阻 $R_0 \Delta x$ 和无穷小电感 $L_0 \Delta x$,两导线间存在无穷小电导 $G_0 \Delta x$ 和无穷小电容 $C_0 \Delta x$。

对图 17-2(b)中的回路 $abcda$ 列写 KVL 方程,得

$$u(x,t) - R_0 \Delta x i(x,t) - L_0 \Delta x \frac{\partial i(x,t)}{\partial t} - u(x+\Delta x,t) = 0 \tag{17-1}$$

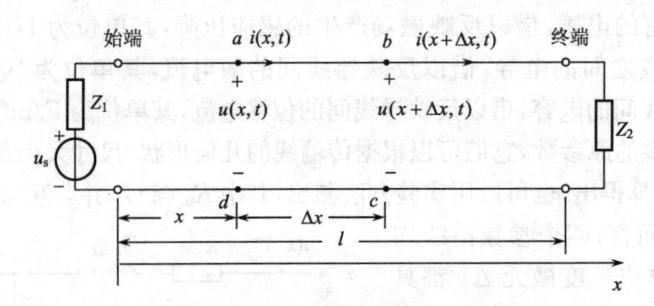

(a) 均匀传输线及其一微元上电压、电流的参考方向

(b) 均匀传输线的等效电路

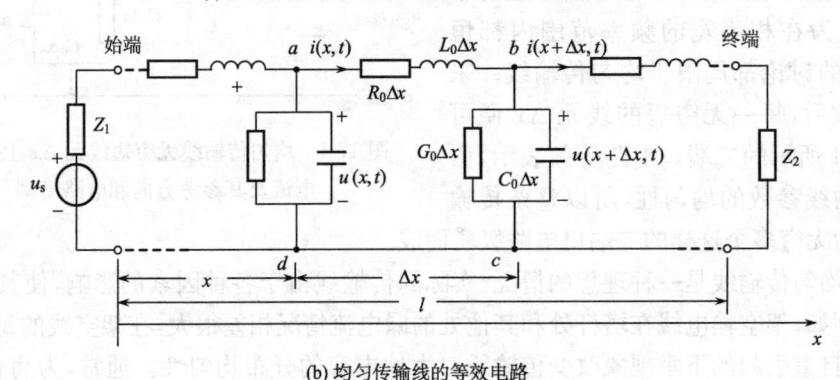

图 17-2 均匀传输线及其等效电路

在式(17-1)两边同除以 Δx 并加以整理,再取极限 $\Delta x \to 0$ 有

$$-\frac{\partial u(x,t)}{\partial x} = R_0 i(x,t) + L_0 \frac{\partial i(x,t)}{\partial t} \tag{17-2}$$

节点 b 列写的 KCL 方程为

$$i(x,t) - G_0\Delta x u(x+\Delta x,t) - C_0\Delta x \frac{\partial u(x+\Delta x,t)}{\partial t} - i(x+\Delta x,t) = 0 \tag{17-3}$$

采用与上面类似的方法可得

$$-\frac{\partial i(x,t)}{\partial x} = G_0 u(x,t) + C_0 \frac{\partial u(x,t)}{\partial t} \tag{17-4}$$

由式(17-2)和式(17-4)可知,所谓"参数的分布"是指电路中同一瞬间任意相邻两点的电压和电流都不相同,所以均匀传输线中电压和电流不仅是时间 t 的函数,还是空间位置 x 的函数,而且一个量的时间变化引起另一个量的空间变化,这就是波动的概念。因此,式(17-2)和式(17-4)称为均匀传输线的波动方程。

在式(17-2)中,对 x 求偏导可得

$$-\frac{\partial^2 u(x,t)}{\partial x^2} = \left(R_0 + L_0 \frac{\partial}{\partial t}\right) \frac{\partial i(x,t)}{\partial x} \tag{17-5}$$

再将式(17-4)代入式(17-5),整理可得

$$\frac{\partial^2 u(x,t)}{\partial x^2} = L_0 C_0 \frac{\partial u^2(x,t)}{\partial t^2} + (L_0 G_0 + R_0 C_0)\frac{\partial u(x,t)}{\partial t} + R_0 G_0 u(x,t) \tag{17-6}$$

同理可得

$$\frac{\partial^2 i(x,t)}{\partial x^2} = L_0 C_0 \frac{\partial i^2(x,t)}{\partial t^2} + (L_0 G_0 + R_0 C_0)\frac{\partial i(x,t)}{\partial t} + R_0 G_0 i(x,t) \tag{17-7}$$

式(17-6)、式(17-7)各仅含单一变量 $u(x,t)$、$i(x,t)$,它们也是关于电压 $u(x,t)$ 和电流 $i(x,t)$ 的波动方程。式(17-2)和式(17-4)或式(17-6)和式(17-7)均为均匀传输线的电压 $u(x,t)$ 和电流 $i(x,t)$ 所满足的时域方程。据称这组偏微分方程最早为一佚名的电报员旨在解决有线电报的传输问题而导出来,故称为电报方程。式(17-2)表明沿 x 的正方向传输线两线间电压的减少量等于单位长度线上的电阻和电感的电压降之和;式(17-4)则表明沿 x 的正方向传输线中电流的减少量等于单位长度两线间的电导和电容的电流之和。

式(17-2)和式(17-4)或式(17-6)和式(17-7)分别为一组包含 $u(x,t)$ 和 $i(x,t)$ 对空间坐标 x 和时间坐标 t 的二阶常系数线性偏微分方程。因此,若要求解它们,除须知道电压、电流的初始条件,如初始时刻 $t=t_0$ 传输线上的电压、电流值,还须知道边界条件即传输线始端或终端的电压或电流值。通常,这组方程的解析解很难求出。

17.3　正弦稳态下均匀传输线相量方程的通解

当均匀传输线始端的电源是角频率为 ω 的正弦激励且线路工作在稳态时,传输线上任一处的电压 $u(x,t)$、电流 $i(x,t)$ 都是与电源同频率的正弦函数,因而可以用相量法进行分析计算。但是,由于 $u(x,t)$、$i(x,t)$ 的幅值和相位与集中参数的等幅值、常相位不同,他们随距离始端位置 x 的改变而变化,所以 $u(x,t)$ 和 $i(x,t)$ 对应有效值相量的模和幅角均为 x 的函数,故而可以分别用 $\dot{U}(x)$ 和 $\dot{I}(x)$ 表示,即这两个相量只是坐标变量 x 的复函数,而与时间 t 无关,有

$$\dot{U}(x) = U(x) e^{j\varphi_u(x)} \tag{17-8}$$

$$\dot{I}(x) = I(x) e^{j\varphi_i(x)} \tag{17-9}$$

于是,电压瞬时值 $u(x,t)$ 和电流瞬时值 $i(x,t)$ 可以表示成

$$u(x,t) = \mathrm{Im}[\sqrt{2}\dot{U}(x) e^{j\omega t}] \tag{17-10}$$

$$i(x,t) = \text{lm}[\sqrt{2}\dot{I}(x)e^{j\omega t}] \tag{17-11}$$

式(17-10)和式(17-11)分别代入式(17-2)和式(17-4)，注意 $\frac{\partial \dot{U}(x)e^{j\omega t}}{\partial t} = j\omega \dot{U}(x)e^{j\omega t}$ 及 $\frac{\partial \dot{I}(x)e^{j\omega t}}{\partial t} = j\omega \dot{I}(x)e^{j\omega t}$，并将 $\frac{\partial \dot{U}(x)}{\partial x}$ 和 $\frac{\partial \dot{I}(x)}{\partial x}$ 各表示为 $\frac{d\dot{U}(x)}{dx}$ 和 $\frac{d\dot{I}(x)}{dx}$，便可得均匀传输线在正弦稳态下其电压相量 $\dot{U}(x)$ 和电流相量 $\dot{I}(x)$ 所满足的方程，即

$$-\frac{d\dot{U}}{dx} = (R_0 + j\omega L_0)\dot{I} = Z_0 \dot{I} \tag{17-12a}$$

$$-\frac{d\dot{I}}{dx} = (G_0 + j\omega C_0)\dot{U} = Y_0 \dot{U} \tag{17-12b}$$

式(17-12)中，$\dot{U}$ 和 $\dot{I}$ 分别为 $\dot{U}(x)$ 和 $\dot{I}(x)$ 的简记表示（以下一般均采用这种表示方法），$Z_0 = R_0 + j\omega L_0$，为传输线每单位长度的复（串联）阻抗；$Y_0 = G_0 + j\omega C_0$，为传输线每单位长度的复（并联）导纳，这两者之间并不存在倒数关系。由式(17-12)的数学形式可知，采用相量对应表示传输线上的电压和电流，可使原来关于 $u(x,t)$、$i(x,t)$ 的偏微分方程式(17-2)和式(17-4)转化成为关于相量 $\dot{U}$ 和 $\dot{I}$ 的常微分方程，它们均以距离 x 为自变量。在物理意义上，传输线单位长度的电压变化等于其单位长度上串联阻抗的电压降，传输线单位长度的电流变化等于其单位长度上并联导纳的分流，即传输线上的电压变化由串联阻抗的压降引起，而电流变化则是并联导纳的分流作用的结果。

下面求正弦稳态下均匀传输线相量方程式(17-12)的通解。在式(17-12a)中对 x 求一阶导数，再将(17-12b)中的 $\frac{d\dot{I}}{dx}$ 代入；式(17-12b)对 x 求一阶导数，再将(17-12a)中的 $\frac{d\dot{U}}{dx}$ 代入，可得

$$\frac{d^2\dot{U}}{dx^2} = Z_0 Y_0 \dot{U} \tag{17-13a}$$

$$\frac{d^2\dot{I}}{dx^2} = Z_0 Y_0 \dot{I} \tag{17-13b}$$

令式(17-13)中的 $Z_0 Y_0 = \gamma^2$，则可得到两个具有相同形式的线性常系数二阶齐次常微分方程，即

$$\frac{d^2\dot{U}}{dx^2} - \gamma^2 \dot{U} = 0 \tag{17-14a}$$

$$\frac{d^2\dot{I}}{dx^2} - \gamma^2 \dot{I} = 0 \tag{17-14b}$$

式(17-14)中的 γ 称为均匀传输线的传播常数，有

$$\gamma = \sqrt{Z_0 Y_0} = \sqrt{(R_0 + j\omega L_0)(G_0 + j\omega C_0)} = \alpha + j\beta \tag{17-15}$$

由于 γ 的幅角在 $0°$ 和 $90°$ 之间，故其实部 α 和虚部 β 均应为正值。

对于复数形式的齐次常微分方程(17-14)，其求解方法与实数形式的常微分方程相同，故其特征方程为

$$v^2 - \gamma^2 = 0$$

特征根为 $v_{1,2} = \pm\gamma$，故式(17-14a)的通解为

$$\dot{U} = \dot{U}_0^+ e^{-\gamma x} + \dot{U}_0^- e^{\gamma x} \tag{17-16}$$

式(17-16)中，$\dot{U}_0^+$ 和 $\dot{U}_0^-$ 是待定的积分复常数，在一般情况下均为复数，实际上也是相量，可以表示为 $\dot{U}_0^+ = |\dot{U}_0^+| e^{j\varphi^+} = U_0^+ e^{j\varphi^+}$，$\dot{U}_0^- = |\dot{U}_0^-| e^{j\varphi^-} = U_0^- e^{j\varphi^-}$，它们由边界条件决定。电压 $\dot{U}$ 的通解式(17-16)代入式(17-12a)，便可求得电流 $\dot{I}$ 的通解，即

$$\dot{I} = -\frac{1}{Z_0}\left(\frac{d\dot{U}}{dx}\right) = -\frac{1}{Z_0}(-\gamma \dot{U}_0^+ e^{-\gamma x} + \gamma \dot{U}_0^- e^{\gamma x})$$

$$= \frac{\gamma}{Z_0}(\dot{U}_0^+ e^{-\gamma x} - \dot{U}_0^- e^{\gamma x}) = \frac{\dot{U}_0^+}{Z_C} e^{-\gamma x} - \frac{\dot{U}_0^-}{Z_C} e^{\gamma x} \tag{17-17}$$

式(17-17)中，Z_C 为

$$Z_C = \frac{Z_0}{\gamma} = \sqrt{\frac{Z_0}{Y_0}} = \sqrt{\frac{R_0 + j\omega L_0}{G_0 + j\omega C_0}} = |Z_C| e^{j\varphi_C} \tag{17-18}$$

Z_C 称为均匀传输线的特征阻抗或波阻抗，与 γ 一样，也是由均匀传输线的原始参数及电源频率引出的复参数，单位是 Ω。

至此，得出均匀传输线方程在正弦稳态下电压相量和电流相量的通解式(17-16)和式(17-17)，其中均包含积分复常数 $\dot{U}_0^+$ 和 $\dot{U}_0^-$。下面根据始端边界条件或终端边界条件确定这两个积分复常数，从而得出均匀传输线方程在正弦稳态下的特解。由于它们可以用双曲线函数表示，故也称为均匀传输线方程的双曲线函数解。

17.4　正弦稳态下均匀传输线相量方程的特解

均匀传输线的边界条件一般分为始端边界条件和终端边界条件。因此，传输线相量方程通解中的积分复常数或传输线相量方程特解表示式分两种情况。下面分别予以讨论。

1. 已知传输线始端电压相量 $\dot{U}(0) = \dot{U}_1$、电流相量 $\dot{I}(0) = \dot{I}_1$ 时的特解

传输线始端边界条件为始端电压相量 $\dot{U}(0) = \dot{U}_1$ 和电流相量 $\dot{I}(0) = \dot{I}_1$，如图17-3所示。在式(17-16)和式(17-17)中令 $x = 0$ 可得

$$\dot{U}_0^+ + \dot{U}_0^- = \dot{U}_1 \tag{17-19a}$$

$$\frac{\dot{U}_0^+}{Z_C} - \frac{\dot{U}_0^-}{Z_C} = \dot{I}_1 \tag{17-19b}$$

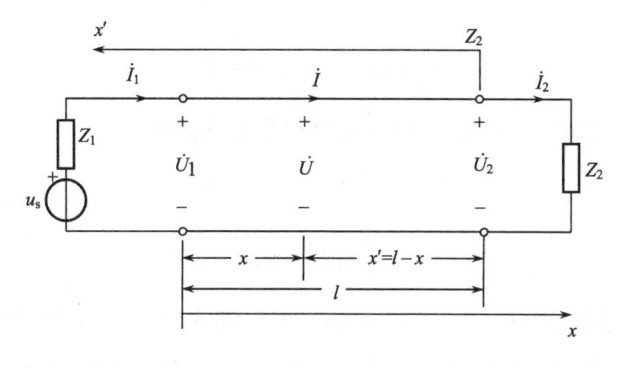

图17-3　始端与终端边界条件：电压 $\dot{U}_1$ 和电流 $\dot{I}_1$ 及电压 $\dot{U}_2$、电流 $\dot{I}_2$

联立求解式(17-19a)和式(17-19b)可以得出积分复常数为

$$\dot{U}_0^+ = \frac{1}{2}(\dot{U}_1 + Z_C \dot{I}_1) \tag{17-20a}$$

$$\dot{U}_0^- = \frac{1}{2}(\dot{U}_1 - Z_C \dot{I}_1) \tag{17-20b}$$

将所得积分复常数表示式(17-20)代回式(17-16)和式(17-17)，便可得出均匀传输线上任一处线间电压相量 $\dot{U}$ 和线路电流相量 $\dot{I}$ 在给定始端电压相量值 $\dot{U}_1$ 和电流相量值 $\dot{I}_1$ 时的正弦稳态解，即

$$\dot{U} = \frac{1}{2}(\dot{U}_1 + Z_C \dot{I}_1) e^{-\gamma x} + \frac{1}{2}(\dot{U}_1 - Z_C \dot{I}_1) e^{\gamma x} \tag{17-21a}$$

$$\dot{I} = \frac{1}{2Z_C}(\dot{U}_1 + Z_C \dot{I}_1) e^{-\gamma x} - \frac{1}{2Z_C}(\dot{U}_1 - Z_C \dot{I}_1) e^{\gamma x} \tag{17-21b}$$

考虑到双曲线函数表示式：$\text{ch}(\gamma x) = \frac{1}{2}(e^{\gamma x} + e^{-\gamma x})$，$\text{sh}(\gamma x) = \frac{1}{2}(e^{\gamma x} - e^{-\gamma x})$，式(17-21)可以改写为

$$\dot{U} = \dot{U}_1 \text{ch} \gamma x - Z_C \dot{I}_1 \text{sh} \gamma x \tag{17-22a}$$

$$\dot{I} = -\frac{\dot{U}_1}{Z_C} \text{sh} \gamma x + \dot{I}_1 \text{ch} \gamma x \tag{17-22b}$$

或表示为矩阵形式，即

$$\begin{bmatrix} \dot{U} \\ \dot{I} \end{bmatrix} = \begin{bmatrix} \text{ch} \gamma x & -Z_C \text{sh} \gamma x \\ -\frac{1}{Z_C} \text{sh} \gamma x & \text{ch} \gamma x \end{bmatrix} \begin{bmatrix} \dot{U}_1 \\ \dot{I}_1 \end{bmatrix} \tag{17-23}$$

利用式(17-22)或式(17-23)可以由已知的 $\dot{U}_1$ 和 $\dot{I}_1$ 求出距始端为任意 x 处的电压相量 $\dot{U}$ 和电流相量 $\dot{I}$。

2. 已知传输线终端电压相量 $\dot{U}(l) = \dot{U}_2$、电流相量 $\dot{I}(l) = \dot{I}_2$ 时的特解

传输线终端边界条件为终端电压相量 $\dot{U}(l) = \dot{U}_2$ 和电流相量 $\dot{I}(l) = \dot{I}_2$，如图17-3所示。在式(17-16)和式(17-17)中，令 $x=l$（传输线全长）并将终端电压 $\dot{U}(l) = \dot{U}_2$、电流 $\dot{I}(l) = \dot{I}_2$ 代入可得

$$\dot{U}_0^+ e^{-\gamma l} + \dot{U}_0^- e^{\gamma l} = \dot{U}_2 \tag{17-24a}$$

$$\frac{\dot{U}_0^+}{Z_C} e^{-\gamma l} - \frac{\dot{U}_0^-}{Z_C} e^{\gamma l} = \dot{I}_2 \tag{17-24b}$$

对式(17-24a)和式(17-24b)联立求解，可得积分复常数为

$$\dot{U}_0^+ = \frac{1}{2}(\dot{U}_2 + Z_C \dot{I}_2) e^{\gamma l} \tag{17-25a}$$

$$\dot{U}_0^- = \frac{1}{2}(\dot{U}_2 - Z_C \dot{I}_2) e^{-\gamma l} \tag{17-25b}$$

将所得积分复常数表示式(17-25)代回式(17-16)和式(17-17)中便可得出均匀传输线上任一处线间电压相量 $\dot{U}$ 和线路电流相量 $\dot{I}$ 在给定终端电压相量值 $\dot{U}_2$ 和电流相量值 $\dot{I}_2$ 时的正弦稳态解，即

$$\dot{U} = \frac{1}{2}(\dot{U}_2 + Z_C \dot{I}_2)e^{\gamma(l-x)} + \frac{1}{2}(\dot{U}_2 - Z_C \dot{I}_2)e^{-\gamma(l-x)} \tag{17-26a}$$

$$\dot{I} = \frac{1}{2Z_C}(\dot{U}_2 + Z_C \dot{I}_2)e^{\gamma(l-x)} - \frac{1}{2Z_C}(\dot{U}_2 - Z_C \dot{I}_2)e^{-\gamma(l-x)} \tag{17-26b}$$

为简单表示，令 $x'=l-x$，则在均匀传输线始端 $x=0$ 处 $x'=l$，而在线路终端 $x=l$ 处 $x'=0$，即新的位置坐标轴 x' 的起点在终端，其正方向与 x 正好相反，即由传输线的终端指向始端，x' 可以表示传输线上任一处至终端的距离，如图 17-3 所示。因此，可以将式(17-26)表示为空间距离坐标 x' 的函数，即得到距离终端 x' 处的电压 $\dot{U}(x')$、电流 $\dot{I}(x')$ 的正弦稳态解为

$$\dot{U} = \frac{1}{2}(\dot{U}_2 + Z_C \dot{I}_2)e^{\gamma x'} + \frac{1}{2}(\dot{U}_2 - Z_C \dot{I}_2)e^{-\gamma x'} \tag{17-27a}$$

$$\dot{I} = \frac{1}{2Z_C}(\dot{U}_2 + Z_C \dot{I}_2)e^{\gamma x'} - \frac{1}{2Z_C}(\dot{U}_2 - Z_C \dot{I}_2)e^{-\gamma x'} \tag{17-27b}$$

为书写方便，以下将式(17-27)中的 x' 仍记为 x。但是，这时 x 表示距终端的距离。由于式(17-27)右方的 $\dot{U}_2$ 和 $\dot{I}_2$ 可以表示以传输线的终端作为计算距离起点的含义，因而这并不会混淆。应该注意的是，在这种边界条件下线间电压相量和线路电流相量的参考方向不变，如图 17-3 所示。

式(17-27)也用双曲线函数表示，则有

$$\dot{U} = \dot{U}_2 \mathrm{ch}\gamma x + Z_C \dot{I}_2 \mathrm{sh}\gamma x \tag{17-28a}$$

$$\dot{I} = \frac{\dot{U}_2}{Z_C}\mathrm{sh}\gamma x + \dot{I}_2 \mathrm{ch}\gamma x \tag{17-28b}$$

或写成矩阵形式，有

$$\begin{bmatrix} \dot{U} \\ \dot{I} \end{bmatrix} = \begin{bmatrix} \mathrm{ch}\gamma x & Z_C \mathrm{sh}\gamma x \\ \frac{1}{Z_C}\mathrm{sh}\gamma x & \mathrm{ch}\gamma x \end{bmatrix} \begin{bmatrix} \dot{U}_2 \\ \dot{I}_2 \end{bmatrix} \tag{17-29}$$

利用式(17-28)或式(17-29)可以由已知的 $\dot{U}_2$ 和 $\dot{I}_2$ 求出距离终端为任意 x 处的电压相量 $\dot{U}$ 和电流相量 $\dot{I}$。对于同一传输线，式(17-22)和式(17-28)完全等效，在分析计算时究竟用哪一式，视所要求的量和计算方便而定。但是，后者是实际经常遇到最一般和最重要的情况，故而是本章讨论的重点。

例 17-1 某三相高压输电线从发电厂经 240km 送电到一枢纽变电站。线路参数为 $R_0=0.08\Omega/\mathrm{km}$，$\omega L_0=0.4\Omega/\mathrm{km}$，$\omega C_0=2.8\mu\mathrm{S/km}$，$G_0$ 可以忽略不计。如果输送到终端的复功率为 $(160+\mathrm{j}16)$MVA，终端线电压为 195kV，试计算始端线电压、线电流、复功率及传输效率。

解 (1) 求传输线终端电流。终端相电压为 $U_2=195/\sqrt{3}=112.58\mathrm{kV}$；负载的功率因数角为 $\varphi_2=\arctan\frac{16}{160}=5.71°$，负载电流为

$$I_2 = \frac{P_2}{3U_2\cos\varphi_2} = \frac{160\times 10^6}{3\times 112.58\times 10^3 \cos 5.71°} = 0.476\mathrm{kA}$$

以终端电压为参考正弦量，即 $\dot{U}_2=112.58\angle 0°\mathrm{kV}$，则有 $\dot{I}_2=0.476\angle -5.71°\mathrm{kA}$。

(2) 计算传输线始端电压、电流相量。输电线单位长度线段上的阻抗和导纳分别为

$$Z_0 = R_0 + \mathrm{j}\omega L_0 = 0.08 + \mathrm{j}0.4 = 0.4079\angle 78.69°\Omega/\mathrm{km}$$

$$Y_0 = j\omega C_0 = j2.8\times 10^{-6} = 2.8\times 10^{-6}\angle 90°\text{S/km}$$

输电线的特性阻抗和传播常数分别为

$$Z_C = \sqrt{\frac{Z_0}{Y_0}} = \sqrt{\frac{0.4079\angle 78.69°}{2.8\times 10^{-6}\angle 90°}} = 381.68\angle -5.66°\Omega$$

$$\gamma = \sqrt{Z_0 Y_0} = \sqrt{0.4079\angle 78.69°\times 2.8\times 10^{-6}\angle 90°} = 1.0687\times 10^{-3}\angle 84.345°\text{/km}$$

所以

$$\gamma l = 240\times 1.0687\times 10^{-3}\angle 84.345° = 0.2565\angle 84.345° = 0.0253 + j0.255$$
$$\text{ch}\gamma l = 0.968\angle 0.378°,\ \text{sh}\gamma l = 0.254\angle 84.47°$$

于是,可以求出始端相电压相量和相电流相量分别为

$$\dot{U}_1 = \dot{U}_2 \text{ch}\gamma l + Z_C \dot{I}_2 \text{sh}\gamma l$$
$$= 112.58\times 0.968\angle 0.378° + 381.68\angle -5.66°\times 0.476\angle -5.71°\times 0.254\angle 84.47°$$
$$= 130.33\angle 20.1°\text{kV}$$

$$\dot{I}_1 = \dot{I}_2 \text{ch}\gamma l + \frac{\dot{U}_2}{Z_C}\text{sh}\gamma l = 0.476\angle -5.71°\times 0.968\angle 0.378°$$
$$+ \frac{112.58}{381.68\angle -5.66°}\times 0.254\angle 84.47° = 0.458\angle 4.03°\text{kA}$$

因此,始端线电压和线电流分别为 $U_{1l}=\sqrt{3}U_1=225.74\text{kV}$ 和 $I_{1l}=458\text{A}$。

(3)计算始端复功率和输电线的传输效率。始端的复功率和输电线的传输效率分别为

$$\widetilde{S}_1 = 3\dot{U}_1 \dot{I}_1^* = 3\times 130.33\angle 20.1°\times 0.458\angle -4.03° = (172.07 + j49.57)\text{MVA}$$

$$\eta = \frac{P_2}{P_1}\times 100\% = \frac{160}{172.07}\times 100\% = 92.98\%$$

17.5　正弦稳态下均匀传输线上的行波

根据正弦稳态下均匀传输线电压相量和电流相量通解表示式(17-16)和式(17-17),可以利用相量和正弦量的对应关系直接写出电压和电流的时域通解表示式,进而可以讨论它们的物理意义。

17.5.1　均匀传输线上电压和电流的时域表达式

由于均匀传输线上电压相量和电流相量通解式(17-16)和式(17-17)(以始端作为 x 轴的原点)都包含两项,因此传输线上任一处的电压相量 $\dot{U}$ 可以视为两个相互独立的分相量 $\dot{U}^+$、$\dot{U}^-$ 叠加而成,电流相量 $\dot{I}$ 则可以视为两个相互独立的分相量 $\dot{I}^+$、$\dot{I}^-$ 叠加而成,即

$$\dot{U} = \dot{U}_0^+ e^{-\gamma x} + \dot{U}_0^- e^{\gamma x} = \dot{U}^+ + \dot{U}^- \tag{17-30a}$$

$$\dot{I} = \frac{\dot{U}_0^+ e^{-\gamma x}}{Z_C} - \frac{\dot{U}_0^- e^{\gamma x}}{Z_C} = \frac{\dot{U}^+}{Z_C} - \frac{\dot{U}^-}{Z_C} = \dot{I}^+ - \dot{I}^- \tag{17-30b}$$

已知 $\dot{U}_0^+ = |\dot{U}_0^+|e^{j\varphi_+} = U_0^+ e^{j\varphi_+}$,$\dot{U}_0^- = |\dot{U}_0^-|e^{j\varphi_-} = U_0^- e^{j\varphi_-}$,又有 $\gamma = \alpha + j\beta$,因此由式(17-30)可得

$$\dot{U}^+ = \dot{U}_0^+ e^{-\gamma x} = U_0^+ e^{-\alpha x} e^{j(\varphi_+ - \beta x)} \tag{17-31a}$$

$$\dot{U}^- = \dot{U}_0^- e^{\gamma x} = U_0^- e^{\alpha x} e^{j(\varphi_- + \beta x)} \tag{17-31b}$$

由式(17-31a)可知，电压相量 $\dot{U}^+$ 的模 $U_0^+ e^{-\alpha x}$ 随 x 增加而按指数衰减，其幅角 $(\varphi_+ - \beta x)$ 随 x 增加而减小。根据相量与正弦量的对应关系可以得出 $\dot{U}^+$ 所对应的瞬时值表示式为

$$u^+(x,t) = \mathrm{Re}[\sqrt{2}\dot{U}^+(x)e^{j\omega t}] = \mathrm{Re}[\sqrt{2}U_0^+ e^{-\alpha x} e^{j(\omega t - \beta x + \varphi_+)}]$$
$$= \sqrt{2}U_0^+ e^{-\alpha x} \cos(\omega t - \beta x + \varphi_+) \tag{17-32a}$$

由式(17-31b)可知，电压相量 $\dot{U}^-$ 的模 $U_0^- e^{\alpha x}$ 随 x 增加而按指数增加，其幅角 $(\varphi_- + \beta x)$ 随 x 增加而增加。类似于 $u^+(x,t)$，可以得出相量 $\dot{U}^-$ 所对应的瞬时值表示式为

$$u^-(x,t) = \sqrt{2}U_0^- e^{\alpha x} \cos(\omega t + \beta x + \varphi_-) \tag{17-32b}$$

根据正弦量相量变换的线性性质，由式(17-30a)可得均匀传输线上任意处正弦电压的瞬时值表示式为

$$u(x,t) = \mathrm{Re}[\sqrt{2}\dot{U}e^{j\omega t}] = \mathrm{Re}[\sqrt{2}(\dot{U}^+ + \dot{U}^-)e^{j\omega t}]$$
$$= \sqrt{2}U_0^+ e^{-\alpha x} \cos(\omega t - \beta x + \varphi_+) + \sqrt{2}U_0^- e^{\alpha x} \cos(\omega t + \beta x + \varphi_-) = u^+(x,t) + u^-(x,t)$$
$$\tag{17-33}$$

考虑到 $Z_C = |Z_C| e^{j\varphi_C}$，按照类似的方法由式(17-30b)可以写出均匀传输线上任意处正弦电流的瞬时值表示式为

$$i(x,t) = \sqrt{2}\frac{U_0^+}{|Z_C|} e^{-\alpha x} \cos(\omega t - \beta x + \varphi_+ - \varphi_C) - \sqrt{2}\frac{U_0^-}{|Z_C|} e^{\alpha x} \cos(\omega t + \beta x + \varphi_- - \varphi_C)$$
$$= i^+(x,t) - i^-(x,t) \tag{17-34}$$

17.5.2 均匀传输线上的正向行波和反向行波

由式(17-33)和式(17-34)(以始端作为 x 轴的原点)可知，均匀传输线上任一处线间电压 $u(x,t)$ 和线上电流 $i(x,t)$ 均由两个分量叠加而成，下面讨论这两个分量的物理意义。

1. 均匀传输线上的正向行波

首先考察式(17-33)中电压 $u(x,t)$ 的第一个分量 $u^+(x,t)$。由于它同时是时间 t 和空间位置 x 的函数，所以在线路上任一指定点(x 为定值)，$u^+(x,t)$ 随时间 t 按正弦规律变化，其幅值和初相都有确定值，且离始端越远即 x 值越大处，幅值越小，相位滞后也越大。例如，固定某一点，设为 x，则有

$$u^+(x,t) = \sqrt{2}U_0^+ e^{-\alpha x} \cos(\omega t - \beta x + \varphi_+) = U_{mx} \cos(\omega t + \varphi_x) \tag{17-35}$$

式(17-35)中，$U_{mx} = \sqrt{2}U_0^+ e^{-\alpha x}$ 是正弦函数的振幅，$\varphi_x = -\beta x + \varphi_+$ 是正弦函数的初相，所以在某一固定点 x 的 $u^+(x,t)$ 是随时间而变的等幅正弦振荡。图 17-4 以空间位置为参变量给出了两个不同点 x 和 $x + \Delta x$ 处 $u^+(x,t)$ 的波形。

在任一指定的时刻(t 为定值)，$u^+(x,t)$ 仅为 x 的函数，故其沿线即随 x 按照幅度呈指数规律衰减的正弦波分布。例如，固定某一时刻，设为 t，则有

$$u^+(x,t) = \sqrt{2}U_0^+ e^{-\alpha x} \cos(\omega t - \beta x + \varphi_+) \tag{17-36}$$

式(17-36)中，$u^+(x,t)$ 是随距离 x 变化的正弦衰减振荡，振幅为 $\sqrt{2}U_0^+ e^{-\alpha x}$。图 17-5 以时间变量为参变量绘出在 t 和 $t + \Delta t$($\Delta t > 0$)两个瞬时 $u^+(x,t)$ 沿线分布曲线，它们是以 $\pm\sqrt{2}U_0^+ e^{-\alpha x}$

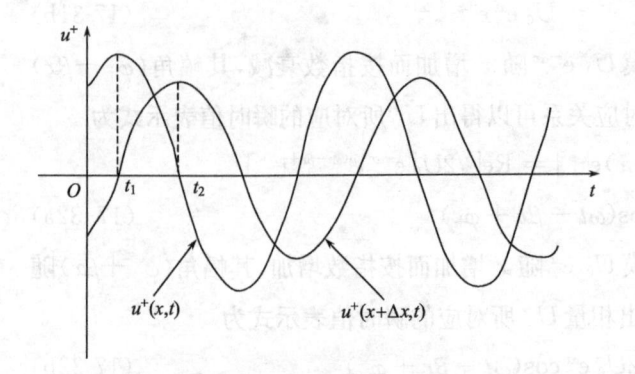

图 17-4　$u^+(x,t)$ 和 $u^+(x+\Delta x,t)$ 的波形 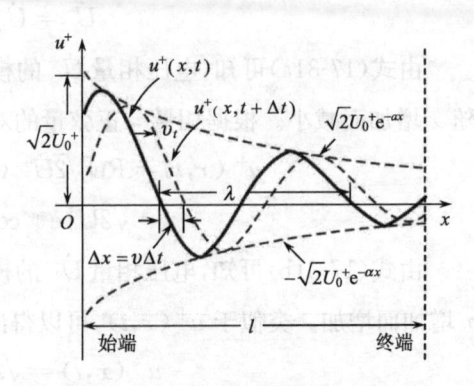　　图 17-5　正弦稳态下均匀传输线上的电压正向行波

为包络线的衰减正弦曲线。因此，在这两个不同的时刻，$u^+(x,t)$ 在 x 轴上的位置不同。这表明，随着时间 t 的增加，这个幅值依指数 $e^{-\alpha x}$ 衰减的正弦波在 x 轴上的位置会变化，或产生位移。为能简单地分析出 $u^+(x,t)$ 随时间增大发生位移的方向，设 $\alpha=0$，则 $u^+(x,t)=\sqrt{2}U_0^+\cos(\omega t-\beta x+\varphi_+)$。显然，这时 $u^+(x,t)$ 为一正弦波并且这样假设不影响所要讨论的内容。现在可以根据此正弦波在两个不同时刻同相位点（如极大值点）的位置变化情况决定位移的方向。令 $\omega t-\beta x+\varphi_+$ 是角频率 ω 的正弦波上 x 处的点在 t 时刻的相位，经过 $\Delta t(\Delta t>0)$ 时间后，该点经历一段距离，其相位仍保持不变。由于 $\omega t-\beta x+\varphi_+$ 中 ωt 与 βx 是相减关系，所以当 t 增加 Δt 时，要保持相位 $\omega t-\beta x+\varphi_+$ 不变，距离必须相应增加一个位移 Δx，即 $x+\Delta x$。于是，若要求此正弦波上 x 处的点在 t 时刻的相位和 $x+\Delta x$ 处的点在 $t+\Delta t(\Delta t>0)$ 时刻的相位相同，且设为 ψ，即有 $\omega t-\beta x+\varphi_+=\omega(t+\Delta t)-\beta(x+\Delta x)+\varphi_+=\psi$，因此可得

$$\Delta x=\frac{\omega}{\beta}\Delta t \tag{17-37}$$

式(17-37)表明，在 Δt 瞬间内，$u^+(x,t)$ 的相位保持为 ψ，而不变之点（称为同相位点或等相位点）所移动的距离为 $\Delta x=(\omega/\beta)\Delta t$。由于 Δt、ω、β 均为正数，故而 Δx 必大于零。因此，$u^+(x,t)$ 曲线上相位 $\omega t-\beta x+\varphi_+$ 为某值 ψ 一点 x 的位置随时间的增长在 Δt 时间内沿 x 的正方向（由传输线的始端指向终端的方向）移动一段距离 Δx，即随时间的增大，正弦波 $u^+(x,t)$ 的位置将向 x 增大即 x 的正方向移动，并且在移动方向上其幅值逐渐衰减。从图形上来说，这种随时间 t 的增加沿传输线某一方向（x 的正方向或负方向）不断推进（传播）且幅值衰减的正弦波称为行波，其中由始端移向终端的行波称为正向行波，也称为入射波，即入射到负载终端的波；由终端移向始端的行波称为反向行波，也称为反射波，它是入射波到达终端由负载所引起的反射结果。显然，$u^+(x,t)$ 为一电压正向行波。

由式(17-34)可知，传输线上电流 $i(x,t)$ 的第一个分量 $i^+(x,t)$ 与 $u^+(x,t)$ 具有相似的数学形式，故而是一个电流正向行波。对于同一个 x 值，$i^+(x,t)$ 的幅值等于电压正向行波 $u^+(x,t)$ 的幅值除以 $|Z_C|$，其相位滞后 $u^+(x,t)$ 一个角度 φ_C。

行波沿线移动必定具有一定的速度，它可以用相位速度（简称相速）v_p 和波长 λ 描述。所谓行波的相速是指其波形上相位恒定的点，即 $\omega t-\beta x+\varphi_+$ 为某一常量的点，或相位相同的点向前移动的速度。由式(17-37)可知，具有一定相位点的位置向 x 的正方向移动 Δx 距离所用的时间为 Δt，所以，正向行波 $u^+(x,t)$ 波形上某一点沿线移动的速度，即相速为

$$v_\mathrm{P} = \lim_{\Delta t \to 0} \frac{\Delta x}{\Delta t} = \frac{\mathrm{d}x}{\mathrm{d}t} = \frac{\omega}{\beta} \tag{17-38}$$

式(17-38)表明,相速 v_P 只决定于线路参数和电源频率。引入相速后,在 Δt 时段内同相位点的位置向前移动的距离可以表示为 $\Delta x = v_\mathrm{P} \Delta t$,如图 17-5 所示,可以看出, $u^+(x,t)$ 是随时间增加而以恒速 v_P 行进的正向行波。

在行波传播方向上,在同一瞬间相位相差 2π 的相邻两点之间的距离称为波长,以 λ 表示。由 $u^+(x,t)$ 的表示式(17-32a)并根据波长 λ 的定义可得

$$(\omega t - \beta x + \varphi_+) - [\omega t - \beta(x+\lambda) + \varphi_+] = 2\pi$$

因此有

$$\lambda = \frac{2\pi}{\beta} \tag{17-39}$$

式(17-39)表明,波长仅取决于线路参数,而与电压、电流无关。式(17-39)代入式(17-38)并考虑到 $\omega = 2\pi f = 2\pi/T$,则可以得出相速与波长的关系为

$$\lambda = \frac{v_\mathrm{P}}{f} = v_\mathrm{P} T \tag{17-40}$$

式(17-40)中, f、T 分别为 $u^+(x,t)$ 的频率和周期,即电源的频率和周期。所以,在相速一定时,波长与频率成反比。当 $t = T$ 时,波的移动距离为 $x = v_\mathrm{P} t = (\lambda/T)T = \lambda$,这说明在一个周期的时间内,行波所行进的距离正好为一个波长,这也是波长定义的另一种表述方式。

2. 均匀传输线上的反向行波

式(17-33)中电压 $u(x,t)$ 的第二个分量为 $u^-(x,t) = \sqrt{2}U_0^- \mathrm{e}^{\alpha x} \cos(\omega t + \beta x + \varphi_-)$,设所考虑的两个时刻也分别为 t 和 $t + \Delta t (\Delta t > 0)$,由于 $\omega t + \beta x + \varphi_-$ 中 ωt 与 βx 是相加关系,所以当 t 增加 Δt 时,要保持相位 $\omega t + \beta x + \varphi_-$ 不变,距离必须相应减少一个位移 Δx 或增加一个负位移,即有 $x + \Delta x$。于是,若求此正弦波在 t 和 $t + \Delta t (\Delta t > 0)$ 这两个不同时刻的相位相同,则应有

$$\omega t + \beta x + \varphi_- = \omega(t + \Delta t) + \beta(x + \Delta x) + \varphi_-$$

因此可得 $\Delta x = -\frac{\omega}{\beta} \Delta t$,由于 Δt、ω、β 均为正数,所以 Δx 必小于零即为一负位移,这说明 $u^-(x,t)$ 曲线上相位 $\omega t + \beta x + \varphi_-$ 为某值的一点 x 随时间增长在 Δt 时间内沿 x 的反方向即向 x 减小的方向(由传输线的终端指向始端的方向)移动一段距离 $|\Delta x|$,即随时间的增大,正弦波 $u^-(x,t)$ 的位置将向 x 减小,即 x 的反方向移动并且在移动方向上其幅值逐渐衰减。因此,从图形上来说,$u^-(x,t)$ 称为电压反向行波或反射波。用与正向行波同样的分析方法可知,电压反向行波 $u^-(x,t)$ 的移动速度与正向行波的大小相同,方向相反,即有 $v_\mathrm{P} = -\frac{\omega}{\beta}$,波长亦为 $2\pi/\beta$。图 17-6 以时间变量为参变量绘出了反向行波 $u^-(x,t)$ 在 t 和 $t + \Delta t (\Delta t > 0)$ 两个不同时刻的沿线分布。由式(17-34)可知,传输线上电流 $i(x,t)$ 的第二个分量 $i^-(x,t)$ 与 $u^-(x,t)$ 具有相似的数学形式,故而称为电流反向行波。同一个 x 值 $i^-(x,t)$ 的幅值等于电压正向行波 $u^-(x,t)$ 的幅值除以 $|Z_\mathrm{C}|$,其相位滞后 $u^-(x,t)$ 一个角度 φ_C。

在引入"行波"的概念后,知传输线上任一点上电压或电流的瞬时值在一般情况下由上述两个朝相反方向传播的行波,即入射波和反射波叠加而成,亦即为它们的代数和。如式(17-33)～(17-34)所示,电压是入射波与反射波之和,电流则是入射波与反射波之差。这是因为 $u^+(x,t)$ 和 $u^-(x,t)$ 所取参考方向与 $u(x,t)$ 的参考方向一致,即均将传输线的来线取为正极;

$i^+(x,t)$的参考方向与$i(x,t)$的参考方向一致，而$i^-(x,t)$的参考方向与$i(x,t)$的参考方向相反，如图17-7所示。须注意的是，采用入射波与反射波的主要目的是为便于分析问题。显然，传输线上实际只存在由入射波与反射波合成后的电压和电流，这种合成的电压和电流沿线亦具有波动性，因此，在每一时刻，合成的电压和电流与/或相应的入射波和反射波在沿线的不同点处不仅大小不同，而且符号可能相反，如图17-8所示。

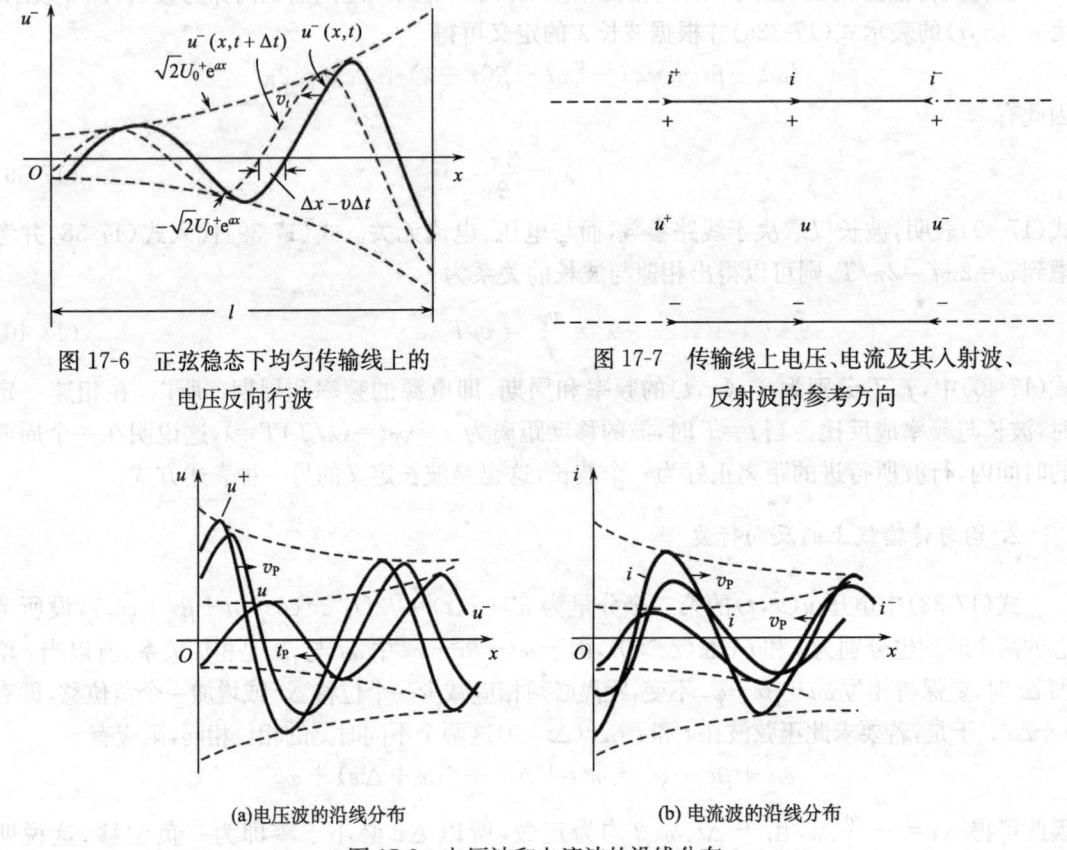

图17-6 正弦稳态下均匀传输线上的电压反向行波

图17-7 传输线上电压、电流及其入射波、反射波的参考方向

(a) 电压波的沿线分布

(b) 电流波的沿线分布

图17-8 电压波和电流波的沿线分布

在应用入射波和反射波讨论问题时，为方便起见，须引入反射系数。由于电压、电流的瞬时值表示式为入射波和反射波表示式的代数和，所以根据正弦量相量变换可知，与此对应的电压、电流的相量表示式则为入射波相量和反射波相量的同一代数和。于是，由式(17-21)可知

$$\dot{U} = \frac{1}{2}(\dot{U}_1 + Z_C \dot{I}_1)e^{-\gamma x} + \frac{1}{2}(\dot{U}_1 - Z_C \dot{I}_1)e^{\gamma x} = \dot{U}^+ + \dot{U}^- \tag{17-41a}$$

$$\dot{I} = \frac{1}{2Z_C}(\dot{U}_1 + Z_C \dot{I}_1)e^{-\gamma x} - \frac{1}{2Z_C}(\dot{U}_1 - Z_C \dot{I}_1)e^{\gamma x} = \dot{I}^+ + \dot{I}^- \tag{17-41b}$$

而由式(17-27)可知

$$\dot{U} = \frac{1}{2}(\dot{U}_2 + Z_C \dot{I}_2)e^{\gamma x} + \frac{1}{2}(\dot{U}_2 - Z_C \dot{I}_2)e^{-\gamma x} = \dot{U}^+ + \dot{U}^- \tag{17-42a}$$

$$\dot{I} = \frac{1}{2Z_C}(\dot{U}_2 + Z_C \dot{I}_2)e^{\gamma x} - \frac{1}{2Z_C}(\dot{U}_2 - Z_C \dot{I}_2)e^{-\gamma x} = \dot{I}^+ + \dot{I}^- \tag{17-42b}$$

式(17-41)和式(17-42)中，入射波和反射波与x轴的取法有关。对于式(17-42)，其x轴的原

点取在负载所在的终端点，x 轴自右向左。因此，$\dot{U}^+ = \frac{1}{2}(\dot{U}_2 + Z_C \dot{I}_2)e^{\gamma x}$ 是向负 x 轴方向（由始端指向终端）传播的波，所以它是入射波，而 $\dot{U}^- = \frac{1}{2}(\dot{U}_2 - Z_C \dot{I}_2)e^{-\gamma x}$ 自然是反射波。

传输线上任一点的反射系数 N 定义为该点的反射波与入射波的电压相量或电流相量之比，即

$$N = \frac{\dot{U}^-}{\dot{U}^+} = \frac{\dot{I}^-}{\dot{I}^+} \tag{17-43}$$

通常以反射系数表征负载终端不匹配的程度及反射波的大小，它与负载阻抗关系密切，所以采用以终端电压相量 $\dot{U}_2$ 和电流相量 $\dot{I}_2$ 表示入射波和反射波的相量式(17-42)表示反射系数。设传输线终端所接的负载阻抗为 Z_2，如图 17-9 所示，则有

$$\dot{U}_2 = \dot{I}_2 Z_2 \tag{17-44}$$

式(17-41)代入式(17-42)，再利用定义式(17-43)可得线上距终端 x 远处一点的反射系数，即

$$N = \frac{\dot{U}^-}{\dot{U}^+} = \frac{\dot{I}^-}{\dot{I}^+} = \frac{Z_2 - Z_C}{Z_2 + Z_C}e^{-2\gamma x} \tag{17-45}$$

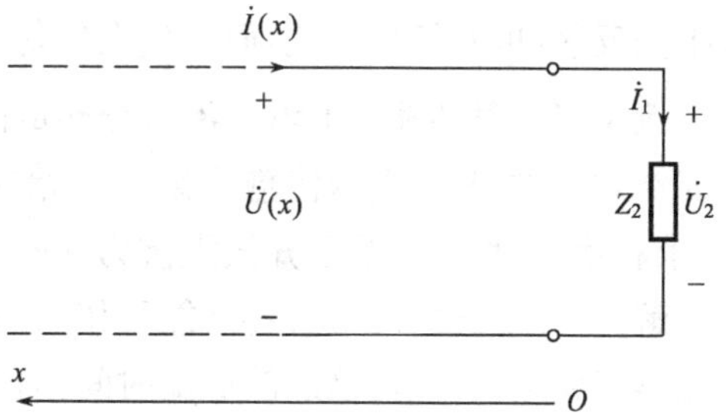

图 17-9　终端接负载阻抗 Z_2 的传输线

若式(17-41)代入式(17-43)，再利用式(17-42)求出终端电压、电流与始端电压、电流之间的关系并代入之，而后考虑式(17-44)，同样可以得到如式(17-45)所示的距终端 x 远处的反射系数。

由式(17-45)可知，在正弦稳态下，反射系数通常为一复数，即它不仅反映反射波与入射波的大小之比，而且也反映两者之间的相位关系。它既随 x 而变，又与负载阻抗 Z_2 有关。因此，反射系数还反映负载对传输线传输特性的影响及反射波产生的原因。

显然，在反射系数的一般定义式(17-45)中令 $x=0$，即可得到终端处即负载阻抗 Z_2 所在点的反射系数 N_2，即

$$N_2 = N|_{x=0} = \frac{\dot{U}^-(0)}{\dot{U}^+(0)} = \frac{\dot{I}^-(0)}{\dot{I}^+(0)} = \frac{Z_2 - Z_C}{Z_2 + Z_C} \tag{17-46}$$

因此，线上距终端 x 处一点的反射系数与终端反射系数的关系为

$$N = N_2 e^{-2\gamma x} \tag{17-47}$$

在式(17-46)中，$\dot{U}^+(0)$ 和 $\dot{U}^-(0)$ 分别表示终端的电压入射波和反射波相量，$\dot{I}^+(0)$ 和 $\dot{I}^-(0)$ 分别表示终端的电流入射波相量和反射波相量。终端反射系数是一个仅随负载阻抗 Z_2 变化的复数。由于 $|N|=|N_2|$，所以反射系数的模在传输线上处处相等，即反射系数的模在均匀传输线上不变。

利用式(17-42)和终端反射系数，可以将均匀传输线上任一处的电压、电流用终端电压、电流的入射波表示，即

$$\dot{U} = \frac{1}{2}(\dot{U}_2 + Z_C \dot{I}_2)(e^{\gamma x} + N_2 e^{-\gamma x}) = \dot{U}^+(0)(e^{\gamma x} + N_2 e^{-\gamma x}) \tag{17-48a}$$

$$\dot{I} = \frac{1}{2Z_C}(\dot{U}_2 + Z_C \dot{I}_2)e^{\gamma x}(e^{\gamma x} - N_2 e^{-\gamma x}) = \dot{I}^+(0)(e^{\gamma x} - N_2 e^{-\gamma x}) \tag{17-48b}$$

由式(17-46)可以得出下列终端反射系数 N_2 与负载阻抗 Z_2 相关的结论：①若终端负载阻抗与特性阻抗相等，即 $Z_2=Z_C$，则有 $N_2=N=0$，即传输线的电压与电流都没有反射波而只存在入射波(无反射)，此时称终端负载与传输线相"匹配"，工作在这种状态下的传输线称为无反射线。在电信工程中常常需要使设备工作在这种匹配状态，然而此处的"匹配"并不同于最大功率传输时的"匹配"。若终端负载与传输线不"匹配"即 $Z_2 \neq Z_C$，则传输线的电压与电流都既有入射波又有反射波，反射波由于入射波在传输线终端受到不与线路相匹配负载的反射而引起，这是正向行波和反向行波分别称为入射波和反射波的缘由。②若终端开路，即终端所接负载阻抗 $|Z_2|=\infty$ 时，$N_2=1$，这表明此时终端处出现最大反射，该处反射波与入射波相等，即终端处发生全反射且无符号变化。③若终端短路，即终端所接负载阻抗 $|Z_2|=0$ 时，$N_2=-1$，这表明此时终端处出现最大反射，该处反射波与入射波幅值相等，但相位相反，即终端处发生全反射，也有符号变化，简称负全反射。

例 17-2 某传输线上电压沿线分布的瞬时表达式为 $u(x,t)=10\sqrt{2}e^{-0.062x}\cos(2\pi \times 800t - 0.0628x)$V，式中 x 表示传输线某点距始端的距离。(1)试证明该电压是行波，且为入射波；(2)求相速、波长；(3)若已知波阻抗为 $50e^{-j10}\Omega$，试求电流入射波的瞬时表达式。

解 (1)行波的两个重要性能可作为识别判据：其一是当时间一定时，沿线按正弦波分布；其二是当地点固定时，该点波形随时间作正弦变化。

在所给表达式中，电压 $u(x,t)$ 是距离 x 和时间 t 的函数，若令 $2\pi \times 800t = C_1$，则有

$$u(x,t) = 10\sqrt{2}e^{-0.062x}\cos(C_1 - 0.0628x)$$

即在时间一定的情况下，$u(x,t)$ 随 x 增加作正弦变化。

若令 $x=C_2$，则有

$$u(x,t) = 10\sqrt{2}e^{-0.062C_2}\cos(2\pi \times 800t - 0.0628C_2)$$

即在地点固定的情况下，$u(x,t)$ 随时间 t 增加作正弦变化，因此，$u(x,t)$ 为一行波，并且由于随 x 增加，电压幅度减小，所以是一入射波。

(2)由于线上只有正向行波，所以终端处于阻抗匹配状态，此时电压瞬时值通式为

$$u(x,t) = \sqrt{2}U_1 e^{-\alpha x}\cos(\omega t - \beta x)$$

经对比可知，$\alpha=0.062$Np/km，$\beta=0.0628$rad/km，$\omega=2\pi \times 800$，因此相速、波长和传播常数分别为

$$v_P = \frac{\omega}{\beta} = \frac{2\pi \times 800}{0.0628} = 8 \times 10^4 \text{km/s} \quad \lambda = \frac{2\pi}{\beta} = 100\text{km} \quad \gamma = \alpha + j\beta = 0.0883e^{j45.38}$$

(3)因为终端匹配，故传输线始端输入阻抗为 $Z_{in}=Z_C=50e^{-j10}$，$I_1=\dfrac{U_1}{Z_C}=0.2e^{-j10}$，故有

$$i(x,t) = 0.2\sqrt{2}e^{-0.062x}\cos(2\pi \times 800t + 10° - 0.0628x)$$

17.6 均匀传输线的传播常数与特性阻抗

由于传播常数 γ 和特性阻抗 Z_C 均作为参数出现在电压和电流的表示式(17-41)和式(17-42)中，因此，它们必然与传输线的工作特性密切相关。通常称 γ 和 Z_C 为传输线的副参数，而将导出这两个副参数的量 R_0、L_0、G_0 和 C_0 称为传输线的原参数。

17.6.1 传播常数

行波的传播特性表现为它的传播速度和波在行进过程中波幅衰减及相位变化的程度。行波的传播速度即相速 v_P 取决于电源频率 ω 和常数 β，而电压、电流行波的幅值沿线在单位长度上的衰减则由衰减常数 α 确定。例如，由电压正向行波表示式 $\sqrt{2}U_0^+ \mathrm{e}^{-\alpha x}$ 可知，α 越大，$\mathrm{e}^{-\alpha x}$ ($\mathrm{e}^{\alpha x}$) 的衰减速度越快，相应的电压(电流)行波衰减程度越快，即在相同的传播距离内，消耗在传输线上的能量越多，故 α 称为衰减常数。相位改变情况由相位常数 β 表示，例如，由电压正向行波表示式 $\omega t - \beta x + \varphi_+$ 可知，β 的大小影响行波的速度和波长。因此，$\gamma = \alpha + \mathrm{j}\beta$ 能反映波的传播特性，故称其为传播常数。传播常数是由均匀传输线的原参数 R_0、L_0、G_0 和 C_0 及电源频率 ω 导出的参数（复常数），因此与负载及电压、电流值无关，其单位分别为 $1/\mathrm{m}$ 和 $\mathrm{rad/m}$。

若已知原参数 R_0、L_0、G_0 和 C_0，则可以计算出均匀传输线的 α 和 β。由 γ 的表示式

$$\gamma = \alpha + \mathrm{j}\beta = \sqrt{(R_0 + \mathrm{j}\omega L_0)(G_0 + \mathrm{j}\omega C_0)} \tag{17-49}$$

可得

$$|\gamma|^2 = \alpha^2 + \beta^2 = \sqrt{[R_0^2 + (\omega L_0)^2][G_0^2 + (\omega C_0)^2]} = |Z_0||Y_0| \tag{17-50}$$

而

$$\gamma^2 = \alpha^2 - \beta^2 + \mathrm{j}2\alpha\beta = R_0 G_0 - \omega^2 L_0 C_0 + \mathrm{j}\omega(G_0 L_0 + R_0 C_0) \tag{17-51}$$

对比复数恒等式(17-51)两边可得

$$\mathrm{Re}[\gamma^2] = \alpha^2 - \beta^2 = R_0 G_0 - \omega^2 L_0 C_0 \tag{17-52}$$

联立求解式(17-50)和式(17-52)可得

$$\alpha = \sqrt{\frac{1}{2}\left[R_0 G_0 - \omega^2 L_0 C_0 + \sqrt{(R_0^2 + \omega^2 L_0^2)(G_0^2 + \omega^2 C_0^2)}\right]} \tag{17-53a}$$

$$\beta = \sqrt{\frac{1}{2}\left[\omega^2 L_0 C_0 - R_0 C_0 + \sqrt{(R_0^2 + \omega^2 L_0^2)(G_0^2 + \omega^2 C_0^2)}\right]} \tag{17-53b}$$

由式(17-53)可知，α 和 β 通常均与电源频率有关，图 17-10 描述了它们的频率特性，所以 α 随频率的增高在有限范围内变化，而 β 随频率的升高却无限单调地增加。当频率足够高时，α 趋近于一有限值，β 则趋近于一直线 $\omega\sqrt{L_0 C_0}$。下面以正向电压行波相量为例讨论衰减常数 α 和相位常数 β 的物理意义，由此所得出的结论对于电压、电流行波（入射波和反射波）普遍成立。由式(17-30a)可知，在距传输线始端 x 处的正向电压行波相量为

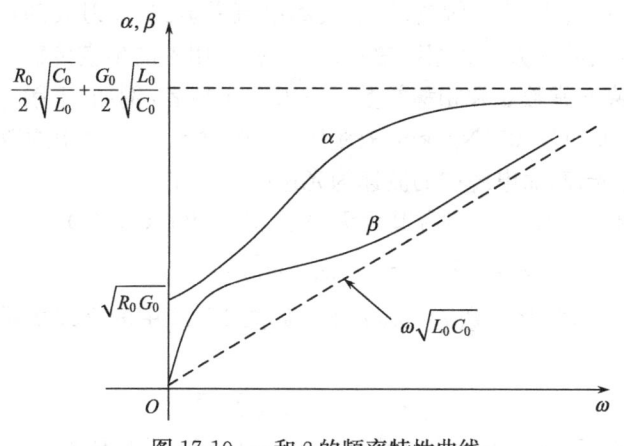

图 17-10 α 和 β 的频率特性曲线

$$\dot{U}^+(x) = \dot{U}_0^+ e^{-\gamma x} \tag{17-54}$$

式(17-54)中，$\dot{U}_0^+$ 为 $x=0$ 即始端处电压入射波相量，应用式(17-54)可以得出在距始端 $x+1$ 处的电压入射波相量为

$$\dot{U}^+(x+1) = \dot{U}_0^+ e^{-\gamma(x+1)} = \dot{U}^+(x) e^{-\gamma} \tag{17-55}$$

由式(17-54)和式(17-55)可得

$$\frac{\dot{U}^+(x+1)}{\dot{U}^+(x)} = e^{-\gamma} = e^{-(\alpha+j\beta)} \tag{17-56}$$

设相量 $\dot{U}^+(x+1)$ 和 $\dot{U}^+(x)$ 分别为 $\dot{U}^+(x+1)=U^+(x+1)e^{j\varphi_{x+1}}$，$\dot{U}^+(x)=U^+(x)e^{j\varphi_x}$，则由式(17-56)可得

$$\frac{\dot{U}^+(x+1)}{\dot{U}^+(x)} = \frac{U^+(x+1)}{U^+(x)} e^{j(\varphi_{x+1}-\varphi_x)} = \frac{1}{e^\alpha} e^{-j\beta} \tag{17-57}$$

对比恒等式(17-57)两边可得

$$\alpha = \ln\left[\frac{U^+(x)}{U^+(x+1)}\right] \tag{17-58}$$

由式(17-58)可知，衰减常数 α 表示单位长度上波的幅值衰减量，他等于传输线上任一 x 处电压入射波的幅值 $U^+(x)$ 除以该波行进一单位长度后的幅值 $U^+(x+1)$ 再取自然对数，或者说行波每行进一单位长度，其幅值将衰减到原幅值的 $1/e^\alpha$，经过长度为 l 的传输线，衰减到原幅值的 $1/e^{\alpha l}$。根据 α 的单位，αl 为一纯数，用它可以表示传输线上行波的衰减程度，故称为衰减量，其单位为奈培(Neper, Np)显然，行波的衰减由传输线上消耗电能的电阻 R_0 和导线间的漏电导 G_0 引起。

由式(17-57)可得

$$\beta = \varphi_x - \varphi_{x+1} \tag{17-59}$$

式(17-59)表明，相移常数 β 表示波沿线传播时单位距离内相位的变化量，他等于电压入射波每行进一单位长度，其相位滞后原相位 β 弧度，故称其为行波的相移常数。此外，由式(17-39)可得

$$\beta = \frac{2\pi}{\lambda} \tag{17-60}$$

这表明，β 值又等于长度为 2π 的一段传输线上波的个数，因而又称其为波数。由式(17-30)可知，在同一条传输线上，电压的入射波、反射波和电流入射波、反射波都具有相同的传播常数 γ，因而都具有相同的衰减常数 α 和相移常数 β。工程应用中的架空传输线和电缆线的传播常数差别较大，前者的衰减常数 α 和相移常数 β 一般小于后者，例如，工频($f=50$Hz)高压架空输电线的 α 为 $(0.1\sim0.7)\times10^{-3}$Np/km，$\beta$ 约为 4×10^{-3}Np/km。利用实际架空线的原参数所算得的波速非常接近光速，而电缆中的波速为光速的 $1/4$ 左右。

若传输线满足 $R_0=0$，$G_0=0$，则称其为无损线，这时由式(17-49)可知

$$\gamma = \sqrt{Z_0 Y_0} = \sqrt{j\omega L_0 j\omega C_0} = j\omega\sqrt{L_0 C_0} \tag{17-61}$$

即线路的衰减常数 $\alpha=0$，相移常数 $\beta=\omega\sqrt{L_0 C_0}$，如图 17-10 中的虚线所示。无损线上行波的波速为

$$v_P = \omega/\beta = 1/\sqrt{L_0 C_0} \tag{17-62}$$

均匀传输线，如电话线路、有线电视线路等，广泛应用于信号传输。对于这类传输线，要求

终端输出信号与始端输入信号的波形相同,它们的幅度和出现的时间可以不同,这种传输称为无畸变传输。由于衰减常数 α 和相移常数 β 均为频率的复杂函数,因此当传输非正弦信号时,由于对各次谐波的衰减常数不同,则会产生信号的振幅畸变。此外,由于频率不同的各个谐波分量的相速不同,从而使信号的相位畸变。显然,只有同时避免这两种畸变,才使波形完全没有畸变。由于电力线路所传送的电压、电流波形都极为接近正弦波,故由电力线路所传输行波产生的畸变现象对于线路没有影响。但是,在通信线路,如长途电话线路上就必须降低或消除行波传输中的畸变现象。

若采用无损线,则不产生畸变现象。对于存在损耗的线路,根据振幅畸变和相位畸变的分析,为达到无振幅畸变,则须满足衰减常数 α 与频率无关的条件;为避免相位畸变,则须满足相速 v_P 与频率无关的条件。根据式(17-38)可知,相移常数 β 须与频率成正比。对于前者,可在式(17-53a)中求 $\dfrac{\mathrm{d}\alpha}{\mathrm{d}\omega}=0$ 可得,即

$$\frac{R_0}{L_0}=\frac{G_0}{C_0} \tag{17-63}$$

式(17-63)代入式(17-53)可得

$$\alpha=\sqrt{\frac{1}{2}[R_0G_0-\omega^2L_0C_0+R_0G_0+\omega^2L_0C_0]}=\sqrt{R_0G_0} \tag{17-64a}$$

$$\beta=\sqrt{\frac{1}{2}[\omega^2L_0C_0-R_0G_0+R_0C_0+\omega^2L_0C_0]}=\omega\sqrt{L_0C_0} \tag{17-64b}$$

$$v_P=\frac{1}{\sqrt{L_0C_0}} \tag{17-65}$$

由此可见,这时 α 为与频率无关的常数,它使传输线上传送的占有较宽频带的各频率成分同等衰减;β 与频率成正比,恰使相速 v_P 成为一个与频率无关的常数。于是,各频率分量的波以同样的速度行进,不会出现相位失真。此外,这时 α、β 均达到最小值。因此,当线路满足式(17-63)时,可以同时消除线路在传输行波时的振幅畸变和相位畸变,故式(17-63)称为传输线的无畸变(即不失真)条件,而满足此条件的传输线则称为无畸变线,对于实际应用于通信技术中的均匀传输线即希望如此。通常情况下的架空传输线和电缆线都不满足无畸变条件表达式(17-63),前者的 G_0 小,后者的 C_0 大,故而常采用人为增加 L_0 的方法满足无畸变传输条件,以适合通信的要求。例如,可使用在线路上隔一定的距离接上一个电感线圈的方式达到此目的。

须注意的是,满足无畸变条件只能保证单一方向的行波在其传输进程中不发生畸变。在传输非正弦信号时如果线路存在反射波,则仍然会使线路上的实际电压和电流产生畸变。因而在使用通信线路时,为消除畸变,还必须使负载与线路匹配,以消除反射波。由于无损线满足式(17-63),因此无损线一定是无畸变线,其衰减常数为零。但是,无畸变线不一定是无损耗线。

17.6.2 特性阻抗

由式(17-18)可知,均匀传输线的特性阻抗 Z_C 定义为

$$Z_C=\sqrt{\frac{Z_0}{Y_0}}=\sqrt{\frac{R_0+\mathrm{j}\omega L_0}{G_0+\mathrm{j}\omega C_0}}=|Z_C|\mathrm{e}^{\mathrm{j}\varphi_C} \tag{17-66}$$

对于同一频率的电源,Z_C 由均匀传输线的原参数决定,故称其为特性阻抗。Z_C 的模和幅角分别为

$$|Z_C| = \left(\frac{R_0^2 + \omega^2 L_0^2}{G_0^2 + \omega^2 C_0^2}\right)^{1/4} \tag{17-67a}$$

$$\varphi_C = \frac{1}{2}\left[\arctan\left(\frac{\omega L_0}{R_0}\right) - \arctan\left(\frac{\omega C_0}{G_0}\right)\right] = \frac{1}{2}\arctan\frac{\omega(L_0 G_0 - C_0 R_0)}{R_0 G_0 + \omega^2 L_0 C_0} \tag{17-67b}$$

由式(17-67)可知，$|Z_C|$、φ_C 均为电源角频率 ω 的函数，其频率特性曲线如图 17-11 所示。由图可见，$|Z_C|$ 随 ω 的增大而衰减，当 $\omega=0$ 即直流时，取值最大，为 $\sqrt{R_0/G_0}$，其间渐趋小。当 $\omega \to \infty$ 时，$|Z_C| = \sqrt{L_0/C_0}$，其缘由是一般情况下均有 $(R_0/G_0) > (L_0/C_0)$；φ_C 在 $\omega=0$ 时为零，在 ω 足够大时也趋于零，其中取得一最大值。此外，亦知 φ_C 值总为负（呈现容性），这是由于实际传输线的 G_0 很小，因而 Z_0 的幅角小于 Y_0 的幅角。由式(17-41)或式(17-42)可知，均匀线上任意 x 处同向行进的电压行波相量与电流行波相量之比为特性阻抗，即

$$Z_C = \frac{\dot{U}^+}{\dot{I}^+} = \frac{\dot{U}^-}{\dot{I}^-} = |Z_C| \angle \varphi_C \tag{17-68}$$

式(17-68)表明了特性阻抗的物理意义，即虽然传输线上各点同向传播的电压行波相量或电流行波相量均不相同（为距离 x 的函数），但两者之比却为同一常量，即对于任意一点 x 处的入射波电压相量、电流相量与反射波电压相量、电流相量而言，都有相同的阻抗值 Z_C，并且与传输线终端负载无关，仅决定于线路的原参数和电源频率。Z_C 的模 $|Z_C|$ 代表同向行进的电压波与电流波幅值或有效值之比，幅角 φ_C 代表同一

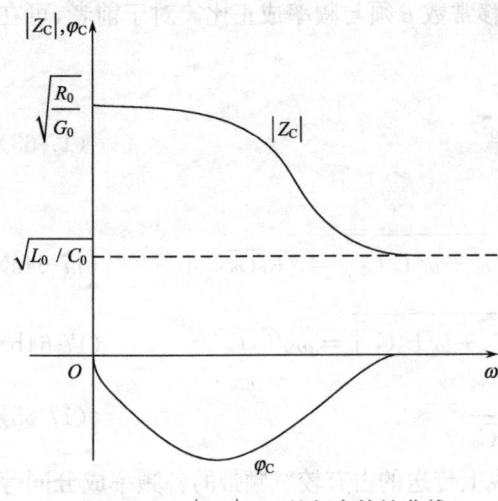

图 17-11　$|Z_C|$、φ_C 的频率特性曲线

处行进方向相同的电压波和电流波之间的相位差。

如果将入射波或反射波单独存在的情况视为电压、电流波在没有边界条件影响下自然传播的情形，那么特性阻抗恰好反映电压相量、电流相量受到传输线周边媒质制约的特性。由于特性阻抗可以视为沿同一方向行进的电压行波相量与电流行波相量之比，故又称之为波阻抗。

由式(17-66)可知，对于直流（$\omega=0$）传输线，有

$$Z_C = \sqrt{\frac{R_0}{G_0}} \angle 0° \tag{17-69}$$

即此时特性阻抗是一个纯电阻，同向电压行波与电流行波同相。

在传输线的工作频率较高时，由于 $R_0 \ll \omega L_0$ 及 $G_0 \ll \omega C_0$，故有

$$Z_C = \sqrt{\frac{R_0 + j\omega L_0}{G_0 + j\omega C_0}} = \sqrt{\frac{j\omega L_0\left(1 + \frac{R_0}{j\omega L_0}\right)}{j\omega C_0\left(1 + \frac{R_0}{j\omega C_0}\right)}} \approx \sqrt{\frac{L_0}{C_0}} \angle 0° \tag{17-70}$$

所以，如图 17-11 所示，在高频情况下，Z_C 接近一纯电阻，仅与传输线的形式、尺寸和介质的参数有关，而与频率无关。

对于无损耗传输线，其特性阻抗为

$$Z_C = \sqrt{\frac{Z_0}{Y_0}}\bigg|_{R_0=0, G_0=0} = \sqrt{\frac{R_0 + j\omega L_0}{G_0 + j\omega C_0}}\bigg|_{R_0=0, G_0=0} = \sqrt{\frac{L_0}{C_0}} \tag{17-71}$$

这表明,无损耗传输线的特性阻抗为一纯电阻,与工作频率较高传输线的特性阻抗大致相等。

对于满足条件 $\frac{R_0}{L_0}=\frac{G_0}{C_0}$ 的无畸变线,其特性阻抗为

$$Z_C=\sqrt{\frac{R_0+j\omega L_0}{G_0+j\omega C_0}}=\sqrt{\frac{L_0\left(\frac{R_0}{L_0}+j\omega\right)}{C_0\left(\frac{G_0}{C_0}+j\omega\right)}}=\sqrt{\frac{L_0}{C_0}}=\sqrt{\frac{R_0}{G_0}} \tag{17-72}$$

因此,无畸变线的特性阻抗亦为一纯电阻。

架空线的电感 L_0 一般比电缆的电感大,而其电容 C_0 比电缆的电容小,因而架空线的特性阻抗比电缆大。实际上,架空线的特性阻抗 $|Z_C|$ 一般为 $400\sim600\Omega$,而电力电缆的 Z_C 约为 50Ω。通信工程使用的同轴电缆的 $|Z_C|$ 一般为 $40\sim200\Omega$,常用的有 75Ω 和 50Ω 两种。在实际应用中,为使整个频带内传输线终端所接的负载阻抗与传输线匹配,希望 Z_C 是一个与频率无关的电阻。

均匀传输线的原参数 R_0、L_0、G_0、C_0 和副参数 γ、Z_C 可以用后面介绍的终端开路和终端短路的实验方法加以确定。

例 17-3 已知均匀传输线的参数为 $Z_0=0.427\angle79°\Omega/\mathrm{km}$,$Y_0=2.7\times10^{-6}\angle90°\mathrm{S/km}$,终端处电压、电流的相量分别为 $\dot{U}_2=220\angle0°\mathrm{kV}$,$\dot{I}_2=455\angle0°\mathrm{A}$。求传输线上距终端 900km 处的电压和电流,设信号频率为 50Hz。

解 传输线的特性阻抗 Z_C 和传播常数 γ 分别为

$$Z_C=\sqrt{\frac{Z_0}{Y_0}}=397\angle-5.5°\Omega \qquad \gamma=\sqrt{Z_0Y_0}=1.073\times10^{-3}\angle84.5°/\mathrm{km}$$

于是有

$$\gamma x=1.073\times10^{-3}\angle84.5°\times900=965.7\times10^{-3}\angle84.5°=0.0926+\mathrm{j}0.961$$

$$\mathrm{sh}\gamma x=\frac{1}{2}(\mathrm{e}^{\gamma x}-\mathrm{e}^{-\gamma x})=\frac{\mathrm{e}^{0.0926}\angle55.1°-\mathrm{e}^{-0.0926}\angle-55.1°}{2}=0.824\angle86.4°$$

$$\mathrm{ch}\gamma x=\frac{1}{2}(\mathrm{e}^{\gamma x}+\mathrm{e}^{-\gamma x})=\frac{\mathrm{e}^{0.0926}\angle55.1°+\mathrm{e}^{-0.0926}\angle-55.1°}{2}=0.581\angle7.4°$$

因此,可得传输线上距终端 900km 处的电压和电流分别为

$$\dot{U}=\dot{U}_2\mathrm{ch}\gamma x+\dot{I}_2Z_C\mathrm{sh}\gamma x=222\angle47.5°(\mathrm{kV})$$

$$\dot{I}=\dot{I}_2\mathrm{ch}\gamma x+\frac{\dot{U}}{Z_C}\mathrm{sh}\gamma x=548\angle63.2°(\mathrm{A})$$

时间函数形式为

$$u=222\sqrt{2}\cos(314t+47.5°)\mathrm{kV} \qquad i=548\sqrt{2}\cos(314t+63.2°)\mathrm{A}$$

17.7 终端连接不同类型负载的均匀传输线

本节讨论均匀传输线终端处于四种不同端接负载情况下均匀传输线上电压和电流的分布规律,即均匀传输线的工作状态。由于这里所讨论的是终端连接各种可能负载的情况,故而为方便将传输线的终端作为计算距离 x 的起点,即采用以终端电压 $\dot{U}_2$ 和终端电流 $\dot{I}_2$ 表示的均匀传输线上电压、电流的相量式(17-27)进行分析计算。

17.7.1 终端接特性阻抗的传输线

如果传输线终端接入的负载阻抗 Z_2 等于传输线的特性阻抗 Z_C，如图 17-12 所示，此时终端电压为 $\dot{U}_2 = Z_C \dot{I}_2$，将此关系式代入式(17-27)，则有

$$\dot{U} = \frac{1}{2}(\dot{U}_2 + Z_C \dot{I}_2)\mathrm{e}^{\gamma x} = \dot{U}_2 \mathrm{e}^{\gamma x} \tag{17-73a}$$

$$\dot{I} = \frac{1}{2}\left(\frac{\dot{U}_2}{Z_C} + \dot{I}_2\right)\mathrm{e}^{\gamma x} = \frac{\dot{U}_2}{Z_C}\mathrm{e}^{\gamma x} = \dot{I}_2 \mathrm{e}^{\gamma x} \tag{17-73b}$$

所以，这时由于终端反射系数等于零，线上电压、电流都只含有入射波，而无反射波存在，电压与电流之比等于传输线的特性阻抗。这种端接情况称为终端负载阻抗与传输线(特性)阻抗匹配，或者简称为终端匹配。

定义传输线上任一处电压相量与电流相量的比值即从该处向终端看进去的二端网络的输入(等效)阻抗 Z_{inx}，如图 17-12 所示。由终端电压 $\dot{U}_2$、电流 $\dot{I}_2$ 表示的传输线电压相量、电流相量式(17-28)可得出传输线终端接负载阻抗 Z_2 时从线路上任一处向终端看去的输入阻抗为

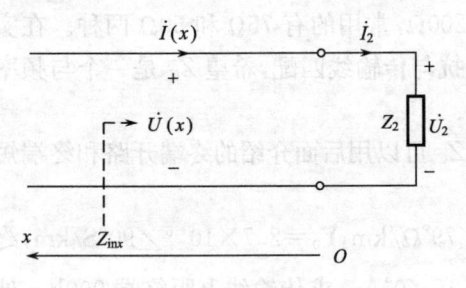

图 17-12 向终端看进去二端网络的输入阻抗

$$Z_{inx} = \frac{\dot{U}}{\dot{I}}\bigg|_x = \frac{\dot{U}_2 \mathrm{ch}\gamma x + Z_C \dot{I}_2 \mathrm{sh}\gamma x}{\frac{\dot{U}_2}{Z_C}\mathrm{sh}\gamma x + \dot{I}_2 \mathrm{ch}\gamma x} = Z_C \frac{Z_2 + Z_C \mathrm{th}\gamma x}{Z_C + Z_2 \mathrm{th}\gamma x} \tag{17-74}$$

式(17-74)中，$\dot{U}_2 = Z_C \dot{I}_2$，$x$ 是从终端算起的距离。由式(17-74)还可得出这时始端的输入阻抗 Z_{in1} 为

$$Z_{in1} = Z_C \frac{Z_2 + Z_C \mathrm{th}\gamma l}{Z_C + Z_2 \mathrm{th}\gamma l} \tag{17-75}$$

由式(17-74)可知，在匹配状态下，由于 $Z_2 = Z_C$，线上距终端任一 x 处均有

$$Z_{inx} = \frac{\dot{U}}{\dot{I}} = \frac{\dot{U}_2}{\dot{I}_2} = Z_C \tag{17-76}$$

式(17-76)表明，在其终端接有匹配负载 Z_C 的有限长传输线上，由任一点 x 向线路终端看进去的输入阻抗都恒等于传输线的特性阻抗，因而均匀传输线的特性阻抗即为其重复阻抗。

在式(17-73)中，令 $x=l$，得始端电压相量和电流相量分别为

$$\dot{U}_1 = \dot{U}_2 \mathrm{e}^{\gamma l} = \dot{U}_2 \mathrm{e}^{\alpha l} \mathrm{e}^{\mathrm{j}\beta l} \tag{17-77a}$$

$$\dot{I}_1 = \dot{I}_2 \mathrm{e}^{\gamma l} = \dot{I}_2 \mathrm{e}^{\alpha l} \mathrm{e}^{\mathrm{j}\beta l} \tag{17-77b}$$

因此，终端匹配时传输线上任意一处的电压相量和电流相量可以分别用始端电压相量和电流相量表示为

$$\dot{U} = \dot{U}_2 \mathrm{e}^{\gamma(l-x)} = \dot{U}_1 \mathrm{e}^{-\gamma x} \tag{17-78a}$$

$$\dot{I} = \dot{I}_2 \mathrm{e}^{\gamma(l-x)} = \dot{I}_1 \mathrm{e}^{-\gamma x} \tag{17-78b}$$

式(17-78)中，x 为线上距始端的距离。由式(17-76)和式(17-78)可得

$$\frac{\dot{U}}{\dot{I}} = \frac{\dot{U}_2}{\dot{I}_2} = \frac{\dot{U}_1}{\dot{I}_1} = Z_C \qquad (17\text{-}79)$$

由式(17-78)可得终端匹配时线上电压、电流有效值沿线变化的规律为

$$U = U_2 e^{\alpha x'} = U_1 e^{-\alpha x} \qquad (17\text{-}80\text{a})$$
$$I = I_2 e^{\alpha x'} = I_1 e^{-\alpha x} \qquad (17\text{-}80\text{b})$$

式(17-80)中,x' 为距终端的距离,x 为距始端的距离。所以,沿线电压、电流的有效值和幅值均按指数规律从始端至终端单调衰减,如图 17-13 所示。

传输线的任务是将始端发出的功率输送至终端,在匹配状态下,终端负载所吸收的功率称为传输线的自然功率,即

$$P_2 = U_2 I_2 \cos\varphi_C = \frac{U_2^2}{|Z_C|} \cos\varphi_C \qquad (17\text{-}81)$$

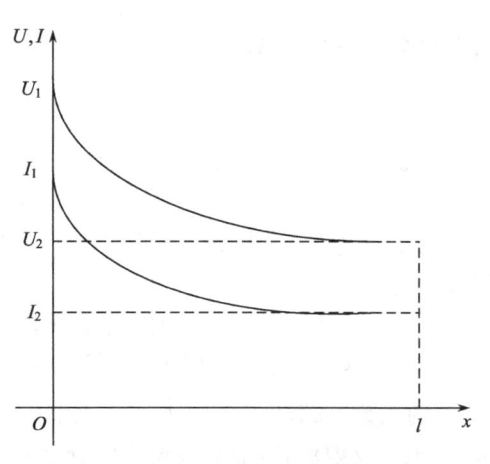

图 17-13 终端匹配的均匀传输线上电压、电流有效值的沿线分布

式(17-81)中的 φ_C 为特性阻抗 Z_C 即此时负载阻抗 Z_2 的阻抗角。由于在线上任一点 x 向线路终端看进去的输入阻抗都恒等于传输线的特性阻抗,所以由二端网络的输入(等效)阻抗可知,传输线在距终端任一 x 处向终端负载传输的功率为

$$P = UI\cos\varphi_C = \frac{U_2^2}{|Z_C|} e^{2\alpha x} \cos\varphi_C = P_2 e^{2\alpha x} \qquad (17\text{-}82)$$

式(17-82)中,x 为从终端计起的距离。由此可知,传输线向终端输送的功率随距离的增加而减小,这是由于线上的串联电阻、并联漏电导消耗功率。

利用式(17-77)和式(17-81)可以求出始端电源发出的功率,即传输线在始端从电源所吸收的功率为

$$P_1 = U_1 I_1 \cos\varphi_C = U_2 I_2 e^{2\alpha l} \cos\varphi = P_2 e^{2\alpha l} \qquad (17\text{-}83)$$

因此,传输线的传输效率为

$$\eta = \frac{P_2}{P_1} = e^{-2\alpha l} \qquad (17\text{-}84)$$

显然,α 值越小,线路损耗越小,传输效率越高。由于终端匹配时不存在反射波,而反射波在传输线上传输必定有能量损耗,所以在匹配下运行时,当入射波到达终端时,由入射波传输至终端的功率全部为负载吸收。因此,终端不产生能量的反射,即无电压、电流反射波,此时传输效率最高。

传输线消耗的功率为

$$\Delta P = P_1 - P_2 = \frac{P_2}{\eta} - P_2 = (e^{2\alpha l} - 1) P_2$$

若终端负载阻抗与传输线(特性)阻抗不匹配,则终端吸收的功率小于入射波向负载输送的功率,因此必然产生能量反射,从而形成电压、电流的反射波,即入射波所传输的功率有一部分由反射波带回至始端电源,故负载所得到的功率比终端匹配时的小,因而传输效率也较低。

通信工程有时并不使用传输效率,而使用衰减度衡量线路损失,单位为奈培或分贝。经过长为 l 的传输线,波的幅值衰减到原幅值的 $1/e^{\alpha l}$,αl 是一纯数,用它表示传输线上波的衰减程度,称为衰减量,并以奈培(Np)表示。

由式(17-84)可以得出匹配情况下线路衰减的奈培数为

$$\alpha l = \frac{1}{2}\ln\frac{P_1}{P_2}(\text{Np}) \tag{17-85}$$

若采用分贝作单位,则

$$\alpha l = 10\lg\frac{P_1}{P_2}(\text{dB}) \tag{17-86}$$

当 $\alpha l=1\text{Np}$ 时,由式(17-84)可得

$$P_1 = e^2 P_2 = 7.4P_2$$

许多通信工程用的传输线都工作在匹配状态下,以避免产生反射波带来的不利影响,如反射波所造成的信号传输失真等。

对于假想无限长 ($x\to\infty$) 的传输线,在均匀传输线方程解式(17-21)中令 $x\to\infty$ 时,可得 $|e^{\gamma x}|=e^{\alpha x}\to\infty$。但实际传输线上任一处的电压、电流均为有限值,故可得出式(17-21)中第二项 $e^{\gamma x}$ 的系数项满足 $\dot{U}_1-Z_C\dot{I}_1=0$。由于波的传播速度总为有限值,所以在无限长线中不存在电压、电流反射波,因而无限长线(无论终端接何种负载)与匹配情况下的有限长线两者的工作状态完全相同,均无反射波。

应强调的是,终端匹配的真正含义在于设法使全部入射功率被吸收,使之不反射,而并不一定接入一个真的负载电阻。显然,终端匹配的传输线工作于行波,且无反射波的状态。

例 17-4 某输电线长 100km,原参数:$R_0=8\Omega/\text{km}, L_0=0.001\text{H/km}, C_0=11.2\times10^{-9}\text{F/km}, G_0=89.6\times10^{-6}\text{S/km}$。若线路始端的电压源 $u_1=100\cos\omega t\text{V}$,频率 $f=10^4\text{Hz}$,线路终端为匹配负载。求:(1)线路终端电压和电流的瞬时值;(2)线路的自然功率和传输效率;(3)线路上与终端电压 u_2 同相位点的位置;(4)当 $t=0.01\text{s}$ 时,电压和电流的沿线分布;(5)电压和电流有效值的沿线分布。

解 (1)计算特性阻抗和传播系数。

$$Z_C = \sqrt{\frac{R_0+\text{j}\omega L_0}{G_0+\text{j}\omega C_0}} = 299\Omega$$

$$\gamma = \sqrt{(R_0+\text{j}\omega L_0)(G_0+\text{j}\omega C_0)} = 0.212\angle 82.3° = 0.02679+\text{j}0.2103$$

$$\gamma l = 2.679+\text{j}21.03$$

$$\beta l = 0.2103\times 100\text{rad} = \left(21.03\times\frac{180}{\pi}\right)° = 3\times 360° + 125°$$

由于线路终端匹配而且为纯电阻,因此始端电流最大值为 $I_{1m}=\dfrac{U_{1m}}{Z_C}=\dfrac{100}{299}=0.3344\text{A}$。线路终端电压和电流的瞬时值分别为

$$u_2(t) = U_{1m}e^{-\alpha l}\cos(\omega t-\beta l) = 100\times e^{-2.679}\cos(\omega t-125°) = 6.863\cos(\omega t-125°)\text{V}$$

$$i_2(t) = I_{1m}e^{-\alpha l}\cos(\omega t-\beta l) = 0.3344\times e^{-2.679}\cos(\omega t-125°) = 0.023\cos(\omega t-125°)\text{A}$$

(2)计算自然功率和传输功率。

$$P_n = P_2 = U_2 I_2\cos 0° = \frac{U_{2m}}{\sqrt{2}}\times\frac{I_{2m}}{\sqrt{2}}\times\cos 0° = \frac{1}{2}\times 6.863\times 0.023 = 0.0789\text{W}$$

$$P_1 = \left(\frac{U_{1m}}{\sqrt{2}}\right)^2/Z_C = \frac{100^2}{2\times 299}$$

$$\eta = \frac{P_2}{P_1} = \frac{78.9\times 10^{-3}}{\dfrac{100^2}{2\times 299}} = 0.472\%$$

(3) 波长 $\lambda = \dfrac{2\pi}{\beta} = 30$km,线路长度 100km,因此,与终端电压 u_2 同相位的点距终端分别是 λ、2λ、3λ,即 30km、60km、90km。

(4) 当 $t = 0.01$s 时,沿线电压和电流分别为

$$u(x) = U_{1m}e^{-\alpha x}\cos(\omega \times 0.01 - \beta x) = U_{1m}e^{-\alpha x}\cos(200\pi - \beta x) = -100e^{-0.02679x}\cos(0.2103x)\text{V}$$

$$i(x) = I_{1m}e^{-\alpha x}\cos(\omega \times 0.01 - \beta x) = I_{1m}e^{-\alpha x}\cos(200\pi - \beta x) = -0.3344e^{-0.02679x}\cos(0.2103x)\text{A}$$

(5) 电压和电流的有效值分别为

$$U(x) = \dfrac{U_{1m}}{\sqrt{2}}e^{-\alpha x} = 70.72e^{-0.02679x}\text{V} \qquad I(x) = \dfrac{I_{1m}}{\sqrt{2}}e^{-\alpha x} = 0.236e^{-0.02679x}\text{A}$$

其分布曲线的形状如图 17-13 所示。

例 17-5 某通信电缆的传播系数 $\gamma = (0.0637\angle 46.25°)$/km,特性阻抗 $Z_C = 35.7\angle -11.8°\Omega$,电缆始端直接连接的电源电压 $u_1 = \cos 5000t$ V。求在匹配情况下沿线电压和电流的分布函数 $u(x,t)$ 和 $i(x,t)$ 及当电缆长 100km 时,信号由始端传输到终端所需的时间。

解 设始端电压相量 $\dot{U}(0) = \dot{U}_1 = \dot{U}_S = \dfrac{1}{\sqrt{2}}\angle 0°$V。终端匹配传输线的终端反射系数等于零,终端无反向行波相量,即 $\dot{U}^- = \dot{I}^- = 0$,于是 $\dot{U} = \dot{U}_0^+ e^{-\gamma x}$,$\dot{I} = \dfrac{\dot{U}_0^+}{Z_C}e^{-\gamma x}$。将始端($x=0$)边界条件 $\dot{U}(0) = \dot{U}_S = \dfrac{1}{\sqrt{2}}\angle 0°$V 代入,可确定积分常数 $\dot{U}_0^+ = \dfrac{1}{\sqrt{2}}\angle 0°$V,已知 $\gamma = 0.0637\angle 46.25° = (0.044 + j0.046)$/km,则距始端 x 处的电压和电流相量分别为

$$\dot{U} = \dot{U}_1 e^{-\gamma x} = (1/\sqrt{2}) \times e^{-0.044x}e^{-j0.046x}\text{V}$$

$$\dot{I} = \dfrac{\dot{U}}{Z_C}e^{-\gamma x} = \dfrac{1}{\sqrt{2} \times 35.7e^{-j11.8°}}e^{-0.044x}e^{-j0.046x} = \dfrac{1}{\sqrt{2}}0.028e^{-0.044x}e^{-j(0.046x-11.8°)}\text{A}$$

沿线电压、电流的分布函数为

$$u(x,t) = e^{-0.044x}\cos(5000t - 0.046x)\text{V}$$

$$i(x,t) = 0.028e^{-0.044x}\cos(5000t - 0.046x + 11.8°)\text{A}$$

相速 $v_P = \dfrac{\omega}{\beta} = \dfrac{5000}{0.046} = 108695$km/s,因此,信号由始端传输到终端所需的时间为

$$t = \dfrac{l}{v_P} = \dfrac{100}{108695} = 0.92\text{ms}$$

所以,在分布参数电路中,始端信号传输到终端需要时间,并不能瞬时完成。

下面分别讨论终端开路、短路和接阻抗 Z_L 时传输线上的电压、电流的分布。

17.7.2 终端开路时的工作状态

当终端开路(空载)时,$|Z_2| = \infty$,$\dot{I}_2 = 0$。因此,由式(17-28)可知传输线距终端为 x 处的电压 $\dot{U}_{oc}$、电流 $\dot{I}_{oc}$ 分别为

$$\dot{U}_{oc} = \dot{U}_2 \mathrm{ch}\gamma x \qquad (17\text{-}87\text{a})$$

$$\dot{I}_{oc} = \dfrac{\dot{U}_2}{Z_C}\mathrm{sh}\gamma x \qquad (17\text{-}87\text{b})$$

式(17-87)中,下标字母 oc 表示"开路"。由式(17-87)或直接由式(17-74)可以得出此时线路上

距终端 x 处的输入阻抗为

$$Z_{ocx} = \frac{\dot{U}_{oc}}{\dot{I}_{oc}}\bigg|_x = Z_C \frac{\text{ch}\gamma x}{\text{sh}\gamma x} = Z_C \text{cth}\gamma x \tag{17-88}$$

由式(17-88)可以得到线路终端开路时始端处($x=l$)的输入阻抗 Z_{ocl} 为

$$Z_{ocl} = \frac{\dot{U}_{oc}}{\dot{I}_{oc}}\bigg|_{x=l} = Z \frac{\text{ch}\gamma l}{\text{sh}\gamma l} = Z_C \text{cth}\gamma l \tag{17-89}$$

由式(17-88)还可以得出无限长线($x \to \infty$)的输入阻抗为 Z_C。传输线终端开路时其输入阻抗 Z_{ocx} 的模 $|Z_{ocx}|$ 随 x 变化的曲线如图 17-14 所示,其中,x 是距离终端的距离。

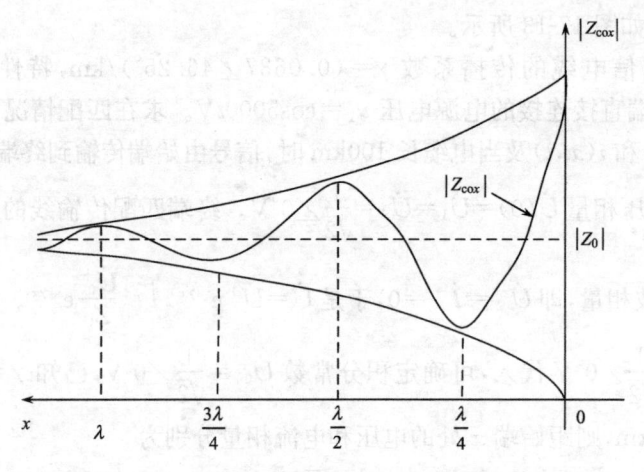

图 17-14 终端开路时传输线的输入阻抗随距离 x 的变化

现在分析终端开路时传输线上电压、电流有效值随 x 的变化规律。为此,将 $\gamma=\alpha+\text{j}\beta$ 代入式(17-87),并将复数变量的双曲函数展开可得

$$\dot{U}_{oc} = \dot{U}_2(\text{ch}\alpha x \text{chj}\beta x + \text{sh}\alpha x \text{shj}\beta x) = \dot{U}_2(\text{ch}\alpha x \cos\beta x + \text{jsh}\alpha x \sin\beta x) \tag{17-90a}$$

$$\dot{I}_{oc} = \frac{\dot{U}_2}{Z_C}(\text{sh}\alpha x \text{chj}\beta x + \text{ch}\alpha x \text{shj}\beta x) = \frac{\dot{U}_2}{Z_C}(\text{sh}\alpha x \cos\beta x + \text{jch}\alpha x \sin\beta x) \tag{17-90b}$$

式(17-90)利用恒等式:$\text{ch}(\text{j}\beta x)=(e^{\text{j}\beta x}+e^{-\text{j}\beta x})/2=\cos(\beta x)$ 和 $\text{sh}(\text{j}\beta x)=(e^{\text{j}\beta x}-e^{-\text{j}\beta x})/2=\text{j}(e^{\text{j}\beta x}-e^{\text{j}\beta x})/2\text{j}=\text{jsin}(\beta x)$。由式(17-90)可得传输线上电压、电流有效值的表示式分别为

$$U_{oc} = U_2|(\text{ch}\alpha x \cos\beta x + \text{jsh}\alpha x \sin\beta x)| = U_2\sqrt{\text{ch}^2\alpha x \cos^2\beta x + \text{sh}^2\alpha x \sin^2\beta x}$$

$$= U_2\sqrt{\text{ch}^2\alpha x \cos^2\beta x + (\text{ch}^2\alpha x - 1)\sin^2\beta x}$$

$$= U_2\sqrt{\text{ch}^2\alpha x - \sin^2\beta x} = U_2\sqrt{\frac{1}{2}(\text{ch}2\alpha x + \cos2\beta x)} \tag{17-91a}$$

$$I_{oc} = \frac{U_2}{|Z_C|}|(\text{sh}\alpha x \cos\beta x + \text{jch}\alpha x \sin\beta x)| = \frac{U_2}{|Z_C|}\sqrt{\text{sh}^2\alpha x \cos^2\beta x + \text{ch}^2\alpha x \sin^2\beta x}$$

$$= \frac{U_2}{|Z_C|}\sqrt{(\text{ch}^2\alpha x - 1)\cos^2\beta x + \text{ch}^2\alpha x \sin^2\beta x}$$

$$= \frac{U_2}{|Z_C|}\sqrt{\text{ch}^2\alpha x - \cos^2\beta x} = \frac{U_2}{|Z_C|}\sqrt{\frac{1}{2}(\text{ch}2\alpha x - \cos2\beta x)} \tag{17-91b}$$

所以,$\text{ch}\gamma x$ 的模 $|\text{ch}\gamma x|=\sqrt{\frac{1}{2}(\text{ch}2\alpha x + \cos2\beta x)}$ 是由两个实变量函数叠加而成,其一是双

曲线函数 ch$2\alpha x$,当 x 由 $-\infty \to 0$ 时,函数值由 $+\infty \to 1$;当 x 由 $0 \to +\infty$ 时,函数值由 $1 \to +\infty$。其二为余弦函数 cos$2\beta x$。类似地可讨论 shγx 的模 $|\text{sh}\gamma x| = \sqrt{\frac{1}{2}(\text{ch}2\alpha x - \cos 2\beta x)}$ 的情况。

为方便作图,将式(17-91)两边平方,得出电压、电流有效值的平方为

$$U_{oc}^2 = \frac{U_2^2}{2}(\text{ch}2\alpha x + \cos 2\beta x) \tag{17-92a}$$

$$I_{oc}^2 = \frac{U_2^2}{2|Z_C|^2}(\text{ch}2\alpha x - \cos 2\beta x) \tag{17-92b}$$

在图 17-15 中分别绘出 U_{oc}^2 和 I_{oc}^2 沿线分布曲线。由于 $|\text{ch}\gamma x|^2$ 和 $|\text{sh}\gamma x|^2$ 曲线起伏情况分别与 chγx 和 shγx 相似,只是后者变动小些,因此 U_{oc} 和 I_{oc} 变化规律与 U_{oc}^2 和 I_{oc}^2 的分别相似,仅波动幅度较小而已。

由图 17-15 可见:①由于 U_{oc}^2 和 I_{oc}^2 的表达式(17-92a)~式(17-92b)均含有余弦函数项 cos$2\beta x$,所以沿线电压、电流有效值的平方值都以一条衰减的曲线为中心轴由线路始端到终端按正弦规律分布;②在 $x=0、\frac{\lambda}{4}、\frac{\lambda}{2}、\frac{3}{4}\lambda$、$\lambda \cdots、\lambda = \frac{2\pi}{\beta}$ 处,U_{oc}^2 和 I_{oc}^2 均出现极值,即它们的极大值和极小值每隔约 $\frac{\lambda}{4}$ 更迭一次,在 U_{oc}^2 取得极大值处,I_{oc}^2 取得极小值,反之亦然;③电流有效值的总体变化趋势是从始端逐渐减小,在终端处为零。另外,若线路长度 l 小于 $\frac{\lambda}{4}$(一般电力线均属于这种情况),则终端开路时,电压的有效值从始端开始逐渐增大,在终端处取得最大值,且远远超过始端处的电

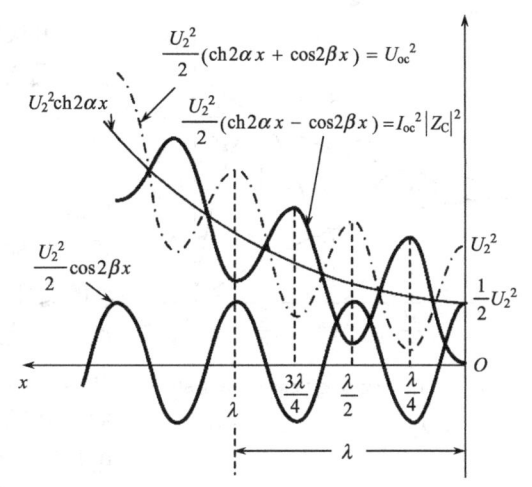

图 17-15 U_{oc}^2 和 I_{oc}^2 的沿线变化曲线

压有效值。这种现象称为空载线路的电容效应,是一个在高压输电线路运行时必须防范和避免的严重问题。

例 17-6 某三相高压输电线的参数如下:$R_0=0.107\Omega/\text{km}$,$X_0=0.427\Omega/\text{km}$,$B_0=2.66\times 10^{-6}\text{S/km}$,$G_0=0$。若始端电压为 151kV,求当终端开路,线路全长为 400km 时,终端电压是多少?

解 根据线路参数可求得传播常数 $\gamma=\sqrt{(R_0+\text{j}X_0)(G_0+\text{j}B_0)}=1.08\times 10^{-3}\text{e}^{\text{j}83.81}$,当 $l=400$km 时,据此可求得 $\alpha l=1.08\times 10^{-3}\cos 83.81°\times 400=0.0466$,$\beta l=1.08\times 10^{-3}\cos 83.81°\times 400=0.43\text{rad}=24.65°$,$\cosh 2\alpha l=\cosh 0.0932=1.004$,$\cos 2\beta l=\cos 49.3°=0.652$。因此,终端相电压的有效值为

$$U_2 = \frac{U_1}{\sqrt{\frac{1}{2}(\cosh 2\alpha l + \cos 2\beta l)}} = \frac{151}{\sqrt{\frac{1}{2}(1.004+0.652)}} = 165.93\text{kV}$$

由此可知,当终端开路且线路长度 $l<\frac{1}{4}\lambda$ 时,线路终端电压高于始端电压。如终端开路传输线的长度等于四分之一个波长,即 $l=\frac{1}{4}\lambda$,则沿线电压分布从线路始端到终端呈现单调上升状

态,终端电压将远高于始端电压。

17.7.3 终端短路时的工作状态

当终端短路时,$|Z_2|=0$,$\dot{U}_2=0$。因此,由式(17-28)可知距传输线终端 x 处的电压 $\dot{U}_{sc}$、电流 $\dot{I}_{sc}$ 分别为

$$\dot{U}_{sc} = \dot{I}_2 Z_C \mathrm{sh}\gamma x \tag{17-93a}$$

$$\dot{I}_{sc} = \dot{I}_2 \mathrm{ch}\gamma x \tag{17-93b}$$

式(17-93)中,下标字母 sc 表示"短路"。由式(17-93)或直接由式(17-74)可以得出此时线路上距终端 x 处的输入阻抗为

$$Z_{scx} = \left.\frac{\dot{U}_{sc}}{\dot{I}_{sc}}\right|_x = Z_C \frac{\mathrm{sh}\gamma x}{\mathrm{ch}\gamma x} = Z_C \mathrm{th}\gamma x \tag{17-94}$$

由式(17-94)可以得到终端短路时始端处($x=l$)的输入阻抗 Z_{scl} 为

$$Z_{scl} = \left.\frac{\dot{U}_{sc}}{\dot{I}_{sc}}\right|_{x=l} = Z_C \frac{\mathrm{sh}\gamma l}{\mathrm{ch}\gamma l} = Z_C \mathrm{th}\gamma l \tag{17-95}$$

由式(17-95)也可以得出无限长线($x\to\infty$)的输入阻抗为 Z_C。传输线终端短路时,其输入阻抗 Z_{scx} 的模 $|Z_{scx}|$ 随距 x 的变化曲线如图 17-16 所示,其中 x 是距离终端的距离。比较式(17-87)和式(17-93)可知,由于开路和短路互为对偶连接,故这两种情况下的电压、电流也互为对偶,即电压有效值 U_{sc}、电流有效值 I_{oc} 及电流有效值 I_{sc} 和电压有效值 U_{oc} 沿传输线的分布规律分别相似。类似于分析终端开路时的情况,由式(17-93)可以得出电压、电流有效值平方的表达式为

$$U_{sc}^2 = \frac{1}{2} I_2^2 |Z_C|^2 (\mathrm{ch}2\alpha x - \cos 2\beta x) \tag{17-96a}$$

$$I_{sc}^2 = \frac{1}{2} I_2^2 (\mathrm{ch}2\alpha x + \cos 2\beta x) \tag{17-96b}$$

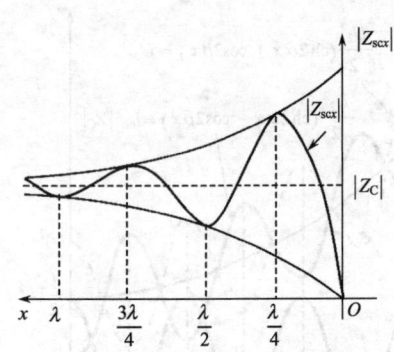

图 17-16 终端短路时传输线的输入阻抗随距离 x 的变化

U_{sc}^2、I_{sc}^2 距 x 的变化曲线如图 17-17 所示,其中 x 是距离终端的距离。由图 17-17 可见:①U_{sc}^2 和 I_{sc}^2 沿线变化曲线分别相似于 I_{oc}^2 和 U_{oc}^2 的曲线;②电压、电流有效值的总体变化趋势是从始端开始逐渐减小,在终端处 $U_{sc}=0$。另外,若线路长度 l 小于 $\frac{\lambda}{4}$,则终端开路时,电流的有效值从始端开始逐渐增大,在终端处取得最大值,且远超过始端处的电流有效值。这些均是由于开路和短路互为对偶连接,因而这两种连接状态下的电压、电流也互为对偶的缘故。

下面介绍利用终端开路和终端短路实验确定均匀传输线的副参数 Z_C、γ,进而确定原参数 R_0、L_0、

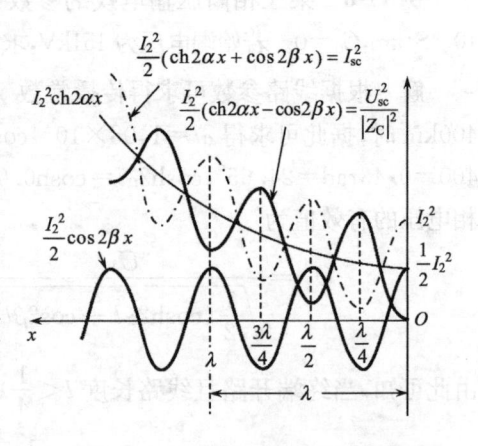

图 17-17 U_{sc}^2 和 I_{sc}^2 的沿线变化曲线

G_0、C_0 的方法。

由式(17-89)和式(17-95)可以解出

$$Z_C = \sqrt{Z_{ocl} Z_{scl}} \tag{17-97}$$

$$\text{th}\gamma l = \sqrt{Z_{scl}/Z_{ocl}} \tag{17-98}$$

由于

$$\text{th}\gamma l = \frac{\text{sh}\gamma l}{\text{ch}\gamma l} = \frac{e^{\gamma l} - e^{-\gamma l}}{e^{\gamma l} + e^{-\gamma l}} = \frac{e^{2\gamma l} - 1}{e^{2\gamma l} + 1} \tag{17-99}$$

由式(17-99)可得 $e^{2\gamma l} = \dfrac{1 + \text{th}\gamma l}{1 - \text{th}\gamma l}$，因此有

$$\gamma = \frac{1}{2l} \ln\left(\frac{1 + \text{th}\gamma l}{1 - \text{th}\gamma l}\right) \tag{17-100}$$

式(17-98)代入式(17-100)，即得

$$\gamma = \frac{1}{2l} \ln\left(\frac{1 + \sqrt{Z_{scl}/Z_{ocl}}}{1 - \sqrt{Z_{scl}/Z_{ocl}}}\right) \tag{17-101}$$

由此可知，如果在实际中利用空载和短路试验测出 Z_{ocl} 和 Z_{scl}，便可利用式(17-97)和式(17-101)求出副参数 Z_C、γ。利用 $\gamma = \sqrt{Z_0 Y_0} = \sqrt{(R_0 + j\omega L_0)(G_0 + j\omega C_0)}$ 和 $Z_C = \sqrt{Z_0/Y_0} = \sqrt{(R_0 + j\omega L_0)/(G_0 + j\omega C_0)}$ 可以得出原参数和副参数的关系为

$$R_0 + j\omega L_0 = \gamma Z_C \tag{17-102}$$

$$G_0 + j\omega C_0 = \frac{\gamma}{Z_C} \tag{17-103}$$

由式(17-102)和式(17-103)可以得出四个实数方程，从而确定原参数 R_0、L_0、G_0、C_0。

例 17-7 某三相工频高压输电线全长 $l = 286\text{km}$，当终端开路时，始端线电压 $U_1 = 23\text{kV}$，$I_1 = 7\text{A}$(容性)，$P_1 = 58\text{kW}$；当终端短路时，$U_1' = 23\text{kV}$，$I_1' = 70\text{A}$(感性)，$P_1' = 580\text{kW}$。求：(1)传播系数和特性阻抗；(2)单相传输线的原参数。

解 (1)计算终端开路时输入阻抗。

$$|Z_{oc}| = \frac{U_{oc}}{I_{oc}} = \frac{23 \times 10^3 \sqrt{3}}{7} = 1900\Omega$$

$$\cos\varphi_{oc} = \frac{58 \times 10^3}{\sqrt{3} \times 23 \times 10^3 \times 7} = 0.208 \quad \varphi_{oc} = 78°$$

$$Z_{oc} = 1900\angle -78°\Omega$$

同理，可求得终端短路时的输入阻抗为 $Z_{sc} = 190\angle 78°\Omega$，因此，由式(17-97)和式(17-101)可以求出

$$Z_C = \sqrt{Z_{ocl} Z_{scl}} = 600\Omega \quad \gamma = (0.208 + j1.05) \times 10^{-3}/\text{km}$$

(2)由式(17-102)和式(17-103)可得

$$R_0 + j\omega L_0 = \gamma Z_C = (0.208 + j1.05) \times 10^{-3} \times 600 = 0.125 + j0.63$$

$$G_0 + j\omega C_0 = \frac{\gamma}{Z_C} = \frac{(0.208 + j1.05) \times 10^{-3}}{600} = (0.347 + j1.75) \times 10^{-6}$$

因此，传输线的原参数为

$$R_0 = 0.125\Omega/\text{km} \quad G_0 = 0.347\text{S}/\text{km}$$

$$L_0 = \frac{0.63}{314} = 2 \times 10^{-3}\text{H}/\text{km} \quad C_0 = \frac{1.75 \times 10^{-6}}{314} = 5.57 \times 10^{12}\text{F}/\text{km}$$

17.7.4 终端接任意负载阻抗

终端接阻抗 Z_2 时的工作状态可由相应的终端开路时的状态和短路时的状态叠加得到。$\dot{U}_2=Z_2\dot{I}_2$ 代入式(17-28)可得

$$\dot{U}=\dot{U}_{oc}+\dot{U}_{sc}=\dot{U}_2 \text{ch}\gamma x + Z_C\dot{I}_2\text{sh}\gamma x$$

$$=\dot{U}_2\left(\text{ch}\gamma x + Z_C\frac{\dot{I}_2}{\dot{U}_2}\text{sh}\gamma x\right)=\dot{U}_2\left(\text{ch}\gamma x + \frac{Z_C}{Z_2}\text{sh}\gamma x\right) \tag{17-104a}$$

$$\dot{I}=\dot{I}_{oc}+\dot{I}_{sc}=\frac{\dot{U}_2}{Z_C}\text{sh}\gamma x + \dot{I}_2\text{ch}\gamma x = \dot{I}_2\left(\text{ch}\gamma x + \frac{Z_2}{Z_C}\text{sh}\gamma x\right) \tag{17-104b}$$

显然,式(17-104)所表示的这种叠加成立的条件是 $\dot{U}_2$ 等于终端开路时的 $\dot{U}_2$,$\dot{I}_2$ 等于终端短路时的 $\dot{I}_2$。

为将式(17-104)表示为简单的形式,引入复函数 $\text{th}\sigma$,其中 $\sigma=\mu+\text{j}v$,μ 和 v 是实数并且各自独立变化。显然,它不同于前面讨论的 $\text{ch}\gamma x$ 和 $\text{sh}\gamma x$,因为后者的实部和虚部都是同一个变量 x 的函数。将 $\text{th}\sigma$ 展开可得

$$\text{th}\sigma = \frac{\text{sh}\sigma}{\text{ch}\sigma} = \text{th}(\mu+\text{j}v) = \frac{\text{sh}(\mu+\text{j}v)}{\text{ch}(\mu+\text{j}v)}$$

$$=\frac{\sqrt{\frac{1}{2}(\text{ch}2\mu-\cos 2v)}}{\sqrt{\frac{1}{2}(\text{ch}2\mu+\cos 2v)}}\exp\left\{\text{j}\left[\arctan\left(\frac{\text{ch}\mu\sin v}{\text{sh}\mu\cos v}\right)-\arctan\left(\frac{\text{sh}\mu\sin v}{\text{ch}\mu\cos v}\right)\right]\right\}=|\text{th}\sigma|e^{\text{j}\psi}$$

显然,相角 ψ 可以在 $0\sim 2\pi$ 范围内取值,而模值 $|\text{th}\sigma|=\sqrt{(\text{ch}2\mu-\cos 2v)/(\text{ch}2\mu+\cos 2v)}$ 的取值范围在 $0\sim+\infty$ 内,这是因为其中自变量 μ、v 各自独立,故模值的分子、分母均可在 $0\sim+\infty$ 范围内取值。由于式(17-104)中两个阻抗 Z_C 和 Z_2 的比值是一个复数,该复数模和辐角的取值范围在 $|\text{th}\sigma|$ 和 ψ 的取值范围内。因此,利用这一对应关系,可以令 $\frac{Z_C}{Z_2}=\text{th}\sigma=\frac{\text{sh}\sigma}{\text{ch}\sigma}$,$Z_C$、$Z_2$ 一定时,$\text{th}\sigma$、$\text{sh}\sigma$、$\text{ch}\sigma$ 均为定值,则(17-104a)变为

$$\dot{U}=\dot{U}_2\left(\text{ch}\gamma x+\frac{\text{sh}\sigma}{\text{ch}\sigma}\text{sh}\gamma x\right)=\frac{\dot{U}_2}{\text{ch}\sigma}(\text{ch}\gamma x\,\text{ch}\sigma+\text{sh}\sigma\,\text{sh}\gamma x) \tag{17-105a}$$

同理,式(17-104b)变为

$$\dot{I}=\dot{I}_2\frac{\text{sh}(\gamma x+\sigma)}{\text{sh}\sigma} \tag{17-105b}$$

由式(17-105)可以得出 $\dot{U}$ 和 $\dot{I}$ 的有效值表示式为

$$U=\frac{U_2}{|\text{ch}\sigma|}|\text{ch}(\gamma x+\sigma)|=\frac{U_2}{|\text{ch}\sigma|}|\text{ch}[(\alpha+\text{j}\beta)x+(\mu+\text{j}v)]|$$

$$=\frac{U_2}{|\text{ch}\sigma|}|\text{ch}[(\alpha x+\mu)+\text{j}(\beta x+v)]|$$

$$=\frac{U_2}{|\text{ch}\sigma|}\sqrt{\frac{\text{ch}2(\alpha x+\mu)+\cos 2(\beta x+v)}{2}} \tag{17-106a}$$

$$I=\frac{I_2}{|\text{sh}\sigma|}[\text{ch}(\alpha x+\mu)-\text{j}(\beta x+v)]$$

$$= \frac{I_2}{|\text{sh}\sigma|}\sqrt{\frac{\text{ch}2(\alpha x+\mu)-\cos 2(\beta x+v)}{2}} \qquad (17\text{-}106\text{b})$$

由此可见，终端接有阻抗 Z_2 时，U^2 与 $\text{ch}2(\alpha x+\mu)+\cos 2(\beta x+v)$ 成正比，I^2 与 $\text{ch}2(\alpha x+\mu)-\cos 2(\beta x+v)$ 成正比。图 17-18 描述了 U^2、I^2 的沿线变化曲线，它们的形状与终端开路、短路时相应的沿线变化曲线的形状很相似，主要差别是终端电压 U_2、终端电流 I_2 均不为零。

由式(17-105)或直接由式(17-74)可得终端接阻抗 Z_2 时线路上距终端 x 处的输入阻抗为

$$Z_{\text{in}x} = Z_C \text{ch}(\gamma x+\sigma) \qquad (17\text{-}107)$$

由式(17-107)可以得到终端短路时始端处 ($x=l$) 的输入阻抗 Z_{scl} 为

$$Z_{scl} = Z_C \text{th}\gamma l \qquad (17\text{-}108)$$

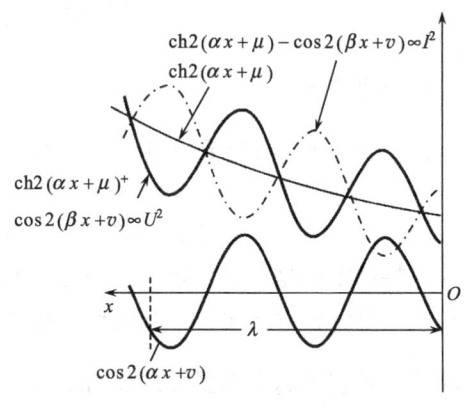

图 17-18 U^2 和 I^2 的沿线变化曲线

17.8 无损耗均匀传输线

所谓"无损耗均匀传输线(简称无损耗线)"，是传输线上分布的串联电阻 $R_0=0$ 和传输线间分布的并联漏电导 $G_0=0$ 的均匀传输线，它不消耗功率。实际上，这种传输线并不存在，只不过若导体材料采用良导体且周围介质是低耗材料，则传输线的损耗相对较小，在分析其传输特性时，可以近似作为无损耗线。在通信工程中，由于传输线的工作频率较高，故一般有 $\omega L_0 \gg R_0,\omega C_0 \gg G_0$，这时若将线路损耗忽略不计，即近似认为有 $R_0=0$ 和 $G_0=0$ 而不至于引起较大误差，也即将传输线作为无损线处理，从而有利于分析计算。因此，研究无损耗线有重要的实际意义。图 17-19 是无损耗线上一微段的集中参数电路模型。

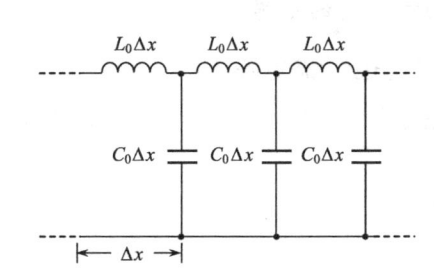

图 17-19 无损耗线上一微段的集中参数电路模型

17.8.1 无损耗线的传播常数和特性阻抗

无损耗线的传播常数和特性阻抗可以在传播常数和特性阻抗的一般定义中令 $R_0=0$ 和 $G_0=0$ 求出。

1. 传播常数

在式(17-49)中令 $R_0=0$ 和 $G_0=0$ 可得无损耗线的传播常数，即

$$\gamma = \sqrt{Z_0 Y_0}\big|_{R_0=0,G_0=0} = \sqrt{(R_0+\text{j}\omega L_0)(G_0+\text{j}\omega C_0)}\big|_{R_0=0,G_0=0} = \text{j}\omega\sqrt{L_0 C_0} = \text{j}\beta \qquad (17\text{-}109)$$

所以，对于无损耗线，$\alpha=0$，$\beta=\omega\sqrt{L_0 C_0}$，前者表明无损耗线上的电压、电流在传播过程中其幅度不衰减；后者说明相移常数与 ω 成正比，则在信号传输时其相位也不发生畸变。由此可见，使用无损耗线可避免信号传输时产生失真。

无损耗线上波的传播速度，即相位速度为

$$v_\mathrm{P} = \frac{\omega}{\beta} = \frac{\omega}{\omega\sqrt{L_0 C_0}} = \frac{1}{\sqrt{L_0 C_0}} \angle 0° \tag{17-110}$$

2. 特性阻抗

在式(17-66)中，令 $R_0=0$ 和 $G_0=0$ 可得无损耗线的特性阻抗，即

$$Z_\mathrm{C} = \sqrt{\frac{Z_0}{Y_0}}\bigg|_{R_0=0, G_0=0} = \sqrt{\frac{R_0 + \mathrm{j}\omega L_0}{G_0 + \mathrm{j}\omega C_0}}\bigg|_{R_0=0, G_0=0} = \sqrt{\frac{L_0}{C_0}} \angle 0° \tag{17-111}$$

即这时特性阻抗是一个与频率无关的纯电阻，因此，根据特性阻抗的物理意义(同向行波的电压相量与电流相量之比)可知，无损耗线上同向的电压行波和电流行波同相位。

17.8.2 正弦稳态下无损线方程的定解

在均匀传输线方程正弦稳态的定解式(17-22)和式(17-28)中考虑到 $\gamma=\mathrm{j}\beta$，可以得到其中 $\mathrm{ch}\gamma x$、$\mathrm{sh}\gamma x$ 的表示式为

$$\mathrm{ch}\gamma x = \mathrm{ch}(\mathrm{j}\beta x) = (\mathrm{e}^{\mathrm{j}\beta x} + \mathrm{e}^{-\mathrm{j}\beta x})/2 = \cos\beta x \tag{17-112a}$$

$$\mathrm{sh}\gamma x = \mathrm{sh}(\mathrm{j}\beta x) = (\mathrm{e}^{\mathrm{j}\beta x} - \mathrm{e}^{-\mathrm{j}\beta x})/2 = \mathrm{j}(\mathrm{e}^{\mathrm{j}\beta x} - \mathrm{e}^{-\mathrm{j}\beta x})/2\mathrm{j} = \mathrm{j}\sin\beta x \tag{17-112b}$$

因此，可以得出无损线方程电压相量、电流相量的定解表示式。

1. 已知始端电压相量为 $\dot{U}(0)=\dot{U}_1$、电流相量为 $\dot{I}(0)=\dot{I}_1$ 时的定解

式(17-112)代入式(17-22)，可得出这时无损耗线方程的正弦稳态定解，即

$$\dot{U} = \dot{U}_1 \cos\beta x - \mathrm{j} Z_\mathrm{C} \dot{I}_1 \sin\beta x \tag{17-113a}$$

$$\dot{I} = -\mathrm{j}\frac{\dot{U}_1}{Z_\mathrm{C}}\sin\beta x + \dot{I}_1 \mathrm{ch}\beta x \tag{17-113b}$$

式(17-113)中，x 的起点为线路始端。

2. 已知终端电压相量为 $\dot{U}(l)=\dot{U}_2$、电流相量为 $\dot{I}(l)=\dot{I}_2$ 时的定解

将式(17-112)代入式(17-28)，可得出这时无损耗线方程的正弦稳态定解，即

$$\dot{U} = \dot{U}_2 \cos\beta x + \mathrm{j} Z_\mathrm{C} \dot{I}_2 \sin\beta x \tag{17-114a}$$

$$\dot{I} = \mathrm{j}\frac{\dot{U}_2}{Z_\mathrm{C}}\sin\beta x + \dot{I}_2 \cos\beta x \tag{17-114b}$$

式(17-114)中 x 的起点为线路终端。将式(17-112)代入式(17-74)，可得到正弦稳态下无损线上从距终端 x 处向终端看进去输入阻抗的一般表示式为

$$Z_{\mathrm{in}x} = \frac{\dot{U}}{\dot{I}} = \frac{\dot{U}_2 \cos\beta x + \mathrm{j} Z_\mathrm{C} \dot{I}_2 \sin\beta x}{\mathrm{j}\dfrac{\dot{U}_2}{Z_\mathrm{C}}\sin\beta x + \dot{I}_2 \cos\beta x} = \frac{Z_2 \cos\beta x + \mathrm{j} Z_\mathrm{C} \sin\beta x}{\mathrm{j}\dfrac{\dot{U}_2}{Z_\mathrm{C}}\sin\beta x + \dot{I}_2 \cos\beta x}$$

$$= Z_\mathrm{C} \frac{Z_2 \cos\beta x + \mathrm{j} Z_\mathrm{C} \sin\beta x}{\mathrm{j} Z_2 \sin\beta x + Z_\mathrm{C} \cos\beta x} = Z_\mathrm{C} \frac{Z_2 + \mathrm{j} Z_\mathrm{C} \tan\beta x}{Z_\mathrm{C} + \mathrm{j} Z_2 \tan\beta x}$$

$$= \frac{Z_2 + \mathrm{j} Z_\mathrm{C} \tan\beta x}{1 + \mathrm{j}\dfrac{Z_2}{Z_\mathrm{C}}\tan\beta x} \tag{17-115}$$

由于 $\tan(\beta x - n\pi) = \tan\beta x, n = 0, 1, 2, \cdots$，所以式(17-115)满足

$$Z_{\text{in}x}\left(x - \frac{\lambda}{2}n\right) = Z_{\text{in}x}(x) \tag{17-116}$$

即入端阻抗每隔半个波长重复出现一次。由式(17-115)可得从无损线始端处向终端看进去的输入阻抗，即

$$Z_{\text{in}l} = \frac{Z_2 + jZ_C\tan\beta l}{1 + j\dfrac{Z_2}{Z_C}\tan\beta l} \tag{17-117}$$

17.8.3 无损耗线终端接有不同类型负载时的工作状态

本节讨论无损耗线上电压、电流的分布规律或分布状态，即无损耗线的工作状态，它决定于终端反射系数，即取决于终端负载和传输线的特性阻抗。因此，根据终端接入阻抗 Z_2 的情况，无损耗线有三种工作状态：①行波状态或无反射工作状态(反射系数 $N=0$)；②纯驻波状态或全反射工作状态(反射系数的模值 $|N|=1$)；③行驻波状态或部分反射工作状态(反射系数 $0 < |N| < 1$)。前两者为极端情况，第三者为一般工作状态。

为便于分析问题，这里仍将传输线的终端作为计算距离 x 的起点，即采用以终端电压 $\dot{U}_2$ 和终端电流 $\dot{I}_2$ 表示的均匀传输线上电压、电流的相量式(17-114)进行讨论。

1. 行波状态

与有耗均匀传输线一样，当无耗均匀传输线是无限长或其终端接有等于线路特性阻抗的负载时，反射系数为零，电源传送给负载的能量被负载完全吸收，而无反射(反射波为零)。此时传输效率最高，称无损耗线工作于行波状态，或无损耗线与负载处于匹配状态。

根据式(17-27)可以得出，当负载 $Z_2 = Z_C$ 时，即行波状态下距终端 x 处的电压和电流相量的表示式为

$$\dot{U} = \frac{1}{2}(\dot{U}_2 + Z_C\dot{I}_2)e^{\gamma x} = \frac{1}{2}\dot{U}_2\left(1 + \frac{Z_C}{Z_2}\right)e^{j\beta x} = \dot{U}_2 e^{j\beta x} \tag{17-118a}$$

$$\dot{I} = \frac{1}{2Z_C}(\dot{U}_2 + Z_C\dot{I}_2)e^{\gamma x} = \frac{\dot{I}_2}{2}\left(1 + \frac{Z_C}{Z_2}\right)e^{j\beta x} = \dot{I}_2 e^{j\beta x} \tag{17-118b}$$

为简便分析问题，设终端电压 $\dot{U}_2$ 为参考相量，即有 $\dot{U}_2 = U_2\angle 0°$，则对应的瞬时表示式为 $u_2 = \text{Re}[\sqrt{2}\dot{U}_2 e^{j\omega t}] = \sqrt{2}U_2\cos\omega t$，则由式(17-116)可得此时无损耗线上距终端 x 处电压、电流的时间函数表示式为

$$u(x,t) = \text{Re}[\sqrt{2}\dot{U}e^{j\omega t}] = \sqrt{2}U_2\cos(\omega t + \beta x) \tag{17-119a}$$

$$i(x,t) = \text{Re}[\sqrt{2}\dot{I}e^{j\omega t}] = \sqrt{2}\frac{U_2}{|Z_C|}\cos(\omega t + \beta x) \tag{17-119b}$$

由于式(17-119)中 x 的起点为线路终端，故此时线上的电压、电流均只有一个幅值不衰减且由线路始端向终端行进的正向行波，即入射波，而无反射波存在。线上各处的电压与电流同相，各处电压的有效值相等，各处电流的有效值也相等，且都分别等于终端负载的电压有效值 U_2、电流有效值 I_2。电压、电流处处同相，其相位随 x 的减小而连续滞后。

由式(17-115)可知，工作在行波状态下的传输线从距终端 x 处向终端看进去的输入阻抗为

$$Z_{inx} = \frac{\dot{U}}{\dot{I}} = Z_C \frac{Z_2 + jZ_C\tan\beta x}{jZ_2\tan\beta x + Z_C} = Z_C = \sqrt{\frac{L_0}{C_0}} \tag{17-120}$$

式(17-120)表明,线路上任一处的输入阻抗均为同一常数,且恒等于负载阻抗,即特性阻抗(纯电阻)。

图 17-20 是行波状态下无损耗线上电压的瞬时状态、电压和电流的有效值及特性阻抗沿线的分布图。

(a) 电压瞬时状态沿线的分布　　(b) 电压和电流的有效值及特性阻抗沿线的分布

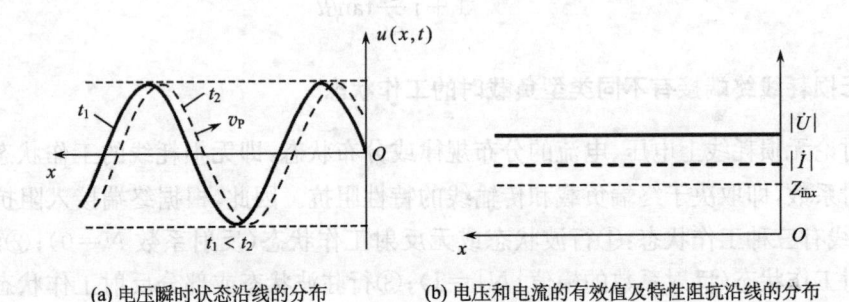

图 17-20　行波电压的瞬时状态、行波电压和电流的有效值及特性阻抗沿线的分布图

例 17-8　某无损耗线位于空气介质中,其线长 $l=4.5\text{m}$,特性阻抗为 300Ω;始端接一内阻 $R_0=100\Omega$ 的正弦电压源,其电压有效值为 10V,频率为 100MHz。试计算当终端接以 300Ω 的电阻时距始端 1m 处的电压、电流分布。

解　在空气介质中,无损线的相速近似为 $3\times10^8\text{m/s}$,所以波长为 $\lambda=\frac{v_P}{f}=\frac{3\times10^8}{10^8}=3\text{m}$,终端负载电阻为 $Z_2=R_2=300\Omega$,与无损耗线的特性阻抗相等,无损线处于匹配状态,故而线路任意处的输入阻抗均等于特性阻抗,即 $Z_{in}=Z_C=300\Omega$。以电压源电压为参考相量,利用如图 17-21 所示的集中参数等效电路可以求

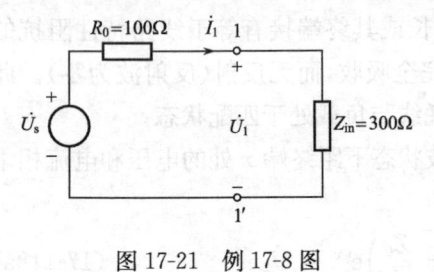

图 17-21　例 17-8 图

出始端电压 $\dot{U}_1$ 和电流 $\dot{I}_1$,分别为

$$\dot{U}_1 = \frac{Z_{in}}{R_0+Z_{in}}\times\dot{U}_S = \frac{300}{400}\times10\angle0° = 7.5\angle0°\text{V} \quad \dot{I}_1 = \frac{\dot{U}_1}{Z_{in}} = \frac{7.5\angle0°}{300} = 0.025\angle0°\text{A}$$

由于终端接特性阻抗的无损线上处电压有效值相同,电流有效值相同,所以终端电压和电流有效值分别为 $U_2=U_1=7.5\text{V}, I_2=I_1=0.025\text{A}$。角频率、相位常数则为

$$\omega = 2\pi f = 2\pi\times10^8\text{rad/m} \quad \beta = \frac{\omega}{v_P} = \frac{2\pi\times10^8}{3\times10^8} = \frac{2\pi}{3}\text{rad/m}$$

$$\beta l = \frac{2\pi}{3}\times4.5 = 3\pi\text{rad}$$

所以由式(17-118)可得

$$\dot{U}_1 = \dot{U}_2 e^{j\beta l} = \dot{U}_2 e^{j3\pi} = \dot{U}_2 e^{j(2\pi+\pi)} = \dot{U}_2 e^{j\pi}\text{V},$$

$$\dot{I}_1 = \dot{I}_2 e^{j\beta l} = \dot{I}_2 e^{j3\pi} = \dot{I}_2 e^{j(2\pi+\pi)} = \dot{I}_2 e^{j\pi}\text{A}$$

因此,可得 $\dot{U}_2=\dot{U}_1 e^{-j\pi}=7.5e^{-j\pi}\text{V}, \dot{I}_2=\dot{I}_1 e^{-j\pi}=0.025e^{-j\pi}\text{A}$。于是,距始端 $x=1\text{m}$,即距终端 3.5m 处的电压和电流相量分别为

$$\dot{U}|_{x=3.5\mathrm{m}} = \dot{U}_2 \mathrm{e}^{\mathrm{j}\beta x} = 7.5\mathrm{e}^{-\mathrm{j}\pi} \cdot \mathrm{e}^{\mathrm{j}\frac{2}{3}\pi \times 3.5} = 7.5\mathrm{e}^{\mathrm{j}\frac{4}{3}\pi}\mathrm{V} \qquad \dot{I}|_{x=3.5\mathrm{m}} = \dot{I}_2 \mathrm{e}^{\mathrm{j}\beta x} = 0.025\mathrm{e}^{\mathrm{j}\frac{4}{3}\pi}\mathrm{A}$$

于是，可得距始端 $x=1\mathrm{m}$ 处电压电流分布分别为

$$u = 7.5\sqrt{2}\cos\left(\omega t + \frac{4}{3}\pi\right)\mathrm{V} \qquad i = 0.025\sqrt{2}\cos\left(\omega t + \frac{4}{3}\pi\right)\mathrm{A}$$

2. 驻波状态

现在讨论无损线在终端阻抗不匹配时所产生的一种特殊工作状态，即驻波状态，这时终端分别为开路、短路及接有纯电抗负载的情况。

1) 终端开路时的驻波状态

在终端开路（空载）时，$\dot{I}_2=0$，$|Z_2|=\infty$。因此，由式(17-114)可得此时线上任一处电压相量和电流相量分别为

$$\dot{U}_{\mathrm{oc}} = \dot{U}_2 \cos\beta x = \dot{U}_2 \cos\left(\frac{2\pi}{\lambda}x\right) \qquad (17\text{-}121\mathrm{a})$$

$$\dot{I}_{\mathrm{oc}} = \mathrm{j}\frac{\dot{U}_2}{Z_\mathrm{C}}\sin\beta x = \mathrm{j}\frac{\dot{U}_2}{Z_\mathrm{C}}\sin\left(\frac{2\pi}{\lambda}x\right) \qquad (17\text{-}121\mathrm{b})$$

仍设终端电压 $\dot{U}_2$ 为参考相量，即 $\dot{U}_2 = U_2\angle 0°$，则对应的瞬时表示式为 $u_2 = \mathrm{Re}[\sqrt{2}\dot{U}_2\mathrm{e}^{\mathrm{j}\omega t}] = \sqrt{2}U_2\cos\omega t$，则由式(17-121)可得此时无损耗线上任意一处电压、电流的时间函数式为

$$u_{\mathrm{oc}}(x,t) = \mathrm{Re}[\sqrt{2}\dot{U}_{\mathrm{oc}}\mathrm{e}^{\mathrm{j}\omega t}] = \sqrt{2}U_2\cos\left(\frac{2\pi}{\lambda}x\right)\cos\omega t \qquad (17\text{-}122\mathrm{a})$$

$$i_{\mathrm{oc}}(x,t) = \mathrm{Re}[\sqrt{2}\dot{I}_{\mathrm{oc}}\mathrm{e}^{\mathrm{j}\omega t}] = \sqrt{2}\frac{U_2}{|Z_\mathrm{C}|}\sin\left(\frac{2\pi}{\lambda}x\right)\cos\left(\omega t + \frac{\pi}{2}\right) \qquad (17\text{-}122\mathrm{b})$$

由式(17-122)可知，与行波的瞬时表示式不同的是，这两个电压、电流瞬时表示式中 $\cos\omega t$ 和 $\cos\left(\omega t + \frac{\pi}{2}\right)$ 的相位角均与 x 无关，即随时间 t 的增长，电压和电流的波形不沿 $\pm x$ 方向移动，这种波形称为驻波。

式(17-122)表明，对于终端开路的无损耗线，在沿线任一确定点 $[u_{\mathrm{oc}}(x,t)$ 或 $i_{\mathrm{oc}}(x,t)$ 恒为零值处除外]，电压与电流均随时间按正（余）弦规律变化且在时间相位上相差 $\pi/2$（电流比电压超前 $\pi/2$）。在一个波长 λ 内，当 $0 \leqslant x \leqslant \frac{\lambda}{4}$，$\frac{\lambda}{2} \leqslant x \leqslant \frac{3\lambda}{4}$ 时，$\sin\beta x$ 和 $\cos\beta x$ 同号，电流的相位超前电压 $90°$；当 $\frac{\lambda}{4} \leqslant x \leqslant \frac{\lambda}{2}$，$\frac{3\lambda}{4} \leqslant x \leqslant \lambda$ 时，$\sin\beta x$ 和 $\cos\beta x$ 异号，电流的相位滞后电压 $90°$。在任一确定时刻 $[u_{\mathrm{oc}}(x,t)$ 或 $i_{\mathrm{oc}}(x,t)$ 沿线均为零值的时刻除外]，电压和电流沿线按余（正）弦规律分布且在空间相位上也相差 $\pi/2$（电压比电流超前 $\pi/2$）。当 $\omega t_1 = 0$ 时，线上各点电压均为零，而电流模值 $|i_{\mathrm{oc}}(x,t)|$ 则达到各点的最大值，为 $\sqrt{2}\frac{U_2}{|Z_\mathrm{C}|}\left|\sin\left(\frac{2\pi}{\lambda}x\right)\right|$。当 t 逐渐增大，在 $0 < \omega t < \pi/2$ 范围内，线上各点电压的模值 $|u_{\mathrm{oc}}(x,t)|$ 逐渐增大，而电流的模值 $|i_{\mathrm{oc}}(x,t)|$ 逐渐减小；当 $\omega t_4 = \pi/2$ 时，线上各点电压的模值达到该点的最大值，为 $\sqrt{2}U_2\left|\cos\left(\frac{2\pi}{\lambda}x\right)\right|$，而各点电流均为零。当 t 继续增大，在 $\pi/2 < \omega t < \pi$ 范围内，线上各点电压的模值逐渐减小，而电流的模值逐渐增大；当 $\omega t_5 = \pi$ 时，线上各点电压均为零，各点电流的模值达到该点的最大值。

图 17-22 给出 $u_{\mathrm{oc}}(x,t)$、$i_{\mathrm{oc}}(x,t)$ 在不同确定时刻的沿线分布曲线，其中 x 的起点是线路终

端。由图17-22可知，终端开路的无损耗线上的电压、电流沿线按正弦规律分布，并且正弦波的幅值、零点所处的位置固定不变，仅幅值或有效值的大小随时间不断变化。这种正弦电压和电流的沿线分布曲线虽然是波状曲线，但随时间 t 的增长并不沿 x 方向移动，而是作原地上下振动，即幅值随时间作正弦变化，不存在随时间变化等相位点向前推移这种行波的典型特征，即沿线各点电压和电流均呈现停驻不动的波状分布，即驻波分布。

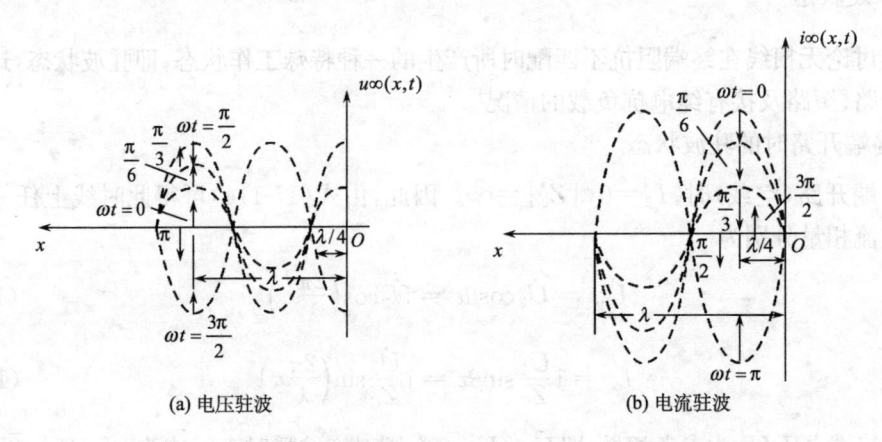

(a) 电压驻波　　(b) 电流驻波

图17-22　终端开路的无损耗线上电压、电流在不同时刻的沿线分布

由式(17-122)可知，由于满足 $\dfrac{2\pi}{\lambda}x=k\pi$，即在离开终端距离为

$$x = k\frac{\lambda}{2} = (2k)\frac{\lambda}{4}(k=0,1,2,\cdots)$$

的各点处，$\cos\beta x=\pm 1$，$\sin\beta x=0$，所以这些点处电压的有效值或幅值总是沿线电压分布中的极值（最大或最小），称为电压驻波的波腹。这些点处电流的有效值或幅值恒为沿线电流分布中的零值，称为电流驻波的波节。由于满足 $\dfrac{2\pi}{\lambda}x=(2k+1)\dfrac{\pi}{2}$，即在与终端距离为

$$x = (2k+1)\frac{\lambda}{4}(k=0,1,2,\cdots)$$

的各点处，$\cos\beta x=0$，$\sin\beta x=\pm 1$，所以这些点处电压的有效值或幅值恒为沿线电压分布中的零值，称为电压驻波的波节。这些点处电流的有效值或幅值总是沿线电流分布中的极值（最大或最小），称为电流驻波的波腹。驻波的极值处称为波腹，零值处称为波节。电压的波腹和电流的波节位置相同，反之亦然，即电压、电流在 x 轴上的相位差为 $\lambda/4$。

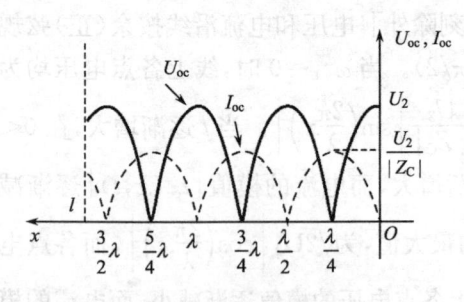

图17-23　终端开路的无损耗线上电压、电流有效值的沿线分布

由式(17-121)绘出电压有效值 $U_2\left|\cos\left(\dfrac{2\pi}{\lambda}x\right)\right|$、电流有效值 $\dfrac{U_2}{|Z_C|}\left|\sin\left(\dfrac{2\pi}{\lambda}x\right)\right|$ 的沿线分布曲线，如图17-23所示。由图可知，①两个相邻的波节或波腹的距离为 $\lambda/2$，两个相邻的电压与电流波节或波腹的距离为 $\lambda/4$；②在 $\cos\beta x$ 大于或小于零的空间半波长内，式(17-121a)中 $\dot{U}_\infty$ 的幅角与 x 无关，这表明相邻两个波节之间的电压同相位。同理，式(17-121b)表明相邻两个波节之间的电流也同相位。

利用积化和差公式可以将式(17-122a)和式(17-122b)分别改写为

$$u_{oc}(x,t) = \frac{\sqrt{2}}{2}U_2[\cos(\omega t + \beta x) + \cos(\omega t - \beta x)] \tag{17-123a}$$

$$i_{oc}(x,t) = \frac{\sqrt{2}U_2}{2|Z_C|}[\cos(\omega t + \beta x) - \cos(\omega t - \beta x)] \tag{17-123b}$$

式(17-123)中的两项分别为幅值不衰减（无损）的反射波和入射波。这说明终端开路时，反射系数 $N_2=1$，所以不衰减的入射波在终端受到全反射且无符号变化，并使得反射波成为一个与入射波幅值相等、行进方向相反而又不衰减的行波。因此可知，驻波的形成是两个等速等幅且不衰减而反向行进的正弦行波，即入射波和反射波相叠加的结果。由此可知，形成驻波的条件是无损线且在终端全反射（$|N_2|=1$）。驻波与行波的区别在于驻波在其传播的过程中，它的沿线分布不随时间 t 的增长沿 x 轴方向传播，仅上下摆动，其波腹和波节的位置均固定不变，只是振幅随时间按正弦规律变化。驻波只是时间的函数，并非空间的函数，而行波既是时间的函数，又是空间的函数，因此，随着时间的增长，它不断地向某一方向传播。

终端开路的无损线上距终端 x 处向终端看去的输入阻抗 Z_{ocin} 可以在式(17-115)中令 $|Z_2|=\infty$ 求出，即

$$Z_{ocin} = \frac{\dot{U}_{oc}}{\dot{I}_{oc}} = -jZ_C\cot\beta x = -jZ_C\cot\left(\frac{2\pi}{\lambda}x\right) = jX_{ocin} \tag{17-124a}$$

或

$$Z_{ocin} = -jZ_C\tan\left(\beta x + \frac{\pi}{2}\right) = jZ_C\tan\beta\left(x + \frac{\lambda}{4}\right) \tag{17-124b}$$

式(17-124a)中，$X_{ocin} = -Z_C\cot\left(\frac{2\pi}{\lambda}x\right)$。由于无损耗线的 Z_C 为纯电阻，因而终端开路的无损线上任一处向终端看去的输入阻抗 Z_{ocin} 均为纯电抗（感抗或容抗），这与式(17-121)所表示的终端开路的无损线上电压 $\dot{U}_{oc}$ 与电流 $\dot{I}_{oc}$ 的相位差为 $\pm90°$ 相一致。由于输入阻抗为纯电抗，因此终端开路的无损线只起储存能量的作用。显然，Z_{ocin} 的性质和量值取决于线上距离 x 和频率（波长），即决定于余切函数 $\cot\left(\frac{2\pi}{\lambda}x\right)$。由于该函数是以 π 为周期的函数，故而输入阻抗 Z_{ocin} 的电抗变化在空间距离上也有周期，周期为 $x = \frac{\pi}{\beta} = \frac{\lambda}{2}$。因此，在 $0<x<\lambda/4$ 处，$X_{ocin}<0$，$Z_{ocin}=-j|X_{ocin}|$，输入电抗为容性电抗，故无损线可以等效为一个电容；在 $\lambda/4<x<\lambda/2$ 处，$X_{ocin}>0$，$Z_{ocin}=jX_{ocin}$，输入电抗为感性电抗，故无损线可以等效为一个电感。以后每隔 $\lambda/4$，输入电抗的性质改变一次，也有对应的等效电容或等效电感，即在 $k\frac{\lambda}{2}<x<(2k+1)\frac{\lambda}{4}(k=0,1,2,\cdots)$ 区间，输入电抗为容性电抗。在 $(2k+1)\frac{\lambda}{4}<x<(k+1)\frac{\lambda}{2}(k=0,1,2,\cdots)$ 区间，输入电抗为感性电抗。在 $x=k\frac{\lambda}{2}=(2k)\frac{\lambda}{4}(k=0,1,2,\cdots)$，即电流驻波的波节（电压驻波的波腹）处，输入电抗 $X_{ocin}=\infty$，$|Z_{ocin}|=\infty$，无损线相当于开路，故可以等效为一个LC并联谐振回路；在 $x=(2k+1)\frac{\lambda}{4}(k=0,1,2,\cdots)$，即电压驻波的波节（电流驻波的波腹）处，输入电抗 $X_{ocin}=0$，$Z_{ocin}=0$，无损线相当于短路（功率 $p_x=u_xi_x=0$），故可以等效为一个LC串联谐振回路。

以上分析表明，输入电抗沿线按上述规律以 $\lambda/2$ 长度周期重复变化，而且每隔 $\lambda/4$ 长度电抗

性质改变一次,即感抗变容抗或容抗变感抗。于是,从终端开路的无损耗线上任意 x 处开始到终端均可以用对应的集中参数电抗元件或它们的串并联等效替代,从而可以将无损耗线电路等效为集中参数电路。终端开路的无损耗线上输入电抗的沿线变化情况如图 17-24 所示。

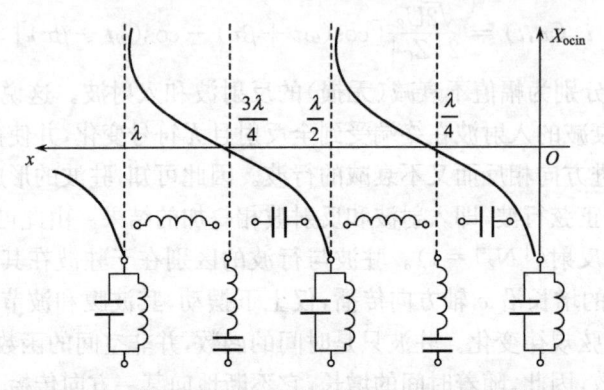

图 17-24 终端开路的无损耗线上输入电抗的沿线变化

此外,适当选择线路长度 l,在始端可以得到任意值的电感或电容,即可以将终端开路的无损耗线视为具有各种电抗值的电抗元件。

终端开路的无损耗线上任意一处输入或等效阻抗的纯电抗性质表明,通过线上任一处传输的平均功率均为零。显然,这是无损耗线的无损耗性质及终端不存在消耗功率负载(终端开路)的必然结果。就瞬时功率而言,由于在任何瞬时只有电压波节处的电压及电流波节处的电流恒为零(见图 17-23),因此波节处的瞬时功率恒为零,而在线上的其余处,瞬时功率一般并不等于零。这表明相邻的电压波节处与电流波节之间的能量被封闭于本线段,即长度为 $\lambda/4$ 的范围内,而不能与其他线段内的能量进行交换,即能量不能通过任一波节由一段线路向另一段线路传递,亦即驻波不传输功率。然而,在每个电压波节与电流波节之间 $\lambda/4$ 长度的范围内,瞬时功率并非恒等于零,存在如同谐振回路那样的电场能量与磁场能量不断相互转化的过程。因此,若传输线上出现驻波,则无能量即有功功率传输至终端负载。通常只有电压行波和电流行波才能传输有功功率。由于终端开路的无损耗线上电压驻波与电流驻波在时间上具有 $\pi/2$ 的相位差,因此线上传输的是无功能量。

例 17-9 某无损耗线位于空气介质中,其长度 $l=13\mathrm{m}$,特性阻抗 $Z_\mathrm{C}=346.4\Omega$;在始端接一内阻为 $R_0=150\Omega$、空载电压(有效值)为 5V、频率为 100MHz 的正弦交流电源;线路终端开路。(1)以电源电压向量为参考相量,求传输线始端电压相量 $\dot{U}_1$、电流相量 $\dot{I}_1$ 和终端电压相量 $\dot{U}_2$;(2)绘出电压、电流有效值的沿线分布图。

解 (1)对于空气中的无损耗线,其相速近似等于光速。因此可求出波长 λ 和 βl 分别为

$$\lambda = \frac{v_\mathrm{P}}{f} = \frac{3\times 10^8}{100\times 10^6} = 3\mathrm{m} \qquad \beta l = \frac{2\pi}{\lambda}l = \frac{2\pi}{3}\times 13 = 8\frac{2}{3}\pi\,\mathrm{rad}$$

线路始端输入阻抗、电流相量及电压相量分别为

$$Z_1 = -\mathrm{j}Z_\mathrm{C}\cot\beta l = -\mathrm{j}346.4\times\cot\left(\frac{2}{3}\pi\right) = \mathrm{j}200\,\Omega$$

$$\dot{I}_1 = \frac{5\angle 0°}{150+\mathrm{j}200} = 20\angle -53.1°\,\mathrm{mA} \qquad \dot{U}_1 = \mathrm{j}200\times 0.02\angle -53.1° = 4\angle 36.9°$$

根据 $\dot{I}_1 = \mathrm{j}(\dot{U}_2/Z_\mathrm{C})\sin\beta l$ 可求得

$$\dot{U}_2 = -\mathrm{j}\frac{\dot{I}_1 Z_\mathrm{C}}{\sin(2\pi/3)} = -\mathrm{j}\frac{0.02\angle-53.1°\times 346.4}{0.866} = 8\angle-143.1°\mathrm{V}$$

(2) 根据终端开路无损耗线的电压、电流相量关系式(17-121)可得电压、电流有效值沿线分布情况如图 17-25 所示。线长 $l=13\mathrm{m}=4\frac{1}{3}\lambda$。在图 17-25 中,有

$$\lambda = 3\mathrm{m} \qquad U_{\max}=U_2=8\mathrm{V} \qquad I_{\max}=\frac{U_2}{Z_\mathrm{C}}=\frac{8}{346.4}=23\mathrm{mA}$$

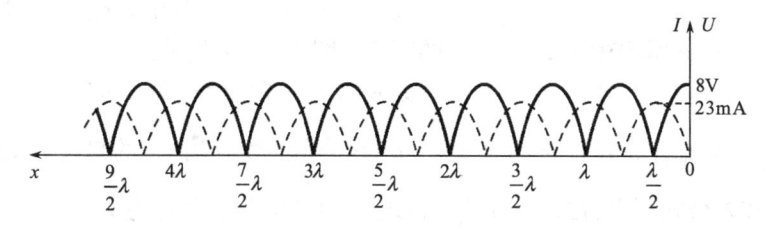

图 17-25　例 17-9 图

2) 终端短路时的驻波状态

在终端短路时,$Z_2=0$,$\dot{U}_2=0$,因此由式(17-114)可得此时线上距终端 x 处的电压相量和电流相量分别为

$$\dot{U}_\mathrm{sc} = \mathrm{j}Z_\mathrm{C}\dot{I}_2\sin\beta x = \mathrm{j}Z_\mathrm{C}\dot{I}_2\sin\left(\frac{2\pi}{\lambda}x\right) \tag{17-125a}$$

$$\dot{I}_\mathrm{sc} = \dot{I}_2\cos\beta x = \dot{I}_2\cos\left(\frac{2\pi}{\lambda}x\right) \tag{17-125b}$$

设终端电流 $\dot{I}_2$ 为参考相量,即 $\dot{I}_2=I_2\angle 0°$,对应的瞬时表示式为 $u_2=\mathrm{Re}[\sqrt{2}\dot{I}_2\mathrm{e}^{\mathrm{j}\omega t}]=\sqrt{2}I_2\cos(\omega t)$,则由式(17-125)可得此时无损耗线上任意一处电压、电流的时间函数式为

$$u_\mathrm{sc}(x,t) = \mathrm{Re}[\sqrt{2}\dot{U}_\mathrm{sc}\mathrm{e}^{\mathrm{j}\omega t}] = \sqrt{2}Z_\mathrm{C}I_2\sin\left(\frac{2\pi}{\lambda}x\right)\cos\left(\omega t+\frac{\pi}{2}\right) \tag{17-126a}$$

$$i_\mathrm{sc}(x,t) = \mathrm{Re}[\sqrt{2}\dot{I}_\mathrm{sc}\mathrm{e}^{\mathrm{j}\omega t}] = \sqrt{2}I_2\cos\left(\frac{2\pi}{\lambda}x\right)\cos(\omega t) \tag{17-126b}$$

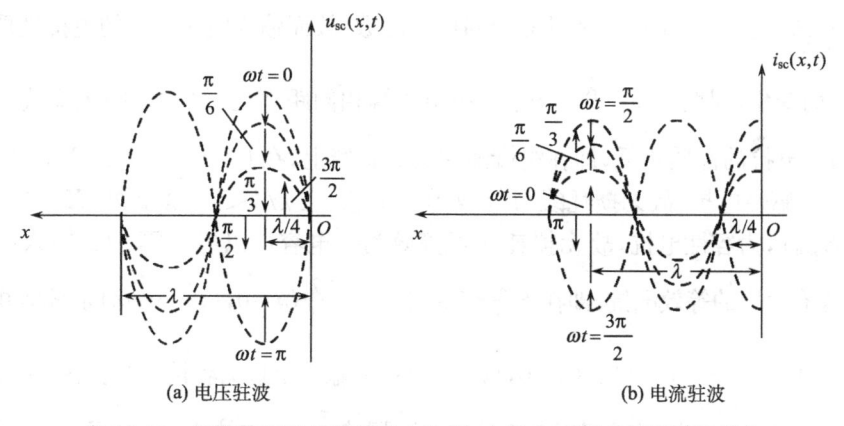

(a) 电压驻波　　　　　　　　(b) 电流驻波

图 17-26　终端短路的无损耗线上电压、电流在不同时刻的沿线分布

由式(17-126)可知,与终端开路时的情况相似,此时无损耗线上出现的电压波 $u_\mathrm{sc}(x,t)$ 和电流波 $i_\mathrm{sc}(x,t)$ 在任一瞬时均按正弦规律沿线分布,亦为驻波。电压驻波的波节和电流驻波的

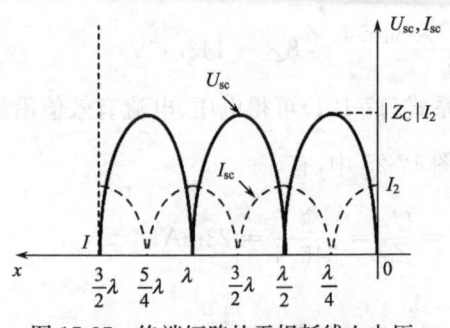

图 17-27 终端短路的无损耗线上电压、电流有效值的沿线分布

波腹位于离开终端距离为 $x=k\frac{\lambda}{2}=(2k)\frac{\lambda}{4}(k=0,1,2,\cdots)$ 的位置,电压驻波的波腹和电流驻波的波节则位于离开终端距离为 $x=(2k+1)\frac{\lambda}{4}(k=0,1,2,\cdots)$ 的位置,电压的波节和电流的波腹位置相同,反之亦然。显然,此时电压与电流的沿线分布或驻波的波腹和波节的位置相对于终端开路时恰好相差 $\lambda/4$ 的距离。图 17-26 分别给出 $u_{sc}(x,t)$、$i_{sc}(x,t)$ 在不同时刻的沿线分布曲线;图 17-27 则绘出电压有效值 $I_2 Z_C \left| \sin\left(\frac{2\pi}{\lambda}x\right) \right|$、电流有效值 $I_2 \left| \cos\left(\frac{2\pi}{\lambda}x\right) \right|$ 的沿线分布曲线,其中,x 的起点是线路终端。

利用积化和差公式可以将式(17-126a)和式(17-126b)分别改写为

$$u_{sc}(x,t) = \frac{\sqrt{2}}{2}Z_C I_2 [\cos(\omega t + \beta x) - \cos(\omega t - \beta x)] \tag{17-127a}$$

$$i_{sc}(x,t) = \frac{\sqrt{2}I_2}{2}[\cos(\omega t + \beta x) + \cos(\omega t - \beta x)] \tag{17-127b}$$

式(17-127)同样说明,此时的驻波也是幅值相同的入射波(正向行波)和反射波(反向行波)相叠加的结果(终端反射系数 $N_2 = -1$)。

终端短路的无损线上距终端 x 处向终端看去的输入阻抗 Z_{sc} 可以在式(17-115)中令 $Z_2 = 0$ 求出,即

$$Z_{scin} = \frac{\dot{U}_{sc}}{\dot{I}_{sc}} = jZ_C \tan(\beta x) = jZ_C \tan\left(\frac{2\pi}{\lambda}x\right) = jX_{scin} \tag{17-128}$$

式(17-128)中,$X_{scin} = Z_C \tan\left(\frac{2\pi}{\lambda}x\right)$。因此终端短路的无损线上任一处向终端看去的输入阻抗 Z_{scin} 也均为纯电抗(感抗或容抗)。由于输入阻抗为纯电抗,因此终端短路的无损线也只起储存能量的作用。显然,纯电抗的性质和量值亦取决于线上距离 x 和频率(波长),即决定于正切函数 $\tan\left(\frac{2\pi}{\lambda}x\right)$。由于此函数是以 π 为周期的函数,故而输入阻抗 Z_{scin} 的电抗性质在空间距离上也呈周期变化,周期为 $x=\frac{\lambda}{2}$。显然,在距终端相同距离处,终端短路无损线与终端开路无损线的输入电抗的性质相反,即在终端短路的无损线上,在 $0<x<\lambda/4$ 处,$X_{sc}>0$,输入电抗 $Z_{scin} = jX_{scin}$,为感性电抗,故无损耗线可等效为一电感;在 $\lambda/4<x<\lambda/2$ 处,$X_{sc}<0$,输入电抗 $Z_{scin} = -j|X_{scin}|$,为容性电抗,故无损耗线可等效为一电容。以后每隔 $\lambda/4$,输入电抗的性质改变一次,也有对应的等效电抗,即在 $k\frac{\lambda}{2}<x<(2k+1)\frac{\lambda}{4}(k=0,1,2,\cdots)$ 区间,输入电抗为感性电抗;在 $(2k+1)\frac{\lambda}{4}<x<(k+1)\frac{\lambda}{2}(k=0,1,2,\cdots)$ 区间,输入电抗为容性电抗。在 $x=k\frac{\lambda}{2}=2k\frac{\lambda}{4}(k=0,1,2,\cdots)$,即电压驻波的波节(电流驻波的波腹)处,输入电抗 $X_{scin}=0$,$Z_{scin}=0$,无损耗线相当于短路(功率 $p_x = u_x i_x = 0$),故可以等效一个 LC 串联谐振回路;在 $x=(2k+1)\frac{\lambda}{4}(k=0,1,2,\cdots)$,即电流驻波的波节(电压驻波的波腹)处,输入电抗 $X_{scin}=\infty$,$|Z_{scin}|=\infty$,无损耗线相

当于开路,故可以等效为一个 LC 并联谐振回路。终端短路无损耗线上输入电抗的沿线变化情况如图 17-28 所示,同样也可以将终端短路的无损耗线视为具有各种电抗值的电抗元件。

比较终端开路与短路无损耗线上电压、电流瞬时值的分布及任意处输入阻抗值的分布图可知,它们有对应的相似之处。两者沿线分布相差 $\frac{\lambda}{4}$ 长度,只要将图 17-26、图 17-28 中从 $\lambda/4$ 到终端去掉,剩下部分即为图 17-22、图 17-28,

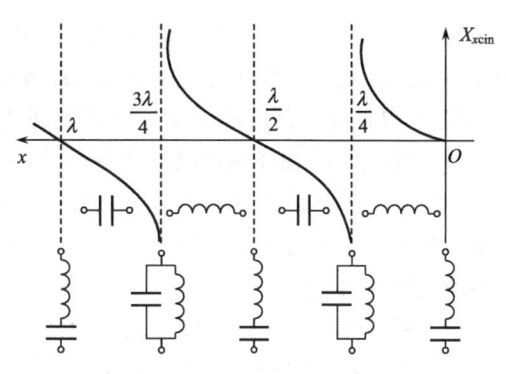

图 17-28　终端短路的无损耗线上输入电抗的沿线变化

这并非巧合,而是必然。因为在终端短路的情况下,可以将 $x=\lambda/4$ 处到终端等效为一个并联谐振电路,这种电路的阻抗为 ∞,即是开路。对照终端短路的情况则可知,若将终端开路无损耗线也从终端开始去掉 $\lambda/4$ 的长度,再将终端短路,线路工作情况不变,即它就可以用一条终端短路的无损耗线等效(即短 $\lambda/4$ 长度的终端短路无损耗线);短无损线可用延长 $\frac{\lambda}{4}$ 的开路无损耗线代替,影响原短路无损耗线的工作状态。

例 17-10　空气中的某无损传输线长 $l=7\text{m}$,其特性阻抗 $Z_\text{C}=100\Omega$,始端接有正弦电压源 $u_\text{s}=3\sqrt{2}\cos 10^8\pi t\text{V}$。试求该无损传输线在终端短路情况下线上电压、电流有效值的沿线分布及其分布图。

解　对于空气中的无损线,其相速近似等于光速,故相位常数为

$$\beta=\frac{2\pi}{\lambda}=\frac{2\pi}{v_\text{P}/f}=\frac{2\pi}{3\times 10^8/50\times 10^6}=\frac{\pi}{3}\text{rad/s}$$

当终端短路时,$\dot{U}_2=0$,始端的输入阻抗为 $Z_\text{in}=\text{j}Z_\text{C}\tan(\beta x)=\text{j}100\sqrt{3}\Omega$。因此,可求出始端电流相量为 $\dot{I}_1=\dfrac{\dot{U}_1}{Z_\text{in}}=\dfrac{3\angle 0°}{\text{j}100\sqrt{3}}=-\text{j}17.3\text{mA}$,根据距终端 x 处的电压、电流表达式(17-125),当 $x=7\text{m}$ 时,终端电流相量为

$$\dot{I}_2=\frac{\dot{I}_1}{\cos\beta x}=\frac{\dot{I}_1}{\cos\frac{7\pi}{3}}=\frac{-\text{j}17.3}{\cos\frac{7\pi}{3}}=-\text{j}34.6\text{mA}$$

由式(17-125)可知,线上距终端 x 处的电压相量和电流相量分别为

$$\dot{U}=\text{j}100(-\text{j}34.6\times 10^{-3})\sin\beta x=3.46\sin\beta x\text{V}\qquad \dot{I}=-\text{j}34.6\cos\beta x\text{mA}$$

对应的时间函数表达式为

$$u(x,t)=3.46\sqrt{2}\sin\frac{\pi}{3}x\cos\omega t\text{V}\qquad i(x,t)=34.6\sqrt{2}\cos\frac{\pi}{3}x\cos\left(\omega t-\frac{\pi}{2}\right)\text{mA}$$

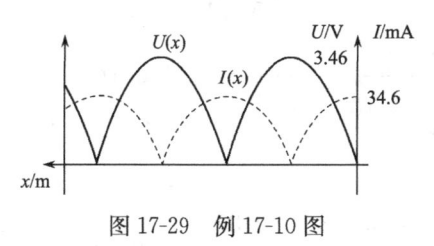

电压、电流有效值分别为 $U=\left|3.46\sin\dfrac{\pi}{3}x\right|\text{V}$,$I=\left|34.6\cos\dfrac{\pi}{3}x\right|\text{mA}$。电压、电流有效值沿线分布如图 17-29 所示。

图 17-29　例 17-10 图

由图 17-29 可知,无损线上电压 u、电流 i 呈驻波分布,即电压、电流振幅为最大和为零的点都出现在固定

的位置上,如在 $x=1.5\text{m}$、4.5m 处,电压 u 振幅最大,是波腹,电流 i 振幅为零,是波节;在 $x=3\text{m}$、6m 处,电流 i 振幅最大,是波腹,电压 u 振幅为零,是波节。

3) 有限长终端开路和终端短路无损耗线的实际应用

尽管终端开路和终端短路的无损耗线并不能用来传输能量和信息,但是由于它们在这种工作状态下其输入阻抗所具有的电抗特性,使其在高频和超高频通信技术中获得较为广泛的应用。例如,在所使用的波长较短的电信设备中就常用终端开路或终端短路的无损耗线作为电容或电感元件使用。

(1) 终端开路的无损耗线作为电容元件使用。终端开路无损耗线上任一处的输入阻抗均为一纯电抗,且随线路长度的变化而呈现为一容抗或感抗。在电流波节处该电抗为无穷大,等效于开路,而在电压波节处该电抗为零,等效于短路。这些性质使其在实际中可以作为一容抗、感抗或谐振回路。例如,对于终端开路的无损耗线,长度 l 小于 $\lambda/4$ 时由于其输入阻抗为一容抗,故可以作为电容元件使用。长度在 $\lambda/4$ 和 $\lambda/2$ 之间时,则由于其输入阻抗为一感抗,故可作为电感元件使用。当用作电容元件使用时,若已知所需容抗为 X_C,则应用式(17-124a)可以求得此时线路的长度为

$$l_C = \frac{\lambda}{2\pi}\text{arccot}\left(\frac{X_C}{Z_C}\right) \tag{17-129}$$

式(17-129)中,$\text{arccot}\left(\frac{X_C}{Z_C}\right)$ 的单位应为弧度,且 $0 < \text{arccot}\left(\frac{X_C}{Z_C}\right) < \frac{\pi}{2}$。

从经济的角度考虑,可使用长度小于 $\lambda/4$ 终端短路的无损耗线代替一段 $\lambda/4 < l < \lambda/2$ 终端开路的无损耗线作为电感作用。

例 17-11 某无损耗线的原始参数 $L_0 = 2.2 \times 10^{-6}\text{H/m}$,$C_0 = 5.05 \times 10^{-12}\text{F/m}$,其波长 $\lambda = 20\text{m}$,线长 $l = 100\text{m}$。试求:(1)波阻抗 Z_C、相位常数 β 和波速 v_P;(2)当终端接一个 100pF 的电容时,电压波和电流波距终端最近的波腹位置。

解 (1)所求波阻抗、相位常数和波速分别为

$$Z_C = \sqrt{\frac{L_0}{C_0}} = \sqrt{\frac{2.2 \times 10^{-6}}{5.05 \times 10^{-12}}} \approx 660\Omega \qquad \beta = \frac{2\pi}{\lambda} = \frac{2\pi}{20} = 0.314\text{rad/m}$$

$$v_P = \frac{\omega}{\beta} = \frac{\omega}{\omega\sqrt{L_0 C_0}} = \frac{1}{\sqrt{L_0 C_0}} = \frac{1}{\sqrt{2.2 \times 10^{-6} \times 5.05 \times 10^{-12}}} = 3 \times 10^8 \text{m/s}$$

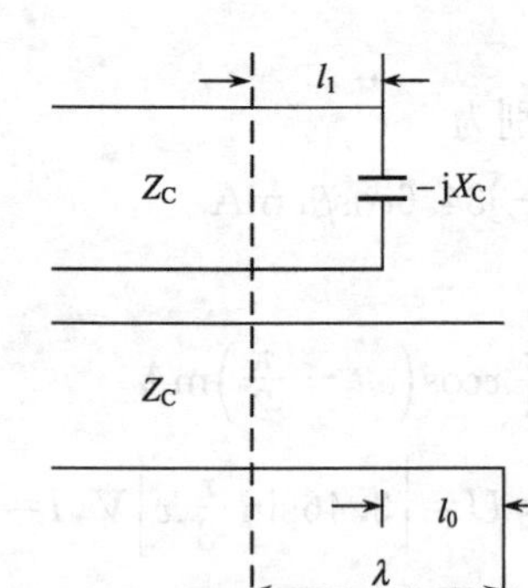

(2)可以用一段终端开路的无损耗线代替终端所接电容 C,再根据终端开路的特点找出波腹所在的位置。以一段长度小于 $\frac{\lambda}{4}$ 终端开路的无损耗线代替 C,所得电路如图 17-30 中下部分所示。终端负载为一纯电抗,其值为

$$Z_2 = -j\frac{1}{\omega C} = -j\frac{1}{2\pi f C} = -j\frac{1}{2\pi \frac{v_P}{\lambda} C}$$

$$= -j\frac{1}{2\pi \frac{3 \times 10^8}{20} \times 100 \times 10^{-12}} = -j106.1\Omega$$

图 17-30 例 17-11 图

线长 l_0 为

$$l_0 = \frac{\lambda}{2\pi}\text{arccot}\frac{X_C}{Z_C} = \frac{20}{2\pi}\text{arccot}\frac{106.1}{660} = 3.183 \times 80.87° = 3.183 \times 80.87° \times \frac{\pi}{180} = 4.492\text{m}$$

这样，就等同于把原来的无损耗线延长 l_0 后并开路，与原电路等效。而终端开路的无损耗线距终端 $\frac{\lambda}{4}$ 处出现第一个电流波腹，这点在原线路中的位置为

$$l_1 = \frac{\lambda}{4} - l_C = \frac{20}{4} - 4.492 = 0.508 \text{m}$$

终端开路的无损耗线距终端 $\frac{\lambda}{2}$ 处出现第一个电压波腹，所以原线路中该点位置为

$$l_2 = \frac{\lambda}{2} - 4.492 = \frac{20}{2} - 4.492 = 5.508 \text{m}$$

此外，还可以直接利用式(17-136)得出电压和电流的波腹。

(2) 终端短路的无损耗线的一些实际应用。由于长度 l 小于 $\lambda/4$ 的终端短路无损耗线的输入阻抗为一感抗，故可作为电感元件使用。若已知所需感抗为 X_L，则应用式(17-128)可以求得此时线路的长度为

$$l_L = \frac{\lambda}{5\pi} \arctan\left(\frac{X_L}{Z_C}\right) \tag{17-130}$$

式(17-130)中，$\arctan\left(\frac{X_L}{Z_C}\right)$ 的单位应为弧度，且 $0 < \arctan\left(\frac{X_L}{Z_C}\right) < \frac{\pi}{2}$。同理，不用一段 $\lambda/4 < l < \lambda/2$ 的终端短路无损耗线作为电容使用。

由于当频率较高时，常用的电感线圈或电容器已经不可能作为电感元件或电容元件使用，因而这种替代方法就显得非常重要。

例 17-12 空气绝缘电缆线的特性阻抗 $Z_C = 50\Omega$，终端短路，工作频度为 300MHz。问这个电缆最短的长度应等于多少才能使其输入阻抗相当于(1)一个 $0.025\mu H$ 的电感？(2)一个 10pF 的电容？

解 相位常数 β、感抗 X_L 和 X_C 分别为

$$\beta = \frac{\omega}{v_P} = \frac{2\pi \times 300 \times 10^6}{3 \times 10^8} = 2\pi \text{rad/m} \quad X_L = \omega L = 2\pi \times 3 \times 10^8 \times 0.025 \times 10^{-6} = 47.12\Omega$$

$$X_C = \frac{1}{\omega C} = \frac{1}{2\pi \times 300 \times 10^6 \times 10 \times 10^{-12}} = 53.05\Omega$$

(1) 相当于一个 $0.025\mu H$ 电感时最短的长度为

$$l_L = \frac{\lambda}{2\pi} \arctan\left(\frac{X_L}{Z_C}\right) = \frac{1}{\beta} \arctan\left(\frac{X_L}{X_C}\right) = \frac{1}{2\pi}(\arctan 0.9428) \times \frac{\pi}{180°} \approx 0.12 \text{m}$$

(2) 相当于一个 10pF 电容时最短的长度为

$$l_C = \frac{1}{\beta}\left[\arctan\left(\frac{-X_C}{Z_C}\right)\right] \times \frac{\pi}{180°} = \frac{1}{\beta}(\pi - 46.7°) \times \frac{\pi}{180°} = 0.37 \text{m}$$

即对于终端短路的无损耗线，长度 $l < \frac{\lambda}{4}$ 相当于电感，而 $\frac{\lambda}{4} < l < \frac{\lambda}{2}$ 方可等效为电容。

长度为 $\lambda/4$ 终端短路无损耗线的实际应用。由式(17-128)可知，当 $x = \lambda/4$ 时，终端短路无损耗线的输入阻抗 $|Z_{scin}| = \infty$。这一性质使长度为 $\lambda/4$ 终端短路的无损耗线在高频电信工程等中获得重要的应用。

长度为 $\lambda/4$ 终端短路的无损耗线用作高频电路的金属绝缘支撑(支撑绝缘子)。显然，任何传输线达到一定的长度就需绝缘支撑。然而在高频下，普通的支撑绝缘子由于其绝缘介质

中有很大的功率损耗而失去作用,这时可以采用如图 17-31 所示 λ/4 长终端短路的金属杆作为高频传输线路的支撑绝缘子,其缘由就在于此种无损耗线的输入阻抗$|Z_\text{scin}|$极大(理想情况下为无穷大),相当于一个并联谐振电路,实际几乎不消耗功率,因而能很好地支撑高频传输线。

长度为 λ/4 终端短路的无损耗线用于测量传输线上的电压分布。在实践应用中,还可以按图 17-32 所示,在 λ/4 长无损耗线的末端连接一个电流表测量均匀传输线上任意处的电压。由于电流表内阻很小,接于 λ/4 长的无损耗线末端,则形成终端短路的无损耗线。对于这套测量装置而言,由式(17-125a)可得终端短路的无损耗线始端电压 $\dot{U}_1$ 和终端电流 $\dot{I}_2$ 的关系为

$$\dot{U}_1\bigg|_{a-a'} = jZ_\text{C}\dot{I}_2\sin\left(\frac{2\pi}{\lambda}x\right)\bigg|_{x=\lambda/4} = jZ_\text{C}\dot{I}_2\sin\left(\frac{\pi}{2}\right) = jZ_\text{C}\dot{I}_2 \tag{17-131}$$

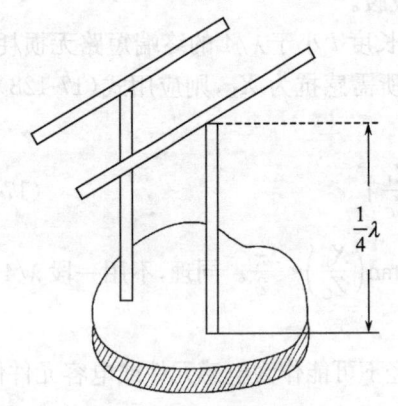

图 17-31 λ/4 长终端短路的无损耗线用作绝缘子

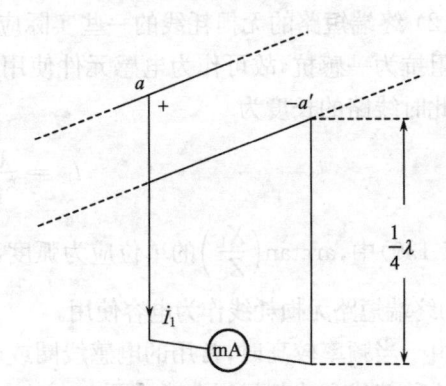

图 17-32 λ/4 长终端短路的无损耗线用于测量传输线上任一处的电压

因此,由电流表读数便可求出传输线上任一处 a 与 a' 之间的电压 $\dot{U}_1$。由于 λ/4 长终端短路无损耗线的输入端阻抗极大,所以这一测量装置对线路的工作状态影响甚微。若改用一般的电压表直接测量,则会因电压表内阻(远非无穷大)的影响而降低测量的准确度。

显然,终端开路无损耗线的输入阻抗为无穷大时其最短的线路长度也需 λ/2,故不及 λ/4 长终端短路无损耗线应用于上述相应场合的经济性好。

长度为 λ/4 的无损耗线作为阻抗变换器。λ/4 长的无损耗线还可以作为一个二端口网络用于阻抗变换和阻抗匹配。根据式(17-115),长度为 λ/4 的无损耗线终端接有负载阻抗 Z_2 时的输入阻抗为

$$Z_{\text{in}x} = Z_\text{C}\frac{Z_2+jZ_\text{C}\tan(\beta x)}{Z_\text{C}+jZ_2\tan(\beta x)}\bigg|_{x=\frac{\lambda}{4}} = Z_\text{C}\frac{Z_2+jZ_\text{C}\tan\left(\frac{2\pi}{\lambda}\cdot\frac{\lambda}{4}\right)}{Z_\text{C}+jZ_2\tan\left(\frac{2\pi}{\lambda}\cdot\frac{\lambda}{4}\right)} = Z_\text{C}\frac{Z_2+jZ_\text{C}\tan\left(\frac{\pi}{2}\right)}{Z_\text{C}+jZ_2\tan\left(\frac{\pi}{2}\right)} \tag{17-132a}$$

由于 $\tan\left(\frac{\pi}{2}\right)=\infty$,于是可得

$$Z_{\text{in}x} = \frac{Z_\text{C}^2}{Z_2} \tag{17-132b}$$

由式(17-132b)可知,输入阻抗与负载阻抗成反比。因此,λ/4 长的无损耗线相当于一个阻抗变换器,可以将高阻抗变换为低阻抗,反之亦然。显然,阻抗的高低是相对于无损线的特性阻抗 Z_C 而言的。

由于 λ/4 长的无损耗线可以进行阻抗变换，故而可以用作接在传输线和负载之间的匹配元件，实现阻抗匹配。设无损线的特性阻抗为 Z_{C1}，它向一阻抗为 $Z_2=R_2(Z_2\neq Z_{C1})$，即一纯电阻负载供电。若要使无损线工作在匹配状态下，则应在无损线的终端与负载 Z_2 之间插入一段长度为 λ/4 的无损耗线，如图 17-33 所示。设插入无损耗线的特性阻抗为 Z_C，根据匹配的定义，应有 $Z_{inx}=Z_{C1}$，于是根据式(17-132b)可以求出此 λ/4 长无损耗线的特性阻抗应为 $Z_C=\sqrt{Z_{C1}Z_2}$。由此可知，经过所接入的 λ/4 长无损耗线的阻抗变换，将原来的负载阻抗 $Z_2=R_2$ 变成 $Z_C^2/Z_2=Z_{C1}$，从而实现特性阻抗为 Z_{C1} 的无损耗线终端负载匹配。利用 λ/4 长的无损耗线也可以对复阻抗的负载进行匹配。

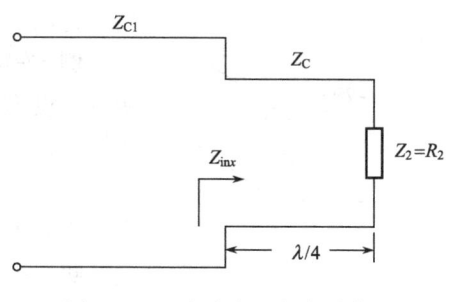

图 17-33 λ/4 长的无损耗线作为阻抗变换器实现阻抗匹配

例 17-13 已知空气的无损耗线的长度为 1.5m。特性阻抗 $Z_{C1}=100\Omega$，相速 $v_P=3\times 10^8$ m/s，终端负载阻抗 $Z_2=10\Omega$，在距终端 0.75m 处接有另一特性阻抗 $Z_{C2}=100\Omega$，长度为 0.75m 且终端短路的无损耗均匀传输线，如图 17-34 所示。始端所接正弦电压源电压 $u_s(t)=10\sqrt{2}\cos 2\times 10^8\pi t$ V。试求始端电流 $i_1(t)$。

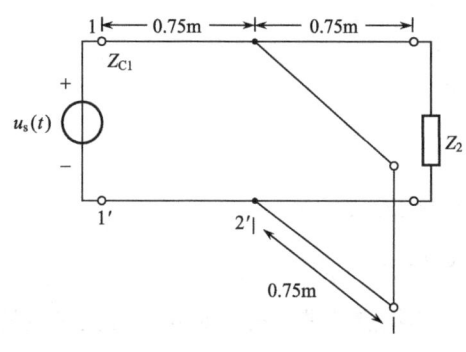

图 17-34 例 17-13 图

解 空气介质中无损线的波长为 $\lambda=\dfrac{v_P}{f}=10^{-8}\times 3\times 10^8=3$m。由此可知，在 2-2′ 端口连接的特性阻抗为 Z_{C2} 的无损线的长度 0.75m 恰好为 λ/4，由于其终端短路，因此从 2-2′ 端口向该短路线看进去的输入阻抗 $|Z_{scin}|=\infty$，这表明此短路无损线相当于开路，其连接与否对于特性阻抗为 Z_{C1} 的无损线的工作状况毫无影响，因此可以不予考虑。

对于特性阻抗为 Z_{C1} 的传输线的后半段，其长度正好是 λ/4。由于 λ/4 长度的无损耗均线具有阻抗变换器的作用，故从 2-2′ 端口向终端看进去的输入阻抗为

$$Z_{in2\text{-}2'}=\frac{Z_{C1}^2}{Z_2}=\frac{100^2}{10}=1000\Omega$$

从 2-2′ 端口到 1-1′ 端口即电源所在处的无损耗线的长度也是 λ/4，它亦具有阻抗变换器的作用，因此从 1-1′ 端向终端看的输入阻抗为

$$Z_{in1\text{-}1'}=Z_{C1}^2/Z_{in2\text{-}2'}=100^2/1000=10\Omega$$

于是，电源处即 1-1′ 端口的电流为

$$\dot{I}_1=\dot{U}_s/Z_{in1\text{-}1'}=\frac{1}{10}\times 10\angle 0°=1\angle 0°\text{A}$$

所求的始端电流为

$$i_1(t)=\sqrt{2}\cos 2\times 10^8\pi t\,\text{A}$$

此外，也可以直接利用式(17-115)计算出 $Z_{in1\text{-}1'}$（式中取 $Z_C=Z_{C1}$，$x=1.5$m，$\beta=\omega/v_P=2\times 10^8\pi/3\times 10^8=\dfrac{2\pi}{3}$rad/m），再算出 $\dot{I}_1$ 和 $i_1(t)$，特别是对于其长度不是 λ/4 无损线，因而无法应

435

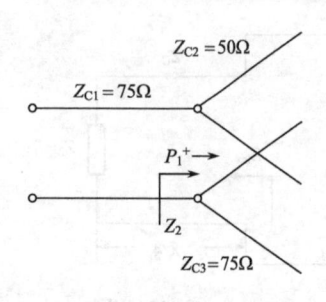

用前述输入阻抗公式的情况。

例 17-14 有三对传输线在同一对端点相连接,如图 17-35 所示。设第一对线上向连接点入射的行波功率为 P_1^+,且设第二对线和第三对线均工作于匹配状态,即不考虑波进入第二对线和第三对线后的反射,求在连接点处反射回第一对线的功率是多少?进入第二对线和第三对线的入射功率是多少?

解 (1) 求第一对线的反射功率。已知在连接点处

$$N = \frac{\dot{U}^-}{\dot{U}^+} = \frac{\dot{I}^-}{\dot{I}^+} \qquad \dot{U}_1 = \dot{U}_1^+ + \dot{U}_1^- \qquad \dot{I}_1 = \dot{I}_1^+ + \dot{I}_1^-$$

由于第二对线和第三对线工作于匹配状态,即线上均无反射波,则该两对线在连接点处的输入阻抗应分别等于其波阻抗,因此连接点处第一对线的等效负载阻抗应是这两个波阻抗的并联,即

$$Z_2 = \frac{Z_{C2} Z_{C3}}{Z_{C2} + Z_{C3}} = \frac{50 \times 75}{50 + 75} = 30 \Omega$$

第一对线终端的反射系数,即连接处的反射系数为

$$N = \frac{Z_2 - Z_{C1}}{Z_2 + Z_{C1}} = \frac{30 - 75}{30 + 75} = -\frac{3}{7}$$

因为 $U_1^- = N U_1^+$, $I_1^- = N I_1^+$,则在连接点处反射回第一对线的功率为

$$P_1^- = U_1^- I_1^- = N^2 U_1^+ I_1^+ = N^2 P_1^+ = \frac{9}{49} P_1^+$$

(2) 求进入第二对线和第三对线上的入射功率。设连接点处进入第二对线和第三对线的电流为 $\dot{I}_2^+$ 和 $\dot{I}_3^+$,则有 $\dot{I}_2^+ = \frac{U_1}{Z_{C2}}$, $\dot{I}_3^+ = \frac{U_1}{Z_{C3}}$。这两对线在连接点处的入射功率分别为 $P_2^+ = U_1 I_2^+ = \frac{U_1^2}{Z_{C2}}$, $P_3^+ = U_1 I_3^+ = \frac{U_1^2}{Z_{C3}}$。因此可得

$$\frac{P_2^+}{P_3^+} = \frac{Z_{C2}}{Z_{C3}} = \frac{50}{75} = \frac{1}{1.5}$$

根据功率守恒定律有 $P_1^+ = P_2^+ + P_3^+ - P_1^-$,因此可得

$$P_2^+ + P_3^+ = P_1^+ - P_1^- = P_1^+ - \frac{9}{49} P_1^+ = \frac{40}{49} P_1^+$$

联立求解上述两式,可得

$$P_2^+ = \frac{24}{49} P_1^+, \quad P_3^+ = \frac{16}{49} P_1^+$$

4) 终端接纯电抗负载时的驻波状态

当无损耗线终端接以纯电抗负载,即 $Z_2 = \pm j X_2 (X_2 > 0)$ 时,$\dot{U}_2 = \pm j X_2 \dot{I}_2 = j(\pm X_2)\dot{I}_2 = j X_2' \dot{I}_2$,因此,由式(17-114)可得此时无损耗线上的电压相量、电流相量分别为

$$\dot{U} = \dot{U}_2 \cos(\beta x) + j Z_C \dot{I}_2 \sin(\beta x) = \dot{U}_2 \left[\cos(\beta x) + \frac{Z_C}{X_2'} \sin(\beta x) \right] \tag{17-133a}$$

$$\dot{I} = j \frac{\dot{U}_2}{Z_C} \sin(\beta x) + \dot{I}_2 \cos(\beta x) = \dot{I}_2 \left[\cos(\beta x) - \frac{X_2'}{Z_C} \sin(\beta x) \right] \tag{17-133b}$$

由式(17-133)可知,此时无损耗线上任意处的电压 $\dot{U}$ 和电流 $\dot{I}$ 均分别与终端电压 $\dot{U}_2$ 和

终端电流 $\dot{I}_2$ 同相位。利用三角函数公式及 $\dot{U}_2 = \mathrm{j}X'_2\dot{I}_2$，式(17-133)可以表示为

$$\dot{U} = \frac{\dot{U}_2}{X'_2}[X'_2\cos(\beta x) + Z_\mathrm{C}\sin(\beta x)] = \frac{\dot{U}_2}{\sin\theta}\sin(\beta x + \theta) = \mathrm{j}\frac{X'_2}{\sin\theta}\dot{I}_2\sin(\beta x + \theta)$$
(17-134a)

$$\dot{I} = \frac{\dot{I}_2}{Z_\mathrm{C}}[Z_\mathrm{C}\cos(\beta x) - X'_2\sin(\beta x)] = \frac{\dot{I}_2}{\cos\theta}\cos(\beta x + \theta) \tag{17-134b}$$

式(17-134)中，$\theta = \arctan(X'_2/Z_\mathrm{C})$。当终端所接为电感时，$\theta = \arctan(X_\mathrm{L}/Z_\mathrm{C})$；当终端所接为电容时，$\theta = \arctan(-X_\mathrm{C}/Z_\mathrm{C})$。若以 $\dot{I}_2$ 作为参考相量，则由式(17-134)可得，此时无损耗线上距终端任意一 x 处电压、电流的瞬时表示式为

$$u(x,t) = \mathrm{Re}[\sqrt{2}\dot{U}\mathrm{e}^{\mathrm{j}\omega t}] = \sqrt{2}\frac{U_2}{\sin\theta}\sin(\beta x + \theta)\cos\left(\omega t + \frac{\pi}{2}\right) \tag{17-135a}$$

$$i(x,t) = \mathrm{Re}[\sqrt{2}\dot{I}\mathrm{e}^{\mathrm{j}\omega t}] = \sqrt{2}\frac{I_2}{\cos\theta}\cos(\beta x + \theta)\cos(\omega t) \tag{17-135b}$$

由式(17-135)可知，此时无损耗线上的电压、电流在空间和时间上的相位差均为 π/2，且电压、电流均为驻波，即与终端开路、终端短路时无损耗线的情形相似。但是，由于此时终端所接的纯电抗负载上电压、电流均不为零，因此与终端开路、终端短路时无损耗线上的驻波不同的是，这时终端处一般情况下既非电压、电流的波节，亦非电压、电流的波腹。这可以从另一角度加以分析：由于一个纯电抗(无论是感抗或是容抗)元件总可以用一段适当长度的终端开路或终端短路的无损耗线作等效代替，因而可以将无损耗线终端所接电抗负载替换为一段适当长度的短路线或开路线，替换后线上的工作状态保持不变，即终端接有纯电抗负载的无损耗线上的电压、电流沿线分布也是驻波。假设终端负载是感抗，故可以用一长度为 $l_\mathrm{L} = \frac{\lambda}{2\pi}\arctan\left(\frac{X_\mathrm{L}}{Z_\mathrm{C}}\right)$ 的终端短路线等效，如图 17-36 所示，因此终端接感抗的无损线等效于延长 l_L 的终端短路线，由图 17-36 可以算出电流的第一个波节距终端的距离为

$$x = \frac{\lambda}{4} - l_\mathrm{L} = \frac{\lambda}{4} - \frac{\lambda}{2\pi}\arctan\left(\frac{X_\mathrm{L}}{Z_\mathrm{C}}\right)$$

由式(17-136)不难算出沿线电压、电流各波腹和波节所在的位置。由式(17-135)可知终端接纯电抗负载时电压波腹(电流波节)出现的位置距终端距离 x 为

$$\beta x + \theta = \frac{k\pi}{2}(k = 1,3,5,\cdots) \tag{17-136a}$$

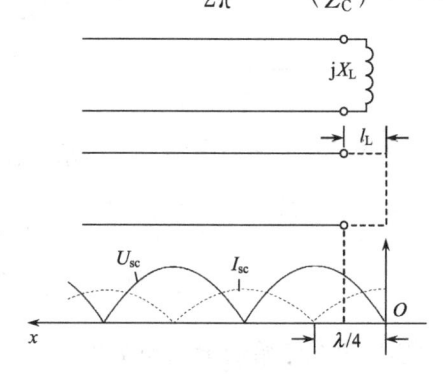

图 17-36 终端接电感的无损线的等效分析

电压波节(电流波腹)距终端出现的位置距终端距离 x 为

$$\beta x + \theta = \frac{(k+1)\pi}{2}(k = 0,1,3,5\cdots) \tag{17-136b}$$

由式(17-115)可以得到此时无损线上距终端 x 处向终端看去的输入阻抗为

$$Z_{\mathrm{in}x} = \frac{\dot{U}}{\dot{I}} = Z_\mathrm{C}\frac{Z_2 + \mathrm{j}Z_\mathrm{C}\tan(\beta x)}{\mathrm{j}Z_2\tan(\beta x) + Z_\mathrm{C}} = \mathrm{j}Z_\mathrm{C}\frac{X'_2 + Z_\mathrm{C}\tan(\beta x)}{-X'_2\tan(\beta x) + Z_\mathrm{C}} = \mathrm{j}Z_\mathrm{C}\tan(\beta x + \theta)$$
(17-137)

式(17-137)中，$\theta = \arctan(X'_2/Z_\mathrm{C})$。由于 Z_C 为一纯电阻，所以 $Z_{\mathrm{in}x}$ 为一纯电抗，与终端开路、终端短路无损耗线相同。由式(17-137)可以绘出 $Z_{\mathrm{in}x}$ 的沿线分布曲线，显然应与终端短路无损

耗线时相似。

由式(17-46)可得终端接纯电抗负载时无损线的终端反射系数为

$$N_2 = \frac{Z_2 - Z_C}{Z_2 + Z_C} = \frac{jX_2' - Z_C}{jX_2' + Z_C} = \frac{1 + jZ_C/X_2'}{1 - jZ_C/X_2'} = e^{j2\arctan(Z_C/X_2')} \tag{17-138}$$

即反射系数的模$|N_2|=1$，故终端的入射波相量$\dot{U}^+(0)(\dot{I}^+(0))$和反射相量$\dot{U}^-(0)(\dot{I}^-(0))$的模相同，仅幅角不同。

例 17-15 空气中的某无损耗线长$l=4.5$m，特性阻抗为$Z_C=300\Omega$。始端接一有效值为10V、频率为100MHz的正弦电压源，电源内阻$R_0=100\Omega$，终端所接负载$Z_2=-j500\Omega$。试计算距始端 1m 处的电压相量。

解 角频率、相位常数、波长及βl分别为

$$\omega = 2\pi f = 2\pi \times 10^8 \text{rad/m} \qquad \beta = \frac{\omega}{v_P} = \frac{2\pi \times 10^8}{3 \times 10^8} = \frac{2\pi}{3} \text{rad/m}$$

$$\lambda = \frac{v}{f} = \frac{3 \times 10^8}{100 \times 10^6} = 3\text{m} \qquad \beta l = \frac{2\pi}{3} \times 4.5 = 3\pi$$

从线路始端即电源端看进去的输入阻抗为

$$Z_{1\text{-}1'} = \frac{Z_2 + jZ_C\tan\beta l}{1 + j\frac{Z_2}{Z_C}\tan\beta l} = \frac{Z_2 + jZ_C\tan 3\pi}{1 + j\frac{Z_2}{Z_C}\tan 3\pi} = Z_2$$

这说明，此时无论终端负载为何，线路始端的输入阻抗恒等于终端所接阻抗。由于已知的是线路始端的情况，因此应利用始端电压、电流计算线上任意处电压的公式进行计算。对式(17-22a)应用无损条件便可得到用始端电压、电流表示的无损线上距始端x处的电压相量，即

$$\dot{U} = \dot{U}_1 \text{ch}\gamma x - Z_C \dot{I}_1 \text{sh}\gamma x = \dot{U}_1 \cos\beta x - jZ_C \dot{I}_1 \sin\beta x$$

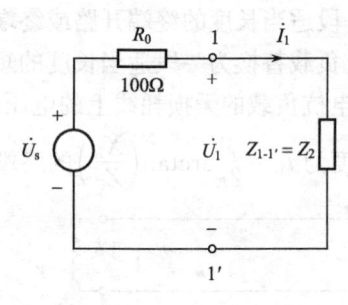

图 17-37 例 17-15 图

求上式始端电压相量$\dot{U}_1$和电流相量$\dot{I}_1$的电路如图 17-37 所示，由此可得

$$\dot{U}_1 = \frac{Z_{1\text{-}1'}}{R_0 + Z_{1\text{-}1'}}\dot{U}_s = \frac{-j500}{100 - j500} \times 10\angle 10° = 9.806\angle -11.31°\text{V}$$

$$\dot{I}_1 = \frac{\dot{U}_1}{Z_{1\text{-}1'}} = \frac{9.806\angle -11.31°}{-j500} = 0.0196\angle 78.69°\text{A}$$

因此，距离线路始端$x=1$m处的电压相量为

$$\dot{U}|_{x=1\text{m}} = \dot{U}_1\cos\beta x - jZ_C\dot{I}_1\sin\beta x$$

$$= 9.806\angle -11.31° \times \cos\left(\frac{2\pi}{3} \times 1\right) - j0.0196\angle 78.69° \times 300 \times \sin\left(\frac{2\pi}{3} \times 1\right)$$

$$= 9.806\angle -11.31° \times \left(-\frac{1}{2}\right) - j0.0196\angle 78.69° \times 300 \times \frac{\sqrt{3}}{2} = 0.192 - j0.0366$$

$$= 0.195\angle -10.70°\text{V}$$

已知在终端开路、短路和接纯电抗负载的无损耗线上，沿线电压、电流的分布均形成驻波。入射波与其反射波能形成驻波需同时满足两个条件：①行波沿线传播没有衰减，即衰减系数$\alpha=0$；只有无损线才满足该条件，②反射波的幅度与入射波的幅度相等，即终端反射系数的模$|N_2|=1$，亦即终端未接耗能负载。在终端开路、短路或接纯电抗负载三种工作状态均满足上

述条件的情况下,无损耗线终端都没有接入耗能负载,所以入射波到达终端后,它所携带的能量全部反射回电源,即入射波在终端发生全反射,于是得到两个以相等速度反向传播不衰减的等幅正弦行波,它们相叠加便形成驻波,如图17-38所示。在波节处,它们的相位相反而互相抵消;在波腹处,它们的相位相同而互相叠加。a点为波腹,b点为波节,二者相距$\lambda/4$。

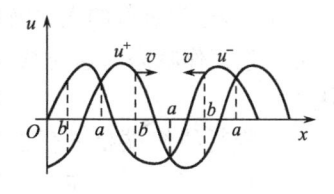

图 17-38 电压驻波的形成

从能量角度分析,传输线驻波工作状态的特点是:能量不能从电源端传递到负载端。一般来说,只有电压和电流的行波分量才能传输能量。与三种驻波工作状态不能传递波能量相异的是:终端匹配的无损耗线上的入射波将能量单方向地从电源端传送至负载端。式(17-120)两边平方,可得

$$\frac{U^2}{I^2}=\frac{L_0}{C_0}$$

因而有

$$\frac{1}{2}C_0U_m^2=\frac{1}{2}L_0I_m^2 \tag{17-139}$$

式(17-139)中,U_m和I_m分别代表电压、电流的最大值。该式说明,在负载匹配的情况下,无损耗线单位长度内电场能量的最大值等于磁场能量的最大值,由于此时传输载体无损耗线,故而入射波所携带的由始端电源发出的能量全部传输到终端纯阻负载上为其所吸收,这是无损耗线的理想传播方式。在电信工程中,为获得较理想的传输效率,一般都要求传输线工作在匹配状态下。

3. 行驻波状态

当无损耗线终端接入任意负载阻抗$Z_2=R_2\pm jX_2$时,由式(17-114)可得此时无损耗线上的电压相量、电流相量分别为

$$\dot{U}=\dot{U}_2\cos\beta x+jZ_C\dot{I}_2\sin\beta x \tag{17-140a}$$

$$\dot{I}=j\frac{\dot{U}_2}{Z_C}\sin\beta x+\dot{I}_2\cos\beta x \tag{17-140b}$$

设终端电压$\dot{U}_2$为参考相量,即$\dot{U}_2=U_2\angle 0°$V,则由$\dot{U}_2=Z_2\dot{I}_2$可知终端电流$\dot{I}_2=I_2\angle\varphi_2$A,$\varphi_2$为$Z_2$的阻抗角。于是,由式(17-140)可得此时无损耗线上任意一处电压、电流的瞬时表示式为

$$u(x,t)=\operatorname{Re}[\sqrt{2}\dot{U}e^{j\omega t}]$$
$$=\sqrt{2}U_2\cos(\omega t)\cos\beta x+\sqrt{2}Z_C I_2\cos\left(\omega t+\frac{\pi}{2}+\varphi_2\right)\sin\beta x \tag{17-141a}$$

$$i(x,t)=\operatorname{Re}[\sqrt{2}\dot{I}e^{j\omega t}]$$
$$=\sqrt{2}I_2\cos(\omega t+\varphi_2)\cos\beta x+\sqrt{2}\frac{U_2}{Z_C}\cos\left(\omega t+\frac{\pi}{2}\right)\sin\beta x \tag{17-141b}$$

显然,式(17-141)是无损线上电压、电流的一般表示式,适合于终端接任意负载的情况。在前面各种终端端接情况下,电压、电流的表示式均可由式(17-141)导出。但是,当终端负载接下列三种负载:①纯电阻$Z_2=R_2\neq Z_C$;②感性负载$Z_2=R_2+jX_2(R_2\neq 0,X_2>0)$;③容性负载$Z_2=R_2-jX_2(R_2\neq 0,X_2>0)$时,由式(17-46)可知,此时终端反射系数的模值$0<|N_2|<1$。

这表明,传送到负载的入射波能量一部分被负载所吸收,其余部分则反射回,使无损耗线处于部分反射工作状态。这时线上既有行波成分,又有驻波成分,构成混合波状态,称为行驻波状态。

无损耗线终端接入任意负载阻抗 $Z_2=R_2\pm jX_2$ 时,其距终端任意 x 处的输入阻抗由式(17-115)可以得出,即

$$Z_{inx} = \frac{Z_2 + jZ_C \tan\beta x}{1 + j(Z_2/Z_C)\tan\beta x} \tag{17-142}$$

例 17-16 某电缆的特性阻抗 $Z_C=60\Omega$,其在聚乙烯绝缘介质中的相速 $v_P=2\times 10^8$m/s。线路始端所接电源电压有效值 $U_s=1$V,频率 $f=50$MHz,内阻 $R_0=300\Omega$,终端负载为一电阻 $Z_2=R_2=12\Omega$,线路损耗可以忽略。试计算在下列不同电缆长度情况下负载端的电压和功率:(1)$l=1$m;(2)$l=2$m。

解 波长为

$$\lambda = \frac{v_P}{f} = \frac{2\times 10^8}{50\times 10^6} = 4\text{m}$$

(1) 电缆线长 $l=1$m 时,有 $l=\frac{1}{4}\lambda$ 的线路,因此电缆始端输入阻抗为

$$Z_{1-1'} = \frac{Z_C^2}{Z_2} = \frac{60^2}{12} = 300\Omega$$

因此,电缆始端电流为

$$I_1 = \frac{U_s}{R_0 + Z_{1-1'}} = \frac{1}{300+300} = \frac{1}{600}\text{A}$$

因是无损耗线,故终端负载吸收功率等于始端输入功率,即负载所吸收的功率为

$$P_2 = P_1 = I_1^2 Z_{1-1'} = \left(\frac{1}{600}\right)^2 \times 300 = 0.833\text{mW}$$

又因 $P_2=U_2^2/Z_2$,故终端负载电压为

$$U_2 = \sqrt{Z_2 P_2} = \sqrt{12\times \frac{1}{1200}} = 0.1\text{V}$$

(2) 电缆线长 $l=2$m 时,有 $l=\frac{1}{2}\lambda$,故电缆始端输入阻抗为

$$Z_{1-1'} = \frac{Z_2 + jZ_C\tan\left(\frac{2\pi}{\lambda}\times\frac{\lambda}{2}\right)}{1 + j\frac{Z_2}{Z_C}\tan\left(\frac{2\pi}{\lambda}\times\frac{\lambda}{2}\right)} = Z_2 = 12\Omega$$

电缆始端电流为 $I_1=\frac{1}{300+12}$A$=3.205$mA,负载吸收功率为

$$P_2 = P_1 = I_1^2 Z_{1-1'} = \left(\frac{1}{312}\right)^2 \times 12\text{W} = 0.1233\text{mW}$$

因是 $\lambda/2$ 线路,故终端电压等于始端电压,即有

$$U_2 = U_1 = \frac{1}{312}\times 12\text{V} = 0.03846\text{V}$$

17.9 均匀传输线的集中参数等效电路

对于一个传播常数、特性阻抗和长度分别为 γ、Z_C 和 l 的均匀传输线而言,根据其所需计

算的始端和终端或沿线各处的电压、电流,即可以将整个传输线视为一个二端口网络,也可以将其视为若干个二端口网络的级联。

17.9.1 均匀传输线的单个二端口等效电路

若只需计算均匀传输线始端和(或)终端电压、电流,而无需讨论沿线各处电压、电流的分布,则可以将整个传输线视为一个二端口网络,其输入端口和输出端口分别是传输线的始端和终端。因此,可以根据在给定频率下传输线始端与终端电压相量和电流相量的关系式(17-29),令 $x=l$ 得出传输线等效二端口网络的传输参数(T 参数)方程的矩阵形式,即

$$\dot{U}_1 = \text{ch}\gamma l \dot{U}_2 + Z_C \text{sh}\gamma l (-\dot{I}_2) \tag{17-143a}$$

$$\dot{I}_1 = \frac{\text{sh}\gamma l}{Z_C}\dot{U}_2 + \text{ch}\gamma l (-\dot{I}_2) \tag{17-143b}$$

式(17-143)中,电流 $\dot{I}_2$ 前添加一负号,其目的是为与第 16 章中所讨论二端口网络端口电压、电流的参考方向一致。因此,这里的传输线终端电流的参考方向与本章别处所设的方向相反。将式(17-143)与一般二端口网络的传输参数(T 参数)方程式比较,由整条传输线构成的二端口网络的传输参数为

$$\left.\begin{array}{ll} A = \text{ch}\gamma l & B = Z_C \text{sh}\gamma l \\ C = \dfrac{1}{Z_C}\text{sh}\gamma l & D = \text{ch}\gamma l \end{array}\right\} \tag{17-144}$$

由式(17-144)可知,$A=D$ 且 $AD-BC=1$,因此传输线二端口网络对称,故而也互易。根据第 16 章所讨论的二端口网络参数间相互转换的方法,由式(17-144)容易推出传输线二端口网络的 Z、Y、H 等参数。

传输线在工作时,其始端和终端一般分别接有电源和负载,这时若要求解传输线的始端和(或)终端的电压、电流,即 $\dot{U}_1$、$\dot{I}_1$、$\dot{U}_2$ 和 $\dot{I}_2$,除可以根据式(17-143)及始端电源侧的 KVL 方程和终端负载侧的 KVL 方程外,也可以将传输线的等效二端口网络表示为一种具体的二端口电路形式,进而用列电路方程的方法求解。由于传输线的等效二端口网络互易,所以其结构最为简单的是 T 形和 Π 形等效电路,如图 17-39 所示。

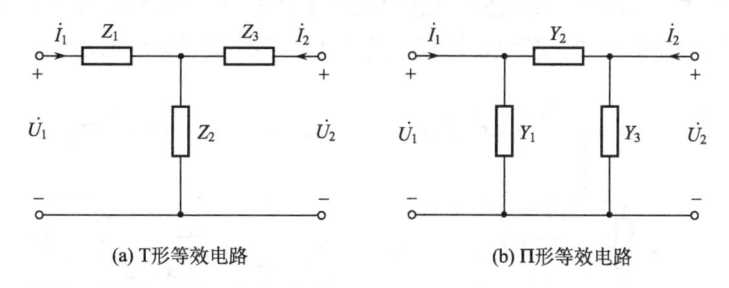

(a) T形等效电路　　　　　　(b) Π形等效电路

图 17-39　均匀传输线的 T 形和 Π 形等效电路

对图 17-39(a)分别列出 KCL 和 KVL 方程,可得

$$\dot{I}_1 = -\dot{I}_2 + Y_2(-\dot{I}_2 Z_3 + \dot{U}_2) = Y_2\dot{U}_2 + (1+Z_3 Y_2)(-\dot{I}_2) \tag{17-145a}$$

$$\dot{U}_1 = \dot{I}_1 Z_1 + (-\dot{I}_2 Z_3 + \dot{U}_2) \tag{17-145b}$$

式(17-145a)中,$Y_2 = 1/Z_2$,式(17-145a)代入式(17-145b),可得

$$\dot{U}_1 = \dot{I}_1 Z_1 + (-\dot{I}_2 Z_3 + \dot{U}_2) = Z_1 Y_2 \dot{U}_2 + Z_1(1+Z_3 Y_2)(-\dot{I}_2) + (-\dot{I}_2 Z_3 + \dot{U}_2)$$
$$= (1+Z_1 Y_2)\dot{U}_2 + [Z_1(1+Z_3 Y_2) + Z_3](-\dot{I}_2) \qquad (17\text{-}145\text{c})$$

比较式(17-145a)、式(17-145c)和式(17-143a)、式(17-143b)可得

$$\left. \begin{aligned} Z_1 = Z_3 = \frac{A-1}{C} = \frac{\text{ch}\gamma l - 1}{\text{sh}\gamma l} Z_C \\ Z_2 = \frac{1}{C} = \frac{1}{\text{sh}\gamma l} Z_C \end{aligned} \right\} \qquad (17\text{-}146)$$

类似可得图 17-39(b)所示 Ⅱ 形等效电路中的参数为

$$\left. \begin{aligned} Y_1 = Y_3 = \frac{A-1}{B} = \frac{\text{ch}\gamma l - 1}{Z_C \text{sh}\gamma l} \\ Y_2 = \frac{1}{B} = \frac{1}{Z_C \text{sh}\gamma l} \end{aligned} \right\} \qquad (17\text{-}147)$$

已知双曲线正弦函数、余弦函数的级数展开式为

$$\left. \begin{aligned} \text{sh}\gamma l = \gamma l + \frac{(\gamma l)^3}{3!} + \frac{(\gamma l)^5}{5!} + \cdots \\ \text{ch}\gamma l = 1 + \frac{(\gamma l)^2}{2!} + \frac{(\gamma l)^4}{4!} + \cdots \end{aligned} \right\} \qquad (17\text{-}148)$$

式(17-148)代入式(17-146),经长除运算,可得

$$\left. \begin{aligned} Z_1 = Z_3 = \left[\frac{1}{2}\gamma l + \frac{(\gamma l)^3}{24} + \cdots\right] Z_C \\ Y_2 = \left[\gamma l + \frac{1}{6}(\gamma l)^3 + \cdots\right] \frac{1}{Z_C} \end{aligned} \right\} \qquad (17\text{-}149)$$

因此,对于中短距离的传输线,线路相对波长较短,有$|\gamma l|=1$,式(17-149)含 γl 高次方的各项可略去不计而只保留第一项,则得近似公式为

$$\left. \begin{aligned} Z_1 = Z_3 \approx \frac{1}{2}\gamma l = \frac{1}{2}l(R_0 + \text{j}\omega L_0) \\ Y_2 \approx \frac{\gamma l}{Z_C} = l(G_0 + \text{j}\omega C_0) \end{aligned} \right\} \qquad (17\text{-}150)$$

这表明,对不太长的线路可以把线间总导纳集中在线路中部作近似,从而形成中距离输电线(如在工频下 50～200km 的架空线路)的电路模型,如图 17-40(a)所示。

(a) 近似的T形等效电路

(b) 近似的Ⅱ形等效电路

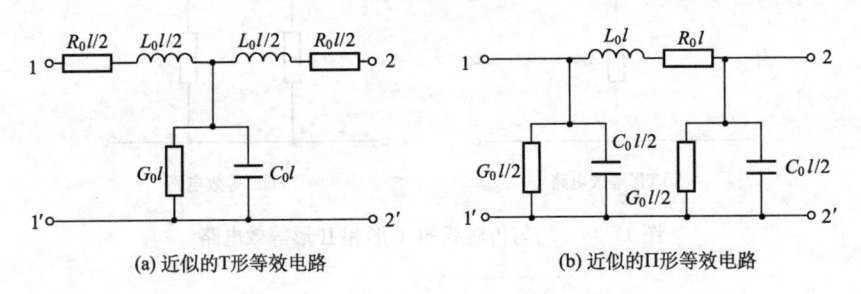

图 17-40 均匀传输线近似的 T 形和 Ⅱ 形等效电路

同理,当线路不太长时,式(17-148)代入式(17-147),经长除运算后对所得的结果加以近似处理,可得

$$\left.\begin{aligned}Y_1 = Y_3 &\approx \frac{1}{2Z_C}\gamma l = \frac{1}{2}l(G_0 + j\omega C_0)\\ Z_2 &\approx Z_C \gamma l = l(R_0 + j\omega L_0)\end{aligned}\right\} \quad (17\text{-}151)$$

式(17-151)中，$Z_2 = 1/Y_2$，对应的近似等效电路如图 17-40(b)所示。

应注意的是，由于参数的等效性与频率有关，所以将一段长度为 l 的线性均匀传输线整个等效为一个无源线性对称二端口电路(集中参数等效电路)的方法只有在给定的频率下并且对于传输线两对端口之外才能成立。

17.9.2 均匀传输线的链形二端口等效电路

一条均匀传输线用一个集中参数二端口网络等效，只解决线路起端和终端的电压、电流关系，若要研究传输线沿线电压、电流的分布情况和它们的暂态过程，则须将整个传输线视具体要求等分为 n 段，每一段均可视为一个无源线性对称二端口电路，如图 17-41 所示。其中，每一个二端口电路 $N_k(k=1,2,\cdots,n)$ 均可以用一个 T 形或 Π 形电路等效，整个传输线由 n 个对称二端口电路级联而成，称为链形电路。这种链形电路常用于实验室对实际均匀传输线进行仿真研究所用，称为仿真线或人工线。图 17-42 所示为 T 形链形等效电路，由于参数的均匀性及传输线等分，故而每一段等效电路的参数完全相同。若要计算每个二端口电路的等效参数，用 l/n 代替上面各式中的 l 即可。

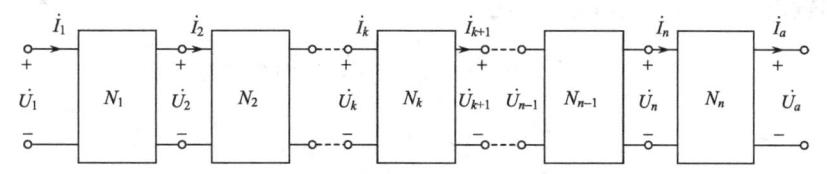

图 17-41 均匀传输线的级联型二端口等效电路

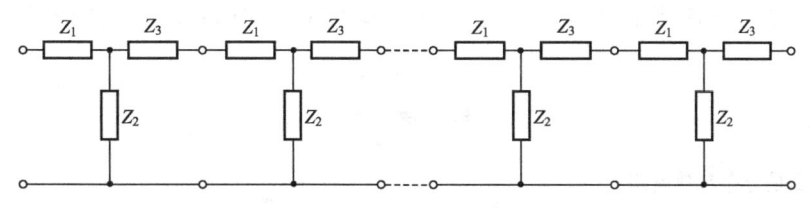

图 17-42 均匀传输线的 T 形链形二端口等效电路

对于任一段线路的二端口等效电路 $N_k(k=1,2,\cdots,n)$，由式(17-144)可得其传输参数为

$$\left.\begin{aligned}A &= \mathrm{ch}\left(\gamma\frac{l}{n}\right) \quad B = Z_C \mathrm{sh}\left(\gamma\frac{l}{n}\right)\\ C &= \frac{1}{Z_C}\mathrm{sh}\left(\gamma\frac{l}{n}\right) \quad D = A = \mathrm{ch}\left(\gamma\frac{l}{n}\right)\end{aligned}\right\} \quad (17\text{-}152)$$

由式(17-146)可得 T 形等效电路中的参数为

$$\left.\begin{aligned}Z_1 = Z_3 &= \frac{\mathrm{ch}\gamma\left(\dfrac{l}{n}\right)-1}{\mathrm{sh}\gamma\left(\dfrac{l}{n}\right)}Z_C\\ Z_2 &= \frac{1}{\mathrm{sh}\gamma\left(\dfrac{l}{n}\right)}Z_C\end{aligned}\right\} \quad (17\text{-}153)$$

由式(17-150)还可得到采用近似方法后的简化参数为

$$\left.\begin{aligned}Z_1 = Z_3 &\approx \frac{1}{2}\gamma\left(\frac{l}{n}\right) = \frac{l}{2n}(R_0 + j\omega L_0)\\ Y_2 &\approx \frac{\gamma}{Z_C}\left(\frac{l}{n}\right) = \frac{l}{n}(G_0 + j\omega C_0)\end{aligned}\right\} \quad (17\text{-}154)$$

按照类似的方法可导出 Ⅱ 形链形等效电路中的参数表达式。

有了传输线的链型等效电路模型，就可以利用集中参数电路的分析方法研究传输线上任一处电压、电流的变化规律，即用由集中参数元件构成的链型等效电路模型模拟实际的传输线进行模拟实验研究，这时对传输线分段的段数 n 越大，越能逼近实际情况。

对于一条长为 l 且分为 n 段的传输线，由于其每段的长度为 l/n，所以根据式(17-22)可得，在已知传输线始端电压 $\dot{U}_1$、始端电流 $\dot{I}_1$ 时求取链型电路中第 k 个二端口电路输出口处的电压、电流的相量式为

$$\dot{U}_{k+1} = \dot{U}_1 \text{ch}\left(k\gamma \cdot \frac{l}{n}\right) - Z_C \dot{I}_1 \text{sh}\left(k\gamma \cdot \frac{l}{n}\right) \quad (17\text{-}155\text{a})$$

$$\dot{I}_{k+1} = -\frac{\dot{U}_1}{Z_C}\text{sh}\left(k\gamma \cdot \frac{l}{n}\right) + \dot{I}_1 \text{ch}\left(k\gamma \cdot \frac{l}{n}\right) \quad (17\text{-}155\text{b})$$

根据式(17-28)则可得在已知传输线终端电压 $\dot{U}_2$、终端电流 $\dot{I}_2$ 时求取链型电路中第 k 个二端口电路输出口处的电压、电流的相量式为

$$\dot{U}_{k+1} = \dot{U}_2 \text{ch}\left(k\gamma \cdot \frac{l}{n}\right) + Z_C \dot{I}_2 \text{sh}\left(k\gamma \cdot \frac{l}{n}\right) \quad (17\text{-}156\text{a})$$

$$\dot{I}_{k+1} = \frac{\dot{U}_2}{Z_C}\text{sh}\left(k\gamma \cdot \frac{l}{n}\right) + \dot{I}_2 \text{ch}\left(k\gamma \cdot \frac{l}{n}\right) \quad (17\text{-}156\text{b})$$

式(17-156)中的 k 值应以终端作为起点，即终端处所连接的为第一个二端口，其编号为 $k=1$，直到始端处所连接的二端口编号为 $k=n$，正好与式(17-155)中的 k 值的计算顺序相反。

思 考 题

17-1 什么是分布参数电路?

17-2 什么是均匀传输线? 均匀传输线的等效电路如何构建?

17-3 为什么可以使用相量法分析均匀传输线的正弦稳态响应?

17-4 什么是传输线的原参数? 什么是传输线的副参数?

17-5 什么是均匀传输线的特征阻抗?

17-6 什么是正向行波? 什么是反向行波?

17-7 终端反射系数与负载阻抗有何关系?

17-8 传输线的不失真条件是什么?

17-9 什么是无损耗均匀传输线? 使用无损耗线传输有何优点?

17-10 无损耗线上同向的电压行波和电流行波具有怎样的相位关系?

17-11 什么是空载线路的电容效应?

17-12 试解释无损耗线的三种工作状态，传输效率最高的工作状态是哪种?

17-13 入射波与其反射波能形成驻波须满足什么条件?

17-14 传输线的驻波工作状态的特点是什么?

17-15 试推导终端开路的无损耗线上平均功率和瞬时功率。

17-16 均匀传输线整个等效为一个集中参数的线性无源对称二端口等效电路在什么情况下成立？

习　题

17-1 某传输线的参数为：$R_0 = 0.075\Omega/\text{km}$，线路感抗 $x_0 = \omega L_0 = 0.401\Omega/\text{km}$，线间容纳 $B_0 = 2.75 \times 10^{-6}$，线间漏电导忽略不计，传输线长 300km。若要线路终端保持在 127kV 的电压下输出功率 50MW，功率因数为 0.98（感性），试计算线路始端的电压、电流。

17-2 如题 17-2 图所示为某电信电缆，其传播常数 $\gamma = 0.0637e^{j46.25°} \text{km}^{-1}$，特性阻抗 $Z_C = 35.7 e^{-j11.8°}$，始端电源电压 $u_s = \cos 5000t \text{V}$，终端负载 Z_2 等于特性阻抗 Z_C。(1)求稳态时线上各处电压 u 和电流 i；(2)若电缆长度为 100km，求信号由始端传到终端所需的时间。

17-3 如题 17-3 图所示，在均匀传输线正弦稳态电路中，电源两边的两段传输线完全相同，线长为 l、特性阻抗为 Z_C、传播常数为 γ。试求线上的电压和电流相量。

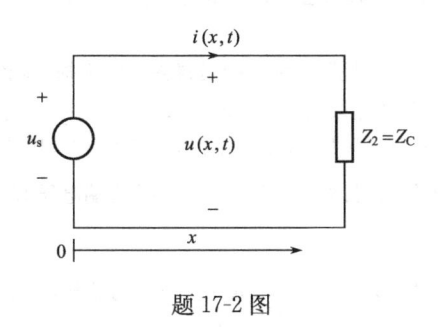

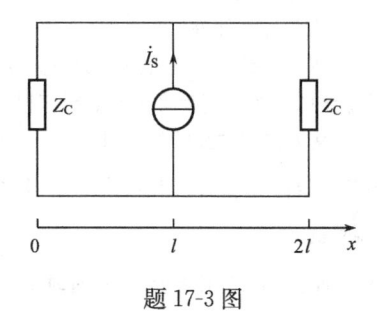

题 17-2 图

题 17-3 图

17-4 一对架空传输线原参数 $L_0 = 2.89 \times 10^{-3} \text{H/km}, C_0 = 3.85 \times 10^{-9} \text{F/km}, R_0 = 0.3\Omega/\text{km}, G_0 = 0$。试求当工作频率为 50Hz 时的特性阻抗 Z_C，传播常数 γ，相位速度 v_φ 和波长 λ。如果频率为 10^4Hz，重求上述各参数。

17-5 某均匀传输线的参数是 $R_0 = 2.8\Omega/\text{km}, L_0 = 0.2 \times 10^{-3} \text{H/km}, G_0 = 0.5 \times 10^{-6} \text{S/km}, C_0 = 0.6 \times 10^{-6} \text{F/km}$。试求工作频率为 1kHz 时传输线的特性阻抗 Z_C，传播常数 γ，相速 v_φ 和波长 λ。

17-6 一个双导线架空线路用以传输频率为 100kHz 的载波信号。铜线直径为 3mm，两导线的中心间距为 30cm。试求(1)传输线的参数（电导 G 很小，可以忽略不计）；(2)特性阻抗；(3)衰减常数和相移常数；(4)线上信号传播的相速。

17-7 传输线的长度 $l = 70.8$km，其 $R_0 = 1\Omega/\text{km}, \omega C_0 = 4 \times 10^{-4} \text{S/km}$，而 $G_0 = 0, L_0 = 0$。在线的终端所接阻抗 $Z_2 = Z_C$，终端的电压 $U_2 = 3$V。试求始端的电压 U_1 和电流 I_1。

17-8 一条 330kV，$f = 50$Hz 的高压输电线长 534km，其终端开路时始端的入端阻抗 $Z_{1oc} = 0.1 \times 10^{-4} \angle -89.9°\Omega$，终端短路时始端的入端阻抗 $Z_{1st} = 96.3 \angle 82°\Omega$。试求均匀传输线的特性阻抗 Z_C。

17-9 长度为 100km 的输电线，原参数为：$R_0 = 8\Omega/\text{km}$，电感 $L_0 = 1\text{mH/km}$，电容 $C_0 = 11200\text{pF/km}, G_0 = 89.6\mu\text{S/km}$，始端电压 $u_1 = 100\cos\omega t \text{V}(f = 10^4 \text{Hz})$，线路终端匹配。求：(1)线路终端电压和电流的瞬时值；(2)线路的自然功率。

17-10 在如题 17-10 图所示电路中，无损均匀传输线的长度为 $l = 75$m，特性阻抗 $Z_C = 200\Omega, R_2 = 400\Omega$，电源内阻 $R_s = 100\Omega$，电压源为 $u_s(t) = 100\sqrt{2}\cos 6 \times 10^6 \pi t \text{V}$，波速为光速。求距始端 25m 处电压和电流相量。

17-11 两段无损耗均匀传输线如题 17-11 图所示。其特性阻抗分别为：$Z_1 = 600\Omega, Z_2 = 800\Omega$，终端负载电阻 $R_L = 800\Omega$。为使连接处 A、B 不产生反射，在 A、B 之间接一个集中参数电阻 R 即可，试问 R 值应是

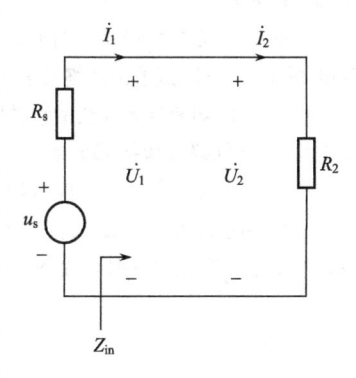

题 17-10 图

· 445 ·

题 17-11 图

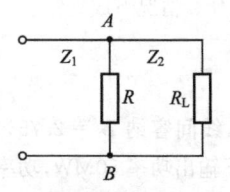

17-12 架空无损耗双线传输线由 75MHz 的电压馈电,求解下列问题。

(1) 若终端电压为 100V,试分别求出在终端匹配和终端开路两种情况下距终端为 1m、2m、4m 处的线间电压;

(2) 若测得此传输线的特性阻抗为 300Ω,试问其每单位线长的电感量和电容量各为多少?

17-13 无损传输线长度为 25m,$L_0=1.68\mu H/m$,$C_0=6.62pF/m$,信号源频率 $f=5MHz$。试求:终端开路时始端的入端阻抗。

17-14 如题 17-14 图所示,试证明长度为 $\frac{\lambda}{2}$ 两端短路的无损耗线,不论哪点馈入均对电源频率呈现并联谐振。

17-15 今有一长度为 0.0425m 终端开路且 $Z_C=60\Omega$ 的无损线,已知其工作频率 $f=600MHz$,试求其输入阻抗,它相当于什么元件?

17-16 高频电路工作波长为 λ,为得到 300Ω 的感抗,利用特性阻抗为 75Ω 终端短路的无损传输线实现。问所需传输线的最短长度为多少?如想获得 300Ω 的容抗,该传输线最短又应取多长?

17-17 某无损架空线的特性阻抗 $Z_C=300\Omega$,电源频率 $f=5\times10^6Hz$,终端接以电感 $L=2\times10^{-6}H$,已知波腹处电流有效值 $I=10A$。试画出电压、电流有效值沿线分布图;如果线长 $l=26m$,求始端电压 $\dot{U}_1$ 和电流 $\dot{I}_1$ 及入端阻抗 Z_{in}。

17-18 如题 17-18 图所示,一段均匀无损长线的特性阻抗 $Z_C=300\Omega$,长度 $l=\frac{\lambda}{4}$(λ 为波长),始端 1-1' 接有电阻 $R=600\Omega$,终端 2-2' 短路。求 1-1' 端的入端阻抗 Z_i。

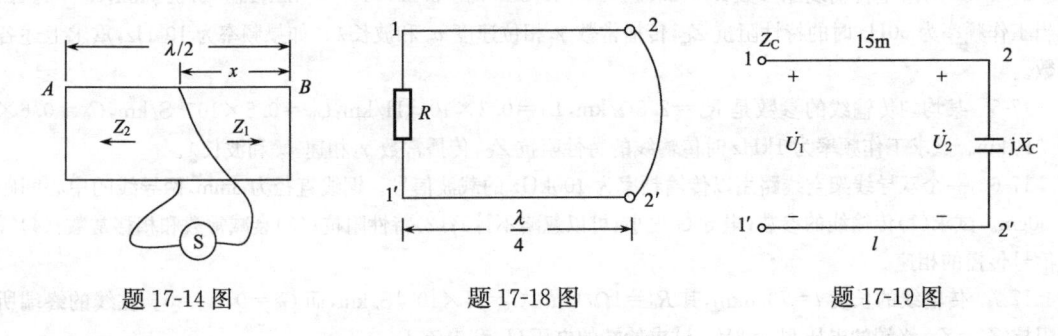

题 17-14 图 题 17-18 图 题 17-19 图

17-19 如题 17-19 图所示,某均匀无损耗架空线的特性阻抗 $Z_C=300\angle0°\Omega$,线路长 $l=15m$,频率 $f=5\times10^6Hz$,终端接有电容 $C=0.0613\times10^{-9}F$;始端加正弦电压,其有效值 $U_1=10V$。求负载端的电压相量及始端的输入阻抗。

17-20 某无损耗传输线的电源频率为 100MHz,特性阻抗为 50Ω,介质为空气。若在线路终端接一个 50pF 的电容元件,试求出距终端最近的电流波腹和电压波腹出现的位置。

17-21 已知架空无损线的特性阻抗 $Z_C=100\Omega$,线长 $l=60m$,工作频率 $f=10^6Hz$。如欲使始端的输入阻抗为零,试问终端应接何负载?

17-22 一无损耗均匀传输线始端接信号源,终端接负载。信号源开路电压为 $U_S=1V$,内阻为 $Z_S=50\Omega$,传输线特性阻抗 $Z_C=75\Omega$,线长 15cm,信号以光速传播,$f=1GHz=10^9Hz$;负载为 $Z_2=(30-j20)\Omega$。求负载得到的功率及终端的反射系数 N_2。

第18章 线性时不变无损耗均匀传输线的暂态分析

本章讨论零状态无损均匀传输线的暂态（过渡）过程，包括换路时波的发出及在传输线的均匀性遭到破坏之处波的反射和折射。

18.1 均匀传输线暂态过程的基本概念

第17章分析了均匀传输线在正弦电压激励下的稳定运行状态，本章将讨论均匀传输线的暂态过程。与集中参数电路相似，当传输线发生换路，如电源与负载的接入或切除、负载参数的突然变化及架空线遭受雷击时就会出现暂态过程。此外，电子技术中研究信号沿传输线的传播问题时也会遇到暂态现象。

研究线性无损耗均匀传输线的暂态过程，需要根据边界和初始条件求解由第17章导出的有关均匀传输线的偏微分方程组，即式(17-6)和式(17-7)。显然，该偏微分方程组的求解十分困难。实际上，绝缘性能良好的架空线的损耗相当小，因而将它作为无损耗线研究所得结果不会与实际情况有大的差别，而对于高频传输线，其线路参数一般满足 $\omega L_0 \gg R_0, \omega C_0 \gg G_0$，故而也可忽略线路损耗，近似作无损耗线处理。此外，在分析输电线遭受雷击放电的情况时，对雷电冲击的暂态过程本身亦只能作粗略估算，因为若严格考虑线路损耗的影响，则大大增加分析计算的难度，而其所带来的实际意义并不大。基于以上三方面的考虑，为简化均匀传输线暂态问题而又不会造成较大的误差，本章仅研究无损耗均匀传输线的暂态过程，这样易于求出时域解析解，从而便于暂态过程的分析讨论。在实际应用中，必要时可以在无损耗线分析结果的基础上再估算均匀传输线损耗所造成的影响。

18.2 无损耗线均匀传输线偏微分方程的通解

在方程式(17-2)、式(17-4)中，令 $R_0=0, G_0=0$，便可得到无损耗线的偏微分方程，即

$$-\frac{\partial u(x,t)}{\partial x} = L_0 \frac{\partial i(x,t)}{\partial t} \qquad -\frac{\partial i(x,t)}{\partial x} = C_0 \frac{\partial u(x,t)}{\partial t} \tag{18-1}$$

类似于集中参数电路的瞬时分析，为简化数学演算而采用复频域方法，这里也采用拉普拉斯变换的方法求方程式(18-1)的时域通解 $u(x,t)$、$i(x,t)$。此时，将 $u(x,t)$、$i(x,t)$ 中的距离 x 视为参变量，对它们以时间 t 为自变量施行单边拉普拉斯变换，可得

$$L[u(x,t)] = \int_{0_-}^{\infty} u(x,t) e^{-st} dt = U(x,s) \qquad L[i(x,t)] = \int_{0_-}^{\infty} i(x,t) e^{-st} dt = I(x,s)$$

其中，$U(x,s)$、$I(x,s)$ 是复变数 s 和距离 x 的函数。

对式(18-1)两边以 t 为自变量取单边拉普拉斯变换并应用微分性质，可得

$$-\frac{dU(x,s)}{dx} = L_0[sI(x,s) - i(x,0_-)] \qquad -\frac{dI(x,s)}{dx} = C_0[sU(x,s) - u(x,0_-)]$$

$$\tag{18-2}$$

由于式(18-2)不含对于复参变量 s 的导数而仅含对 x 的导数，故而可将时域偏微分方程

变成复频域中关于变数 x 的常微分方程。设无损耗线在 $t=0^-$ 时处于零初始状态，即在线各处电压 $u(x,t)$、电流 $i(x,t)$ 的原始值为零，有 $u(x,0^-)=0, i(x,0^-)=0$，则由式(18-2)可以得到零初始状态无损耗线电压、电流的复频域方程式，即

$$-\frac{dU(x,s)}{dx} = sL_0 I(x,s) = Z_0(s) I(x,s) \tag{18-3a}$$

$$-\frac{dI(x,s)}{dx} = sC_0 U(x,s) = Y_0(s) U(x,s) \tag{18-3b}$$

式(18-3a)中的 $Z_0(s)=sL_0$，式(18-3b)中的 $Y_0(s)=sC_0$，它们分别表示无损耗线单位长度上的复频域阻抗及单位长度导线间的复频域导纳。

在式(18-3a)对 x 求导后，再将式(18-3b)代入其中以及式(18-3b)对 x 求导后，再将式(18-3a)代入其中，便可以得到两个具有相同形式的线性常系数二阶齐次常微分方程，即

$$\frac{d^2 U(x,s)}{dx^2} - \gamma^2(s) U(x,s) = 0 \qquad \frac{d^2 I(x,s)}{dx^2} - \gamma^2(s) I(x,s) = 0 \tag{18-4}$$

式(18-4)中，$\gamma(s)$ 称为复频域传播常数，有

$$\gamma(s) = \sqrt{Z_0(s) Y_0(s)} = \sqrt{sL_0 sC_0} = s\sqrt{L_0 C_0} = \frac{s}{v_w} \tag{18-5}$$

其单位为 $1/m$，$v_w = 1/\sqrt{L_0 C_0}$。无损耗线的复频域方程式(18-4)与均匀传输线的相量域方程式(17-14)比较可知，两者具有相同的形式，因此，若将两个域的对应量作交换，则这两组方程便可以互相推出，故而它们的通解可以按照同样的数学求解方法得到相同的形式，即零状态无损耗线复频域微分方程式(18-4)的复频域通解应为

$$U(x,s) = U^+(s) e^{-\gamma(s)x} + U^-(s) e^{\gamma(s)x} \tag{18-6a}$$

$$I(x,s) = -\frac{1}{Z_0} \frac{dU(x,s)}{dx} = \frac{\gamma(s)}{Z_0} [U^+(s) e^{-\gamma(s)x} - U^-(s) e^{-\gamma(s)x}]$$

$$= \frac{U^+(s)}{Z_C(s)} e^{-\gamma(s)x} - \frac{U^-(s)}{Z_C(s)} e^{\gamma(s)x} \tag{18-6b}$$

式(18-6)中，$U^+(s)$、$U^-(s)$ 均为待定的积分常数，它们为复频率 s 的函数，可以由始端边界条件 $U(0,s)$ 和 $I(0,s)$ 或终端边界条件 $U(l,s)$ 和 $I(l,s)$ 确定。$Z_C(s)$ 称为复频域特性阻抗或波阻抗，单位为 Ω，有

$$Z_C(s) = \frac{sL_0}{\gamma(s)} = \sqrt{\frac{Z_0(s)}{Y_0(s)}} = \sqrt{\frac{sL_0}{sC_0}} = \sqrt{\frac{L_0}{C_0}} = Z_C$$

可见，在无损耗线中，复频域波阻抗 $Z_C(s)$ 与 s 无关，恰好等于正弦稳态下无损耗线的波阻抗。将(18-5)代入式(18-6)，可以得到复频域通解的一般形式，即

$$U(x,s) = U^+(s) e^{-sx/v_w} + U^-(s) e^{sx/v_w} \tag{18-7a}$$

$$I(x,s) = \frac{U^+(s)}{Z_C(s)} e^{-sx/v_w} - \frac{U^-(s)}{Z_C(s)} e^{sx/v_w} \tag{18-7b}$$

在集中参数电路中，时域电压、电流的拉普拉斯变换均为 s 的有理分式，故而不难求出其对应的时域函数。在分布参数电路中，它们都不再是 s 的有理分式，如式(18-7)。除某些特殊的均匀传输线外，如这里讨论的无损耗线，一般情况下难以通过反变换求出其时域解析解，需利用数值拉普拉斯反变换方法进行数值计算。

为求出线上复频域电压 $U(x,s)$、电流 $I(x,s)$ 的时域通解，设式(18-7)中 $U^+(s)$ 和 $U^-(s)$ 的原函数分别为 $u^+(t)$ 和 $u^-(t)$，即

$$u^+(t) = L^{-1}[U^+(s)] \brace u^-(t) = L^{-1}[U^-(s)]} \tag{18-8}$$

应用式(18-8)对复频域通解式(18-7)进行拉普拉斯反变换,并应用线性性质和时域延迟性质即可得出无损耗线方程式(18-1)的通解,即

$$u(x,t) = L^{-1}[U(x,s)] = u^+(x,t) + u^-(x,t)$$
$$= u^+\left(t - \frac{x}{v_w}\right)\varepsilon\left(t - \frac{x}{v_w}\right) + u^-\left(t + \frac{x}{v_w}\right)\varepsilon\left(t + \frac{x}{v_w}\right) \tag{18-9a}$$

$$i(x,t) = L^{-1}[I(x,s)] = i^+(x,t) - i^-(x,t)$$
$$= \frac{1}{Z_C}u^+\left(t - \frac{x}{v_w}\right)\varepsilon\left(t - \frac{x}{v_w}\right) - \frac{1}{Z_C}u^-\left(t + \frac{x}{v_w}\right)\varepsilon\left(t + \frac{x}{v_w}\right) \tag{18-9b}$$

式(18-9)中,$\varepsilon(t)$ 是单位阶跃函数,并且有

$$u^+(x,t) = u^+\left(t - \frac{x}{v_w}\right)\varepsilon\left(t - \frac{x}{v_w}\right) \qquad u^-(x,t) = u^-\left(t + \frac{x}{v_w}\right)\varepsilon\left(t + \frac{x}{v_w}\right)$$

$$i^+(x,t) = \frac{u^+(x,t)}{Z_C} \qquad i^-(x,t) = \frac{u^-(x,t)}{Z_C}$$

现在讨论零状态无损耗线方程式通解的物理意义。由式(18-9)可知,线上任一处的电压、电流均可以分别视为上面两个具有特定物理含义的分量的叠加。首先分析 $u(x,t)$ 的第一个分量 $u^+(x,t)$。设在某一时刻 t,$u^+(x,t)$ 在线路上位置 x 处的大小为 $u^+(x,t) = u^+\left(t - \frac{x}{v_w}\right)$,在 $t = t + \Delta t (\Delta t > 0)$ 时刻,即经过 Δt 瞬间后,$u^+(x,t)$ 在线路上位置 $x + \Delta x$ 处的大小为 $u^+(x + \Delta x, t + \Delta t) = u^+\left[(t + \Delta t) - \frac{(x + \Delta x)}{v_w}\right]$,因此,为使这两个不同时刻的 $u^+(x,t)$ 函数值相同,则应有

$$t - \frac{x}{v_w} = (t + \Delta t) - \frac{(x + \Delta x)}{v_w}$$

即有 $\Delta x = v_w \Delta t$。由于 Δt、v_w 均为正数,则 Δx 必大于零,这表明电压 $u^+(x,t)$ 上任一点在经过 Δt 瞬间后向 x 增加的方向(由无损耗线的始端向终端)移动一段距离 Δx,即 $u^+(x,t)$ 表示一个随时间的增加而沿 x 增加方向移动的行波,行波行进的速度称为波速,其值为

$$v_w = \lim_{\Delta t \to 0} \frac{\Delta x}{\Delta t} = \frac{dx}{dt} = \frac{1}{\sqrt{L_0 C_0}}$$

由此可见,$u^+(x,t)$ 具有和正弦稳态情况下正向行波同样的性质,即 $u^+(x,t)$ 上某点经过时段 Δt 之后以速度 v_w 向 x 增加的方向行进一段距离 Δx,或它所对应的波形随时间 t 的增加由线路始端以速度 v_w 向终端行进,故 $u^+(x,t)$ 称为电压正向行波。电流第一个分量 $i^+(x,t)$ 的函数表示式与 $u^+(x,t)$ 相似,两者仅相差一常系数 $1/Z_C$,因而它们的变化规律相同,即 $i^+(x,t)$ 是一个电流正向行波,如图 18-1(a)所示。可以证明,架空无损耗线的波速 $v_w = 1/\sqrt{L_0 C_0}$ 接近光速 $c = 3 \times 10^8 \text{m/s}$。

由式(18-9)中电压和电流行波表达式 $u^+\left(t - \frac{x}{v_w}\right)\varepsilon\left(t - \frac{x}{v_w}\right)$ 和 $\frac{1}{Z_C}u^+\left(t - \frac{x}{v_w}\right)\varepsilon\left(t - \frac{x}{v_w}\right)$ 可知,当 $t - (x/v_w) \geq 0$ 时,$\varepsilon\left(t - \frac{x}{v_w}\right) = 1$。因此,在某一时刻 t,无损耗线上有一位置坐标为 $v_w t$ 的点。在 $x \leq v_w t$ 处,电压、电流行波 $u^+(x,t)$、$i^+(x,t)$ 均不为零,分别等于 $u^+\left(t - \frac{x}{v_w}\right)$ 和 $\frac{1}{Z_C}u^+\left(t - \frac{x}{v_w}\right)$;在 $x > v_w t$ 处,它们都等于零。由此也可以说明,电压、电流行波 $u^+(x,t)$、

$i^+(x,t)$是随时间t的增加由线路始端以速度v_w向终端行进的行波,即正向行波,将点$x=v_wt$称为正向行波的波前。显然,正向行波的波前以波速v_w由线路始端向终端移动。

用与上面相似的方法分析式(18-9)中$u(x,t)$和$i(x,t)$的第二个分量$u^-(x,t)$和$i^-(x,t)$,可知它们随时间t的增长沿x减小的方向移动,即分别为电压反向行波和电流反向行波,其波速为$v_w=-1/\sqrt{L_0C_0}$,如图18-1(b)所示。

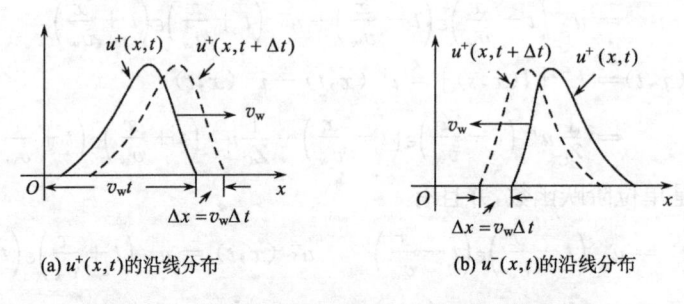

(a) $u^+(x,t)$的沿线分布　　　　　(b) $u^-(x,t)$的沿线分布

图18-1　无损耗线暂态过程中电压行波的沿线分布

由式(18-9)中电压和电流反向行波表达式$u^-\left(t+\dfrac{x}{v_w}\right)\varepsilon\left(t+\dfrac{x}{v_w}\right)$和$\dfrac{1}{Z_C}u^-\left(t+\dfrac{x}{v_w}\right)\varepsilon\left(t+\dfrac{x}{v_w}\right)$可知,在某一时刻$t$,若无损耗线有一坐标为$v_wt$的点,在$x<v_wt$处,电压和电流正向行波$u^+(x,t)$和$i^+(x,t)$都等于零;在$x>v_wt$处,它们均不为零,分别等于$u^+\left(t+\dfrac{x}{v_w}\right)$和$\dfrac{1}{Z_C}u^+\left(t+\dfrac{x}{v_w}\right)$。由此也可以说明,它们是随时间$t$的增加向$x$减小的方向,即由线路终端以速度$v_w$向始端行进的行波,此时的点$x=v_wt$称为反向行波的波前。显然,反向行波的波前以波速$v_w$向$x$减小的方向移动。

无损耗线的暂态过程与正弦稳态传输线的情况相比可知,两者有相似之处,即当无损耗线发生换路而产生过渡过程时,线上的电压、电流一般也均分别由其正向行波(即入射波)和反向行波(即反射波)叠加而成。但是,在实际发生的许多暂态过程中,正向行波和反向行波并不一定同时存在。在正弦稳态时,行波的速度$v_P=\omega/\beta$既与线路参数有关,也与工作频率有关,而对无损耗线而言,暂态过程中行波的速度$v_w=1/\sqrt{L_0C_0}$为一常数,仅与线路的原始参数有关而与工作频率无关。

由式(18-9)可知,同方向行进的电压行波与电流行波之间存在正比关系,即

$$\dfrac{u^+(x,t)}{i^+(x,t)}=\dfrac{u^-(x,t)}{i^-(x,t)}=\sqrt{\dfrac{L_0}{C_0}}=Z_C$$

比值Z_C是一个仅由线路原始参数决定的正实常数,称为无损耗线的波阻抗,与无损耗线在正弦稳态下的特性阻抗完全相同。

将由式(18-9)还可知,与正弦稳态时的情形相似的是,沿无损耗线任一处的电压及其正向行波分量、反向行波分量三者的参考方向均相同,沿线任一处的电流的参考方向与其正向行波分量相同,而与其反向行波分量相反。例如,无损耗线受雷击而充电时,假设线上电压$u(x,t)$和电流$i(x,t)$的参考方向如图18-2(a)所示,为简化分析,取雷击瞬间$t=0$,雷击点坐标$x=0$,则雷击后所产生的充电电荷便沿线向两边传播,分别形成正向和反向行波,如图18-2(b)所示,其中反向行波电流$i^-(x,t)$的参考方向与$i(x,t)$的参考方向相反,使它也具有正值。

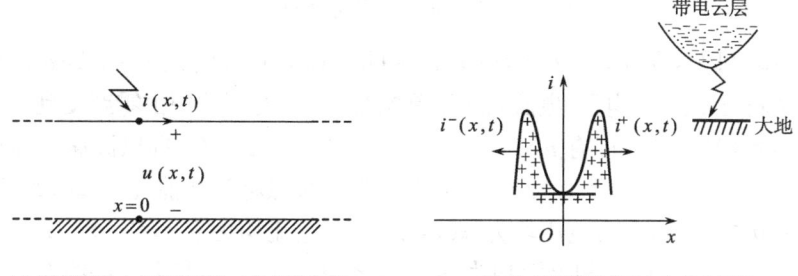

(a) 线电压波u(x,t)和电流i(x,t)的参考方向　　(b) 雷击后所形成正向和反向行波

图 18-2　无损耗在线的正向行波电流与反向行波电流

以上利用拉普拉斯变换导出无损耗线方程的复频域通解式(18-7)和时域通解式(18-9)，这是无损耗线上电压、电流行波的一般表达式。对于具体问题，尚须根据所讨论无损耗线的电压、电流的初始条件和边界条件才能确定线上电压的正向行波分量 $u^+(x,t)$ 和反向行波分量 $u^-(x,t)$ 的函数形式。

18.3　零状态无损耗线在理想阶跃电压源激励下波的产生与正向传播

传输线过渡过程中较为简单的一种情况即是零初始状态的无损耗线与理想阶跃电压源接通后所产生的过渡过程，这种过渡过程表现为传输线在接通理想电压源，即换路后有行波发出与传播。

18.3.1　阶跃直流电压源激励下波的产生与正向传播

首先讨论无限长零状态无损耗线在阶跃直流电压源激励下波的发出与正向传播问题。显然，这时由于波速有限，所以在所考察的有限时间内入射波不可能到达终端，因而在线上尚无反射波存在，即有 $u^-(x,t)=0, i^-(x,t)=0$，于是线上任一处的电压、电流仅含入射波，由式(18-9)可得

$$u(x,t) = u^+(x,t) = u^+\left(t-\frac{x}{v_\mathrm{w}}\right)\varepsilon\left(t-\frac{x}{v_\mathrm{w}}\right) \tag{18-10a}$$

$$i(x,t) = i^+(x,t) = \frac{1}{Z_\mathrm{C}}u^+\left(t-\frac{x}{v_\mathrm{w}}\right)\varepsilon\left(t-\frac{x}{v_\mathrm{w}}\right) \tag{18-10b}$$

如图 18-3(a)所示，当无限长线在 $t=0$ 时接通一大小为 U_0 的直流电压源，有一阶跃电压源 $U_0\varepsilon(t)$ 施加到线路始端，即产生电压行波，其始端边界条件为

$$u(0,t) = U_0\varepsilon(t) \tag{18-11}$$

式(18-11)代入式(18-10)，可得 $u(x,t)$ 和 $i(x,t)$ 在 $x=0$，即线路始端的函数形式为

$$u(0,t) = u^+(0,t) = U_0\varepsilon(t) \tag{18-12a}$$

$$i(0,t) = i^+(0,t) = \frac{U_0}{Z_\mathrm{C}}\varepsilon(t) \tag{18-12b}$$

式(18-12)代入式(18-10)，可得到电压、电流的入射波表示式为

$$u(x,t) = u^+(x,t) = U_0\varepsilon\left(t-\frac{x}{v_\mathrm{w}}\right) \tag{18-13a}$$

$$i(x,t) = i^+(x,t) = \frac{U_0}{Z_C}\varepsilon\left(t - \frac{x}{v_w}\right) \tag{18-13b}$$

由式(18-13)可知，在 $x \leqslant v_w t$ 处，$u(x,t)=U_0$，$i(x,t)=U_0/Z_C$；在 $x > v_w t$ 处，$u(x,t)=i(x,t)=0$。这表明，线上的电压、电流入射波首先在 $t=0^+$ 时刻分别由零跃变到 U_0 和 $U_0/Z_C=I_0$，出现在线路始端 $(x=0)$，即有 $u(0,0^+)=U_0$，$i(0,0^+)=U_0/Z_C$，即以波速 v_w 向 x 的正方向行进，经过时段 t 后所走过的距离为 $x=v_w t$（此位置坐标点称为波前）。这时，线路上在入射波所到过的区域 $(0 < x \leqslant v_w t)$ 内，电压均为 $u(x,t)=U_0$，电流均为 $i(x,t)=U_0/Z_C$。在入射波尚未达到的区域 $(x > v_w t)$，电压和电流均为零。因此，无限长零状态无损耗线在 $t=0$ 时接入一个直流电压源后在线上形成一个以 $v_w t$ 为波前的矩形正向行波，并以波速 v_w 由线路始端向终端传播，如图 18-3(b) 所示。由此可见，无损耗线上任一距始端 x 处的电压、电流随时间变化的规律均与线路始端电压、电流的变化规律完全相同，只是推迟行波由始端传播至该处所需的时间 x/v_w。

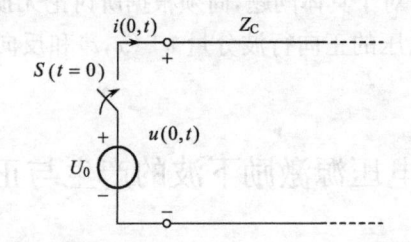

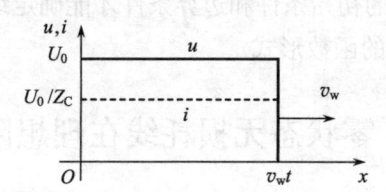

(a) 无限长零状态无损耗线始端激励为阶跃直流电压源

(b) 产生的矩形正向行波

图 18-3　始端在阶跃直流电压源激励下的无限长零状态无损耗线与所产生的正向行波

由式(18-13)可知，$\dfrac{u(x,t)}{i(x,t)} = \sqrt{\dfrac{L_0}{C_0}} = Z_C$。这说明，对于电压、电流行波已到达的区段，在任何位置和任一时刻，电压和电流的比值均等于波阻抗，为一实常数。

现在讨论电压、电流正向行波在传播时所发生的电磁过程。在给定电压 U_0 的极性下，随着波的行进，线路上方导线（来线）的各微元相继获得一定数量的正电荷，而下方导线对应的各微元则失去等量的正电荷，即获得同样数量的负电荷，于是沿波（前）所经过的区域，正负电荷在导线之间形成电场，那一部分电路的电压和电流由零分别跃升至 U_0 和 U_0/Z_C。如图 18-4 所示，设经过时段 Δt 后，波前由 a-b 移动到 c-d，其间的距离为 $\Delta x = v_w \Delta t$。因此，这一段线路上线间的电容量为 $\Delta C = C_0 \Delta x$，故而对此电容充电在其上建立电压 U_0 所需的电荷量为 $\Delta q = U_0 C_0 \Delta x$。显然，该电荷量必须通过 a-b 左边所有的导线截面，所以 a-b 左边传输在线的充电电流，即最终送入这个 Δx 长度内的充电电流的瞬时值为

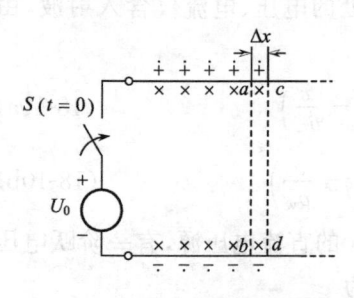

图 18-4　电压、电流正向行波传播过程中所建立的电场和磁场

("+"，"−"表示电荷性质)

$$i_C = \lim_{\Delta t \to 0}\frac{\Delta q}{\Delta t} = U_0 C_0 \lim_{\Delta t \to 0}\frac{\Delta x}{\Delta t} = U_0 C_0 v_w = U_0 C_0 \frac{1}{\sqrt{L_0 C_0}} = \frac{U_0}{\sqrt{L_0/C_0}} = \frac{U_0}{Z_C} = I_0$$

即传输在线充电所需的电流恰好等于传输在线波（前）已经到达区段的电流 I_0，这符合基尔霍夫电流定律。由电磁场理论可知，在所讨论传输线上新充电的 a-c 和 b-d 两小段之间，因为电

场在时段 Δt 内由零建立起来，所以有位移电流流过这两小段之间，故而电路仍然闭合。

在围成的回路 $acdba$ 中，因为有充电电流 I_0 流过，必然形成磁场。Δx 长度内的电感量为 $\Delta L = L_0 \Delta x$，在 Δt 时段内流过该长度的电流由零增至 I_0 时所产生磁通链的增量为 $\Delta \Psi = L_0 I_0 \Delta x$，磁场方向如图 18-4 所示，其中依据惯例用符号"×"表示垂直穿入纸面的方向，用"·"表示垂直穿出纸面的方向。磁场建立的同时在回路 $acdba$ 中产生一感应电动势，其大小为

$$e = \lim_{\Delta t \to 0} \frac{\Delta \Psi}{\Delta t} = \lim_{\Delta t \to 0} \left[-(L_0 \Delta x) \frac{I_0 - 0}{\Delta t} \right] = -L_0 I_0 \lim_{\Delta t \to 0} \frac{\Delta x}{\Delta t} = -L_0 I_0 v_w$$

$$= -L_0 I_0 \frac{1}{\sqrt{L_0 C_0}} = -I_0 Z_C = -U_0$$

所以，此感应电动势恰好与行波所到之处的线间电压 U_0 平衡，从而使基尔霍夫电压定律成立。

就电磁能量而言，凡行波所经过之处的周围空间均建立电场和磁场。于是，在线单位长度内所储存的电场能量 W_{e0} 为

$$W_{e0} = \frac{1}{2} C_0 U_0^2 = \frac{1}{2} C_0 (Z_C I_0)^2 = \frac{1}{2} C_0 \frac{L_0}{C_0} I_0^2 = \frac{1}{2} L_0 I_0^2 = W_{m0}$$

即线路上单位长度内储存的电场能量 W_{e0} 和磁场能量 W_{m0} 相等。

在 Δt 时段内，线路上电场能量的增量和磁场能量的增量分别为

$$\Delta W_e = W_{e0} \Delta x = W_{e0} v_w \Delta t = \frac{1}{2} C_0 U_0^2 \frac{1}{\sqrt{L_0 C_0}} \Delta t = \frac{1}{2} \frac{U_0^2}{\sqrt{L_0 / C_0}} \Delta t = \frac{1}{2} U_0 I_0 \Delta t$$

$$\Delta W_m = W_{m0} \Delta x = W_{m0} v_w \Delta t = \frac{1}{2} L_0 I_0^2 \frac{1}{\sqrt{L_0 C_0}} \Delta t = \frac{1}{2} I_0^2 \sqrt{\frac{L_0}{C_0}} \Delta t = \frac{1}{2} U_0 I_0 \Delta t$$

在这一时段内电源所提供的能量为 $\Delta W_s = U_0 I_0 \Delta t$，这表明，无损线与阶跃电源 $U_0 \varepsilon(t)$ 接通后，电源发出正向电压矩形波和正向电流矩形波，这两种行波在沿线推进时用它们所携带的电源能量给线路充电，电源所供给能量的一半用于建立电场，另一半则用于建立磁场。

18.3.2 任意函数形式阶跃理想电压源激励下波的产生与正向传播

现在讨论一般情况，即无限长无损线始端的电压源不是阶跃函数，而是任意函数形式的阶跃电压源 $u_S(t)\varepsilon(t)$，这时始端边界条件为 $u(0,t) = u_S(t)\varepsilon(t)$，同样可以得出线上任一处电压、电流解的函数形式，即

$$u(x,t) = u^+(x,t) = u_S\left(t - \frac{x}{v_w}\right) \varepsilon\left(t - \frac{x}{v_w}\right) \tag{18-14a}$$

$$i(x,t) = i^+(x,t) = \frac{1}{Z_C} u_S\left(t - \frac{x}{v_w}\right) \varepsilon\left(t - \frac{x}{v_w}\right) \tag{18-14b}$$

由式(18-14)可知，此时 $u(x,t)$、$i(x,t)$ 是以速度 v_w 沿线向 x 增加方向传播、函数形式为 $u_S\left(t - \frac{x}{v_w}\right) \varepsilon\left(t - \frac{x}{v_w}\right)$ 的电压行波和电流行波，两者仅差一比例系数 Z_C，故它们的波形相同。显然，零状态无损耗线在理想电压源激励下波的产生与正向传播只是在任意函数形式的阶跃电压源激励下的一个特例。

现在讨论式(18-14)中电压、电流的变化情况。由式(18-14)易知，距始端 x 处在任一瞬时 t 的电压、电流之值，等于在该瞬刻以前 x/v_w 时间长度线路始端的电压、电流之值，即由于电磁波只能以有限速度 v_w 传播，所以线上任一距始端 x 处的电压、电流随时间的变化规律与线

路始端电压、电流随时间的变化规律(如图 18-5(a)所示)相同,只是时间推迟 x/v_w。譬如,在线上任一指定处 $x=x_1(x_1<l)$,当 $t<x_1/v_w$ 时,电压和电流均为零;当 $t>x_1/v_w$ 时,$u(x_1,t)$、$i(x_1,t)$ 随时间变化的波形如图 18-5(b)所示,与开关闭合瞬间线路始端,即 $x=0$ 处 $u(0,t)=u_1(t)$、$i(0,t)=i_1(t)$ 随时间变化的波形(如图 18-5(a)所示)相同,只是时间延迟 x_1/v_w,即整个波形向 t 轴正方向移动一个时间段 $\Delta t = t_1 = x_1/v_w$。

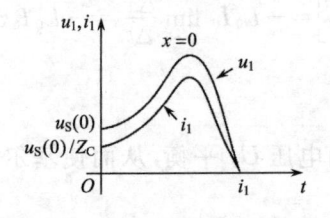

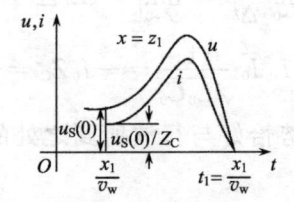

(a) $u(x,t)$、$i(x,t)$ 在始端随 t 的变化 (b) $u(x,t)$、$i(x,t)$ 在指定处 $x_1<l$ 随 t 的变化

图 18-5 $u(x,t)$、$i(x,t)$ 随时间变化的波形

在任一指定时刻 $t=t_1$,由式(18-14)可得电压、电流的沿线分布式为

$$u(x,t_1) = u_S\left(t_1 - \frac{x}{v_w}\right)\varepsilon\left(t_1 - \frac{x}{v_w}\right) \qquad i(x,t_1) = \frac{1}{Z_C}u_S\left(t_1 - \frac{x}{v_w}\right)\varepsilon\left(t_1 - \frac{x}{v_w}\right)$$

所以,在 $x>v_w t_1$ 处电压 $u(x,t_1)$ 和电流 $i(x,t_1)$ 为零;在 $x<v_w t_1$ 处,电压和电流的沿线分布曲线与始端电压 $u(x_1,t)$、电流 $i(x_1,t)$ 相似,只是由于变量 x 前有一负号故而曲线反转,即波前 $x=v_w t_1$ 处的电压、电流分别等于始端初始电压 $u_S(0)$ 和电流 $u_S(0)/Z_C$,如图 18-6 所示,其中也给出另一指定时刻 $t=t_3$ 时电压、电流的沿线分布曲线。

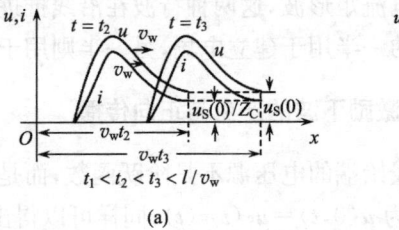

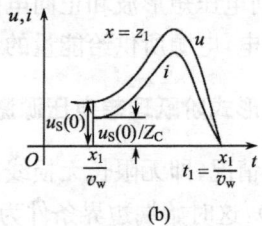

图 18-6 $u(x,t)$、$i(x,t)$ 在指定时刻 $t(t_1<t<l/v_w)$ 的沿线分布

以上对无限长零状态无损耗线在电压源激励下波的发出及其正向传播情况作了分析,实际上,这种分析及所得出的所有结论对于有限长零状态无损耗线的情况也完全适用。但是,式(18-13)和(18-14)中应有 $0 \leqslant x < l$(l 为线路长度),$0 \leqslant t < l/v_w$,此时有限长线由始端发出的行波尚未到达终端,故而线上仅存在正向行波。这是由于波速有限,有限长在线开始时始端电源的作用,不可能实时到达在线各处直至终端而引起响应,所以只要由始端发出的行波尚未到达终端,传输在线只有正向行波,并且正向电压行波在所到之处,同时会在线路上建立起正向电流行波。由于电压与电流之比等于波阻抗,故电流行波仅决定于电压行波和波阻抗 $Z_C = \sqrt{L_0/C_0}$,而与线路终端及终端的情况(开路、短路或接入任意无源负载 Z_2)无关,即波从电源发出之际直到到达终端之前,无损耗线对电源相当于一个纯电阻负载,其电阻值即为线路的波阻抗 Z_C,故而以相同速度向终端行进的电压正向行波和电流正向行波的波形相同。因此,若要

计算如图18-7(a)所示线上任意处电压、电流正向行波,可以先画出如图18-7(b)所示的等效电路,从中计算出 $u(0,t)=u_1(t)\varepsilon(t)$, $i(0,t)=i_1(t)\varepsilon(t)$,再将所得函数式中的 t 改为 $t-x/v_w$ 就可得到在线任意点($x<l$)处的电压正向行波和电流正向行波。

(a) 无损耗线与任意函数形式的阶跃理想电压源接通

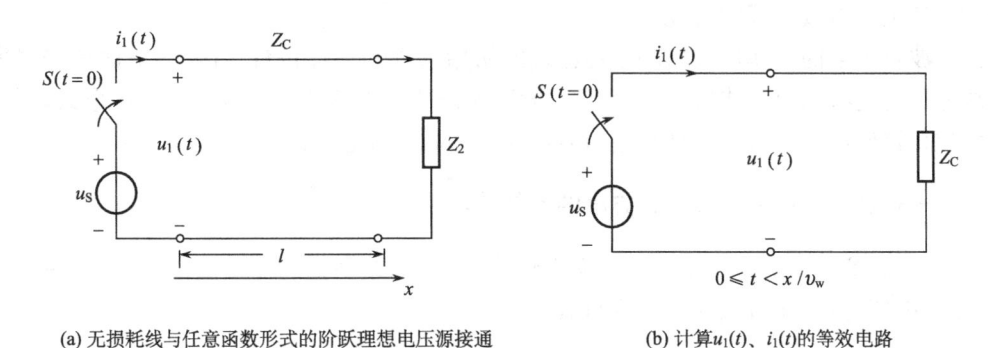

(b) 计算 $u_1(t)$、$i_1(t)$ 的等效电路

图 18-7 计算无耗损线正向行波的电路

无损耗线与理想直流电压源接通后在时段 $0\leqslant t<l/v_w$(l 为线路长度)中所产生的过渡过程是一种最为简单的情况,但是在实际中却具有指导意义。因为在电源为 50Hz($\lambda=6000$km)的正弦电压的情况下,当波行进的距离不超过几百千米(所需时间仅为毫秒级)时,电源的电压可以近似认为不变。

本节讨论无损耗线在换路后的暂态过程中波的发出和正向传播,即不存在反射波的情况,以说明无损耗线暂态过程中的一些重要概念。

18.4 无损耗线边界上波的反射

18.3节讨论了无损耗线与理想电压源接通时电压和电流入射波的发出及其正向传播的情况,由于传输线的长度有限,或后面连接着另一段不同的传输线,因而由始端所发出的正向行波的波前经过一定的时间后总会到达该传输线的边界。这时,为满足边界条件,一般情况下不仅考虑发出波本身,还考虑到在此传输线边界所造成的效应,即波的反射和(或)折射(亦称透射),所谓"折射"或"透射",是指到达反射点的一部分波穿过反射点透入与之连接的后续线路。

从某种意义上来说,这种边界实际上就是传输线参数的不均匀之处。行波在均匀传输线中传输时,线中每一区段的参数都相同。但是,实际线路的均匀性发生改变极为常见。例如,在线路的终端负载处、具有不同波阻抗的两传输线的连接处、接有集中参数组件之处等,线路的均匀性都不同程度地改变。

当有限长无损耗均匀线的始端接通电源后,在上述发出波尚未传播到上述不均匀处时,波的正向传播过程与无限长无损耗均匀线完全相同。但是,一旦传播至传输线的连接处,则由于所连接的对象不同而产生两种情况:①当发出波传播至线路终端时,产生波的反射。反射波所到之处的电压、电流均由入射波与反射波叠加而成;②当发出波传播至传输线的分支处或是不同参数的传输线的连接处,不仅在连接处产生反射波返回原线路,而且有电压、电流行波进入连接处后续的传输线中,这种电压波与电流波称为折射波或透射波。一般将传输在线使行波受到反射而产生反射波之处,即线路的均匀性遭到破坏之处称为波的反射点。

因此,在无损耗线的暂态过程中,不仅有入射波,而且还有在线路不均匀处所产生的反射波,即线路上的暂态过程实际上是一个波的多次反射过程。

本节先讨论波的反射。由于随终端所接的负载不同,反射波的情况有所差异,从而使暂态波过程也不同。因此,这里先讨论几种最简单的负载情况,即终端匹配、开路及短路,然后再讨论终端接有集中参数负载的情况。

由于波暂态解的具体形式取决于传输线的初始条件和边界条件。因此,下面首先根据无损耗线方程的复频域通解式(18-7),针对一般边界条件得出其暂态特解的复频域形式,再利用它经由拉普拉斯反变换得出几种给定边界情况下的时域暂态特解。

18.4.1 一般边界条件下无损耗线方程的复频域解

对于如图 18-8(a)所示长度为 l 的无损耗线,设其原始参数为 L_0、C_0,始端激励为一内阻抗为 Z_1 的电压源,终端接以任意无源负载 Z_2。

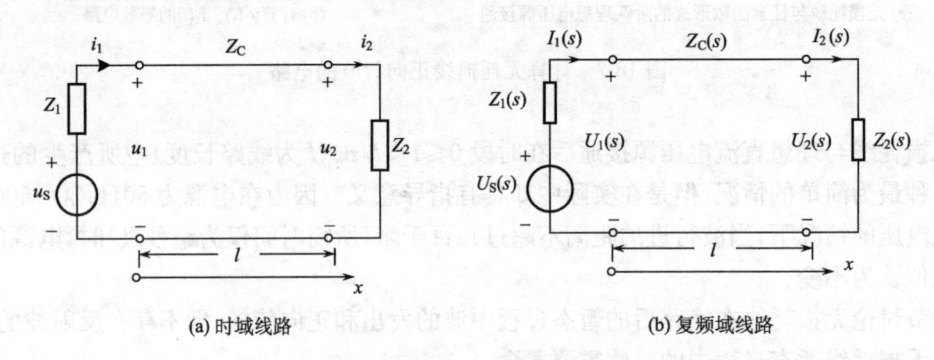

(a) 时域线路　　　　　　　　(b) 复频域线路

图 18-8　接有任意负载的无损耗线

再设初始条件,即换路时刻 $t=0$ 时线路上 x 处的电压、电流分别为零(零初始条件),即 $u(x,0)=u_0(x)=0, i(x,0)=i_0(x)=0$;线路始端的边界条件为 $u(0,t)=u_1(t), i(0,t)=i_1(t)$,该边界条件的拉普拉斯变换为

$$L[u_1(t)] = L[u(0,t)] = U(0,s) = U_1(s)$$
$$L[i_1(t)] = L[i(0,t)] = I(0,s) = I_1(s)$$

线路终端的边界条件为 $u(l,t)=u_2(t), i(l,t)=i_2(t)$,该边界条件的拉普拉斯变换为

$$L[u_2(t)] = L[u(l,t)] = U(l,s) = U_2(s)$$
$$L[i_2(t)] = L[i(l,t)] = I(l,s) = I_2(s)$$

对于图 18-8(a)中的电源 $u_S(t)$、内阻抗 Z_1、线路特性阻抗 Z_C、负载阻抗 Z_2 分别作出它们对应的拉普拉斯变换形式:$U_S(s)$、$Z_1(s)$、$Z_C(s)$ 和 $Z_2(s)$,则可以得出图 18-8(a)的复频域电路,如图 18-8(b)所示。

为满足边界条件,可以由如图 18-8(b)所示电路的始端列出 KVL 方程,即

$$U_1(s) = U_S(s) - I_1(s)Z_1(s) \tag{18-15}$$

满足终端边界条件的 VCR 方程为

$$U_2(s) = I_2(s)Z_2(s) \tag{18-16}$$

而由线电压、电流的复频域通解式(18-6)可以得到线路始端与终端电压和电流的拉普拉斯变换式,即

$$\left. \begin{array}{l} U_1(s) = U^+(s) + U^-(s) \\ I_1(s) = \dfrac{U^+(s)}{Z_C(s)} - \dfrac{U^-(s)}{Z_C(s)} \end{array} \right\} \tag{18-17}$$

和

$$\left.\begin{aligned} U_2(s) &= U^+(s)\mathrm{e}^{-sl/v_\mathrm{w}} + U^-(s)\mathrm{e}^{sl/v_\mathrm{w}} \\ I_2(s) &= \frac{U^+(s)}{Z_\mathrm{C}}\mathrm{e}^{-sl/v_\mathrm{w}} - \frac{U^-(s)}{Z_\mathrm{C}(s)}\mathrm{e}^{sl/v_\mathrm{w}} \end{aligned}\right\} \quad (18\text{-}18)$$

在一般情况下，$U_\mathrm{S}(s)$、$Z_1(s)$、Z_C 和 $Z_2(s)$ 已知，因而需求解两个待定积分常数 $U^+(s)$、$U^-(s)$，进而求出 $I^+(s)$、$I^-(s)$。为此，将式(18-17)和式(18-18)分别代入式(18-15)和式(18-16)，经运算整理，便可得出关于积分常数 $U^+(s)$、$U^-(s)$ 的二元一次方程，解之即可得

$$U^+(s) = \frac{Z_\mathrm{C}(s)U_\mathrm{S}(s)}{[Z_1(s)+Z_\mathrm{C}(s)][1-N_1(s)N_2(s)\mathrm{e}^{-2sl/v_\mathrm{w}}]} \quad (18\text{-}19)$$

$$U^-(s) = U^+(s)N_2(s)\mathrm{e}^{-2sl/v_\mathrm{w}} \quad (18\text{-}20)$$

式(18-19)和式(18-20)中，有

$$N_1(s) = \frac{U_1^-(s)}{U_1^+(s)} = \frac{I_1^-(s)}{I_1^+(s)} = \frac{Z_1(s)-Z_\mathrm{C}(s)}{Z_1(s)+Z_\mathrm{C}(s)}$$

$$N_2(s) = \frac{U_2^-(s)}{U_2^+(s)} = \frac{I_2^-(s)}{I_2^+(s)} = \frac{Z_2(s)-Z_\mathrm{C}(s)}{Z_2(s)+Z_\mathrm{C}(s)}$$

$N_1(s)$、$N_2(s)$ 分别称为始端和终端的复频域反射系数。将所求出的积分常数 $U^+(s)$、$U^-(s)$ 代入通解式(18-6)，便可得到在特定边界条件下的复频域特解，即

$$\begin{aligned} U(x,s) &= U^+(s)\mathrm{e}^{-\gamma x} + U^-(s)\mathrm{e}^{\gamma x} \\ &= \frac{Z_\mathrm{C}(s)U_\mathrm{S}(s)[\mathrm{e}^{-sx/v_\mathrm{w}} + N_2(s)\mathrm{e}^{-2sl/v_\mathrm{w}}\mathrm{e}^{sx/v_\mathrm{w}}]}{[Z_1(s)+Z_\mathrm{C}(s)][1-N_1(s)N_2(s)\mathrm{e}^{-2sl/v_\mathrm{w}}\mathrm{e}^{sx/v_\mathrm{w}}]} \end{aligned} \quad (18\text{-}21\mathrm{a})$$

$$\begin{aligned} I(x,s) &= \frac{U^+(s)}{Z_\mathrm{C}(s)}\mathrm{e}^{-\gamma x} - \frac{U^-(s)}{Z_\mathrm{C}(s)}\mathrm{e}^{\gamma x} \\ &= \frac{U_\mathrm{S}(s)[\mathrm{e}^{-sx/v_\mathrm{w}} - N_2(s)\mathrm{e}^{-2sl/v_\mathrm{w}}\mathrm{e}^{sx/v_\mathrm{w}}]}{[Z_1(s)+Z_\mathrm{C}(s)][1-N_1(s)N_2(s)\mathrm{e}^{-2sl/v_\mathrm{w}}]} \end{aligned} \quad (18\text{-}21\mathrm{b})$$

直接套用式(18-21)完全可以求出零初始条件的无损线方程在一般边界条件下的暂态解。但是，对于某些比较简单的具体问题，有时运用上述基本求解步骤反而更容易得出在特定初始条件和边界条件下无损耗线上电压、电流的复频域暂态解，再利用拉普拉斯反变换就可得到其时域暂态解。

18.4.2 三种特殊边界条件下无损耗线上波的反射

这里讨论终端匹配、开路以及短路三种边界条件下无损耗线上波的反射情况，为使求解过程简化，仍假设无损耗线初始状态为零且始端所接为一阶跃电压源。

1. 终端负载匹配时的无反射

终端匹配是有限长无损耗线波过程中最简单的一种负载情况，如图18-9所示，这时终端所接入的负载电阻等于无损耗线的特征阻抗，即 $R_2 = Z_\mathrm{C} = \sqrt{L_0/C_0}$，始端在 $t=0$ 时接入一理想电压源。由 $R_2 = Z_\mathrm{C}$ 可知 $N_2(s)=0$，即终端匹配时，传输线处于无反射工作状态，反向行波 $u^-(x,t)=0$，$i^-(x,t)=0$。又由于 $|Z_1(s)|=0$，所以可得始端反射系数 $N_1(s) =$

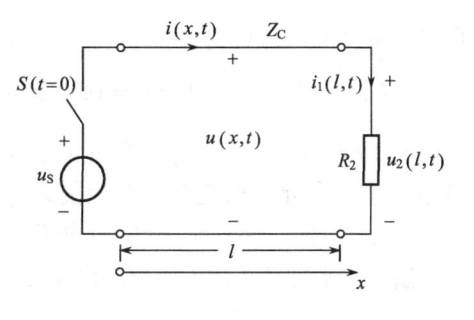

图18-9 终端匹配的有限长无损耗线

一。将所得反射系数代入式(18-21a)和式(18-21b)，可得

$$U(x,s) = \frac{U_0}{s}e^{-sx/v_w} \qquad I(x,s) = \frac{U_0}{sZ_C}e^{-sx/v_w}$$

对此两式施行拉普拉斯反变换并利用其时域位移性质可得电压、电流的表示式，分别为

$$u(x,t) = u^+(x,t) = U_0\varepsilon\left(t - \frac{x}{v_w}\right)$$

$$i(x,t) = i^+(x,t) = \frac{U_0}{Z_C}\varepsilon\left(t - \frac{x}{v_w}\right) = I_0\varepsilon\left(t - \frac{x}{v_w}\right)$$

可见，这与无限长无损耗线的阶跃响应相同。当无损线的始端接入电压源后，即产生一个以波速为 v_w、波幅不衰减由始端向终端传播的电压入射波 $u(x,t)$ 和电流入射波 $i(x,t)$，在 $0<t<l/v_w$ 时段内，沿线逐步建立 $u(x,t)$ 和 $i(x,t)$，入射波一旦到达终端就立刻建立稳定状态，有 $u(x,t)=U_0, i(x,t)=U_0/Z_C$。显然，电压波和电流波在线上各处均满足 $u=Z_Ci$ 的关系。在终端匹配的情况下，当入射波到达终端时，由于终端反射系数为零，所以电压波与电流波之间的关系已满足终端边界条件，不会有反射波出现。这时，终端电阻所吸收的功率恰好等于入射波向负载输送的功率，即等于电源发出的功率，这说明入射波所携带由电源发出的电能全部被负载吸收，即负载吸收的功率为 $p_2=u_2i_2=U_0I_0$。因此，在终端不会产生能量的反射。但是，在非匹配的条件下，终端吸收的功率小于入射波向负载输送的功率，因此必然产生能量的反射，从而形成电压、电流的反射波。

由于波速为有限值(接近光速)，所以当电压和电流波从始端传播到线上任一点时，需要经过一段延迟时间。在终端匹配时，线路终端的电压、电流完全同于始端的电压、电流，其延迟时间等于行波通过该线路所需的时间，即 $t_d=l/v_w=l\sqrt{L_0C_0}$。这表明，终端匹配的均匀传输线可以使作用于始端的电信号延迟一定的时间后在终端复现，用于该目的的均匀传输线称为延迟线。

例 18-1 现用 1.5m 长的延迟电缆以实现 $1\mu s$ 的延迟时间，且要求该电缆与电阻为 400Ω 的负载匹配。求延迟电缆的线路参数 L_0 和 C_0。

解 无损耗线中波的行进距离为

$$x = v_w t_d$$

将 $x=1.5m, t_d=1\mu s$ 代入上式，解得波速 v_w 为

$$v_w = \frac{1}{\sqrt{L_0C_0}} = 1.5 \times 10^6 \text{m/s}$$

又因要求该段传输线与 400Ω 的负载匹配，故有

$$Z_C = \sqrt{L_0/C_0} = 400\Omega$$

联立求解以上两式可得

$$C_0 = \frac{1}{600} \times 10^{-6}\text{F/m} = 0.0017\mu\text{F/m} \qquad L_0 = \frac{3}{200} \times 10^{-2}\text{H/m} = 0.15\text{mH/m}$$

例 18-2 已知无损架空线波阻抗 $Z_C=500\Omega$，线长 $l=3\text{km}$，终端接电阻负载 $R_2=300\Omega$，电路如图 18-9 所示。假定开关合上前线上各处电压、电流均为零，$t=0$ 时闭合开关 S，接通恒定电压 U_S。试绘出 $t=0$ 至 $t=35\mu s$ 期间终端电压随时间 t 的变化曲线。

解 终端连接负载不匹配。由于波速为 $v_w=3\times 10^8\text{m/s}$，故电压波由始端传播到终端所需时间为 $t=\dfrac{l}{v_w}=\dfrac{3000}{3\times 10^8}=10\mu s$。当 $t=35\mu s$ 时，电压波行进的距离为 $v_wt=3\times 10^8 \times 35\times 10^{-6}=$

10.5km;当 $t=0$ 时,开关 S 接通电源,在始端发出一个矩形电压波(正向行波),电压波传播过程如下:

(1) 当 $0<t<10\mu s$ 时,传输线上只有入射波 $u_1^+=U_S$,电压波经过处,线上就有电压 U_S,其电压分布如图 18-10(a)所示。此时,电压波 u_1^+ 未到终端,故终端电压为零。

(2) 当 $t=\dfrac{l}{v_w}=10\mu s$ 时,正向行波(入射波)u_1^+ 到达终端($x=3$km)并反射,反射系数为 $n=\dfrac{R-Z_C}{R+Z_C}=\dfrac{300-500}{300+500}=-\dfrac{1}{4}$,故反向行波(反射波)为 $u_1^-=nu_1^+=-\dfrac{1}{4}U_S$。

(3) 当 $10\mu s<t<20\mu s$ 时,传输线上既有入射波 u_1^+,又有反射波 u_1^-,凡是反射波 u_1^- 经过处线上电压为 $u=u^++u^-=U_S-\dfrac{1}{4}U_S=\dfrac{3}{4}U_S$;反射波 u_1^- 未到处,线上电压仍为 U_S,其电压分布如图 18-10(b)所示。此时,终端电压为 $\dfrac{3}{4}U_S$。

(4) 当 $t=20\mu s$ 时,反射波 u_1^- 抵达始端($x=6$km)并反射,始端是理想电压源,内阻为零,故始端反射系数 $n=-1$。因始端反射波由始端向终端传播,故称其为第2次入射波,用 u_2^+ 表示,即 $u_2^+=nu_1^-=-1\times\left(-\dfrac{1}{4}U_S\right)=\dfrac{U_S}{4}$。

(5) 当 $20\mu s<t<30\mu s$ 时,传输线上有入射波 u_1^+、反射波 u_1^- 和第2次入射波 u_2^+。第2次入射波 u_2^+ 经过处,线上电压为 $u=u_1^++u_1^-+u_2^+=U_S$;第2次入射波 u_2^+ 未到处,线上电压为 $u_1^++u_1^-=\dfrac{3}{4}U_S$,其电压分布如图 18-10(c)所示。此时,$u_2^+$ 未抵达终端,故终端电压仍为 $\dfrac{3U_S}{4}$。

(6) 当 $t=30\mu s$ 时,u_2^+ 抵达终端又反射,终端反射系数 $n=-\dfrac{1}{4}$,即 $u_2^-=nu_2^+=-\dfrac{1}{4}\times\left(\dfrac{1}{4}U_S\right)=-\dfrac{U_S}{16}$。

(7) 当 $30\mu s<t<40\mu s$ 时,传输线上有入射波 u_1^+、反射波 u_1^- 和入射波 u_2^+、反射波 u_2^-。第2次反射波 u_2^- 经过处,线上电压为 $u=u_1^++u_1^-+u_2^++u_2^-=\dfrac{15U_S}{16}$;第2次反射波 u_2^- 未到处,线上电压为 $u_1^++u_1^-+u_2^+=U_S$,其电压分布如图 18-10(d)所示。此时,终端电压为 $u=u_1^++$

(a) $0<t<10\mu s$

(b) $10\mu s<t<20\mu s$

(c) $20\mu s<t<30\mu s$

(d) $30\mu s<t<40\mu s$

(e) 终端电压随 t 的变化曲线

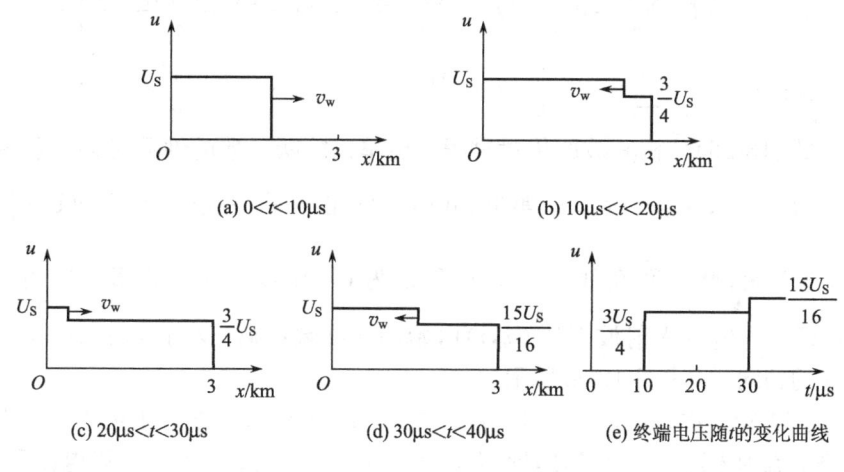

图 18-10 例 18-2 图

$$u_1^- + u_2^+ + u_2^- = U_\mathrm{S} - \frac{1}{4}U_\mathrm{S} + \frac{1}{4}U_\mathrm{S} - \frac{1}{16}U_\mathrm{S} = \frac{15U_\mathrm{S}}{16}。$$

(8) 当 $t=35\mu\mathrm{s}$ 时，u_2^- 未抵达始端。

综合以上结果，可得终端电压 u 随 t 的变化曲线如图 18-10(e)所示。

由此可见，在终端连接不匹配负载的无损线在直流电压源的作用下，线上多次反射，即入射波既在负载端反射，又在电源端反射，可以通过反射系数计算出各个入射波和反射波，并将每次反射波和入射波叠加起来。

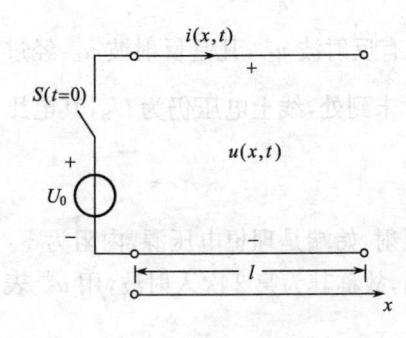

2. 终端开路时波的反射

始端接有阶跃电压源而终端开路的无损线如图 18-11 所示，这时有 $|Z_2(s)|=\infty$，因而终端反射系数 $N_2(s)=1$，终端发生正全反射，即在终端 $x=l$ 处，反射波等于入射波。又因 $|Z_1(s)|=0$，故始端反射系数 $N_1(s)=-1$，即始端发生负全反射。将所得反射系数代入式(18-21a)，可得

$$U(x,s) = \frac{U_0}{s} \cdot \frac{\mathrm{e}^{-sx/v_\mathrm{w}} + \mathrm{e}^{-s(2l-x)/v_\mathrm{w}}}{1+\mathrm{e}^{-2sl/v_\mathrm{w}}} \quad (18\text{-}22)$$

图 18-11 终端开路的有线无损耗线

将式(18-22)中，$(1+\mathrm{e}^{-2sl/v_\mathrm{w}})^{-1}$ 展开为幂级数，可得

$$(1+\mathrm{e}^{-2sl/v_\mathrm{w}})^{-1} = 1 - \mathrm{e}^{-2sl/v_\mathrm{w}} + \mathrm{e}^{-4sl/v_\mathrm{w}} - \cdots \quad (18\text{-}23)$$

式(18-23)代入式(18-22)，便可得出线上电压的复频域解 $U(x,s)$ 为一幂级数展开式，即

$$U(x,s) = \frac{U_0}{s}[\mathrm{e}^{-sx/v_\mathrm{w}} + \mathrm{e}^{-s(2l-x)/v_\mathrm{w}} - \mathrm{e}^{-s(2l+x)/v_\mathrm{w}} - \mathrm{e}^{-s(4l-x)/v_\mathrm{w}} + \mathrm{e}^{-s(4l+x)/v_\mathrm{w}} + \mathrm{e}^{-s(6l-x)/v_\mathrm{w}} - \cdots]$$

$$= \frac{U_0}{s} \sum_{n=0}^{\infty} (-1)^n [\mathrm{e}^{-s(2nl+x)/v_\mathrm{w}} + \mathrm{e}^{-s[(2n+1)l-x]/v_\mathrm{w}}] \quad (18\text{-}24\mathrm{a})$$

同理，由式(18-21b)可得线上电流的复频域解 $I(x,s)$，即

$$I(x,s) = \frac{U_0}{s|Z_\mathrm{C}|} \sum_{n=0}^{\infty} (-1)^n [\mathrm{e}^{-s(2nl+x)/v_\mathrm{w}} - \mathrm{e}^{-s[(2n+1)l-x]/v_\mathrm{w}}] \quad (18\text{-}24\mathrm{b})$$

对式(18-24)施行拉普拉斯反变换，并利用时域位移性质可以得出线上电压和电流的时域解，即电压行波和电流行波为

$$u(x,t) = U_0 \sum_{n=0}^{\infty} (-1)^n \left[\varepsilon\left(t-\frac{2nl+x}{v}\right) + \varepsilon\left(t-\frac{2(n+1)l-x}{v}\right)\right] \quad (18\text{-}25\mathrm{a})$$

$$i(x,t) = \frac{U_0}{Z_\mathrm{C}} \sum_{n=0}^{\infty} (-1)^n \left[\varepsilon\left(t-\frac{2nl+x}{v}\right) - \varepsilon\left(t-\frac{2(n+1)l-x}{v}\right)\right] \quad (18\text{-}25\mathrm{b})$$

下面根据式(18-25)分析其波的传播过程。由单位阶跃函数的性质可知，当 $0<t<l/v_\mathrm{w}$ 时，$\varepsilon\left(t-\frac{x}{v_\mathrm{w}}\right)=1$，因此，在 $0<t<l/v_\mathrm{w}$ 期间，式(18-25)仅有第一项($n=0$)，即 $U_0\varepsilon\left(t-\frac{x}{v_\mathrm{w}}\right)$ 和 $\frac{U_0}{Z_\mathrm{C}}\varepsilon\left(t-\frac{x}{v_\mathrm{w}}\right)$，这表明，此期间在线只有大小分别为 U_0 和 $U_0/|Z_\mathrm{C}|$ 的第一次电压入射波 $u^{+(1)}(x,t)$ 和第一次电流入射波 $i^{+(1)}(x,t)$ 由始端向终端传播，反射波尚未产生，情况完全与上一节所述的相同，如图 18-12(a)所示。

当 $t=l/v_\mathrm{w}$ 时，第一次入射波 $u^{+(1)}(x,t)$、$i^{+(1)}(x,t)$ 到达终端，线上电流为 U_0/Z_C，它并不满足终端开路电流为零这一边界条件，即 $i(l,t)=i^+(l,t)-i^-(l,t)=0$，所以电压和电流都出现由终端向始端行进的反射波，使入射波和反射波相加后在 $x=l$ 处满足终端边界条件。由

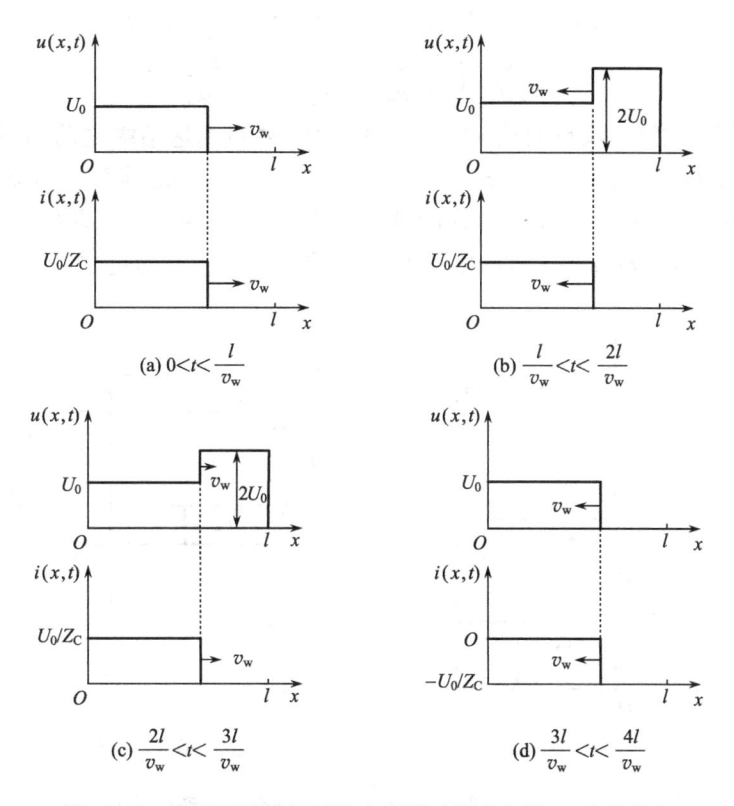

图 18-12 终端开路无损耗线上不同时段内电压、电流的分布

式(18-25)第二项($n=0$)可知,当 $t-\dfrac{2l-x}{v_w}\geqslant 0$,即 $t\geqslant\dfrac{2l-x}{v_w}$ 时,$\varepsilon\left(t-\dfrac{2l-x}{v_w}\right)=1$,因此,在终端 $x=l$ 处,只有当 $t\geqslant\dfrac{l}{v_w}$ 时才出现反射波。该反射波即为式(18-25)第二项($n=0$)。由终端边界条件可以求出终端 $x=l$ 处形成的第一次电流反射波的值为 $i^{-(1)}(l,l/v_w)=i^{+(1)}(l,l/v_w)=U_0/|Z_C|$,相应有一电压反射波 $u^{-(1)}(l,l/v_w)=|Z_C|i^{-(1)}(l,l/v_w)=|Z_C|I_0=U_0$。所以,第一次反射波与第一次入射波大小相等,即发生正全反射,它们的传播速度相同,但传播方向相反。在 $t=l/v_w$ 时,终端 $x=l$ 处的反射波与入射波相叠加,在线电流为 $i(l,l/v_w)=i^{+(1)}(l,l/v_w)-i^{-(1)}(l,l/v_w)=0$,电压为 $u(l,l/v_w)=u^{+(1)}(l,l/v_w)+u^{-(1)}(l,l/v_w)=2U_0$。当 $t>l/v_w$,在 $x=l$ 处所形成的第一次电压反射波 U_0 和第一次电流反射波 I_0 以波速 v_w 开始向始端传播。令 $t=(2l-x)/v_w$,可得该反射波的波前为 $x=2l-v_w t$。当 t 从 l/v_w 增长到 $2l/v_w$ 时,反射波 $u^{-(1)}(x,t)$、$i^{-(1)}(x,t)$ 的波前从线路终端($x=l$)传播到始端($x=0$),故它们为一反向行波。因此,在 $l/v_w<t\leqslant 2l/v_w$ 期间,线上反射波电压 $u^{-(1)}(x,t)$ 和以相同速度传播的入射波电压 $u^{+(1)}(x,t)$(即线上已有电压)叠加(相加)形成一个新的具有相同波速的反向电压行波,即

$$u(x,t)=u^{(1)}(x,t)=u^{+(1)}(x,t)+u^{-(1)}(x,t)$$
$$=U_0\varepsilon\left(t-\dfrac{x}{v_w}\right)+U_0\varepsilon\left(t-\dfrac{2l-x}{v_w}\right) \tag{18-26a}$$

同一时段的在线电流 $i(x,t)$ 则为反射波电流 $i^{-(1)}(x,t)$ 和入射波电流 $i^{+(1)}(x,t)$(即线上已有电流)叠加(相减)形成一个新的具有相同波速的反向行波,即

$$i(x,t) = i^{(1)}(x,t) = i^{+(1)}(x,t) - i^{-(1)}(x,t)$$
$$= \frac{U_0}{Z_C}\varepsilon\left(t - \frac{x}{v_w}\right) - \frac{U_0}{Z_C}\varepsilon\left(t - \frac{2l-x}{v_w}\right) \quad (18\text{-}26b)$$

由式(18-26)可见,在第一次反射波 $u^{-(1)}(x,t)$、$i^{-(1)}(x,t)$ 到达始端之前,它们所经之处,线间电压为 $u^{(1)}(x,t) = u^{+(1)}(x,t) + u^{-(1)}(x,t) = U_0 + U_0 = 2U_0$,电流为 $i^{(1)}(x,t) = i^{+(1)}(x,t) - i^{-(1)}(x,t) = I_0 - I_0 = 0$,如图 18-12(b)所示。在 $l/v_w < t < 2l/v_w$ 期间,由 $u^{+(1)}(x,t)$ 和 $u^{-(1)}(x,t)$ 合成 $u^{(1)}(x,t)$,$i^{+(1)}(x,t)$ 和 $i^{-(1)}(x,t)$ 合成 $i^{(1)}(x,t)$ 的过程如图 18-13 所示。

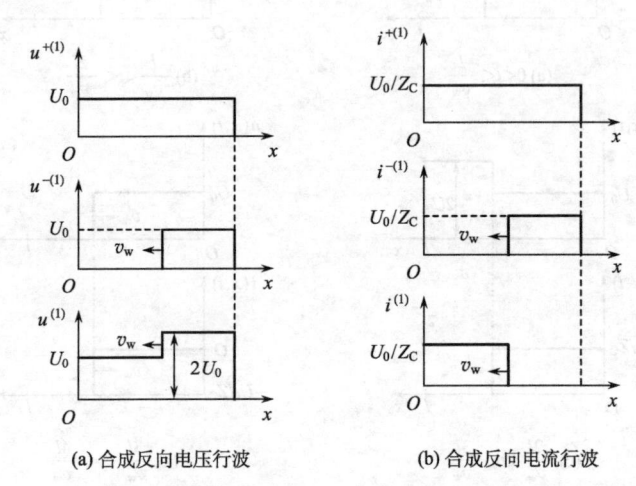

(a) 合成反向电压行波　　(b) 合成反向电流行波

图 18-13　$\frac{l}{v_w} < t < \frac{2l}{v_w}$ 期间入射波与反射波合成得到新的反向行波

由图 18-13 可见,反射波所到之处电压升高一倍。其缘由是,入射波虽在 $x=l$ 处开始反射,但反射波在 $l/v_w \leqslant t \leqslant 2l/v_w$ 期间尚未传播到始端,未对始端产生任何影响,因此,电源继续向传输线输送的充电电荷由于终端开路而受阻便在终端聚积起来,致使该处电压升高,并且这种电荷的聚积现象又从终端随反射波向始端方向沿线行进,从而使得反射波所到之处线路加倍充电,电压升高一倍。

从能量角度来看,电源每单位时间所提供的能量在第一次入射波向终端行进,即给线路充电的过程中一半转变为电场能量,一半转变为磁场能量。行波开始从终端反射后,电源仍按原有速率继续不断提供能量,这些能量沿线路依次传递到反射波已到达区段($l<x<2l-v_w t$),由于反射波和入射波所携带的能量相等,故使得这些区段单位长度的总能量增加,且是仅有入射波区段的二倍。此外,由于反射波已到达区域($l<x<2l-v_w t$)内的电流处处为零,因此该段线路上不再储存磁场能量,按照能量守恒定理其全部磁场能量转化为电场能量,故该段线路上单位长度的总电场能量增加到原值的四倍,按照电场能量与电压平方成正比的关系,反射波已到达的地区的电压上升到原值的二倍。

由上面的分析可知,在第一次反射波 $u^{-(1)}(x,t)$、$i^{-(1)}(x,t)$ 的波前到达始端的前一瞬间全线电流 $i^{(1)}(x,t)$ 为零,电压 $u^{(1)}(x,t)$ 为 $2U_0$。而当 $t=2l/v_w$,即第一次反射波的波前(亦即新的具有相同波速反向行波的波前)到达始端时,由始端电压源的电压为 U_0 这一边界条件即 $u(0,t) = U_0$ 可知,此时始端电压应满足

$$u(0, 2l/v_w) = u^{(2)}(0, 2l/v_w)$$
$$= u^{(1)}(0, 2l/v_w) + u^{+(2)}(0, 2l/v_w) = 2U_0 + u^{+(2)}(0, 2l/v_w) = U_0$$

因此，为满足始端边界条件，又出现从电源端发出向终端传播的第二次电压入射波 $u^{+(2)}(x,t)=-U_0$。第二次电流入射波为 $i^{+(2)}(x,t)=u^{+(2)}(x,t)/Z_C=-U_0/Z_C=-I_0$，其表示式分别是式(18-24)中当 $n=1$ 时所得两项中的第一项。当 $t>2l/v_w$ 时，在 $x=0$ 处所形成的第二次电压入射波 $-U_0$、第二次电流入射波 $-I_0$ 以波速 v_w 向终端传播。

在 $2l/v_w<t<3l/v_w$ 期间，如同第一次电源发出入射波的情况，第二次入射波尚未到达终端之前并未产生反射波。因此，第二次电压和电流入射波自始端向终端分别叠加于传输线上已有的电压和电流值上，组成新的以波速 v_w 向终端传播的电压和电流正向行波，即

$$u(x,t)=u^{(2)}(x,t)=u^{(1)}(x,t)+u^{+(2)}(x,t)$$
$$=u^{+(1)}(x,t)+u^{-(1)}(x,t)+u^{+(2)}(x,t)=U_0+U_0-U_0=U_0$$
$$i(x,t)=i^{(2)}(x,t)=i^{(1)}(x,t)+i^{+(2)}(x,t)$$
$$=i^{+(1)}(x,t)-i^{-(1)}(x,t)+i^{+(2)}(x,t)=i^{+(2)}(x,t)=-I_0$$

第二次入射波波前所经过之处沿线电压变为 U_0，电流变为 $-I_0$，其解析式即为式(18-25)中的前三项之和。从能量上来说，这一时间段的物理过程是传输线经电源放电的过程。

当 $t=3l/v_w$ 时，第二次入射波的波前到达终端，由终端开路电流为零这一边界条件可得

$$i(3l,3l/v_w)=i^{(2)}(3l,3l/v_w)-i^{-(2)}(3l,3l/v_w)=-I_0-i^{-(2)}(3l,3l/v_w)=0$$

可知终端 $x=l$ 处形成的第二次反射波电流值为 $i^{-(2)}(3l,3l/v_w)=-I_0$。

相应有第二次电压反射波 $u^{-(2)}(3l,3l/v_w)=Z_C i^{-(2)}(3l,3l/v_w)=-Z_C I_0=-U_0$，其表示式分别为式(18-25a)和式(18-25b)中当 $n=1$ 时所得两项中的第二项。因此，在 $3l/v_w<t<4l/v_w$ 期间，第二次反射波自终端向始端叠加于传输在线已有的电压或电流值上，组成新的以波速 v_w 向始端传播的电压和电流反向行波，即

$$u(x,t)=u^{(3)}(x,t)=u^{(2)}(x,t)+u^{-(2)}(x,t)$$
$$=u^{+(1)}(x,t)+u^{-(1)}(x,t)+u^{+(2)}(x,t)+u^{-(2)}(x,t)$$
$$=U_0+(-U_0)=0$$
$$i(x,t)=i^{(3)}(x,t)=i^{(2)}(x,t)-i^{-(2)}(x,t)$$
$$=i^{+(1)}(x,t)-i^{-(1)}(x,t)+i^{+(2)}(x,t)-i^{-(2)}(x,t)$$
$$=-I_0-(-I_0)=0$$

即第二次反射波波前所经过之处沿线电压变为零，电流变为零，其解析式即为式(18-25)中的前四项之和，传输线上的电压和电流分别如图18-12(d)所示。

当 $t=4l/v_w$ 时，第二次反射波 $u^{-(2)}(x,t)$、$i^{-(2)}(x,t)$ 的波前到达始端，全线电压(除始端外)、电流均为零，与初始状态相同，即恢复到 $t=0$ 时开始接通的状态，这时完成传输线与电源 U_0 接通后的第一次循环。此后，线上的电压、电流将周期地重复此波的传输过程。显然，此周期等于波行进4倍线长所需的时间，即 $T=4l/v_w=4l\sqrt{L_0 C_0}$。图18-14示出终端开路的无损

(a) $u_2(t)=u(l,t)$ 的变化曲线

(b) $i_1(t)=i(0,t)$ 的变化曲线

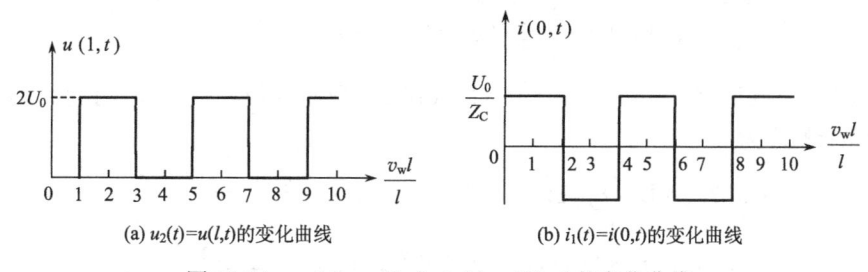

图 18-14 $u_2(t)=u(l,t)$、$i_1(t)=i(0,t)$ 的变化曲线

耗线终端电压 $u_2(t)=u(l,t)$ 和始端电流 $i_1(t)=i(0,t)$ 随时间的变化过程，它们的周期均等于 $4l/v_w$。应指出的是，虽然终端开路无损耗线在始端所加的电压为直流电压 U_0，但是线上的电压和电流却是如图 18-14 所示的周期方波，这种现象在集中参数电路中不会出现。

例 18-3 如图 18-15(a)所示，均匀无损线的特性阻抗 $Z_C=500\Omega$，终端接负载阻抗 $R_2=250\Omega$，始端接直流电压源 $U_0=500V$。若在达稳态后将负载 R_2 突然断开，试分析此时电压、电流波如何沿线传播。

(a) 电路图　　　　　(b) 电压、电流波形图

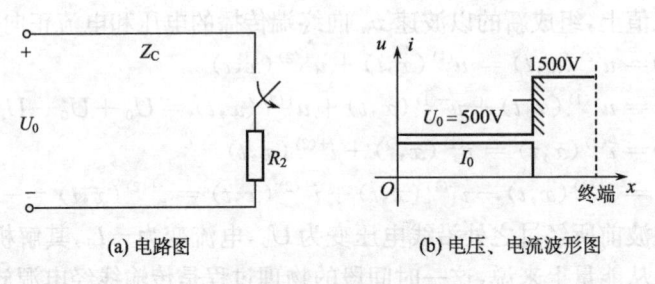

图 18-15　例 18-3 图

解 在无损耗线达稳态后终端发生换路的情况下，产生反向行波，从终端向始端发出，即为另一种形式波的发出情况。在原稳态时，沿线电压均为 U_0，沿线电流则为负载电流，故有 $U_0=500V$，$I_0=500/250=2A$。终端突然开路，即 $i_2=0$，由 $i_2=I_0-i^-$ 可得 $i^-=2A$，$u^-=Z_C i^-=1000V$。所以，在反向行波向始端推进过程中，波所到之处的电压、电流为

$$u=U_0+u^-=1500V \qquad i=0$$

沿线波过程如图 18-15(b)所示。

3. 终端短路时波的反射

对于始端接阶跃电压源而终端短路的无损线而言，有 $|Z_1(s)|=0$，$|Z_2(s)|=0$，因此 $N_1(s)=-1$，$N_2(s)=-1$，线路两端皆发生负全反射。这时，将反射系数代入式(18-21a)可得

$$U(s,x)=\frac{U_0}{s(1-e^{-2sl/v})}[e^{-sx/v}-e^{-s(2l-x)/v}]$$

已知上式中 $(1-e^{-2sl/v})=1+e^{-2sl/v}+e^{-4sl/v}+\cdots$，借此可将 $U(s,x)$ 展开成指数级数形式，即有

$$U(x,s)=\frac{U_0}{s}[e^{-sx/v}-e^{-s(2l-x)/v}+e^{-s(2l+x)/v}-e^{-s(4l-x)/v}+\cdots]$$

$$=\frac{U_0}{s}\sum_{n=0}^{\infty}[e^{-s(2nl+x)/v}-e^{-s[2(n+1)l-x]/v}] \tag{18-27a}$$

同理，可得

$$I(x,s)=\frac{I_0}{s}\sum_{n=0}^{\infty}[e^{-s(2nl+x)/v}+e^{-s[2(n+1)l-x]/v}] \tag{18-27b}$$

式(18-27b)中，$I_0=U_0/Z_C$，$Z_C=\sqrt{L_0/C_0}$。对式(18-27)取拉普拉斯反变换，可得终端短路时无损线上的阶跃响应为

$$u(x,t)=U_0\sum_{n=0}^{\infty}\left[\varepsilon\left(t-\frac{2nl+x}{v}\right)-\varepsilon\left(t-\frac{2(n+1)l-x}{v}\right)\right] \tag{18-28a}$$

$$i(x,t)=I_0\sum_{n=0}^{\infty}\left[\varepsilon\left(t-\frac{2nl+x}{v}\right)+\varepsilon\left(t-\frac{2(n+1)l-x}{v}\right)\right] \tag{18-28b}$$

由此可见,终端短路时无损线上的电压波和电流波同样是不断入射和反射的流动波。

同样,根据单位阶跃函数的性质,在 $0<t<l/v_w$ 期间,仅有自始端电压源发出向终端行进大小分别为 U_0 和 U_0/Z_C 的电压、电流入射波,其表示式为式(18-28a)、式(18-28b)中的第一项($n=0$),如图18-16(a)所示,与终端开路时完全相同。当 $t=l/v_w$ 时,第一次入射波 $u^{+(1)}(x,t)$、$i^{+(1)}(x,t)$ 到达终端,由于电压为 U_0,不满足终端短路电压为零这一边界条件,即 $u(l,t)=u^+(l,t)+u^-(l,t)=0$,所以电压和电流中都出现由终端向始端行进的反射波,其表示式分别为式(18-28a)和式(18-28b)中的第二项($n=0$),使入射波和该反射波相加后在 $x=l$ 处满足终端边界条件。因此,在终端 $x=l$ 处,只有当 $t\geqslant\frac{l}{v_w}$ 时才出现反射波。由终端边界条件可以求出终端 $x=l$ 处形成的第一次电流反射波的值为 $u^{-(1)}(l,l/v_w)=-u^{+(1)}(l,l/v_w)=-U_0$,相应有一电流反射波 $i^{-(1)}(l,l/v_w)=u^{-(1)}(l,l/v_w)/Z_C=-U_0/Z_C=-I_0$,因此,第一次反射波与第一次入射波相差一负号,即发生负全反射,它们的传播速度相同,但传播方向相反。

类似于终端开路时的情况,在 $l/v_w\leqslant t<2l/v_w$ 期间,第一次反射波与第一次入射波(即线上已有电压、电流)叠加形成一个新的具有相同波速的反向行波。在该反向行波所到之处($x\geqslant 2l-v_w t$)有

$$u(x,t)=u^{(1)}(x,t)=u^{+(1)}(x,t)+u^{-(1)}(x,t)=U_0+(-U_0)=0 \quad (18\text{-}29\text{a})$$

$$i(x,t)=i^{(1)}(x,t)=i^{+(1)}(x,t)-i^{-(1)}(x,t)=I_0-(-I_0)=2I_0 \quad (18\text{-}29\text{b})$$

由式(18-29a)、式(18-29b)可见,在第一次反射波 $u^{-(1)}(x,t)$、$i^{-(1)}(x,t)$ 的波前到达始端之前,它们所经之处,沿线线间电压变为零,沿线在线电流变为 $2I_0$。电流增加一倍的原因可以参照终端开路情况应用对偶原理进行分析,$l/v_w\leqslant t<2l/v_w$ 期间无损耗线上电压、电流的分布如图18-16(b)所示。

当 $t=2l/v_w$,即第一次反射波的波前(亦即新的具有相同波速反向行波的波前)到达始端的瞬间,由始端电压源的电压为 U_0 这一边界条件即 $u(0,t)=U_0$ 可知,此时始端电压应满足

$$u(0,2l/v_w)=u^{(2)}(0,2l/v_w)=u^{(1)}(0,2l/v_w)+u^{+(2)}(0,2l/v_w)=u^{+(2)}(0,2l/v_w)=U_0$$

即为满足始端边界条件,又出现从电源端发出向终端传播的第二次电压入射波 $u^{+(2)}(x,t)=U_0$,亦即使波前处的电压立即上升到 U_0。相应地,第二次电流入射波为 $i^{+(2)}(x,t)=u^{+(2)}(x,t)/Z_C=U_0/Z_C=I_0$,其表示式分别是式(18-28a)和式(18-28b)中当 $n=1$ 时所得两项中的第一项。当 $t>2l/v_w$ 时,在 $x=0$ 处所形成的第二次电压入射波 U_0、第二次电流入射波 $-I_0$ 以波速 v_w 向终端传播。在 $2l/v_w<t<3l/v_w$ 期间,如同第一次电源发出入射波的情况,第二次入射波尚未到达终端之前并未产生反射波。因此,第二次入射波电压或电流自始端向终端分别叠加于传输在线已有的电压和电流值上,组成新的以波速 v_w 向终端传播的电压和电流正向行波,即

$$u(x,t)=u^{(2)}(x,t)=u^{(1)}(x,t)+u^{+(2)}(x,t)$$
$$=u^{+(1)}(x,t)+u^{-(1)}(x,t)+u^{+(2)}(x,t)=0+U_0=U_0$$

$$i(x,t)=i^{(2)}(x,t)=i^{(1)}(x,t)+i^{+(2)}(x,t)=2I_0+I_0=3I_0$$

所以,沿线电压重新变为 U_0,沿线电流增大到 $3I_0$。其解析式即分别为式(18-28a)、式(18-28b)中的前三项之和,图18-16(c)示出了在 $2l/v_w<t<3l/v_w$ 期间线上电压、电流的分布。

当 $t=3l/v_w$ 时,第二次入射波到达终端,为满足终端短路电压为零这一边界条件,电压和电流都出现由终端向始端行进的反射波,其表示式分别为式(18-28a)、式(18-28b)中的第二项

($n=1$),使入射波和该反射波相加后在 $x=l$ 处满足终端边界条件。在 $3l/v_w < t < 4l/v_w$ 期间，线上电压、电流分别为

$$u(x,t) = u^{(3)}(x,t) = u^{(2)}(x,t) + u^{-(2)}(x,t) = U_0 + (-U_0) = 0,$$
$$i(x,t) = i^{(3)}(x,t) = i^{(2)}(x,t) - i^{-(2)}(x,t) = 3I_0 - (-I_0) = 4I_0$$

图 18-16(d)示出在 $3l/v_w < t < 4l/v_w$ 期间线上电压、电流的分布。

由图 18-16 可知，经 $2l/v_w$ 时间，电压从 U_0 变到零，电流将从 I_0 增至 $2I_0$。此后每次由始端发出的入射波使沿线电压变为 U_0，由终端产生的反射波又使电压变为零。但是，从接通电源开始，无论是始端发出的入射波，还是终端产生的反射波总是使沿线电流各增加一个 I_0。因此，沿线电压分布将以 $T=2l/v_w$ 为周期，在零和 U_0 之间变动，而电流则随时间的延续不断增大直至无穷大。从接通电源开始，电压波和电流波持续不断地由始端向终端传播，又由终端向始端传播，反复循环。

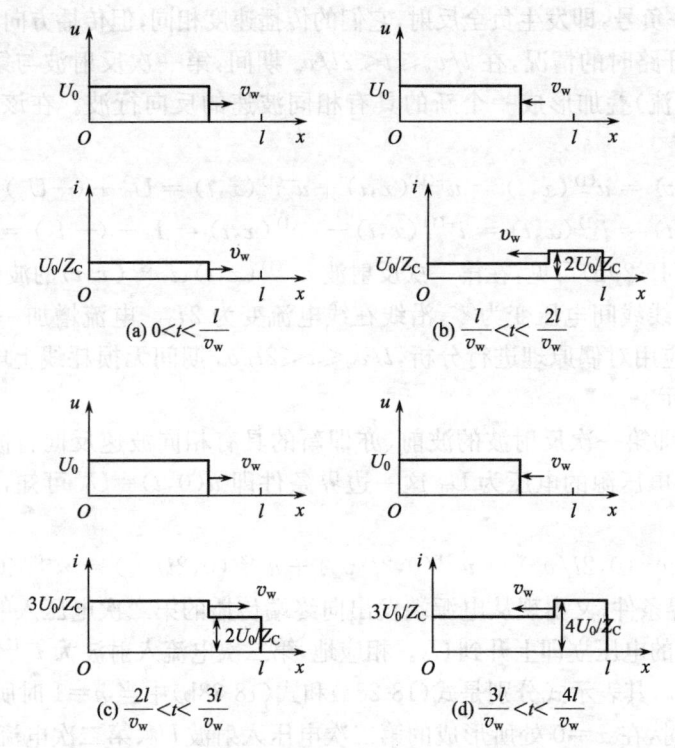

图 18-16 不同时段短路无损耗线上电压、电流的分布

综上所述，与终端开路情况不同的是，当终端短路时，尽管线上有反射，但电压及电流的合成行波却都是正的。

图 18-17 表示线路中点 $\left(x = \dfrac{l}{2}\right)$ 的电压和终端电流随时间的变化过程。由此可见，虽然在无损耗线始端所加的是直流电压，但线上电流却阶梯式增长，趋于无穷大，这是由于假设线路上电阻和电导均为零并且终端短路的缘故。但是，线上的电压则是周期变化的方波脉冲。

例 18-4 设一无损耗线长为 10m，单位长度线间电容 $C_0 = 600\text{pF}$，当终端短路时，在始端测得一个信号脉冲沿线来回所需时间为 $t = 0.1\mu\text{s}$。试求单位长度线段电感 L_0，以及线路的特性阻抗 Z_C。

(a) $u\left(\dfrac{1}{2}, t\right)$ 随时间的变化曲线

(b) $i(l,t)$ 随时间的变化曲线

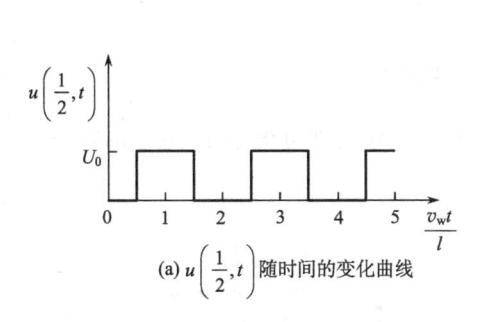

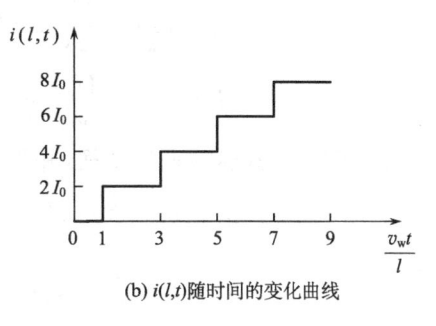

图 18-17 $u\left(\dfrac{l}{2}, t\right)$ 和 $i(l,t)$ 随时间的变化曲线

解 当无损耗线终端短路时,反射系数为 $N_2 = \dfrac{Z_2 - Z_C}{Z_2 + Z_C} = -1$,无损耗线发生全反射。信号脉冲从始端到终端一次所需要时间为 $t_d = \dfrac{t}{2} = 0.05 \times 10^{-6}$ s,其传播速度

$$v_w = \frac{l}{t_d} = \frac{10}{0.05 \times 10^{-6}} = 2 \times 10^8 \, \text{m/s}$$

又

$$v_w = \frac{1}{\sqrt{L_0 C_0}} = 2 \times 10^8$$

所以

$$L_0 = \frac{1}{v_w^2 C_0} = \frac{1}{(2 \times 10^8)^2 \times 600 \times 10^{-12}} = 4.17 \times 10^{-8} \, \text{H}$$

特性阻抗为

$$Z_C = \sqrt{\frac{L_0}{C_0}} = \sqrt{\frac{4.17 \times 10^{-8}}{600 \times 10^{-12}}} = 83.27 \, \Omega$$

18.4.3 无损线终端接有集中参数负载时波的反射

当终端接有集中参数负载(电阻、电感或电容)时,可以按其所对应的终端边界条件确定各次反射波,从而求出换路后线路上电压、电流的暂态解。

为使所讨论的问题具有一般性,考虑始端所接的电压源具有内阻 R_1,因此始端的边界条件应该包括 R_1。为简化讨论,假设在 $t=0$ 时接入的直流电压源 U_S 与无损线始端匹配,即有 $R_1 = Z_C$,因此,始端反射系数 $N_1(s) = (R_1 - Z_C)/(R_1 + Z_C) = 0$,电压源 U_S 拉普拉斯变换为 $U_S(s) = U_S/s$。此外,还假设无损线处于零初始状态。

1. 终端连接电阻负载的无损耗线上波的反射

终端接有电阻负载 R_2 的无损耗线如图 18-18 所示,这时 $Z_2(s) = R_2$,因此终端反射系数为 $N_2(s) = (R_2 - Z_C)/(R_2 + Z_C) = n_2$,它为一随 R_2 而变的实数。将这些结果代入式(18-21)可得线上电压、电流的瞬态复频域解为

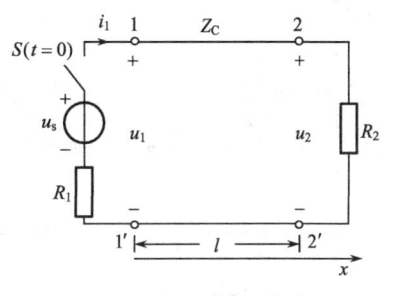

图 18-18 终端连接电阻负载的无损耗线

$$U(s,x) = \frac{U_S}{2s}[e^{-sx/v_P} + N_2(s)e^{-2sl/v_P}e^{sx/v_P}] \tag{18-30a}$$

$$I(s,x) = \frac{U_S}{2sZ_C}[e^{-sx/v_P} - N_2(s)e^{-2sl/v_P}e^{sx/v_P}] \tag{18-30b}$$

对式(18-30)施行拉普拉斯反变换，并利用时域位移定理可得电压、电流的瞬态时域解为

$$u(x,t) = \frac{U_S}{2}\left[\varepsilon\left(t - \frac{x}{v_P}\right) + n_2\varepsilon\left(t + \frac{x}{v_P} - \frac{2l}{v_P}\right)\right] \tag{18-31a}$$

$$i(x,t) = \frac{U_S}{2Z_C}\left[\varepsilon\left(t - \frac{x}{v_P}\right) - n_2\varepsilon\left(t + \frac{x}{v_P} - \frac{2l}{v_P}\right)\right] \tag{18-31b}$$

由式(18-31)可见，在一般情况下，线上电压和电流均为入射波和反射波之代数和，其具体形式则可以根据终端反射系数 N_2，即终端所接电阻 R_2 与线路特性阻抗 Z_C 之间的相对大小而定。显然，N_2 的取值除决定有无反射波外，还影响反射波幅值的大小。下面对于 N_2 的三种可能情况加以讨论。

(1) 若 $R_2 > Z_C$，则 $N_2 > 0$，这时，线路终端有反射波产生且不改变符号。由式(18-31)及单位阶跃函数的性质可知，线上电压、电流的瞬时波过程从时间上可以划分为三个阶段：

① 在 $0 < t < \dfrac{l}{v_w}$ 期间，线上只有电压、电流的矩形入射波，即

$$u(x,t) = u^+(x,t) = \frac{U_S}{2}\varepsilon\left(t - \frac{x}{v_w}\right) \qquad i(x,t) = i^+(x,t) = \frac{U_S}{2Z_C}\varepsilon\left(t - \frac{x}{v_w}\right)$$

在这一时间段，以波速 v_w 由始端向终端行进的电压、电流入射波尚未到达终端负载处，因而线路上还没有反射波产生，如图 18-19(a)所示。

② 在 $\dfrac{l}{v_w} < t < \dfrac{2l}{v_w}$ 期间，反射波开始由终端负载处发出，以速度 v_w 向始端行进。反射波与入射波(即在线已有电压)叠加形成一个新的具有相同波速的反向行波。在反射波所到之处 $(x \geq 2l - v_w t)$，电压或电流按式(18-31)为入射波和反射波之代数和，即有

$$u(x,t) = u^+(x,t) + u^-(x,t) = (1+N_2)u^+(x,t) = \frac{U_S}{2}(1+N_2)$$

$$i(x,t) = i^+(x,t) - i^-(x,t) = (1-N_2)i^+(x,t) = \frac{U_S}{2Z_C}(1-N_2)$$

反射波未到达的区段，则仍只有入射波，如图 18-19(b)所示。

③ 在 $t > \dfrac{2l}{v_w}$ 期间，由终端发出的反射波已经到达始端，但是因为始端处于匹配状态($R_1 = $

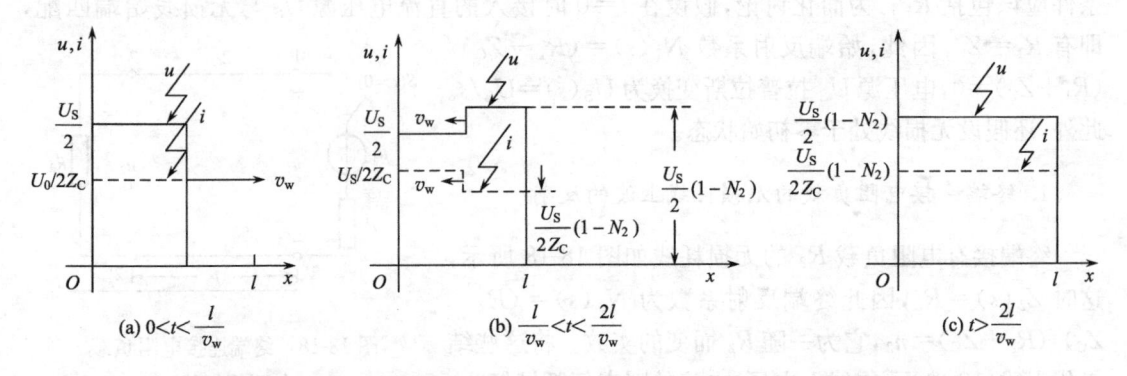

图 18-19 终端电阻负载 $R_2 > Z_C$ 时无损线上电压、电流分布的瞬时曲线

Z_C),故其反射系数 $N_1(s)=0$,即始端不再有反射波,亦即第二次入射波发出,可以认为瞬时过程已经结束,这时线路进入稳定状态,线上的电压和电流分别为

$$u(x,t) = \frac{U_s}{2}(1+N_2) \qquad i(x,t) = \frac{U_s}{2Z_C}(1-N_2)$$

如图 18-19(c)所示。

由图 18-19 可见,这时终端电压比入射波电压高,其缘由在于入射波投射到终端时遇到比波阻抗 Z_C 要大的负载电阻 R_2,故线上的充电电荷因来不及全部流过该电阻而在终端产生堆积,结果使得终端电压升高,即 $u_2=\frac{U_s}{2}(1+N_2) > u_1 = \frac{U_s}{2}(N_2 > 0)$。

例 18-5 如图 18-20(a)所示的均匀无损耗线长 $l=6\text{km}$,特性阻抗 $Z_C=600\Omega$,波速接近光速;电源内阻 $R_S=Z_C$,$U_s=240\text{V}$,$R_2=1800\Omega$。试确定无损线中点处的电流 $i(t)$ 在 $0<t<60\mu\text{s}$ 期间内的变化规律。

解 波从始端传到中点所用的时间为 $t_1=\left(\frac{l}{2}\right)/v_w=\frac{3\times10^3}{3\times10^8}=10\mu\text{s}$,因此

① 当 $0<t<10\mu\text{s}$ 时,入射波从始端发生,尚未到达中点,所以 $i(t)=0$。

② $10\mu\text{s}\leqslant t<30\mu\text{s}$ 时,入射波已经过中点,但在终端所产生的反射波还没有到达中点时

$$i(t) = i_1^+ = \frac{U_s}{R_S+Z_C} = \frac{240}{600+600} = 0.2\text{A}$$

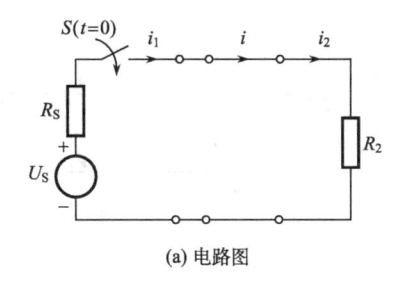

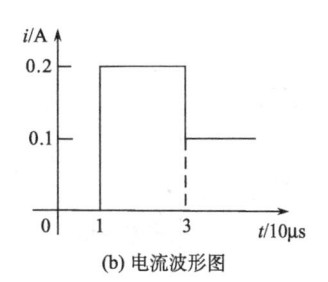

图 18-20 例 18-5 图

③ 当 $30\mu\text{s}\leqslant t<60\mu\text{s}$ 时,在终端产生的反射波已经过中点,并于 $t=40\mu\text{s}$ 时刻到达始端,由于 $R_S=Z_C$,所以到达始端不再产生第二次反射。终端反射系数和电流分别为

$$n_2 = \frac{R_2-Z_C}{R_2+Z_C} = \frac{1800-1600}{1800+1600} = 0.5 \qquad i_2^- = n_2 i_2^+ = n_2 i_1^+ = 0.1\text{A}$$

因此,电流 $i(t)$ 在 $30\mu\text{s}<t<60\mu\text{s}$ 期间内的变化规律为

$$i(t) = i_1^+ - i_2^- = 0.2 - 0.1 = 0.1\text{A}$$

其变化规律如图 18-20(b)。

(2) 若 $R_2=Z_C$,则 $N_2=0$,这时,负载与传输线匹配,又由于 $N_1=0$,故无论是线的始端或终端均无反射波,因此换路后,入射波一到达终端负载处,线路即时进入稳定状态,瞬间过程随之结束。由式(18-31)可知,线上的电压和电流分别为

$$u(x,t) = \frac{U_s}{2}, t\geqslant 0 \qquad i(x,t) = \frac{U_s}{2Z_C}, t\geqslant 0$$

(3) 若 $R_2<Z_C$,则 $N_2<0$,这时,线路终端有反射波产生且要改变符号。由式(18-31)及单位阶跃函数的性质可知,线上的电压和电流的瞬时波过程从时间上也可以划分为三个阶段:

469

① 在 $0<t<\dfrac{l}{v_w}$ 期间，线上只有电压、电流的入射波，表示其对应波形如同 $N_2>0$ 时。

② 在 $\dfrac{l}{v_w}<t<\dfrac{2l}{v_w}$ 期间，反射波开始由终端负载处发出，以速度 v_w 向始端行进。在反射波所到之处 $(x\geqslant 2l-v_w t)$，反射波与入射波（即在线已有电压）叠加形成一个新的具有相同波速的电压及电流反向行波，即

$$u(x,t)=u^+(x,t)+u^-(x,t)=(1-|N_2|)u^+(x,t)=\dfrac{U_S}{2}(1-|N_2|)$$

$$i(x,t)=i^+(x,t)-i^-(x,t)=(1+|N_2|)i^+(x,t)=\dfrac{U_S}{2Z_C}(1+|N_2|)$$

反射波未到达的区段，仍只有入射波，如图 18-21(a) 所示。

③ 在 $t>\dfrac{2l}{v_w}$ 期间，由终端发出的反射波已经到达始端，但是因为始端处于匹配状态（$R_1=Z_C$），故其反射系数 $N_1(s)=0$，即始端不再有反射波，亦即第二次入射波发出，可以认为瞬时过程已经结束，线路进入稳定状态。由式(18-21)可知，线上的电压和电流分别为

$$u(x,t)=\dfrac{U_S}{2}(1-|N_2|) \qquad i(x,t)=\dfrac{U_S}{2Z_C}(1+|N_2|)$$

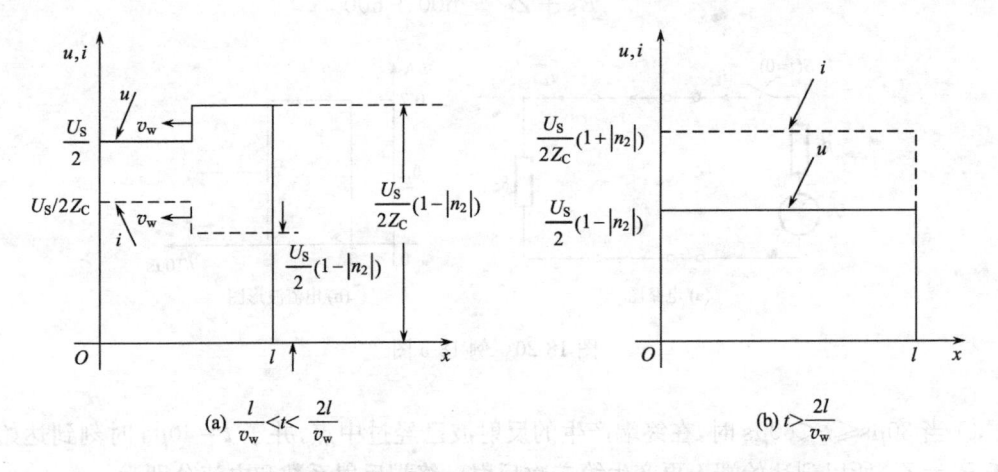

如图 18-21(b) 所示。

图 18-21　终端电阻负载 $R_2<Z_C$ 时无损线上电压、电流分布的瞬时曲线

由图 18-21 可见，这时终端电压比入射波电压低，其原因在于入射波投射到终端时遇到比波阻抗 Z_C 小的负载电阻 R_2，在同一瞬间内流过 R_2 的电荷多于入射波携带至终端的电荷，故而需从已充电的导线上获取所差的电荷，结果使得线路终端电压降低，$u_2=\dfrac{U_S}{2}(1-|N_2|)<u_1=\dfrac{U_S}{2}$，$(N_2<0)$。

例 18-6　如图 18-22(a) 所示的无损耗线已处于稳定状态，$t=0$ 时将终端开关 S 合上接入负载 R_L。试求在 $0<t<\dfrac{l}{v_w}$ 期间沿线电压 $u(x,t)$，已知，$U_0=36$V，$R_0=400\Omega$，$R_L=200\Omega$，$Z_C=400\Omega$。

解　因为开关 S 合上前电路已处于稳态，所以沿线各处的电压为 U_0，而各处电流为零，故由 KVL 可知，开关的端电压为 $U_S=U_0$。当 $t=0$ 时，合上开关 S，则开关的端电压为 $U_S=0$。

由替代定理和叠加定理可以得出 $t=0$ 时的等效电路如图 18-22(b)所示,该电路又可分解为图 18-22(c)和图 18-22(d)。

显然,图 18-22(c)就是图 18-22(a)所描述的稳态电路,沿线各处的电压和电流为 $u^{(1)}=U_0\varepsilon(t)$, $i^{(1)}=0$。

在图 18-22(d)中,设线路长度为 l,该电路说明 $t=0$ 时开关 S 合上后线路终端有电流出现,在 $0<t<\dfrac{l}{v}$ 期间内,从终端向始端发出的波未行进到始端,始端对波过程不发生影响,故终端发出波的计算如图 18-22(e)所示。这时有 $u^{(2)}=-\dfrac{Z_C}{Z_C+R_L}U_0$,故有

$$u^{(2)}(x,t)=-\dfrac{Z_C}{Z_C+R_L}U_0\varepsilon\left(t-\dfrac{l-x}{v_w}\right)$$

因此,$0<t<\dfrac{l}{v}$ 期间沿线电压 $u(x,t)$ 为

$$u(x,t)=U_0\varepsilon(t)-\dfrac{Z_C}{Z_C+R_L}U_0\varepsilon\left(t-\dfrac{l-x}{v_w}\right)$$

代入数值可得 $u(x,t)=36\varepsilon(t)-24\varepsilon\left(t-\dfrac{l-x}{v_w}\right)$。

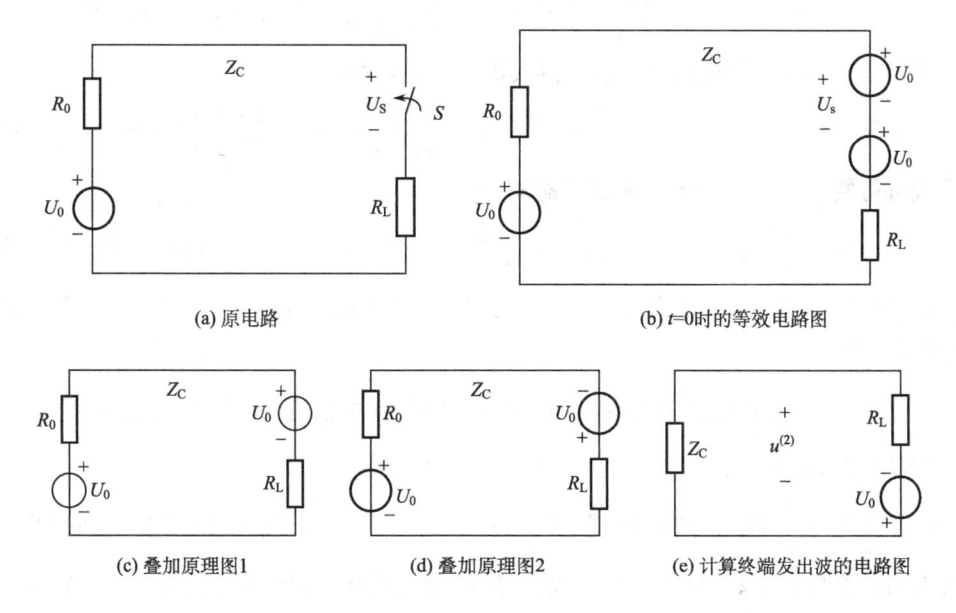

(a) 原电路

(b) $t=0$ 时的等效电路图

(c) 叠加原理图1

(d) 叠加原理图2

(e) 计算终端发出波的电路图

图 18-22 例 18-6 图

当 $R_2=0$,即终端短路时,有 $N_2=-1$,终端发生全反射且改变符号,因此,终端电流加倍,而电压则降至零。于是,在 $\dfrac{l}{v_w}<t<\dfrac{2l}{v_w}$ 期间,凡反射波所到之处($x\geqslant 2l-v_w t$),电流加倍,而电压则降至零;当 $R_2=\infty$,即终端开路时,$N_2=1$,终端发生全反射且不改变符号,因此终端电压加倍,而电流则降至零。

此外,在终端连接电阻负载的无损耗线上暂态时域解的一般式(18-31)中,令 $x=l$,可以得到终端电压、电流的表达式为

$$u_2=\dfrac{U_s R_2}{R_2+Z_C}\varepsilon\left(t-\dfrac{l}{v_w}\right) \qquad i_2=\dfrac{U_S}{R_2+Z_C}\varepsilon\left(t-\dfrac{l}{v_w}\right)$$

这表明终端电压、电流的变化较始端延迟时间为 $\frac{l}{v_w}$。因此,在工程技术中,可在负载与信号源之间插入一段与信号源内阻抗相匹配的无损耗线用作超高频电路的延迟线。

在以上的讨论中,设电源内阻与线路匹配,即 $R_1=Z_C$,故而简化了问题。这时,由于始端反射系数为零,所以当终端的反射波到达始端时全部为电源所吸收,始端再无反射波发出。但是,若始端不处于匹配状态、则当终端的反射波到达始端后,又产生新的反射,这一过程称为波的多次反射。在一般情况下,传输线的暂态过程在理论上是一个波的无限多次反射过程,最终才进入稳态。

2. 终端接有感性负载的无损耗线上波的反射

终端接有感性负载的无损耗线如图 18-23 所示。这时,因 $R_1=Z_C$,则始端的反射系数 $N_1=0$。终端反射系数为 $N_2(s)=(Z_2(s)-Z_C)/(Z_2(s)+Z_C)=(R+sL-Z_C)/(R+sL+Z_C)$,将 $Z_2(s)=R+sL$ 和终端反射系数代入式(18-21a),便可以得到暂态过程中电压的复频域解为

$$U(x,s)=\frac{U_0}{2s}\mathrm{e}^{-sx/v_w}+\frac{U_0(R+sL-Z_C)}{2s(R+sL+Z_C)}\mathrm{e}^{-s2l-x/v_w}$$

$$=\frac{U_0}{2s}\mathrm{e}^{-sx/v_w}+\left\{\frac{(R-Z_C)U_0}{(R+Z_C)2s}+\frac{2Z_C U_0}{2(R+Z_C)[s+(R+Z_C)]/L}\right\}\mathrm{e}^{-s2l-x/v_w} \quad (18\text{-}32)$$

对式(18-32)作拉普拉斯反变换,可得其对应的时域暂态解为

$$u(x,t)=\frac{U_0}{2}\varepsilon\left(t-\frac{x}{v_w}\right)+\frac{U_0}{2}\left[\frac{R-Z_C}{R+Z_C}+\frac{2Z_C}{R+Z_C}\mathrm{e}^{-\frac{1}{\tau}\left(t-\frac{2l-x}{v_w}\right)}\right]\varepsilon\left(t-\frac{2l-x}{v_w}\right) \quad (18\text{-}33\text{a})$$

类似可得暂态过程中电流的时域暂态解,即

$$i(x,t)=\frac{U_0}{2Z_C}\varepsilon\left(t-\frac{x}{v_w}\right)-\frac{U_0}{2Z_C}\left[\frac{R-Z_C}{R+Z_C}+\frac{2Z_C}{R+Z_C}\mathrm{e}^{-\frac{1}{\tau}\left(t-\frac{2l-x}{v_w}\right)}\right]\varepsilon\left(t-\frac{2l-x}{v_w}\right) \quad (18\text{-}33\text{b})$$

时域表达式(18-33)中,时间常数 $\tau=L/(R+Z_C)$。由式(18-33)可知,这时传输线的波过程分为三个阶段,即

(1) 当 $0<t<\frac{l}{v_w}$ 时,线上只存在正向行波,该矩形波的幅度为 $(U_0/2)$ 并以速度 v_w 向终端推进,如图 18-23(a)所示;

(2) 当 $\frac{l}{v_w}<t<\frac{2l}{v_w}$ 时,正向行波到达终端负载处后产生的反射波以速度 v_w 向始端推进。反射波未到达之处,仍只有矩形正向行波,反射波经过的区域,电压和电流为正向行波与反向行波的叠加,如图 18-23(b)~图 18-23(c)所示;

(3) 当 $t>\frac{2l}{v_w}$ 时,因始端匹配,故反射波到达始端后不产生反射波,电压、电流的分布曲线如图 18-23(d)~图 18-23(e)所示。

将 $x=l$ 代入电压和电流的时域表达式(18-33)中,可得终端处电压和电流表达式,分别为

$$u_2(t)=\frac{U_0}{R+Z_C}\left[R+Z_C\mathrm{e}^{-\frac{1}{\tau}\left(t-\frac{l}{v_w}\right)}\right]\varepsilon\left(t-\frac{l}{v_w}\right) \quad (18\text{-}34\text{a})$$

$$i_2(t)=\frac{U_0}{R+Z_C}\left[1-\mathrm{e}^{-\frac{1}{\tau}\left(t-\frac{l}{v_w}\right)}\right]\varepsilon\left(t-\frac{l}{v_w}\right) \quad (18\text{-}34\text{b})$$

当 $t>\frac{l}{v_w}$ 时,传输线上的电压、电流分布可视为式(18-34)中的终端电压 $u_2(t)$ 和电流 $i_2(t)$ 的波

形以波速 v_w 向始端推进的结果。

(a) 终端接有感性负载

(b) $u, i\left(0 < t < \dfrac{l}{v_w}\right)$

(c) $u\left(\dfrac{l}{v_w} < t < \dfrac{2l}{v_w}\right)$

(d) $i\left(\dfrac{l}{v_w} < t < \dfrac{2l}{v_w}\right)$

(e) $u\left(t > \dfrac{2l}{v_w}\right)$

(f) $i\left(t > \dfrac{2l}{v_w}\right)$

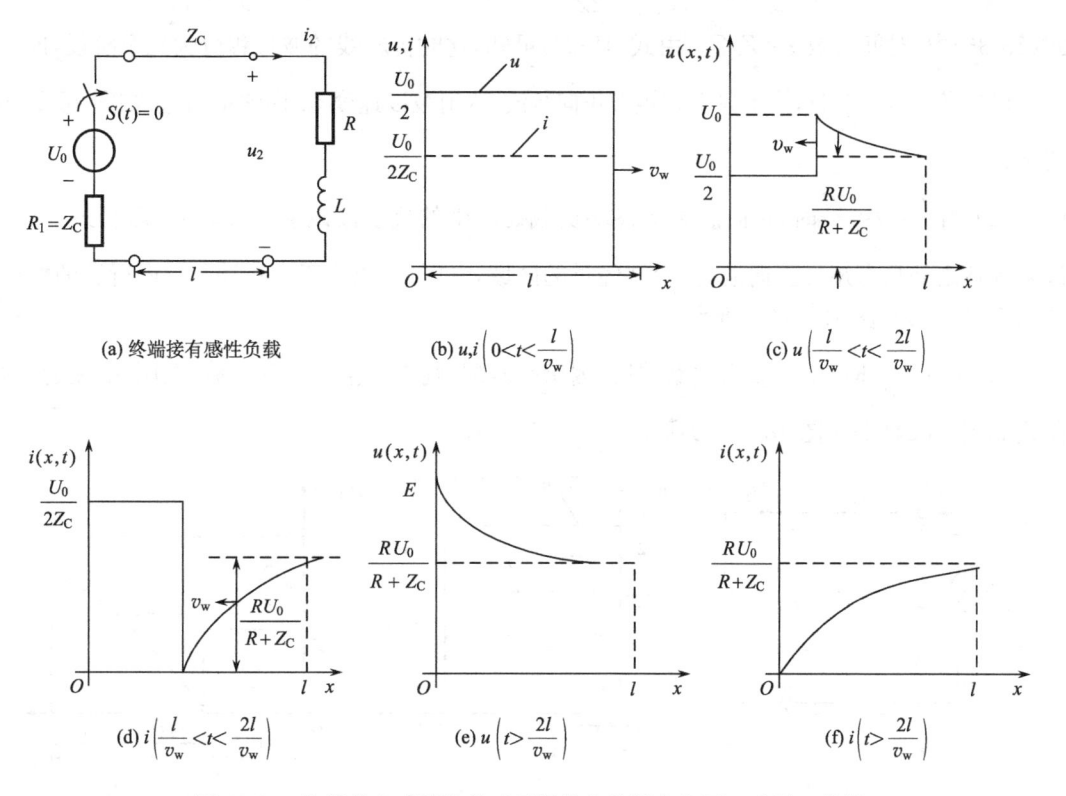

图 18-23　终端接有感性负载时无损线上的暂态电压 u、电流 i 曲线

此外，式(18-34)中终端处的电压 u_2 和 i_2 也可以用 18.5 节介绍的柏德生法则，并结合一阶电路的三要素法予以求解，进而获得电压、电流的沿线分布函数。

3. 终端接有纯电容负载的无损线上波的反射

无损耗线的负载换为纯电容负载，如图 18-24 所示。则始端的反射系数 $N_1 = 0$，终端反射系数为

$$N_2(s) = (Z_2(s) - Z_C)/(Z_2(s) + Z_C) = -\left(s - \dfrac{1}{Z_C C}\right) \bigg/ \left(s + \dfrac{1}{Z_C C}\right)$$

将 $Z_2(s) = 1/sC$ 和终端反射系数代入式(18-21)便可以得到暂态过程中电压的复频域解为

$$U(x,s) = \dfrac{U_0}{2s} e^{-sx/v_P} - \dfrac{U_0\left(s - \dfrac{1}{Z_C C}\right)}{2s\left(s + \dfrac{1}{Z_C C}\right)} e^{-s2l/v_P} e^{sx/v_P} \tag{18-35a}$$

$$I(x,s) = \dfrac{U_0}{2Z_C s} e^{-sx/v_w} + \dfrac{U_0\left(s - \dfrac{1}{Z_C C}\right)}{2Z_C s\left(s + \dfrac{1}{Z_C C}\right)} e^{-s2l/v_w} e^{sx/v_w} \tag{18-35b}$$

作拉普拉斯反变换，可得时域解为

$$u(x,t) = \dfrac{U_0}{2}\varepsilon\left(t - \dfrac{x}{v_w}\right) + \dfrac{U_0}{2}\left[1 - 2e^{-\frac{1}{\tau}\left(t + \frac{x}{v_w} - \frac{2l}{v_w}\right)}\right]\varepsilon\left(t + \dfrac{x}{v_w} - \dfrac{2l}{v_w}\right) \tag{18-36a}$$

· 473 ·

$$i(x,t) = \frac{U_0}{2Z_C}\varepsilon\left(t-\frac{x}{v_w}\right) - \frac{U_0}{2Z_C}\left[1-2e^{-\frac{1}{\tau}\left(t+\frac{x}{v_w}-\frac{2l}{v_w}\right)}\right]\varepsilon\left(t+\frac{x}{v_w}-\frac{2l}{v_w}\right) \quad (18\text{-}36\text{b})$$

式(18-36)中,时间常数 $\tau = Z_C C$。由式(18-36)可知,这时传输线的波过程分为三个阶段,即

(1) 当 $0 < t < \dfrac{l}{v_w}$ 时,线上只存在矩形正向行波,入射波以速度 v_w 向终端行进,如图 18-24(a)所示;

(2) 当 $\dfrac{l}{v_w} < t < \dfrac{2l}{v_w}$ 时,正向波到达终端负载处产生的反射波以速度 v_w 向始端行进。反射波未到达之处只有矩形正向波,反射波经过的区域,电压、电流为正向行波与反向行波的叠加,如图 18-24(b)~图 18-24(c)所示。

(3) 当 $t > \dfrac{2l}{v_w}$ 时,反射波到达始端后,因始端匹配,则不产生新的反射波,电压、电流的分布曲线如图 18-24(d)~图 18-24(e)所示。

(a) 终端接有纯电容负载

(b) u、$i\left(0 < t < \dfrac{l}{v_w}\right)$

(c) $u\left(\dfrac{l}{v_w} < t < \dfrac{2l}{v_w}\right)$

(d) $i\left(\dfrac{l}{v_w} < t < \dfrac{2l}{v_w}\right)$

(e) $u\left(t > \dfrac{2l}{v_w}\right)$

(f) $i\left(t > \dfrac{2l}{v_w}\right)$

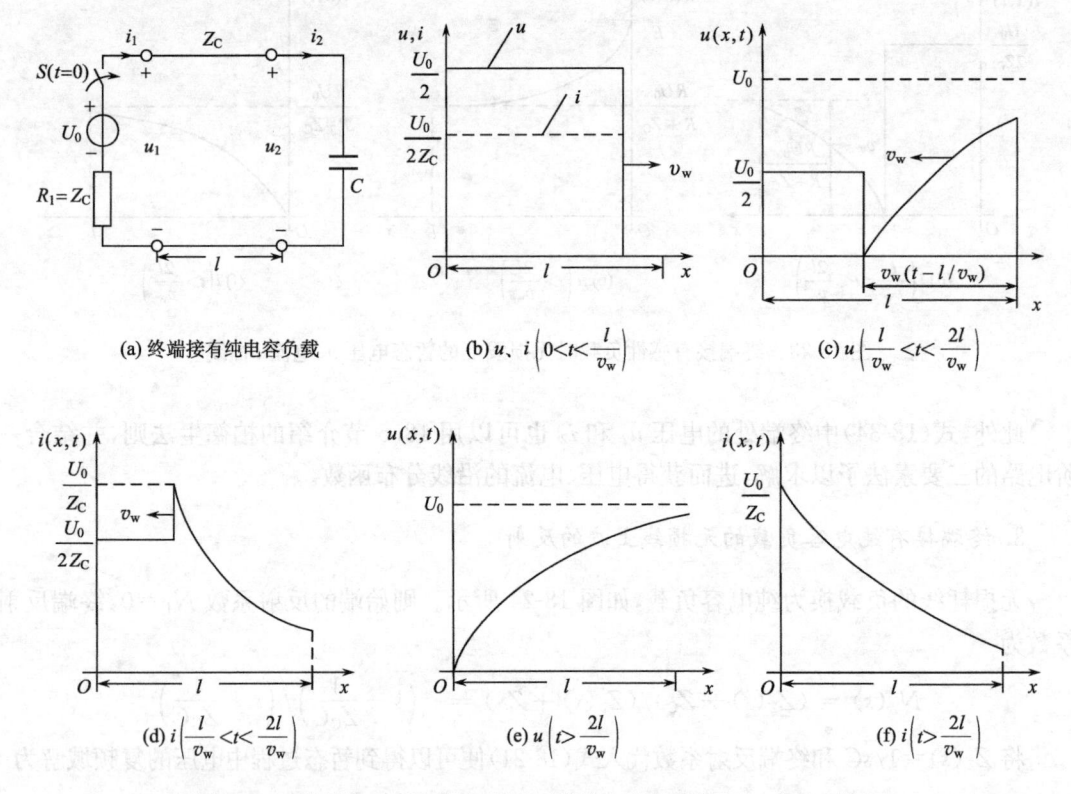

图 18-24 终端接有纯电容负载时无损线上的暂态电压 u、电流 i 曲线

将 $x = l$ 代入电压和电流的时域表达式(18-36)中,可得终端处电压和电流表达式,分别为

$$u_2(t) = U_0\left[1 - e^{-\frac{1}{\tau}\left(t-\frac{l}{v_w}\right)}\right]\varepsilon\left(t-\frac{l}{v_w}\right) \quad (18\text{-}37\text{a})$$

$$i_2(t) = \frac{U_0}{Z_C} e^{-\frac{1}{\tau}\left(t-\frac{l}{v_w}\right)}\varepsilon\left(t-\frac{l}{v_w}\right) \quad (18\text{-}37\text{b})$$

终端处的电压 $u_2(t)$、电流 $i_2(t)$ 随时间的变化曲线如图 18-25 所示,所以当正向行波到达终端的瞬时,电容电压为零,但电流为始端电流的两倍。

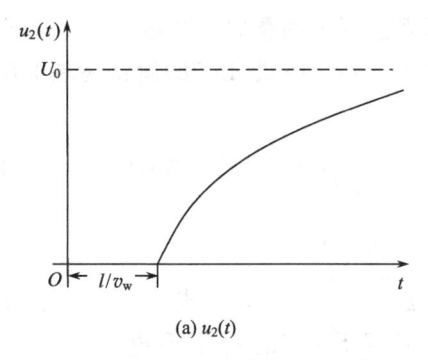

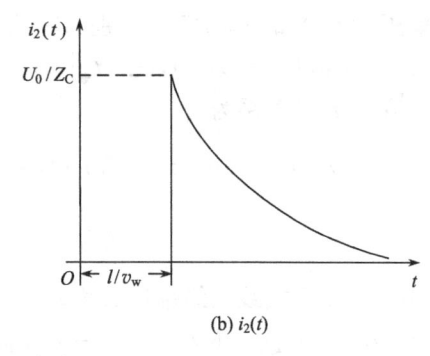

图 18-25　终端接有纯电容负载无损线上终端电压 $u_2(t)$,电流 $i_2(t)$ 曲线

类似于终端接电感性负载时的情况,式(18-37)中终端处的电压和电流同样也可以用 18.5 节介绍的柏德生法则,并结合一阶电路的三要素法予以求解,进而获得电压、电流的沿线分布函数。

18.5　求解无损线暂态过程中波的反射和透射的柏德生法则

当无损耗线始端接通激励源后,所产生的电压行波与电流行波将由始端向终端行进。当这些发出波传播至线路终端时,就产生波的反射,反射波所至之处的电压、电流由入射波与反射波叠加而成。但是,如果无损耗线上连有不同波阻抗的传输线,则当上述发出波传播至这些连接处时,不仅在线路连接处产生反射波,沿原线路返回,而且同时还有电压、电流行波进入连接处后续的传输线中。这种由一条传输线进入另一条传输线的电压波与电流波称为折射波或透射波,波的这种传输方式称为波的折射或透射。

在研究当入射波投射到反射点以后所引起的反射波与折射波及整个波的过程时,可以利用复频域通解式(18-7)求解无损耗线方程满足给定初始条件和边界条件时的瞬时特解,也可以利用时域通解式(18-10)通过确定反射点的电压、电流以求取传输线上电压、电流的反射波与折射波的解。本节仅介绍后者,即所谓的柏德生法则,这是一种较为直接简便的分析方法。

1. 终端负载处波的反射

设入射波沿无损线投射于某一负载上,无损耗线及其端接情况如图 18-8(a)所示。一旦接通电源就会产生一电压发出波,同时也会产生一电流入射波,它们由始端向终端行进。在暂态解的一般式(18-9)中令 $x=l$,可以求出终端反射点,即负载处电压和电流分别为

$$u(l,t)= u_2^+(l,t)+u_2^-(l,t)$$
$$= f^+\left(t-\frac{l}{v_w}\right)\varepsilon\left(t-\frac{l}{v_w}\right)+f^-\left(t+\frac{l}{v_w}\right)\varepsilon\left(t+\frac{l}{v_w}\right)=u_2^+(t)+u_2^-(t) \quad (18\text{-}38a)$$

$$i(l,t)= i_2^+(l,t)-i_2^-(l,t)$$
$$=\frac{1}{Z_C}f^+\left(t-\frac{l}{v_w}\right)\varepsilon\left(t-\frac{l}{v_w}\right)-\frac{1}{Z_C}f^-\left(t+\frac{l}{v_w}\right)\varepsilon\left(t+\frac{l}{v_w}\right)=i_2^+(t)-i_2^-(t)$$
$$(18\text{-}38b)$$

式(18-38)中,f^+ 和 f^- 为两个任意函数,它们的具体形式由初始条件和边界条件确定,并且 $u_2^+(l,t)=u_2^+(t),u_2^-(l,t)=u_2^-(t),i_2^+(l,t)=i_2^+(t),i_2^-(l,t)=i_2^-(t)$。由式(18-38)可见,终端

负载上电压 $u(l,t)$ 和电流 $i(l,t)$ 分别为终端入射波和反射波的叠加。终端边界条件可以表示为 $u(x,t)|_{x=l}=u(l,t)=u_2(t),i(x,t)|_{x=l}=i(l,t)=i_2(t)$。由式(18-38)解得终端电压 $u_2(t)$ 与终端电流 $i_2(t)$ 的关系为

$$u_2(t) = 2u_2^+(t) - Z_C i_2(t) = 2f^+\left(t-\frac{l}{v_w}\right)\varepsilon\left(t-\frac{l}{v_w}\right) - Z_C i_2(t) \tag{18-39a}$$

$$i_2(t) = -\frac{u_2(t)}{Z_C} + 2i_2^+(t) \tag{18-39b}$$

式(18-39)从无损线的终端口方面建立联系负载电压 $u_2(t)$ 和电流 $i_2(t)$ 之间的关系,显然,要确定 $u_2(t)$ 和 $i_2(t)$ 还必须补充一个方程,即由负载所决定的 $u_2(t)$ 和电流 $i_2(t)$ 之间的关系,即

$$u_2(t) = f[i_2(t)] \tag{18-40}$$

由式(18-39)可知,终端电压 $u_2(t)$ 和电流 $i_2(t)$ 之间的关系可以用如图 18-26(b)所示的集中参数戴维南等效电路表示或用诺顿等效电路表示,它们均等效于有入射波沿其行进的无损耗线。换言之,当发出波电压 $u^+(x,t)=f^+\left(t-\frac{x}{v_w}\right)\varepsilon\left(t-\frac{x}{v_w}\right)$ 沿波阻抗为 Z_C 的无损线投射到 $x=l$ 处的反射点以后,对于该反射点而言,传送入射波的无损耗线等效于一个集中参数的戴维南电路(或诺顿等效电路),其中等效电压源的电压等于反射点入射波电压的二倍,等效电阻则等于无损线的波阻抗 Z_C。

图 18-26 中的开关 S 在入射波到达反射点(负载处)的瞬间 $t=l/v_w$ 时合上,将负载与戴维南等效电路接通。这种利用集中参数电路暂态过程的分析方法计算无损线上反射点,即终端负载处的瞬时电压 $u_2(t)$ 和瞬时电流 $i_2(t)$ 的方法称为柏德生法则(Peterson's Rule),其实质是将分布参数电路的瞬时过程转化为集中参数电路的过渡过程求解。

由图 18-26 可知,在利用柏德生法则求解定负载处,即反射点的电压 $u_2(t)$ 和电流 $i_2(t)$ 之前,首先必须求出终端电压入射波 $u_2^+(t)=f^+\left(t-\frac{l}{v_w}\right)\varepsilon\left(t-\frac{l}{v_w}\right)$,这样再联立求解式(18-39)和式(18-40)便可求出 $u_2(t)$ 和 $i_2(t)$。一旦求得反射点电压,由式(18-38a)可以确定终端负载处的电压反射波,即

$$u_2^-(t) = u_2(t) - u_2^+(t)$$

该反射波由终端反射点向始端行进,故它在距始端 $x(0<x<l)$ 处的值比终端处 $(x=l)$ 的值延时 $l-x/v_w$,因此,当电压反射波在终端的时间函数 $u_2^-(t)=f^-\left(t+\frac{l}{v_w}\right)\varepsilon\left(t+\frac{l}{v_w}\right)$ 确定之后,即可得出该反射波在任何处的表示式为

$$\begin{aligned}u_2^-(x,t) &= f^-\left(t+\frac{x}{v_w}\right)\varepsilon\left(t+\frac{x}{v_w}\right) \\ &= u_2\left[t-\frac{(l-x)}{v_w}\right] - f^+\left[t-\frac{l}{v_w}-\frac{(l-x)}{v_w}\right]\varepsilon\left[t-\frac{l}{v_w}-\frac{(l-x)}{v_w}\right] \\ &= u_2\left(t+\frac{x}{v_w}-\frac{l}{v_w}\right) - f^+\left(t+\frac{x}{v_w}-\frac{2l}{v_w}\right)\varepsilon\left(t+\frac{x}{v_w}-\frac{2l}{v_w}\right)\end{aligned} \tag{18-41}$$

式(18-41)右边是变量 $\left(t+\frac{x}{v_w}\right)$ 的函数,说明反射波以速度 v_w 由终端向始端行进。

一旦求出电压、电流反射波,将它们分别与入射波按式(18-9)迭加,即可求得反射波向始端返回途中波所到之处的合成沿线电压、电流的表示式。

(a) 原电路   (b) 等效电路

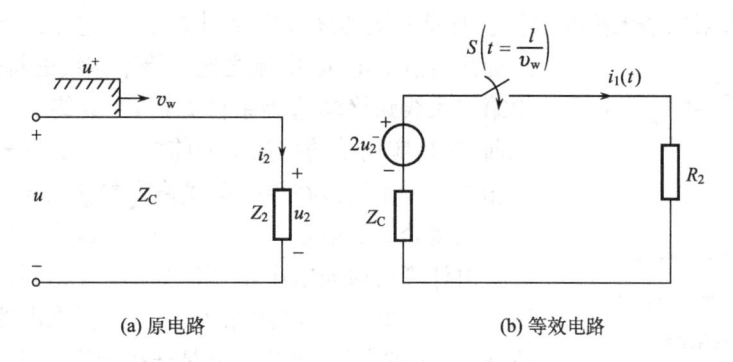

图 18-26 计算终端负载电压反射波或电流反射波的集中参数等效电路

当终端连接负载 R_2 时，终端反射波也可以根据终端反射系数 N_2 确定，即

$$u_2^-(t) = N_2 u_2^+(t) \qquad i_2^-(t) = N_2 i_2^+(t)$$

此两式中，$N_2 = u_2^-(t)/u_2^+(t) = i_2^-(t)/i_2^+(t) = (R_2 - Z_C)/(R_2 + Z_C)$。

2. 两线连接处波的折射与反射

如果在无损耗的反射点处连接的不是集中参数负载，而是另一具有不同特性阻抗的无损线，则当入射波投射到该点时，将在该点同时产生反射波和折射（透射）波，后者实际上就是第二条传输线的入射波，如图 18-27 所示。设第一条线和第二条线在连接处的电压和电流分别为 u_1、i_1 和 u_2、i_2，故两条线连接处的边界条件可以表示为

$$\left. \begin{array}{l} u_1 = u_2 \\ i_1 = i_2 \end{array} \right\} \qquad (18\text{-}42)$$

设 u_1^+、i_1^+ 和 u_1^-、i_1^- 分别为第一条线路上的入射电压、电流和反射电压、电流，u_2^+ 和 i_2^+ 分别为折射到第二条线路上的电压波和电流波在该线始端处之值。在进入

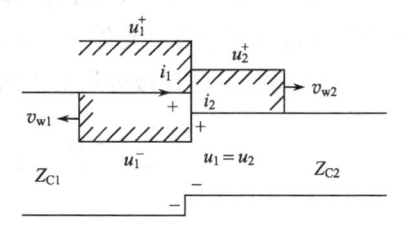

图 18-27 不同特性阻抗无损线连接点处的反射和折射

第二条无损线的折射波尚未从其终端反射回来之前，这条线上的折射波所经之处任意点的电压、电流之比均等于该线的特性阻抗，因此有

$$\left. \begin{array}{l} u_2 = u_2^+ \\ i_1 = i_2^+ \end{array} \right\} \qquad (18\text{-}43)$$

由式(18-42)和式(18-43)可得

$$\left. \begin{array}{l} u_1^+ + u_1^- = u_1 = u_2^+ \\ i_1^+ - i_1^- = i_1 = i_2^+ \end{array} \right\} \qquad (18\text{-}44)$$

在式(18-44)中，利用 $u_1^+ = Z_{C1} i_1^+$，$u_1^- = Z_{C1} i_1^-$ 可得第一条线路始端的反射波电压和电流的表示式为

$$u_1^- = \frac{Z_{C2} - Z_{C1}}{Z_{C2} + Z_{C1}} u_1^+ \qquad i_1^- = \frac{Z_{C2} - Z_{C1}}{Z_{C2} + Z_{C1}} i_1^+ = \frac{Z_{C2} - Z_{C1}}{Z_{C2} + Z_{C1}} \cdot \frac{u_1^+}{Z_{C1}}$$

还可以得出第二线路上的折射波电压和电流的表示式为

$$u_2^+ = \frac{2 Z_{C2}}{Z_{C2} + Z_{C1}} u_1^+ \qquad i_2^+ = \frac{2 Z_{C1}}{Z_{C2} + Z_{C1}} i_1^+ = \frac{2}{Z_{C2} + Z_{C1}} u_1^+$$

第二条线路上的折射波电压和电流以由该线的原始参数所决定的速度 v_{w2} 向该线终端推进。

由于在进入第二条无损线的折射波尚未从其终端反射回来之前，这条线上的折射波所经之处任意点的电压、电流之比均等于该线的特性阻抗，所以无论第二条线路终端边界条件如何，在其终端的反射波未到达之前（这是应用柏德生法则的前提），对第一条线路，第二条线路相当于一个连接在第一条线路终端的纯电阻负载 Z_{C2}，因此可知连接处的反射系数为 $N=(Z_{C2}-Z_{C1})/(Z_{C2}+Z_{C1})$。

由计算折射波电压 u_2^+ 和电流 i_2^+ 的表示式可得其计算电路，如图 18-28 所示，利用柏德生法则所求出的这一集中参数负载 Z_{C2} 中的电压、电流也就是连接于反射点的第二条传输线中的折射波电压、电流，图 18-28 只需将图 18-26 中的 Z_C 换成 Z_{C2} 即得。

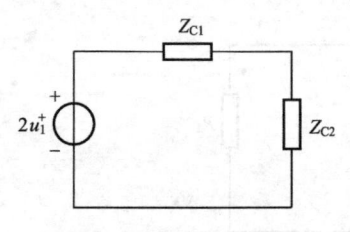

图 18-28 计算折射波的等效电路

由于架空线的波阻抗一般都比电缆的波阻抗大，而大型变压器绕组的波阻抗又比架空线高得多，因此，当波由电缆折射进入到架空线或从架空线折射进入大型变压器绕组时，由 u_2^+ 和 i_2^+ 的表示式可知，若 $Z_{C2}>Z_{C1}$，就有 $u_2^+>u_1^+$，连接处的电压升高，而反射波则有可能使电压进一步升高。因此，从绝缘方面考虑，接入电缆的电气设备，不应在两者之间插入一段架空线。相反，若 $Z_{C2}<Z_{C1}$，则波在线路连接处折射时，会使电压降低。这时，为减小由于雷电在架空线上产生的电压行波对电气设备绝缘的危害，对于连接架空线的电气设备可考虑在该设备与架空线之间插入一段电缆。波的多次反射将会引起波的多次折射，对此不再讨论。

例 18-7 如图 18-29(a)所示，两段均匀无损线的特性阻抗分别为 $Z_{C1}=100\Omega, Z_{C2}=100\Omega$，连接处还接有集中参数元件 $R=50\Omega, C=20\mu F$，今由始端发来一矩形入射波电压 $U_0=30V$。试求(1)入射波到达连接处后 2-2′端电压 u_2；(2)反射波电流 i^-；(3)透射波电压 u_2^+。

(a) 电路图   (b) 柏德生计算电路图

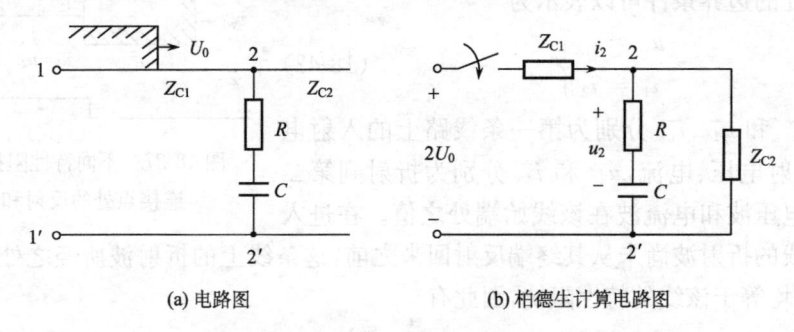

图 18-29 例 18-7 图

解 (1) 当 U_0 到达连接点处时，除在第一段线上产生反射波外，还产生透射波电压，在第二段线上向终端推进，当其反射波尚未返回 2-2′ 之前，从 2-2′ 看进去可用电阻 Z_{C2} 代替，由此画出柏德生计算电路，如图 18-29(b)所示。正向波电压、电流分别为 $u^+=U_0=30\text{kV}, i^+=\dfrac{U_0}{Z_{C1}}=300\text{A}$。在连接点处，有

$$u_C(0)=0 \quad u_C(\infty)30\text{kV} \quad \tau=R_{eq}C=(50+50)\times 20\times 10^{-6}=2\times 10^{-4}\text{s}$$

所以求得电容的零状态响应电压

$$u_C(t)=30(1-e^{-500t})\text{kV}$$

因此，2-2′端电压 $u_2(t)$ 为

$$u_2(t)=u_C(t)+C\dfrac{du_C}{dt}\times R=30-15e^{-500t}\text{kV}$$

(2) 由 $u_2 = u_2^+ + u_2^-$ 的关系得出 2-2′端反射波电压 $u_2^- = u_2 - u_2^+ = -15\mathrm{e}^{-500t}\mathrm{kV}$，故 2-2′端反射波电流为

$$i_2^- = u_2^-/Z_{C1} = -150\mathrm{e}^{-500t}\mathrm{A}$$

(3) 第二段线上的透射波电压以 u_2 为边界条件，故

$$u_2^+ = u_2 = 30 - 15\mathrm{e}^{-500t}\mathrm{kV}$$

思 考 题

18-1　均匀传输线何时有暂态过程？

18-2　零状态无损耗线方程式通解有何物理意义？

18-3　同方向行进的电压行波与电流行波之间有何关系？

18-4　无损耗线的波阻抗由什么决定？

18-5　零初始状态的无损耗线与理想阶跃电压源接通后所产生过渡过程的表现是什么？

18-6　无限长零状态无损耗线在阶跃直流电压源激励下产生的波具有什么形式？

18-7　无限长零状态无损耗线在阶跃直流电压源激励下产生行波所携带的电源能量如何分配？

18-8　波沿正向传播至传输线的连接处会产生什么现象？

18-9　什么是波的反射点？

18-10　什么是无损耗线的终端匹配？此时，传输线处于何种工作状态？

18-11　什么是延迟线？它有什么作用？

18-12　无损耗线终端开路时波的反射情况如何？

18-13　无损耗线终端短路时波的反射情况如何？

18-14　无损耗线终端接有集中参数负载时波的反射情况如何？

18-15　无损耗线传输过程中何时发生波的折射或透射？

习　题

18-1　如题 18-1 图所示，设零初始条件的无损耗线由始端延伸至无限远处。在 $t=0$ 时，电压为 E_0 的理想直流电压源与线路接通，已知 $E_0 = 6\mathrm{V}$。试求该传输线的暂态解 $u(x,t)$ 和 $i(x,t)$。

18-2　设零初始条件的无限长无损耗线与理想电压源 e 在 $t=0$ 时接通，如题 18-2 图所示，设 $e = (6 + \sin t)\mathrm{V}$，试求其暂态解 $u(x,t), i(x,t)$。

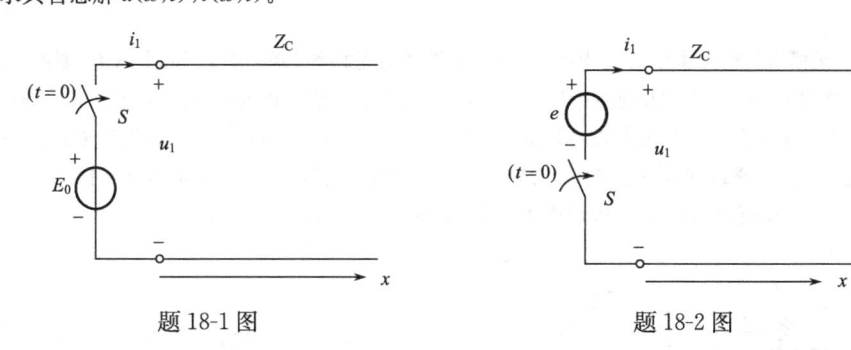

题 18-1 图　　　　　题 18-2 图

18-3　试画出终端开路的无损线与直流电压源接通时多次反射的全过程，仍设接通前线路为零状态。

18-4　无损耗线长 1m，终端短路，已知 $Z_C = 300\Omega$，原来不带电。当 $t=0$ 时始端接通电压源 $0.21 \times \varepsilon(t)\mathrm{V}$。求传输线上任一点的电压和电流。

18-5　如题 18-5 图所示，无损耗均匀线线长 $l = 6000\mathrm{m}$，波速 $v = 3 \times 10^8 \mathrm{m/s}$。此均匀线的波阻抗等于 600Ω，设在 $t=0$ 将此均匀线与直流电压源接通。计算距起端 3000m 处的电流 $i(t)$ 在 $t=0$ 到 $45\mu\mathrm{s}$ 间隔内的变动规律，并画出它的波形图。

18-6　如题 18-6 图所示，两无损架空线长度 $l_1 = l_2 = l$，特性阻抗 $Z_{C2} = Z_{C1}$，负载电阻 $R_1 = R_2 = 2Z_{C1}$，开关

S闭合前,传输线已达稳态。求开关闭合后传输线上电压的波过程。

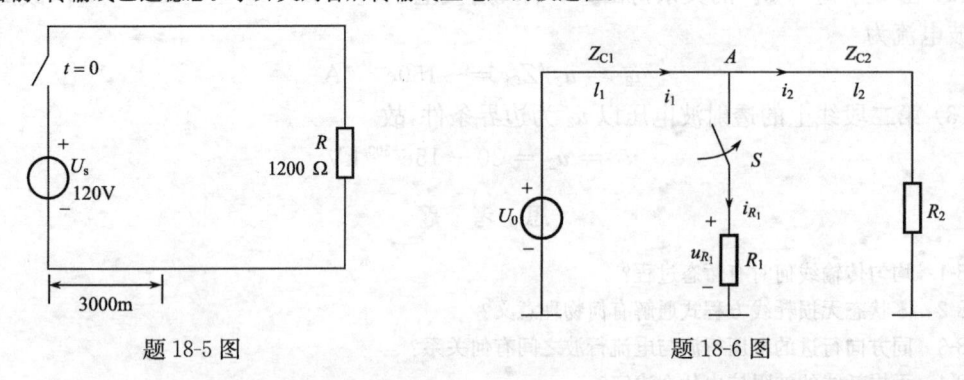

题 18-5 图

题 18-6 图

18-7 在题 18-7 图无损耗均匀传输线中间某处串接集中电感 $L=1\mathrm{H}$。传输线波阻抗 $Z_\mathrm{C}=500\Omega$。设入射波为 $U_0=14^4\mathrm{V}$ 的矩形波,试求通过电感后的透射波 $u(t)$。

18-8 在波阻抗为 300Ω 的无损耗线的终端接有电阻和电感相串联的负载,电阻 $R=15\Omega$,电感 $L=5\mathrm{H}$(如题 18-8 图所示),求当始端加直流电压 $U_0=6.3\mathrm{kV}$ 接通时,入射波传到终端后负载中的电流和电压,以及终端的反射波电压和电流。

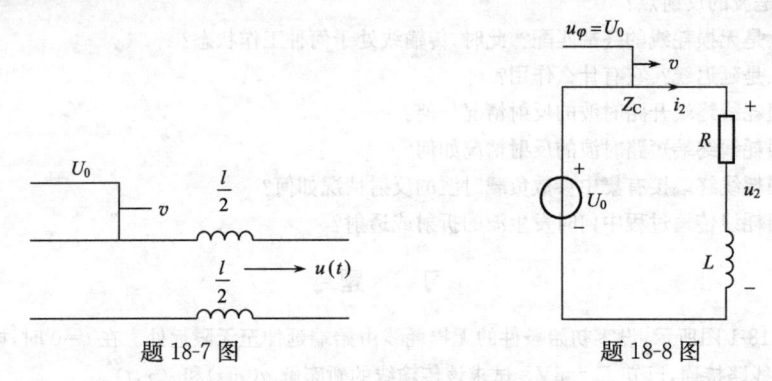

题 18-7 图

题 18-8 图

18-9 有一长为 50km 的架空输电线,其波阻抗为 400Ω,负载由 $R=100\Omega$,$C=1\mu\mathrm{F}$ 的阻抗组成。输电线与恒定电压 $U_0=35\mathrm{kV}$ 接通,求负载电压,电流及反射波;当反射波行进到离终端 30km 处时,求终端电压,电流及反射波。

18-10 一无损均匀线经集中参数电容 C 与两条并联的无损均匀线相连,如题 18-10 图所示,已知 $C=3\mu\mathrm{F}$,$Z_{C1}=100\Omega$,$Z_{C2}=Z_{C3}=400\Omega$;现由始端 1-1′传来一波前为矩形的电压波 $U_0=15\mathrm{kV}$,求波到达连接处 2-2′后的电压 $u_2(t)$,第一条线上的反射波电压 u_1^- 及第二条线上的透射波电流 i_2^+。设波尚未到达 3-3′和 4-4′。

18-11 已知如题 18-11 图所示无损架空线长度 $l=150\mathrm{km}$,特性阻抗 $Z_\mathrm{C}=500\Omega$,终端接 $0.5\mu\mathrm{F}$ 电容,电容无初始储能。$t=0$ 时闭合开关 S。求接通电源后 $800\mu\mathrm{s}$ 时电压、电流沿线分布。

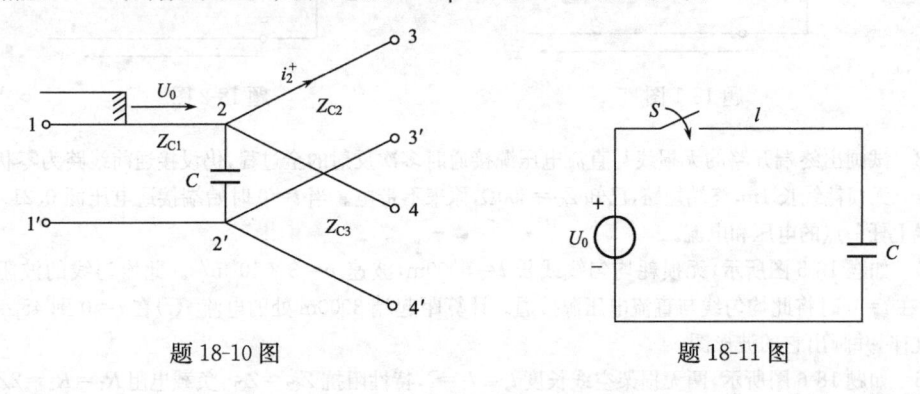

题 18-10 图

题 18-11 图

18-12 (1)无限长矩形电压波沿架空线向该线与电缆的连接处传播。设架空线的波阻抗为 $Z_{C1}=400\Omega$,电缆的波阻抗为 $Z_{C2}=60\Omega$,行波电压为 100kV。求行波到达连接处时,电缆入口处的电压和电流。

(2)如果同一幅值的电压波沿电缆向电缆与架空线的连接处行进,则当其到达连接处时,架空线入口处的电压和电流各应等于多少?

18-13 题 18-13 图所示两段均匀无损线,其特性阻抗分别为 $Z_{C1}=300\Omega$,$Z_{C2}=600\Omega$,两无损线连接处 2-2′端钮接有集中参数元件,$L=0.5H$,现由始端发出一矩形波 $U_0=6kV$。试求 U_0 到达均匀性被破坏处后的反射波及在第二段线上的透射波情况。

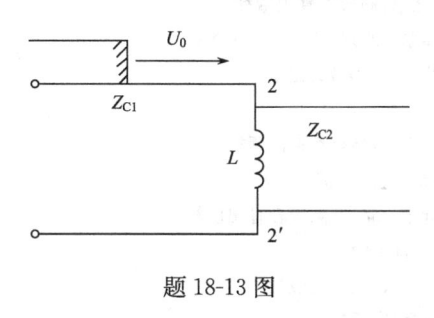

题 18-13 图

参 考 文 献

陈崇源. 2000. 高等电路. 武汉:武汉大学出版社
葛守仁. 1985. 电路基本理论. 上海:上海交通大学出版社
公茂法. 1999. 电路学习指导与典型题解. 北京:北京航空航天大学出版社
黄东泉. 1983. 电路学习指导书. 北京:高等教育出版社
李瀚荪. 2006. 电路分析基础. 4版. 北京:高等教育出版社
潘双来. 2004. 电路学习指导与习题精解. 北京:清华大学出版社
邱关源,罗先觉. 2006. 电路. 5版. 北京:高等教育出版社
邱关源. 1999. 电路. 4版. 北京:高等教育出版社
吴锡龙. 2004. 电路分析教学指导书. 北京:高等教育出版社
燕庆明. 2003. 电路分析教程. 北京:高等教育出版社
燕庆明. 2003. 电路分析教程教学指导书. 北京:高等教育出版社
张永瑞. 2004. 电路分析. 北京:高等教育出版社
钟佐华. 1990. 动态电路的时域分析. 北京:知识出版社
周守昌. 1999. 电路原理. 北京:高等教育出版社
周围. 2004. 电路分析基础. 北京:人民邮电出版社
Nilsson J W,Riedel S A. 2005. 电路. 7版. 北京:电子工业出版社

部分习题答案

第1章

1-1 　(1)$u_{ab}=10$V；(2)$u_{ab}=-10$V

1-2 　(a)300W，N_A 至 N_B；(b)-500W，N_B 至 N_A；(c)-200W，N_B 至 N_A；(d)400W，N_A 至 N_B

1-3 　(2)全电路吸收功率 $p_{吸收}=19$W，发出功率 $p_{发出}=19$W

1-4 　(a)$u=10i$；(b)$u=-20i$；(c)$u=10$V；(d)$u=-5$V；(e)$i=10$A；(f)$i=-5$A

1-5 　(a)6W(吸收)；(b)6W(发出)；(c)6W(发出)；(d)6W(吸收)

1-6 　(a)$p_{I_S}=18$W(发出)；(b)$p_{I_S}=15$W(发出)；(c)$p_{I_S}=30$W(吸收)

1-7 　(a)$p_{2V}=\frac{2}{3}$W(吸收)，$p_{1A}=2$W(发出)；(b)$p_{2V}=2$W(发出)，$p_{1A}=5$W(发出)；(c)$p_{2V}=2$W(发出)，$p_{1A}=5$W(发出)

1-8 　(a)24V，72W(发出)；(b)3A，15W(吸收)

1-9 　15W(发出)，15W(发出)，10W(吸收)

1-10 　$I=1.2$A，$U_S=12$V，$U_{ab}=1$V

1-11 　$I=1$A，$U_S=90$V，$R=1.5\Omega$

1-12 　$i=1$A

1-13 　$I_{ab}=9$A，$I_{cd}=-9$A，$I=14$A

1-14 　$U_{AB}=4$V，$I_1=5$A，$I_2=5$A

1-15 　-1A、1A、4A、-5A、5A、6A；-2V、5V、4V、1V、2V、3V

1-16 　$I=0$A

1-17 　$p=6$W(发出)

1-18 　(a)$I_2=1.5$A；(b)$u_{ab}=-13$V

1-19 　(a)$u_{ab}=-5$V；(b)$u_{ab}=2$V

1-20 　$p_{吸收}=13$W，$p_{发出}=13$W

第2章

2-1 　(a)$R_{ab}=3\Omega$；(b)$R_{ab}=2\Omega$

2-2 　(a)$R_{ab}=8\Omega$；(b)$R_{ab}=10\Omega$

2-3 　(a)$R_{ab开}=3\Omega$，$R_{ab合}=2\Omega$；(b)$R_{ab开}=9\Omega$，$R_{ab合}=8\Omega$

2-4 　(a)$I=1$A；(b)$U=2$V

2-5 　(a)$R_{ab}=\frac{1}{2}\Omega$；(b)$R_{ab}=1.269\Omega$

2-6 　(a)$R_{ab}=4\Omega$；(b)$R_{ab}=\frac{12}{7}\Omega$

2-7 　$R_{ab}=10\Omega$，$U=4$V，$U_{ab}=80$V

2-8 　(a)$R_{in}=R_2+(1-\mu)R_1$；(b)$R_{in}=\frac{R_1R_2}{R_1+(1+\beta)R_2}$

2-9 　(a)5V，5Ω；(b)15V，5Ω

2-10 　$I=2$A

2-11 $i=3$A

2-12 $i=10$A

2-13 $u_o=6$V

2-14 $\dfrac{u_o}{u_S}=\dfrac{3}{4}$

2-15 (a)54V,10Ω;(b)40V,5Ω

2-16 (a)u_{S_2};(b)i_{S_2}

2-17 $p_{U_S}=8$W(吸收),$p_{I_S}=51$W(发出),$p_{R_1}=16$W(吸收),$p_{R_2}=27$W(吸收)

2-18 $U=-5$V

第3章

3-1 (a)$n_1=6,b_1=11,n_2=4,b_2=8$;(b)$n_1=7,b_1=12,n_2=5,b_2=9$

3-5 $I_1=0.5$A,$I_2=-0.1$A,$I_3=-0.4$A

3-6 $I_3=1$A,$p_{2V}=6$W(发出),$p_{14V}=56$W(发出)

3-7 $I=0.5$A

3-9 $I_1=0.6$A

3-10 $I_A=20$mA,$p_{2I_A}=80$mW

3-12 (1)$U_1=8$V;(2)$I_X=1$A

3-13 $i=-4$A,$u=16$V

3-14 $U_{12}=3.43$V

3-16 $U_{n1}=7$V,$U_{n2}=11$V,$p_{10V}=30$W,$p_{15A}=390$W

3-17 $I_S=9$A,$I_0=-3$A

3-18 $i=0.1$A

3-19 $U_1=-17.14$V,$I_2=-3.42$A

3-21 $u_x=1$V

3-22 $u_x=3$V,$i_x=\dfrac{11}{3}$A

第4章

4-1 (a)$u=4$V;(b)$i=1.5$A

4-2 $I_X=1$A

4-3 $i=0$A

4-4 $U=-6$V

4-5 $U_X=-4$V

4-6 $u=2$V

4-7 (1)$R_{ab}=2$Ω,$U_{ab}=6$V;(2)$U_o=1$V

4-8 (a)$\dfrac{5}{8}$V,$\dfrac{11}{16}$Ω;(b)40V,40Ω

4-9 (a)$u_{oc}=112$V,$R_{eq}=16$Ω;(b)$i_{sc}=7$A,$R_{eq}=2$Ω

4-10 (a)$i_{sc}=4$A,$R_{eq}=1$Ω;(b)$u_{oc}=4$V,$R_{eq}=1$Ω

4-11 $I=4$A

4-12 $U=20$V

4-13 $R_L=5$Ω,$p_{Lmax}=1.25$W

4-14 $R_L=1$Ω,$p_{Lmax}=2.25$W

4-15　$R_L = 8\Omega, p_{Lmax} = 12.5W$

4-16　$R_L = 25\Omega, p_{Lmax} = 9W$

4-17　$u_2 = 4V$

4-18　$i = 1A$

4-19　$I_1 = 5A$

4-20　$\hat{i}_1 = 0.5A$

第 5 章

5-1　$\dfrac{u_o}{u_i} = -2$

5-2　$u_o = -1V$

5-3　$i = 1A$

5-4　$\dfrac{u_o}{u_S} = \dfrac{G_2 - G_1}{G_2 - G_1 + G_4 - G_3}$

5-5　$R_{in} = 10\Omega$

5-6　$\dfrac{u_2}{u_1} = -\dfrac{G_1 G_4}{(G_1 + G_2 + G_4 + G_5)G_3 + G_4 G_5}$

5-7　$u_o = \dfrac{G_1(G_3 + G_4)u_{S_1} + G_3(G_1 + G_2)u_{S_2}}{G_1 G_4 - G_2 G_3}$

5-8　$i = 3.75 mA$

5-9　$\dfrac{u_o}{u_i} = -\dfrac{R_2 R_3 (R_4 + R_5)}{R_1 [R_2(R_4 + R_5) + R_3 R_4]}$

第 6 章

6-1　$u = 1 - 2i^2$

6-2　电压中含有频率为 ω 和 3ω 的分量。

6-3　(1) $i_1 = 1A$ 时，$u_1 = 35V$；$i_2 = 2A$ 时，$u_2 = 100V$

　　　(2) $i = 2\sin(100t)A$ 时，$u = [90\sin(100t) - 10\sin(300t)]V$

　　　(3) $u_{12} \neq u_1 + u_2$

6-4　(1) $i = 1A$ 时，静态电阻为 $R_s = 3\Omega$，动态电阻为 $r_d = 7\Omega$；(2) $u = 2.5\sin\omega t - 0.5\sin 3\omega t$

6-5　(1) 设静态工作点为 (U_Q, I_Q)，则 $I_Q = 2A, U_Q = 4V$

　　　(2) 工作点处动态电阻 R_d 为 $R_d = 4\Omega$

6-6　(1) N 端口的伏安关系为 $i = u^2 - 2u + 1$

　　　(2) $\begin{cases} u = 2V \\ i_R = -1A \end{cases}$ 或 $\begin{cases} u = -1V \\ i_R = 5A \end{cases}$

6-7　(1) 略；(2) $I = 2A (I > 0)$

6-8　(1) 略；(2) $I = 7A (I > 0)$

6-9　电路的节点电压方程为

$$-f_1(U_S - U_{n1}) + \dfrac{U_{n1}}{R_3} + \dfrac{U_{n1} - U_{n2}}{R_4} = 0 \quad \dfrac{U_{n2} - U_{n1}}{R_4} + f_2(U_{n2}) = I_S$$

6-10　$\begin{cases} u' = 1V \\ i' = 1.5A \end{cases}$ 或 $\begin{cases} u'' = -0.5V \\ i'' = 2.25A \end{cases}$

6-11　$u'_{n1} = 1.9823V, u'_{n2} = 2.05V, u'_{n3} = 2.0178V, I_3 = -0.4956A$

6-12　$u = 1V$

6-13　$I = -2.21A$

6-14 端口的 DP 图略，各电阻的电压，电流值为：
电阻 1(1V, 2.6mA)，电阻 2(4.1V, 1.4mA)，电阻 3(4.1V, 1.6mA)

6-16 $i = \begin{cases} \dfrac{u}{3}, & u < -3 \\ \dfrac{u+1}{2}, & -3 \leqslant u < 1 \\ \dfrac{u+3}{4}, & u \geqslant 1 \end{cases}$

以上电压单位为 V，电流单位为 A。

6-17 $u = 4.44\text{V}, i = 1.11\text{A}$

6-18 (1) $u_S = 0$ 时，$u = 0, i = 0$；$u_S = 2\text{V}$ 时，$u = 1\text{V}, i = 1\text{A}$，$u_S = 4\text{V}$ 时，$u = 3\text{V}, i = 1\text{A}$。

(2) $u = \begin{cases} \dfrac{1}{2}t, & 0 \leqslant t < 2\text{s} \\ t-1, & 2\text{s} \leqslant t < 4\text{s} \\ 7-t, & 4\text{s} \leqslant t < 6\text{s} \\ \dfrac{1}{2}(8-t), & 6\text{s} \leqslant t < 8\text{s} \end{cases}$ $i = \begin{cases} \dfrac{1}{2}t, & 0 \leqslant t < 2\text{s} \\ 1, & 2\text{s} \leqslant t < 6\text{s} \\ \dfrac{1}{2}(8-t), & 6\text{s} \leqslant t < 8\text{s} \end{cases}$

以上电压单位为 V，电流单位为 A。

6-19 $u_1 = 2\text{V}, u_2 = 1\text{V}, i_1 = 3\text{mA}, i_2 = 2\text{mA}$

6-20 (1) $u = 3\text{V}, i = 7\text{mA}$，此时 $R_d = 500\Omega$ 或 $u = 5\text{V}, i = 5\text{mA}$，此时 $R_d = -250\Omega$；(2) $u = 5 - 0.33\cos t\text{V}$

6-21 $u = (2 + 0.0714\sin t)\text{V}, i = (4 + 0.2857\sin t)\text{A}$

6-22 $i(t) = (2 + 0.0019\sin 100t)\text{A}$

第 7 章

7-2 $u_C(1) = 1.25\text{V}, u_C(2) = 5\text{V}, u_C(4) = -5\text{V}$

7-3 (1) $u_C(t) = \begin{cases} 4t\text{V}, & 0 \leqslant t < 1\text{s} \\ 4\text{V}, & 1\text{s} \leqslant t < 3\text{s} \\ 2(t-1)\text{V}, & 3\text{s} \leqslant t < 4\text{s} \\ 6\text{V}, & t \geqslant 4\text{s} \end{cases}$；(2) $p(2) = 0$；(3) $W_C(2) = 16\text{J}$

7-4 $u_L(t) = \begin{cases} 10\text{mV}, & -1\text{s} < t < 0 \\ 0, & 0 < t < 2\text{s} \\ -10\text{mV}, & 2\text{s} < t < 3\text{s} \end{cases}$

7-5 $i_L(1) = 2.5\text{A}, i_L(2) = 5\text{A}, i_L(3) = 5\text{A}, i_L(4) = 3.75\text{A}$

7-6 (1) $i_L(t) = \begin{cases} 0.5t\text{A}, & 0 \leqslant t < 1\text{s} \\ 0.5\text{A}, & 1\text{s} \leqslant t < 3\text{s} \\ -0.5(t-4)\text{A}, & 3\text{s} \leqslant t < 4\text{s} \\ 0, & t \geqslant 4\text{s} \end{cases}$；(2) $p(2) = 0$；(3) $W_L(2) = 0.5\text{J}$

7-7 $i_C(t) = 10e^{-10t}\text{A}, u_S(t) = (10 + 70e^{-10t})\text{V}$

7-8 $u_L(t) = -\alpha I e^{-\alpha t}\text{V}, i_{C_2}(t) = -\omega U_m \sin(\omega t)\text{A}$

7-9 $i_L(t) = e^{-t}\text{A}, u_C(t) = 2e^{-t}\text{V}, u_S(t) = -2e^{-t}\text{V}$

7-11 (a) $C_{eq} = 4\text{F}$；(b) $C_{eq} = 2.5\text{F}$

7-12 (a) $L_{eq} = 9\text{H}$；(b) $L_{eq} = 10\text{H}$

第 8 章

8-1 $u_C(0_+) = 4\text{V}, i_C(0_+) = -0.8\text{A}$

8-2 $i_L(0_+)=1\text{A}, u_L(0_+)=-5\text{V}$

8-3 $u_L(0_+)=4\text{V}, i_C(0_+)=1\text{A}, i(0_+)=2\text{A}$

8-4 $i(0_+)=0.25\text{A}$

8-5 $i(t)=2e^{-2t}\text{A}$

8-6 $i_L(t)=2e^{-8t}\text{A}, u_L(t)=-16e^{-8t}\text{V}$

8-7 $i(t)=0.24(e^{-500t}-e^{-1000t})\text{A}$

8-8 $i_L(t)=5e^{-4t}\text{A}, u_L(t)=-60e^{-4t}\text{V}$

8-9 $u_C(t)=6(1-e^{-2t})\text{V}, i_C(t)=1.2e^{-2t}\text{A}, u(t)=(6-1.2e^{-2t})\text{V}$

8-10 $i_L(t)=2(1-e^{-2t})\text{A}$

8-11 $u_C(t)=18(1-e^{-50t})\text{V}, i_C(t)=90e^{-50t}\text{A}$

8-12 $i_L(t)=\frac{8}{3}(1-e^{-\frac{9}{2}t})\text{A}, u_L(t)=24e^{-\frac{9}{2}t}\text{V}$

8-13 $u_{Czi}(t)=9e^{-2t}\text{V}, u_{Czs}(t)=6(1-e^{-2t})\text{V}; i_{zi}(t)=0.6e^{-2t}\text{A}, i_{zs}(t)=(1-0.4e^{-2t})\text{A}$

8-14 $i_{Lzi}(t)=3e^{-2t}\text{A}, i_{Lzs}(t)=(1-e^{-2t})\text{A}; u_{zi}(t)=-9e^{-2t}\text{V}, u_{zs}(t)=3(1+e^{-2t})\text{V}$

8-15 $i_L(t)=(1+e^{-5t})\text{A}, u_L(t)=-20e^{-5t}\text{V}$

8-16 $i(t)=(2e^{-0.5t}+1.5-0.5e^{-t})\text{A}$

8-17 $u(t)=[2(1-e^{-3t})+27e^{-9t}]\text{V}$

8-18 $u_C(t)=(10-4e^{-0.2t})\text{V}$

8-19 (a) $i_1(t)=[2\varepsilon(t)+2\varepsilon(t-1)-6\varepsilon(t-2)+2\varepsilon(t-3)]\text{A}$

(b) $i_2(t)=[-2\varepsilon(t+2)+5\varepsilon(t-2)-3\varepsilon(t-4)]\text{A}$

8-20 $i_L(t)=\{(1-e^{-1.2t})\varepsilon(t)-[1-e^{-1.2(t-1)}]\varepsilon(t-1)\}\text{A}$

8-21 $u_C(t)=\{10(1-e^{-100t})\varepsilon(t)-30[1-e^{-100(t-2)}]\varepsilon(t-2)+20[1-e^{-100(t-3)}]\varepsilon(t-3)\}\text{V}$

8-22 $i(t)=[0.4e^{-1.2t}\varepsilon(t)-0.8e^{-1.2(t-1)}\varepsilon(t-1)+0.4e^{-1.2(t-2)}\varepsilon(t-2)]\text{A}$

8-23 $u_C(t)=(12-10e^{-t})\varepsilon(t)\text{V}$

8-24 $i_L=\left\{2e^{-4t}\varepsilon(t)+\frac{1}{2}[1-e^{-4(t-1)}]\varepsilon(t-1)-\frac{5}{8}[1-e^{-4(t-3)}]\varepsilon(t-3)+\frac{1}{8}[1-e^{-4(t-4)}]\varepsilon(t-4)\right\}\text{A}$

8-26 $u_C(0_+)=\frac{4}{3}\text{V}, i_L(0_+)=\frac{2}{3}\text{A}$

8-27 $i_L(t)=(5+5e^{-50t})\varepsilon(t)\text{A}$

8-28 $u_C(t)=\left[2e^{-\frac{10^3}{9}t}\varepsilon(t)+10^3\left(1-e^{-\frac{10^3}{9}t}\right)\varepsilon(t)+\frac{10^6}{3}e^{-\frac{10^3}{9}(t-2)}\varepsilon(t-2)\right]\text{V}$

第 9 章

9-1 $u(t)=200\cos(100\pi t+90°)\text{V}$

9-2 4.33A

9-3 4.08A

9-4 (1) $u_1(t)$ 超前 $u_2(t)$ 30°；(2) $i_1(t)$ 超前 $i_2(t)$ $\frac{\pi}{2}$；(3) $u_1(t)$ 超前 $u_2(t)$ 120°；

(4) $u(t)$ 与 $i(t)$ 同相位；(5) $i_1(t)$ 与 $i_2(t)$ 不能比较相位差

9-5 (1) $5\angle-53.13°, 6.71\angle 26.6°, 10\angle 143.13°, 11.18\angle-116.6°, 10\angle 0°, 10\angle 90°$；

(2) $4+j3, 6-j8, 6.93+j4, -0.5+j0.866, 10.6+j10.6, -j2, -3$

9-6 (1) $\begin{cases}\dot{U}_{1m}=220\sqrt{2}\angle 0°\\ \dot{U}_{2m}=220\sqrt{2}\angle-30°\end{cases}$ 或 $\begin{cases}\dot{U}_1=220\angle 0°\\ \dot{U}_2=220\angle-30°\end{cases}$

(2) $\begin{cases}\dot{I}_{1m}=\sqrt{2}\angle\dfrac{\pi}{3}\\ \dot{I}_{2m}=1\angle-\dfrac{\pi}{6}\end{cases}$ 或 $\begin{cases}\dot{I}_1=1\angle\dfrac{\pi}{3}\\ \dot{I}_2=\dfrac{1}{\sqrt{2}}\angle-\dfrac{\pi}{6}\end{cases}$

(3) $\begin{cases}\dot{U}_{1m}=10\sqrt{2}\angle-120°\\ \dot{U}_{2m}=20\sqrt{2}\angle120°\end{cases}$ 或 $\begin{cases}\dot{U}_1=10\angle-120°\\ \dot{U}_2=20\angle120°\end{cases}$

(4) $\begin{cases}\dot{U}_m=20\angle120°\\ \dot{I}_m=10\sqrt{2}\angle120°\end{cases}$ 或 $\begin{cases}\dot{U}=\dfrac{20}{\sqrt{2}}\angle120°\\ \dot{I}=10\angle120°\end{cases}$

9-7 (1) $u(t)=220\sqrt{2}\cos(\omega t+40°)$;
(2) $u(t)=100\cos(\omega t+90°)$;
(3) $i(t)=10\cos(\omega t+180°)$;
(4) $i(t)=5\sqrt{2}\cos(\omega t-36.87°)$;
(5) $u(t)=60\sqrt{2}\cos(\omega t-45°)$

9-8 $\dot{I}_1+\dot{I}_2=17.6\angle3.08°$, $i_1(t)+i_2(t)=17.6\sqrt{2}\cos(\omega t+3.08°)$;
$\dot{I}_1-\dot{I}_2=16.37\angle59.1°$, $i_1(t)-i_2(t)=16.37\sqrt{2}\cos(\omega t+59.1°)$

9-9 $i(t)=0.222\sqrt{2}\cos(314t+60°)(A)$
当频率变为 100 赫兹时 $i'(t)=0.444\sqrt{2}\cos(628t+60°)(A)$

9-10 $I=4\times10^{-3}(A)$ $i(t)=4\sqrt{2}\times10^{-3}\cos(10^6 t-90°)(A)$

9-11 频率为 50Hz 时 $X_{L1}=3.14\Omega$, $I_1=22.5(A)$;
频率为 50kHz 时 $X_{L2}=3140\Omega$, $I_2=22.5(mA)$

9-12 $u_L(t)=100\cos(100t+90°)(V)$, $u_C(t)=50\cos(100t-90°)(V)$

9-13 电流表 A_2 的读数为 3A

9-14 $U=25(V)$

9-15 $i=3.75\sqrt{2}\cos(\omega t+36.87°)(A)$, $u=54.1\sqrt{2}\cos(\omega t+33.69°)(V)$

第 10 章

10-1 (a) $Z=100\angle-53.13°(\Omega)$; (b) $Z=67.1\angle26.6°(\Omega)$; (c) $Z=50\angle-90°(\Omega)$
(d) $Z=78.1\angle-39.8°(\Omega)$; (e) $Y=0.0208\angle36.87°(S)$; (f) $Y=0.037\angle-63.4°(S)$
(g) $Y=0.0208\angle-90°(S)$; (h) $Y=0.0267\angle-51.24°(S)$

10-2 (a) $Z=8.718\angle-63.43°(\Omega)$; (b) $Z=10\angle-36.87°(\Omega)$; (c) $Z=70.71\angle8.13°(\Omega)$

10-3 $i_R(t)=0.19\sqrt{2}\cos(314t+12.57°)(A)$; $i_C(t)=0.06\sqrt{2}\cos(314t+102.57°)(A)$;
$u=30.9\sqrt{2}\cos(314t+42.84°)(V)$

10-4 $\dot{I}=1.31\angle32.36°(A)$; $\dot{I}_1=1.89\angle51.8°(A)$; $\dot{I}_2=0.786\angle-94.51°(A)$

10-5 $U_S=96.67(V)$

10-6 相位差为 0°时, $C=1.59(\mu F)$; 相位差为 45°时, $C=3.18(\mu F)$; 相位差为 90°时, $C=4.78(\mu F)$

10-7 $R=8.66\Omega$; $L=0.5(mH)$; $C=10(\mu F)$

10-8 $R=59.15\Omega$; $X_L=34.15\Omega$

10-9 $C=23.1(\mu F)$; $|\varphi|=30°$

10-11 $\dot{I}_1=1.414\angle-45°(A)$; $\dot{I}_2=2.236\angle-26.6°(A)$; $\dot{I}_3=1\angle180°(A)$; $\dot{I}_4=3\angle0°(A)$

10-12 (1) $\dot{I}=1.28\angle-116.6°(A)$; (2) $Z=-j33.6(\Omega)$ 时, 电流最大。

10-13 $R_2=7.2(\Omega); X_L=9.6(\Omega)$

10-14 $R_0=11.43(\Omega)$

10-15 $R=10(\Omega); X_1=10(\Omega); X_2=3.2(\Omega); X_3=4.8(\Omega)$

10-16 $R_1=75(\Omega); R_2=25(\Omega); X_{L_1}=25.86(\Omega); X_{L_2}=19.97(\Omega)$

10-17 R_1L 串联支路吸收的复功率为 $\widetilde{S}_1=2.4+j2.512(VA)$

电阻 R_2 支路吸收的复功率为 $\widetilde{S}_2=3.61(VA)$

电容 C 支路吸收的复功率为 $\widetilde{S}_3=-j1.15(VA)$

电流源发出的复功率为 $\widetilde{S}=6.025+j1.373(VA)$

10-18 $\dot{I}_1=5\sqrt{2}\angle-45°(A); \dot{I}_2=5\sqrt{2}\angle 45°(A)$

10-19 $C=375(\mu F)$

10-20 (1) $I_L=454.54(A), Q_L=86.6\times10^3(Var)$; (2) $C=5695(\mu F), I=227.27(A)$

10-21 电路总电流 $\dot{I}=48.1\angle-40.89°(A)$; 总功率因素 $\cos\varphi=0.756$;

并联电容 $C=201(\mu F)$; 并联后的总电流 $\dot{I}'=40.4\angle-25.84°(A)$

10-22 (1) $Z_3=-j3.428(\Omega)$; (2) $Z_3=1.714-j3.428(\Omega)$

10-23 (1) $u=3.16\sqrt{2}\cos(500t-153.43°)(V)$。(2) 元件 A 应由电阻 R_A 和电感 L_A 组成, 可以是串联, 也可以是并联, 串联时 $R_A=2400\Omega, L_A=\frac{1200}{\omega}=\frac{1200}{500}=2.4H$; 并联时 $R_A=3000\Omega, L_A=12H$。(3) $u=0$

10-24 $Z_L=1-j(\Omega); P_{max}=5(W)$

第 11 章

11-1 (1) 图 11-1(a) 中两线圈的同名端为 1 和 2; (3) $u_{21}=100\cos(800t-90°)(V)$

11-2 $k=0.5; k'=0.41$

11-3 1 和 2' (或 1' 与 2) 为同名端。

11-4 $M=52.8(mH)$

11-5 (a) $Z_i=3.48+j3.36(\Omega)$; (b) $Z_i=1.47+j1.43(\Omega)$

11-6 $\dot{I}_1=7.65\angle-39.3°(A); \dot{I}_2=6.94\angle-75.33°(A); \dot{I}_3=4.56\angle 24.13°(A)$

11-7 $U_0=7.35(V)$

11-8 $\dot{U}_{oc}=\frac{R_1R_2\dot{I}_S}{R_1+R_2+j\omega(L_1+L_2-2M)}; Z_0=\frac{R_2[R_1+j\omega(L_1+L_2-2M)]}{R_1+R_2+j\omega(L_1+L_2-2M)}$

11-9 $26mH$

11-10 $Z_{AB}=R_1+j\omega L_1+\frac{(\omega M)^2}{R_2+j\omega L_2}$

11-11 (1) $U_1=201.6(V)$; (2) 电流表读数 $I_1'=5.064(A)$, 电压表读数 $264.04(V)$。

11-12 $M=20\mu H; \dot{U}_{C2}=250(V); P_{R_2}=2.5(W)$

11-13 $M=50mH$

11-14 $n=2; P_{max}=1.249(W)$

11-15 $Z_{ab}=(0.25+j0.25)\Omega$

11-16 $Z_{ab}=2.6\Omega$

11-17 $n=\sqrt{2}, Z_C=-j0.5\Omega, P_{max}=6.25(W)$

11-18 $Z_L=20-j15(\Omega), P_{max}=2.8125(W)$

11-19 $i=2.02\sqrt{2}\cos10^6t(A), u_2=-16.5\sqrt{2}\cos10^6t(V), P=404(W)$

11-20 $\dot{U}_2=4.85\angle-0.1°, \widetilde{S}_{U_S}=82.1\angle-1.05°=82.086-j1.504(VA)$

第 12 章

12-1 $\dot{U}_{AB}=380\angle 60°(V), \dot{U}_{BC}=380\angle -60°(V), \dot{U}_{CA}=380\angle 180°(V)$

12-2 $Z=22\angle 30°(\Omega)$

12-3 (1) $\dot{U}_{AO'}=220\angle 0°V, \dot{U}_{BO'}=220\angle -120°V, \dot{U}_{CO'}=220\angle 120°V$
   $\dot{I}_{AO'}=4.4\angle -36.87°(A), \dot{I}_{BO'}=4.4\angle -156.87°(A), \dot{I}_{CO'}=4.4\angle 83.13°(A)$
   (2) $\dot{I}_{AB}=7.6\angle -6.87°(A), \dot{I}_{BC}=7.6\angle -126.87°(A), \dot{I}_{CA}=7.6\angle 113.13°(A)$
   $\dot{I}_A=13.2\angle -36.87°(A), \dot{I}_B=13.2\angle -156.87°(A), \dot{I}_C=13.2\angle 83.13°(A)$

12-4 $U_l=395.2(V)$

12-5 $\dot{I}_A=4.96\angle -48.84°(A), \dot{I}_{1A}=1.7\angle -28.84°(A), \dot{I}_{2A}=3.4\angle -58.84°(A)$

12-6 $C\approx 92(\mu F), L=0.11(H)$

12-7 $\dot{I}'_A=2\angle 0°(A), \dot{I}'_B=1.732\angle -150°(A), \dot{I}'_C=1\angle 120°(A)$

12-8 (1) 相电流 $\dot{I}_{AB}=15.2\angle -53.13°(A), \dot{I}_{BC}=15.2\angle -173.13°(A), \dot{I}_{CA}=15.2\angle 66.87°(A)$,
   线电流 $\dot{I}_A=26.33\angle -83.13°(A), \dot{I}_B=26.33\angle 156.87°(A), \dot{I}_C=26.33\angle 36.87°(A)$;
   (2) $\dot{I}_{AB}=0, \dot{I}_{BC}$ 和 $\dot{I}_{CA}$ 均保持不变,
   线电流 $\dot{I}_A=15.2\angle -113.13°(A), \dot{I}_B=15.2\angle -173.13°(A), \dot{I}_C$ 保持不变;
   (3) $\dot{I}_{AB}=\dot{I}_{CA}=7.6\angle 6.87°(A), \dot{I}_{BC}=15.2\angle -173.13°(A)$,
   $\dot{I}_A=0, \dot{I}_B=22.8\angle -173.13°(A), \dot{I}_C=22.8\angle 6.87°(A)$

12-9 $\dot{I}_{21}=7.44\angle -18.84°(A), \dot{I}_{22}=7.44\angle -138.84°(A), \dot{I}_{23}=7.44\angle 101.16°(A)$
   $\dot{I}_{A1}=5.06\angle -37.53°(A), \dot{I}_{B1}=5.06\angle -157.53°(A), \dot{I}_{C1}=5.06\angle 83.47°(A)$
   $\dot{I}_A=17.88\angle -45.66°(A), \dot{I}_B=17.88\angle -165.66°(A), \dot{I}_C=17.88\angle 74.34°(A)$

12-10 $\dot{U}_l=392.5V$

12-11 $P_1=1371.2(W), P_2\approx -680.4(W), P=690.8(W)$

12-12 $P_\triangle=3P_Y$

12-15 $W_1=190(W), W_2=380(W)$

第 13 章

13-1 $f(t)=A_m(0.2+0.374\cos\omega t+0.303\cos 2\omega t+0.202\cos 3\omega t+\cdots)$

13-2 $f(t)=\dfrac{1}{2}+\dfrac{2}{\pi}\sin\pi t+\dfrac{2}{3\pi}\sin 3\pi t+\dfrac{2}{5\pi}\sin 5\pi t+\cdots$

13-3 $u(t)=\sum\limits_{k=-\infty}^{\infty}c_k e^{jk\omega_1 t}=\dfrac{U}{k\pi}\sin\dfrac{k\omega_1\tau}{2}e^{jk\omega_1 t}$

13-4 $U=43.43(V)$

13-5 $i=4.68\cos(\omega t+99.44°)+3\cos 3\omega t(A)$,电流表读数 $3.93(A)$,
   电压表读数 $27.6(V)$,瓦特表的读数 $92.67(W)$

13-6 $R=48(\Omega), C=10.6(\mu F)$

13-7 $i_1=0.2+0.6\sqrt{2}\cos(2\omega t+83.13°)(A)$,
   $i_2=\sqrt{2}\cos(\omega t+90°)+0.8\sqrt{2}\cos(2\omega t+83.13°)(A)$
   $i_3=0.2+\sqrt{2}\cos(\omega t-90°)+0.2\sqrt{2}\cos(2\omega t-96.87°)(A)$
   $P=40(W)$

13-8 $I_1=0.62(A), I_2\approx1.14(A)$

13-9 $I_1=5.2(A), I_2=0.57(A), P=544(W)$

13-10 $i_L=1+1.34\cos(t+63.43°)(A)$

13-11 $C_1=10(\mu F), C_2=1.25(\mu F)$

13-12 $C_1=10(\mu F), C_2=1.25(\mu F)$

第 14 章

14-1 $H(j\omega)=\dfrac{\sqrt{1+(\omega CR)^2}}{\sqrt{1+(\omega CR)^2}}\angle-2\arctan(\omega CR)$

$|H(j\omega)|=1, \theta(j\omega)=-2\arctan(\omega CR)$

14-2 $H(j\omega)=\dfrac{1}{\sqrt{3^2+\left(\omega CR-\dfrac{1}{\omega CR}\right)^2}}\angle-\arctan\dfrac{1}{3}\left(\omega CR-\dfrac{1}{\omega CR}\right)$

$|H(j\omega)|=\dfrac{1}{\sqrt{3^2+\left(\omega CR-\dfrac{1}{\omega CR}\right)^2}}, \theta(j\omega)=-\arctan\dfrac{1}{3}\left(\omega CR-\dfrac{1}{\omega CR}\right)$

14-3 $H(j\omega)=\dfrac{1}{\sqrt{\left(\dfrac{R_1}{R_2}\right)^2+(\omega R_1 C)^2}}\angle\pi-\arctan(\omega R_2 C)$

$|H(j\omega)|=\dfrac{1}{\sqrt{\left(\dfrac{R_1}{R_2}\right)^2+(\omega R_1 C)^2}}, \theta(j\omega)=\pi-\arctan(\omega R_2 C)$

14-4 $H(j\omega)=\dfrac{\dot U_0}{\dot U_S}\angle\arctan\dfrac{\omega CR}{1+K}-\arctan\dfrac{2\omega CR}{3}$

$K<\dfrac{1}{2}$ 时, $\dot U_0$ 超前于 $\dot U_S$; $K>\dfrac{1}{2}$ 时, $\dot U_0$ 滞后于 $\dot U_S$。

14-5   (1) $L=176(\mu H), \rho\approx442(\Omega), Q=88.4$；

(2) $I_0=0.2(mA), U_{R0}=1mV, U_{L0}\approx88.4(mV), U_{C0}\approx88.4(mV)$

14-7 $R=4(\Omega), C=1.25(\mu F), L=50(mH), Q=50$

14-8 $\omega_0=\sqrt{\dfrac{1}{(1+Rg)LC}}=\sqrt{\dfrac{1}{L_{eq}C}}, Q=\dfrac{\omega_0 L_{eq}}{R}=\dfrac{\omega_0(1+Rg)L}{R}=\dfrac{1}{\omega_0 CR}$

$\Delta f=\dfrac{\omega_0}{2\pi Q}=\dfrac{\omega_0^2 CR}{2\pi}=\dfrac{R}{2\pi L_{eq}}$

14-9   (1) $L=1(mH), R=60(k\Omega)$；

(2) $\dot U=60\angle0°(V), \dot I_{R0}=1\angle0°(mA), \dot I_{L0}=60\angle90°(mA), \dot I_{C0}=60\angle-90°(mA)$

14-10   (1) $\alpha=1, R=2k\Omega$; (2) $Q=\dfrac{2}{3}, \Delta f=119.4(Hz)$

14-11   (a) $\omega_0=\dfrac{1}{\sqrt{LC}\sqrt{1-\dfrac{L}{CR_2^2}}}$, (b) $\omega_0=\dfrac{1}{\sqrt{3LC}}$, (c) $\omega_0=\sqrt{\dfrac{L_2}{C(L_1 L_2-M^2)}}$, (d) $\omega_0=\sqrt{\dfrac{C_1+C_2}{LC_1 C_2}}$

14-12 $R=5.24(\Omega), L=0.278(mH), Q=150$

14-13 $\omega_0=\dfrac{1}{RC}, \dfrac{U_C}{U_S}=\dfrac{1}{3}$

14-14   (1) $C_1=2\mu F, C_2=5\mu F$; (2) $\dot U_2=96\angle-90°(V)$

第 15 章

15-1   (1) $\dfrac{A}{s}(1-e^{-s_0})$; (2) $\dfrac{1}{s}\left(\dfrac{1}{s}-\dfrac{1}{s}e^{-s}-e^{-s}\right)$; (3) $\dfrac{\omega}{(s+a)^2+\omega^2}$;

(4) $\dfrac{s+a}{(s+a)^2+\omega^2}$; (5) $\dfrac{1}{s+1}[1-e^{-(s+1)}]$

15-2　(1) $-e^{-2t}+2e^{-3t}$; (2) $2\varepsilon(t)+\sin t$; (3) $\varepsilon(t)-e^{-2t}-2te^{-2t}$; (4) $\dfrac{d\delta}{dt}+2\delta(t)-4e^{-t}+5e^{-2t}$

15-3　(1) $\delta(t)-\left(\dfrac{1}{2}t^2e^{-t}-3te^{-t}+3e^{-t}\right)$; (2) $(2e^{-2t}+e^{-3t})-[2e^{-2(t-1)}+e^{-3(t-1)}]$;
　　　(3) $\varepsilon(t-1)-\cos(t-1)$

15-4　$u_L(t)=20e^{-66.7t}\varepsilon(t)\text{V}$

15-5　(2) $I(s)=\dfrac{0.25}{s}+\dfrac{0.15}{s+4}$; (3) $i(t)=(0.25+0.15e^{-4t})\varepsilon(t)(\text{A})$

15-6　$u_2(t)=(50-10e^{-0.4t})\varepsilon(t)(\text{V})$, $i_2(t)=C_2\dfrac{du_2}{dt}=120\delta(t)+12e^{-0.4t}\varepsilon(t)(\text{A})$

15-7　$u_{C2}(t)=\left(10-4e^{-\frac{3}{5}t}\right)\varepsilon(t)(\text{V})$

15-8　$i_1(t)=(1+0.5e^{-30t})\varepsilon(t)(\text{A})$, $i_2(t)=(1-e^{-30t})\varepsilon(t)(\text{A})$

15-9　$u_C(t)=\left(\dfrac{2}{3}-4e^{-2t}+\dfrac{4}{3}e^{-3t}\right)\varepsilon(t)(\text{V})$, $i_L(t)=\left(\dfrac{2}{3}-2e^{-2t}+\dfrac{4}{3}e^{-3t}\right)\varepsilon(t)(\text{A})$

15-10　$u_2(t)=2.856e^{-\frac{1}{2}t}\cos\left(\sqrt{\dfrac{3}{8}}t+45.58°\right)\varepsilon(t)(\text{V})$

15-11　$i_2(t)=(-e^{-2.5t}+e^{-0.5t})\varepsilon(t)(\text{A})$

15-12　$i_K(t)=2\delta(t)+2(1-e^{-t})\varepsilon(t)(\text{A})$

15-13　$u_C(t)=10e^{-t}\cos(3t+53.1°)\varepsilon(t)(\text{V})$

15-14　$u_{CP}(t)=2e^{-2t}\varepsilon(t)(\text{V})$, $u_{CR}(t)=(-2+4e^{-2t}-2e^{-3t})\varepsilon(t)(\text{V})$

15-15　$u(t)=\underbrace{[-2\times1.31\cos(5t+66.8°)-2.3e^{-2t}+3.33e^{-5t}]\varepsilon(t)}_{\text{零状态响应}}+\underbrace{[-3.33e^{-2t}+5.33e^{-5t}]\varepsilon(t)}_{\text{零输入响应}}$
　　　$=[\underbrace{2.62\sin(5t-23.2°)}_{\text{稳态响应}}+\underbrace{(-5.63e^{-2t}+8.66e^{-5t})}_{\text{暂态响应}}]\varepsilon(t)$

15-16　$i_L(t)=\dfrac{1}{6}[(e^{-t}+t-1)\varepsilon(t)-(t-1)\varepsilon(t-1)](\text{A})$

15-17　(1) $H(s)=\dfrac{1}{s+2}$; (2) $H(s)=\dfrac{2}{s(s+2)}$; (3) $H(s)=\dfrac{s}{s+1}$; (4) $H(s)=\dfrac{2s+3}{(s+1)(s+2)}$

15-18　(1) $H(s)=\dfrac{5}{s^2+s+5}$; (2) $u_2(t)=[1+1.026e^{-0.5t}\cos(2.18t+167°)]\varepsilon(t)$

15-19　(1) $H(s)=\dfrac{1}{3}\left(1-\dfrac{1/3}{s+1/3}\right)$; (2) $h(t)=\dfrac{1}{3}\delta(t)-\dfrac{1}{9}e^{-\frac{t}{3}}\varepsilon(t)$, $s(t)=\dfrac{1}{3}e^{-\frac{t}{3}}\varepsilon(t)$

15-20　$i(t)=[0.02\delta(t)+0.16e^{-2t}](\text{A})$

15-21　$H(s)=\dfrac{100s}{(s+4)(s^2+2s+17)}$

15-22　$H(s)=\dfrac{5}{160s+26}$

15-23　$R=3\Omega$, $L=0.5\text{H}$, $C=\dfrac{1}{17}\text{F}$

15-24　$H(s)=\dfrac{-6}{s+2}+\dfrac{10}{s+3}$, $h(t)=(-6e^{-2t}+10e^{-3t})\varepsilon(t)$, $s(t)=\left(\dfrac{1}{3}+3e^{-2t}-\dfrac{10}{3}e^{-3t}\right)\varepsilon(t)$

15-25　激励为单位阶跃 $\varepsilon(t)$

15-26　$H(s)=\dfrac{s}{s^2+2s+3}$, $h(t)=1.225e^{-t}\cos(\sqrt{2}t+35.26°)$

15-27　$u_2(t)=(2e^{-t}+0.5e^{-3t})\varepsilon(t)$

15-28　(1) $H(s)=\dfrac{1}{2}-\dfrac{10^3}{2(s+10^3)}$; (2) $u_2(t)=5e^{-10^3 t}\varepsilon(t)-5e^{-10^3(t-1)}\varepsilon(t-1)(\text{V})$

15-29　$u_0(t)=-0.47e^{-\frac{1}{2}t}+1.94\cos(2t-75.9°)(V)$

15-30　(1)$H(s)=\dfrac{s^2+1/(LC)}{s^2+s/(RC)+1/(LC)}$;(2)$LC=\dfrac{1}{4}$;(3)$u_2(t)=(e^{-2t}-2te^{-2t})\varepsilon(t)$

第 16 章

16-1　(a)$\mathbf{Z}=\begin{bmatrix}R+\dfrac{1}{j\omega C} & R \\ R & R\end{bmatrix}$;(b)$\mathbf{Z}=\begin{bmatrix}R+\dfrac{1}{j\omega C} & R \\ R & R+\dfrac{1}{j\omega C}\end{bmatrix}$

(c)$\mathbf{Z}=\begin{bmatrix}\dfrac{2z_1z_3+z_1z_2+2z_2z_3}{2(z_1+2z_3)} & \dfrac{1}{2}z_2 \\ \dfrac{1}{2}z_2 & \dfrac{1}{2}z_2\end{bmatrix}$;(d)$\mathbf{Z}=\begin{bmatrix}\dfrac{5}{3} & \dfrac{4}{3} \\ \dfrac{4}{3} & \dfrac{5}{3}\end{bmatrix}$

16-2　$\mathbf{Z}=\begin{bmatrix}R-j\dfrac{1+\mu}{\omega C} & R-j\dfrac{\mu}{\omega C} \\ R & 2R\end{bmatrix}$

16-3　$\mathbf{Z}=\begin{bmatrix}5 & 6 \\ 2 & 3\end{bmatrix}$

16-4　(a)$\mathbf{Y}=\begin{bmatrix}G+\dfrac{1}{j\omega L} & -G \\ -G & G+j\omega C\end{bmatrix}$;(b)$\mathbf{Y}=\begin{bmatrix}\dfrac{15}{14} & -\dfrac{13}{14} \\ -\dfrac{13}{14} & \dfrac{15}{14}\end{bmatrix}$

(c)$\mathbf{Y}=\begin{bmatrix}3 & 1 \\ 1 & 3\end{bmatrix}$;(d)$\mathbf{Y}=\begin{bmatrix}\dfrac{1}{R} & -\dfrac{3}{R} \\ -\dfrac{1}{R} & \dfrac{3}{R}\end{bmatrix}$

16-5　$\mathbf{Y}=\begin{bmatrix}0.1+j0.2 & -0.1 \\ -0.05 & 0.05-j0.1\end{bmatrix}$

16-6　$\mathbf{Y}=\begin{bmatrix}4 & -3 \\ -3 & 1.5\end{bmatrix}$

16-7　(a)$\mathbf{T}=\begin{bmatrix}A & B \\ C & D\end{bmatrix}=\begin{bmatrix}-1 & 0 \\ 0 & -1\end{bmatrix}$;(b)$\mathbf{T}=\begin{bmatrix}1 & 0 \\ 0 & 1-\alpha\end{bmatrix}$

(c)$\mathbf{T}=\begin{bmatrix}\dfrac{L_1}{M} & \dfrac{j\omega L_1L_2}{M}-j\omega M \\ \dfrac{1}{j\omega M} & \dfrac{L_2}{M}\end{bmatrix}$;(d)$\mathbf{T}=\begin{bmatrix}-n & -\dfrac{R}{n} \\ 0 & -\dfrac{1}{n}\end{bmatrix}$

16-8　$\mathbf{T}=\begin{bmatrix}\dfrac{Z_1+Z_2}{Z_2-Z_1} & \dfrac{2Z_1Z_2}{Z_2-Z_1} \\ \dfrac{2}{Z_2-Z_1} & \dfrac{Z_1+Z_2}{Z_2-Z_1}\end{bmatrix}$

16-9　$\mathbf{T}=\begin{bmatrix}1.2 & 64 \\ 4\times10^{-3} & 0.88\end{bmatrix}$

16-10　(a)$\mathbf{H}=\begin{bmatrix}R+\dfrac{sL}{s^2LC+1} & \dfrac{1}{s^2LC+1} \\ -\dfrac{1}{s^2LC+1} & \dfrac{sC}{s^2LC+1}\end{bmatrix}$;(b)$\mathbf{H}=\begin{bmatrix}0 & 2 \\ -2 & \dfrac{4}{3}\end{bmatrix}$

(c)$\mathbf{H}=\begin{bmatrix}\dfrac{1}{2} & 1 \\ 0 & -1\end{bmatrix}$;(d)$\mathbf{H}=\begin{bmatrix}R_b & \mu \\ \beta & G_c\end{bmatrix}$

16-11 $H=\begin{bmatrix} sL+\dfrac{1}{sC} & -1 \\ 1+g_m\left(sL+\dfrac{1}{sC}\right) & -g_m \end{bmatrix}$

16-12 $H=\begin{bmatrix} \dfrac{1}{3s+1} & \dfrac{3s}{3s+1} \\ \dfrac{6s+3}{3s+1} & \dfrac{21s+1}{6(3s+1)} \end{bmatrix}$

16-13 题16-13图(a)网络为互易网络；题16-13图(b)网络为互易网络；题16-13图(c)网络不是互易网络。

16-14 非对称、非互易。

16-15 (1) $H=\begin{bmatrix} H_{11} & H_{12} \\ H_{21} & H_{22} \end{bmatrix}=\begin{bmatrix} 2.2 & 0.6 \\ -0.6 & 0.2 \end{bmatrix}$；(2) $P=300\text{W}$

16-16 $\dot{I}_S=\dfrac{Z_{21}\dot{U}_1}{Z_{11}Z_{22}-Z_{12}Z_{21}}, Z=Z_{22}-\dfrac{Z_{12}Z_{21}}{Z_{11}}$

16-17 $Z_L=50\Omega, P_{\max}=1\text{W}$

16-18 $R=2\Omega, P_{\max}=12.5\text{W}$

16-19 $Z_i=3\text{k}\Omega$

16-20 $i(t)=\left(\dfrac{1}{7}+\dfrac{1}{7}\sqrt{2}\cos 3\omega t\right)(\text{A}), I=0.202\text{A}$

16-21 $Z_C=\dfrac{1}{\sqrt{3}}$

16-22 $Z_C=\text{j}\omega 2L\sqrt{\dfrac{1}{1-4\omega^2 LC}}$

16-23 (1) 输入端口特性阻抗 $Z_{C1}=120\Omega$，输出端口特性阻抗 $Z_{C2}=30\Omega$；(2) $P_L=120(\text{W})$

16-24 (1) $Z_C=\sqrt{\dfrac{L}{C}}$；(2) $Z_i=Z_C=\sqrt{\dfrac{L}{C}}$

16-25 $R_1=5\Omega, R_2=10\Omega, R_3=5\Omega, r=3\Omega$

16-26 $R=2\Omega, P_R=0.5(\text{W}), P_S=15(\text{W})$

16-27 T形网络 $Z_{11}-Z_{12}=\dfrac{2}{3}\Omega, Z_{22}-Z_{12}=\dfrac{1}{3}\Omega, Z_{12}=\dfrac{1}{9}\Omega$；

π形网络 $Y_{11}+Y_{12}=1\text{S}, Y_{22}+Y_{12}=2\text{S}, Y_{12}=-\dfrac{1}{3}\text{S}$

16-28 $Z_{11}-Z_{12}=R_1, Z_{22}-Z_{12}=R_1, Z_{12}=\dfrac{R_2-R_1}{2}$

16-29 $Z_{11}-Z_{12}=\dfrac{1}{\text{j}2\omega C}, Z_{22}-Z_{12}=-\dfrac{1}{\text{j}4\omega C}, Z_{12}=\dfrac{1}{\text{j}2\omega C}$

16-30 网络互易且对称。

16-31 $T=\begin{bmatrix} 3.25 & \text{j}27 \\ \text{j}0.025 & 0.1 \end{bmatrix}$

16-32 $Y=\begin{bmatrix} 2.5 & -1.5 \\ -1.5 & 1.5 \end{bmatrix}$

16-33 $U_2=-0.495(\text{V})$

16-34 $Z=\begin{bmatrix} 4\dfrac{1}{5} & 1\dfrac{4}{5} \\ 1\dfrac{4}{5} & 4\dfrac{1}{5} \end{bmatrix}$

16-35 $\dfrac{U_2(s)}{U_\mathrm{S}(s)}=-1$

16-36 $\dfrac{U_2(s)}{U_\mathrm{S}(s)}=-2$

16-37 $\dfrac{U_2(s)}{U_\mathrm{S}(s)}=\dfrac{12}{19}$

第 17 章

17-1 $\dot{U}_1=146.18\angle 18.20°\mathrm{kV}, \dot{I}_1=0.38\angle 4.60°\mathrm{kA}$

17-2 $\begin{cases} u(x,t)=\mathrm{e}^{-0.044x}\sin(5000t-0.046x)\mathrm{V} \\ i(x,t)=28\mathrm{e}^{-0.044x}\sin(5000t-0.046x+11.8°)\mathrm{mA} \end{cases}$

信号由始端传到终端所需的时间 $t=0.92\mathrm{ms}$

17-3 $0\leqslant x\leqslant l: \dot{U}(x)=\dfrac{1}{2}Z_\mathrm{C}\dot{I}_\mathrm{s}\mathrm{e}^{\gamma(x-l)}, \dot{I}(x)=-\dfrac{1}{2}\dot{I}_\mathrm{s}\mathrm{e}^{\gamma(x-l)}$;

$l\leqslant x\leqslant 2l: \dot{U}(x)=\dfrac{1}{2}Z_\mathrm{C}\dot{I}_\mathrm{s}\mathrm{e}^{\gamma(l-x)}, \dot{I}(x)=\dfrac{1}{2}\dot{I}_\mathrm{s}\mathrm{e}^{\gamma(l-x)}$

17-4 当 $f=50\mathrm{Hz}$ 时,$Z_\mathrm{C}=889.2\angle -9.15°\Omega, \gamma=0.171\times 10^{-3}+\mathrm{j}1.062\times 10^{-3}/\mathrm{km}$

$v_\varphi=2.958\times 10^5\mathrm{km/s}, \lambda=5.916\times 10^3\mathrm{km}$;

当 $f=10^4\mathrm{Hz}$ 时,$Z_\mathrm{C}=8.664\times 10^2\angle -0.045°\Omega, \gamma=1.646\times 10^{-4}+\mathrm{j}20.958\times 10^{-2}/\mathrm{km}$

$v_\varphi=2.998\times 10^5\mathrm{km/s}, \lambda=29.98\mathrm{km}$

17-5 $Z_\mathrm{C}=28.5\angle -32.9°\Omega, \gamma=0.0584+\mathrm{j}0.0903/\mathrm{km}, v_\varphi=69.54\mathrm{km/s}, \lambda=69.54\mathrm{m}$

17-6 (1)$R=17.5\times 10^{-3}\Omega/\mathrm{m}, L=2.12\mu\mathrm{H/m}, C=5.24\mathrm{pF/m}$;(2)$Z_\mathrm{C}=635\Omega$;

(3)$\alpha\approx 13.8\times 10^{-6}\mathrm{Np/m}, \beta=2.09\times 10^{-3}\mathrm{rad/m}$;(4)$v_p=3\times 10^8\mathrm{m/s}$

17-7 始端电压、电流的有效值为 $U_1=8.164\mathrm{V}, I_1=0.163\mathrm{A}$

17-8 $Z_\mathrm{C}=3.103\times 10^{-2}\angle -3.95°\Omega$

17-9 $u_2=6.9\sin(2\pi\times 10^4 t-123°)\mathrm{V}, i_2=0.023\sin(2\pi\times 10^4 t-123°)\mathrm{A}$;自然功率 $P_\mathrm{n}=0.08\mathrm{W}$

17-10 $\dot{U}=200\angle -90°\mathrm{V}, \dot{I}=0.5\angle -90°\mathrm{A}$

17-11 $R=2400\Omega$,即在 AB 处并一个 $2.4\mathrm{k}\Omega$ 的电阻,可使 AB 处不产生反射。

17-12 (1)终端匹配时,在所有各 x 处都有 $U=100\mathrm{V}$。终端开路时:在 $x=1\mathrm{m}$ 处,$U=0$(驻波波节);在 $x=2\mathrm{m}$ 处,$U=-100\mathrm{V}$(驻波波腹);在 $x=4\mathrm{m}$ 处,$U=100\mathrm{V}$(驻波波腹)。

(2)$C_0=\dfrac{1}{9}\times 10^{-10}\mathrm{F/m}, L_0=10^{-6}\mathrm{H/m}$

17-13 无损传输线的始端的入端阻抗 $Z(x')=\mathrm{j}872\Omega$

17-15 $Z_\mathrm{in}=-\mathrm{j}101.5\Omega$ 为容抗;相当于电容 $C, C=2.61\mathrm{pF}$

17-16 相当于感抗时的最短长度 $l=0.211\lambda$,相当于容抗时的最短长度 $l=0.289\lambda$

17-17 $\dot{I}_1=-9.77\mathrm{A}, \dot{U}_1=\mathrm{j}637\mathrm{V}$,入端阻抗 $Z_\mathrm{in}=65.2\angle -90°\Omega$,沿线电压、电流有效值分布图略。

17-18 $Z_i=600\Omega$

17-19 $\dot{U}_2=17.32\angle 180°\mathrm{V}, Z_\mathrm{in}=\mathrm{j}173\Omega$

17-20 距终端最近的电压波腹的位置 x'_u 为 $x'_u=0.897\mathrm{m}$,距终端最近的电流波腹的位置 x'_i 为 $x'_i=0.147\mathrm{m}$

17-21 应接 $Z_2=-\mathrm{j}308\Omega$ 的容抗负载

17-22 $P=4.4\mathrm{mW}$,终端反射系数 N_2 为 $N_2=0.461\angle -145.2°$

第 18 章

18-1 $u(x,t)=6\varepsilon\left(t-\dfrac{x}{v_p}\right), i(x,t)=\dfrac{6}{\sqrt{L_0/C_0}}\varepsilon\left(t-\dfrac{x}{v_p}\right)$

18-2　$u(x,t)=\left[6+\sin\left(t-\dfrac{x}{v_p}\right)\right]\varepsilon\left(t-\dfrac{x}{v_p}\right)$, $i(x,t)=\dfrac{1}{Z_C}\left[6+\sin\left(t-\dfrac{x}{v_p}\right)\right]\varepsilon\left(t-\dfrac{x}{v_p}\right)$

18-4　$u(x,t)=0.21\left[\varepsilon\left(t-\dfrac{x}{v_\varphi}\right)+\varepsilon\left(t-\dfrac{x+2}{v_\varphi}\right)+\varepsilon\left(t-\dfrac{x+4}{v_\varphi}\right)+\cdots\right]$
　　　　$-0.21\left[\varepsilon\left(t-\dfrac{2-x}{v_\varphi}\right)+\varepsilon\left(t-\dfrac{4-x}{v_\varphi}\right)+\varepsilon\left(t-\dfrac{6-x}{v_\varphi}\right)+\cdots\right]$V

　　　　$i(x,t)=7\times10^{-4}\left[\varepsilon\left(t-\dfrac{x}{v_\varphi}\right)+\varepsilon\left(t-\dfrac{x+2}{v_\varphi}\right)+\varepsilon\left(t+\dfrac{x+4}{v_\varphi}\right)+\cdots\right]$
　　　　$-7\times10^{-4}\left[\varepsilon\left(t-\dfrac{2-x}{v_\varphi}\right)+\varepsilon\left(t-\dfrac{4-x}{v_\varphi}\right)+\varepsilon\left(t-\dfrac{6-x}{v_\varphi}\right)+\cdots\right]$A

18-5　距始端3000m处的电流$i(t)$的变动规律为
　　　　$t<10\mu s$　　　　$i(t)=0$A
　　　　$10\leqslant t<30\mu s$　　$i(t)=0.2$A
　　　　$30\leqslant t<50\mu s$　　$i(t)=0.1333$A
　　　　$50\leqslant t<70\mu s$　　$i(t)=0.0667$A

18-7　透射波$u(t)$为$u(t)=10^4[1-e^{-10^3(t-t')}]V(t\geqslant t')$

18-8　$i_2=40(1-e^{-63t})$A　　$u_2=(600+12000e^{-63t})$V
　　　终端的反射波电压和电流$u_{2\phi}=(-5700+12000e^{-63t})$V　$i_{2\phi}=(-19+40e^{-63t})$A

18-9　(1) $i=140e^{-2000t}$A　$u=70-56e^{-2000t}$kV
　　　　电压反射波 $u^-=35-56e^{-2000t}$kV　电流反射波　$i^-=140e^{-2000t}-87.5$A
　　　(2) 终端电压为$u=24.15$kV, 终端电流为$i=114.6$A,
　　　　终端反射电压 $u^-=-10.85$kV, 终端反射电流 $i^-=27.1$A

18-10　$u_2(t)=20(1-e^{-20000t})$kV, $u_1^-=5-20e^{-20000t}$kV, $i_2^+=\dfrac{1}{20}-\dfrac{1}{20}e^{-20000t}$kA

18-12　(1) $u_2=26.1$kV　$i_2=0.435$kA; (2) $i_1=0.435$kA　$u_1=173.9$kV

18-13　反射波电流和电压为 $i_{\phi1}=-20+\dfrac{80}{3}e^{-400t}$A, $u_{\phi1}=-6+8e^{-400t}$kV

　　　　透射波电压和电流为 $u_{\varphi2}=8e^{-400t}$kV, $i_{\varphi2}=\dfrac{40}{3}e^{-400t}$A